COURS
D'ALGÈBRE ÉLÉMENTAIRE

EXTRAIT DU CATALOGUE

OUVRAGES POUR LA PRÉPARATION AUX DIVERS BACCALAURÉATS

COURS D'ALGÈBRE ÉLÉMENTAIRE.
   » DE GÉOMÉTRIE ÉLÉMENTAIRE.
   » DE TRIGONOMÉTRIE.
   » DE COSMOGRAPHIE.
   » DE MÉCANIQUE.
MANUEL DE GÉOMÉTRIE.
ÉLÉMENTS D'ARITHMÉTIQUE.
   » D'ALGÈBRE.
   » DE GÉOMÉTRIE.
   » DE TRIGONOMÉTRIE.
   » DE TOPOGRAPHIE.
   » DE GÉOMÉTRIE DESCRIPTIVE.

ÉLÉMENTS DE COSMOGRAPHIE.
   » DE MÉCANIQUE.
   » D'ARPENTAGE, LEVÉ DES PLANS ET NIVELLEMENT.
TABLES DE LOGARITHMES.
EXERCICES D'ARITHMÉTIQUE.
   » D'ALGÈBRE.
   » DE GÉOMÉTRIE.
   » DE TRIGONOMÉTRIE.
   » DE GÉOMÉTRIE DESCRIPTIVE.
   » DE MÉCANIQUE.

Voir le Catalogue général pour les ouvrages de Littérature, d'Histoire, de Philosophie, de Sciences physiques et naturelles, etc. etc.

COURS

D'ALGÈBRE ÉLÉMENTAIRE

CONFORME

AUX DERNIERS PROGRAMMES DE L'ENSEIGNEMENT SECONDAIRE

(1912)

Par F. G.-M.

DIXIÈME ÉDITION

TOURS | PARIS

MAISON A. MAME & FILS | J. DE GIGORD

IMPRIMEURS-ÉDITEURS | RUE CASSETTE, 15

ET CHEZ LES PRINCIPAUX LIBRAIRES

1921

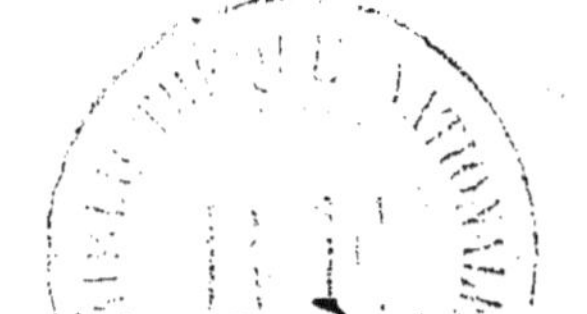

PROGRAMME OFFICIEL

du 4 mai 1912

——·——

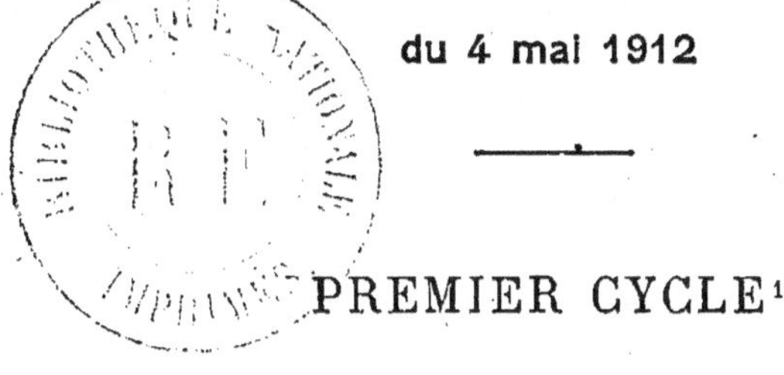

PREMIER CYCLE[1]

Troisième A et Quatrième B.

Emploi des lettres. Formules algébriques.

Emploi des nombres positifs et négatifs pour la représentation des grandeurs susceptibles d'être portées dans deux sens opposés : longueurs comptées à partir d'un point, temps, vitesses, degrés thermométriques.

Addition, soustraction, multiplication et division des nombres positifs ou négatifs.

Changement de l'origine des abscisses ou de l'origine des temps. Équation du mouvement uniforme.

Détermination de la position d'un point sur une droite par le rapport de ses distances à deux points fixes de cette droite.

Troisième B.

Revision des opérations sur les nombres positifs et négatifs; extension aux fractions algébriques des propriétés démontrées en arithmétique : monômes, polynômes, termes semblables.

Opérations : Addition, soustraction, multiplication des monômes et des polynômes. Division des monômes, d'un polynôme par un monôme.

Résolution des équations du premier degré à une inconnue.

Résolution de deux équations du premier degré à deux inconnues.

---

[1] Par le décret du 31 mai 1902, l'enseignement secondaire est constitué par un cours d'études comprenant deux cycles. Le présent *Cours d'Algèbre* a été rédigé surtout en vue du second cycle et contient le développement du programme des deux sections scientifiques de ce cycle, c'est-à-dire les sections *Latin-Sciences* et *Sciences-Langues.* Cependant les élèves des deux classes qui terminent le premier cycle trouveront aussi dans ce volume le développement des connaissances exigées par le programme officiel.

Exemples de cas d'impossibilité et d'indétermination. Exemples de résolution de systèmes d'équations numériques comportant plus de deux inconnues (sans théorie générale). Inégalités du premier degré à une inconnue. Problèmes, mise en équation, exemples simples de discussion des résultats.

Variations de l'expression $ax + b$, représentation graphique.

Équation du second degré à une inconnue. Expression des racines ; cas où il n'y a pas de racines ; relation entre les coefficients et les racines ; signes des racines. Problèmes.

Représentation graphique des variations de x^2, $\dfrac{1}{x}$, etc.

Définition des progressions arithmétiques et géométriques. Expression d'un terme de rang donné, au moyen du premier terme et de la raison.

Usage des tables de logarithmes. Intérêts composés.

SECOND CYCLE

Seconde C et Seconde D.

Revision des opérations sur les nombres positifs ou négatifs ; extension aux fractions algébriques des propriétés démontrées en arithmétique : monômes, polynômes, termes semblables.

Opérations : addition, soustraction, multiplication des monômes et des polynômes. Division des monômes.

Résolution des équations du premier degré à une inconnue.

Résolution et discussion de deux équations du premier degré à deux inconnues. Inégalités du premier degré. Problèmes, mise en équation. Discussion des résultats.

Variations de l'expression $ax + b$; représentation graphique.

Équation du second degré à une inconnue. (On ne fera pas la théorie des imaginaires.) Relations entre les coefficients et les racines. Nature et signes des racines. Étude du trinôme du second degré. Changements de signes. Inégalités du second degré. Problèmes du second degré. Variations du trinôme du second degré ; représentation graphique.

Variations de l'expression $\dfrac{ax + b}{a'x + b'}$; représentation graphique.

Notion de la dérivée, signification géométrique de la dérivée. Le sens de la variation est indiqué par le signe de la dérivée ; application à des exemples numériques très simples.

Progressions arithmétiques et progressions géométriques.

Logarithmes. Usage des tables de logarithmes à quatre et à cinq décimales.

Intérêts composés.

Première C et Première D.

Revision du programme de la classe précédente.

On devra appliquer les théories de l'algèbre à de nombreux exemples empruntés soit à l'algèbre, soit à la trigonométrie, soit à la géométrie.

Variations des fonctions $ax + b + \dfrac{c}{x}$ et $ax^3 + bx^2 + cx + d$, les coefficients de cette dernière étant numériques.

Étude d'un mouvement rectiligne uniforme ou uniformément varié.

Définition de la vitesse et de l'accélération dans un mouvement rectiligne par les dérivées.

(Voir *Compléments*, à la fin du volume.)

Classe de Mathématiques A et B.

Introduction des nombres positifs et négatifs; leur utilité pour la représentation des grandeurs susceptibles d'être comptées dans deux sens opposés. Opérations sur ces nombres; extension aux fractions algébriques des propriétés démontrées en arithmétique.

Monômes, polynômes; addition, soustraction, multiplication et division des monômes et des polynômes.

Principes relatifs à la résolution des équations.

Équations du premier degré à une ou deux inconnues; résolution et discussion. Exemple de systèmes d'équations du premier degré à plusieurs inconnues.

Équation du second degré à une inconnue. (On ne développera pas la théorie des imaginaires.) Relations entre les coefficients et les racines. Nature et signe des racines. Équation bicarrée.

Changements de signe et variations des expressions:

$$ax + b, \qquad ax^2 + bx + c.$$

Inégalités du premier et du second degré.

Problèmes du premier et du second degré; mise en équations. Discussion des résultats.

Progressions arithmétiques et progressions géométriques. Somme des carrés et des cubes des n premiers nombres entiers.

Logarithmes vulgaires. Usage des tables à cinq décimales. Intérêts composés et annuités.

Coordonnées d'un point. Représentation d'une droite par une équation du premier degré. Coefficient angulaire d'une droite. Construction d'une droite donnée par son équation. Représentation d'une fonction par une courbe.

Variations et représentation graphique des fonctions :

$$y = ax + b, \qquad y = \frac{ax + b}{a'x + b'},$$
$$y = ax^2 + bx + c, \quad y = ax^4 + bx^2 + c.$$

Notion de la dérivée. Signification géométrique (coefficient angulaire de la tangente) et cinématique (vitesse dans le mouvement rectiligne) de la dérivée; le sens de la variation d'une fonction est indiqué par le signe de la dérivée. Dérivée d'une somme, d'un produit, d'un quotient, de la racine carrée d'une fonction de $\sin x$, $\cos x$, $\operatorname{tg} x$, $\operatorname{cotg} x$.

Application à l'étude de la variation, à la recherche des maximums ou des minimums de quelques fonctions simples, en particulier des fractions de la forme $\dfrac{ax^2 + bx + c}{a'x^2 + b'x + c'}$, $x^3 + px + q$, où les coefficients ont des valeurs numériques.

Dérivée de l'aire d'une courbe considérée comme fonction de l'abscisse. (On admettra la notion d'aire.)

Le professeur laissera de côté toutes les questions subtiles que soulève une exposition rigoureuse de la théorie des dérivées; il aura surtout en vue les applications et ne craindra pas de faire appel à l'intuition.

Variation des fonctions $ax + b + \dfrac{c}{x}$ et $ax^3 + bx^2 + cx + d$, les coefficients de cette dernière étant numériques.

Étude d'un mouvement rectiligne uniforme ou uniformément varié.

Définition de la vitesse et de l'accélération dans un mouvement rectiligne par les dérivées.

(Voir *Compléments*, à la fin du volume.)

COURS
D'ALGÈBRE ÉLÉMENTAIRE

LIVRE PREMIER
CALCUL ALGÉBRIQUE

CHAPITRE I
NOMBRES POSITIFS ET NÉGATIFS

§ I. — Signes algébriques.

1. But de l'algèbre. L'algèbre est une science qui a pour but de simplifier et de généraliser les questions qu'on peut proposer sur les grandeurs.

Pour arriver à ce résultat, on représente par des lettres les nombres qui mesurent les quantités (ou grandeurs), et on emploie des signes qui indiquent les opérations à effectuer ou les relations à établir entre les grandeurs.

Les premières lettres de l'alphabet, a, b, c,... A, B, C,... servent à représenter les quantités connues, et les dernières x, y, z, t,... X, Y, Z, T,... les quantités inconnues. On fait quelquefois usage des lettres grecques α, β, γ, δ,... qu'on lit *alpha, bêta, gamma, delta*.

S'il y a plusieurs quantités analogues à considérer dans une même question, on peut les désigner par une même lettre affectée d'accents ou d'indices numériques. On écrit a, a', a'', a''',... ou a, a_1, a_2, a_3,... que l'on énonce a, a prime, a seconde, a tierce,... ou a, a indice un, a indice deux, etc.

1*

2. Signes algébriques. Les signes algébriques employés pour désigner des opérations sont $+$, $-$, $\times$, $:$ et $\sqrt{}$.

Le signe $+$ (prononcez *plus*) indique une addition : $a + b$ signifie qu'il faut ajouter b à a.

Le signe $-$ (*moins*) indique une soustraction : $a - b$ signifie qu'il faut retrancher b de a.

Le signe $\times$ (*multiplié par*) indique une multiplication : $a \times b$ signifie qu'il faut multiplier a par b. Le signe $\times$ se remplace souvent par un point, et même il se supprime lorsque les facteurs sont représentés par des lettres; ainsi $a.b.c$ ou abc signifie qu'il faut multiplier a par b et le résultat par c.

Le signe $:$ (*divisé par*) indique une division; ainsi $a : b$ signifie qu'il faut diviser a par b. On indique souvent la division par une fraction ayant pour numérateur le dividende et pour dénominateur le diviseur; ainsi $\dfrac{a}{b}$ ou $a : b$ représente le quotient de a par b.

Le signe $\sqrt{}$, appelé *radical*, indique une racine à extraire. L'indice de la racine à extraire se met entre les deux branches du radical. Ainsi les expressions $\sqrt{a}$, $\sqrt[3]{2b}$, $\sqrt[4]{c}$, indiquent qu'il faut extraire la racine carrée de a, la racine cubique de $2b$, la racine quatrième de c. Quand l'indice est 2, on le sous-entend toujours et l'on écrit $\sqrt{a}$.

3. Les signes employés pour indiquer des relations entre deux quantités sont : $=$, $>$, $<$, $\lessgtr$, $\geqq$, $\leqq$ et $\neq$.

Le signe $=$ (*égale*) marque l'égalité entre deux quantités placées l'une à droite et l'autre à gauche; $3a = b + c$ signifie que $3a$ égale b augmenté de c. Les deux grandeurs unies par le signe $=$ sont les *membres* de l'égalité; la quantité placée à gauche du signe forme le premier membre, et celle placée à droite forme le second.

Le signe $>$ (*plus grand que*) indique que la quantité placée à gauche du signe est plus grande que la quantité placée à droite : $a > b$ signifie que a est plus grand que b.

Le signe $<$ (*plus petit que*) indique que la quantité placée à gauche du signe est plus petite que la quantité placée à droite : $b < a$ signifie que b est plus petit que a.

Les signes $\lessgtr$, $\neq$ (*différent de*) indiquent que la quantité placée à gauche est différente de la quantité placée à droite de ces signes.

Le signe $\geqq$ (*plus grand* ou *égal à*) signifie que la quantité placée à gauche du signe est supérieure ou égale à celle placée à droite.

Le signe $\leqq$ (*plus petit* ou *égal à*) signifie que la quantité placée à gauche du signe est inférieure ou égale à celle placée à droite.

4. Coefficient. On appelle *coefficient* un nombre ou une lettre que l'on place devant une quantité. Le coefficient indique combien de fois il faut répéter cette quantité; ainsi dans $4a$ et mx, 4 et m sont des *coefficients*.

§ II. — Nombres positifs et nombres négatifs.

5. Définitions. On appelle nombre arithmétique le résultat de la comparaison d'une grandeur avec une autre grandeur de même espèce, cette dernière étant prise pour unité ; ce nombre est appelé mesure de la grandeur. Pour certaines grandeurs susceptibles d'être évaluées dans deux sens opposés, cette mesure ne suffit pas pour déterminer complètement cette grandeur. En effet, soient une droite indéfinie et un point fixe O pris sur cette droite. Supposons que l'on porte sur la droite, à partir du point O, différentes longueurs, les unes dans un sens, les autres dans l'autre sens ; on voit bien que l'une de ces longueurs ne sera complètement déterminée que si l'on connaît le nombre qui mesure cette longueur et le sens dans lequel on l'a prise.

Pour distinguer ces longueurs pouvant être comptées dans deux sens contraires, il est commode et on *convient* d'employer un signe placé devant les nombres qui en expriment les mesures. On emploie le signe $+$ si les longueurs sont portées dans un sens déterminé, que l'on peut d'ailleurs choisir arbitrairement; ce sens prend le nom de *sens positif;* on emploie alors le signe $-$ quand les longueurs sont portées dans le sens contraire, qu'on appelle *sens négatif.*

Le temps ou la durée, la température d'un milieu sont aussi des grandeurs susceptibles d'être évaluées dans deux sens opposés.

Les nombres ou mesures de ces grandeurs précédés d'un signe, du signe $+$ ou du signe $-$, sont appelées les mesures algébriques de ces grandeurs; tandis que ces mêmes nombres non précédés de signes en sont les mesures arithmétiques. Ces nombres affectés de signes sont des *symboles* auxquels par extension on donne le nom de nombres; ceux précédés du signe $+$ sont dits *nombres positifs;* ceux précédés du signe $-$ sont dits *nombres négatifs.*

Ces signes $+$ et $-$ n'indiquent pas une opération; ils servent simplement à distinguer les deux classes de nombres formant les nombres algébriques.

La valeur *absolue* ou *module* d'un nombre algébrique est le nombre arithmétique obtenu en supprimant le signe; c'est la mesure d'une grandeur, abstraction faite du sens de cette grandeur ; la valeur absolue ou module de — 2 est 2.

Il résulte de ces *conventions* que la suite de tous les nombres entiers algébriques est :

$$-\infty \ldots -3, -2, -1, 0, +1, +2, +3, \ldots +\infty.$$

Par *convention* on dit que deux nombres algébriques sont *égaux* lorsqu'ils ont la même valeur arithmétique précédée du même signe

$$(-8) = (-8) ; \qquad (+5) = (+5).$$

Si deux nombres algébriques n'ont pas la même valeur arithmétique, ou s'ils ne sont pas précédés du même signe, ils sont dits *inégaux* $\qquad (-3) \neq (-5) ; \qquad (-3) \neq (+3).$

Si deux nombres ont même valeur absolue et sont de signes contraires, ces nombres algébriques sont dits *égaux et de signes contraires.*

6. Opérations sur les nombres algébriques. Nous allons définir le sens qu'il faut attribuer à chacun des mots : *somme, différence, produit, quotient,* appliqués aux nombres algébriques.

Les définitions données et les règles de calcul qui s'en déduisent ne seront que des *conventions,* mais devront être telles, qu'en les appliquant à des nombres affectés du signe +, elles conduisent au même résultat que les définitions et les règles de l'arithmétique.

On se sert des mots *addition, soustraction, multiplication, division,* pour désigner des opérations par le moyen desquelles on forme ce que l'on *convient* d'appeler *somme, différence, produit, quotient* des nombres algébriques.

Pour indiquer ces opérations on emploie les signes qui indiquent les opérations portant le même nom en arithmétique ; par exemple, si a et b représentent deux nombres affectés de signes, les expressions $a + b$, $a - b$, ab, $\dfrac{a}{b}$ désigneront ce que nous allons appeler *somme, différence, produit, quotient* de ces nombres algébriques.

Pour l'étude des opérations effectuées avec des nombres algébriques, nous nous servirons de la théorie des segments rectilignes.

§ III. — Segments rectilignes.

7. Définitions. Soit un point fixe O pris sur une droite indéfinie X'X. La position d'un point A de cette droite est bien déterminée si l'on sait, par exemple, que ce point est à droite du point O et à une distance connue $OA = a$; il en est de même pour la position du

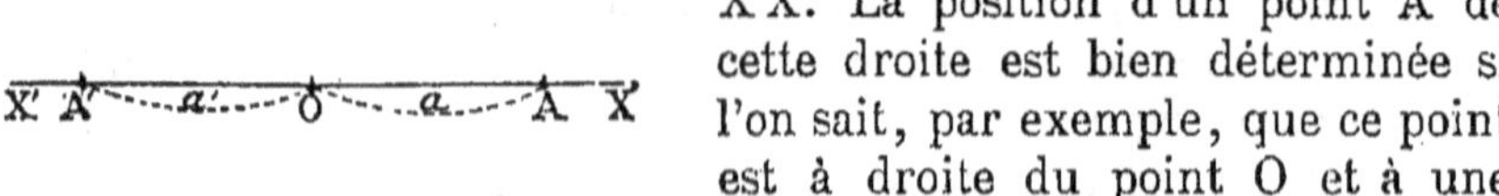

point A′, si l'on sait qu'il est à gauche du point O et à une distance connue OA′ = a′.

Convenons de fixer un sens sur cette droite, par exemple le sens X′X de gauche à droite, et appelons-le *sens positif;* le sens opposé sera le *sens négatif;* la droite sur laquelle on a fixé un sens est appelée *droite dirigée.*

On appelle *segment* AB une portion de droite dirigée, et *mesure algébrique d'un segment* le nombre qui a pour valeur absolue la longueur du segment, ce nombre étant affecté du signe + ou du signe —, selon qu'un mobile, pour aller de A à B, se déplace dans le sens positif ou dans le sens négatif.

Pour représenter un segment AB, on emploie le symbole $\overline{AB}$. La lettre A désigne l'origine du segment, la lettre B l'extrémité ; le trait qui surmonte AB indique que l'on considère la mesure algébrique du segment et non pas simplement sa longueur ; ainsi on a :

$$\overline{AB} = + AB \quad \text{et} \quad \overline{BA} = - AB.$$

On appelle *segments égaux* des segments de même sens et de même longueur ; si la distance AB égale la distance CD, on a :

$$\overline{AB} = \overline{CD} \quad \text{et aussi} \quad \overline{BA} = \overline{DC}.$$

On appelle *segments égaux et de signes contraires* des segments de même longueur, mais de sens différents; AB et BA sont des segments égaux et de signes contraires ; on a :

$$\overline{AB} + \overline{BA} = 0.$$

8. Résultante de deux segments. On appelle *résultante* de deux segments le segment qui a pour origine l'origine du premier, et pour extrémité l'extrémité du dernier, quand on les a placés bout à bout.

Le segment AC est la résultante des segments AB et BC, quels que soient les sens de AB et BC.

9. Théorème de Chasles. *Trois points* A, B, C *étant donnés sur une droite dirigée, on a :*

$$\overline{AB} + \overline{BC} + \overline{CA} = 0$$

quelles que soient les positions relatives de ces trois points.

Il y a six positions de ces points, et six seulement. En effet, en ne considérant que deux points A et B, on peut avoir sur la droite, dans un sens déterminé, A,B ou B,A; en plaçant C à droite de B, entre A et B, ou à gauche de A, cela donne les trois positions relatives :

$$A, B, C \qquad A, C, B \qquad C, A, B$$

En considérant B, A on a de même :

$$B, A, C \qquad B, C, A \qquad C, B, A$$

Les dispositions BAC, BCA, CBA sont les mêmes que les trois premières, à la condition de prendre le sens positif de droite à gauche. Il suffit donc d'établir le théorème pour les trois premiers cas.

1º Géométriquement, il est évident que $AB + BC = AC$; les segments étant de même sens, on a aussi :

$$\overline{AB} + \overline{BC} = \overline{AC}.$$

Or, par définition, $\qquad \overline{AC} + \overline{CA} = 0.$

En additionnant : $\qquad \overline{AB} + \overline{BC} + \overline{CA} = 0.$

2º Géométriquement, il est évident que $AC + CB = AB$; les segments étant de même sens, on a aussi :

$$\overline{AC} + \overline{CB} = \overline{AB}.$$

Or, par définition, $\qquad 0 = \overline{AC} + \overline{CA};$

$$0 = \overline{BC} + \overline{CB}.$$

En additionnant : $\qquad \overline{AB} + \overline{BC} + \overline{CA} = 0.$

3º Géométriquement, $CA + AB = CB$; les segments étant de même sens, on a aussi :

$$\overline{CA} + \overline{AB} = \overline{CB}.$$

Or, par définition, $\qquad \overline{CB} + \overline{BC} = 0.$

En additionnant : $\qquad \overline{AB} + \overline{BC} + \overline{CA} = 0.$

10. Résultante de plusieurs segments. On appelle *résultante* d'un nombre quelconque de segments, le segment dont l'origine est l'origine du premier, et dont l'extrémité est l'extrémité du dernier.

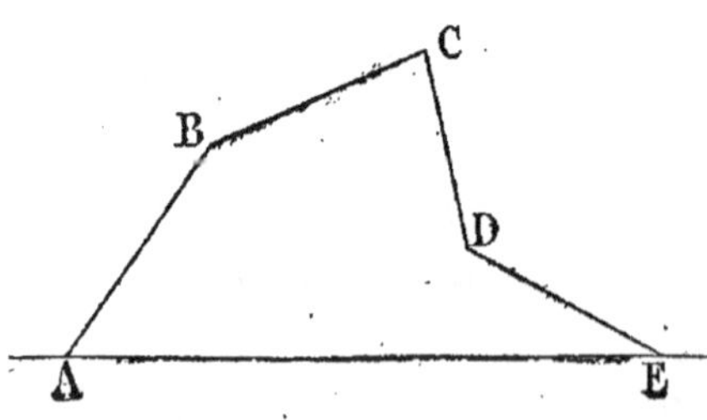

Ainsi la résultante des segments AB, BC, CD, DE est le segment AE. La définition est la même lorsque tous les segments sont situés sur un même axe.

11. Généralisation du théorème de Chasles. *Étant donnés sur un axe un certain nombre de points* A, B, C, D, E, *on a entre les mesures algébriques des segments déterminés par ces points la relation :* $\overline{AB} + \overline{BC} + \overline{CD} + \overline{DE} + \overline{EA} = 0.$

En effet, le théorème ayant été démontré pour les trois points A, B, C, montrons que s'il est vrai pour n points, il l'est encore pour $n+1$ points.

Admettons que la proposition soit vraie pour cinq points A, B, C, D, E ; on a alors :

$$\overline{AB} + \overline{BC} + \overline{CD} + \overline{DE} + \overline{EA} = 0. \qquad (1)$$

Prenons un point de plus F, et considérons trois points A, E, F ; on a, d'après ce qui a été rappelé :

$$\overline{AE} + \overline{EF} + \overline{FA} = 0. \qquad (2)$$

Ajoutons les égalités (1) et (2) en remarquant que

$$\overline{AE} + \overline{EA} = 0 ;$$

il vient : $\overline{AB} + \overline{BC} + \overline{CD} + \overline{DE} + \overline{EF} + \overline{FA} = 0.$

Ainsi la proposition supposée vraie pour n points est encore vraie pour $n+1$ points ; or elle a été établie pour trois points, donc elle est vraie pour quatre, puis pour cinq. Elle est donc générale.

Pour obtenir la mesure algébrique de la résultante, ajoutons $\overline{AE}$ aux deux membres de la relation (1) ; nous aurons :

$$\overline{AB} + \overline{BC} + \overline{CD} + \overline{DE} + \overline{EA} + \overline{AE} = \overline{AE} ;$$

or $\qquad \overline{EA} + \overline{AE} = 0,$

donc $\qquad \overline{AE} = \overline{AB} + \overline{BC} + \overline{CD} + \overline{DE}.$

Le second membre est la somme des mesures algébriques des segments ; le premier membre est la mesure algébrique de la résultante ; on peut donc conclure que la mesure algébrique de la résultante est égale à la somme des mesures algébriques des segments.

§ IV. — Opérations sur les nombres algébriques.

12. Somme de deux nombres algébriques. Par *convention* on appelle *somme* de deux nombres positifs ou de deux nombres négatifs, le nombre algébrique dont la valeur absolue est la somme des valeurs absolues des deux nombres et dont le signe est le signe commun aux deux nombres.

EXEMPLES : $(+3) + (+5) = +8$; $(-3) + (-5) = -8.$

On appelle *somme* de deux nombres, l'un positif, l'autre négatif, le nombre algébrique dont la valeur absolue égale la différence arithmétique des valeurs absolues des deux nombres, et dont le signe est celui du nombre qui a la plus grande valeur absolue.

EXEMPLES :

$$(+3)+(-5)=-2; \quad (-3)+(+5)=+2.$$

Si deux nombres ont même valeur absolue et des signes contraires, on dit que leur somme est zéro.

En désignant par a et b deux nombres algébriques quelconques et par $(a+b)$ leur somme effectuée, l'opération qui consiste à faire leur somme porte le nom d'*addition;* on indique cette opération

par :
$$a+b=(a+b).$$

Remarque. L'opération précédente effectuée sur des nombres algébriques porte le nom d'*addition*, et l'on dit que l'on ajoute b à a; mais ce mot *ajouter* n'entraîne pas nécessairement l'idée d'augmentation, comme en arithmétique.

La somme de deux nombres algébriques, comme nous venons de la définir, est indépendante de l'ordre dans lequel on considère les deux nombres; on a, quels que soient a et b :

$$a+b=b+a.$$

13. Somme de plusieurs nombres algébriques. On appelle *somme* de plusieurs nombres algébriques a, b, c... l, rangés dans un certain ordre, le nombre algébrique obtenu en faisant la somme de a et de b, puis en ajoutant au résultat le nombre c et ainsi de suite jusqu'à ce que l'on ait employé le dernier des nombres considérés.

En appelant s la somme ainsi définie, on peut la représenter par :

$$s=a+b+c+...+l.$$

Dans cette définition de la somme de plusieurs nombres quelconques, nous avons admis que ces nombres étaient écrits dans un ordre déterminé. Nous allons prouver que la somme effectuée reste la même quel que soit l'ordre dans lequel on prend ces nombres.

La théorie des segments portés sur une droite dirigée permet de vérifier les principes suivants, relatifs à la *somme* de plusieurs nombres algébriques.

I. *La somme de plusieurs nombres algébriques est indépendante de l'ordre des parties qui forment cette somme.*

Sur une droite indéfinie X'X prenons quatre points O, A, B, C; les points A et B étant, par exemple, à droite du point O et C à gauche.

Pour avoir la résultante des trois segments OA, AB, BC, on peut composer OA avec AB, puis le résultat OB avec BC, ce qui donne la résultante OC; on peut aussi composer AB avec BC, puis le résultat AC avec OA, ce qui donne encore OC pour résultante.

En appelant a, b, c les mesures des trois segments considérés, nous avons :
$$a + b + c = b + c + a.$$

II. *Dans une somme algébrique, on peut remplacer plusieurs nombres par leur somme effectuée.*

Pour avoir la résultante des trois segments OA, AB, BC, on peut d'abord composer les segments AB et BC et remplacer ces deux segments par leur résultante AC; alors on a :
$$OC = OA + AC.$$

En appelant a, b, c les mesures des trois segments considérés, nous avons :
$$a + b + c = a + (b + c).$$

En vertu de ces principes, pour faire la somme de plusieurs nombres algébriques, on peut grouper tous les nombres positifs et en faire la somme, puis grouper les nombres négatifs et en faire la somme; enfin additionner ces deux sommes partielles.

EXEMPLE :
$$(+ 5) + (- 3) + (- 9) + (+ 11) = (+ 5) + (+ 11) + (- 3)$$
$$+ (- 9) = (+ 16) + (- 12) = (+ 4).$$

14. Différence de deux nombres algébriques. Soient deux nombres positifs 25 et 14; en arithmétique, on appelle différence de ces deux nombres le nombre qu'il faut ajouter au plus petit 14 pour obtenir une somme égale au plus grand 25.

Par *convention* on appelle différence de deux nombres algébriques a et b rangés dans l'ordre a, b, un troisième nombre algébrique qui, ajouté à b, donne pour somme a.

La différence ainsi définie entre deux nombres a et b existe toujours; en effet, supposons un nombre c tel que l'on ait :
$$c + b = a. \qquad (1)$$

En ajoutant aux deux membres de l'égalité (1) le nombre b', égal et de signe contraire à b, nous aurons :
$$c + b + b' = a + b'. \qquad (2)$$

Mais $b + b' = 0$; donc $\qquad c = a + b'. \qquad (3)$

Il est toujours possible de former le nombre $a + b'$, puisque a et b sont donnés; le nombre c existe donc, et par suite l'égalité (1) a bien lieu; de plus, il n'y a qu'un seul nombre c, car deux nombres différents ajoutés à b donnent des sommes différentes.

Ainsi la différence entre deux nombres quelconques est un nombre bien déterminé, et cette différence est unique.

L'opération qui donne la différence entre deux nombres est la *soustraction algébrique*. On indique cette opération par le symbole $a - b$, c'est-à-dire qu'on écrit les deux nombres l'un à la suite de l'autre en les séparant par le signe —.

EXEMPLES : $(+5) - (+2) = (+5) + (-2) = (+3)$

$(+5) - (-2) = (+5) + (+2) = (+7).$

La soustraction ainsi définie revient à une addition, puisque retrancher b de a revient à ajouter au nombre a le nombre b', égal et de signe contraire à b.

15. Produit de deux nombres algébriques. Par *convention* on appelle *produit* de deux nombres algébriques un nombre algébrique tel que sa valeur absolue soit égale au produit des valeurs absolues des deux facteurs, et dont le signe est $+$ ou —, selon que les deux facteurs sont de même signe ou de signes contraires.

Si l'un des facteurs est nul, le produit est aussi nul par définition.

L'opération par laquelle on effectue le produit de deux nombres s'appelle *multiplication algébrique*. Le produit du nombre a par le nombre b s'indique par la notation $a \times b$ ou $a.b$ ou simplement par ab. Les nombres dont on fait le produit sont appelés *facteurs* de ce produit.

On a, d'après la définition du produit de deux nombres algébriques, et en mettant en évidence les signes des facteurs :

$$(+a)(+b) = (+ab), \qquad (-a)(+b) = (-ab)$$
$$(+a)(-b) = (-ab), \qquad (-a)(-b) = (+ab).$$

D'après cette définition, on voit que le produit de deux nombres affectés de signes est indépendant de l'ordre des facteurs.

16. Produit de plusieurs nombres algébriques. On appelle produit de plusieurs nombres algébriques a, b, c, d… le résultat obtenu en multipliant le premier facteur a par le second b, puis en multipliant ce produit ab par le troisième facteur c, et ainsi de suite jusqu'au dernier facteur.

Cette opération s'indique par $a \times b \times c \times d$;   le produit effectué par $abcd$. Les nombres a, b, c, d sont les facteurs du produit; si l'un des facteurs est nul, le produit est aussi nul.

Cette définition du produit de plusieurs facteurs algébriques suppose que les facteurs sont rangés dans un ordre déterminé. Nous allons prouver que le produit ne dépend pas de l'ordre des facteurs. D'abord la valeur absolue du produit est indépendante de l'ordre des facteurs, puisqu'il a été démontré en arithmétique que le produit de plusieurs facteurs ne change pas quand on intervertit l'ordre de ces facteurs. Prouvons maintenant que le signe du produit ne dépend pas non plus de l'ordre des facteurs. A cet effet, démontrons que le signe du produit est $+$ si le nombre des *facteurs négatifs* du produit est *pair* (ou nul), et que le signe du produit est $-$ si le nombre des *facteurs négatifs* est *impair*.

Soit le produit $abcd$. On a $(+1)\,a = a$; le produit peut s'écrire $(+1)\,abcd$. Par *définition*, pour former ce produit, on doit multiplier $(+1)$ par a, le résultat par b, puis par c, d. Lorsqu'on multiplie par un nombre positif, le produit ne change pas de signe; mais si l'on multiplie par un nombre négatif, le produit change de signe. Le produit a donc changé de signe autant de fois qu'il y a de facteurs négatifs. Si le nombre de facteurs négatifs est pair, le produit aura changé de signe un nombre pair de fois, ou n'aura pas changé de signe; le produit sera du signe de $(+1)$, c'est-à-dire $+$; si le nombre de facteurs négatifs est impair, le produit change un nombre impair de fois de signe; il est donc de signe contraire au signe de $(+1)$, c'est-à-dire du signe $-$.

Ainsi le produit d'un nombre quelconque de facteurs algébriques est indépendant de l'ordre des facteurs. Dans un tel produit, on peut remplacer plusieurs facteurs par leur produit effectué.

Soit le produit $\qquad\qquad P = abcd.$

On peut remplacer, par exemple, b et c par leur produit effectué.

En effet, on peut écrire le produit $\qquad P = bcad,$

et, d'après la définition du produit, $\qquad P = (bc)\,ad.$

Les produits de nombres affectés de signes jouissent des mêmes propriétés que les produits de nombres arithmétiques.

17. Multiplication d'une somme de nombres algébriques par un nombre algébrique. Pour multiplier une somme de nombres algébriques par un nombre, il suffit de multiplier successivement toutes les parties de la somme par ce nombre et d'ajouter les produits partiels obtenus.

Soit une somme $a + b$ à multiplier par un nombre c; il faut démontrer que l'on a : $\qquad (a + b)\,c = ac + bc.$

Prenons d'abord c positif; si a et b sont positifs, le théorème est démontré en arithmétique.

Si a est positif, b négatif, on peut prendre $b' = -b$; alors b' est positif; en supposant a plus grand que b', le nombre $a - b'$ est positif, et l'on a :

$$(a + b)\,c = (a - b')\,c = ac - b'c = ac + (-b')\,c = ac + bc.$$

Si a est plus petit que b', on a :

$$(a + b) c = - (b' - a) c = - (b'c - ac) = ac - b'c = ac + (b) c.$$

Si a et b sont négatifs, c étant positif, en changeant les signes on est dans le premier cas.

Si c est négatif, on peut prendre $c' = - c$.

Alors le produit $(a + b) c' = ac' + bc'$, et en changeant tous les signes on retombe sur $(a + b) c = ac + bc$.

Si la somme est formée de plus de deux termes, on a successivement :

$$(a+b+c+d)h=(a+b+c)h+dh=(a+b)h+ch+dh=ah+bh+ch+dh$$

et la proposition est démontrée.

18. Multiplication d'une somme par une somme. Pour multiplier une somme de nombres algébriques par une somme de nombres algébriques, il suffit de multiplier successivement chaque nombre de la première somme par chaque nombre de la seconde, et d'ajouter les produits partiels obtenus.

Soit
$$(a + b + c + d)(m + n);$$

on a :

$$(a+b+c+d)(m+n)=a(m+n)+b(m+n)+c(m+n)+d(m+n)$$
$$=am+an+bm+bn+cm+cn+dm+dn.$$

19. Puissance d'un nombre algébrique. *Définition.* On appelle *puissance* $m^{ième}$ d'un nombre algébrique a, m étant un nombre entier et positif, le produit de m facteurs égaux à a; la puissance ainsi formée se représente par le symbole a^m. Le nombre m, qui indique combien on prend de facteurs égaux à a pour former le produit, s'appelle l'*exposant* de la puissance.

Ainsi, par définition, le produit $a.a$ s'écrit a^2; de même $a.a.a = a^3$, $a.a.a... = a^m$.

a^2 s'énonce *a puissance deux* ou plus simplement *a deux*.

a^3 s'énonce *a puissance trois* ou plus simplement *a trois*.

a^m s'énonce *a puissance m*.

20. Quotient de deux nombres algébriques. Par *convention* on appelle *quotient* de deux nombres algébriques, le second n'étant pas nul, un nombre algébrique dont le produit par le second reproduise le premier.

Le premier de ces nombres s'appelle *dividende*, le second *diviseur*, et l'opération par laquelle on forme le troisième *division*.

D'après cette définition, et par suite des conventions relatives au produit de deux nombres algébriques, le dividende est le produit du diviseur par le quotient, ce diviseur et ce quotient étant affectés de signes ; donc le quotient de deux nombres algébriques est le quotient des valeurs absolues du dividende et du diviseur, ce quotient étant affecté du signe $+$ ou du signe $-$ suivant que le dividende et le diviseur sont de même signe ou de signes contraires.

§ V. — Fractions algébriques.

21. On appelle fraction algébrique l'expression $\dfrac{a}{b}$ qui indique le quotient de a par b, a et b étant deux nombres quelconques positifs ou négatifs, b étant différent de zéro par hypothèse.

Le dividende a porte le nom de numérateur, b celui de dénominateur ; le numérateur et le dénominateur pris simultanément sont les deux termes de la fraction.

En tenant compte de la règle des signes, les fractions algébriques jouissent des mêmes propriétés et sont soumises aux mêmes règles de calcul que les fractions arithmétiques.

22. Théorème. *On ne change pas la valeur d'une fraction algébrique en multipliant ou en divisant chacun des termes par un même nombre, différent de zéro.*

Soit $\dfrac{a}{b}$ la fraction considérée et m un nombre quelconque autre que 0 ; je dis que l'on a : $\quad \dfrac{a}{b} = \dfrac{am}{bm}$.

En effet, si l'on multiplie par m les deux membres de l'égalité :

$$a = \frac{a}{b} \times b,$$

on a : $$am = \frac{a}{b} \times bm,$$

ou $$\frac{am}{bm} = \frac{a}{b} .$$

On démontre de même qu'une fraction ne change pas de valeur, quand on divise ses deux termes par un même nombre.

Corollaire. *On peut changer les signes des deux termes d'une fraction sans changer sa valeur.*

En effet, changer les signes du numérateur et du dénominateur d'une fraction revient à les multiplier par -1.

C'est sur le théorème précédent et son corollaire qu'est basée la simplification des fractions algébriques et la réduction de plusieurs fractions au même dénominateur.

23. Théorème. *Si l'on a une suite de fractions inégales et positives* $\dfrac{a}{b}$, $\dfrac{a'}{b'}$, $\dfrac{a''}{b''}$, *la somme des numérateurs divisée par la somme des dénominateurs donne une fraction comprise entre la plus grande et la plus petite des fractions proposées.*

Si, par exemple, $\quad \dfrac{a}{b} < \dfrac{a'}{b'} < \dfrac{a''}{b''}$,

on a : $\qquad\qquad \dfrac{a}{b} < \dfrac{a+a'+a''}{b+b'+b''} < \dfrac{a''}{b''}\cdot$

En effet, on a : $\quad a = \dfrac{a}{b}\cdot b, \quad a' = \dfrac{a'}{b'}\cdot b', \quad a'' = \dfrac{a''}{b''}\cdot b'';$

d'où $\qquad\qquad a = \dfrac{a}{b}\cdot b, \quad a' > \dfrac{a}{b}\cdot b', \quad a'' > \dfrac{a}{b}\cdot b''.$

Ainsi $\qquad\qquad a + a' + a'' > \dfrac{a}{b}(b + b' + b''),$

ou $\qquad\qquad \dfrac{a}{b} < \dfrac{a+a'+a''}{b+b'+b''}\cdot$

De même $\quad a'' = \dfrac{a''}{b''}\cdot b'', \quad a' = \dfrac{a'}{b'}\cdot b', \quad a = \dfrac{a}{b}\cdot b;$

d'où $\qquad\quad a'' = \dfrac{a''}{b''}\cdot b'', \quad a' < \dfrac{a''}{b''}\cdot b', \quad a < \dfrac{a''}{b''}\cdot b.$

Ainsi $\qquad\qquad a + a' + a'' < \dfrac{a''}{b''}(b + b' + b''),$

ou $\qquad\qquad \dfrac{a+a'+a''}{b+b'+b''} < \dfrac{a''}{b''}\cdot$

24. Cas particulier. Si les fractions données sont égales, on a :

$$\dfrac{a+a'+a''}{b+b'+b''} = \dfrac{a}{b}\cdot$$

En effet, les égalités $\quad a = \dfrac{a}{b}\cdot b, \quad a' = \dfrac{a'}{b'}\cdot b', \quad a'' = \dfrac{a''}{b''}\cdot b''$

deviennent : $\qquad\quad a = \dfrac{a}{b}\cdot b, \quad a' = \dfrac{a}{b}\cdot b', \quad a'' = \dfrac{a}{b}\cdot b'';$

d'où $\qquad\qquad a + a' + a'' = \dfrac{a}{b}(b + b' + b''),$

ou $\qquad\qquad \dfrac{a+a'+a''}{b+b'+b''} = \dfrac{a}{b}\cdot$

25. Corollaire. On peut, avant de faire la somme des numérateurs et des dénominateurs des fractions, multiplier les deux termes de celles-ci par un nombre quelconque; ainsi :

$$\frac{a}{b} = \frac{am}{bm}, \qquad \frac{a'}{b'} = \frac{a'n}{b'n}, \qquad \frac{a''}{b''} = \frac{a''p}{b''p}.$$

On en conclut : $\quad \dfrac{am + a'n + a''p}{bm + b'n + b''p} = \dfrac{am}{bm} = \dfrac{a}{b}.$

26. Comparaison des nombres positifs et négatifs. Soient a et b deux nombres algébriques inégaux, c'est-à-dire n'ayant pas même valeur absolue, ou de même valeur absolue, mais de signes contraires. Formons la différence $a - b$; cette différence n'est pas nulle.

Si cette différence est *positive*, par *convention*, a est dit *plus grand* que b; on indique ce fait par le symbole $a - b > 0$ ou $a > b$.

Si cette différence est *négative*, par *convention* a est dit *plus petit* que b; on indique ce fait par le symbole $a - b < 0$ ou $a < b$.

Considérons un nombre quelconque pris dans la suite des nombres algébriques :

$$-\infty \ldots -3, -2, -1, 0, +1, +2, +3, + \ldots +\infty.$$

D'après la convention précédente, le nombre considéré est plus grand que tout nombre placé à sa gauche, et plus petit que tout nombre placé à sa droite.

Ainsi $\quad 0 > -1, \quad -4 > -7, \quad 4 < 7, \quad -11 < -5.$

De ce qui précède, on peut conclure les remarques suivantes : un nombre positif quelconque est plus grand qu'un nombre négatif; un nombre négatif est d'autant plus petit que sa valeur absolue est plus grande; zéro est plus grand que tout nombre négatif et plus petit que tout nombre positif.

§ VI. — Application des nombres positifs et négatifs.

27. Nous avons vu que si une grandeur est susceptible d'être comptée dans deux sens différents, on distingue ces deux sens en *convenant* d'appeler positif le nombre qui mesure cette grandeur prise dans un sens arbitraire, et négatif le nombre qui la mesure quand elle est prise dans un sens contraire.

En faisant la même convention sur les données de certains problèmes, on peut souvent réduire à une seule formule toutes les formules donnant la solution dans les divers cas de ces problèmes.

EXEMPLE : **Position d'un point sur un axe.** *On donne un*

axe indéfini X'X, et sur cet axe deux points fixes O et O' dont la distance est d ; *soit un point* A *mobile sur cet axe. Connaissant le segment* $\overline{OA}=$ a, *trouver le segment* $\overline{O'A}=$ x.

1° Supposons le point O' à droite du point O ; le point A peut occuper les trois positions A', A″, A‴, c'est-à-dire peut être à droite de O', entre O et O', ou à gauche de O.

Le théorème de Chasles donne :

$$\overline{OO'} + \overline{O'A'} + \overline{A'O} = 0,$$

$$\overline{OA''} + \overline{A''O'} + \overline{O'O} = 0,$$

$$\overline{A'''O} + \overline{OO'} + \overline{O'A'''} = 0.$$

2° Supposons le point O' à gauche du point O ; le point A peut occuper les trois positions A'_1, A''_1, A'''_1, c'est-à-dire être à droite de O, entre O et O', ou à gauche de O'.

Nous avons encore les trois relations :

$$\overline{O'O} + \overline{OA'_1} + \overline{A'_1O'} = 0,$$

$$\overline{O'A''_1} + \overline{A''_1O} + \overline{OO'} = 0,$$

$$\overline{A'''_1O'} + \overline{O'O} + \overline{OA'''_1} = 0.$$

Convenons de considérer comme positives les distances OA, O'A, OO', lorsqu'elles sont comptées dans le sens X'X, et comme négatives lorsqu'elles sont comptées dans le sens XX' ; avec cette convention, les égalités précédentes deviennent :

$\overline{OO'} + \overline{O'A'} + \overline{A'O} = 0,$	$d + x + (-a) = 0,$	ou $\quad x = a - d.$
$\overline{OA''} + \overline{A''O'} + \overline{O'O} = 0,$	$a + (-x) + (-d) = 0,$	ou $\quad x = a - d.$
$\overline{A'''O} + \overline{OO'} + \overline{O'A'''} = 0,$	$(-a) + d + x = 0,$	ou $\quad x = a - d.$
$\overline{O'O} + \overline{OA'_1} + \overline{A'_1O'} = 0,$	$(-d) + a + (-x) = 0,$	ou $\quad x = a - d.$
$\overline{O'A''_1} + \overline{A''_1O} + \overline{OO'} = 0,$	$x + (-d) + a = 0,$	ou $\quad x = a - d.$
$\overline{A'''_1O'} + \overline{O'O} + \overline{OA'''_1} = 0,$	$(-x) + (-d) + a = 0,$	ou $\quad x = a - d.$

La formule $x = a - d$ représente donc, dans tous les cas, la distance du point mobile à la nouvelle origine O'.

§ VII. — Détermination d'un point sur une droite par le rapport de ses distances à deux points fixes de cette droite.

28. Théorème. *Sur une droite indéfinie il existe deux points et deux seulement dont le rapport des distances à deux points donnés de cette droite ait une valeur absolue donnée.*

Soient A et B deux points donnés sur la droite indéfinie X'X, et O le point milieu du segment AB.

$$\overline{\text{X' M'} \qquad \text{A M O} \qquad \text{B X}}$$

1° Supposons le rapport donné plus petit que l'unité, $\frac{2}{3}$ par exemple. Divisons la droite AB en cinq parties égales, et prenons sur AB la longueur MA égale à deux de ces parties ; la longueur MB sera égale à trois de ces parties, et l'on aura bien $\frac{\text{MA}}{\text{MB}} = \frac{2}{3}$. Il existe donc, entre A et B, un point M répondant à la question, et ce point est situé entre O et A.

Le point M est le seul situé entre A et B et pour lequel on a :

$$\frac{\text{MA}}{\text{MB}} = \frac{2}{3}.$$

En effet, imaginons un point mobile partant de A et se déplaçant de A vers B ; lorsque ce point mobile s'éloigne de A, le numérateur du rapport croît, le dénominateur décroît, et pour cette double raison le rapport $\frac{\text{MA}}{\text{MB}}$ augmente constamment ; ce rapport étant toujours croissant ne peut passer qu'une fois par la valeur $\frac{2}{3}$.

Cherchons s'il existe sur la droite indéfinie, en dehors de AB, un autre point tel que l'on ait $\frac{\text{MA}}{\text{MB}} = \frac{2}{3}$. Ce point, s'il existe, ne peut pas être sur la partie BX de la droite indéfinie, car pour un tel point on aurait MA plus grand que MB, et le rapport serait plus grand que l'unité ; ce point peut être sur AX'. En effet, prenons sur AX', à partir du point A, une longueur AM' double de AB ; on aura $\text{M'A} = 2.\text{AB}$, $\text{M'B} = 3.\text{AB}$, et par suite $\frac{\text{M'A}}{\text{M'B}} = \frac{2}{3}$. Le point M' répond aussi à la question.

Ce point est le seul ; en effet,

$$\frac{M'A}{M'B} = \frac{M'B - AB}{M'B} = 1 - \frac{AB}{M'B}.$$

Lorsque le point M' s'éloigne de A, le rapport $\frac{AB}{M'B}$ diminue ; le rapport $\frac{M'A}{M'B}$ augmente donc constamment ; ce rapport étant toujours croissant ne peut passer qu'une fois par la valeur $\frac{2}{3}$.

X'   A   O   M   B   M'   X

2° Supposons le rapport donné plus grand que l'unité, $\frac{5}{3}$ par exemple. Divisons la droite AB en huit parties égales, et prenons sur AB la longueur MA égale à cinq de ces parties ; la longueur MB sera égale à trois de ces parties, et l'on aura bien $\frac{MA}{MB} = \frac{5}{3}$. Il existe donc, entre A et B, un point M répondant à la question, et ce point est situé entre O et B.

Le point M est le seul situé entre A et B et pour lequel on a :

$$\frac{MA}{MB} = \frac{5}{3}.$$

En effet, imaginons un point mobile partant de A et se déplaçant vers B ; lorsque ce mobile s'éloigne de A, le numérateur du rapport croît, le dénominateur décroît, et le rapport augmente constamment ; ce rapport étant toujours croissant ne peut passer qu'une fois par la valeur $\frac{5}{3}$.

Cherchons s'il existe, sur la droite indéfinie, en dehors de AB, un autre point M, tel que le rapport $\frac{MA}{MB} = \frac{5}{3}$. Ce point, s'il existe, ne peut pas être sur la partie AX' de la droite indéfinie, car pour un tel point on aurait MA plus petit que MB, et le rapport serait plus petit que l'unité ; ce point peut être sur BX. En effet, divisons AB en $5 - 3 = 2$ parties égales, et prenons un point M' tel que M'B égale trois de ces parties ; alors M'A en égale cinq, et l'on a :

$$\frac{M'A}{M'B} = \frac{5}{3}.$$

Le point M' répond aussi à la question.

Ce point est le seul ; en effet,

$$\frac{M'A}{M'B} = \frac{M'B + AB}{M'B} = 1 + \frac{AB}{M'B} \cdot$$

Lorsque le point M' s'éloigne de B, le rapport $\dfrac{AB}{M'B}$ diminue ; il en est de même pour le rapport $\dfrac{M'A}{M'B}$; ce rapport étant toujours décroissant ne peut passer qu'une fois par la valeur $\dfrac{5}{3}$.

3° Supposons le rapport donné égal à l'unité. Dans ce cas, les points répondant à la question sont le point O et un autre point rejeté à l'infini dans la direction BX ou AX'.

En résumé, sur la droite indéfinie, il y a toujours deux positions d'un point M pour lesquelles le rapport $\dfrac{MA}{MB}$ a une valeur absolue donnée ; un de ces points est entre A et B, l'autre sur l'un des prolongements de AB.

29. Introduction des segments. D'après ce qui précède, pour déterminer sans ambiguïté, sur la droite AB, un point M tel que le rapport de ses distances aux deux points A et B soit donné, il faut préciser si le point considéré se trouve sur le segment AB ou sur ses prolongements. Orientons la droite indéfinie en nous donnant un *sens positif*, X'X par exemple. Alors le rapport $\dfrac{MA}{MB}$ est *positif*, si les deux segments MA, MB sont portés dans le même sens, c'est-à-dire si le point M est situé sur l'un des prolongements de AB, et *négatif*, si le point M est entre A et B.

Dans ces conditions, le rapport donné peut être positif ou négatif ; s'il est positif, un seul point répond à la question, et l'on sait immédiatement qu'il est situé sur l'un des prolongements de AB ; s'il est négatif, le point correspondant est entre A et B.

Dans le cas où un point M est situé entre A et B, on dit qu'il partage le segment AB en deux *segments additifs*, pour exprimer que la somme des segments partiels MA et MB reproduit AB ; si le point M est situé sur l'un des prolongements de AB, on dit qu'il partage le segment AB en deux *segments soustractifs*, pour exprimer que la différence des segments partiels MA et MB reproduit AB.

Ainsi, avec la convention des signes attribués aux segments, le théorème peut être énoncé de la façon suivante :

Sur une droite indéfinie, il existe un point et un seul, dont le rapport de ses distances à deux points donnés de cette droite ait une valeur donnée en grandeur et en signe.

§ VIII. — Mouvement uniforme.

30. Définitions. Un corps est en *mouvement* lorsque ses distances à d'autres corps considérés comme fixes varient à chaque instant ; on appelle *mobile* tout corps considéré à l'état de mouvement ou de repos.

Quand un mobile est en mouvement, la ligne que forment ses positions successives s'appelle sa *trajectoire*. Un mouvement est *rectiligne* ou *curviligne*, suivant que la trajectoire est une ligne droite ou une ligne courbe ; par exemple, une pierre qui tombe librement décrit une trajectoire rectiligne ; un point du balancier d'une horloge décrit une trajectoire curviligne. Dans ce cas particulier, la courbe est un arc de cercle, et le mouvement est dit *circulaire*.

Soit une trajectoire rectiligne décrite par un mobile M ; prenons sur cette droite un point fixe O comme origine des espaces (le mot espace a ici un sens restreint, il désigne simplement les longueurs mesurées sur la trajectoire). La position du mobile à chaque instant est déterminée par la valeur algébrique du segment de droite OM. Le segment OM dépend évidemment du temps que met le mobile pour aller de O à M ; on exprime ce fait en disant que l'espace est une fonction du temps ; la relation algébrique qui lie l'espace au temps, pour chaque mouvement, est ce qu'on appelle l'*équation du mouvement*.

31. Mouvement uniforme. Un mobile se déplace d'un *mouvement uniforme* lorsqu'il va toujours dans le même sens et que les espaces parcourus en des temps égaux sont égaux.

On appelle *vitesse* d'un mouvement uniforme l'espace parcouru par le mobile pendant l'unité de temps. Pour évaluer la vitesse, il faut faire choix d'une unité de longueur et d'une unité de temps ; on peut prendre le mètre et la seconde, alors la vitesse est le nombre de mètres parcourus pendant une seconde ; on peut aussi prendre le kilomètre et l'heure, ce sont les unités adoptées pour évaluer la vitesse d'un train, quand on dit que ce train fait 50 kilomètres à l'heure.

Le mouvement peut avoir lieu dans le sens OM ou en sens contraire ; la vitesse est donc une grandeur pouvant être évaluée dans deux sens opposés. Elle sera représentée par un nombre précédé du signe $+$ si le mobile se déplace dans le sens choisi comme sens positif, et par un nombre précédé du signe $-$ si le mobile se déplace dans le sens contraire.

32. Équation du mouvement uniforme. Soient OM une trajectoire rectiligne, O l'origine des espaces, et OM le sens positif.

Supposons que le mobile soit en A à l'origine des temps $t=0$, et en M au bout du temps t; soient $\overline{OA}=a$ l'abscisse du point A,

$$\overline{M'} \qquad \overline{O} \qquad \overline{A} \qquad \overline{M}$$

et $\overline{OM}=x$ l'abscisse du point M. Pendant le temps t le mobile parcourt l'espace $x-a$; pendant l'unité de temps l'espace parcouru

sera : $$\frac{x-a}{t}.$$

Or, par définition, ce rapport est égal à la vitesse v; on a donc pour équation du mouvement uniforme :

$$\frac{x-a}{t}=v,$$

d'où $$x=a+vt. \qquad\qquad (1)$$

On peut supposer que le mobile soit au point O, à l'origine des temps, c'est-à-dire pour $t=0$; dans ce cas, on a :

$$a=0 \quad \text{et} \quad x=vt. \qquad\qquad (2)$$

Nous avons dit que la vitesse est une grandeur algébrique, positive dans un sens convenu, négative dans l'autre. Le temps est aussi une grandeur algébrique; en effet, l'instant auquel on demande la position du mobile peut être postérieur ou antérieur à l'origine des temps. Le problème du mouvement uniforme comprend quatre cas bien distincts. La formule (2) convient à tous les cas si l'on fait les conventions suivantes :

Le temps sera *positif* ou *négatif*, selon que l'instant donné t sera *postérieur* ou *antérieur* à l'origine des temps; la vitesse sera *positive* ou *négative*, selon que le mobile se déplacera dans le sens OM ou dans le sens OM'.

1er Cas : v *et* t *sont positifs*. L'espace $\overline{OM}=x$ s'obtient en multipliant la vitesse par le temps : $x=vt$; ce résultat est positif, le mobile est à droite du point O.

2e Cas : v *positif*, t *négatif*. L'espace $\overline{OM}=x$ est donné par le produit $x=v(-t)=-vt$; ce résultat est négatif. Il doit bien en être ainsi, puisque, l'instant donné est antérieur à l'origine des temps; à l'instant donné le mobile est à gauche du point O.

3e Cas : t *positif*, v *négatif*. L'espace $\overline{OM}=x$ est donné par le produit $x=t(-v);=-vt$; ce résultat est négatif. Il doit bien en être ainsi, puisque, v étant négatif, le mobile se déplace dans le sens OM'.

4e Cas : v *négatif*, t *négatif*. L'espace $\overline{OM}=x$ est donné par le produit $x = (-v)(-t) = vt$; ce résultat est positif. Il doit bien en être ainsi, puisque, v étant négatif, le mobile se déplace dans le sens OM' et que, t étant aussi négatif, t secondes *avant* son passage en O, il était à droite de ce point.

Applications. Prenons midi comme origine des temps, et soit une vitesse de 5 kilomètres.

1° Position du mobile à 4 heures $\frac{1}{2}$; nous avons :

$$t = 4,5, v = 5; \quad x = vt = 5 \times 4,5 = 22,500.$$

Le mobile est à droite du point O et à la distance de 22 km. 500.

2° Position du mobile à 9 heures du matin ; nous avons :

$$t = -3, \quad v = 5;$$
$$x = 5 \times (-3) = -15 \text{ km.}$$

A 9 heures du matin le mobile était à 15 km. à gauche du point O.

3° Position du mobile à 8 heures du soir ; il se déplace dans le sens OX' ; nous avons $t = 8, v = -5, x = (-5)8 = -40$ km. Le mobile était à 40 km. du point O dans le sens OX'.

4° Position du mobile à 10 heures du matin ; il se déplace dans le sens OX'; nous avons $v = -5, t = -2; x = (-5)(-2) = 10$ km. Le mobile est à 10 km. du point O dans le sens OX.

Remarque. De la formule $x = vt$ ou $e = vt,$ on peut tirer les deux suivantes $v = \dfrac{e}{t}$ et $t = \dfrac{e}{v}$; ces deux dernières ne sont que des formes différentes de la première : elles donnent la solution de deux autres problèmes du mouvement uniforme.

1° La formule $v = \dfrac{e}{t}$ donne la solution des problèmes analogues au suivant :

Quelle doit être la vitesse d'un train pour qu'il puisse parcourir 500 km. en 8 heures $\frac{1}{2}$?

Prenons pour sens positif le sens de la marche du train ; nous avons :

$$e = 500, \quad t = 8,5; \quad v = \frac{e}{t} = \frac{500}{8,5} = 58 \text{ km. 823.}$$

2° La formule $t = \dfrac{e}{v}$ donne la solution des problèmes analogues au suivant :

Quel temps mettra un bicycliste pour faire un trajet de 60 km. à la vitesse de 18 km. à l'heure ?

Prenons pour sens positif le sens de la marche du bicycliste ; nous avons :

$$e = 60 \text{ km.}, \quad v = 18 \text{ km.}; \quad t = \frac{e}{v} = \frac{60}{18} = 3 \text{ h.} \frac{1}{3} \text{ ou } 3 \text{ h. } 20 \text{ minutes.}$$

33. Exemple. La formule $e = vt$ donne l'espace parcouru par le mobile dans un temps donné ; si donc on connaît la position du mobile au commencement de l'intervalle du temps considéré, cette formule permet de calculer sa position à la fin de l'intervalle de temps ; mais cette formule ne donne pas la position du mobile à chaque instant.

Cherchons une formule résolvant le problème suivant :

Un mobile parcourt une droite X'X d'un mouvement uniforme avec une vitesse v ; *il passe actuellement en un point* A, *situé à une distance* a *d'un point fixe* O. *On demande la position* B *du mobile au bout du temps* t.

1° Supposons le point A (position du mobile à l'origine des temps) à droite du point O (origine des espaces) ; trois cas peuvent se présenter : le point B peut être en B' à droite de A, en B'' entre O et A, et en B''' à gauche de O.

$$\text{X'} \quad \text{B''} \qquad\qquad \text{O} \qquad\qquad \text{B'' A} \qquad\qquad \text{B'} \qquad \text{X}$$

Représentons par x la distance du mobile au point O après le temps t, et par v sa vitesse.

La position B' correspond à un temps à venir ; nous avons :

$$x = OB' = OA + AB' \quad \text{ou} \quad x = a + vt. \qquad (1)$$

La position B'' correspond à un temps passé ; nous avons :

$$x = OB'' = OA - AB'' \quad \text{ou} \quad x = a - vt. \qquad (2)$$

La position B''' correspond aussi à un temps passé ; nous avons :

$$x = OB''' = AB''' - OA \quad \text{ou} \quad x = vt - a. \qquad (3)$$

2° Supposons le point A à gauche du point O ; le point B peut encore occuper les trois positions B', B'', B'''.

$$\text{X'} \quad \text{B'''} \qquad\qquad \text{A} \qquad\qquad \text{B'' O} \qquad\qquad \text{B'} \qquad \text{X}$$

Nous avons comme précédemment :

$$x = OB' = AB' - OA \quad \text{ou} \quad x = vt - a, \qquad (4)$$

$$x = OB'' = OA - AB'' \quad \text{ou} \quad x = a - vt, \qquad (5)$$

$$x = OB''' = OA + AB''' \quad \text{ou} \quad x = a + vt. \qquad (6)$$

Pour que toutes ces formules, correspondant aux diverses positions du point B, soient renfermées dans la formule (1) $x = a + vt$, faisons la convention de regarder comme *positifs* le temps à venir et les espaces comptés à droite du point O, comme *négatifs* le temps passé et les espaces comptés à gauche du point O.

Avec cette convention les formules (2), (3), (4), (5), (6), deviennent

$$x = a - v(-t) \quad \text{ou} \quad x = a + vt, \qquad (2')$$

$$- x = v(-t) - a \quad \text{ou} \quad x = a + vt, \qquad (3')$$

$$x = vt - (-a) \quad \text{ou} \quad x = a + vt, \qquad (4')$$

$$- x = -a - vt \quad \text{ou} \quad x = a + vt, \qquad (5')$$

$$- x = -a + v(-t) \quad \text{ou} \quad x = a + vt. \qquad (6')$$

La solution de tous les cas de ce problème est donnée par la formule du mouvement uniforme :

$$x = a + vt.$$

Remarque. Nous avons pris pour origine des temps l'instant où le mobile passe en A ; prenons maintenant comme origine des temps un instant quelconque. Appelons B_0 la position du mobile à cet instant, et proposons-nous de trouver sa position au bout d'un temps t ; la vitesse du mobile est v, les espaces sont toujours comptés à partir d'un point fixe O.

$$\overline{X'} \quad\quad O \quad\quad B_0 \quad\quad B \quad\quad X$$

Soient $\overline{OB_0} = a$ la distance du mobile à l'origine à l'instant t_0, et $\overline{OB} = x$ sa distance à l'origine à l'instant t.

En employant la formule du mouvement uniforme, nous avons :

$$B_0 B = v(t - t_0).$$

Or $\qquad\qquad\qquad B_0 B = x - a,$

on a donc $\qquad\qquad x - a = v(t - t_0).$

Ajoutons a aux deux membres de cette égalité ; il vient :

$$x = a + v(t - t_0).$$

C'est la formule la plus générale du mouvement uniforme ; elle donne la position du mobile pour chaque instant.

Applications. *Un train part de Lyon à 2 h. 45 m. se dirigeant vers Marseille ; sa vitesse est de 52 km. à l'heure. Trouver la position du train à un instant donné.*

Prenons midi pour origine du temps et Lyon comme origine des espaces.

Nous avons :

$$a = 0, \quad t_0 = 2\,\text{h}.\,\frac{3}{4} \quad \text{ou} \quad 2,75, \quad v = +\,52\,\text{km}.$$

La formule précédente devient :

$$x = 52\,(t - 2,75).$$

A 5 h. $\frac{1}{2}$ $\qquad t = 5,5,$ $\qquad x = 52\,(5,5 - 2,75) = 143\,\text{km}.$

A 9 h. $\frac{1}{4}$ $\qquad t = 9,25,$ $\qquad x = 52\,(9,25 - 2,75) = 338\,\text{km}.$

A cet instant le train est à 14 km. de Marseille, puisque la distance entre Lyon et Marseille est de 352 km.

Un bicycliste va de Lyon à Paris à la vitesse de 20 km. à l'heure; il passe à Dijon le 15 mai à 5 heures du soir; trouver sa position à un instant donné, sachant que Dijon est à 200 km. de Lyon.

Sur une droite indéfinie X'X marquons les points L, D et P.

Prenons midi du 15 mai pour origine des temps, Lyon pour origine des espaces; le sens positif des espaces étant le sens de marche du bicycliste, nous aurons :

$$a = 200\,\text{km.}, \quad v = 20\,\text{km.}, \quad t_0 = 5.$$

La formule $\quad x = a + v\,(t - t_0) \quad$ devient $\quad x = 200 + 20\,(t - 5).$

Le 15 mai à 8 heures du soir $\quad t = 8, \quad$ donc :

$$x = 200 + 20\,(8 - 5) = 260\,\text{km}.$$

Le bicycliste est à 260 km. à partir de Lyon, ou à 60 km. au delà de Dijon.

Le 15 mai à 10 heures du matin $\quad t = -2, \quad$ donc :

$$x = 200 + 20\,(-2 - 5) = 60\,\text{km}.$$

Le 16 mai à 4 heures du matin $\quad t = 16, \quad$ donc :

$$x = 200 + 20\,(16 - 5) = 420\,\text{km}.$$

On peut calculer de cette manière toutes les positions du bicycliste.

Remarque. Nous pouvons tirer de la formule précédente deux autres formules analogues à $\quad t = \dfrac{e}{v} \quad$ et $\quad v = \dfrac{e}{t}.$

Soit $\qquad\qquad x = a + v\,(t - t_0).$

On a $x - a = v(t - t_0)$, et, en divisant les deux membres par v,

$$t - t_0 = \frac{x - a}{v}, \quad \text{c'est-à-dire} \quad t = t_0 + \frac{x - a}{v}. \qquad (1)$$

En divisant par $t - t_0$, on a $v = \frac{x - a}{t - t_0}$. \qquad (2)

La formule (1) fournit l'instant où le bicycliste a passé en un point donné, par exemple à Mâcon, ville distante de Lyon de 72 km.

On a : $t = 5 + \frac{72 - 200}{20} = -\frac{14}{10} = -1$ h. 24 m.

Le bicycliste est passé à Mâcon 1 h. 24 m. avant l'instant pris pour origine des temps, c'est-à-dire à 10 h. 36 m.

La formule (2) fournit la vitesse que doit avoir le mobile pour passer au temps t_0 en un point distant d'une longueur a de l'origine des espaces, et au temps t en un point distant d'une longueur x.

CHAPITRE II

ADDITION ET SOUSTRACTION ALGÉBRIQUES

§ I. — Définitions et classification des expressions algébriques.

34. Classification des expressions algébriques. On appelle *expression algébrique* l'indication d'une suite de calculs à effectuer sur des nombres représentés par des lettres. Les expressions algébriques comprennent l'indication des six opérations : addition, soustraction, multiplication, division, élévation aux puissances et extraction des racines.

Ainsi $6a^2b$, $\sqrt{5ab^2}$, $\dfrac{5a^2b\,(2c + d)}{a - \sqrt{b}}$, sont des expressions algébriques.

On appelle *terme* une expression algébrique dont les parties ne sont pas séparées par les signes $+$ ou $-$.

Ainsi $3a^2$, $5a^4b$, $\sqrt{ac}$ sont des termes.

Les termes précédés du signe $+$ sont dits *positifs*; ceux précédés du signe $-$ sont dits *négatifs*.

On sous-entend le signe $+$ devant un terme positif qui est seul, ou qui est le premier d'une suite de termes.

Un *monôme* est une expression algébrique qui n'a qu'*un terme*.

EXEMPLES : $10a^2b^3c$, $\dfrac{3}{4}x^2y$.

Un *binôme* est une expression algébrique qui a *deux termes*.

EXEMPLES : $3ab - c^2$, $x - y$, $\sqrt{a} - \sqrt{b}$.

Un *polynôme* est une expression algébrique qui a *plusieurs termes* réunis par les signes $+$ et $-$.

EXEMPLE : $3ab + 5a^2b^2 + 3a^3b^3 + 2a^2 - 5a + 3b^2 - 2b + 20$.

Une expression est *entière* si elle ne contient pas de dénominateur algébrique; dans le cas contraire, elle est *fractionnaire*.

Ainsi, des quatre expressions :

$$5x^2y - \sqrt[3]{ac^2}, \quad 7a^2bc - 6a^3c + a^3d, \quad \frac{a^2 + b^2}{c}, \quad \frac{3a + 2b}{4c},$$

les deux premières sont entières, et les deux autres fractionnaires.

Une expression algébrique est *rationnelle* si elle ne renferme pas de radical portant sur des lettres; elle est *irrationnelle* si elle a un ou plusieurs radicaux.

35. Degré. Par *degré* d'un terme entier on entend la somme des exposants des facteurs algébriques de ce terme; si le terme est fractionnaire, le degré est la différence entre le degré du numérateur et celui du dénominateur.

Les termes $3a^2b$, $\dfrac{5a^2b^2}{c}$ sont du troisième degré.

Le degré d'un polynôme entier par rapport à une lettre est donné par le plus fort exposant de cette lettre dans un terme du polynôme. Ainsi : $ax^4 - 2b^2x^2 + 5c^2x + d^3$ est du quatrième degré en x.

Le degré d'un polynôme entier est le degré du terme dont le degré est le plus élevé par rapport à toutes les lettres.

Le polynôme $18ab + 72a^2b^2 - 64a^2 - 81b^2$ est du quatrième degré.

Un polynôme entier est *homogène* lorsque tous ses termes sont du *même degré*, et ce degré s'appelle le degré d'homogénéité du polynôme.

Le polynôme $2x^3 - 3x^2y + xy^2 - y^3$ est homogène du troisième degré.

Un polynôme peut être entier ou fractionnaire, rationnel ou irrationnel.

Un polynôme est *ordonné* par rapport à une lettre, lorsque ses termes sont écrits dans un ordre tel que les exposants de cette lettre vont toujours en croissant ou toujours en décroissant d'un terme au suivant.

Ainsi le polynôme $4a^5 - 3a^4b - 2a^3b^2 + 8a^2b^3 + ab^4 - b^5$ est ordonné par rapport aux puissances décroissantes de a, et aussi par rapport aux puissances croissantes de b.

36. Valeur numérique d'un polynôme. La valeur numérique d'une expression algébrique est le résultat qu'on obtient en remplaçant les lettres par des nombres et en effectuant les opérations indiquées.

EXEMPLE : $4a^5 - 3a^4b - 2a^3b^2 + 8a^2b^3 + ab^4 - b^5$.

Si l'on fait $a = 2$, $b = 1$, on a :

$$4.2^5 - 3.2^4.1 - 2.2^3.1^2 + 8.2^2.1^3 + 2.1^4 - 1^5$$
$$4.32 - 3.16 - 2.8 + 8.4 + 2 - 1$$
$$128 - 48 - 16 + 32 + 2 - 1$$
$$128 + 32 + 2 - 48 - 16 - 1 \quad \text{ou} \quad 162 - 65.$$

La valeur numérique est 97.

Si l'on fait, dans le même polynôme, $a = 1$, $b = 1$, on obtient pour valeur numérique 7.

Il y a une infinité de valeurs numériques possibles pour un polynôme.

37. Expressions algébriques équivalentes. On appelle *expressions algébriques équivalentes* celles qui prennent des valeurs numériques égales, pour toutes les valeurs particulières attribuées aux lettres.

Il existe trois sortes d'égalités :

1° Les égalités numériques ;

2° Les identités ;

3° Les égalités conditionnelles (équations).

On appelle *identité* l'égalité obtenue en plaçant le signe $=$ entre deux expressions équivalentes.

$$(a + b)(a - b) = a^2 - b^2$$

est une identité.

38. Termes semblables. On appelle *termes semblables* les termes formés des mêmes lettres affectées des mêmes exposants, quels que soient leurs coefficients et leurs signes. Deux termes semblables ne peuvent différer que par le coefficient et par le signe.

EXEMPLES : $+ 5a^3b^2c,   - 2a^3b^2c,   + \dfrac{3}{5} a^3b^2c.$

39. Réduction des termes semblables. C'est l'opération qui consiste à remplacer plusieurs termes semblables par un seul terme qui leur est équivalent. On peut toujours réduire des termes semblables en un seul. En effet, soit le polynôme

$$4a^5 - 3a^4b + 6a^2b^2 + 2a^2b^2 + 7a^2b^2 - 4b^3$$

contenant les termes semblables

$$6a^2b^2, \quad 2a^2b^2, \quad 7a^2b^2;$$

il faut montrer qu'il est équivalent au polynôme

$$4\,a^5 - 3a^4b + 15a^2b^2 - 4b^3.$$

La valeur numérique de $6a^2b^2 + 2a^2b^2 + 7a^2b^2$ est la même que celle de $15a^2b^2$, quelles que soient les valeurs attribuées à a et b; ainsi les polynômes (1) et (2) sont équivalents comme formés de parties équivalentes.

Si le polynôme renferme des termes négatifs mais semblables :

$$4a^5 - 3a^4b - 6a^2b^2 - 2a^2b^2 - 7a^2b^2 - 4b^3,$$

il est équivalent au polynôme

$$4a^5 - 3a^4b - 15a^2b^2 - 4b^3,$$

car la valeur numérique de $6a^2b^2 + 2a^2b^2 + 7a^2b^2$ est toujours égale à celle de $15a^2b^2$. Dans le premier polynôme on a à retrancher successivement $6a^2b^2, 2a^2b^2, 7a^2b^2$; dans le second polynôme on a à retrancher la somme de ces monômes; les deux opérations donnent le même résultat, puisque pour retrancher une somme on peut retrancher successivement chacune des parties de cette somme.

On peut donc énoncer la règle suivante : *Des termes semblables de même signe peuvent être remplacés par un seul terme de même signe et dont le coefficient est la somme des coefficients de ces termes.*

Supposons les termes semblables de signes contraires, et soit le polynôme $\qquad 4a^5 + 8a^2b^2 - 3a^2b^2 - 4b^3.$

Il faut montrer qu'il est équivalent au polynôme

$$4a^5 + 5a^2b^2 - 4b^3.$$

En effet, les valeurs numériques de la différence $8a^2b^2 - 3a^2b^2$ et de $5a^2b^2$ sont toujours égales, quelles que soient les valeurs attribuées aux lettres; par suite, les deux polynômes sont équivalents.

De même les polynômes

$$3x^4 - 6x^3 + 2x^3 + 5x^2 \quad \text{et} \quad 3x^4 - 4x^3 + 5x^2$$

sont équivalents; en effet, pour avoir la valeur du premier on doit retrancher $6x^3$ et ajouter $2x^3$; cela revient à retrancher seulement $4x^3$.

On peut donc énoncer la règle suivante : *Deux termes semblables de signes contraires peuvent être remplacés par un seul terme; le signe de ce terme est le signe du terme de plus grand coefficient, et le coefficient de ce terme est la différence des coefficients.*

§ II. — Addition algébrique.

40. Calcul algébrique. Le calcul algébrique a pour but de transformer une expression algébrique donnée en une autre généralement plus simple et qui lui soit équivalente; c'est cette transformation que l'on appelle *opération algébrique*. En algèbre on représente par des lettres les nombres qui mesurent les différentes grandeurs; ces nombres ne sont ordinairement pas exprimés. On ne peut alors effectuer les opérations comme en arithmétique et obtenir un résultat numérique; ainsi on ne peut qu'indiquer les calculs à effectuer. On fait la convention d'indiquer ces opérations par des signes; les opérations algébriques sont l'addition, la soustraction, la multiplication, la division, l'élévation aux puissances et l'extraction des racines.

41. Définition. *Additionner des expressions algébriques, c'est chercher une expression algébrique telle que sa valeur numérique soit égale à la somme des valeurs numériques des expressions données, quelles que soient les valeurs particulières attribuées aux lettres qui entrent dans ces expressions.*

Nous distinguerons *deux cas* dans l'addition algébrique, car les expressions algébriques peuvent se présenter sous forme de monômes ou de polynômes.

42. 1er Cas. Addition des monômes. *Pour additionner plusieurs monômes, il suffit de les écrire les uns à la suite des autres en conservant leurs signes.*

Cette règle résulte immédiatement de la définition de la somme de deux nombres algébriques (n° 13).

Soit à ajouter le monôme $3a^2b$ au monôme $6ab^3$; on écrit simplement :
$$6ab^3 + 3a^2b.$$

Soit encore à ajouter le monôme $-3a^2b$ au monôme $6ab^3$; on écrit :
$$6ab^3 + (-3a^2b) \quad \text{ou} \quad 6ab^3 - 3a^2b.$$

Si l'on a le monôme $4a^3b$ à ajouter au polynôme $7a^3b + 3ab^2 + c^3$, on écrira :
$$7a^3b + 3ab^2 + c^3 + 4a^3b.$$

On fait la réduction des termes semblables, s'il y a lieu; le dernier exemple donne :
$$11a^3b + 3ab^2 + c^3.$$

2° Cas. Addition des polynômes. *Pour faire la somme de plusieurs polynômes, on écrit tous leurs termes les uns à la suite des autres en conservant les signes de ces termes, et l'on fait ensuite la réduction des termes semblables.*

En effet, soient deux polynômes P et Q ; représentons par une seule lettre chacun des termes de ces polynômes et posons :

$$P = a - b + c, \quad Q = m + n - p.$$

Les lettres P et Q désignent la somme algébrique des termes des polynômes correspondants.

L'expression de la somme des deux polynômes est :

$$P + Q = (a - b + c) + (m + n - p).$$

Il faut prouver que cette somme est équivalente à l'expression obtenue en écrivant tous les termes du polynôme Q à la suite des termes du polynôme P et en conservant les signes de ces termes.

Donnons des valeurs particulières aux lettres qui forment les termes des deux polynômes, et soient

$$P', \; a', \; b', \; c', \; Q', \; m', \; n', \; p',$$

les valeurs que prennent ces polynômes et leurs différents termes ;

on a : $\qquad P' + Q' = (a' - b' + c') + (m' + n' - p').$

Or, quels que soient les nombres $a', \; b', \; c', \; m', \; n', \; p',$ affectés de signes, on a toujours :

$$(a' - b' + c') + (m' + n' - p') = a' - b' + c' + m' + n' - p'.$$

Cette égalité est indépendante des valeurs particulières attribuées aux lettres dans les deux polynômes P et Q ; il en résulte l'équivalence entre $(a - b + c) + (m + n - p)$ et $a - b + c + m + n - p.$

Donc, pour faire la somme...

Exemple : Soit $\qquad P = 3b^2 + 7ab - 2a^2,$
$$Q = 2b^2 - 3ab + 5a^2.$$

On a : $\quad P + Q = 3b^2 + 7ab - 2a^2 + 2b^2 - 3ab + 5a^2 ;$

ou $\qquad P + Q = 5b^2 + 4ab + 3a^2.$

Remarques. I. Pour que la réduction des termes semblables soit plus facile, on peut écrire les termes semblables les uns au-dessous des autres et faire la somme des termes rangés en colonnes.

II. On se borne souvent à indiquer l'addition de plusieurs polynômes sans l'effectuer immédiatement ; pour cela on renferme chaque polynôme dans une parenthèse, et l'on écrit ces parenthèses les unes à la suite des autres, en les séparant par le signe +.

Ainsi, pour indiquer l'addition de $a + b$ avec $c + d - b$ et $- a + d - c$, on écrira :

$$(a + b) + (c + d - b) + (- a + d - c).$$

§ III. — Soustraction.

43. Définition. *Soustraire deux quantités algébriques, c'est en chercher une troisième telle que sa valeur numérique soit égale à la différence des valeurs numériques des deux expressions, quelles que soient les valeurs particulières attribuées aux lettres dans les deux expressions.*

Ou encore : *La soustraction est une opération par laquelle, étant données deux expressions algébriques, on en cherche une troisième qui, ajoutée à la seconde, reproduise la première.*

On peut distinguer deux cas.

44. 1er Cas. **Soustraction de deux monômes.** *Pour soustraire deux monômes l'un de l'autre, on écrit le monôme à soustraire à la suite de l'autre et on les sépare par le signe* — (n° 14).

Ainsi, pour avoir l'excès du monôme $5a^3bc$ sur $4abc$, on écrira :

$$5a^3bc - 4abc.$$

Si les monômes sont semblables, on effectue la réduction.

On opère de même pour soustraire un monôme d'un polynôme; soit le monôme $3c$ à soustraire du polynôme $a + 2b$, on écrira :

$$a + 2b - 3c.$$

2e Cas. **Soustraction de deux polynômes.** Pour soustraire d'un polynôme P un autre polynôme Q, il suffit d'écrire à la suite des termes du polynôme P les différents termes du polynôme Q, en changeant les signes des termes de ce dernier polynôme.

Soit à soustraire du polynôme $P = a - b + c$, le polynôme $Q = m + n - p$.

Il faut prouver que la différence $P - Q$ égale :

$$a - b + c - m - n + p.$$

En effet, d'après la définition de la soustraction, la différence des deux polynômes doit être telle qu'en lui ajoutant le polynôme Q, d'après la règle de l'addition, le résultat reproduise le polynôme P.

Si nous effectuons cette addition, nous obtenons :

$$a - b + c - m - n + p + m + n - p;$$

et, après suppression des termes égaux et de signes contraires, $a - b + c$, c'est-à-dire le polynôme P.

Ainsi, en appliquant la règle ci-dessus, on forme bien le polynôme différence des deux polynômes donnés.

EXEMPLE. Soit à faire la différence des polynômes :

$$P = 4a^3bc - 3a^2b^2c + 2a^2b - a^2c,$$

$$Q = 3a^3bc - a^2c + a^2b - 3a^2b^2c.$$

On les écrit, en changeant les signes du polynôme à soustraire :

$$4a^3bc - 3a^2b^2c + 2a^2b - a^2c,$$

$$- 3a^3bc + 3a^2b^2c - a^2b + a^2c;$$

et l'on a : $\qquad a^3bc \qquad + a^2b.$

La différence est $\quad a^3bc + a^2b.$

CHAPITRE III

MULTIPLICATION ALGÉBRIQUE

§ I. — Multiplication.

45. Définition. *Multiplier deux expressions algébriques, c'est chercher une troisième expression telle que sa valeur numérique soit égale au produit des valeurs numériques des deux expressions données, quelles que soient les valeurs particulières attribuées aux lettres qui entrent dans ces expressions.*

46. Multiplication de deux monômes entiers. 1° Soit d'abord à multiplier deux puissances entières d'un même nombre algébrique, a^m par a^n; le produit est a^{m+n}.

En effet, a^m est égal au produit $a.a.a...$ de m facteurs égaux à a; de même a^n est égal au produit de n facteurs égaux à a. Le produit de a^m par a^n est donc formé de $m + n$ facteurs, c'est-à-dire qu'il est égal à a^{m+n}.

On a donc $a^m.a^n = a^{m+n}$.

2° Soit à multiplier $5a^4b^2c$ par $3a^2b$.

Dans un produit de nombres algébriques on peut remplacer plusieurs facteurs par leur produit effectué (n° 16). En vertu de ce principe, on peut écrire successivement :

$$5a^4b^2c \times 3a^2b = 5.3.a^4.a^2.b^2.b.c = 15a^6b^3c.$$

Règle. *Pour faire le produit de deux monômes, on fait le produit des coefficients, puis on écrit les différentes lettres en les affectant d'un exposant égal à la somme de leurs exposants.*

47. Produit de plusieurs monômes. Si l'on a plus de deux monômes à multiplier, on fait d'abord le produit des deux premiers monômes, puis le produit du résultat, qui est un monôme, par le troisième monôme, et ainsi de suite.

EXEMPLE : $4a^2bc \times 5a^3b^2c^2 \times 7ab^2c^3.$

On a : $20a^5b^3c^3 \times 7ab^2c^3 = 140a^6b^5c^6.$

48. Multiplication d'un polynôme par un monôme. Soit à multiplier le polynôme $P = a - b + c$ par le monôme m.

Le produit du polynôme P par le monôme m a pour expression :

$$(a - b + c)\,m.$$

Il faut démontrer que le produit est équivalent à l'expression

$$am - bm + cm.$$

Donnons aux lettres qui entrent dans les termes du polynôme et du monôme des valeurs particulières, et soient m', a', b', c' les valeurs numériques correspondantes du monôme et des termes du polynôme.

L'expression $(a - b + c)m$ aura la valeur numérique
$$(a' - b' + c')m'$$
et l'expression $am - bm + cm$ aura la valeur numérique
$$a'm' - b'm' + c'm';$$
mais ces valeurs numériques sont égales (n° 17).

Ainsi les deux expressions $(a - b + c)m$ et $am - bm + cm$ sont équivalentes.

On en conclut la règle suivante :

Règle. *Pour multiplier un polynôme par un monôme, on multiplie par le monôme chaque terme du polynôme, et on fait la somme des produits obtenus.*

EXEMPLES :

$$(6m^3 - 5m^2 - 3m + 2)\,3m^2 = 18m^5 - 15m^4 - 9m^3 + 6m^2.$$

$$\left(\frac{3}{5}\,a^3b^2 - \frac{7}{4}\,a^6b^3 - \frac{2}{3}\,a^2b\right)\frac{4}{5}\,a^3bc$$

$$= \frac{12}{25}\,a^6b^3c - \frac{7}{5}\,a^9b^4c - \frac{8}{15}\,a^5b^2c.$$

Remarque. Si l'on avait à multiplier un monôme par un polynôme, on intervertirait l'ordre des facteurs et l'on reviendrait au cas précédent.

49. Multiplication de deux polynômes. Soient les deux polynômes P et Q :

$$P = a - b + c - d \quad \text{et} \quad Q = m + n - p - q.$$

On peut les écrire sous la forme

$$P = A - B \quad \text{et} \quad Q = C - D,$$

A et C représentant les sommes des termes positifs, — B et — D les sommes des termes négatifs.

Le produit sera $PQ = (A - B)\, Q = AQ - BQ$ d'après le cas précédent ; mais on sait faire les produits AQ et BQ d'après ce même cas.

$$PQ = A\,(C - D) - B\,(C - D),$$

ou

$$PQ = AC - AD - (BC - BD);$$

et, d'après la règle de la soustraction,

$$PQ = AC - AD - BC + BD.$$

Remarque. On observe que deux quantités A et C ou B et D affectées du même signe donnent un produit positif ; deux quantités A et D ou B et C affectées de signes contraires donnent un produit négatif.

On exprime cette remarque en disant :

$$+ \text{ multiplié par } + \text{ donne } +$$
$$- \quad » \quad » \quad - \quad » \quad +$$
$$+ \quad » \quad » \quad - \quad » \quad -$$
$$- \quad » \quad » \quad + \quad » \quad -$$

De ce qui précède résulte la règle suivante :

Règle. *Pour faire le produit d'un polynôme par un polynôme, on multiplie tous les termes du multiplicande par chacun des termes du multiplicateur, en observant la règle des signes, puis on réduit les termes semblables.*

50. Indications pratiques pour faire le produit de deux polynômes. Le produit de deux polynômes est la somme de tous les produits que l'on obtient en multipliant chaque terme de l'un par chaque terme de l'autre.

Si les polynômes donnés contiennent quelque lettre commune, on les ordonne par rapport à cette lettre ; puis on multiplie le premier polynôme successivement par chaque terme du second, en ayant soin d'écrire les termes semblables les uns sous les autres, et on fait la somme des produits partiels en opérant toutes les réductions.

Exemple I. La règle énoncée conduit à la disposition suivante :

| Multiplicande | $3a^3 - 4a^2b + 2ab^2 - b^3$ |
| Multiplicateur | $2a^2 + ab - 3b^2$ |

Produit par $2a^2$	$6a^5 - 8a^4b + 4a^3b^2 - 2a^2b^3$
»　　　» ab	$+ 3a^4b - 4a^3b^2 + 2a^2b^3 - ab^4$
»　　　» $- 3b^2$	$- 9a^3b^2 + 12a^2b^3 - 6ab^4 + 3b^5$
Produit réduit	$6a^5 - 5a^4b - 9a^3b^2 + 12a^2b^3 - 7ab^4 + 3b^5$

51. Notation abrégée des termes semblables. On peut s'abstenir d'écrire plusieurs fois la partie littérale des termes semblables ; il suffit de disposer leurs coefficients sur une colonne verticale, en les séparant de la partie littérale par un trait vertical qui joue le rôle de parenthèse. Le tableau précédent devient :

$$3a^3 - 4a^2b + 2ab^2 - b^3$$
$$2a^2 + ab - 3b^2$$

$$
\begin{array}{l}
6a^5 - 8\,|a^4b + 4\,|a^3b^2 - 2\,|a^2b^3 \\
 + 3\,| - 4\,| + 2\,| - 1\,|ab^4 \\
 - 9\,| | + 12\,| - 6\,| + 3b^5
\end{array}
$$

$$6a^5 - 5\,a^4b - 9\,a^3b^2 + 12\,a^2b^3 - 7\,ab^4 + 3b^5$$

Exemple II. Soit encore à multiplier les deux polynômes :

$$x^3 + (a + b)x^2 + (a^2 - b^2)x + a^3 - b^3$$
$$x^2 - (a - b)x + a^2 - b^2.$$

On peut disposer l'opération comme il suit :

Multiplicande	$x^3 + a\,	x^2 + a^2\,	x + a^3$
	$ + b\,	 - b^2\,	 - b^3$
Multiplicateur	$x^2 - a\,	x + a^2$
	$ + b\,	 - b^2$

Produit du multiplicande

par x^2,	$x^5 + a\,	x^4 + a^2\,	x^3 + a^3\,	x^2$
	$ + b\,	 - b^2\,	 - b^3$
par $- ax$,	$ - a\,	 - a^2\,	 - a^3\,	 - a^4\,	x$
	$	 - ab\,	 + ab^2\,	 + ab^3$
par bx,	$ + b\,	 + ab\,	 + a^2b\,	 + a^3b$
	$	 + b^2\,	 - b^3\,	 - b^4$
par a^2,	$ + a^2\,	 + a^3\,	 + a^4\,	 + a^5$
	$	 + a^2b\,	 - a^2b^2\,	 - a^2b^3$
par $- b^2$,	$ - b^2\,	 - ab^2\,	 - a^2b^2\,	 - a^3b^2$
	$	 - b^3\,	 + b^4\,	 + b^5$

Produit réduit :

$$x^5 + 2bx^4 + (a^2 - b^2)x^3 + (a^3 + 2a^2b - 3b^3)x^2 + (a^3b - 2a^2b^2 + ab^3)x + a^5 - a^3b^2 - a^2b^3 + b^5$$

52. Théorème I. *Quand il n'y a pas de réductions, le nombre des termes du produit de deux polynômes donnés est égal au produit du nombre des termes du multiplicande par le nombre des termes du multiplicateur.*

En effet, chaque terme de l'un des polynômes donne autant de termes qu'il y en a dans l'autre. Si donc il y a p termes dans le premier, q dans le second, et que l'on n'opère aucune réduction de termes semblables, il y a pq termes au produit.

53. Théorème II. *Le produit de deux polynômes contient toujours au moins deux termes irréductibles.*

Si les deux polynômes et leur produit sont ordonnés par rapport aux puissances décroissantes d'une même lettre, le premier et le dernier terme du produit proviennent sans réduction, l'un de la multiplication des deux premiers termes, l'autre de la multiplication des deux derniers termes des polynômes donnés.

En effet, le premier terme de chaque facteur étant de degré plus élevé que tout autre par rapport à la lettre ordonnatrice, le produit de ces deux premiers termes est de degré plus élevé que tout autre produit partiel ; c'est donc un terme irréductible. De même, le produit des deux derniers termes donne le terme de degré le moins élevé, c'est-à-dire un terme irréductible.

Corollaire. *Le degré du produit de deux polynômes est égal à la somme des degrés de ses facteurs.*

§ II. — Identités.

54. La règle pour la multiplication de deux polynômes conduit aux **résultats** suivants, qu'il est utile de retenir.

$$(a + b)^2 \equiv a^2 + 2ab + b^2$$
$$(a - b)^2 \equiv a^2 - 2ab + b^2$$
$$(a + b)(a - b) \equiv a^2 - b^2$$
$$(a + b)^3 \equiv a^3 + 3a^2b + 3ab^2 + b^3$$
$$(a - b)^3 \equiv a^3 - 3a^2b + 3ab^2 - b^3$$

Les deux premiers donnent :

$$(a + b)^2 - (a - b)^2 \equiv 4ab$$
$$(a + b)^2 + (a - b)^2 \equiv 2(a^2 + b^2).$$

55. Formation du carré d'un polynôme. *Le carré d'un polynôme se compose de la somme des carrés de ses différents termes, augmentée du double produit des termes pris deux à deux.*

Le théorème est vrai pour le binôme : $(a + b)^2 = a^2 + b^2 + 2ab.$

Pour le vérifier pour le trinôme $(a+b+c)$, on peut poser $a+b=s$; on aura successivement :

$$(a+b+c)^2 = (s+c)^2 \quad \text{ou} \quad s^2 + 2cs + c^2.$$
$$= (a+b)^2 + 2(a+b)c + c^2.$$
$$= a^2 + b^2 + c^2 + 2ab + 2ac + 2bc.$$

Démontrons que si le théorème est vrai pour un polynôme de n termes, il est vrai aussi pour un polynôme de $n+1$ termes.

Soient $P' = a+b+c+\ldots+k$, composé de n termes,

et $P = a+b+c+\ldots k+l$, composé de $n+1$ termes.

Si nous représentons par s la somme des n termes $a+b+c+\ldots+k$, nous aurons : $P^2 = (s+l)^2 \quad \text{ou} \quad s^2 + 2sl + l^2.$

Mais le théorème étant vrai pour le polynôme P', s^2 renferme la somme des carrés des termes a, b, $c\ldots k$ et leur double produit $2ab$, $2ac$, $2ad\ldots$, $2ak$, $2bc$, $2bd$, $\ldots 2bk\ldots$ Le terme $2sl$ renferme les doubles produits par l de a, b, c, $\ldots k$; et l^2 est le carré de ce dernier terme.

Or le théorème est vérifié pour $n=2$ et $n=3$; donc il est vrai pour $n=4$, $n=5$, etc..., donc il est général.

$$P^2 = a^2 + b^2 + c^2 + \ldots + l^2 + 2ab + 2ac + \ldots + 2al + 2bc + 2bd + \ldots + 2kl.$$

Ces résultats se représentent symboliquement par la formule suivante :

$$(\Sigma a)^2 = \Sigma a^2 + 2\Sigma ab.$$

Le signe Σ (*sigma*) indique une somme de quantités semblables à celle qui le suit. Ainsi Σa représente $a+b+c+d$,

$2\Sigma ab$ représente $2ab + 2ac + 2ad + 2bc + 2bd + 2cd$.

EXEMPLES : $(1 + 2a - 3b)^2 = 1 + 4a^2 + 9b^2 + 4a - 6b - 12ab.$

$$(a - 2b - c + d)^2 = a^2 + 4b^2 + c^2 + d^2 - 4ab - 2ac + 2ad + 4bc - 4bd - 2cd.$$

Remarque. Pour ne pas s'exposer à oublier des termes, on écrit d'abord les carrés, puis les doubles produits, en multipliant le double du premier terme successivement par chacun des autres, le double du second par les suivants, etc.

56. Cube d'un polynôme. Pour former le cube de $a+b+c$, on peut poser $a+b=s$, et l'on a :

$$(a+b+c)^3 = (s+c)^3 \quad \text{ou} \quad s^3 + 3s^2c + 3sc^2 + c^3$$
$$= (a+b)^3 + 3(a+b)^2c + 3(a+b)c^2 + c^3;$$

ou :

$$(a+b+c)^3 = a^3 + b^3 + c^3 + 3a^2b + 3a^2c + 3b^2a + 3b^2c + 3c^2a + 3c^2b + 6abc.$$

On peut donner la règle suivante, qu'on établirait comme pour le carré.

Le cube d'un polynôme se compose de la somme des cubes de ses termes, plus trois fois les produits obtenus en multipliant le carré de chacun d'eux successivement par tous les autres, plus six fois les produits des termes pris trois à trois.

En employant la notation abrégée ci-dessus :

$$(a+b+c)^3 = \Sigma a^3 + 3\Sigma a^2b + 6\Sigma abc.$$

57. Identités. Les expressions

$$(a+b)^2 = a^2 + b^2 + 2ab; \quad (a-b)^2 = a^2 + b^2 - 2ab$$

et autres analogues (n° 54) sont des identités.

On vérifie une identité en prouvant que ses deux membres sont des expressions identiques; on y parvient généralement en passant de l'une de ces expressions à l'autre par des transformations permises; quelquefois il est plus simple de montrer que chacune d'elles équivaut à une même expression.

58. Identité de Lagrange :

$$(a^2 + b^2)(x^2 + y^2) \equiv (ax + by)^2 + (ay - bx)^2 \tag{1}$$

Le produit formant le premier membre est :

$$a^2x^2 + b^2x^2 + a^2y^2 + b^2y^2.$$

La somme des carrés formant le second membre est :

$$a^2x^2 + b^2y^2 + 2abxy + a^2y^2 + b^2x^2 - 2abxy;$$

ou, après réduction : $\qquad a^2x^2 + b^2x^2 + a^2y^2 + b^2y^2.$

Ces deux expressions étant identiques, l'égalité (1) est une identité.

Soit encore à vérifier :

$$(a^2 + b^2 + c^2)(x^2 + y^2 + z^2) \equiv (ax + by + cz)^2$$
$$+ (ay - bx)^2 + (az - cx)^2 + (bz - cy)^2. \tag{2}$$

Si l'on développe le second membre, on obtient, après réduction des termes semblables :

$$a^2x^2 + a^2y^2 + a^2z^2 + b^2x^2 + b^2y^2 + b^2z^2 + c^2x^2 + c^2y^2 + c^2z^2.$$

C'est précisément le produit formant le premier membre; l'égalité (2) est donc une identité.

Ces deux identités servent à la résolution de certains problèmes sur les maxima et minima; il est utile de les retenir.

§ III. — Formation des puissances d'une expression algébrique.

59. De la définition (n° 19) résultent les remarques suivantes :

1° Toutes les puissances d'une quantité positive sont *positives*, puisque le produit de nombres positifs est positif.

2° Les puissances paires d'une quantité négative sont *positives*, et les puissances impaires sont *négatives;* en effet, dans le premier cas, le nombre des facteurs de même signe est pair, donc le produit est positif; dans le second cas, le nombre des facteurs de même signe est impair, donc le produit est négatif.

$$(-a)^2 = a^2, \quad (-a)^4 = a^4; \quad (-a)^3 = -a^3, \quad (-a)^5 = -a^5.$$

60. Théorème I. *Pour élever un produit à une puissance* m°, *il suffit d'élever chaque facteur à cette puissance.*

Ainsi $\qquad (abc)^m = a^m b^m c^m.$

En effet, par définition on a :

$$(abc)^m = (abc)(abc)(abc)\dots(abc) = aaa\dots bbb\dots ccc\dots = a^m b^m c^m.$$

61. Théorème II. *Pour élever une fraction à une puissance* m°, *il suffit d'élever ses deux termes à cette puissance.*

Ainsi $\qquad \left(\dfrac{a}{b}\right)^m = \dfrac{a^m}{b^m}.$

En effet, on a :

$$\left(\dfrac{a}{b}\right)^m = \dfrac{a}{b} \times \dfrac{a}{b} \times \dots \times \dfrac{a}{b} = \dfrac{a^m}{b^m}.$$

62. Théorème III. *Le produit de plusieurs puissances d'une même quantité a est une puissance de cette quantité ayant pour exposant la somme des exposants des facteurs.*

Ainsi $$a^m a^n a^p = a^{m+n+p}.$$

En effet, $$a^m a^n a^p = (a.a.a...) \, (a.a.a...) \, (a.a.a...).$$

La première parenthèse contient m facteurs égaux à a, la deuxième n et la troisième p; le second membre est donc un produit de $m+n+p$ facteurs égaux à a, c'est-à-dire a^{m+n+p}.

63. Théorème IV. *Pour élever une puissance à une autre puissance, il suffit de faire le produit des exposants.*

Ainsi $$(a^m)^p = a^{mp}.$$

En effet, $$(a^m)^p = a^m . a^m . a^m ... = a^{m+m+m+...} = a^{mp}.$$

Réciproquement :

$$a^{mp} = (a^m)^p, \quad \text{ainsi} \quad a^6 = (a^2)^3 = (a^3)^2.$$

64. Théorème V. *Quotient de deux puissances d'une même quantité :*

1° Si l'exposant du numérateur est plus grand que l'exposant du dénominateur, le quotient est égal à une puissance de cette quantité ayant pour exposant l'excès de l'exposant du numérateur sur celui du dénominateur;

2° Si les exposants du numérateur et du dénominateur sont égaux, le quotient est égal à l'unité;

3° Si l'exposant du numérateur est plus petit que l'exposant du dénominateur, le quotient est égal à l'inverse d'une puissance de cette quantité, ayant pour exposant l'excès de l'exposant du dénominateur sur celui du numérateur.

Soit $\dfrac{a^m}{a^n}$ le quotient de deux puissances de la quantité a.

1° $m > n$; comme m et n sont entiers et positifs, on peut poser $m = n + p$.

Alors $a^m = a^{n+p} = a^n . a^p$; donc a^p est le quotient de a^m par a^n.

$$\frac{a^m}{a^n} = a^p = a^{m-n};$$

2° $m = n$; on a $a^m = a^n$, et le quotient $\dfrac{a^m}{a^n} = 1$;

3° $m < n$; comme m et n sont entiers, on peut poser :

$$m = n - p; \quad \text{d'où} \quad n = m + p.$$

Alors $$\frac{a^m}{a^n} = \frac{a^m}{a^{m+p}} = \frac{a^m}{a^m . a^p} = \frac{1}{a^p} = \frac{1}{a^{n-m}}.$$

§ IV. — Exposants négatifs.

65. Supposons que l'on ait à former le quotient de a^m par a^n. Nous avons vu (n° 64) que l'on a :

$$\frac{a^m}{a^n} = a^{m-n} \quad \text{à condition que} \quad m > n.$$

Si l'on a $m < n$, cette règle n'a plus de sens, car $m - n$ serait négatif, et le symbole a^{-4} par exemple n'a pas de sens; mais si par *convention* on représente par a^{m-n} le quotient de a^m par a^n lorsque $m < n$, le symbole a^{m-n} aura le même sens que $\dfrac{1}{a^{n-m}}$.

Nous sommes ainsi conduits à l'introduction dans le calcul de puissances négatives ou d'exposants négatifs en posant la définition suivante :

Soient a *un nombre algébrique et* m *un entier positif; on appelle puissance* m* *négative du nombre* a, *et on la représente par* a^{-m}, *une fraction ayant pour numérateur l'unité et pour dénominateur la puissance* m* *de* a. *La puissance zéro d'un nombre différent de zéro est l'unité.*

Donc par définition : $a^{-m} = \dfrac{1}{a^m}, \quad a^0 = 1.$

Ainsi $(3)^{-2} = \dfrac{1}{3^2}, \quad (-3)^{-2} = \dfrac{1}{(-3)^2}, \quad 2^0 = 1, \quad (-2)^0 = 1.$

L'introduction des exposants négatifs est avantageuse en ce sens qu'elle permet de représenter une expression monôme ou polynôme fractionnaire par une expression équivalente mais entière; par exemple, le monôme :

$$\frac{d}{a^3 b^2 c} \quad \text{peut s'écrire :} \quad a^{-3} b^{-2} c^{-1} d;$$

et le polynôme $\dfrac{a+b}{[a-b+(a+b)^2]^3}, \qquad (a+b)\left[a-b+(a+b)^2\right]^{-3}.$

Il faut toutefois remarquer que cet avantage n'existe que si les règles de calcul relatives aux exposants entiers et positifs appliquées, par convention, aux exposants négatifs, fournissent les mêmes résultats que les opérations faites sur les nombres représentés par ces symboles; nous allons constater qu'il en est ainsi dans la multiplication, la division, l'élévation aux puissances, et qu'il n'y a pas de règles particulières pour ces sortes d'exposants.

1° Soit *à multiplier* a^m *par* a^n, les exposants pouvant être l'un ou l'autre, ou tous les deux négatifs. Supposons d'abord le premier seul négatif, c'est-à-dire $m = -m'$.

On aura : $a^m \times a^n = a^{-m'} \times a^n.$ Or $a^{-m'} = \dfrac{1}{a^{m'}};$

donc $a^{-m'} \times a^n = \dfrac{a^n}{a^{m'}} = a^{n-m'} = a^{n+(-m')} = a^{n+m}.$

De même si n seul est négatif.

Si les deux exposants sont négatifs : $m = -m'$ et $n = -n';$ on a :

$$a^m \times a^n = a^{-m'} \times a^{-n'} = \frac{1}{a^{m'}} \times \frac{1}{a^{n'}} = \frac{1}{a^{m'+n'}} = a^{-m'-n'} = a^{m+n}.$$

La règle pour la multiplication de facteurs affectés d'exposants positifs s'applique donc au cas où les exposants sont négatifs.

2° *Soit à diviser* a^m *par* a^n, les exposants pouvant être l'un ou l'autre, ou tous les deux négatifs.

Supposons d'abord m négatif, $m = -m';$ on aura $\dfrac{a^m}{a^n} = \dfrac{a^{-m'}}{a^n}.$

Or $\dfrac{a^{-m'}}{a^n} = \dfrac{1}{a^{m'} \times a^n} = \dfrac{1}{a^{m'+n}} = a^{(-m')-n} = a^{m-n}.$

De même si n seul est négatif.

Supposons m et n tous deux négatifs, $m = -m'$, $n = -n'$, on aura :

$$\frac{a^m}{a^n} = \frac{a^{-m'}}{a^{-n'}} = \frac{\dfrac{1}{a^{m'}}}{\dfrac{1}{a^{n'}}} = \frac{a^{n'}}{a^{m'}} = a^{n'-m'} = a^{n'+(-m')} = a^{m-n}.$$

La règle de la division de quantités affectées d'exposants positifs s'applique donc au cas où les exposants sont négatifs.

3° *Soit à faire la puissance n de a^m, m et n pouvant être l'un ou l'autre, ou tous les deux négatifs.*

1° Supposons n négatif et égal à $-n'$;

on a : $\quad (a^m)^n = (a^m)^{-n'} = \dfrac{1}{(a^m)^{n'}} = \dfrac{1}{a^{mn'}} = a^{-mn'} = a^{m(-n')} = a^{mn}.$

2° Supposons m négatif et égal à $-m'$;

on a : $\quad (a^m)^n = (a^{-m'})^n = \left(\dfrac{1}{a^{m'}}\right)^n = \dfrac{1}{a^{m'n}} = a^{-m'n} = a^{mn}.$

3° Supposons m et n tous deux négatifs, $\quad m = -m', \quad n = -n';$
on a :

$$(a^m)^n = (a^{-m'})^{-n'} = \dfrac{1}{(a^{-m'})^{n'}} = \dfrac{1}{a^{-m'n'}} = a^{m'n'} = a^{(-m')(-n')} = a^{mn}.$$

La règle d'élévation aux puissances dans le cas d'exposants positifs s'applique donc au cas où les exposants sont négatifs.

Le calcul des exposants négatifs se fait donc absolument comme pour les exposants positifs.

§ V. — Polynômes entiers en x et polynômes identiques.

66. Définitions. *Un polynôme est entier en* x, *lorsque cette lettre n'est pas en dénominateur et qu'elle n'est affectée que d'exposants entiers et positifs.*

EXEMPLE : $\qquad 5x^4 - 8x^3 + 3x^2 - 10x + 7$

est un polynôme entier en x.

On peut représenter un tel polynôme par les notations $\mathrm{P}(x)$ ou $f(x)$, qui se lisent $\qquad\qquad \mathrm{P}$ de x ou f de x.

On a donc : $\qquad \mathrm{P}(x) = 5x^4 - 8x^3 + 3x^2 - 10x + 7.$ $\hfill$ (I)

Si dans ce polynôme on remplace x par a (a étant un nombre donné), le résultat de la substitution se représente par $\mathrm{P}(a)$ ou $f(a)$;

Ainsi, en prenant $\quad x = 2$, on aura pour le polynôme : $\hfill$ (I)

$$\mathrm{P}(2) = 15.$$

Un polynôme *entier en* x est dit *identiquement nul* lorsqu'il est nul pour toute valeur attribuée à x.

Deux polynômes *entiers en* x sont dits *équivalents* s'ils prennent des valeurs numériques égales pour toute valeur attribuée à x.

Deux polynômes *entiers en* x sont dits *identiques* lorsque tous les termes de l'un sont *identiques* aux termes de l'autre, c'est-à-dire quand les coefficients des mêmes puissances de x sont égaux dans les deux polynômes.

67. Théorème I. *Si un polynôme entier en* x *n'a pas de terme indépendant de* x, *on peut donner à* x *une valeur assez petite pour que la valeur numérique de ce polynôme soit plus petite en valeur absolue que tout nombre positif donné* α.

Soit le polynôme $\qquad ax^4 + bx^3 + cx^2 + dx.$

On augmente la valeur de ce polynôme :

1° En prenant pour chaque coefficient la valeur absolue N du plus grand en valeur absolue;

2° En remplaçant chaque puissance par x, car

$$x^4 < x^3 < x^2 < x \quad \text{dès que} \quad x < 1.$$

Alors l'expression $4Nx$ a une valeur numérique supérieure à celle du polynôme donné.

On peut avoir : $\qquad\qquad 4Nx < \alpha,$

il suffit de prendre $x < \dfrac{\alpha}{4N}$ (moindre que 1), ce qui est toujours possible,

et le théorème est démontré.

68. Théorème II. *Si un polynôme entier en x est identiquement nul, tous ses coefficients sont nuls.*

Soit le polynôme : $\qquad ax^4 + bx^3 + cx^2 + dx + e,$

tel que par hypothèse $\quad ax^4 + bx^3 + cx^2 + dx + e \equiv 0.$

1° Il est nul pour toute valeur de x, donc pour $x = 0$; par suite, $e = 0$.

2° On a $d = 0$; en effet, puisque $e = 0$, le polynôme se réduit à :

$$x(ax^3 + bx^2 + cx + d) \quad \text{et l'on a :} \quad x(ax^3 + bx^2 + cx + d) \equiv 0.$$

Si d n'était pas nul, on pourrait, d'après le théorème I, trouver pour x des valeurs non nulles qui feraient prendre à $ax^3 + bx^2 + cx$ une valeur absolue numérique moindre que d, et pour ces valeurs aucun des deux facteurs ne serait nul, ni, par suite le polynôme, ce qui est contraire à l'hypothèse; ainsi

$$d = 0.$$

3° On a $c = 0$; en effet, puisque $d = 0$, le polynôme se réduit à :

$$x^2(ax^2 + bx + c) \equiv 0.$$

Si $c \neq 0$, on pourrait choisir x non nul, de manière que la valeur absolue de $ax^2 + bx$ soit moindre que c, et le polynôme ne serait pas nul pour ces valeurs de x, ce qui est contraire à l'hypothèse; donc $c = 0$.

4° On a $b = 0$; en raisonnant comme ci-dessus, on arrive à cette conclusion.

5° On a finalement $ax^4 \equiv 0$, donc $a = 0$.

69. Théorème III. *Deux polynômes entiers en x équivalents sont identiques.*

Soient les deux polynômes :

$$ax^4 + bx^3 + cx^2 + dx + e$$

et

$$\alpha x^3 + \beta x^2 + \gamma x + \delta$$

donnés équivalents; il faut démontrer qu'ils sont identiques.

En effet, puisque ces polynômes prennent la même valeur numérique pour toute valeur attribuée à x, leur différence est identiquement nulle; on a donc :

$$ax^4 + (b - \alpha)x^3 + (c - \beta)x^2 + (d - \gamma)x + e - \delta \equiv 0;$$

et, d'après le théorème II :

$$a = 0, \quad b - \alpha = 0, \quad c - \beta = 0, \quad d - \gamma = 0, \quad e - \delta = 0;$$

d'où $\qquad\qquad a = 0, \quad b = \alpha, \quad c = \beta, \quad d = \gamma, \quad e = \delta.$

Les polynômes sont bien identiques, puisque les coefficients des mêmes puissances de x sont respectivement égaux.

CHAPITRE IV

DIVISION ALGÉBRIQUE

70. Définition. *Diviser deux expressions algébriques, c'est former une troisième expression telle que sa valeur numérique soit égale au quotient des valeurs numériques des deux expressions données, quelles que soient les valeurs attribuées aux lettres.*

Les deux expressions données s'appellent dividende et diviseur; l'expression cherchée, quotient.

La division est l'opération inverse de la multiplication; on indique la division en écrivant le diviseur sous le dividende et en les séparant par un trait horizontal.

§ I. — Division des monômes.

71. Division des monômes. Supposons qu'il existe un monôme tel qu'en le multipliant par le monôme diviseur, on reproduise le monôme dividende; alors, d'après la règle de multiplication des monômes, le coefficient du dividende est égal au produit du coefficient du diviseur par celui du quotient.

Les lettres ont dans le dividende un exposant égal à la somme des exposants du diviseur et du quotient; donc on trouvera le coefficient du quotient en divisant celui du dividende par celui du diviseur, et l'exposant d'une lettre au quotient, en retranchant de l'exposant du dividende celui du diviseur; d'après cela, le quotient de $35a^5b^3c^2$ par $5a^2b^2c^2$ sera $7a^3b$; d'où la règle.

Règle. *Pour diviser un monôme par un monôme, on divise le coefficient du dividende par celui du diviseur; on écrit les lettres qui entrent au dividende et au diviseur, en leur donnant pour exposant la différence des exposants. Si une lettre est seulement au dividende, on l'écrit au quotient avec son exposant.*

Remarque. En général, il n'existe pas un monôme entier qui, multiplié par le diviseur, reproduise le dividende; dans ce cas, on se contente d'indiquer le quotient sous forme de fraction en faisant les simplifications possibles. Nous verrons plus loin comment on simplifie une fraction algébrique.

72 Division d'un polynôme par un monôme. Diviser

un polynôme par un monôme, c'est chercher un quotient qui, multiplié par le diviseur, reproduise le dividende ; or ce quotient ne peut être qu'un polynôme, car un monôme multiplié par un monôme ne peut pas fournir un polynôme. Mais le produit d'un polynôme par un monôme s'obtient en multipliant par le monôme chaque terme du polynôme, en lui conservant son signe ; par suite, pour trouver le quotient d'un polynôme par un monôme, il suffit de diviser par le monôme chaque terme du polynôme.

Exemple :

$$(48a^5b^3c^4 - 30a^4b^5c^2 + 72a^3b^3c^4) : 6a^2bc^2 = 8a^3b^2c^2 - 5a^2b^4 + 12ab^2c^2.$$

§ II. — Division de deux polynômes entiers ordonnés.

73. Définition. Soient A et B deux polynômes entiers tels que le polynôme A soit le produit du polynôme B par un autre polynôme entier Q ; ce polynôme Q est le quotient des deux polynômes A et B. La division du polynôme A par le polynôme B est l'*opération* qui consiste à former le polynôme Q.

Le plus souvent ce polynôme Q n'existe pas, et la division est impossible ; par extension on appelle encore division du polynôme A par le polynôme B, l'opération qui consiste à former un polynôme entier Q tel que l'on ait : $\qquad A = B.Q + R,$

R (appelé reste) étant un polynôme entier de degré inférieur au degré de B.

Recherche du premier terme du quotient. Soient deux polynômes entiers ordonnés suivant les puissances décroissantes d'une même lettre :

$$14x^5 - 27ax^4 + 21a^2x^3 - 3a^3x^2 - 2a^4x \quad \text{et} \quad 2x^2 - 3ax + 2a^2.$$

Le quotient sera nécessairement un polynôme ordonné suivant les puissances décroissantes de la même lettre ; je dis que le premier terme du quotient s'obtient en divisant le premier terme du dividende par le premier terme du diviseur.

En effet, le dividende étant égal au produit du diviseur par le quotient, ce produit étant augmenté du reste, s'il y en a un, et les polynômes étant ordonnés, le produit du premier terme du diviseur par le premier terme du quotient ne pourra se réduire avec aucun des produits suivants ; par suite, ce produit sera égal au premier terme du dividende ; donc, en divisant ce terme par le premier terme du diviseur, on trouve nécessairement le premier terme du quotient.

Recherche des termes successifs. Si du dividende on retranche le produit du diviseur par le premier terme du quotient, le reste sera égal au produit du diviseur par l'ensemble des autres termes du quotient.

Or, si l'on raisonne sur ce reste comme sur le dividende primitif, on verra que pour trouver le second terme du quotient il suffira de diviser le premier terme de ce reste par le premier du diviseur, et ainsi de suite ; d'où l'on peut conclure la règle suivante.

Règle. *Pour diviser deux polynômes ordonnés suivant les puissances décroissantes d'une même lettre, on divise le premier terme du dividende par le premier terme du diviseur, on trouve le premier terme du quotient ; on multiplie le diviseur par ce premier terme, et on retranche le produit du dividende. On divise ensuite le premier terme du premier reste par le premier terme du diviseur, on obtient le second terme du quotient ; on multiplie le diviseur par ce terme, on retranche ce produit du premier reste et on obtient le second reste ; en divisant le premier terme de ce reste par le premier terme du diviseur, on obtiendra le troisième terme du quotient ; on continue ainsi jusqu'à ce qu'on trouve un reste nul, ou bien un reste de degré moindre que le diviseur.*

Disposition de l'opération. Si on applique cette règle aux deux polynômes proposés, on aura :

$$
\begin{array}{l|l}
\text{Dividende}\quad 14x^5 - 27ax^4 + 21a^2x^3 - 3a^3x^2 - 2a^4x & 2x^2 - 3ax + 2a^2 \\
\qquad\qquad\; -14x^5 + 21ax^4 - 14a^2x^3 & \overline{7x^3 - 3ax^2 - a^2x} \\[4pt]
\hline
\end{array}
$$

$$
\begin{aligned}
1^{\text{er}}\ \text{reste}\qquad 0\ &- 6ax^4 + 7a^2x^3 - 3a^3x^2 - 2a^4x \\
&+ 6ax^4 - 9a^2x^3 + 6a^3x^2 \\
\hline
2^{\text{e}}\ \text{reste}\qquad 0\ &- 2a^2x^3 + 3a^3x^2 - 2a^4x \\
&+ 2a^2x^3 - 3a^3x^2 + 2a^4x \\
\hline
3^{\text{e}}\ \text{reste}\qquad &\qquad\quad 0.
\end{aligned}
$$

On voit que l'opération se dispose comme la division arithmétique ; la multiplication du diviseur par chaque terme du quotient, la soustraction de ces produits des restes successifs et la réduction des termes semblables, s'effectuent en même temps. Le premier terme de chaque reste est toujours réduit ; le degré des restes successifs va en décroissant si le dividende et le diviseur sont eux-mêmes ordonnés par rapport aux puissances décroissantes d'une lettre.

Le degré du quotient est la différence entre les degrés du dividende et du diviseur.

74. Conditions de possibilité. Du raisonnement ci-dessus nous pouvons déduire les conditions nécessaires et suffisantes pour que la division de deux polynômes entiers se fasse sans reste; ces conditions sont :

1º Que le premier terme du dividende soit divisible par le premier terme du diviseur, et que le dernier terme du dividende soit divisible par le dernier du diviseur;

2º Que le premier terme de chaque reste soit divisible par le premier terme du diviseur ;

3º Qu'après un certain nombre d'opérations on trouve au quotient un terme tel, que, multiplié par le diviseur, il donne un produit égal au dividende partiel qui l'a fourni.

Ces conditions *sont nécessaires ;* car, si l'une d'elles manque, la division des deux polynômes n'est plus possible.

Elles sont suffisantes ; car, si elles sont remplies, on trouve pour quotient un polynôme qui, multiplié par le diviseur, donnera un produit identique au polynôme dividende.

75. Cas où la division fournit un reste. Soient A et B les polynômes dividende et diviseur. Si l'on représente par Q le quotient obtenu, jusqu'à ce que le reste soit de degré moindre que le degré du diviseur, et par R ce reste, on pourra écrire :

$$A - B.Q \equiv R \quad \text{ou} \quad A \equiv B.Q + R.$$

Le polynôme Q s'appelle encore le quotient du polynôme A par le polynôme B.

Remarque. Il est facile de démontrer qu'il n'existe qu'un polynôme Q, tel que
$$A \equiv B.Q + R,$$
R étant de degré moindre que B.

Supposons, en effet, qu'il soit possible d'avoir à la fois :
$$A \equiv B.Q + R,$$
et
$$A \equiv B.Q' + R'.$$

On aurait ainsi :
$$B.Q + R \equiv B.Q' + R',$$
ou
$$B(Q - Q') \equiv R' - R. \qquad (1)$$

Or le premier membre de cette identité est au moins d'un degré égal à celui de B; le second membre est de degré moindre que celui de B, puisque R et R' étant de degré moindre que B, il en sera de même, *à fortiori,* pour leur différence.

L'identité (1) n'est donc possible que si
$$Q' \equiv Q,$$
et alors
$$R' \equiv R.$$

§ III. — Divisibilité par x — a.

76. Théorème. *Le reste de la division d'un polynôme entier en x par un binôme de la forme x — a s'obtient en remplaçant x par a dans ce polynôme.*

Soit à diviser par $x — a$ un polynôme entier en x que nous représenterons par $P(x)$.

Le diviseur $x — a$ est du premier degré; le reste étant de degré moindre que $x — a$ sera de degré zéro ou indépendant de x.

On aura :
$$P(x) \equiv (x — a)\, Q(x) + R,$$

le quotient $Q(x)$ étant entier en x.

Remplaçons x par a dans cette identité :

$$P(a) = (a — a)\, Q(a) + R ;$$

c'est-à-dire :
$$P(a) = 0.Q(a) + R.$$

Or $Q(a)$ est fini, puisque $Q(x)$ est un polynôme entier en x;

par suite,
$$P(a) = R.$$

77. Corollaire I. *Pour qu'un polynôme entier en x soit divisible par x — a, il faut et il suffit qu'il s'annule quand on y remplace x par a.*

78. Corollaire II. *Pour qu'un polynôme entier en x soit divisible par x + a, il faut et il suffit qu'il s'annule quand on y remplace x par — a.*

En effet, le diviseur $x + a$ peut s'écrire $x — (— a)$,

et l'on est ramené au cas précédent.

Exemple. Trouver le reste de la division du polynôme

$$5x^4 — 3x^2 + 2x — 4 \quad \text{par} \quad x — 2 \quad \text{et par} \quad x + 2.$$

On a pour $x — 2$:
$$5.2^4 — 3.2^2 + 2.2 — 4 = 68 ;$$

et pour $x + 2$:
$$5(—2)^4 — 3(—2)^2 + 2(—2) — 4 = 60.$$

79. Loi de formation du quotient par x — a.

Soit à effectuer la division du polynôme

$$A_0 x^m + A_1 x^{m-1} + A_2 x^{m-2} + A_3 x^{m-3} + \dots + A_{m-1} x + A_m$$

par le binôme $x — a$.

$$
\begin{array}{l|l}
A_0 x^m + A_1 x^{m-1} + A_2 x^{m-2} + \ldots + A_{m-1} x + A_m & x - a \\ \hline
(A_0 a + A_1) x^{m-1} & A_0 x^{m-1} \\
(A_0 a^2 + A_1 a + A_2) x^{m-2} & + (A_0 a + A_1) x^{m-2} \\
(A_0 a^3 + A_1 a^2 + A_2 a + A_3) x^{m-3} & + (A_0 a^2 + A_1 a + A_2) x^{m-3} \\
& + (A_0 a^3 + \ldots) x^{m-4} \\
\ldots \ldots \ldots & \ldots \ldots \ldots \\
(A_0 a^{m-1} + A_1 a^{m-2} + \ldots + A_{m-1}) x + A_m & \\
A_0 a^m + A_1 a^{m-1} + A_2 a^{m-2} + \ldots + A_{m-1} a + A_m & A_0 a^{m-1} + A_1 a^{m-2} + \ldots + A_{m-1}
\end{array}
$$

Le premier terme du quotient est $A_0 x^{m-1}$. En multipliant ce terme par le diviseur $x - a$, et en retranchant le produit du dividende, nous obtenons un premier reste dont le premier terme est $(A_0 a + A_1) x^{m-1}$, les termes suivants étant les mêmes que dans le dividende proposé. Divisons ce premier terme par x, nous aurons le second terme $(A_0 a + A_1) x^{m-2}$ du quotient. Multiplions ce second terme par $x - a$, et retranchons le produit du premier reste que nous avions obtenu ; nous aurons un deuxième reste dont le premier terme sera $(A_0 a^2 + A_1 a + A_2) x^{m-2}$, les termes suivants étant les mêmes que dans le dividende proposé.

Divisons ce deuxième reste par x, nous aurons le troisième terme $(A_0 a^2 + A_1 a + A_2) x^{m-3}$ du quotient, et ainsi de suite, nous arriverons au dernier dividende :

$$
(A_0 a^{m-1} + A_1 a^{m-2} + A_2 a^{m-3} + \ldots + A_{m-1}) x + A_m,
$$

qui nous donnera le dernier terme du quotient :

$$
A_0 a^{m-1} + A_1 a^{m-2} + A_2 a^{m-3} + \ldots + A_{m-1}.
$$

En multipliant ce dernier terme par $x - a$ et en retranchant le produit du dernier dividende, nous aurons le reste de la division.

$$
A_0 a^m + A_1 a^{m-1} + A_2 a^{m-2} + \ldots + A_m ;
$$

ce reste n'est autre chose que le polynôme donné dans lequel on a remplacé x par a.

Nous pouvons donc énoncer la règle suivante :

Règle. *Pour obtenir le coefficient d'un terme quelconque du quotient, on multiplie le coefficient précédent par* a, *et on ajoute le coefficient du terme de même rang du dividende.*

Applications. 1° Trouver le quotient et le reste de la division du polynôme $x^5 - 4x^4 + x^3 - 2x^2 + x + 30$ par $x - 2$.

En appliquant la règle ci-dessus, après avoir écrit le premier coefficient 1 du quotient, on dira :

1	multiplié par	2	donne	2	et $-4\ldots$	-2
-2	»	2	»	-4	et $1\ldots$	-3
-3	»	2	»	-6	et $-2\ldots$	-8
-8	»	2	»	-16	et $1\ldots$	-15
-15	»	2	»	-30	et $+30\ldots$	0

Le reste étant nul, le quotient exact sera :

$$x^4 - 2x^3 - 3x^2 - 8x - 15.$$

2° Soit à diviser :

$$3x^6 + 27x^5 - 8x^4 - 68x^3 + 36x^2 + 8x + 80 \quad \text{par} \quad x + 9.$$

Dans ce cas, on a : $a = -9$. On dira donc, après avoir écrit le coefficient du premier terme du quotient :

3	multiplié par	−9	donne	−27	et	27...	0
0	»	−9	»	0	et	−8...	−8
−8	»	−9	»	72	et	−68...	4
4	»	−9	»	−36	et	36...	0
0	»	−9	»	0	et	8...	8
8	»	−9	»	−72	et	80...	8

Le reste est 8 et le quotient $3x^5 - 8x^3 + 4x^2 + 8$.

3° Si le polynôme est INCOMPLET, on le complète au moyen de termes à coefficients nuls.

Ainsi, ayant à diviser :

$$x^8 - 13x^5 + 7x^4 + 13x^2 + 2x - 8 \quad \text{par} \quad x - 4,$$

on écrira :

$$x^8 + 0x^7 + 0x^6 - 13x^5 + 7x^4 + 0x^3 + 13x^2 + 2x - 8.$$

En appliquant la règle, on aura, en désignant par $B_0, B_1, B_2, \ldots$ les coefficients du quotient et par R le reste :

$$B_0 = 1, \quad B_1 = 4, \quad B_2 = 16, \quad B_3 = 51, \quad B_4 = 211, \quad B_5 = 844, \quad B_6 = 3389,$$
$$B_7 = 13558, \quad R = 54224.$$

Le quotient sera donc

$$x^7 + 4x^6 + 16x^5 + 51x^4 + 211x^3 + 844x^2 + 3389x + 13558,$$

et le reste 54224.

80. Quotients remarquables. 1° $x^m - a^m$ *est toujours divisible par* $x - a$; car, en remplaçant x par a, on a : $a^m - a^m = 0$.

$$\frac{x^m - a^m}{x - a} = x^{m-1} + ax^{m-2} + a^2 x^{m-3} + a^3 x^{m-4} + \ldots + a^{m-2}x + a^{m-1}.$$

On fait la division, et on aperçoit la loi du quotient facile à retenir, ou bien on applique la règle (n° 79).

2° $x^m + a^m$ *n'est jamais divisible par* $x - a$; car, en remplaçant x par a, on a : $\qquad a^m + a^m = 2a^m$

$$\frac{x^m + a^m}{x - a} = x^{m-1} + ax^{m-2} + a^2 x^{m-3} + a^3 x^{m-4} + \ldots +$$
$$+ a^{m-2}x + a^{m-1} + \frac{2a^m}{x - a} \qquad \text{(n° 79)}.$$

3° $x^m - a^m$ *est divisible par* $x + a$ *quand* m *est pair*. En effet, en remplaçant x par $(-a)$, on a $(-a)^m - a^m$, ce qui donne 0 pour m pair et $-2a^m$ pour m impair.

$$m \text{ pair } \quad \frac{x^m - a^m}{x + a} = x^{m-1} - ax^{m-2} + a^2x^{m-3} - a^3x^{m-4} + \dots$$
$$- a^{m-3}x^2 + a^{m-2}x - a^{m-1}.$$

$$m \text{ impair } \quad \frac{x^m - a^m}{x + a} = x^{m-1} - ax^{m-2} + a^2x^{m-3} - a^3x^{m-4} + \dots$$
$$+ a^{m-3}x^2 - a^{m-2}x + a^{m-1} - \frac{2a^m}{x + a}.$$

4° $x^m + a^m$ *est divisible par* $x + a$ *quand* m *est impair*. En effet, en remplaçant x par $(-a)$, on a $(-a)^m + a^m$, ce qui donne 0 pour m impair et $2a^m$ pour m pair.

$$m \text{ impair } \quad \frac{x^m + a^m}{x + a} = x^{m-1} - ax^{m-2} + a^2x^{m-3} - a^3x^{m-4} + \dots$$
$$+ a^{m-3}x^2 - a^{m-2}x + a^{m-1}.$$

$$m \text{ pair } \quad \frac{x^m + a^m}{x + a} = x^{m-1} - ax^{m-2} + a^2x^{m-3} - a^3x^{m-4} + \dots$$
$$- a^{m-3}x^2 + a^{m-2}x - a^{m-1} + \frac{2a^m}{x + a}.$$

81. Application. *Démontrer que* $x^m - a^m$ *est divisible par* $x^p - a^p$, *quand* m *est un multiple de* p.

Posons $x^p = X$, $a^p = A$ et $m = pk$, k étant un nombre entier.

Si l'on élève à la puissance k les deux membres des égalités ci-dessus, on aura : $\quad x^{pk} = x^m = X^k \quad$ et $\quad a^{pk} = a^m = A^k.$

Par suite, $\quad \dfrac{x^m - a^m}{x^p - a^p} = \dfrac{X^k - A^k}{X - A}$. Or le dernier quotient est exact (n° 80, 1°); donc, le quotient $\quad \dfrac{x^m - a^m}{x^p - a^p} \quad$ sera aussi exact.

Ainsi $x^m - a^m$ est divisible par $x^p - a^p$ lorsque m est un multiple de p.

On prouverait de même que $x^m + a^m$ est divisible par $x^p + a^p$ quand m est un multiple impair de p (n° 80, 4°).

Autre procédé. Effectuons la division de $x^m - a^m$ par $x^p - a^p$ pour découvrir la loi de formation des restes successifs.

$$
\begin{array}{ll|l}
x^m & -a^m & x^p - a^p \\
\hline
+\, a^p x^{m-p} & & x^{m-p} + a^p x^{m-2p} + a^{2p} x^{m-3p} + \dots \\
\quad + a^{2p} x^{m-2p} & & \\
\quad\quad + a^{3p} x^{m-3p} & & \\
\quad\quad\quad \dots\dots\dots\dots
\end{array}
$$

Puisque k est un nombre entier, un reste quelconque est de la forme :
$$a^{kp}\,x^{m-kp} - a^m.$$

La division se fera exactement si nous pouvons obtenir une valeur de k telle que ce reste soit identiquement nul.

Le reste peut s'écrire $a^{kp}\,(x^{m-kp} - a^{m-kp})$; a étant différent de zéro, cette expression ne peut s'annuler que si $m - kp = 0$ ou $m = kp$.

Donc il faut et il suffit que m soit un multiple quelconque de p.

On a, dans ce cas :

$$\frac{x^m - a^m}{x^p - a^p} = x^{m-p} + a^p x^{m-2p} + a^{2p} x^{m-3p} + \dots + a^{m-2p} x^p + a^{m-p}.$$

§ IV. — Division d'un polynôme entier en x par un produit de facteurs du premier degré.

82. Théorème. *La condition nécessaire et suffisante pour qu'un polynôme entier en x soit divisible par le produit*

$$(x - a)\,(x - b)\,(x - c),$$

a, b, c *étant des nombres différents, est que ce polynôme soit divisible séparément par chaque facteur* x — a, x — b, x — c.

1° *La condition est nécessaire.* En effet, soit $P(x)$ un polynôme entier en x, divisible par le produit

$$(x - a)\,(x - b)\,(x - c);$$

on a :

$$P(x) = (x-a)(x-b)(x-c)P'(x) \quad \text{ou} \quad P(x) = (x-a)\big[(x-b)(x-c)P'(x)\big],$$

$P'(x)$ étant un polynôme entier.

Puisque $P'(x)$ est un polynôme entier, il en est de même du polynôme

$$(x - b)\,(x - c)\,P'(x).$$

Cela prouve que $P(x)$ est divisible par $x - a$.

En écrivant $P(x) = (x - b)\big[(x-a)(x-c)P'(x)\big]$, on voit que $P(x)$ est divisible par $x - b$, et par $x - c$.

2° *La condition est suffisante.* Nous supposons $P(x)$ divisible séparément par $x - a$, $x - b$, $x - c$, c'est-à-dire que l'on a

$$P(a) = 0, \quad P(b) = 0, \quad P(c) = 0.$$

Soit $Q(x)$ le quotient de $P(x)$ par $x - a$.

On a :
$$P(x) = (x - a)\,Q(x). \qquad (1)$$

Cette égalité, qui a lieu pour toute valeur de x, est vérifiée quand on y remplace x par b; or par hypothèse $P(x)$ s'annule pour $x = b$, on a donc :
$$P(b) = 0 = (b - a)\, Q(b).$$

Comme $b - a$ n'est pas nul, puisque a et b sont différents, il faut que
$$Q(b) = 0.$$

Or $Q(b)$ est le reste de la division de $Q(x)$ par $x - b$; ce reste étant nul, $Q(x)$ est divisible par $x - b$, et l'on peut poser :
$$Q(x) \equiv (x - b)\, Q'(x).$$

Portant cette expression dans (1), on a :
$$P(x) \equiv (x - a)\, (x - b)\, Q'(x). \qquad (2)$$

Cette égalité, qui a lieu pour toute valeur de x, est vérifiée quand on y remplace x par c; or par hypothèse $P(x)$ s'annule pour $x = c$, on a donc : $P(c) = 0 = (c - a)\, (c - b)\, Q'(c).$

Les facteurs $c - a$ et $c - b$ ne sont pas nuls; donc il faut que
$$Q'(c) = 0.$$

Or $Q'(c)$ est le reste de la division de $Q'(x)$ par $x - c$; ce reste étant nul, $Q'(x)$ est divisible par $x - c$, et l'on peut écrire :
$$Q'(x) \equiv (x - c)\, Q''(x).$$

Portant cette expression dans (2), on a :
$$P(x) \equiv (x - a)\, (x - b)\, (x - c)\, Q''(x).$$

$Q''(x)$ étant un polynôme entier, le polynôme $P(x)$ est bien divisible par le produit $(x - a)\, (x - b)\, (x - c)$.

83. Remarque. La démonstration du théorème précédent a été faite pour le cas de trois facteurs binômes $x - a$, $x - b$, $x - c$; on l'étend facilement au cas d'un nombre quelconque de facteurs $x - a$, $x - b$, ... $x - l$; et l'on a le théorème suivant :

Si un polynôme entier en x *s'annule quand on y remplace* x *successivement par* a, *par* b, ... *par* l, *ces quantités étant différentes, ce polynôme est divisible par le produit*
$$(x - a)\, (x - b) \ldots (x - l).$$

Exemple. $x^m - a^m$ s'annule pour $x = a$ et $x = -a$, lorsque m est pair; cette expression est donc divisible par $x - a$ et $x + a$; en vertu du théorème précédent, elle est aussi divisible par le produit
$$x^2 - a^2.$$

Le quotient est $x^{m-2} + a^2 x^{m-4} + a^4 x^{m-6} + \ldots + a^{m-4} x^2 + a^{m-2}.$

84. Corollaire. *Si un polynôme entier en* x, *de degré* m, *s'annule pour* m *valeurs différentes,* a, b, c,... k, l, *attribuées à* x, *ce polynôme est égal au produit de* m *facteurs binômes,* x—a, x—b,... x—l, *multiplié par le coefficient de son premier terme.*

En effet, le degré des quotients $Q(x)$, $Q'(x)$, $Q''(x)$,... va en diminuant d'une unité; par conséquent, si le polynôme est de degré m, après avoir divisé successivement par m facteurs binômes, on obtiendra un quotient de degré 0 ou indépendant de x; ce quotient sera une constante fournie, d'après la règle de la division, par le quotient du premier coefficient du dividende par l'unité.

Si le polynôme entier est de la forme

$$A_0 x^m + A_1 x^{m-1} + A_2 x^{m-2} + \dots + A_m,$$

on a donc :

$$A_0 x^m + A_1 x^{m-1} + A_2 x^{m-2} + \dots + A_m = (x-a)(x-b)(x-c)\dots(x-k)(x-l)A_0.$$

85. Théorème. *Si un polynôme entier en* x, *de degré* m, *s'annule pour plus de* m *valeurs différentes de* x, *il est identiquement nul.*

En effet, soit le polynôme

$$A_0 x^m + A_1 x^{m-1} + \dots + A_m,$$

ou $\qquad (x-a)(x-b)(x-c)\dots(x-k)(x-l)A_0,$

qui, par hypothèse, s'annule pour des valeurs de x autres que a, b, c,... k, l; pour ces valeurs de x les facteurs $x-a$, $x-b$,... $x-l$, ne sont pas nuls, donc il faut nécessairement que A_0 soit nul. Alors $A_0(x-a)\dots(x-l)$ est nul, quel que soit x.

86. Théorème. *Si deux polynômes entiers en* x, *de degré* m, *prennent des valeurs égales pour* m + 1 *valeurs distinctes attribuées à* x, *ils sont identiques.*

Soient les deux polynômes

$$A_0 x^m + A_1 x^{m-1} + A_2 x^{m-2} + \dots + A_m,$$
$$B_0 x^m + B_1 x^{m-1} + B_2 x^{m-2} + \dots + B_m,$$

qui prennent des valeurs égales pour $m+1$ valeurs attribuées à x.

Leur différence, qui est au plus de degré m, s'annule aussi pour $m+1$ valeurs distinctes attribuées à x; c'est donc un polynôme identiquement nul; or la différence de ces polynômes est :

$$(A_0 - B_0)x^m + (A_1 - B_1)x^{m-1} + (A_2 - B_2)x^{m-2} + \dots + A_m - B_m.$$

On a donc : $A_0 - B_0 = 0$, $A_1 - B_1 = 0$, ... $A_m - B_m = 0$;

par suite, $\qquad A_0 = B_0,\ A_1 = B_1,\ \dots A_m = B_m.$

87. Théorème. *Si deux polynômes entiers en* x, *de même degré* m, *s'annulent pour les mêmes valeurs distinctes de* x, *en nombre* m, *leurs coefficients sont égaux à un facteur constant près.*

Soient les polynômes

$$P(x) \equiv A_0 x^m + A_1 x^{m-1} + A_2 x^{m-2} + \ldots + A_m,$$

$$Q(x) \equiv B_0 x^m + B_1 x^{m-1} + B_2 x^{m-2} + \ldots + B_m,$$

qui s'annulent pour les m valeurs distinctes a, b, c, ... l, attribuées à x.

Si l'on forme le polynôme $R(x) \equiv B_0 P(x) - A_0 Q(x)$, ce polynôme $R(x)$ s'annule évidemment pour les m valeurs a, b, c, ... l, puisque chacune d'elles annule séparément $P(x)$ et $Q(x)$.

Le polynôme $R(x)$, au plus de degré $m-1$, s'annule donc pour m valeurs distinctes de x; il est identiquement nul en vertu du théorème précédent.

Or

$$R(x) \equiv (A_1 B_0 - A_0 B_1) x^{m-1} + (A_2 B_0 - A_0 B_2) x^{m-2} + \ldots + A_m B_0 - A_0 B_m = 0.$$

On a donc : $A_1 B_0 - A_0 B_1 = 0$, $A_2 B_0 - A_0 B_2 = 0 \ldots A_m B_0 - A_0 B_m = 0$;

d'où
$$\frac{A_0}{B_0} = \frac{A_1}{B_1} = \frac{A_2}{B_2} = \ldots = \frac{A_m}{B_m}.$$

Si l'on désigne par K la valeur commune de ces rapports, on a :

$$A_0 = K.B_0, \quad A_1 = K.B_1 \ldots A_m = K.B_m.$$

§ V. — Décomposition en facteurs.

88. Dans bien des cas et surtout en vue de calculs numériques ou de simplifications à effectuer sur une fraction ou une équation, il est avantageux de transformer une expression donnée, généralement un polynôme, en un produit de facteurs. Cette transformation algébrique, analogue à la décomposition d'un nombre en ses facteurs premiers, est loin d'être toujours possible.

Étant donné un polynôme, si tous les termes renferment un ou plusieurs facteurs communs, la première opération à faire est de les mettre en évidence.

EXEMPLE : Soit $15a^2 x^2 - 30a^2 x^3 + 105a^2 x^4 - 75a^2 x^5$.

Le facteur $15a^2 x^2$ est commun à tous les termes; on peut donc écrire le polynôme sous la forme du produit

$$15a^2 x^2 (1 - 2x + 7x^2 - 5x^3).$$

Dans ce qui suit, nous supposerons toujours qu'il n'y a pas de fac-

teur commun à tous les termes. Alors la décomposition d'un polynôme, si elle est possible, peut se faire par l'une des trois méthodes
suivantes :

1º Par les identités ;

2º Par groupements ;

3º Par les facteurs binômes.

89. 1º Méthode des identités. Les identités les plus fréquemment employées sont :

$$a^2 - b^2 = (a + b)(a - b), \tag{1}$$

$$(a + b)^2 + (a - b)^2 = 2(a^2 + b^2), \tag{2}$$

$$(a + b)^2 - (a - b)^2 = 4ab, \tag{3}$$

$$(a + b)^2 - 4ab = (a - b)^2, \tag{4}$$

$$(a - b)^2 + 4ab = (a + b)^2, \tag{5}$$

$$a^3 + b^3 = (a + b)(a^2 - ab + b^2), \tag{6}$$

$$a^3 - b^3 = (a - b)(a^2 + ab + b^2). \tag{7}$$

Si le polynôme donné est la somme de deux carrés ou leur différence, la somme de deux cubes ou leur différence; en un mot, si le
polynôme est de la forme du premier membre de l'une des identités
précédentes, la décomposition est possible et les facteurs s'obtiennent
aisément, même pour des expressions assez compliquées.

Exemples I. *Décomposer en facteurs* $a^2 + b^2 - c^2 + 2ab$.

Ce polynôme peut s'écrire : $a^2 + b^2 + 2ab - c^2$ ou $(a + b)^2 - c^2$.

L'identité (1) montre que les deux facteurs cherchés sont :

$$a + b + c \quad \text{et} \quad a + b - c.$$

On a donc : $\quad a^2 + b^2 - c^2 + 2ab = (a + b + c)(a + b - c).$

II. *Décomposer en facteurs :*

$$(a^2 + b^2 + c^2 - d^2 - 2ab)^2 - 4c^2(a - b)^2.$$

L'identité (1) montre d'abord que l'expression donnée peut s'écrire :

$$[a^2 + b^2 + c^2 - d^2 - 2ab + 2c(a - b)]\ [a^2 + b^2 + c^2 - d^2 - 2ab - 2c(a - b)],$$

ou $\quad [(a - b)^2 + c^2 + 2c(a - b) - d^2]\ [(a - b)^2 + c^2 - 2c(a - b) - d^2].$

Or $\quad (a - b)^2 + c^2 + 2c(a - b) = (a - b + c)^2,$

$$(a - b)^2 + c^2 - 2c(a - b) = (a - b - c)^2.$$

On a donc : $\quad [(a - b + c)^2 - d^2]\ [(a - b - c)^2 - d^2].$

On peut encore appliquer l'identité (1) à chacun des facteurs du produit précédent, et l'on a pour les facteurs demandés :

$$(a - b + c + d)(a - b + c - d)(a - b - c + d)(a - b - c - d).$$

90. Remarque. L'identité (1) est encore applicable à des expressions de la forme :

$$a^4 + b^4,$$
$$a^4 + b^4 + a^2b^2,$$
$$a^4 + b^4 - ka^2b^2 \quad (k \text{ entier et positif}),$$

à l'aide d'un artifice de calcul et à la condition d'introduire des racines carrées arithmétiques.

On a, en effet, $\quad a^4 + b^4 = a^4 + b^4 + 2a^2b^2 - 2a^2b^2 = (a^2 + b^2)^2 - 2a^2b^2,$

ou $\qquad\qquad a^4 + b^4 = (a^2 + b^2 + ab\sqrt{2})(a^2 + b^2 - ab\sqrt{2}).$

De même $\qquad a^4 + b^4 + a^2b^2 = a^4 + b^4 + 2a^2b^2 - a^2b^2 = (a^2 + b^2)^2 - a^2b^2,$

ou $\qquad\qquad a^4 + b^4 + a^2b^2 = (a^2 + b^2 + ab)(a^2 + b^2 - ab).$

De même $\qquad a^4 + b^4 - ka^2b^2 = a^4 + b^4 + 2a^2b^2 - (2 + k)a^2b^2,$

$$a^4 + b^4 - ka^2b^2 = (a^2 + b^2)^2 - (2 + k)a^2b^2,$$

ou $\qquad a^4 + b^4 - ka^2b^2 = (a^2 + b^2 + ab\sqrt{k+2})(a^2 + b^2 - ab\sqrt{k+2}).$

91. 2° Méthode par groupements. Pour employer cette méthode, il faut grouper les termes du polynôme donné en binômes, en trinômes, etc., et décomposer ensuite chaque binôme, trinôme, etc., en deux facteurs; on parvient souvent à trouver ainsi un facteur commun m à toutes ces expressions partielles du polynôme, de sorte que l'on a : $\qquad A = m.B,$

A étant le polynôme à décomposer.

On applique au polynôme B la même méthode ou l'une des deux autres que nous donnons, et ainsi on peut découvrir des facteurs communs dans B, s'il y en a.

On ne peut donner aucune règle applicable à tous les cas pour ces groupements ; une certaine habitude du calcul permet de découvrir le mode de groupement le plus avantageux.

Exemples. I. *Décomposer en facteurs* $\quad x^2 + ax - bx - ab.$

Considérons les binômes $\quad x^2 + ax \quad$ et $\quad -bx - ab;$ en mettant x en facteur dans le premier binôme et $-b$ dans le second, on a :

$$x(x + a) - b(x + a),$$

ou $\qquad\qquad (x + a)(x - b).$

On peut aussi grouper les termes comme il suit :

$$x^2 - bx \quad \text{et} \quad ax - ab.$$

On a alors : $\qquad x(x - b) \quad$ et $\quad a(x - b);$

d'où $\qquad\qquad (x - b)(x + a).$

II. *Décomposer en facteurs* $\quad ac(a + c) + ab(a - b) - bc(b + c).$

L'expression donnée peut s'écrire :

$$a^2c + ac^2 + a^2b - ab^2 - b^2c - bc^2.$$

ou en ordonnant par rapport à a

$$a^2(b+c) - a(b^2 - c^2) - bc(b+c).$$

$b+c$ est facteur commun; en le mettant en évidence, on a :

$$(b+c)(a^2 - ab + ac - bc),$$

ou

$$(b+c\,[a(a-b) + c(a-b)]),$$

et enfin

$$(b+c)(a-b)(a+c).$$

III. *Décomposer en facteurs* $1 + xy + a(x+y) - (x+y) - a(1+xy)$.

L'expression donnée peut s'écrire :

$$1 + xy - a(1+xy) - (x+y) + a(x+y),$$

ou

$$(1+xy)(1-a) - (x+y)(1-a),$$

$$(1-a)(1+xy-x-y).$$

Le second facteur peut s'écrire :

$$xy - x - y + 1,$$

ou

$$x(y-1) - (y-1) = (y-1)(x-1).$$

L'expression donnée est donc égale à :

$$(1-a)(y-1)(x-1) \quad \text{ou} \quad (1-a)(1-x)(1-y).$$

92. 3° Méthode des diviseurs binômes. Pour décomposer un polynôme par ce procédé, il faut d'abord l'ordonner par rapport à une lettre, x par exemple, puis chercher à découvrir des diviseurs de la forme $x-a$; on diminue le nombre des essais en remarquant que a doit diviser le terme constant du dividende.

Exemples. I. *Décomposer en facteurs* $x^2 + x - 2$.

Les diviseurs de -2 sont ± 1, ± 2; les facteurs possibles sont :

$$x-1, \quad x+1, \quad x-2, \quad x+2.$$

On peut faire les divisions, mais il est bien plus simple de former les expressions

$$f(1), \quad f(-1), \quad f(2), \quad f(-2),$$

en désignant par $f(x)$ le polynôme proposé.

On a : $f(1) = 0$, $f(-1) = -2$, $f(2) = 4$, $f(-2) = 0$.

Les facteurs sont : $x-1$ et $x+2$; on a :

$$x^2 + x - 2 = (x-1)(x+2).$$

II. *Décomposer en facteurs* $x^3 - 2x^2 - 5x + 6$.

Les diviseurs de 6 sont ± 1, ± 2, ± 3, ± 6; les facteurs possibles sont

$$x \pm 1, \quad x \pm 2, \quad x \pm 3, \quad x \pm 6.$$

$f(1) = 0$,   le polynôme est divisible par $x-1$.

$f(-1) = 8$,   le polynôme n'est pas divisible par $x+1$.

$f(2) = -4$,   le polynôme n'est pas divisible par $x-2$.

$f(-2) = 0$,   le polynôme est divisible par $x+2$.

Le troisième facteur est $x-3$, puisque 6 doit être le produit des deux nombres -1 et 2 par le troisième qu'on cherche ; ce troisième ne peut être que 3.

Le polynôme donné est égal à : $(x-1)(x+2)(x-3)$.

III. *Décomposer en facteurs* $a^3 - ab^2 - ac^2 - abc + b^2c + bc^2$.

Considérons ce polynôme comme un polynôme entier en a, et cherchons des facteurs binômes de la forme $a-m$.

Le terme indépendant de a est $b^2c + bc^2 = bc(b+c)$; les diviseurs de ce terme sont b, c et $b+c$; les diviseurs possibles sont :

$$a \pm b, \quad a \pm c, \quad a+b+c, \quad a-b-c.$$

Or $\qquad\qquad f(b)=0, \quad f(c)=0 \quad \text{et} \quad f(-b-c)=0.$

Le polynôme donné est donc égal au produit :

$$(a-b)(a-c)(a+b+c).$$

§ VI. — Application des propriétés des polynômes identiques et des coefficients indéterminés.

93. I. *Division effectuée par l'identité des polynômes. Soit à diviser*

$$x^5 + x^4 - x^3 - 12x + 5 \quad \text{par} \quad x^2 + 2x - 1.$$

Le quotient sera du troisième degré et par conséquent de la forme

$$ax^3 + bx^2 + cx + d,$$

et le reste, s'il y en a un, de la forme $mx+n$.

On aura, d'après la définition de la division :

$$x^5 + x^4 - x^3 - 12x + 5 \equiv (x^2+2x-1)(ax^3+bx^2+cx+d) + mx + n$$

ou $\quad x^5 + x^4 - x^3 - 12x + 5 \equiv ax^5 + (2a+b)x^4 + (2b+c-a)x^3$

$$+ (2c+d-b)x^2 + (2d+m-c)x + n-d.$$

En égalant les coefficients des mêmes puissances de x, puisque nous avons deux polynômes identiques, nous obtenons :

$$a=1,$$
$$2a+b=1,$$
$$2b+c-a=-1,$$
$$2c+d-b=0,$$
$$2d+m-c=-12,$$
$$n-d=5;$$

d'où $\qquad a=1, \ b=-1, \ c=2, \ d=-5, \ m=0, \ n=0.$

Le quotient est $x^3 - x^2 + 2x - 5$, et le reste est nul.

94. II. *Comment doit-on choisir le coefficient numérique* m *pour que la division de* $x^3 + y^3 + z^3 + mxyz$ *par* $x+y+z$ *puisse s'effectuer ? Donner le quotient de cette division.* (B., Nancy.)

Effectuons la division indiquée ; on obtient pour quotient :

$$x^2 + y^2 + z^2 - xy - xz + yz(m+2),$$

et pour reste : $\qquad -yz(y+z)(m+3).$

Pour que le quotient soit exact, il faut et il suffit que le reste soit nul, quels que soient y et z ; on doit avoir :

$$-yz(y+z)(m+3) = 0,$$

ce qui exige que $\qquad m+3 = 0 ; \quad$ d'où $\quad m = -3.$

Le quotient est alors $\quad x^2 + y^2 + z^2 - xy - xz - yz.$

95. III. *Décomposer la fraction* $\dfrac{3x-1}{x^2-5x+6}$ *en une somme de fractions dont les dénominateurs soient les facteurs du dénominateur de la fraction donnée.*

Le dénominateur $x^2 - 5x + 6$ est le produit des deux facteurs $x-2$ et $x-3$. Soit

$$\frac{3x-1}{x^2-5x+6} = \frac{A}{x-2} + \frac{B}{x-3} = \frac{A(x-3)+B(x-2)}{(x-2)(x-3)} = \frac{x(A+B)-(3A+2B)}{x^2-5x+6}.$$

Les dénominateurs de ces fractions étant identiques, les numérateurs le sont aussi ; par suite, $\qquad 3 = A+B \quad$ et $\quad 1 = 3A+2B.$

On en tire $\qquad A = -5, \quad B = 8.$

d'où $\qquad \dfrac{3x-1}{x^2-5x+6} = \dfrac{-5}{x-2} + \dfrac{8}{x-3}.$

On trouve par le même procédé que

$$\frac{x^2+x+1}{x(x^2-1)} = \frac{A}{x} + \frac{B}{x+1} + \frac{C}{x-1} = \frac{-1}{x} + \frac{1}{2(x+1)} + \frac{3}{2(x-1)}.$$

96. *Développer la fraction* $\dfrac{1-x}{1+x+x^2}$ *suivant les puissances croissantes de* x.

Soit $\quad \dfrac{1-x}{1+x+x^2} = A + Bx + Cx^2 + Dx^3 + Ex^4 + \ldots$

les lettres A,B,C,... désignant des coefficients numériques à déterminer.

En multipliant les deux membres par $1+x+x^2$, on a :

$$1-x = A + B\begin{vmatrix}x\end{vmatrix} + C\begin{vmatrix}x^2\end{vmatrix} + D\begin{vmatrix}x^3\end{vmatrix} + E\begin{vmatrix}x^4\end{vmatrix} + \ldots$$

$$+A \qquad +B \qquad +C \qquad +D$$

$$+A \qquad +B \qquad +C$$

D'où en identifiant $\quad A = 1, \quad A+B = -1, \quad A+B+C = 0, \quad B+C+D = 0.$

ou $\qquad A = 1, \quad B = -2, \quad C = 1, \quad D = 1, \quad E = -2.$

Par suite, $\quad \dfrac{1-x}{1+x+x^2} = 1 - 2x + x^2 + x^3 - 2x^4 + x^5 + x^6 - 2x^7 + \ldots$

C'est le résultat que fournirait la division algébrique.

97. V. *Trouver la condition nécessaire et suffisante pour que le trinôme* $ax^2 + bx + c$ *soit un carré parfait.*

Si ce trinôme est un carré parfait, il ne peut être que le carré d'un binôme de la forme $mx + n$; donc on aura :

$$ax^2 + bx + c = (mx + n)^2 ;$$

par suite, $\qquad ax^2 + bx + c = m^2x^2 + 2mnx + n^2.$

Comme c'est une relation qui doit avoir lieu quel que soit x, ces polynômes sont donc composés identiquement des mêmes termes, et on a :

$$a = m^2, \quad b = 2mn, \quad c = n^2.$$

La première et la dernière relation indiquent que a et c doivent être positifs; faisons le carré de la seconde, il vient :

$$b^2 = 4m^2n^2$$

ou $\qquad\qquad\qquad b^2 = 4ac.$

Les conditions nécessaires sont donc :

$$a > 0 \quad c > 0 \quad \text{et} \quad b^2 - 4ac = 0,$$

ou simplement $\qquad\qquad a > 0 \quad \text{et} \quad b^2 - 4ac = 0,$

car ces deux relations entraînent forcément $c > 0$.

Je dis maintenant que ces conditions sont suffisantes.

En effet, si l'on a $\qquad a > 0 \quad \text{et} \quad b^2 - 4ac = 0,$

on en déduit $c = \dfrac{b^2}{4a}$; par suite, le trinôme devient :

$$ax^2 + bx + \frac{b^2}{4a} = a\left(x + \frac{b}{2a}\right)^2 = \left[\sqrt{a}\left((x + \frac{b}{2a})\right)\right]^2 = \left(x\sqrt{a} + \frac{b}{2\sqrt{a}}\right)^2$$

a étant positif, le trinôme est donc un carré parfait.

98. VI. *Trouver la condition nécessaire et suffisante pour que l'expression* $\dfrac{ax^2 + bx + c}{a'x^2 + b'x + c'}$ *soit indépendante de* x.

Supposons que cette expression soit, quel que soit x, égale à une constante k, différente de zéro; on aura :

$$\frac{ax^2 + bx + c}{a'x^2 + b'x + c'} = k;$$

par suite, $\qquad ax^2 + bx + c = ka'x^2 + kb'x + kc'.$

Or cette relation doit avoir lieu quel que soit x; on a donc :

$$a = ka', \quad b = kb', \quad c = kc'.$$

Les coefficients des mêmes puissances de x dans les deux trinômes doivent être proportionnels; cette condition est nécessaire.

Je dis qu'elle est suffisante.

En effet, si l'on a $\qquad \dfrac{a}{a'} = \dfrac{b}{b'} = \dfrac{c}{c'} = k,$

on a aussi $\dfrac{ax^2}{a'x^2} = \dfrac{bx}{b'x} = \dfrac{c}{c'} = k,$ puisqu'une fraction ne change pas si l'on multiplie ses deux termes par un même nombre.

On peut appliquer à la suite de fractions égales le théorème (n° 24), et l'on a

$$\frac{ax^2 + bx + c}{a'x^2 + b'x + c'} = k.$$

La condition de proportionnalité des coefficients est donc suffisante.

99. VII. *Trouver la condition nécessaire et suffisante pour que l'expression*

$$\frac{ax + by + c}{a'x + b'y + c'}$$

soit indépendante de x *et de* y.

Si cette expression est indépendante de x et de y, on a, quels que soient

x et y :
$$\frac{ax + by + c}{a'x + b'y + c'} = k \,;$$

ou
$$x(a - ka') + y(b - kb') + c - kc' = 0,$$

ce qui exige
$$a = ka', \quad b = kb', \quad c = kc'.$$

Les coefficients de x, de y et les termes constants des deux trinômes doivent être proportionnels; cette condition est nécessaire.

Je dis qu'elle est suffisante.

En effet, si l'on a :
$$\frac{a}{a'} = \frac{b}{b'} = \frac{c}{c'} = k,$$

on a aussi :
$$\frac{ax}{a'x} = \frac{by}{b'y} = \frac{c}{c'} = k \,;$$

d'où
$$\frac{ax + by + c}{a'x + b'y + c'} = k.$$

La condition est donc suffisante.

100. VIII. *Déterminer* a, b *et* c *pour que l'expression* $an^3 + bn^2 + cn$ *représente, quel que soit* n, *la somme des carrés des* n *premiers nombres entiers.*

Soit
$$an^3 + bn^2 + cn = 1^2 + 2^2 + 3^2 + \ldots + (n-1)^2 + n^2. \qquad (1)$$

La relation (1) doit encore avoir lieu quand on remplace n par $n + 1$; par suite,

$$a(n+1)^3 + b(n+1)^2 + c(n+1) = 1^2 + 2^2 + 3^2 + \ldots + n^2 + (n+1)^2. \quad (2)$$

Retranchons membre à membre (1) de (2); il vient :
$$a(3n^2 + 3n + 1) + b(2n + 1) + c = (n+1)^2,$$

ou
$$(3a - 1)n^2 + (3a + 2b - 2)n + a + b + c - 1 = 0.$$

Ce polynôme étant identiquement nul, c'est-à-dire nul quel que soit n, on a :
$$3a - 1 = 0,$$
$$3a + 2b - 2 = 0,$$
$$a + b + c - 1 = 0;$$

d'où
$$a = \frac{1}{3}, \quad b = \frac{1}{2}, \quad c = \frac{1}{6}.$$

La formule donnant la somme des carrés des n premiers nombres entiers est donc :
$$S = \frac{1}{3} n^3 + \frac{1}{2} n^2 + \frac{1}{6} n,$$

ou
$$S = \frac{n(n+1)(2n+1)}{6},$$

CHAPITRE V

FRACTIONS ALGÉBRIQUES

§ I. — Simplification des fractions algébriques.

101. 1° Si les deux termes sont des monômes, il est facile d'apercevoir les facteurs communs au numérateur et au dénominateur.

Ainsi, soit à simplifier la fraction :

$$\frac{42a^5b^3c^2d}{18a^3bc^2d^2} \; ;$$

on peut l'écrire : $\quad \dfrac{7 \cdot 6a^3bc^2d \cdot a^2b^2}{3 \cdot 6a^3bc^2d \cdot d} = \dfrac{7a^2b^2}{3d}$.

2° Si les deux termes de la fraction sont des polynômes, il est encore facile de trouver les facteurs monômes communs s'il y en a.

Soit la fraction $\quad \dfrac{4a^4b^3 - 8a^3b^3}{12a^2b^4 + 4a^4b^4} \; ;$

on aura, en mettant en facteur commun $4a^2b^3$:

$$\frac{4a^2b^3\,(a^2 - 2a)}{4a^2b^3\,(3b + a^2b)} = \frac{a^2 - 2a}{3b + a^2b} = \frac{a\,(a - 2)}{b\,(3 + a^2)} \; .$$

3° Si le numérateur et le dénominateur de la fraction sont des polynômes dont les termes n'ont pas de facteurs monômes communs, on les décomposera en d'autres facteurs et on supprimera ensuite les facteurs communs.

1ᵉʳ EXEMPLE :

Soit la fraction $\quad \dfrac{2a + 2 - ab - b}{3a + 3 + ab + b} \; ;$

on aura successivement :

$$\frac{2\,(a + 1) - b\,(a + 1)}{3\,(a + 1) + b\,(a + 1)} = \frac{(a + 1)\,(2 - b)}{(a + 1)\,(3 + b)} = \frac{2 - b}{3 + b} \; .$$

2ᵉ EXEMPLE :

Soit à simplifier $\quad \dfrac{x^2 - 2x - 3}{x^3 + 2x^2 + 2x + 1} \; .$

On commence par décomposer le numérateur, qui est un polynôme de moindre degré, en un produit de facteurs binômes.

On aperçoit facilement que

$$(x^2 - 2x - 3) = (x + 1)\,(x - 3).$$

Pour que cette fraction puisse se simplifier, il faut que son dénominateur soit divisible par $x + 1$, car il ne l'est pas par $x - 3$ (n° 78). Or le dénominateur s'annule quand on remplace x par (-1); donc on a :

$$\frac{x^2 - 2x - 3}{x^3 + 2x^2 + 2x + 1} = \frac{(x+1)(x-3)}{(x+1)(x^2+x+1)} = \frac{x-3}{x^2+x+1} \cdot$$

102. Réduction des fractions au même dénominateur.

Règle. *Pour réduire des fractions au même dénominateur, il suffit de multiplier les deux termes de chacune par le produit des dénominateurs de toutes les autres.*

Soient les fractions $\quad \dfrac{a}{b}, \quad \dfrac{c}{d}$ et $\dfrac{e}{f} \cdot$

On aura : $\qquad \dfrac{adf}{bdf}, \quad \dfrac{cbf}{dbf}, \quad \dfrac{ebd}{fbd} \cdot$

Ces fractions ont même dénominateur, et de plus elles n'ont pas changé de valeur.

De même qu'en arithmétique, on peut aussi prendre pour dénominateur commun un multiple des dénominateurs et, pour éviter des calculs, le p. p. c. m.

EXEMPLE : *Réduire au même dénominateur les fractions suivantes :*

$$\frac{a}{a+b}, \quad \frac{b}{5(a-b)}, \quad \frac{c^2}{a^2-b^2} \cdot$$

On aperçoit immédiatement que

$$5(a^2 - b^2) = 5(a+b)(a-b)$$

est le p. p. c. m. des dénominateurs; il suffira donc, comme en arithmétique, de diviser cette quantité par chaque dénominateur et de multiplier les numérateurs respectifs par les quotients obtenus; on aura :

$$\frac{5a(a-b)}{5(a^2-b^2)}, \quad \frac{b(a+b)}{5(a^2-b^2)}, \quad \frac{5c^2}{5(a^2-b^2)} \cdot$$

103. Plus grand commun diviseur. On appelle *facteur premier* toute expression algébrique qui n'est divisible que par elle-même ou par l'unité.

Le p. g. c. d. de plusieurs expressions algébriques s'obtient en faisant le produit de tous les facteurs premiers communs, numériques ou algébriques, ces derniers pouvant être monômes ou polynômes, et chacun étant affecté de son plus petit exposant.

EXEMPLES : 1° *Trouver le p. g. c. d. des expressions suivantes* ·

$$20a^3b^2c, \quad 15a^2b^3d, \quad 45a^4b^2c^2d.$$

Il suffira de chercher le p. g. c. d. des coefficients et de le multiplier par les lettres communes, affectées de leur plus petit exposant. On a ainsi $5a^2b^2$ pour p. g. c. d. cherché.

2° *Trouver le p. g. c. d. des expressions* ·

$$6(a^2 + ax), \quad 12(a^2 + 2ax + x^2), \quad 8(a^2 - x^2).$$

On a, en décomposant en facteurs :

$$2.3a\,(a+x),\quad 3.2^2\,(a+x)^2,\quad 2^3\,(a+x)\,(a-x).$$

Le p. g. c. d. sera : $\qquad 2\,(a+x).$

3° *Trouver le p. g. c. d. des expressions*

$$3ax+4x^2,\quad 9a^2-16x^2,\quad 27a^3+64x^3.$$

On a : $\quad x\,(3a+4x),\quad (3a+4x)\,(3a-4x),\quad (3a+4x)\,(9a^2-12ax+16x^2).$

Le p. g. c. d. sera : $\qquad 3a+4x.$

4° *Trouver le p. g. c. d. des expressions*

$$x^2+2x-3,\quad 2x^2+8x+6,\quad x^3+x^2-14x-24.$$

En décomposant ces polynômes en facteurs premiers à l'aide du théorème (n° 76), on aura :

$$(x-1)\,(x+3),\quad 2\,(x+1)\,(x+3),\quad (x+2)\,(x+3)\,(x-4).$$

Le p. g. c. d. sera : $\qquad x+3.$

104. Plus petit commun multiple. *Le p. p. c. m. de plusieurs expressions algébriques s'obtient en faisant le produit de tous les facteurs premiers, numériques ou algébriques, ces derniers pouvant être monômes ou polynômes, et chacun d'eux étant pris avec l'exposant le plus élevé qu'il a dans les expressions proposées.*

EXEMPLES : 1° *Trouver le p. p. c. m. des expressions*

$$7a^2x,\quad 12a^3x^2y,\quad 21a^4xy^2.$$

En décomposant les coefficients en facteurs, on a :

$$7a^2x,\quad 2^2.3a^3x^2y,\quad 3.7.a^4xy^2.$$

Le p. p. c. m. sera : $\quad 2^2.3.7.a^4x^2y^2 = 84a^4x^2y^2.$

2° *Trouver le p. p. c. m. des expressions*

$$3\,(a+b),\quad 12\,(a-b),\quad 6\,(a^2-b^2).$$

On a : $\qquad 3\,(a+b),\quad 2^2.3\,(a-b),\quad 2.3\,(a+b)\,(a-b).$

Le p. p. c. m. sera :

$$2^2.3\,(a+b)\,(a-b) = 12\,(a^2-b^2).$$

3° *Trouver le p. p. c. m. des expressions*

$$a^3-ax+x^2,\quad a^2+ax+x^2,\quad a^3-x^3,\quad a^3+x^3.$$

On a : $\qquad a^2-ax+x^2,\quad a^2+ax+x^2,$
$$(a-x)\,(a^2+ax+x^2),\quad (a+x)\,(a^2-ax+x^2).$$

Le p. p. c. m. sera :

$$(a^2-ax+x^2)\,(a^2+ax+x^2)(a+x)\,(a-x) = a^6-x^6.$$

§ II. — Opérations sur les fractions algébriques.

105. Addition et soustraction.

Règle. *Pour additionner ou soustraire plusieurs fractions, il faut les réduire au même dénominateur, puis ajouter ou retrancher les numérateurs, et donner pour dénominateur au résultat le dénominateur commun.*

Ainsi on a $\dfrac{a}{m} + \dfrac{b}{m} + \dfrac{c}{m} = \dfrac{a+b+c}{m}$, car les produits par m des deux membres fournissent des résultats égaux.

On a de même $\dfrac{a}{m} - \dfrac{b}{m} = \dfrac{a-b}{m}$, car les produits par m des deux membres fournissent des résultats égaux.

Enfin on aurait $\dfrac{a}{m} - \dfrac{b}{m} + \dfrac{c}{m} = \dfrac{a-b+c}{m}$.

1° *Soit à additionner :*

$$\frac{x}{y} + \frac{2x^2 + y^2}{xy} + \frac{3xy^2 - 3x^3 - y^3}{x^2y} - \frac{4xy^3 - 2x^2y^2 - y^4}{x^2y^2}.$$

Le p. p. c. m. des dénominateurs ou le dénominateur commun étant x^2y^2, on aura successivement :

$$\frac{x^3y + xy(2x^2 + y^2) + y(3xy^2 - 3x^3 - y^3) - (4xy^3 - 2x^2y^2 - y^4)}{x^2y^2}$$

$$= \frac{x^3y + 2x^3y + xy^3 + 3xy^3 - 3x^3y - y^4 - 4xy^3 + 2x^2y^2 + y^4}{x^2y^2} = \frac{2x^2y^2}{x^2y^2} = 2.$$

2° *Soit à additionner :*

$$\frac{x+1}{2x-2} - \frac{x-1}{2x+2} + \frac{x^2+1}{x^2-1} - \frac{4x}{x^2-1}.$$

Remarquons d'abord qu'on peut écrire ces fractions comme il suit :

$$\frac{x+1}{2(x-1)} - \frac{x-1}{2(x+1)} + \frac{x^2 - 4x + 1}{x^2 - 1}.$$

Le p. p. c. m. des dénominateurs étant $2(x+1)(x-1)$, on aura :

$$\frac{(x+1)(x+1) - (x-1)(x-1) + 2(x^2 - 4x + 1)}{2(x^2 - 1)}$$

$$= \frac{2x^2 - 4x + 2}{2(x-1)(x+1)} = \frac{2(x^2 - 2x + 1)}{2(x-1)(x+1)} = \frac{(x-1)^2}{(x+1)(x-1)} = \frac{x-1}{x+1}.$$

106. Multiplication. *Pour multiplier une fraction par une fraction, il suffit de former une fraction ayant pour numérateur le produit des numérateurs, et pour dénominateur le produit des dénominateurs.*

Soit à multiplier $\qquad \dfrac{a}{b}$ par $\dfrac{c}{d}$.

Désignons par q et q' les valeurs de ces fractions; on aura par définition $\dfrac{a}{b} = q$ et $\dfrac{c}{d} = q'$, d'où $a = bq$ et $c = dq'$; en multipliant membre à membre, $ac = bq \cdot dq'$ ou $ac = bdqq'$ et enfin $\dfrac{ac}{bd} = qq'$ ou $\dfrac{ac}{bd} = \dfrac{a}{b} \times \dfrac{c}{d}$.

On en déduit comme conséquence que, pour faire le produit de plusieurs fractions, il suffit de former une fraction qui ait pour numérateur le produit des numérateurs, et pour dénominateur le produit des dénominateurs.

Ainsi on aura $\dfrac{a}{b} \times \dfrac{a'}{b'} \times \dfrac{a''}{b''} \times \ldots = \dfrac{aa'a''\ldots}{bb'b''\ldots}$;

par suite, si les fractions sont égales et en nombre m :

$$\left(\frac{a}{b} \right)^m = \frac{a^m}{b^m}.$$

107. Division. *Pour diviser une fraction par une fraction, il suffit de multiplier la fraction dividende par la fraction diviseur renversée.*

Soit à diviser $\qquad \dfrac{a}{b}$ par $\dfrac{c}{d}$.

Désignons encore par q et q' les valeurs de ces fractions; on aura $a = bq$ et $c = dq'$; divisant membre à membre ces deux égalités $\dfrac{a}{c} = \dfrac{b}{d} \cdot \dfrac{q}{q'}$. Or, si l'on multiplie les deux membres par $\dfrac{d}{b}$, on trouve $\dfrac{a}{c} \times \dfrac{d}{b} = \dfrac{b}{d} \times \dfrac{d}{b} \times \dfrac{q}{q'}$, ou bien $\dfrac{ad}{bc} = \dfrac{q}{q'}$.

Exercices. 1° *Soit à multiplier* :

$$\left(\frac{1}{1+x} + \frac{2x}{1-x^2} \right) \left(\frac{1}{x} - 1 \right).$$

On a successivement :

$$\left(\frac{1-x}{1-x^2} + \frac{2x}{1-x^2} \right) \left(\frac{1-x}{x} \right) = \left(\frac{1+x}{1-x^2} \right) \left(\frac{1-x}{x} \right) = \frac{1}{x}.$$

2° *Soit à diviser* :

$$\left(x - 3 + \frac{5x}{2x-6} \right) : \left(2x - 1 + \frac{15}{x-3} \right).$$

On a successivement :

$$x - 3 + \frac{5x}{2x-6} = \frac{2(x-3)^2 + 5x}{2(x-3)} = \frac{2x^2 - 7x + 18}{2(x-3)},$$

et $\qquad 2x - 1 + \dfrac{15}{x-3} = \dfrac{(2x-1)(x-3) + 15}{x-3} = \dfrac{2x^2 - 7x + 18}{x-3}$.

Le quotient cherché sera donc (n° 107) :

$$\frac{(2x^2 - 7x + 18)(x - 3)}{2(x - 3)(2x^2 - 7x + 18)} = \frac{1}{2}.$$

108. Remarque. On appelle *expression fractionnaire rationnelle* une expression algébrique ne renfermant pas de radicaux portant sur des lettres, mais contenant des lettres au dénominateur.

Une expression fractionnaire rationnelle est toujours équivalente à un polynôme entier ou à une fraction rationnelle.

Supposons qu'une expression fractionnaire rationnelle soit la somme de plusieurs fractions rationnelles; on peut réduire ces fractions au même dénominateur et faire la somme des numérateurs; on a alors une fraction rationnelle équivalente à l'expression proposée.

EXEMPLE : Soit l'expression $\quad \dfrac{(a + 3b + 1)(2a - 2)}{a^2 - 4} + \dfrac{3 - 2a}{a - 2} + \dfrac{2 - 3b}{a + 2}.$

On a l'expression équivalente :

$$\frac{(a + 3b + 1)(2a - 2) + (3 - 2a)(a + 2) + (2 - 3b)(a - 2)}{a^2 - 4} \quad \text{ou} \quad \frac{3ab + a}{a^2 - 4}.$$

Le produit ou le quotient de deux fractions rationnelles est aussi une fraction rationnelle; en effet, le produit de deux fractions est une fraction dont le numérateur est le produit des numérateurs des fractions proposées, et le dénominateur, le produit des dénominateurs. Le produit des numérateurs est un polynôme entier, de même pour le produit des dénominateurs; le quotient de ces deux produits est une fraction rationnelle.

Le quotient de deux fractions rationnelles est aussi une fraction rationnelle, puisque ce quotient s'obtient en multipliant la fraction dividende par l'inverse de la fraction diviseur.

CHAPITRE VI

RADICAUX ARITHMÉTIQUES

§ I. — Définitions et transformations.

109. Étant donné un nombre arithmétique A, s'il existe un nombre positif a tel que $a^m = A$, m étant un entier positif, on convient d'appeler a la racine m^e arithmétique de A et d'écrire :

$$a = \sqrt[m]{A}.$$

Tout nombre arithmétique A n'admet pas une racine m^e arithmétique qui soit un entier ou une fraction; mais il existe toujours un nombre positif a commensurable ou non, tel que $a^m = A$.

Nous allons montrer qu'en admettant cette existence, a est unique.

En effet, soient a et b deux nombres tels que :

$$a^m = A, \qquad b^m = A;$$

il en résulte :

$$a^m - b^m = 0, \qquad \text{ou bien} \qquad (a-b)(a^{m-1} + \ldots + b^{m-1}) = 0.$$

Le second facteur n'est pas nul, donc $a = b$.

Réciproquement. Si $a = b$, $a^m = b^m$.

Ainsi, pour que deux nombres positifs aient leurs puissances m^{es} égales, il faut et il suffit que ces deux nombres soient égaux.

Soient maintenant $a^m = A$, $b^m = B$ avec $A > B$,

alors $a^m - b^m > 0$ ou $(a-b)(a^{m-1} + \ldots + b^{m-1} > 0$;

d'où $\qquad\qquad\qquad a > b.$

Réciproquement. $a > b$ entraîne $a^m > b^m$.

Ainsi deux nombres arithmétiques inégaux ont leurs racines m^{es} arithmétiques inégales et dans le même sens de grandeur.

110. Théorème I. (Fondamental.) *Le produit de deux radicaux arithmétiques de même indice égale la racine arithmétique de même indice du produit des quantités placées sous ces radicaux.*

Il faut prouver que $\qquad \sqrt[p]{A} \cdot \sqrt[p]{B} = \sqrt[p]{AB}.$ $\qquad\qquad$ (1)

Par définition $\sqrt[p]{A}$, $\sqrt[p]{B}$ et $\sqrt[p]{AB}$ existent et sont uniques.

Pour établir (1) il suffit de prouver que les p^{es} puissances des deux membres de (1) sont égales; or, par définition, la p^e puissance de $\sqrt[p]{A}$ est A; la p^e puissance de $\sqrt[p]{B}$ est B; la p^e puissance de $\sqrt[p]{AB}$ est AB.

Comme évidemment $A \cdot B = AB$, l'égalité (1) est démontrée.

Remarque. Le théorème précédent s'applique évidemment au produit d'un nombre quelconque de radicaux arithmétiques de même indice.

111. Théorème II. *Pour élever un radical arithmétique à une puissance entière, il suffit d'élever à cette puissance la quantité sous le radical.*

Pour démontrer que $\left(\sqrt[p]{A}\right)^q = \sqrt[p]{A^q}$, il suffit d'appliquer le théorème I au produit de q radicaux égaux à $\sqrt[p]{A}$.

Corollaires. On peut faire passer un facteur sous un radical, pourvu qu'on l'élève à la puissance marquée par l'indice.

On peut faire sortir un facteur dont l'exposant est un multiple de l'indice, en divisant cet exposant par l'indice.

112. Théorème III. *Le quotient de deux radicaux arithmétiques de même indice s'obtient en prenant la racine de même indice du quotient des quantités placées sous radical.*

Pour établir que $\sqrt[p]{A} : \sqrt[p]{B} = \sqrt[p]{\dfrac{A}{B}}$, il suffit de prouver que l'on a :

$$\sqrt[p]{\dfrac{A}{B}} \times \sqrt[p]{B} = \sqrt[p]{A}.$$

Or cette égalité a lieu d'après le théorème I.

113. Théorème IV. *Pour extraire la racine m^e entière d'un radical arithmétique, il suffit de multiplier par m l'indice de ce radical.*

Pour établir que $\sqrt[m]{\sqrt[p]{A}} = \sqrt[mp]{A}$ (1), il suffit d'établir l'égalité des mp^{es} puissances des deux membres.

Or la mp^e puissance d'un nombre s'obtient en élevant sa m^e puissance à la puissance p.

La m^e puissance du premier membre de (1) est $\sqrt[p]{A}$.

La mp^e puissance du premier membre de (1) est donc A; c'est aussi la mp^e puissance du second membre de l'égalité ; donc l'égalité (1) est vérifiée.

114. Théorème V. *On ne change pas la valeur d'un radical arithmétique en multipliant par un même nombre l'indice du radical et l'exposant de la quantité placée sous le radical.*

Pour établir que $\sqrt[p]{A} = \sqrt[pq]{A^q}$ (1), il suffit de démontrer l'égalité des pq^{es} puissances des deux membres.

Or

$$\left(\sqrt[p]{A}\right)^{pq} = \left[\left(\sqrt[p]{A}\right)^p\right]^q = A^q ;$$

la puissance pq^e du second membre est aussi A^q, et l'égalité (1) est vérifiée.

115. Théorème VI. *On ne change pas la valeur d'un radical arithmétique en divisant par un même nombre l'indice du radical et l'exposant de la quantité placée sous le radical.*

Pour établir que $\quad \sqrt[p]{A} = \sqrt[pq]{A^q}\quad$ (1), il suffit d'établir l'égalité des pq^{es} puissances des deux membres.

Or la puissance pq^e du premier membre est A^q; la pq^e puissance du second membre est aussi A^q, et l'égalité (1) est vérifiée.

§ II. — Opérations pratiques sur les radicaux arithmétiques.

116. Les opérations suivantes sont des applications des six théorèmes précédents.

1° Réduction au même indice. Pour réduire au même indice des radicaux d'indices différents, on multiplie l'indice et l'exposant de chacun par le produit des indices de tous les autres; ou mieux, comme dans la réduction des fractions au même dénominateur, on prend pour indice commun le *p. p. c. m.* de tous les indices.

EXEMPLE : Les radicaux $\quad \sqrt[3]{a}, \quad \sqrt[4]{b}, \quad \sqrt[6]{c}, \quad$ sont respectivement égaux aux radicaux de même indice.

$$\sqrt[12]{a^4}, \quad \sqrt[12]{b^3}, \quad \sqrt[12]{c^2}.$$

2° Simplification d'un radical. Pour simplifier un radical, on supprime tout facteur commun à son indice et à l'exposant de la quantité placée sous le radical.

Ainsi $$\sqrt[mq]{a^{pq}} = \sqrt[m]{a^p},$$

$$\sqrt[6]{8a^3b^9} = \sqrt[3.2]{2^3 a^3 b^{3.3}} = \sqrt{2ab^3} = b\sqrt{2ab}.$$

3° Addition et soustraction. Pour qu'on puisse effectuer la somme ou la différence de plusieurs radicaux, il faut qu'ils soient semblables. Des radicaux sont *semblables* lorsqu'ils ont le même indice et que les quantités placées sous le radical sont les mêmes.

Ainsi $16\sqrt{a^2b}$ et $11\sqrt{a^2b}$ sont des radicaux semblables; leur somme sera $27\sqrt{a^2b}$, ou $27a\sqrt{b}$, et leur différence $5\sqrt{a^2b}$ ou $5a\sqrt{b}$.

Les principes ci-dessus permettent de voir, par des transformations, si des radicaux donnés sont semblables.

Soit
$$c\sqrt[5]{a^6b^7c^3} - a\sqrt[5]{ab^7c^8} + b\sqrt[5]{a^6b^2c^8};$$

on aura :
$$c\sqrt[5]{a^5b^5.ab^2c^3} - a\sqrt[5]{b^5c^5.ab^2c^3} + b\sqrt[5]{a^5c^5.ab^2c^3},$$

ou
$$abc\sqrt[5]{ab^2c^3} - abc\sqrt[5]{ab^2c^3} + abc\sqrt[5]{ab^2c^3} = abc\sqrt[5]{ab^2c^3}.$$

4° Multiplication. *Pour faire le produit de plusieurs radicaux arithmétiques : 1° on les réduit au même indice; 2° il suffit alors de faire le produit des quantités placées sous les radicaux, et de mettre le produit sous un radical de même indice (n° 110).*

5° Division. *Pour diviser deux radicaux arithmétiques : 1° on les réduit au même indice; 2° il suffit alors de diviser les quantités placées sous les radicaux, et de mettre le quotient sous un radical de même indice (n° 112).*

§ III. — Applications. — Rendre rationnel le dénominateur d'une fraction.

Lorsque le dénominateur d'une expression algébrique est irrationnel, il est souvent utile, surtout au point de vue des applications numériques, de le rendre rationnel.

117. *Les expressions* $\sqrt{a} + \sqrt{b}$ *et* $\sqrt{a} - \sqrt{b}$ *, qui ne diffèrent que par le signe et les radicaux ayant pour indice 2, sont dites conjuguées; leur produit* $(a-b)$ *est rationnel.*

EXEMPLES : 1° *Soit* $\dfrac{m}{\sqrt{a}}$. On multiplie les deux termes par $\sqrt{a}$, et on a :

$$\frac{m}{\sqrt{a}} = \frac{m\sqrt{a}}{a}.$$

2° *Soit* $\dfrac{m}{\sqrt{a} \pm \sqrt{b}}$. On multiplie les deux termes par $\sqrt{a} \mp \sqrt{b}$, et on a :

$$\frac{m}{\sqrt{a} \pm \sqrt{b}} = \frac{m(\sqrt{a} \mp \sqrt{b})}{(\sqrt{a} \pm \sqrt{b})(\sqrt{a} \mp \sqrt{b})} = \frac{m(\sqrt{a} \mp \sqrt{b})}{a-b}.$$

3° *Soit* $\dfrac{m}{a \pm \sqrt{b}}$. On multiplie les deux termes par $a \mp \sqrt{b}$, et l'on a :

$$\frac{m}{a \pm \sqrt{b}} = \frac{m(a \mp \sqrt{b})}{(a \pm \sqrt{b})(a \mp \sqrt{b})} = \frac{m(a \mp \sqrt{b})}{a^2 - b}.$$

4° *Soit* $\dfrac{m}{\sqrt{a} + \sqrt{b} + \sqrt{c}}$. En considérant $\sqrt{a} + \sqrt{b}$ comme formant un seul terme et en multipliant haut et bas par

$$(\sqrt{a} + \sqrt{b}) - \sqrt{c},$$

on aura successivement :

$$\frac{m}{\sqrt{a}+\sqrt{b}+\sqrt{c}} = \frac{m\,[(\sqrt{a}+\sqrt{b})-\sqrt{c}]}{[(\sqrt{a}+\sqrt{b})+\sqrt{c}][(\sqrt{a}+\sqrt{b})-\sqrt{c}]}$$

$$= \frac{m\,(\sqrt{a}+\sqrt{b}-\sqrt{c})}{(\sqrt{a}+\sqrt{b})^2-c} = \frac{m\,(\sqrt{a}+\sqrt{b}-\sqrt{c})}{a+b+2\sqrt{ab}-c},$$

et l'on est ramené au cas précédent.

5° *Soit*
$$\frac{m}{\sqrt[3]{a}+\sqrt[3]{b}}.$$

On a :
$$\alpha^3+\beta^3=(\alpha+\beta)(\alpha^2-\alpha\beta+\beta^2).$$

Si l'on pose $\alpha=\sqrt[3]{a}$ et $\beta=\sqrt[3]{b}$, on a :

$$a+b=(\sqrt[3]{a}+\sqrt[3]{b})(\sqrt[3]{a^2}-\sqrt[3]{ab}+\sqrt[3]{b^2})$$

par suite, si l'on multiplie haut et bas par

$$\sqrt[3]{a^2}-\sqrt[3]{ab}+\sqrt[3]{b^2},$$

on trouve :

$$\frac{m}{\sqrt[3]{a}+\sqrt[3]{b}} = \frac{m\,(\sqrt[3]{a^2}-\sqrt[3]{ab}+\sqrt[3]{b^2})}{(\sqrt[3]{a}+\sqrt[3]{b})(\sqrt[3]{a^2}-\sqrt[3]{ab}+\sqrt[3]{b^2})}.$$

$$= \frac{m\,(\sqrt[3]{a^2}-\sqrt[3]{ab}+\sqrt[3]{b^2})}{a+b}.$$

On aurait de même :

$$\frac{m}{\sqrt[3]{a}-\sqrt[3]{b}} = \frac{m\,(\sqrt[3]{a^2}+\sqrt[3]{ab}+\sqrt[3]{b^2})}{a-b}.$$

6° *Soit encore* $\quad \dfrac{2}{1-\sqrt{x}} + \dfrac{2-x}{1-x} - \dfrac{3\sqrt{x}-1}{2+2\sqrt{x}}.$

On peut écrire :

$$\frac{2}{1-\sqrt{x}} + \frac{2-x}{(1+\sqrt{x})(1-\sqrt{x})} - \frac{3\sqrt{x}-1}{2(1+\sqrt{x})};$$

le dénominateur commun est :

$$2(1+\sqrt{x})(1-\sqrt{x}) \quad \text{ou} \quad 2(1-x).$$

On aura :

$$\frac{4(1+\sqrt{x})+2(2-x)-(3\sqrt{x}-1)(1-\sqrt{x})}{2(1-x)} = \frac{9+x}{2(1-x)}.$$

§ IV. — Exposants fractionnaires.

118. On ne change pas la valeur d'un radical en divisant par un même nombre l'indice du radical et l'exposant de la quantité placée sous le radical; ou, en d'autres termes, pour extraire la racine p^e d'une puissance d'une expression algébrique, lorsque l'exposant de la puissance est divisible par l'indice, on doit diviser cet exposant par l'indice de la racine; par exemple :

$$\sqrt[3]{a^6} = \sqrt[3]{(a^2)^3} = a^2 = a^{\frac{6}{3}} \quad \text{ou} \quad \sqrt[p]{a^m} = a^{\frac{m}{p}} \quad \left(\frac{m}{p} \text{ étant entier}\right).$$

Lorsque l'exposant de la puissance n'est pas divisible par l'indice, et c'est le cas le plus fréquent, cette règle n'est plus applicable; en effet, soit le radical $\sqrt[p]{a^m}$. Divisons l'exposant et l'indice par p; nous obtenons $a^{\frac{m}{p}}$. Ce symbole ne représente rien par lui-même; mais, dans un but de généralisation, on *convient* de représenter la valeur du radical $\sqrt[p]{a^m}$ par $a^{\frac{m}{p}}$.

Le nombre fractionnaire $\frac{m}{p}$ s'appelle l'exposant fractionnaire de a.

L'introduction des exposants fractionnaires nous conduit à considérer des puissances fractionnaires; l'emploi de ces exposants est avantageux dans ce sens, qu'ils permettent de remplacer les indications de racines à extraire par des indications de puissances ou de remplacer les radicaux par des exposants.

Il faut toutefois remarquer que cet avantage n'existe que si les règles de calcul relatives aux exposants entiers sont applicables aux exposants fractionnaires. Nous allons voir qu'il en est ainsi et, par suite, qu'il n'y a pas de règles particulières pour ces exposants.

119. *Les exposants fractionnaires suivent les mêmes règles de calcul que les exposants entiers.*

1° *Dans la multiplication.* Soit $a^m \cdot a^n$, m et n étant entiers; le produit est a^{m+n}. Je dis que le produit $a^{\frac{m}{n}} \cdot a^{\frac{p}{q}}$ sera $a^{\frac{m}{n} + \frac{p}{q}}$.

En effet, le produit $a^{\frac{m}{n}} \cdot a^{\frac{p}{q}}$ peut s'écrire successivement :

$$a^{\frac{m}{n}} \cdot a^{\frac{p}{q}} = \sqrt[n]{a^m} \cdot \sqrt[q]{a^p} = \sqrt[nq]{a^{mq}} \cdot \sqrt[nq]{a^{np}} = \sqrt[nq]{a^{mq+np}} = a^{\frac{mq+np}{nq}} = a^{\frac{m}{n} + \frac{p}{q}}.$$

2° *Dans la division.* Soit $a^m : a^n$, m et n étant entiers; le quotient est a^{m-n}. Je dis que le quotient $a^{\frac{m}{n}} : a^{\frac{p}{q}}$ sera $a^{\frac{m}{n} - \frac{p}{q}}$.

En effet, le quotient $a^{\frac{m}{n}} : a^{\frac{p}{q}}$ peut s'écrire successivement :

$$a^{\frac{m}{n}} : a^{\frac{p}{q}} = \sqrt[n]{a^m} : \sqrt[q]{a^p} = \sqrt[nq]{a^{mq}} : \sqrt[nq]{a^{np}} = \sqrt[nq]{\frac{a^{mq}}{a^{np}}}$$

$$= \sqrt[nq]{a^{mq-np}} = a^{\frac{mq-np}{nq}} = a^{\frac{m}{n} - \frac{p}{q}}.$$

3° *Dans l'élévation aux puissances.* Soit $(a^m)^n$, m et n étant entiers; la puissance est a^{mn}. Je dis que la puissance $\left(a^{\frac{m}{n}}\right)^{\frac{p}{q}} = a^{\frac{mp}{nq}}$.

En effet, la puissance $\left(a^{\frac{m}{n}}\right)^{\frac{p}{q}}$ peut s'écrire successivement :

$$\left(a^{\frac{m}{n}}\right)^{\frac{p}{q}} = \sqrt[q]{\left(a^{\frac{m}{n}}\right)^p} = \sqrt[q]{\left(\sqrt[n]{a^m}\right)^p} = \sqrt[q]{\sqrt[n]{a^{mp}}} = \sqrt[nq]{a^{mp}} = a^{\frac{mp}{nq}}.$$

4° *Dans l'extraction des racines.* Soit $\sqrt[n]{a^m}$, m étant divisible par n; la racine cherchée s'obtient en divisant m par n.

Je dis que la racine $\dfrac{m}{n}$ de la puissance $a^{\frac{p}{q}}$ est égale à $a^{\frac{p}{q} : \frac{m}{n}}$.

En effet, la racine d'indice $\dfrac{m}{n}$ de la quantité $a^{\frac{p}{q}}$ est le nombre x dont la puissance $\dfrac{m}{n}$ reproduit $a^{\frac{p}{q}}$, de telle sorte que

$$x^{\frac{m}{n}} = a^{\frac{p}{q}} \quad \text{ou} \quad \sqrt[n]{x^m} = \sqrt[q]{a^p}.$$

Si l'on forme la puissance n^e des deux membres, on a :

$$x^m = \sqrt[q]{a^{pn}} \quad \text{et} \quad x = \sqrt[mq]{a^{pn}} = a^{\frac{np}{mq}} = a^{\frac{p}{q} : \frac{m}{n}}.$$

Nous constatons ainsi que, en appliquant au calcul des exposants fractionnaires les règles données pour les exposants entiers, on obtient les mêmes résultats qu'en opérant sur les radicaux arithmétiques que représentent ces puissances fractionnaires.

Remarquons que le nombre représenté par la notation $a^{\frac{m}{n}}$ ne change pas de valeur quand on remplace la fraction $\dfrac{m}{n}$ par une autre fraction équivalente $\dfrac{m'}{n'}$; ainsi dans l'hypothèse $\dfrac{m}{n} = \dfrac{m'}{n'}$, nous aurons $a^{\frac{m}{n}} = a^{\frac{m'}{n'}}$, c'est-à-dire $\sqrt[n]{a^m} = \sqrt[n']{a^{m'}}$.

En effet, si l'on réduit ces deux radicaux au même indice, on obtient :

$$\sqrt[nn']{a^{mn'}} = \sqrt[nn']{a^{m'n}}.$$

Or cette égalité est évidente, puisque de $\dfrac{m}{n} = \dfrac{m'}{n'}$ on déduit $mn' = m'n$.

Application. *Simplifier l'expression* $\sqrt{a^2 + \sqrt[3]{a^4 b^2}} + \sqrt{b^2 + \sqrt[3]{a^2 b^4}}$.

1° A l'aide des exposants fractionnaires. On peut écrire successivement :

$$\left(a^2 + a^{\frac{4}{3}} b^{\frac{2}{3}}\right)^{\frac{1}{2}} + \left(b^2 + a^{\frac{2}{3}} b^{\frac{4}{3}}\right)^{\frac{1}{2}} = \left(a^{\frac{6}{3}} + a^{\frac{4}{3}} b^{\frac{2}{3}}\right)^{\frac{1}{2}} + \left(b^{\frac{6}{3}} + a^{\frac{2}{3}} b^{\frac{4}{3}}\right)^{\frac{1}{2}}$$

$$= a^{\frac{4}{3} \cdot \frac{1}{2}}\left(a^{\frac{2}{3}} + b^{\frac{2}{3}}\right)^{\frac{1}{2}} + b^{\frac{4}{3} \cdot \frac{1}{2}}\left(a^{\frac{2}{3}} + b^{\frac{2}{3}}\right)^{\frac{1}{2}} = \left(a^{\frac{2}{3}} + b^{\frac{2}{3}}\right)^{\frac{1}{2}}\left(a^{\frac{2}{3}} + b^{\frac{2}{3}}\right)$$

$$= \left(a^{\frac{2}{3}} + b^{\frac{2}{3}}\right)^{\frac{3}{2}} \quad \text{ou} \quad \sqrt{\left(a^{\frac{2}{3}} + b^{\frac{2}{3}}\right)^3}.$$

2° Sans employer les exposants fractionnaires. On peut écrire successivement :

$$\sqrt{a^2+\sqrt[3]{a^4b^3}}+\sqrt{b^2+\sqrt[3]{a^2b^4}}=\sqrt{a^2+a\sqrt[3]{ab^2}}+\sqrt{b^2+b\sqrt[3]{a^2b}}$$

$$=\sqrt{a(a+\sqrt[3]{ab^2})}+\sqrt{b(b+\sqrt[3]{a^2b})}=\sqrt{a(\sqrt[3]{a^3}+\sqrt[3]{ab^2})}+\sqrt{b(\sqrt[3]{b^3}+\sqrt[3]{a^2b})}$$

$$=\sqrt{a\sqrt[3]{a}\,(\sqrt[3]{a^2}+\sqrt[3]{b^2})}+\sqrt{b\sqrt[3]{b}\,(\sqrt[3]{a^2}+\sqrt[3]{b^2})}=\sqrt{\sqrt[3]{a^2}+\sqrt[3]{b^2}}\left(\sqrt{\sqrt[3]{a^4}}+\sqrt{\sqrt[3]{b^4}}\right)$$

$$=\sqrt{\sqrt[3]{a^2}+\sqrt[3]{b^2}}\,(\sqrt[3]{a^2}+\sqrt[3]{b^2})=\sqrt{(\sqrt[3]{a^2}+\sqrt[3]{b^2})^3}=\sqrt{\left(a^{\frac{2}{3}}+b^{\frac{2}{3}}\right)^3}\,.$$

On voit sur cet exemple que l'emploi des exposants fractionnaires simplifie les écritures.

§ V. — Racine carrée des expressions algébriques.

120. Définition. *On appelle racine carrée d'une expression algébrique carré parfait une autre expression algébrique dont le carré reproduit la première.*

On obtient la racine carrée d'un monôme en prenant la racine carrée du coefficient et en divisant par deux tous les exposants.

Ainsi

$$\sqrt{49a^4b^2x^2}=\pm\,7a^2bx$$

$$\sqrt{24x^2y^2z}=\pm\,2xy\sqrt{6z}\,.$$

121. Polynôme carré parfait. Un polynôme P, entier en x, est *carré parfait* lorsqu'il existe un autre polynôme Q entier en x, dont le carré est identique à P ; par exemple, le polynôme

$$P=4x^4+4x^2\sqrt{3}+3$$

est carré parfait, puisqu'il est égal à l'un ou l'autre des produits :

$$(2x^2+\sqrt{3})\,(2x^2+\sqrt{3})\quad\text{ou}\quad\left[-(2x^2+\sqrt{3})\right]\left[-(2x^2+\sqrt{3})\right].$$

Les facteurs $2x^2+\sqrt{3}$ et $-(2x^2+\sqrt{3})$ sont les racines carrées algébriques du polynôme P.

122. Carré d'un polynôme. Soit le polynôme $P=a+b+c+\ldots+k+l$. Son carré peut s'écrire :

$$\begin{aligned}
P^2={}&a^2+2ab+b^2\\
&+2(a+b)c+c^2\\
&+2(a+b+c)d+d^2\\
&\quad.\qquad.\qquad.\qquad.\qquad.\\
&+2(a+b+c+\ldots+k)l+l^2.
\end{aligned}$$

En effet, le second membre développé contient la somme des carrés de tous les termes, augmentée des doubles produits des termes deux à deux (n° 55) ; c'est donc le carré du polynôme P.

123. Recherche de la racine carrée d'un polynôme entier en x.
Soit le polynôme :

$$4x^6-12x^5+13x^4-22x^3+25x^2-8x+16,$$

supposé carré parfait et ordonné suivant les puissances décroissantes de x ; soit $a+b+c+d$ le polynôme racine carrée, ordonné aussi suivant les puissances décroissantes de x; les lettres a, b, c, d représentant les termes inconnus de cette racine.

On a l'identité :

$$4x^6 - 12x^5 + 13x^4 - 22x^3 + 25x^2 - 8x + 16 = a^2 + 2ab + b^2$$
$$+ 2(a + b)c + c^2 \qquad (1)$$
$$+ 2(a + b + c)d + d^2.$$

Les deux membres étant formés de polynômes identiques, les termes de même degré en x sont identiques; or a^2 est le terme du plus haut degré dans le second membre de (1); on conclut que $a^2 = 4x^6$, d'où $a = \pm 2x^3$.

Prenons seulement $a = 2x^3$ et retranchons $4x^6 = a^2$ aux deux membres de l'identité (1); il reste :

$$-12x^5 + 13x^4 - 22x^3 + 25x^2 - 8x + 16 = \quad 2ab + b^2$$
$$+ 2(a + b)c + c^2 \qquad (2)$$
$$+ 2(a + b + c)d + d^2.$$

Les deux membres de (2) sont formés de polynômes identiques; or $2ab$ est le terme du plus haut degré en x dans le second membre; donc :

$$2ab = -12x^5,$$

c'est-à-dire $\qquad 2 \cdot 2x^3 \cdot b = -12x^5;$

d'où $\qquad b = -3x^2.$

Retranchons $\quad -12x^5 + 9x^4 = 2ab + b^2 \quad$ aux deux membres de (2); il reste :

$$4x^4 - 22x^3 + 25x^2 - 8x + 16 = \quad 2(a + b)c + c^2$$
$$+ 2(a + b + c)d + d^2. \qquad (3)$$

Les deux membres de (3) sont des polynômes identiques, et $2ac$ est le terme du plus haut degré dans le second membre; donc :

$$2ac = 4x^4,$$

c'est-à-dire $\qquad 2 \cdot 2x^3 \cdot c = 4x^4;$

d'où $\qquad c = x.$

Retranchons $\quad 4x^4 - 6x^3 + x^2 = 2(a + b)c + c^2 \quad$ aux deux membres de (3), il reste : $\qquad -16x^3 + 24x^2 - 8x + 16 = 2(a + b + c)d + d^2. \qquad (4)$

Les deux membres de (4) sont formés de deux polynômes identiques, et $2ad$ est le terme du plus haut degré en x dans le second membre; donc

$$2ad = -16x^3;$$

c'est-à-dire $\qquad 2 \cdot 2x^3 \cdot d = -16x^3,$

d'où $\qquad d = -4.$

Retranchons $\quad -16x^3 + 24x^2 - 8x + 16 = 2(a + b + c)d + d^2 \quad$ aux deux membres de (4); le reste est nul, donc le polynôme donné est le carré du polynôme : $\qquad a + b + c + d = 2x^3 - 3x^2 + x - 4.$

Dans cette opération nous aurions pu prendre $a = -2x^3$; nous aurions obtenu pour $a + b + c + d$ le polynôme $-2x^3 + 3x^2 - x + 4$. Ce dernier polynôme est égal et de signe contraire à celui qui a été trouvé pour racine.

Les deux racines carrées du polynôme donné sont :

$$\pm (2x^3 - 3x^2 + x - 4).$$

On peut remarquer que le degré de la racine carrée d'un polynôme est la moitié du degré de ce polynôme.

Le polynôme n'est pas carré parfait lorsque, après avoir obtenu le dernier terme de la racine, l'on n'a pas zéro pour reste ; en appelant P le polynôme, Q la racine obtenue, R le reste, on a dans ce cas :

$$P = Q^2 + R.$$

124. Remarque. On peut aussi obtenir la racine carrée d'un polynôme par la méthode des coefficients indéterminés.

Soit
$$x^4 + 6x^3 + 5x^2 - 12x + 4$$

un polynôme dont on veut trouver la racine carrée ; cette racine sera du second degré, et par suite de la forme

$$ax^2 + bx + c \, ;$$

le reste, s'il y en a un, de la forme $mx + n$.

On devra avoir l'identité :

$$x^4 + 6x^3 + 5x^2 - 12x + 4 \equiv (ax^2 + bx + c)^2 + mx + n$$
$$= a^2x^4 + 2abx^3 + (b^2 + 2ac)x^2 + (2bc + m)x$$
$$+ c^2 + n.$$

D'où les égalités $a^2 = 1$, $2ab = 6$, $b^2 + 2ac = 5$, $2bc + m = -12$, $c^2 + n = 4$

et
$$a = 1, \quad b = 3, \quad c = -2, \; m = 0, \; n = 0.$$
$$a = -1, \; b = -3, \; c = 2, \; m = 0, \; n = 0.$$

La racine carrée est : $\pm (x^2 + 3x - 2)$.

CHAPITRE VII

FORMES SINGULIÈRES DES FRACTIONS ALGÉBRIQUES

125. Soit la fraction rationnelle $\dfrac{f(x)}{F(x)}$, où $f(x)$ et $F(x)$ sont des polynômes entiers ; si l'on donne à x la valeur a, elle prend la forme $\dfrac{f(a)}{F(a)}$ qui est un nombre bien déterminé, dès que : $F(a) \neq 0$.

Si, au contraire, $F(a) = 0$, l'écriture $\dfrac{f(a)}{F(a)}$ n'a plus aucun sens, puisque la définition de la fraction n'a été donnée qu'avec l'hypothèse $F(a) \neq 0$. Cependant il peut se faire que pour *une* ou *plusieurs* valeurs particulières de x, $F(x)$ prenne la valeur numérique 0 ; supposons, par exemple, $F(b) = 0$.

Alors on peut avoir $f(b) \neq 0$ ou $f(b) = 0$.

126. I. Si $f(b) = m \neq 0$, l'expression $\dfrac{f(b)}{F(b)}$ se présente sous la forme $\dfrac{m}{0}$, qui ne représente rien même si on lui applique, par extension, la définition donnée pour le quotient avec l'hypothèse $F(b) \neq 0$; car le produit de 0 par un nombre quelconque est 0.

On démontrera plus loin (nous l'admettrons pour le moment) que lorsque x croît par valeurs infiniment voisines, le polynôme entier $f(x)$ ne peut pas passer d'une valeur numérique à une autre, sans prendre toutes les valeurs intermédiaires.

Si l'on considère un nombre b_1 très voisin de b, $f(b_1)$ sera très voisin de m et différent de 0, et $F(b_1)$ sera très voisin de 0. On aura donc en valeur absolue

$$f(b_1) > N, \qquad \text{(N étant un nombre positif fini)},$$

et
$$F(b_1) < \frac{N}{G}, \qquad \text{(G étant un nombre positif très grand)},$$

en sorte que $\dfrac{f(b_1)}{F(b_1)} > G$, quelque grand que soit G, à condition de prendre b_1 assez voisin de b.

On exprime cela en disant que la valeur absolue de $\dfrac{f(x)}{F(x)}$ croît au delà de toute limite, lorsque x se rapproche indéfiniment de b jusqu'à prendre cette valeur. On dit plus simplement encore que $\dfrac{f(x)}{F(x)}$ croît au delà de toute limite quand x tend vers b. Dans le langage courant, on dit plus brièvement encore que $\dfrac{f(b)}{F(b)}$ a une valeur absolue infinie, que l'on représente par ∞, et l'on écrit même $\dfrac{m}{0} = \infty$.

Il faut bien se garder de donner à ces dernières expressions un autre sens que celui que nous venons de préciser.

127. II. Si $f(b) = 0$, la fraction $\dfrac{f(x)}{F(x)}$ prend, pour $x = b$, la forme $\dfrac{0}{0}$ qui n'a pas de sens jusqu'ici et que l'on appelle souvent une *forme indéterminée;* ce dernier nom vient de ce que, si l'on applique à $\dfrac{0}{0}$ la définition du quotient, non applicable en droit, on constate que *tout nombre* peut être représenté par $\dfrac{0}{0}$, puisque le produit d'un nombre quelconque par 0 est 0.

128. *Par convention*, on appelle *vraie valeur* de la fraction algébrique $\dfrac{f(x)}{F(x)}$ pour $x = b$, la valeur numérique que l'on obtient en appliquant la règle suivante : On suppose $x \neq b$, et l'on fait toutes les opérations que légitime cette hypothèse, puis dans le résultat on fait $x = b$.

Par hypothèse, $f(b) = 0$ avec $F(b) = 0$; donc (n° 77) $f(x)$ et $F(x)$ sont divisibles par $(x - b)$; en supprimant ce facteur commun, on obtiendra une nouvelle fraction algébrique $\dfrac{f_1(x)}{F_1(x)}$ qui sera équivalente à la proposée $\dfrac{f(x)}{F(x)}$, sauf pour $x = b$. D'après la convention faite ci-dessus, on peut dire que l'on convient de les considérer comme équivalentes même pour $x = b$, et de là ce nom de *vraie valeur;* assez souvent, au lieu de dire chercher la *vraie valeur*, on dit *lever l'indétermination*. Au fond ce que l'on cherche est quelque chose qu'on se définit, mais non pas une réelle valeur de l'expression.

129. EXEMPLE. I. *Vraie valeur de* $\dfrac{x^2 - 6x + 8}{x^2 - 5x + 6}$ *pour* $x = 2$.

La substitution directe donne $\dfrac{0}{0}$ qui ne signifie rien; appliquons la définition de la vraie valeur. La fraction proposée peut s'écrire : $\dfrac{(x - 2)(x - 4)}{(x - 2)(x - 3)}$.

Pour toute valeur de $x \neq 2$, elle prend même valeur numérique que la fraction $\dfrac{x - 4}{x - 3}$. Pour $x = 2$, cette dernière vaut $\dfrac{2 - 4}{2 - 3} = 2$; c'est la *vraie valeur* de la proposée.

EXEMPLE II. *Vraie valeur de* $\dfrac{-b + \sqrt{b^2 - 4ac}}{2a}$ *pour* $a = 0$ *et* $b > 0$.

La substitution directe donne $\dfrac{0}{0}$ qui ne signifie rien.

Si nous multiplions et divisons par $-b - \sqrt{b^2 - 4ac}$, nous obtenons :

$$\frac{(-b + \sqrt{b^2 - 4ac})(-b - \sqrt{b^2 - 4ac})}{2a(-b - \sqrt{b^2 - 4ac})} = \frac{4ac}{2a(-b - \sqrt{b^2 - 4ac})},$$

fraction équivalente à la proposée.

Cette dernière prend même valeur numérique que :

$$\frac{2c}{-b-\sqrt{b^2-4ac}},$$

pour toute valeur de a, sauf pour $a=0$.

Par définition, la vraie valeur de la proposée est précisément la valeur de cette dernière pour $a=0$, c'est-à-dire :

$$\frac{2c}{-2b} \quad \text{ou} \quad -\frac{c}{b}.$$

130. Remarque. Il ne faut pas considérer comme singulière la forme $\dfrac{0}{m}$ avec $m \neq 0$, car le seul nombre dont le produit par m soit 0 est le nombre 0, et la définition du quotient s'applique dans ce cas.

131. Proposons-nous encore de voir ce que devient la valeur numérique de $\dfrac{f(x)}{F(x)}$ quand x croît au delà de toute limite. (On dit souvent quand x tend vers l'infini.)

Tout repose sur ce que les puissances croissantes d'un nombre très grand croissent très rapidement, en sorte que les puissances inférieures sont négligeables par rapport au terme de plus haut degré. Il en résulte immédiatement les trois faits suivants :

1° *Si* f(x) *est de degré moindre que* F(x), *la fraction* $\dfrac{f(x)}{F(x)}$ *tend vers* 0 *quand* x *tend vers* ∞.

2° *Si* f(x) *est de degré supérieur à* F(x), *la fraction* $\dfrac{f(x)}{F(x)}$ *tend vers* ∞ *en même temps que* x.

3° *Si* f(x) *est de même degré que* F(x), *par exemple de degré* m, *la fraction* $\dfrac{f(x)}{F(x)}$ *tend vers le rapport des coefficients de* x^m, *quand* x *tend vers* ∞.

Soit, par exemple, $\dfrac{ax^2+bx+c}{a'x^2+b'x+c'}$ dont on veut la valeur pour x infiniment grand.

La substitution directe donnerait $\dfrac{\infty}{\infty}$ qui ne signifie rien.

La fraction proposée peut s'écrire :

$$\frac{x^2\left(a + \dfrac{b}{x} + \dfrac{c}{x^2}\right)}{x^2\left(a' + \dfrac{b'}{x} + \dfrac{c'}{x^2}\right)}.$$

Lorsque x croît sans limite, la fraction tend vers la même valeur que $\dfrac{ax^2}{a'x^2}$, c'est-à-dire $\dfrac{a}{a'}$.

LIVRE DEUXIÈME

ÉQUATIONS DU PREMIER DEGRÉ

—

CHAPITRE I

DÉFINITIONS ET PRINCIPES

132. Définitions. On appelle *équation* une égalité qui n'est vérifiée que pour certaines valeurs particulières attribuées à des lettres appelées les *inconnues* ou les *variables* de l'équation ; c'est donc une égalité conditionnelle.

On appelle *premier membre* de l'équation l'ensemble des termes placés à gauche du signe =, et *second membre*, l'ensemble des termes placés à droite de ce même signe.

Racines. Les *racines* ou *solutions* d'une équation sont les valeurs particulières qui, mises à la place des inconnues, font prendre aux deux membres des valeurs numériques égales.

Les égalités
$$3x + 12 = 5x - 8$$
$$y^2 + 5 = 6y - 3$$

sont des équations ; la première n'est vérifiée que par $x = 10$, la seconde est vérifiée par les deux nombres $y = 4$ et $y = 2$.

Résoudre une équation, c'est en trouver les racines.

Une équation est *littérale* lorsque les quantités connues qui y figurent sont représentées par des lettres ; elle est *numérique* lorsque les quantités connues sont représentées par des nombres ; ainsi

l'équation
$$ax - ab = bx$$
est littérale,

et l'équation
$$5x + 8 = 7x$$
est numérique.

Une équation est à *une* ou *plusieurs inconnues*, suivant qu'elle renferme une ou plusieurs lettres représentant des quantités inconnues.

Une équation est *entière* ou *fractionnaire*, *rationnelle* ou *irra-*

tionnelle, suivant que ses deux membres sont des expressions entières ou fractionnaires, rationnelles ou irrationnelles, par rapport aux lettres représentant les inconnues.

Ainsi $3x - 15 = 12x + 2$ est une équation entière et rationnelle.

$$\frac{5}{x-2} + \frac{3}{x+2} = \frac{9-x}{x}$$ est une équation fractionnaire et rationnelle.

$$\sqrt{3y+2} = 5y - 8$$ est une équation irrationnelle.

Une équation entière et rationnelle est du *premier degré* lorsque les inconnues n'y figurent qu'à la première puissance ; elle est du *second degré* lorsque les inconnues sont à la deuxième puissance, et ainsi de suite.

133. Équations équivalentes. Deux équations sont *équivalentes* lorsqu'elles admettent les mêmes solutions ; on peut alors résoudre indifféremment l'une ou l'autre de ces équations.

Comme nous le verrons dans la suite, le moyen employé pour résoudre une équation à une inconnue consiste à la transformer en une suite d'équations équivalentes, dont la dernière ne renferme que l'inconnue dans un membre, et une quantité connue dans l'autre ; cette dernière équation est considérée comme résolue ; par exemple, l'équation $x = 2$ n'admet évidemment que la solution 2.

134. Théorème I. *Si l'on ajoute ou si l'on retranche une même quantité aux deux membres d'une équation, l'équation obtenue est équivalente à l'équation proposée.*

Soit l'équation $\qquad 5x - 3 = x + 5,$

dont nous représentons le premier membre par A et le second par B.

L'équation est donc $\qquad$ A $=$ B. $\hfill (1)$

Considérons l'équation :

$$A + m = B + m. \hfill (2)$$

Les équations (1) et (2) sont équivalentes ; en effet :

1° *Toute solution de* (1) *est solution de* (2). Par définition, toute solution de (1) fait prendre aux expressions A et B des valeurs numériques égales, donc aussi aux expressions $A + m$ et $B + m$, c'est-à-dire que c'est une solution de (2).

2° *Toute solution de* (2) *est solution de* (1). Toute solution de (2) fait prendre aux expressions $A + m$ et $B + m$ des valeurs numériques égales, donc aussi aux expressions A et B, c'est-à-dire que c'est une solution de (1).

Retrancher m, c'est ajouter $-m$; donc le théorème s'applique aussi.

135. Corollaire. *Toute équation peut être mise sous la forme:*

$$A = 0.$$

En effet, si l'on retranche aux deux membres d'une équation une quantité égale au second membre, on obtient une équation équivalente, mais dont le second membre est zéro.

Si une équation est *entière*, le premier membre de cette équation mise sous la forme $A = 0$ est un polynôme entier par rapport aux inconnues de l'équation. Le *degré* de ce polynôme par rapport aux inconnues est ce qu'on appelle le *degré* de l'équation.

Par exemple, l'équation $2x^2 - 3x + 8 = 0$ est du second degré, et l'équation $3xy^2 - 5x^2 + 6x - 3 = 0$ est du troisième degré.

Application. *Transposition des termes.* On peut, sans altérer les solutions d'une équation, faire passer un terme quelconque d'un membre de l'équation dans l'autre; il suffit de le supprimer dans le membre où il était et de l'écrire dans l'autre membre avec un signe contraire.

Soit l'équation $\qquad 5x - 4 = x + 12.$

On peut l'écrire $\qquad 5x - x = 4 + 12,$

car cela revient à ajouter 4 et à retrancher x à chacun des deux membres de l'équation.

On peut de même passer de la seconde équation à la première en retranchant 4 et en ajoutant x à chacun des deux membres.

136. Théorème II. 1° *Si l'on multiplie ou si l'on divise les deux membres d'une équation par un facteur constant et différent de zéro, on obtient une équation équivalente.*

2° *Si l'on multiplie les deux membres par un facteur contenant une ou plusieurs inconnues, on introduit en général des solutions.*

3° *Si l'on divise les deux membres par un facteur contenant une ou plusieurs inconnues, on fait disparaître en général des solutions.*

1° Soit l'équation $\qquad A = B.$ $\hfill (1)$

Considérons l'équation $\qquad mA = mB,$ $\hfill (2)$

m étant un facteur constant.

Toute solution de (1) est solution de (2). En effet, toute solution de (1) fait prendre aux expressions A et B des valeurs numériques égales, donc aussi à mA et mB, c'est-à-dire est une solution de (2).

Toute solution de (2) *est solution de* (1). En effet, toute solution de (2) fait prendre aux expressions mA et mB des valeurs numériques égales $\qquad m\text{A} = m\text{B} \quad$ ou $\quad m(\text{A} - \text{B}) = 0$.

Or m est différent de zéro ; par suite, $\text{A} - \text{B} = 0$ ou $\text{A} = \text{B}$; donc toute solution de (2) est solution de (1).

Diviser par m, c'est multiplier par $\dfrac{1}{m}$; le théorème s'applique encore.

D'après ce qui précède, on peut changer le signe de tous les termes d'une équation, puisque cela revient à multiplier les deux membres par -1.

2° Si le facteur m est une expression contenant une ou plusieurs inconnues, les équations
$$\text{A} = \text{B} \qquad\qquad (1)$$
$$m\text{A} = m\text{B} \qquad\qquad (2)$$
ne sont pas équivalentes en général ; l'équation (2) admet bien les solutions de (1), mais peut admettre encore d'autres solutions.

En effet, toute solution de (1) fait prendre aux expressions A et B des valeurs numériques égales A_1 et B_1, c'est-à-dire donne
$$\text{A}_1 - \text{B}_1 = 0 ;$$
donc aussi $\qquad m(\text{A}_1 - \text{B}_1) = 0 \quad$ où $\quad m\text{A}_1 = m\text{B}_1$.

La réciproque n'est pas vraie, car une solution de (2), faisant prendre aux expressions mA et mB des valeurs numériques égales $m_1\text{A}_1$ et $m_1\text{B}_1$, donne $m_1(\text{A}_1 - \text{B}_1) = 0$, c'est-à-dire rend nul $\text{A}_1 - \text{B}_1$ ou m_1 ; l'équation $m\text{A} = m\text{B}$ admet donc à la fois les solutions des deux équations $\text{A} = \text{B}$ et $m = 0$.

EXEMPLE : L'équation $x + 3 = 15 - x$ n'est satisfaite que par $x = 6$.

Si l'on multiplie les deux membres par $x - 2$, on a :
$$(x + 3)(x - 2) = (15 - x)(x - 2),$$
ou $\qquad\qquad (x - 2)\left[(x + 3) - (15 - x)\right] = 0,$$
$$(x - 2)(2x - 12) = 0.$$

Cette équation est satisfaite par $x = 2$ et par $x = 6$; la solution $x = 2$ ne convient pas à l'équation proposée ; elle a été introduite en multipliant par le facteur $x - 2$.

3° Soit l'équation $\qquad\qquad m\text{A} = m\text{B},$

dont les deux membres ont un facteur commun m contenant une ou plusieurs inconnues ; en général, on ne peut pas supprimer ce facteur, c'est-à-dire diviser les deux membres de l'équation, sans faire disparaître des solutions.

En effet, soient les deux équations :

$$A = B \qquad \text{ou} \qquad A - B = 0 \quad (1)$$
$$mA = mB \qquad \qquad m(A - B) = 0. \quad (2)$$

Toute solution de (2) rend nul le produit $m(A - B)$, c'est-à-dire rend nul $A - B = 0$ ou $m = 0$; donc cette solution convient à l'équation (1) ou à l'équation $m = 0$. Ainsi l'équation (1) n'est pas équivalente à (2), puisqu'elle ne renferme pas toutes les solutions de (2).

Application. Le théorème II permet de faire disparaître les dénominateurs, lorsque dans une équation entière les coefficients sont des fractions ; pour cela on réduit tous les termes au plus petit dénominateur commun et on supprime ce dénominateur ; c'est ce qu'on appelle *chasser les dénominateurs*.

EXEMPLES. I. *Faire disparaître les dénominateurs de l'équation :*

$$\frac{x}{2} + \frac{x}{3} + \frac{x}{4} - \frac{x}{5} = x - 7.$$

Le p. p. c. m. des dénominateurs est 60 ; en multipliant chaque terme par 60, on a :

$$30x + 20x + 15x - 12x = 60(x - 7).$$

II. *Faire disparaître les dénominateurs de l'équation :*

$$\frac{x + a - b}{a} - \frac{x + b - a}{b} = \frac{b^2 - a^2}{ab}.$$

Le dénominateur commun est le produit ab ; on a donc :

$$b(x + a - b) - a(x + b - a) = b^2 - a^2.$$

137. Équation fractionnaire mise sous forme entière. Lorsqu'on multiplie les deux membres d'une équation fractionnaire par le dénominateur commun aux deux membres, on obtient *en général* une équation équivalente.

Supposons que tous les termes soient dans le premier membre de l'équation, le second membre étant zéro. Le premier membre de l'équation est une expression fractionnaire, et en réduisant au même dénominateur les diverses fractions qui le forment, l'équation peut être mise sous la forme $\dfrac{A}{B} = 0$; A et B sont des polynômes entiers par rapport à l'inconnue de l'équation.

Résoudre l'équation, c'est trouver les diverses valeurs de l'inconnue qui font prendre la valeur numérique 0 à la fraction algébrique $\dfrac{A}{B}$.

Ces valeurs sont celles qui annulent A sans annuler B, celles qui rendent B infini sans annuler A. Les valeurs qui annulent simultanément A et B ou les rendent infinies, mais donnent zéro pour vraie valeur de ces formes indéterminées, peuvent être par convention regardées comme racines.

Le numérateur A est nul pour les racines de l'équation $A = 0$; parmi ces racines, celles qui n'annulent pas B sont racines de l'équation $\dfrac{A}{B} = 0$. Pour celles qui annulent aussi B, il faut chercher la vraie valeur de la fraction; si cette vraie valeur est zéro, les racines qui annulent simultanément A et B conviennent par convention à l'équation :
$$\frac{A}{B} = 0.$$

En remarquant que B est un polynôme entier par rapport à l'inconnue, B ne devient infini que pour x infini, et dans ce cas A est aussi infini; la vraie valeur de la fraction n'est nulle que si le degré du numérateur est inférieur au degré du dénominateur (n° 131).

Dans ce cas, on dit que l'équation $\dfrac{A}{B} = 0$ a des racines infinies.

En résumé, l'équation $A = 0$ est équivalente à l'équation $\dfrac{A}{B} = 0$ s'il n'existe pas de valeurs de l'inconnue annulant à la fois A et B.

EXEMPLE. Supposons qu'en résolvant une équation fractionnaire, on ait obtenu :
$$\frac{(x-1)^2 (x+3)(x+2)}{(x-1)(x+3)^2(x+1)^2} = 0$$
après avoir réduit au même dénominateur.

Les racines du numérateur sont $x = 1$, $x = -2$, $x = -3$.

La racine $x = 1$ annule le numérateur et le dénominateur; il y a doute si cette valeur est racine de l'équation proposée. La vraie valeur de la fraction étant zéro pour $x = 1$, on convient que $x = 1$ est racine.

La racine $x = -2$ annule le numérateur sans annuler le dénominateur; donc $x = -2$ est racine de l'équation proposée.

La racine $x = -3$ annule le numérateur et le dénominateur, il y a doute. La vraie valeur de la fraction, pour $x = -3$, est l'infini; donc $x = -3$ n'est pas racine.

Remarquons enfin que le degré du numérateur est inférieur au degré du dénominateur; donc $x = \infty$ est aussi racine de l'équation proposée.

Les racines sont donc $\qquad -2, \ 1, \ \infty$.

138. Théorème. *En élevant les deux membres d'une équation au carré, au cube ou à une puissance quelconque, on obtient une équation qui admet bien les solutions de l'équation proposée, mais qui en général ne lui est pas équivalente.*

Soit l'équation $\qquad\qquad A = B.$ $\qquad\qquad\qquad$ (1)

Si l'on élève les deux membres au carré, on a l'équation :

$$A^2 = B^2 \quad \text{ou} \quad A^2 - B^2 = 0,$$

c'est-à-dire
$$(A + B)(A - B) = 0. \tag{2}$$

Toute solution de (1) convient à (2); mais la réciproque n'est pas vraie ; en effet, toute solution de (2) rend nul le produit

$$(A + B)(A - B),$$

donc rend nul l'un ou l'autre des facteurs $A + B$ ou $A - B$, c'est-à-dire est solution soit de $A = B$, soit de $A = -B$.

En élevant au carré, on a donc introduit les solutions de l'équation

$$A + B = 0.$$

Soient, en général, les équations :

$$A = B \tag{1}$$

$$A^m = B^m. \tag{2}$$

L'équation (2) peut se mettre sous la forme :

$$(A - B)(A^{m-1} + BA^{m-2} + B^2 A^{m-3} + \ldots + B^{m-1}) = 0.$$

Cette équation admet bien les solutions de (1), mais admet en outre les solutions de l'équation :

$$A^{m-1} + BA^{m-2} + \ldots + B^{m-1} = 0.$$

Donc les équations (1) et (2) ne sont pas équivalentes en général.

139. Application. Équations irrationnelles. 1° *Soit à résoudre l'équation :*
$$3 - x = \sqrt{x - 3}.$$

En élevant les deux membres au carré, nous obtenons l'équation :

$$(3 - x)^2 = (x - 3) \quad \text{ou} \quad (3 - x)(3 - x + 1) = 0.$$

Cette dernière équation admet pour racines $x = 3$ et $x = 4$.

La racine $x = 3$ vérifie l'équation proposée ; mais la racine $x = 4$ ne la vérifie pas.

Cette racine $x = 4$ convient à l'équation :

$$3 - x = -\sqrt{x - 3}.$$

Ainsi l'équation $(3 - x)^2 = (x - 3)$ est plus générale que l'équation donnée, puisqu'elle admet pour racines les solutions des deux équations :

$$3 - x = \pm \sqrt{x - 3}.$$

2° *Soit encore à résoudre l'équation irrationnelle :*

$$\sqrt{x - a} + \sqrt{x - b} + \sqrt{x - c} = 0.$$

Posons, pour simplifier l'écriture, $x - a = A$, $x - b = B$, $x - c = C$; nous avons à résoudre l'équation :

$$\sqrt{A} + \sqrt{B} + \sqrt{C} = 0. \tag{1}$$

Rendons l'équation rationnelle par des élévations au carré ; on écrit d'abord l'équation (1) sous la forme :

$$\sqrt{B} + \sqrt{C} = -\sqrt{A} . \qquad (2)$$

Une première élévation au carré nous donne :

$$B + C + 2\sqrt{BC} = A \quad \text{ou} \quad 2\sqrt{BC} = A - B - C. \qquad (3)$$

Une seconde élévation au carré nous donne :

$$4BC = A^2 + B^2 + C^2 - 2AB - 2AC + 2BC.$$

L'équation à résoudre est devenue :

$$A^2 + B^2 + C^2 - 2AB - 2AC - 2BC = 0. \qquad (4)$$

Remarquons que l'équation (3) est plus *générale* que l'équation (2) ; l'équation (3) admet les solutions des deux équations :

$$\sqrt{B} + \sqrt{C} = -\sqrt{A} \quad \text{ou} \quad \sqrt{A} + \sqrt{B} + \sqrt{C} = 0$$
$$-\sqrt{B} - \sqrt{C} = -\sqrt{A} \quad \text{ou} \quad \sqrt{A} - \sqrt{B} - \sqrt{C} = 0.$$

De même l'équation (4) est plus *générale* que l'équation (3) ; l'équation (4) admet les solutions des deux équations :

$$+ 2\sqrt{BC} = A - B - C$$
$$- 2\sqrt{BC} = A - B - C.$$

Or chacune de ces dernières est l'ensemble de deux autres :

$$2\sqrt{BC} = A - B - C \text{ équivaut à } \sqrt{A} + \sqrt{B} + \sqrt{C} = 0 \text{ et } \sqrt{A} - \sqrt{B} - \sqrt{C} = 0$$
$$-2\sqrt{BC} = A - B - C \text{ équivaut à } \sqrt{A} + \sqrt{B} - \sqrt{C} = 0 \text{ et } \sqrt{A} - \sqrt{B} + \sqrt{C} = 0.$$

En définitive, l'équation (4) renferme les quatre équations :

$$\sqrt{A} + \sqrt{B} + \sqrt{C} = 0$$
$$\sqrt{A} + \sqrt{B} - \sqrt{C} = 0$$
$$\sqrt{A} - \sqrt{B} + \sqrt{C} = 0$$
$$\sqrt{A} - \sqrt{B} - \sqrt{C} = 0 ;$$

elle est donc plus *générale* que l'équation donnée.

Si nous remplaçons dans (4) A, B, C par les binômes $x - a$, $x - b$, $x - c$, il vient après réduction :

$$3x^2 - 2x(a + b + c) + 2ab + 2ac + 2bc - a^2 - b^2 - c^2 = 0,$$

équation du second degré que nous résoudrons plus loin.

CHAPITRE II

RÉSOLUTION DES ÉQUATIONS DU PREMIER DEGRÉ

§ I. — Equations à une inconnue.

140. D'après le théorème I (n° 134), toute équation entière du premier degré à une inconnue se ramènera à la forme :

$$ax + b = 0. \qquad (1)$$

Évidemment $a \neq 0$, sinon il n'y aurait pas d'équation ; alors si $b = 0$, $x = 0$ est la seule solution de l'équation ; si $b \neq 0$,

$$x = \frac{-b}{a}$$

est la seule solution de l'équation.

En fait, c'est à propos des équations que s'introduisent les nombres négatifs. Soit l'équation $x + 3 = 0$, par exemple ; il est évident qu'aucun nombre arithmétique ne la vérifie, car la somme de deux nombres arithmétiques autres que 0 ne peut être 0. Alors on a créé la solution -3, c'est-à-dire un nombre algébrique qui, ajouté à 3, donne 0 pour somme.

C'était indispensable pour pouvoir opérer sur des nombres représentés par des lettres sans rencontrer à chaque instant des impossibilités.

Pour résoudre une équation du premier degré à une inconnue, on peut appliquer la règle suivante, qui résulte des théorèmes démontrés :

1° *On fait disparaître les dénominateurs et on opère les calculs indiqués ;*

2° *On transpose, c'est-à-dire qu'on fait passer dans un membre les termes contenant l'inconnue et dans l'autre les termes connus ;*

3° *On fait dans chaque membre la réduction des termes semblables, et on met l'inconnue en facteur ;*

4° *On divise les deux membres par le coefficient de l'inconnue ; le quotient est la racine ou solution de l'équation donnée.*

EXEMPLES. 1° *Résoudre* $\quad \dfrac{x}{3} + \dfrac{x}{4} - \dfrac{5x}{12} = 5 - \dfrac{5x}{6}$.

Le p. p. c. m. des dénominateurs est **12** ; en multipliant chaque terme par **12**, on a :
$$4x + 3x - 5x = 60 - 10x.$$

On fait passer les termes renfermant l'inconnue dans le premier membre, et on réduit
$$4x + 3x - 5x + 10x = 60 \quad \text{ou} \quad 12x = 60 ;$$

et
$$x = \frac{60}{12} = 5.$$

2° *Résoudre*
$$\frac{x - 1}{7} + \frac{23 - x}{5} = 7 - \frac{4 + x}{4}.$$

Le p. p. c. m. des dénominateurs est **4.5.7** ou **140** ; on multiplie chaque terme par ce nombre, et l'on a :
$$20 (x - 1) + 28 (23 - x) = 7 \times 140 - 35(4 + x).$$

Pour éviter des erreurs de signes, il est utile, quand on fait disparaître les dénominateurs, de mettre entre parenthèses les numérateurs des fractions, surtout si elles sont précédées du signe —. En effectuant les calculs indiqués

on a :
$$20x - 20 + 644 - 28x = 980 - 140 - 35x,$$
ou
$$20x - 28x + 35x = 980 - 140 - 644 + 20.$$

$$27x = 216 \quad \text{et} \quad x = \frac{216}{27} = 8.$$

3° *Résoudre*
$$\frac{x + a - b}{b} = \frac{b - x}{a + b}.$$

Le p. p. c. m. des dénominateurs est leur produit $b (a + b)$; on aura :
$$(a + b) (x + a - b) = b (b - x)$$
$$ax + a^2 - ab + bx + ab - b^2 = b^2 - bx.$$

Réduisant et transposant :

$$ax + 2bx = 2b^2 - a^2$$
$$x (a + 2b) = 2b^2 - a^2$$
$$x = \frac{2b^2 - a^2}{2b + a}.$$

4° *Résoudre*
$$\frac{\sqrt{3x + 1} + \sqrt{3x}}{\sqrt{3x + 1} - \sqrt{3x}} = 4.$$

Écrivons le second membre $\frac{4}{1}$, et appliquons ce principe : Dans toute proportion, la somme des deux premiers termes est à leur différence comme la somme des deux derniers est à leur différence.

Nous aurons :
$$\frac{2\sqrt{3x + 1}}{2\sqrt{3x}} = \frac{5}{3},$$

ou
$$\frac{\sqrt{3x + 1}}{\sqrt{3x}} = \frac{5}{3}.$$

Élevons au carré les deux membres de cette dernière équation :
$$\frac{3x + 1}{3x} = \frac{25}{9} ; \quad \text{d'où} \quad 27x + 9 = 75x$$

$$9 = 48x \quad \text{et} \quad x = \frac{3}{16}.$$

La racine $\frac{3}{16}$ vérifie l'équation proposée.

5° *Résoudre*
$$\frac{\sqrt{x} + 4m}{\sqrt{x} + 3n} = \frac{\sqrt{x} + 2m}{\sqrt{x} + n}.$$

Appliquons le principe suivant : Dans toute proportion, la somme des numérateurs est à la somme des dénominateurs comme la différence des numérateurs est à la différence des dénominateurs.

Nous aurons :
$$\frac{2\sqrt{x} + 6m}{2\sqrt{x} + 4n} = \frac{2m}{2n},$$

ou
$$\frac{\sqrt{x} + 3m}{\sqrt{x} + 2n} = \frac{m}{n}.$$

En faisant disparaître les dénominateurs et en réduisant, il vient :
$$\sqrt{x}\,(m - n) = mn \quad \text{ou} \quad \sqrt{x} = \frac{mn}{m - n},$$

et
$$x = \left(\frac{mn}{m - n}\right)^2.$$

La racine trouvée vérifie l'équation proposée.

Remarque. Ces deux exemples nous montrent que des artifices de calcul fournissent souvent une marche plus élégante et plus rapide pour résoudre une équation donnée.

§ II. — Équations à plusieurs inconnues.

141. Toute équation du premier degré à deux inconnues peut être ramenée à la forme $\quad ax + by = c.$

Une telle équation est vérifiée par une infinité de valeurs de x et de y ; elle est dite *indéterminée*, parce qu'elle ne détermine pas les valeurs de x et de y qui la vérifient.

Soit, par exemple, l'équation $\quad 5x + 3y = 12.$

Si l'on donne à y successivement les valeurs 0, 1, 2, 3, 4, 5, 6,... on trouve pour x les valeurs correspondantes :
$$\frac{12}{5}, \quad \frac{9}{5}, \quad \frac{6}{5}, \quad \frac{3}{5}, \quad 0, \quad -\frac{3}{5}, \quad \text{données par} \quad x = \frac{12 - 3y}{5}.$$

142. Équations simultanées du premier degré. Définition. On appelle système d'*équations simultanées* des équations qui sont vérifiées par les mêmes valeurs des inconnues; ces valeurs forment une *solution* du système d'équations simultanées. En général, un système de n équations simultanées à n inconnues admet un système de solutions et un seul, c'est-à-dire que ces équations ne sont toutes vérifiées que par un seul système de valeurs des inconnues; par exemple, le système de deux équations à deux inconnues :

$$2x + 3y = 19$$
$$5y - 8x = 9$$

n'est vérifié que par $\quad x = 2, \quad y = 5.$

On dit que deux systèmes d'équations simultanées sont *équivalents* lorsque les solutions du premier système d'équations sont aussi solutions du second, et réciproquement.

Lorsque deux systèmes d'équations sont équivalents, on peut évidemment remplacer l'un par l'autre.

La résolution d'un système d'équations simultanées repose sur les principes suivants.

143. Théorème I. *Si* m *et* n *représentent des nombres quelconques, l'un au moins* n *différent de zéro, le système d'équations*

$$\text{tions} \quad A = 0 \qquad \text{avec} \qquad A \equiv ax + by + c$$
$$B = 0 \qquad (1) \qquad \text{avec} \qquad B \equiv a'x + b'y + c'$$

est équivalent au système

$$A = 0$$
$$mA + nB = 0 \qquad (2)$$

En effet, tout système de solutions des équations (1) annule A et B, et par suite annule aussi mA et nB; donc ce système de solutions des équations (1) vérifie les équations (2).

Réciproquement. Tout système de solutions des équations (2) annule A et $mA + nB$, et comme par hypothèse n est différent de zéro, annule B; donc ce système de solutions des équations (2) vérifie les équations (1).

Les systèmes d'équations (1) et (2) sont donc équivalents.

144. Théorème II. *Soient quatre nombres* m, n, m′, n′, *tels que* mn′ − nm′ *soit différent de zéro ; le système d'équations*

$$A = 0,$$
$$B = 0, \qquad (1)$$

est équivalent au système

$$mA + nB = 0,$$
$$m'A + n'B = 0. \qquad (2)$$

En effet, une solution du système (1), annulant A et B, annule aussi $mA + nB$ et $m'A + n'B$; cette solution satisfait donc au système (2).

Réciproquement. Toute solution du système (2) vérifie le système (1); en effet, soient les identités :

$$(mn' - nm')\,A \equiv n'\,(mA + nB) - n\,(m'A + n'B)$$
$$(mn' - nm')\,B \equiv m\,(m'A + n'B) - m'\,(mA + nB).$$

Une solution du système (2) annule $mA + nB$ et $m'A + n'B$, par suite annule aussi $(mn' - nm')A$ et $(mn' - nm')B$; et comme $mn' - nm'$ est différent de zéro, annule A et B.

Les systèmes (1) et (2) sont donc équivalents.

145. Théorème III. *Étant donné un système d'équations simultanées, si l'une des équations est résolue par rapport à l'une des inconnues, on peut remplacer cette inconnue par sa valeur dans les autres équations.*

Soit le système d'équations
$$A = 0 \qquad\qquad B = 0. \qquad\qquad (1)$$

Supposons différent de zéro le coefficient de x dans l'une des équations, $A = 0$, par exemple, et soit $x = A_1$ cette équation résolue par rapport à x.

Le système d'équations
$$x = A_1 \qquad\qquad B = 0 \qquad\qquad (2)$$

est équivalent au système (1), puisque l'équation $A = 0$ est remplacée par l'équation équivalente $x = A_1$.

Remplaçons maintenant, dans l'équation $B = 0$, x par sa valeur tirée de l'équation $A = 0$; nous obtenons le système :
$$x = A_1 \qquad\qquad B_1 = 0. \qquad\qquad (3)$$

Ce système (3) est équivalent au système (2), et par suite à (1).

En effet, pour obtenir ce système (3), il suffit de multiplier les deux membres de l'équation $x = A_1$ par le coefficient de x dans l'équation $B = 0$, et de retrancher membre à membre le résultat de l'équation $B = 0$. En vertu du théorème I, l'équation obtenue $B_1 = 0$ est équivalente à l'équation $B = 0$.

Remarque. Au lieu d'employer la notation abrégée dans le cours de la démonstration, on peut raisonner sur les trois systèmes successifs :

$$\begin{cases} ax + by + c = 0 \\ a'x + b'y + c' = 0. \end{cases} \qquad (1)$$

$$\begin{cases} x = -\dfrac{by + c}{a} \\ a'x + b'y + c' = 0. \end{cases} \qquad (2)$$

$$x = -\dfrac{by + c}{a} \qquad\qquad (3)$$
$$-a'\dfrac{(by + c)}{a} + b'y + c' = 0.$$

146. Élimination. *Éliminer une variable* entre deux équations, c'est exprimer la condition à laquelle doivent satisfaire les coefficients pour que les deux équations aient une racine commune.

Soient les deux équations $ax + b = 0$ et $a'x + b' = 0$.

La première a pour racine $x = -\dfrac{b}{a}$.

La seconde sera vérifiée par cette racine, si l'on a :

$$a'\left(\frac{-b}{a}\right) + b' = 0,$$

c'est-à-dire si $\qquad ab' - ba' = 0.$

Cette relation $\quad ab' - ba' = 0 \quad$ s'appelle *éliminant* du premier degré.

On élimine de même *une variable* entre deux équations d'un système à deux inconnues, en considérant momentanément l'autre variable comme une simple constante.

EXEMPLE :
$$ax + by + c = 0$$
$$a'x + b'y + c' = 0.$$

La première équation donne :

$$x = -\frac{by + c}{a};$$

la seconde sera satisfaite par cette valeur si

$$-a'\frac{(by + c)}{a} + b'y + c' = 0,$$

ou $\qquad y(ab' - ba') + ac' - ca' = 0$

§ III. — Résolution du système de deux équations du premier degré à deux inconnues.

Pour résoudre un système d'équations simultanées à deux inconnues, il faut chercher à le ramener à un système équivalent formé d'équations du premier degré à une seule inconnue, puisque c'est la seule équation qu'on sache résoudre actuellement. Pour obtenir ce résultat, on applique les théorèmes qui précèdent, ce qui conduit à l'une des trois méthodes suivantes :

147. 1° *Méthode par substitution.* Cette méthode est une application du théorème III ; elle consiste à tirer la valeur d'une inconnue de l'une des deux équations, et à porter cette valeur dans l'autre équation.

Exemple I. Soit le système $3x + y = 15$ (1)

$$5x - 4y = 8. \tag{2}$$

L'équation (1) donne : $x = \dfrac{15 - y}{3}.$ (3)

Portons cette valeur dans (2); on a :

$$\frac{5(15 - y)}{3} - 4y = 8.$$

ou

$$75 - 5y - 12y = 24$$
$$17y = 51$$
$$y = 3.$$

En remplaçant dans (3) y par cette valeur, on obtient :

$$x = \frac{15 - 3}{3} = 4.$$

Le système proposé a pour solution $x = 4, \qquad y = 3.$

Exemple II. Soit le système : $x + y = a$ (1)

$$x - by = 0. \tag{2}$$

L'équation (1) donne : $x = a - y.$ (3)

Portons cette valeur dans (2); on a : $a - y - by = 0$ ou $a = y(b + 1).$

$$y = \frac{a}{b + 1}.$$

En remplaçant dans (3) y par cette valeur, on obtient :

$$x = a - \frac{a}{b + 1} = \frac{ab}{b + 1}.$$

Le système proposé a pour solution $x = \dfrac{ab}{b + 1}, \quad y = \dfrac{a}{b + 1}.$

148. 2° *Méthode par comparaison.* Cette méthode est encore une application du théorème III; elle consiste à tirer la valeur de la même inconnue de chaque équation, et à égaler ces valeurs.

Exemple I. Soit le système $5x + 2y = 29$ (1)

$$2x - 3y = 4. \tag{2}$$

Isolons x dans chaque équation :

$$x = \frac{29 - 2y}{5}, \tag{3}$$

$$x = \frac{4 + 3y}{2}. \tag{4}$$

Mais deux quantités égales à une troisième sont égales entre elles ; donc

$$\frac{29 - 2y}{5} = \frac{4 + 3y}{2}. \tag{5}$$

Le système proposé peut être remplacé (n° 145) par le système d'équations (3) et (5), ou (4) et (5). Cette dernière équation, résolue, donne : $y = 2.$
Portant cette valeur dans l'une des équations (3) ou (4), il vient $x = 5.$
Les valeurs des inconnues sont :

$$x = 5 \quad \text{et} \quad y = 2.$$

5*

Exemple II :

$$x - 2y = a \qquad (1)$$

$$\frac{2c}{y} = m ; \qquad (2)$$

on a :

$$x = a + 2y \qquad (3)$$

$$x = \frac{my}{2} . \qquad (4)$$

Par suite,

$$a + 2y = \frac{my}{2}$$

$$2a + 4y = my$$

$$y(4 - m) = -2a \quad \text{ou} \quad y(m - 4) = 2a$$

$$y = \frac{2a}{m - 4} .$$

Portant cette valeur dans l'équation (4) :

$$x = \frac{2am}{2(m - 4)} = \frac{am}{m - 4} .$$

Les valeurs des inconnues sont donc :

$$x = \frac{am}{m - 4} \quad \text{et} \quad y = \frac{2a}{m - 4} .$$

149. 3° *Méthode par réduction.* Cette méthode est une application
du théorème II, car le système $mA + nB = 0$, $m'A + n'B = 0$ est
équivalent au système $A = 0$, $B = 0$; elle consiste à amener les
termes contenant une inconnue, x par exemple, à avoir des coefficients égaux et de signes contraires. En ajoutant membre à membre
les deux équations, on obtient y ; on peut obtenir directement x
par le même procédé, c'est-à-dire en éliminant y.

Exemple I :

$$10x + 17y = 97 \qquad (1)$$

$$15x + 8y = 128. \qquad (2)$$

En multipliant la première par 3 et la seconde par -2, les termes renfermant x auront des coefficients égaux et de signes contraires.

On a :

$$30x + 51y = 291$$

$$-30x - 16y = -256.$$

En les ajoutant membre à membre :

$$51y - 16y = 291 - 256 \quad \text{ou} \quad 35y = 35, \quad y = 1.$$

Cette valeur, mise dans l'équation (1) ou (2), donne $x = 8$.

Exemple II : Appliquons encore cette méthode aux équations générales :

$$ax + by = c \qquad (1)$$

$$a'x + b'y = c'. \qquad (2)$$

Si nous voulons obtenir x, il faut éliminer y ; multiplions (1) par b' et (2) par
$-b$, supposés tous deux différents de zéro, et ajoutons membre à membre ;
on a d'abord :

$$ab'x + bb'y = cb'$$

$$-ba'x - bb'y = -bc' ;$$

puis $$x\,(ab' - ba') = cb' - bc',$$

en supposant $$ab' - ba' \neq 0,$$

on a : $$x = \frac{cb' - bc'}{ab' - ba'}\cdot$$

Pour avoir y nous éliminerons x en multipliant (1) par $-\,a'$ et (2) par a, supposés tous deux différents de zéro ; on a d'abord :

$$-\,aa'x - ba'y = -\,ca'$$
$$aa'x + ab'y = ac' \,;$$

puis $$y\,(ab' - ba') = ac' - ca',$$

d'où $$y = \frac{ac' - ca'}{ab' - ba'}\cdot$$

Nous avons supposé $ab' - ba' \neq 0$; nous examinerons plus loin ce qui a lieu pour $$ab' - ba' = 0.$$

§ IV. — Résolution des équations du premier degré à trois inconnues.

150. Une équation du premier degré à trois inconnues peut toujours être ramenée à la forme

$$ax + by + cz = d.$$

Si les inconnues x, y, z doivent satisfaire seulement à cette équation, sans autres conditions, il est bien évident qu'il y a *indétermination,* et que l'on peut choisir arbitrairement deux d'entre elles ; l'indétermination est dite de second ordre.

Si l'on a deux équations à trois inconnues :

$$ax + by + cz = d$$
$$a'x + b'y + c'z = d',$$

une des inconnues (z par exemple) est arbitraire ; les autres s'obtiennent en résolvant le système :

$$ax + by = d - cz$$
$$a'x + b'y = d' - c'z.$$

Il y a encore *indétermination* dite de premier ordre.

Si l'on a trois équations à trois inconnues :

$$ax + by + cz = d$$
$$a'x + b'y + c'z = d'$$
$$a''x + b''y + c''z = d'',$$

il existe en général un système de solutions et un seul vérifiant les équations.

Avant de résoudre ce système d'équations, nous établirons d'abord les deux principes suivants :

151. Principe I. *Le système d'équations :*

$$A = 0$$
$$B = 0 \qquad (1)$$
$$C = 0$$

est équivalent au système :

$$mA + nB = 0$$
$$m'A + n'C = 0 \quad (2)$$
$$C = 0,$$

le produit $m'n$, *n'étant pas nul.*

En effet, soit $x = a$, $y = b$, $z = c$ un système de valeurs des inconnues satisfaisant aux équations (1); ces valeurs rendent nuls les premiers membres des équations (1), c'est-à-dire A, B, C; par suite, elles annulent aussi les expressions

$$mA, \quad nB, \quad m'A, \quad n'C \quad \text{et} \quad mA + nB, \quad m'A + n'C;$$

donc ces valeurs satisfont au système (2).

Réciproquement. Tout système de solutions de (2) satisfait à (1). En effet, un système de valeurs satisfaisant aux équations (2) rend nuls les premiers membres des équations (2), c'est-à-dire :

$$C, \quad m'A + n'C, \quad mA + nB;$$

donc A puisque $m' \neq 0$ et par suite B puisque $n \neq 0$; donc les systèmes (1) et (2) sont équivalents.

152. Principe II. *Étant donné un système d'équations, une d'entre elles peut être remplacée par la somme d'un nombre quelconque de ces équations; une d'entre elles peut aussi être remplacée par la somme des équations proposées multipliées par des nombres quelconques, pourvu que le multiplicateur de l'équation remplacée ne soit pas nul.*

Soient les systèmes d'équations (1) et (2), avec $m \neq 0$.

$$A = 0 \qquad\qquad mA + nB + pC = 0$$
$$B = 0 \quad (1) \qquad\qquad B = 0 \quad (2)$$
$$C = 0. \qquad\qquad C = 0.$$

Il faut démontrer qu'ils sont équivalents. En effet, soit $x = a$, $y = b$, $z = c$ un système de valeurs des inconnues satisfaisant au système (1); ces valeurs rendent nuls les premiers membres des équations (1), c'est-à-dire A, B, C; elles annulent aussi mA, nB, pC et par suite leur somme $mA + nB + pC$.

Ainsi tout système de solutions des équations (1) convient à chacun des systèmes suivants :

$$A = 0 \qquad\qquad A = 0 \qquad\qquad B = 0$$
$$B = 0 \qquad\qquad C = 0 \qquad\qquad C = 0$$
$$mA + nB + pC = 0 \quad mA + nB + pC = 0 \quad mA + nB + pC = 0.$$

Réciproquement. Tout système de valeurs des inconnues satisfaisant au système (2) rend nuls les premiers membres de ces équations (2); donc ce système de valeurs annule séparément B, C et $mA + nB + pC$, et par suite mA; donc enfin A est nul, puisque par hypothèse m est différent de zéro.

Ainsi les systèmes (1) et (2) sont équivalents.

En vertu de ce principe, on peut éliminer deux inconnues entre les trois équations; il suffit, en effet, de choisir m, n, p de façon que deux inconnues disparaissent.

Application. *Soit à résoudre les trois équations :*

$$x - 2y + 3z = 2 \qquad\qquad (1)$$
$$2x - 3y + z = 1 \qquad\qquad (2)$$
$$3x - y + 2z = 9. \qquad\qquad (3)$$

Conservons la première équation $x - 2y + 3z = 2$, et remplaçons chacune des autres par une équation où ne figure plus z; si on élimine z entre (1) et (2), on a, en retranchant de la première trois fois la seconde :

$$-5x + 7y = -1 \quad \text{ou} \quad 5x - 7y = 1.$$

De même, en retranchant de la troisième deux fois la seconde :

$$-x + 5y = 7.$$

Le système

$$x - 2y + 3z = 2$$
$$-x + 5y = 7$$
$$5x - 7y = 1,$$

est équivalent au système donné; or les deux dernières équations ne contiennent plus z; on en tire $y = 2$, $x = 3$; la première donne alors $z = 1$.

153. Appliquons maintenant ces principes à la résolution du système général :

$$ax + by + cz = d \qquad (1)$$
$$a'x + b'y + c'z = d' \qquad (2)$$
$$a''x + b''y + c''z = d''. \qquad (3)$$

Conservons la première équation et éliminons z entre les équations données. Les équations (1) et (2), puis (1) et (3), donnent :

$$(ac' - ca')x + (bc' - cb')y = dc' - cd'$$
$$(ac'' - ca'')x + (bc'' - cb'')y = dc'' - cd''.$$

Or nous savons résoudre ce système à deux inconnues.

$$x = \frac{(dc' - cd')(bc'' - cb'') - (dc'' - cd'')(bc' - cb')}{(ac' - ca')(bc'' - cb'') - (ac'' - ca'')(bc' - cb')} \cdot$$

Observons d'abord que le numérateur de x peut se déduire de son dénominateur en remplaçant a, a', a'' coefficients de x, respectivement par les termes connus

$$d, d', d''.$$

Le dénominateur effectué et réduit devient :

$$c(ab'c'' - ac'b'' + ca'b'' - ba'c'' + bc'a'' - cb'a'').$$

Le numérateur effectué et réduit devient :

$$c(db'c'' - dc'b'' + cd'b'' - bd'c'' + bc'd'' - cb'd''),$$

et

$$x = \frac{db'c'' - dc'b'' + cd'b'' - bd'c'' + bc'd'' - cb'd''}{ab'c'' - ac'b'' + ca'b'' - ba'c'' + bc'a'' - cb'a''} \cdot$$

L'inconnue y a le même dénominateur, et le numérateur s'obtient en y remplaçant b, b', b'' respectivement par d, d', d'' :

$$y = \frac{ad'c'' - ac'd'' + ca'd'' - da'c'' + dc'a'' - cd'a''}{ab'c'' - ac'b'' + ca'b'' - ba'c'' + bc'a'' - cb'a''} \cdot$$

L'inconnue z peut être calculée en remplaçant dans l'équation (1) x et y par les valeurs précédentes; on évite ce calcul en remarquant que, au lieu d'éliminer z, on aurait pu éliminer y; alors z s'obtiendrait comme on a obtenu y; donc :

$$z = \frac{ab'd'' - ad'b'' + da'b'' - ba'd'' + bd'a'' - db'a''}{ab'c'' - ac'b'' + ca'b'' - ba'c'' + bc'a'' - cb'a''} \cdot$$

154. Règle pour former le dénominateur commun des inconnues. On écrit les deux permutations ab et ba, puis on place dans ces deux permutations la lettre c à tous les rangs possibles.

$$abc, \quad acb, \quad cab, \quad bac, \quad bca, \quad cba,$$

on met un accent à la seconde lettre et deux accents à la troisième; enfin on alterne les signes en commençant par $+$, et l'on a :

$$ab'c'' - ac'b'' + ca'b'' - ba'c'' + bc'a'' - cb'a''.$$

§ V. — Résolution d'un système de m équations du premier degré à m inconnues.

La méthode de résolution que nous venons de donner pour un système de trois équations, et les deux principes (n°s 151, 152) qui nous ont permis de faire cette résolution, s'étendent facilement au cas d'un système de m équations à m inconnues; on arrive à cette conclusion :

Un système de m équations du premier degré à m inconnues admet en général un système de solutions et un seul.

155. Méthode de Bezout, ou des coefficients indéterminés. Pour la résolution d'un système de m équations du premier degré entre m inconnues, nous nous bornerons à indiquer le procédé connu sous le nom de *Méthode de Bezout ou des coefficients indéterminés,* qui est une application du principe II (n° 152).

Ce principe montre que l'équation $\alpha A + \beta B + \gamma C + \ldots + \lambda L = 0$ peut remplacer une quelconque des équations $A = 0$, $B = 0$, $C = 0,\ldots L = 0$, pourvu que le multiplicateur de l'équation remplacée ne soit pas nul.

La méthode des coefficients indéterminés consiste à multiplier $m - 1$ des équations données par des coefficients indéterminés et à former l'équation $\alpha A + \beta B + \gamma C + \ldots + \lambda L = 0$ (un des nombres α, $\beta\ldots\lambda$ est égal à 1). On annule les coefficients de $m - 1$ des inconnues de cette équation, ce qui donne $m - 1$ équations entre les $m - 1$ coefficients indéterminés; on peut alors obtenir ces coefficients et par suite résoudre le système.

Exemple. Considérons d'abord le système :

$$ax + by = c \qquad (1)$$
$$a'x + b'y = c'. \qquad (2)$$

Ajoutons ces équations membre à membre, après avoir multiplié la seconde par un facteur indéterminé n :

$$x(a + na') + y(b + nb') = c + nc'. \qquad (3)$$

Pour éliminer y, nous poserons :

$$b + nb' = 0; \quad \text{d'où} \quad n = -\frac{b}{b'}.$$

Cette valeur, mise dans (3), donne :

$$x\left(a - \frac{ba'}{b'}\right) = c - \frac{bc'}{b'}, \quad x(ab' - ba') = cb' - bc', \quad x = \frac{cb' - bc'}{ab' - ba'}.$$

De même, pour éliminer x, nous poserons :

$$a + na' = 0; \quad \text{d'où} \quad n = -\frac{a}{a'}.$$

Cette valeur, mise dans (3), donne :

$$y\left(b - \frac{ab'}{a'}\right) = c - \frac{ac'}{a'}, \quad y(ba' - ab') = ca' - ac', \quad y = \frac{ac' - ca'}{ab' - ba'}$$

156. Règle de Cramer. Pour avoir le dénominateur commun de x et de

y, il suffit de multiplier en croix les coefficients des inconnues $\frac{a}{a'} \times \frac{b}{b'}$, et de retrancher le second produit ba' du premier ab'. Si dans ce dénominateur on remplace les coefficients a et a' de x respectivement par les termes connus c et c' avec le signe qu'ils ont dans le second membre, on a le numérateur de cette inconnue; si, de même, on remplace les coefficients b et b' de y respectivement par les termes connus c et c', on a le numérateur de cette inconnue.

157. Considérons maintenant un système de m équations du premier degré à m inconnues.

$$ax + by + cz + \ldots = k$$
$$a_1 x + b_1 y + c_1 z + \ldots = k_1$$
$$a_2 x + b_2 y + c_2 z + \ldots = k_2$$
$$\cdot \quad \cdot \quad \cdot \quad \cdot \quad \cdot \quad \cdot \quad \cdot$$
$$a_{m-1} x + b_{m-1} y + c_{m-1} z + \ldots = k_{m-1}.$$

Ajoutons ces équations membre à membre, après les avoir multipliées, sauf la première, par des facteurs indéterminés $n_1, n_2, n_3, \ldots n_{m-1}$.

Nous avons :

$$x(a + a_1 n_1 + a_2 n_2 + \ldots + a_{m-1} n_{m-1}) + y(b + b_1 n_1 + b_2 n_2 + \ldots + b_{m-1} n_{m-1})$$
$$+ z(c + c_1 n_1 + c_2 n_2 + \ldots + c_{m-1} n_{m-1}) + \ldots = k + k_1 n_1 + k_2 n_2$$
$$+ \ldots + k_{m-1} n_{m-1}. \tag{1}$$

Cette nouvelle équation peut remplacer une quelconque des équations données (n° 152), quelles que soient les indéterminées non nulles $n_1, n_2, \ldots n_{m-1}$.

Posons

$$b + b_1 n_1 + b_2 n_2 + \ldots + b_{m-1} n_{m-1} = 0$$
$$c + c_1 n_1 + c_2 n_2 + \ldots + c_{m-1} n_{m-1} = 0$$
$$\cdot \quad \cdot \quad \cdot \quad \cdot \quad \cdot \quad \cdot \quad \cdot$$

Nous avons un système de $m-1$ équations entre $m-1$ inconnues; en le résolvant nous obtenons les valeurs de $n_1, n_2, \ldots n_{m-1}$, qui, portées dans l'équation (1), donnent :

$$x(a + a_1 n_1 + a_2 n_2 + \ldots + a_{m-1} n_{m-1}) = k + k_1 n_1 + k_2 n_2 + \ldots + k_{m-1} n_{m-1}.$$

Par suite,
$$x = \frac{k + k_1 n_1 + k_2 n_2 + \ldots + k_{m-1} n_{m-1}}{a + a_1 n_1 + a_2 n_2 + \ldots + a_{m-1} n_{m-1}}.$$

Par le même procédé, nous pouvons trouver la valeur de y en posant :

$$a + a_1 n_1 + a_2 n_2 + \ldots + a_{m-1} n_{m-1} = 0$$
$$c + c_1 n_1 + c_2 n_2 + \ldots + c_{m-1} n_{m-1} = 0$$
$$\cdot \quad \cdot \quad \cdot \quad \cdot \quad \cdot \quad \cdot \quad \cdot$$

Comme on le voit, la méthode permet de résoudre un système de m équations entre m inconnues, quand on sait résoudre un système de $m-1$ équations entre $m-1$ inconnues. Or nous savons résoudre un système de deux équations à deux inconnues; nous pouvons donc résoudre un système de trois équations à trois inconnues, et ainsi de suite.

Exemple :

$$x + y + z = 1 \tag{1}$$
$$ax + by + cz = k \tag{2}$$
$$a^2 x + b^2 y + c^2 z = h^2. \tag{3}$$

Ajoutons ces équations membre à membre après avoir multiplié (1) et (2) par des facteurs indéterminés n et n_1.

Nous avons :

$$x\,(n + n_1 a + a^2) + y\,(n + n_1 b + b^2) + z\,(n + n_1 c + c^2) = n + n_1 k + k^2. \qquad (4)$$

Posons
$$n + n_1 b + b^2 = 0$$
$$n + n_1 c + c^2 = 0;$$

d'où
$$n = bc \quad \text{et} \quad n_1 = -(b + c).$$

Ces valeurs, mises dans (4), donnent l'équation :

$$x\,[bc - a\,(b + c) + a^2] = bc - k\,(b + c) + k^2,$$

ou
$$x\,(a - b)\,(a - c) = (k - b)\,(k - c),$$

$$x = \frac{(k - b)\,(k - c)}{(a - b)\,(a - c)}.$$

Nous trouverions y de la même façon en posant :

$$n + n_1 a + a^2 = 0$$
$$n + n_1 c + c^2 = 0.$$

Mais, dans ce cas, nous pouvons trouver les résultats *à priori* par des considérations de symétrie; en effet, les équations données ne changent pas lorsqu'on échange x avec y et en même temps a avec b; si nous faisons cet échange dans la valeur de x, nous obtenons :

$$y = \frac{(k - a)\,(k - c)}{(b - a)\,(b - c)}.$$

De même
$$z = \frac{(k - b)\,(k - a)}{(c - b)\,(c - a)}.$$

158. Cas particuliers. *Résolution d'un système d'équations en nombre moindre que les inconnues qui y figurent.*

Soient m le nombre d'équations et $m + p$ le nombre des inconnues d'un système d'équations; un tel système est *indéterminé*.

En effet, on peut prendre arbitrairement p inconnues; alors les m équations permettent d'obtenir les m autres inconnues; il y a donc autant de solutions que l'on veut, puisque l'on peut se donner p inconnues; le système est donc bien indéterminé; par exemple, le système formé par les deux équations

$$ax + by + cz = d$$
$$a'x + b'y + c'z = d'$$

est équivalent au système :

$$ax + by = d - cz$$
$$a'x + b'y = d' - c'z,$$

contenant l'inconnue arbitraire z.

Les solutions de ce système sont données par les formules :

$$z = \alpha \quad (\alpha \text{ quelconque})$$

$$x = \frac{b'(d - c\alpha) - b(d' - c'\alpha)}{ab' - ba'}, \quad y = \frac{a(d' - c'\alpha) - a'(d - c\alpha)}{ab' - ba'}.$$

159. *Résolution d'un système d'équations en nombre supérieur au nombre d'inconnues qui y figurent.*

Soient $m + p$ le nombre d'équations et m le nombre d'inconnues; un tel système est *impossible*, c'est-à-dire n'a pas, en général, de solution. En effet, prenons m de ces équations; elles déterminent les m inconnues; il y a encore

p équations dont on n'a pas tenu compte; or, pour que les valeurs des inconnues satisfassent au système proposé, il faut qu'elles vérifient ces p équations restantes, ce qui n'a pas lieu en général.

Le système proposé est alors impossible.

Application. Condition pour que les trois équations

$$ax + by + c = 0$$
$$a'x + b'y + c' = 0$$
$$a''x + b''y + c'' = 0$$

admettent une solution commune.

Résolvons le système formé par les deux premières équations.

$$x = \frac{bc' - cb'}{ab' - ba'}, \qquad y = \frac{ca' - ac'}{ab' - ba'}.$$

Portons ces valeurs dans la troisième des équations données; il vient·

$$ab'c'' - ac'b'' + ca'b'' - ba'c'' + bc'a'' - cb'a'' = 0.$$

Telle est la condition à laquelle doivent satisfaire les coefficients des equations pour que le système donné admette une solution.

L'opération faite s'appelle *l'élimination* de x et y entre les trois équations.

§ VI. — Résolution de l'équation ax + by = c
en nombres entiers.

160. Définition. Résoudre en nombres entiers l'équation :

$$ax + by = c,$$

dans laquelle les coefficients a, b, c sont supposés entiers, c'est trouver pour x et y des valeurs *entières* satisfaisant à cette équation.

On peut toujours supposer les nombres entiers a, b, c *premiers entre eux* dans leur ensemble, car s'ils ne l'étaient pas, on les diviserait par leur plus grand commun diviseur; par exemple, l'équation

$$6x - 2y = 18 \quad \text{sera supposée écrite} \quad 3x - y = 9.$$

Les nombres a, b, c étant premiers dans leur ensemble, si a et b ne sont pas *premiers entre eux* le problème est impossible, c'est-à-dire qu'il n'existe pas de valeurs entières de x et de y satisfaisant à l'équation.

En effet, a et b, n'étant pas premiers entre eux, admettent un diviseur commun; et si x et y sont entiers, ce diviseur commun à a et b divise aussi les multiples ax et by de a et b, et par suite divise leur somme $ax + by$ ou c, ce qui est contraire à l'hypothèse, puisque a, b, c sont supposés premiers dans leur ensemble. Donc a et b doivent être des nombres premiers entre eux pour que l'équation $ax + by = c$ admette des solutions entières.

161. Théorème. *Lorsque l'équation* $ax + by = c$ *admet une solution entière, elle en admet une infinité.*

En effet, soient $x = m$, $y = n$ un système de valeurs entières de x et de y satisfaisant à l'équation.

Nous avons $\qquad ax + by = c$ (1) et $\quad am + bn = c$;

d'où $\qquad\qquad\qquad ax + by = am + bn.$

On peut écrire $\qquad a(x - m) + b(y - n) = 0,$

ou encore $\qquad\qquad\qquad \dfrac{x - m}{y - n} = \dfrac{-b}{a}.$ $\qquad\qquad\qquad\qquad$ (2)

Pour qu'un système de valeurs entières de x et de y satisfasse à l'équation (1), il suffit que ces valeurs satisfassent à l'équation (2). Or $x - m$ et $y - n$ sont des nombres entiers, et les nombres a et b sont premiers entre eux; il faudra donc et il suffira que $x - m$ et $y - n$ soient des équimultiples de $-b$ et a, c'est-à-dire que l'on ait (p étant un nombre entier quelconque) :

$$x - m = -pb \qquad\qquad x = m - pb$$
$$\text{ou}$$
$$y - n = pa \qquad\qquad y = n + pa. \qquad (3)$$

L'équation admet donc une infinité de solutions entières données par les formules (3).

162. Résolution de l'équation $ax + by = c$. La résolution de cette équation en nombres entiers, a, b, c étant premiers dans leur ensemble, a et b premiers entre eux, repose sur la remarque suivante :

Si le coefficient de l'une des inconnues est l'unité, par exemple :

$$x + by = c, \qquad (1)$$

on a de suite une solution $x = c$, $y = 0$, *et les formules*

$$x = m - pb, \quad y = n + pa$$

donnent toutes les autres solutions.

Étant donnée l'équation $ax + by = c$, on cherche à obtenir une équation de la forme (1) que l'on résout immédiatement, et pour avoir d'autres solutions on applique les formules précédentes. Nous expliquerons le procédé sur un exemple.

Soit $4x - 5y = 35$. Cette équation a des solutions entières.

Nous en tirons $\quad x = \dfrac{35 + 5y}{4} = 8 + y + \dfrac{3 + y}{4}$.

Posons $\dfrac{3 + y}{4} = z$; d'où $4z - y = 3$. Cette équation est satisfaite pour

$$z = 0, \quad y = -3.$$

Alors $x = 8 - 3 = 5$. Nous avons la solution particulière :

$$x = m = 5$$
$$y = n = -3.$$

Les formules (3) deviennent $\quad x = 5 + 5p$
$$y = -3 + 4p.$$

En faisant successivement $p = 1$, 2, 3, 4... nous obtenons les solutions

$$x = 10, \quad x = 15, \quad x = 20, \quad x = 25...$$
$$y = 1, \quad y = 5, \quad y = 9, \quad y = 13...$$

Les valeurs négatives mais entières de p donnent aussi des solutions.

Problème. *Former la somme de 100 francs avec des pièces de 5 francs et de 2 francs.*

Soient x et y les nombres de pièces de 5 et de 2 francs; nous avons à résoudre l'équation $5x + 2y = 100$ en nombres entiers et *positifs*.

L'équation donne $x = \dfrac{100 - 2y}{5} = 20 - \dfrac{2y}{5}$; comme x doit être entier, y ne peut prendre que des valeurs multiples de 5, c'est-à-dire 0, 5, 10...; soit $y = 0$, alors $x = 20$; c'est une solution particulière.

Les formules (3) deviennent
$$x = 20 - 2p$$
$$y = 0 + 5p.$$

Faisons successivement $p = 0, 1, 2, 3...10$, nous obtenons les solutions :

$$x = 20,\ x = 18,\ x = 16,\ x = 14,\ x = 12,\ x = 10,\ x = 8,\ x = 6,\ x = 4,$$
$$x = 2,\ x = 0.$$
$$y = 0,\ y = 5,\ y = 10,\ y = 15,\ y = 20,\ y = 25,\ y = 30,\ y = 35,\ y = 40,$$
$$y = 45,\ y = 50.$$

Si dans le cours de l'opération nous avions pris $y = 5$, la valeur de x aurait été 18.

Les formules (3) seraient devenues
$$x = 18 - 2p$$
$$y = 5 + 5p.$$

Pour avoir les solutions, il faudrait faire p successivement égal à $-1, 0, 1, 2,...9$.

Problème. *On dit qu'un polygone régulier convexe est une dalle du plan lorsque le plan indéfini peut être recouvert par des polygones égaux au premier qui sont réunis sans vides ni empiètement par des côtés communs ou autour de sommets communs. Cette définition posée, on demande quels sont les polygones dont chacun soit une dalle du plan. (Bacc.)*

Soient x le nombre de côtés d'un polygone répondant à la question et y le nombre des polygones qu'il faut réunir en un point du plan pour le recouvrir.

La valeur d'un angle intérieur du polygone de x côtés est $\dfrac{2(x-2)}{x}$, en prenant l'angle droit pour unité.

Autour d'un point du plan il y a un nombre y de ces angles.

Par suite $\dfrac{2(x-2)y}{x} = 4$, d'où $xy = 2x + 2y$, c'est-à-dire $\dfrac{1}{x} + \dfrac{1}{y} = \dfrac{1}{2}$.

Cette équation du second degré, résolue en nombres entiers, positifs et au moins égaux à 3 pour x, donnera la solution du problème.

On a $xy = 2(x + y)$ ou $y = \dfrac{2x}{x-2} = 2 + \dfrac{4}{x-2}$.

Il faut que l'expression $\dfrac{4}{x-2}$ soit entière, ce qui donne les hypothèses :

$$x - 2 = 1,\ x - 2 = 2,\ x - 2 = 4,$$

d'où
$$x = 3,\ x = 4,\ x = 6,$$

et
$$y = 6,\ y = 4,\ y = 3.$$

La solution $x = 3$, $y = 6$ indique qu'on peut recouvrir le plan avec des triangles équilatéraux assemblés six à six.

La solution $x = 4$, $y = 4$ indique qu'on peut recouvrir le plan avec des carrés assemblés quatre à quatre.

La solution $x = 6$, $y = 3$ indique qu'on peut recouvrir le plan avec des hexagones réguliers assemblés trois à trois.

§ VII. — Exemples numériques et artifices de calcul.

163. 1° **Résolution par substitution.** Soit le système d'équations :

$$5x - y + 2z = 2$$
$$3y - x + z = 15$$
$$3x + 2y - z = -2.$$

Tirons la valeur de x de l'une des équations, la deuxième, par exemple ; on a

$$x = -15 + 3y + z. \tag{1}$$

Portons cette valeur dans les deux autres équations ; elles deviennent :

$$5(-15 + 3y + z) - y + 2z = 2 \tag{2}$$
$$3(-15 + 3y + z) + 2y - z = -2. \tag{3}$$

Le système formé par les équations (1), (2) et (3) est équivalent au système donné.

Les équations (2) et (3) simplifiées donnent :

$$2y + z = 11$$
$$11y + 2z = 43.$$

En les résolvant par une des méthodes indiquées, on trouve :

$$y = 3 \quad \text{et} \quad z = 5.$$

Ces valeurs, mises dans (1), donnent $x = -1$.

164. 2° **Résolution par comparaison.** Soit le système d'équations :

$$2x + 3y + 4z = 20$$
$$3x + 4y + 2z = 17$$
$$4x + 2y + 3z = 17.$$

Isolons x dans les trois équations :

$$x = \frac{20 - 3y - 4z}{2} \tag{1}$$

$$x = \frac{17 - 4y - 2z}{3} \tag{2}$$

$$x = \frac{17 - 2y - 3z}{4}. \tag{3}$$

Egalons la première de ces valeurs, d'abord à la deuxième, puis à la troisième

$$\frac{20 - 3y - 4z}{2} = \frac{17 - 4y - 2z}{3}$$

$$\frac{20 - 3y - 4z}{2} = \frac{17 - 2y - 3z}{4}.$$

Ces équations simplifiées deviennent :

$$y + 8z = 26$$
$$4y + 5z = 23.$$

En les résolvant, nous trouvons :

$$y = 2 \quad \text{et} \quad z = 3.$$

Ces valeurs mises dans une des équations (1), (2) ou (3), donnent :

$$x = 1.$$

165. 3° Résolution par réduction. Soit le système d'équations :

$$x + 2y - 3z + 4v = 31 \qquad (1)$$
$$3x + 3y - 4z - v = 8 \qquad (2)$$
$$2x - y - 5z + 3v = 13 \qquad (3)$$
$$2x + 2y - z + v = 17. \qquad (4)$$

Multiplions la première par 6, la deuxième par 2, la troisième et la quatrième par 3, il vient :

$$6x + 12y - 18z + 24v = 186$$
$$6x + 6y - 8z - 2v = 16$$
$$6x - 3y - 15z + 9v = 39$$
$$6x + 6y - 3z + 3v = 51.$$

En retranchant de la première chacune des trois autres, nous trouvons :

$$6y - 10z + 26v = 170$$
$$15y - 3z + 15v = 147$$
$$6y - 15z + 21v = 135.$$

Résolvons ce système de trois équations par l'une des méthodes ci-dessus indiquées, il vient : $\qquad y = 4, \quad z = 1, \quad v = 6.$

Ces valeurs, mises à la place de y, z et v dans l'une des équations données, fournissent : $\qquad x = 2.$

Remarque. Les exemples que nous avons traités jusqu'ici sont assez simples; il est à peu près indifférent, pour les résoudre, d'employer l'un quelconque des procédés indiqués. Il n'en est pas de même quand le système est un peu compliqué; alors le choix de la méthode peut simplifier notablement les calculs. Mais, pour faire ce choix, il faut, dans le plus grand nombre de cas, simplifier les équations; c'est-à-dire les ramener, quand le système est à deux inconnues, à la forme

$$ax + by = c$$
$$a'x + b'y = c'$$

et à la forme analogue, quand le système est à un nombre quelconque d'inconnues. Après cela, l'observation des coefficients indiquera la marche la plus expéditive.

Si, dans le système, l'une des inconnues a pour coefficient l'unité, on commence par éliminer cette inconnue.

Lorsqu'on a choisi l'inconnue que l'on veut éliminer, x par exemple, dans un système de trois équations à trois inconnues, il faut la faire disparaître entièrement en combinant l'une quelconque des équations avec les deux autres. Mais l'on ferait un travail inutile si l'on commençait, par exemple, à faire disparaître x entre les deux premières équations, et ensuite y entre les deux dernières; on trouverait deux équations qui renfermeraient encore les trois inconnues.

Lorsque toutes les inconnues n'entrent pas dans chaque équation du système proposé, on doit commencer par éliminer l'inconnue qui se trouve dans le plus petit nombre d'équations; on a alors un nombre moindre d'éliminations à effectuer.

On ne peut que difficilement appliquer à certains systèmes les procédés ordinaires; on les résout à l'aide d'artifices algébriques; nous allons en donner quelques exemples.

Exemple I :
$$\frac{1}{1-x+y} - \frac{1}{x+y-1} = \frac{2}{3} \qquad (1)$$

$$\frac{1}{\dfrac{1}{1-x+y} - \dfrac{1}{1-x-y}} = \frac{3}{4}. \qquad (2)$$

La seconde équation peut se transformer comme il suit :
$$\frac{1}{1-x+y} - \frac{1}{1-x-y} = \frac{4}{3},$$

ou
$$\frac{1}{1-x+y} + \frac{1}{x+y-1} = \frac{4}{3}.$$

Si l'on ajoute cette dernière équation avec l'équation (1), on a :
$$\frac{2}{1-x+y} = \frac{6}{3} = 2 \quad \text{ou} \quad 1 = 1-x+y \quad \text{et} \quad x = y.$$

En substituant dans (1), on a :
$$\frac{1}{1} - \frac{1}{2x-1} = \frac{2}{3}; \quad \text{d'où} \quad x = 2.$$

Donc
$$x = y = 2.$$

Exemple II :
$$\frac{1}{x} + \frac{1}{y} = \frac{1}{a}$$

$$\frac{1}{x} + \frac{1}{z} = \frac{1}{b}$$

$$\frac{1}{y} + \frac{1}{z} = \frac{1}{c}.$$

En ajoutant ces équations membre à membre, on a :
$$2\left(\frac{1}{x} + \frac{1}{y} + \frac{1}{z}\right) = \frac{1}{a} + \frac{1}{b} + \frac{1}{c}$$

$$\frac{1}{x} + \frac{1}{y} + \frac{1}{z} = \frac{1}{2}\left(\frac{1}{a} + \frac{1}{b} + \frac{1}{c}\right).$$

Si de cette équation on retranche successivement chacune des équations données, on a :
$$\frac{1}{z} = \frac{1}{2}\left(\frac{1}{a} + \frac{1}{b} + \frac{1}{c}\right) - \frac{1}{a} = \frac{1}{2}\left(\frac{1}{b} + \frac{1}{c} - \frac{1}{a}\right)$$

$$\frac{1}{y} = \frac{1}{2}\left(\frac{1}{a} + \frac{1}{b} + \frac{1}{c}\right) - \frac{1}{b} = \frac{1}{2}\left(\frac{1}{a} + \frac{1}{c} - \frac{1}{b}\right)$$

$$\frac{1}{x} = \frac{1}{2}\left(\frac{1}{a} + \frac{1}{b} + \frac{1}{c}\right) - \frac{1}{c} = \frac{1}{2}\left(\frac{1}{a} + \frac{1}{b} - \frac{1}{c}\right).$$

Enfin
$$\frac{1}{z} = \frac{ac + ab - bc}{2abc} \quad \text{et} \quad z = \frac{2abc}{ac + ab - bc}$$

$$\frac{1}{y} = \frac{bc + ab - ac}{2abc} \quad \text{et} \quad y = \frac{2abc}{bc + ab - ac}$$

$$\frac{1}{x} = \frac{bc + ac - ab}{2abc} \quad \text{et} \quad x = \frac{2abc}{bc + ac - ab} \cdot$$

Exemple III :
$$\frac{x}{a} = \frac{y}{b} = \frac{z}{c} \tag{1}$$

$$mx + ny + pz = d. \tag{2}$$

Les rapports égaux peuvent s'écrire (n° 22) :
$$\frac{mx}{ma} = \frac{ny}{nb} = \frac{pz}{pc} \cdot$$

Appliquons la propriété connue (n° 24) :
$$\frac{mx + ny + pz}{ma + nb + pc} = \frac{mx}{ma} = \frac{ny}{nb} = \frac{pz}{pc} \cdot$$

En remplaçant $mx + ny + pz$ par d,
$$\frac{d}{ma + nb + pc} = \frac{x}{a} = \frac{y}{b} = \frac{z}{c}$$

d'où
$$x = \frac{ad}{ma + nb + pc}, \quad y = \frac{bd}{ma + nb + pc}$$

$$z = \frac{cd}{ma + nb + pc} \cdot$$

Exemple IV :
$$x(y + z) = a \tag{1}$$
$$y(x + z) = b \tag{2}$$
$$z(x + y) = c. \tag{3}$$

On a :
$$xy + xz = a$$
$$xy + yz = b$$
$$xz + yz = c.$$

Additionnant membre à membre :
$$2(xy + xz + yz) = a + b + c.$$

Posons pour simplifier les calculs :
$$a + b + c = 2p ;$$

alors
$$xy + xz + yz = \frac{1}{2}(a + b + c) = p.$$

Si de cette équation on retranche successivement les équations précédentes,
on a
$$yz = p - a ; \quad xz = p - b ; \quad xy = p - c.$$

En multipliant ces trois équations membre à membre, on a :
$$x^2 y^2 z^2 = (p - a)(p - b)(p - c) ; \quad \text{d'où} \quad xyz = \pm \sqrt{(p - a)(p - b)(p - c)} \cdot$$

Si l'on divise cette dernière équation successivement par les précédentes, on obtient :

$$x = \pm \frac{\sqrt{(p-a)(p-b)(p-c)}}{p-a} = \pm \sqrt{\frac{(p-b)(p-c)}{(p-a)}}$$

$$y = \pm \frac{\sqrt{(p-a)(p-b)(p-c)}}{p-b} = \pm \sqrt{\frac{(p-a)(p-c)}{(p-b)}}$$

$$z = \pm \frac{\sqrt{(p-a)(p-b)(p-c)}}{p-c} = \pm \sqrt{\frac{(p-a)(p-b)}{(p-c)}}.$$

CHAPITRE III

PROBLÈMES DU PREMIER DEGRÉ

166. La résolution de tout problème exige :

1º La mise en équations;

2º La résolution des équations;

3º La *discussion* des solutions, s'il y a lieu.

Mettre un problème en équations, c'est exprimer par des formules algébriques toutes les relations que fournit l'énoncé entre les quantités connues et les quantités inconnues.

Il n'existe pas de règle pour la mise en équations; voici ce qu'on peut dire de plus général à ce sujet.

On représente les inconnues par les dernières lettres de l'alphabet x, y, z, t,... on effectue à l'aide de ces inconnues toutes les opérations qu'il faudrait faire pour vérifier qu'elles remplissent les conditions de l'énoncé.

Ces calculs de vérification conduisent, en général, à des expressions différentes d'une même quantité; en les égalant, on a l'équation ou les équations du problème.

Nous ne traiterons dans ce chapitre que des problèmes numériques ne donnant pas lieu à des discussions.

Problème I. *Trouver un nombre qui, divisé successivement par 5, donne 1 pour reste, par 6 donne 2 pour reste, par 7 donne 5 pour reste, et tel que la somme de ces quotients égale la moitié du nombre diminué de 2.*

Soit x le nombre; les trois quotients seront représentés par les fractions :

$$\frac{x-1}{5}, \quad \frac{x-2}{6}, \quad \frac{x-5}{7};$$

par suite, on aura :

$$\frac{x-1}{5} + \frac{x-2}{6} + \frac{x-5}{7} = \frac{x-2}{2};$$

d'où
$$x = 26.$$

Rép. Le nombre demandé est 26.

Problème II. *Un marchand achète du vin à 30 fr. l'hectolitre; il en revend la moitié à 35 fr., le tiers à 29 fr. et le reste à 32 fr. l'hectolitre. Il réalise un bénéfice de 1815 fr.; combien a-t-il acheté d'hectolitres?*

Soit x le nombre d'hectolitres que le marchand a achetés ; on aura pour la quantité qu'il a vendue à 32 fr. :

$$x - \left(\frac{x}{2} + \frac{x}{3}\right), \quad \text{c'est-à-dire} \quad \frac{x}{6} ;$$

l'équation est donc :

$$\frac{x}{2} \times 35 + \frac{x}{3} \times 29 + \frac{x}{6} \times 32 = x \times 30 + 1815;$$

d'où
$$x = 726.$$

Rép. Le marchand a acheté 726 hectolitres.

Problème III. *Un voyageur dépense chaque jour la moitié de ce qu'il possède plus 1 fr.; après trois jours, il a tout dépensé. Quelle somme avait-il?*

Soit x la somme qu'il possédait.

Le premier jour, il a dépensé $\dfrac{x}{2} + 1$ ou $\dfrac{x+2}{2}$;

il lui reste :
$$x - \frac{x+2}{2} = \frac{x-2}{2}.$$

Le second jour, il a dépensé $\dfrac{x-2}{4} + 1$ ou $\dfrac{x+2}{4}$

il lui reste :
$$\frac{x-2}{2} - \frac{x+2}{4} = \frac{x-6}{4}.$$

Le troisième jour, il a dépensé $\dfrac{x-6}{8} + 1 = \dfrac{x+2}{8}$.

On aura l'équation
$$\frac{x+2}{2} + \frac{x+2}{4} + \frac{x+2}{8} = x;$$

d'où
$$x = 14.$$

Rép. La somme qu'il avait était 14 fr.

Problème IV. *Un père partage son bien de la manière suivante : à l'aîné de ses fils il donne 1000 fr. plus le $\frac{1}{7}$ du reste; au cadet, 2000 fr. plus le $\frac{1}{7}$ du deuxième reste; au troisième, 3000 fr. plus le $\frac{1}{7}$ du troisième reste, et ainsi de suite. Trouver le bien du père, le nombre d'enfants et la part de chacun, sachant que les parts ont été égales.*

Soit x le bien du père.

La part du premier sera :

$$1000 + \frac{x - 1000}{7} \quad \text{ou} \quad \frac{x + 6000}{7} \, ;$$

celle du deuxième sera :

$$2000 + \frac{1}{7}\left[x - \left(\frac{x + 6000}{7} \right) - 2000 \right].$$

Puisque les parts sont égales, nous aurions l'équation du problème en égalant les deux premières parts. Mais on peut obtenir l'équation en exprimant que le $\frac{1}{7}$ du premier reste surpasse de 1000 fr. le $\frac{1}{7}$ du second ; donc

$$\frac{x - 1000}{7} - \frac{1}{7}\left[x - \left(\frac{x + 6000}{7} \right) - 2000 \right] = 1000$$

$$\frac{x - 1000}{7} - \frac{1}{7}\left(\frac{7x - x - 6000 - 14000}{7} \right) = 1000$$

$$7x - 7000 - 7x + x + 20000 = 49000,$$

d'où
$$x = 36000.$$

Rép. Le bien valait 36000 fr.

L'aîné a eu 1000 fr. plus $\frac{1}{7}$ (36000 — 1000) ou 5000 fr., en tout 6000 fr., et comme les parts sont égales, le nombre d'enfants, 6, est donné par le quotient de 36000 par 6000.

Généralisation. *Le père donne au premier* a *fr. plus* $\frac{1}{n}$ *du reste; au deuxième,* 2a *fr. plus* $\frac{1}{n}$ *du deuxième reste, etc.*

Soit x le bien du père.

La part du premier sera :

$$a + \frac{x - a}{n} \quad \text{ou} \quad \frac{na + x - a}{n} \, ;$$

celle du deuxième sera :

$$2a + \frac{1}{n}\left[x - \frac{na + x - a}{n} - 2a \right],$$

ou bien
$$2a + \frac{1}{n}\left[\frac{nx - na - x + a - 2na}{n} \right]$$

$$= 2a + \frac{1}{n}\left[\frac{x(n-1) - a(3n-1)}{n} \right].$$

On aura donc l'équation :

$$a + \frac{x - a}{n} = 2a + \frac{x(n-1) - a(3n-1)}{n^2} \, .$$

Résolvant, on a successivement :

$$\frac{x - a}{n} = a + \frac{x(n-1) - a(3n-1)}{n^2} \, ,$$

$$nx - an = an^2 + nx - x - 3an + a$$

$$x = an^2 - 2an + a = a(n^2 - 2n + 1) = a(n-1)^2.$$

La part de chaque enfant s'obtient en remplaçant x par sa valeur dans $a + \dfrac{x - a}{n}$; on aura :

$$a + \frac{a\,(n-1)^2 - a}{n} \quad \text{ou} \quad a\,(n-1).$$

Le nombre d'enfants sera exprimé par $\dfrac{a\,(n-1)^2}{a\,(n-1)}$, c'est-à-dire par :

$$n - 1.$$

Bien du père, $a\,(n-1)^2$; nombre d'enfants, $n-1$; part de chacun,

$$a\,(n-1).$$

Problème V. *Déterminer un nombre compris entre 400 et 500, sachant que la somme de ses chiffres est 9 et que le nombre renversé n'est plus que les* $\dfrac{36}{47}$ *du nombre primitif.*

Le nombre cherché étant compris entre 400 et 500, le chiffre des centaines est 4, la somme des deux autres est donc 5.

En désignant par x le chiffre des dizaines, et par y celui des unités, on a :

$$x + y = 5. \tag{1}$$

La seconde condition exprimée dans le problème donne l'équation :

$$100y + 10x + 4 = \frac{36}{47}\,(100 \times 4 + 10x + y);$$

d'où

$$4664y + 110x = 14212. \tag{2}$$

Le système des équations (1) et (2) a pour solution :

$$x = 2 \quad \text{et} \quad y = 3.$$

Le nombre cherché est 423.

Problème VI. *Trois joueurs conviennent que le perdant doublera l'argent des deux autres ; ils jouent trois parties, en perdent chacun une, et se retirent chacun avec 16 francs. Combien chaque joueur avait-il en se mettant au jeu ?*

Soient x, y, z ce que possèdent les joueurs en se mettant au jeu.

Après la première partie que le premier a perdue, chaque joueur a respectivement

$$1^{\text{er}} \quad x - y - z, \qquad 2^e \quad 2y, \qquad 3^e \quad 2z.$$

Après la deuxième partie, où le deuxième a donné

$$(x - y - z) + 2z \quad \text{ou} \quad x - y + z$$

$$1^{\text{er}} \quad 2x - 2y - 2z, \qquad 2^e \quad 3y - x - z, \qquad 3^e \quad 4z.$$

Après la troisième partie

$$1^{\text{er}} \quad 4x - 4y - 4z, \qquad 2^e \quad 6y - 2x - 2z, \qquad 3^e \quad 7z - x - y.$$

Or chaque joueur a 16 fr. après la troisième partie ; on a donc les trois équations

$$4x - 4y - 4z = 16 \tag{1}$$

$$6y - 2x - 2z = 16 \tag{2}$$

$$7z - x - y = 16, \tag{3}$$

système facile à résoudre.

On opère encore plus rapidement en remarquant que les joueurs ont ensemble 48 fr.; d'où l'équation $x + y + z = 48.$

En lui ajoutant l'équation (1) divisée par 4, on a :

$$2x = 52 ; \quad \text{d'où} \quad x = 26.$$

$$x = 26\,\text{fr.}, \quad y = 14\,\text{fr.}, \quad z = 8\,\text{fr.}$$

Généralisation. *On suppose* n *joueurs, chacun perd une partie et se retire à la fin avec une même somme* a.

Considérons le joueur qui perd la partie de rang k, et soit x ce qu'il possédait en se mettant au jeu.

Après la 1re partie, il a $\qquad 2x$

— 2e — — $\qquad 4x$

— 3e — — $\qquad 8x$

. . . .

$-(k-1)^e$ — — $\qquad 2^{k-1}x.$

Il perd ensuite la partie et double l'argent des autres, qui ont ensemble :

$$an - 2^{k-1}x.$$

Il donne donc cette somme, et il lui reste :

$$2^{k-1}x - (an - 2^{k-1}x) \quad \text{ou} \quad 2^k x - an.$$

On joue encore $n-k$ parties, à chacune desquelles l'argent de ce joueur est doublé ; quand il se retirera, son argent sera représenté par

$$(2^k x - an)\,2^{n-k}.$$

Cette somme égale a, ce qui donne l'équation :

$$2^k \times 2^{n-k}x - an \times 2^{n-k} = a ;$$

d'où
$$2^n x = a + an \times 2^{n-k},$$

et
$$x = \frac{a\,(1 + n.2^{n-k})}{2^n}.$$

Telle est l'expression de l'avoir du joueur qui perd la partie de rang **k**.

En faisant successivement dans cette formule

$$k = 1, \quad k = 2, \quad k = 3. \ . \ . \ . \ . \ .$$

on obtient pour l'avoir du

1er joueur
$$\frac{a\,(1 + n \times 2^{n-1})}{2^n},$$

2e joueur
$$\frac{a\,(1 + n \times 2^{n-2})}{2^n},$$

. . . .

ne joueur
$$\frac{a\,(1 + n)}{2^n}.$$

Pour trois joueurs, on a $\quad \dfrac{13a}{8}, \quad \dfrac{7a}{8}, \quad \dfrac{4a}{8}.$

Pour quatre, $\quad \dfrac{33a}{16}, \quad \dfrac{17a}{16}, \quad \dfrac{9a}{16}, \quad \dfrac{5a}{16}.$

CHAPITRE IV

DISCUSSION DES ÉQUATIONS

§ I. — Discussion de l'équation du premier degré à une inconnue.

167. Toute équation *du premier degré à une inconnue* peut être ramenée à la forme :
$$ax + b = 0 \qquad (1)$$
les coefficients a et b étant des nombres donnés, a n'étant pas nul. On peut diviser par a les deux membres de l'équation (1), et l'on obtient l'équation équivalente :

$$x = -\frac{b}{a}. \qquad (2)$$

L'équation (1) a donc une solution et une seule $\quad x = -\dfrac{b}{a}.$

Lorsque a est nul, on ne peut plus diviser par a les deux membres de l'équation (1). Dans ce cas, le premier membre de l'équation (1) se réduit à b, quel que soit x; donc si b est différent de zéro, il n'existe aucune valeur de x pouvant vérifier l'équation (1); on dit alors qu'il n'y a pas de solution; si b est nul, en même temps que a, le premier membre de l'équation (1) est nul quel que soit x; l'équation est vérifiée pour toute valeur de x. On peut remarquer que si a et b sont nuls à la fois, l'égalité (1) n'est plus une équation, mais une identité.

Remarque I. On peut se rendre compte du cas d'impossibilité trouvé précédemment en supposant a variable et en lui attribuant des valeurs absolues de plus en plus voisines de 0. En effet, lorsque a n'est pas nul, l'équation $ax + b = 0$ a pour solution $x = -\dfrac{b}{a}.$

Admettons que a tende vers zéro, c'est-à-dire prenne des valeurs absolues de plus en plus petites; le numérateur $-b$ étant constant et différent de zéro, l'expression $-\dfrac{b}{a}$ croît indéfiniment lorsque le dénominateur décroît. Pour $a = 0$, l'équation n'admet plus de solution; on dit que pour a tendant vers 0 la solution disparaît en devenant infiniment grande.

Remarque II. Avant d'étudier la variation de signe et la variation de grandeur de la fonction du premier degré $ax + b$, nous allons donner quelques définitions relatives aux variations des fonctions.

§ II. — Variation de la fonction $y = ax + b$.

168. Définitions. *Variable.* On appelle *variable* une quantité qui peut passer par différents états de grandeur; généralement cette quantité est représentée par une lettre, et c'est alors cette lettre que l'on nomme simplement une variable ou la variable.

Par opposition, on appelle *constante* une quantité ou plus simplement une lettre dont la valeur est déterminée et invariable.

Fonction. On appelle fonction une expression *algébrique* dont la valeur dépend d'une ou plusieurs quantités variables.

L'expression $3x - 5$ est une fonction de la variable x; de même l'expression $\qquad ax^2 + bx + c.$

Dans le mouvement uniforme, l'espace parcouru est une fonction de la vitesse et du temps.

On désigne une fonction d'une variable x par le symbole $f(x)$ qui s'énonce f de x; une fonction d'une variable x se désigne aussi par y, de sorte que l'on écrit :

$$f(x) = ax^2 + bx + c \quad \text{ou} \quad y = ax^2 + bx + c.$$

Si l'on considère simultanément une fonction et la variable dont elle dépend, cette dernière prend le nom de *variable indépendante;* dans le trinôme précédent, y est la fonction, x la variable indépendante et a, b, c des constantes.

Si l'on donne à la variable ou aux variables d'une fonction, successivement, différentes valeurs, la fonction varie en général; cela résulte de la définition même de la fonction.

On appelle accroissement de la variable, entre deux valeurs x_1 et x_2, la différence $x_2 - x_1$; l'accroissement correspondant de la fonction est $f(x_2) - f(x_1)$.

Une fonction est dite *croissante* dans un intervalle $(x_1$ à $x_2)$ si l'accroissement de la fonction est de même signe que l'accroissement de la variable, c'est-à-dire si $\dfrac{f(x_2) - f(x_1)}{x_2 - x_1} > 0.$

Une fonction est dite *décroissante* dans un intervalle $(x_1$ à $x_2)$ si l'accroissement de la fonction est de signe contraire avec l'accroissement de la variable, c'est-à-dire si $\dfrac{f(x_2) - f(x_1)}{x_2 - x_1} < 0.$

Étude des variations de la fonction $y = ax + b$.

L'expression $ax + b$ est une fonction de x dans laquelle a et b

sont des constantes; si l'on pose $y = ax + b$, cette fonction, du premier degré par rapport à x, varie en même temps que x lorsque a est différent de zéro.

169. Théorème I. *La fonction* $y = ax + b$ *est croissante si* a *est positif et décroissante si* a *est négatif.*

1° $a > 0$. Donnons à x deux valeurs quelconques x' et x'', et soit

$$x' > x''.$$

Puisque a est positif, nous avons $ax' > ax''$, et en ajoutant b aux deux membres de l'inégalité :

$$ax' + b > ax'' + b.$$

La fonction est *croissante*, puisqu'à une plus grande valeur de x correspond une plus grande valeur de la fonction.

2° $a < 0$. En multipliant les deux membres de l'inégalité :

$$x' > x''$$

par le nombre négatif a, on a :

$$ax' < ax'',$$

et en ajoutant b aux deux membres :

$$ax' + b < ax'' + b.$$

La fonction est *décroissante*, puisqu'à une plus grande valeur de x correspond une plus petite valeur de la fonction.

170. Théorème II. *La fonction* $y = ax + b$ *peut, en donnant* à x *une valeur convenable, prendre telle valeur que l'on voudra, pourvu que* a *soit différent de zéro.*

Donnons-nous à l'avance un nombre quelconque A; pour que la fonction $ax + b$ ait cette valeur A, il faut et il suffit que l'on puisse déterminer x de manière à satisfaire à l'équation $ax + b = A$.

Or cette équation admet toujours la solution $x = \dfrac{A - b}{a}$, puisque $a \neq 0$.

171. Théorème III. *La fonction* $y = ax + b$ *est du signe de* a *ou du signe contraire suivant qu'on donne à* x *une valeur supérieure ou inférieure à* $-\dfrac{b}{a}$.

La fonction $\qquad\qquad y = ax + b$

peut se mettre sous la forme

$$y = a\left(x + \frac{b}{a}\right).$$

Quand $\qquad x > -\dfrac{b}{a},\qquad y > 0,\quad$ si $\quad a > 0,$

et $\qquad\qquad\qquad\qquad\qquad\qquad y < 0,\quad$ si $\quad a < 0,$

Quand $\quad x < -\dfrac{b}{a},\quad$ on a $\quad y > 0,\quad$ si $\quad a < 0,$

et $\qquad\qquad\qquad\qquad\qquad\qquad y < 0,\quad$ si $\quad a > 0.$

Remarque. Si donc x tend vers $+\infty,$

$$y \text{ tend vers} \begin{cases} +\infty & \text{si}\quad a > 0, \\ -\infty & \text{si}\quad a < 0. \end{cases}$$

Si donc x tend vers $-\infty,\quad y$ tend vers $\begin{cases} +\infty & \text{si}\quad a < 0, \\ -\infty & \text{si}\quad a > 0. \end{cases}$

§ III. — Représentation graphique d'une fonction.

172. Dans l'étude de la variation des fonctions, les grandeurs qui y figurent n'entrent dans les calculs que par les nombres abstraits qui les représentent; la représentation des grandeurs revient donc à représenter des nombres; or on peut toujours, en se donnant une unité arbitraire, représenter par une longueur un nombre entier, fractionnaire ou incommensurable; il suffit de remarquer que, dans une même question, l'unité ayant été choisie au début, doit être conservée pour représenter tous les nombres qui entrent dans cette question.

On peut non seulement représenter un nombre par une longueur, mais encore représenter à la fois sa valeur absolue et son signe; il suffit de faire la convention de porter sur une droite, à partir d'une origine fixe, les longueurs représentant les nombres positifs dans un sens et les longueurs représentant les nombres négatifs dans l'autre sens.

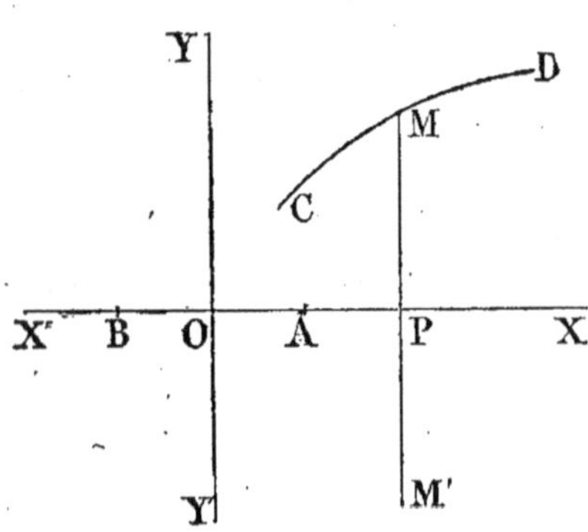

On appelle *abscisse* d'un point A la valeur algébrique du segment $\overline{OA}$; une abscisse se désigne par x, et l'on pose $x = \overline{OA}$. Si un point se déplace dans le sens X'X, son abscisse est une variable pouvant prendre toutes les valeurs de $-\infty$ à $+\infty$.

A l'origine O élevons une perpendiculaire Y'Y sur X'X et convenons de prendre OY pour sens positif, OY' pour sens négatif.

Soit une fonction $y = f(x)$ ayant une valeur et une seule pour chaque valeur de x. Soit P un point ayant pour abscisse une valeur donnée à x; au point P, élevons une perpendiculaire à X'X et prenons sur cette perpendiculaire, de P en M, une longueur représentant la valeur de la fonction; cette longueur étant portée dans le sens PM si la fonction y est positive, et dans le sens PM' si la fonction est négative, nous obtenons pour chaque valeur de x un point M ou M' et un seul.

La fonction étant supposée continue, faisons varier x d'une manière continue; la longueur PM ou la fonction varie d'une manière continue, et le point M décrit une ligne continue CMD; c'est cette ligne CMD qui est appelée ligne *représentative de la fonction*.

Pour pouvoir tracer la ligne représentative, il faut d'abord discuter la fonction, c'est-à-dire en connaître les variations de grandeur et de signes. Si la fonction est continue, la courbe représentative se compose d'un trait continu; si la fonction présente une ou plusieurs discontinuités, la courbe n'est plus formée d'un seul trait, mais de plusieurs parties interrompues.

173. Étude de la variation de la fonction du premier degré $\qquad y = ax + b.$

1° $a > 0$. Nous avons établi (n° 169) que l'expression $ax + b$ est une fonction croissante lorsque $a > 0$.

Faisons croître x de $-\infty$ à $+\infty$. Si x est négatif et tend vers l'infini, la fonction y tend vers $-\infty$; lorsque x croît, y croît aussi, et si x devient positif et tend vers l'infini, y tend vers $+\infty$. La fonction s'annule pour $x = -\dfrac{b}{a}$.

Le tableau suivant résume ce qui précède :

$a > 0$	x	$-\infty$	croît	$-\dfrac{b}{a}$	croît	$+\infty$
	y	$-\infty$	croît	0	croît	$+\infty.$

2° $a < 0$. L'expression $ax + b$ est une fonction décroissante lorsque $a < 0$.

Faisons croître x de $-\infty$ à $+\infty$. Si x est négatif et tend vers l'infini, la fonction y tend vers $+\infty$; lorsque x croît, y décroît, et si x devient positif et tend vers l'infini, y tend vers $-\infty$. La fonction s'annule pour $x = -\dfrac{b}{a}$.

Le tableau suivant résume ce qui précède :

$$a < 0 \qquad \begin{array}{c|ccccc} x & -\infty & \text{croît} & -\dfrac{b}{a} & \text{croît} & +\infty \\ \hline y & +\infty & \text{décroît} & 0 & \text{décroît} & -\infty. \end{array}$$

Pour $a = 0$, la fonction y devient égale à une constante b.

174. Théorème. *Toute fonction du premier degré entre deux variables* x *et* y *représente une droite.*

Soit d'abord le cas de la fonction $y = ax$; si a est positif, la fonction croît constamment. Tous les points de la courbe représentative ont des coordonnées de même signe; donc tous ces points sont situés dans l'angle XOY ou dans l'angle X'OY'; d'ailleurs, pour $x = 0$, on a $y = 0$, et la courbe passe à l'origine.

Pour représenter la fonction, donnons à x trois valeurs arbitraires OP, OP', OP'', et soient PM, P'M', P''M'' les valeurs correspondantes de y.

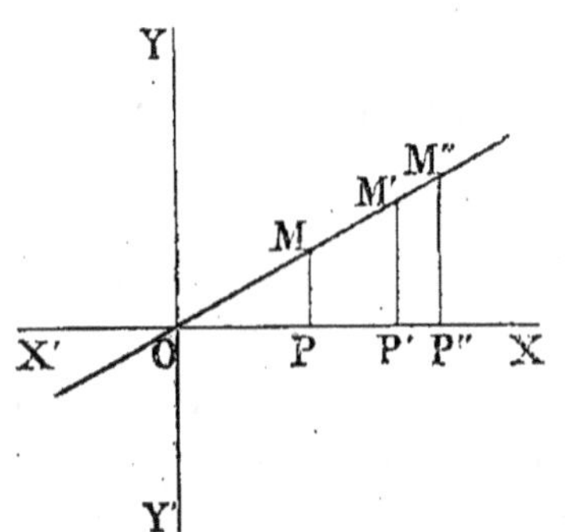

La relation $y = ax$ donne :

$$PM = a \cdot OP,$$
$$P'M' = a \cdot OP',$$
$$P''M'' = a \cdot OP''$$

ou $\dfrac{PM}{OP} = \dfrac{P'M'}{OP'} = \dfrac{P''M''}{OP''} = a.$

Or les angles OPM, OP'M', OP''M'' sont égaux; par suite, les triangles OPM, OP'M', OP''M'' sont semblables, et les angles POM, P'OM', P''OM'' sont égaux; les quatre points O, M, M', M'' sont donc en ligne droite. Ainsi, dans ce cas, la ligne figurative de la fonction *est une droite.*

Si a est négatif, x et y seront de signes contraires, et la courbe sera encore *une droite* passant au point O, mais située dans l'angle YOX' et son opposé par le sommet.

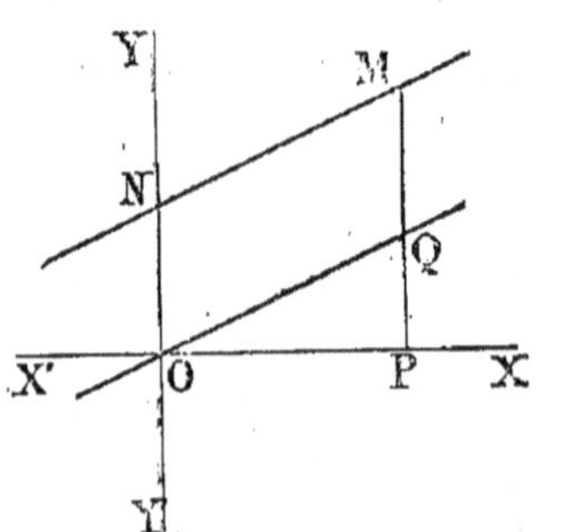

Soit maintenant la fonction

$$y = ax + b.$$

La variation est encore représentée par une droite; en effet, donnons à x une valeur quelconque, et soit y_1 la valeur que prend le terme ax de la fonction.

On a
$$y = y_1 + b.$$

Si l'on ajoute la longueur b à toutes les longueurs représentant les valeurs de y_1, on aura une suite de points qui seront sur une droite NM parallèle à OQ, cette dernière droite représentant

$$y_1 = ax.$$

Une fonction du premier degré est donc toujours représentée par une ligne droite.

175. Réciproque. *L'équation d'une droite est du premier degré en x et y.*

1er CAS. *La droite donnée est parallèle à l'axe* OX.

Soient AB une droite parallèle à OX et A le point où cette droite coupe l'axe OY; prenons un point quelconque M sur la droite et posons $\overline{OA} = b$.

L'ordonnée PM du point M est égale à OA; on a donc pour tout point M

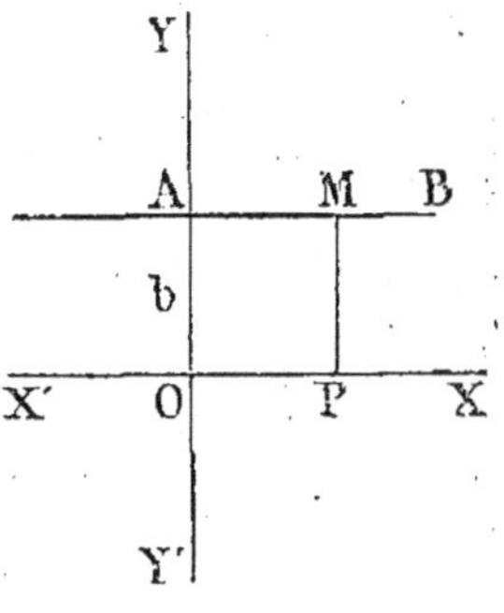

$$y = b.$$

C'est l'équation de la droite, puisque cette équation est vérifiée par les coordonnées d'un point quelconque de AB et n'est pas vérifiée par les coordonnées d'aucun autre point du plan que ceux de la droite; cette équation est du premier degré.

2e CAS. *La droite donnée est parallèle à l'axe* OY.

Soient AB une droite parallèle à OY et B le point où cette droite coupe l'axe OX; prenons un point quelconque M sur la droite et posons $\overline{OB} = a$.

On a pour tout point M de la droite

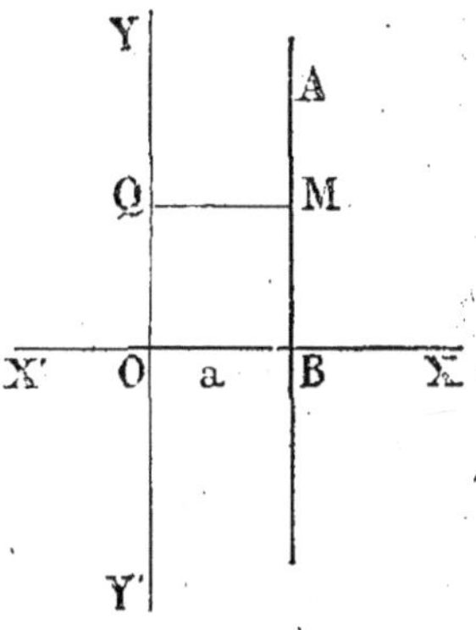

$$x = a.$$

C'est l'équation de la droite, et cette équation est du premier degré.

3e CAS. *La droite donnée passe à l'origine.*

Soit OM une droite passant à l'origine; prenons un point quelconque M sur cette droite, et soient $\overline{OP} = x$, $\overline{PM} = y$ les coordonnées de ce point. On a, en projetant OM sur OX et sur OY et en appelant α l'angle POM :

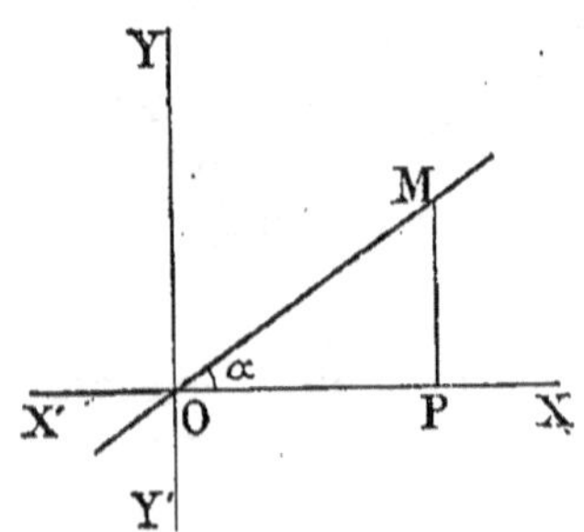

$$x = \overline{OM} \cos \alpha,$$
$$y = \overline{OM} \cos (90 - \alpha)$$

ou
$$y = \overline{OM} \sin \alpha ;$$

d'où, en divisant membre à membre :

$$\frac{y}{x} = \frac{\sin \alpha}{\cos \alpha} = \operatorname{tg} \alpha \quad \text{ou} \quad y = x \operatorname{tg} \alpha.$$

En désignant par m le nombre $\operatorname{tg} \alpha$, on voit que les coordonnées x et y de tout point M de la droite satisfont à l'équation du premier degré

$$y = mx,$$

et que cette équation n'est vérifiée par les coordonnées d'aucun autre point du plan ; c'est donc l'équation de la droite.

4e CAS. *La droite donnée est quelconque.*

Soit AB la droite donnée ; menons par l'origine une droite ON parallèle à AB.

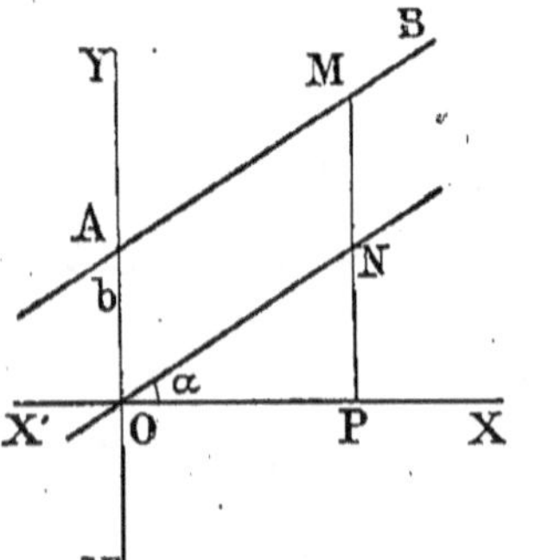

Si α est l'angle de AB ou de ON avec OX, l'équation de la droite ON est

$$y = x \operatorname{tg} \alpha$$

ou
$$y = mx,$$

en posant $\operatorname{tg} \alpha = m$.

Soient M un point quelconque de AB, x et y les coordonnées de ce point ; la figure OAMN est un parallélogramme, et l'on a :

$$\overline{NM} = \overline{OA} = b.$$

Par suite,
$$y = \overline{PM} = \overline{PN} + \overline{NM},$$

ou
$$y = \overline{PM} = \overline{PN} + \overline{OA} ;$$

c'est-à-dire
$$y = mx + b.$$

Cette équation est vérifiée par les coordonnées de tout point pris sur la droite AB et pas par d'autres points ; c'est donc l'équation de la droite, et elle est bien du premier degré.

Remarque. L'axe des x a pour équation $y = 0$; l'axe des y a pour équation $x = 0$.

Une droite parallèle à OX a pour équation $y = b$ ou $y - b = 0$.

Une droite parallèle à OY a pour équation $x = a$ ou $x - a = 0$.

176. Coefficient angulaire. Dans l'équation $y = mx + b$, la constante m s'appelle le coefficient angulaire de la droite ; c'est, en effet, la valeur de ce coefficient m qui donne la direction de la droite ON menée par l'origine, parallèlement à la droite considérée.

Le nombre b s'appelle *ordonnée à l'origine* de la droite.

177. Construire une droite donnée par son équation. La fonction du premier degré $y = ax + b$

est représentée par une droite ; selon les hypothèses faites sur les signes des coefficients a et b, cette droite peut présenter l'une des quatre dispositions suivantes :

1° $a > 0$, $b > 0$. Soit la droite

$$y = 2x + 3.$$

Pour $x = 0$, on a $y = 3$;

et pour $y = 0$, on a $x = -\dfrac{3}{2}$.

Prenons sur l'axe des x une longueur

$$OA = -\dfrac{3}{2} ;$$

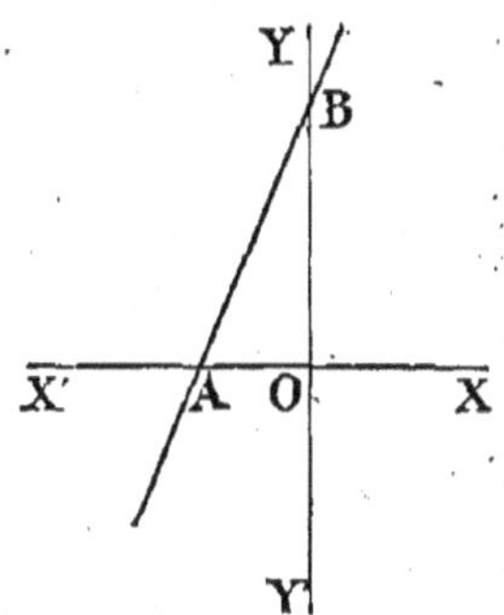

le point A est un point de la droite. Prenons sur l'axe des y une longueur OB $= 3$; le point B est aussi un point de la droite. Ces deux points A et B suffisent pour la déterminer ; on obtient ainsi la droite AB.

2° $a > 0$, $b < 0$. Soit la droite

$$y = 2x - 3.$$

Pour $x = 0$, on a $y = -3$;

et pour $y = 0$, on a $x = \dfrac{3}{2}$.

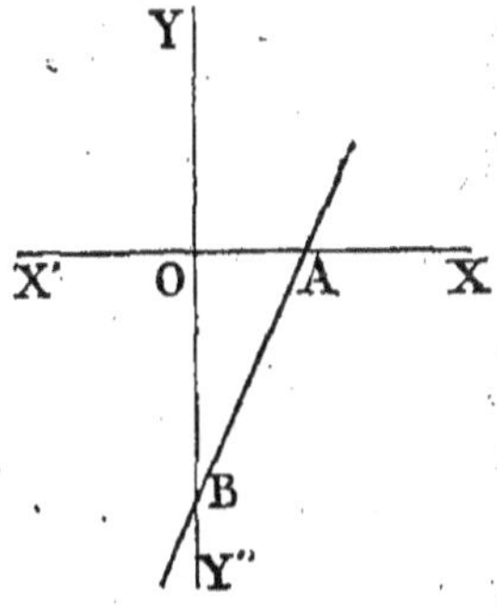

En procédant comme dans le premier cas, on obtient la droite AB.

3° $a < 0$, $b > 0$. Soit la droite

$$y = -2x + 3.$$

Pour $x = 0$, on a $y = 3$;

et pour $y = 0$, on a $x = \dfrac{3}{2}$.

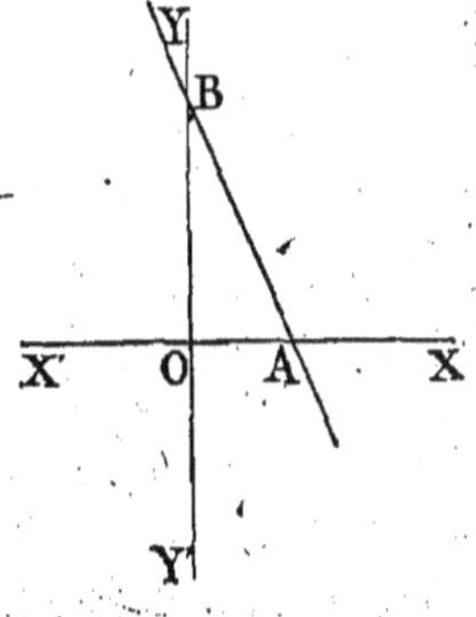

On obtient, dans ce cas, la droite AB.

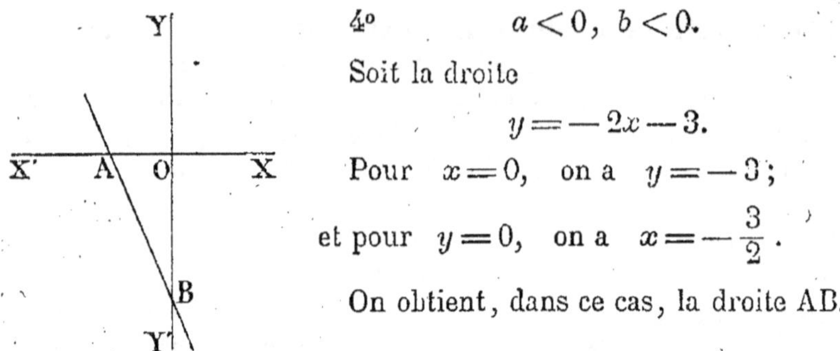

4° $a < 0,\ b < 0.$

Soit la droite

$$y = -2x - 3.$$

Pour $x = 0$, on a $y = -3$;

et pour $y = 0$, on a $x = -\dfrac{3}{2}$.

On obtient, dans ce cas, la droite AB.

§ IV. — Discussion d'un système d'équations du premier degré à deux inconnues.

178. Un système de deux équations du premier degré à deux inconnues peut toujours être ramené à la forme :

$$ax + by = c \quad (1)$$
$$a'x + b'y = c'. \quad (2)$$

Résolvons ce système par la méthode de réduction; à cet effet, supposons b et b' différents de zéro; multiplions les deux membres de (1) par b', et les deux membres de (2) par $-b$, puis ajoutons les résultats membre à membre, il vient :

$$x\,(ab' - ba') = cb' - bc';$$

d'où, en supposant $\quad ab' - ba' \neq 0,$

$$x = \frac{cb' - bc'}{ab' - ba'}. \quad (3)$$

Nous obtiendrons de même y en multipliant (1) par $-a'$ et (2) par a, puis en ajoutant membre à membre :

$$y\,(ab' - ba') = ac' - ca';$$

d'où $\quad\quad\quad y = \frac{ac' - ca'}{ab' - ba'}. \quad (4)$

Nous avons supposé les coefficients a, a', b, b' différents de zéro; nous examinerons plus loin le cas où quelques-uns de ces coefficients sont nuls.

179. Discussion générale. Lorsque $ab' - ba'$ est différent de zéro, les équations (3) et (4) sont équivalentes aux équations (1) et (2); elles donnent pour x et y des valeurs déterminées, positives, négatives ou nulles, qui sont la solution du système d'équations (1) et (2).

Si $ab' - ba' = 0$, on ne peut plus obtenir les relations (3) et (4), puisqu'on ne peut pas diviser les deux membres d'une égalité par une quantité nulle. On remplace alors le système (1), (2) par le système suivant qui lui est équivalent, et cela en vertu du théorème I (n° 143), en supposant $a \neq 0$.

$$ax + by = c \qquad\qquad (1')$$

$$a(a'x + b'y - c') - a'(ax + by - c) = 0, \qquad (2')$$

ou
$$ax + by = c$$

$$ac' - ca' = 0.$$

L'équation (2') ne contient plus les inconnues x et y.

Il peut se présenter deux cas :

1° $ac' - ca' \neq 0$. L'équation (2') qui se réduit à $ac' - ca' = 0$ exprime une *impossibilité*. Le système des équations (1') et (2') n'a pas de solution ; on exprime cela en disant que les équations sont *incompatibles*.

On peut vérifier directement que les équations sont incompatibles. Nous avons fait les hypothèses :

$$ab' - ba' = 0 \quad \text{et} \quad ac' - ca' \neq 0.$$

La première donne $\qquad \dfrac{a}{a'} = \dfrac{b}{b'} = k,$

et la seconde $\qquad\qquad \dfrac{a}{a'} \neq \dfrac{c}{c'}.$

Posons $\qquad\qquad\qquad \dfrac{c}{c'} = k'.$

On a $\qquad\qquad a = a'k, \quad b = b'k, \quad c = c'k'.$

Remplaçons, dans la première des équations (1) et (2), les coefficients a, b, c par ces valeurs ; cette équation devient :

$$a'kx + b'ky = c'k' \quad \text{ou} \quad a'x + b'y = c'\frac{k'}{k}.$$

Le système d'équations (1) et (2) est alors :

$$a'x + b'y = c'\frac{k'}{k}$$

$$a'x + b'y = c'$$

et ces deux équations sont *incompatibles*, car une même quantité $a'x + b'y$ ne peut pas égaler deux quantités différentes c' et $\dfrac{c'k'}{k}$.

2° $ac' - ca' = 0$. Considérons encore le système d'équations (1') et (2') équivalent au système (1) et (2). La relation $ac' - ca' = 0$

est une *identité*, vérifiée quelles que soient les valeurs attribuées à x et y.

Pour que le système d'équations (1) et (2) admette des solutions, il suffit que l'équation (1') soit satisfaite; or une telle équation admet une infinité de solutions (n° 141); donc le système (1) et (2) admet aussi une infinité de solutions : on exprime cela en disant que le système proposé est *indéterminé* et que les deux équations données sont identiques.

On peut d'ailleurs vérifier directement que les équations sont identiques; nous avons fait les hypothèses $ab' - ba' = 0$, $ac' - ca' = 0$, avec les quatre coefficients a, a', b, b' différents de zéro.

D'où
$$\frac{a}{a'} = \frac{b}{b'} = \frac{c}{c'} = k,$$

et
$$a = a'k, \quad b = b'k, \quad c = c'k.$$

Remplaçons dans la première des équations (1) et (2) les coefficients a, b, c par ces valeurs; cette équation devient :
$$a'kx + b'ky = c'k,$$

et le système proposé est alors
$$k(a'x + b'y) = c'k$$
$$a'x + b'y = c'.$$

La première équation n'est autre que la seconde multipliée par une constante k; par suite, les deux équations sont identiques.

Le système se réduit à une seule équation à deux inconnues, et (n° 141) une telle équation est vérifiée par une infinité de valeurs de x et de y.

3° Supposons que les quatre coefficients a, a', b, b' soient nuls; alors $ab' - ba' = 0$, $ac' - ca' = 0$.

Mais les équations se réduisent à
$$0 \cdot x + 0 \cdot y = c$$
$$0 \cdot x + 0 \cdot y = c'.$$

Si les coefficients c et c' sont nuls, les équations deviennent des identités, et le système est indéterminé, c'est-à-dire vérifié quelles que soient les valeurs de x et de y.

Si c et c' sont différents de zéro, les égalités précédentes sont impossibles, et le système n'a pas de solution.

4° Si l'on a $ab' - ba' = 0$, $c = c' = 0$ et les coefficients a, a', b, b' différents de zéro, le système est indéterminé.

En effet, les équations se réduisent à
$$ax + by = 0$$
$$a'x + b'y = 0.$$

a étant différent de zéro, on tire de $ab' - ba' = 0$, $b' = \dfrac{ba'}{a}$; remplaçons b' par cette valeur dans la seconde équation, on a :

$$a'x + \frac{ba'}{a}\, y = 0 \quad \text{ou} \quad aa'x + ba'y = 0, \quad a'(ax + by) = 0.$$

La seconde équation n'est autre que la première multipliée par un facteur constant a' ; elle est donc une conséquence de cette première équation, et l'on n'a, en réalité, qu'une seule équation. Le système est donc indéterminé, mais le rapport des inconnues n'est pas indéterminé, car la première équation donne :

$$x = \frac{-by}{a}, \quad \frac{x}{y} = \frac{-b}{a} \quad \text{ou} \quad \frac{x}{y} = \frac{-b'}{a'}.$$

Si $ab' - ba' \neq 0$, $c = c' = 0$, le système n'admet que la solution évidente $\qquad\qquad x = 0, \quad y = 0.$

Résumé de toute cette discussion.

$$\begin{array}{l} ax + by = c \\ a'x + b'y = c' \end{array} \qquad x = \frac{cb' - bc'}{ab' - ba'}, \qquad y = \frac{ac' - ca'}{ab' - ba'}$$

$$ab'-ba'=0 \left\{ ab' - ba' \neq 0 \left\{ \begin{array}{l} c \text{ et } c' \neq 0 \quad \text{une solution.} \\ c = c' = 0 \quad \text{une solution} \quad x = 0, \quad y = 0. \end{array} \right. \right.$$

$ab' - ba' = 0$:

$$\begin{cases} ac' - ca' \neq 0 \quad \textit{impossibilité}, \text{ équations incompatibles, pas de solution.} \\ ac' - ca' = 0 \quad \textit{indétermination}, \text{ autant de solutions qu'on veut.} \end{cases}$$

$$a = a' = b = b' = 0 \begin{cases} c = c' = 0 \quad \textit{indétermination}, \text{ autant de solutions qu'on veut.} \\ c \text{ et } c' \neq 0 \quad \textit{impossibilité}, \text{ pas de solution.} \end{cases}$$

$$a, a', b, b' \neq 0 \quad c = c' = 0 \quad \textit{indétermination},$$
$$\frac{x}{y} = \frac{-b}{a} = \frac{-b'}{a'}.$$

Applications. I. *Déterminer* a *par la condition que l'équation*

$$(a^2 + 3a - 4)x - 8a - 5 = 0$$

soit impossible.

Une équation est impossible lorsqu'il n'existe aucune valeur de l'inconnue qui puisse la vérifier ; l'équation se présente alors sous la forme

$$x \times 0 = m, \quad m \text{ étant différent de zéro.}$$

L'équation donnée peut s'écrire $(a - 1)(a + 4)x = 8a + 5$;

elle est impossible pour $a = 1$ et $a = -4$, car pour ces valeurs $8a + 5$ est différent de zéro.

Pour ces deux valeurs l'équation devient :

$$x \times 0 = 13 \quad \text{et} \quad x \times 0 = -27;$$

ces relations expriment des impossibilités.

II. *Trouver la valeur de* m *pour laquelle l'équation*

$$ax(1-3m) + a(2-5m) + 1 + 4x = 0$$

est indépendante de a.

L'équation donnée peut s'écrire :

$$a[x(1-3m) + 2 - 5m] + 1 + 4x = 0.$$

Elle est indépendante de a si la valeur du crochet est nulle;

alors $\qquad x(1-3m) + 2 - 5m = 0 \quad \text{et} \quad 1 + 4x = 0.$

d'où $\qquad x = -\dfrac{1}{4}$ et en remplaçant

$$-\frac{1}{4}(1-3m) + 2 - 5m = 0;$$

d'où $\qquad m = \dfrac{7}{17}.$

III. *Déterminer* a *par la condition que les deux équations*

$$(a+1)x + 3y = 8a + 3$$
$$(a+4)x + 3ay = 5$$

soient incompatibles.

La double condition est $\qquad ab' - ba' = 0$

$$ac' - ca' \neq 0 \quad (n^o\ 179).$$

Donc $\quad 3a(a+1) - 3(a+4) = 0 \quad$ ou $\quad a^2 - 4 = 0,\quad$ c'est-à-dire $\quad a = \pm 2$

$\qquad 5(a+1) - (a+4)(8a+3) \neq 0 \quad$ ou $\quad -(8a^2 + 30a + 7) \neq 0$

Comme $a = 2$ et $a = -2$ n'annulent pas $ac' - ca'$, les équations sont incompatibles pour ces valeurs.

Pour $\quad a = 2,\quad$ le système est $\quad x + y = \dfrac{19}{3},$

$$x + y = \frac{5}{6}.$$

Pour $a = -2$, le système est $x - 3y = 13,$

$$x - 3y = \frac{5}{2}.$$

Ces résultats sont évidemment impossibles.

IV. *Quelle valeur faut-il donner à* a *pour que le système*

$$2ax + 3y - 7z = 0, \quad (a-1)x - y = 0, \quad (a+2)x + 2y - 6z = 0$$

soit indéterminé?

Résolvons ce système en éliminant y et z;

la deuxième équation donne $\quad y = (a-1)x$

et la troisième devient $\quad (a+2)x + 2(a-1)x - 6z = 0; \quad$ d'où $\quad z = \dfrac{ax}{2}.$

En remplaçant y et z dans la première, on a :

$$2ax + 3(a-1)x - \frac{7ax}{2} = 0; \quad \text{d'où} \quad (a-2)x = 0. \qquad (1)$$

Si $a - 2 \neq 0$, on a $x = 0$, et par suite $y = 0$, $z = 0$.

Pour toute valeur de a sauf 2, le système est déterminé et admet la solution évidente $\qquad x = 0, \quad y = 0, \quad z = 0.$

Si $a = 2$, l'équation (1) est satisfaite quel que soit x, et d'après la forme des valeurs de y et de z, le système est vérifié quels que soient x, y, z. Il est donc bien indéterminé.

Pour $a = 2$, le système donné est :

$$4x + 3y - 7z = 0, \quad x - y = 0, \quad 4x + 2y - 6z = 0.$$

Ce système est équivalent au système :

$$4x + 3y - 7z = 0, \quad x - y = 0, \quad x - z = 0,$$

obtenu en remplaçant y par x dans la dernière équation; ce dernier système est bien indéterminé, puisque la première équation est une conséquence des deux dernières.

V. *A quelles conditions doivent satisfaire les quantités données* a, b, c *pour que les équations simultanées*

$$bcx + (b+c)y + 1 = 0, \quad acx + (a+c)y + 1 = 0, \quad abx + (a+b)y + 1 = 0$$

aux inconnues x *et* y *admettent quelques couples de valeurs communes? Les résoudre quand ces conditions sont remplies.* (Bacc.)

Résolvons le système des deux premières équations; en multipliant la première par a et la deuxième par $-b$ et en ajoutant les résultats, on a $\qquad (a - b)(cy + 1) = 0;$

d'où en supposant $a - b \neq 0$, $cy + 1 = 0$, $y = -\dfrac{1}{c}$; puis $x = -\dfrac{1}{c^2}$.

Ces valeurs doivent vérifier la troisième équation; on doit donc avoir :

$$\frac{ab}{c^2} - \frac{(a+b)}{c} + 1 = 0 \quad \text{ou} \quad ab - (a+b)c + c^2 = 0,$$

ou encore $\qquad (a - c)(b - c) = 0.$

Ainsi, en supposant $a - b \neq 0$, il faut que l'on ait $a - c = 0$ ou $b - c = 0$.

Prenons d'abord $a - c = 0$ ou $a = c$; les trois équations données se réduisent aux deux suivantes :

$$abx + (a+b)y + 1 = 0, \quad a^2x + 2ay + 1 = 0$$

dont la solution est $\qquad x = \dfrac{1}{a^2} \quad \text{et} \quad y = -\dfrac{1}{a}.$

Prenons ensuite $b - c = 0$ ou $b = c$; les trois équations données se réduisent aux deux suivantes :

$$c^2x + 2cy + 1 = 0, \quad acx + (a+c)y + 1 = 0,$$

dont la solution est $\qquad x = -\dfrac{1}{c^2} \quad \text{et} \quad y = -\dfrac{1}{c}.$

Prenons $a - b = 0$ ou $a = b$ avec $a - c \neq 0$; les trois équations données se réduisent aux deux suivantes

$$a^2x + 2ay + 1 = 0, \quad acx + (a+c)y + 1 = 0,$$

dont la solution est $\qquad x = -\dfrac{1}{a^2} \quad \text{et} \quad y = -\dfrac{1}{a}.$

En résumé, les trois équations sont compatibles si l'on a les conditions suivantes
$$a = c \neq b \quad \text{ou} \quad b = c \neq a \quad \text{ou} \quad a = b \neq c,$$
c'est-à-dire si deux et deux seulement des nombres a, b, c sont égaux.

VI. *Résoudre et discuter le système des trois équations* .

$$(m + 2)x - (3m + 4)y - z = 7m^2 - 6m - 16 \qquad (1)$$
$$-(3m + 4)x + (m + 2)y - z = 7m^2 - 6m - 16 \qquad (2)$$
$$x + y + (2m + 1)z = -(7m^2 - 6m - 16) \qquad (3)$$

Retranchons les équations (1) et (2); on a :
$$x(m + 2 + 3m + 4) - y(3m + 4 + m + 2) = 0 \quad \text{ou} \quad 2(2m + 3)(x - y) = 0.$$
Si $2m + 3 \neq 0$, on en conclut $x = y$.

Si $x = y$, les équations (1) et (2) se réduisent à
$$-2x(m + 1) - z = 7m^2 - 6m - 16,$$
et (3) à
$$2x + (2m + 1)z = -(7m^2 - 6m - 16).$$

Ajoutons ces dernières équations; on a :
$$-2mx + 2mz = 0 \quad \text{ou} \quad 2m(z - x) = 0,$$
et si
$$m \neq 0, \quad x = z.$$

Ainsi, en écartant les deux valeurs particulières $m = 0$ et $m = -\dfrac{3}{2}$, pour toutes les autres valeurs de m on a $x = y = z$.

L'équation (3) donne facilement :
$$x = y = z = -\frac{7m^2 - 6m - 16}{2m + 3} = -\frac{(m - 2)(7m + 8)}{2m + 3}.$$

Le système est donc résolu, et l'on voit qu'il admet une solution unique pour toute valeur de m, sauf pour $m = 0$ et $m = -\dfrac{3}{2}$.

Pour $m = -\dfrac{3}{2}$ l'équation $2(2m + 3)(x - y) = 0$ est satisfaite quels que soient x et y; le système est donc indéterminé ou impossible; pour voir lequel des deux, je fais $m = -\dfrac{3}{2}$.

Le système devient :
$$2x + 2y - 4z = 35, \quad 2x + 2y - 4z = 35, \quad -4x - 4y + 8z = 35$$
ou
$$2x + 2y - 4z = -\frac{35}{2}.$$
évidemment impossible.

Pour $m = 0$ on a toujours $2(2m + 3)(x - y) = 0$, et par suite $x = y$ les équations du système donné se réduisent à $2x + z = 16$; on a donc, dans ce cas, le système $x - y = 0$ et $2x + z = 16$.
Ce système est évidemment indéterminé, une des inconnues étant arbitraire.

VII. *Déterminer* k *de manière que les équations*
$$x + y = k, \quad ax + by = k^2, \quad a^2x + b^2y = k^3,$$
soient compatibles.

Les deux premières équations donnent :

$$x = \frac{k(k-b)}{a-b}, \qquad y = \frac{k(a-k)}{a-b},$$

Portons ces valeurs dans la dernière équation; elle devient :

$$\frac{a^2 k(k-b)}{a-b} + \frac{b^2 k(a-k)}{a-b} = k^3,$$

d'où, en supposant : $\qquad\qquad a - b \neq 0,$

on a $\qquad\qquad\qquad k\,(k^2 - k\,(a+b) + ab) = 0$

c'est-à-dire $\qquad\qquad k = 0 \quad$ et $\quad (k^2 - a)\,(k - b) = 0 \qquad\qquad\qquad$ (1)

La relation (1) est satisfaite pour $\quad k = a \quad$ et $\quad k = b.$

Les valeurs demandées sont donc $\quad k = 0, \quad k = a, \quad k = b.$

Pour $\quad k = 0, \quad$ le système devient :

$$x + y = 0, \quad ax + by = 0, \quad a^2 x + b^2 y = 0.$$

La solution est $\qquad\qquad\qquad x = 0, \quad y = 0.$

Pour $\quad k = a, \quad$ le système devient :

$$x + y = a, \quad ax + by = a^2, \quad a^2 x + b^2 y = a^3,$$

la solution est $\qquad\qquad\qquad x = a, \quad y = 0.$

Pour $\quad k = b, \quad$ le système devient :

$$x + y = b, \quad ax + by = b^2, \quad a^2 x + b^2 y = b^3,$$

la solution est $\qquad\qquad\qquad x = 0, \quad y = b.$

CHAPITRE V

DES INÉGALITÉS DU PREMIER DEGRÉ

180. Définitions. On appelle *inégalité* l'expression de deux quantités dont l'une est plus grande que l'autre.

Nous avons vu qu'on distingue deux sortes d'égalités algébriques : les *identités* et les *équations* ; il en est de même pour les inégalités ; on considère les inégalités qui ont lieu quelles que soient les valeurs attribuées aux lettres qu'elles contiennent, et les inégalités qui ne sont vérifiées que si on donne aux lettres, appelées *inconnues*, des valeurs convenablement choisies. Ces inégalités, où rentrent des inconnues, sont appelées quelquefois *inégalités conditionnelles*.

Ainsi $\quad a^2 + 1 > 2a, \quad x^2 - 5x + 6 < 0, \quad 3x - y < 2$

sont des inégalités; la première est vérifiée quel que soit le nombre a, les deux autres ne le sont que par des valeurs particulières des variables qui y figurent ; ces valeurs particulières sont les solutions de ces inégalités.

On appelle *inégalités équivalentes* celles qui admettent les mêmes solutions.

181. Théorème I. *Si l'on ajoute ou si l'on retranche une même quantité aux deux membres d'une inégalité, on forme une inégalité équivalente.*

Soit l'inégalité $$A > B \qquad (1)$$

dans laquelle A et B désignent des expressions contenant certaines inconnues x, y, z.

Soit C un nombre ou une expression contenant les inconnues ; en ajoutant C aux deux membres, on forme l'inégalité

$$A + C > B + C. \qquad (2)$$

Il faut démontrer que les inégalités (1) et (2) sont équivalentes.

Soient $x = a$, $y = b$, $z = c$ un système de solutions de l'inégalité (1).

Remplaçons les inconnues par les valeurs précédentes ; l'inégalité (1) devient l'inégalité *numérique*

$$A_1 > B_1. \qquad (3)$$

Or, dans une telle inégalité numérique, on peut ajouter ou retrancher un même nombre sans altérer l'inégalité ; ajoutons donc le nombre C_1, valeur obtenue pour C quand on remplace dans cette expression C les inconnues par a, b, c.

On a l'inégalité $$A_1 + C_1 > B_1 + C_1 ; \qquad (4)$$

cette inégalité (4) est précisément ce que devient l'inégalité (2) quand on y remplace les inconnues par a, b, c. Ainsi, toute solution de (1) convient à (2).

Réciproquement, l'inégalité (1) est équivalente à l'inégalité (2). En effet, toute solution de (2) donne l'inégalité *numérique*

$$A_1 + C_1 > B_1 + C_1,$$

ou l'inégalité $$A_1 > B_1.$$

Cette dernière est précisément ce que devient (1) quand on y remplace les inconnues par a, b, c. Donc toute solution de (2) convient à (1).

Application. Transposition des termes. On peut faire passer un terme quelconque d'un membre dans un autre en changeant son signe, car cela revient à ajouter ou à retrancher un même nombre aux deux membres.

Soit l'inégalité $$7x - 4 > 6x + 9 ;$$
elle est équivalente à $$7x - 6x > 9 + 4,$$
ou $$x > 13.$$

182. Théorème II. *Si l'on multiplie ou si l'on divise les deux membres d'une inégalité par un nombre positif, on obtient une inégalité équivalente ; si l'on multiplie ou si l'on divise par un nombre négatif, on obtient une inégalité de sens contraire.*

1° Soit
$$A > B \qquad\qquad (1)$$

une inégalité pouvant contenir une ou plusieurs inconnues x, y, z.

Soit C un nombre positif ou une expression pouvant contenir les inconnues, mais telle qu'elle soit positive pour tout système de solutions de (1).

Il faut démontrer que l'inégalité
$$AC > BC \qquad\qquad (2)$$

est équivalente à (1).

Soient $x = a$, $y = b$, $z = c$ un système de solutions de l'inégalité (1) ; en remplaçant dans (1), on a :
$$A_1 > B_1 ; \qquad\qquad (3)$$

et en multipliant par le nombre positif C_1
$$A_1 C_1 > B_1 C_1 ; \qquad\qquad (4)$$

Cette inégalité (4) est précisément ce que devient l'inégalité (2) quand on y remplace les inconnues par a, b, c. Ainsi toute solution de (1) convient à (2).

Réciproquement, toute solution de (2) convient à (1).

2° Supposons un multiplicateur *négatif.*

Soit l'inégalité
$$A > B. \qquad\qquad (1)$$

Si C est négatif, on a
$$AC < BC. \qquad\qquad (2)$$

En effet, remplaçons dans (1) les inconnues par a, b, c ; l'inégalité (1) devient l'inégalité *numérique*
$$A_1 > B_1, \qquad\qquad (3)$$

et en multipliant par le nombre *négatif* C_1, on a :
$$A_1 C_1 < B_1 C_1. \qquad\qquad (4)$$

Or (4) est précisément ce que devient (2), quand on y remplace les inconnues par a, b, c. Ainsi toute solution de (1) convient à (2).

Réciproquement, toute solution de (2) convient à (1).

183. Remarque. Lorsqu'on est conduit à multiplier ou à diviser par un même facteur les deux membres d'une inégalité, il faut absolument que le *signe* de ce facteur soit *connu* et *invariable* pour avoir le sens de l'inégalité résultante ; il faut, de plus, que ce facteur ne puisse pas s'annuler.

Ainsi on peut multiplier ou diviser les deux membres de l'inégalité $\dfrac{x-3}{x^2-1} < 5$ par $(x+1)^2$, x^2+2 ou tout autre facteur *essentiellement* positif; l'inégalité obtenue sera équivalente à celle qui est donnée.

Conséquence. On peut changer les signes de tous les termes d'une inégalité, pourvu qu'on change le sens de cette inégalité, car cela revient à multiplier les deux membres par -1.

Application. Ces deux théorèmes permettent de résoudre les inégalités du premier degré à une inconnue.

Soit l'inégalité $$\frac{3x}{5} - 12 > \frac{x}{2} + 2.$$

Elle est équivalente à celle qu'on obtient en multipliant les deux membres par le nombre positif 10 (n° 182).

On a $$6x - 120 > 5x + 20 \quad \text{ou} \quad 6x - 5x > 120 + 20\,;$$
enfin $$x > 140.$$

184. Théorème III. *Lorsque les deux membres d'une inégalité sont positifs, on peut, sans changer le sens de l'inégalité, les élever à une même puissance quelconque. Lorsqu'ils sont négatifs, on peut, sans changer le sens de l'inégalité, les élever à une même puissance impaire; mais, en les élevant à une même puissance paire, on change le sens de l'inégalité.*

Lorsque les deux membres sont de signes contraires, on peut, sans changer le sens de l'inégalité, les élever à une même puissance impaire; mais si on les élève à une même puissance paire, on ne sait plus ce qui se passe.

En effet, de $\quad 7 < 13 \quad$ et de $\quad -5 > -8,$
on déduit évidemment
$$7^3 < 13^3 \quad \text{et} \quad (-5)^3 > (-8)^3,$$
car les signes des deux membres restent les mêmes.

Tandis qu'on aurait $\quad (-5)^2 < (-8)^2\,;$
car ici les signes des deux membres changent, et par suite l'inégalité change de sens.

De même si l'on avait $\quad 5 > -3,$
on aurait $\quad 5^3 > (-3)^3\,;$
car, ici encore, les signes ne changent pas, l'inégalité conserve le même sens; mais pour une puissance paire on ne pourrait rien affirmer, car des inégalités
$$5 > -10 \quad \text{et} \quad 5 > -5$$
on déduirait $\quad 5^4 < (-10)^4 \quad \text{et} \quad 5^4 = (-5)^4.$

185. Inégalités simultanées. Définition. On appelle système d'inégalités du premier degré à une inconnue, ou *inégalités simultanées*, des inégalités qui doivent être vérifiées par les mêmes valeurs de l'inconnue. Résoudre un tel système, c'est trouver toutes les solutions communes à toutes les inégalités. Pour faire cette résolution, on transforme le système donné en un système équivalent, dans lequel l'inconnue est isolée dans chaque inégalité.

Il peut alors se présenter trois cas :

1° Toutes les inégalités du système auquel on ramène le système donné sont de la forme $x > a$, c'est-à-dire que l'on a :

$$x > a', \quad x > a'', \quad x > a'''.$$

S'il en est ainsi, le plus grand des nombres a est la limite inférieure des solutions ; en désignant par a le plus grand des nombres a', a'', a''', l'inégalité $\qquad x > a$

est équivalente au système donné.

2° Toutes les inégalités du système auquel on ramène le système donné sont de la forme $x < b$, c'est-à-dire que l'on a

$$x < b', \quad x < b'', \quad x < b'''.$$

S'il en est ainsi, le plus petit des nombres b est la limite supérieure des solutions ; en désignant par b le plus petit des nombres b', b'', b''', l'inégalité $\qquad x < b$

est équivalente au système donné.

3° Un certain nombre des inégalités données se ramènent à la forme $x > a$, et les autres à la forme $x < b$.

Dans ce cas, le plus grand des nombres a', a'', a''' est la limite inférieure des solutions, et le plus petit des nombres b', b'', b''' est la limite supérieure.

En désignant par a et b ces limites, si $a < b$, tous les nombres compris entre a et b sont des solutions, et si $a > b$, il n'y a pas de solution. Dans ce dernier cas, on dit que les inégalités du système sont *incompatibles*.

186. Théorème. *On peut ajouter membre à membre plusieurs inégalités de même sens ; le résultat est une inégalité de même sens que les inégalités ajoutées.*

Soient les inégalités $A > B$, $C > D$ contenant une inconnue.

Supposons que $x = a$ soit une solution ; en remplaçant x par a dans les inégalités, nous obtenons deux inégalités *numériques* :

$$A_1 > B_1 \quad \text{et} \quad C_1 > D_1.$$

On peut ajouter de telles inégalités, et l'on a :

$$A_1 + C_1 > B_1 + D_1.$$

Or cette dernière inégalité est précisément ce que devient l'inégalité

$$A + C > B + D,$$

quand on y remplace x par a. Donc toute solution des inégalités données convient à l'inégalité obtenue en les ajoutant membre à membre.

Remarque. Si les inégalités étaient de sens contraires, on ne pourrait pas préciser le sens du résultat.

L'inégalité qui résulte de l'addition des inégalités proposées, jointe à ces inégalités, ne forme pas un système équivalent au système donné.

187. Inégalités simultanées à plusieurs inconnues. On appelle ainsi plusieurs inégalités qui doivent être vérifiées par les mêmes valeurs des inconnues. Résoudre un tel système, c'est trouver les solutions communes à toutes ces inégalités. On ne peut pas, en général, effectuer cette résolution ; cependant si les inégalités sont de même sens, on peut parfois, en les ajoutant, éliminer certaines inconnues.

Applications. I. *Entre quelles limites peut varier* x *pour satisfaire simultanément aux deux inégalités :*

(1) $\quad \dfrac{4x-5}{7} < x+3 \qquad$ et $\quad$ (2) $\quad \dfrac{3x+8}{4} > 2x-5.$

On a
$$4x - 5 < 7x + 21 \qquad\qquad 3x + 8 > 8x - 20$$
$$4x - 7x < 5 + 21 \qquad\qquad 8 + 20 > 8x - 3x$$
$$- 3x < 26 \qquad\qquad\qquad 28 > 5x$$
$$x > -\frac{26}{3} \ \text{ ou } \ -8\frac{2}{3} \qquad\qquad x < \frac{28}{5} \ \text{ ou } \ 5\frac{3}{5}.$$

On doit avoir $\qquad\qquad 5\dfrac{3}{5} > x > -8\dfrac{2}{3}.$

Pour toutes les valeurs comprises entre $-8\dfrac{2}{3}$ et $5\dfrac{3}{5}$, les deux inégalités seront vérifiées simultanément.

II. *Trouver pour quelle valeur de* y *l'inégalité*

$$(a + y)^2 + 3y^2 < (2y - 1)^2 + 7$$

sera vérifiée.

Si nous effectuons les calculs, nous aurons :

$$a^2 + 2ay + y^2 + 3y^2 < 4y^2 - 4y + 1 + 7,$$

ou, en simplifiant et en transposant :

$$2ay + 4y < 8 - a^2$$
$$y(2a + 4) < 8 - a^2.$$

Si $2a + 4 > 0$, c'est-à-dire si $a > -2$,

on a, en divisant par cette quantité positive :

$$y < \frac{8 - a^2}{2a + 4}.$$

Si $2a + 4 < 0$, c'est-à-dire si $a < -2$,

en divisant, l'inégalité change de sens (n° 182), et on a :

$$y > \frac{8 - a^2}{2a + 4}.$$

Si $2a + 4 = 0$, c'est-à-dire si $a = -2$, la valeur de y qui vérifierait l'inégalité serait plus grande que toute quantité donnée.

Inégalités à deux inconnues. I. *Trouver les valeurs de* x *et de* y *qui vérifient simultanément les deux relations :*

$$x - 2y = 4 \quad \text{et} \quad 2x + 5y > 45.$$

De l'équation, on tire $\qquad x = 4 + 2y.$ $\hfill$ (1)

Cette valeur mise dans l'inégalité donne successivement :

$$2(4 + 2y) + 5y > 45$$
$$8 + 4y + 5y > 45$$
$$9y > 37 \quad \text{ou} \quad y > \frac{37}{9}.$$

y pourra donc prendre toutes les valeurs depuis $\frac{37}{9}$ jusqu'à l'infini ; à une valeur donnée de y, la relation (1) fournira la valeur correspondante de x.

II. *Trouver les valeurs de* x *et de* y *qui vérifient simultanément les deux inégalités* $\qquad 3x + 5y - 15 > 0, \quad 2x - y + 4 > 0.$

De la première on tire $x > \dfrac{15 - 5y}{3}$, et de la seconde $x > \dfrac{y - 4}{2}.$

On a ainsi deux limites inférieures de x, mais on ne peut pas dire quelle est la plus grande, et par suite on ne peut pas éliminer x ; voyons s'il est possible d'éliminer y.

Les deux inégalités donnent :

$$y > \frac{15 - 3x}{5} \quad \text{et} \quad y < 2x + 4.$$

On en conclut l'inégalité :

$$2x + 4 > \frac{15 - 3x}{5} \,;$$

en la résolvant, on obtient :

$$10x + 20 > 15 - 3x; \quad \text{d'où} \quad x > \frac{-5}{13}.$$

On peut attribuer à x toutes les valeurs plus grandes que $\dfrac{-5}{13}$, et à chaque valeur de x correspondent deux limites de valeurs pour y.

Soit, par exemple, $x = 1$, alors $y > \dfrac{12}{5}$ et $y < 6$;

tandis que pour $\qquad x = 2, \qquad y > \dfrac{9}{5} \qquad$ et $y < 8$.

Les inégalités proposées sont donc vérifiées par une infinité de valeurs de x et de y.

Remarque. On peut éliminer y par réduction en ajoutant à la première inégalité la seconde multipliée par 5, car les inégalités sont de même sens.

$$3x + 5y - 15 > 0$$
$$10x - 5y + 20 > 0$$

d'où $\quad 13x + 5 > 0, \quad x > \dfrac{-5}{13} \; ;$

mais ce procédé ne permet pas d'éliminer x; car après avoir multiplié la première inégalité par 2 et la seconde par 3, on ne peut pas retrancher membre à membre des inégalités de même sens.

III. *Trouver les valeurs de* x *et de* y *qui vérifient simultanément les deux inégalités* $\quad 3x - y + 5 > 0 \quad$ et $\quad x + 2y - 3 < 0.$

Si les deux inégalités sont de sens contraires, on peut éliminer l'inconnue qui a le même signe dans les deux inégalités.

En retranchant de la première trois fois la seconde, on obtient :

$$-7y + 14 > 0 \quad \text{ou} \quad y < 2.$$

Donnons à y une valeur quelconque, mais inférieure à 2, 1 par exemple ; nous en déduirons deux limites pour x :

$$x > -\frac{4}{3} \quad \text{et} \quad x < 1.$$

188. Vérification d'inégalités.

Il y a deux manières de vérifier une inégalité : la première consiste à admettre comme vraie l'inégalité donnée, et chercher à en déduire une suite d'inégalités équivalentes de plus en plus simples, jusqu'à ce qu'on parvienne à une inégalité évidente ; la seconde consiste à montrer que l'inégalité donnée résulte d'inégalités évidentes ou que l'on a déjà démontrées.

EXEMPLES I. *Démontrer que la moyenne arithmétique de deux nombres positifs est plus grande que leur moyenne géométrique.*

Admettons comme vraie cette propriété de deux nombres; on a l'inégalité :

$$\frac{a + b}{2} > \sqrt{ab}. \qquad (1)$$

En élevant au carré, on a successivement :

$$\frac{(a + b)^2}{4} > ab, \quad a^2 + b^2 + 2ab > 4ab, \quad a^2 + b^2 - 2ab > 0, \quad (a - b)^2 > 0.$$

Ce dernier résultat est évident, et, en remontant de proche en proche, on voit que l'inégalité (1) existe.

On peut aussi constater que l'inégalité $\dfrac{a + b}{2} > \sqrt{ab}$ résulte de l'inégalité évidente $\qquad (a - b)^2 > 0.$

En effet, cette dernière s'écrit successivement :

$$a^2 + b^2 - 2ab > 0 ;$$

ou, en ajoutant $4ab$ aux deux membres :

$$a^2 + b^2 + 2ab > 4ab, \quad \frac{(a + b)^2}{4} > ab, \quad \frac{a + b}{2} > \sqrt{ab}.$$

II. *Si* **a, b, c** *représentent les trois côtés d'un triangle, on a toujours :*

$$ab + ac + bc < a^2 + b^2 + c^2 < 2(ab + ac + bc).$$

Pour vérifier la première inégalité $ab + ac + bc < a^2 + b^2 + c^2$, nous poserons les trois inégalités évidentes :

$$(a - b)^2 > 0 \qquad a^2 + b^2 > 2ab$$
$$(a - c)^2 > 0 \quad \text{ou} \quad a^2 + c^2 > 2ac$$
$$(b - c)^2 > 0 \qquad b^2 + c^2 > 2bc.$$

En ajoutant membre à membre et divisant par 2, il vient :

$$a^2 + b^2 + c^2 > ab + ac + bc.$$

Pour vérifier la seconde inégalité $a^2 + b^2 + c^2 < 2(ab + ac + bc)$, nous poserons les trois inégalités vérifiées par les côtés d'un triangle :

$$a > b - c$$
$$b > a - c$$
$$c > a - b.$$

En élevant au carré, on a $\quad a^2 > b^2 + c^2 - 2bc$

$$b^2 > a^2 + c^2 - 2ac$$
$$c^2 > a^2 + b^2 - 2ab.$$

Ajoutons membre à membre, il vient :

$$2(ab + ac + bc) > a^2 + b^2 + c^2.$$

On a donc $\quad ab + ac + bc < a^2 + b^2 + c^2 < 2(ab + ac + bc)$; $\quad a, b, c$ étant les trois côtés d'un triangle.

189. Remarque. Les commençants ont ordinairement beaucoup de difficulté pour résoudre les inégalités et les exercices qui en dépendent; cela tient en grande partie à ce qu'ils ne font pas assez attention aux analogies et aux dissemblances entre les principes relatifs aux équations et ceux relatifs aux inégalités. Nous croyons utile de les indiquer ici.

1° On peut ajouter ou retrancher un même nombre aux deux membres d'une équation; il en est de même pour une inégalité.

2° On peut multiplier ou diviser les deux membres d'une équation par une même quantité finie; il n'en est pas de même pour une inégalité; il faut connaître le signe de cette quantité, et l'inégalité sera de même sens, si la quantité est positive; de sens contraire, si la quantité est négative.

3° On peut élever les deux membres d'une équation à une puissance quelconque; le résultat est encore une équation. Mais, pour une inégalité, cela n'est permis, dans tous les cas, qu'autant que les deux membres sont positifs; s'ils sont tous les deux négatifs, l'inégalité est de même sens pour des puissances impaires, et de sens contraire pour des puissances paires.

Enfin, quand les deux membres sont de signes contraires, on peut, sans changer le sens de l'inégalité, les élever à une même puissance impaire; mais, si on les élève à une même puissance paire, on ne peut en général rien affirmer sur le sens de l'inégalité; il faut alors examiner chaque cas en particulier.

CHAPITRE VI

DE LA DISCUSSION DES PROBLÈMES

§ I. — Problèmes impossibles.

190. Dans les discussions que nous avons faites des équations du premier degré à une ou à deux inconnues, nous ne nous sommes pas occupés des problèmes qui avaient pu fournir ces équations; aussi nous sommes-nous contentés de dire si les racines trouvées vérifiaient ou ne vérifiaient pas les équations données. Mais il arrive parfois qu'une racine d'une équation vérifie cette équation, sans être pour cela une solution du problème qui l'a fournie; quelquefois aussi les équations n'ont pas de solution, ou bien ont des solutions fractionnaires, lorsque la nature du problème exige des solutions entières ; d'autres fois encore les solutions doivent être comprises entre certaines limites, tandis que les solutions qu'on obtient ne satisfont pas à ces conditions. Ces divers résultats indiquent des cas d'*impossibilité*.

191. *Trouver un nombre tel que la moitié plus le quart de ce nombre fassent trois fois le reste du nombre augmentées de cinq.*

Soit x le nombre demandé ;

on a l'équation
$$\frac{x}{2} + \frac{x}{4} = 3\left(x - \frac{x}{2} - \frac{x}{4}\right) + 5$$

ou
$$\frac{3x}{4} = \frac{3x}{4} + 5,$$

c'est-à-dire
$$0 \times x = 5.$$

Cette équation ne pouvant être vérifiée par aucune valeur de x, le problème est *impossible*.

192. *Un bassin peut être rempli par un robinet en 8 heures, par un autre robinet en 12 heures, et il peut être vidé par un conduit en 4 heures 48 minutes. On suppose le bassin vide, et on ouvre en même temps les deux robinets et le conduit. Dans combien de temps le bassin sera-t-il rempli?*

Soit x le nombre d'heures au bout desquelles le bassin sera rempli.

Le premier robinet remplit en une heure une fraction du bassin égale à $\frac{1}{8}$;

en x heures, il remplira une fraction égale à $\frac{x}{8}$.

Pendant ce même temps le second robinet remplira une fraction du bassin égale à $\frac{x}{12}$.

Le conduit peut vider le bassin en 4 h 48^m ou 4 h $\dfrac{48}{60} = 4$ h $\dfrac{4}{5} = \dfrac{24}{5}$ d'heure;

en une heure il vide une fraction égale à $\dfrac{5}{24}$, et en x heures $\dfrac{5x}{24}$.

La contenance du bassin étant représentée par 1, on a l'équation :

$$\frac{x}{8} + \frac{x}{12} = \frac{5x}{24} + 1,$$

ou

$$\frac{5x}{24} = \frac{5x}{24} + 1$$

c'est-à-dire

$$0 \times x = 1.$$

Cette équation ne pouvant être vérifiée par aucune valeur de x, le problème est *impossible*.

On peut se rendre compte de cette impossibilité en remarquant que la fraction du bassin remplie en une heure par les deux robinets coulant ensemble est $\dfrac{1}{8} + \dfrac{1}{12} = \dfrac{5}{24}$; c'est précisément la fraction du bassin que le conduit vide en une heure; le gain égale donc la perte, et le bassin ne peut pas se remplir.

193. *Former la somme de 60 francs avec 14 pièces, les unes de 5 francs et les autres de 2 francs.*

Soient x et y les nombres de pièces de 5 francs et de 2 francs.

Les équations du problème sont $\quad x + y = 14$

$$5x + 2y = 60.$$

En les résolvant, on obtient $\quad x = \dfrac{32}{3}, \quad y = \dfrac{10}{3}$.

La nature du problème exige que les solutions soient entières; puisque ces solutions sont fractionnaires, le problème est *impossible*.

194. *Trouver les dimensions x et y d'un rectangle sachant que si l'on augmente la dimension x de 4^m et la dimension y de 12^m la surface augmente de 60^{mq}, et si l'on diminue la dimension x de 1^m et la dimension y de 3^m, la surface diminue de 8^{mq}.*

Les équations du problème sont :

$$(x + 4)(y + 12) = xy + 60$$
$$(x - 1)(y - 3) = xy - 8;$$

ou, en simplifiant,

$$3x + y = 3$$
$$3x + y = 11.$$

Ces équations sont incompatibles; par suite, le problème est *impossible*.

Nous terminerons ce genre de problèmes par le suivant qui, dans un certain cas, semble impossible, au moins au point de vue algébrique; nous verrons que l'impossibilité peut quelquefois être interprétée.

195. *Soient deux cercles O et O' non intérieurs l'un à l'autre; trouver sur la ligne des centres le point C de rencontre des tangentes communes extérieures.*

Soient O et O' les centres des deux cercles de rayon r et r', a la distance de leurs centres, $O'C = x$.

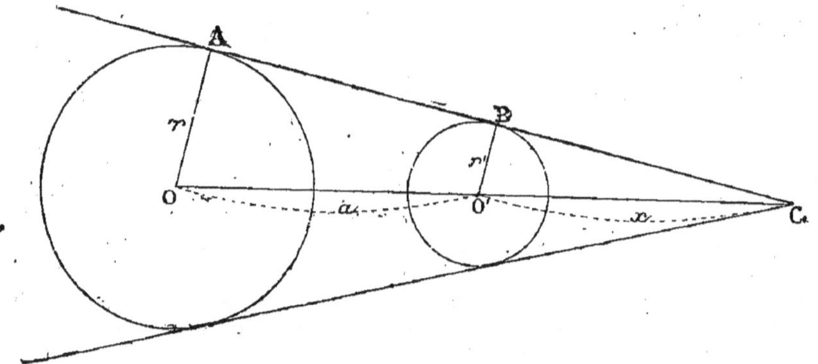

La tangente commune AB rencontre OO' au point C ; les triangles semblables COA, CO'B donnent l'équation :

$$\frac{a+x}{x} = \frac{r}{r'}, \quad \text{d'où} \quad x(r-r') = ar'.$$

Nous avons supposé r différent de r' ; alors le problème a une solution bien déterminée.

Si nous supposons maintenant $r = r'$, l'équation précédente devient

$$0 \times x = ar'$$

et l'on ne peut satisfaire à cette équation par aucune valeur de x. Le problème semble impossible dans ce cas. Remarquons cependant que si $r = r'$, les circonférences étant égales, la tangente commune existe bien, mais cette tangente est devenue parallèle à la ligne des centres ; la tangente et la ligne des centres se rencontrent alors en un point C situé à une distance infiniment grande du point O'.

On peut prévoir ce résultat ; car si la différence $r - r'$, au lieu d'être nulle, a une valeur très petite, il en résulte pour x une valeur très grande, et si $r - r'$ tend vers zéro, c'est-à-dire si r tend vers r', la valeur de x tend vers l'infini.

196. Remarque. Les cas d'impossibilité que nous venons de constater sont dus surtout aux conditions restrictives imposées aux inconnues par la nature même des problèmes ; or les équations sont impuissantes à traduire ces conditions restrictives ; par conséquent, si un problème est numérique et si les solutions ne satisfont pas aux conditions restrictives, on peut affirmer que le problème est impossible. Lorsque les données d'un problème sont représentées par des lettres, et que la question comporte des conditions restrictives imposées aux inconnues, on doit examiner si les solutions trouvées satisfont à ces conditions ; on trouve ainsi entre *les données* certaines autres conditions auxquelles ces données doivent satisfaire, pour que le problème soit possible. C'est la recherche de ces conditions qu'on appelle *la discussion du problème.*

Ainsi, *discuter un problème, c'est chercher certaines conditions, de grandeur généralement, que doivent remplir les données pour que le problème soit possible.*

197. Exemple. *Inscrire dans un losange donné par ses diagonales* AC $=$ a, BD $=$ b, *un rectangle de périmètre donné* 2p. *Conditions de possibilité.*

Soit MNPQ un rectangle inscrit dans le losange; MN $=x$ est le côté parallèle à AC, NP $=y$ est le côté parallèle à .BD.

Une équation du problème est fournie par l'énoncé :

$$2x + 2y = 2p \quad \text{ou} \quad x + y = p. \tag{1}$$

L'autre équation est donnée par les triangles semblables BMN, BAC;

on a
$$\frac{x}{a} = \frac{\frac{b}{2} - \frac{y}{2}}{\frac{b}{2}} \quad \text{ou} \quad \frac{x}{a} = \frac{b - y}{b},$$

c'est-à-dire
$$bx + ay = ab. \tag{2}$$

Les équations (1) et (2) ont pour solutions :

$$x = \frac{a(b - p)}{b - a}, \quad y = \frac{b(p - a)}{b - a}.$$

Dans la résolution des équations (1) et (2) on suppose $b > a$, c'est-à-dire que le losange ne peut pas devenir un carré.

Les valeurs obtenues pour x et y ne sont acceptables que si elles sont positives, et en outre $x < a, \ y < b.$

Or, a et $b - a$ étant positifs, x sera positif si $p < b$.

De même y sera positif si $p > a$.

On a donc, comme conditions de possibilité, $a < p < b$.

Si ces conditions sont remplies, la vérification directe montre que $x < a$ et $y < b$; en effet,

l'inégalité $\dfrac{a(b - p)}{b - a} < a$ devient $p > a$ après avoir simplifié par a et b.

De même $\dfrac{b(p - a)}{b - a} < b$ devient $p < b$.

La seule condition de possibilité est que le demi-périmètre du rectangle soit compris entre les deux diagonales du losange.

§ II. — Problèmes indéterminés.

198. *Trouver un nombre tel que le double de ce nombre augmenté de 5 et diminué du tiers, donne un résultat égal au tiers de la somme du quintuple du nombre et de 15.*

Soit x le nombre demandé.

L'équation du problème est $\quad 2x + 5 - \dfrac{x}{3} = \dfrac{1}{3}(5x + 15)$

ou
$$6x + 15 - x = 5x + 15,$$

c'est-à-dire
$$5x + 15 = 5x + 15.$$

Cette équation est vérifiée quel que soit x; par conséquent, tout nombre satisfait aux conditions du problème; le problème est donc indéterminé, et l'indétermination est absolue.

199. *Trouver les dimensions d'un rectangle, sachant que si l'on augmente la dimension* x *de* 2^m *et la dimension* y *de* 6^m, *la surface augmente de* 96^{mq}, *et si l'on diminue la dimension* x *de* 5^m *et la dimension* y *de* 15^m, *la surface diminue de* 135^{mq}.

Les équations du problème sont :

$$(x + 2)(y + 6) = xy + 96$$
$$(x - 5)(y - 15) = xy - 135 ;$$

ou, en simplifiant,
$$3x + y = 42$$
$$3x + y = 42$$

Les deux équations étant identiques, le problème est *indéterminé*.

L'indétermination n'est pas absolue, car les dimensions du rectangle sont assujetties à être positives; si donc on écrit l'équation du problème sous la forme
$$y = 42 - 3x = 3(14 - x),$$

on voit que x doit être inférieur à 14; mais la donnée impose la condition $x > 5$; on a donc la condition : $5 < x < 14$.

On trouve de même $15 < y < 42$.

Le problème est indéterminé, mais il devient déterminé si l'on donne à la base du rectangle une valeur quelconque, comprise entre 5 et 14.

200. *Former la somme de* 53 *francs avec des pièces de* 5 *francs et de* 2 *francs.*

Soient x et y les nombres de pièces de 5 et de 2 francs.
L'équation du problème est :

$$5x + 2y = 53.$$

Cette équation admet une infinité de solutions; le problème est *indéterminé*.
L'indétermination n'est pas absolue, car les inconnues doivent satisfaire à la double condition d'être entières et positives.

Si l'on fait $x = 0$,   on a $y = \dfrac{53}{2} = 26{,}5$;   donc $0 < y \leq 26$.

Si l'on fait $y = 0$,   on a $x = \dfrac{53}{5} = 10{,}6$;   donc $0 < x \leq 10$.

Tout en étant indéterminé, le problème admet un nombre très restreint de solutions; ces solutions, au nombre de 5, sont obtenues en résolvant en nombres entiers et positifs l'équation $5x + 2y = 53$.

$x = 1$	$x = 3$	$x = 5$	$x = 7$	$x = 9$
$y = 24$	$y = 19$	$y = 14$	$y = 9$	$y = 4$

201. *Déterminer un nombre de trois chiffres sachant que :* 1° *la somme de ces chiffres égale* 16; 2° *la différence entre le double du chiffre des centaines et le chiffre des dizaines est* 10; 3° *la somme du triple du chiffre des centaines et du chiffre des unités est* 26.

Soient x, y, z les chiffres des centaines, dizaines et unités du nombre.
Les équations du problème sont :

$$x + y + z = 16$$
$$2x - y = 10$$
$$3x + z = 26.$$

Pour résoudre ce système, on peut tirer les valeurs de y et de z des deux dernières équations et porter ces valeurs dans la première; il vient :

$$x + 2x - 10 + 26 - 3x = 16,$$

ou
$$0 \times x = 0.$$

Tout nombre substitué à x vérifie cette équation; le problème est donc indéterminé. Cela vient de ce qu'il n'y a en réalité que deux équations, car la différence entre les deux dernières équations est égale à la première; ou encore la somme des deux premières reproduit la troisième.

L'indétermination est très limitée, car les inconnues sont assujetties à être entières, positives, et à avoir une somme qui ne dépasse pas 16.

Les solutions de l'équation $\qquad 2x - y = 10$ sont :

$x = 5$	$x = 6$	$x = 7$	$x = 8$	$x = 9$
$y = 0$	$y = 2$	$y = 4$	$y = 6$	$y = 8$

Celles de l'équation $\qquad 3x + z = 26$ sont :

$x = 8$	$x = 7$	$x = 6$
$z = 2$	$z = 5$	$z = 8$

Les solutions communes sont

$x = 8$	$x = 7$	$x = 6$
$y = 6$	$y = 4$	$y = 2$
$z = 2$	$z = 5$	$z = 8$

Il n'y a donc que les trois nombres $\quad 862, 745, 628 \quad$ qui répondent à la question.

202. *Trouver le volume d'un tronc de cône droit à bases circulaires en le considérant comme la différence des volumes de deux cônes.*

Soient R, r, h et V les rayons des bases, la hauteur et le volume de ce tronc de cône, et x la hauteur du petit cône.
On a :

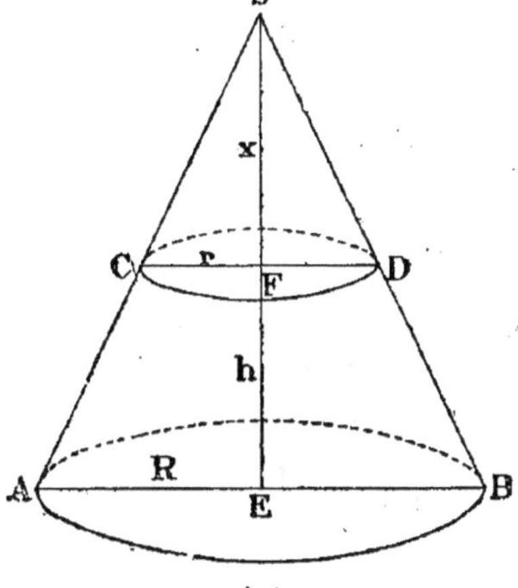

$$\text{Cône SAB} = \frac{\pi R^2}{3}(h + x).$$

$$\text{Cône SCD} = \frac{\pi r^2 x}{3};$$

d'où $\quad V = \frac{1}{3}\pi[R^2(h + x) - r^2 x].$ $\qquad$ (1)

Les deux triangles semblables SAE et SCF donnent :

$$\frac{R}{r} = \frac{x + h}{x},$$

d'où l'on tire $\quad x = \dfrac{rh}{R - r};$

par suite,

$$x + h = \frac{rh}{R - r} + h = \frac{Rh}{R - r}.$$

La relation (1) devient :

$$V = \frac{1}{3}\pi\left[\frac{R^3 h}{R - r} - \frac{r^3 h}{R - r}\right] \quad \text{ou} \quad V = \frac{\pi h(R^3 - r^3)}{3(R - r)}.$$

Si dans cette expression on fait $R = r$, elle prend la forme $\dfrac{0}{0}$; cependant le volume n'est pas indéterminé, puisque le tronc de cône devient alors un cylindre de rayon R et de hauteur h, dont le volume est $\pi R^2 h$. L'indétermination tient au facteur $R - r$, commun aux deux termes, qui s'annule dans l'hypothèse $R = r$.

En supprimant ce facteur, il vient :

$$V = \frac{1}{3} \pi h (R^2 + Rr + r^2).$$

Si l'on y fait $R = r$, on trouve :

$$V = \frac{1}{3} \pi h \times 3R^2 = \pi R^2 h.$$

203. En résumé, un problème peut être *indéterminé :*

1° Si l'équation du problème, mise sous sa forme la plus simple, est satisfaite par un nombre quelconque; cela vient de ce que, en réalité, le nombre cherché n'est assujetti à aucune condition, cu que les conditions imposées conviennent à tous les nombres.

2° Si le nombre des équations est moindre que le nombre des inconnues ou, ce qui revient au même, si une ou plusieurs des équations sont des conséquences des autres.

L'indétermination est plus ou moins absolue, selon que les inconnues ne sont assujetties à aucune condition restrictive ou sont soumises à des conditions telles que, par exemple, d'être positives, entières, d'être comprises entre des nombres donnés, etc.

§ III. — Interprétation des solutions négatives trouvées dans la solution d'un problème.

204. Lorsqu'en résolvant l'équation d'un problème on arrive à un résultat négatif, ce résultat indique parfois une impossibilité absolue; mais, dans un grand nombre de cas, la valeur négative peut être interprétée, si l'on tient compte de la remarque suivante :

Lorsqu'une grandeur est susceptible d'être comptée dans deux sens opposés, si l'on convient de regarder comme positives les grandeurs comptées dans un sens, les solutions négatives indiquent généralement qu'il faut prendre la grandeur en sens contraire de ce qu'on avait supposé dans la mise en équation. D'après cela, les solutions négatives trouvées pour des problèmes sur la durée, l'espace, les degrés de température, etc., pourront généralement recevoir une interprétation.

205. Théorème I. *Lorsqu'une équation du premier degré à une inconnue a sa racine négative, cette même racine, prise positivement, est la solution d'une équation que l'on obtient en changeant dans la première x en — x, et qu'on appelle la transformée en — x.*

Soit l'équation $\qquad ax + b = 0 \qquad$ (1)

qui admet une solution $\qquad x = -\alpha.$

En remplaçant x par $-\alpha$ dans (1), on a, d'après la définition des équations, l'égalité numérique

$$a(-\alpha) + b = 0 \quad \text{ou} \quad -a\alpha + b = 0;$$

ce qui exprime que α est racine de l'équation

$$-ax + b = 0.$$

Corollaire. *Pour interpréter la solution négative trouvée en résolvant l'équation d'un problème à une inconnue, on prend la transformée en* $-x$ *de l'équation, et on examine comment on peut modifier l'énoncé du problème pour qu'il conduise à cette nouvelle équation.*

206. Théorème II. *Lorsqu'en résolvant un système d'équations du premier degré on trouve, pour certaines inconnues, des valeurs négatives, ces mêmes valeurs, prises positivement, sont racines d'un système obtenu en changeant les signes des termes qui contiennent les inconnues, dont les valeurs sont négatives.*

Soit le système
$$ax + by + cz = d$$
$$a'x + b'y + c'z = d'$$
$$a''x + b''y + c''z = d''$$

qui admet la solution :

$$x = \alpha, \quad y = -\beta, \quad z = -\gamma.$$

On a les égalités numériques

$$a\alpha - b\beta - c\gamma = d$$
$$a'\alpha - b'\beta - c'\gamma = d'$$
$$a''\alpha - b''\beta - c''\gamma = d''$$

qui expriment que $x = \alpha$, $y = \beta$, $z = \gamma$, sont racines du système
$$ax - by - cz = d$$
$$a'x - b'y - c'z = d'$$
$$a''x - b''y - c''z = d''.$$

Corollaire. *Pour interpréter les solutions négatives trouvées en résolvant les équations d'un problème à plusieurs inconnues, on change, dans les équations, les signes des termes qui renferment les inconnues dont les valeurs sont négatives, et on examine comment on peut modifier l'énoncé du problème pour qu'il conduise au nouveau système d'équations.*

207. Exemples. 1. *Un père a 39 ans, et son fils en a 15; dans combien de temps l'âge du père sera-t-il triple de celui de son fils?*

Soit x le temps cherché; après x années, l'âge du père sera $39 + x$, et celui du fils $15 + x$;

donc
$$39 + x = 3(15 + x).$$

En résolvant, on trouve $x = -3$.

Interprétation de cette valeur négative. Le résultat trouvé prouve que le problème, tel qu'il a été posé, est impossible, c'est-à-dire que l'âge du père ne pourra jamais être dans l'avenir le triple de l'âge du fils.

La transformée en $-x$ de l'équation est :

$$39 - x = 3(15 - x), \tag{1}$$

qui admet pour solution $x = 3$.

Donc l'époque cherchée, ne pouvant avoir lieu dans l'*avenir*, a pu avoir lieu dans le *passé*.

L'équation (1) est précisément celle qu'on poserait si on faisait cette hypothèse; elle serait la traduction algébrique du problème suivant :

Un père a 39 ans, et son fils en a 15; combien y a-t-il d'années que l'âge du père était le triple de celui du fils?

208. II. *Deux mobiles, animés d'une vitesse de 10 km. et 8 km. à l'heure, partent en même temps des points A et B, et se dirigent suivant la droite X'X vers un point fixe C, dont ils sont éloignés de quantités données, savoir :* AC=130 *km. et* BC=100 *km. A quelle distance du point C leur rencontre aura-t-elle lieu?*

Cette rencontre aura lieu à droite ou à gauche du point C. Supposons qu'elle

X'   A   B   R   C   R'   X

ait lieu à gauche; soient R le point de rencontre et x la distance CR. Le premier courrier, pour aller du point A au point de rencontre, doit parcourir

$$(130 - x) \text{ km.,}$$

le second
$$(100 - x) \text{ km.}$$

Les temps égaux employés à parcourir ces distances sont :

$$\frac{130 - x}{10} \quad \text{et} \quad \frac{100 - x}{8};$$

d'où l'équation
$$\frac{130 - x}{10} = \frac{100 - x}{8}. \tag{1}$$

En résolvant, on trouve $x = -20$.

Pour interpréter ce résultat, prenons, comme précédemment, l'équation transformée en $-x$:

$$\frac{130 + x}{10} = \frac{100 + x}{8};$$

cette équation est précisément celle qu'on poserait en supposant le point de rencontre à droite du point C, comme cela a lieu réellement.

§ IV. — Résolution et discussion de quelques problèmes.

209. Discuter un problème, c'est chercher les différentes solutions que peut avoir ce problème, lorsqu'on fait sur les données toutes les hypothèses possibles.

Lorsque les équations d'un problème sont résolues, si les inconnues, par la nature de la question, doivent être comprises entre certaines limites ou satisfaire à d'autres conditions, il faut d'abord s'occuper des conditions de possibilité du problème. On est ainsi amené à résoudre et à comparer entre elles certaines inégalités entre les données. Les inconnues, pour être acceptables, doivent satisfaire à ces inégalités.

Il peut arriver qu'une ou plusieurs solutions des équations d'un problème ne soient pas des solutions du problème; il faut écarter ces solutions et voir si on ne peut pas découvrir les causes d'introduction de ces solutions.

Il faut aussi interpréter les solutions qui se présentent sous une forme qui paraît inacceptable ; ce sont les solutions indéterminées, infinies, négatives. On conserve les solutions qui ont un sens, et l'on rejette les autres.

210. Problème. *Trouver une proportion dont les quatre termes surpassent également quatre nombres positifs donnés* a, b, c *et* d.

L'équation du problème est
$$\frac{a+x}{b+x} = \frac{c+x}{d+x} ;$$

d'où
$$x\,[(a+d)-(b+c)] = bc - ad. \tag{1}$$

Discussion. 1° Si l'on a simultanément
$$bc > ad \quad \text{et} \quad a+d > b+c,$$

ou encore
$$bc < ad \quad \text{et} \quad a+d < b+c,$$

on trouve pour x une valeur positive ; la question est résolue dans le sens de l'énoncé.

2° Si l'on a simultanément :
$$bc > ad \quad \text{et} \quad a+d < b+c,$$

ou encore
$$bc < ad \quad \text{et} \quad a+d > b+c,$$

on trouve pour x une valeur négative ; la valeur absolue de x est la solution du problème suivant :

Quel nombre faut-il retrancher aux quatre nombres positifs a, b, c *et* d, *pour que les différences forment une proportion ?*

3° Si l'on a $bc = ad$ et $a+d \neq b+c$, on obtient $x=0$; ce résultat est évident *à priori*, car les nombres a, b, c, d forment déjà une proportion.

En effet, l'égalité $bc = ad$ peut s'écrire $\dfrac{a}{b} = \dfrac{c}{d}$.

4° Si l'on a $bc \neq ad$ et $a+d = b+c$, l'équation (1) prend la forme
$$x \times 0 = bc - ad.$$

Le problème est impossible.

L'impossibilité est absolue; en effet, la condition $a+d = b+c$ exprime que les nombres donnés sont en progression arithmétique. En ajoutant ou retranchant un même nombre à chacun d'eux, ils restent en progression arithmétique, et par suite ne peuvent jamais former une proportion, c'est-à-dire une progression géométrique.

5° Si l'on a en même temps $bc = ad$ et $a + d = b + c$, l'équation (1) prend la forme $\qquad x \times 0 = 0.$

Le problème est indéterminé.

L'indétermination ne peut pas être levée; en effet, les égalités données peuvent s'écrire :

$$(b + c)^2 = (a + d)^2$$
$$4bc = 4ad.$$

Retranchons membre à membre; il vient :

$$(b - c)^2 = (a - d)^2 ;$$

d'où $\qquad b - c = \pm (a - d).$

On en déduit $\qquad b - c = a - d$ ou $b - c = d - a.$

Nous avons donc $\qquad b - c = a - d$ avec $bc = ad,$

et $\qquad b - c = d - a$ avec $bc = ad;$

d'où $\qquad a = b, \quad c = d$

et $\qquad a = c, \quad b = d.$

Avec les hypothèses faites, les nombres donnés sont donc :

$$a, \quad a, \quad c, \quad c$$

ou $\qquad a, \quad b, \quad a, \quad b.$

Ces quatre nombres forment l'une ou l'autre des proportions :

$$\frac{a}{a} = \frac{c}{c} \quad \text{et} \quad \frac{a}{b} = \frac{a}{b}.$$

Or, quel que soit le nombre ajouté ou retranché aux quatre termes, on aura toujours une proportion.

L'indétermination est donc absolue.

211. Problème. *On donne un nombre* a; *partager ce nombre en deux parties telles que la somme des quotients obtenus en divisant l'une des parties par* m, *l'autre par* n, *soit égale à un nombre donné* b. *Les quatre nombres* a, b, m *et* n *sont positifs.*

Soient x et $a - x$ les deux parties demandées; l'équation du problème est :

$$\frac{x}{m} + \frac{a - x}{n} = b ;$$

d'où $\qquad x(m - n) = m(a - bn).$ $\qquad\qquad$ (1)

Discussion. 1° Supposons $\qquad m - n \neq 0.$

L'équation (1) donne pour x la valeur $\qquad \dfrac{m(a - bn)}{m - n},$

et pour $a - x$ la valeur $\qquad \dfrac{n(bm - a)}{m - n}.$

Chacune de ces parties devant être positive, il faut que l'on ait :

$$m - n > 0, \quad a - bn > 0 \quad \text{et} \quad bm - a > 0, \qquad (2)$$

ou $\qquad m - n < 0, \quad a - bn < 0 \quad \text{et} \quad bm - a < 0. \qquad (3)$

Les inégalités (2) donnent $m > n, \quad \dfrac{a}{b} > n, \quad \dfrac{a}{b} < m,$

où $\qquad n < \dfrac{a}{b} < m.$

Les inégalités (3) donnent $\quad m<n, \quad \dfrac{a}{b}<n, \quad \dfrac{a}{b}>m,$

ou
$$m<\dfrac{a}{b}<n.$$

Ainsi m étant différent de n, le problème a une solution si le rapport des nombres donnés a et b est compris entre m et n; c'est la condition de possibilité du problème.

2° Supposons $\quad m-n=0.$ L'équation (1) prend la forme :
$$x\times 0=m(a-bn).$$

Si $\quad a-bn\neq 0,$ le problème est impossible.

Si $\quad a-bn=0,$ l'équation (1) prend la forme $\quad x\times 0=0;$ le problème est indéterminé.

L'indétermination est absolue, car en désignant par p et q deux nombres quelconques dont la somme soit égale à a, on a $\quad \dfrac{p}{n}+\dfrac{q}{n}=\dfrac{a}{n}=b;$ or, si $a-bn=0$ ou $\quad \dfrac{a}{n}=b,$ l'égalité précédente est vérifiée quels que soient p et q.

212. Problème. *On donne le périmètre* 2p *et la hauteur* h *d'un triangle isocèle; calculer les côtés de ce triangle.*

Soit ABC le triangle considéré tel que AB=AC.

Prenons pour inconnues les côtés $AB=x$ et $BC=2y$.

Le périmètre est évidemment égal à $2(x+y),$ d'où l'équation :
$$x+y=p. \tag{1}$$

La hauteur étant AD, le triangle rectangle ABD donne :
$$x^2=y^2+h^2 \quad \text{ou} \quad x^2-y^2=h^2,$$

c'est-à-dire
$$(x+y)(x-y)=h^2,$$

ou, en remplaçant $\quad x+y$ par p et divisant :
$$x-y=\dfrac{h^2}{p}. \tag{2}$$

Les équations (1) et (2) donnent $\quad x=\dfrac{p^2+h^2}{2p},$
$$2y=\dfrac{p^2-h^2}{p}.$$

Discussion. Pour que les valeurs obtenues pour les côtés x et $2y$ soient acceptables, il faut qu'elles soient positives et que l'on puisse construire un triangle avec ces longueurs, c'est-à-dire que la base $2y$ soit moindre que la somme des deux autres côtés; cette condition s'exprime par $y<x$.

La valeur de x est positive; celle de $2y$ est positive si l'on a :
$$p^2-h^2>0 \quad \text{ou} \quad p>h.$$

On doit aussi avoir $\qquad\qquad y<x,$

ou
$$\dfrac{p^2-h^2}{2p}<\dfrac{p^2+h^2}{2p} \, ;$$

cette inégalité a toujours lieu, puisqu'elle est équivalente à
$$2h^2>0.$$

La seule condition de possibilité est donc

$$p > h,$$

et si elle est remplie, le problème n'a qu'une solution.

213. Problème. *Avec des vins qui coûtent a et b fr. le litre, on veut faire un mélange de n litres qui revienne à c fr. le litre; combien doit-on prendre de litres de chaque qualité?*

Si x est le nombre de litres que l'on prend de la première qualité, $n - x$ sera le nombre de litres de la seconde, et on aura :

$$ax + b(n - x) = nc,$$

d'où

$$x = \frac{n(c - b)}{a - b}.$$

Discussion. Quand la valeur de x est de cette forme, il est avantageux pour n'oublier aucune hypothèse importante, de supposer avec le dénominateur positif, nul ou négatif, successivement le numérateur aussi positif, nul ou négatif; de plus, si l'on considère les valeurs relatives de a et de c, on pourra encore décomposer quelques-uns de ces cas en plusieurs autres. On aura le tableau suivant :

$$
a > b
\begin{cases}
c > b \begin{cases} a > c \\ a = c \\ a < c \end{cases} \\
c = b \quad a > c \\
c < b \quad a > c
\end{cases}
$$

$$
a = b
\begin{cases}
c > b \quad a < c \\
c = b \quad a = c \\
c < b \quad a > c
\end{cases}
$$

$$
a < b
\begin{cases}
c > b \quad a < c \\
c = b \quad a < c \\
c < b \begin{cases} a > c \\ a = c \\ a < c \end{cases}
\end{cases}
$$

1er Cas. $a > b$, $c > b$, $a > c$, c'est-à-dire $a > c > b$.

La formule donne pour x une valeur positive, et le problème a une solution dans le sens de la mise en équation.

En effet, les inégalités ci-dessus indiquent que le prix du mélange est intermédiaire entre les prix des deux qualités données. Or il est évident qu'en mélangeant dans des proportions convenables des vins de deux prix différents, il est toujours possible d'obtenir un mélange à un **prix intermédiaire** quelconque.

2e Cas. $a > b$, $c > b$, $a = c$, c'est-à-dire $a = c > b$.

La formule donne $x = \dfrac{n(a - b)}{a - b} = n$. Cela nous indique qu'il faut prendre seulement du vin de la première qualité, puisque son prix est précisément le même que celui du mélange.

3e Cas. $a > b$, $c > b$, $a < c$, c'est-à-dire $c > a > b$.

La formule donne pour x une valeur positive, mais supérieure à n, c'est-à-dire que le problème est impossible dans le sens de la mise en équation; en effet, dans ce cas, on ne peut former le mélange demandé, puisque le prix de ce mélange n'est pas intermédiaire des prix a et b.

4ᵉ Cas. $a>b$, $c=b$, $a>c$,   c'est-à-dire $c=b<a$.

Dans ce cas, la valeur de x est nulle, et l'on ne devra prendre que du vin de la seconde qualité, ce qui doit être, puisque le prix du mélange est le même que celui de la seconde qualité.

5ᵉ Cas. $a>b$, $c<b$, $a>c$,   c'est-à-dire $c<b<a$.

La valeur de x sera négative, car le numérateur est négatif et le dénominateur positif; ce résultat indique que le problème n'admet pas de solution dans le sens précis de l'énoncé. En effet, il n'est pas possible d'obtenir un mélange dont le prix soit moindre que celui de chaque qualité.

6ᵉ Cas. $a=b$, $c>b$, $a<c$,   c'est-à-dire $a=b<c$.

La valeur de x est infinie, et le problème est impossible, ce qui se voit (priori; car avec des vins de même qualité il est impossible de composer un mélange qui soit de qualité différente.

7ᵉ Cas. $a=b$, $c=b$, $a=c$,   c'est-à-dire $a=b=c$.

La valeur de x prend la forme $\dfrac{0}{0}$, et le problème est indéterminé, ce qui est évident; car les trois prix étant égaux, dans quelque proportion que l'on mélange du vin des deux qualités données, le litre du mélange aura toujours la valeur donnée.

8ᵉ Cas. $a=b$, $c<b$, $a>c$,   c'est-à-dire $a=b>c$.

La valeur de x est égale à moins l'infini; on justifie ce résultat comme dans le sixième cas.

Les cinq derniers cas se rapportent aux cinq premiers, mais dans un ordre inverse; le treizième est analogue au premier, etc.

214. Problème des courriers. *Deux courriers marchent depuis un temps indéfini dans le sens* X'X; *le premier passe en* A, h *heures avant que le second passe en* B; *on demande le point* R *de leur rencontre, sachant que la distance* AB *est égale à* d, *et que les vitesses respectives sont* v *et* v'.

Supposons que la rencontre ait lieu à droite de B, et soit x la distance BR. Le premier courrier, de A à R, aura à parcourir une distance égale à $d+x$,

$$\overset{\hspace{6em}\text{v}\hspace{7em}\text{v}'}{\text{X}' \quad \text{R}'' \qquad \text{A} \qquad \text{R}' \quad \text{B} \quad \text{R} \quad \text{X}}$$

et comme sa vitesse est v, le temps qu'il emploiera pour la parcourir sera $\dfrac{d+x}{v}$; le second, pour aller de B à R, emploiera un temps donné par $\dfrac{x}{v'}$. Or le premier courrier passe en A, h heures avant que le second passe en B, la différence de ces deux durées sera donc h; par suite,

$$\frac{d+x}{v} - \frac{x}{v'} = h.$$

En résolvant, on trouve $x = \dfrac{v'(d-vh)}{v-v'}$.

Nous aurons donc, comme dans le problème précédent, à examiner les neuf cas suivants :

$$
v > v' \left\{
\begin{array}{lll}
d > vh & (1) & x = \alpha \\
d = vh & (2) & x = 0 \\
d < vh & (3) & x = -\beta
\end{array}
\right.
$$

$$
v = v' \left\{
\begin{array}{lll}
d > vh & (4) & x = \infty \\
d = vh & (5) & x = \dfrac{0}{0} \\
d < vh & (6) & x = -\infty
\end{array}
\right.
$$

$$
v < v' \left\{
\begin{array}{lll}
d > vh & (7) & x = -\beta \\
d = vh & (8) & x = 0 \\
d < vh & (9) & x = \alpha
\end{array}
\right.
$$

1re Hypothèse. Avec $v > v'$ et $d > vh$, la valeur de x est positive; il existe donc un point R à droite de B, à une distance déterminée, où se rencontrent les deux courriers, précisément comme on l'a supposé en établissant l'équation.

2e Hypothèse. Avec $v > v'$ et $d = vh$, la valeur de x est nulle; il doit en être ainsi, puisque les courriers se rencontrent au point B. En effet, le premier courrier passe en A, h heures avant que le second passe en B; comme pendant ce temps il a parcouru un espace représenté par vh, cet espace étant précisément égal à d, il arrivera au point B en même temps que le second courrier.

3e Hypothèse. Avec $v > v'$ et $d < vh$, la valeur de x est négative; il est probable que la rencontre aura lieu à gauche du point B; pour voir s'il en est ainsi, prenons la transformée en $-x$ de l'équation primitive; on aura :

$$
\frac{d - x}{v} + \frac{x}{v'} = h \quad \text{ou bien} \quad \frac{x}{v'} - \frac{x - d}{v} = h ;
$$

cette transformée peut prendre ces deux formes, qui correspondent, la première au cas où la rencontre a lieu en R', entre A et B, et la seconde au cas où elle a lieu à gauche de A en R''.

Si la rencontre a lieu en R', le premier courrier parcourt un espace $d - x$ dans le temps $\dfrac{d - x}{v}$; le second, l'espace x dans le temps $\dfrac{x}{v'}$; ici la somme de ces deux temps est précisément égale à h.

Si la rencontre a lieu en R'', le second courrier met $\dfrac{x}{v'}$ heures pour aller de ce point au point B; le premier met $\dfrac{x - d}{v}$ heures pour aller de ce même point au point A, la différence est encore égale à h.

4e Hypothèse. Avec $v = v'$ et $d > vh$, la valeur de x est $+\infty$.

Ici le problème est vraiment impossible, car le premier courrier sera en un certain point entre A et B déterminé par la différence $d - vh$, qui est positive, quand le second sera en B. Or ces courriers, étant séparés par cette distance et ayant la même vitesse, peuvent marcher indéfiniment sans jamais s'atteindre.

5e Hypothèse. Avec $v = v'$ et $d = vh$, la valeur de x est $\dfrac{0}{0}$, c'est-à-dire indéterminée. Il en est de même du problème ; car, d étant égal à vh, les deux courriers arriveront au point B en même temps, et, comme ils ont même vitesse, ils marcheront ensemble tout le long de la route.

6ᵉ Hypothèse. Avec $v = v'$ et $d < vh$, la valeur de x est $-\infty$. Le problème est toujours impossible ; mais ici c'est le premier courrier qui est en avant sur le second de la quantité $vh - d$, qui est positive ; les vitesses étant égales, ils ne se sont donc jamais rencontrés.

Dans les trois dernières hypothèses, les valeurs de x sont identiques aux trois premières en sens inverse. On les discute d'une manière analogue.

215. Problème. *Inscrire dans un triangle, donné par sa base et sa hauteur, un rectangle de périmètre donné* 2p.

Soient x la base et y la hauteur du rectangle inscrit ; les triangles semblables ABC et AHG donnent :

$$\frac{h}{h-y} = \frac{b}{x} ; \qquad (1)$$

on a aussi $\qquad x + y = p.$ $\qquad (2)$

En résolvant on trouve :

$$y = \frac{h(b-p)}{b-h}, \qquad (3)$$

$$x = \frac{b(p-h)}{b-h}. \qquad (4)$$

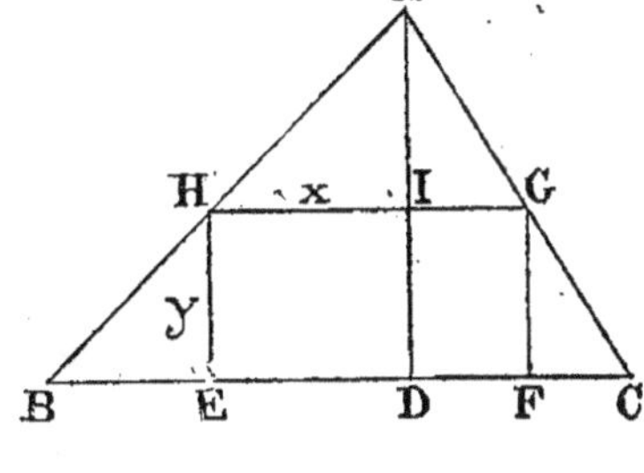

Discussion. 1° *Conditions de possibilité.* Pour que x et y soient positifs, il faut que l'on ait $\qquad b > h, \quad b > p, \quad$ et $\quad p > h$;

plus simplement $\qquad\qquad b > p > h,$ $\qquad\qquad\qquad (m)$

ou bien encore $\qquad\quad b < h, \quad b < p, \quad p < h,$

ou $\qquad\qquad\qquad\qquad b < p < h.$ $\qquad\qquad\qquad (n)$

Si l'une ou l'autre des relations (m) et (n) est vérifiée, les valeurs positives de x et de y conviendront, et la construction géométrique sera possible.

Ces relations (m) et (n) montrent que la condition nécessaire et suffisante pour que dans un triangle donné on puisse inscrire un rectangle de périmètre donné, est que le demi-périmètre du rectangle soit compris entre la base et la hauteur du triangle.

2° Si l'on avait $b > h$, $p > b$, $p > h$, la valeur de y serait négative et la valeur de x positive, mais plus grande que b ; car de ce qu'on a $p > b$, on a aussi $p - h > b - h$; par suite,

$$\frac{p-h}{b-h} > 1. \quad \text{Or} \quad x = \frac{b(p-h)}{b-h} ; \quad \text{donc on aura} \quad x > b.$$

Pour interpréter ce résultat, changeons dans les équations y en $-y$; elles deviennent $\dfrac{h}{h+y} = \dfrac{b}{x}$ et $x - y = p$, équations qui conviennent à l'énoncé suivant.

Ex-inscrire à un triangle donné un rectangle HGFE, dont la base surpasse la hauteur de p.

En effet, on trouve la première équation ci-dessus en considérant les deux triangles semblables, ABC et AHG, comme dans la première figure.

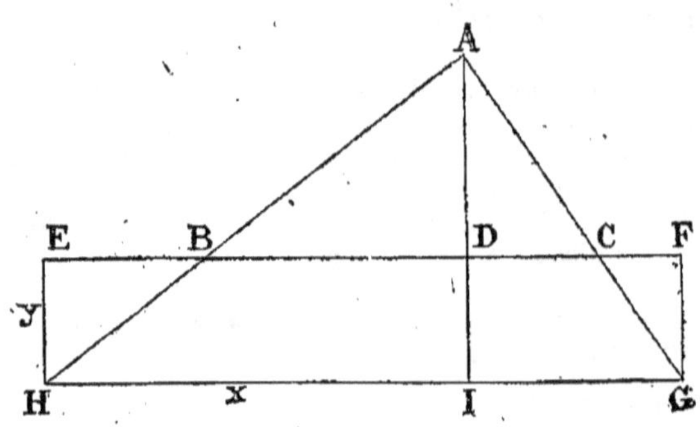

3° Si l'on avait

$$b>h, \quad b>p, \quad h>p,$$

la valeur de y serait positive et la valeur de x négative. Les figures précédentes ne sont plus possibles; car, d'après les hypothèses, on a aussi :

$$\frac{b-p}{b-h}>1,$$

et par suite,

$$y>h.$$

Pour interpréter ce résultat, changeons dans les équations (1) et (2) x en $-x$.

Elles deviennent

$$\frac{h}{h-y}=\frac{b}{-x} \quad \text{et} \quad -x+y=p,$$

ou bien

$$\frac{h}{y-h}=\frac{b}{x} \quad \text{et} \quad y-x=p.$$

Ces équations conviennent à l'énoncé suivant.

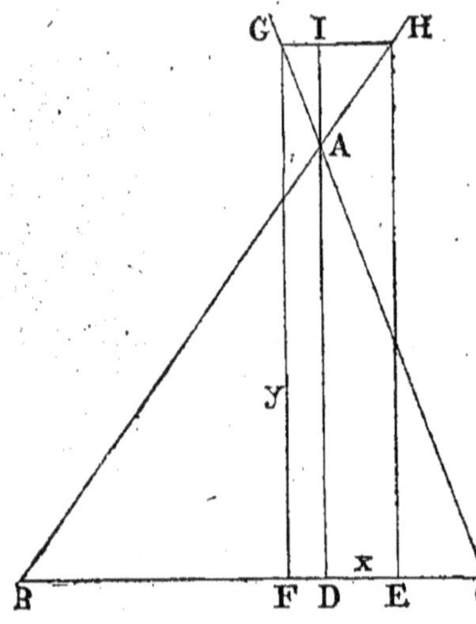

Ex-inscrire à un triangle donné un rectangle dont la différence entre la hauteur et la base soit une longueur donnée p.

Les triangles ABC et AHG donnent aussi, comme dans la deuxième figure, la première équation ci-dessus. On peut se demander comment on est amené à construire la deuxième figure et la troisième; pour la deuxième on remarque que x est plus grand que b, et que y est négatif; donc y, au lieu d'être perpendiculaire au-dessus de la base, le sera au-dessous; et pour la troisième on observe aussi que y est supérieur à la hauteur du triangle, et que x, pour avoir une position contraire à celle de la figure (1), doit se trouver dans l'angle opposé au sommet. Mettant à chacune des deux dernières figures les lettres correspondantes à la première, on voit qu'elles conviennent aux équations modifiées.

4° Si l'on avait $b=h\neq p$, les valeurs de x et de y seraient infinies; le problème serait impossible, ce qu'il est aisé de justifier sur une figure. Nous le savons aussi *à priori*, d'après ce que nous avons dit en commençant.

5° Si l'on avait $b=h=p$, les valeurs de x et de y seraient de la forme $\frac{0}{0}$, et le problème serait indéterminé; en effet, dans tout triangle dont la base est égale à la hauteur, un rectangle quelconque inscrit a son demi-périmètre égal à la base ou à la hauteur. Ce qui est encore évident d'après les conditions de possibilité.

Remarque. Il n'est pas possible que x et y soient négatifs en même temps, car il faudrait pour cela que l'on eût $b > h$, $b < p$, $p < h$. Or les deux dernières hypothèses entraînent, en les ajoutant membre à membre, $b < h$, et contredisent la première; ou encore que l'on ait $b < h$, $b > p$, $p > h$. Ici encore les deux dernières hypothèses donnent $b > h$ et contredisent la première.

LIVRE TROISIÈME

ÉQUATIONS DU SECOND DEGRÉ

CHAPITRE I

ÉQUATION DU SECOND DEGRÉ

216. Définition. On appelle équation du second degré à une inconnue toute équation de la forme

$$ax^2 + bx + c = 0$$

dans laquelle les coefficients a, b, c, sont des quantités connues, numériques ou littérales, positives ou négatives, monômes ou polynômes.

Le coefficient a n'est jamais nul, sans quoi on aurait une équation du premier degré de la forme :

$$bx + c = 0.$$

De plus, on peut toujours supposer a positif; car, s'il était négatif, il suffirait, pour le rendre positif, de changer préalablement le signe de tous les termes de l'équation.

Les coefficients b et c peuvent être nuls; l'équation prend alors l'une ou l'autre des formes

$$ax^2 + bx = 0 \quad (1) \qquad \text{et} \qquad ax^2 + c = 0 \quad (2)$$

Ces deux dernières équations sont dites équations *incomplètes*.

Résoudre une équation du second degré, c'est trouver tous les nombres positifs, nuls ou négatifs, qui vérifient l'équation; ces nombres s'appellent les racines de l'équation.

§ I. — Résolution de l'équation du second degré.

217. Théorème. *Une équation du second degré à une inconnue ne peut avoir plus de deux racines.*

En effet, si le polynôme $ax^2 + bx + c$ était nul pour plus de deux valeurs de x, il serait identiquement nul (nº 85); alors

$$ax^2 + bx + c = 0$$

ne serait plus une équation.

Recherche des racines. Pour trouver les racines de l'équation du second degré, on ne peut se servir que d'équations du premier degré, les seules qu'on sache résoudre. Rappelons que les racines de l'équation

$$(X + A)(X - A) = 0 \quad \text{ou} \quad X^2 - A^2 = 0$$

sont les racines de l'une ou l'autre des équations :

$$X + A = 0$$
$$X - A = 0.$$

Cette remarque donne toute l'idée de la méthode à suivre; cette méthode consiste à décomposer, si possible, le trinôme premier membre de l'équation, en facteurs du premier degré.

Puisque $a \neq 0$, l'équation proposée est équivalente à l'équation :

$$x^2 + \frac{b}{a}x + \frac{c}{a} = 0;$$

ou bien, en complétant le carré du binôme dont x^2 et $\frac{b}{a}x$ sont les deux premiers termes :

$$\left(x + \frac{b}{2a}\right)^2 - \frac{b^2 - 4ac}{4a^2} = 0.$$

Si $b^2 - 4ac > 0$, on peut l'écrire $(\sqrt{b^2 - 4ac})^2$, et l'équation devient

$$\left(x + \frac{b}{2a}\right)^2 - \left(\frac{\sqrt{b^2 - 4ac}}{2a}\right)^2 = 0,$$

ou $\left(x + \frac{b}{2a} + \frac{\sqrt{b^2 - 4ac}}{2a}\right)\left(x + \frac{b}{2a} - \frac{\sqrt{b^2 - 4ac}}{2a}\right) = 0.$

L'équation a, dans ce cas, deux racines différentes :

$$x' = \frac{-b + \sqrt{b^2 - 4ac}}{2a},$$

$$x'' = \frac{-b - \sqrt{b^2 - 4ac}}{2a}. \tag{1}$$

Si $b^2 - 4ac = 0$, l'équation se réduit à

$$\left(x + \frac{b}{2a}\right)^2 = 0 \quad \text{ou} \quad \left(x + \frac{b}{2a}\right)\left(x + \frac{b}{2a}\right) = 0.$$

On dit que les deux racines sont égales à $\frac{-b}{2a}$, ou que l'équation a une racine double. Lorsque $b^2 - 4ac > 0$, mais très petit, les deux racines x' et x'' sont distinctes, mais très voisines, en sorte que si $b^2 - 4ac$ tend vers zéro par valeurs positives, les deux racines tendent à devenir égales.

Si $b^2 - 4ac < 0$, on a $4ac - b^2 > 0$; donc l'équation s'écrit :

$$\left(x + \frac{b}{2a}\right)^2 + \left(\frac{\sqrt{4ac - b^2}}{2a}\right)^2 = 0$$

et ne peut être vérifiée, car la somme de deux carrés est positive; l'équation n'a donc pas de racines.

On introduit alors dans le calcul des nombres nouveaux dits *imaginaires*, et l'on ajoute que l'équation a, dans ce cas, deux *racines imaginaires* données par

$$x = \frac{-b \pm \sqrt{b^2 - 4ac}}{2a};$$

mais alors $\sqrt{b^2 - 4ac}$ n'existe pas, car $b^2 - 4ac < 0$.

218. Remarque. Ainsi lorsque $b^2 - 4ac > 0$:

1° L'équation a deux racines réelles et distinctes;

2° Le trinôme premier membre est le produit par a d'une différence de deux carrés.

Lorsque $b^2 - 4ac = 0$:

1° L'équation a deux racines réelles et égales;

2° Le trinôme premier membre est le produit par a d'un carré parfait.

Lorsque $b^2 - 4ac < 0$:

1° L'équation a ses racines imaginaires;

2° Le trinôme premier membre est le produit par a de la somme de deux carrés.

219. Cas particuliers. I. *Équation incomplète* $ax^2 + bx = 0$.

La décomposition en facteurs est immédiate;

on a $$x(ax + b) = 0.$$

Les deux racines sont donc

$$x' = 0 \quad \text{et} \quad x'' = \frac{-b}{a}.$$

II. *Équation incomplète* $ax^2 + c = 0$.

Si $ac > 0$, l'équation n'a pas de racines.

Si $ac < 0$, l'équation peut s'écrire :

$$x^2 - \frac{-c}{a} = 0,$$

ou

$$\left(x + \sqrt{\frac{-c}{a}}\right)\left(x - \sqrt{\frac{-c}{a}}\right) = 0.$$

Les deux racines sont donc

$$x' = \sqrt{\frac{-c}{a}} \quad \text{et} \quad x'' = -\sqrt{\frac{-c}{a}}.$$

Si $c = 0$, on a $x' = x'' = 0$.

Il suffit d'ailleurs de faire $b = 0$ dans les résultats trouvés précédemment.

220. Équation de la forme $ax^2 + 2b'x + c = 0.$

Si le coefficient b est un nombre pair, on peut le remplacer par $2b'$, b' étant la moitié de b.

En remplaçant b par $2b'$ dans la formule trouvée précédemment,

on a $$x = \frac{-2b' \pm \sqrt{4b'^2 - 4ac}}{2a} = \frac{-b' \pm \sqrt{b'^2 - ac}}{a}. \qquad (2)$$

221. Équation de la forme $x^2 + px + q = 0.$

Divisons par a tous les termes de l'équation :

$$ax^2 + bx + c = 0;$$

on a

$$x^2 + \frac{b}{a}x + \frac{c}{a} = 0.$$

Posons $\dfrac{b}{a} = p$, $\dfrac{c}{a} = q$; l'équation prend la forme :

$$x^2 + px + q = 0.$$

Si l'on suppose $p^2 - 4q > 0$, les racines de cette équation sont :

$$x = \frac{-p \pm \sqrt{p^2 - 4q}}{2} \quad \text{ou} \quad x = \frac{-p}{2} \pm \sqrt{\frac{p^2}{4} - q}.$$

222. Introduction des quantités imaginaires. L'équation $ax^2 + c = 0$ ou $x^2 + \dfrac{c}{a} = 0$ n'a pas de racines lorsque a et c sont de même signe, car alors le premier membre est la somme de deux carrés et ne saurait être nul; la résolution de l'équation complète, dans le cas où $b^2 - 4ac < 0$, nous a conduits à la même impossibilité.

C'est cette impossibilité de trouver des nombres positifs ou négatifs pouvant satisfaire à l'équation du second degré, qui a conduit à introduire en algèbre de nouvelles-quantités que l'on a appelées *quantités imaginaires*. Cette introduction a été faite surtout dans un but de généralisation et afin que l'équation du second degré ait toujours des racines.

223. Convention. Soit α une quantité positive ou négative; désignons par la lettre i *un symbole* ayant les propriétés suivantes :

Le symbole i étant placé à droite ou à gauche de α, on forme une quantité algébrique αi ou $i\alpha$ dont les puissances ont, *par convention,* les valeurs suivantes :

$$(\alpha i)^1 = \alpha i, \quad (\alpha i)^2 = -\alpha^2, \quad (\alpha i)^3 = -\alpha^3 i, \quad (\alpha i)^4 = \alpha^4. \quad (1)$$

En faisant $\alpha = 1$, dans les égalités de définition (1), elles deviennent :
$$(i)^1 = i, \quad (i)^2 = -1, \quad (i)^3 = -i, \quad (i)^4 = 1.$$

Le symbole i est quelquefois remplacé par le symbole $\sqrt{-1}$.

224. Définitions. *On appelle quantité imaginaire une expression de la forme* $a + bi$, *a et b étant des nombres positifs ou négatifs.*

Le nombre a s'appelle la partie réelle et peut être nul, et b est dit coefficient de i.

On appelle quantités *imaginaires conjuguées,* deux nombres de la forme $a + bi$ et $a - bi$ ayant même partie réelle, les coefficients de i étant égaux et de signes contraires.

On dit que deux quantités imaginaires $a + bi$ et $a' + b'i$ sont égales, et l'on écrit
$$a + bi = a' + b'i$$
lorsqu'on a
$$a = a', \quad b = b'.$$

On dit qu'une quantité imaginaire est nulle quand la partie réelle et le coefficient de i sont séparément nuls.

Ainsi, écrire
$$a + bi = 0$$
revient à écrire
$$a = 0, \quad b = 0.$$

225. Remarque. En vertu de la définition des quantités imaginaires et à l'aide de ces quantités, on peut représenter les racines de l'équation du second degré dans le cas où $b^2 - 4ac < 0$.

Nous avons obtenu $\left(x + \dfrac{b}{2a}\right)^2 - \dfrac{b^2 - 4ac}{4a^2} = 0.$

Puisque $\quad b^2 - 4ac < 0, \quad$ on a $\quad 4ac - b^2 > 0.$

ou $\quad i^2(b^2 - 4ac) > 0, \quad$ puisque $\quad i^2 = -1;$

Ainsi l'on peut écrire l'équation :

$$\left(x + \frac{b}{2a}\right)^2 - \left(\frac{i\sqrt{4ac - b^2}}{2a}\right)^2 = 0,$$

ou $\quad \left(x + \frac{b}{2a} + \frac{i\sqrt{4ac - b^2}}{2a}\right)\left(x + \frac{b}{2a} - \frac{i\sqrt{4ac - b^2}}{2a}\right) = 0.$

On supprime souvent le symbole i dans l'expression des racines en faisant entrer i^2 sous le radical; on les écrit alors comme dans le cas où elles sont réelles :

$$x = \frac{-b \pm \sqrt{b^2 - 4ac}}{2a};$$

mais il faut avoir soin de remarquer que cela ne représente aucun nombre, puisque $\sqrt{b^2 - 4ac}$ n'existe pas.

Exercices I. Résoudre l'équation $4x^2 - 7x - 2 = 0.$

La formule (1) donne :

$$x = \frac{7 \pm \sqrt{49 + 32}}{8} = \frac{7 \pm \sqrt{81}}{8} = \frac{7 \pm 9}{8};$$

d'où $\qquad\qquad x' = 2 \quad$ et $\quad x'' = -\frac{1}{4}.$

II. Résoudre l'équation $2x^2 + 5x + 2 = 0.$

La formule (1) donne :

$$x = \frac{-5 \pm \sqrt{25 - 16}}{4} = \frac{-5 \pm 3}{4};$$

d'où $\qquad\qquad x' = -\frac{1}{2} \quad$ et $\quad x'' = -2.$

III. Résoudre l'équation $x^2 - 12x + 32 = 0.$

La formule (2) donne :

$$x = 6 \pm \sqrt{36 - 32} = 6 \pm 2;$$

d'où $\qquad\qquad x' = 8 \quad$ et $\quad x'' = 4.$

IV. Résoudre l'équation $x^2 - 6x + 14 = 0.$

La formule (2) donne :

$$x = 3 \pm \sqrt{9 - 14} = 3 \pm \sqrt{-5};$$

d'où $\qquad\qquad x' = 3 + \sqrt{-5} \quad$ et $\quad x'' = 3 - \sqrt{-5}.$

V. Résoudre l'équation $\dfrac{3}{2(x^2 - 1)} - \dfrac{1}{4(x + 1)} = \dfrac{1}{8}.$

Le p. p. c. m. des dénominateurs est $8(x^2 - 1)$; en multipliant tous les termes de l'équation par cette quantité, on a :

$$12 - 2(x - 1) = x^2 - 1 \quad \text{ou} \quad x^2 + 2x - 15 = 0.$$

La formule (2) donne :

$$x = -1 \pm \sqrt{1 + 15} = -1 \pm 4;$$

d'où $\qquad\qquad x' = 3 \quad$ et $\quad x'' = -5.$

VI. Résoudre l'équation :

$$a^2x^2 - (a+b)x - 1 = b^2x^2 + (a-b)x - 2.$$

En l'ordonnant, il vient :

$$(a^2 - b^2)x^2 - 2ax + 1 = 0.$$

La formule (2) donne :

$$x = \frac{a \pm \sqrt{a^2 - (a^2 - b^2)}}{a^2 - b^2} = \frac{a \pm b}{a^2 - b^2};$$

d'où

$$x' = \frac{1}{a-b} \quad \text{et} \quad x'' = \frac{1}{a+b}.$$

VII. Résoudre l'équation :

$$x^2 - \frac{a^2b^2 + (a+b)^4}{ab(a+b)^2}\, x + 1 = 0.$$

En chassant le dénominateur, on a :

$$ab(a+b)^2 x^2 - [a^2b^2 + (a+b)^4]\, x + ab(a+b)^2 = 0.$$

La formule (1) donne :

$$x = \frac{a^2b^2 + (a+b)^4 \pm \sqrt{[a^2b^2 + (a+b)^4]^2 - 4a^2b^2(a+b)^4}}{2ab(a+b)^2}.$$

La quantité soumise au radical est le carré de la somme de deux quantités, diminué de 4 fois le produit de ces mêmes quantités ; elle égale donc le carré de leur différence. On a :

$$x = \frac{a^2b^2 + (a+b)^4 \pm [a^2b^2 - (a+b)^4]}{2ab(a+b)^2};$$

d'où

$$x' = \frac{2a^2b^2}{2ab(a+b)^2} = \frac{ab}{(a+b)^2},$$

et

$$x'' = \frac{2(a+b)^4}{2ab(a+b)^2} = \frac{(a+b)^2}{ab}.$$

§ II. — Discussion de l'équation du second degré.

226. La discussion de l'équation du second degré a pour but de reconnaître dans quels cas les racines sont : 1° réelles et inégales, de même signe ou de signes contraires; 2° réelles et égales; 3° imaginaires. Nous distinguerons trois cas, puisque l'on peut faire les trois hypothèses :

$$b^2 - 4ac > 0, \quad b^2 - 4ac = 0, \quad b^2 - 4ac < 0.$$

Nous supposerons toujours $\qquad a > 0$.

1er Cas. $\qquad b^2 - 4ac > 0$.

Nous avons vu (n° 217) qu'avec l'hypothèse $\qquad b^2 - 4ac > 0$, l'équation $\qquad ax^2 + bx + c = 0 \qquad$ s'écrit :

$$\left(x + \frac{b}{2a} + \frac{\sqrt{b^2 - 4ac}}{2a} \right)\left(x + \frac{b}{2a} - \frac{\sqrt{b^2 - 4ac}}{2a} \right) = 0,$$

et qu'elle a deux racines réelles et inégales qu'on obtient en égalant à zéro chacun des deux facteurs.

Avec la condition $b^2 - 4ac > 0$, on peut avoir $c > 0$, $c < 0$ et $c = 0$.

Lorsque $c > 0$, le terme $-4ac$ est négatif, et la valeur du radical est moindre que b; par suite, la première quantité $-b$ donne son signe aux racines; ainsi les racines sont toutes les deux négatives si b est positif dans l'équation, et toutes les deux positives si b est négatif.

Lorsque $c < 0$, le terme $-4ac$ est positif; la valeur du radical est supérieure à b; par suite, c'est le radical qui donne son signe aux racines; elles sont donc de signes contraires, et la plus grande, en valeur absolue, est celle qui a le même signe que $-b$.

Lorsque $c = 0$, le radical se réduit à b; l'équation a une racine nulle et une racine égale à $\dfrac{-b}{a}$.

2e Cas : $b^2 - 4ac = 0$, le premier membre de l'équation se réduit à un carré $\qquad \left(x + \dfrac{b}{2a} \right)^2 = 0.$

Pour que ce premier membre soit nul, il faut et il suffit que

$$\left(x + \frac{b}{a} \right) = 0, \quad \text{d'où} \quad x = \frac{-b}{2a}.$$

Les racines sont réelles et égales; elles ont le signe de $-b$.

3e Cas : $b^2 - 4ac < 0$, le premier membre de l'équation se met sous la forme $\qquad \left(x + \dfrac{b}{2a} \right)^2 + \dfrac{4ac - b^2}{4a^2} = 0.$

La fraction $\dfrac{4ac - b^2}{4a^2}$ est positive; le premier membre de l'équation est donc formé d'une somme de deux expressions positives quel que soit x; cette somme ne peut donc pas s'annuler, et l'équation n'a pas de racines réelles.

L'équation a deux racines imaginaires conjuguées de la forme

$$x' = \alpha + \beta i, \quad x'' = \alpha - \beta i,$$

ou $\qquad x' = \alpha + \beta\sqrt{-1}, \quad x'' = \alpha - \beta\sqrt{-1}.$

227. Cette discussion peut se résumer dans le tableau suivant :

$$
b^2 - 4ac > 0
\left\{
\begin{array}{l}
c > 0 \left\{
\begin{array}{l}
b < 0 \text{ Deux racines positives.} \\
b > 0 \text{ Deux racines négatives.}
\end{array}
\right. \\[1em]
c < 0 \quad \text{Deux racines de signes contraires.} \\[1em]
c = 0 \quad \text{Deux racines, l'une nulle, l'autre égale } \\
\qquad \text{à } -\dfrac{b}{a}.
\end{array}
\right.
$$

Deux racines réelles et inégales.

$$
b^2 - 4ac = 0
\left\{
x' = x'' = -\frac{b}{2a}. \quad \text{Une racine double.}
\right.
$$

Deux racines réelles et égales.

$$
b^2 - 4ac < 0
\left\{
\begin{array}{l}
x' = \alpha + \beta \sqrt{-1}. \\
x'' = \alpha - \beta \sqrt{-1}.
\end{array}
\right.
$$

Deux racines imaginaires.

228. **Remarque I.** Si les coefficients a et c sont de signes contraires, les racines sont toujours réelles, car alors la quantité $b^2 - 4ac$ est toujours positive.

Remarque II. La quantité $b^2 - 4ac$ s'appelle le *réalisant* de l'équation du second degré.

Si le réalisant est positif, l'équation du second degré a deux racines réelles :

$$
x' = \frac{-b + \sqrt{b^2 - 4ac}}{2a}, \quad x'' = \frac{-b - \sqrt{b^2 - 4ac}}{2a}.
$$

Si le réalisant est nul, l'équation a une seule racine (racine double) :

$$
x = -\frac{b}{2a}.
$$

Si le réalisant est négatif, l'équation n'a pas de racines réelles ; ses racines imaginaires sont données par les mêmes formules :

$$
x' = \frac{-b + \sqrt{b^2 - 4ac}}{2a}, \quad x'' = \frac{-b - \sqrt{b^2 - 4ac}}{2a}.
$$

Remarque III. On peut donner au premier membre de l'équation

$$
ax^2 + bx + c = 0
$$

une autre forme très remarquable.

Lorsque le réalisant est positif ou nul, cette équation peut s'écrire :

$$
\left(x + \frac{b}{2a} + \frac{\sqrt{b^2 - 4ac}}{2a} \right)\left(x + \frac{b}{2a} - \frac{\sqrt{b^2 - 4ac}}{2a} \right) = 0.
$$

Les racines réelles, dans ces deux cas, sont données par

$$x' = \frac{-b + \sqrt{b^2 - 4ac}}{2a}, \quad x'' = \frac{-b - \sqrt{b^2 - 4ac}}{2a}.$$

L'expression précédente devient l'identité :

$$ax^2 + bx + c \equiv a(x - x')(x - x'');$$

et si $x' = x''$, $ax^2 + bx + c \equiv a(x - x')^2$.

Lorsque le réalisant est négatif, les racines sont imaginaires; mais si l'on désigne encore dans ce cas par x' et x'' les racines de l'équation, ces racines imaginaires sont données par les deux mêmes formules, et le premier membre prend aussi la forme

$$a(x - x')(x - x'').$$

Cas particuliers. Les formules de résolution sont établies avec la condition essentielle $a \neq 0$. Il est nécessaire, en vue des applications, de connaître les racines lorsque ce coefficient a tend vers zéro.

229. Cas où $a = 0$, $b \neq 0$, $c \neq 0$.

Alors l'équation $ax^2 + bx + c = 0$ se réduit à une équation du premier degré $bx + c = 0$, qui a une racine $x = -\dfrac{c}{b}$.

Ainsi, lorsque le coefficient a devient nul, b étant différent de zéro, une racine de l'équation du second degré disparaît. On est donc conduit à examiner comment cette racine disparaît et ce qu'elle devient.

Théorème. *Si* a *tend vers* 0, *une des racines croît indéfiniment, et l'autre tend vers* $-\dfrac{c}{b}$.

En effet, l'équation $ax^2 + bx + c = 0$ peut s'écrire :

$$bx + c = -ax^2 \quad \text{ou} \quad \frac{1}{x^2}(bx + c) = -a$$

puisque $x = 0$ n'est pas racine;

et enfin $$\frac{1}{x}\left(b + \frac{c}{x}\right) = -a.$$

Mais quand a tend vers zéro, le produit $\dfrac{1}{x}\left(b + \dfrac{c}{x}\right)$ tend aussi vers zéro.

Il faut donc qu'un de ses facteurs tende vers 0 et que l'autre ne croisse pas indéfiniment. Si le premier facteur tend vers 0, x croît indéfiniment, et l'autre tend vers b ; si, au contraire, le second facteur $b + \dfrac{c}{x}$ tend vers 0, x tend vers $-\dfrac{c}{b}$ et $\dfrac{1}{x}$ vers $-\dfrac{b}{c}$; donc, lorsque a tend vers 0, une des racines croît sans limite, et l'autre tend vers $-\dfrac{c}{b}$.

Remarque. On peut vérifier que les formules fournissent ce résultat, en leur appliquant ce que nous avons dit des formes singulières.

On a :
$$x' = \frac{-b + \sqrt{b^2 - 4ac}}{2a}$$

$$x'' = \frac{-b - \sqrt{b^2 - 4ac}}{2a}.$$

Si $a = 0$, x'' prend la forme $-\dfrac{2b}{0}$ signe de ∞,

et x' prend la forme $\dfrac{0}{0}$.

Pour trouver la vraie valeur de x' pour $a = 0$,

on multiplie et on divise $\dfrac{-b + \sqrt{b^2 - 4ac}}{2a}$ par la conjuguée du numérateur, on a :

$$x' = \frac{(-b + \sqrt{b^2 - 4ac})(-b - \sqrt{b^2 - 4ac})}{2a(-b - \sqrt{b^2 - 4ac})}$$

$$x' = \frac{b^2 - (b^2 - 4ac)}{2a(-b - \sqrt{b^2 - 4ac})} = \frac{4ac}{2a(-b - \sqrt{b^2 - 4ac})}$$

$$= \frac{2c}{-b - \sqrt{b^2 - 4ac}}.$$

Pour $a = 0$, cette dernière expression devient :

$$x' = -\frac{2c}{2b} = -\frac{c}{b}.$$

230. Cas où $a = 0$, $b = 0$, $c \neq 0$. Nous venons de constater que pour $a = 0$, $b \neq 0$, $c \neq 0$, une racine de l'équation est infinie, l'autre vaut $-\dfrac{c}{b}$.

Si nous supposons $b = 0$, on écrit l'équation $\dfrac{1}{x}\left(b + \dfrac{c}{x}\right) = -a,$

ou avec les hypothèses $\dfrac{1}{x} \times \dfrac{c}{x} = 0,$

donc $\quad \dfrac{1}{x'} = 0 \quad$ ou $\quad x'$ infini $\quad$ et $\quad \dfrac{c}{x''} = 0 \quad$ ou $\quad x''$ infini.

L'équation a, dans ce cas, deux racines infinies.

231. Cas où $a = 0$, $b = 0$, $c = 0$. L'équation $ax^2 + bx + c = 0$ est devenue l'identité $0x^2 + 0x + 0 = 0$; elle est vérifiée quel que soit x.

232. En résumé, si dans une équation du second degré :

$a = 0$, $\ b \neq 0$, $\ c \neq 0$, cette équation a une racine infinie, l'autre racine est $-\dfrac{c}{b}$.

$a = 0$, $b = 0$, $c \neq 0$, cette équation a deux racines infinies.

$a = 0$, $b = 0$, $c = 0$, l'équation devient une identité; elle est vérifiée quel que soit x.

Application. *Vers quelles limites tendent les racines de l'équation*

$$(m^2 - 4)\,x^2 - 2(m^2 + 2)\,x + m^2 - 1 = 0$$

lorsque m *tend vers* ± 2?

Lorsque m tend vers ± 2, le coefficient de x^2 tend vers zéro; une des racines tend vers l'infini, l'autre vers $-\dfrac{c}{b}$, c'est-à-dire vers $\dfrac{m^2 - 1}{2(m^2 + 2)}$.

Pour $m = \pm 2$, cette racine vaut $\dfrac{1}{4}$.

On peut vérifier ces résultats, les racines étant dans le cas général,

$$x' = \frac{m + 1}{m - 2}, \qquad x'' = \frac{m - 1}{m + 2}.$$

233. Théorème. *Si l'équation du second degré* $ax^2 + bx + c = 0$, *à coefficients rationnels, admet pour racine le nombre irrationnel* $\alpha + \sqrt{\beta}$, *elle admet aussi pour racine le nombre irrationnel conjugué* $\alpha - \sqrt{\beta}$.

En effet, l'équation admettant pour racine $\alpha + \sqrt{\beta}$ est vérifiée lorsqu'on y remplace x par $\alpha + \sqrt{\beta}$:

$$a\,(\alpha + \sqrt{\beta})^2 + b\,(\alpha + \sqrt{\beta}) + c = 0,$$

ou $\qquad a\alpha^2 + a\beta + b\alpha + c + \sqrt{\beta}\,(2a\alpha + b) = 0.$

Ce nombre irrationnel étant nul, on a séparément :

$$a\alpha^2 + a\beta + b\alpha + c = 0$$
$$2a\alpha + b = 0. \qquad\qquad (1)$$

Remplaçons dans l'équation x par $\alpha - \sqrt{\beta}$; le résultat de cette substitution est :

$$a\,(\alpha - \sqrt{\beta})^2 + b\,(\alpha - \sqrt{\beta}) + c$$

ou $\qquad a\alpha^2 + a\beta + b\alpha + c - \sqrt{\beta}\,(2a\alpha + b). \qquad\qquad (2)$

En vertu des relations (1), l'expression (2) est nulle; l'équation est donc vérifiée par $x = \alpha - \sqrt{\beta}$.

(Même théorème et même démonstration dans le cas des racines imaginaires d'une équation à coefficients réels.)

§ III. — Calcul des racines de l'équation $ax^2 + bx + c = 0$ lorsque a est très petit par rapport à b et c.

234. La formule $x = \dfrac{-b \pm \sqrt{b^2 - 4ac}}{2a}$ est d'un emploi pénible pour les calculs numériques, lorsque a est très petit par rapport à b et c; les racines x' et x'' ne sont qu'insuffisamment approchées : cela tient à ce que, $b^2 - 4ac$ n'étant pas en général carré parfait, l'on n'obtient qu'approximativement $\sqrt{b^2 - 4ac}$. L'erreur commise sur $\sqrt{b^2 - 4ac}$ se trouve ensuite divisée par $2a$ lorsqu'on cherche x' et x''; cette erreur peut donc augmenter considérablement, puisque a est très petit.

Dans ce cas, on obtient plus facilement une racine en employant la méthode des *approximations successives;* quand une racine est calculée par cette méthode, on a l'autre racine en retranchant la racine connue de la somme des racines.

235. Méthode des approximations successives. L'équation

$$ax^2 + bx + c = 0 \quad \text{donne} \quad x = -\frac{c}{b} - \frac{a}{b}x^2. \qquad (1)$$

Négligeons le terme $-\dfrac{ax^2}{b}$ qui est très petit, et prenons comme *première approximation* $\qquad x_1 = -\dfrac{c}{b}.$

Remplaçons x, dans le second membre de (1), par sa valeur approchée x_1. Nous aurons comme *deuxième approximation :*

$$x_2 = -\frac{c}{b} - \frac{a}{b}x_1^2 = -\frac{c}{b} - \frac{ac^2}{b^3}. \qquad (2)$$

Remplaçons x, dans le second membre de (1), par sa valeur approchée x_2, nous aurons comme *troisième approximation :*

$$x_3 = -\frac{c}{b} - \frac{a}{b}x_2^2 = -\frac{c}{b} - \frac{a}{b}\left(-\frac{c}{b} - \frac{ac^2}{b^3}\right)^2 = -\frac{c}{b} - \frac{ac^2}{b^3} - \frac{2a^2c^3}{b^5} \qquad (3)$$

en négligeant les puissances de a supérieures à la deuxième, et ainsi de suite.

Discussion. Soit $\qquad x = -\dfrac{c}{b} - \dfrac{ax^2}{b}$ ou $x = \alpha + \beta x^2$,

en posant $\qquad -\dfrac{c}{b} = \alpha, \quad -\dfrac{a}{b} = \beta.$

Il peut se présenter deux cas suivant que $-\dfrac{c}{b} = \alpha$ est positif ou négatif.

Si $-\dfrac{c}{b} = \alpha$ est positif, l'équation a la forme $x = \alpha \pm \beta x^2$ en mettant les signes en évidence.

Si $-\dfrac{c}{b} = \alpha$ est négatif, on change x en $-x$, ce qui change b en $-b$

alors $-\dfrac{c}{b}=\alpha$ devient positif. On cherche alors $-x$, donné par l'équation $x=\alpha\pm\beta x^2$. Par exemple, si l'on a à résoudre $x^2+3000x+48500=0$, on prendra l'équation $x^2-3000x+48500=0$, dans laquelle $-\dfrac{c}{b}=\alpha$ est devenu positif; les racines de cette dernière sont égales et de signes contraires à celles de l'équation donnée.

Nous n'avons donc à examiner que deux types d'équations $x=\alpha\pm\beta x^2$.

1° $\beta>0$ ou $x=\alpha+\beta x^2$. Toutes les valeurs de x, c'est-à-dire x_1, x_2, x_3, sont inférieures à la valeur cherchée, car α est une valeur trop petite; donc, en la substituant à x, on a encore un second membre trop petit, et ainsi de suite.

Elles s'en rapprochent de plus en plus, car elles augmentent, on le voit, de proche en proche.

La méthode ne permet pas **de** calculer la limite de l'erreur, car pour cela il faudrait des valeurs alternativement plus grandes ou plus petites que x.

2° $\beta<0$ ou $x=\alpha-\beta x^2$. Les valeurs de x, c'est-à-dire x_1, x_2, x_3, sont alternativement trop grandes et trop petites, car $x_1=\alpha$ est trop grand; donc x_2 correspondant à un second membre trop petit est lui-même trop petit; et ainsi de suite.

Ces valeurs successives s'approchent de x; d'abord on a $x_3<x_1$ (ou α), car $\alpha-\beta x_2^2<\alpha$ ou $-\beta x_2^2<0$, ce qui est vrai.

On a de même $x_4>x_2$, car $\alpha-\beta x_3^2>\alpha-\beta x_1^2$ ou $x_1^2>x_3^2$, ce qui vient d'être prouvé; et ainsi de suite.

En prenant pour valeur la demi-somme de deux valeurs consécutives, l'erreur est plus petite que leur demi-différence.

Application. Résoudre l'équation $x^2-103471x+201=0$.

Soit
$$x=\frac{201}{103471}+\frac{x^2}{103471}\cdot$$

Dans cet exemple, $a=1$, $b=-103471$, $c=201$.

Formons le terme $-\dfrac{2a^2c^3}{b^5}=\dfrac{2\times201^3}{103471^5}\cdot$ Ce terme a quinze zéros avant d'avoir des chiffres significatifs; par suite, il suffira d'employer la formule (2)
$$x_2=-\frac{c}{b}-\frac{ac^2}{b^3}\cdot$$

En effectuant, on trouve :
$$-\frac{c}{b}=\frac{201}{103471}=0{,}001\,942\,573\,281$$
$$-\frac{ac^2}{b^3}=\frac{201^2}{103471^3}=0{,}000\,000\,000\,279.$$

Une racine est donc $\qquad x''=0{,}001\,942\,573\,560$

et l'autre $\qquad x'=103470{,}998\,057\,426\,440.$

CHAPITRE II

PROPRIÉTÉS DES RACINES DE L'ÉQUATION DU SECOND DEGRÉ

Il existe entre les coefficients et les racines de l'équation du second degré deux relations simples et qui sont d'une grande utilité dans les applications; ces relations sont les suivantes :

236. Théorème. *Dans l'équation du second degré de la forme*

$$ax^2 + bx + c = 0$$

la somme des racines $\qquad x' + x'' = -\dfrac{b}{a}$

et leur produit $\qquad x' x'' = \dfrac{c}{a}.$

Vérification. Si l'on ajoute les racines :

$$x' = \frac{-b + \sqrt{b^2 - 4ac}}{2a}, \qquad x'' = \frac{-b - \sqrt{b^2 - 4ac}}{2a},$$

on a $\qquad x' + x'' = -\dfrac{2b}{2a} = -\dfrac{b}{a}.$

Si l'on fait le produit de ces mêmes racines :

$$x'x'' = \frac{(-b + \sqrt{b^2 - 4ac})(-b - \sqrt{b^2 - 4ac})}{4a^2},$$

$$x'x'' = \frac{b^2 - (b^2 - 4ac)}{4a^2} = \frac{c}{a}.$$

237. Première démonstration. Soient x' et x'' les racines ; on a les identités $\qquad ax'^2 + bx' + c = 0$

$$ax''^2 + bx'' + c = 0.$$

De ces relations, il faut tirer $\dfrac{b}{a}$ et $\dfrac{c}{a}$ en fonction de x' et x''.

En les retranchant membre à membre, on a :

$$a(x'^2 - x''^2) + b(x' - x'') = 0;$$

et, en divisant par $x' - x''$, les racines étant supposées différentes

$$a(x' + x'') + b = 0; \text{ d'où } x' + x'' = -\frac{b}{a}. \qquad (1)$$

Si, dans la première des relations ci-dessus, on remplace b par
$-a(x' + x'')$, il vient $ax'^2 - ax'(x' + x'') + c = 0$;

d'où
$$x'x'' = \frac{c}{a} \, . \tag{2}$$

Pour obtenir $\dfrac{b}{a}$, on a supposé les racines distinctes; si elles sont
égales, chacune d'elles vaut $-\dfrac{b}{2a}$. Leur somme est donc encore
$-\dfrac{b}{a}$; on obtient ensuite $\dfrac{c}{a}$ comme précédemment.

238. Seconde démonstration. Le polynôme $ax^2 + bx + c$
s'annule lorsqu'on y remplace x par x' et par x''; ce polynôme est
donc divisible par le produit $(x - x')(x - x'')$,
si l'on suppose $x' \neq x''$.
On a donc $ax^2 + bx + c \equiv a(x - x')(x - x'')$.

Le second membre peut se mettre sous la forme :
$$ax^2 - a(x' + x'')x + ax'x''.$$

Ce polynôme étant identique au polynôme $ax^2 + bx + c$, on a
les relations $b = -a(x' + x'')$, $c = ax'x''$;

d'où
$$x' + x'' = -\frac{b}{a}, \quad x'x'' = \frac{c}{a} \, .$$

On suppose, dans cette démonstration comme dans la première,
que $x' \neq x''$; si les racines sont égales, on a :
$$ax^2 + bx + c \equiv a(x - x')^2,$$

d'où $b = -2ax'$, $c = ax'^2$ et $2x' = -\dfrac{b}{a}$, $x'^2 = \dfrac{c}{a}$.

239. Remarque. Si l'équation a la forme
$$x^2 + px + q = 0$$
les relations entre les coefficients et les racines deviennent :
$$x' + x'' = -p, \quad x'x'' = q.$$

Exercice. *Calculer la différence des racines sans résoudre
l'équation.*

L'identité $(x' - x'')^2 = (x' + x'')^2 - 4x'x''$

donne
$$(x' - x'')^2 = \frac{b^2}{a^2} - 4\frac{c}{a};$$

d'où
$$x' - x'' = \frac{\sqrt{b^2 - 4ac}}{a} \, .$$

240. 1re Application du théorème précédent. I. *Trouver deux nombres* x *et* y, *connaissant leur somme* S *et leur produit* P.

Le théorème précédent permet de former une équation du second degré dont les racines sont les nombres cherchés; cette équation est

$$X^2 - SX + P = 0.$$

On a :
$$x \text{ et } y = \frac{S \pm \sqrt{S^2 - 4P}}{2}.$$

La première racine donne x, la seconde y, ou inversement.

Le problème n'est possible que si l'équation a des racines réelles, c'est-à-dire si l'on a :

$$S^2 - 4P \geqq 0.$$

II. *Former une équation du second degré à coefficients rationnels ayant pour racines*

$$3 + \sqrt{2} \quad \text{et} \quad 3 - \sqrt{2}.$$

L'équation à obtenir sera de la forme

$$X^2 + pX + q = 0$$

à condition de déterminer p et q de manière que l'on ait :

$$-p = x' + x'' = 3 + \sqrt{2} + 3 - \sqrt{2} = 6; \quad \text{d'où} \quad p = -6$$

$$q = x'x'' = (3 + \sqrt{2})(3 - \sqrt{2}) = 9 - 2 = 7; \quad \text{d'où} \quad q = 7$$

L'équation est donc $\qquad X^2 - 6X + 7 = 0$.

Remarque. Il suffisait de donner une des racines, par exemple $3 + \sqrt{2}$, car elle entraîne l'autre (n° 233).

III. *Dans l'équation* $4x^2 - bx + 3 = 0$, *déterminer* b *de manière que l'une des racines soit égale à* $\frac{3}{4}$.

On a :
$$x' + x'' = \frac{b}{4} \quad \text{et} \quad x'x'' = \frac{3}{4}.$$

Si $\quad x' = \frac{3}{4}, \quad x'' = 1$; par suite, $\frac{b}{4} = \frac{3}{4} + 1 = \frac{7}{4}$; d'où $b = 7$.

IV. *Former une équation du second degré ayant pour racines la somme et le produit des racines de l'équation :*

$$ax^2 + bx + c = 0.$$

Soient x', x'' les racines de l'équation donnée et x_1', x_1'' les racines de l'équation cherchée.

L'équation à obtenir sera de la forme

$$X^2 + pX + q = 0$$

à condition de déterminer p et q de manière à avoir :

$$-p = x_1' + x_1'', \qquad q = x_1'x_1''.$$

Or
$$x_1' = x' + x'' = -\frac{b}{a}, \quad x_1'' = x'x'' = \frac{c}{a}.$$

Alors $\quad -p = -\frac{b}{a} + \frac{c}{a} = -\frac{b-c}{a}; \quad q = -\frac{b}{a} \cdot \frac{c}{a} = -\frac{bc}{a^2}.$

L'équation est donc
$$X^2 + \frac{b-c}{a} X - \frac{bc}{a^2} = 0,$$

ou
$$a^2 X^2 + a(b-c)X - bc = 0.$$

V. *Quelle relation doit-il exister entre les coefficients de l'équation*
$$ax^2 + bx + c = 0$$
pour que les racines vérifient la relation $x' - x'' = m$?

On a
$$x' - x'' = m, \quad x' + x'' = -\frac{b}{a}, \quad x'x'' = \frac{c}{a}.$$

Il faut éliminer x' et x'' entre ces trois relations; pour cela on tire x' et x'' des deux premières, et l'on porte les valeurs obtenues dans la troisième.

Il vient
$$x' = \frac{1}{2}\left(-\frac{b}{a} + m\right), \quad x'' = \frac{1}{2}\left(-\frac{b}{a} - m\right),$$

$$\frac{c}{a} = \frac{1}{4}\left(-\frac{b}{a} + m\right)\left(-\frac{b}{a} - m\right) \quad \text{ou} \quad \frac{c}{a} = \frac{1}{4}\left(\frac{b^2}{a^2} - m^2\right),$$

et sous forme entière
$$b^2 - 4ac = a^2 m^2.$$

Telle est la relation demandée.

VI. *Quelle relation doit-il exister entre les coefficients de l'équation*
$$ax^2 + bx + c = 0,$$
pour que les racines vérifient la relation $mx' + nx'' = p$?

On a le système
$$mx' + nx'' = p, \tag{1}$$

$$x' + x'' = -\frac{b}{a}, \tag{2}$$

$$x'x'' = \frac{c}{a}. \tag{3}$$

Il suffit, comme dans l'exercice précédent, d'éliminer x' et x'' entre ces trois relations ; le résultant sera la relation cherchée.

Les deux premières équations sont du premier degré; si on les résout par rapport à x' et x'', on a :

$$x' = \frac{ap + nb}{a(m-n)} \quad \text{et} \quad x'' = -\frac{ap + mb}{a(m-n)}.$$

Ces valeurs portées dans (3) donnent :
$$-\frac{(ap + nb)(ap + mb)}{a^2(m-n)^2} = \frac{c}{a} ;$$

d'où
$$(ap + nb)(ap + mb) + ac(m-n)^2 = 0.$$

Telle est la relation demandée.

241. 2ᵉ Application du même théorème. *Discuter à priori les signes des racines d'une équation du second degré.* Cette discussion consiste à voir sans calcul, c'est-à-dire sans résoudre l'équation, si les racines sont réelles ou imaginaires; dans le cas où elles sont réelles, voir si elles sont égales ou iné-gales. Si elles sont égales, donner la valeur de la racine; si elles sont inégales, dire si elles sont de même signe ou de signes contraires. Donner ce signe, si elles sont de même signe, et dans le cas contraire dire le signe de celle qui est la plus grande en valeur absolue.

Soit l'équation
$$ax^2 + bx + c = 0.$$

1°. Réalité des racines. On cherche le signe du réalisant

$$b^2 - 4ac.$$

Si $b^2 - 4ac < 0$,   les racines sont imaginaires.

Si $b^2 - 4ac > 0$,   les racines sont réelles et inégales.

Si $b^2 - 4ac = 0$,   les racines sont réelles et égales.

Il n'est pas nécessaire de former $b^2 - 4ac$ lorsque a et c sont de signes contraires, les racines étant toujours réelles dans ce cas.

2° Signes des racines. Le produit des racines (supposées réelles et iné-gales) étant égal à $\dfrac{c}{a}$, ce produit est positif ou négatif selon que les racines sont de même signe ou de signes contraires.

Si $\dfrac{c}{a} > 0$,   les racines sont de même signe.

Si $\dfrac{c}{a} < 0$,   les racines sont de signes contraires.

Lorsque les racines ont le même signe, ce signe est celui de leur somme

$$-\frac{b}{a}.$$

Donc si $-\dfrac{b}{a} > 0$ ou $\dfrac{b}{a} < 0$,   les racines sont positives.

Si $-\dfrac{b}{a} < 0$ ou $\dfrac{b}{a} > 0$,   les racines sont négatives.

Lorsque les racines sont de signes contraires, leur somme a le même signe que la plus grande en valeur absolue; c'est donc le signe de la somme qui indique le signe de la plus grande en valeur absolue.

Si $-\dfrac{b}{a} > 0$ ou $\dfrac{b}{a} < 0$,   la plus grande en valeur absolue est positive.

Si $-\dfrac{b}{a} < 0$ ou $\dfrac{b}{a} > 0$,   la plus grande en valeur absolue est négative.

Exemples :

$$2x^2 + 7x + 6 = 0, \tag{1}$$
$$2x^2 - 7x + 6 = 0, \tag{2}$$
$$2x^2 + 7x - 6 = 0, \tag{3}$$
$$2x^2 - 7x - 6 = 0. \tag{4}$$

Dans les deux premières équations, on a $b^2 - 4ac > 0$ et $\dfrac{c}{a} > 0$,   les racines sont réelles et de même signe; l'équation (1) a ses deux racines négatives, puisque leur somme $-\dfrac{7}{2}$ est négative; l'équation (2) a ses deux racines positives, puisque leur somme $-\dfrac{7}{2}$ est positive. Dans les deux der-nières équations, c étant négatif, les racines sont réelles et de signes contraires; dans l'équation (3), c'est la racine négative qui est la plus grande en valeur absolue, et dans l'équation (4) c'est au contraire la racine positive.

Enfin si l'on a :

$$2x^2 + 7x + 10 = 0,$$
$$2x^2 - 7x + 10 = 0,$$

les racines de ces deux équations sont imaginaires, car le réalisant

$$b^2 - 4ac < 0.$$

Remarque. Nous engageons les élèves à se familiariser avec cette discussion *à priori* des signes des racines d'une équation; elle est d'une grande utilité dans la discussion des problèmes.

Application. *Quelle valeur doit prendre c, pour que l'équation* $3x^2 - 10x + c = 0$ *ait:* 1° *ses deux racines positives;* 2° *une racine positive et une racine négative;* 3° *une racine nulle;* 4° *deux racines imaginaires?*

1° Pour que les deux racines soient positives, il faut d'abord que c soit positif, et de plus que le réalisant soit positif, ce qui exige que l'on ait:

$$25 - 3c > 0; \quad \text{d'où} \quad c < \frac{25}{3}.$$

c doit être compris entre 0 et $\frac{25}{3}$.

2° Pour que les racines soient de signes contraires, il faut que c soit négatif; dans ce cas, les racines sont toujours réelles; c peut donc varier depuis 0 jusqu'à $-\infty$.

3° Pour qu'une racine soit nulle, il faut nécessairement que le produit des deux racines soit nul; par suite, qu'on ait: $c = 0$.

4° Pour que les racines soient imaginaires, il faut que le réalisant soit négatif, c'est-à-dire que l'on ait:

$$25 - 3c < 0; \quad \text{d'où} \quad c > \frac{25}{3}.$$

c pourra varier de $\frac{25}{3}$ à $+\infty$.

242. 3° Application du même théorème. *Transformation de l'équation du second degré* $\quad ax^2 + bx + c = 0$

Transformer l'équation du second degré, c'est former une équation du second degré dont les racines soient liées aux racines de l'équation proposée par une relation donnée.

Équation aux inverses des racines. *Étant donnée l'équation*

$$ax^2 + bx + c = 0,$$

former l'équation dont les racines soient les inverses des racines de la proposée.

1re Solution. Si l'on pose $\quad y = \frac{1}{x}$, on a:

$$y' + y'' = \frac{1}{x'} + \frac{1}{x''} = \frac{x' + x''}{x'x''} = \frac{-\dfrac{b}{a}}{\dfrac{c}{a}} = -\frac{b}{c},$$

et

$$y'y'' = \frac{1}{x'x''} = \frac{a}{c}.$$

L'équation cherchée est donc $\quad y^2 + \frac{b}{c}y + \frac{a}{c} = 0,\quad$ ou $\quad cy^2 + by + a = 0.$

2° Solution. La relation imposée $y = \frac{1}{x}$ revient à $xy = 1$ ou $x = \frac{1}{y}$.

Mais x est par hypothèse racine de l'équation proposée; donc x vérifie cette équation, et il en est de même pour la valeur égale $\frac{1}{y}$; on a donc:

$$a\left(\frac{1}{y}\right)^2 + b\left(\frac{1}{y}\right) + c = 0 \quad \text{ou} \quad cy^2 + by + a = 0.$$

Équation aux racines augmentées d'une même quantité donnée.
Étant donnée l'équation $ax^2 + bx + c = 0$, *former l'équation qui a pour racines celles de la proposée, augmentées d'une quantité donnée* h.

1re Solution. Si l'on pose $y = x + h$, on a :

$$y' + y'' = x' + x'' + 2h = 2h - \frac{b}{a} = \frac{2ah - b}{a},$$

$$y'y'' = (x' + h)(x'' + h) = x'x'' + h(x' + x'') + h^2$$

ou

$$y'y'' = \frac{c}{a} - \frac{b}{a}h + h^2 = \frac{ah^2 - bh + c}{a}.$$

L'équation cherchée est donc

$$y^2 - \frac{2ah - b}{a}y + \frac{ah^2 - bh + c}{a} = 0$$

ou

$$ay^2 - (2ah - b)y + ah^2 - bh + c = 0.$$

2e Solution. La relation imposée $y = x + h$ revient à $x = y - h$.

Mais x est par hypothèse racine de l'équation proposée; donc x vérifie cette équation, et il en est de même pour la valeur égale $y - h$; on a donc

$$a(y - h)^2 + b(y - h) + c = 0$$

ou

$$ay^2 - (2ah - b)y + ah^2 - bh + c = 0.$$

Remarque. Si l'on voulait faire disparaître le terme du premier degré de l'équation, il suffirait de poser $2ah - b = 0$, c'est-à-dire de prendre $h = \frac{b}{2a}$.

En remplaçant x par $y - \frac{b}{2a}$, on aurait, après réduction :

$$4a^2y^2 - b^2 + 4ac = 0.$$

Équation aux racines multipliées par une constante. *Étant donnée l'équation* $ax^2 + bx + c = 0$, *former l'équation qui a pour racines celles de la proposée multipliées par* k.

1re Solution. Si l'on pose $y = kx$, on a :

$$y' + y'' = k(x' + x'') = -\frac{bk}{a} \quad \text{et} \quad y'y'' = k^2 x'x'' = \frac{ck^2}{a}.$$

L'équation cherchée est :

$$y^2 + \frac{bk}{a}y + \frac{ck^2}{a} = 0,$$

ou

$$ay^2 + bky + ck^2 = 0.$$

2e Solution. De $y = kx$, on a $x = \frac{y}{k}$.

En remplaçant, il vient :

$$a\left(\frac{y}{k}\right)^2 + b\left(\frac{y}{k}\right) + c = 0,$$

ou

$$ay^2 + bky + ck^2 = 0.$$

Exercices. I. *Trouver, en fonction des coefficients* a, b, c *de l'équation* $ax^2 + bx + c = 0$: *1° la somme des carrés des racines; 2° le carré de leur différence; 3° la somme des carrés de leurs inverses.*

On a : 1° $x'^2 + x''^2 = (x' + x'')^2 - 2x'x'' = \dfrac{b^2}{a^2} - \dfrac{2c}{a} = \dfrac{b^2 - 2ac}{a^2}$,

2° $(x' - x'')^2 = (x' + x'')^2 - 4x'x'' = \dfrac{b^2}{a^2} - \dfrac{4c}{a} = \dfrac{b^2 - 4ac}{a^2}$,

3° $\dfrac{1}{x'^2} + \dfrac{1}{x''^2} = \dfrac{x'^2 + x''^2}{x'^2 x''^2} = \dfrac{b^2 - 2ac}{a^2} : \dfrac{c^2}{a^2} = \dfrac{b^2 - 2ac}{c^2}$.

243. II. *Trouver la somme des puissances semblables des racines de l'équation* $ax^2 + bx + c = 0$.

Si m est un nombre entier quelconque, en multipliant les deux membres de l'équation $ax^2 + bx + c = 0$ par x^{m-2}, on a :

$$ax^m + bx^{m-1} + cx^{m-2} = 0.$$

En exprimant que x' et x'' sont racines, on a :

$$ax'^m + bx'^{m-1} + cx'^{m-2} = 0,$$
$$ax''^m + bx''^{m-1} + cx''^{m-2} = 0.$$

En désignant par S_m la somme des puissances m^{es} des racines, on a, en ajoutant membre à membre :

$$aS_m + bS_{m-1} + cS_{m-2} = 0. \tag{1}$$

Cette formule permettra de trouver la somme des cubes des racines, connaissant leur somme et la somme de leurs carrés; de trouver de même la somme des quatrièmes puissances, connaissant la somme des carrés et la somme des cubes, et ainsi de suite.

244. III. *Trouver la somme des puissances semblables des inverses des racines de l'équation* $ax^2 + bx + c = 0$.

Remarquons que l'on a :

$$\frac{1}{x'^m} + \frac{1}{x''^m} = \frac{x'^m + x''^m}{x'^m x''^m} = \frac{S_m}{\left(\dfrac{c}{a}\right)^m} = \frac{a^m S_m}{c^m} ; \tag{2}$$

par suite, en appelant S_{-m} la somme des m^{es} puissances des inverses des racines, nous aurons la formule :

$$S_{-m} = \frac{a^m S_m}{c^m} .$$

Ainsi, connaissant la somme des puissances semblables des racines, nous aurons immédiatement la somme des puissances semblables des inverses de ces mêmes racines.

245. Application. Pour appliquer la formule $aS_m + bS_{m-1} + cS_{m-2} = 0$ au calcul de la somme des carrés, des cubes, etc., des racines, il faut remarquer que l'on a :

$$x' + x'' = -\frac{b}{a} \quad \text{et} \quad x'^0 + x''^0 = 2.$$

On a donc $a(x'^2 + x''^2) + b(x' + x'') + c(x'^0 + x''^0) = 0$

ou $a(x'^2 + x''^2) + b\left(\dfrac{-b}{a}\right) + 2c = 0,$ d'où $x'^2 + x''^2 = \dfrac{b^2 - 2ac}{a^2}$.

De même $a(x'^3 + x''^3) + b(x'^2 + x''^2) + c(x' + x'') = 0$

ou $\quad a(x'^3 + x''^3) + b\left(\dfrac{b^2 - 2ac}{a^2}\right) - \dfrac{bc}{a} = 0,\quad$ d'où $\quad x'^3 + x''^3 = \dfrac{3abc - b^3}{a^3}$.

De même $\qquad a(x'^4 + x''^4) + b(x'^3 + x''^3) + c(x'^2 + x''^2) = 0$

ou $\qquad a(x'^4 + x''^4) + b\left(\dfrac{3abc - b^3}{a^3}\right) + c\left(\dfrac{b^2 - 2ac}{a^2}\right) = 0$

d'où $\qquad x'^4 + x''^4 = \dfrac{b^4 + 2a^2c^2 - 4ab^2c}{a^4}$.

La formule $\quad \dfrac{1}{x'^m} + \dfrac{1}{x''^m} = \dfrac{a^m S_m}{c^m}\quad$ donne $\quad \dfrac{1}{x'} + \dfrac{1}{x''} = \dfrac{a}{c}(x' + x'') = -\dfrac{b}{c}$,

$$\frac{1}{x'^2} + \frac{1}{x''^2} = \frac{a^2}{c^2}(x'^2 + x''^2) = \frac{b^2 - 2ac}{c^2},$$

$$\frac{1}{x'^3} + \frac{1}{x''^3} = \frac{a^3}{c^3}(x'^3 + x''^3) = \frac{3abc - b^3}{c^3},$$

$$\frac{1}{x'^4} + \frac{1}{x''^4} = \frac{a^4}{c^4}(x'^4 + x''^4) = \frac{b^4 + 2a^2c^2 - 4ab^2c}{c^4}.$$

Remarques I. Les identités $x'^2 + x''^2 = (x' + x'')^2 - 2x'x''$

$$x'^3 + x''^3 = (x' + x'')(x'^2 - x'x'' + x''^2)$$

$$x'^4 + x''^4 = (x'^2 + x''^2)^2 - 2x'^2x''^2,$$

donnent plus simplement les résultats pour $\quad m = 2,\quad m = 3,\quad m = 4$.

En effet, $\qquad x'^2 + x''^2 = \left(-\dfrac{b}{a}\right)^2 - \dfrac{2c}{a} = \dfrac{b^2 - 2ac}{a^2}$,

$$x'^3 + x''^3 = \left(-\frac{b}{a}\right)\left(\frac{b^2 - 2ac}{a^2} - \frac{c}{a}\right) = \frac{3abc - b^3}{a^3},$$

$$x'^4 + x''^4 = \left(\frac{b^2 - 2ac}{a^2}\right)^2 - 2\,\frac{c^2}{a^2} = \frac{b^4 + 2a^2c^2 - 4ab^2c}{a^4}.$$

II. L'identité

$$x'^m - x''^m = (x'^{m-1} - x''^{m-1})(x' + x'') - x'x''(x'^{m-2} - x''^{m-2})$$

qui devient pour $\quad m = 2, 3, 4\ldots$

$$x'^2 - x''^2 = (x' + x'')(x' - x'')$$

$$x'^3 - x''^3 = (x'^2 - x''^2)(x' + x'') - x'x''(x' - x'')$$

$$x'^4 - x''^4 = (x'^3 - x''^3)(x' + x'') - x'x''(x'^2 - x''^2)$$

permet de calculer facilement et de proche en proche la différence des puissances semblables des racines.

On a: $\qquad x' - x'' = \dfrac{\sqrt{b^2 - 4ac}}{a}$,

$$x'^2 - x''^2 = -\frac{b}{a^2}\sqrt{b^2 - 4ac},$$

$$x'^3 - x''^3 = \frac{b^2 - ac}{a^3}\sqrt{b^2 - 4ac},$$

$$x'^4 - x''^4 = -\frac{b(b^2 - 2ac)}{a^4}\sqrt{b^2 - 4ac}.$$

246. Racines communes. *Déterminer la relation qui doit exister entre les coefficients* a, b, c, a′, b′, c′ *des deux équations*

$$ax^2 + bx + c = 0 \quad et \quad a'x^2 + b'x + c' = 0,$$

pour que ces équations aient : 1º *deux racines communes;* 2º *une racine commune.*

1º **Deux racines communes.** Le théorème (nº 87) fournit une démonstration et donne pour condition

$$a = ka'$$
$$b = kb'$$
$$c = kc'$$

c'est-à-dire que les coefficients doivent être proportionnels. On peut aussi donner la démonstration suivante :

Les deux racines étant communes, leur somme et leur produit sont les mêmes dans chaque équation.

On a donc $\dfrac{-b}{a} = \dfrac{-b'}{a'}$, d'où $\dfrac{a}{a'} = \dfrac{b}{b'}$,

et $\dfrac{c}{a} = \dfrac{c'}{a'}$, d'où $\dfrac{a}{a'} = \dfrac{c}{c'}$.

En appelant k la valeur commune de ces rapports, on a :

$$a = ka', \quad b = kb', \quad c = kc'.$$

2º **Une racine commune.** Soient les deux équations :

$$ax^2 + bx + c = 0$$
$$a'x^2 + b'x + c' = 0 \tag{1}$$

Pour que ces deux équations aient une racine commune, il faut et il suffit que le système du premier degré

$$ay + bx + c = 0$$
$$a'y + b'x + c' = 0 \tag{2}$$

admette un système de solutions tel que

$$y = \alpha^2$$
$$x = \alpha \tag{3}$$

Or, si $ab' - ba' \neq 0$, le système (2) admet la seule solution (nº 179).

$$y = \frac{bc' - cb'}{ab' - ba'}, \quad x = \frac{ca' - ac'}{ab' - ba'}.$$

Il faut donc et il suffit que cette solution remplisse la condition (3), c'est-à-dire que

$$\left(\frac{ca'-ac'}{ab'-ba'}\right)^2 = \frac{bc'-cb'}{ab'-ba'},$$

ou, puisque $\quad ab'-ba' \neq 0,$

$$(ca'-ac')^2 = (ab'-ba')(bc'-cb')$$

On écrit plus souvent cette condition

$$(ab'-ba')(bc'-cb') - (ca'-ac')^2 = 0 \qquad (4)$$

Le premier membre s'appelle *résultant* des deux équations (1), et se représente par R. Il faut savoir par cœur l'égalité (4) qui est l'*éliminant* du second degré, comme $\ ab'-ba'=0 \ $ est l'éliminant du premier degré.

Supposons maintenant $\ ab'-ba'=0$. Avec cette hypothèse, le système (2) est impossible ou indéterminé. Nous voulons qu'il soit possible, en d'autres termes qu'il soit indéterminé. Or, pour cela, il faut et il suffit que l'on ait simultanément :

$$ab'-ba'=0$$
$$bc'-cb'=0 \qquad (5)$$
$$ca'-ac'=0$$

mais alors (4) est vérifiée. Cette égalité (4) exprime donc encore la condition nécessaire et suffisante.

Les conditions (5) peuvent s'écrire :

$$a=ka', \quad b=kb', \quad c=kc',$$

ce qui montre que les deux équations, dans ce dernier cas, sont identiques ; elles ont leurs deux racines communes.

Remarque. Autre forme de la relation entre les coefficients pour que deux équations du second degré aient une racine commune.
Cette forme est :

$$(bb'-2ac'-2ca')^2 = (b^2-4ac)(b'^2-4a'c').$$

On l'obtient très vite en égalant les valeurs de x données par les formules et chassant les radicaux.
On doit avoir :

$$\frac{-b+\sqrt{b^2-4ac}}{2a} = \frac{-b'+\sqrt{b'^2-4a'c'}}{2a'},$$

ou $\qquad ab'-ba' = a\sqrt{b'^2-4a'c'} - a'\sqrt{b^2-4ac}.$

Élevons au carré :

$$(ab' - ba')^2 = a^2 b'^2 - 4a^2 a'c' + a'^2 b^2 - 4a'^2 ac$$
$$- 2aa' \sqrt{(b^2 - 4ac)(b'^2 - 4a'c')} \, .$$

En simplifiant :

$$bb' - 2ac' - 2ca' = \sqrt{(b^2 - 4ac)(b'^2 - 4a'c')} \, .$$

Élevons encore au carré, il vient :

$$(bb' - 2ac' - 2ca')^2 = (b^2 - 4ac)(b'^2 - 4a'c').$$

Il nous reste à montrer que les deux polynômes R et R' sont les mêmes à un facteur numérique près.

$$R = (ac' - ca')^2 - (ab' - ba')(bc' - cb'),$$
$$R' = (bb' - 2ac' - 2ca')^2 - (b^2 - 4ac)(b'^2 - 4a'c').$$

Remarquons que si on développe R, on obtient deux groupes de termes. Les premiers ne contiennent ni b ni b'; les autres contiennent tous ces lettres; donc si on développe R', il suffit de faire cette séparation, et on constitue très vite R à l'aide du développement de R'.

Développons R' :

$$b^2 b'^2 + 4a^2 c'^2 + 4c^2 a'^2 - 4abb'c' - 4a'bb'c + 8aa'cc' - b^2 b'^2$$
$$+ 4acb'^2 + 4a'c'b^2 - 16aa'cc',$$

ou $\quad 4(a^2 c'^2 + c^2 a'^2 - 2aa'cc') - 4[ab'(bc' - cb') - ba'(bc' - cb')]$

c'est-à-dire $\quad 4[(ac' - ca')^2 - (ab' - ba')(bc' - cb')].$

La relation $R = 0$ entraîne évidemment $R' = 0$; donc l'éliminant des deux équations est aussi $\quad R' = 0.$

247. Application. *Former l'équation du second degré admettant pour racines les deux racines non communes des équations.*

$$ax^2 + bx + c = 0, \qquad\qquad (1)$$
$$a'x^2 + b'x + c' = 0.$$

Les équations (1) ayant une racine commune, cette racine est :

$$x = \frac{ca' - ac'}{ab' - ba'} \, .$$

Le produit des racines de l'équation $\quad ax^2 + bx + c = 0,$

étant $\quad \dfrac{c}{a}, \quad$ la racine non commune est $\quad \dfrac{c}{a}\left(\dfrac{ab' - ba'}{ca' - ac'} \right).$

De même, la racine non commune de l'équation

$$a'x^2 + b'x + c' = 0 \qquad \text{est} \qquad \frac{c'}{a'}\left(\frac{ab' - ba'}{ca' - ac'}\right).$$

On a donc pour somme des racines non communes :

$$\left(\frac{c}{a} + \frac{c'}{a'}\right)\left(\frac{ab' - ba'}{ca' - ac'}\right),$$

et pour produit

$$\frac{cc'}{aa'}\left(\frac{ab' - ba'}{ca' - ac'}\right)^2.$$

L'équation demandée est :

$$X^2 - \left(\frac{c}{a} + \frac{c'}{a'}\right)\left(\frac{ab' - ba'}{ca' - ac'}\right)X + \frac{cc'}{aa'}\left(\frac{ab' - ba'}{ca' - ac'}\right)^2 = 0,$$

ou, en tenant compte de la relation (4),

$$aa'(bc' - cb')\,X^2 - (ca' + ac')(ca' - ac')\,X + cc'(ab' - ba') = 0.$$

CHAPITRE III

ÉQUATIONS RÉDUCTIBLES AU SECOND DEGRÉ.

Équation bicarrée.

248. Définition. *L'équation bicarrée est une équation du quatrième degré qui ne renferme que des puissances paires de l'inconnue.*

La forme générale est $\quad ax^4 + bx^2 + c = 0.$

On peut aussi lui donner la forme simplifiée

$$x^4 + px^2 + q = 0.$$

Résolution. En posant $\quad x^2 = y, \quad$ d'où $\quad x^4 = y^2, \quad$ l'équation devient $\qquad ay^2 + by + c = 0,$

qu'on appelle la *résolvante* de l'équation bicarrée,

et

$$y = \frac{-b \pm \sqrt{b^2 - 4ac}}{2a}.$$

Or $x = \pm \sqrt{y}$; par suite, $x = \pm \sqrt{y} = \pm \sqrt{\dfrac{-b \pm \sqrt{b^2 - 4ac}}{2a}}$.

On trouve ainsi quatre racines, égales deux à deux en valeur absolue et de signes contraires.

Discussion. Nous supposons toujours $a > 0$.

1º Pour que les quatre racines soient réelles, il faut que les deux racines de la résolvante soient réelles et positives ; il faut donc que l'on ait :

$$b^2 - 4ac > 0, \quad c > 0 \quad \text{et} \quad b < 0.$$

La première relation exprime que les valeurs de y sont réelles, la seconde qu'elles sont de même signe, et la troisième qu'elles sont positives.

2º Si les racines de la résolvante sont réelles et de signes contraires, c'est-à-dire si l'on a :

$$b^2 - 4ac > 0, \quad c < 0 \quad \text{et} \quad b \neq 0,$$

x aura deux valeurs réelles et deux imaginaires ; or, pour que ces trois relations existent, il suffit que l'on ait $c < 0$.

3º Enfin, si la résolvante a ses racines négatives ou imaginaires, les quatre valeurs de x sont imaginaires ; or les racines de la résolvante sont négatives si l'on a $b^2 - 4ac > 0$, $c > 0$ et $b > 0$, et imaginaires si l'on a simplement $b^2 - 4ac < 0$.

Remarque. Dans le cas où l'on a $b^2 - 4ac = 0$, $y' = y'' = -\dfrac{b}{2a}$; les quatre valeurs de x sont égales en valeur absolue, elles sont réelles pour $b < 0$ et imaginaires pour $b > 0$.

Si $c = 0$, l'équation bicarrée a deux racines nulles ; les deux autres sont $\pm \sqrt{-\dfrac{b}{a}}$; elles seront réelles ou imaginaires selon qu'on aura

$$b < 0 \quad \text{ou} \quad b > 0.$$

Cette discussion peut se résumer dans le tableau suivant :

$$b^2 - 4ac > 0 \begin{cases} c > 0 \begin{cases} b < 0 \begin{cases} y' > 0 \\ y'' > 0 \end{cases} \text{quatre racines réelles.} \\[2ex] b > 0 \begin{cases} y' < 0 \\ y'' < 0 \end{cases} \text{quatre racines imaginaires.} \end{cases} \\[4ex] c < 0 \begin{cases} b < 0 \begin{cases} y' > 0 \\ y'' < 0 \end{cases} \text{deux racines réelles} \\[2ex] b > 0 \begin{cases} y' < 0 \\ y'' > 0 \end{cases} \text{et deux imaginaires.} \end{cases} \end{cases}$$

$$b^2 - 4ac = 0, \quad y' = y'' = -\frac{b}{2a} \begin{cases} b < 0 \quad y' = y'' > 0 \\ \text{deux racines doubles réelles.} \\ b > 0 \quad y' = y'' < 0 \\ \text{deux racines doubles imaginaires.} \end{cases}$$

$$b^2 - 4ac < 0, \quad y' \text{ et } y'' \text{ imaginaires } \{ \text{ quatre racines imaginaires.}$$

Cas particuliers :

$$c = 0 \quad \begin{matrix} ax^4 + bx^2 = 0 \\ ay^2 + by = 0 \end{matrix} \begin{cases} y' = 0 & x \text{ aura deux racines nulles.} \\ y'' = -\dfrac{b}{a} \end{cases} \begin{cases} b < 0 & \text{deux racines réelles.} \\ b > 0 & \text{deux racines imaginai-} \\ & \text{res.} \end{cases}$$

$$b = 0 \quad \begin{matrix} ax^4 + c = 0 \\ ay^2 + c = 0 \end{matrix} \begin{cases} y = \pm\sqrt{-\dfrac{c}{a}} \end{cases} \begin{cases} c > 0 & \text{quatre racines ima-} \\ & \text{ginaires.} \\ c < 0 & \text{deux racines réelles} \\ & \text{et deux imaginaires.} \end{cases}$$

249. Trinôme bicarré. Un trinôme bicarré est un trinôme de
la forme $$ax^4 + bx^2 + c.$$

On appelle racines de ce trinôme les racines de l'équation bicarrée
obtenue en l'égalant à zéro.

Décomposition du binôme bicarré en facteurs binômes.
Soient x_1, x_2, x_3, x_4 les racines du trinôme bicarré ; puisqu'il
s'annule pour chacune de ces quatre valeurs de x, il est divisible
séparément par $x - x_1$, $x - x_2$, $x - x_3$, $x - x_4$; par suite, il est
divisible par leur produit.

Donc $ax^4 + bx^2 + c \equiv (x - x_1)(x - x_2)(x - x_3)(x - x_4)\,Q$; les
deux membres étant des polynômes identiques, les coefficients de x^4
sont égaux de part et d'autre, d'où $a = Q$, et par suite :

$$ax^4 + bx^2 + c = a\,(x - x_1)(x - x_2)(x - x_3)(x - x_4), \quad (1)$$

ces facteurs binômes sont réels ou imaginaires.

De l'identité (1) on tire encore :

$$0 = x_1 + x_2 + x_3 + x_4,$$

$$\frac{b}{a} = x_1 x_2 + x_1 x_3 + x_1 x_4 + x_2 x_3 + x_2 x_4 + x_3 x_4,$$

$$0 = x_1 x_2 x_3 + x_1 x_2 x_4 + x_1 x_3 x_4 + x_2 x_3 x_4,$$

$$\frac{c}{a} = x_1 x_2 x_3 x_4.$$

On peut encore procéder de la manière suivante ; on pose $x^2 = y$, et on remplace

$$ax^4 + bx^2 + c = ay^2 + by + c = a(y - y')(y - y'')$$
$$= a(x^2 - x'^2)(x^2 - x''^2) = a(x - x')(x + x')(x - x'')(x + x'').$$

Exemples : Résoudre les équations suivantes :

1°
$$x^4 - 25x^2 + 144 = 0.$$

On a immédiatement, d'après la formule trouvée (n° 248) :

$$x = \pm \sqrt{\frac{25 \pm \sqrt{625 - 576}}{2}} = \pm \sqrt{\frac{25 \pm 7}{2}} \, ;$$

d'où
$$x = \pm 4, \quad x = \pm 3.$$

En les écrivant par ordre de grandeur décroissante :

$$x' = 4, \quad x'' = 3, \quad x''' = -3, \quad x^{\mathrm{IV}} = -4.$$

2°
$$4x^4 + 17x^2 - 15 = 0.$$

On a :
$$x = \pm \sqrt{\frac{-17 \pm \sqrt{289 + 240}}{8}} = \pm \sqrt{\frac{-17 \pm 23}{8}} \, ;$$

$$x = \pm \sqrt{\frac{3}{4}} \quad \text{et} \quad x = \pm \sqrt{-5} \, .$$

3°
$$x^4 - 6x^2 + 10 = 0.$$

On a :
$$x = \pm \sqrt{3 \pm \sqrt{9 - 10}} = \pm \sqrt{3 \pm \sqrt{-1}} \, .$$

Les trinômes qui forment le premier membre de ces équations peuvent s'écrire :

1°
$$x^4 - 25x^2 + 144 = (x - 4)(x + 4)(x - 3)(x + 3) \, ;$$

2°
$$4x^4 + 17x^2 - 15 = 4 \left(x - \frac{\sqrt{3}}{2}\right)\left(x + \frac{\sqrt{3}}{2}\right)(x - \sqrt{-5})(x + \sqrt{-5}) \, ;$$

3°
$$x^4 - 6x^2 + 10 =$$
$$\left(x - \sqrt{3 + \sqrt{-1}}\right)\left(x + \sqrt{3 + \sqrt{-1}}\right)\left(x - \sqrt{3 - \sqrt{-1}}\right)\left(x + \sqrt{3 - \sqrt{-1}}\right).$$

Inversement, le trinôme bicarré qui a pour racines ± 3 et ± 1 est

$$(x - 3)(x + 3)(x - 1)(x + 1) = (x^2 - 9)(x^2 - 1) = x^4 - 10x^2 + 9.$$

La décomposition du trinôme bicarré en un produit de facteurs du premier degré ne peut se faire que d'une seule manière, puisqu'il n'y a pas d'autres valeurs que ses racines qui puissent l'annuler ; mais il n'en est pas de même pour la décomposition du trinôme en facteurs du second degré.

Ainsi on vient de voir que

$$x^4 - 10x^2 + 9 = [(x - 3)(x + 3)][(x - 1)(x + 1)].$$

On peut encore écrire pour second membre :

$$[(x - 3)(x - 1)][(x + 3)(x + 1)] \quad \text{ou} \quad [(x - 3)(x + 1)][(x + 3)(x - 1)],$$

c'est-à-dire qu'on a :

$$x^4 - 10x^2 + 9 = \begin{cases} (x^2 - 9)(x^2 - 1) \\ (x^2 - 4x + 3)(x^2 + 4x + 3) \\ (x^2 - 2x - 3)(x^2 + 2x - 3) \end{cases}$$

Si le trinôme bicarré a deux ou quatre racines imaginaires, il n'y a qu'une seule manière de le décomposer en facteurs réels du second degré. Ainsi, dans le deuxième exemple ci-dessus, on a :

$$4x^4 + 17x^2 - 15 = 4\left(x^2 - \frac{3}{4}\right)(x^2 + 5).$$

250. Théorème. *On peut toujours transformer un trinôme bicarré en un produit de deux facteurs réels du second degré.*

Soit
$$f(x) = ax^4 + bx^2 + c.$$

On a :
$$f(x) = ax^4 + bx^2 + c = a\left(x^4 + \frac{b}{a}x^2 + \frac{c}{a}\right).$$

Ajoutons et retranchons $\dfrac{b^2}{4a^2}$ au facteur $x^4 + \dfrac{bx^2}{a} + \dfrac{c}{a}$.

$$f(x) = a\left[x^4 + \frac{bx^2}{a} + \frac{b^2}{4a^2} - \frac{b^2 - 4ac}{4a^2}\right]; \qquad (1)$$

1er Cas $b^2 - 4ac > 0$.   Alors

$$f(x) = a\left(x^2 + \frac{b}{2a} + \frac{\sqrt{b^2 - 4ac}}{2a}\right)\left(x^2 + \frac{b}{2a} - \frac{\sqrt{b^2 - 4ac}}{2a}\right).$$

2e Cas. $b^2 - 4ac = 0$.

$$f(x) = a\left(x^2 + \frac{b}{2a}\right)^2.$$

3e Cas. $b^2 - 4ac < 0$.   Alors (1) ne donne rien ; nous allons compléter le carré dont x^4 et $\dfrac{c}{a}$ sont les termes extrêmes :

$$f(x) = a\left(x^4 + \frac{b}{a}x^2 + \frac{c}{a}\right),$$

Or de $b^2 - 4ac < 0$ on tire $4ac > b^2$; d'où $ac > 0, \dfrac{c}{a} > 0,$

et par suite $\sqrt{\dfrac{c}{a}}$ est une quantité réelle.

On a aussi $2\sqrt{\dfrac{c}{a}} - \dfrac{b}{a} > 0$; en effet, $4ac > b^2$ peut s'écrire :

$$\frac{4c}{a} > \frac{b^2}{a^2};$$

d'où
$$2\sqrt{\frac{c}{a}} > \frac{b}{a}.$$

$$f(x) = a\left(x^4 + \frac{bx^2}{a} + \frac{c}{a} + 2x^2\sqrt{\frac{c}{a}} - 2x^2\sqrt{\frac{c}{a}}\right),$$

$$f(x) = a\left[\left(x^4 + 2x^2\sqrt{\frac{c}{a}} + \frac{c}{a}\right) - x^2\left(2\sqrt{\frac{c}{a}} - \frac{b}{a}\right)\right].$$

Donc le trinôme peut s'écrire :

$$f(x) = a\left[\left(x^2 + \sqrt{\frac{c}{a}}\right)^2 - x^2\left(\sqrt{2\sqrt{\frac{c}{a}} - \frac{b}{a}}\right)^2\right],$$

ou

$$f(x) = a\left(x^2 + \sqrt{\frac{c}{a}} + x\sqrt{2\sqrt{\frac{c}{a}} - \frac{b}{a}}\right)\left(x^2 + \sqrt{\frac{c}{a}} - x\sqrt{2\sqrt{\frac{c}{a}} - \frac{b}{a}}\right).$$

Ainsi, dans tous les cas, le trinôme bicarré peut être transformé en un produit de *deux facteurs réels* du second degré.

251. Transformation des expressions de la forme

$$\sqrt{A \pm \sqrt{B}}.$$

La résolution d'une équation bicarrée conduit ordinairement à des expressions de la forme $\sqrt{A \pm \sqrt{B}}$ pour la valeur des racines. Lorsque B n'est pas carré parfait, ces expressions, contenant des radicaux superposés, se prêtent difficilement au calcul des racines avec une approximation donnée; c'est pour cela que l'on cherche à les transformer en une somme de radicaux simples, quand la transformation est possible. Proposons-nous donc le problème suivant :

252. *Soient* A *un nombre commensurable* (nombre entier ou fractionnaire) *et* B *un nombre positif commensurable qui n'est pas carré parfait; trouver deux nombres positifs commensurables* x, y, *tels que l'on ait*

$$\sqrt{A + \sqrt{B}} = \sqrt{x} + \sqrt{y}. \tag{1}$$

Si les nombres x et y satisfont à l'équation (1), ils satisfont aussi à l'équation (2) obtenue en élevant au carré les deux membres de (1).

On a :
$$A + \sqrt{B} = x + y + 2\sqrt{xy},$$

ou
$$A - x - y + \sqrt{B} = 2\sqrt{xy}. \tag{2}$$

Les nombres x et y doivent aussi vérifier l'équation (3) obtenue en élevant au carré les deux membres de (2),

c'est-à-dire
$$(A - x - y)^2 + B + 2(A - x - y)\sqrt{B} = 4xy,$$

ou
$$(A - x - y)^2 + B - 4xy = 2(x + y - A)\sqrt{B}. \tag{3}$$

Le premier membre de (3) étant rationnel, le second membre doit aussi être rationnel, et comme $\sqrt{B}$ est irrationnel, l'égalité n'est possible que si le coefficient $x + y - A$ de $\sqrt{B}$ est nul.

On a donc
$$x + y - A = 0.$$

L'équation (3) se réduit alors à

$$B - 4xy = 0.$$

Il en résulte le système d'équations simultanées :

$$x + y = A,$$
$$xy = \frac{B}{4} . \tag{4}$$

Ainsi, lorsque la transformation est possible, les nombres x et y satisfaisant au système (4) sont racines de l'équation

$$X^2 - AX + \frac{B}{4} = 0,$$

dont les racines sont x et $y = \dfrac{A \pm \sqrt{A^2 - B}}{2}$.

Discussion. Pour que les nombres x et y soient *réels, positifs et commensurables*, il faut que l'on ait $A > 0$ et que $A^2 - B$ soit carré parfait. Ces conditions sont *nécessaires;* il faut examiner si elles sont *suffisantes*, car pour les obtenir on a élevé au carré les deux membres des équations (1) et (2); par suite, l'équation (3) peut être plus générale que l'équation (1), et rien ne prouve que l'équation (1) soit équivalente à (3).

D'abord les valeurs obtenues pour x et y satisfont à l'équation (2), puisque $x + y = A$ et que $4xy = B$ ou $2\sqrt{xy} = \sqrt{B}$.

Elles satisfont aussi à l'équation (1), puisque l'équation (2) résulte de l'élévation au carré des deux membres des équations

$$\sqrt{x} + \sqrt{y} = + \sqrt{A + \sqrt{B}} \quad \text{et} \quad \sqrt{x} + \sqrt{y} = - \sqrt{A + \sqrt{B}}$$

et que les valeurs positives de x et y ne peuvent pas satisfaire

$$\sqrt{x} + \sqrt{y} = - \sqrt{A + \sqrt{B}}.$$

Ces valeurs satisfont donc à

$$\sqrt{x} + \sqrt{y} = \sqrt{A + \sqrt{B}} .$$

En résumé, la condition nécessaire et suffisante pour que la transformation soit possible est que $A^2 - B$ soit carré parfait, A étant positif.

En posant $A^2 - B = C^2$, on a :

$$x = \sqrt{\frac{A + C}{2}} , \quad y = \sqrt{\frac{A - C}{2}} ,$$

et $\sqrt{A + \sqrt{B}} = \sqrt{\dfrac{A + \sqrt{A^2 - B}}{2}} + \sqrt{\dfrac{A - \sqrt{A^2 - B}}{2}} = \sqrt{\dfrac{A + C}{2}} + \sqrt{\dfrac{A - C}{2}} .$

253. Cherchons à transformer $\sqrt{A-\sqrt{B}}$ en une différence de radicaux simples. En imposant aux nombres A et B les mêmes conditions que précédemment, on est conduit aux équations :

$$\sqrt{A-\sqrt{B}}=\sqrt{x}-\sqrt{y}, \tag{1}$$

$$A-\sqrt{B}=x+y-2\sqrt{xy} \quad\text{ou}\quad A-x-y-\sqrt{B}=-2\sqrt{xy}, \tag{2}$$

$$(A-x-y)^2+B-2(A-x-y)\sqrt{B}=4xy,$$

ou
$$(A-x-y)^2+B-4xy=2(A-x-y)\sqrt{B}, \tag{3}$$

d'où
$$x+y=A,$$

$$xy=\frac{B}{4}, \tag{4}$$

et enfin
$$X^2-AX+\frac{B}{4}=0,$$

$$x \quad\text{et}\quad y=\frac{A\pm\sqrt{A^2-B}}{2}.$$

La transformation n'est possible que si $A>0$ et si A^2-B est carré parfait. On voit que ce sont les mêmes conditions que dans le cas d'une somme.

On a :

$$\sqrt{A-\sqrt{B}}=\sqrt{\frac{A+\sqrt{A^2-B}}{2}}-\sqrt{\frac{A-\sqrt{A^2-B}}{2}}=\sqrt{\frac{A+C}{2}}-\sqrt{\frac{A-C}{2}}.$$

Remarque. Les conditions restant les mêmes, on peut vérifier que les transformations

$$\sqrt{A+\sqrt{B}}=\sqrt{x}-\sqrt{y} \quad\text{et}\quad \sqrt{A-\sqrt{B}}=\sqrt{x}+\sqrt{y}$$

ne sont pas possibles.

Applications. I. Voyons dans quel cas cette formule de transformation pourra s'appliquer à l'équation bicarrée :

$$ax^4+bx^2+c=0.$$

On a : $x=\pm\sqrt{\dfrac{-b\pm\sqrt{b^2-4ac}}{2a}}=\pm\sqrt{-\dfrac{b}{2a}\pm\sqrt{\dfrac{b^2-4ac}{4a^2}}}.$

Ici $\quad A=-\dfrac{b}{2a}, \quad B=\dfrac{b^2-4ac}{4a^2}; \quad$ d'où $\quad A^2-B=\dfrac{c}{a}.$

Il faut donc que $\dfrac{c}{a}$ soit un carré parfait.

Si l'équation bicarrée est de la forme $x^4+px^2+q=0$, il faut que q soit un carré parfait.

Par exemple, l'équation $x^4-16x^2+4=0$ donne :

$$x=\pm\sqrt{8\pm\sqrt{60}}=\pm\sqrt{5}\pm\sqrt{3}.$$

II. *Transformer l'expression* $\sqrt{x^2 + x + 1 - \sqrt{2x^3 + x^2 + 2x}}$ *en une autre qui ne contienne que deux radicaux simples.* (Bacc.)

Dans cet exemple nous avons :

$$A = x^2 + x + 1 \quad \text{et} \quad B = 2x^3 + x^2 + 2x;$$

par suite, $A^2 - B = (x^2 + x + 1)^2 - (2x^3 + x^2 + 2x) = x^4 + 2x^2 + 1 = (x^2 + 1)^2$.

On aura :
$$C = x^2 + 1.$$

Or
$$x = \frac{A + C}{2} \quad \text{et} \quad y = \frac{A - C}{2}.$$

$$\frac{A + C}{2} = \frac{x^2 + x + 1 + x^2 + 1}{2} = \frac{2x^2 + x + 2}{2},$$

$$\frac{A - C}{2} = \frac{x^2 + x + 1 - x^2 - 1}{2} = \frac{x}{2};$$

par conséquent,

$$\sqrt{x^2 + x + 1 - \sqrt{2x^3 + x^2 + 2x}} = \sqrt{\frac{2x^2 + x + 2}{2}} - \sqrt{\frac{x}{2}}.$$

III. *Discuter le nombre de racines réelles de l'équation*

$$(\lambda - 1)\, x^4 - 2\,(\lambda + 2)\, x^2 + 5 - 3\lambda = 0 \qquad\qquad (1)$$

suivant les diverses valeurs attribuées à λ.

La résolvante de l'équation (1) est :

$$(\lambda - 1)\, y^2 - 2\,(\lambda + 2)\, y + 5 - 3\lambda = 0. \qquad\qquad (2)$$

1° La résolvante (2) a deux racines positives, et par suite (1) quatre racines réelles si l'on a : $\quad P = \dfrac{5 - 3\lambda}{\lambda - 1} > 0 \quad$ et $\quad S = \dfrac{2(\lambda + 2)}{\lambda - 1} > 0.$

Or $P > 0$ pour $1 < \lambda < \dfrac{5}{3}$ et $S > 0$ pour $\lambda > 1$ et $\lambda < -2.$

Donc les valeurs de λ comprises entre 1 et $\dfrac{5}{3}$ donnent pour l'équation bicarrée quatre racines réelles.

2° La résolvante (2) a une racine positive et une négative pour

$$P = \frac{5 - 3\lambda}{\lambda - 1} < 0.$$

Or $P < 0$ pour $-\infty < \lambda < 1$ et pour $\dfrac{5}{3} < \lambda < +\infty.$

Donc ces deux séries de valeurs de λ donneront pour l'équation bicarrée deux racines réelles et deux imaginaires.

3° La résolvante (2) a deux racines négatives, et par suite (1) quatre racines imaginaires si l'on a : $\quad P > 0$ et $S < 0.$

Il n'y a aucune valeur de λ satisfaisant à ces deux inégalités simultanées ; donc l'équation bicarrée n'aura jamais quatre racines imaginaires.

CHAPITRE IV

TRINOME DU SECOND DEGRÉ

§ I. — Décomposition du trinôme du second degré.

254. Théorème. *Lorsque* $b^2 - 4ac > 0$, *tout trinôme du second degré de la forme* $ax^2 + bx + c$ *est égal au produit par* a *de deux facteurs du premier degré obtenus en retranchant de* x *chacune des deux racines du trinôme ; si* $b^2 - 4ac = 0$, *le trinôme est égal à un carré, et si* $b^2 - 4ac < 0$, *le trinôme est la somme de deux carrés.*

Soit
$$f(x) = ax^2 + bx + c.$$

Écrivons l'identité :
$$f(x) = ax^2 + bx + c = a\left(x^2 + \frac{bx}{a} + \frac{c}{a}\right).$$

En ajoutant et retranchant $\dfrac{b^2}{4a^2}$, nous aurons successivement :

$$f(x) = a\left(x^2 + \frac{bx}{a} + \frac{b^2}{4a^2} - \frac{b^2}{4a^2} + \frac{c}{a}\right),$$

$$f(x) = a\left[\left(x + \frac{b}{2a}\right)^2 - \frac{b^2 - 4ac}{4a^2}\right],$$

et si
$$b^2 - 4ac > 0,$$

$$f(x) = a\left[\left(x + \frac{b}{2a}\right)^2 - \left(\frac{\sqrt{b^2 - 4ac}}{2a}\right)^2\right].$$

En transformant la différence des carrés en produit :

$$f(x) = a\left[x + \frac{b + \sqrt{b^2 - 4ac}}{2a}\right]\left[x + \frac{b - \sqrt{b^2 - 4ac}}{2a}\right];$$

ce qui peut s'écrire :

$$f(x) = a\left[x - \frac{-b - \sqrt{b^2 - 4ac}}{2a}\right]\left[x - \frac{-b + \sqrt{b^2 - 4ac}}{2a}\right].$$

En posant

$$x' = \frac{-b + \sqrt{b^2 - 4ac}}{2a} \quad \text{et} \quad x'' = \frac{-b - \sqrt{b^2 - 4ac}}{2a},$$

nous voyons que le premier crochet est $x - x''$, et le second $x - x'$; nous pouvons donc écrire :

$$f(x) \quad \text{ou} \quad y = ax^2 + bx + c = a(x - x')(x - x'').$$

Si
$$b^2 - 4ac = 0,$$

on a :
$$f(x) = a\left(x + \frac{b}{2a}\right)^2;$$

enfin si
$$b^2 - 4ac < 0,$$

on a :
$$f(x) = a\left[\left(x + \frac{b}{2a}\right)^2 + \frac{4ac - b^2}{4a^2}\right].$$

Applications. 1° *Décomposer en facteurs le trinôme*
$$y = 3x^2 - \frac{x}{4} - \frac{3}{2}.$$

En résolvant l'équation
$$3x^2 - \frac{x}{4} - \frac{3}{2} = 0 \quad \text{ou} \quad 12x^2 - x - 6 = 0,$$

on trouve
$$x' = \frac{3}{4}, \quad x'' = -\frac{2}{3};$$

par suite,
$$y = 3\left(x - \frac{3}{4}\right)\left(x + \frac{2}{3}\right) = \frac{(4x - 3)(3x + 2)}{4}.$$

2° *Décomposer en facteurs le trinôme*
$$y = 2x^2 - 16x + 32.$$

En résolvant $2x^2 - 16x + 32 = 0$, on trouve $x' = x'' = 4$;
d'où
$$y = 2(x - 4)^2.$$

3° *Décomposer en facteurs le trinôme*
$$y = 5x^2 - 20x + 65.$$

En résolvant
$$5x^2 - 20x + 65 = 0,$$

on trouve
$$x' = 2 + 3\sqrt{-1} \quad \text{et} \quad x'' = 2 - 3\sqrt{-1};$$

d'où
$$y = 5(x - 2 - 3\sqrt{-1})(x - 2 + 3\sqrt{-1}).$$

On peut observer que l'on a le produit de la somme de deux quantités $x - 2$ et $3\sqrt{-1}$ par leur différence, ce qui donne pour produit la différence des carrés, ou
$$y = 5[(x - 2)^2 - 9(-1)] = 5[(x - 2)^2 + 9].$$

§ II. — Étude de la variation de signe du trinôme.

255. Théorème. *Quand un trinôme du second degré a ses racines réelles et inégales, il prend une valeur numérique du signe de son premier terme pour toutes les valeurs de x extérieures aux racines, et une valeur numérique de signe contraire pour les valeurs de x intérieures aux racines.*

Si les racines sont égales ou imaginaires, il est toujours de même signe que son premier terme, quelque valeur qu'on donne à x.

1er C$_{AS}$. *Racines réelles et inégales.*

Soit le trinôme $\qquad y = ax^2 + bx + c.$

x' et x'' étant les deux racines et $x' > x''$, on peut l'écrire :

$$y = a(x - x')(x - x'').$$

Si l'on fait croître x dans les trois intervalles suivants, depuis $-\infty$ jusqu'à $+\infty$

$$-\infty \underbrace{}_{1} x'' \underbrace{}_{2} x' \underbrace{}_{3} +\infty$$

on voit d'abord que dans le premier intervalle on a :

$$x < x'' \quad \text{et} \quad x < x',$$

donc $\qquad x - x'' < 0 \quad \text{et} \quad x - x' < 0;$

par suite, $\qquad (x - x')(x - x'') > 0.$

Le trinôme a donc le signe de a.

Si x reste compris dans le second intervalle,

$$x'' < x < x',$$

donc $\qquad x - x'' > 0 \quad \text{et} \quad x - x' < 0;$

par suite, $\qquad (x - x')(x - x'') < 0.$

Le trinôme a donc le signe contraire de a.

Enfin, si x est compris dans le troisième intervalle, on a :

$$x > x' \quad \text{et} \quad x > x'',$$

donc $\qquad x - x' > 0 \quad \text{et} \quad x - x'' > 0;$

par suite, $\qquad (x - x')(x - x'') > 0.$

Le trinôme a donc le signe de a.

2e C$_{AS}$. *Racines égales.*

Soit le trinôme $\qquad y = ax^2 + bx + c,$

$$x' = x'' = \frac{-b}{2a} \,;$$

par suite, $\qquad y = a(x - x')^2 = a\left(x + \frac{b}{2a}\right)^2.$

Le second facteur étant essentiellement positif, le trinôme a le signe de a.

3e C$_{AS}$. *Racines imaginaires.*

Soit le trinôme $\qquad y = ax^2 + bx + c.$

Si les racines sont imaginaires, on a (n° 254) :

$$y = a\left[\left(x + \frac{b}{2a}\right)^2 + \left(\frac{\sqrt{4ac - b^2}}{2a}\right)^2\right].$$

La somme de deux carrés étant toujours positive, le trinôme aura le même signe que a, ce qui démontre le théorème énoncé.

EXEMPLES : 1° Soit le trinôme $y = x^2 - 5x + 6$.

Les racines étant 2 et 3, y sera positif pour toutes les valeurs de x depuis $-\infty$ jusqu'à 2, et depuis 3 jusqu'à $+\infty$; y sera négatif pour les valeurs de x comprises entre 2 et 3.

2° Soit le trinôme $y = -20x^2 + 7x + 6$.

Les racines étant $\frac{3}{4}$ et $-\frac{2}{5}$, et a étant négatif, le trinôme sera négatif pour x variant de $-\infty$ à $-\frac{2}{5}$, positif pour x variant de $-\frac{2}{5}$ à $\frac{3}{4}$ et négatif encore pour x variant de $\frac{3}{4}$ à $+\infty$.

§ III. — Applications.

256. Théorème I. *Soit l'équation du second degré*

$$ax^2 + bx + c = 0 ;$$

trouver les conditions pour qu'un nombre donné α soit :
   1° *Supérieur aux deux racines de l'équation ;*
   2° *Inférieur à ces racines ;*
   3° *Compris entre ces racines.*

1° Pour que le nombre donné α soit supérieur aux racines de l'équation, il faut d'abord que les racines existent, c'est-à-dire que l'on ait $b^2 - 4ac > 0$, puis que ce nombre soit extérieur aux racines, ce qui exige que $f(\alpha)$ soit de même signe que a, c'est-à-dire que l'on ait : $a\,f(\alpha) > 0.$

Les racines étant x' et x'', en supposant $x' > x''$, il faut encore que l'on ait : $\alpha > x'$ et *à fortiori* $\alpha > x''$;

d'où $2\alpha > x' + x''$ ou $\alpha > -\dfrac{b}{2a}$.

2° Le nombre α est encore extérieur aux racines, ce qui exige

$$a\,f(\alpha) > 0.$$

On doit aussi avoir :

$$\alpha < x''   \text{ et à fortiori }   \alpha < x';$$

d'où $2\alpha < x' + x''$ ou $\alpha < -\dfrac{b}{2a}$.

3º Pour que α soit compris entre les racines, il faut que $f(\alpha)$ et a soient de signes contraires, c'est-à-dire que l'on ait :

$$a\,f(\alpha) < 0.$$

Cette seule condition suffit, car $af(\alpha) < 0$ exprime que les racines sont réelles.

257. Théorème II. *Soit l'équation* $ax^2 + bx + c = 0$; *si en remplaçant* x *par deux nombres donnés* α *et* β, *les résultats* f(α) *et* f(β) *sont de signes contraires, l'équation a ses racines réelles et distinctes; l'une d'elles est comprise entre* α *et* β.

En effet, les racines sont réelles et distinctes, sans quoi le premier membre de l'équation aurait toujours le signe de son premier terme ; ce qui est contre l'hypothèse.

Considérons les trois intervalles $-\infty \underset{1}{\smile} x'' \underset{2}{\smile} x' \underset{3}{\smile} +\infty$.

Il y a nécessairement un des deux nombres α et β et *un seul* compris dans l'intervalle 2; car, par hypothèse, un de ces nombres fait prendre au premier membre de l'équation une valeur de signe contraire à a; il est donc intérieur aux racines, tandis que l'autre est extérieur à ces racines, c'est-à-dire compris dans l'un des intervalles 1 ou 3.

Donc entre α et β il y a une racine et une seule.

Remarque. Lorsque, entre deux nombres donnés α et β, il y a une seule racine de l'équation, on dit que ces deux nombres *séparent une racine* de l'équation.

258. Théorème III. *Si, en remplaçant* x *par* α *et* β, *dans le trinôme* $ax^2 + bx + c$, *les résultats* f(α) *et* f(β) *ont le même signe,* α *et* β *comprennent un nombre pair de racines, c'est-à-dire 0 ou 2.* (*On suppose les racines réelles et distinctes.*)

En effet, soient les intervalles $-\infty \underset{1}{\smile} x'' \underset{2}{\smile} x' \underset{3}{\smile} +\infty$.

Si α, par exemple, était compris dans l'intervalle 2 et β compris dans les intervalles 1 ou 3, ces deux nombres rendraient $f(\alpha)$, $f(\beta)$ de signes contraires; or, par hypothèse, $f(\alpha)$ et $f(\beta)$ sont de même signe, donc α et β sont tous les deux intérieurs aux racines ou tous les deux extérieurs.

259. 1ʳᵉ Application. *Sans résoudre l'équation* $\dfrac{A^2}{x-a} + \dfrac{B^2}{x-b} = C^2$, *dire si elle a ses racines réelles.*

L'équation proposée peut s'écrire :

$$A^2(x - b) + B^2(x - a) - C^2(x - a)(x - b) = 0.$$

Désignons par $f(x)$ le premier membre de l'équation ; si l'on remplace x successivement par a et b, il vient :.

$$f(a) = \text{A}^2(a - b),$$
$$f(b) = \text{B}^2(b - a).$$

Ces deux résultats $f(a)$ et $f(b)$ étant de signes contraires, l'équation a ses racines réelles, et l'une d'elles est comprise entre a et b. (Théorème II.)

Cas particulier. *L'équation* $(x - a)(x - b) - k^2 = 0$ *a toujours ses racines réelles, et* a *et* b *sont intérieurs aux racines.*

Si l'on remplace x par a et par b, on obtient :

$$f(a) = -k^2,$$
$$f(b) = -k^2.$$

Les résultats $f(a)$ et $f(b)$ sont de même signe, et ce signe est contraire de celui du premier terme, donc (théorème III) a et b sont intérieurs aux racines ; les racines sont d'ailleurs réelles, puisque $f(a)$ ou $f(b)$ est de signe contraire avec le premier terme.

260. 2ᵉ Application. *Étant donnés une équation du second degré et un nombre* α, *ranger par ordre de grandeur* α, x', x'' *sans calculer* x' *et* x'' *supposées réelles.*

1º *Ranger par ordre de grandeur les nombres* 3, 12 *et les racines* x' *et* x'' *de l'équation* $3x^2 - 26x + 16 = 0$, *sans calculer ces racines.* (*On suppose* x' > x''.)

En substituant à x les nombres 3 et 12, on a :

$$f(3) = -35 \quad \text{et} \quad f(12) = 136 ;$$

donc 3 est intérieur aux racines, et 12 est extérieur (257).

On a donc : $\qquad\qquad x'' < 3 < x' < 12.$

2º *Quelle est la place des nombres* 0, 1, 2 *par rapport aux racines de l'équation* $\qquad 325x^2 - 783x + 287 = 0$?

On voit immédiatement que si l'on fait $x = 1$, le résultat $f(1)$ est négatif ; donc on peut conclure (nº 257), sans calculer $b^2 - 4ac$, que les racines sont réelles et que 1 est intérieur aux racines.

Si l'on forme $f(0)$ et $f(2)$, les résultats sont positifs ; donc une des racines est comprise entre 0 et 1 (nº 258), l'autre entre 1 et 2. Ainsi on a :

$$0 < x'' < 1 < x' < 2.$$

Cas particulier. *Étant données deux équations du second degré, ranger par ordre de grandeur les quatre racines, deux d'entre elles n'étant pas calculées.*

Ranger par ordre de grandeur croissante les racines des deux équations $x^2 + 2x - 1 = 0$, $x^2 + 2ax - 1 = 0$, *où* a *peut être un nombre quelconque.*

(Bacc.)

Les racines de la première équation sont :

$$x' = \sqrt{2} - 1 \quad \text{et} \quad x'' = -(\sqrt{2} + 1).$$

Remplaçons x par $\sqrt{2} - 1$ et par $-(\sqrt{2} + 1)$ dans la seconde équation. Nous avons :

$$f(\sqrt{2} - 1) = (\sqrt{2} - 1)^2 + 2a(\sqrt{2} - 1) - 1 = 2(\sqrt{2} - 1)(a - 1),$$
$$f(-\sqrt{2} - 1) = (-\sqrt{2} - 1)^2 + 2a(-\sqrt{2} - 1) - 1 = 2(\sqrt{2} + 1)(1 - a).$$

Si a est plus grand que l'unité, $f(\sqrt{2} - 1)$ est positif et $f(- \sqrt{2} - 1)$ négatif; ainsi, dans ce cas, $\sqrt{2} - 1$ est extérieur aux racines, et $- \sqrt{2} - 1$ est intérieur aux racines de la seconde équation.

On a donc, en appelant x'_1 et x''_1 les racines de $x^2 + 2ax - 1 = 0$:

$$x''_1 < - (\sqrt{2} + 1) < x'_1 < \sqrt{2} - 1.$$

Si a est plus petit que l'unité, $f(\sqrt{2} - 1)$ est négatif, et $f(- \sqrt{2} - 1)$ positif ainsi, dans ce cas, $\sqrt{2} - 1$ est intérieur aux racines x'_1 et x''_1, tandis que $- \sqrt{2} - 1$ est extérieur.

On a donc:
$$-\sqrt{2} - 1 < x''_1 < \sqrt{2} - 1 < x'_1.$$

CHAPITRE V

INÉGALITÉS

---

§ I. — Résolution des inégalités du second degré.

261. Définition. Toute expression de la forme

$$ax^2 + bx + c > 0$$

est une inégalité du second degré; les quantités a, b, c, sont finies et déterminées.

Résoudre une inégalité, c'est chercher entre quelles limites peut varier x pour que l'inégalité soit satisfaite; cette recherche repose sur l'étude de la variation de signe du trinôme

$$ax^2 + bx + c.$$

Problème I. *Résoudre l'inégalité*

$$ax^2 + bx + c > 0.$$

Il y a deux cas à considérer, suivant que les racines de ce trinôme sont réelles et inégales, réelles et égales ou imaginaires.

1er Cas. Lorsque les racines sont réelles et inégales, si $a > 0$, l'inégalité est vérifiée pour toutes les valeurs de x extérieures aux racines du trinôme; si $a < 0$, l'inégalité n'est vérifiée que pour les valeurs de x intérieures aux racines.

2e Cas. Lorsque les racines sont égales ou imaginaires,

Si $a > 0$, l'inégalité est satisfaite pour toutes les valeurs de x.
Si $a < 0$, elle ne peut jamais être satisfaite.

On résoudrait d'une façon analogue l'inégalité

$$ax^2 + bx + c < 0.$$

EXEMPLES : I. *Pour quelles valeurs de* x *l'inégalité* $x^2 - 6x + 5 > 0$ *est-elle vérifiée ?*

L'inégalité est vérifiée pour $x > 5$ et pour $x < 1$; car pour que le trinôme $x^2 - 6x + 5$ soit positif, il faut que x soit extérieur aux racines qui sont 5 et 1.

II. *Pour quelles valeurs de* x *l'inégalité* $3x^2 - 2x - 21 < 0$ *est-elle vérifiée ?*

L'inégalité est vérifiée pour $-2\frac{1}{3} < x < 3$; car pour que le trinôme $3x^2 - 2x - 21$ soit négatif, il faut que x soit compris entre les racines qui sont 3 et $-2\frac{1}{3}$.

III. *Même question pour* $-x^2 + 6x - 9 > 0$.

Ce trinôme peut s'écrire $-(x-3)^2$; cette quantité est négative, quel que soit x, et l'inégalité n'est jamais vérifiée.

IV. *Trouver les limites de* m *pour que les racines de l'équation*

$$x^2 - 2(m-1)x + m - 1 = 0$$

soient réelles.

Pour que les racines de cette équation soient réelles, il faut et il suffit que l'on ait

$$(m-1)^2 - (m-1) \geqq 0$$

ou

$$(m-1)(m-2) \geqq 0.$$

Le produit de ces deux facteurs est positif ou nul pour

$$m \geqq 2 \quad \text{et pour} \quad m \leqq 1.$$

V. *Trouver les limites de* m *pour que les racines de l'équation*

$$x^2 - 2(2m+1)x + 5m^2 + 4m - 3 = 0$$

soient réelles.

Pour que les racines soient réelles, il faut et il suffit que l'on ait

$$(2m+1)^2 - (5m^2 + 4m - 3) \geqq 0 \quad \text{ou} \quad 4 - m^2 \geqq 0 \quad \text{ou} \quad (2+m)(2-m) \geqq 0.$$

Le produit de ces deux facteurs est positif pour $-2 \leqq m \leqq 2$.

262. Problème II. *Résoudre l'inégalité*

$$ax^2 + bx + c > k,$$

où k *est un nombre donné.*

On ramène ce cas au précédent en faisant passer k dans le premier membre·

De même pour l'inégalité $ax^2 + bx + c < k$.

263. Problème III. *Trouver la condition à laquelle doivent satisfaire les coefficients* a, b, c, *pour que l'inégalité*

$$ax^2 + bx + c > 0$$

ait lieu quel que soit x.

Lorsqu'un trinôme garde un signe invariable, c'est toujours celui de son premier terme ; il faut donc avoir $a > 0$, et de plus il faut que les racines de l'équation

$$ax^2 + bx + c = 0$$

soient imaginaires, c'est-à-dire que

$$b^2 - 4ac < 0.$$

Application. 1° *Montrer qu'on a toujours* $\alpha^2 + \beta^2 > \alpha\beta$.

L'inégalité à vérifier peut s'écrire :

$$\alpha^2 + \beta^2 - \alpha\beta > 0, \quad \text{ou} \quad \alpha^2 - \alpha\beta + \beta^2 > 0 ;$$

c'est un trinôme en α, ayant ses racines imaginaires : ce trinôme est toujours du signe de son premier terme, c'est-à-dire positif, et l'inégalité est vérifiée quels que soient α et β.

2° *Montrer qu'on a toujours* $a^2 + b^2 + c^2 - ab - ac - bc > 0$.

L'inégalité à vérifier peut s'écrire :

$$a^2 - a(b + c) + b^2 + c^2 - bc > 0 ;$$

c'est un trinôme en a, ayant ses racines imaginaires ; ce trinôme est toujours du signe de son premier terme, c'est-à-dire positif, et l'inégalité est vérifiée quels que soient a, b, c.

264. Problème IV. *Inégalités de degré supérieur au second.*

On peut résoudre une inégalité entière d'un degré supérieur au second, lorsque cette inégalité est de la forme $A B C > 0$, les polynômes A, B, C étant du premier ou du second degré.

Pour faire cette résolution, on étudie le signe de chaque facteur A, B, C du produit, et l'on prend les valeurs de x qui donnent un produit positif.

Les facteurs A, B, C ne changent de signe que si ces facteurs ont des racines ; on est donc conduit à déterminer les racines de chaque facteur du produit. On range alors par ordre de grandeur croissante les racines des facteurs qui peuvent changer de signe, et l'on a une suite de nombres tels que, si x reste compris entre deux nombres consécutifs de cette suite, chacun des facteurs garde un signe constant.

Soit à résoudre l'inégalité $(x - a)(x - b)(x - c) > 0$.

Supposons que l'on ait $a < b < c$. a, b, c sont évidemment les racines des facteurs du produit ; on forme la suite $a \smile b \smile c$.

Pour toute valeur de x inférieure à a le produit est négatif ; le produit s'annule pour $x = a$ en changeant de signe.

Pour $a < x < b$ le produit est positif ;

Pour $b < x < c$ le produit est négatif ;

Pour $c < x$ le produit est positif.

Ainsi les valeurs de x qui conviennent sont telles que

$$a < x < b \quad \text{et} \quad c < x.$$

Pour l'inégalité $(x - a)(x - b)(x - c) < 0,$

on obtiendrait $\qquad x < a \quad \text{et} \quad b < x < c.$

Applications. 1° *Quelles sont les valeurs de x qui vérifient l'inégalité*

$$x(4x^2 - 10x + 48) < 0?$$

L'équation $4x^2 - 10x + 48 = 0$ ayant ses racines imaginaires, le trinôme second facteur est toujours positif, comme son premier terme; l'inégalité est vérifiée par toutes les valeurs négatives de x.

2° *Quelles sont les valeurs de x qui vérifient l'inégalité*

$$(x + 1)(x^2 - 3x + 2)(x^2 - 5x + 6) > 0?$$

Les racines de l'équation $x^2 - 3x + 2 = 0$ étant 2 et 1, celles de l'équation $x^2 - 5x + 6 = 0$ étant 2 et 3, le produit donné peut s'écrire

$$(x + 1)(x - 1)(x - 2)(x - 2)(x - 3) > 0$$

ou $\qquad (x - 2)^2 (x + 1)(x - 1)(x - 3) > 0.$

On forme la suite $\qquad -1 \qquad 1 \qquad 3.$

L'inégalité est satisfaite pour $-1 < x < 1$ et $3 < x.$

265. Problème V. *Inégalités fractionnaires.* Si les termes de la fraction sont du premier degré, ils sont de la forme $ax + b.$

Soit à résoudre l'inégalité $\quad \dfrac{ax + b}{a'x + b'} > 0.$

La fraction qui forme le premier membre est positive si ses deux termes sont de même signe ; par suite, la résolution de l'inégalité se ramène à celle de l'inégalité entière

$$(ax + b)(a'x + b') > 0,$$

qu'on peut écrire $\quad aa'\left(x + \dfrac{b}{a}\right)\left(x + \dfrac{b'}{a'}\right) > 0.$

Si aa' est positif, il faut donner à x des valeurs extérieures aux racines $\quad -\dfrac{b}{a}$ et $-\dfrac{b'}{a'}.$

Si aa' est négatif, il faut donner à x des valeurs intérieures aux racines $\quad -\dfrac{b}{a}$ et $-\dfrac{b'}{a'}.$

On peut aussi raisonner comme il suit. L'inégalité proposée

$$\frac{ax + b}{a'x + b'} > 0$$

ne change pas de sens lorsqu'on multiplie ses deux membres par $(a'x + b')^2$ toujours positif; l'inégalité est donc équivalente à :

$$(ax + b)(a'x + b') > 0 ;$$

et l'on continue comme précédemment.

Exemple I. *Résoudre l'inégalité* $\dfrac{3x - 5}{x + 2} > 0.$

En multipliant les deux membres par $(x + 2)^2$, on est ramené à résoudre l'inégalité équivalente

$$(3x - 5)(x + 2) > 0 \quad \text{ou} \quad 3\left(x - \frac{5}{3}\right)(x + 2) > 0.$$

Cette inégalité est vérifiée pour $x > \dfrac{5}{3}$ et $x < -2$.

Exemple II. *Résoudre l'inégalité* $\dfrac{4x + 7}{x - 3} < 0.$

En multipliant les deux membres par $(x - 3)^2$, on est ramené à résoudre l'inégalité équivalente

$$(4x + 7)(x - 3) < 0 \quad \text{ou} \quad 4\left(x + \frac{7}{4}\right)(x - 3) < 0$$

Cette inégalité est vérifiée pour $-\dfrac{7}{4} < x < 3$.

266. Problème VI. *Résoudre l'inégalité*

$$\frac{ax^2 + bx + c}{a'x^2 + b'x + c'} > 0.$$

La fraction qui forme le premier membre sera positive si les deux termes sont de même signe; par suite, la résolution de l'inégalité proposée peut se ramener à celle de l'inégalité entière :

$$(ax^2 + bx + c)(a'x^2 + b'x + c') > 0 \quad (\textit{Problème IV}).$$

On obtient aussi ce produit en multipliant les deux membres de l'inégalité à résoudre par la quantité essentiellement positive

$$(a'x^2 + b'x + c')^2.$$

Pour l'inégalité $\dfrac{ax^2 + bx + c}{a'x^2 + b'x + c'} < 0$, on est ramené à l'inéga-

lité $\quad (ax^2 + bx + c)(a'x^2 + b'x + c') < 0 \quad (\textit{Problème IV}).$

267. Problème VII. *Résoudre l'inégalité*

$$\frac{ax^2 + bx + c}{a'x^2 + b'x + c'} > k.$$

On fait passer k dans le premier membre, et l'on a à résoudre

$$\frac{ax^2 + bx + c - k(a'x^2 + b'x + c')}{a'x^2 + b'x + c'} > 0,$$

c'est-à-dire

$$\frac{(a - a'k)\,x^2 + (b - b'k)\,x + c - c'k}{a'x^2 + b'x + c'} > 0$$

(Problème VI.)

268. Problème VIII. *Inégalités simultanées.*

1er CAS. L'une est du premier degré, l'autre du second.

Soient
$$mx + n > 0, \qquad\qquad (1)$$
$$ax^2 + bx + c > 0. \qquad\qquad (2)$$

Les solutions demandées sont les solutions communes aux inégalités (1) et (2).

L'inégalité (1) est satisfaite par les nombres $\alpha > -\dfrac{n}{m}$ si $m > 0$, et par les nombres $\alpha < -\dfrac{n}{m}$ si $m < 0$.

Nous admettons que m est positif.

Pour l'inégalité (2), il faut examiner les trois cas suivants :

$1°\ b^2 - 4ac < 0$ $\begin{cases} \text{si } a < 0 \quad \text{pas de solution},\\ \text{si } a > 0 \quad \text{l'inégalité (2) est satisfaite pour } x\\ \qquad\qquad \text{variant de } -\infty \text{ à } +\infty. \end{cases}$

Donc, si $a < 0$, le système (1) et (2) n'a pas de solution ;

si $a > 0$, le système (1) et (2) est satisfait pour $x > -\dfrac{n}{m}$.

$2°\ b^2 - 4ac = 0$ $\begin{cases} \text{si } a < 0 \quad \text{(2) n'a pas de solution ; le système (1)}\\ \qquad\qquad \text{et (2) non plus.}\\ \text{si } a > 0 \quad \text{(2) admet pour solutions tous les} \end{cases}$

nombres, à l'exception de $-\dfrac{b}{2a}$;

le système (1) et (2) admet toutes les solutions de (1), sauf $-\dfrac{b}{2a}$.

$3°\ b^2 - 4ac > 0$ $\begin{cases} \text{si } a < 0 \quad \text{(2) a pour solutions les nombres inté-}\\ \qquad\qquad \text{rieurs aux racines } x' \text{ et } x''.\\ \text{si } a > 0 \quad \text{(2) a pour solutions les nombres}\\ \qquad\qquad \text{extérieurs à } x' \text{ et } x''. \end{cases}$

Pour avoir les solutions communes à (1) et (2), on compare
$$\alpha = -\frac{n}{m} \text{ à } x' \text{ et } x'' ;$$

après avoir rangé α, x' et x'' par ordre de grandeur, on examine les intervalles qui conviennent.

EXEMPLE. Soient les inégalités

$$6x + 11 > 0, \qquad (1)$$

$$x^2 - 7x + 6 > 0. \qquad (2)$$

L'inégalité (1) a pour solutions les nombres $\quad x > -\dfrac{11}{6}$.

L'inégalité (2) a pour racines 1 et 6 ; rangeons ces nombres par ordre de grandeur croissante :

$$-\infty \underset{1}{\smile} \frac{-11}{6} \underset{2}{\smile} 1 \underset{3}{\smile} 6 \underset{4}{\smile} +\infty.$$

Les nombres compris dans l'intervalle 1 ne satisfont pas à l'inégalité (1), ceux de l'intervalle 3 ne satisfont pas à l'inégalité (2) ; les nombres compris dans les intervalles 2 et 4 sont les solutions du système proposé.

Remarque. On résoudrait de même les systèmes

$$\begin{array}{ccc} mx + n < 0 & mx + n > 0 & mx + n < 0 \\ ax^2 + bx + c < 0 & \text{et} \quad ax^2 + bx + c < 0 & \text{et} \quad ax^2 + bx + c > 0. \end{array}$$

269. **2ᵉ Cas.** *Les inégalités sont toutes du second degré et en nombre quelconque.*

1ʳᵉ Méthode. *Par subdivisions successives.*

Soient
$$3x^2 + x - 14 > 0,$$
$$x^2 - 9x + 18 < 0,$$
$$x^2 - 6x + 5 \; < 0.$$

On écrit sur une première ligne verticale les trois intervalles donnés par la première inégalité, et on en exclut un ou deux ; la deuxième inégalité subdivise ceux qu'on a dû garder ; la troisième inégalité les subdivise encore, et ainsi de suite.

EXEMPLE. La première inégalité donne les intervalles :

$$-\infty \text{ à } \frac{-7}{3} \text{ et } 2 \text{ à } +\infty.$$

La seconde inégalité donne l'intervalle 3 à 6 ; elle exclut les nombres extérieurs à 3 et 6.

La troisième inégalité donne l'intervalle 1 à 5 ; elle exclut les nombres extérieurs à ses racines.

Il reste finalement les nombres compris entre 3 et 5.

2ᵉ Méthode. On forme un *tableau vertical* des valeurs de x qui annulent les trinômes ; ces valeurs de x sont dans la même colonne, mais leur place est marquée par un trait dans la colonne de leur trinôme respectif. Voici ce tableau pour les trois inégalités précédentes :

x	1er Trinôme.	2e Trinôme.	3e Trinôme.	Conclusions.
	$+$	$+$	$+$	
$-\dfrac{7}{3}$				
	$-$	$+$	$+$	
1				
	$-$	$+$	$-$	
2				
	$+$	$+$	$-$	
3				
	$+$	$-$	$-$	valeurs convenant à la question.
5				
	$+$	$-$	$+$	
6				
	$+$	$+$	$+$	

§ II. — Application des inégalités à la discussion des équations du second degré.

270. Dans ce paragraphe nous résoudrons les questions suivantes :

Étant donnée une équation du second degré contenant un paramètre variable m : 1° *dire pour quelles valeurs de* m *les racines sont réelles et positives, ou de signes contraires, ou négatives;* 2° *dire pour quelles valeurs de* m *les racines sont comprises entre deux nombres donnés.*

271. Problème. *On donne l'équation* $x^2 - 2(m-1)x + 4m - 7 = 0$, *où* m *désigne une indéterminée :* 1° *Pour quelles valeurs de* m *les racines sont-elles réelles?* 2° *Quels sont les signes des racines pour ces valeurs de* m? (Bacc., Nancy.)

1° Les racines seront réelles lorsque le réalisant

$$\rho = (m-1)^2 - (4m - 7)$$

sera positif ou nul, c'est-à-dire $m^2 - 6m + 8 \geqq 0$. Les racines de ce trinôme étant 4 et 2, on voit que m peut varier entre $-\infty$ et 2, et entre 4 et $+\infty$.

2° Le produit des racines est $P = 4m - 7$; la somme, $S = 2(m-1)$.
L'étude des signes des racines revient au *Problème VIII*; il y a, par suite, deux méthodes algébriques.

1re **Méthode.** *Par subdivisions successives. Ici se place une remarque très utile.* Il faut toujours commencer par chercher les conditions pour que *une seule racine* soit positive; il y a deux motifs pour cela.

Premier motif. C'est plus facile, car il suffit de poser une seule condition $\dfrac{c}{a} < 0$ (sans réalisant), tandis que pour exprimer qu'il y a deux racines positives il faut écrire le réalisant $\rho > 0$, $P > 0$, $S > 0$ (3 inégalités).

Second motif. Dans beaucoup de problèmes de géométrie, on *constate* qu'après ce cas il n'y a pas lieu d'étudier les autres.

Et même, on peut toujours éviter une discussion directe quand on prend garde à la continuité. Elle consiste à remarquer que, si une des racines change de signe, on peut toujours, en remontant à l'équation où c passe par zéro, dire si c'est la positive ou la négative ; dans le premier cas, on sait *immédiatement* que les deux racines sont devenues négatives ; autrement, elles sont devenues toutes les deux positives.

2ᵉ Méthode. *Par la formation des tableaux.* Voici le schéma des *quatre seuls cas* qui se présentent (sauf les cas de transition).

m	ρ (réalisant).	P (produit).	S (somme).	Conclusions sur les racines.	Figure interprétative.
	$-$	inutile	inutile	ima-ginaires	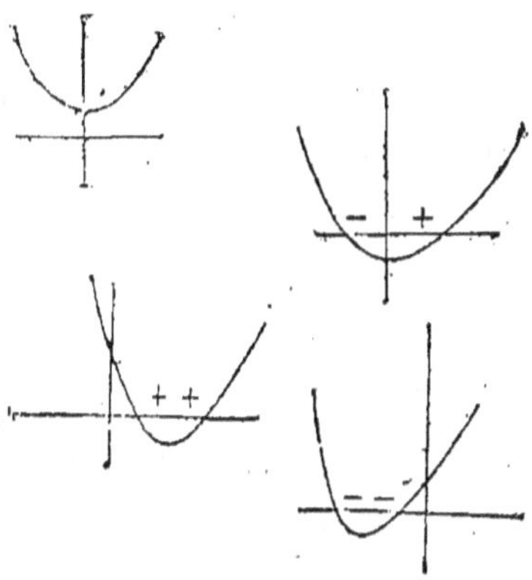
	$+$	$-$	inutile	signes contraires	
	$+$	$+$	$+$	positives	
	$+$	$+$	$-$	négatives	

Transitions à signaler. Quand ρ passe par zéro, les racines deviennent égales.

      $-$ $-$ Quand P passe par zéro, une racine change de signe.

      $-$ $-$ Quand S passe par zéro, les racines deviennent égales et de signes contraires.

Ces indications données, revenons au problème à résoudre. Nous avons
$$\rho = m^2 - 6m + 8 = (m-2)(m-4), \quad P = 4m - 7, \quad S = 2(m-1).$$

1ʳᵉ Méthode. Pour qu'il n'y ait qu'une racine positive, on doit avoir $P < 0$,

ou $\qquad\qquad 4m - 7 < 0; \quad$ d'où $\quad m < \dfrac{7}{4}.$

Lorsque m croît de $\dfrac{7}{4}$ à $+\infty$, la somme S étant positive, les deux racines seront positives, si elles sont réelles.

Donc $-\infty < m < \dfrac{7}{4}$ deux racines de signes contraires.

$\dfrac{7}{4} < m < 2$ deux racines positives.

$2 < m < 4$ racines imaginaires.

$4 < m < +\infty$ deux racines positives.

2e Méthode.

m	ρ	P	S	Conclusions.
$-\infty$				
	$+$	$-$		racines de signes contraires.
$\dfrac{7}{4}$				
	$+$	$+$	$+$	racines positives.
2				
	$-$			racines imaginaires.
4				
	$+$	$+$	$+$	racines positives.
$+\infty$				

Valeurs des racines pour $m = \pm\infty$. L'équation peut s'écrire en multipliant et divisant par m :

$$m\left[\frac{x^2}{m} - 2\left(1 - \frac{1}{m}\right)x + 4 - \frac{7}{m}\right] = 0.$$

Pour $m = \pm\infty$, la valeur du crochet est nulle, puisque le produit est nul ; on a donc l'équation $-2x + 4 = 0$, d'où $x = 2$.

272. Problème. *Étant donnée l'équation* $mx^2 - (1 - m)x + m - 1 = 0$ *on demande de discuter la nature et les signes des racines lorsque* m *varie de* $-\infty$ *à* $+\infty$.

1re Méthode. Nous avons :

$$\rho = -3m^2 + 2m + 1 = -3(m - 1)\left(m + \frac{1}{3}\right), \quad P = \frac{m-1}{m}, \quad S = \frac{1-m}{m}.$$

Réalité. La condition de réalité est $\rho \geq 0$; le premier terme de ρ ayant son coefficient négatif, m doit être intérieur aux racines 1 et $-\dfrac{1}{3}$.

Signes des racines. Pour qu'une racine seule soit positive, on doit avoir :

$$P < 0 \quad \text{ou} \quad \frac{m-1}{m} < 0; \quad \text{d'où} \quad 0 < m < 1.$$

Ainsi pour $0 < m < 1$, les racines sont de signes contraires ;

Pour $-\dfrac{1}{3} < m < 0$, la somme $\dfrac{1-m}{m}$ est négative ; les deux racines sont négatives.

Donc

$-\infty < m < -\dfrac{1}{3}$	racines imaginaires.
$m = -\dfrac{1}{3}$	$x' = x'' = -2.$
$-\dfrac{1}{3} < m < 0$	racines négatives.
$m = 0$	$x' = \infty, \ x'' = -1.$
$0 < m < 1$	racines de signes contraires.
$m = 1$	$x' = 0, \ x'' = 0.$
$1 < m < +\infty$	racines imaginaires.

2ᵉ Méthode.

m	ρ	P	S	Conclusions.
$-\infty$				
	$-$			imaginaires.
$-\dfrac{1}{3}$				$x'=x''=-2$.
	$+$	$+$	$-$	racines négatives.
0				$x'=\infty, \quad x''=-1$.
	$+$	$-$	$+$	racines de signes contraires.
1				$x'=0, \quad x''=0$.
	$-$			imaginaires.
$+\infty$				

Valeurs des racines pour $m=\pm\infty$. L'équation peut s'écrire :

$$m\left[x^2-\left(\frac{1}{m}-1\right)x+1-\frac{1}{m}\right]=0;$$

et pour $m=\pm\infty$, l'équation se réduit à $x^2+x+1=0$.

Cette équation a ses racines imaginaires, résultat qui pouvait se prévoir, puisque $\pm\infty$ est extérieur à l'intervalle $-\dfrac{1}{3}$ et 1, dans lequel m doit être compris pour que l'équation donnée ait ses racines réelles.

273. Problème. *Étant donnée l'équation*

$$(69+4m)x^2-15(9-m)x+25(4-m)=0,$$

on demande de discuter la nature et les signes des racines, lorsque m varie de $-\infty$ *à* $+\infty$.

1ʳᵉ Méthode. Nous avons $\rho=m^2+2m-15=(m-3)(m+5)$,

$$P=\frac{25(4-m)}{69+4m}, \quad S=\frac{15(9-m)}{69+4m}.$$

Réalité. La condition de réalité est $\rho\geqq 0$; le premier terme de ρ ayant son coefficient positif, m doit être extérieur aux racines 3 et -5.

Signes des racines. Pour qu'une racine seule soit positive, on doit avoir $P<0$,

ou $\dfrac{25(4-m)}{69+4m}<0$; d'où $-\infty<m<-\dfrac{69}{4}$, ou $4<m<+\infty$.

Lorsque m passe par $-\dfrac{69}{4}$, en croissant, la somme devenant positive, les deux racines deviennent positives, et elles restent positives jusqu'à ce que $m=4$.

Donc $\quad-\infty<m<-\dfrac{69}{4}\qquad$ racines de signes contraires.

$$m=-\frac{69}{4}\qquad x'=\infty, \quad x''=\frac{85}{63}.$$

$-\dfrac{69}{4}<m<-5\qquad$ racines positives.

$$m=-5\qquad x'=x''=\frac{15}{7}.$$

$-5<m<3\qquad$ racines imaginaires.

$$m = 3 \qquad\qquad x' = x'' = \frac{5}{9}.$$

$$3 < m < 4 \qquad\qquad \text{racines positives.}$$

$$m = 4 \qquad\qquad x' = \frac{15}{17}, \quad x'' = 0.$$

$$4 < m < +\infty \qquad\qquad \text{racines de signés contraires.}$$

2ᵉ Méthode.

m	ρ	P	S	Conclusions.
$-\infty$				
	$+$	$-$		racines de signes contraires.
$-\dfrac{69}{4}$				$x' = \infty, \quad x'' = \dfrac{85}{63}.$
	$+$	$+$	$+$	racines positives.
-5				$x' = x'' = \dfrac{15}{7}.$
	$-$			imaginaires.
3				$x' = x'' = \dfrac{5}{9}.$
	$+$	$+$	$+$	racines positives.
4				$x' = \dfrac{15}{17}, \quad x'' = 0.$
	$+$	$-$		racines de signes contraires.
$+\infty$				

Pour $x = \pm\infty$, l'équation devient $4x^2 + 15x - 25 = 0$, $x' = \dfrac{5}{4}$, $x'' = -5$.

274. Chacun des trois problèmes précédents revenait à exprimer qu'une ou deux racines étaient comprises entre zéro et l'infini.

Plus généralement, on demande d'exprimer qu'elles sont comprises entre deux nombres donnés α et β; c'est ce qui fait l'objet des deux problèmes suivants.

La question revient encore à la résolution des *inégalités simultanées;* on est donc ramené au problème VIII; il y a, par suite, deux méthodes pour résoudre ces cas.

1ʳᵉ Méthode. *Des subdivisions successives.* Après avoir déterminé les conditions de réalité, on applique une remarque analogue à celle que nous avons déjà signalée. Il faut commencer par exprimer qu'une seule racine est entre α et β; car cela donne une seule inégalité $f(\alpha)\, f(\beta) < 0$. En effet :

$$af(\alpha) < 0, \quad af(\beta) > 0; \quad \text{d'où} \quad f(\alpha)\, f(\beta) < 0,$$

tandis que pour exprimer qu'il y a deux racines entre α et β, il faut trois inégalités

$$af(\alpha) > 0, \quad af(\beta) > 0, \quad \alpha < \frac{S}{2} < \beta.$$

De plus, c'est le premier cas qui a lieu le plus souvent.

2ᵉ Méthode. *Par la formation des tableaux.* Voici le schéma des cas qui peuvent se présenter :

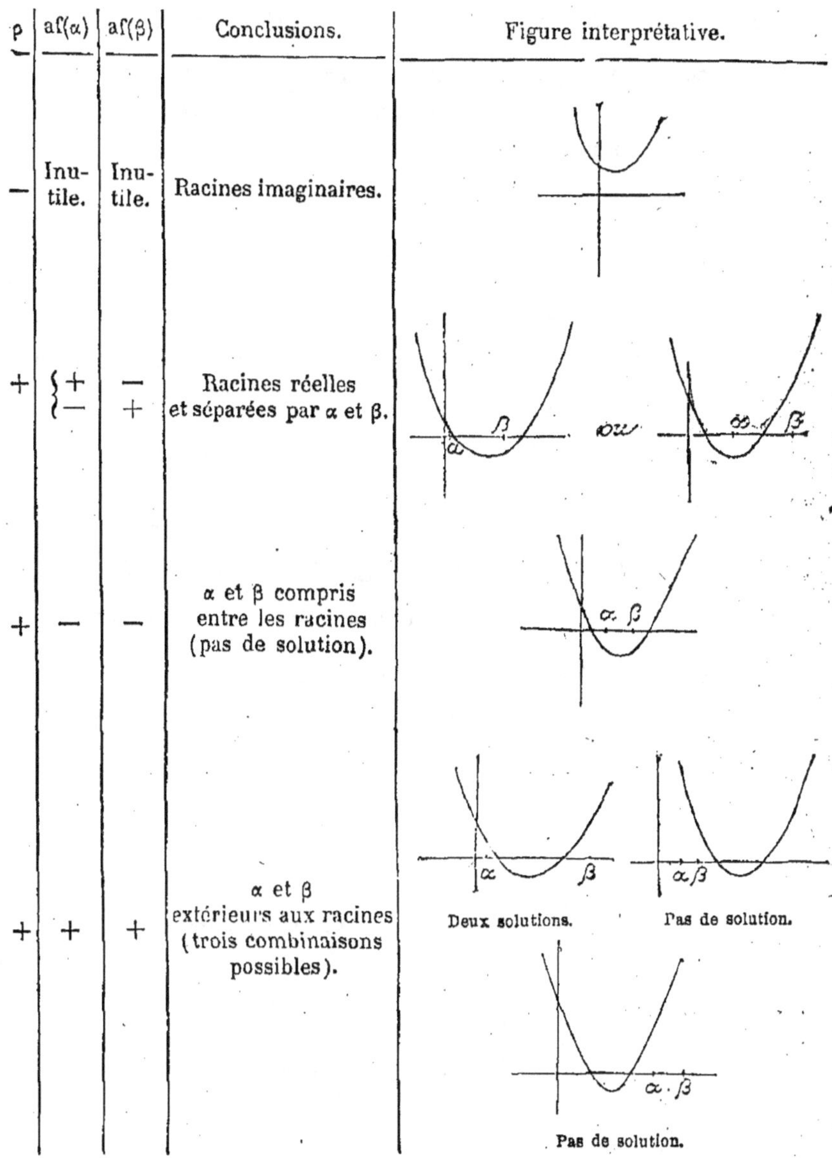

ρ	$af(\alpha)$	$af(\beta)$	Conclusions.	Figure interprétative.
—	Inu-tile.	Inu-tile.	Racines imaginaires.	
+	$\begin{cases} + \\ - \end{cases}$	$\begin{matrix} - \\ + \end{matrix}$	Racines réelles et séparées par α et β.	
+	—	—	α et β compris entre les racines (pas de solution).	
+	+	+	α et β extérieurs aux racines (trois combinaisons possibles).	

Transitions à signaler. $f(\alpha) = 0$ indique qu'une racine atteint la limite α.

$f(\beta) = 0$ indique qu'une racine atteint la limite β.

275. Problème. *On donne l'équation*

$$(12m + 7) x^2 - 3(14 - 3m) x + 11 - 3m = 0,$$

et l'on demande les valeurs qu'il faut attribuer à m :

1° *Pour que les racines soient réelles;*

2° *Pour que l'unité soit comprise entre les racines;*

3° *Enfin on résoudra l'équation pour* $m = \dfrac{5}{7}$. (Bacc., Grenoble.)

1° Les racines de cette équation sont réelles lorsque le réalisant

$$\rho = 9(14 - 3m)^2 - 4(12m + 7)(11 - 3m) \geqq 0.$$

En réduisant, on obtient $225m^2 - 1200m + 1456 \geqq 0$;

les racines sont $\qquad m' = \dfrac{52}{15}$ et $m'' = \dfrac{28}{15}$.

Donc les racines sont réelles, lorsque m est compris entre $-\infty$ et $\dfrac{28}{15}$, ou entre $\dfrac{52}{15}$ et $+\infty$.

2° Pour que 1 soit comprise entre les racines, il faut et il suffit que le résultat de la substitution de 1 à la place de x dans l'équation soit de signe contraire au coefficient $12m + 7$, c'est-à-dire que l'on ait :

$$(12m + 7)(18m - 24) < 0, \quad \text{car} \quad f(1) = 18m - 24;$$

on peut écrire $6(12m + 7)(3m - 4) < 0$, d'où $-\dfrac{7}{12} < m < \dfrac{4}{3}$.

Les valeurs de m comprises entre $-\dfrac{7}{12}$ et $\dfrac{4}{3}$ répondent à la question.

3° Si l'on fait $m = \dfrac{5}{7}$, l'équation devient $109x^2 - 249x + 62 = 0$.

En la résolvant, on trouve $x' = 2$ et $x'' = \dfrac{31}{109}$.

Pour le 2° on peut donner le tableau suivant :

m	ρ	$af(\alpha)$	Conclusions.
$-\infty$			
	$+$	$+$	
$-\dfrac{7}{12}$			
	$+$	$-$	Ces valeurs conviennent.
$\dfrac{4}{3}$			
	$+$	$+$	
$\dfrac{28}{15}$			
	$-$		Imaginaires.
$\dfrac{52}{15}$			
	$+$	$+$	
$+\infty$			

276. Problème. *Quelles conditions doit remplir* m *pour que* $-\dfrac{1}{2}$ *soit compris entre les racines de l'équation*

$$x(x + 1)(m^2 + 3m + 3) + m^2 = 0?$$

L'équation peut s'écrire :

$$x^2(m^2 + 3m + 3) + x(m^2 + 3m + 3) + m^2 = 0.$$

Les racines de cette équation sont réelles, si l'on a :

$$\rho = (m^2 + 3m + 3)^2 - 4m^2(m^2 + 3m + 3) \geqq 0,$$

ou
$$\rho = (m^2 + 3m + 3)(-3m^2 + 3m + 3) \geqq 0.$$

1re Méthode. Le trinôme $m^2 + 3m + 3$ est toujours positif, car il a ses racines imaginaires.

Les racines seront réelles si $-3m^2 + 3m + 3 \geqq 0$ ou $m^2 - m - 1 \leqq 0$.

Les racines de ce dernier trinôme sont $m = \dfrac{1 \pm \sqrt{5}}{2}$; m peut varier entre

les racines
$$\frac{1 - \sqrt{5}}{2} \leqq m \leqq \frac{1 + \sqrt{5}}{2}.$$

Le terme en x^2 de l'équation donnée ayant un coefficient toujours positif, pour que $-\dfrac{1}{2}$ soit intérieur aux racines, il faut et il suffit que $f\left(-\dfrac{1}{2}\right)$ soit négatif, c'est-à-dire que l'on ait :

$$\frac{1}{4}(m^2 + 3m + 3) - \frac{1}{2}(m^2 + 3m + 3) + m^2 < 0,$$

ou
$$\frac{3}{4}(m^2 - m - 1) < 0.$$

C'est le même trinôme que précédemment. Donc pour que $-\dfrac{1}{2}$ soit intérieur aux racines de l'équation, il faut prendre m intérieur aux racines du trinôme
$$m^2 - m - 1,$$

$$\frac{1 - \sqrt{5}}{2} \leqq m \leqq \frac{1 + \sqrt{5}}{2}.$$

2e Méthode.

m	ρ	$af(\alpha)$	Conclusions.
$-\infty$			
	$-$		Racines imaginaires.
$\dfrac{1 - \sqrt{5}}{2}$			Les valeurs de m comprises entre
	$+$	$-$	$\dfrac{1 - \sqrt{5}}{2}$ et $\dfrac{1 + \sqrt{5}}{2}$
$\dfrac{1 + \sqrt{5}}{2}$			conviennent à la question.
	$-$		Racines imaginaires.
$+\infty$			

277. Problème. *Étant donnée l'équation* $x^2 - 2mx - (1 - m^2) = 0$, *déterminer les limites entre lesquelles doit être comprise une valeur numérique attribuée à* **m**, *pour que les racines soient elles-mêmes comprises toutes les deux entre* -2 *et* $+4$. (Bacc., Paris.)

Les racines sont toujours réelles, puisque $\rho = m^2 + 1 - m^2 = 1$.

Pour exprimer qu'une seule racine est comprise entre -2 et 4, formons $f(-2)$ et $f(4)$, puis le produit $f(-2) f(4)$, et écrivons que ce produit est négatif (n° 257) :

$$f(-2) = m^2 + 4m + 3, \quad f(4) = m^2 - 8m + 15.$$

On doit avoir
$$(m^2 + 4m + 3)(m^2 - 8m + 15) < 0,$$

ou
$$(m + 3)(m + 1)(m - 3)(m - 5) < 0 \qquad\qquad (1)$$

l'inégalité (1) est satisfaite pour

$$3 < m < 5 \quad \text{ou} \quad -3 < m < -1.$$

Nous aurons deux racines ou zéro dans les autres intervalles, c'est-à-dire pour

$$m > 5, \quad -1 < m < 3 \quad \text{et} \quad m < -3. \tag{2}$$

Pour que les deux racines soient inférieures à 4, il faut encore que leur demi-somme soit plus petite que 4, ou $m < 4$.

Pour que les deux racines soient supérieures à -2, il faut aussi que leur demi-somme soit plus grande que -2, ou $m > -2$.

Donc, des intervalles (2) nous ne devons conserver que celui du milieu :

$$-1 < m < 3.$$

2ᵉ Méthode. Pour la formation du tableau, il faut former .

$$\rho = 1, \quad af(\alpha) = f(-2), \quad af(\beta) = f(4),$$
$$f(-2) = m^2 + 4m + 3 = (m+3)(m+1),$$
$$f(4) = m^2 - 8m + 15 = (m-3)(m-5).$$

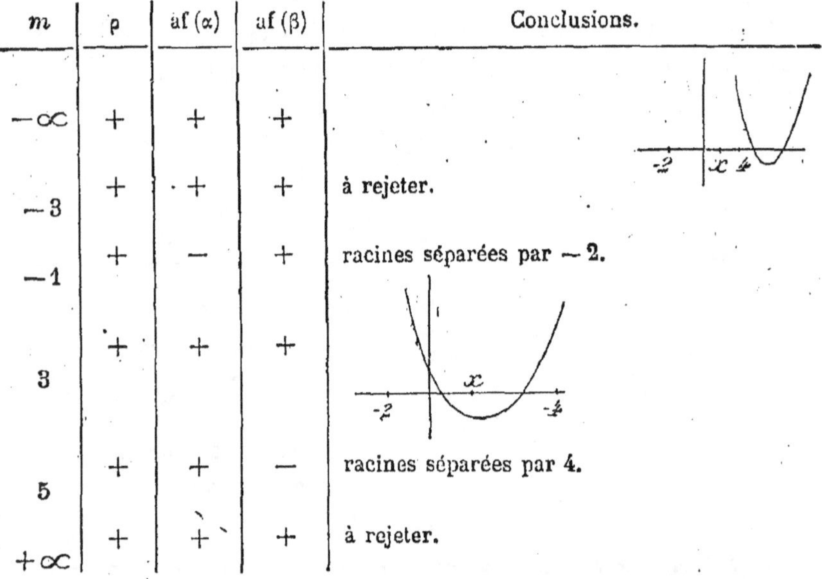

m	ρ	$af(\alpha)$	$af(\beta)$	Conclusions.
$-\infty$	$+$	$+$	$+$	
-3	$+$	$+$	$+$	à rejeter.
-1	$+$	$-$	$+$	racines séparées par -2.
3	$+$	$+$	$+$	
5	$+$	$+$	$-$	racines séparées par 4.
$+\infty$	$+$	$+$	$+$	à rejeter.

Les deux racines devant être inférieures à 4, leur demi-somme doit être plus petite que 4, $m < 4$; de même leur demi-somme doit être plus grande que -2, $m > -2$. On voit que les intervalles $-\infty$ à -3 et 5 à $+\infty$ sont à rejeter; il reste seulement l'intervalle -1 à 3, car les intervalles -3 à -1 et 3 à 5 ne comprennent qu'une racine.

278. Problème. *Quelles valeurs faut-il donner à* m *pour que le trinôme*

$$mx^2 + (m-1)x + m - 1$$

soit négatif, quel que soit x ? (Bacc. ès sciences, Paris.)

Un trinôme garde toujours le signe de son premier terme, lorsqu'il a ses racines imaginaires; il faudra donc que le trinôme proposé ait son premier terme négatif, et que ses racines soient imaginaires, c'est-à-dire que l'on ait :

$$m < 0 \quad \text{et} \quad \rho = (m-1)^2 - 4m(m-1) < 0, \quad (m-1)(m-1-4m) < 0,$$

ou
$$m < 0 \quad \text{et} \quad (m-1)(-3m-1) < 0.$$

Les racines sont $-\dfrac{1}{3}$ et 1; par suite, m pourra varier de

$$-\infty \quad \text{à} \quad -\frac{1}{3}.$$

CHAPITRE VI

ÉQUATIONS QUI SE RAMÈNENT AU SECOND DEGRÉ

§ I. — Équations réciproques.

279. Définition. On appelle *équation réciproque* une équation dont les racines prises deux à deux ont pour produit l'unité.

Si le produit des racines deux à deux est égal à -1, l'équation est quelquefois dite *réciproque de seconde espèce*.

Dans le premier cas, l'équation ayant pour racines deux nombres inverses l'un de l'autre est identique à l'équation obtenue en changeant x en $\dfrac{1}{x}$; ou, plus simplement, une équation réciproque est identique à sa transformée en $\dfrac{1}{x}$. L'équation réciproque de seconde espèce est identique à sa transformée en $-\dfrac{1}{x}$.

280. Conditions pour que l'équation du second degré soit réciproque.

1° *Réciproque de première espèce.* Le produit des racines doit être égal à 1, c'est-à-dire que l'on doit avoir :

$$\frac{c}{a} = 1 \quad \text{ou} \quad c = a.$$

L'équation est donc $\quad ax^2 + bx + a = 0,$

ou, si elle est incomplète, $\quad ax^2 + a = 0.$

2° *Réciproque de seconde espèce.* Le produit des racines doit être égal à -1, c'est-à-dire que l'on doit avoir :

$$\frac{c}{a} = -1 \quad \text{ou} \quad c = -a.$$

L'équation est donc $\quad ax^2 + bx - a = 0$,

ou, si elle est incomplète, $\quad ax^2 - a = 0$.

281. Conditions pour qu'une équation du troisième degré soit réciproque.

1° *Réciproque de première espèce.* Soit l'équation

$$ax^3 + bx^2 + cx + d = 0. \tag{1}$$

L'équation (1) doit être identique à sa transformée en $\dfrac{1}{x}$, c'est-à-dire que les équations

$$ax^3 + bx^2 + cx + d = 0,$$

$$\frac{a}{x^3} + \frac{b}{x^2} + \frac{c}{x} + d = 0,$$

ou $\qquad dx^3 + cx^2 + bx + a = 0$

doivent avoir les mêmes racines ; pour cela il faut que les coefficients des mêmes puissances de l'inconnue soient proportionnels, c'est-à-dire que l'on ait : $\quad \dfrac{a}{d} = \dfrac{b}{c} = \dfrac{c}{b} = \dfrac{d}{a}$.

Les rapports extrêmes donnent $\quad d^2 = a^2 \quad$ ou $\quad d = \pm a$.

Si $\ d = a$, le rapport $\ \dfrac{b}{c} = 1$, $\qquad$ d'où $\ c = b$.

Si $d = -a$, le rapport $\ \dfrac{b}{c} = -1$, $\quad$ d'où $\ c = -b$.

On a donc les deux formes d'équations réciproques de première espèce $\qquad ax^3 + bx^2 + bx + a = 0$,

$$ax^3 + bx^2 - bx - a = 0.$$

2° *Réciproque de seconde espèce.* Les deux équations

$$ax^3 + bx^2 + cx + d = 0,$$

$$-\frac{a}{x^3} + \frac{b}{x^2} - \frac{c}{x} + d = 0,$$

ou $\qquad dx^3 - cx^2 + bx - a = 0,$

doivent avoir les mêmes racines ; pour cela il faut que l'on ait :

$$\frac{a}{d} = \frac{-b}{c} = \frac{c}{b} = \frac{-d}{a}.$$

Les rapports extrêmes donnent $a^2 + d^2 = 0$. Cette condition ne peut pas être réalisée, puisque a est différent de zéro, l'équation étant du troisième degré ; il n'y a donc pas d'équation du troisième degré réciproque de seconde espèce. En général, il n'y en a pas de degré *impair*.

282. Résolution de l'équation réciproque du troisième degré.

Les équations que nous avons obtenues sont :

$$ax^3 + bx^2 + bx + a = 0, \qquad (1)$$

$$ax^3 + bx^2 - bx - a = 0. \qquad (2)$$

L'équation (1) peut s'écrire :

$$a(x^3 + 1) + bx(x + 1) = 0,$$

ou
$$(x + 1)\left[ax^2 - (a - b)x + a\right] = 0.$$

Les racines sont $x = -1$ et $x = \dfrac{a - b \pm \sqrt{(a - b)^2 - 4a^2}}{2a}$

L'équation (2) peut s'écrire :

$$a(x^3 - 1) + bx(x - 1) = 0,$$

ou
$$(x - 1)\left[ax^2 + (a + b)x + a\right] = 0.$$

Les racines sont $x = 1$ et $x = \dfrac{-(a + b) \pm \sqrt{(a + b)^2 - 4a^2}}{2a}.$

283. Conditions pour qu'une équation du quatrième degré soit réciproque.

1° *Réciproque de première espèce.* Soit l'équation

$$ax^4 + bx^3 + cx^2 + dx + e = 0. \qquad (1)$$

L'équation (1) doit être identique à sa transformée en $\dfrac{1}{x}$, c'est-à-dire que les équations

$$ax^4 + bx^3 + cx^2 + dx + e = 0,$$

$$\frac{a}{x^4} + \frac{b}{x^3} + \frac{c}{x^2} + \frac{d}{x} + e = 0,$$

ou
$$ex^4 + dx^3 + cx^2 + bx + a = 0$$

doivent avoir les mêmes racines. On doit donc avoir :

$$\frac{a}{e} = \frac{b}{d} = \frac{c}{c} = \frac{d}{b} = \frac{e}{a}.$$

Il peut se présenter deux cas, selon que $c \neq 0$ ou $c = 0$.

Si $c \neq 0$, le rapport $\frac{c}{c} = 1$; par suite, $\frac{a}{e} = 1$, $\frac{b}{d} = 1$, d'où $e = a$, $d = b$. L'équation est alors :

$$ax^4 + bx^3 + cx^2 + bx + a = 0.$$

Si $c = 0$, le terme en x^2 manque dans l'équation, et la suite des rapports égaux devient :

$$\frac{a}{e} = \frac{b}{d} = \frac{d}{b} = \frac{e}{a}.$$

Les rapports extrêmes donnent $e = \pm a$, et alors $d = \pm b$.

On a, dans ce cas, les deux équations :

$$ax^4 + bx^3 + bx + a = 0,$$
$$ax^4 + bx^3 - bx - a = 0.$$

2° *Réciproque de seconde espèce.* En remplaçant dans (1) x par $-\frac{1}{x}$, on a les deux équations :

$$ax^4 + bx^3 + cx^2 + dx + e = 0,$$
et
$$ex^4 - dx^3 + cx^2 - bx + a = 0,$$

qui doivent avoir les mêmes racines ; il en est ainsi lorsque

$$\frac{a}{e} = -\frac{b}{d} = \frac{c}{c} = -\frac{d}{b} = \frac{e}{a}.$$

Si $c \neq 0$, on a $e = a$, $d = -b$; il en résulte l'équation

$$ax^4 + bx^3 + cx^2 - bx + a = 0.$$

Si $c = 0$, on a $e = a$, $d = -b$ et $e = -a$, $d = b$; il en résulte les deux équations : $ax^4 + bx^3 - bx + a = 0,$

$$ax^4 + bx^3 + bx - a = 0.$$

284. Résolution de l'équation réciproque du quatrième degré.

Première espèce. Soit l'équation $ax^4 + bx^3 + cx^2 + bx + a = 0$.

En groupant les termes qui ont le même coefficient, on a :

$$a(x^4 + 1) + b(x^3 + x) + cx^2 = 0.$$

Si l'on divise par x^2, il vient :

$$a\left(x^2 + \frac{1}{x^2}\right) + b\left(x + \frac{1}{x}\right) + c = 0;$$

et en posant
$$x + \frac{1}{x} = y, \qquad (1)$$

on en tire
$$x^2 + \frac{1}{x^2} = y^2 - 2.$$

En substituant, on a :

$$a(y^2 - 2) + by + c = 0,$$

ou
$$ay^2 + by + c - 2a = 0,$$

$$\frac{y'}{y''} = \frac{-b \pm \sqrt{b^2 - 4a(c - 2a)}}{2a}.$$

Ces valeurs portées dans la relation (1) donnent :

$$x + \frac{1}{x} = y' \quad \text{et} \quad x + \frac{1}{x} = y''.$$

Ces deux équations fournissent les quatre racines de l'équation donnée.

EXEMPLE : Résoudre l'équation $4x^4 - 9x^3 - 26x^2 - 9x + 4 = 0$.

On a:
$$4(x^4 + 1) - 9(x^3 + x) - 26x^2 = 0,$$

ou
$$4\left(x^2 + \frac{1}{x^2}\right) - 9\left(x + \frac{1}{x}\right) - 26 = 0.$$

Posant $\quad x + \frac{1}{x} = y, \quad$ on a $\quad x^2 + \frac{1}{x^2} = y^2 - 2;$

par suite,
$$4(y^2 - 2) - 9y - 26 = 0,$$

ou
$$4y^2 - 9y - 34 = 0.$$

$$y' = \frac{17}{4}, \qquad y'' = -2.$$

$$x + \frac{1}{x} = \frac{17}{4} \quad \text{et} \quad x + \frac{1}{x} = -2.$$

$$4x^2 - 17x + 4 = 0 \quad \text{et} \quad x^2 + 2x + 1 = 0.$$

$$x' = 4, \quad x'' = \frac{1}{4}, \quad x_1' = -1, \quad x_1'' = -1.$$

285. *Deuxième espèce.* Nous prenons l'équation suivante :

$$ax^4 + bx^3 - bx + a = 0,$$

ou
$$a(x^4 + 1) + b(x^3 - x) = 0;$$

en divisant par x^2, il vient :

$$a\left(x^2 + \frac{1}{x^2}\right) + b\left(x - \frac{1}{x}\right) = 0.$$

Si l'on pose $\quad x - \dfrac{1}{x} = y \quad (1), \quad$ on tire $\quad x^2 + \dfrac{1}{x^2} = y^2 + 2$;

par suite, $\quad a(y^2 + 2) + by = 0 \quad$ ou $\quad ay^2 + by + 2a = 0,$

$$\begin{matrix} y' \\ y'' \end{matrix} = \frac{-b \pm \sqrt{b^2 - 8a^2}}{2a} .$$

Ces valeurs, portées dans la relation (1), donneront les quatre racines.

286. Résolution de l'équation réciproque du cinquième degré.

On verrait, comme précédemment, que ces équations ont l'une ou l'autre des deux formes :

$$ax^5 + bx^4 + cx^3 + cx^2 + bx + a = 0, \qquad (1)$$

$$ax^5 + bx^4 + cx^3 - cx^2 - bx - a = 0. \qquad (2)$$

Première forme. Le premier membre de l'équation (1) est divisible par $(x + 1)$; on a :

$$(x + 1)\left[ax^4 + (b - a)x^3 + (a + c - b)x^2 + (b - a)x + a\right] = 0 ;$$

par suite, les racines de l'équation proposée seront fournies par la résolution des deux équations

$$x + 1 = 0 \text{ et } ax^4 + (b - a)x^3 + (a + c - b)x^2 + (b - a)x + a = 0.$$

La première donne $x = -1$, et la seconde est une équation réciproque du quatrième degré que nous savons résoudre.

Deuxième forme. Le premier membre de l'équation (2) est divisible par $(x - 1)$, on a :

$$(x - 1)\left[ax^4 + (a + b)x^3 + (a + b + c)x^2 + (a + b)x + a\right] = 0 ;$$

l'équation proposée est donc décomposée en deux équations que nous savons résoudre.

EXEMPLE : Résoudre $\quad 12x^5 - 8x^4 - 45x^3 + 45x^2 + 8x - 12 = 0.$

On a : $\qquad\qquad (x - 1)(12x^4 + 4x^3 - 41x^2 + 4x + 12) = 0 ;$

par suite, $\qquad x - 1 = 0 \quad$ et $\quad 12x^4 + 4x^3 - 41x^2 + 4x + 12 = 0.$

La première donne $\quad x = 1,\quad$ la seconde peut s'écrire :

$$12\left(x^2 + \frac{1}{x^2}\right) + 4\left(x + \frac{1}{x}\right) - 41 = 0.$$

En posant $x + \dfrac{1}{x} = y,$ on trouve, comme précédemment, les valeurs suivantes : $\quad x = 1, \quad x' = -2, \quad x'' = -\dfrac{1}{2}, \quad x_1' = \dfrac{3}{2}, \quad x_1'' = \dfrac{2}{3}.$

§ II. — Équations binômes.

287. Définition. On appelle équation binôme une équation entière qui n'a que deux termes ; elle est de la forme

$$ax^p + bx^q = 0. \qquad (1)$$

Soit $p > q$; on met x^q en facteur, et l'on a :

$$x^q(ax^{p-q} + b) = 0.$$

L'équation se dédouble en

$$x^q = 0 \quad \text{et} \quad ax^{p-q} + b = 0. \qquad (2)$$

Résolution. L'équation (1) admet d'abord q fois la racine $x = 0$, puis les racines de (2) ; or l'équation (2) peut s'écrire :

$$x^{p-q} + \frac{b}{a} = 0.$$

Posons $p - q = m$, et soit A la valeur absolue de $\frac{b}{a}$; l'équation précédente est suivant le signe de $\frac{b}{a}$:

$$x^m \pm A = 0. \qquad (3)$$

Si α est une racine m^e de A, on a $\alpha^m = A$, et (3) devient :

$$x^m \pm \alpha^m = 0. \qquad (4)$$

Pour résoudre cette équation, prenons pour inconnue auxiliaire y,

en posant $\quad x = \alpha y,\quad$ d'où $\quad x^m = \alpha^m y^m$;

par suite, $\quad \alpha^m y^m \pm \alpha^m = 0\quad$ ou $\quad \alpha^m(y^m \pm 1) = 0,$

et en divisant par α^m, on est ramené à résoudre une équation binôme

de la forme $\qquad y^m \pm 1 = 0. \qquad (5)$

Telle est la forme réduite de l'équation binôme ; les racines de l'équation (5) étant trouvées, on aura toutes les racines de l'équation (2) en multipliant celles de (5) par α.

On peut donc conclure que lorsqu'on connaît la racine arithmétique m^e d'un nombre A, on peut trouver ses m racines algébriques en multipliant la racine arithmétique par les m racines algébriques de l'unité.

L'algèbre élémentaire ne s'occupe que des équations binômes pouvant se résoudre à l'aide des équations précédemment étudiées.

288. Applications. 1° Équations du 2° degré. Soit à résoudre :

$$x^2 - 1 = 0 \quad \text{et} \quad x^2 + 1 = 0.$$

Pour la première on a : $(x+1)(x-1)=0$ et $x=\pm 1$.

Pour la seconde, $x^2+1=0$ et $x=\pm\sqrt{-1}$.

2° Équations du 3° degré. Soit à résoudre :

$$x^3-1=0 \quad \text{et} \quad x^3+1=0.$$

1° $x^3-1=0$; le premier membre est divisible par $x-1$; par suite, on aura :
$$(x-1)(x^2+x+1)=0;$$

d'où
$$x-1=0 \quad \text{et} \quad x^2+x+1=0,$$

$$x=1 \quad \text{et} \quad x=\frac{-1\pm\sqrt{-3}}{2}.$$

On a ainsi les trois racines cubiques de l'unité, lesquelles jouissent de la propriété suivante : une des racines imaginaires est égale au carré de l'autre, de sorte qu'en représentant par α l'une des racines imaginaires, les trois racines sont :
$$\alpha, \; \alpha^2, \; \alpha^3,$$

α^3 étant égal à 1.

2° L'équation $x^3+1=0$ est la transformée en $(-x)$ de $x^3-1=0$; donc les racines de $x^3+1=0$ sont :

$$x_1=-1, \quad x_2=\frac{1-\sqrt{-3}}{2} \quad \text{et} \quad x_3=\frac{1+\sqrt{-3}}{2}.$$

On pourrait aussi l'écrire $(x+1)(x^2-x+1)=0$, et l'on trouverait le même résultat.

3° Équations du 4° degré. Soit à résoudre :
$$x^4-1=0 \quad \text{et} \quad x^4+1=0.$$

1° On a $x^4-1=(x^2-1)(x^2+1)=0$, et l'on est ramené à un cas précédent.

2° Pour résoudre $x^4+1=0$,   on ajoute et on retranche $2x^2$;
on a :
$$x^4+2x^2+1-2x^2=0,$$

ou
$$(x^2+1)^2-2x^2=0,$$

ce qui donne
$$(x^2+x\sqrt{2}+1)(x^2-x\sqrt{2}+1)=0.$$

Cette équation se dédouble en
$$x^2+x\sqrt{2}+1=0 \quad \text{et} \quad x^2-x\sqrt{2}+1=0,$$

$$x=\frac{-\sqrt{2}\pm\sqrt{-2}}{2} \quad \text{et} \quad x=\frac{\sqrt{2}\pm\sqrt{-2}}{2}.$$

On obtient ainsi *les* quatre racines de cette équation.

4° Équations du 5° degré. Soit à résoudre :
$$x^5-1=0 \quad \text{et} \quad x^5+1=0.$$

1° $x^5-1=0$. Le premier membre est divisible par $x-1$;
on a :
$$x^5-1=(x-1)(x^4+x^3+x^2+x+1)=0;$$

par suite,
$$x-1=0, \quad \text{d'où} \quad x=1$$

et
$$x^4+x^3+x^2+x+1=0,$$

équation réciproque.

On peut l'écrire en divisant par x^2 et groupant les termes :

$$x^2+\frac{1}{x^2}+x+\frac{1}{x}+1=0;$$

d'où $x = \dfrac{\sqrt{5} - 1 \pm \sqrt{-2(5 + \sqrt{5})}}{4} = \dfrac{\sqrt{5} - 1 \pm \sqrt{10 + 2\sqrt{5}}\,\sqrt{-1}}{4},$

et $x = \dfrac{-(\sqrt{5} + 1) \pm \sqrt{-2(5 - \sqrt{5})}}{4} = \dfrac{-\sqrt{5} - 1 \pm \sqrt{10 - 2\sqrt{5}}\,\sqrt{-1}}{4}.$

$2°$ L'équation $x^5 + 1 = 0$ est la transformée en $(-x)$ de $x^5 - 1 = 0$; donc les racines sont les mêmes changées de signes, c'est-à-dire

$$x = -1, \quad x = \dfrac{1 - \sqrt{5} \mp \sqrt{-2(5 + \sqrt{5})}}{4},$$

et $\qquad x = \dfrac{\sqrt{5} + 1 \mp \sqrt{-2(5 - \sqrt{5})}}{4}.$

On pourrait aussi écrire :

$$x^5 + 1 = (x + 1)(x^4 - x^3 + x^2 - x + 1) = 0,$$

et continuer comme précédemment.

$5°$ **Équations du 6e degré.** Soit à résoudre :

$$x^6 - 1 = 0 \quad \text{et} \quad x^6 + 1 = 0.$$

$1°$ $x^6 - 1 = 0$. Le premier membre peut s'écrire $(x^3 - 1)(x^3 + 1)$, d'où

$$x^6 - 1 = (x^3 + 1)(x^3 - 1) = 0;$$

l'équation se dédouble, et l'on est ramené à deux équations $x^3 - 1 = 0$ et $x^3 + 1 = 0$, déjà résolues.

Les six racines sont :

$$x = \pm 1, \quad x = \dfrac{-1 \pm \sqrt{-3}}{2} \quad \text{et} \quad x = \dfrac{1 \pm \sqrt{-3}}{2}.$$

$2°$ L'équation $x^6 + 1 = 0$ est la transformée en $(x\sqrt{-1})$ de l'équation $x^6 - 1 = 0$; en effet, si l'on remplace dans cette dernière x par $x\sqrt{-1}$,

on a : $\qquad (x\sqrt{-1})^6 - 1 = 0, \quad \text{ou} \quad x^6 (\sqrt{-1})^4 (\sqrt{-1})^2 - 1 = 0;$

or $\qquad (\sqrt{-1})^4 = 1 \quad \text{et} \quad (\sqrt{-1})^2 = -1; \text{ donc } -x^6 - 1 = 0$

ou $\qquad\qquad\qquad x^6 + 1 = 0.$

Il suffira de multiplier les six racines de $x^6 - 1 = 0$ par $\sqrt{-1}$ pour avoir celles de l'équation $x^6 + 1 = 0$.

On pourrait aussi résoudre l'équation $x^6 + 1 = 0$ en la décomposant en facteurs, car $x^6 + 1$ est divisible par $x^2 + 1$; par suite,

$$x^6 + 1 = (x^2 + 1)(x^4 - x^2 + 1) = 0.$$

On arrive ainsi à deux équations que l'on sait résoudre.

$6°$ **Équations du 8e degré.** Soit à résoudre :

$$x^8 - 1 = 0 \quad \text{et} \quad x^8 + 1 = 0.$$

$1°$ $x^8 - 1 = 0$. On a $x^8 - 1 = (x^4 - 1)(x^4 + 1) = 0$.

Et l'on est ramené à deux équations déjà résolues.

$2°$ Pour résoudre $x^8 + 1 = 0$, on ajoute et on retranche $2x^4$; on a :

$$x^8 + 1 = (x^8 + 2x^4 + 1) - 2x^4 = (x^4 + 1)^2 - 2x^4 = 0.$$

En décomposant en facteurs, on trouve :

$$(x^4 + x^2\sqrt{2} + 1)(x^4 - x^2\sqrt{2} + 1) = 0.$$

Et l'on est ramené à la résolution de deux équations bicarrées :

$$x^4 + x^2\sqrt{2} + 1 = 0 \quad \text{et} \quad x^4 - x^2\sqrt{2} + 1 = 0,$$

$$x = \pm\sqrt{\frac{-\sqrt{2} \pm \sqrt{-2}}{2}} \quad \text{et} \quad x = \pm\sqrt{\frac{\sqrt{2} \pm \sqrt{-2}}{2}}.$$

Remarque. On pourrait obtenir d'une manière analogue toutes les racines des équations $\quad x^{10} \pm 1 = 0, \quad x^{12} \pm 1 = 0 \quad \text{et} \quad x^{16} \pm 1 = 0.$

§ III. — Équations trinômes.

289. Définition. On appelle équation trinôme une équation entière qui contient trois termes ; elle est de la forme

$$ax^p + bx^q + cx^r = 0. \tag{1}$$

Cette équation peut être résolue dans le cas où les exposants p, q, r, sont en progression arithmétique.

En effet, soit n la raison de cette progression.

On a :
$$p = q + n,$$
$$q = r + n;$$

d'où, par addition, $\quad p = r + 2n.$

L'équation (1) peut s'écrire :

$$ax^{2n+r} + bx^{n+r} + cx^r = 0,$$

ou $\qquad x^r (ax^{2n} + bx^n + c) = 0. \tag{2}$

Cette équation se dédouble en $x^r = 0$;   d'où $x = 0,$

et $\qquad ax^{2n} + bx^n + c = 0.$

Pour résoudre cette dernière, on pose :

$$x^n = z, \quad \text{d'où} \quad x^{2n} = z^2,$$

et l'équation devient

$$az^2 + bz + c = 0;$$

d'où $\qquad z \quad \text{ou} \quad x^n = \dfrac{-b \pm \sqrt{b^2 - 4ac}}{2a}.$

On est ramené à résoudre les deux équations binômes :

$$x^n = \frac{-b + \sqrt{b^2 - 4ac}}{2a} \quad \text{et} \quad x^n = \frac{-b - \sqrt{b^2 - 4ac}}{2a}.$$

Remarque. L'équation bicarrée n'est qu'un cas particulier de l'équation trinôme.

Applications. 1° Soit à résoudre l'équation

$$x^6 - 72x^3 + 512 = 0.$$

On pose $x^3 = z$, d'où $x^6 = z^2$, l'équation devient :

$$z^2 - 72z + 512 = 0,$$

$$z \text{ ou } x^3 = 36 \pm \sqrt{1296 - 512} = 36 \pm 28,$$

$$x'^3 = 64 \quad \text{et} \quad x''^3 = 8.$$

On est ramené à résoudre les deux équations binômes :

$$x^3 - 64 = 0 \quad \text{et} \quad x^3 - 8 = 0.$$

Les racines cubiques de 64 et de 8 sont 4 et 2; donc, en multipliant par ces nombres les racines cubiques *algébriques* de l'unité,

$$1, \qquad \frac{-1 + \sqrt{-3}}{2}, \qquad \frac{-1 - \sqrt{-3}}{2},$$

on aura les six racines de l'équation proposée :

$$x_1 = 4, \qquad\qquad\qquad x_4 = 2,$$
$$x_2 = 2(-1 + \sqrt{-3}), \qquad\qquad x_5 = -1 + \sqrt{-3},$$
$$x_3 = 2(-1 - \sqrt{-3}), \qquad\qquad x_6 = -1 - \sqrt{-3}.$$

2° Soit à résoudre l'équation $\quad x^8 - 97x^4 + 1296 = 0.$

On pose $\qquad\qquad x^4 = z$, d'où $x^8 = z^2$;

par suite, $\qquad\qquad z^2 - 97z + 1296 = 0,$

et $\qquad z \text{ ou } x^4 = \dfrac{97 \pm \sqrt{9409 - 5184}}{2} = \dfrac{97 \pm 65}{2} = 81 \text{ et } 16.$

On a à résoudre les deux équations binômes :

$$x^4 - 81 = 0 \quad \text{et} \quad x^4 - 16 = 0,$$

qui fournissent les huit racines de l'équation proposée.

En effet, l'équation $x^4 - 81 = 0$ est de la forme $x^m - A = 0$;

on pose $\qquad\qquad \alpha = \sqrt[m]{A} \quad \text{ou} \quad \alpha = \sqrt[4]{81} = 3;$

l'équation devient $\quad y^4 - 1 = 0,$ d'où $y = \pm 1$ et $y = \pm \sqrt{-1}.$

On aura $\qquad\qquad x = \pm 3$ et $x = \pm 3\sqrt{-1}.$

De même $x^4 - 16 = 0$ se ramène à $y^4 - 1 = 0$ avec $\alpha = 2.$

$$x = \pm 2 \quad \text{et} \quad x = \pm 2\sqrt{-1}.$$

§ IV. — Équations se résolvant à l'aide d'une inconnue auxiliaire.

On rencontre parfois des équations qui ne se ramènent que difficilement à l'équation du second degré ; pour résoudre ces équations, on est conduit à des calculs pénibles et qui sont, par suite, autant de causes d'erreur ; on parvient souvent à résoudre de telles équations à l'aide d'artifices de calcul, et surtout par l'emploi d'inconnues auxiliaires. C'est d'ailleurs ce que nous avons fait pour les équations bicarrée, réciproque et trinôme, en posant selon le cas :

$$x^2 = y, \quad x \pm \frac{1}{x} = y, \quad x^m = y.$$

En voici quelques autres exemples :

290. *Équations de la forme*

$$aP^2 + bP + c = 0$$

et
$$aP^4 + bP^2 + c = 0,$$

où P est un trinôme du second degré ou un trinôme bicarré.

Ces deux formes renferment quatre types d'équations ; ce sont :

$$a\,(mx^2 + nx + p)^2 + b\,(mx^2 + nx + p) + c = 0 \quad (1)$$
$$a\,(mx^4 + nx^2 + p)^2 + b\,(mx^4 + nx^2 + p) + c = 0 \quad (2)$$
$$a\,(mx^2 + nx + p)^4 + b\,(mx^2 + nx + p)^2 + c = 0 \quad (3)$$
$$a\,(mx^4 + nx^2 + p)^4 + b\,(mx^4 + nx^2 + p)^2 + c = 0 \quad (4)$$

Pour les résoudre, posons

$$mx^2 + nx + p = P \quad \text{ou} \quad mx^4 + nx^2 + p = P.$$

Nous obtenons pour P deux ou quatre valeurs ; ces valeurs portées dans les équations auxiliaires :

$$mx^2 + nx + p = P \quad \text{et} \quad mx^4 + nx^2 + p = P,$$

donnent les valeurs correspondantes de x.

291. *Équations de la forme*

$$aP^2 + bPP' + cP'^2 = 0 \qquad\qquad (1)$$
$$aQ^2 + bQQ' + cQ'^2 = 0 \qquad\qquad (2)$$
$$aP^4 + bP^2P'^2 + cP'^4 = 0 \qquad\qquad (3)$$
$$aQ^4 + bQ^2Q'^2 + cQ'^4 = 0 \qquad\qquad (4)$$

où P et P' sont deux trinômes du second degré, et Q, Q' des trinômes bicarrés.

Pour résoudre les équations de la forme précédente, nous poserons

$$\frac{P}{P'} = R \quad \text{ou} \quad \frac{Q}{Q'} = R.$$

Les deux premières deviennent :

$$aR^2 + bR + c = 0,$$

et les deux dernières, $aR^4 + bR^2 + c = 0.$

Ces deux équations donnent deux ou quatre valeurs pour R; ces valeurs de R, portées successivement dans les équations auxiliaires $\dfrac{P}{P'} = R$ ou $\dfrac{Q}{Q'} = R$, permettent de calculer les valeurs correspondantes de x.

Applications. 1° *Résoudre l'équation* $3\sqrt{1+x} - 2\sqrt[4]{1+x} = 8$.

L'équation proposée est de la forme $aP^2 + bP + c = 0$, en remarquant que $\sqrt{1+x} = (\sqrt[4]{1+x})^2$.

On a donc
$$3P^2 - 2P - 8 = 0,$$

d'où
$$P = 2 \quad \text{et} \quad -\frac{4}{3},$$

puis
$$\sqrt[4]{1+x} = 2, \quad \text{d'où} \quad x = 15,$$

on ne peut pas poser $\sqrt[4]{1+x} = -\dfrac{4}{3}$, puisque $\sqrt[4]{1+x}$ doit être positif.

2° *Résoudre l'équation* $\left(\dfrac{a-x}{x-b}\right)^2 = 8\left(\dfrac{a-x}{x-b}\right) - 15.$

Posons
$$\frac{a-x}{x-b} = y;$$

l'équation devient
$$y^2 - 8y + 15 = 0,$$

d'où
$$y' = 5 \quad \text{et} \quad y'' = 3.$$

Il faut ensuite résoudre les deux équations
$$\frac{a-x}{x-b} = 5 \quad \text{et} \quad \frac{a-x}{x-b} = 3,$$

elles donnent
$$x' = \frac{a+5b}{6} \quad \text{et} \quad x'' = \frac{a+3b}{4} .$$

3° *Résoudre l'équation*
$$\frac{\sqrt{x^2-5x+6}}{2} = \frac{12 - \sqrt{x^2-5x+6}}{\sqrt{x^2-5x+6}} .$$

Si l'on pose
$$\sqrt{x^2-5x+6} = z,$$

on aura
$$\frac{z}{2} = \frac{12-z}{z} \quad \text{ou} \quad z^2 + 2z - 24 = 0;$$

d'où
$$z' = 4 \quad \text{et} \quad z'' = -6.$$

Il reste à résoudre
$$\sqrt{x^2-5x+6} = 4 \quad \text{ou} \quad x^2 - 5x - 0 =$$

cette équation donne :
$$x = \frac{5 \pm \sqrt{65}}{2} .$$

On ne peut pas poser $\sqrt{x^2-5x+6}=-6$, puisque le premier membre doit être positif.

Il faut ensuite vérifier si les racines obtenues conviennent à l'équation proposée. On trouve que ces racines

$$x=\frac{5\pm\sqrt{65}}{2}$$

conviennent.

4° *Trouver les valeurs de* **x** *qui satisfont à l'équation*

$$2x^2+3x-3+\sqrt{2x^2+3x+9}=30.$$

(Bacc.)

On pose $\sqrt{2x^2+3x+9}=z$; on a $2x^2+3x+9=z^2$; par suite, en retranchant 12 aux deux membres,

$$2x^2+3x-3=z^2-12.$$

L'équation proposée devient :

$$z^2-12+z=30 \quad \text{ou} \quad z^2+z-42=0;$$

d'où $\qquad\qquad\qquad z'=6 \quad \text{et} \quad z''=-7.$

Il reste à résoudre

$$\sqrt{2x^2+3x+9}=6 \quad \text{ou} \quad 2x^2+3x-27=0;$$

cette équation donne :

$$x'=3 \quad \text{et} \quad x''=-\frac{9}{2};$$

on ne peut pas poser $\sqrt{2x^2+3x+9}=-7$, puisque le premier membre doit être positif.

Il faut ensuite vérifier si les racines obtenues satisfont à l'équation donnée. Les deux racines $x'=3$ et $x''=\dfrac{-9}{2}$ mises à la place de x rendent les deux membres identiques et sont, par suite, acceptables.

5° *Résoudre l'équation*

$$\sqrt[3]{(a+x)^2}+4\sqrt[3]{(a-x)^2}=5\sqrt[3]{(a^2-x^2)}.$$

Divisons les deux membres par $\sqrt[3]{a^2-x^2}$, ce qui est permis, puisque $x=\pm a$ n'est pas racines de l'équation, et simplifions, il vient :

$$\sqrt[3]{\frac{a+x}{a-x}}+4\sqrt[3]{\frac{a-x}{a+x}}=5.$$

En posant $\sqrt[3]{\dfrac{a+x}{a-x}}=z$, nous aurons $\sqrt[3]{\dfrac{a-x}{a+x}}=\dfrac{1}{z}$;

par suite, $\qquad\qquad z+\dfrac{4}{z}=5 \quad \text{ou} \quad z^2-5z+4=0,$

d'où $\qquad\qquad\qquad z'=4 \quad \text{et} \quad z''=1.$

Il suffit de résoudre les équations

$$\sqrt[3]{\frac{a+x}{a-x}}=4 \quad \text{et} \quad \sqrt[3]{\frac{a+x}{a-x}}=1,$$

ou
$$\frac{a+x}{a-x}=64 \quad \text{et} \quad \frac{a+x}{a-x}=1 ;$$

ces dernières donnent $\quad x=\dfrac{63a}{65} \quad$ et $\quad x=0.$

En faisant la vérification, on voit que ces deux racines satisfont à l'équation proposée.

6° *Résoudre l'équation*
$$\frac{x+a+\sqrt{x^2-a^2}}{x+a-\sqrt{x^2-a^2}}=\frac{9(x+a)}{8a}.$$

En appliquant une propriété des proportions, on a :
$$\frac{2(x+a)}{2\sqrt{x^2-a^2}}=\frac{9x+17a}{9x+a}.$$

Élevons au carré et divisons le premier membre par $x+a$, ce qui nous fournit d'abord la solution :
$$a+x=0, \quad \text{d'où} \quad x=-a ;$$

il reste
$$\frac{x+a}{x-a}=\frac{(9x+17a)^2}{(9x+a)^2}.$$

Appliquons encore la même propriété des proportions
$$\frac{x}{a}=\frac{(9x+17a)^2+(9x+a)^2}{(18x+18a)\,16a}.$$

En réduisant, en obtient :
$$63x^2-18ax-145a^2=0,$$

dont les racines sont
$$x'=\frac{5a}{3}, \quad x''=-\frac{29a}{21}.$$

La racine $x=-a$ vérifie l'équation donnée; il en est de même des deux autres racines.

7° *Résoudre l'équation*
$$x^3+x^2-17x+15=0.$$

Le premier membre de l'équation s'annule quand on y remplace x par 1; il est donc divisible par $x-1$, et l'on a :
$$x^3+x^2-17x+15=(x-1)(x^2+2x-15)=0 ;$$

par suite, $\qquad x-1=0 \quad$ et $\quad x^2+2x-15=0,$

d'où $\qquad x_1=1, \quad x_2=3 \quad$ et $\quad x_3=-5.$

8° *Résoudre l'équation* $\qquad ax^3+x+a+1=0.$

Cette équation peut s'écrire :
$$a(x^3+1)+(x+1)=0,$$

ou bien $\qquad a(x+1)(x^2-x+1)+(x+1)=0,$
$$(x+1)(ax^2-ax+a+1)=0 ;$$

par suite, $\qquad x+1=0 \quad$ et $\quad ax^2-ax+a+1=0,$

d'où $\quad x=-1 \quad$ et $\quad x=\dfrac{a\pm\sqrt{a^2-4a^2-4a}}{2a}=\dfrac{a\pm\sqrt{-3a^2-4a}}{2a} ;$

enfin $\quad x_1 = -1, \quad x_2 = \dfrac{1 + \sqrt{-3 - \dfrac{4}{a}}}{2} \quad$ et $\quad x_3 = \dfrac{1 - \sqrt{-3 - \dfrac{4}{a}}}{2}$

9° *Résoudre l'équation* $\quad 2x^2 + \sqrt{x^2 + 9} = x^4 - 9$.

Cette équation peut s'écrire :

$$x^2 + \sqrt{x^2 + 9} = x^4 - x^2 - 9,$$

ou bien $\qquad\qquad x^2 + 9 + \sqrt{x^2 + 9} = x^4 - x^2.$

Si l'on ajoute $\frac{1}{4}$ de part et d'autre, chaque membre sera un carré parfait.

$$x^2 + 9 + \sqrt{x^2 + 9} + \frac{1}{4} = x^4 - x^2 + \frac{1}{4},$$

ou $\qquad\qquad \left(\sqrt{x^2 + 9} + \frac{1}{2} \right)^2 = \left(x^2 - \frac{1}{2} \right)^2,$

prenant la racine $\qquad \sqrt{x^2 + 9} + \frac{1}{2} = \pm \left(x^2 - \frac{1}{2} \right).$

Considérons d'abord la première de ces deux équations :

$$\sqrt{x^2 + 9} + \frac{1}{2} = x^2 - \frac{1}{2},$$

ou $\qquad\qquad \sqrt{x^2 + 9} = x^2 - 1 ;$

le carré donne $\qquad x^2 + 9 = x^4 - 2x^2 + 1,$

ou $\qquad\qquad x^4 - 3x^2 - 8 = 0.$

$$x = \pm \sqrt{\frac{3 \pm \sqrt{41}}{2}} .$$

La seconde : $\qquad \sqrt{x^2 + 9} + \frac{1}{2} = -x^2 + \frac{1}{2},$

ou $\qquad\qquad \sqrt{x^2 + 9} = -x^2 ;$

le carré donne $\qquad x^2 + 9 = x^4,$

ou $\qquad\qquad x^4 - x^2 - 9 = 0.$

$$x = \pm \sqrt{\frac{1 \pm \sqrt{37}}{2}} .$$

Les quatre premières valeurs seulement conviennent à l'équation proposée, les quatre dernières ne la vérifient pas.

CHAPITRE VII

SYSTÈMES D'ÉQUATIONS DU SECOND DEGRÉ
A PLUSIEURS INCONNUES, OU D'UN DEGRÉ SUPÉRIEUR
AU SECOND ET QUI S'Y RAMÈNENT

292. Définitions. La forme générale la plus usitée d'une équation du second degré à deux inconnues x et y est :

$$ax^2 + 2bxy + cy^2 + 2dx + 2ey + f = 0,$$

les coefficients a, $2b$, c, $2d$, $2e$ et f étant des quantités déterminées, quelques-uns d'entre eux pouvant être nuls.

On entend par système d'équations du second degré à deux ou à un plus grand nombre d'inconnues un système dans lequel l'une au moins des équations est du second degré, les autres étant du premier ou du second degré.

§ I. — Système de deux équations dont l'une est du premier degré.

293. Soit le système d'équations

$$ax^2 + 2bxy + cy^2 + 2dx + 2ey + f = 0, \qquad (1)$$

$$mx + ny + p = 0. \qquad (2)$$

Pour résoudre ce système, tirons y de l'équation (2) et portons sa valeur dans l'équation (1).

Nous aurons :
$$y = -\frac{p + mx}{n}, \qquad (3)$$

et l'équation (1) devient :

$$ax^2 - 2bx\left(\frac{p+mx}{n}\right) + c\left(\frac{p+mx}{n}\right)^2 + 2dx - 2e\left(\frac{p+mx}{n}\right) + f = 0 \ (4).$$

Cette équation, du second degré en x, fournit deux valeurs, x' et x'', lesquelles mises dans (3) donnent pour y deux valeurs y' et y''. Le système proposé admet donc les deux solutions :

$$
\begin{array}{ccc}
x = x' & & x = x'' \\
& \text{et} & \\
y = y' & & y = y''.
\end{array}
$$

EXEMPLE I. Soit à résoudre :

$$x^2 + y^2 + 4x - 6y - 13 = 0, \qquad (1)$$

$$3x - 2y - 1 = 0. \qquad (2)$$

L'équation (2) donne $y = \dfrac{3x - 1}{2}$; cette valeur portée dans l'équation (1) fournit, après réduction, $\qquad x^2 - 2x - 3 = 0$;

d'où $\qquad\qquad x' = 3$ et $x'' = -1$.

Les valeurs correspondantes de y sont $\quad y' = 4 \quad$ et $\quad y'' = -2$.

294. Remarque. On peut résoudre de la même manière un système de plusieurs équations, dont une seule est du second degré. Pour cela il suffit de tirer, des équations du premier degré, la valeur de chacune des inconnues en fonction de l'une d'elles, et de substituer ces valeurs dans l'équation du second degré, qui alors n'aura qu'une inconnue,

Exemple II. Soit à résoudre :

$$2x^2 + y^2 - 4xz - 2yz + 3x - 4y - 13 = 0, \qquad (1)$$

$$7x - 3y + z + 6 = 0, \qquad (2)$$

$$5x - y - z - 2 = 0. \qquad (3)$$

Les équations (2) et (3) donnent $y = 3x + 1$ et $z = 2x - 3$. Ces valeurs portées dans l'équation (1) fournissent, après réduction,

$$9x^2 - 23x + 10 = 0,$$

dont les racines sont $\qquad x' = \dfrac{5}{9}$ et $x'' = 2$.

Si l'on porte ces valeurs dans les expressions de y et de z, on a pour solutions du système proposé :

$$x' = \frac{5}{9} \quad \text{et} \quad x'' = 2,$$

$$y' = \frac{8}{3} \quad \text{et} \quad y'' = 7,$$

$$z' = -\frac{17}{9} \quad \text{et} \quad z'' = 1.$$

§ II. — Système de deux équations du second degré à deux inconnues.

295. Soit le système

$$ax^2 + 2bxy + cy^2 + 2dx + 2ey + f = 0, \qquad (1)$$

$$a'x^2 + 2b'xy + c'y^2 + 2d'x + 2e'y + f' = 0. \qquad (2)$$

L'élimination d'une inconnue entre ces deux équations conduit souvent à une équation d'un degré supérieur au second, équation que l'on ne peut ordinairement pas résoudre par les procédés élémentaires.

En effet, si l'on multiplie l'équation (1) par c' et l'équation (2) par $-c$, et si l'on ajoute membre à membre, on a :

$$(ac' - ca')x^2 + 2(bc' - cb')xy + 2(dc' - cd')x + 2(ec' - ce')y$$
$$+ fc' - cf' = 0. \qquad (3)$$

Cette équation forme avec l'équation (1) un système équivalent au système proposé. Si de cette équation nous tirons la valeur de y, nous obtenons une expression de la forme

$$y = \frac{Mx^2 + Nx + P}{Qx + R} \, .$$

Si l'on substitue cette valeur dans l'équation (1), on obtient, après avoir chassé les dénominateurs, une équation de la forme

$$Ax^4 + Bx^3 + Cx^2 + Dx + F = 0,$$

qui est du quatrième degré.

On peut cependant résoudre cette équation dans trois cas :

1° Lorsqu'elle est bicarrée ;

2° Lorsque le premier membre est le produit de deux facteurs du second degré ;

3° Lorsque le premier membre de l'une des équations (1) ou (2) est un carré parfait ou peut se décomposer en facteurs rationnels du premier degré.

Conditions pour que le polynôme

$$ax^2 + 2bxy + cy^2 + 2dx + 2ey + f,$$

soit : 1° un carré parfait; 2° un produit de la forme

$$(\alpha x + \beta y + \gamma)(\alpha' x + \beta' y + \gamma').$$

1° En ordonnant par rapport aux puissances décroissantes de x, on obtient :

$$ax^2 + 2(by + d)x + cy^2 + 2ey + f$$

qui doit être un carré parfait, quelque valeur qu'on donne à y.

Pour qu'il en soit ainsi, il faut et il suffit que l'on ait :

$$(by + d)^2 - a(cy^2 + 2ey + f) = 0,$$

c'est-à-dire $\qquad (b^2 - ac)y^2 + 2(bd - ae)y + d^2 - af = 0,$

ou encore $\qquad b^2 - ac = 0, \qquad bd - ae = 0, \qquad d^2 - af = 0.$

2° Le polynôme considéré est un produit de facteurs si l'expression :

$$(b^2 - ac)y^2 + 2(bd - ae)y + d^2 - af,$$

est un carré parfait.

Pour qu'il en soit ainsi, il faut et il suffit que l'on ait :

$$(bd - ae)^2 - (b^2 - ac)(d^2 - af) = 0,$$

ou $\qquad acf + 2bde - ae^2 - cd^2 - fb^2 = 0.$

§ III. — Systèmes particuliers. — Artifices de calcul.

296. Il existe un certain nombre de systèmes d'équations du second degré, et même d'un degré supérieur, qu'on ramène facilement au système suivant :

$$x + y = a$$
$$xy = b.$$

Pour résoudre ce système, on forme l'équation

$$X^2 - aX + b = 0,$$

et l'on a : $\qquad \dfrac{x}{y} = \dfrac{a \pm \sqrt{a^2 - 4b}}{2}.$

297. EXEMPLES. I. *Résoudre le système* $x - y = a$, $xy = b$.

Si l'on représente $-y$ par z, on a :

$$x + z = a \quad \text{et} \quad xz = -b ;$$

par suite,
$$X^2 - aX - b = 0,$$

d'où
$$\left.\begin{array}{c} x \\ z \end{array}\right\} = \frac{a \pm \sqrt{a^2 + 4b}}{2}.$$

Comme on peut prendre pour x la première ou la seconde des racines, et qu'il suffit de changer le signe de z pour avoir y, le système proposé admet les deux solutions :

$$x = \frac{a - \sqrt{a^2 + 4b}}{2} \qquad\qquad x = \frac{a + \sqrt{a^2 + 4b}}{2}$$

$$y = -\frac{a + \sqrt{a^2 + 4b}}{2} \qquad \text{et} \qquad y = -\frac{a - \sqrt{a^2 + 4b}}{2}.$$

Remarque. On peut aussi résoudre ce système en tirant x de la première équation et en portant cette valeur dans la seconde.

II. *Résoudre le système* $x^2 - y^2 = a^2$, $x + y = b$.

La première équation peut s'écrire $(x + y)(x - y) = a^2$,

ou
$$b(x - y) = a^2 \quad \text{et} \quad x - y = \frac{a^2}{b} ;$$

d'où
$$x = \frac{1}{2}\left(b + \frac{a^2}{b}\right) \quad \text{et} \quad y = \frac{1}{2}\left(b - \frac{a^2}{b}\right).$$

On résoudrait de même le système $x^2 - y^2 = a^2$, $x - y = b$.

III. *Résoudre le système* $x^2 + y^2 = a^2$, $x + y = b$.

La seconde équation élevée au carré donne :

$$x^2 + y^2 + 2xy = b^2 ;$$

d'où, en retranchant la première, $xy = \dfrac{b^2 - a^2}{2}$.

Posant
$$X^2 - bX + \frac{b^2 - a^2}{2} = 0,$$

on a les deux solutions :

$$x = \frac{b + \sqrt{2a^2 - b^2}}{2} \qquad\qquad x = \frac{b - \sqrt{2a^2 - b^2}}{2}$$

$$y = \frac{b - \sqrt{2a^2 - b^2}}{2} \qquad \text{et} \qquad y = \frac{b + \sqrt{2a^2 - b^2}}{2}.$$

On résoudrait de même le système $x^2 + y^2 = a^2$, $x - y = b$.

IV. *Résoudre le système* $x^2 + y^2 = a^2$, $xy = b^2$.

Si l'on ajoute la première équation à la seconde, multipliée par 2, on a :

$$x^2 + 2xy + y^2 = a^2 + 2b^2 \quad \text{ou} \quad x + y = \pm \sqrt{a^2 + 2b^2}.$$

On a ainsi la somme et le produit des inconnues, ce qui permet d'établir l'équation qui fournit les valeurs de x et de y.

On peut aussi obtenir $x - y$ en retranchant $2xy = 2b^2$ de la première équation :

$$x^2 - 2xy + y^2 = a^2 - 2b^2 \quad \text{et} \quad x - y = \pm \sqrt{a^2 - 2b^2} ;$$

on a :
$$x = \frac{\pm\sqrt{a^2 + 2b^2} \pm \sqrt{a^2 - 2b^2}}{2},$$

$$y = \frac{\pm\sqrt{a^2 + 2b^2} \mp \sqrt{a^2 - 2b^2}}{2}.$$

V. *Résoudre le système* $x^3 + y^3 = b^3$, $x + y = a$.

La seconde équation, élevée au cube, donne :

$$x^3 + 3x^2y + 3xy^2 + y^3 = a^3 ;$$

et en retranchant de cette équation la première des équations données, il vient :

$$3x^2y + 3xy^2 = a^3 - b^3 \quad \text{ou} \quad 3xy(x + y) = a^3 - b^3 ;$$

or
$$x + y = a, \quad \text{donc} \quad xy = \frac{a^3 - b^3}{3a}.$$

On établit l'équation générale :

$$X^2 - aX + \frac{a^3 - b^3}{3a} = 0,$$

$$\begin{matrix}x\\y\end{matrix} = \frac{1}{2}\left(a \pm \sqrt{a^2 - \frac{4(a^3 - b^3)}{3a}}\right) = \frac{1}{2}\left(a \pm \sqrt{\frac{4b^3 - a^3}{3a}}\right).$$

On peut prendre indifféremment l'une ou l'autre de ces valeurs pour x et pour y ; on a ainsi deux solutions.

VI. *Résoudre le système* $x + y = a$ (1), $x^4 + y^4 = b^4$ (2).

Prenons pour inconnue auxiliaire $x - y = z$.

En tenant compte de (1), on a :

$$x = \frac{a + z}{2} \quad \text{et} \quad y = \frac{a - z}{2}.$$

Ces valeurs mises dans l'équation (2) donnent successivement :

$$\left(\frac{a + z}{2}\right)^4 + \left(\frac{a - z}{2}\right)^4 = b^4,$$

$$z^4 + 6a^2z^2 + a^4 - 8b^4 = 0 ;$$

d'où
$$z \text{ ou } x - y = \pm\sqrt{-3a^2 \pm \sqrt{8a^4 + 8b^4}}.$$

Connaissant la somme et la différence des inconnues x et y, on les obtient facilement.

Remarque. On peut résoudre ce système, comme nous avons résolu le précédent, en élevant la première équation à la quatrième puissance et en retranchant la seconde.

VII. *Résoudre le système*

$$x^2 + y^2 - (x + y) = 48, \qquad\qquad (1)$$
$$x + y + xy = 31. \qquad\qquad (2)$$

Prenons pour inconnues auxiliaires la somme et le produit en posant :

$$x + y = z \quad \text{et} \quad xy = u.$$

Nous avons $x^2 + y^2 + 2xy = z^2$ ou $x^2 + y^2 = z^2 - 2xy = z^2 - 2u$.

Les équations proposées deviennent :

$$z^2 - 2u - z = 48 \quad (3) \quad \text{et} \quad z + u = 31. \quad (4)$$

La valeur de u, tirée de (4) et mise dans (3), donne :

$$z^2 - 2(31 - z) - z = 48$$

$$z^2 + z - 110 = 0 ;$$

d'où $\qquad z' = 10 \quad$ et $\quad z'' = -11.$

Les valeurs correspondantes de u sont :

$$u' = 21 \quad \text{et} \quad u'' = 42.$$

On a les deux équations :

$$X^2 - 10X + 21 = 0 \quad \text{et} \quad X^2 + 11X + 42 = 0.$$

La première a pour racines 3 et 7 ; les racines de la seconde sont imaginaires,

$$\frac{x}{y} = \frac{-11 \pm \sqrt{121 - 168}}{2} = \frac{-11 \pm \sqrt{-47}}{2},$$

$$x = 7 \quad \text{et} \quad y = 3, \quad \text{ou} \quad x = 3 \quad \text{et} \quad y = 7.$$

VIII. *Résoudre le système*

$$x^5 - y^5 = 3093, \qquad (1)$$

$$x - y = 3. \qquad (2)$$

En divisant les équations membre à membre, on a :

$$x^4 + x^3 y + x^2 y^2 + x y^3 + y^4 = 1031,$$

ou $\qquad x^4 + y^4 + xy(x^2 + y^2) + x^2 y^2 = 1031. \qquad (3)$

De l'équation (2), on tire successivement :

$$x^2 - 2xy + y^2 = 9 \quad \text{ou} \quad x^2 + y^2 = 9 + 2xy,$$

et $\qquad x^4 + y^4 = (x^2 + y^2)^2 - 2x^2 y^2 = (9 + 2xy)^2 - 2x^2 y^2 ;$

ces valeurs, mises dans l'équation (3), donnent :

$$(9 + 2xy)^2 - 2x^2 y^2 + xy(9 + 2xy) + x^2 y^2 = 1031,$$

et après simplifications $\quad 5x^2 y^2 + 45xy - 950 = 0 ;$

d'où $\qquad (xy)' = 10 \quad \text{et} \quad (xy)'' = -19.$

La première de ces valeurs combinée avec (2) donne pour les inconnues $x = 5$ et $y = 2$, ou $x = -2$ et $y = -5$, qui conviennent. La seconde, combinée avec l'équation (2), fournit les racines imaginaires

$$x = \frac{3 \pm \sqrt{-10}}{2} \quad \text{et} \quad y = \frac{-3 \pm \sqrt{-10}}{2}.$$

IX. *Résoudre le système*

$$(x + y)(x^2 + y^2) = 3060, \qquad (1)$$

$$(x - y)(x^2 - y^2) = 288. \qquad (2)$$

1re Méthode. En effectuant les premiers membres, il vient :

$$x^3 + x^2 y + xy^2 + y^3 = 3060, \qquad (3)$$

$$x^3 - x^2 y - xy^2 + y^3 = 288, \qquad (4)$$

et, en retranchant (4) de (3), $\quad 2x^2 y + 2xy^2 = 2772 ; \qquad (5)$

ajoutant (5) et (3), $\quad x^3 + 3x^2 y + 3xy^2 + y^3 = 5832,$

en prenant la racine cubique des deux membres :

$$x + y = 18.$$

L'équation (5) s'écrit alors :

$$2xy(x+y) = 2772 \quad \text{ou} \quad 2xy \times 18 = 2772;$$

d'où
$$xy = 77.$$

On aura l'équation générale $\quad X^2 - 18X + 77 = 0$;

$$x = 11 \quad \text{et} \quad y = 7, \quad \text{ou} \quad x = 7 \quad \text{et} \quad y = 11.$$

2ᵉ Méthode. Supposons que l'on ait en général :

$$(x+y)(x^2+y^2) = a^3, \tag{1}$$
$$(x-y)(x^2-y^2) = b^3. \tag{2}$$

Ces équations étant homogènes peuvent être résolues en posant $y = tx$. Divisons d'abord (1) par (2); il vient :

$$\frac{x^2+y^2}{(x-y)^2} = \frac{a^3}{b^3},$$

et, en remplaçant y par tx,

$$\frac{x^2(1+t^2)}{x^2(1-t)^2} = \frac{a^3}{b^3};$$

d'où
$$(a^3 - b^3)t^2 - 2a^3 t + a^3 - b^3 = 0,$$

$$t = \frac{a^3 \pm \sqrt{b^3(2a^3 - b^3)}}{a^3 - b^3}.$$

En faisant $y = tx$ dans l'équation (1), on obtient.

$$x^3(1 + t + t^2 + t^3) = a^3.$$

Connaissant t, on tire x de cette dernière équation, et par suite y.

X. *Résoudre le système*

$$2x^2 + 3xy + y^2 = 70, \tag{1}$$
$$6x^2 + xy - y^2 = 50. \tag{2}$$

Ces équations étant homogènes et du second degré, on peut les résoudre en posant $y = tx$.

Elles deviennent
$$x^2(2 + 3t + t^2) = 70,$$
$$x^2(6 + t - t^2) = 50.$$

En les divisant,
$$\frac{2 + 3t + t^2}{6 + t - t^2} = \frac{7}{5};$$

d'où
$$t' = \frac{4}{3} \quad \text{et} \quad t'' = -2.$$

Pour la valeur $t' = \dfrac{4}{3}$, on obtient $x = \pm 3$; par suite, $y = \pm 4$; pour la valeur $t'' = -2$, on obtient pour x une valeur infinie qui ne convient pas.

§ IV. — Équations du second degré à trois inconnues.

298. *Résoudre le système*

$$x^2 - y^2 - z^2 = 0, \tag{1}$$
$$x + y + z = 2p, \tag{2}$$
$$x^2 + y^2 + z^2 = m^2. \tag{3}$$

En ajoutant les équations (1) et (3), on obtient :

$$2x^2 = m^2; \quad \text{d'où} \quad x = \pm \sqrt{\frac{m^2}{2}} = \pm \frac{m\sqrt{2}}{2}.$$

Ces valeurs de x, portées dans les équations (2) et (3), fournissent les équa-tions

$$y + z = 2p - \frac{m\sqrt{2}}{2},$$

$$y^2 + z^2 = \frac{m^2}{2},$$

que l'on sait résoudre.

II. *Résoudre le système*

$$x^2 + y^2 = z^2, \tag{1}$$
$$xy = az, \tag{2}$$
$$x + y + z = 2p. \tag{3}$$

De l'équation (3) on tire $\quad x + y = 2p - z;$

d'où $\qquad\qquad x^2 + y^2 + 2xy = 4p^2 + z^2 - 4pz. \tag{4}$

Si l'on ajoute à l'équation (1) l'équation (2) multipliée par 2, on a :

$$x^2 + 2xy + y^2 = z^2 + 2az. \tag{5}$$

La comparaison des équations (4) et (5) fournit :

$$z^2 + 2az = 4p^2 + z^2 - 4pz; \quad \text{d'où} \quad z = \frac{2p^2}{2p + a}.$$

Cette valeur de z, portée dans les équations (2) et (3), donne la somme et le produit des deux autres inconnues.

III. *Résoudre le système*

$$x^2 + y^2 + z^2 = 14, \tag{1}$$
$$x + y + z = 6, \tag{2}$$
$$xy = 6. \tag{3}$$

L'équation (2), élevée au carré, donne :

$$x^2 + y^2 + z^2 + 2xy + 2xz + 2yz = 36.$$

Remplaçant $x^2 + y^2 + z^2$ par 14 et $2xy$ par 12, on a :

$$14 + 12 + 2xz + 2yz = 36 \quad \text{ou} \quad z(x + y) = 5.$$

Or $\qquad\qquad x + y = 6 - z, \quad \text{donc} \quad z(6 - z) = 5,$

$$z^2 - 6z + 5 = 0,$$
$$z' = 5 \quad \text{et} \quad z'' = 1.$$

On a ensuite $\qquad x + y = 5 \quad \text{ou} \quad x + y = 1,$

donc $\qquad\qquad X^2 - 5X + 6 = 0 \quad \text{et} \quad X^2 - X + 6 = 0;$

d'où $\qquad\qquad x = 3, \quad y = 2 \quad \text{et} \quad z = 1.$

$$x = \frac{1 + \sqrt{-23}}{2}, \quad y = \frac{1 - \sqrt{-23}}{2}, \quad z = 5.$$

IV. *Résoudre le système*

$$x(x + y + z) = a^2, \tag{1}$$
$$y(x + y + z) = b^2, \tag{2}$$
$$z(x + y + z) = c^2. \tag{3}$$

En ajoutant ces trois équations membre à membre, on a :

$$(x + y + z)(x + y + z) = a^2 + b^2 + c^2 ;$$

d'où
$$x + y + z = \pm\sqrt{a^2 + b^2 + c^2}.$$

Si l'on divise les équations successivement par cette dernière, il vient :

$$x = \pm\frac{a^2}{\sqrt{a^2 + b^2 + c^2}}, \quad y = \pm\frac{b^2}{\sqrt{a^2 + b^2 + c^2}}, \quad z = \pm\frac{c^2}{\sqrt{a^2 + b^2 + c^2}}.$$

V. *Résoudre le système*

$$a^2(y + z) = xyz, \tag{1}$$
$$b^2(x + z) = xyz, \tag{2}$$
$$c^2(x + y) = xyz. \tag{3}$$

Nous pouvons l'écrire, en divisant par xyz :

$$\frac{1}{xz} + \frac{1}{xy} = \frac{1}{a^2},$$
$$\frac{1}{yz} + \frac{1}{xy} = \frac{1}{b^2},$$
$$\frac{1}{yz} + \frac{1}{xz} = \frac{1}{c^2}.$$

En ajoutant ces équations, on obtient :

$$\frac{1}{xy} + \frac{1}{xz} + \frac{1}{yz} = \frac{1}{2}\left(\frac{1}{a^2} + \frac{1}{b^2} + \frac{1}{c^2}\right).$$

Si de cette équation on retranche successivement chacune des trois précédentes, on a :

$$\frac{1}{yz} = \frac{1}{2}\left(\frac{1}{a^2} + \frac{1}{b^2} + \frac{1}{c^2}\right) - \frac{1}{a^2} = \frac{1}{2}\left(\frac{1}{b^2} + \frac{1}{c^2} - \frac{1}{a^2}\right) = \frac{a^2c^2 + a^2b^2 - b^2c^2}{2a^2b^2c^2},$$
$$\frac{1}{xz} = \frac{1}{2}\left(\frac{1}{a^2} + \frac{1}{b^2} + \frac{1}{c^2}\right) - \frac{1}{b^2} = \frac{1}{2}\left(\frac{1}{a^2} + \frac{1}{c^2} - \frac{1}{b^2}\right) = \frac{b^2c^2 + a^2b^2 - a^2c^2}{2a^2b^2c^2},$$
$$\frac{1}{xy} = \frac{1}{2}\left(\frac{1}{a^2} + \frac{1}{b^2} + \frac{1}{c^2}\right) - \frac{1}{c^2} = \frac{1}{2}\left(\frac{1}{a^2} + \frac{1}{b^2} - \frac{1}{c^2}\right) = \frac{b^2c^2 + a^2c^2 - a^2b^2}{2a^2b^2c^2} ;$$

et enfin
$$yz = \frac{2a^2b^2c^2}{a^2c^2 + a^2b^2 - b^2c^2},$$
$$xz = \frac{2a^2b^2c^2}{b^2c^2 + a^2b^2 - a^2c^2},$$
$$xy = \frac{2a^2b^2c^2}{b^2c^2 + a^2c^2 - a^2b^2}.$$

Système que nous avons résolu (n° 165-IV).

VI. *Résoudre le système*

$$x + y + z = \frac{7}{2}, \tag{1}$$
$$\frac{1}{x} + \frac{1}{y} + \frac{1}{z} = \frac{7}{2}, \tag{2}$$
$$xyz = 1. \tag{3}$$

De l'équation (3) on tire
$$z = \frac{1}{xy}.$$

En substituant dans les équations (1) et (2), il vient :

$$x + y + \frac{1}{xy} = \frac{7}{2}, \quad (4) \qquad \frac{1}{x} + \frac{1}{y} + xy = \frac{7}{2}, \quad (5)$$

ou bien

$$xy(x+y) + 1 = \frac{7xy}{2} \quad \text{et} \quad x + y + x^2 y^2 = \frac{7xy}{2}.$$

En retranchant membre à membre ces dernières équations, on a :

$$(x + y)(xy - 1) + 1 - x^2 y^2 = 0,$$

ou

$$(x + y)(xy - 1) + (1 - xy)(1 + xy) = 0,$$

$$(x + y)(xy - 1) - (xy - 1)(1 + xy) = 0,$$

$$(xy - 1)[x + y - (1 + xy)] = 0.$$

Cette équation se dédouble et donne :

$$xy - 1 = 0 \quad \text{et} \quad x + y - (1 + xy) = 0,$$

$$xy = 1 \quad \text{et} \quad x + y = 1 + xy.$$

Si nous prenons d'abord $xy = 1$, nous avons $z = 1$, en vertu de l'équation (3).

Par suite, l'équation (1) devient :

$$x + y + 1 = \frac{7}{2} \quad \text{ou} \quad x + y = \frac{5}{2}.$$

Nous avons $\quad x + y \quad \text{et} \quad xy,$

alors

$$X^2 - \frac{5X}{2} + 1 = 0;$$

d'où

$$x = 2 \quad \text{et} \quad y = \frac{1}{2}, \quad z = 1.$$

Si l'on remplace dans l'équation (4) $x + y$ par $xy + 1$, on a, après réduction :

$$2x^2 y^2 - 5xy + 2 = 0;$$

d'où

$$(xy)' = 2 \quad \text{et} \quad (xy)'' = \frac{1}{2}.$$

Ces valeurs donnent :

$$x + y = 2 + 1 = 3 \quad \text{et} \quad x + y = \frac{1}{2} + 1 = \frac{3}{2}.$$

On aura les deux équations :

$$X^2 - 3X + 2 = 0 \quad \text{et} \quad X^2 - \frac{3}{2}X + \frac{1}{2} = 0,$$

qui donnent $\quad x = 2 \quad \text{et} \quad y = 1; \quad x = 1 \quad \text{et} \quad y = \frac{1}{2}.$

Il y a donc, comme solutions, trois séries de valeurs, qui sont :

x	$2;$	$2,$	
y	$\frac{1}{2},$	$1,$	$\frac{1}{2}$
z	$1,$	$\frac{1}{2},$	$2.$

CHAPITRE VIII

PROBLÈMES DU SECOND DEGRÉ

299. Un problème est du second degré lorsque la résolution d'un tel problème conduit à une équation du second degré ou à une équation pouvant être ramenée à celle du second degré; par exemple, l'équation bicarrée, réciproque, binôme, trinôme. Comme pour les problèmes du premier degré, la résolution de ceux du second degré comporte la mise en équations, la résolution de ces équations et la discussion des résultats.

Pour faire la discussion, il faut d'abord chercher la condition de réalité des racines, c'est-à-dire la relation à laquelle doivent satisfaire les données pour que le problème soit possible.

La nature d'un problème peut imposer aux inconnues des conditions restrictives; par exemple, les inconnues, dans certains problèmes, devront être entières, quelquefois simplement positives, ou être comprises entre des limites données, etc.

Après avoir obtenu la condition de réalité, il faut donc examiner si les racines trouvées pour la solution d'un problème satisfont à ces conditions; on conserve les racines qui conviennent, on rejette les autres, et l'on est ainsi amené à conclure si le problème a une ou plusieurs solutions.

Nous donnerons quelques exemples assez simples de résolution et de discussion.

300. *Trouver un nombre dont le carré surpasse de 127 la somme des deux tiers et des trois quarts de ce nombre.*

Soit x le nombre demandé. L'équation du problème est :

$$x^2 - \left(\frac{2x}{3} + \frac{3x}{4} \right) = 127,$$

ou, rendue entière, $\qquad 12x^2 - 17x - 1524 = 0.$

$$x = \frac{17 \pm \sqrt{289 + 73152}}{24} = \frac{17 \pm 271}{24} \cdot$$

$$x' = 12 \quad \text{et} \quad x'' = -\frac{127}{12} \cdot$$

Les deux nombres 12 et $-\dfrac{127}{12}$ satisfont aux conditions de l'énoncé.

301. *Une somme de 1050 fr. doit être distribuée en parts égales à un certain nombre de personnes; si cinq d'entre elles se retiraient, la part de cha-*

cune des autres serait augmentée de 7 fr. Trouver le nombre de personnes et la part de chacune. Interpréter la solution négative.   (Bacc.)

Soit x le nombre de personnes entre lesquelles on veut partager 1050 fr.; la part de chacune sera $\dfrac{1050}{x}$.

Si cinq d'entre elles se retirent, le nombre de partageants sera $x-5$, et la part de chacun $\dfrac{1050}{x-5}$.

L'équation du problème est donc $\dfrac{1050}{x-5}=\dfrac{1050}{x}+7$;   (1)

d'où $x^2-5x-750=0$; $x=\dfrac{5\pm55}{2}$, $x'=30$, $x''=-25$.

Le nombre de partageants devait être de 30; 25 seulement y ont pris part et ont reçu chacun 42 fr.

Interprétation de la solution négative $x=-25$. *Formons l'équation transformée en* $-x$ *de l'équation* (1), *et voyons si nous pouvons la traduire en énoncé.*

On a : $\dfrac{1050}{-x-5}=-\dfrac{1050}{x}+7$,   ou $\dfrac{1050}{x}=\dfrac{1050}{x+5}+7$.   (2)

Le nombre $-x$, c'est-à-dire 25, satisfait à cette équation (2), que l'on peut traduire par l'énoncé suivant :

Une somme de 1050 fr. doit être distribuée en parts égales à un certain nombre de personnes; au moment du partage cinq personnes viennent s'ajouter aux autres, et la part de celles-ci est diminuée de 7 fr. Trouver le nombre de personnes et la part de chacune.

En résolvant directement ce problème on trouve bien 25 personnes, recevant chacune 42 fr.

302. *Déterminer un nombre de trois chiffres, sachant :* 1° *que la somme des chiffres est égale à* 19; 2° *que le chiffre des dizaines est moyen proportionnel entre les deux autres;* 3° *que si on lit le nombre renversé, le nombre augmente de 495 unités.*

Soient x, y, z les valeurs des chiffres des centaines, dizaines et unités.

Les équations du problème sont :

$$x+y+z=19, \qquad\qquad (1)$$
$$y^2=xz, \qquad\qquad (2)$$
$$100z+10y+x=100x+10y+z+495. \qquad (3)$$

L'équation (3) peut s'écrire $99(z-x)=495,$

ou $z-x=5,$

Les équations $z+x=19-y,$

                            $z-x=5,$

donnent $z=\dfrac{24-y}{2}$, $x=\dfrac{14-y}{2}$.

Portons ces valeurs dans l'équation (2); elle devient :

$$y^2=\left(\frac{14-y}{2}\right)\left(\frac{24-y}{2}\right),$$

ou
$$3y^2 + 38y - 336 = 0,$$

$$y = \frac{-19 \pm \sqrt{361 + 1008}}{3} = \frac{-19 \pm 37}{3}.$$

$$y' = 6, \quad y'' = -\frac{56}{3}.$$

À la racine $y' = 6$ correspondent les valeurs $z = 9$, $x = 4$.
Le nombre demandé est donc 469.

La racine $y'' = -\dfrac{56}{3}$ est à rejeter, la valeur du chiffre y devant être entière, positive ou nulle et moindre que 10.

303. *Une personne possède 110000 fr. placés, partie à un taux, partie à un autre taux; chaque partie donne le même intérêt. Si la première somme était placée au taux de la deuxième et la deuxième au taux de la première, elles rapporteraient des intérêts respectivement égaux à 2880 fr. et 2000 fr. Trouver les deux sommes et les deux taux.*

Soient x et $110000 - x$ les deux parties de la somme, y et z les taux respectifs.

Les équations du problème sont :

$$x \frac{y}{100} = (110000 - x) \frac{z}{100},$$

$$x \frac{z}{100} = 2880,$$

$$(110000 - x) \frac{y}{100} = 2000.$$

Les deux dernières équations donnent :

$$\frac{z}{100} = \frac{2880}{x} \quad \text{et} \quad \frac{y}{100} = \frac{2000}{110000 - x}.$$

Ces valeurs étant portées dans la première équation, celle-ci devient :

$$\frac{2000\,x}{110000 - x} = (110000 - x) \frac{2880}{x},$$

ou
$$2000\,x^2 = 2880\,(110000 - x)^2.$$

En simplifiant par 20, $\qquad 100x^2 = 144\,(110000 - x)^2,$

c'est-à-dire $\qquad\qquad 12\,(110000 - x) = \pm 10x.$

Le signe $+$ donne $\qquad\qquad x = 60000.$

Le signe $-$ donne $\qquad\qquad x = 660000.$

La racine $x = 660000$ est à rejeter, une partie de la somme ne pouvant pas être plus grande que la somme elle-même.

Les équations donnent ensuite $\quad y = 4, \quad z = 4,8.$

Les deux parties de la somme sont 60000 et 50000 fr.; les taux respectifs sont 4 fr. et 4 fr. 8.

304. *Calculer les dimensions* $AB = x$, $AD = y$, *d'un rectangle* ABCD, *connaissant sa diagonale* $BD = a$, *et sachant que si l'on fait tourner le rectangle autour de* AD, *la surface totale du cylindre ainsi engendré est égale à* $\pi a^2 (\sqrt{2} + 1)$. (Bacc.)

Les équations du problème sont :

$$x^2 + y^2 = a^2, \tag{1}$$

$$2\pi x^2 + 2\pi xy = \pi a^2 (\sqrt{2} + 1). \tag{2}$$

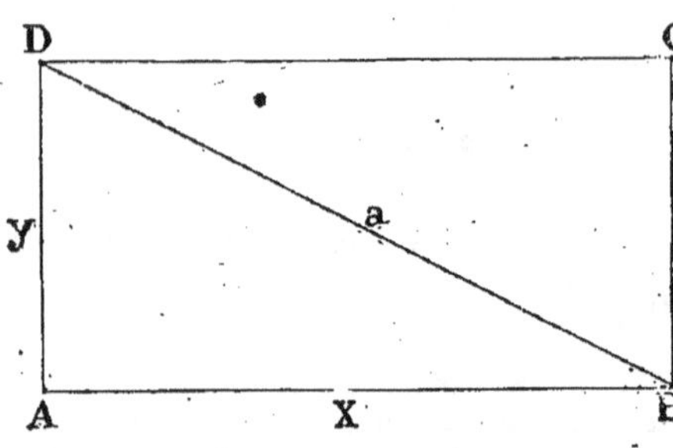

Pour résoudre ce système d'é-quations, on peut éliminer y, en remplaçant dans (2) cette incon-nue par sa valeur tirée de (1).

On a :

$$2x^2 + 2x\sqrt{a^2 - x^2} = a^2 (\sqrt{2} + 1);$$

d'où, en élevant au carré après avoir isolé le radical, et en or-donnant :

$$8x^4 - 4a^2x^2 (2 + \sqrt{2}) + a^4 (3 + 2\sqrt{2}) = 0,$$

$$x = \frac{a}{2} \sqrt{2 + \sqrt{2}}\,.$$

Cette valeur portée dans (1) donne :

$$y = \frac{a}{2} \sqrt{2 - \sqrt{2}}\,.$$

Les équations du problème étant homogènes, il est plus simple de poser

$$y = tx,$$

Les équations deviennent, en remplaçant y :

$$x^2 (1 + t^2) = a^2,$$

$$2x^2 (1 + t) = a^2 (\sqrt{2} + 1).$$

En divisant membre à membre, on a :

$$\frac{1 + t^2}{2(1 + t)} = \frac{1}{\sqrt{2} + 1};$$

d'où

$$t = \frac{1}{\sqrt{2} + 1} = \sqrt{2} - 1$$

La première équation devient :

$$x^2 (1 + 3 - 2\sqrt{2}) = a^2, \quad \text{ou} \quad x^2 = \frac{a^2}{4 - 2\sqrt{2}} = \frac{a^2 (2 + \sqrt{2})}{4},$$

et

$$x = \frac{a}{2} \sqrt{2 + \sqrt{2}}\,.$$

$$y^2 = t^2 x^2 = (\sqrt{2} - 1)^2 \frac{a^2}{4} (2 + \sqrt{2}) = \frac{a^2}{4} (2 - \sqrt{2}),$$

$$y = \frac{a}{2} \sqrt{2 - \sqrt{2}}\,.$$

305. *Deux circonférences égales O et O' contiennent chacune le centre de l'autre. On demande de déterminer une troisième circonférence, telle que O'', tangente aux circonférences O et O' et à la ligne des centres ; on pourra déterminer O'' par son rayon et la distance de son point de contact A avec OO' à l'un des centres O ou O'.* (Bacc.)

Soient $\qquad\qquad\qquad$ $O''A = x$ et $OA = y.$

Les triangles rectangles OAO'' et $O'AO''$ donnent :

$$(R - x)^2 = x^2 + y^2 \quad (1) \quad \text{ou} \quad R^2 - y^2 = 2Rx,$$

$$(R + x)^2 = x^2 + (R + y)^2 \quad (2) \quad \text{ou} \quad y^2 + 2Ry = 2Rx.$$

On a donc $\quad R^2 - y^2 = y^2 + 2Ry \quad$ ou $\quad 2y^2 + 2Ry - R^2 = 0.$

$$y = \frac{R\sqrt{3} - R}{2} \quad \text{et} \quad x = \frac{R\sqrt{3}}{4}.$$

La symétrie de la figure montre qu'il y a quatre circonférences telles que O'' et qu'elles ont toutes pour

rayon $\quad \dfrac{R\sqrt{3}}{4}$.

On peut aussi considérer une circonférence $O^{\cdot\prime}$ inscrite dans le triangle mixtiligne OBO'.

Le triangle rectangle OCO''' donne, en posant

$$CO''' = x,$$

$$(R - x)^2 = x^2 + \frac{R^2}{4};$$

d'où $\quad x = \dfrac{3R}{8}.$

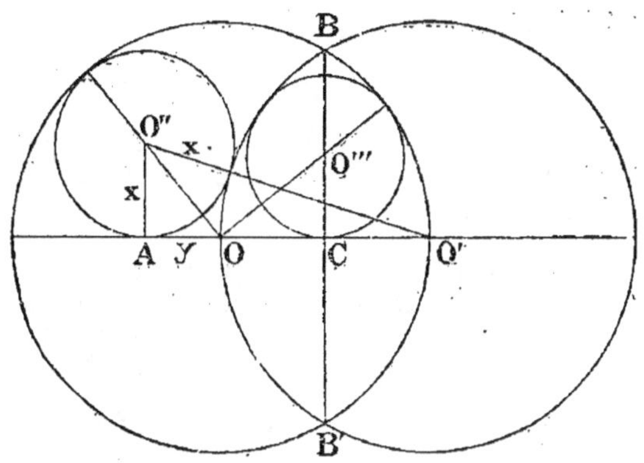

Il y a une circonférence de même rayon située au-dessous de OO' et symétrique de la précédente.

On voit donc qu'il existe six circonférences répondant aux conditions de l'énoncé.

306. *A quelle distance du centre d'une sphère de rayon R faut-il mener un plan, pour que le plus petit segment sphérique déterminé par ce plan soit équivalent au cône ayant pour base la section et pour sommet le centre de la sphère ? Discussion algébrique et construction géométrique.* (Bacc.)

Soit $\quad OC = x,$

alors $\quad CD = R - x.$

On a $\quad \text{Vol. } ACBD = \dfrac{\pi CD^2}{3} (3R - CD),$

ou $\quad \text{Vol. } ACBD = \dfrac{\pi (R - x)^2 (2R + x)}{3}.$

Le cône $OACB$ a pour volume :

$$\frac{\pi (R^2 - x^2) x}{3}.$$

L'équation du problème est donc $\quad \dfrac{\pi (R - x)^2 (2R + x)}{3} = \dfrac{\pi x (R^2 - x^2)}{3};$

et, en divisant par $\quad \dfrac{\pi (R - x)}{3},$

ce qui donne $x = R$, il reste :

$$(R - x)(2R + x) = x(R + x) \quad \text{ou} \quad x^2 + Rx - R^2 = 0;$$

$$x = \frac{-R \pm \sqrt{R^2 + 4R^2}}{2} = \frac{-R \pm R\sqrt{5}}{2}.$$

x devant être positif et plus petit que R, la solution

$$x = \frac{-R - R\sqrt{5}}{2}$$

est à écarter ; on a pour solution :

$$x = \frac{R}{2}(\sqrt{5} - 1).$$

Or cette expression représente le grand segment du rayon divisé en moyenne et extrême raison ; il suffira donc de diviser OD et de prendre OC égal au grand segment.

307. *Mener une corde DE perpendiculaire au diamètre AB, de manière que la somme* $2AC + DE$ *soit égale à une longueur donnée 2a, R étant le rayon du cercle, et discuter complètement la solution.* (Bacc.)

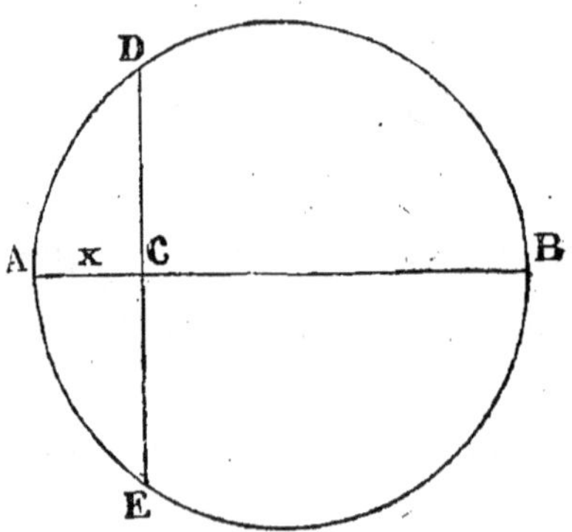

Prenons pour inconnue

$$AC = x;$$

nous avons $\quad DC = \sqrt{x(2R - x)}$,

et l'équation du problème est :

$$2x + 2\sqrt{x(2R - x)} = 2a.$$

En isolant le radical, élevant au carré et ordonnant, il vient :

$$2x^2 - 2x(a + R) + a^2 = 0, \qquad (1)$$

$$x = \frac{a + R \pm \sqrt{-a^2 + 2Ra + R^2}}{2}.$$

Discussion. Pour qu'une valeur de x convienne au problème, il faut qu'elle soit, *en même temps*, réelle, positive, plus petite que 2R, et qu'elle rende positive la différence $a - x$, c'est-à-dire que l'on ait $x < a$.

Réalité. Il faut et il suffit que la quantité soumise au radical

$$-a^2 + 2aR + R^2 \geqq 0.$$

Ce trinôme sera positif pour les valeurs de a comprises entre les racines, c'est-à-dire

$$R(1 - \sqrt{2}) \leqq a \leqq R(1 + \sqrt{2});$$

ou, comme a est évidemment positif :

$$0 < a \leqq R(1 + \sqrt{2}).$$

Signes. Dans l'équation (1), on a :

$$x' + x'' = a + R \quad \text{et} \quad x'x'' = \frac{a^2}{2}.$$

Ainsi les deux racines x' et x'' sont toujours positives, puisque leur somme et leur produit sont positifs.

Grandeur. Les racines doivent être plus petites que 2R. Elles seront plus petites que $2R$ si $f(2R)$ est positif et si leur demi-somme est moindre que $2R$; or

$$f(2R) = 4R^2 - 4aR + a^2 = (a - 2R)^2,$$

résultat toujours positif.

La demi-somme donne $\quad \dfrac{a+R}{2} < 2R \quad$ ou $\quad a < 3R$.

Si les racines sont réelles, cette dernière condition est remplie; on peut conclure que les racines étant réelles sont toujours plus petites que $2R$.

Les racines doivent être aussi plus petites que a.

Elles seront plus petites que a si $f(a)$ est positif et si leur demi-somme est moindre que a.

Or $\qquad\qquad\qquad f(a) = a(a - 2R)$.

Ce résultat est du signe de $\quad a - 2R$.

La demi-somme donne $\quad \dfrac{a+R}{2} < a,\quad$ d'où $\quad R < a$.

Donc si $\quad 2R < a < R(1 + \sqrt{2})\quad$ les deux racines conviennent, et le problème a deux solutions.

Si $\quad R < a < 2R,\quad f(a)\quad$ est négatif, a sépare les racines, et la plus petite seule convient.

Dans ce cas, $\quad a - x\quad$ est négatif; la plus grande racine convient au problème suivant :

Mener une corde DE *telle que* $2AC - DE = 2a$.

308. *Étant donnés le rayon* R *de la base d'un cône et sa hauteur* h, *à quelle distance du sommet faut-il mener un plan parallèle à la base pour que le volume du tronc soit égal à deux fois celui de la sphère, qui aurait pour diamètre la hauteur du tronc?* (Bacc.)

Soit $AP = x$; les triangles AMP, AOB

donnent $\quad \dfrac{MP}{R} = \dfrac{x}{h}\quad$ et $\quad MP = \dfrac{Rx}{h}$.

Le volume du tronc de cône est :

$$\frac{\pi(h-x)}{3}\left(R^2 + \frac{R^2x^2}{h^2} + \frac{R^2x}{h}\right);$$

celui de la sphère :

$$\frac{\pi(h-x)^3}{6}.$$

L'équation du problème est donc :

$$\frac{\pi(h-x)}{3}\left(R^2 + \frac{R^2x^2}{h^2} + \frac{R^2x}{h}\right) = 2 \times \frac{\pi(h-x)^3}{6}.$$

En divisant par le facteur commun $\dfrac{\pi(h-x)}{3}$, on supprime la solution $x = h$; les volumes sont alors nuls tous les deux; il reste l'équation :

$$R^2 + \frac{R^2x^2}{h^2} + \frac{R^2x}{h} = (h-x)^2,$$

ou $\qquad x^2(h^2 - R^2) - hx(2h^2 + R^2) + h^2(h^2 - R^2) = 0,\qquad$ (1)

$$x = \frac{h(2h^2 + R^2 \pm R\sqrt{12h^2 - 3R^2})}{2(h^2 - R^2)}.$$

Discussion. Pour qu'une valeur de x soit une solution du problème, il suffit que cette longueur soit réelle. En effet, d'après la mise en équation, nous avons convenu de compter positivement les valeurs de x portées dans le sens AP; on obtient alors des troncs de cône tels que BCMN (1re figure). Les valeurs négatives de x doivent être portées à partir de A dans le sens PA, et l'on obtient des troncs de cône de seconde espèce tels que BCMN (2e figure). Le plan MN pouvant être mené au delà de la base BC, il n'y a pas de condition de grandeur.

Réalité. Pour que les racines soient réelles, il faut que l'on ait :

$$12h^2 - 3R^2 \geqq 0, \quad \text{ou} \quad (2h + R)(2h - R) \geqq 0.$$

Le facteur $2h + R$ étant positif, il suffit d'avoir :

$$2h - R \geqq 0, \quad \text{d'où} \quad R \leqq 2h.$$

Signes des racines. Le produit des racines est $x'x'' = h^2$; les racines sont donc de même signe; leur somme est

$$x' + x'' = \frac{h(2h^2 + R^2)}{h^2 - R^2};$$

elles sont du signe de $h^2 - R^2$ ou du signe de $h - R$.

1er Cas. Soit $R < h$. Les deux racines sont positives.

Formons $f(h)$ en vue de les comparer à h; on a :

$$f(h) = -3h^2R^2.$$

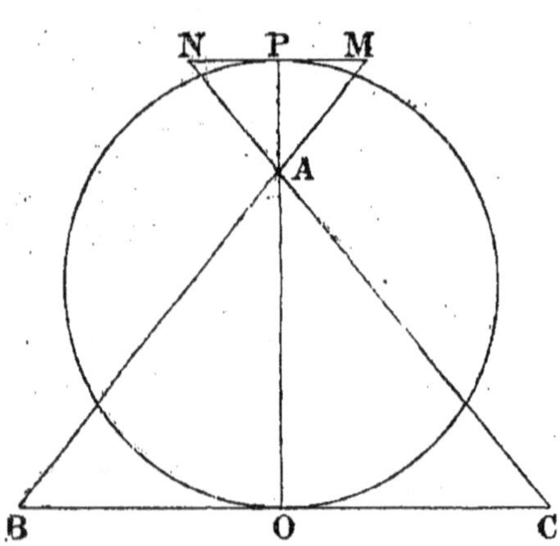

Ce résultat négatif nous montre que h est intérieur aux racines, puisque le coefficient du premier terme de l'équation est positif.

Nous avons donc deux troncs de cône répondant à la question : un correspond à une valeur de x moindre que h, c'est celui que représente la première figure; l'autre est obtenu par un plan MN mené au-dessous de BC.

2e Cas. Soit $h < R < 2h$.

Les deux racines sont négatives, puisque leur somme est elle-même négative.

Nous obtenons, dans ce cas, deux troncs de seconde espèce tels que MNBC (2e figure). Le produit des racines étant h^2, une de ces racines est en valeur absolue moindre que h, et l'autre est plus grande que h.

309. *Étant donnés sur une sphère un grand cercle G et le diamètre AB, perpendiculaire au plan de ce grand cercle, déterminer sur ce diamètre un point M, tel que le double de l'aire plane du petit cercle de la sphère qui a pour centre le point M, augmenté du quintuple de la surface latérale du cône qui a M pour sommet et G pour base, soit égal à πmR^2, m désignant un nombre donné et R le rayon de la sphère. On prendra pour inconnue la longueur de l'arête du cône. (Bacc.)*

L'équation du problème est :

$$2\pi \overline{MD}^2 + 5\pi R . MC = \pi m R^2.$$

Or

$$\overline{MD}^2 = R^2 - \overline{MO}^2 \quad \text{et} \quad \overline{MO}^2 = x^2 - R^2 ;$$

d'où $\overline{MD}^2 = 2R^2 - x^2$ et $MC = x.$

L'équation devient donc :

$$2(2R^2 - x^2) + 5Rx - mR^2 = 0,$$

ou $2x^2 - 5Rx + (m - 4)R^2 = 0. \quad (1)$

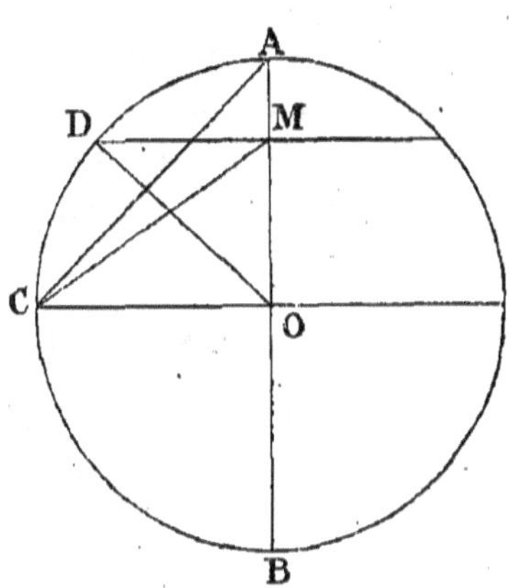

Discussion. Les conditions imposées à l'arête par l'énoncé du problème sont évidemment d'exister, d'être une longueur géométrique, comprise entre la longueur du rayon et celle du côté du carré inscrit.

Ainsi, pour être solution du problème, une racine de (1) doit être à la fois *réelle, positive* et comprise entre R et $R\sqrt{2}$.

1° **Réalité.** Elle exige $25R^2 - 8(m - 4)R^2 \geqq 0$ ou $57 - 8m \geqq 0,$

c'est-à-dire $m \leqq \dfrac{57}{8}.$

2° **Signes des racines.** La somme des racines $\dfrac{5R}{2}$ est positive.

Leur produit $\dfrac{(m - 4)R^2}{2}$ est du signe de $m - 4.$

Si $m < 4,$ les racines sont de signes contraires; une solution au plus.

Si $m > 4,$ les racines sont positives; il pourra y avoir deux solutions.

3° **Grandeur.** Soit $f(x)$ le premier membre de (1).

On a $f(R) = (m - 7)R^2.$

Ce résultat est positif pour $m > 7$ et négatif pour $m < 7.$

Ainsi, pour $m < 7,$ R sépare les racines, et la plus petite (négative si $m < 4,$ positive si $m > 4$) n'est jamais acceptable.

Pour $m > 7,$ R est extérieur aux racines et moindre que chacune d'elles, puisque, évidemment, leur demi-somme $\dfrac{5R}{4} > R$;   alors *peut-être* deux solutions.

$$f(R\sqrt{2}) = (m - 5\sqrt{2})R^2.$$

Ainsi, pour $m < 5\sqrt{2},$ $R\sqrt{2}$ sépare les racines, et la plus petite seule convient, à condition que $m > 7.$

Pour $m > 5\sqrt{2},$ $R\sqrt{2}$ est extérieur aux racines, et comme $R\sqrt{2} > \dfrac{5R}{4},$ $R\sqrt{2}$ est plus grand que chaque racine; or $5\sqrt{2} > 7,$ alors aussi R est inférieur à chaque racine; ainsi pour $m > 5\sqrt{2},$ le problème a *deux solutions.*

La réalité exige d'ailleurs $m \leqq \dfrac{57}{8}$; en groupant ces résultats, nous avons le tableau suivant :

m	Racines de (1)	Nombre de solutions.
4	Une racine négative. Une racine posit. sup. à $R\sqrt{2}$. Deux racines positives. Une moindre que R. L'autre supérieure à $R\sqrt{2}$.	Pas de solution.
7	Une racine égale à R. L'autre égale $\dfrac{3R}{2}$.	Une solution limite (cône de hauteur nulle).
	Deux racines positives. Toutes deux supérieures à R. Une supérieure à $R\sqrt{2}$.	Une solution $x = \dfrac{5R}{4}\left(5 - \sqrt{57 - 8m}\right)$
$5\sqrt{2}$	$x' = R\sqrt{2}$, $x'' = \dfrac{R}{2}(5 - 2\sqrt{2})$	Une solution limite x' et une autre x''.
	Deux racines positives comprises entre R et $R\sqrt{2}$.	Deux solutions.
$\dfrac{57}{8}$	Deux racines égales à $\dfrac{5R}{4}$.	Solution double.
	Racines imaginaires.	Pas de solution.

310. *On donne une ellipse par son grand axe* 2a *et sa distance focale* 2c. *Trouver les rayons vecteurs* x *et* y *d'un point* M *de la courbe, connaissant la distance* R *au centre. Discussion.* (Bacc.)

Soient x et y les rayons vecteurs demandés.

Par définition de l'ellipse on a :

$$x + y = 2a. \tag{1}$$

La médiane $MO = R$ du triangle MFF' donne :

$$x^2 + y^2 = 2R^2 + 2c^2. \qquad (2)$$

Pour résoudre le système des équations (1) et (2), déterminons le produit xy en élevant (1) au carré et retranchant de (2) ; il vient :

$$xy = 2a^2 - c^2 - R^2.$$

Nous avons ainsi la somme et le produit des inconnues x et y ; celles-ci seront les racines de l'équation :

$$X^2 - 2aX + 2a^2 - c^2 - R^2 = 0. \quad (3)$$

Discussion. Pour que les racines de l'équation (3) soient une solution du problème, il faut qu'elles soient réelles, positives et comprises entre $a - c$ et $a + c$; ces valeurs $a \pm c$ sont, en effet, les limites extrêmes des rayons vecteurs d'une ellipse.

Réalité. La condition de réalité est $R^2 + c^2 - a^2 \geqq 0$ ou $R^2 \geqq a^2 - c^2$.

Signes des racines. La somme des racines est $2a$; leur produit est :

$$2a^2 - c^2 - R^2.$$

Si $a^2 - c^2 < R^2 < 2a^2 - c^2$, les racines sont réelles et positives.

Grandeur des racines. Formons $f(a - c)$ et $f(a + c)$.

On a
$$f(a - c) = a^2 - R^2,$$
$$f(a + c) = a^2 - R^2.$$

Ce résultat $a^2 - R^2$ doit être positif, puisque $a - c$ et $a + c$ doivent être extérieurs aux racines ; on en déduit $a > R$.

Ainsi, les conditions de possibilité du problème sont :

$$a^2 - c^2 < R^2 < a^2.$$

Ce résultat est évident *à priori*, car le rayon OM est compris entre OA et OB ; or $OA = a$, $OB = \sqrt{a^2 - c^2}$.

Si $R^2 = a^2 - c^2$, on a $x = y = a$; le point M est en B ou B'.

Si $R^2 = a^2$, on a $x = a + c$, $y = a - c$; le point M est alors en A ou A'.

311. *Calculer la profondeur d'un puits, sachant qu'il s'est écoulé un nombre t de secondes entre l'instant où l'on a laissé tomber une pierre et celui où le bruit qu'elle a fait en frappant le fond est arrivé à l'oreille (on néglige la résistance de l'air).*

Désignons par x la profondeur du puits et par v la vitesse du son dans l'air. Le temps t se compose de deux parties :

1° Du temps que la pierre met pour descendre ; il est exprimé par :

$$t' = \sqrt{\frac{2x}{g}} . \qquad \text{(Voir \textit{Mécanique}, 197.)}$$

2° Du temps que e son a mis pour remonter, c'est-à-dire

On a donc l'équation
$$\sqrt{\dfrac{2x}{g}} + \dfrac{x}{v} = t. \tag{1}$$

Isolons le radical et élevons au carré, on obtient :
$$\dfrac{2x}{g} = \left(t - \dfrac{x}{v}\right)^2 ; \tag{2}$$

d'où
$$gx^2 - 2v(gt + v)x + gv^2t^2 = 0, \tag{3}$$

par suite,
$$x = \dfrac{v(gt + v) \pm \sqrt{v^2(gt + v)^2 - g^2v^2t^2}}{g},$$

$$x = \dfrac{v}{g}\left[(gt + v) \pm \sqrt{v(2gt + v)}\right]. \tag{4}$$

Discussion. On trouve pour x deux valeurs réelles et positives, car la somme $x' + x'' = \dfrac{2v(gt + v)}{g}$ est positive, ainsi que le produit $x'x'' = v^2t^2$.

Mais il est facile de voir que la première, celle où l'on prend le radical avec le signe $+$, est étrangère à la question ; en effet, elle donne pour x une valeur plus grande que vt. Or vt, exprimant l'espace parcouru par le son pendant le temps t tout entier, est nécessairement plus grand que la profondeur du puits. On le voit aussi en écrivant $t'' < t$ et en remplaçant t'' par $\dfrac{x}{v}$, ce qui donne $\dfrac{x}{v} < t$ ou $x < vt$. Une racine, pour être acceptable, doit donc être plus petite que vt.

Or
$$f(vt) = -2v^3t,$$

ce qui prouve que vt est compris entre les racines, et celle correspondant au signe $-$ devant le radical est seule acceptable.
$$x = \dfrac{v}{g}\left[(gt + v) - \sqrt{v(gt + v)}\right].$$

Pour se rendre compte de l'introduction de cette valeur étrangère à la question, remarquons que, bien qu'elle satisfasse l'équation (2), elle ne satisfait pas l'équation (1) ; c'est que l'équation (2) est non seulement le carré de (1),
$$+\sqrt{\dfrac{2x}{g}} = t - \dfrac{x}{v},$$

mais encore de l'équation
$$-\sqrt{\dfrac{2x}{g}} = t - \dfrac{x}{v},$$

qui peut s'écrire
$$\dfrac{x}{v} - \sqrt{\dfrac{2x}{g}} = t,$$

et qui correspond au problème suivant :

Quelle est la profondeur d'un puits, sachant que la différence entre le temps que le son a mis pour remonter et celui qu'une pierre a mis pour descendre est t secondes?

Remarque. On voit par cet exemple que, lorsqu'on a élevé les deux membres d'une équation au carré, il faut *toujours* vérifier les solutions obtenues, car l'équation résolue est ordinairement plus générale que l'équation proposée ; elle peut, par suite, avoir des racines étrangères à la question.

Application. Si l'on fait $t = 5^s$, $v = 340^m$ et $g = 9^m,8088$, on obtient $x = 107^m$ par défaut.

LIVRE QUATRIÈME

PROGRESSIONS, LOGARITHMES

INTÉRÊTS COMPOSÉS ET ANNUITÉS

CHAPITRE I

PROGRESSIONS

---

§ I. — Progressions arithmétiques.

312. Définitions. On appelle *progression* une suite limitée de termes qui se succèdent d'après une loi déterminée.

Il y a deux sortes de progressions : les progressions *arithmétiques* ou par différence, et les progressions *géométriques* ou par quotient.

Une progression *arithmétique* est une suite de termes tels que chacun d'eux égale le précédent, augmenté d'une quantité constante appelée *raison* de la progression.

Une progression arithmétique est *croissante*, lorsque la raison est positive; elle est *décroissante*, lorsque la raison est négative.

EXEMPLES :
$$\div\ 2.4.6.8\ldots$$
$$\div\ 96.92.88\ldots$$

La première progression est croissante; la raison est 2.

La seconde est décroissante; la raison est -4.

On écrit une progression arithmétique en plaçant le signe $\div$ devant le premier terme, et en séparant par un point les termes consécutifs

$$\div\ a.b.c.d\ldots h.k.l.$$

Il résulte de la définition que la différence de deux termes consécutifs est constante; en effet, la définition donne :

$$b = a + r,$$
$$c = b + r;$$

d'où
$$b - c = a - b.$$

On a aussi $\qquad 2b = a + c,$

ou $\qquad b = \dfrac{a + c}{2},$

313. Théorème. *Dans une progression arithmétique un terme de rang quelconque égale le premier, augmenté d'autant de fois la raison qu'il y a de termes avant lui.*

Soit la progression

$$\div a.b.c.d.e \ldots k.l.$$

Par définition, le second terme égale le premier augmenté de la raison que nous désignerons par r :

$$b = a + r.$$

Par définition aussi, le troisième terme c égale le second b augmenté de la raison : $c = b + r$; et en remplaçant b par sa valeur $a + r$, on a : $\qquad c = a + 2r.$

On aurait de même pour le quatrième terme

$$d = a + 3r$$

et ainsi de suite.

En général, si l'on désigne par l un terme de rang quelconque n, et par a le premier terme de la progression, on a :

$$l = a + (n - 1)r.$$

314. Il résulte de cette propriété qu'une progression arithmétique $\qquad \div a.b.c.d.e \ldots k.l.$
peut s'écrire :

$$\div a . a + r . a + 2r \ldots.. a + (n - 1)r.$$

De la formule $\qquad l = a + (n - 1)r$

on tire $\qquad a = l - (n - 1)r,$

$$n = \dfrac{l - a}{r} + 1,$$

$$r = \dfrac{l - a}{n - 1}.$$

315. Théorème. *Dans une progression arithmétique limitée, la somme de deux termes équidistants des extrêmes est constante et égale à la somme des extrêmes.*

Soit la progression

$$\div a.b.c.d.e \ldots h.i.k.l.$$

Considérons les termes c et i, qui sont à égale distance des extrêmes.

On a (n° 313) $\qquad\qquad c = a + 2r.$ $\qquad\qquad$ (1)

On a aussi $\qquad l = i + 2r;$ d'où $i = l - 2r.$ $\qquad$ (2)

Ajoutons membre à membre les égalités (1) et (2), il vient :

$$c + i = a + l.$$

En général, soient d et h deux termes de rangs tels, qu'il y ait m termes avant d et m termes après h, a et l étant les extrêmes,

on aura : $\qquad\qquad d = a + mr,$ $\qquad\qquad$ (1)

et $\qquad\qquad l = h + mr;$ d'où $h = l - mr.$ $\qquad$ (2)

Ajoutons les égalités (1) et (2), nous trouvons :

$$d + h = a + l.$$

REMARQUE. Lorsque le nombre des termes de la progression est impair, *le terme du milieu égale la demi-somme des termes extrêmes.*

316. Problème. *Trouver la somme des termes d'une progression arithmétique limitée.*

Soit une progression de n termes :

$$\div a.b.c....i.k.l.$$

La somme S aura pour expression :

$$S = a + b + c + ... + i + k + l,$$

ou $\qquad\qquad S = l + k + i + ... + c + b + a.$

Ajoutons membre à membre :

$$2S = (a + l) + (b + k) + (c + i) + ... + (i + c) + (k + b) + (l + a).$$

Chaque parenthèse renferme soit la somme des deux extrêmes, soit celle de deux termes équidistants des extrêmes ; les valeurs de ces parenthèses sont égales (n° 315). Et comme il y en a autant que la progression a de termes, on peut écrire :

$$2S = (a + l)n;\quad \text{d'où}\quad S = \frac{(a + l)n}{2}.$$ $\qquad$ (1)

317. Remarque. Si dans la formule (1) on remplace le n^e terme l par sa valeur $a + (n - 1)r$, on trouve :

$$S = \frac{[a + a + (n - 1)r]n}{2}, \quad \text{ou } S = \frac{n}{2}[2a + (n - 1)r].$$ $\qquad$ (2)

318. Définition. On appelle *moyens arithmétiques* des nombres qui forment avec deux nombres donnés une progression arithmétique, dont les nombres donnés sont les extrêmes.

Ainsi les nombres 5, 7, 9, qui forment avec 3 et 11 une progression arithmétique ayant 3 et 11 pour extrêmes, sont des moyens arithmétiques.

319. Problème. *Insérer, entre* a *et* b, m *moyens arithmétiques.*

Cherchons la raison de la progression.

Cette progression aura $m + 2$ termes.

Donc (n° 313) $\qquad b = a + (m + 1)r,$

d'où $\qquad\qquad\qquad r = \dfrac{b - a}{m + 1} ; \qquad\qquad\qquad (1)$

la progression sera $\quad a \,.\, a + r \,.\, a + 2r \,.\, a + 3r \ldots b.$

320. Remarque. Si entre les termes consécutifs d'une progression arithmétique on insère un même nombre de moyens, les progressions partielles ainsi obtenues forment une seule et même progression.

En effet, la raison de ces progressions est la même, puisqu'elle est fournie par la formule $\dfrac{b - a}{m + 1}$ ou $\dfrac{r}{m + 1}$, r étant la raison de la progression donnée. De plus, le dernier terme de la première progression est le premier de la seconde, le dernier de la seconde est le premier de la troisième, et ainsi de suite.

321. Dans les progressions arithmétiques on considère cinq quantités variables a, l, r, n, S. Nous avons obtenu les deux formules :

$$l = a + (n - 1)r \quad \text{et} \quad S = (a + l)\frac{n}{2}.$$

Ces deux formules permettent de calculer deux de ces cinq quantités, lorsque les trois autres sont données. On est ainsi amené à résoudre les problèmes suivants :

Données.	Inconnues.	Formules.
$a \quad r \quad n$		$l = a + (n - 1)r$
$a \quad r \quad S$		$l = -\dfrac{r}{2} \pm \sqrt{2rS + \left(a - \dfrac{r}{2}\right)^2}$
$a \quad n \quad S$	l	$l = \dfrac{2S}{n} - a$
$r \quad n \quad S$		$l = \dfrac{S}{n} + \dfrac{n - 1}{2}r$

Données.	Inconnues.	Formules.

$a \quad r \quad n$		$S = \dfrac{n}{2}\big[2a + (n-1)r\big]$
$a \quad r \quad l$		$S = \dfrac{a+l}{2} + \dfrac{l^2 - a^2}{2r}$
$a \quad n \quad l$	S	$S = (a+l)\dfrac{n}{2}$
$r \quad n \quad l$		$S = \dfrac{n}{2}\big[2l - (n-1)r\big]$
$r \quad n \quad l$		$a = l - (n-1)r$
$r \quad n \quad S$		$a = \dfrac{S}{n} - (n-1)\dfrac{r}{2}$
$r \quad l \quad S$	a	$a = \dfrac{r}{2} \pm \sqrt{\left(l + \dfrac{r}{2}\right)^2 - 2rS}$
$n \quad l \quad S$		$a = \dfrac{2S}{n} - l$
$a \quad n \quad l$		$r = \dfrac{l-a}{n-1}$
$a \quad n \quad S$		$r = \dfrac{2(S - an)}{n(n-1)}$
$a \quad l \quad S$	r	$r = \dfrac{l^2 - a^2}{2S - a - l}$
$n \quad l \quad S$		$r = \dfrac{2(nl - S)}{n(n-1)}$
$a \quad r \quad l$		$n = \dfrac{l-a}{r} + 1$
$a \quad r \quad S$		$n = \dfrac{r - 2a \pm \sqrt{(2a - r)^2 + 8rS}}{2r}$
$a \quad l \quad S$	n	$n = \dfrac{2S}{a+l}$
$r \quad l \quad S$		$n = \dfrac{2l + r \pm \sqrt{(2l + r)^2 - 8rS}}{2r}$

322. Applications. 1° *Trouver le 30ᵉ nombre impair.*

Les nombres impairs forment une progression $\div 1.3.5.7.9\ldots$ dont la raison est 2.

On aura (n° 313) : Le 30ᵉ terme $= 1 + 29 \times 2$ ou 59.

2° *Trouver le 21ᵉ terme de la progression* $\div 80.75.70.65.60\ldots$

$$\text{Le } 21^e \text{ terme} = 80 + 20(-5) \quad \text{ou} \quad -20.$$

3° *Trouver la somme des termes de la progression* $\div 3.8.13.18\ldots$ *composée de 41 termes.*

Le 41ᵉ terme est $\qquad\qquad 3 + 5 \times 40 = 203.$

La somme $\qquad\qquad S = \dfrac{(3 + 203)\,41}{2} = 4\,223.$

La formule (2) (n° 317) donne immédiatement :

$$S = \frac{41}{2}\,(6 + 40 \times 5) = 4\,223.$$

4° *Insérer, entre 2 et 24, 10 moyens arithmétiques.*

On a, d'après la formule (1) (n° 319) :

$$r = \frac{24 - 2}{11} = 2.$$

La progression sera $\qquad\qquad \div 2.4.6.8.10\ldots 22.24.$

323. *Trouver la somme des* n *premiers nombres entiers.*

En représentant par S cette somme, on a :

$$S = 1 + 2 + 3 + 4 + 5 + \ldots + \boldsymbol{n}.$$

En appliquant la formule $\qquad S = \dfrac{(a + l)n}{2},$

on a : $\qquad\qquad S = \dfrac{(1 + n)n}{2} \quad \text{ou} \quad \dfrac{n(n + 1)}{2}.$

324. *Trouver la somme des* n *premiers nombres impairs.*

En représentant par S cette somme, on a :

$$S = 1 + 3 + 5 + 7 + \ldots + (2n - 1).$$

Pour voir que le n^e nombre impair s'exprime par $2n - 1$, il suffit d'appliquer la formule $l = a + r(n - 1)$, qui donne :

$$l = 1 + 2(n - 1) = 2n - 1,$$
$$S = \frac{(1 + 2n - 1)n}{2} = n^2.$$

325. Problème inverse. *Trouver une progression arithmétique telle que la somme des* n *premiers termes soit égale à* n², *quel que soit* n.

Soit la progression $\qquad\qquad \div a.b.c\ldots k.l.$

La somme des n premiers termes étant

$$S = [2a + (n - 1)r]\,\frac{n}{2},$$

on doit avoir $\qquad\qquad [2a + (n - 1)r]\,\dfrac{n}{2} = n^2,$

ou $\qquad\qquad 2a - r + n(r - 2) = 0$

quel que soit n. Il en sera ainsi lorsque

$$2a - r = 0 \quad \text{et} \quad r - 2 = 0$$

c'est-à-dire pour $\qquad r = 2, \quad a = 1$.

La progression demandée est donc :

$$1.3.5\ldots\ldots 2n - 1,$$

c'est la suite des n premiers nombres impairs.

§ II. — Progressions géométriques.

326. Définitions. Une progression *géométrique* est une suite limitée de termes tels que chacun d'eux est égal à celui qui le précède multiplié par un nombre constant appelé *raison* de la progression.

On écrit une progression géométrique en plaçant le signe $\div\cdot$ devant le premier terme, et en séparant par deux points les termes consécutifs

$$\div a : b : c : d : \ldots h : k : l$$

On a par définition, en appelant q la raison de la progression :

$$b = aq, \quad c = bq, \quad d = cq, \quad \ldots \quad l = kq;$$

d'où

$$\frac{b}{a} = \frac{c}{b} = \frac{d}{c} = \ldots = \frac{l}{k},$$

ou encore $\qquad b = \sqrt{ac}, \quad c = \sqrt{bd}, \quad \ldots \quad k = \sqrt{hl}.$

Une progression géométrique est *croissante* lorsque la raison est plus grande que l'unité; elle est *décroissante* lorsque la raison est moindre que l'unité.

EXEMPLES :

$$\div 1 : 2 : 4 : 8 : 16 : 32 : 64 \ldots$$

$$\div 81 : 27 : 9 : 3 : 1 : \frac{1}{3} : \frac{1}{9} \ldots$$

La première progression est croissante ; la raison est **2**.

La seconde est décroissante ; la raison est $\frac{1}{3}$.

On considère quelquefois des suites illimitées auxquelles on donne par extension le nom de progression.

327. Théorème. *Dans une progression géométrique, un terme de rang quelconque est égal au premier multiplié par la raison élevée à une puissance indiquée par le nombre des termes qui précèdent.*

Soit la progression

$$\div\, a : b : c : d : e \ldots k : l.$$

Par définition, le second terme b égale le premier a, multiplié par la raison, que nous désignerons par q ; donc

$$b = aq.$$

De même
$$c = bq \quad \text{ou} \quad c = aq^2,$$
$$d = cq \quad \text{ou} \quad d = aq^3.$$

En général, si l'on désigne par l un terme de rang quelconque n, et par a le premier terme de la progression, on a :

$$l = aq^{n-1}. \tag{1}$$

328. De cette propriété il résulte qu'une progression géométrique

$$\div\, a : b : c : d \ldots k : l$$

peut s'écrire
$$\div\, a : aq : aq^2 : aq^3 : \ldots aq^{n-1}.$$

De la formule
$$l = aq^{n-1}$$

on tire
$$a = \frac{l}{q^{n-1}},$$

$$q = \sqrt[n-1]{\frac{l}{a}}.$$

Remarque. Dans une progression géométrique croissante illimitée, les termes augmentent constamment et finissent par dépasser toute quantité donnée, et dans une progression décroissante illimitée les termes diminuent et peuvent devenir plus petits que toute quantité donnée.

Pour démontrer cette propriété, nous allons établir le théorème suivant.

329. Théorème. *Les puissances successives d'un nombre plus grand que l'unité croissent au delà de toute limite en même temps que leurs exposants.*

Soit q une quantité plus grande que l'unité, $q = 1 + \alpha$, α étant positif.

On a :
$$q > 1.$$

En multipliant les deux membres par q^{n-1}, nombre positif,

on a :
$$q^n > q^{n-1}.$$

Ainsi une puissance quelconque est plus grande que la puissance immédiatement inférieure ; donc les puissances vont en augmentant.

Elles peuvent devenir plus grandes que toute quantité donnée.

En effet, on a : $\qquad q - 1 = \alpha.$

Si l'on multiplie le premier membre successivement par q, q^2, q^3 et q^{n-1}, nombres plus grands que l'unité, on aura la suite d'inégalités :

$$q - 1 = \alpha,$$
$$q^2 - q > \alpha,$$
$$q^3 - q^2 > \alpha,$$
$$\cdots \cdots$$
$$q^n - q^{n-1} > \alpha.$$

Ajoutons membre à membre ces n relations et simplifions, il vient : $\qquad q^n - 1 > n\alpha$;

par suite, $\qquad q^n > 1 + n\alpha.$

Pour que q^n soit plus grand que toute quantité donnée A, il suffit de prendre $q^n > 1 + n\alpha > A$; d'où $n > \dfrac{A-1}{\alpha}$.

Ainsi, dès que l'exposant n est plus grand que $\dfrac{A-1}{\alpha}$, le nombre q^n est supérieur à A.

Considérons maintenant la progression géométrique croissante
$$\div a : aq : aq^2 : aq^3 \ldots aq^n.$$

Dans le terme aq^n, le facteur q^n peut devenir plus grand que toute quantité donnée ; il en sera de même du produit aq^n. Donc, etc.

330. Soit la progression décroissante
$$\div a : aq' : aq'^2 : aq'^3 \ldots aq'^n.$$

La raison q' étant plus petite que l'unité, nous pouvons la représenter par $\dfrac{1}{q}$, q étant une quantité plus grande que l'unité ; la progression devient :
$$\div a : \frac{a}{q} : \frac{a}{q^2} : \frac{a}{q^3} \ldots \frac{a}{q^n}.$$

Or le dénominateur q^n, du terme $\dfrac{a}{q^n}$, peut devenir plus grand que toute quantité donnée ; le numérateur a étant fixe, la fraction $\dfrac{a}{q^n}$ pourra devenir aussi petite que l'on voudra. Donc, etc.

331. Théorème. *Dans une progression géométrique, le produit de deux termes également distants des extrêmes est constant et égal au produit des extrêmes.*

Soit la progression

$$\div\, a : b : c : d : e \ldots h : i : k : l.$$

Considérons les termes c et i, qui sont à égale distance des extrêmes.

On a (n° 327) :
$$c = aq^2. \tag{1}$$

On a aussi :
$$l = iq^2; \quad \text{d'où} \quad i = \frac{l}{q^2}. \tag{2}$$

Multiplions membre à membre les égalités (1) et (2), il vient :

$$ci = \frac{aq^2 l}{q^2} = al.$$

En général, soient d et h deux termes de rangs tels qu'il y ait m termes avant d et m termes après h, a et l étant les deux extrêmes ;

on aura :
$$d = aq^m, \tag{1}$$

et
$$l = hq^m; \quad \text{d'où} \quad h = \frac{l}{q^m}. \tag{2}$$

Multiplions les égalités (1) et (2) :

$$dh = \frac{aq^m l}{q^m} = al.$$

Remarque. Lorsque le nombre des termes de la progression est impair, *le terme du milieu égale la racine carrée du produit des extrêmes.*

332. Théorème. *Le produit des termes d'une progression géométrique est égal à la racine carrée du produit des extrêmes élevés à une puissance marquée par le nombre des termes.*

Soit la progression

$$\div\, a : b : c \ldots i : k : l.$$

En appelant P le produit et n le nombre des termes, on a :
$$\mathrm{P} = abc \ldots ikl,$$

ou
$$\mathrm{P} = lki \ldots cba.$$

Multiplions membre à membre ces égalités, il vient :
$$\mathrm{P}^2 = al.bk.ci \ldots ic.\, kb.\, la.$$

Or (n° 331) on a : $\quad al = bk = ci = \ldots$

et dans le second membre il y a n de ces produits égaux.

On a donc :
$$\mathrm{P}^2 = (al)^n;$$

d'où
$$\mathrm{P} = \sqrt{(al)^n} = \sqrt{a^n l^n}.$$

333. Remarque. En remplaçant l par sa valeur aq^{n-1}, cette formule devient :

$$P = \sqrt{a^n a^n q^{n(n-1)}} = \sqrt{a^{2n} q^{n(n-1)}} \ .$$

Le produit $n(n-1)$ de deux nombres entiers consécutifs étant toujours divisible par 2, on peut extraire la racine carrée et écrire :

$$P = a^n q^{\frac{n(n-1)}{2}} \ .$$

334. Problème. *Trouver la somme des termes d'une progression géométrique.*

Soit une progression de n termes :

$$\div a : b : c : d \ldots k : l.$$

On a :
$$S = a + b + c + d + \ldots + k + l. \qquad (1)$$

Multiplions par q les deux membres de cette égalité :

$$Sq = aq + bq + cq + dq + \ldots + kq + lq. \qquad (2)$$

1° Si la progression est croissante, retranchons l'équation (1) de l'équation (2) en remarquant que $aq = b$, $bq = c$, etc., nous aurons :

$$S(q-1) = lq - a; \quad \text{d'où} \quad S = \frac{lq - a}{q - 1} \ . \qquad (3)$$

2° Si la progression est décroissante, retranchons l'équation (2) de l'équation (1), nous aurons :

$$S(1-q) = a - lq; \quad \text{d'où} \quad S = \frac{a - lq}{1 - q} \ . \qquad (4)$$

Remarque I. Si dans les formules (3) et (4) on remplace le n^e terme l par sa valeur aq^{n-1}, elles deviennent :

$$S = \frac{aq^n - a}{q - 1} = \frac{a(q^n - 1)}{q - 1} \ , \qquad (5)$$

et
$$S = \frac{a - aq^n}{1 - q} = \frac{a(1 - q^n)}{1 - q} \ . \qquad (6)$$

Remarque II. On peut encore établir la formule (5) en procédant comme il suit :

La progression géométrique de n termes

$$\div a : b : c : d \ldots k : l$$

peut s'écrire (n° 328) :

$$\div a : aq : aq^2 : aq^3 \ldots aq^{n-2} : aq^{n-1},$$

et l'on a :
$$S = a(1 + q + q^2 + q^3 + \ldots + q^{n-2} + q^{n-1}).$$

Or la parenthèse est le quotient de $q^n - 1$ par $q - 1$,

donc
$$S = \frac{a(q^n - 1)}{q - 1}.$$

Cette formule prend la forme $\frac{0}{0}$ pour $q = 1$, mais l'indétermination n'est qu'apparente; car, en divisant préalablement haut et bas par $q - 1$, et en faisant ensuite l'hypothèse $q = 1$, on trouve pour vraie valeur an.

335. *Limite de la somme des termes d'une progression géométrique décroissante.*

Pour chercher cette limite, écrivons la relation (6) comme il suit :

$$S = \frac{a - aq^n}{1 - q} = \frac{a}{1 - q} - \frac{aq^n}{1 - q}.$$

Sous cette forme, nous voyons que la somme S se compose d'une partie fixe $\frac{a}{1 - q}$ et d'une partie variable

$$-\frac{aq^n}{1 - q} \quad \text{ou} \quad -\frac{a}{1 - q} \times q^n,$$

laquelle tend vers zéro lorsque n croît indéfiniment ; car la raison q est ici moindre que l'unité, donc q^n tend vers zéro (n° 330) ; il en sera de même du produit.

Ainsi la somme des termes tend vers $\frac{a}{1 - q}$, et l'on a :

$$\text{lim. } S = \frac{a}{1 - q}.$$

Discussion. La somme des termes d'une progression géométrique est toujours du même signe que le premier terme.

En effet, considérons la formule

$$S = \frac{a(q^n - 1)}{q - 1}. \tag{1}$$

1° $q > 1$ *ou progression croissante;* le facteur $\frac{q^n - 1}{q - 1}$ est positif, puisque la raison est plus grande que l'unité; par suite, le produit $\frac{a(q^n - 1)}{q - 1}$ est du même signe que a.

2° $q = 1$. La somme est alors $S = an$, et puisque n est positif, cette somme est du même signe que a.

3° $q < 1$ *ou progression décroissante.* La formule (1) donne encore la somme des termes ; or le facteur $\frac{q^n - 1}{q - 1}$ est positif, car ses termes $q^n - 1$ et $q - 1$ sont négatifs ; la somme est donc du même signe que a.

336. Définition. On appelle *moyens géométriques* des nombres qui forment avec deux nombres donnés une progression géométrique dont les nombres donnés sont les extrêmes.

337. Problème. *Insérer, entre* a *et* b, m *moyens géométriques.*
Cherchons la raison de la progression. Cette progression aura $m + 2$ termes. Donc (n° 327)

$$b = aq^{m+1} ;$$

d'où
$$q = \sqrt[m+1]{\frac{b}{a}}.$$

La progression sera donc :

$$a : aq : aq^2 \ldots : b.$$

Remarque. Si l'on insère le même nombre de moyens entre deux termes consécutifs quelconques d'une progression géométrique, les progressions partielles ainsi obtenues forment avec les termes de la progression donnée une seule et même progression. En effet, la raison de chacune de ces progressions partielles est la même, puisqu'elle est

donnée par $\sqrt[m+1]{\dfrac{b}{a}}$ et que le rapport $\dfrac{b}{a}$ est constant.

De plus, le dernier terme de la progression partielle est le premier terme de la seconde, et ainsi de suite ; donc tous ces nombres forment une progression unique.

338. Dans les progressions géométriques, on considère cinq quantités variables $a, l, q, n, S.$

Nous avons établi les deux formules :

$$l = aq^{n-1} \quad \text{et} \quad S = a\frac{(q^n - 1)}{q - 1}.$$

Ces deux formules permettent de calculer deux de ces cinq quantités, lorsque les trois autres sont données. On est ainsi amené à résoudre les problèmes suivants :

Données.			Inconnue.	Formules.
a	q	n		$l = aq^{n-1}$
a	q	S		$l = \dfrac{a + (q-1)S}{q}$
a	n	S	l	$l(S-l)^{n-1} - a(S-a)^{n-1} = 0$
q	n	S		$l = \dfrac{(q-1)Sq^{n-1}}{q^n - 1}$

Données.	Inconnue.	Formules.
$a \quad q \quad n$		$S = \dfrac{a(q^n-1)}{q-1}$
$a \quad q \quad l$		$S = \dfrac{ql-a}{q-1}$
$a \quad n \quad l$	S	$S = \dfrac{\sqrt[n-1]{l^n} - \sqrt[n-1]{a^n}}{\sqrt[n-1]{l} - \sqrt[n-1]{a}}$
$q \quad n \quad l$		$S = \dfrac{l(q^n-1)}{(q-1)\,q^{n-1}}$
$q \quad n \quad l$		$a = \dfrac{l}{q^{n-1}}$
$q \quad n \quad S$		$a = \dfrac{(q-1)S}{q^n-1}$
$q \quad l \quad S$	a	$a = ql - (q-1)S$
$n \quad l \quad S$		$a\,(S-a)^{n-1} - l\,(S-l)^{n-1} = 0$
$a \quad n \quad l$		$q = \sqrt[n-1]{\dfrac{l}{a}}$
$a \quad n \quad S$		$q^n - \dfrac{S}{a}\,q + \dfrac{S-a}{a} = 0$
$a \quad l \quad S$	q	$q = \dfrac{S-a}{S-l}$
$n \quad l \quad S$		$q^n - \dfrac{S}{S-l}\,q^{n-1} + \dfrac{l}{S-l} = 0$
$a \quad q \quad l$		$n = \dfrac{\log l - \log a}{\log q} + 1$
$a \quad q \quad S$		$n = \dfrac{\log\left[a + (q-1)S\right] - \log a}{\log q}$
$a \quad l \quad S$	n	$n = \dfrac{\log l - \log a}{\log(S-a) - \log(S-l)} + 1$
$q \quad l \quad S$		$n = \dfrac{\log l - \log\left[lq - (q-1)S\right]}{\log q} + 1$

339. Séries. Définitions. *On appelle série une suite illimitée de termes*

$$u_1, \quad u_2, \quad u_3, \quad \dots \quad u_n \dots$$

Une série est *régulière* lorsque les termes qui la composent peuvent se déduire de ceux qui les précèdent d'après une loi déterminée; elle est *irrégulière*, si les termes se succèdent d'une manière quelconque.

Une série est *donnée* lorsqu'on sait calculer un terme quelconque, son rang étant donné. Les termes d'une progression arithmétique ou géométrique forment une série *donnée* lorsqu'on connaît la raison et le premier terme, car alors on peut avoir un terme de rang quelconque ; de même la suite 1, 2, 3, 5, 8... est une série *donnée*, car, à partir du second, chaque terme est égal à la somme des deux qui le précèdent immédiatement.

Série convergente. On dit qu'une série est *convergente* si la somme des n premiers termes tend vers une limite bien déterminée quand n croît indéfiniment.

Série divergente. On dit qu'une série est *divergente* si la somme des n premiers termes croît indéfiniment avec n, ou encore ne tend vers aucune limite, tout en restant finie.

D'après ces définitions, on peut dire que toute progression géométrique décroissante illimitée forme une série convergente ; la limite de la somme des termes pour n infini est $\dfrac{a}{1-q}$, de sorte que la valeur de la série est :

$$S = a + aq + aq^2 + \dots + aq^n + \dots = \frac{a}{1-q}.$$

Une progression géométrique croissante illimitée, une progression arithmétique quelconque, mais illimitée, forment des séries divergentes.

Il ne faudrait pas conclure, de ce que la progression géométrique décroissante illimitée forme une série convergente, que toute suite de nombres décroissants forme aussi une série convergente. Pour la progression géométrique cette condition est suffisante, mais elle n'est plus suffisante pour une suite quelconque.

Prenons pour exemple la suite :

$$\frac{1}{1}, \ \frac{1}{2}, \ \frac{1}{3}, \ \frac{1}{4} \dots \frac{1}{n} \dots$$

appelée *série harmonique ;* la somme des termes ne tend pas vers une limite lorsque n croît indéfiniment.

En effet,

$$S_n = \frac{1}{1} + \frac{1}{2} + \left(\frac{1}{3} + \frac{1}{4}\right) + \left(\frac{1}{5} + \frac{1}{6} + \frac{1}{7} + \frac{1}{8}\right) + \left(\frac{1}{9} + \dots + \frac{1}{16}\right) + \dots$$

et l'on a :
$$\frac{1}{3} + \frac{1}{4} > \frac{2}{4} \quad \text{ou} \quad \frac{1}{2},$$

$$\frac{1}{5} + \frac{1}{6} + \frac{1}{7} + \frac{1}{8} > \frac{4}{8} \quad \text{ou} \quad \frac{1}{2},$$

$$\frac{1}{9} + \dots + \frac{1}{16} > \frac{8}{16} \quad \text{ou} \quad \frac{1}{2}.$$

Le second membre est donc formé d'autant de fois $\dfrac{1}{2}$ que l'on veut, et par suite, la somme n'ayant pas de limite, la série est divergente.

Applications. 1° *Trouver le 11ᵉ terme de la progression :*

$$\div 1 : 2 : 4 : 8\dots$$

Le 11ᵉ terme $\qquad = 1 \times 2^{10} = 1024.$

2° *Trouver le 9ᵉ terme de la progression :*

$$\div 9 : 3 : 1 : \frac{1}{3} \dots$$

Le 9ᵉ terme $\qquad = 9 \times \left(\frac{1}{3}\right)^8 = \frac{1}{729}.$

$3°$ *Trouver la somme des dix premiers termes de la progression :*

$$\div 2 : 4 : 8 : 16\ldots$$

La formule
$$S = \frac{a(q^n - 1)}{q - 1}$$

donne
$$S = \frac{2(2^{10} - 1)}{2 - 1} = 2046.$$

$4°$ *Trouver la somme des huit premiers termes de la progression :*

$$\div 27 : 9 : 3\ldots$$

La formule
$$S = \frac{a(1 - q^n)}{1 - q}$$

donne

$$S = \frac{27\left[1 - \left(\frac{1}{3}\right)^8\right]}{1 - \frac{1}{3}} = \frac{27}{\frac{2}{3}}\left(1 - \frac{1}{6561}\right) = \frac{27 \times 3 \times 6560}{2 \times 6561} = \frac{3280}{81}.$$

$5°$ *Trouver la limite de la somme des termes de la progression décroissante*

$$\div \frac{1}{2} : \frac{1}{4} : \frac{1}{8} : \frac{1}{16}\cdots$$

D'après la formule : Limite de $S = \frac{a}{1 - q}$, on a pour cette limite :

$$S = \frac{\frac{1}{2}}{1 - \frac{1}{2}} = 1$$

$6°$ *Insérer entre 2 et 162 trois moyens géométriques.*

On a ($n° 337$) :
$$q = \sqrt[4]{\frac{162}{2}} = \sqrt[4]{81} = 3.$$

La progression est
$$\div 2 : 6 : 18 : 54 : 162.$$

$7°$ *Trouver la fraction génératrice de la fraction périodique simple*

$$f = 0,545454\ldots$$

Cette fraction peut se mettre sous la forme :

$$f = \frac{54}{100} + \frac{54}{(100)^2} + \frac{54}{(100)^3} + \frac{54}{(100)^4} + \cdots$$

C'est la somme des termes d'une progression géométrique décroissante dont la raison est $\frac{1}{100}$.

On aura donc limite de $f = \dfrac{\frac{54}{100}}{1 - \frac{1}{100}} = \dfrac{\frac{54}{100}}{\frac{99}{100}} = \frac{54}{99}.$

$8°$ *Trouver la fraction génératrice de la fraction périodique mixte*

$$f = 0,86534.534.534\ldots$$

Cette fraction peut se mettre sous la forme :

$$f = \frac{86}{100} + \frac{534}{100 \times 1000} + \frac{534}{100 \times 1000^2} + \frac{534}{100 \times 1000^3} + \cdots$$

ou encore : $f = \dfrac{86}{100} + \dfrac{534}{100}\left(\dfrac{1}{1000} + \dfrac{1}{1000^2} + \dfrac{1}{1000^3} + \cdots\right).$

La quantité entre parenthèses est la somme des termes d'une progression géométrique décroissante dont la raison est $\dfrac{1}{1000}$. On aura pour cette somme :

$$\frac{\dfrac{1}{1000}}{1-\dfrac{1}{1000}} = \frac{1}{999}.$$

La fraction génératrice est donc :

$$f = \frac{86}{100} + \frac{534}{100 \times 999} = \frac{86 \times 999 + 534}{99\,900} = \frac{86(1\,000 - 1) + 534}{99\,900} = \frac{86\,534 - 86}{99\,900}$$

$$= \frac{86\,448}{99\,900}.$$

9° *Trouver la somme à l'infini des termes de la suite*

$$\frac{2}{5} + \frac{3}{5^2} + \frac{2}{5^3} + \frac{3}{5^4} + \frac{2}{5^5} + \dots$$

Cette suite peut s'écrire :

$$2\left(\frac{1}{5} + \frac{1}{5^3} + \frac{1}{5^5} + \dots\right) + 3\left(\frac{1}{5^2} + \frac{1}{5^4} + \frac{1}{5^6} + \dots\right)$$

et à la limite :

$$\frac{\dfrac{2}{5}}{1-\dfrac{1}{25}} + \frac{\dfrac{3}{5^2}}{1-\dfrac{1}{25}} = \frac{25}{24}\left(\frac{2}{5} + \frac{3}{5^2}\right) = \frac{13}{24}.$$

§ III. — Exercices sur les progressions.

340. Somme des carrés des termes d'une progression arithmétique. *En déduire la somme des carrés des n premiers nombres entiers.*

Soit la progression $\div a.b.c.\dots h.k.l.$

Il faut calculer la somme $S = a^2 + b^2 + c^2 + \dots + h^2 + k^2 + l^2$.

Nous avons successivement :

$$a^3 = a^3,$$
$$b^3 = (a + r)^3 = a^3 + 3a^2 r + 3ar^2 + r^3,$$
$$c^3 = (b + r)^3 = b^3 + 3b^2 r + 3br^2 + r^3,$$
$$\cdots \cdots \cdots \cdots \cdots \cdots \cdots \cdots$$
$$l^3 = (k + r)^3 = k^3 + 3k^2 r + 3kr^2 + r^3,$$
$$(l + r)^3 = (l + r)^3 = l^3 + 3l^2 r + 3lr^2 + r^3.$$

Ajoutons ces égalités membre à membre, en supprimant les termes qui se réduisent deux à deux ; nous obtenons :

$$(l + r)^3 = a^3 + 3r(a^2 + b^2 + \dots + k^2 + l^2) + 3r^2(a + b + \dots + k + l) + nr^3,$$

ou, en désignant par S_1 la somme des termes de la progression arithmétique :

$$(l + r)^3 = a^3 + nr^3 + 3rS + 3r^2 S_1. \qquad (1)$$

Cette relation donne la somme demandée.

Pour en déduire la somme des carrés des n premiers nombres, nous ferons dans (1) $a=1$, $r=1$, $l=n$; nous obtenons, en remarquant que $S_1 = \dfrac{n}{2}(n+1)$ et en appelant S_2 la somme des carrés :

$$(n+1)^3 = 1 + n + 3\,S_2 + 3\,\dfrac{n}{2}(n+1);$$

d'où

$$S_2 = \dfrac{n(n+1)(2n+1)}{6}.$$

Comme application de la formule (1), nous calculerons encore la somme

$$1^2 + 3^2 + 5^2 + \dots + (2n-1)^2$$

des carrés des n premiers nombres impairs.

Faisons dans (1) $a=1$, $r=2$, $l=2n-1$, et remarquons que dans ce cas $S_1 = n^2$, il vient :

$$(2n+1)^3 = 1 + 8n + 6\,S + 12n^2;$$

d'où $\quad S = \dfrac{n}{3}(4n^2 - 1)$, ou $\quad S = \dfrac{n}{3}(2n+1)(2n-1)$.

Cette somme peut s'obtenir directement; en effet, le terme général $(2n-1)^2$ donne $\quad (2n-1)^2 = 4n^2 - 4n + 1$.

Faisons, dans cette identité, n égal successivement à 1, 2, 3, ... n; il vient

$$1^2 = 4.1 - 4.1 + 1,$$
$$3^2 = 4.2^2 - 4.2 + 1,$$
$$5^2 = 4.3^2 - 4.3 + 1,$$
$$\cdots \cdots \cdots$$
$$(2n-1)^2 = 4n^2 - 4n + 1.$$

En ajoutant membre à membre, nous avons :

$$S = 4\,S_2 - 4\,S_1 + n,$$

ou

$$S = \dfrac{4n(n+1)(2n+1)}{6} - \dfrac{4n(n+1)}{2} + n;$$

d'où

$$S = \dfrac{n}{3}(4n^2 - 1) = \dfrac{n}{3}(2n+1)(2n-1).$$

341. Calcul direct de la somme des carrés des n premiers nombres entiers.

Pour calculer directement l'expression :

$$S_2 = 1^3 + 2^2 + 3^2 + \dots + n^2,$$

on se sert de l'identité $(n+1)^3 = n^3 + 3n^2 + 3n + 1$, dans laquelle on fait n successivement égal à 0, 1, 2, 3... n. On a :

$$1^3 = 1,$$
$$2^3 = (1+1)^3 = 1^3 + 3 \times 1^2 + 3 \times 1 + 1^3,$$
$$3^3 = (2+1)^3 = 2^3 + 3 \times 2^2 + 3 \times 2 + 1^3,$$
$$4^3 = (3+1)^3 = 3^3 + 3 \times 3^2 + 3 \times 3 + 1^3,$$
$$\cdots\cdots\cdots\cdots\cdots\cdots\cdots$$
$$(n+1)^3 = (n+1)^3 = n^3 + 3n^2 + 3n + 1^3.$$

En additionnant membre à membre, il vient, après simplification :
$$(n+1)^3 = 3(1^2 + 2^2 + 3^2 + \ldots + n^2) + 3(1 + 2 + 3 + \ldots + n) + (n+1);$$
le dernier terme est $n+1$, car il y a $n+1$ relations.

En remplaçant la somme $1 + 2 + 3 + \ldots + n$ par $\dfrac{n}{2}(n+1)$,

on a :
$$(n+1)^3 = 3S_2 + \frac{3n(n+1)}{2} + (n+1);$$

d'où
$$3S_2 = (n+1)^3 - \frac{3n(n+1)}{2} - (n+1),$$

$$S_2 = \frac{(n+1)}{3}\left[(n+1)^2 - \frac{3n}{2} - 1\right] = \frac{n(n+1)(2n+1)}{6},$$

formule que nous avions déjà trouvée par d'autres procédés.

342. Autre méthode pour calculer la somme des carrés des n premiers nombres entiers.

Soit l'identité
$$n(n+1)(n+2) - (n-1)n(n+1) \equiv 3n^2 + 3n.$$

Faisons dans cette identité n successivement égal à 1, 2, 3,... $n-1, n$; il vient les égalités suivantes :

$$1.2.3 - 0.1.2 = 3.1^2 + 3.1,$$
$$2.3.4 - 1.2.3 = 3.2^2 + 3.2,$$
$$3.4.5 - 2.3.4 = 3.3^2 + 3.3,$$
$$\cdots\cdots\cdots\cdots\cdots\cdots\cdots$$
$$(n-1)n(n+1) - (n-2)(n-1)n = 3(n-1)^2 + 3(n-1),$$
$$n(n+1)(n+2) - (n-1)n(n+1) = 3n^2 + 3n.$$

Ajoutons toutes ces égalités membre à membre, et soient :
$$S_1 = 1 + 2 + 3 + \ldots + n,$$
$$S_2 = 1^2 + 2^2 + 3^2 + \ldots + n^2.$$

On obtient, après réduction :

$$n(n+1)(n+2) = 3S_2 + 3S_1 ;$$

d'où $\quad S_2 = \dfrac{n(n+1)(n+2)}{3} - S_1 ; \quad$ or $\quad S_1 = \dfrac{n(n+1)}{2} ,$

$$S_2 = \frac{n(n+1)(n+2)}{3} - \frac{n(n+1)}{2} = \frac{n(n+1)(2n+1)}{6} .$$

343. Somme des cubes des n premiers nombres entiers

Pour calculer l'expression $\quad S_3 = 1^3 + 2^3 + 3^3 + \ldots + n^3, \quad$ on se sert de l'identité $\quad (n+1)^4 = n^4 + 4n^3 + 6n^2 + 4n + 1,$
dans laquelle on fait n successivement égal à $0, 1, 2, 3, \ldots n.$

On a : $\quad 1^4 = 1,$

$$2^4 = (1+1)^4 = 1^4 + 4.1^3 + 6.1^2 + 4.1 + 1,$$
$$3^4 = (2+1)^4 = 2^4 + 4.2^3 + 6.2^2 + 4.2 + 1,$$
$$4^4 = (3+1)^4 = 3^4 + 4.3^3 + 6.3^2 + 4.3 + 1,$$

$$\cdots \cdots \cdots \cdots \cdots \cdots \cdots \cdots$$

$$(n+1)^4 = (n+1)^4 = n^4 + 4n^3 + 6n^2 + 4n + 1.$$

En ajoutant membre à membre, il vient, après simplification .

$$(n+1)^4 = 4(1^3 + 2^3 + 3^3 + \ldots + n^3) + 6(1^2 + 2^3 + 3^2 + \ldots + n^2)$$
$$+ 4(1 + 2 + 3 + \ldots + n) + n + 1,$$

ou $\qquad (n+1)^4 = 4S_3 + 6S_2 + 4S_1 + n + 1 ;$

d'où $\quad 4S_3 = (n+1)^4 - n(n+1)(2n+1) - 2n(n+1) - (n+1),$

$$4S_3 = (n+1)\big[(n+1)^3 - n(2n+1) - 2n - 1\big],$$

$$S_3 = \frac{n^2(n+1)^2}{4} = (S_1)^2.$$

La somme des cubes des n premiers nombres entiers est donc égale au carré de la somme de ces mêmes nombres.

Remarque. En partant de l'identité

$$n(n+1)(n+2)(n+3) - (n-1)n(n+1)(n+2) = 4n^3 + 12n^2 + 8n,$$

on peut aussi calculer la somme des cubes des n premiers nombres.

Faisons n successivement égal à $1, 2, 3, \ldots n$; il vient :

$$1.2.3.4 - 0.1.2.3 = 4.1^3 + 12.1^2 + 8.1,$$
$$2.3.4.5 - 1.2.3.4 = 4.2^3 + 12.2^2 + 8.2,$$
$$3.4.5.6 - 2.3.4.5 = 4.3^3 + 12.3^2 + 8.3,$$

$$\cdots \cdots \cdots \cdots \cdots \cdots \cdots \cdots$$

$$n(n+1)(n+2)(n+3) - (n-1)n(n+1)(n+2) = 4n^3 + 12n^2 + 8n.$$

En ajoutant membre à membre et réduisant, on a :

$$n(n+1)(n+2)(n+3) = 4S_3 + 12S_2 + 8S_1,$$

ou $\quad n(n+1)(n+2)(n+3) = 4S_3 + 2n(n+1)(2n+1) + 4n(n+1),$

d'où
$$S_3 = \frac{n^2(n+1)^2}{4} = (S_1)^2.$$

Problème. *Exprimer au moyen de l'entier* n *la somme*
$$-1^2 + 2^2 - 3^2 + 4^2 - \ldots - (2n-1)^2 + (2n)^2.$$

Même question pour la somme
$$-1^3 + 2^3 - 3^3 + 4^3 - \ldots - (2n-1)^3 + (2n)^3. \qquad \text{(Bacc.)}$$

1° Soit $\quad S = (2^2 - 1^2) + (4^2 - 3^2) + (6^2 - 5^2) + \ldots + [(2n)^2 - (2n-1)^2],$
$$S = 3 + 7 + 11 + \ldots + 4n - 1,$$

C'est une progression arithmétique; le premier terme est 3, la raison 4, et le nombre des termes n.

On a : $\qquad S = (3 + 4n - 1)\dfrac{n}{2} = n(2n+1).$

On peut aussi écrire :
$$S = 2^2 + 4^2 + 6^2 + \ldots + (2n)^2 - [1^2 + 3^2 + 5^2 + \ldots + (2n-1)^2],$$

Or $\quad 2^2 + 4^2 + 6^2 + \ldots + (2n)^2 = 4(1^2 + 2^2 + 3^2 + \ldots + n^2) = \dfrac{4n(n+1)(2n+1)}{6},$

et $\qquad 1^2 + 3^2 + 5^2 + \ldots + (2n-1)^2 = \dfrac{n}{3}(2n+1)(2n-1).$

Par suite, $\ S = \dfrac{2n}{3}(n+1)(2n+1) - \dfrac{n}{3}(2n+1)(2n-1) = n(2n+1).$

2° Soit $\ S = (2^3 - 1^3) + (4^3 - 3^3) + (6^3 - 5^3) + \ldots + [(2n)^3 - (2n-1)^3].$

L'expression $\ (2n)^3 - (2n-1)^3\ $ est égale à $\ 12n^2 - 6n + 1.$

En faisant n successivement égal à $\ 1,\ 2,\ 3 \ldots n,\ $ nous obtenons :
$$2^3 - 1^3 = 12 \cdot 1^2 - 6 \cdot 1 + 1,$$
$$4^3 - 3^3 = 12 \cdot 2^2 - 6 \cdot 2 + 1,$$
$$6^3 - 5^3 = 12 \cdot 3^2 - 6 \cdot 3 + 1,$$
$$\cdot\ \cdot\ \cdot\ \cdot\ \cdot\ \cdot\ \cdot\ \cdot$$
$$(2n)^3 - (2n-1)^3 = 12n^2 - 6n + 1.$$

En ajoutant membre à membre, il vient :
$$S = 12(1^2 + 2^2 + 3^2 + \ldots + n^2) - 6(1 + 2 + 3 + \ldots + n) + n$$

ou $\qquad S = 12\dfrac{n}{6}(n+1)(2n+1) - 6\dfrac{n}{2}(n+1) + n,$

$$S = n^2(4n + 3).$$

Problème. *Calculer la somme des* n *premiers termes de chacune des suites*

1° $\qquad 1.2 + 2.3 + 3.4 + \ldots + n(n+1);$

2° $\qquad 1.3 + 2.4 + 3.5 + \ldots + n(n+2);$

3° $\qquad 1.2.3 + 2.3.4 + 3.4.5 + \ldots + n(n+1)(n+2);$

4° $\qquad 1.2^2 + 2.3^2 + 3.4^2 + \ldots + n(n+1)^2;$

5° $\qquad \dfrac{1}{1.2} + \dfrac{1}{2.3} + \dfrac{1}{3.4} + \ldots + \dfrac{1}{n(n+1)}.$

1º Le terme de rang n de la première suite est $n(n+1)$ ou n^2+n; chaque terme peut être décomposé en une somme; on aura, en faisant n successivement égal à 1, 2, 3…n :

$$1.2 = 1^2 + 1,$$
$$2.3 = 2^2 + 2,$$
$$3.4 = 3^2 + 3,$$
$$\cdots\cdots$$
$$n(n+1) = n^2 + n.$$

En faisant la somme, il vient : $S = S_2 + S_1$,

ou
$$S = \frac{n(n+1)(2n+1)}{6} + \frac{n}{2}(n+1) = \frac{n}{3}(n+1)(n+2).$$

2º Chaque terme se décompose en une somme indiquée par $n^2 + 2n$,

$$1.3 = 1^2 + 2.1,$$
$$2.4 = 2^2 + 2.2,$$
$$3.5 = 3^2 + 2.3,$$
$$\cdots\cdots$$
$$n(n+2) = n^2 + 2n.$$

En faisant la somme, il vient : $S = S_2 + 2S_1$,

ou
$$S = \frac{n}{6}(n+1)(2n+1) + 2\frac{n}{2}(n+1) = \frac{n}{6}(n+1)(2n+7).$$

3º Le terme de rang n est $n(n+1)(n+2)$ ou $n^3 + 3n^2 + 2n$

Chaque terme se décompose, et l'on a successivement :

$$1.2.3 = 1^3 + 3.1^2 + 2.1,$$
$$2.3.4 = 2^3 + 3.2^2 + 2.2,$$
$$3.4.5 = 2^3 + 3.3^2 + 2.3,$$
$$\cdots\cdots\cdots$$
$$n(n+1)(n+2) = n^3 + 3n^2 + 2n.$$

En faisant la somme, il vient : $S = S_3 + 3S_2 + 2S_1$,

ou

$$S = \frac{n^2}{4}(n+1)^2 + \frac{3n}{6}(n+1)(2n+1) + \frac{2n}{2}(n+1) = \frac{n}{4}(n+1)(n+2)(n+3).$$

4º Le terme de rang n est $n(n^2 + 2n + 1)$ ou $n^3 + 2n^2 + n$.

En décomposant chaque terme et ajoutant, on a :

$$S = S_3 + 2S_2 + S_1,$$

ou

$$S = \frac{n^2}{4}(n+1)^2 + \frac{2n}{6}(n+1)(2n+1) + \frac{n}{2}(n+1) = \frac{n}{12}(n+1)(n+2)(3n+5).$$

5º La fraction $\dfrac{1}{n(n+1)}$ est décomposable en deux fractions simples,

c'est-à-dire qu'on a l'identité $\dfrac{1}{n(n+1)} = \dfrac{1}{n} - \dfrac{1}{n+1}$.

Chaque terme de la suite est donc décomposable en une différence de deux fractions.

$$\frac{1}{1.2} = \frac{1}{1} - \frac{1}{2},$$

$$\frac{1}{2.3} = \frac{1}{2} - \frac{1}{3},$$

$$\frac{1}{3.4} = \frac{1}{3} - \frac{1}{4},$$

$$\cdots\cdots$$

$$\frac{1}{n(n+1)} = \frac{1}{n} - \frac{1}{n+1}.$$

En ajoutant membre a membre, il vient :

$$S = 1 - \frac{1}{n+1} = \frac{n}{n+1}.$$

Problème. *On donne la suite* 1, 3, 6, 10, 15, 21... *Trouver la somme des* n *premiers termes.*

Supposons que le terme général soit de la forme

$$an^2 + bn + c,$$

a, *b*, *c* étant des indéterminées.

Si nous remplaçons n par 1, 2, 3, ce terme général doit donner pour valeurs correspondantes 1, 3, 6.

Nous avons ainsi les trois équations :

$$a + b + c = 1,$$
$$4a + 2b + c = 3,$$
$$9a + 3b + c = 6;$$

d'où $\qquad a = \dfrac{1}{2}, \quad b = \dfrac{1}{2}, \quad c = 0.$

Le terme général est donc $\qquad \dfrac{1}{2}(n^2 + n) = \dfrac{n}{2}(n+1).$

La suite donnée est formée en considérant la suite naturelle des n premiers nombres entiers : $\qquad$ 1, 2, 3, 4, 5,...

et en prenant l'unité pour premier terme, puis la somme des deux premiers $1 + 2$ pour deuxième terme, puis la somme des trois premiers $1 + 2 + 3$, pour troisième terme, et ainsi de suite.

Les termes de la suite se décomposent de la manière suivante :

$$1 = \frac{1}{2}(1^2 + 1),$$

$$3 = \frac{1}{2}(2^2 + 2),$$

$$6 = \frac{1}{2}(3^2 + 3),$$

$$\cdots\cdots$$

$$\frac{n(n+1)}{2} = \frac{1}{2}(n^2 + n).$$

La somme demandée est :

$$S = \frac{1}{2}(S_2 + S_1) = \frac{n}{12}(n+1)(2n+1) + \frac{n}{4}(n+1),$$

$$S = \frac{n}{6}(n+1)(n+2).$$

Problème. *Calculer la somme des n premiers termes de la suite*

$$1 + 2x + 3x^2 + 4x^3 + \dots$$

On a, d'après l'énoncé,

$$S = 1 + 2x + 3x^2 + 4x^3 + \dots + nx^{n-1}.$$

Multiplions les deux membres par x :

$$Sx = x + 2x^2 + 3x^3 + 4x^4 + \dots + nx^n.$$

Retranchons la première égalité de la seconde, il vient :

$$Sx - S = nx^n - (1 + x + x^2 + x^3 + x^4 + \dots + x^{n-1}),$$

ou

$$S(x-1) = nx^n - \frac{x^n - 1}{x - 1}.$$

Enfin

$$S = \frac{nx^n}{x-1} - \frac{x^n - 1}{(x-1)^2}.$$

Problème. *Trouver cinq nombres en progression arithmétique, connaissant leur somme* $5a$ *et leur produit* b^5.

Représentons par x le terme du milieu et par y la raison ; la progression sera :

$$x - 2y \quad x - y \quad x \quad x + y \quad x + 2y ;$$

par suite, $\quad x - 2y + x - y + x + x + y + x + 2y = 5x = 5a,$

d'où $\qquad\qquad\qquad x = a.$

Si l'on substitue a à x et qu'on fasse le produit, on aura :

$$a(a - 2y)(a - y)(a + y)(a + 2y) = b^5,$$

ou $\qquad\qquad 4ay^4 - 5a^3y^2 + a^5 - b^5 = 0 ;$

cette équation bicarrée a pour racines :

$$y = \pm \sqrt{\frac{5a^3 \pm \sqrt{9a^6 + 16ab^5}}{8a}}.$$

Discussion. Pour que ces quatre racines soient acceptables, il suffit qu'elles soient réelles ; car dans une progression arithmétique la raison peut être positive ou négative. Or, pour que y soit réel, il faut et il suffit qu'on ait, en supposant a et b positifs ;

$$5a^3 > \sqrt{9a^6 + 16ab^5}.$$

Les deux membres étant positifs, on peut les élever au carré, et l'on a successivement $\qquad\qquad 25a^6 > 9a^6 + 16ab^5,$

$$16a^6 > 16ab^5,$$

$$a^5 > b^5, \quad \text{d'où} \quad a > b.$$

Telle est la condition nécessaire et suffisante pour qu'il y ait quatre progressions dont la somme des cinq termes soit $5a$ et le produit b^5.

On pourrait encore discuter le résultat comme il suit : Pour que y soit réel, il faut que y'^2 et y''^2 soient positifs, ce qui exige, d'après l'équation, que

le produit $\quad \dfrac{a^5 - b^5}{4a} > 0 \quad$ et la somme $\quad \dfrac{5a^3}{4a} > 0.$

a et b étant supposés positifs, la somme sera positive. Pour que le produit soit positif, il faut qu'on ait :

$$a^5 > b^5 \quad \text{ou} \quad a > b.$$

Application numérique. $5a = 15$ et $b^5 = 120$. En substituant, on trouve
$$y = \pm \sqrt{10,25}, \quad y = \pm 1.$$

Les progressions sont :

1° $3 - 2\sqrt{10,25}$. $3 - \sqrt{10,25}$. 3. $3 + \sqrt{10,25}$. $3 + 2\sqrt{10,25}$;

2° $3 + 2\sqrt{10,25}$. $3 + \sqrt{10,25}$. 3. $3 - \sqrt{10,25}$. $3 - 2\sqrt{10,25}$;

3°   1. 2. 3. 4. 5;

4°   5. 4. 3. 2. 1.

Problème. *Déterminer les valeurs du paramètre* m, *pour lesquelles les quatre racines de l'équation*

$$x^4 - (3m + 2) x^2 + m^2 = 0$$

forment une progression arithmétique.   (Bacc.

Soit $2r$ la raison de la progression formée par les racines. Les quatre racines peuvent s'écrire :

$$x = \alpha - 3r, \quad x = \alpha - r, \quad x = \alpha + r, \quad x = \alpha + 3r$$

et le produit des facteurs

$$(x - \alpha + 3r), \quad (x - \alpha + r), \quad (x - \alpha - r), \quad (x - \alpha - 3r),$$

sera un polynôme identique au premier membre de l'équation proposée.

On aura :

$$(x - \alpha + 3r)(x - \alpha - 3r)(x - \alpha + r)(x - \alpha - r) = x^4 - (3m + 2) x^2 + m^2,$$

ou
$$[(x - \alpha)^2 - 9r^2][(x - \alpha)^2 - r^2] = x^4 - (3m + 2) x^2 + m^2,$$

$$(x - \alpha)^4 - 10r^2 (x - \alpha)^2 + 9r^4 = x^4 - (3m + 2) x^2 + m^2.$$

En développant et en identifiant, il vient :

$$\alpha = 0, \quad 10r^2 = 3m + 2 \quad \text{et} \quad 9r^4 = m^2.$$

En éliminant r entre les deux dernières relations, on trouve :

$$\left(\frac{3m + 2}{10} \right)^2 = \frac{m^2}{9}; \quad \text{d'où} \quad 19m^2 - 108m - 36 = 0.$$

$$m' = 6, \quad m'' = - \frac{6}{19}.$$

Pour $m = 6$, l'équation proposée devient $x^4 - 20x^2 + 36 = 0$, et les racines sont $x_1 = 3\sqrt{2}$, $x_2 = \sqrt{2}$, $x_3 = -\sqrt{2}$, $x_4 = -3\sqrt{2}$.

Pour $m = - \dfrac{6}{19}$, l'équation proposée devient :

$$x^4 - \frac{20}{19} x^2 + \left(\frac{6}{19} \right)^2 = 0,$$

et les racines sont :

$$x_1 = 3\sqrt{\frac{2}{19}}, \quad x_2 = \sqrt{\frac{2}{19}}, \quad x_3 = -\sqrt{\frac{2}{19}}, \quad x_4 = -3\sqrt{\frac{2}{19}}.$$

Problème. *Trouver quatre nombres en progression par quotient, connaissant leur somme* a *et celle de leurs carrés* b^2.

Soient x le premier terme et y la raison. On a :

$$x + xy + xy^2 + xy^3 = x(1 + y + y^2 + y^3) = a,$$
$$x^2 + x^2y^2 + x^2y^4 + x^2y^6 = x^2(1 + y^2 + y^4 + y^6) = b^2.$$

Ces équations peuvent s'écrire :

$$x(1 + y)(1 + y^2) = a, \qquad\qquad (1)$$
$$x^2(1 + y^2)(1 + y^4) = b^2. \qquad\qquad (2)$$

Si l'on divise le carré de l'équation (1) par l'équation (2), il vient après réduction :

$$\frac{(1 + y)^2 (1 + y^2)}{1 + y^4} = \frac{a^2}{b^2},$$

ou

$$\frac{y^4 + 2y^3 + 2y^2 + 2y + 1}{y^4 + 1} = \frac{a^2}{b^2}.$$

Si l'on divise haut et bas par y^2, on trouve :

$$\frac{y^2 + 2y + 2 + \dfrac{2}{y} + \dfrac{1}{y^2}}{y^2 + \dfrac{1}{y^2}} = \frac{\left(y^2 + \dfrac{1}{y^2}\right) + 2\left(y + \dfrac{1}{y}\right) + 2}{y^2 + \dfrac{1}{y^2}} = \frac{a^2}{b^2}.$$

Posons

$$y + \frac{1}{y} = z,$$

on aura :

$$y^2 + \frac{1}{y^2} = z^2 - 2;$$

en substituant, l'équation devient :

$$\frac{a^2}{b^2} = \frac{z^2 - 2 + 2z + 2}{z^2 - 2} = \frac{z^2 + 2z}{z^2 - 2},$$

ou

$$z^2(a^2 - b^2) - 2b^2z - 2a^2 = 0,$$

$$z = \frac{b^2 \pm \sqrt{b^4 + 2a^2(a^2 - b^2)}}{a^2 - b^2}.$$

Dans une progression géométrique, la raison est une quantité réelle et positive ; par conséquent, $y + \dfrac{1}{y}$ ou z sera aussi une quantité réelle et positive. Le signe $-$ du radical ne conviendra pas ; il suffira donc, pour avoir y, de résoudre l'équation du second degré

$$y + \frac{1}{y} = \frac{b^2 + \sqrt{b^4 + 2a^2(a^2 - b^2)}}{a^2 - b^2}.$$

Application numérique. Si l'on suppose

$$a = 15 \quad \text{et} \quad b^2 = 85,$$

on trouve pour y les deux valeurs :

$$y' = 2 \quad \text{et} \quad y'' = \frac{1}{2}.$$

Ces valeurs, portées dans l'équation (1), donnent :

$$x = 1 \quad \text{et} \quad x = 8.$$

Les progressions qui satisfont à l'énoncé sont :

$$1 : 2 : 4 : 8,$$
$$8 : 4 : 2 : 1.$$

Problème. *On partage la hauteur d'un triangle en* $m+1$ *parties égales ; par chaque point de division on mène parallèlement à la base du triangle une droite qui sert de base à un rectangle ayant pour hauteur la distance des deux parallèles. On demande la somme des surfaces des rectangles ainsi obtenus et ce que devient cette somme quand m tend vers l'infini.*

Soient b et h la base et la hauteur du triangle donné et a la droite EF ou la première parallèle à AC. Les autres parallèles sont $2a$, $3a$, ... ma (pour m parallèles).

Les aires des rectangles sont :

$$\frac{ah}{m+1}, \quad \frac{2ah}{m+1}, \quad \cdots \quad \frac{mah}{m+1},$$

et leur somme :

$$S = \frac{ah}{m+1}(1+2+3+\ldots+m);$$

ou encore :

$$S = \frac{ah}{m+1} \cdot \frac{m(m+1)}{2}.$$

La base b du triangle est égale à la parallèle qui suit la dernière

$$GH = ma,$$

c'est-à-dire

$$b = (m+1)a;$$

remplaçons donc $a(m+1)$ par b dans l'expression de la surface ; on a alors

$$S = \frac{bhm}{2(m+1)} = \frac{bh}{2} \times \frac{1}{1+\dfrac{1}{m}},$$

et pour $m = \infty$, on trouve $S = \dfrac{bh}{2}$.

<hr>

CHAPITRE II

THÉORIE DES LOGARITHMES DÉDUITE DES PROGRESSIONS

§ I. — Définitions et principes.

344. Définitions. Soient la progression géométrique croissante commençant par 1 :

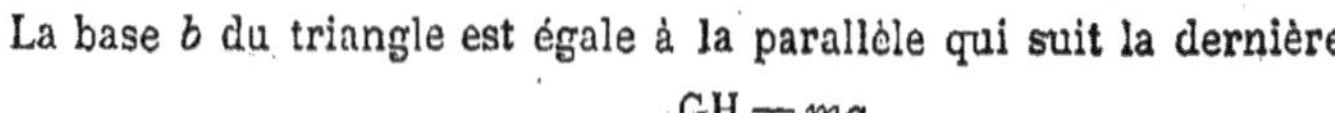

$$\div 1 : q : q^2 : q^3 \ldots\ldots : q^n \ldots\ldots : q^m \ldots\ldots : q^{m+n} \ldots\ldots \qquad (1)$$

et la progression arithmétique croissante commençant par 0 :

$$\div 0 . r . 2r . 3r \ldots\ldots nr \ldots\ldots mr \ldots\ldots (m+n)r \ldots\ldots \qquad (2)$$

Chaque terme de la progression arithmétique est, *par définition*, le logarithme du terme correspondant de la progression géométrique; par exemple, $2r$ est le logarithme de q^2, mr est le logarithme de q^m. Considérons encore les progressions (1) et (2), et prolongeons-les en sens inverse; nous obtenons :

$$\ldots : \frac{1}{q^n} \ldots : \frac{1}{q^3} : \frac{1}{q^2} : \frac{1}{q} : 1 : q : q^2 \ldots : q^n \ldots \quad (1')$$

$$\ldots -nr \ldots -3r . -2r . -r . 0 . r . 2r \ldots nr \ldots \quad (2')$$

Nous dirons aussi, *par définition*, que les termes de la progression arithmétique qui précèdent 0 sont les logarithmes des termes correspondants de la progression géométrique.

Les nombres $\dfrac{1}{q}$, $\dfrac{1}{q^2}$, ..., $\dfrac{1}{q^n}$, plus petits que l'unité, ont donc pour logarithmes des nombres négatifs $-r, -2r, \ldots -nr$.

On peut donner à q et r telles valeurs que l'on veut; il y a donc une infinité de systèmes de logarithmes; mais dès que q et r sont donnés, le système est déterminé.

On appelle *base* d'un système de logarithmes le nombre qui a 1 pour logarithme.

D'après cette définition des logarithmes, les nombres faisant partie de la progression géométrique ont seuls des logarithmes; nous allons démontrer deux théorèmes qui nous permettront de définir le logarithme de tout *nombre positif*.

345. Théorème I. *Dans une progression géométrique on peut insérer entre les termes un nombre assez grand de moyens, pour que la différence entre deux termes consécutifs soit aussi petite qu'on voudra.*

Soit la progression

$$\div 1 : q : q^2 : q^3 \ldots q^n : q^{n+1} \ldots$$

Insérons $m-1$ moyens géométriques entre deux termes consécutifs quelconques q^n et q^{n+1}; la raison de la progression ainsi formée sera

$$\sqrt[m]{\frac{q^{n+1}}{q^n}} = \sqrt[m]{q} .$$

Posons, pour simplifier l'écriture, $\sqrt[m]{q} = q'$.

Soient deux termes consécutifs de rang $k+1$ et $k+2$ de cette nouvelle progression; ils auront pour expression :

$$q^n q'^k \text{ et } q^n q'^{k+1},$$

et pour différence :
$$q^n q'^k (q'-1).$$

Cette différence tend vers zéro lorsque m croît indéfiniment.

En effet, le produit $q^n q'^k$ a une valeur déterminée, égale à

$$q^n q^{\frac{k}{m}} = q^{n+\frac{k}{m}} \, ;$$

le facteur $q' - 1$ tend vers zéro lorsque m croît sans limite.

Pour le démontrer il suffit de faire voir que, si petite que soit une quantité α, il y a des valeurs de m qui vérifient l'inégalité

$$q' - 1 < \alpha \quad \text{ou} \quad \sqrt[m]{q} - 1 < \alpha \, ;$$

ce qui revient à l'inégalité $\quad \sqrt[m]{q} < 1 + \alpha,$

ou enfin $\qquad\qquad\qquad q < (1 + \alpha)^m.$

Or cette inégalité peut être vérifiée pour certaines valeurs de m, puisque les puissances d'un nombre plus grand que 1 croissent au delà de toute limite, en même temps que leurs exposants.

346. Théorème II. *Si, en insérant* m — 1 *ou* m' — 1 *moyens, on parvient à obtenir qu'un même nombre fasse partie d'une progression géométrique, on trouvera pour ce nombre, dans les deux cas, le même logarithme.*

Soient les deux progressions

$$\div 1 : q : q^2 : q^3 : q^4 \ldots q^n : q^{n+1} \ldots$$
$$\div 0 \, . \, r \, . \, 2r \, . \, 3r \, . \, 4r \ldots nr \, . \, (n+1)r \ldots$$

Insérons $(m - 1)$ moyens entre chaque terme des deux progressions ; les termes de rang $(k + 1)$, dans les progressions ainsi obtenues, seront respectivement (nᵒˢ 337 et 319) :

$$\left(\sqrt[m]{q}\right)^k \qquad \text{et} \qquad \frac{r}{m} k.$$

Si l'on insère de même $(m' - 1)$ moyens, les termes de rang $(k' + 1)$ seront $\qquad \left(\sqrt[m']{q}\right)^{k'} \qquad \text{et} \qquad \frac{r}{m'} k'.$

Il faut prouver que si l'on a :

$$\left(\sqrt[m]{q}\right)^k = \left(\sqrt[m']{q}\right)^{k'}, \tag{1}$$

on a aussi : $\qquad \dfrac{r}{m} k = \dfrac{r}{m'} k', \quad \text{ou} \quad \dfrac{k}{m} = \dfrac{k'}{m'}.$

Élevons les deux membres de (1) à la puissance mm', il vient :

$$q^{km'} = q^{k'm},$$

ce qui entraîne $\quad km' = k'm \quad \text{ou} \quad \dfrac{k}{m} = \dfrac{k'}{m'}.$

347. Extension de la définition des logarithmes à tous les moyens qu'on peut insérer.

Si l'on insère le même nombre de moyens géométriques entre les termes consécutifs de la progression (1) (no 344), on forme une progression géométrique continue (no 337), et il en est de même pour la progression arithmétique (2) (no 320). Faisons correspondre les termes de ces deux nouvelles progressions. Nous dirons encore, *par définition*, que chaque terme de la nouvelle progression arithmétique est le logarithme du terme correspondant de la nouvelle progression géométrique. Les deux nouvelles progressions forment un système de logarithmes, et ce système est le même que celui formé par les deux progressions primitives, puisque les termes de ces dernières se correspondent dans les nouvelles progressions.

Ainsi, un nombre donné, qui se laisse insérer entre deux termes consécutifs de la progression (1), a un logarithme bien défini.

348. Extension de la définition des logarithmes aux nombres qu'on ne peut pas insérer dans la progression géométrique.

Un nombre donné, 146 par exemple, ne peut pas toujours être inséré dans une progression géométrique.

En effet, supposons que la progression géométrique, qui définit les logarithmes du système adopté, ait pour raison 10.

$$1 : 10 : 10^2 : 10^3 \ldots$$

Si l'on insère $m - 1$ moyens géométriques entre 10^2 et 10^3 pour tâcher d'y introduire 146, on devra prendre pour raison de la progression partielle $q = \sqrt[m]{10}$, et un terme de rang $n + 1$ sera de la forme $\left(\sqrt[m]{10}\right)^n$; ce nombre devant être égal au nombre donné, on a :

$$146 = \left(\sqrt[m]{10}\right)^n ; \quad \text{d'où} \quad 146^m = 10^n.$$

Comme m et n sont entiers, on voit que pour avoir l'égalité précédente le nombre 146 ne devrait contenir que les facteurs 2 et 5, ce qui n'a pas lieu ; donc on ne pourra pas insérer 146 entre les termes de la progression.

Voici alors comment on définit le logarithme du nombre 146 ; on insère successivement entre les termes des deux progressions un nombre de moyens de plus en plus grand ; le nombre 146 se trouve être compris chaque fois entre deux termes consécutifs de la progression géométrique ; mais, en vertu du théorème I, la différence entre deux termes consécutifs tend vers zéro en même temps que le nombre de moyens augmente : on appelle alors logarithme de 146 la limite vers laquelle tendent les logarithmes des nombres voisins de 146, lorsque par l'insertion de moyens de plus en plus nombreux ces nombres voisins de 146 tendent eux-mêmes vers 146.

349. Remarques. Par les extensions données à la définition primitive des logarithmes, on conclut que tout nombre positif a un logarithme et un seul ; ce logarithme est positif si le nombre est plus grand que l'unité ; il est négatif si le nombre est compris entre zéro et l'unité. Enfin les nombres négatifs n'ont pas de logarithme, car la progression géométrique qui sert à la définition ne renferme pas de nombres négatifs. Le logarithme de 1 est toujours zéro, et celui de 0 est $-\infty$ si la base est supérieure à 1.

Remarquons aussi qu'il suffit de connaître la base du système de logarithmes pour que ce système soit bien défini.

En effet, on a dans ce cas, pour trouver la raison, deux termes de la progression géométrique, l'unité et la base ; et deux termes de la progression arithmétique, zéro et l'unité.

§ II. — Propriétés des logarithmes.

350. Théorème I. *Le logarithme d'un produit est égal à la somme des logarithmes des facteurs.*

Considérons les deux progressions obtenues après avoir inséré un nombre suffisamment grand de moyens entre les termes consécutifs des deux progressions primitives (1) et (2).

$$\ldots : \frac{1}{\alpha^n} \ldots : \frac{1}{\alpha^3} : \frac{1}{\alpha^2} : \frac{1}{\alpha} : 1 : \alpha : \alpha^2 : \alpha^3 \ldots : \alpha^n \ldots (1')$$

$$\ldots - n\beta \ldots - 3\beta . - 2\beta . - \beta . 0 . \beta . 2\beta . 3\beta \ldots n\beta \ldots (2')$$

L'exposant de α, dans un terme quelconque de la progression géométrique, est toujours égal au coefficient de β dans le terme correspondant de la progression arithmétique.

Soient deux nombres $P = \alpha^p$, $Q = \alpha^q$.

Considérons le produit $PQ = \alpha^{p+q}$; ce produit fait partie de la progression (1'), et $(p + q)\beta$ fait partie de la progression (2').

On a par définition :

$$\log P = p\beta, \quad \log Q = q\beta,$$

et
$$\log PQ = (p + q)\beta = p\beta + q\beta.$$

Donc
$$\log PQ = \log P + \log Q.$$

351. Théorème II. *Le logarithme d'un quotient égale le logarithme du dividende moins le logarithme du diviseur.*

Soit le quotient $\dfrac{P}{Q}$ que nous désignerons par x, on a :

$$P = Q \times x.$$

Si l'on prend les logarithmes des deux membres, on a :

$$\log P = \log Q + \log x ; \quad \text{d'où} \quad \log x \quad \text{ou} \quad \log \frac{P}{Q} = \log P - \log Q.$$

352. Théorème III. *Le logarithme d'une puissance d'un nombre égale le logarithme de ce nombre multiplié par l'exposant de la puissance.*

Soit P^m ; on a $\quad P^m = P \times P \times P \dots P$;

d'où, en prenant les logarithmes des deux membres (n° 350),

$$\log P^m = \log P + \log P + \dots + \log P.$$

Comme il y a m facteurs, on aura :

$$\log P^m = m \log P.$$

353. Théorème IV. *Le logarithme d'une racine d'un nombre égale le logarithme de ce nombre divisé par l'indice de la racine.*

Soit, par exemple, $\qquad x = \sqrt[m]{P}$;

on en déduit $\qquad x^m = P.$

Si l'on prend les logarithmes des deux membres, on a :

$$m \log x = \log P ;$$

d'où $\qquad \log x \quad$ ou $\quad \log \sqrt[m]{P} = \dfrac{\log P}{m}.$

354. Remarque I. Pour les puissances et les racines, le théorème est encore vrai quand l'exposant est fractionnaire.

Considérons la quantité $\quad y = P^{\frac{m}{n}}.$

Si l'on élève les deux membres à la puissance n, on a :

$$y^n = P^m.$$

m et n étant entiers, on aura :

$$n \log y = m \log P ;$$

d'où $\qquad \log y = \log P^{\frac{m}{n}} = \dfrac{m}{n} \log P.$

Remarque II. Des propriétés que nous venons de démontrer, il résulte que, à l'aide d'une table de logarithmes, on peut remplacer une *multiplication* de plusieurs facteurs par l'*addition* de leurs logarithmes, une *division* par la *soustraction* de deux logarithmes, une *formation de puissance* par la *multiplication* du logarithme du nombre par l'exposant, et enfin une *extraction de racine* par la *division* du logarithme du nombre par l'indice de la racine.

§ III. — Des logarithmes vulgaires.

355. Dans les calculs numériques, on emploie exclusivement le système de logarithmes défini par les deux progressions

$$\div 1 : 10 : 10^2 : 10^3 : 10^4 : 10^5 \ldots 10^n \ldots$$

$$\div 0. \quad 1. \quad 2. \quad 3. \quad 4. \quad 5. \ldots n \ldots$$

qu'on nomme système vulgaire ou de base 10.

Dans ce système, les puissances de 10 ont pour logarithmes des nombres entiers, qui sont les exposants mêmes de ces puissances, de sorte que le logarithme de 10^n est n; par suite, les logarithmes de tous les nombres compris entre 10^n et 10^{n+1} seront compris entre n et $n+1$ et auront même partie entière.

La partie entière d'un logarithme est appelée *caractéristique*; les Allemands appellent *mantisse* la partie décimale; ce nom n'a pas encore prévalu.

Caractéristique du logarithme d'un nombre plus grand que 1.

356. Théorème. *La caractéristique du logarithme d'un nombre plus grand que 1 contient autant d'unités moins une que le nombre a de chiffres à sa partie entière.*

Soit A un nombre quelconque qui a n chiffres à sa partie entière;

on a évidemment: $10^{n-1} < A < 10^n$.

En prenant les logarithmes, on a :

$$\log 10^{n-1} < \log A < \log 10^n,$$

d'où $n - 1 < \log A < n;$

le logarithme de A étant compris entre $n-1$ et n, sa caractéristique, c'est-à-dire sa partie entière, sera $n-1$.

Ainsi les caractéristiques des logarithmes des nombres 15457, 132124 et 1,375 sont respectivement 4, 5 et 0.

357. Caractéristique négative du logarithme d'un nombre moindre que 1.

Les nombres moindres que 1 ayant des logarithmes négatifs, il est souvent avantageux, dans les calculs, de transformer ces logarithmes en deux parties, l'une entière et négative, l'autre décimale et positive.

Considérons le logarithme négatif $-5{,}74582$.

On a successivement :

$$-5{,}74582 = -5 - 0{,}74582 = -5 - 1 + 1 - 0{,}74582$$
$$= -6 + 0{,}25418 = \overline{6}{,}25418.$$

Règle. *Pour transformer un logarithme entièrement négatif en un autre n'ayant que la caractéristique négative, on ajoute -1 à la caractéristique et l'on prend le complément à 1 de la partie décimale. Le signe $-$, qui affecte la caractéristique seule, se place alors au-dessus de cette caractéristique.*

358. Théorème. *Si l'on multiplie ou si l'on divise un nombre donné A par 10^n, la partie décimale du logarithme de ce nombre ne change pas, et la caractéristique est augmentée ou diminuée de n unités.*

On a : $\log (A \times 10^n) = \log A + \log 10^n = \log A + n,$

$\log \dfrac{A}{10^n} = \log A - \log 10^n = \log A - n.$

Donc la partie décimale du logarithme des trois nombres A, $A \times 10^n$ et $\dfrac{A}{10^n}$ est la même.

359. Théorème. *La caractéristique négative du logarithme d'une fraction décimale a un nombre d'unités correspondant au rang du premier chiffre significatif après la virgule.*

Soit A une fraction décimale dont le premier chiffre significatif est au n^{me} rang après la virgule; multipliant A par 10^n, on aura un nombre qui aura un chiffre à sa partie entière; on pourra écrire :

$$1 < A \times 10^n < 10.$$

En prenant les logarithmes :

$$0 < \log (A \times 10^n) < 1;$$

mais on a : $\log A = \log (A \times 10^n) - n.$

La partie décimale du logarithme de A est la même que celle du logarithme de $A \times 10^n$; or ce dernier, étant compris entre 0 et 1, a 0 pour caractéristique ; donc la caractéristique du log A est $-n$.

Ainsi les caractéristiques des logarithmes des nombres 0,34578, 0,00845 et 0,0000275 sont respectivement $\overline{1}$, $\overline{3}$ et $\overline{5}$.

360. Cologarithme. *On appelle cologarithme d'un nombre le logarithme de l'inverse de ce nombre.*

Soit A un nombre donné ; le cologarithme de A est log $\dfrac{1}{A}$.

Or $\qquad$ log $\dfrac{1}{A} = \log 1 - \log A = 0 - \log A$,

et l'on sait former $\qquad -\log A$.

Soit $\qquad\qquad \log A = 3{,}74532.$

$-\log A = -3{,}74532 = -3 - 1 + 1 - 0{,}74532 = \overline{4}{,}25468$;

d'où la règle suivante :

Règle. *Pour avoir le cologarithme d'un nombre, il suffit d'ajouter 1 à la caractéristique et de la changer de signe, puis de prendre le complément à 1 de la partie décimale.*

Ce complément à 1 s'obtient *en retranchant de 9 chacun des chiffres de la partie décimale, excepté le premier chiffre significatif à droite, qu'on retranche de 10.*

Exemples :

$$\log 8 = 0{,}90309 \qquad\qquad \operatorname{colog} 8 = \overline{1}{,}09691$$
$$\log 639 = 2{,}80550 \qquad\qquad \operatorname{colog} 639 = \overline{3}{,}19450$$
$$\log 0{,}005 = \overline{3}{,}69897 \qquad\qquad \operatorname{colog} 0{,}005 = 2{,}30103$$

§ IV. — Des tables de logarithmes.

361. Il existe différentes tables de logarithmes. Les unes, appelées grandes tables, donnent les logarithmes des 100000 ou des 108000 premiers nombres, avec 7 décimales. En France, les plus usitées sont celles de Callet, de Dupuis, de Schrön. Les autres, nommées petites tables, renferment les logarithmes des 10000 premiers nombres, avec 5 décimales. Dans la plupart des calculs pratiques, l'approximation de ces dernières est suffisante.

Dans toutes ces tables, des colonnes spéciales contiennent les différences qui existent entre les logarithmes de deux nombres consécutifs. Il y a des tables qui ne donnent pas la caractéristique ; c'est une simplification, car la seule inspection d'un nombre fait connaître la partie entière de son logarithme (nᵒˢ 356 et 359).

362. Usage des tables à cinq décimales. Pour se servir avantageusement d'une table de logarithmes, il faut savoir résoudre les problèmes suivants :

1º Un nombre étant donné, trouver son logarithme ;

2º Connaissant le logarithme d'un nombre, trouver ce nombre.

Trouver le logarithme d'un nombre donné.

363. *Le nombre donné est dans les tables.* Alors le logarithme correspondant est à côté.

Ainsi le log de 6843 est 3,83525.

De même le log de 68,43 est 1,83525, car ce dernier logarithme ne diffère de celui de 6843 que par la caractéristique (nᵒ 358).

364. *Le nombre donné n'est pas dans les tables.* On détermine d'abord la caractéristique (nᵒˢ 356 et 359), puis on multiplie ou on divise ce nombre par 10, par 100, par 1000, etc., de manière à avoir un nombre entier, et le plus grand possible, contenu dans les tables ; enfin on cherche la partie décimale du logarithme du nombre ainsi multiplié ou divisé, *en se servant des différences tabulaires.*

EXEMPLE I : *Soit à calculer le logarithme de 24647.*

Ce nombre ayant cinq chiffres, la caractéristique de son logarithme est 4 (nᵒ 356). Divisons 24647 par 10, ce qui donne 2464,7. Cherchons dans les tables la partie décimale du logarithme de 2464; on trouve 0,39164. La différence tabulaire entre les logarithmes de 2464 et de 2465 étant 18 unités du cinquième ordre, on dira, *en regardant les accroissements des logarithmes comme proportionnels aux accroissements des nombres* (ce qui est sensiblement vrai, comme nous le verrons plus loin) :

Si l'accroissement pour 1 est Δ, pour 0,7 il sera les $\dfrac{7}{10}$ de Δ, c'est-à-dire $\delta = \Delta \times 0,7$; ici $\Delta = 18$, $\delta = 18 \times 0,7 = 12,6$ ou 13, à une unité près du cinquième ordre. On ajoute ces 13 cent millièmes à 0,39164, et l'on a :

$$\log 24647 = 4,39177.$$

On voit que l'on obtient le nombre d'unités du cinquième ordre, qu'il faut ajouter au log de 2464 pour obtenir le log de 2464,7, en multipliant la différence tabulaire par 0,7 et en prenant les unités de ce produit.

Exemple II : *Soit à calculer le logarithme de* 0,0478533.

La caractéristique du logarithme de ce nombre est $\overline{2}$ (n° 359). Plaçons la virgule après le chiffre 5, on a 4785,33. Le logarithme de 4785 a pour partie décimale 0,67988. La différence tabulaire entre les logarithmes de 4785 et 4786 étant de neuf unités du cinquième ordre, on aura, comme ci-dessus :

$$\delta = 9 \times 0,33 = 2,97 \quad \text{ou} \quad 3$$

à une unité près du cinquième ordre; par suite,

$$\log 0,0478533 = \overline{2},67991 \, {}^*.$$

Trouver le nombre qui correspond à un logarithme donné.

365. *La partie décimale du logarithme se trouve exactement dans les tables.* Dans ce cas, on lit immédiatement le nombre correspondant à cette partie décimale, qu'on cherche, pour plus d'exactitude, *comme si elle était précédée de la caractéristique* 3.

Ainsi le nombre correspondant au logarithme 2,88395 est 7655. La caractéristique 2 du logarithme donné indique que le nombre cherché a trois chiffres à sa partie entière; ce nombre est donc 765,5.

De même, le nombre correspondant à la partie décimale du logarithme $\overline{2}$,18808 est 1542; la caractéristique $\overline{2}$ indiquant que le premier chiffre significatif du nombre demandé occupe le second rang après la virgule (n° 359), ce nombre est donc 0,01542.

366. *La partie décimale du logarithme donné ne se trouve pas dans les tables.*

I. *Soit à trouver le nombre* x *qui correspond au logarithme*

$$4,55575.$$

On a $\log x = 4,55575$. On cherche dans les tables la partie décimale du logarithme, comme si elle était précédée de la caractéristique 3. On voit qu'elle est comprise entre 3,55570, log de 3595, et 3,55582, log de 3596 **.

La différence tabulaire est 12, et celle qui existe entre le log donné 55575 et le log immédiatement inférieur 55570, est 5. On dira : si le log 55570 augmente de 12 unités du cinquième ordre, le

---

* Il ne faut pas se faire une idée fausse sur l'exactitude absolue des log. des nombres de plus de 5 figures (chiffres). Les tables ne donnent pas un tel rendement; ainsi, dans l'exemple proposé, en négligeant le dernier 3, on trouve *identiquement* le même résultat, ce qui prouve bien, dans ce cas, que le 6ᵉ chiffre ne joue aucun rôle.

** Dans la recherche du nombre correspondant à un logarithme donné, on ne fait attention à la caractéristique que pour déterminer, en dernier lieu, la place de la virgule.

nombre 3595 augmente d'une unité; si le log augmente de 5 unités du cinquième ordre, le nombre augmentera de δ,

$$\text{c'est-à-dire} \qquad \frac{12}{1} = \frac{5}{\delta} \; ; \quad \text{d'où} \quad \delta = \frac{5}{12} = 0{,}41$$

à un centième près, qu'on ajoute à 3595, ce qui donne 359541. Donc pour obtenir la partie qu'il faut ajouter à un nombre donné, il suffit de diviser la différence entre le log donné et le log tabulaire par la différence tabulaire.

La caractéristique 4 indique que le nombre demandé a cinq chiffres à sa partie entière; ce nombre est donc 35954,1 *.

II. *Soit à trouver le nombre* x *qui correspond au log* $\overline{3}{,}74534$.

On a $\log x = \overline{3}{,}74534$. La caractéristique nous indique que le premier chiffre significatif sera au rang des millièmes (n° 359).

La partie décimale du log est comprise entre 74531 et 74539, qui fournissent les nombres 5413 et 5414; la différence entre le log donné et le log tabulaire est 3, et la différence tabulaire 8.

$$\text{On aura :} \qquad \frac{8}{1} = \frac{3}{\delta} \; ; \quad \text{d'où} \quad \delta = \frac{3}{8} = 0{,}375 ;$$

$$\text{par suite,} \qquad x = 0{,}005413375 \;^{**}.$$

367. Antilogarithmes. On appelle *antilogarithme* d'un logarithme donné, le nombre correspondant à ce logarithme. Nous venons de montrer comment se fait la recherche d'un antilogarithme; il existe des tables, celles de Bourget, par exemple, offrant une disposition particulière, et qui permettent de lire un antilogarithme comme un logarithme.

§ V. — Calculs logarithmiques.

Avant de passer aux applications numériques, nous allons examiner une à une les opérations qu'on peut avoir à faire sur les logarithmes, surtout lorsqu'il y a des caractéristiques négatives.

368. Addition de logarithmes.

Soit à ajouter

$$\begin{array}{r} 2{,}74321 \\ \overline{5}{,}32452 \\ 0{,}83542 \\ \hline \overline{2}{,}90315 \end{array}$$

---

* On ne peut pas compter sur l'exactitude des deux derniers chiffres; le 5ᵉ est déjà incertain.

** On ne peut pas compter sur l'exactitude des trois derniers chiffres; le 5ᵉ est déjà incertain.

La somme des parties décimales est 1,90315 ; on écrit la partie décimale de cette somme, puis on fait la somme algébrique des caractéristiques, et on y ajoute 1 ; on a pour résultat $\overline{2}$,90315.

369. Différence de deux logarithmes. Soit à effectuer les différences suivantes :

4,67435	$\overline{4}$,67435	4,67435	$\overline{4}$,67435
3,75062	3,75062	$\overline{3}$,75062	$\overline{3}$,75062
0,92373	$\overline{8}$,92373	6,92373	$\overline{2}$,92373

La première est une soustraction ordinaire ; la seconde, après avoir retranché la partie décimale, c'est-à-dire de 1,67435 la quantité 0,75062, donne pour reste 0,92373 ; comme on a ajouté 1 à la partie décimale du premier logarithme, il faudra retrancher 1 à la caractéristique ; on aura $-5-3=-8$, et le résultat sera $\overline{8}$,92373. La troisième, après avoir retranché la partie décimale, il reste 3 pour caractéristique au nombre supérieur ; alors, en changeant le signe de la caractéristique du nombre inférieur, on aura $3+3=6$; la différence est 6,92373.

Dans la dernière, après avoir trouvé la partie décimale, on a $-5+3=-2$, et pour résultat $\overline{2}$,92373.

370. Multiplication d'un logarithme par un nombre. Soit à multiplier

$$\frac{\overline{3},45874}{4} \quad = \quad \overline{11},83496$$

On multiplie d'abord 0,45874 par 4, ce qui donne 1,83496 ; on écrit la partie décimale, et l'on ajoute 1 au produit -12 de -3 par 4 ; on a pour résultat :

$$\overline{11},83496.$$

371. Division d'un logarithme par un nombre. Soit à diviser :

1° $\overline{3}$,64328 par 3 ; on a immédiatement $\overline{1}$,21442 ;

2° $\overline{4}$,54782 par 3 ; on écrira :

$$\overline{4},54782 = \overline{6} + 2,54782,$$

dont le quotient par 3 est $\overline{2} + 0,84927$; le résultat sera :

$$\frac{\overline{4},54782}{3} = \overline{2},84927 ;$$

3° $\overline{2}$,83754 par 3 ; on aura de même :

$$\overline{2},83754 = \overline{3} + 1,83754 ;$$

le quotient par 3 est $\overline{1} + 0,61251$, donc :

$$\frac{\overline{2},83754}{3} = \overline{1},61251.$$

Applications. 1° Calculer par logarithmes l'expression

$$x = \frac{64 \times 0,0826 \times 16,57}{13,48 \times 0,0017 \times 9,467}$$

On a :

$$\log 64 = 1,80618$$
$$\log 0,0826 = \overline{2},91698$$
$$\log 16,57 = 1,21932$$
$$-\log 13,48 = \operatorname{colog} 13,48 = \overline{2},87031$$
$$-\log 0,0017 = \operatorname{colog} 0,0017 = 2,76955$$
$$-\log 9,467 = \operatorname{colog} 9,467 = \overline{1},02379$$
$$\overline{\phantom{-\log 9,467 = \operatorname{colog} 9,467 = }}$$
$$\log x = 2,60613$$

d'où
$$x = 403,77.$$

2° Calculer l'expression

$$x = \frac{0,0028 \times 6,969 \times \sqrt[3]{\pi}}{0,001465 \times 0,04 \times \sqrt{2}}.$$

On a :

$$\log 0,0028 = \overline{3},44716$$
$$\log 6,969 = 0,84317$$
$$\frac{1}{3} \log \pi = 0,16571$$
$$\operatorname{colog} 0,001465 = 2,83416$$
$$\operatorname{colog} 0,04 = 1,39794$$
$$\frac{1}{2} \operatorname{colog} 2 = \overline{1},84949$$
$$\overline{\phantom{\frac{1}{2} \operatorname{colog} 2 = \overline{1},84949}}$$
$$\log x = 2,53763$$

d'où
$$x = 344,87.$$

372. Remarques sur l'emploi des parties proportionnelles. *Les différences entre les logarithmes de deux nombres consécutifs vont en diminuant à mesure que les nombres augmentent.*

Il suffit pour s'en convaincre de jeter les yeux sur une table de logarithmes. Mais il est facile de le justifier.

Soient, en effet, a et $a + 1$ deux nombres consécutifs; appelons d la différence de leurs logarithmes, on aura :

$$d = \log(a + 1) - \log a = \log\left(\frac{a+1}{a}\right) = \log\left(1 + \frac{1}{a}\right).$$

Or, si a est suffisamment grand, $1 + \dfrac{1}{a}$ tend vers 1; par suite, d tend vers 0, car le logarithme de 1 est 0.

373. *Pour des nombres suffisamment grands, les accroissements des logarithmes sont sensiblement proportionnels aux accroissements des nombres.*

En effet, supposons que les nombres a, $a + h$ et $a + 2h$ croissent en progression arithmétique, je dis que leurs logarithmes croissent aussi en progression arithmétique, c'est-à-dire que l'on aura sensiblement la relation :

$$\log(a + h) - \log a = \log(a + 2h) - \log(a + h);$$

ce qui s'écrit
$$\log\left(\frac{a+h}{a}\right) = \log\left(\frac{a+2h}{a+h}\right),$$

ou
$$\log\left(1 + \frac{h}{a}\right) = \log\left(1 + \frac{h}{a+h}\right). \qquad (1)$$

Si a est assez grand, et $h=1$, par exemple, les valeurs des parenthèses tendent sensiblement vers 1, et, par suite, la dernière égalité est vérifiée ainsi que les précédentes. Donc...

374. Remarque. Si dans les expressions $1+\dfrac{h}{a}$ et $1+\dfrac{h}{a+h}$ nous faisons $a=1000$ et $h=1$, on a :

$$\log\left(1+\frac{1}{1000}\right)=\log\frac{1001}{1000}=0{,}00043,$$

$$\log\left(1+\frac{1}{1001}\right)=\log\frac{1002}{1001}=0{,}000429.$$

Or ces deux logarithmes diffèrent de moins d'une unité du cinquième ordre décimal, et il en sera de même des deux membres de l'égalité (1); on se rend bien compte que pour des nombres suffisamment grands l'accroissement des logarithmes est sensiblement proportionnel à celui des nombres.

375. Usage des tables à sept décimales. Nous supposons qu'on a à sa disposition les tables de Callet, ou celles de Dupuis, ou bien celles de Schrön.

Dans ces tables, les logarithmes des nombres inférieurs à 1000 ou à 1200 sont donnés avec huit décimales; ceux des nombres plus élevés, avec sept décimales. Les 1200 premiers nombres ou les 1000 premiers nombres et leurs logarithmes se lisent immédiatement; quant aux nombres supérieurs, leurs logarithmes se lisent en deux fois.

Une colonne verticale intitulée N contient les dizaines des nombres; les unités sont inscrites en haut de la page et en tête des dix colonnes intitulées :

$$0,\ 1,\ 2,\dots\ 8,\ 9.$$

Considérons, par exemple, les nombres 52540, 52541, 52542,... 52549, qui ont tous 5254 dizaines. Dans la colonne intitulée N nous trouvons le nombre 5254, dont les trois premiers chiffres du logarithme sont 720 et les quatre derniers 4901 pour 52540, ou 4983 pour 52541, etc., 5645 pour 52549.

Remarque. Dans les tables de Dupuis, le signe * placé avant les quatre derniers chiffres du logarithme indique que les trois premiers chiffres de ce logarithme, au lieu d'être pris au-dessus de cette ligne horizontale, doivent être pris au-dessous; ainsi le logarithme du nombre 52724 est 4,7220084.

Trouver le logarithme d'un nombre donné.

376. I. *Le nombre donné est dans les tables.*

Soit à trouver le logarithme de 375,49.

On a : $\log 37549 = 4{,}5745984$;

par suite, $\log 375{,}49 = 2{,}5745984$.

II. *Le nombre donné n'est pas dans les tables.*

Soit à trouver le log de 2647853. La partie décimale de ce logarithme sera la même que celle du nombre 26478,53.

Les tables donnent pour $\log 26478 = 4{,}4228852$, et pour différence tabulaire, 164. On pourra écrire (n° 364) :

$$\frac{1}{164}=\frac{0{,}53}{\delta}\ ;\ \ \text{d'où}\ \ \delta=164\times0{,}53=86{,}92\ \text{ou}\ 87,$$

à une unité près du septième ordre. *On voit qu'on obtient le nombre d'unités du septième ordre qu'il faut ajouter au log de* 26478, *pour obtenir le log de* 26478,53 *en multipliant la différence tabulaire par* 0,53 *et en prenant les unités de ce produit.*

Pour éviter au calculateur d'avoir à effectuer la multiplication que nous venons de rencontrer, on a inscrit dans les tables les produits de 164 par 0,1, 0,2, etc.; ces produits étant toujours exprimés en unités du septième ordre décimal, il suffira de les lire et de les ajouter.

Voici comment on dispose le calcul :

$$\begin{aligned}
\log 26478 \quad &= 4,4228852, \\
\text{pour} \qquad 0,5 \quad . \quad . \quad . \quad .&\,82, \\
\text{pour} \qquad 0,03 . \quad . \quad . \quad .&\quad 5, \\
\hline
\log 26478,53 &= 4,4228939,
\end{aligned}$$

et enfin $\log 26478\,53 = 6,4228939.$

Remarque. Si le nombre donné est une fraction décimale, on fait abstraction de la virgule, qui ne sert qu'à déterminer la caractéristique, et l'on retombe sur les cas précédents.

Trouver le nombre qui correspond à un logarithme donné.

377. *La partie décimale du logarithme donné se trouve exactement dans les tables.*

Soit à trouver le nombre x *qui a pour logarithme* 2,9062434.

On a $\log x = 2,9062434$;   la table donne immédiatement :
$$x = 805,83.$$

378. *La partie décimale du logarithme donné ne se trouve pas dans les tables.*

I. *Soit à trouver le nombre* x *qui a pour logarithme* 3,6774237.

On a : $\log x = 3,6774237.$

En cherchant dans les tables, on trouve que le logarithme qui approche le plus, par défaut, de 3,6774237 est 3,6774153; le nombre correspondant à ce dernier logarithme est 47579, la différence entre ces deux logarithmes est 84, la différence tabulaire est 91; on pourra écrire (n° 366) :
$$\frac{91}{1} = \frac{84}{\delta}; \quad \text{d'où} \quad \delta = \frac{84}{91} = 0,92;$$

par suite, le nombre cherché sera 4757,992.

Mais les tables permettent aussi d'éviter la division $\dfrac{84}{91}$. En effet, en parcourant la petite colonne des différences, on lit 9 en regard de 819 ou 82; donc le premier chiffre qu'il faut écrire après 47579 est 9; mais il reste 84 — 82 ou 2 unités du septième ordre, qui valent 20 unités du huitième ordre. Or, dans les tables, 18 répond à 2 dixièmes; donc 20 correspond à environ 2 centièmes, et le nombre demandé sera 4757,992.

Voici comment on dispose les calculs.

$$\begin{aligned}
\log x &= 3,6774237, \\
\log 47579 &= 3,6774153, \\
\hline
& \qquad\qquad\quad 84, \\
0,9 \quad \text{pour} \quad & \qquad\quad 82, \\
0,02 \quad \text{pour} \quad & \qquad\qquad 2, \\
x &= 4757,992.
\end{aligned}$$

II. *Soit à trouver le nombre x qui a pour logarithme* 2,6547321.

On a :
$$\log x = \overline{2},6547321,$$
$$\log 45157 = 4,6547251,$$

$$70,$$
$$0,7 \quad \text{pour} \quad 67,2,$$
$$0,03 \quad \text{pour} \quad 2,8,$$
$$\log 45157,73 = 4,6547321 ;$$

par suite,
$$x = 0,04515773.$$

Pour ce dernier calcul, on s'est servi des tables de Dupuis.

III. *Calculer l'expression*

$$x = \frac{\sqrt[5]{0,00038474 \sqrt[3]{\dfrac{89748}{124723}}}}{\sqrt[4]{724674 \sqrt[3]{0,0006742375}}}.$$

En indiquant les opérations logarithmiques, on a :

$$\log x = \frac{1}{5}\left[\log 0,00038474 + \frac{1}{3}\log\frac{89748}{124723}\right] - \frac{1}{4}\left[\log 724674 + \frac{1}{3}\log 0,0006742375\right]$$

Or
$$\log 89748 = 4,9530248$$
$$\log 124723 = 5,0959466$$

$$\log\frac{89748}{124723} = \overline{1},8570782$$

$$\frac{1}{3}\log\frac{89748}{124723} = \overline{1},9523594$$

$$\log 0,00038474 = \overline{4},5851673$$

$$\overline{4},5375267$$

donc

$$\frac{1}{5}\left[\log 0,00038474 + \frac{1}{3}\log\frac{89748}{124723}\right] = \frac{1}{5}(\overline{4},5375267) = \overline{1},3075053.$$

$$\log \quad 724674 = 5,8601427$$

$$\frac{1}{3}\log 0,0006742375 = \overline{2},9429377$$

$$4,8030804$$

$$\frac{1}{4}\left[\log 724674 + \frac{1}{3}\log 0,0006742375\right] = \frac{1}{4}(4,8030804) = 1,2007701.$$

$$\log x = \overline{1},3075053 - 1,2007701 = \overline{2},1067352 ;$$

d'où
$$x = 0,0127860.$$

§ VI. — Équations exponentielles.

379. **Définition.** On appelle *équation exponentielle* une équation dans laquelle l'inconnue figure en exposant; on résout ces équations en appliquant les propriétés des logarithmes.

1º *Résoudre* $a^x = b$ (a *et* b *positifs*).

Prenons les logarithmes des deux membres; on a :

$$x \log a = \log b; \quad \text{d'où} \quad x = \frac{\log b}{\log a}.$$

2º *Résoudre* $a^{b^{c^x}} = d$.   Posons $c^x = y$, $b^y = z$;   l'équation devient :

$$a^z = d, \quad \text{d'où} \quad z \log a = \log d, \quad z = \frac{\log d}{\log a}.$$

Or $\quad y \log b = \log z = \log\left[\frac{\log d}{\log a}\right], \quad y = \frac{\log\left(\frac{\log d}{\log a}\right)}{\log b},$

et $\quad x \log c = \log y; \quad$ d'où $\quad x = \frac{\log y}{\log c} = \log\left[\frac{\log\left(\frac{\log d}{\log a}\right)}{\log b}\right] \times \frac{1}{\log c}.$

3º *Résoudre* $a^{2x} + ba^x + c = 0$.   Posons $a^x = y$, d'où $x = \frac{\log y}{\log a}.$

L'équation devient $y^2 + by + c = 0$. On résout cette équation, qui donne deux racines; pour que ces racines soient acceptables, il faut qu'elles soient réelles et positives, ce qui exige $b < 0$ et $b^2 - 4c > 0$.

$$x = \frac{\log\left(\frac{-b \pm \sqrt{b^2 - 4c}}{2}\right)}{\log a}.$$

4º *Résoudre* $a\alpha^{2x} + b\alpha^x + c = 0$.   Posons $\alpha^x = y$; l'équation devient :
$$ay^2 + by + c = 0;$$

on est ramené au cas précédent.

5º *Résoudre* $a^x + ba^{-x} + c = 0$.   L'équation peut s'écrire :
$$a^x + \frac{b}{a^x} + c = 0 \quad \text{ou} \quad a^{2x} + ca^x + b = 0;$$

on est ramené à un cas précédent.

6º *Résoudre l'équation* $3^{x+1} + \frac{54}{3^x} = 83$.   L'équation peut s'écrire :

$$3.3^x + \frac{54}{3^x} = 83 \quad \text{ou} \quad 3.3^{2x} - 83.3^x + 54 = 0,$$

$$3^x = \frac{83 \pm \sqrt{6889 - 648}}{6} = \frac{83 \pm 79}{6}.$$

$$3^x = 27 \quad \text{et} \quad 3^x = \frac{2}{3}; \quad \text{d'où} \quad x = 3 \quad \text{et} \quad x = -0,37.$$

7º *Résoudre* $\quad\quad\quad \log x + \log y = m,$
$$ax + by = c.$$

La première équation peut s'écrire, en remontant aux nombres,
$$xy = 10^m.$$

Nous sommes ramenés à résoudre le système
$$xy = 10^m,$$
$$ax + by = c.$$

Éliminons y; on a $\quad ax + \dfrac{b \times 10^m}{x} = c \quad$ ou $\quad ax^2 - cx + b \times 10^m = 0,$

d'où l'on tire deux valeurs pour x; en portant chacune d'elles dans

$$y = \frac{c - ax}{b},$$

on a y.

Il faut que x et y soient positifs.

8° *Résoudre le système* $\qquad x^y = y^x,$

$$x^3 = y^2.$$

Prenons les logarithmes dans les deux équations; on a :

$$y \log x = x \log y,$$

$$3 \log x = 2 \log y;$$

d'où, en divisant membre à membre, ce qu'on a le droit de faire pour $x \neq 1,$

$y \neq 1$ $\qquad\qquad \dfrac{y}{3} = \dfrac{x}{2} \quad$ ou $\quad x = \dfrac{2y}{3}.$

Portons cette valeur dans la seconde équation.

$$\left(\frac{2y}{3}\right)^3 = y^2; \quad \text{d'où} \quad y = 0 \quad \text{et} \quad y = \frac{27}{8},$$

$$x = 0 \quad \text{et} \quad x = \frac{9}{4}.$$

La solution $\quad x = 0, \quad y = 0 \quad$ est à écarter.

9° *Résoudre le système* $\qquad x^y = y^x,$

$$x^a = y^b.$$

En procédant comme dans le cas précédent, on obtient :

$$x = \left(\frac{a}{b}\right)^{\frac{b}{a-b}}, \qquad y = \left(\frac{a}{b}\right)^{\frac{a}{a-b}}.$$

10. *Résoudre* $5^{x^2 - 4x + 3} = 125.$ Prenons les logarithmes des deux membres,

$$(x^2 - 4x + 3) \log 5 = \log 125 = \log(5^3) = 3 \log 5;$$

d'où $\qquad x^2 - 4x + 3 = 3, \qquad x = 0 \quad \text{et} \quad x = 4.$

CHAPITRE III

INTÉRÊTS COMPOSÉS, ANNUITÉS

§ I. — Intérêts composés.

380. Définition. Une somme est placée à *intérêts composés* lorsque, à la fin de chaque unité de temps (ordinairement une année), l'intérêt rapporté s'ajoute au capital pour produire des intérêts pendant les unités de temps qui suivent. On dit aussi que les intérêts se *capitalisent* à la fin de chaque unité de temps.

381. Formule de l'intérêt composé. Problème. *Calculer la valeur que prend un capital* a, *placé à intérêts composés pendant un nombre entier d'années, au taux* r, *pour un franc, les intérêts se capitalisant à la fin de chaque année.*

Soient a le capital placé, r l'intérêt d'un franc par an ou le centième du taux, n le nombre d'années, et A la valeur acquise par ce capital.

Puisque a francs rapportent ar en un an, la somme placée a est devenue à la fin de la première année :

$$a + ar \quad \text{ou} \quad a(1 + r).$$

Ainsi, on obtient la valeur d'un capital à la fin d'une année, en multipliant par $1 + r$ sa valeur au commencement de la même année.

A la fin de la deuxième année, le capital sera devenu

$$a(1 + r)(1 + r) \quad \text{ou} \quad a(1 + r)^2$$

De même à la fin de la troisième année,

$$a(1 + r)^2(1 + r) \quad \text{ou} \quad a(1 + r)^3,$$

et ainsi de suite.

Donc, après n années, la valeur A acquise par le capital a sera

$$A = a(1 + r)^n. \qquad (1)$$

382. Telle est la formule des intérêts composés ; elle renferme quatre quantités variables : A, a, n et r; trois de ces quantités étant données, on peut calculer la quatrième.

Calcul du capital placé. Il est donné par la formule :

$$a = \frac{A}{(1 + r)^n} \cdot \qquad (2)$$

Calcul du taux. La formule (1) donne successivement :

$$(1 + r)^n = \frac{A}{a}, \quad 1 + r = \sqrt[n]{\frac{A}{a}};$$

d'où
$$r = \sqrt[n]{\frac{A}{a}} - 1. \qquad (3)$$

Calcul du temps. Si dans la formule (1) on prend les logarithmes des deux membres, il vient :

$$\log A = \log a + n \log (1 + r);$$

d'où
$$n = \frac{\log A - \log a}{\log (1 + r)} \cdot \qquad (4)$$

383. Cas général. *Le temps ou la durée du placement n'est pas un nombre entier d'années.*

Supposons que le temps se compose d'un nombre entier n d'années, plus une fraction $\dfrac{k}{t}$ d'année (k désigne le nombre de jours du placement et t le nombre de jours de l'année). Au bout des n années le capital a sera devenu $a(1 + r)^n$.

On suppose alors que, pendant la fraction $\dfrac{k}{t}$ d'année, le capital soit placé à intérêt simple; l'intérêt simple est :

$$a(1 + r)^n \frac{k}{t} r,$$

et le capital a, augmenté de ses intérêts pendant le temps considéré, est devenu :

$$A = a(1 + r)^n + a(1 + r)^n \frac{k}{t} r = a(1 + r)^n \left(1 + \frac{k}{t} r\right). \qquad (5)$$

La formule (5) permet de calculer aisément A, a et le temps; quand on cherche le taux, elle fournit ordinairement une équation qu'on ne sait pas résoudre par les procédés élémentaires, car alors l'équation renferme l'inconnue à la n^{me} puissance et à la 1re. Pour calculer le temps, on prend d'abord les logarithmes des deux membres; on a :

$$\log A = \log a + n \log (1 + r) + \log \left(1 + \frac{kr}{t}\right);$$

d'où
$$n = \frac{\log A - \log a}{\log (1 + r)} - \frac{\log \left(1 + \dfrac{kr}{t}\right)}{\log (1 + r)}. \qquad (6)$$

Si nous effectuons la division indiquée dans la première partie du second membre, nous aurons, en appelant q la partie entière du quotient et R le reste :

$$\frac{\log A - \log a}{\log (1 + r)} = q + \frac{R}{\log (1 + r)}.$$

Portons cette valeur dans la relation (6), il vient :

$$n = q + \frac{R}{\log (1 + r)} - \frac{\log \left(1 + \dfrac{kr}{t}\right)}{\log (1 + r)}.$$

Or n et q sont entiers par hypothèse,

$$\frac{R}{\log (1 + r)} \quad \text{et} \quad \frac{\log \left(1 + \dfrac{kr}{t}\right)}{\log (1 + r)}$$

sont des fractions, car $1 + \dfrac{kr}{t}$ est plus petit que $1 + r$; donc l'égalité ne sera vérifiée qu'autant qu'on aura :

$$n = q \quad \text{et} \quad \frac{R}{\log (1 + r)} = \frac{\log \left(1 + \dfrac{kr}{t}\right)}{\log (1 + r)} ;$$

d'où
$$R = \log \left(1 + \frac{kr}{t}\right).$$

Ainsi la partie entière du quotient donne le nombre exact d'années, et le reste est le $\log \left(1 + \dfrac{kr}{t}\right)$; d'où l'on tire facilement la valeur de k.

384. Remarque. I. Nous allons indiquer un moyen de calculer r par la méthode dite des approximations successives.

De la relation (6) on déduit :

$$\log (1 + r) = \frac{\log A - \log a}{n} - \frac{\log \left(1 + \dfrac{kr}{t}\right)}{n}. \qquad (7)$$

Si dans cette égalité on néglige le terme $\dfrac{\log \left(1 + \dfrac{kr}{t}\right)}{n}$, on pourra déterminer $1 + r$, et par suite r, mais le nombre ainsi obtenu sera trop grand ; en l'appelant α, on aura :

$$\alpha > r.$$

Si dans la relation (7) on remplace dans le deuxième membre r par α, on aura, en calculant de nouveau r, un nombre trop faible ; en l'appelant β, on aura : $\qquad \beta < r.$

Si dans (7) on remplace toujours dans $\dfrac{\log\left(1 + \dfrac{kr}{t}\right)}{n}$, r par β,

on trouvera pour r un nombre $\alpha' > r$, mais plus petit que α. Cette valeur α', mise à la place de r, donnera pour r une nouvelle valeur $\beta' < r$, mais plus grande que β.

En continuant ces opérations, on obtiendra des valeurs alternativement plus grandes et plus petites que la véritable valeur de r, mais s'en approchant de plus en plus ; par suite, la partie commune à deux de ces valeurs fournira des chiffres exacts de r.

385. Remarque II. Dans la pratique, on remplace souvent la formule

$$A = a(1 + r)^n\left(1 + \frac{k}{t}\,r\right) \quad \text{par la suivante} \quad A = a(1 + r)^{n + \frac{k}{t}}.$$

Cette dernière donne pour A des résultats un peu plus faibles, mais elle a l'avantage d'être plus commode pour les calculs ; on prend alors cette formule sous la forme

$$\log A = \log a + \left(n + \frac{k}{t}\right) \log (1 + r),$$

tandis que l'autre est :

$$\log A = \log a + n \log (1 + r) + \log\left(1 + \frac{k}{t}\cdot r\right).$$

386. Cas particuliers. Supposons que les intérêts se capitalisent tous les semestres et que le nombre d'années soit entier.

L'intérêt de a francs pour un semestre étant $\dfrac{ar}{2}$, a francs deviennent au bout d'un semestre $a\left(1 + \dfrac{r}{2}\right)$; le nombre de semestres étant $2n$, la formule de l'intérêt composé sera :

$$A = a\left(1 + \frac{r}{2}\right)^{2n}.$$

Supposons encore que les intérêts se capitalisent tous les $q^{\text{ièmes}}$ d'année ; par exemple, tous les mois, $q = 12$, ou toutes les semaines,

$q = 52$; cherchons la formule de l'intérêt composé qui correspond à ce cas.

Au bout d'un $q^{\text{ième}}$ d'année, a francs sont devenus :

$$a + \frac{ar}{q} = a\left(1 + \frac{r}{q}\right), \text{ et au bout d'une année } a\left(1 + \frac{r}{q}\right)^{q}.$$

Au bout de la seconde année on aura :

$$a\left(1 + \frac{r}{q}\right)^{2q},$$

et ainsi de suite, de sorte qu'au bout de n années

$$A = a\left(1 + \frac{r}{q}\right)^{nq}.$$

Applications. 1° *Trouver ce que devient une somme de 40000 fr. placée à intérêts composés, à 4,5 %, pendant 12 ans.*

La formule (1) donne : $\quad$ $A = 40\,000\,(1{,}045)^{12}$,

$$\log 40\,000 = 4{,}602\,06$$
$$12 \log (1{,}045) = 0{,}229\,40$$
$$\overline{\log A = 4{,}831\,46}$$

d'où $\qquad\qquad A = 67\,835{,}7.$

2° *Quel est le capital qui, placé à intérêts composés, à 5 %, pendant 10 ans, est devenu 12640 francs?*

La formule (2) donne : $\qquad a = \dfrac{12\,640}{(1{,}05)^{10}},$

$$\log 12\,640 = 4{,}101\,75$$
$$10 \operatorname{colog} (1{,}05) = \overline{1}{,}788\,11$$
$$\overline{\log a = 3{,}899\,86}$$

d'où $\qquad\qquad a = 7\,760.$

3° *Une somme de 12000 francs, placée à intérêts composés, est devenue 20240 francs après 16 ans; à quel taux a-t-elle été placée?*

La formule (3) donne :

$$r = \sqrt[16]{\frac{20\,240}{12\,000}} - 1,$$

$$\log 20\,240 = 4{,}306\,21$$
$$\log 12\,000 = 4{,}079\,18$$

différence $\qquad\qquad\qquad 0{,}227\,03$

Le $\dfrac{1}{16}$ de $0{,}227\,03$ est $0{,}014\,19$, correspondant à $1{,}0332$;

d'où $\quad r = 0{,}0332$; $\quad$ le taux est $\quad 3{,}32\,\%.$

4° *En combien de temps un capital de* 8450 *francs devient-il* 36840 *francs,
l'intérêt étant à* 3 % *par an?*

La formule (4) donne :
$$n = \frac{\log A - \log a}{\log (1 + r)},$$

$$\log A = \log 36840 = 4,56632$$
$$\log a = \log 8450 = 3,92686$$

$$\log A - \log a = 0,63946$$
$$\log (1 + r) = \log (1,03) = 0,01284$$

Donc n est la partie entière du quotient $\dfrac{0,63946}{0,01284}$.

On trouve $\qquad n = 49$ ans $\qquad$ et $\qquad$ R $= 0,01030$.

De la formule (6) on déduit :
$$\log \left(1 + \frac{kr}{t} \right) = 0,01030 \, ;$$

par suite, $\qquad\qquad 1 + \dfrac{kr}{t} = 1,024.$

De là : $\qquad \dfrac{kr}{t} = 0,024 \qquad$ et $\qquad k = \dfrac{0,024 \times 365}{0,03} = 292.$

Ainsi le temps cherché est 49 ans 292 jours.

Problème. *Une ville voit sa population croître chaque année du cent
vingtième; on demande dans combien de temps sa population sera doublée.*

Soient p la population actuelle,

$\dfrac{1}{m}$ le rapport exprimant l'accroissement annuel,

n le temps,

P la population après n années.

Après un an, la population sera p plus l'accroissement $\quad p \times \dfrac{1}{m}$,

ou $\qquad\qquad\qquad p + \dfrac{p}{m} = p \left(\dfrac{m + 1}{m} \right).$

Ainsi, en multipliant par $\dfrac{m + 1}{m}$ la population au commencement d'une
année, on obtient ce qu'elle sera à la fin de cette année.

Après 2 ans, la population sera $\quad p \left(\dfrac{m + 1}{m} \right)^2,$

ainsi de suite; après n années elle sera :
$$P = p \left(\frac{m + 1}{m} \right)^n.$$

Pour résoudre le problème, posons $\quad$ P $= 2p$; $\quad$ il vient :

$$2p = p \left(\frac{m + 1}{m} \right)^n \quad \text{ou} \quad 2 = \left(\frac{m + 1}{m} \right)^n,$$

$$\log 2 = n \log \left(\frac{m + 1}{m} \right); \quad \text{d'où} \quad n = \frac{\log 2}{\log \left(\dfrac{m + 1}{m} \right)}.$$

14

Remplaçons les lettres par leur valeur :

$$n = \frac{\log 2}{\log\left(\frac{121}{120}\right)},$$

$$\log 2 = 0,30103,$$

$$\log \frac{121}{120} = 0,00361.$$

Le quotient de 0,30103 par 0,00361 est 83 par défaut.
Ainsi la population sera doublée en 84 ans.

§ II. — Annuités.

387. Définition. On appelle *annuité* une somme fixe que l'on verse à la fin de chaque année, pendant un temps déterminé, pour amortir une dette.

Dans le calcul des annuités, on tient toujours compte des intérêts composés.

On considère aussi comme une question d'annuités la constitution d'un capital.

388. Constitution d'un capital. Supposons que l'on place au commencement de chaque année, pendant n années, une même somme a, et proposons-nous de calculer quelle sera la valeur A du capital ainsi constitué à la fin de la n^{me} année.

Soient A le capital cherché,

     a l'annuité placée,

     r l'intérêt annuel de 1 franc,

     n le temps.

Le premier placement rapportera des intérêts composés pendant n années, il vaudra au bout de ce temps (n° 381) :

$$a(1 + r)^n.$$

Le deuxième placement rapportera des intérêts composés pendant $n - 1$ années, et vaudra

$$a(1 + r)^{n-1}.$$

Le troisième placement vaudra

$$a(1 + r)^{n-2}$$

et ainsi de suite; le dernier placement, versé un an avant le règlement, vaudra $a(1 + r)$.

Le capital ainsi constitué sera :

$$A = a(1 + r)^n + a(1 + r)^{n-1} + a(1 + r)^{n-2} + \ldots + a(1 + r)^2 + a(1 + r),$$

$$\text{ou} \quad A = a\left[(1 + r) + (1 + r)^2 + \ldots + (1 + r)^{n-1} + (1 + r)^n\right].$$

La partie comprise entre crochets est la somme des termes d'une progression géométrique croissante de n termes, dont le premier terme est $1 + r$, ainsi que la raison. Cette somme est (n° 334) :

$$\frac{(1 + r)^n (1 + r) - (1 + r)}{1 + r - 1} = \frac{(1 + r)[(1 + r)^n - 1]}{r} \, ;$$

par suite,
$$A = \frac{a(1 + r)[(1 + r)^n - 1]}{r} . \tag{1}$$

Cette formule qui donne A n'est pas directement calculable par logarithmes, car on a :

$$\log A = \log a + \log (1 + r) + \log [(1 + r)]^n - 1] - \log r$$

et l'on ne connaît pas $(1 + r)^n - 1$; il faut d'abord calculer $(1 + r)^n$ par logarithmes, puis former le nombre $(1 + r)^n - 1$, et alors on peut appliquer cette formule (1).

389. Cas particulier. Si le capital ne doit être constitué que m années après le n^{me} et dernier versement, on raisonne comme il suit :

La dernière annuité payée rapportera des intérêts pendant m années et deviendra
$$a (1 + r)^m \, ;$$
l'avant-dernière deviendra $\quad a (1 + r)^{m + 1},$

la deuxième avant la dernière $a (1 + r)^{m + 2}$, et ainsi de suite, de telle sorte que la première annuité deviendra :

$$a (1 + r)^{m + n - 1} \, ;$$

d'où, en faisant la somme :

$$A = a (1 + r)^m + a (1 + r)^{m + 1} + \ldots + a (1 + r)^{m + n - 1}.$$

Le second membre est la somme des termes d'une progression géométrique croissante dont la raison est $1 + r$ et le nombre des termes n,

donc
$$A = \frac{a}{r} (1 + r)^m [(1 + r)^n - 1].$$

390. *Calcul de l'annuité.* De la formule (1) on déduit :

$$a = \frac{Ar}{(1 + r)[(1 + r)^n - 1]} . \tag{2}$$

391. *Calcul du temps.* Si l'on isole n, on trouve successivement :

$$Ar = a (1 + r)(1 + r)^n - a (1 + r),$$
$$a (1 + r)(1 + r)^n = Ar + a (1 + r),$$
$$(1 + r)^n = \frac{Ar + a (1 + r)}{a (1 + r)} ,$$

$$n \log (1 + r) = \log [Ar + a (1 + r)] - \log a (1 + r);$$

d'où
$$n = \frac{\log [Ar + a (1 + r)] - \log a (1 + r)}{\log (1 + r)} . \qquad (3)$$

392. *Calcul du taux.* Nous venons de voir que la formule

$$A = \frac{a (1 + r)}{r} [(1 + r)^n - 1]$$

donne assez facilement A, a et n; il n'en est plus de même pour le taux. En effet, prenons $1 + r = x$ comme inconnue; on a :

$$A = \frac{ax (x^n - 1)}{x - 1} = ax (x^{n-1} + x^{n-2} + x^{n-3} + \dots + 1),$$

ou
$$A = a (x^n + x^{n-1} + x^{n-2} + \dots + x);$$

ce qui donne, pour déterminer x, l'équation complète de degré n

$$ax^n + ax^{n-1} + ax^{n-2} + \dots + ax - A = 0.$$

Or cette équation ne peut pas être résolue par des procédés élémentaires lorsque n est plus grand que 2.

393. Remarque. Le calcul de A par les logarithmes est assez pénible; pour éviter le calcul du facteur $\dfrac{(1 + r)}{r} [(1 + r)^n - 1]$, on a construit des tables donnant les valeurs de ce facteur pour les valeurs usuelles de r et de n. On trouve ces tables dans l'*Annuaire du Bureau des Longitudes* pour les taux de 3, 4, 4,5 et 5 %, et pour des valeurs de n de 1 à 83 années.

Problème. *Quelle somme* a' *faudrait-il placer actuellement à intérêts composés, au taux* r, *pour obtenir au bout de* n *années le même capital qu'en versant* n *annuités successives* a? *La somme* a' *est ce qu'on appelle la* valeur actuelle *du placement* a, *à intérêts composés pendant* n *années.*

Au bout des n années, la somme a' est devenue :

$$A = a'(1 + r)^n ,$$

et les versements successifs a sont devenus :

$$A = \frac{a}{r} (1 + r) [(1 + r)^n - 1].$$

On a l'égalité :

$$a'(1 + r)^n = \frac{a}{r} (1 + r) [(1 + r)^n - 1];$$

d'où
$$a' = \frac{a}{r} (1 + r) \left[1 - \frac{1}{(1 + r)^n}\right].$$

394. Amortissement d'une dette par annuités. Supposons qu'on veuille amortir une dette A, ou fournir une rente temporaire pour un capital placé à fonds perdus, au moyen de n versements, appelés annuités, effectués *à la fin* de chaque année; le taux est r.

Soient donc A la dette à rembourser,

a l'annuité à payer chaque année,

r l'intérêt annuel d'un franc,

n le nombre d'années.

Le capital A deviendra, après n années (n° 381) :

$$A (1 + r)^n.$$

La première annuité, payée à la fin de la première année, rapportera des intérêts composés pendant $n - 1$ années, et deviendra :

$$a (1 + r)^{n-1}.$$

La seconde annuité, payée à la fin de la deuxième année, deviendra :

$$a (1 + r)^{n-2},$$

et ainsi de suite. L'avant-dernière annuité rapportera des intérêts pendant un an et deviendra $a (1 + r)$.

La dernière annuité, payée au bout de la n^{me} année, n'aura que sa valeur a, et la dette sera amortie.

Or la somme de toutes ces annuités avec leurs intérêts composés doit valoir $A (1 + r)^n$;

d'où l'équation :

$$A (1 + r)^n = a + a (1 + r) + a (1 + r)^2 + \ldots + a (1 + r)^{n-1}.$$

Le second membre est la somme des termes d'une progression géométrique croissante dont le premier terme est a, et la raison $(1 + r)$ cette somme est (n° 334) :

$$\frac{a (1 + r)^{n-1}(1 + r) - a}{1 + r - 1} = \frac{a}{r} [(1 + r)^n - 1];$$

par suite,

$$A (1 + r)^n = \frac{a}{r} [(1 + r)^n - 1]. \qquad (4)$$

Telle est la formule de l'amortissement.

395. Calcul du capital. La formule (4) donne :

$$A = \frac{a [(1 + r)^n - 1]}{r (1 + r)^n}. \qquad (5)$$

396. Calcul de l'annuité. De la même formule on déduit :

$$a = \frac{\mathrm{A}r\,(1+r)^n}{(1+r)^n - 1} \cdot \qquad (6)$$

397. Calcul du temps. Si l'on isole n, on trouve successivement :

$$\mathrm{A}r\,(1+r)^n = a\,(1+r)^n - a,$$
$$a = a\,(1+r)^n - \mathrm{A}r\,(1+r)^n,$$
$$a = (1+r)^n\,(a - \mathrm{A}r),$$
$$\mathrm{Log}\ a = n\,\log\,(1+r) + \log\,(a - \mathrm{A}r),$$
$$n = \frac{\log a - \log\,(a - \mathrm{A}r)}{\log\,(1+r)} \qquad (7)$$

Discussion. La valeur de n ne convient qu'autant que $a - \mathrm{A}r$ est positif, car les nombres négatifs n'ont pas de logarithmes. On voit d'ailleurs, *à priori*, qu'il doit en être ainsi; car $\mathrm{A}r$ représente l'intérêt simple, pendant un an, du capital emprunté; il est évident que l'annuité a doit être supérieure à cet intérêt, pour qu'on arrive à rembourser la dette.

Si la formule (7) donne pour n un nombre entier, ce nombre résoudra la question. Mais si le quotient n'est pas exact, n sera alors compris entre deux nombres entiers consécutifs que nous représentons par p et $p+1$; il est facile de prouver, dans ce cas, qu'un nombre p d'annuités n'acquitterait pas la dette, tandis qu'une annuité de plus serait plus que suffisante.

En effet, puisqu'on a

$$p < \frac{\log a - \log\,(a - \mathrm{A}r)}{\log\,(1+r)} < p+1,$$

on aura aussi :

$$p\,\log\,(1+r) < \log a - \log\,(a - \mathrm{A}r) < (p+1)\,\log\,(1+r),$$

ou
$$\log\,(1+r)^p < \log\frac{a}{a - \mathrm{A}r} < \log\,(1+r)^{p+1};$$

et, en passant aux nombres,

$$(1+r)^p < \frac{a}{a - \mathrm{A}r} < (1+r)^{p+1}.$$

En chassant le dénominateur, puisqu'il est positif, il vient :

$$(a - \mathrm{A}r)\,(1+r)^p < a < (a - \mathrm{A}r)\,(1+r)^{p+1};$$

d'où l'on tire :

$$\frac{a}{r}\,[(1+r)^p - 1] < \mathrm{A}\,(1+r)^p \quad \text{et} \quad \frac{a}{r}\,[(1+r)^{p+1} - 1] > \mathrm{A}\,(1+r)^{p+1},$$

ce qui prouve la proposition énoncée.

Pour acquitter la dette dans ce cas, on calculera la différence

$$A (1 + r)^p - \frac{a}{r} [(1 + r)^p - 1],$$

qui est ce qui reste dû au commencement de la $(p + 1)^{\text{me}}$ année, et l'on en fera l'objet d'un payement spécial.

398. Cas des rentes perpétuelles. La valeur de l'annuité a, destinée à acquitter un emprunt A, dans un temps donné n, diminue quand n augmente; car, en divisant les deux termes du second membre de la relation (6) par $(1 + r)^n$, il vient :

$$a = \frac{Ar}{1 - \dfrac{1}{(1 + r)^n}}.$$

Sous cette forme, on voit que pour n très grand la fraction $\dfrac{1}{(1 + r)^n}$ tend vers zéro et a tend vers Ar, c'est-à-dire l'intérêt simple de la somme prêtée. C'est le cas de la *rente perpétuelle*.

C'est le mode d'emprunt employé par les États; ces emprunts forment la *dette consolidée*, qui n'est jamais amortie. Les États payent simplement à leurs créanciers l'intérêt de l'argent prêté, et ils se réservent le droit d'amortir leur dette ou de ne pas l'amortir.

399. Applications numériques. 1° *On place au commencement de chaque année une somme de 500 francs à 3 %; quelle somme recevra-t-on au bout de 25 ans?*

On a la formule
$$A = \frac{a (1 + r) [(1 + r)^n - 1]}{r};$$

par suite,
$$A = \frac{500 \times 1{,}03 [(1{,}03)^{25} - 1]}{0{,}03}.$$

Calculons d'abord la quantité $(1{,}03)^{25} - 1.$

On a : $25 \log 1{,}03 = 25 \times 0{,}01284 = 0{,}32100.$

par suite, $(1{,}03)^{25} - 1 = 2{,}0941 - 1 = 1{,}0941.$

Il reste à calculer
$$A = \frac{500 \times 1{,}03 \times 1{,}0941}{0{,}03},$$

$$\log 500 = 2{,}69897,$$
$$\log 1{,}03 = 0{,}01284,$$
$$\log 1{,}0941 = 0{,}03906,$$
$$\operatorname{colog} 0{,}03 = 1{,}52288,$$

$$\log A = 4{,}27375,$$
$$A = 18782 \text{ fr.} 17.$$

2° *Un ouvrier demande quelle somme il doit placer à partir de sa 21ᵉ année jusqu'à la 60ᵉ, à 3,5 % et à intérêts composés, pour avoir à 60 ans un capital de 30000 francs.*

Il y aura en tout 39 placements. On aura :

$$a = \frac{Ar}{(1+r)\left[(1+r)^n-1\right]} = \frac{30000 \times 0,035}{1,035\left[(1,035)^{39}-1\right]} \, ;$$

$$39 \log(1,035) = 0,58267 \quad \text{et} \quad (1,035)^{39} = 3,81654.$$

$$(1,035)^{39} - 1 = 2,81654$$

$$\log 30000 = 4,47712$$

$$\log 0,035 = \overline{2},54407$$

$$\operatorname{colog} 2,81654 = \overline{1},55028$$

$$\operatorname{colog} 1,035 = \overline{1},98506$$

$$\overline{}$$

$$\log a = 2,55653$$

par suite, $\qquad\qquad a = 360 \text{ fr. } 20.$

3° *Une ville emprunte* 1800000 *francs à* 4 % *et veut amortir cette dette en* 30 *ans; quelle annuité doit-elle y consacrer?*

On a : $\qquad\qquad\qquad a = \dfrac{Ar\,(1+r)^n}{(1+r)^n-1} \, ;$

par suite, $\qquad a = \dfrac{1800000 \times 0,04\,(1,04)^{30}}{(1,04)^{30}-1} = \dfrac{72000\,(1,04)^{30}}{(1,04)^{30}-1} \, .$

Calculons d'abord le dénominateur :

$$30 \log(1,04) = 0,51100 \quad \text{et} \quad (1,04)^{30} = 3,24338.$$

La valeur du dénominateur est de $\quad 2,24338.$

$$\log 72000 = 4,85733$$

$$30 \log(1,04) = 0,51100$$

$$- \log 2,24338 = \operatorname{colog} 2,24338 = \overline{1},64910$$

$$\overline{}$$

$$\log a = 5,01743$$

$$a = 104059.$$

4° *Une société peut consacrer chaque année pendant* 40 *ans une annuité de* 50000 *francs à éteindre un emprunt qu'elle désire contracter; quelle somme pourra-t-elle emprunter, si le taux est de* 5 %?

On a : $\qquad\qquad\qquad A = \dfrac{a\left[(1+r)^n-1\right]}{r\,(1+r)^n} \, ;$

par suite, $\qquad\qquad A = \dfrac{50000\left[(1,05)^{40}-1\right]}{0,05\,(1,05)^{40}} \, .$

Calculons d'abord le numérateur :

$$40 \log(1,05) = 0,84757 \quad \text{et} \quad (1,05)^{40} = 7,04.$$

Donc $\qquad\qquad\qquad (1,05)^4 - 1 = 6,04$

$$\log 50000 = 4,69897$$

$$\log \quad 6,04 = 0,78104$$

$$\operatorname{colog} (1,05)^{40} = \overline{1},15243$$

$$\operatorname{colog} \quad (0,05) = 1,30103$$

$$\overline{}$$

$$\log A = 5,93347$$

$$A = 857960.$$

5° *Une commune qui a emprunté 100000 francs à 4 % consacre annuellement 13679 fr. 25 à éteindre cette dette; dans combien de temps sera-t elle libérée?*

On a :
$$n = \frac{\log a - \log (a - Ar)}{\log (1 + r)} ;$$

par suite,
$$n = \frac{\log 13\,679,25 - \log (13\,679,25 - 100\,000 \times 0,04)}{\log (1,04)} ,$$

$$n = \frac{\log 13\,679,25 - \log 9\,679,25}{\log (1,04)} = 8 \text{ ans}$$

LIVRE CINQUIÈME

VARIATIONS DES FONCTIONS

CHAPITRE I

MÉTHODE DIRECTE

---

§ I. — Préliminaires.

400. Définitions. Nous avons dit (n° 169) ce qu'on appelle variable indépendante et fonction de cette variable ; voici quelques autres définitions relatives aux fonctions et à leur variation.

Une fonction y est dite *fonction explicite* de x lorsque l'équation qui définit y comme fonction de x est résolue par rapport à y ; elle est dite *implicite* lorsque l'équation n'est pas résolue par rapport à y.

Une fonction est *entière* quand la variable indépendante n'est pas en dénominateur ; elle est *fractionnaire* dans le cas contraire.

Une fonction est *rationnelle* quand la variable indépendante n'y entre pas sous un radical ; elle est irrationnelle dans le cas contraire.

La fonction d'une variable peut être elle-même prise pour variable.

Ainsi, dans l'expression $\quad y = ax + b,$

où y est fonction de x, rien n'empêche de considérer x comme fonction de y. Sous forme explicite on a :
$$x = \frac{y}{a} - \frac{b}{a}$$

et x est dite, dans ce cas, une fonction *réciproque* de y.

On nomme fonctions *algébriques* celles qui ne renferment que des opérations algébriques, telles que additions, soustractions, multiplications, divisions, puissances et racines, et l'on appelle fonctions *transcendantes* celles qui contiennent, en outre, des quantités transcendantes, telles que des exponentielles, des sinus, des logarithmes.

Fonction définie. — On dit qu'une fonction y est *définie* pour une valeur de la variable, lorsque à cette valeur de x correspondent pour y une ou plusieurs valeurs déterminées.

Les fonctions $\quad y = ax^2 + bx + c \quad$ et $\quad y = \dfrac{ax + b}{a'x + b'} \quad$ sont définies pour toute valeur de x.

La fonction $\quad y = \sqrt{x^2 - 5x + 6} \quad$ n'est définie que pour les valeurs de x extérieures aux racines du trinôme $\quad x^2 - 5x + 6$, c'est-à-dire pour $\quad x \geqq 3 \quad$ et $\quad x \leqq 2$; pour $\quad 2 < x < 3 \quad$ la fonction n'est pas définie, car le trinôme est alors négatif et n'a pas de racine carrée.

Fonction continue. Soit $\quad y = f(x) \quad$ une fonction définie de la variable indépendante x.

On appelle *accroissement* d'une variable qui passe d'une valeur à une autre l'excès de la seconde valeur sur la première; cet accroissement peut être positif ou négatif. Un accroissement donné à x se représente ordinairement par h, celui que prend la fonction par k. Si la variable x passe de la valeur a à la valeur $a + h$, la fonction passe de la valeur $f(a)$ à la valeur $f(a + h)$; l'accroissement de la fonction est $\quad k = f(a + h) - f(a)$; il dépend à la fois de h et de a.

Exemple : Soit la fonction $\quad y = x^2 - 5x + 6$.

Pour $\qquad\qquad\qquad x = 1, \qquad$ on a $\qquad y = 2$;

pour $\qquad\qquad\qquad x = 1{,}4, \qquad$ on a $\qquad y = \dfrac{24}{25}$.

Pour un accroissement $0{,}4$ donné à la variable, la fonction prend un accroissement $\quad -\dfrac{26}{25}$.

Une fonction est *continue* pour une valeur donnée a de la variable, lorsque l'accroissement de la fonction tend vers zéro en même temps que l'accroissement de la variable indépendante; ou, en d'autres termes, une fonction est *continue* pour la valeur a si, α étant un nombre positif donné, aussi petit que l'on veut, on peut déterminer un nombre positif h tel que l'on ait : $\quad f(a + h) - f(a) < \alpha$.

· Une fonction est *continue* dans un intervalle a à b, lorsqu'elle est continue pour toutes les valeurs prises dans cet intervalle.

Une fonction est *discontinue* pour une valeur a de la variable :

1° Si la valeur de la fonction n'est pas bien déterminée pour cette valeur de la variable.

2° Si pour x égal à $\quad a + h \quad$ et à $\quad a - h,\quad$ h étant aussi petit qu'on veut, la fonction passe brusquement d'une valeur positive à une valeur négative, très grande en valeur absolue.

Soit la fonction $$y = \frac{1}{x^2 - 1}.$$

La fonction est bien déterminée pour toute valeur de x, sauf pour les valeurs ± 1. Lorsque x croît de $-\infty$ à -1, la fonction est positive et croît de 0 à $+\infty$; si $x = -1$, la valeur de la fonction n'est plus bien déterminée. Lorsque x croît de -1 à $+1$, la fonction croît de $-\infty$ à $+\infty$. Ainsi pour les deux valeurs de x, $-1-h$ et $-1+h$, la fonction prend les valeurs $\frac{1}{h(h+2)}$ et $\frac{1}{h(h-2)}$, et si h est un nombre positif et voisin de zéro, les valeurs de la fonction $\frac{1}{h(h+2)}$ et $\frac{1}{h(h-2)}$ sont très grandes en valeur absolue et la première positive, la seconde négative; la valeur $x = -1$ est donc une *discontinuité*.

Il en est de même pour la valeur $x = 1$.

401. Maximum, minimum. Lorsqu'une fonction, variant d'une manière continue, cesse de croître pour commencer à décroître, on dit qu'elle passe par un *maximum*, c'est-à-dire par une valeur plus grande que les valeurs qui la précèdent et que celles qui la suivent immédiatement.

Si, au contraire, elle cesse de décroître pour commencer à croître, on dit qu'elle passe par un *minimum*, c'est-à-dire par une valeur plus petite que les valeurs qui la précèdent et que celles qui la suivent immédiatement.

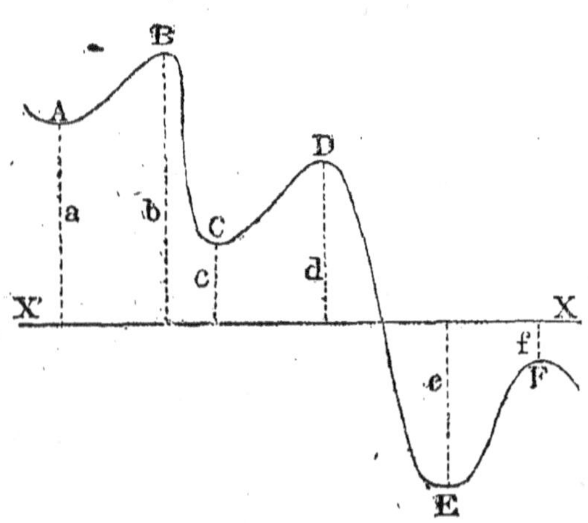

Une fonction qui est constamment croissante ou constamment décroissante n'a donc ni maximum ni minimum.

Une fonction, après avoir cessé de croître pour commencer à décroître, peut ensuite cesser de décroître pour recommencer à croître, et cela successivement; elle peut donc avoir plusieurs maxima et plusieurs minima. Dans ce cas, le plus grand de ces maxima est un *maximum absolu*, les autres ne sont que des *maxima relatifs*; de même, le plus petit de ses minima est un *minimum absolu*, les autres ne sont que des *minima relatifs*; il peut même arriver que la valeur d'un minimum soit supérieure à celle d'un maximum. Si la ligne ABCDEF représente la coupe d'un terrain par un plan vertical, les hauteurs b, d, f, au-dessus ou au-dessous d'une horizontale X'X, marquent chacune un maximum, tandis que les hauteurs a, c, e indiquent chacune un minimum, et l'on voit que le minimum a est plus grand que le maximum d.

Les maxima et les minima d'une fonction continue se succèdent alternativement : deux maxima consécutifs sont toujours séparés par un minimum, et inversement.

402. Variation des fonctions. Une des plus importantes questions de l'algèbre est l'étude de la variation de grandeur des fonctions ; c'est la recherche du sens dans lequel varie une fonction, c'est-à-dire si elle croît ou décroît, lorsque la variable indépendante varie dans un sens déterminé. On est libre de faire varier la variable indépendante dans le sens que l'on veut, mais en général on la fait croître. La recherche des maxima et minima d'une fonction n'est qu'une partie de l'étude de la variation de cette fonction ; d'ailleurs, la théorie complète des maxima et minima n'est pas du domaine de l'algèbre élémentaire. On parvient cependant à résoudre un assez grand nombre de questions en employant différents procédés qu'on appelle : méthode *directe*, méthode *indirecte*, méthode par application *des principes* et méthode *des coefficients indéterminés*.

Aucun de ces procédés ne peut donner les maxima et minima de toutes les fonctions ; ils n'indiquent pas non plus le sens de la variation ; le moyen le plus commode et le plus sûr est d'employer les dérivées.

§ II. — Méthode directe.

Le procédé le plus naturel pour la recherche des valeurs maxima ou minima d'une fonction consiste dans l'étude de la variation de cette fonction, lorsqu'on fait croître la variable indépendante de $-\infty$ à $+\infty$. Les valeurs de la variable pour lesquelles la variation de la fonction change de sens sont celles qui correspondent à des valeurs maxima ou minima de la fonction. Cette manière de procéder s'appelle *méthode directe*.

403. Variation de la fonction $y = x^2$.

La fonction x^2 est positive quel que soit x, sauf pour $x = 0$, valeur pour laquelle $y = 0$.

Si donc x croît de $-\infty$ à 0, la fonction décroît de $+\infty$ à 0 ; si x croît de 0 à $+\infty$, la fonction croît de 0 à $+\infty$. La fonction prend la même valeur quand on change x en $-x$.

On a le tableau suivant :

x	$-\infty$	croît	0	croît	$+\infty$
y	$+\infty$	décroît	0	croît	$+\infty$
			minimum		

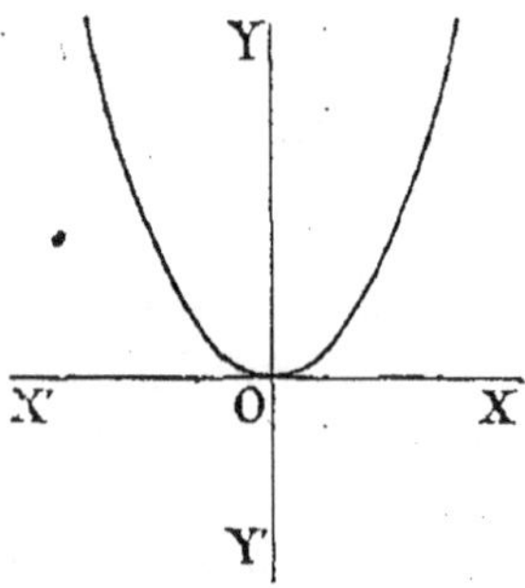

La courbe figurative de la fonction n'aura pas de point au-dessous de l'axe X'X; la courbe passe à l'origine; en ce point l'axe des x est tangent à la courbe. L'axe des y est un axe de symétrie, puisque y prend la même valeur pour deux valeurs de x égales et de signes contraires. La courbe se compose donc de deux branches infinies symétriques par rapport à OY.

404. Application. On peut déduire de ce qui précède les variations de la fonction $y = ax^2 + b$, a et b étant des nombres positifs ou négatifs.

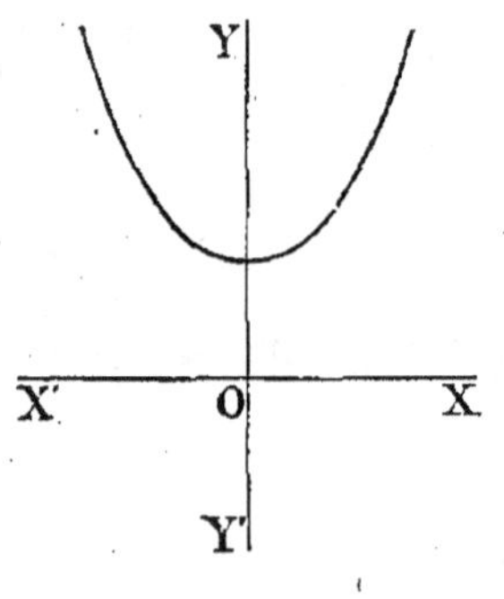

Prenons, par exemple, la fonction
$$y = x^2 + 2$$
posons $z = x^2$; nous aurons $y = z + 2$.

Pour étudier la variation de la fonction y, on doit étudier d'abord la variation de la fonction z; on voit, en effet, que y varie toujours dans le même sens que z, et que pour avoir y il suffit d'ajouter 2 à chaque valeur de z.

On a le tableau suivant :

x	$-\infty$	croît	0	croît	$+\infty$
y	$+\infty$	décroît	2	croît	$+\infty$
			minimum		

La courbe figurative est donc la courbe précédente dont les ordonnées de tous les points ont été augmentées de 2.

Soit encore la fonction :
$$y = x^2 - 1.$$
En posant $z = x^2$,

on a : $y = z - 1$.

La fonction y varie toujours dans le même sens que z, et pour avoir y il suffit de retrancher 1 à chaque valeur de z.

On a le tableau suivant :

x	$-\infty$	croît	0	croît	$+\infty$
y	$+\infty$	décroît	-1	croît	$+\infty$
			minimum		

§ III. — Variation du trinôme du second degré.

405. Étude de la variation du trinôme du second degré

$$y = ax^2 + bx + c$$

et représentation graphique de cette fonction.

La fonction $y = ax^2 + bx + c$ est continue pour toute valeur de x.

En effet, donnons à x un accroissement h, y prend un accroissement k, et l'on a :

$$y + k = a(x + h)^2 + b(x + h) + c;$$

d'où, en retranchant membre à membre :

$$k = h(2ax + ah + b).$$

Pour une valeur donnée de x, le facteur $2ax + ah + b$ a une valeur déterminée ; par suite, k tend vers zéro en même temps que h ; la fonction est donc continue.

406. Théorème. *Lorsqu'on fait croître* x *de* $-\infty$ *à* $+\infty$.

1° *Si* a *est positif, le trinôme décroît de* $+\infty$ *à la valeur* $\dfrac{4ac - b^2}{4a}$, *puis croît jusqu'à* $+\infty$.

2° *Si* a *est négatif, le trinôme croît de* $-\infty$ *à la valeur* $\dfrac{4ac - b^2}{4a}$, *puis décroît jusqu'à* $-\infty$.

En effet, le trinôme $y = ax^2 + bx + c$ peut s'écrire :

$$y = a\left[\left(x + \frac{b}{2a}\right)^2 + \frac{4ac - b^2}{4a^2}\right] \qquad (1).$$

1er Cas : $a > 0$. La fonction étant continue, si x croît de $-\infty$ à $-\dfrac{b}{2a}$, le carré $\left(x + \dfrac{b}{2a}\right)^2$ décroît de $+\infty$ à 0 ; par suite,

la valeur de y décroît de $+\infty$ à $\dfrac{4ac - b^2}{4a}$.

Si x croît de $-\dfrac{b}{2a}$ à $+\infty$, le carré $\left(x+\dfrac{b}{2a}\right)^2$ croît de zéro à $+\infty$; la fonction croît aussi de $\dfrac{4ac-b^2}{4a}$ à $+\infty$.

L'expression $\dfrac{4ac-b^2}{4a}$ représente le minimum de y, et ce minimum correspond à $x=-\dfrac{b}{2a}$.

Représentons ces résultats par le tableau suivant :

$a>0$

x	$-\infty$	croît	$-\dfrac{b}{2a}$	croît	$+\infty$
y	$+\infty$	décroît	$\dfrac{4ac-b^2}{4a}$	croît	$+\infty$
			minimum		

2ᵉ Cas : $a<0$. La fonction étant continue, si x croît de $-\infty$ à $-\dfrac{b}{2a}$, le carré $\left(x+\dfrac{b}{2a}\right)^2$ décroît de $+\infty$ à 0; l'expression $\left(x+\dfrac{b}{2a}\right)^2+\dfrac{4ac-b^2}{4a^2}$ décroît aussi de $+\infty$ à $\dfrac{4ac-b^2}{4a^2}$, et comme on doit multiplier cette valeur du crochet par $a<0$, le produit a un signe contraire à celui de l'expression :

$$\left(x+\frac{b}{2a}\right)^2+\frac{4ac-b^2}{4a^2},$$

de sorte que la fonction croît de $-\infty$ à $\dfrac{4ac-b^2}{4a}$.

Si x croît de $-\dfrac{b}{2a}$ à $+\infty$, la fonction décroît de $\dfrac{4ac-b^2}{4a}$ à $-\infty$,

L'expression $\dfrac{4ac-b^2}{4a}$ représente le maximum de y, et ce maximum correspond à $x=-\dfrac{b}{2a}$.

Représentons ces résultats par le tableau suivant :

$a<0$

x	$-\infty$	croît	$-\dfrac{b}{2a}$	croît	$+\infty$
y	$-\infty$	croît	$\dfrac{4ac-b^2}{4a}$	décroît	$-\infty$.
			maximum		

407. Remarque. *Pour des valeurs de* x *équidistantes de* $-\dfrac{b}{2a}$, *le trinôme prend des valeurs égales.*

En effet, soient les deux valeurs $x = -\dfrac{b}{2a} \pm \alpha$ équidistantes de $-\dfrac{b}{2a}$.

Dans le trinôme remplaçons x par chacune de ces valeurs ; il vient dans les deux cas : $y = a\left[\alpha^2 + \dfrac{4ac - b^2}{4a^2}\right]$,

c'est-à-dire une valeur unique.

408. Représentation graphique. Considérons d'abord le cas où $a > 0$, alors le trinôme a un minimum ; après avoir tracé les deux axes rectangulaires, prenons sur OX, dans le sens convenable, une longueur OP égale en valeur absolue à $-\dfrac{b}{2a}$; élevons au point P une perpendiculaire à OX, et sur cette perpendiculaire portons dans le sens convenable une longueur égale à $\dfrac{4ac - b^2}{4a}$, qui est la valeur minimum de y.

La courbe se compose de deux arcs infinis BA et BC, symétriques par rapport à BP ; et suivant que les racines du trinôme sont réelles et inégales, réelles et égales ou imaginaires, la courbe sera dans l'une des trois positions ABC, A'PC' et A"B"C".

Si $a < 0$, le trinôme a un maximum ; dans ce cas, après avoir pris

$$\overline{OP} = -\dfrac{b}{2a},$$

portons sur la perpendiculaire PB, et dans le sens convenable, une longueur égale à

$$\dfrac{4ac - b^2}{4a},$$

qui est la valeur maximum de y. Suivant que les racines

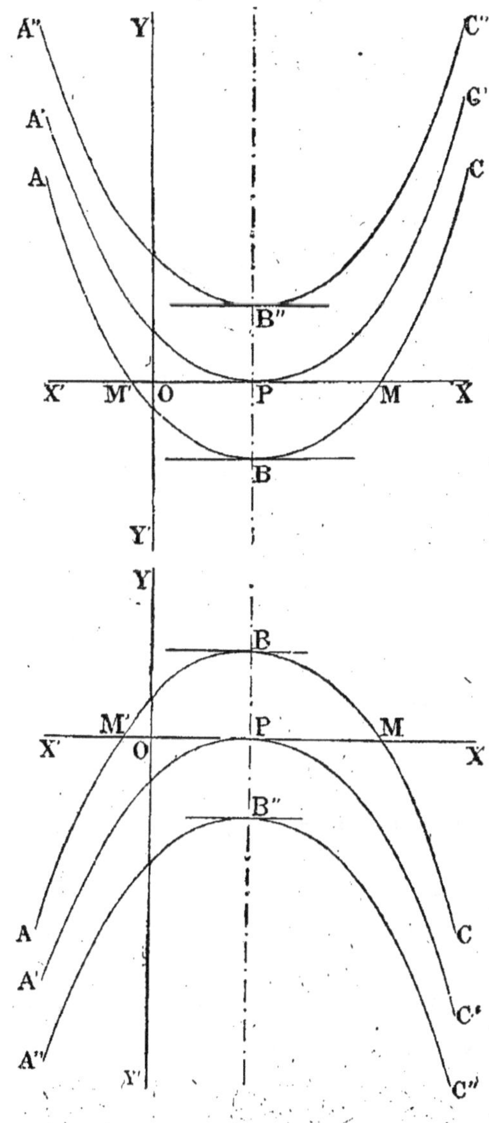

du trinôme sont réelles et inégales, réelles et égales ou imaginaires, la courbe aura l'une des trois positions de la deuxième figure.

409. Théorème. *La courbe figurative de la variation du trinôme*

$$y = ax^2 + bx + c$$

est une parabole dont l'axe est la droite $BD\left(OP = -\dfrac{b}{2a}\right)$, *et le para-mètre est égal à* $\dfrac{1}{2a}$.

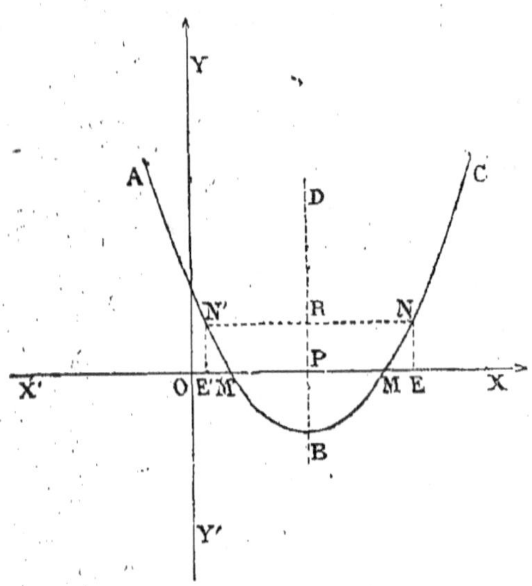

En effet, considérons la figure ci-contre qui repré-sente la variation du trinôme, par exemple lorsque $a > 0$, et que les racines sont réelles et inégales.

Une propriété qui caracté-rise la parabole est que, si d'un point quelconque N de la courbe on mène une perpen-diculaire NR sur l'axe BD, le rapport $\dfrac{\overline{NR}^2}{\overline{BR}}$ est constant et égal au double du para-mètre.

Cherchons donc à exprimer ce rapport en fonction des coefficients du trinôme, en remarquant que

$$\overline{OE} = x, \quad \overline{NE} = y.$$

On a: $x = \overline{OE} = \overline{OP} + \overline{RN} = -\dfrac{b}{2a} + \overline{RN}$; d'où $\overline{RN} = x + \dfrac{b}{2a}$.

De plus, $\overline{PB} = \dfrac{4ac - b^2}{4a}$ (valeur du minimum); par suite,

$$\overline{BP} = -\dfrac{4ac - b^2}{4a}.$$

La figure montre que

$$\overline{BR} = \overline{BP} + \overline{PR} = -\dfrac{4ac - b^2}{4a} + y;$$

formons le rapport $\dfrac{\overline{NR}^2}{\overline{BR}}$; on obtient :

$$\frac{\overline{NR}^2}{\overline{BR}} = \frac{\left(x + \dfrac{b}{2a}\right)^2}{y - \dfrac{4ac - b^2}{4a}} = \frac{\left(x + \dfrac{b}{2a}\right)^2}{ax^2 + bx + c - \dfrac{4ac - b^2}{4a}} = \frac{\dfrac{(2ax + b)^2}{4a^2}}{\dfrac{(2ax + b)^2}{4a}} = \frac{1}{a}.$$

Ce rapport est constant, la courbe est donc une parabole; le double du para-mètre est $\dfrac{1}{a}$, le paramètre est donc $\dfrac{1}{2a}$.

410. Applications. *Étudier la variation du trinôme :*

$$y = x^2 - 8x + 12.$$

Ce trinôme peut s'écrire :

$$y = \left(x - \frac{8}{2}\right)^2 + \frac{4 \times 12 - 64}{4} = (x - 4)^2 - 4.$$

Le tableau suivant résume la variation de ce trinôme quand x croît de

$$-\infty \quad \text{à} \quad +\infty.$$

x	$-\infty$	croît	$-\dfrac{b}{2a} = 4$	croît	$+\infty$
y	$+\infty$	décroît	-4 (minimum)	croît	$+\infty$

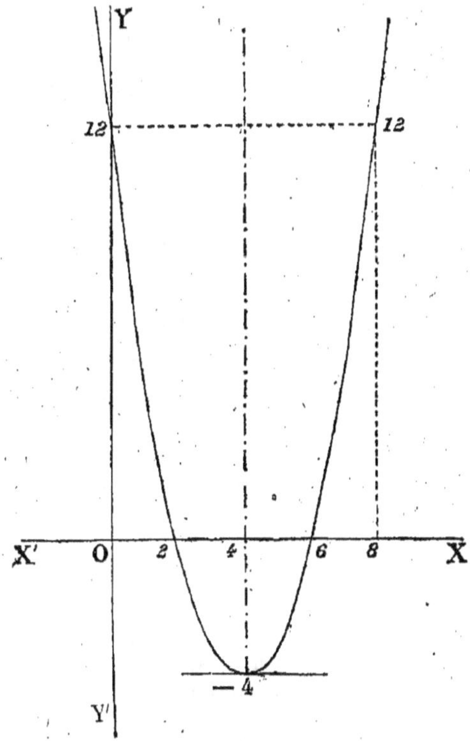

Pour représenter graphiquement la marche de la fonction après avoir porté
sur l'axe des x et dans le sens des x positifs une longueur égale à 4 fois l'unité
adoptée pour les abscisses, on élève une perpendiculaire et on porte au-dessous
une longueur égale à 4 fois l'unité adoptée pour les ordonnées, qui correspond au minimum. Pour $x = 2$ ou 6, y est nul, et la courbe coupe en
ces deux points l'axe des x; pour $x = 0$, $y = 12$, c'est le point où la courbe
rencontre l'axe des y.

La courbe ainsi construite résume toute la discussion et permet de s'en
rendre compte d'un simple coup d'œil.

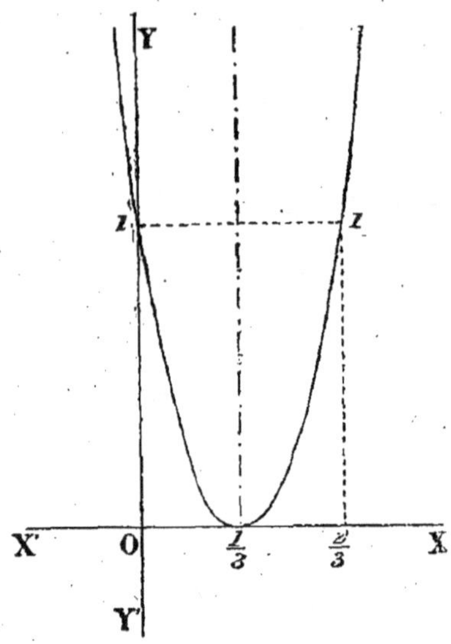

411. *Étudier la variation du trinôme :*

$$y = 9x^2 - 6x + 1.$$

On peut l'écrire :

$$y = 9\left[\left(x - \frac{6}{18}\right)^2 + \frac{4\times 9 - 36}{4.9^2}\right]$$

$$= 9\left(x - \frac{1}{3}\right)^2 = (3x - 1)^2.$$

On aurait pu écrire immédiatement le dernier résultat, car on voit *à priori* que le trinôme est un carré parfait.

x	$-\infty$ croît $\dfrac{1}{3}$ croît $+\infty$
y	$+\infty$ décroît 0 (min.) croît $+\infty$

412. *Étudier la variation du tri-nôme :*

$$y = 4x^2 - 5x + 3.$$

On peut l'écrire :

$$y = 4\left[\left(x - \frac{5}{8}\right)^2 + \frac{4.4.3 - 25}{4.4^2}\right] = 4\left(x - \frac{5}{8}\right)^2 + \frac{23}{16}.$$

y n'est jamais nul, puisqu'il est la somme de deux carrés.

x	$-\infty$ croît $\dfrac{5}{8}$ croît $+\infty$
y	$+\infty$ décroît $\dfrac{23}{16}$ (min.) croît $+\infty$

413. Si a est négatif, comme dans les exemples suivants ,

$$y = -x^2 + 4x - 3,$$
$$y = -x^2 + 4x - 4,$$
$$y = -x^2 + 6x - 17,$$

on trouve trois courbes analogues aux précédentes, mais renversées et présentant un maximum.

La première coupe X'X aux points 1 et 3, la seconde est tangente à X'X au point

$$x = 2,$$

et la troisième ne rencontre pas X'X.

414. *Trouver le maximum ou le mini-mum de la fonction :*

$$y = (ax + b)^2 + (a'x + b')^2.$$

Cette fonction peut s'écrire :

$$y = (a^2 + a'^2)x^2 + 2(ab + a'b')x + b^2 + b'^2.$$

C'est un trinôme du second degré, dans lequel le coefficient de x^2 est positif; ainsi la fonction passe par un minimum quand x est égal à la demi-somme des racines (n° 406), c'est-à-dire

$$x = -\frac{ab + a'b'}{a^2 + a'^2}.$$

La valeur de ce minimum est :

$$\frac{4(a^2 + a'^2)(b^2 + b'^2) - 4(ab + a'b')^2}{4(a^2 + a'^2)} = \frac{(ab' - ba')^2}{a^2 + a'^2}.$$

415. *Trouver le maximum ou le minimum de* $x^3 + y^3$, *sachant que* $x + y = a$, a *étant une quantité positive.*

Si l on remplace y par sa valeur $a - x$ dans l'expression $x^3 + y^3$, il vient

$$x^3 + (a - x)^3 \quad \text{ou} \quad 3ax^2 - 3a^2x + a^3.$$

Comme a est positif, l'expression proposée a un minimum qui correspond à :

$$x = \frac{3a^2}{6a} \quad \text{ou} \quad \frac{a}{2}.$$

Pour cette valeur, y égale aussi $\dfrac{a}{2}$.

La valeur de ce minimum est $\dfrac{a^3}{4}$.

416. *Étude de la fonction* $y = \dfrac{1}{ax^2 + bx + c}$, *quand* x *varie de* $-\infty$ *à* $+\infty$.

Distinguons trois cas, suivant que les racines de l'équation $ax^2 + bx + c = 0$ sont réelles et inégales, réelles et égales, ou imaginaires, c'est-à-dire suivant que l'on a :

$$b^2 - 4ac > 0,$$
$$b^2 - 4ac = 0,$$
$$b^2 - 4ac < 0.$$

1er Cas : $b^2 - 4ac > 0$.

Posons $z = ax^2 + bx + c$.

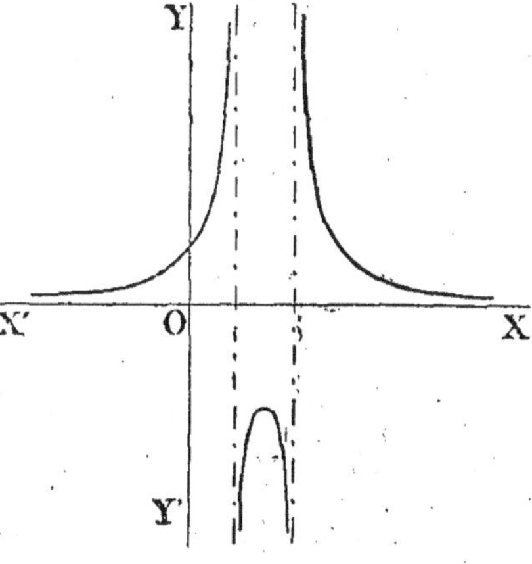

Soient x' et x'' ($x' > x''$) les racines de l'équation $z = 0$; pour les valeurs $x = x'$ et $x = x''$, z devient nul; la fonction y est infinie.

Si a est positif, z passe par un minimum correspondant à $x = -\dfrac{b}{2a}$; la fonction y passe par un maximum pour la même valeur de x.

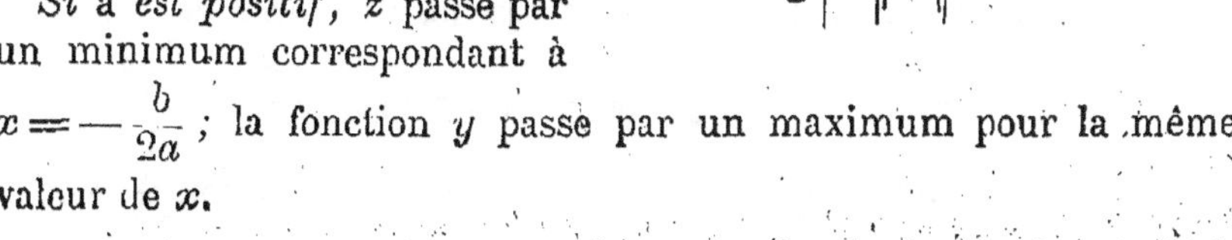

x	$-\infty$	croît	x''	croît	$-\dfrac{b}{2a}$	croît	x'	croît	$+\infty$
z	$+\infty$	décroît	0	décroît	mini.	croît	0	croît	$+\infty$
y	0	croît	$\pm\infty$	croît	$\dfrac{4a}{4ac-b^2}$	décroît	$\mp\infty$	décroît	0

$$\text{maximum}$$

Si a *est négatif*, z passe par un maximum correspondant à $x=-\dfrac{b}{2a}$; la fonction y passe par un minimum pour la même valeur de x.

x	$-\infty$	croît	x''	croît	$-\dfrac{b}{2a}$	croît	x'	croît	$+\infty$
z	$-\infty$	croît	0	croît	maxi.	décroît	0	décroît	$-\infty$
y	0	décroît	$\mp\infty$	décroît	$\dfrac{4a}{4ac-b^2}$	croît	$\pm\infty$	croît	0

$$\text{minimum}$$

2e CAS : $b^2-4ac=0$. L'équation $z=0$ a ses racines égales ; le trinôme z est toujours du signe de son premier terme.

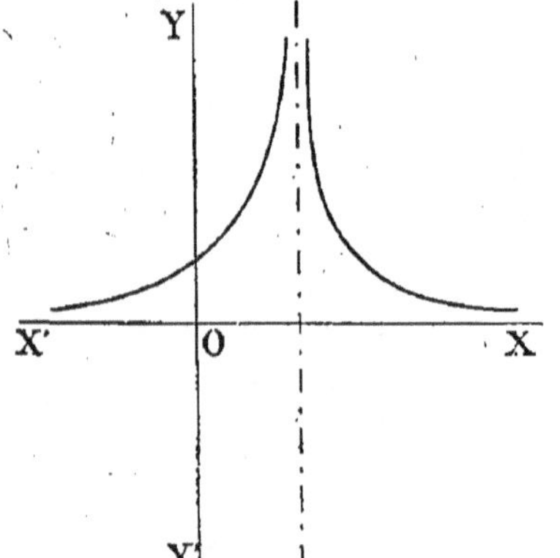

Si a *est positif*, le trinôme z décroît de $+\infty$ à 0, puis croît de 0 à $+\infty$; la fonction y croît de 0 à $+\infty$, puis décroît de $+\infty$ à 0 ; elle est toujours positive.

Si a *est négatif*, le trinôme z croît de $-\infty$ à 0, puis décroît de 0 à $-\infty$; la fonction y décroît de 0 à $-\infty$, puis croît de $-\infty$ à 0 ; elle est toujours négative.

3e CAS : $b^2-4ac<0$. L'équation $z=0$ a ses racines imaginaires ; le trinôme z est toujours du signe de son premier terme.

Si a *est positif*, le trinôme z décroît de $+\infty$ à son minimum $\dfrac{4ac-b^2}{4a}$, puis croît jusqu'à $+\infty$; la fonction croît de 0 jusqu'à une valeur maxima $\dfrac{4a}{4ac-b^2}$, puis décroît jusqu'à 0.

Si a *est négatif*, le trinôme z croît de $-\infty$ à son maximum

$\dfrac{4ac-b^2}{4a}$, puis décroît jusqu'à $-\infty$; la fonction décroît de 0 jus-

qu'à une valeur minima $\dfrac{4a}{4ac-b^2}$, puis croît jusqu'à 0.

417. Application. *Étudier la fonction* $y = \dfrac{1}{x^2-x+1}$ *et tracer la courbe représentée par cette équation.*   (Bacc.)

L'équation $x^2-x+1=0$ ayant ses racines imaginaires, le trinôme $z = x^2-x+1$ est toujours positif; il en est de même pour la fonction y.

Nous avons donc un exemple du troisième cas de l'étude précédente.

Lorsque x croît de $-\infty$ à $\dfrac{1}{2}$, la fonction croît de 0 à un maxi-

mum $\dfrac{4a}{4ac-b^2}$ ou $\dfrac{4}{4-1} = \dfrac{4}{3}$; cette valeur de la fonction correspond

à $x = -\dfrac{b}{2a} = \dfrac{1}{2}$; quand x continue à croître de $\dfrac{1}{2}$ à $+\infty$, la fonc-

tion décroît de $\dfrac{4}{3}$ à 0.

x	$-\infty$	croît	$\dfrac{1}{2}$	croît	$+\infty$
y	0	croît	$\dfrac{4}{3}$ (max.)	décroît	0

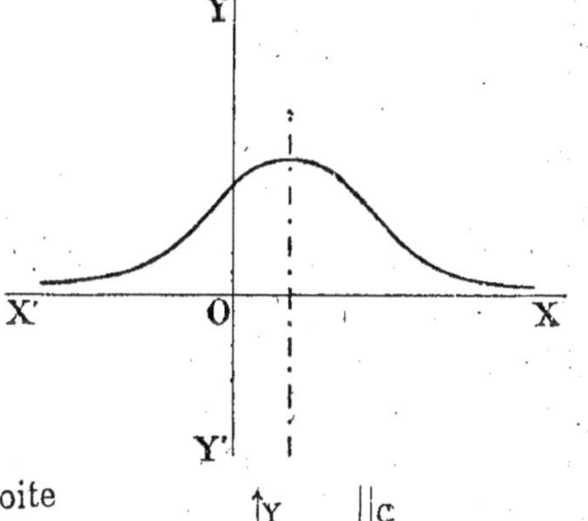

Pour $x = \pm\infty$, la fonction est nulle; on dit, dans ce cas, que l'axe des x est une asymptote à la courbe ; nous allons justifier cette expression en donnant quelques notions sur les asymptotes.

418. Définition de l'asymptote à une courbe. On dit qu'une droite est *asymptote* à une branche de courbe, lorsque la distance d'un point de la courbe à cette droite tend vers 0 quand le point s'éloigne à l'infini sur la courbe.

Il existe des courbes qui ont pour asymptotes des droites parallèles à YY' ou à XX'. Par exemple, la droite CD est asymptote à la courbe AB si la distance MP tend vers 0 lorsque M s'éloigne à l'infini sur la courbe, c'est-à-dire si l'ordonnée

$$\overline{QM} = y$$

tend vers l'infini.

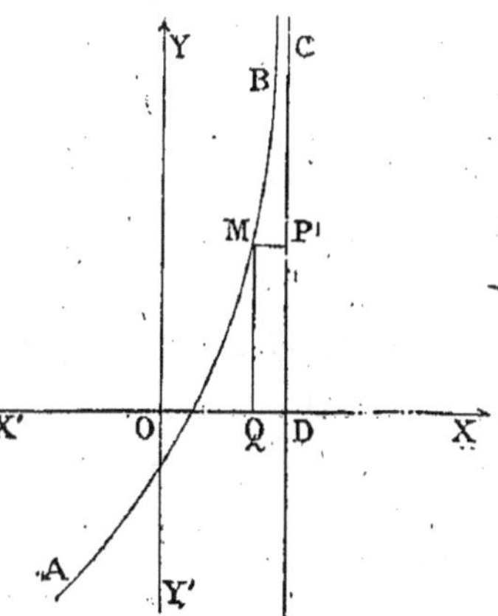

Une droite est asymptote horizontale lorsque pour $x = \pm\infty$ l'ordonnée tend vers une limite déterminée; ou encore si, pour une

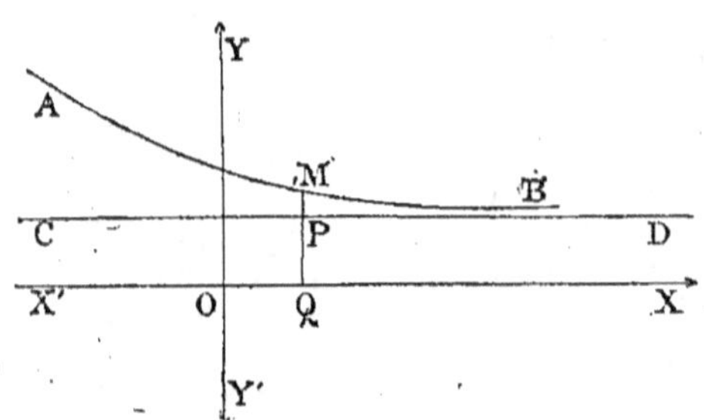

même valeur de x, la différence $\overline{PM}$ entre l'ordonnée de la courbe et celle de la droite tend vers zéro, lorsque x tend vers l'infini.

Une droite est asymptote oblique à une courbe si, pour une même valeur de x, la différence $\overline{PM}$ entre l'ordonnée de la courbe et de la droite tend vers zéro lorsque x tend vers l'infini.

Dans la figure ci-contre, AB sera une asymptote oblique si

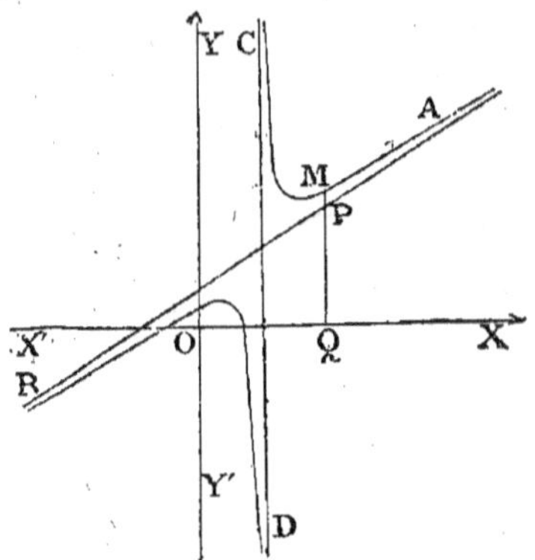

$$\overline{PM} = \overline{QM} - \overline{QP}$$

tend vers 0 lorsque x tend vers l'infini.

419. Recherche des asymptotes. *Asymptotes horizontales.* La courbe étant donnée par une équation de la forme $y = \dfrac{f(x)}{\varphi(x)}$, on cherche la limite de y pour $x = \pm\infty$.

420. Asymptotes verticales ou parallèles à YY'. La courbe étant donnée par une équation de la forme $y = \dfrac{f(x)}{\varphi(x)}$, on résout l'équation $\varphi(x) = 0$; les racines a_1, a_2... de cette équation donnent les asymptotes verticales $x = a_1$, $x = a_2$..., pourvu que a_1, a_2,... ne soient pas racines de l'équation $f(x) = 0$.

421. Asymptote oblique. Nous ferons cette recherche sur l'exemple :

$$y = \frac{x^2 - 5x + 4}{2x + 1}.$$

D'abord la courbe représentant cette fonction a pour asymptote verticale la droite

$$2x + 1 = 0 \quad \text{ou} \quad x = -\frac{1}{2}.$$

Pour trouver l'asymptote oblique, effectuons la division de

$$x^2 - 5x + 4 \quad \text{par} \quad 2x + 1.$$

Nous obtenons : $y = \dfrac{x}{2} - \dfrac{11}{4} + \dfrac{27}{4(2x+1)}$.

La droite $Y = \dfrac{x}{2} - \dfrac{11}{4}$ est l'asymptote oblique.

En effet, formons la différence $y - Y$ entre l'ordonnée de la courbe et l'ordonnée correspondante de la droite ; nous avons :

$$y - Y = \frac{27}{4(2x+1)}.$$

Lorsque x tend vers $\pm\infty$, la différence $y - Y$ tend vers zéro ; donc la droite, dont l'équation est :

$$Y = \frac{x}{2} - \frac{11}{4},$$

est asymptote oblique à la courbe.

422. Variation de la fonction $y = \dfrac{1}{x}$.

La fonction $y = \dfrac{1}{x}$ est définie et continue quel que soit x, sauf pour $x = 0$. Supposons donc $x \neq 0$.

Donnons à x un accroissement h, et cherchons l'accroissement correspondant de la fonction y ; on a :

$$y + k = \frac{1}{x+h} \quad \text{et} \quad y = \frac{1}{x}.$$

Par soustraction, on obtient :

$$k = \frac{1}{x+h} - \frac{1}{x} = \frac{-h}{x(x+h)}.$$

On peut évidemment choisir h positif, de manière que les deux facteurs x et $x + h$ soient de même signe ; alors l'accroissement k est négatif, et la fonction est décroissante. Ainsi lorsque x croît de $-\infty$ à $+\infty$ la fonction décroît, sauf pour $x = 0$, où il y a discontinuité.

Si x est infiniment grand en valeur absolue, la fonction y a une valeur très petite et aussi voisine de zéro qu'on veut ; si x croît de $-\infty$ à 0, la fonction décroît et tend vers $-\infty$; si x croît de 0 à $+\infty$, la fonction décroît de $+\infty$ à 0. La fonction passe donc brusquement de $-\infty$ à $+\infty$, lorsque x passe par la valeur zéro.

On a le tableau suivant :

x	$-\infty$	croît	0	croît	$+\infty$
y	0	décroît	$\mp\infty$	décroît	0

15

La fonction ayant pour valeur zéro pour $x = \pm \infty$, la courbe a pour asymptote horizontale l'axe des x; l'axe des y est une asymptote verticale.

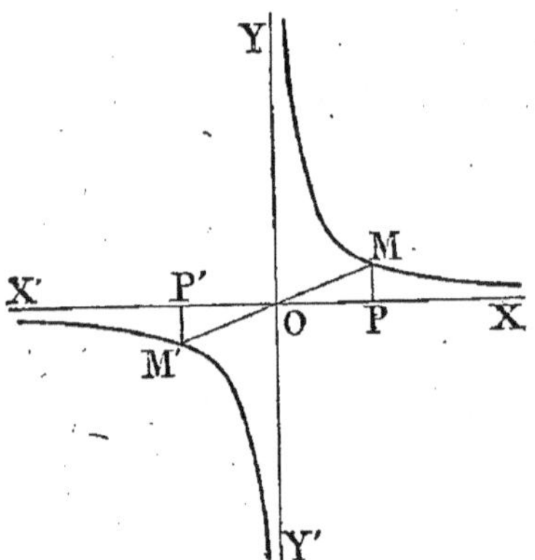

La courbe figurative est une *hyperbole équilatère*; les axes de coordonnées sont les asymptotes de cette courbe; l'origine est le centre de la courbe. En effet, si l'on change x en $-x$, y se change en $-y$; les deux points de la courbe M et M' qui ont pour coordonnées (x, y) et $(-x, -y)$ sont symétriques par rapport à l'origine; celle-ci est donc centre.

423. *Étude de la variation de la fonction* $y = \dfrac{ax + b}{a'x + b'}$, *quand* x *croît de* $-\infty$ *à* $+\infty$.

Donnons à x un accroissement h et cherchons l'accroissement correspondant de la fonction y, on a :

$$y + k = \frac{a(x + h) + b}{a'(x + h) + b'} \quad \text{et} \quad y = \frac{ax + b}{a'x + b'} \cdot$$

Par soustraction, on obtient :

$$k = \frac{h(ab' - ba')}{(a'x + b')(a'x + b' + a'h)} \cdot \tag{1}$$

Le signe de cette fraction est celui du numérateur. En effet, le dénominateur est toujours positif, puisqu'il est égal à

$$(a'x + b')^2 + a'h(a'x + b')$$

et que l'expression $a'h(a'x + b')$, contenant le facteur h, est très petite par rapport à $(a'x + b')^2$.

Or le numérateur de la fraction (1) a un signe constant; donc la fraction varie toujours dans le même sens.

Cette fonction $y = \dfrac{ax + b}{a'x + b'}$ est discontinue pour $x = -\dfrac{b'}{a'}$,

le dénominateur s'annulant pour cette valeur de x; la fonction est continue dans les deux intervalles $-\infty$ à $-\dfrac{b'}{a'}$ et $-\dfrac{b'}{a'}$ à $+\infty$.

Si $ab' - ba' > 0$, la fonction est croissante dans les deux intervalles considérés, puisque l'accroissement k est positif.

Si $ab' - ba' = 0$, la fonction est constante dans les deux intervalles, puisque $k = 0$.

Si $ab' - ba' < 0$, la fonction est décroissante dans les deux intervalles, puisque l'accroissement k est négatif.

Pour $$x = \pm\infty, \quad y = \frac{a}{a'} \qquad \text{(n° 131)}.$$

Pour $x = 0$, $y = \dfrac{b}{b'}$, et pour $x = -\dfrac{b}{a}$, $y = 0$.

1ᵉʳ Cas : $ab' - ba' > 0$.

x	$-\infty$	croît	$-\dfrac{b'}{a'}$	croît	$+\infty$
y	$\dfrac{a}{a'}$	croît	$\pm\infty$	croît	$\dfrac{a}{a'}$

L'asymptote horizontale AB peut être au-dessus de X'X, comme le montre la figure ; elle peut se confondre avec X'X, lorsque $a = 0$ avec $a' \neq 0$; elle peut aussi être au-dessous de X'X, si $\dfrac{a}{a'} < 0$.

L'asymptote verticale peut être à droite de Y'Y, comme le montre la figure ; elle peut aussi se confondre avec Y'Y, lorsque $b' = 0$ avec $a' \neq 0$; elle peut encore être à gauche de Y'Y, lorsque $\dfrac{b'}{a'} > 0$; les points E, F correspondent à $y = 0$, $x = 0$.

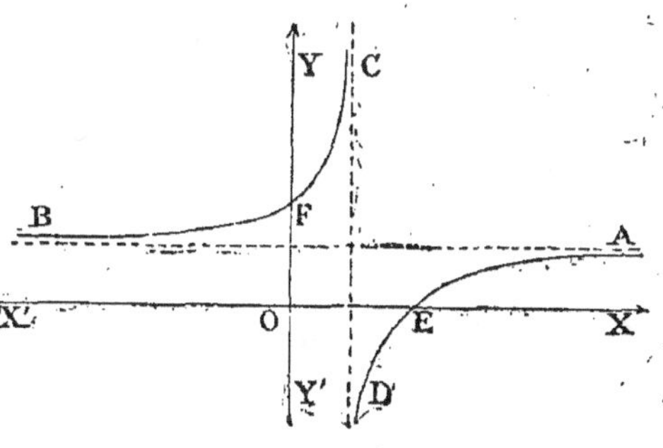

2ᵉ Cas : $ab' - ba' = 0$. La fonction est constante, puisque l'accroissement k est nul.

On peut voir directement que la fonction est constante en l'écrivant sous la forme $$y = \frac{a\left(x + \dfrac{b}{a}\right)}{a'\left(x + \dfrac{b'}{a'}\right)}.$$

Or, de $ab' - ba' = 0$, on tire $\dfrac{b}{a} = \dfrac{b'}{a'}$; par suite,

$$x + \frac{b}{a} = x + \frac{b'}{a'}.$$

On a donc constamment $y = \dfrac{a}{a'}$. La figure représentative de ce cas est une droite parallèle à X'X ; cette droite est au-dessus de X'X, si $\dfrac{a}{a'} > 0$; elle se confond avec X'X, si $a = 0$ avec $a' \neq 0$; elle se trouve au-dessous de X'X, si $\dfrac{a}{a'} < 0$.

3e Cas : $ab' - ba' < 0$. La fonction est décroissante.

x	$-\infty$	croît	$-\dfrac{b'}{a'}$	croît	$+\infty$
y	$\dfrac{a}{a'}$	décroît	$\mp\infty$	décroît	$\dfrac{a}{a'}$

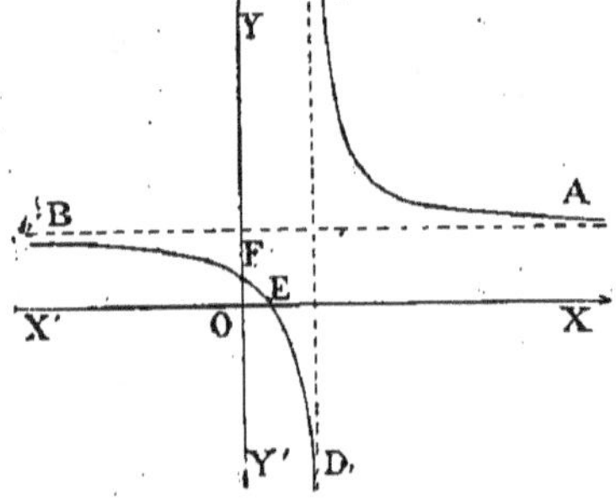

Comme dans le premier cas, l'asymptote horizontale peut être au-dessus de X'X, se confondre avec X'X ou être au-dessous. L'asymptote verticale, correspondant à

$$x = -\dfrac{b'}{a'},$$

peut être à droite de Y'Y, se confondre avec Y'Y, ou être à gauche ; les points E, F correspondent à

$$y = 0, \quad x = 0.$$

424. Application numérique. *Étudier la variation de la fonction*

$$y = \dfrac{x-1}{x+1},$$

et construire la courbe correspondante. (Bacc.)

Si l'on divise le numérateur par le dénominateur, la fonction y peut s'écrire :

$$y = 1 - \dfrac{2}{x+1}.$$

Les valeurs remarquables de x sont, par ordre de grandeur croissante,

$$-\infty \quad -1 \quad 0 \quad 1 \quad +\infty$$

et les valeurs correspondantes de la fonction y sont :

$$1 \quad \pm\infty \quad -1 \quad 0 \quad 1.$$

Nous voyons d'abord que pour $x = -\infty$, $y = 1$; par suite, la parallèle AB à X'X, qui a pour ordonnée 1, est une asymptote à la courbe ; de plus, la fonction $-\dfrac{2}{x+1}$, pour des valeurs négatives de x comprises ntre $-\infty$ et -1, est positive ; donc la courbe sera asymptote à la droite AB du côté des y positifs. Lorsque $x = -1$, $y = +\infty$. Pour cette valeur, la fonction passe brusquement de $+\infty$ à $-\infty$; par suite, la courbe qui

était d'abord asymptote à gauche de la droite CD du côté des y positifs devien.
asymptote à droite du côté des y négatifs. Pour $x = 0$, $y = -1$, et pour

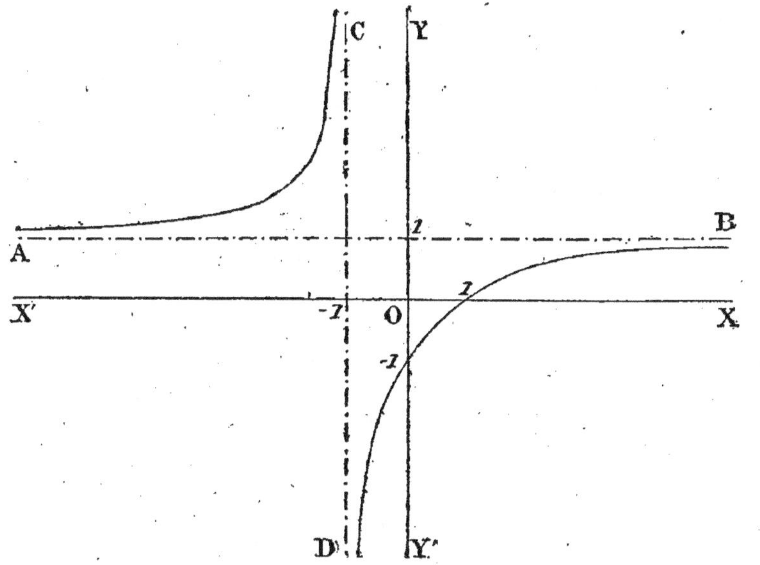

$x = 1$, $y = 0$; ce sont les deux points où la courbe rencontre les axes. Enfin
x croissant de 1 à l'infini, y varie de 0 à 1, et la courbe se rapproche indéfiniment de son asymptote, la droite AB.

§ IV. — Variation du trinôme bicarré.

425. *Étude de la variation du trinôme bicarré :*

$$y = ax^4 + bx^2 + c.$$

Cette fonction, ne contenant que des puissances paires de la variable
indépendante, prend la même valeur lorsqu'on remplace x par des
valeurs égales et de signes contraires. Ainsi la fonction y passe par
les mêmes valeurs lorsque x croît de $-\infty$ à 0, et décroît de $+\infty$
à 0; la courbe figurative de cette fonction est donc symétrique par
rapport à l'axe des y.

La fonction donnée peut s'écrire :

$$y = a\left[\left(x^2 + \frac{b}{2a}\right)^2 + \frac{4ac - b^2}{4a^2}\right].$$

Nous distinguerons plusieurs cas, suivant les signes de a et de b.

1er Cas : $a > 0$, $b < 0$. Pour $x = \pm\infty$, $y = +\infty$. Lorsque x

croît de $-\infty$ à $-\sqrt{\dfrac{-b}{2a}}$ ou décroît de $+\infty$ à $+\sqrt{\dfrac{-b}{2a}}$, la valeur absolue de $\left(x^2 + \dfrac{b}{2a}\right)^2$ diminue, et la fonction décroît jusqu'à deux minima égaux et donnés par l'expression $\dfrac{4ac - b^2}{4a}$.

Si x continue de croître de $-\sqrt{\dfrac{-b}{2a}}$ à 0 ou de décroître de $+\sqrt{\dfrac{-b}{2a}}$ à 0, la fonction croît de ses valeurs minima à un maximum c qui a lieu pour $x = 0$.

Variation du trinôme bicarré.

1er Cas : $a > 0$, $b < 0$.

$$\text{Si}\quad x = -\infty \text{ croît } -\sqrt{\tfrac{-b}{2a}} \text{ croît } 0 \text{ croît } +\sqrt{\tfrac{-b}{2a}} \text{ croît } +\infty,$$

$$x^2 = +\infty \text{ décroît } -\tfrac{b}{2a} \text{ décroît } 0 \text{ croît } -\tfrac{b}{2a} \text{ croît } +\infty,$$

$$\left(x^2 + \tfrac{b}{2a}\right)^2 = +\infty \text{ décroît } 0 \text{ croît } \tfrac{b^2}{4a^2} \text{ décroît } 0 \text{ croît } +\infty,$$

$$y = +\infty \text{ décroît } \tfrac{4ac - b^2}{4a} \text{ croît } c \text{ décroît } \tfrac{4ac - b^2}{4a} \text{ croît } +\infty,$$

minimum maximum minimum.

Si le trinôme a ses quatre racines réelles, la variation de la fonction est représentée par la courbe (1) en traits pleins.

Si le trinôme a deux racines réelles et deux imaginaires, la variation est représentée par la courbe (2) en traits pleins.

Si le trinôme a ses quatre racines imaginaires, la variation est représentée par la courbe (3) en traits pleins.

2e Cas : $a < 0$ et $b > 0$.

$$y = a \left[\left(x^2 + \frac{b}{2a}\right)^2 + \frac{4ac - b^2}{4a} \right].$$

Pour $x = \pm \infty$, $y = -\infty$. Lorsque x croît de $-\infty$ à $-\sqrt{\dfrac{-b}{2a}}$ ou décroît de $+\infty$ à $+\sqrt{\dfrac{-b}{2a}}$, la valeur absolue de $\left(x^2 + \dfrac{b}{2a}\right)^2$ diminue, et comme a est négatif, la fonction croît de $-\infty$ jusqu'à deux maxima égaux et donnés par l'expression $\dfrac{4ac - b^2}{4a}$.

Si x continue de croître de $-\sqrt{\dfrac{-b}{2a}}$ à 0 ou de décroître de $+\sqrt{\dfrac{-b}{2a}}$ à 0, la fonction décroît de ses valeurs maxima à un minimum c qui a lieu aussi pour $x = 0$.

Variation du trinôme bicarré.

2e Cas : $a < 0$, $b > 0$.

Si $\quad x = -\infty$ croît $\quad -\sqrt{\dfrac{-b}{2a}}$ croît $\quad 0 \quad$ croît $+\sqrt{\dfrac{-b}{2a}}$ croît $\quad +\infty$,

$\qquad x^2 = +\infty$ décroît $\quad -\dfrac{b}{2a}$ décroît $0 \quad$ croît $\quad -\dfrac{b}{2a}$ croît $\quad +\infty$,

$\left(x^2 + \dfrac{b}{2a}\right)^2 = +\infty$ décroît $\qquad 0 \quad$ croît $\quad \dfrac{b^2}{4a^2}$ décroît $\qquad 0 \quad$ croît $\quad +\infty$,

$y = -\infty$ croît $\quad \dfrac{4ac - b^2}{4a}$ décroît $\quad c \quad$ croît $\quad \dfrac{4ac - b^2}{4a}$ décroît $-\infty$.

$$\text{maximum} \qquad \text{minimum} \qquad \text{maximum.}$$

Si le trinôme a ses quatre racines réelles, la variation de la fonction est représentée par la courbe (1) en traits pointillés.

Si le trinôme a deux racines réelles et deux imaginaires, la variation est représentée par la courbe (2) en traits pointillés.

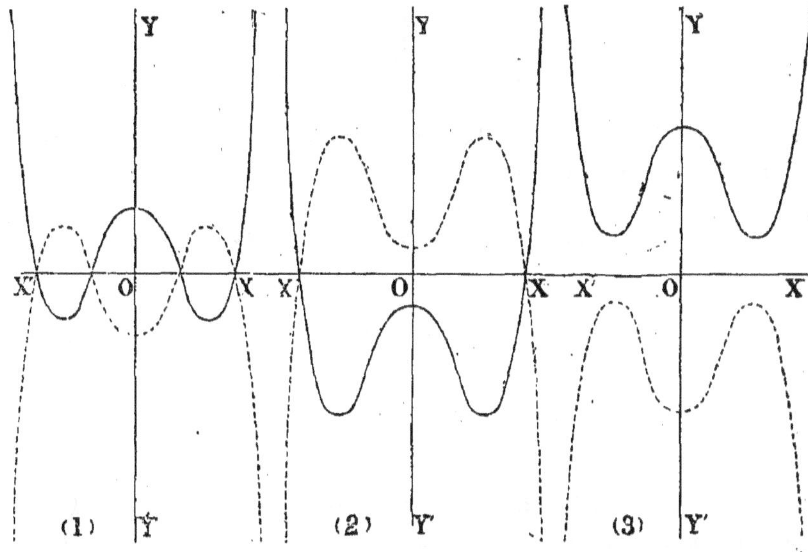

Si le trinôme a ses quatre racines imaginaires, la variation est représentée par la courbe (3) en traits pointillés.

3e Cas : $a > 0$ et $b > 0$. Dans ce cas, l'expression $ax^4 + bx^2$ est toujours positive lorsque x varie de $-\infty$ à 0 et de $+\infty$ à 0; elle est nulle pour $x = 0$. La fonction est donc minimum pour $x = 0$, et cette valeur minimum est c. On aura donc, suivant que c est positif, nul ou négatif, les trois courbes (4), (5) et (6) en traits pleins.

4e Cas : $a < 0$ et $b < 0$. Dans ce cas, l'expression $ax^4 + bx^2$ est toujours négative lorsque x varie de $-\infty$ à 0 ou de $+\infty$ à 0;

elle est nulle pour $x = 0$. La fonction est donc maximum pour $x = 0$, et cette valeur maximum est c. On aura, suivant que c est positif,

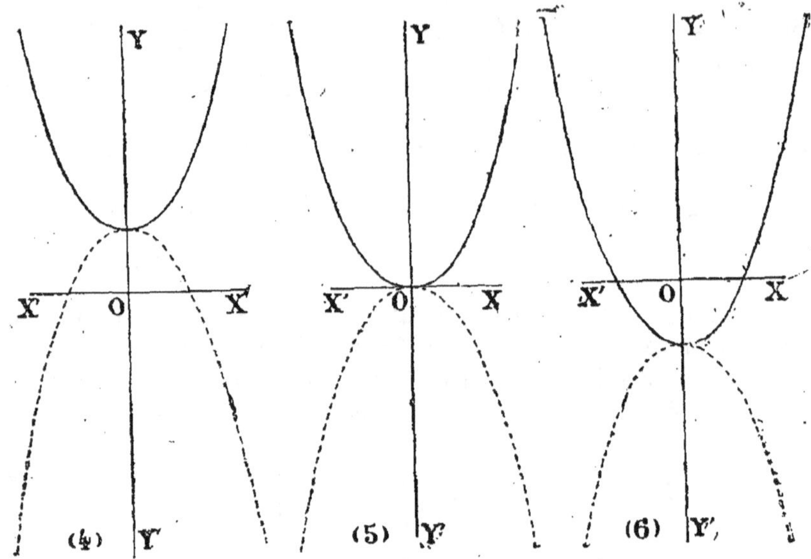

nul ou négatif, les trois courbes (4), (5) et (6) en traits pointillés. Ces courbes ne sont pas des paraboles.

CHAPITRE II

MÉTHODE INDIRECTE

La méthode précédente n'est applicable qu'à un nombre très restreint de fonctions ; lorsque, dans l'étude d'une fonction, on ne considère que la recherche des valeurs maxima ou minima de cette fonction, on emploie de préférence la méthode indirecte. Dans cette méthode on égale la fonction à une indéterminée m ou y, et l'on cherche entre quelles limites peut varier m ou y, pour que la variable indépendante soit réelle ou bien pour qu'elle reste comprise entre les limites que l'énoncé du problème lui impose. Ces limites donnent les valeurs cherchées. Pour que la méthode soit applicable, il faut que l'on puisse résoudre l'équation obtenue.

426. Trouver le maximum ou le minimum du trinôme

$$ax^2 + bx + c$$

Soit
$$ax^2 + bx + c = m$$
ou
$$ax^2 + bx + c - m = 0$$
$$x = \frac{-b \pm \sqrt{b^2 - 4ac + 4am}}{2a}. \qquad (1)$$

Pour que x soit réel, il faut et il suffit que l'on ait :
$$b^2 - 4ac + 4am \geqq 0, \quad \text{ou} \quad 4am \geqq 4ac - b^2.$$

1° *Si a est positif,* il faut donc :
$$m \geqq \frac{4ac - b^2}{4a}.$$

Le trinôme m ne peut prendre aucune valeur inférieure à $\frac{4ac - b^2}{4a}$; *c'est donc sa valeur minimum.*

2° *Si a est négatif,* en divisant par $4a$ on change le sens de l'inégalité, et l'on doit écrire :
$$m \leqq \frac{4ac - b^2}{4a}.$$

Le trinôme m ne peut prendre aucune valeur supérieure à $\frac{4ac - b^2}{4a}$; *c'est donc sa valeur maximum.*

Si l'on remplace, dans (1), m par cette valeur limite, le radical s'annule, et on trouve pour la valeur correspondante de x :
$$x = -\frac{b}{2a}.$$

427. *Étant donnée l'équation* $6x^2 - 8xy + 2y^2 + 4x - 5y + 2 = 0$, *déterminer entre quelles limites peut varier* y, *lorsque* x *prend toutes les valeurs de* $-\infty$ *à* $+\infty$.

L'équation ordonnée par rapport à x est :
$$6x^2 - 2x(4y - 2) + 2y^2 - 5y + 2 = 0,$$
$$x = \frac{4y - 2 \pm \sqrt{4y^2 + 14y - 8}}{6}.$$

Pour que x soit réel, il faut et il suffit
$$4y^2 + 14y - 8 \geqq 0;$$

le premier terme de ce trinôme étant positif, et les racines de l'équation $4y^2 + 14y - 8 = 0$ étant $\frac{1}{2}$ et -4, y peut varier de $-\infty$ à -4 et de $\frac{1}{2}$ à $+\infty$.

Les valeurs demandées sont donc : $y \geqq \frac{1}{2}$ et $y \leqq -4$.

428. *Trouver le maximum ou le minimum de* $\dfrac{(x - a)(x - b)}{x}$.

Soit
$$\frac{(x - a)(x - b)}{x} = m,$$

d'où
$$x^2 - (a + b + m)x + ab = 0,$$

$$x = \frac{a + b + m \pm \sqrt{a^2 + b^2 + m^2 + 2am + 2bm - 2ab}}{2}.$$

Pour que les valeurs de x soient réelles, il faut et il suffit que l'on ait :

$$a^2 + b^2 + m^2 + 2am + 2bm - 2ab \gneqq 0,$$

ou
$$m^2 + 2(a + b)m + a^2 + b^2 - 2ab \gneqq 0.$$

Les racines de ce trinôme sont :

$$m' = -(a + b) + 2\sqrt{ab},$$

$$m'' = -(a + b) - 2\sqrt{ab}.$$

Comme le premier terme est positif, m ou la fonction pourra varier en dehors des racines; par suite, la plus grande sera un minimum et la plus petite un maximum.

Le minimum $-(a + b) + 2\sqrt{ab}$ correspond à $x = \sqrt{ab}$.

Le maximum $-(a + b) - 2\sqrt{ab}$ correspond à $x = -\sqrt{ab}$.

429. *Trouver le maximum ou le minimum de la fonction*

$$\frac{ax^2 + bx + c}{a'x^2 + b'x + c'}.$$

Représentons la fonction par y, et résolvons l'équation obtenue par rapport à x; nous avons successivement :

$$\frac{ax^2 + bx + c}{a'x^2 + b'x + c'} = y,$$

$$x^2(a - a'y) + x(b - b'y) + c - c'y = 0,$$

$$x = \frac{b'y - b \pm \sqrt{(b'y - b)^2 - 4(a - a'y)(c - c'y)}}{2(a - a'y)},$$

$$x = \frac{b'y - b \pm \sqrt{(b'^2 - 4a'c')y^2 + 2(2ac' + 2ca' - bb')y + b^2 - 4ac}}{2(a - a'y)}.$$

Discussion. Pour que x soit réel, il faut et il suffit que l'on ait :

$$(b'^2 - 4a'c')y^2 + 2(2ac' + 2ca' - bb')y + b^2 - 4ac \gneqq 0.$$

y ne pourra prendre que des valeurs qui vérifieront cette inégalité; comme le signe de ce trinôme dépend du coefficient de y^2, nous allons examiner les trois cas qui peuvent se présenter suivant que $b'^2 - 4a'c'$ est supérieur, inférieur ou égal à zéro.

Posons, pour abréger, $b'^2 - 4a'c' = A,$

$$2(2ac' + 2ca' - bb') = B, \quad b^2 - 4ac = C;$$

on devra avoir $\qquad Ay^2 + By + C \gneqq 0.$ (1)

1er Cas : $b'^2 - 4a'c' > 0$ ou $A > 0$. Avec cette hypothèse, les racines du trinôme (1) peuvent être réelles et inégales, réelles et égales, ou imaginaires.

Si les racines y' et y'' sont réelles et inégales, y pourra prendre toutes les valeurs extérieures aux racines y' et y'', c'est-à-dire de $-\infty$ jusqu'à la plus petite racine y'', qui sera un *maximum*, et de $+\infty$ à la plus grande racine y', qui sera un *minimum*.

Si les racines sont réelles et égales, ou imaginaires, le trinôme (1) sera toujours positif, et y pourra prendre toutes les valeurs de $-\infty$ à $+\infty$; il n'y aura ni *maximum* ni *minimum* pour la fonction.

2ᵉ Cas : $b'^2 - 4a'c' < 0$ ou $\mathrm{A} < 0$. Dans ce cas, les racines du trinôme (1) ne peuvent être ni réelles et égales, ni imaginaires; car s'il en était ainsi, le trinôme serait toujours négatif, et, par suite, x serait imaginaire pour toute valeur de y; or cela n'est pas possible d'après la forme de la fonction ; en effet, si l'on donne à x une valeur réelle α, y prendra une certaine valeur réelle k, et si l'on fait la transformation inverse, on trouvera pour x la valeur α non imaginaire.

Ainsi, dans ce cas, les racines sont nécessairement réelles et inégales, et y pourra varier seulement entre la plus grande racine y', qui sera un *maximum*, et la plus petite racine y'', qui sera un *minimum*.

3ᵉ Cas : $b'^2 - 4a'c' = 0$ ou $\mathrm{A} = 0$. Le trinôme (1) se réduit à

$$\mathrm{B}y + \mathrm{C} \gtreqless 0.$$

Le coefficient B peut être positif ou négatif.

1° $\mathrm{B} > 0$; on a alors : $y \gtreqless -\dfrac{\mathrm{C}}{\mathrm{B}}$, y pourra donc croître de $-\dfrac{\mathrm{C}}{\mathrm{B}}$ à $+\infty$; la valeur $-\dfrac{\mathrm{C}}{\mathrm{B}}$ sera un *minimum*.

2° $\mathrm{B} < 0$; on a alors : $y \lesseqgtr -\dfrac{\mathrm{C}}{\mathrm{B}}$, y pourra décroître de $-\dfrac{\mathrm{C}}{\mathrm{B}}$ à $-\infty$; la valeur $-\dfrac{\mathrm{C}}{\mathrm{B}}$ sera un *maximum*.

Ainsi, lorsque $b'^2 - 4a'c' = 0$, la fonction a un *maximum* ou un *minimum* selon que le coefficient du terme en y, dans le trinôme (1), est négatif ou positif.

Les valeurs de x pour lesquelles la fonction est *maximum* ou *minimum* correspondent aux racines du trinôme (1), et par conséquent ces valeurs sont fournies par la relation :

$$x = -\frac{b - b'y}{2(a - a'y)},$$

dans laquelle il suffira de remplacer y par la valeur ou par les valeurs trouvées, selon le cas.

430. Applications. 1° *Déterminer le maximum et le minimum de la fonction*

$$y = \frac{x-4}{x^2-3x-3},$$

et les valeurs correspondantes de x.

On a successivement : $x^2y - 3xy - 3y + 4 - x = 0$,

ou $\qquad x^2y - (3y+1)x + 4 - 3y = 0$,

$$x = \frac{3y+1 \pm \sqrt{21y^2-10y+1}}{2y}.$$

Pour que x soit réel, on doit avoir :

$$21y^2 - 10y + 1 \geqq 0.$$

Les racines de $\quad 21y^2 - 10y + 1 = 0 \quad$ sont $\quad y' = \frac{1}{3} \quad$ et $\quad y'' = \frac{1}{7}$.

Le trinôme sous le radical ayant son premier terme positif, y ne peut prendre que des valeurs extérieures aux racines $\frac{1}{3}$ et $\frac{1}{7}$,

c'est-à-dire $\quad y \geqq \frac{1}{3} \quad$ et $\quad y \leqq \frac{1}{7}$.

Par suite, $\frac{1}{3}$ est le minimum et $\frac{1}{7}$ le maximum; les valeurs correspondantes de x sont celles que prend le rapport $\frac{3y+1}{2y}$ pour $y = \frac{1}{3}$ et pour $y = \frac{1}{7}$, c'est-à-dire 3 et 5.

2° *Trouver le maximum ou le minimum de la fonction* $y = \frac{x^2+3}{-x^2+2x-1}$.

On a successivement : $\quad -x^2y + 2xy - y - x^2 - 3 = 0$,

ou $\qquad x^2(y+1) - 2xy + y + 3 = 0$,

$$x = \frac{y \pm \sqrt{-4y-3}}{y+1}.$$

Pour que x soit réel, on doit avoir :

$$-4y - 3 \geqq 0 \qquad \text{ou} \qquad 4y \leqq -3,$$

d'où $\qquad y \leqq -\frac{3}{4};$

La valeur $-\frac{3}{4}$ est le maximum de la fonction; ce maximum a lieu

pour $x = \frac{y}{y+1}$, c'est-à-dire $x = -3$.

3° *Trouver le maximum ou le minimum de la fonction :*

$$y = \frac{x^2-4x+3}{x^2+4x+4}.$$

On a successivement : $x^2y + 4xy + 4y - x^2 + 4x - 3 = 0$,

ou $\qquad x^2(1-y) - 4x(1+y) + 3 - 4y = 0$,

$$x = \frac{2(1+y) \pm \sqrt{15y+1}}{1-y}.$$

Pour que x soit réel, on doit avoir :

$$15y + 1 \geqq 0; \qquad \text{d'où} \qquad y \geqq -\frac{1}{15}.$$

La valeur $-\dfrac{1}{15}$ est le minimum ; ce minimum donné par $x=\dfrac{2(1+y)}{1-y}$ correspond à $x=\dfrac{7}{4}$.

4° *Trouver le maximum ou le minimum de la fonction :*

$$y=\frac{x^2-4x+3}{x^2+5x-14}\cdot$$

On a successivement : $x^2 y+5xy-14y-x^2+4x-3=0.$
ou $x^2(1-y)-x(4+5y)+3+14y=0,$

$$x=\frac{4+5y\pm\sqrt{81y^2-4y+4}}{2(1-y)}\cdot$$

Pour que x soit réel, on doit avoir :

$$81y^2-4y+4\geqq0.$$

Les racines de $81y^2-4y+4=0$ étant imaginaires, le trinôme est toujours positif, et par suite x toujours réel.
La fonction n'a pas de maximum ni de minimum.

431. *Discussion de la fonction* $y=\dfrac{ax^2+bx+c}{a'x^2+b'x+c'}$ *et courbe figurative des variations de cette fonction.*

Soit · $x=\dfrac{b'y-b\pm\sqrt{(b'^2-4a'c')y^2+2(2ac'+2ca'-bb')y+b^2-4ac}}{2(a-a'y)}$,

Soit Ay^2+By+C, le trinôme sous-radical ; appelons ρ le réalisant de l'équation $Ay^2+By+C=0$, c'est-à-dire :

$$\rho=(2ac'+2ca'-bb')^2-(b^2-4ac)(b'^2-4a'c').$$

432. 1er Cas. $A>0$ ou $b'^2-4a'c'>0$.

1re *Subdivision.* $\rho>0$. *Un maximum et un minimum ;* le maximum est plus petit que le minimum ;
on s'en rend compte en traçant la courbe dans le voisinage des deux points correspondants A' A".

La courbe a alors les trois caractères suivants[*] :

a) Si l'on mène par A' et A" des parallèles à OX, on détermine une bande ombrée dans laquelle la courbe ne pénètre pas, car nous avons vu qu'il n'y a pas d'abscisses réelles propres à donner des ordonnées intermédiaires.

b) Puisque le dénominateur de y a, par hypothèse, deux racines réelles et distinctes $x=\alpha'$, $x=\beta'$, il y a deux asymptotes parallèles à OY.

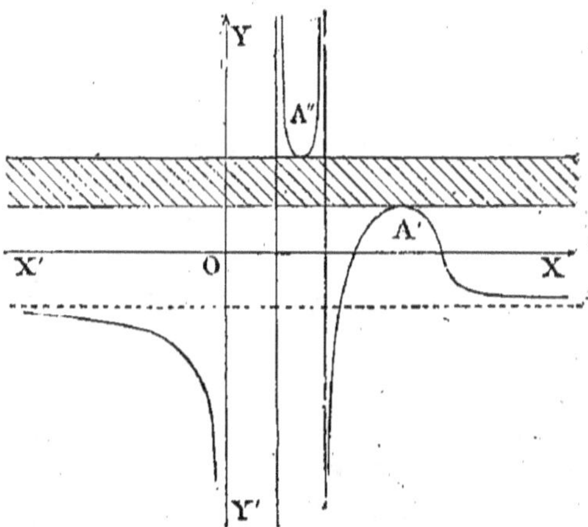

---

[*] Il faut observer que la construction de la courbe ne nous sert pas à *démontrer* des propriétés algébriques ; elle en est au contraire la conséquence, *la traduction*. En un mot, nous énonçons pour une *ordonnée* y des propriétés qui viennent de la *fonction* y.

c) L'un des points A′ ou A″ se trouve dans la bande verticale formée par ces asymptotes. Car si, dans cet intervalle, y part de $+\infty$, il est obligé de retourner à $+\infty$, puisque la courbe ne peut traverser la bande ombrée. Donc, entre ces deux valeurs infinies, il y a un minimum, il est au point A″. Si, au contraire, y part de $-\infty$, une démonstration analogue prouve que A′ est dans la bande verticale. Nous ne traçons que la première de ces courbes, car l'autre s'en déduit, comme *forme générale,* en faisant tourner la première autour de l'axe des x. Il y aura la même remarque à faire sur les exemples suivants. Si A″ était à droite de A′, il faudrait retourner toute la courbe de gauche à droite.

d) Les deux autres branches doubles sont de l'autre côté de la bande ombrée. Autrement une parallèle à OX couperait la courbe en trois points au moins, ce qui est impossible, car l'équation en x montre qu'à une ordonnée y correspondent seulement deux abscisses.

e) Ces deux branches s'étendent à l'infini à droite et à gauche, et ont une même asymptote parallèle à OX.

433. Remarque. Parfois il arrive que la valeur de x correspondante à $y′$ ou $y″$ est infinie, et on peut prouver que, pour cela, la condition nécessaire et suffisante est :

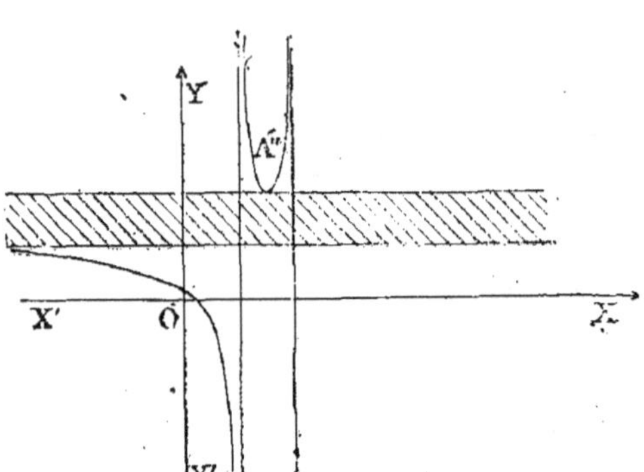

$$ab' - ba' = 0 \,;$$

elle est nécessaire : en effet, le dénominateur de x étant

$$a - a'y,$$

il faut que

$$y = \frac{a}{a'} \cdot$$

Le trinôme sous radical s'annule par hypothèse ; or ce trinôme a pour valeur :

$$(b - b'y)^2 - 4(a - a'y)(c - c'y) = 0 \,;$$

et comme $a - a'y = 0$, on a $(b - b'y)^2 = 0$, d'où $y = \dfrac{b}{b'}$; donc enfin

$$\frac{a}{a'} = \frac{b}{b'} \quad \text{ou} \quad ab' - ba' = 0.$$

Elle est suffisante : car pour $y = \dfrac{a}{a'} = \dfrac{b}{b'}$ chaque terme du trinôme sous radical s'annule ; x devient $\dfrac{0}{0}$, et, en remontant à son équation, on trouve qu'il a tendu vers l'infini.

Dans ce cas, le point A′ s'éloigne à l'infini, et la courbe devient asymptotique au bord de la bande ombrée.

2ᵉ *Subdivision.* $\rho < 0$. *Pas de maximum ni de minimum.*

Courbe. a) Plus de bande ombrée séparant les branches, puisqu'il y a des abscisses pour toute ordonnée.

b) Bande verticale formée par deux asymptotes.

c) Entre ces asymptotes la courbe a la forme d'un S ; car y part d'un infini ($\pm$) et va à l'autre en changeant de signe ; sans quoi il y aurait là un maximum ou un minimum. Pour la même raison, la courbe n'a pas d'alternatives de montées et descentes dans cet intervalle.

d) Asymptote horizontale.

e) En dehors de cette bande, il n'y a qu'un point de rencontre avec la courbe, puisqu'il n'y en a jamais que deux en tout. Donc les deux branches restantes sont de part et d'autre de l'asymptote horizontale.

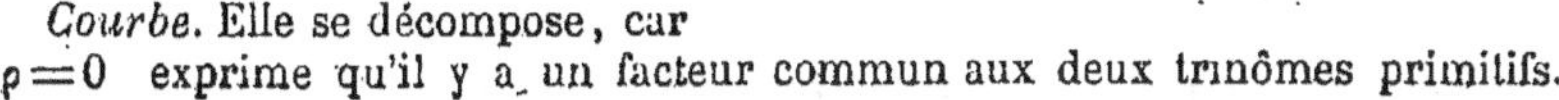

3e *Subdivision.* $\rho = 0$. *Pas de maximum ni de minimum.*

Courbe. Elle se décompose, car $\rho = 0$ exprime qu'il y a un facteur commun aux deux trinômes primitifs.

On a donc $y = \dfrac{(x - \alpha)(x - \beta)}{(x - \alpha)(x - \beta')}$ qui se décompose en $x - \alpha = 0$, c'est-à-dire une droite parallèle à OY et la courbe $y = \dfrac{x - \beta}{x - \beta'}$ qui est une hyperbole.

434. 2e CAS.

$A < 0$ ou $(b'^2 - 4a'c') < 0$

(*c'est-à-dire que le trinôme du dénominateur a ses racines imaginaires*).

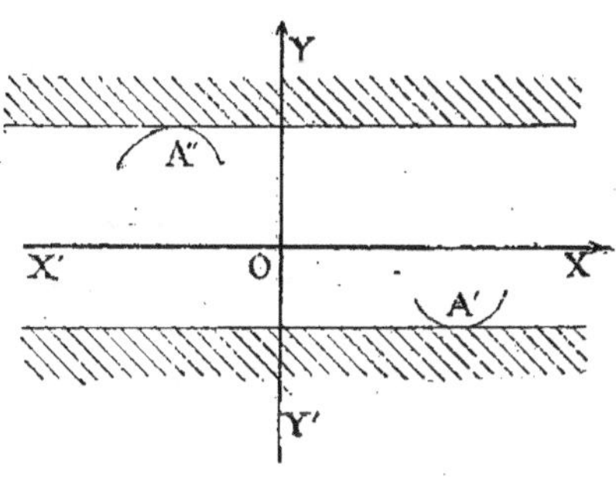

1re *Subdivision.* $\rho > 0$. *Un maximum et un minimum.* Le maximum est plus grand que le minimum, ce dont on se rend compte en traçant la courbe dans le voisinage des deux points A', A''.

Caractère de la courbe. a) Bande horizontale dont elle ne sort pas. Dans cette bande, toute secante horizontale détermine deux points.

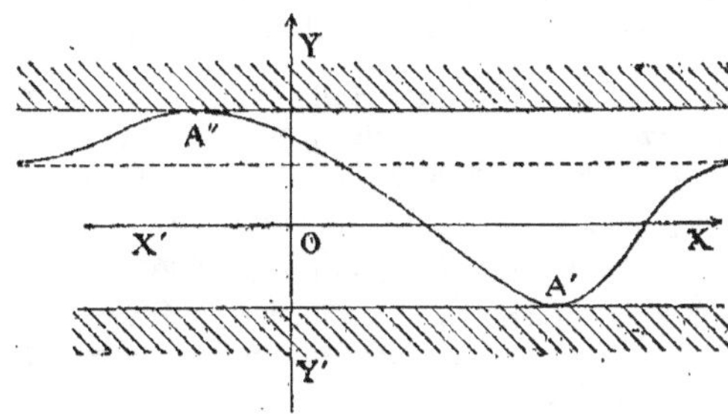

b) Pas d'asymptotes parallèles à OY, puisque le dénominateur ne peut s'annuler.

c) Asymptote horizontale. La courbe est un serpentin, une branche double.

435. Cas particulier. Parfois pour le maximum ou le minimum on trouve x infini, par exemple dans

$$y = \frac{1}{x^2 - x + 1};$$

alors le serpentin prend la forme ci-contre.

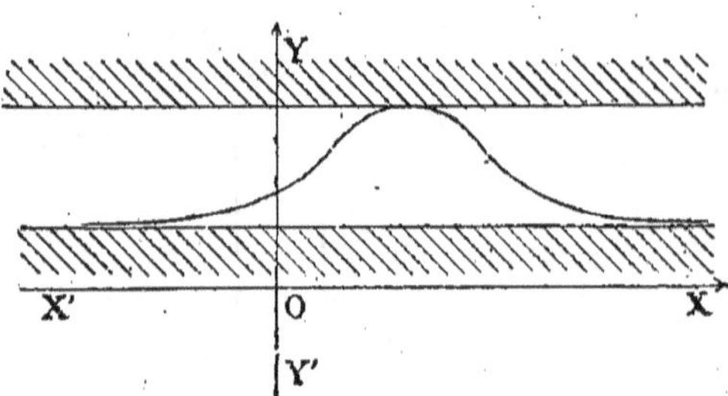

La courbe est asymptotique au bord de la bande.

2ᵉ Subdivision. $\rho < 0$. *Cas impossible.* On le voit d'après ce qui se passe pour y; mais aussi *à priori*, car

$$\rho = f(\alpha')\, f(\beta')$$

produit de deux imaginaires conjuguées.

3ᵉ Subdivision. $\rho = 0$. Ce cas n'est possible que pour une valeur de y, donc pour $y = $ Constante. Preuve à *priori*. Il y a au moins une racine commune, et comme elles sont imaginaires, il y en a deux. La ligne se compose d'une droite.

436. *3ᵉ* Cas. $A = 0$. *1ʳᵉ Subdivision.* $B > 0$. Un minimum.

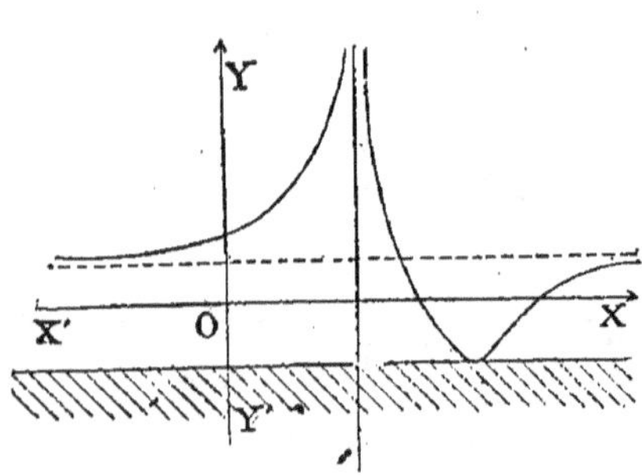

Caractères de la courbe. *a)* Bande infinie ombrée.

b) Asymptote unique verticale.

c) Asymptote horizontale.

2ᵉ Subdivision. $B < 0$. Un maximum.

Même courbe que pour $B > 0$, mais renversée de haut en bas.

3ᵉ Subdivision. $B = 0$. Dans ce cas, $\rho = 0$; une ou deux racines communes, car c'est

$$\frac{(x - \alpha)\,(x - \beta)}{(x - \alpha)^2}.$$

437. Conclusions de cette discussion. 1ᵒ Sauf pour $A = 0$, quand il y a maximum, il y a minimum et réciproquement; seulement parfois $x = \pm \infty$.

2ᵒ Un seul cas n'a ni maximum ni minimum, c'est $A > 0$ avec $\rho < 0$. On peut exprimer ces deux conditions à l'aide du théorème suivant :

438. Théorème. *La condition nécessaire et suffisante est que les deux trinômes aient leurs racines réelles et qu'elles alternent, c'est-à-dire qu'entre les racines de l'un il y ait une racine de l'autre et une seule.*

1ʳᵉ Démonstration. On a vu que $\rho = f(\alpha')\, f(\beta')$. Donc si $\rho < 0$, c'est que α' et β' sont réelles et séparent α et β, et réciproquement.

2ᵉ Démonstration. En s'appuyant sur la discussion. On a vu que pour $A > 0$, $\rho < 0$, la courbe traverse OX entre α et β et une seule fois. *Donc la condition est nécessaire.* Elle est *suffisante*; car alors il n'y a pas de maximum entre α et β, et dès lors pas en dehors, en vertu de tous les cas parcourus.

439. Note relative au tracé des courbes. Nous classerons les recherches préliminaires, généralement nécessaires pour le tracé d'une courbe, en quatre opérations.

1re Opération, purement algébrique. On cherche les valeurs de x qui annulent les expressions (trinômes, sinus) entrant dans y. On a ainsi une suite de valeurs remarquables que l'on range ; car les unes rendent y nul, d'autres le rendent infini, d'autres le font passer du réel à l'imaginaire, ou réunissent deux branches ; on met $+\infty$ et $-\infty$ aux deux bouts de cette suite de valeurs.

2e Opération. Esquisse de la courbe. On parcourt les étapes précédentes, traçant la courbe presque au hasard dans les régions où elle peut pénétrer On trouve ainsi pour les valeurs infinies de y certaines asymptotes : celles qui sont parallèles à OY. Pour savoir la position des branches infinies par rapport à $x = x_0$, il faut faire $x = x_0 \pm \varepsilon$, car $y = \dfrac{m}{0}$ a un signe ambigu à cause du zéro ; mais dans le voisinage il n'y a pas d'ambiguïté.

3e Opération. Perfectionnement des branches infinies. On cherche les asymptotes non parallèles à l'axe des y.

Exemple :
$$y = ax + b + \frac{c}{x - \alpha}.$$

4e Opération. Perfectionnement des parties centrales. On cherche les maxima et minima, les tangentes en ces points, les points d'inflexion, etc.

440. *Étudier la variation de la fonction* $\quad y = \dfrac{x^2 - 6x + 8}{x^2 - 2x + 1}\quad$ *et construire la courbe correspondante.* (Bacc.)

Cette fonction est discontinue pour $x = 1$; en effet, pour cette valeur de x le dénominateur $x^2 - 2x + 1$ s'annule, et la fonction devient infinie.

Lorsque x tend vers $\pm\infty$, y tend vers 1.

Les changements de sens dans la variation de la fonction correspondent au maximum et au minimum ; cherchons donc le maximum et le minimum.

La fonction peut s'écrire successivement :
$$x^2 y - 2xy + y - x^2 + 6x - 8 = 0,$$
ou
$$x^2(1 - y) - 2x(3 - y) + 8 - y = 0 ;$$
$$x = \frac{3 - y \pm \sqrt{3y + 1}}{1 - y}.$$

Pour que x soit réel, on doit avoir :
$$3y + 1 \geqq 0 ; \quad \text{d'où} \quad y \geqq -\frac{1}{3}.$$

La fonction ne peut varier que de $-\dfrac{1}{3}$ à $+\infty$; elle a donc un minimum $-\dfrac{1}{3}$ correspondant à $x = \dfrac{5}{2}$; cette dernière valeur est donnée par
$$x = \frac{3 - y}{1 - y} \quad \text{pour} \quad y = -\frac{1}{3}.$$

Ainsi, pour suivre les variations d'une fonction de la forme précédente, il faut :

1o Chercher les discontinuités, c'est-à-dire les valeurs de x qui rendent la fonction infinie. On les obtient en cherchant les valeurs de x qui annulent le dénominateur sans annuler en même temps le numérateur.

2o Chercher la valeur de la fonction lorsque x croît indéfiniment. On obtient cette valeur en divisant les deux termes de la fraction par x^2, puis en faisant tendre x vers $\pm\infty$.

A ces valeurs de x, dites *valeurs remarquables*, on peut joindre quelques autres valeurs faciles à calculer, par exemple les valeurs de x qui annulent la fonction, et la valeur de la fonction pour $x = 0$.

On peut former le tableau suivant :

x	$-\infty$		1		$2\frac{1}{2}$		$+\infty$
y	1	croît	$+\infty$	décroît	$-\frac{1}{3}$	croît	1
					min.		

Pour $x = \pm\infty$, y égale 1 ; la droite $y = 1$ est une asymptote horizontale.

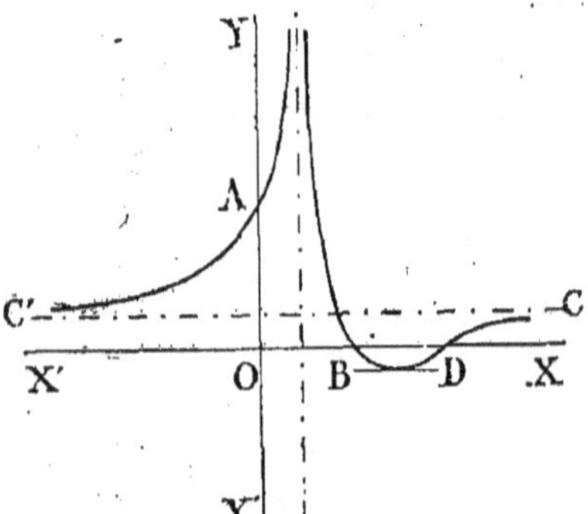

Lorsque x croît de $-\infty$ à 1, y croît de 1 à $+\infty$; la droite $x = 1$ est une asymptote verticale ; si x continue de croître de 1 à $+\infty$, y décroît d'abord de $+\infty$ à $-\frac{1}{3}$, puis croît jusqu'à 1.

La courbe coupe deux fois l'axe des x, puisque les racines du numérateur sont réelles et inégales, $x = 2$ et $x = 4$; la courbe coupe l'asymptote horizontale au point

$$\left(x = \frac{7}{4},\ y = 1 \right).$$

441. *Étudier la variation de la fonction* $y = \dfrac{x^2 - 6x - 1}{x^2 + 2x + 3}$ *lorsque* x *croît de* $-\infty$ *à* $+\infty$.

Cette fonction ne présente pas de discontinuité, car le dénominateur $x^2 + 2x + 3$ ne s'annule pour aucune valeur de x.

Lorsque x tend vers $\pm\infty$, y tend vers 1.

Cherchons le maximum et le minimum ; la fonction peut s'écrire successivement :

$$x^2 y + 2xy + 3y - x^2 + 6x + 1 = 0,$$

ou

$$x^2(1 - y) - 2x(3 + y) - (1 + 3y) = 0,$$

$$x = \frac{3 + y \pm \sqrt{-2y^2 + 8y + 10}}{1 - y}$$

Pour que x soit réel, on doit avoir :

$$-2y^2 + 8y + 10 \geqq 0.$$

Le premier terme de ce trinôme étant négatif, et l'équation

$$y^2 - 4y - 5 = 0$$

ayant pour racines

$$y' = 5, \quad y'' = -1,$$

y doit être compris entre ces racines, c'est-à-dire :

$$-1 \leqq y \leqq 5.$$

La plus grande des racines, $y = 5$, est donc le maximum de la fonction, et la plus petite, $y = -1$, le minimum ; les valeurs correspondantes de x,

données par

$$x = \frac{3 + y}{1 - y},$$

sont respectivement

$$x = -2, \quad x = 1.$$

x	$-\infty$		-2		1		$+\infty$
y	1	croit	5	décroit	-1	croit	1
			max.		min.		

Pour $x=\pm\infty$, y égale 1 ; la droite $y=1$ est une asymptote horizontale : lorsque x croit de $-\infty$ à $+\infty$, y croit d'abord de 1 jusqu'à un

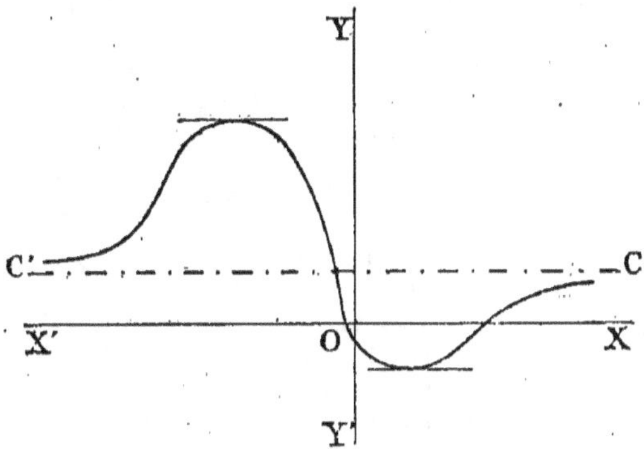

maximum 5, puis décroît jusqu'à un minimum -1, et enfin croît de ce minimum jusqu'à 1.

La courbe coupe deux fois l'axe des x, puisque les racines du numérateur sont réelles et inégales : $x=3+\sqrt{10}$ et $x=3-\sqrt{10}$; la courbe coupe l'asymptote horizontale au point $(x=-\frac{1}{4}, y=1)$.

442. *Étudier la variation de la fonction* $y=\dfrac{x^2+3x-3}{x-1}$ *lorsque* x *croit de* $-\infty$ *à* $+\infty$.

Cette fonction est discontinue pour $x=1$; pour cette valeur de x la fonction devient infinie ;

Lorsque x tend vers $\pm\infty$, y tend vers $\pm\infty$.

Cherchons le maximum et le minimum ; la fonction peut s'écrire successivement :
$$x^2+3x-3-xy+y=0,$$
ou
$$x^2-x(y-3)+y-3=0,$$
$$x=\frac{y-3\pm\sqrt{y^2-10y+21}}{2}.$$

Pour que x soit réel, on doit avoir :
$$y^2-10y+21\geqq0.$$

Le premier terme de ce trinôme étant positif, et l'équation
$$y^2-10y+21=0$$
ayant pour racines $\qquad y'=7, \quad y''=3,$
y doit être extérieur à ces racines, c'est-à-dire
$$y\geqq7 \quad\text{et}\quad y\leqq3.$$

La plus grande de ces racines $y=7$ est donc le minimum de la fonction, et la plus petite $y = 3$, le maximum ; les valeurs correspondantes de x, données par $x = \dfrac{y - 3}{2}$,

sont respectivement $x = 2$ et $x = 0$.

x	$-\infty$		0		1		2		$+\infty$
y	$-\infty$	croît	3 (max.)	décroît	$\mp\infty$	décroît	7 (min.)	croît	$+\infty$

Pour $x = 1$, $y = \pm\infty$; la droite $x = 1$ est une asymptote verticale ; la courbe a une asymptote oblique ; en effet, la fonction peut se mettre sous la forme

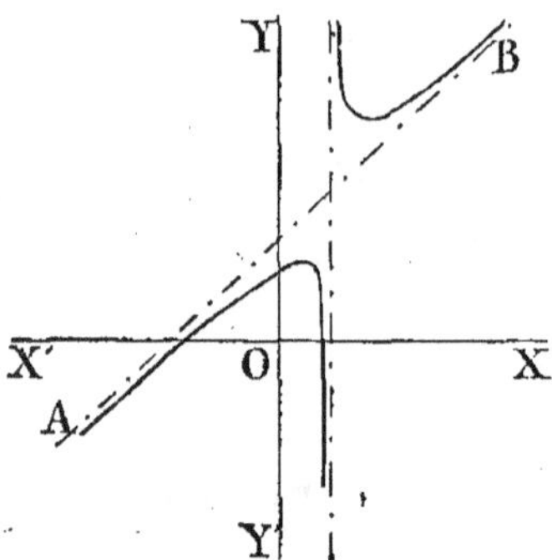

$$y = x + 4 + \frac{1}{x - 1},$$

et la droite $y = x + 4$ est une asymptote oblique (n° 421).

Lorsque x croît de $-\infty$ à $+\infty$, la fonction croît de $-\infty$ jusqu'à un maximum 3, puis décroît jusqu'à $-\infty$; elle passe brusquement à $+\infty$, décroît jusqu'à un minimum 7, puis croît jusqu'à $+\infty$.

La courbe coupe l'axe des x en deux points, puisque les racines du numérateur

sont réelles et inégales, $x = -\dfrac{3 - \sqrt{21}}{2}$ et $x = -\dfrac{3 + \sqrt{21}}{2}$.

443. *Étudier la variation de la fonction* $y = \dfrac{x^2 + x + 1}{x^2 - x - 1}$ *lorsque x croît de* $-\infty$ *à* $+\infty$.

La fonction est discontinue pour $x = \dfrac{1 \pm \sqrt{5}}{2}$; pour $x = \pm\infty$, $y = 1$.

Cherchons le maximum et le minimum ; la fonction peut s'écrire :

$$x^2 y - xy - y - x^2 - x - 1 = 0,$$

ou

$$x^2(y - 1) - x(y + 1) - y - 1 = 0,$$

$$x = \frac{y + 1 \pm \sqrt{5y^2 + 2y - 3}}{2(y - 1)}.$$

Pour que x soit réel, on doit avoir :

$$5y^2 + 2y - 3 \geqq 0.$$

Le premier terme de ce trinôme étant positif, et l'équation

$$5y^2 + 2y - 3 = 0$$

ayant pour racines $y' = \dfrac{3}{5}$, $y'' = -1$,

y doit être extérieur à ces racines, c'est-à-dire :

$$y \geqq \frac{3}{5} \quad \text{et} \quad y \leqq -1.$$

La plus grande de ces racines $y = \dfrac{3}{5}$ est donc le minimum de la fonction, et la plus petite $y = -1$, le maximum ; les valeurs correspondantes de x,

données par
$$x = \frac{y+1}{2(y-1)},$$

sont respectivement $x = -2$ et $x = 0$.

x	$-\infty$		-2		$\frac{1-\sqrt{5}}{2}$		0		$\frac{1+\sqrt{5}}{2}$		$+\infty$
y	1	décroît	$\frac{3}{5}$ (mi.)	croît	$\pm\infty$	croît	-1 (max).	décroît	$\mp\infty$	décroît	1.

Pour $x = \pm\infty$, $y = 1$; la droite $y = 1$ est une asymptote horizontale ;
pour $x = \frac{1 \pm \sqrt{5}}{2}$, $y = \infty$;
les deux droites
$$x = \frac{1+\sqrt{5}}{2} \quad \text{et} \quad x = \frac{1-\sqrt{5}}{2}$$
sont des asymptotes verticales.

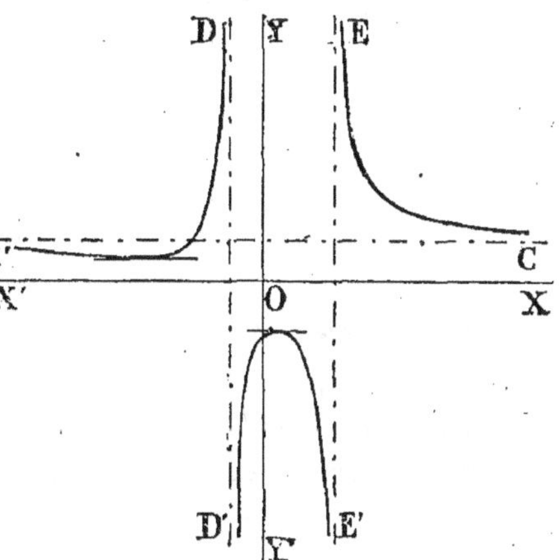

Lorsque x croît de $-\infty$ à $+\infty$, la fonction décroît de 1 à un minimum $\frac{3}{5}$, puis croît jusqu'à $+\infty$; elle passe brusquement à $-\infty$, croît jusqu'à un maximum -1, puis décroît jusqu'à $-\infty$; elle passe brusquement à $+\infty$ et décroît jusqu'à 1.

La courbe coupe l'asymptote horizontale au point $(x = -1, \; y = 1)$.

444. *Étudier la variation de la fonction* $y = \dfrac{x^2 - 4}{x^2 + 2x - 3}$ *lorsque x croît de* $-\infty$ *à* $+\infty$.

La fonction est discontinue pour $x = 1$ et $x = -3$;
pour $x = \pm\infty$, $y = 1$.

Cherchons le maximum et le minimum ; la fonction peut s'écrire successivement :
$$x^2 - 4 = x^2 y + 2xy - 3y,$$
ou
$$x^2(1-y) - 2xy + 3y - 4 = 0,$$
$$x = \frac{y \pm \sqrt{4y^2 - 7y + 4}}{1 - y}.$$

Pour que x soit réel, on doit avoir :
$$4y^2 - 7y + 4 \geqq 0.$$

Le premier terme de ce trinôme étant positif, et l'équation
$$4y^2 - 7y + 4 = 0$$
ayant ses racines imaginaires, ce trinôme est positif quel que soit y ; par suite, la fonction n'a pas de maximum ni de minimum.

x	$-\infty$		-3		1		$+\infty$
y	1	croît	$\pm\infty$	croît	$\pm\infty$	croît	1.

Pour $x = \pm\infty$, $y = 1$: la droite $y = 1$ est une asymptote horizontale;

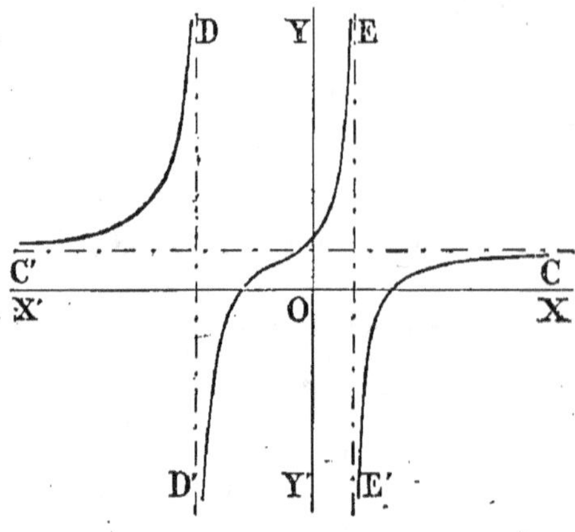

pour $x = 1$ et $x = -3$, $y = \infty$: les droites $x = 1$, $x = -3$ sont des asymptotes verticales.

Lorsque x croît de $-\infty$ à $+\infty$, la fonction croît d'abord de 1 jusqu'à $+\infty$; elle passe brusquement à $-\infty$, pour $x = -3$, croît ensuite de $-\infty$ à $+\infty$; pour $x = 1$, elle passe de nouveau de $+\infty$ à $-\infty$, puis elle croît jusqu'à 1.

La courbe coupe deux fois l'axe des x, pour les valeurs $x = \pm 2$; elle coupe l'asymptote horizontale au point

$$\left(x = -\frac{1}{2},\ y = 1\right).$$

445. *Étant donnée la fonction* $y = \dfrac{x^2 + px + q}{x^2 + p'x + q'}$, *déterminer* p, p', q *et* q' *de telle sorte que pour* $x = \alpha$ *la fonction ait un maximum* a, *et pour* $x = \beta$ *elle ait un minimum* b.

Si l'on égale successivement à a et à b la fonction proposée, on obtient :

$$x^2(a - 1) + x(ap' - p) + aq' - q = 0,$$
$$x^2(b - 1) + x(bp' - p) + bq' - q = 0.$$

Or la première de ces équations a pour racine double α, car la valeur qui correspond au maximum annule le radical, et les deux racines deviennent égales; donc la somme des racines est 2α et leur produit α^2.

De même, la seconde équation a β pour racine double; par suite, la somme des racines est 2β et leur produit β^2.

On a :

$$2\alpha = -\frac{ap' - p}{a - 1} \quad \text{ou} \quad 2\alpha(a - 1) = p - ap' \quad \Bigg\}$$
$$2\beta = -\frac{bp' - p}{b - 1} \quad\quad\quad 2\beta(b - 1) = p - bp' \quad \Bigg\} \quad (1)$$

$$\alpha^2 = \frac{aq' - q}{a - 1} \quad \text{ou} \quad \alpha^2(a - 1) = aq' - q \quad \Bigg\}$$
$$\beta^2 = \frac{bq' - q}{b - 1} \quad\quad\quad \beta^2(b - 1) = bq' - q \quad \Bigg\} \quad (2)$$

Les équations (1) donnent :

$$p = \frac{2[b\alpha(a - 1) - a\beta(b - 1)]}{b - a},$$

$$p' = \frac{2[\alpha(a - 1) - \beta(b - 1)]}{b - a};$$

et les équations (2) :

$$q = \frac{a\beta^2(b - 1) - b\alpha^2(a - 1)}{b - a},$$

$$q' = \frac{\beta^2(b - 1) - \alpha^2(a - 1)}{b - a}.$$

Si l'on a, par exemple, $\alpha = 3$ et $a = 4$, $\beta = 1$ et $b = 5$, les équations (1) deviennent :

$$p - 4p' = 18 \quad \text{et} \quad p - 5p' = 8,$$

d'où
$$p = 58 \quad \text{et} \quad p' = 10.$$

Les équations (2) deviennent
$$4q' - q = 27,$$
$$5q' - q = 4,$$

d'où
$$q = -119 \quad \text{et} \quad q' = -23.$$

La fonction cherchée est donc :

$$y = \frac{x^2 + 58x - 119}{x^2 + 10x - 23}.$$

446. 1° *De tous les triangles rectangles de même périmètre 2p, quel est celui dont la surface* m^2 *est maximum ?*

2° *De tous les triangles rectangles de même surface, quel est celui dont le périmètre est minimum ?*

Soient x, y et z les trois côtés, z étant l'hypoténuse ; calculons d'abord les trois côtés d'un triangle rectangle dont on donne le périmètre et la surface.

On a les équations :

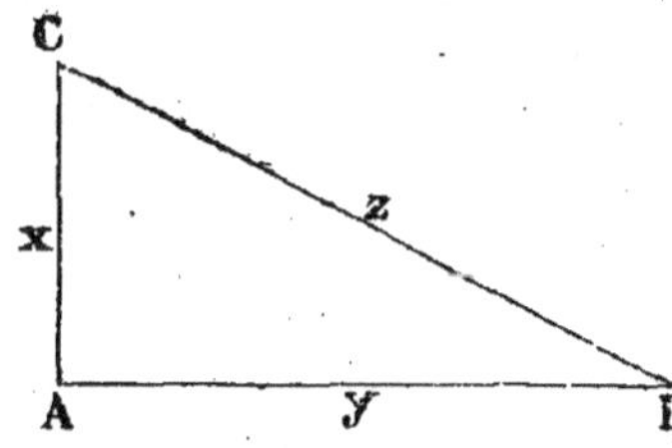

$$x + y + z = 2p, \qquad (1)$$
$$xy = 2m^2, \qquad (2)$$
$$x^2 + y^2 = z^2. \qquad (3)$$

De l'équation (1) on tire :

$$x + y = 2p - z$$

et $\quad x^2 + y^2 + 2xy = 4p^2 + z^2 - 4pz.$

Si de cette équation on retranche membre à membre l'équation (3), il vient :

$$2xy = 4p^2 - 4pz ;$$

par suite, $\quad 4m^2 = 4p^2 - 4pz ; \quad$ d'où $\quad z = \dfrac{p^2 - m^2}{p}.$ $\qquad (4)$

Si l'on porte cette valeur de z dans l'équation (1), on a :

$$x + y = 2p - z = 2p - \frac{p^2 - m^2}{p} = \frac{p^2 + m^2}{p}.$$

Avec la somme et le produit des deux inconnues, on écrit l'équation :

$$X^2 - \frac{p^2 + m^2}{p} X + 2m^2 = 0, \qquad (5)$$

$$\begin{matrix} x \\ y \end{matrix} = \frac{p^2 + m^2 \pm \sqrt{(p^2 + m^2)^2 - 8p^2 m^2}}{2p},$$

ou $\quad \begin{matrix} x \\ y \end{matrix} = \dfrac{p^2 + m^2 \pm \sqrt{(p^2 + m^2 + 2\sqrt{2}\, pm)(p^2 + m^2 - 2\sqrt{2}\, pm)}}{2p}.$

1° Supposons le périmètre $2p$ constant, et cherchons entre quelles limites peut varier la surface m^2.

D'abord, il faut que z soit positif ; on doit donc avoir, d'après la relation (4), $p^2 > m^2$; comme ici les quantités p et m sont essentiellement positives,

$$p > m. \qquad (6)$$

Ceci posé, il faut encore que x et y soient des quantités réelles et positives ;

or, d'après l'équation (5), si les racines sont réelles, elles seront positives ; donc il suffit que l'on ait :

$$(p^2 + m^2 + 2\sqrt{2}\,pm)\,(p^2 + m^2 - 2\sqrt{2}\,pm) \geqq 0.$$

Le premier de ces facteurs est toujours positif, donc il suffit que l'on ait :

$$m^2 - 2\sqrt{2}\,pm + p^2 \geqq 0.$$

Le coefficient de m^2 étant positif, m pourra prendre toutes les valeurs extérieures aux racines, lesquelles sont :

$$m' = p\sqrt{2} + p = p\,(\sqrt{2} + 1) \quad \text{et} \quad m'' = p\sqrt{2} - p = p\,(\sqrt{2} - 1).$$

Or, d'après la condition (6), la racine m' qui fournirait un minimum et les valeurs supérieures à m' ne conviennent pas, car pour ces valeurs z serait négatif.

La seconde racine m'' qui fournit le maximum de la surface convient, ainsi que les valeurs de m plus petites que $p(\sqrt{2} - 1)$.

Dans le cas du maximum,

$$m^2 = p^2(\sqrt{2} - 1)^2 = p^2(3 - 2\sqrt{2}).$$

Pour cette valeur limite, le radical s'annule, le triangle est isocèle, et la valeur des côtés est :

$$x = y = \frac{p^2 + m^2}{2p} = \frac{p^2 + p^2(3 - 2\sqrt{2})}{2p} = p(2 - \sqrt{2}),$$

$$z = \frac{p^2 - m^2}{v} = \frac{p^2 - p^2(\sqrt{2} - 1)^2}{p} = 2p(\sqrt{2} - 1).$$

2° Supposons la surface m^2 constante, et cherchons entre quelles limites pourra varier le périmètre $2p$.

Il suffira de chercher pour quelles valeurs de p la relation

$$p^2 - 2\sqrt{2}\,pm + m^2 \geqq 0$$

est vérifiée.

Le coefficient de p^2 étant positif, p ne pourra varier qu'en dehors des racines de ce trinôme ; or

$$p' = m\sqrt{2} + m = m\,(\sqrt{2} + 1) \quad \text{et} \quad p'' = m\sqrt{2} - m = m\,(\sqrt{2} - 1),$$

donc la première correspond à un minimum et la seconde à un maximum ; mais cette valeur maximum est à rejeter, car elle contredit la relation (6) et fournit pour z une valeur négative ; ainsi le minimum seul existe, et la valeur du périmètre, dans ce cas, serait $2m(\sqrt{2} + 1)$. Pour cette valeur limite, le radical s'annule, le triangle est isocèle, et la valeur des côtés est :

$$x = y = \frac{m^2(\sqrt{2} + 1)^2 + m^2}{2m(\sqrt{2} + 1)} = m\sqrt{2}.$$

CHAPITRE III

MÉTHODE DES PRINCIPES

Cette méthode repose sur l'application de certains théorèmes généraux qu'on établit préalablement, et à l'aide desquels on résout bon nombre de questions qu'on ne pourrait traiter par les méthodes précédentes, et d'autres qu'on traite ainsi d'une façon plus expéditive.

447. Axiome préliminaire. Nous admettrons comme évident que les valeurs *positives* des variables qui rendent maximum ou minimum une expression positive sont les mêmes que celles qui rendent maximum ou minimum un multiple ou un sous-multiple, une puissance ou une racine de cette expression ; de sorte qu'on peut chercher indifféremment ces valeurs, soit dans les unes, soit dans les autres de ces expressions.

448. 1er Principe. *Un produit de deux facteurs positifs variables dont la somme est constante est maximum quand ces facteurs sont égaux, s'ils peuvent le devenir.*

1re Démonstration. Soient x et y les facteurs variables dont la somme est constante et égale à $2a$; on a l'identité :

$$4xy \equiv (x+y)^2 - (x-y)^2, \qquad (1)$$

ou
$$xy \equiv \frac{4a^2 - (x-y)^2}{4} \equiv a^2 - \frac{(x-y)^2}{4}. \qquad (2)$$

Le produit xy ne peut pas croître indéfiniment, car chaque facteur x et y est nécessairement moindre que $2a$; donc le produit xy sera moindre que $4a^2$; ce produit admet donc un maximum ; or xy sera maximum en même temps que la différence $a^2 - \dfrac{(x-y)^2}{4}$; la première quantité a^2 est constante, et la valeur de la différence $a^2 - \dfrac{(x-y)^2}{4}$ sera la plus grande possible lorsque la seconde quantité $\dfrac{(x-y)^2}{4}$ sera la plus petite possible, c'est-à-dire quand elle sera nulle si elle peut le devenir ; alors on a $x = y$, et par conséquent $x = y = a$.

16

2ᶜ Démonstration. Si l'on représente par m le produit xy, on aura :
$$x + y = 2a \quad \text{et} \quad xy = m \, ;$$
d'où l'équation :
$$X^2 - 2aX + m = 0,$$

$$\frac{x}{y} = a \pm \sqrt{a^2 - m} \, .$$

Pour que x et y soient réels, il faut que l'on ait :
$$a^2 - m \geqq 0 \, ; \quad \text{d'où} \quad m \leqq a^2.$$

La valeur maximum de m est donc a^2 ; dans ce cas, le radical s'annule, et l'on a comme précédemment :
$$x = y = a.$$

449. Remarque. Lorsque les deux facteurs, dont la somme est constante, ne peuvent pas devenir égaux, pour avoir le maximum de leur produit on cherche le minimum de leur différence, en vertu de l'identité (2) ci-dessus.

Soit $\ \mathrm{P} = (3 + x^2)\,(1 - x^2)$; la somme des deux facteurs est 4 ; si l'on égale ces deux facteurs, on obtient :
$$3 + x^2 = 1 - x^2, \quad \text{d'où} \quad x^2 = -1 \, ;$$

x serait imaginaire ; formons alors la différence des deux facteurs :
$$d = 3 + x^2 - 1 + x^2 = 2x^2 + 2 = 2(x^2 + 1).$$

La différence est minimum pour $\ x = 0$; donc le produit est maximum pour cette valeur de x.

450. Principe inverse. *Le produit de deux facteurs positifs variables étant constant, la somme de ces deux facteurs est minimum quand ces facteurs sont égaux, s'ils peuvent le devenir.*

1ʳᵉ Démonstration. En effet, en appelant p le produit constant de xy, la relation
$$4xy = (x + y)^2 - (x - y)^2$$
peut s'écrire $\qquad 4p + (x - y)^2 = (x + y)^2.$

Cette relation montre que $(x + y)^2$, et par suite la somme $x + y$, sera la plus petite possible quand la quantité $(x - y)^2$ sera nulle, c'est-à-dire lorsque $x = y$.

2ᶜ Démonstration. Si l'on représente par m le minimum de la somme, on a : $\qquad x + y = m \quad \text{et} \quad xy = p \, ;$

d'où
$$X^2 - mX + p = 0,$$
$$\frac{x}{y} = \frac{m \pm \sqrt{m^2 - 4p}}{2}.$$

Il faut que x et y soient réels et positifs ; par suite, qu'on ait
$$m^2 - 4p \geqq 0, \quad \text{d'où} \quad m^2 \geqq 4p.$$

Le minimum de m^2 étant $4p$, le minimum de m sera $2\sqrt{p}$, car m et p sont essentiellement positifs ; par suite,
$$x = y = \frac{m}{2} = \sqrt{p}.$$

451. 2° Principe. *Le produit d'un nombre quelconque de facteurs positifs variables, dont la somme est constante, est maximum lorsque ces facteurs sont égaux, s'ils peuvent le devenir.*

Soit $xyzu$ un produit de facteurs positifs dont la somme est constante et égale à a.

D'abord ce produit admet un maximum. En effet, tous les facteurs sont positifs ; leur somme étant égale à a, chacun de ces facteurs est compris entre 0 et a ; aucun des facteurs ne peut croître indéfiniment ; il en est de même de leur produit ; si l'on a n facteurs x, y, z, u..., leur produit sera plus petit que a^n.

Soit maintenant à prouver que le produit $xyzu$ est maximum quand tous les facteurs sont égaux. Supposons, en effet, que deux facteurs x et y soient différents ; nous pouvons remplacer chacun d'eux par leur demi-somme $\dfrac{x+y}{2}$; la somme a de tous les facteurs n'est pas changée, mais le produit $\dfrac{x+y}{2} \cdot \dfrac{x+y}{2} . zu$ est plus grand que le produit $xyzu$; ainsi, tant que deux facteurs sont inégaux, on peut augmenter le produit sans changer la somme.

Donc le produit sera maximum lorsque tous les facteurs seront égaux, s'ils peuvent le devenir.

Si n est le nombre des facteurs, le produit maximum est :
$$\left(\frac{a}{n}\right)^n.$$

452. Remarque. Cette démonstration suppose que les facteurs sont indépendants les uns des autres. S'ils sont dépendants, mais s'ils peuvent quand même devenir égaux, le théorème subsiste.

Ce principe n'est applicable que si on peut rendre les facteurs égaux ; ainsi il n'est pas applicable au produit :
$$(x - 3)(x + 8)(5 - 2x),$$
mais il l'est au produit :
$$(x + 2y - 2)(2x - y)(15 - 3x - y).$$

453. Principe inverse. *La somme de plusieurs facteurs positifs, dont le produit est constant, est minimum quand ces facteurs sont égaux, s'ils peuvent le devenir.*

Soient les facteurs x, y, z, u dont le produit $xyzu = \text{C}^{te}$; je dis que la somme des facteurs $x + y + z + u$ sera minimum quand ces facteurs seront égaux, s'ils peuvent le devenir.

D'abord la somme admet un minimum. En effet, tous les facteurs étant positifs, leur somme ne peut pas diminuer indéfiniment ; elle sera, par exemple, toujours supérieure à 0.

Soit $x + y + z + u$ *cette somme minimum.* Supposons que deux facteurs x et y soient différents ; on peut diminuer leur somme sans changer leur produit, en remplaçant chacun d'eux par leur moyenne géométrique $\sqrt{xy} \cdot \sqrt{xy} \cdot zu = \text{C}^{te}$.

Ainsi tant que deux facteurs sont inégaux, on peut diminuer la somme sans changer le produit.

Donc la somme sera minimum lorsque tous les facteurs seront égaux, s'ils peuvent le devenir.

454. 3° Principe. *Le produit de deux facteurs positifs variables ayant une somme constante et affectés chacun d'un exposant est maximum lorsque ces facteurs sont proportionnels à leurs exposants, si les facteurs peuvent prendre ces valeurs.*

Soient x^m et y^n deux facteurs dont la somme est constante, $x + y = a$; leur produit peut s'écrire identiquement, en multipliant et en divisant par la même quantité :

$$x^m y^n = \frac{x^m}{m^m} \times \frac{y^n}{n^n} \times m^m \times n^n.$$

Le second membre est formé de deux parties, dont l'une constante, $m^m \times n^n$; le maximum de ce produit aura lieu en même temps que celui de la quantité

$$\frac{x^m}{m^m} \times \frac{y^n}{n^n}, \quad \text{ou} \quad \frac{x}{m} \cdot \frac{x}{m} \cdots \frac{x}{m} \cdot \frac{y}{n} \cdot \frac{y}{n} \cdots \frac{y}{n}.$$

Cette dernière partie se compose de m facteurs égaux à $\dfrac{x}{m}$ et de n facteurs égaux à $\dfrac{y}{n}$; leur somme est constante, car elle vaut

$$m \cdot \frac{x}{m} + n \cdot \frac{y}{n} = x + y = a.$$

Le produit sera maximum lorsque ces facteurs seront égaux, si toutefois ils peuvent le devenir (2ᵉ principe) ; c'est-à-dire lorsque l'on

aura :
$$\frac{x}{m} = \frac{y}{n}.$$

Les deux équations $x + y = a,\quad \dfrac{x}{y} = \dfrac{m}{n}$ donnent :

$$x = \frac{am}{m+n},\quad y = \frac{an}{m+n}.$$

Le produit maximum est donc :

$$\left(\frac{am}{m+n}\right)^{m}\left(\frac{an}{m+n}\right)^{n} = m^{m}n^{n}\left(\frac{a}{m+n}\right)^{m+n}.$$

455. Remarque I. Ce théorème se démontrerait d'une façon analogue pour un nombre quelconque de facteurs.

II. Le théorème est vrai quand les exposants m et n sont fractionnaires. En effet, supposons :

$$m = \frac{p}{q}\quad \text{et}\quad n = \frac{r}{s},$$

on aura :
$$x^{m}.y^{n} = x^{\frac{p}{q}}.y^{\frac{r}{s}} = \sqrt[q]{x^{p}}\,\sqrt[s]{y^{r}}.$$

Si l'on réduit les radicaux au même indice, on a :

$$\sqrt[q]{x^{p}}\,\sqrt[s]{y^{r}} = \sqrt[qs]{x^{ps}}.\sqrt[qs]{y^{rq}} = \sqrt[qs]{x^{ps}.y^{rq}}.$$

Or le maximum du radical a lieu en même temps que le maximum de la quantité placée sous le radical $x^{ps}y^{qr}$. Mais ici les exposants sont entiers ; donc le maximum aura lieu quand on aura :

$$\frac{x}{ps} = \frac{y}{qr}\quad \text{ou}\quad \frac{qx}{p} = \frac{sy}{r},$$

et enfin
$$\frac{x}{\dfrac{p}{q}} = \frac{y}{\dfrac{r}{s}}.$$

456. Principe inverse. *La somme de plusieurs facteurs positifs dont les puissances ont un produit constant est minimum quand ces facteurs sont proportionnels à leurs exposants.*

Soient les facteurs positifs x et y tels que

$$x^{m}y^{n} = C^{te}.$$

On aura aussi :
$$\frac{x^{m}y^{n}}{m^{m}n^{n}} = C^{te},$$

ou
$$\left(\frac{x}{m}\right)\left(\frac{x}{m}\right)\cdots\left(\frac{y}{n}\right)\left(\frac{y}{n}\right)\cdots = C^{te}. \qquad (1)$$

Or, si on fait la somme des $m + n$ facteurs :

$$\frac{x}{m} + \frac{x}{m} + \frac{x}{m} + \cdots + \frac{y}{n} + \frac{y}{n} + \frac{y}{n} + \cdots,$$

cette somme est précisément $x + y$.

Mais, d'après la relation (1), le produit de ces $m + n$ facteurs est constant ; donc leur somme $x + y$ sera minimum quand ces facteurs seront égaux, si toutefois ils peuvent le devenir, c'est-à-dire quand

$$\frac{x}{m} = \frac{y}{n}.$$

Exercices. 1° *Sachant que* $ax^m + by^n = C^{te}$, *on demande dans quelles conditions le produit* $x^m y^n$ *est maximum.*

Je remarque que le produit $x^m y^n$ sera maximum en même temps que le produit $ab x^m y^n$ en supposant ab positif.

Or $$ab x^m y^n = ax^m \times by^n.$$

La somme de ces deux facteurs étant constante, le produit sera maximum quand les facteurs seront égaux (n° 448), c'est-à-dire pour

$$ax^m = by^n.$$

2° *Sachant que* $x + y + z = C^{te}$, *trouver le maximum du produit :*

$$(ax + a')(by + b')(cz + c').$$

Je remarque que le maximum du produit $(ax + a')(by + b')(cz + c')$ aura lieu en même temps que celui de

$$\frac{(ax + a')(by + b')(cz + c')}{abc}$$

si abc est positif

ou $$\left(x + \frac{a'}{a}\right)\left(y + \frac{b'}{b}\right)\left(z + \frac{c'}{c}\right).$$

Or la somme de ces trois facteurs est constante ; donc le produit sera maximum quand on aura :

$$x + \frac{a'}{a} = y + \frac{b'}{b} = z + \frac{c'}{c}.$$

Ces équations, jointes à $x + y + z = C^{te}$, fournissent x, y et z.

3° *La somme* $x + y$ *étant constante, les sommes* $x^2 + y^2$ *et* $x^3 + y^3$ *sont-elles susceptibles d'un maximum ou d'un minimum ?* (Bacc.)

Si nous posons $$x + y = a,$$

1° $$x^2 + y^2 = (x + y)^2 - 2xy = a^2 - 2xy.$$

Or xy a un maximum pour $x = y$ (n° 448), donc $x^2 + y^2$ aura un minimum dans les mêmes conditions.

2° $$x^3 + y^3 = (x + y)^3 - 3xy(x + y),$$

$$x^3 + y^3 = a^3 - 3axy.$$

Ici encore, la variation de la somme $x^3 + y^3$ dépend de celle du produit xy. Donc $x^3 + y^3$ aura un minimum quand $x = y = \frac{a}{2}$.

Remarque. Cette question donne la solution du problème suivant :

Une droite de longueur a est partagée en deux segments qui servent de diamètres à deux sphères. Quel est le maximum et le minimum de la somme des volumes de ces deux sphères ?

Soient x et y les diamètres des sphères , $\dfrac{\pi b^3}{6}$ la somme de leurs volumes.

On a : $x + y = a$ et $\dfrac{\pi x^3}{6} + \dfrac{\pi y^3}{6} = \dfrac{\pi b^3}{6}$, ou $x^3 + y^3 = b^3$.

Le minimum a lieu pour $x = y = \dfrac{a}{2}$, et le maximum pour x ou y nul.

4° *Trouver le maximum ou le minimum de la fonction :*

$$y = x^3 + \frac{1}{x^2} .$$

Remarquons d'abord que pour $x = 0$ la fonction est infinie, et que pour $x = \infty$ la fonction est encore infinie ; donc, entre ces deux valeurs infinies, la fonction a nécessairement passé par un minimum, puisque à une valeur finie et donnée de x correspond pour y une valeur déterminée et non infinie.

Ceci posé, remarquons que le produit

$$(x^3)^2 \times \left(\frac{1}{x^2}\right)^3$$

est constant et égal à 1 ; donc la somme sera minimum quand on aura

$$\frac{x^3}{2} = \frac{1}{3x^3} ,$$

d'où

$$x^5 = \frac{2}{3} \quad \text{et} \quad x = \sqrt[5]{\frac{2}{3}} .$$

y devient

$$y = \sqrt[5]{\left(\frac{2}{3}\right)^3} + \frac{1}{\sqrt[5]{\left(\frac{2}{3}\right)^2}} = \frac{5}{3} \times \frac{1}{\sqrt[5]{\left(\frac{2}{3}\right)^2}} .$$

Problème. *Quel est le plus grand rectangle qu'on puisse inscrire dans un carré donné ?*

Soit ABCD le carré donné.

Portons, à partir des sommets opposés A et C, et dans les deux sens, une même longueur arbitraire

$$AE = AH = CF = CG ;$$

le quadrilatère EFGH est un rectangle.

En appelant a le côté du carré et x la longueur AE, on aura :

$$EB = a - x.$$

Les triangles AEH, EBF sont rectangles et isocèles, donc

$$EH = x\sqrt{2} \quad \text{et} \quad EF = (a - x)\sqrt{2}$$

Alors

$$S = EH \times EF = x\sqrt{2}\,(a - x)\sqrt{2} = 2x\,(a - x).$$

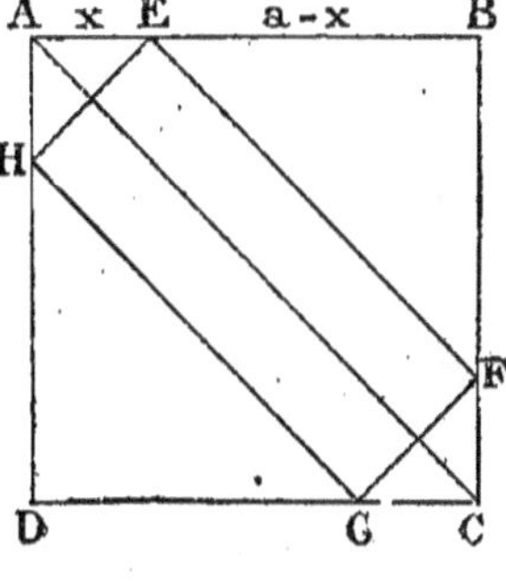

Le maximum de S aura lieu en même temps que le maximum de $x(a - x)$; la somme des facteurs $x + a - x = a$ est constante ; donc le maximum aura lieu quand (n° 448)

$$x = a - x ; \quad \text{d'où} \quad x = \frac{a}{2} \quad \text{et} \quad S = \frac{a^2}{4} .$$

On voit que le rectangle de surface maximum est le carré inscrit qui a pour sommets les milieux des côtés du carré donné.

Problème. *De tous les triangles de même périmètre* 2p, *quel est celui dont la surface est maximum ?*

On a, d'après une formule connue, pour l'expression de la surface :

$$S = \sqrt{p\,(p-a)\,(p-b)\,(p-c)}\,.$$

La surface sera maximum en même temps que le produit des trois facteurs variables $\qquad\qquad (p-a)\,(p-b)\,(p-c)$.

Or la somme de ces facteurs est constante, car on a

$$p - a + p - b + p - c = 3p - (a + b + c) = 3p - 2p = p.$$

Donc le produit sera maximum quand les facteurs seront égaux (n° 451)

$$p - a = p - b = p - c;$$

d'où $\qquad\qquad\qquad\qquad a = b = c.$

Le triangle est équilatéral.

Problème. *De tous les cylindres de même surface totale* $2\pi a^2$, *quel est celui de volume maximum ?*

Soient x le rayon de la base et y la hauteur du cylindre.

On a : $\qquad 2\pi x^2 + 2\pi xy = 2\pi a^2;$ d'où $y = \dfrac{a^2 - x^2}{x}.$

Le volume a pour expression :

$$V = \pi x^2 y = \frac{\pi x^2 (a^2 - x^2)}{x} = \pi x\,(a^2 - x^2).$$

Le volume sera maximum en même temps que le produit $x\,(a^2 - x^2)$, lequel à son tour sera maximum en même temps que son carré

$$x^2 (a^2 - x^2)^2 \quad \text{ou} \quad (x^2)^1 (a^2 - x^2)^2.$$

Or, les facteurs ayant une somme constante, le maximum aura lieu quand

$$\frac{x^2}{1} = \frac{a^2 - x^2}{2}\,;$$

d'où $\qquad\qquad\qquad\qquad x = \dfrac{a\sqrt{3}}{3}\,;$

par suite, $\qquad\qquad y = \dfrac{a^2 - \dfrac{a^2}{3}}{\dfrac{a\sqrt{3}}{3}} = \dfrac{2a\sqrt{3}}{3}.$

Le volume maximum est $\qquad \dfrac{2\pi a^3 \sqrt{3}}{9}\,.$

Ainsi, dans le cylindre de volume maximum, la hauteur y est égale au diamètre $2x$.

Problème. *On donne une feuille carrée de carton* ABCD, *dont le côté est* a ; *aux quatre coins on supprime des carrés égaux. Déterminer le côté de*

*ces carrés par la condition que la boîte, qui a pour fond mnpq et pour faces
latérales les rectangles qui restent, ait un volume maximum.*

Soit x le côté des carrés à enlever ; le carré
$mnpq$ aura pour côtés $a - 2x$, et le volume
de la boîte sera

$$V = x (a - 2x)^2.$$

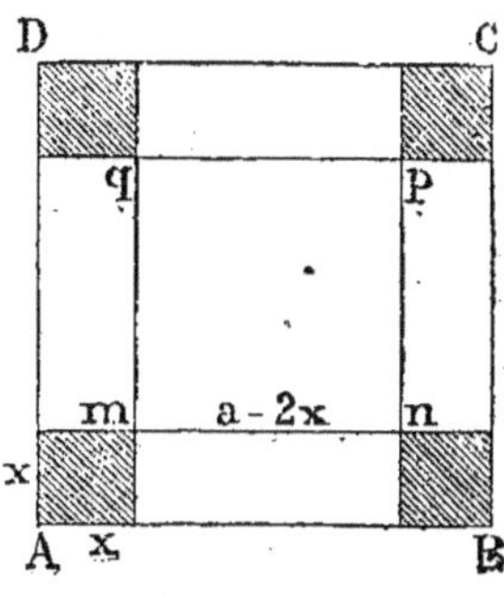

Le maximum de cette expression a lieu en
même temps que celui de l'expression

$$2x (a - 2x)^2.$$

Or la somme des facteurs est constante et
égale à a ; donc le maximum aura lieu quand
(n° 454)

$$\frac{2x}{1} = \frac{a - 2x}{2} ; \quad \text{d'où} \quad x = \frac{a}{6}.$$

Le volume sera : $\dfrac{a}{6} \left(a - \dfrac{a}{3} \right)^2 = \dfrac{a}{6} \times \left(\dfrac{2a}{3} \right)^2 = \dfrac{2a^3}{27}$.

Discussion. La formule $V = x (a - 2x)^2$ montre que x peut varier de

0 à $\dfrac{a}{2}$, ce qui se voit *à priori* sur le carton. Pour $x = 0$, le volume est

nul ; si x croît de 0 à $\dfrac{a}{6}$, le volume croît jusqu'à son maximum $\dfrac{2a^3}{27}$,

et si x continue de croître de $\dfrac{a}{6}$ à $\dfrac{a}{2}$, le facteur $a - 2x$ diminue et

devient nul ; le volume décroît à son tour de son maximum jusqu'à 0.

Problème. *Parmi tous les cônes de même surface latérale* πa^2, *quel est
celui dont le volume est maximum ?*

Désignons par x le rayon de la base et par y
la hauteur du cône ; l'apothème sera :

$$\sqrt{x^2 + y^2}.$$

On aura : $\pi x \sqrt{x^2 + y^2} = \pi a^2$;

ou $\qquad x \sqrt{x^2 + y^2} = a^2.$ $\qquad$ (1)

Le volume est :

$$V = \frac{\pi x^2 y}{3}.$$

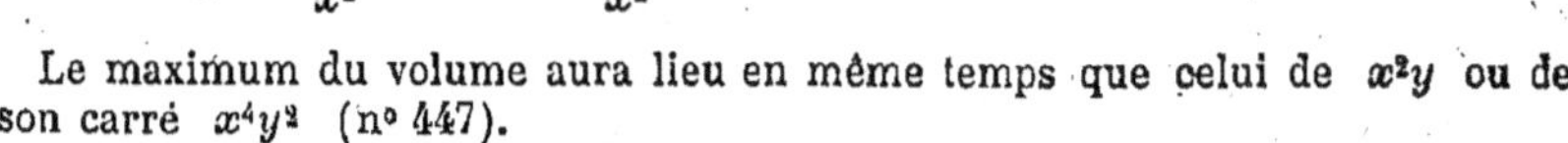

De la relation (1) on tire successivement :

$$x^2 (x^2 + y^2) = a^4,$$

et $\qquad y^2 = \dfrac{a^4}{x^2} - x^2 = \dfrac{a^4 - x^4}{x^2}.$

Le maximum du volume aura lieu en même temps que celui de $x^2 y$ ou de
son carré $x^4 y^2$ (n° 447).

Si on remplace y^2 par sa valeur dans $x^4 y^2$, on a :

$$x^4 \left(\frac{a^4 - x^4}{x^2} \right) = x^2 (a^4 - x^4).$$

Remarquons qu'on peut écrire cette expression comme il suit :

$$(x^4)^{\frac{1}{2}} (a^4 - x^4)^1.$$

16*

La somme des facteurs étant constante, le produit sera maximum quand on aura (nᵒ 454) :

$$\frac{x^4}{\frac{1}{2}} = \frac{a^4 - x^4}{1} ; \quad \text{d'où} \quad x^4 = \frac{a^4}{3} \cdot \quad \text{et} \quad x = \frac{a}{\sqrt[4]{3}} \cdot$$

On a pour y

$$y^2 = \frac{a^4 - \frac{a^4}{3}}{\frac{a^2}{\sqrt{3}}} = \frac{\frac{2a^4}{3}}{\frac{a^2}{\sqrt{3}}} = \frac{2a^2\sqrt{3}}{3} \cdot$$

Enfin

$$y = a\sqrt{\frac{2\sqrt{3}}{3}} \cdot$$

Problème. *Parmi tous les cônes de même volume* $\dfrac{\pi a^3}{3}$, *quel est celui dont la surface latérale est minimum ?*

Soient x le rayon de base et y la hauteur du cône ; on a :

$$\frac{\pi x^2 y}{3} = \frac{\pi a^3}{3} \cdot \tag{1}$$

La surface latérale est

$$S = \pi x \sqrt{x^2 + y^2} ;$$

de l'équation (1) on tire

$$y = \frac{a^3}{x^2},$$

et il s'agit de trouver le minimum de

$$\pi x \sqrt{x^2 + y^2} \quad \text{ou de} \quad x\sqrt{x^2 + y^2} ,$$

lequel a lieu en même temps que celui du carré $x^2(x^2 + y^2)$.

Remplaçant y^2 par sa valeur $\dfrac{a^6}{x^4}$, on a :

$$x^2\left(x^2 + \frac{a^6}{x^4}\right) = x^4 + \frac{a^6}{x^2} \cdot \tag{2}$$

Remarquons que le produit de

$$(x^4)^{\frac{1}{2}}\left(\frac{a^6}{x^2}\right)^1$$

est constant ; donc la somme (2) sera minimum quand (nᵒ 456)

$$\frac{x^4}{\frac{1}{2}} = \frac{a^6}{x^2} \quad \text{ou} \quad 2x^4 = \frac{a^6}{x^2} ;$$

d'où

$$2x^6 = a^6 \quad \text{et} \quad x = \frac{a}{\sqrt[4]{2}} ;$$

par suite,

$$y = \frac{a^3}{\frac{a^2}{\sqrt[3]{2}}} = a\sqrt[3]{2} \cdot$$

Problème. *Circonscrire à une sphère un cône de volume minimum.* (Bacc.)

On voit facilement que le volume du cône SAB passe par un minimum ; en effet, lorsque le point S est en E, ce volume est infini, et il redevient infini lorsque S s'éloigne indéfiniment de E; ce volume a donc cessé de décroître pour croître, et il est passé par un minimum.

Soient x le rayon de base du cône et y sa hauteur. La valeur à rendre minimum sera :

$$V = \frac{\pi x^2 y}{3} . \qquad (1)$$

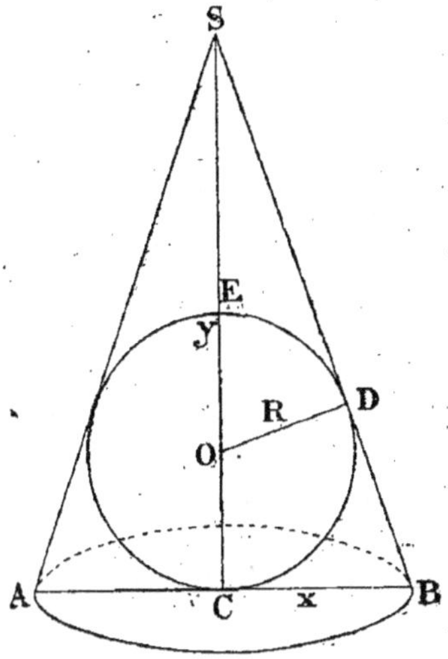

Les deux triangles semblables SCB et SDO donnent :

$$\frac{CB}{OD} = \frac{SC}{SD} ;$$

or SD est une tangente, et l'on a :

$$\overline{SD}^2 = y\,(y - 2R),$$

alors la proportion devient :

$$\frac{x}{R} = \frac{y}{\sqrt{y\,(y - 2R)}} ;$$

d'où

$$x = \frac{Ry}{\sqrt{y\,(y - 2R)}} .$$

L'expression (1) est minimum en même temps que $x^2 y$; or

$$x^2 = \frac{R^2 y}{y - 2R} ,$$

et, en substituant, il vient

$$x^2 y = \frac{R^2 y^2}{y - 2R} .$$

Le minimum de cette fraction aura lieu en même temps que le maximum de la fraction inverse

$$\frac{y - 2R}{R^2 y^2} \quad \text{ou} \quad \frac{y - 2R}{y^2} .$$

Cette expression peut s'écrire :

$$\frac{1}{y}\left(1 - \frac{2R}{y}\right) \quad \text{ou} \quad \frac{1}{2R} \times \frac{2R}{y}\left(1 - \frac{2R}{y}\right).$$

La somme des deux facteurs variables $\dfrac{2R}{y}$ et $1 - \dfrac{2R}{y}$ est constante, donc le produit est maximum quand on a :

$$\frac{2R}{y} = 1 - \frac{2R}{y} \quad (\text{n}^\circ\ 448);$$

d'où

$$y = 4R.$$

Le cône circonscrit de volume minimum est celui qui a pour hauteur le double du diamètre de la sphère ; son volume est $\dfrac{8\pi R^3}{3}$, c'est-à-dire le double du volume de la sphère.

CHAPITRE IV

MÉTHODE DITE DES COEFFICIENTS INDÉTERMINÉS

On rencontre parfois des questions auxquelles on ne peut appliquer aucun des procédés indiqués précédemment ; la méthode directe serait trop laborieuse, la méthode indirecte ne peut aboutir parce qu'on ne sait pas résoudre l'équation finale ; l'application des principes contredirait les hypothèses faites, etc. Alors on applique la méthode des *coefficients indéterminés*.

Cette méthode consiste à multiplier les facteurs du produit dont on cherche le maximum par des facteurs numériques convenables, de sorte que les facteurs soient égaux et que leur somme soit constante, ou plus généralement que ces facteurs soient proportionnels à leurs exposants.

457. Prenons pour exemple le produit

$$(ax + b)(a'x + b')(a''x + b'').$$

Soient α, β, γ trois nombres positifs constants, mais actuellement indéterminés.

Le produit considéré sera maximum en même temps que

$$\alpha\beta\gamma(ax + b)(a'x + b')(a''x + b'') = (\alpha ax + \alpha b)(\beta a'x + \beta b')(\gamma a''x + \gamma b'').$$

Disposons des coefficients α, β, γ, de manière à rendre constante la somme de ces trois facteurs ; cette somme étant

$$x(\alpha a + \beta a' + \gamma a'') + \alpha b + \beta b' + \gamma b'', \qquad (1)$$

on devra avoir $\qquad \alpha a + \beta a' + \gamma a'' = 0,$

et alors le produit sera maximum lorsque les facteurs seront égaux, c'est-à-dire pour

$$\alpha(ax + b) = \beta(a'x + b') = \gamma(a''x + b'')$$

ou $\qquad \dfrac{\dfrac{\alpha}{1}}{ax + b} = \dfrac{\dfrac{\beta}{1}}{a'x + b'} = \dfrac{\dfrac{\gamma}{1}}{a''x + b''} = 1 \qquad (2)$

Les rapports (2) contenant les indéterminées α, β, γ, nous pouvons les prendre égaux à l'unité ; nous avons alors pour déterminer α, β, γ, x, les équations :

$$\alpha a + \beta a' + \gamma a'' = 0, \quad \alpha = \frac{1}{ax + b}, \quad \beta = \frac{1}{a'x + b'}, \quad \gamma = \frac{1}{a''x + b''}.$$

La première devient, en y remplaçant α, β, γ :

$$\frac{a}{ax+b} + \frac{a'}{a'x+b'} + \frac{a''}{a''x+b''} = 0.$$

Cette équation donne x, et les rapports précédents donneraient α, β, γ, qu'il est d'ailleurs inutile de calculer.

Il nous reste à prouver, pour être rigoureux, que les trois facteurs du produit sont alors rendus positifs, car on applique un théorème (451) qui suppose cette condition remplie. Cette restriction a été sauvegardée ; car au moment où l'on a rendu les facteurs égaux, ils étaient égaux à l'unité, donc positifs.

Problème. *On a une feuille de carton rectangulaire* ABCD, *dont les côtés sont* a *et* b ; *aux quatre coins on enlève des carrés égaux. Déterminer le côté de ces carrés par la condition que la boîte qui a pour fond* mnpq, *pour faces latérales les rectangles qui restent et pour hauteur le côté des carrés enlevés, ait un volume maximum.*

Désignons par x le côté AE du carré enlevé ; le fond de la boîte sera un rectangle $mnpq$, dont les dimensions seront :

$$a - 2x \quad \text{et} \quad b - 2x.$$

La surface de ce rectangle sera :

$$(a - 2x)(b - 2x) ;$$

par suite, le volume de la boîte sera exprimé par

$$V = x(a - 2x)(b - 2x).$$

On pourrait rendre constante la somme des facteurs en multipliant par 4 le produit $x(a - 2x)(b - 2x)$, mais ensuite on ne peut pas conclure que le produit sera maximum quand les facteurs seront égaux ; ici ils ne peuvent pas le devenir, car l'on aurait $a - 2x = b - 2x$, et par suite, $a = b$, ce qui est contraire à l'hypothèse.

D'ailleurs, si l'on emploie la méthode indirecte, l'équation résultante ne peut pas être résolue, elle est du troisième degré.

Pour trouver le maximum du produit

$$x(a - 2x)(b - 2x)$$

nous multiplierons les deux derniers facteurs par des constantes arbitraires α et β (c'est à dessein que nous ne prenons que deux indéterminées, pour montrer qu'il n'est pas nécessaire de prendre autant de constantes qu'on a de facteurs) ; on aura :

$$x(a\alpha - 2\alpha x)(b\beta - 2\beta x).$$

Si l'on fait la somme de ces facteurs :

$$x - 2\alpha x - 2\beta x + a\alpha + b\beta,$$

ou

$$x(1 - 2\alpha - 2\beta) + a\alpha + b\beta,$$

cette somme sera constante, c'est-à-dire indépendante de x, quand on aura

$$1 - 2\alpha - 2\beta = 0. \tag{1}$$

Si la somme des facteurs est constante, le produit sera maximum quand les facteurs seront égaux.

Alors
$$x = \alpha (a - 2x) = \beta (b - 2x) ;$$

α et β étant différents, cela n'entraîne plus $a = b$.

De ces relations on tire :

$$\alpha = \frac{x}{a - 2x}, \qquad \beta = \frac{x}{b - 2x}.$$

Ces valeurs, mises dans la relation (1), donnent :

$$1 - \frac{2x}{a - 2x} - \frac{2x}{b - 2x} = 0,$$

$$(a - 2x)(b - 2x) - 2x(b - 2x) - 2x(a - 2x) = 0,$$

$$12x^2 - 4x(a + b) + ab = 0,$$

$$x = \frac{a + b \pm \sqrt{a^2 - ab + b^2}}{6}.$$

Nous trouvons deux racines réelles et positives ; il est facile de voir que la plus petite seule convient. En effet, a étant plus grand que b, la valeur du radical est supérieure à b ; par suite, la grande racine serait supérieure à $\frac{3b}{6}$ ou $\frac{b}{2}$, ce qui est impossible, car le côté du carré à enlever ne peut être supérieur à la moitié du petit côté du rectangle ; la valeur qui fournit le maximum est donc :

$$x = \frac{a + b - \sqrt{a^2 - ab + b^2}}{6}.$$

Remarque. Si l'on suppose $a = b$, on est ramené à un problème précédent ; la formule ci-dessus donne le même résultat que celui que nous avons trouvé,

c'est-à-dire
$$x = \frac{a}{6}.$$

Problème. *Inscrire dans une sphère un cône de surface totale maximum.*

Soient x le rayon de la base et y la génératrice du cône. L'expression à rendre maximum sera :

$$\pi x^2 + \pi x y \quad \text{ou} \quad x^2 + x y.$$

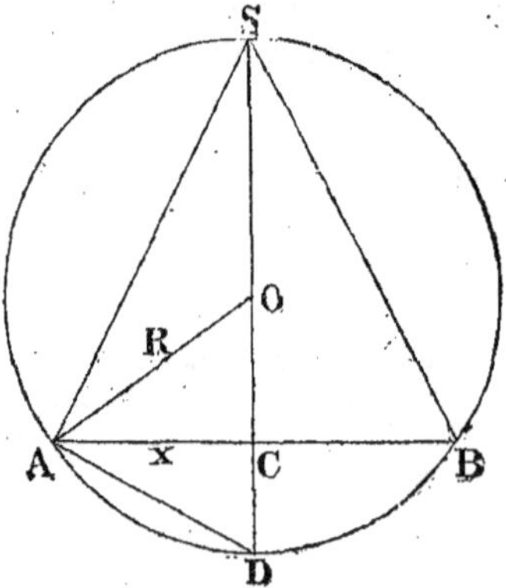

En exprimant de deux manières le double de la surface du triangle ADS, on a :

$$2Rx = y\sqrt{4R^2 - y^2} ;$$

par suite,
$$x = \frac{y\sqrt{4R^2 - y^2}}{2R}.$$

Si, dans l'expression $x^2 + xy$, on remplace x par cette valeur, on trouve :

$$\frac{y^2}{4R^2}(4R^2 - y^2) + \frac{y^2\sqrt{4R^2 - y^2}}{2R},$$

ou
$$\frac{y^2(4R^2 - y^2) + 2Ry^2\sqrt{4R^2 - y^2}}{4R^2}.$$

Le maximum de cette fraction, dont le dénominateur est constant, a lieu en même temps que le maximum du numérateur.

Pour le déterminer, faisons $\sqrt{4R^2 - y^2} = z$,

on aura
$$y^2 = 4R^2 - z^2 ;$$

en substituant, on a :

$$(4R^2 - z^2) z^2 + 2R (4R^2 - z^2) z = z [z(4R^2 - z^2) + 2R (4R^2 - z^2)]$$
$$= z (4R^2 - z^2) (2R + z) = z (2R - z) (2R + z) (2R + z).$$

Comme il y a deux facteurs égaux, on multiplie les deux premiers par α et β ;

on a
$$\alpha z (2\beta R - \beta z) (2R + z) (2R + z) ;$$

la somme est :

$$\alpha z + 2\beta R - \beta z + 4R + 2z = 2\beta R + 4R + z (\alpha - \beta + 2).$$

Cette somme sera constante si l'on a :

$$\alpha - \beta + 2 = 0, \tag{1}$$

et le produit sera maximum quand les facteurs seront égaux ; par suite,

$$\alpha z = 2\beta R - \beta z = 2R + z ;$$

on en tire
$$\alpha = \frac{2R + z}{z}, \qquad \beta = \frac{2R + z}{2R - z} .$$

Si l'on substitue dans l'équation (1)

$$\frac{2R + z}{z} - \frac{2R + z}{2R - z} + 2 = 0,$$

en réduisant il vient :

$$2z^2 - Rz - 2R^2 = 0 ; \quad \text{d'où} \quad z = \frac{R \pm R\sqrt{17}}{4} .$$

Mais on a
$$z = \sqrt{4R^2 - y^2} .$$

En se reportant à la figure, on voit que l'inconnue auxiliaire z représente la corde AD qu'on ne peut supposer négative ; par suite, la valeur positive de z seule convient.

On en déduit facilement la valeur de y à l'aide de la relation :

$$y^2 = 4R^2 - z^2.$$

$$y^2 = 4R^2 - \frac{R^2}{16} (1 + \sqrt{17})^2 = \frac{64R^2 - R^2 (18 + 2\sqrt{17})}{16} = \frac{R^2}{8} (23 - \sqrt{17}).$$

On a de même, pour $x^2 = \dfrac{y^2 (4R^2 - y^2)}{4R^2}$:

$$x^2 = \frac{1}{4R^2} (23 - \sqrt{17}) \frac{R^2}{8} \times \frac{R^2}{16} (18 + 2\sqrt{17}) = \frac{R^2}{8} (23 - \sqrt{17}) \left(\frac{9 + \sqrt{17}}{32} \right)$$
$$= \frac{R^2}{256} (23 - \sqrt{17}) (9 + \sqrt{17}) ;$$

la hauteur du cône est donnée par la relation :

$$h^2 = y^2 - x^2.$$

Si l'on substitue, on trouve :

$$h = \frac{R}{16} (23 - \sqrt{17}).$$

$$\text{Résultats} \left\{ \begin{array}{l} \text{Hauteur du cône} \quad \dfrac{R}{16} (23 - \sqrt{17}). \\[2mm] \text{Rayon de sa base} \\[1mm] \quad \dfrac{R}{16} \sqrt{(23 - \sqrt{17}) (9 + \sqrt{17})} = \dfrac{R}{16} \sqrt{190 + 14\sqrt{17}} \\[2mm] \text{Apothème} \quad \dfrac{R}{4} \sqrt{46 - 2\sqrt{17}} . \end{array} \right.$$

L'expression de la surface maximum est :

$$\pi R^2 \left(\frac{95 + 7\sqrt{17}}{128} + \frac{\sqrt{2066 + 66\sqrt{17}}}{32} \right).$$

Et comme $\quad \sqrt{2066 + 66\sqrt{17}} = \sqrt{2057} + \sqrt{9} = 11\sqrt{17} + 3,$

il vient $\quad\quad \dfrac{\pi R^2}{128} [95 + 7\sqrt{17} + 44\sqrt{17} + 12],$

ou $\quad\quad\quad \dfrac{\pi R^2 (107 + 51\sqrt{17})}{128} .$

CHAPITRE V

DÉRIVÉES

§ I. — Des limites.

458. Définition. On appelle *limite* d'une quantité variable x, un nombre fixe a, tel que la différence $x - a$ puisse devenir et rester, en valeur absolue, aussi petite que l'on veut. Ainsi, dire que x tend vers a, c'est dire, par définition, que l'on peut déterminer x de manière que la différence $x - a$ soit plus petite qu'un nombre donné ε, ε étant aussi petit que l'on veut.

D'après cette définition, nous dirons qu'une quantité variable x tend vers zéro, lorsqu'elle peut devenir et rester ensuite en valeur absolue moindre qu'un nombre donné, aussi petit que l'on veut.

Une variable peut tendre vers une limite de trois manières :

1º Par des valeurs qui soient constamment inférieures à la limite ;

2º Par des valeurs qui soient constamment supérieures à la limite ;

3º Par des valeurs qui soient tantôt inférieures, tantôt supérieures à la limite.

Soit, par exemple, la progression géométrique décroissante :

$$1 : q : q^2 : q^3 : \ldots q^n : \ldots$$

La somme des n premiers termes est :

$$S = \frac{1 - q^n}{1 - q} \quad \text{ou} \quad S = \frac{1}{1 - q} - \frac{q^n}{1 - q} .$$

Prenons n assez grand pour que le rapport $\dfrac{q^n}{1-q}$ soit moindre qu'un nombre donné, aussi petit que l'on veut ; pour cette valeur de n et pour toute autre valeur plus grande, le rapport $\dfrac{q^n}{1-q}$ tend vers zéro si n croît sans limite. La somme tend donc vers la limite $\dfrac{1}{1-q}$.

Le rapport $\dfrac{q^n}{1-q}$ est positif ; par suite, la somme S tend vers sa limite par des valeurs *inférieures* à cette limite.

Au contraire, l'expression

$$1 - S = \frac{q^n}{1-q} - \frac{q}{1-q}$$

tend vers sa limite $-\dfrac{q}{1-q}$ par des valeurs *supérieures* à sa limite.

Si l'on suppose *négative* la raison de la progression, le rapport $\dfrac{q^n}{1-q}$ est alternativement positif et négatif, positif pour n pair et négatif pour n impair ; la somme S tend toujours vers $\dfrac{1}{1-q}$, mais par des valeurs tantôt supérieures, tantôt inférieures à sa limite.

459. Théorème I. *Soit une quantité variable* x *constamment égale à une autre variable* y ; *si* y *a une limite,* x *a aussi une limite, et ces deux limites sont égales.*

Soit a la limite de y : la différence $y - a$ est, en valeur absolue, aussi petite que l'on veut ; il en est de même de la différence $x - a$, puisque x est constamment égal à y ; donc x a une limite qui est la même que celle de y.

460. Théorème II. *Lorsque plusieurs fonctions d'une même variable* x, *en nombre fini, sont telles que,* x *tendant vers une limite donnée* α, *les fonctions tendent respectivement vers les limites* a, b, c..., *la fonction équivalente à la somme algébrique des fonctions considérées tend vers une limite égale à la somme des limites des fonctions.*

Soient les fonctions u, v, w qui ont respectivement pour limites a, b, c lorsque x tend vers α.

On a :
$$u = a + a',$$
$$v = b + b',$$
$$w = c + c',$$

en désignant par a', b', c' des quantités qui tendent vers zéro, en même temps que x tend vers α et que les fonctions u, v, w tendent vers leurs limites a, b, c.

En additionnant :

$$u + v + w = (a + b + c) + (a' + b' + c').$$

Si l'on passe à la limite, la somme $a' + b' + c'$, qui se compose d'un nombre fini de quantités qui tendent vers zéro, tend aussi vers zéro ; on a donc :

$$\lim. (u + v + w) = a + b + c.$$

Remarque. On peut se rendre compte, de la manière suivante, que si les termes d'une fonction tendent vers zéro, pour que leur somme tende aussi vers zéro il faut généralement que le nombre des termes soit fini.

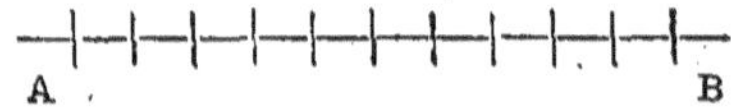

Divisons une droite AB en n parties égales, dont la somme est toujours égale à la longueur AB. Si n augmente indéfiniment, chaque partie tend bien vers zéro, et cependant leur somme ne tend pas vers zéro, puisqu'elle est constamment égale à AB.

Il peut cependant exister des sommes algébriques, d'une infinité de termes, tendant vers zéro avec tous leurs termes, comme le montre l'exemple $\qquad x + x^2 + x^3 + \dots$

La somme est égale à $\qquad \dfrac{x}{1 - x}$;

elle tend vers zéro avec tous ses termes.

461. Théorème III. *Lorsque plusieurs fonctions d'une même variable* x, *en nombre fini, tendent respectivement vers des limites données* a, b, c... *quand* x *tend vers* α, *la fonction égale au produit de ces fonctions a pour limite le produit des limites des fonctions données.*

Soient les fonctions u, v, w ayant pour limites les nombres donnés a, b, c.

On a :
$$u = a + a',$$
$$v = b + b',$$
$$w = c + c'.$$

En multipliant membre à membre :

$$uvw = (a + a')(b + b')(c + c'),$$

ou

$$uvw = abc + acb' + bca' + abc' + ca'b' + ba'c' + ab'c' + a'b'c'.$$

Le second membre est formé du produit abc et d'un nombre fini de termes, contenant chacun au moins un des facteurs a', b', c'; *tous ces termes tendent vers zéro*, il en est de même de leur somme ; par suite,

$$\lim. (uvw) = abc.$$

462. Théorème IV. *Lorsque deux fonctions d'une même variable tendent vers des limites données, quand la variable tend vers une limite, la fonction égale au quotient de ces fonctions a pour limite le quotient des limites de ces fonctions (pourvu que le diviseur n'ait pas zéro pour limite).*

Soient u et v deux fonctions de x ayant pour limites a et b, et q leur quotient.

On a :
$$\frac{u}{v} = q \quad \text{ou} \quad u = vq.$$

Le théorème précédent nous donne :

$$\lim. u = \lim. v \times \lim. q;$$

d'où
$$\lim. q = \frac{\lim. u}{\lim. v} = \frac{a}{b}.$$

Remarque. Quand une quantité *variable* a pour limite zéro, on dit qu'elle est *infiniment petite*.

Quand une quantité *variable* peut croître indéfiniment (en valeur absolue), on dit qu'elle est *infiniment grande*.

§ II. — Définition de la dérivée.

463. Définition. Soit $y = f(x)$ une fonction continue de la variable indépendante x; à chaque valeur de la variable correspond une valeur bien déterminée de la fonction. Si l'on considère deux valeurs voisines x et $x + h$, à ces valeurs correspondent deux valeurs de la fonction :

$$y = f(x) \quad \text{et} \quad y + k = f(x + h);$$

h et k sont les accroissements respectifs de la variable et de la fonction; ces accroissements peuvent être de même signe ou de signes contraires. Cela posé, considérons le rapport $\dfrac{k}{h}$ de l'accroissement de la fonction à l'accroissement de la variable. Lorsque, h tendant vers zéro d'une manière quelconque, ce rapport a une limite bien déterminée, cette limite est ce que l'on appelle la *dérivée* de la fonction.

Ainsi, par définition, la limite du rapport $\dfrac{k}{h}$ ou du rapport

égal $$\frac{f(x+h)-f(x)}{h},$$

lorsque h tend vers zéro, est la *dérivée* de la fonction.

La dérivée se cherche toujours pour une valeur déterminée de la variable x.

Les fonctions continues ont seules une dérivée, mais toutes les fonctions continues n'ont pas une dérivée unique; celles dont nous nous occuperons ont toutes une dérivée unique et bien déterminée.

De la définition de la dérivée résulte évidemment que la dérivée d'une constante est nulle.

La dérivée d'une fonction $y = f(x)$ est elle-même une fonction de x. Cette dérivée admet aussi, en général, une dérivée; cette dérivée de la dérivée s'appelle dérivée seconde de la fonction. La dérivée seconde admet, en général, une dérivée, et cette dernière s'appelle dérivée troisième de la fonction, et ainsi de suite. La dérivée proprement dite s'appelle dérivée première, si l'on considère les dérivées successives d'une fonction; on l'appelle simplement dérivée, si elle est considérée isolément.

On représente la dérivée première par y' ou $f'(x)$, la dérivée seconde par y'' ou $f''(x)$, etc.

464. Dérivées de quelques fonctions simples. 1° *Soit la fonction* $y = x$.

Donnons à x l'accroissement h, et soit k l'accroissement correspondant de la fonction; on a :

$$y + k = x + h,$$

et par soustraction $$k = h$$

ou $$\frac{k}{h} = 1.$$

Quand h varie, k lui est constamment égal; donc $\lim \dfrac{k}{h} = 1$, ou $y' = 1$.

La dérivée de la variable est donc 1.

2° *Soit la fonction* $y = ax + b$.

Donnons à x l'accroissement h, et soit k l'accroissement correspondant de la fonction; on a :

$$y + k = a(x + h) + b,$$

et par soustraction $\qquad k = ah$

ou $\qquad \dfrac{k}{h} = a.$

Quand h varie, ainsi que k, le rapport $\dfrac{k}{h}$ reste constamment égal à a ;

donc $\qquad \lim. \dfrac{k}{h} = a$ ou $y' = a.$

3° *Soit la fonction* $y = ax^2 + bx + c.$

On a : $\qquad y + k = a(x+h)^2 + b(x+h) + c;$

d'où $\qquad k = 2ahx + ah^2 + bh,$

ou $\qquad \dfrac{k}{h} = 2ax + ah + b.$

La limite du rapport $\dfrac{k}{h}$, pour $h = 0$, est $2ax + b.$

La dérivée de la fonction

$$y = ax^2 + bx + c$$

est donc : $\qquad y' = 2ax + b.$

4° *Soit la fonction* $y = x^m$, m *étant un nombre entier positif.*

Donnons à x l'accroissement h et soit k, l'accroissement correspondant de la fonction ; on a :

$$y + k = (x+h)^m;$$

d'où $\qquad k = (x+h)^m - x^m.$

La différence $(x+h)^m - x^m$ est divisible par $(x+h) - x$; le quotient est :

$$(x+h)^{m-1} + x(x+h)^{m-2} + x^2(x+h)^{m-3} + \ldots + x^{m-1}.$$

On a donc :

$$k = (x+h)^m - x^m = (x+h-x)[(x+h)^{m-1} + x(x+h)^{m-2} + x^2(x+h)^{m-3} + \ldots + x^{m-1}].$$

ou

$$\frac{k}{h} = [(x+h)^{m-1} + x(x+h)^{m-2} + x^2(x+h)^{m-3} + \ldots + x^{m-1}].$$

La limite du rapport $\dfrac{k}{h}$, pour $h = 0$, est :

$$\lim \frac{k}{h} = x^{m-1} + x^{m-1} + x^{m-1} + \ldots + x^{m-1}$$

ou $\qquad y' = m\, x^{m-1}.$

5° *Soit la fonction* $\quad y = \sqrt{x^2 + 1}$.

On a : $\qquad\qquad y + k = \sqrt{(x + h)^2 + 1}$;

d'où $\qquad\quad k = \sqrt{(x + h)^2 + 1} - \sqrt{x^2 + 1}$,

et $\qquad\quad \dfrac{k}{h} = \dfrac{\sqrt{(x + h)^2 + 1} - \sqrt{x^2 + 1}}{h}$.

Cherchons la limite pour $h = 0$ du second membre de cette égalité ; en multipliant et divisant par $\sqrt{(x + h)^2 + 1} + \sqrt{x^2 + 1}$, on a :

$$\frac{(x + h)^2 + 1 - (x^2 + 1)}{h\left(\sqrt{(x + h)^2 + 1} + \sqrt{x^2 + 1}\right)} = \frac{2hx + h^2}{h\left(\sqrt{(x + h)^2 + 1} + \sqrt{x^2 + 1}\right)} \cdot$$

En divisant d'abord par h, puis faisant $h = 0$, il vient :

$$\lim. \frac{k}{h} = \frac{x}{\sqrt{x^2 + 1}} \cdot$$

La dérivée de la fonction $\quad y = \sqrt{x^2 + 1}\quad$ est donc .

$$y' = \frac{x}{\sqrt{x^2 + 1}} \cdot$$

465. Interprétation géométrique de la dérivée.

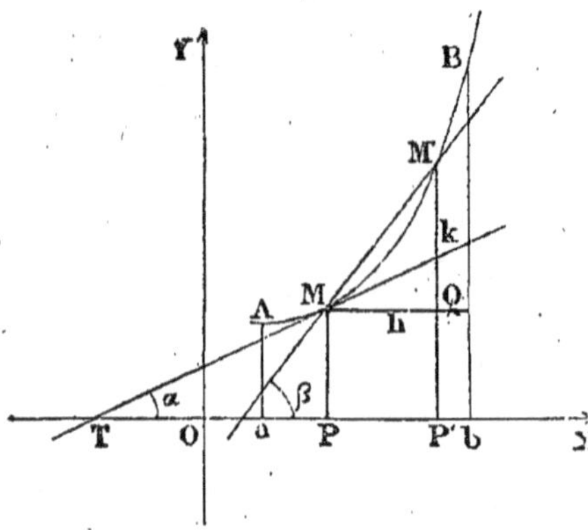

Soit une fonction

$$y = f(x),$$

admettant une dérivée pour chaque valeur de x entre a et b, et soit AB l'arc de courbe qui représente les variations de la fonction dans cet intervalle. Considérons sur cette courbe un point M de coordonnées x_0, et y_0 ou $f(x_0)$, puis un point voisin M' de coordonnées $x_0 + h$ et $y_0 + k$ ou $f(x_0 + h)$, M et M' étant entre A et B.

En menant MQ parallèle à OX et la sécante MM', la figure montre que :

$$\overline{QM'} = f(x_0 + h) - f(x_0) \quad \text{ou } k ;$$
$$\overline{MQ} = (x_0 + h) - x_0 \quad \text{ou } h.$$

Or $\qquad\qquad \dfrac{\overline{QM'}}{\overline{MQ}} = \operatorname{tg} (OX, MM').$

Quand h tend vers 0, M′ se rapproche de M jusqu'à se confondre avec lui, et la sécante MM′ tend vers une position limite qui est, par définition, la tangente en M à l'arc AB.

Alors aussi l'angle (OX,MM′) tend vers l'angle (OX,TM) ou α.

Ainsi $\qquad\qquad\qquad f'(x_o)$ ou $y' = \mathrm{tg}\,\alpha.$

On peut donc conclure : la valeur de la dérivée d'une fonction $y = f(x)$, pour une valeur x_o de la variable, représente la tangente trigonométrique de l'angle que fait la tangente à la courbe au point d'abscisse x_o, avec la direction positive de l'axe des x.

466. Signification cinématique de la dérivée.

L'équation du mouvement uniforme dans le cas le plus général est
$$e = a + vt, \qquad\qquad (1)$$
dans laquelle a est une constante, v désigne la vitesse et e l'espace parcouru par le mobile pendant le temps t.

On peut considérer le temps t comme une variable indépendante, et alors l'espace est une fonction du temps.

Donnons à t un accroissement h; l'espace parcouru e prend un accroissement correspondant k, et l'on a :
$$e + k = a + v(t + h), \qquad\qquad (2)$$

En retranchant membre à membre la relation (1) de (2), il vient :
$$k = vh,$$
ou
$$\frac{k}{h} = v.$$

La limite du rapport $\dfrac{k}{h}$ quand h tend vers 0 est, par définition, la dérivée de l'espace par rapport au temps; on voit que cette dérivée est précisément égale à la vitesse.

On peut donc conclure : *Dans le mouvement uniforme, on obtient la vitesse en prenant la dérivée de l'espace par rapport au temps.*

Remarque. Pour que le mouvement soit *uniforme*, il faut que la *vitesse* soit *constante*. La dérivée de l'espace par rapport au temps représente la vitesse ; cette dérivée doit donc aussi être constante, et pour qu'il en soit ainsi, il faut que l'équation du mouvement soit du premier degré par rapport à t.

467. Définition de la différentielle d'une fonction. On appelle *différentielle* d'une fonction le produit de la dérivée de cette fonction par l'accroissement de la variable indépendante. En désignant par y une fonction de x, par y' la dérivée et par h l'accroissement de la variable, la différentielle est par *définition* $y'h$; l'accroissement h étant très petit, la différentielle est aussi une quantité très petite.

On représente la différentielle de la fonction y par dy; si l'accroissement de la variable est représenté par Δx, on a donc par définition :

$$dy = y'.\,\Delta x. \qquad (1)$$

Soit la fonction $\qquad\qquad y = x.$

D'après la définition, $\quad dx = 1.\,\Delta x,\quad$ car la dérivée de x est 1 ;

donc : $\qquad\qquad\qquad\qquad dx = \Delta x.$

Ainsi la différentielle d'une variable indépendante est égale à son accroissement.

La relation (1) peut s'écrire :

$$dy = y'\,dx ;$$

d'où $\qquad\qquad\qquad\qquad y' = \frac{dy}{dx}\,.$

La dérivée y' est égale au quotient de la différentielle de la fonction par la différentielle de la variable.

§ III. — Dérivée d'une somme, d'un produit, d'un quotient de fonctions de x.

Dans ce qui suit nous supposerons toujours que les fonctions sur lesquelles nous raisonnons ont une dérivée. Les fonctions que nous aurons à considérer étant formées d'autres fonctions, il est plus commode d'employer la notation Δx pour l'accroissement de la variable et Δy, Δu, Δv pour les accroissements correspondants des fonctions.

468. Dérivée d'une somme. Théorème I. *La dérivée d'une somme composée d'un nombre limité de fonctions ayant chacune une dérivée est égale à la somme des dérivées de ces fonctions.*

Soit la fonction $\qquad y = u + v - w, \qquad\qquad (1)$

u, v et w étant des fonctions continues de x, admettant chacune une dérivée, c'est-à-dire

$$u = f(x), \quad v = F(x), \quad w = \varphi(x).$$

Donnons à x un accroissement Δx; les fonctions y, u, v, w prennent des accroissements correspondants :

$$\Delta y, \Delta u, \Delta v, \Delta w,$$

et l'on a :

$$y + \Delta y = (u + \Delta u) + (v + \Delta v) - (w + \Delta w). \qquad (2)$$

Retranchant la relation (1) de (2) :

$$\Delta y = \Delta u + \Delta v - \Delta w,$$

et en divisant par Δx :

$$\frac{\Delta y}{\Delta x} = \frac{\Delta u}{\Delta x} + \frac{\Delta v}{\Delta x} - \frac{\Delta w}{\Delta x}.$$

Si l'on fait tendre Δx vers zéro, les fonctions u, v, w étant des fonctions continues de x, les accroissements Δu, Δv, Δw tendent aussi vers zéro, et les rapports :

$$\frac{\Delta u}{\Delta x}, \quad \frac{\Delta v}{\Delta x}, \quad \frac{\Delta w}{\Delta x},$$

tendent par définition vers les dérivées u', v' et w'; par suite,

$$y' = u' + v' - w'.$$

469. Dérivée d'un polynôme entier en x.

Un polynôme entier en x est une somme de termes de la forme $A x^m$; la dérivée du polynôme est égale à la somme des dérivées de ses différents termes.

Ainsi
$$y = 2x^4 - 5x^3 + x^2 - 4x + 1$$
a pour dérivée
$$y' = 8x^3 - 15x^2 + 2x - 4.$$

470. Dérivée d'un produit. Théorème II. *La dérivée d'un produit de plusieurs facteurs est égale à la somme des produits obtenus en multipliant la dérivée de chaque facteur par le produit de tous les autres.*

Soit d'abord le produit de deux facteurs :

$$y = uv.$$

u et v étant des fonctions de x, je dis que la dérivée est :

$$y' = uv' + vu'.$$

En effet, si l'on donne à x un accroissement Δx, les fonctions y, u, v prennent des accroissements correspondants Δy, Δu, Δv, et l'on a :

$$y + \Delta y = (u + \Delta u)(v + \Delta v),$$
$$y + \Delta y = uv + v\Delta u + u\Delta v + \Delta u.\Delta v.$$

Or
$$y = uv.$$

En retranchant, il vient :

$$\Delta y = v\Delta u + u\Delta v + \Delta u.\Delta v;$$

et en divisant par Δx :

$$\frac{\Delta y}{\Delta x} = v\,\frac{\Delta u}{\Delta x} + u\,\frac{\Delta v}{\Delta x} + \frac{\Delta u}{\Delta x}\,\Delta v.$$

Mais, lorsque Δx tend vers zéro, les accroissements Δy, Δu, Δv tendent aussi vers zéro, et on a :

$$\lim. \frac{\Delta u}{\Delta x} = u', \qquad \lim. \frac{\Delta v}{\Delta x} = v',$$

$$\lim. \frac{\Delta u}{\Delta x}\, \Delta v = u' \times 0 = 0,$$

donc
$$y' = uv' + vu'.$$

Ainsi, la dérivée d'un produit de deux facteurs *est égale à la somme des produits qu'on obtient en multipliant chaque facteur par la dérivée de l'autre.*

CAS PARTICULIER. Si l'un des facteurs est constant, c'est-à-dire si l'on a :
$$y = au,$$

on trouve, en donnant à x un accroissement Δx,

$$y + \Delta y = a\,(u + \Delta u) = au + a\Delta u;$$

par suite,
$$\Delta y = a\Delta u$$

ou
$$\frac{\Delta y}{\Delta x} = a\,\frac{\Delta u}{\Delta x}$$

et, en passant à la limite, $y' = au'.$

Ainsi la dérivée d'un produit de deux facteurs dont l'un est constant *est égale à cette constante multipliée par la dérivée de l'autre facteur.*

471. Soit maintenant un produit de trois facteurs

$$y = uvw. \tag{1}$$

Si l'on considère les deux premiers comme formant un seul facteur, on a, d'après la règle relative au produit de deux facteurs,

$$y' = (uv)w' + w(uv)';$$

mais on a : $(uv)' = uv' + vu'.$

En substituant, il vient :

$$y' = uvw' + uv'w + u'vw. \tag{2}$$

On trouverait un résultat analogue pour un nombre quelconque de facteurs.

472. Dérivée logarithmique. Si nous divisons membre à membre la relation (2) ci-dessus par la relation (1), il vient :

$$\frac{y'}{y} = \frac{u'}{u} + \frac{v'}{v} + \frac{w'}{w}.$$

Le rapport $\dfrac{y'}{y}$ est ce qu'on appelle la *dérivée logarithmique* d'une fonction. On peut alors énoncer la règle suivante :

Règle. *La dérivée logarithmique d'un produit est égale à la somme des dérivées logarithmiques des facteurs.*

Applications. I. Soit le produit : $y = (x-1)(x^2+1)$.

On a :
$$y' = (x-1)(x^2+1)' + (x^2+1)(x-1)',$$

ou
$$y' = (x-1)2x + (x^2+1) \cdot 1,$$
$$y' = 2x^2 - 2x + x^2 + 1,$$
$$y' = 3x^2 - 2x + 1.$$

II. Soit le produit :

$$y = (x-1)(x+1)(x-3)(x+3).$$

On a :

$$y' = (x+1)(x-3)(x+3) + (x-1)(x-3)(x+3)$$
$$+ (x-1)(x+1)(x+3) + (x-1)(x+1)(x-3),$$
$$y' = (x+1)(x^2-9) + (x-1)(x^2-9)$$
$$+ (x+3)(x^2-1) + (x-3)(x^2-1),$$
$$y' = 4x(x^2-5).$$

III. Soit le produit :

$$y = (x-3)(2x^2+1) - (x^2+1)(x-1).$$

On a :

$$y' = (x-3)(2x^2+1)' + (2x^2+1)(x-3)' - (x^2+1)(x-1)' - (x-1)(x^2+1)',$$

ou

$$y' = (x-3)4x + (2x^2+1) \cdot 1 - (x^2+1) \cdot 1 - (x-1)2x,$$
$$y' = 4x^2 - 12x + 2x^2 + 1 - x^2 - 1 - 2x^2 + 2x,$$
$$y' = 3x^2 - 10x.$$

473. Dérivée d'une puissance. Théorème III. *La dérivée d'une puissance est égale à un produit de trois facteurs, dont le premier est l'exposant de la puissance, le second est la fonction dont l'exposant est diminué d'une unité, le troisième la dérivée de cette fonction.*

Soit
$$y = u^m.$$

u étant une fonction de x, je dis que la dérivée est :

$$y' = mu^{m-1} \cdot u'.$$

1er Cas. *m est un nombre entier et positif.*

On a :
$$y = u \cdot u \cdot u \ldots u;$$

la fonction est un produit de m facteurs. Prenons la dérivée logarithmique des deux membres; il vient :

$$\frac{y'}{y} = \frac{u'}{u} + \frac{u'}{u} + \frac{u'}{u} + \cdots + \frac{u'}{u} = \frac{mu'}{u};$$

d'où
$$y' = m\,\frac{u'}{u} \cdot y.$$

En remplaçant y par u^m,

$$y' = m\,\frac{u'}{u} \cdot u^m = m \cdot u^{m-1} \cdot u'.$$

Le cas particulier de $y = x^m$ donnerait :

$$y' = m \cdot x^{m-1} \cdot (x)';$$

or la dérivée de x étant l'unité,

$$y' = mx^{m-1}.$$

2ᵉ CAS. m *est un nombre fractionnaire et positif,* $\quad m = \dfrac{p}{q}$.

Soit
$$y = u^m = u^{\frac{p}{q}}.$$

Elevons les deux membres à la puissance q^{me}, il vient :

$$y^q = u^p.$$

Ici les exposants sont entiers et positifs; on peut appliquer la règle du premier cas, et l'on a :

$$qy^{q-1}\,y' = pu^{p-1}\,u';$$

d'où $\quad y' = \dfrac{p}{q} \cdot \dfrac{u^{p-1}}{y^{q-1}} \cdot u' = \dfrac{p}{q}\,\dfrac{u^{p-1}}{u^{\frac{p}{q}(q-1)}} \cdot u' = \dfrac{p}{q}\,u^{p-1-\frac{p}{q}(q-1)} \cdot u',$

$$y' = \frac{p}{q}\,u^{\frac{p}{q}-1} \cdot u',$$

et si l'on remplace $\dfrac{p}{q}$ par m,

$$y' = mu^{m-1} \cdot u'.$$

La règle est donc encore vraie dans ce cas.

3ᵉ CAS. m *est un nombre négatif.*

Posons $m = -m'$, m' étant positif.

On a :
$$y = u^m = u^{-m'} = \frac{1}{u^{m'}}.$$

Prenons la dérivée des deux membres, il vient :

$$y' = -\frac{m'u^{m'-1}.u'}{u^{2m'}} = -m'u^{m'-1-2m'}.u',$$

$$y' = -m'u^{-m'-1}.u'.$$

Si l'on remplace m' par $-m$,

$$y' = mu^{m-1}.u'.$$

La règle est donc générale.

Applications. I. Soit $\qquad y = (x^2 - 3x + 2)^4.$

Posons : $\qquad x^2 - 3x + 2 = u$;

nous avons alors : $\qquad y = u^4,$

et $\qquad y' = 4u^3.u'.$

Or $\qquad u' = 2x - 3.$

Donc $\qquad y' = 4(x^2 - 3x + 2)^3 (2x - 3).$

II. Soit $\qquad y = (x - 1)^2 (x + 1) + (2x + 1)^3.$

La fonction se compose de deux parties dont nous allons calculer séparément les dérivées.

La partie $\quad (x - 1)^2 (x + 1) \quad$ a pour dérivée :

$$(x - 1)^2.1 + 2(x - 1)(x + 1) = (x - 1)(3x + 1).$$

La partie $\quad (2x + 1)^3 \quad$ a pour dérivée $\quad 3(2x + 1)^2.2 = 6(2x + 1)^2.$

On a donc $\quad y' = (x - 1)(3x + 1) + 6(2x + 1)^2,$

$$y' = 27x^2 + 22x + 5.$$

III. Soit $\qquad y = (2x^2 - 3x + 1)^{\frac{3}{2}}.$

Posons $\qquad 2x^2 - 3x + 1 = u.$

Nous avons alors :

$$y = u^{\frac{3}{2}},$$

et $\qquad y' = \frac{3}{2} u^{\frac{3}{2}-1}.u' = \frac{3}{2} u^{\frac{1}{2}}.u'.$

Or $\qquad u' = 4x - 3.$

Donc $\qquad y' = \frac{3}{2}(2x^2 - 3x + 1)^{\frac{1}{2}}(4x - 3) = \frac{3}{2}(4x - 3)\sqrt{2x^2 - 3x + 1}.$

474. Dérivée d'un quotient. Théorème IV. *La dérivée d'un quotient est une fraction ayant pour numérateur la différence entre le produit du diviseur par la dérivée du dividende et le produit du dividende par la dérivée du diviseur, et pour dénominateur le carré du diviseur.*

Soit le quotient $\qquad y = \dfrac{u}{v}.$ $\qquad\qquad$ (1)

u et v étant des fonctions de x, je dis que la dérivée est :

$$y' = \frac{vu' - uv'}{v^2} \cdot$$

En effet, si l'on donne à x l'accroissement Δx, les fonctions y, u et v prennent des accroissements correspondants Δy, Δu, Δv, et l'on a :

$$y + \Delta y = \frac{u + \Delta u}{v + \Delta v} ; \qquad (2)$$

donc, en retranchant (1) de (2),

$$\Delta y = \frac{u + \Delta u}{v + \Delta v} - \frac{u}{v} = \frac{uv + v\Delta u - uv - u\Delta v}{v(v + \Delta v)} = \frac{v\Delta u - u\Delta v}{v(v + \Delta v)} ;$$

en divisant par Δx, $\qquad \dfrac{\Delta y}{\Delta x} = \dfrac{v\dfrac{\Delta u}{\Delta x} - u\dfrac{\Delta v}{\Delta x}}{v(v + \Delta v)} \cdot$

Si l'on fait tendre Δx vers zéro, on a :

$$\lim. \frac{\Delta y}{\Delta x} = y', \quad \lim. \frac{\Delta u}{\Delta x} = u' \quad \text{et} \quad \lim. \frac{\Delta v}{\Delta x} = v' ;$$

par suite, $\qquad\qquad y = \dfrac{vu' - uv'}{v^2} \cdot$

Remarque. Si le numérateur était constant et égal à a, le quotient serait $\qquad\qquad y = \dfrac{a}{v} \cdot$

Dans ce cas, u' serait nul ; par suite, la dérivée deviendrait :

$$y' = -\frac{av'}{v^2} \cdot$$

Si le dénominateur était constant, on aurait :

$$y = \frac{u}{a} = \frac{1}{a} \cdot u.$$

En appliquant la règle établie (470), on trouve :

$$y' = \frac{1}{a} \cdot u'.$$

Applications. I. Soit $\qquad y = \dfrac{x - 1}{x^2} \cdot$

En appliquant la règle précédente, on a :

$$y' = \frac{x^2 \cdot 1 - (x - 1) \cdot 2x}{x^4} = \frac{2 - x}{x^3} \cdot$$

II. Soit
$$y = \frac{3x^2 + 2x + 1}{2x^2 + 3x + 2} \cdot$$

En appelant u et v les deux termes de la fraction, **on a** :
$$u' = 6x + 2, \qquad v' = 4x + 3.$$

La règle précédente donne :
$$y' = \frac{(2x^2 + 3x + 2)(6x + 2) - (3x^2 + 2x + 1)(4x + 3)}{(2x^2 + 3x + 2)^2},$$

et en réduisant :
$$y' = \frac{5x^2 + 8x + 1}{(2x^2 + 3x + 2)^2} \cdot$$

III. Soit
$$y = \frac{1}{2x^2 - 3x + 4} \cdot$$

Cette fonction est de la forme $\quad y = \dfrac{a}{v} ; \quad$ on a donc
$$y' = - \frac{4x - 3}{(2x^2 - 3x + 4)^2} \cdot$$

475. Dérivée d'un radical. Soit $y = \sqrt{u}$.

Donnons à x un accroissement Δx ; les fonctions y et u prennent des accroissements Δy et Δu ; on a :
$$y + \Delta y = \sqrt{u + \Delta u} ;$$

d'où
$$\Delta y = \sqrt{u + \Delta u} - \sqrt{u} .$$

On peut écrire :
$$\frac{\Delta y}{\Delta x} = \frac{\sqrt{u + \Delta u} - \sqrt{u}}{\Delta u} \cdot \frac{\Delta u}{\Delta x},$$

ou
$$\frac{\Delta y}{\Delta x} = \frac{(\sqrt{u + \Delta u} - \sqrt{u})(\sqrt{u + \Delta u} + \sqrt{u})}{\Delta u (\sqrt{u + \Delta u} + \sqrt{u})} \cdot \frac{\Delta u}{\Delta x},$$

$$\frac{\Delta y}{\Delta x} = \frac{\Delta u}{\Delta u (\sqrt{u + \Delta u} + \sqrt{u})} \cdot \frac{\Delta u}{\Delta x} \cdot$$

Si l'on fait tendre Δx vers zéro, Δu tend aussi vers zéro ; on a :
$$\lim. \frac{\Delta u}{\Delta x} = u' ; \; \lim. \frac{1}{\sqrt{u + \Delta u} + \sqrt{u}} = \frac{1}{2\sqrt{u}} \; \text{ et } \lim. \frac{\Delta y}{\Delta x} = y',$$

$$y' = \frac{1}{2\sqrt{u}} \cdot u'.$$

Remarque. En employant l'exposant fractionnaire, on obtient plus vite le résultat précédent.

Soit
$$y = \sqrt{u} = u^{\frac{1}{2}}.$$

En appliquant la règle pour le cas d'une puissance fractionnaire,
on a :

$$y' = \frac{1}{2} u^{\frac{1}{2} - 1} . u',$$

$$y' = \frac{1}{2} \frac{u'}{u^{-\frac{1}{2}}} = \frac{u'}{2\sqrt{u}}.$$

Pour $\quad y = \sqrt{x},\quad y' = \dfrac{1}{2\sqrt{x}}$, car $u' = 1$.

476. Règle. *La dérivée d'un radical du second degré s'obtient
en prenant la dérivée de la quantité placée sous le radical, et en
la divisant par deux fois le radical.*

En général, si l'on a $\quad y = \sqrt[m]{u}, \quad$ on peut écrire $\quad y = u^{\frac{1}{m}}$;

par suite, $\quad y' = \dfrac{1}{m} u^{\frac{1}{m} - 1} . u' = \dfrac{1}{m} u^{\frac{1-m}{m}} . u',$

ou $\quad y' = \dfrac{1}{m} \dfrac{u'}{u^{\frac{m-1}{m}}} = \dfrac{u'}{m\sqrt[m]{u^{m-1}}}.$

Pour $\quad y = \sqrt[m]{x}, \quad y' = \dfrac{1}{m\sqrt[m]{x^{m-1}}}.$

Applications. I. Soit $\quad y = \sqrt{x-1} - \dfrac{1}{\sqrt{x-1}}.$

Cette fonction peut s'écrire :

$$y = (x-1)^{\frac{1}{2}} - (x-1)^{-\frac{1}{2}}.$$

Or $\quad (x-1)^{\frac{1}{2}} \quad$ a pour dérivée $\quad \dfrac{1}{2}(x-1)^{\frac{1}{2}-1} \quad$ ou $\quad \dfrac{1}{2}(x-1)^{-\frac{1}{2}},$

èt $\quad (x-1)^{-\frac{1}{2}} \quad$ a pour dérivée $\quad -\dfrac{1}{2}(x-1)^{-\frac{1}{2}-1} \quad$ ou $\quad -\dfrac{1}{2}(x-1)^{-\frac{3}{2}};$

par suite, $\quad y' = \dfrac{1}{2}(x-1)^{-\frac{1}{2}} + \dfrac{1}{2}(x-1)^{-\frac{3}{2}},$

ou $\quad y' = \dfrac{1}{2}(x-1)^{-\frac{1}{2}}\left[1 + (x-1)^{-1}\right] = \dfrac{1}{2}(x-1)^{-\frac{1}{2}}\left(1 + \dfrac{1}{x-1}\right),$

$$y' = \dfrac{x}{2(x-1)^{\frac{3}{2}}} \quad \text{ou} \quad \dfrac{x}{2(x-1)\sqrt{x-1}}.$$

II. Soit la fonction $\quad y = \dfrac{x}{\sqrt{a^2 - x^2}},$

Cette fonction peut s'écrire :

$$y = x(a^2 - x^2)^{-\frac{1}{2}}.$$

Nous avons à calculer la dérivée d'un produit :

$$y' = (a^2 - x^2)^{-\frac{1}{2}} + \frac{2x^2(a^2 - x^2)^{-\frac{3}{2}}}{2},$$

$$y' = (a^2 - x^2)^{-\frac{1}{2}}\left[1 + x^2(a^2 - x^2)^{-1}\right],$$

$$y' = \frac{a^2}{(a^2-x^2)^{\frac{3}{2}}} \quad \text{ou} \quad y' = \frac{a^2}{(a^2 - x^2)\sqrt{a^2 - x^2}}.$$

477. Dérivées successives. I. *Trouver les dérivées successives de la fonction :*

$$y = x^4 + 2x^3 - 3x^2 - 2x + 1.$$

On a :
$$y' = 4x^3 + 6x^2 - 6x - 2,$$
$$y'' = 12x^2 + 12x - 6,$$
$$y''' = 24x + 12,$$
$$y^{IV} = 24.$$

La dérivée quatrième est une constante; les dérivées suivantes sont nulles.

II. *Trouver les dérivées successives de la fonction :*

$$y = \frac{3}{x} = 3x^{-1}.$$

On a :
$$y' = 3(-1)x^{-2} = -3x^{-2} = -\frac{3}{x^2},$$
$$y'' = -3(-2)x^{-3} = 6x^{-3} = \frac{6}{x^3},$$
$$y''' = 6(-3)x^{-4} = -18x^{-4} = -\frac{18}{x^4}.$$

$$\cdot \quad \cdot \quad \cdot \quad \cdot \quad \cdot \quad \cdot \quad \cdot \quad \cdot \quad \cdot \quad \cdot$$

III. *Trouver les dérivées successives de la fonction :*

$$y = (a - bx)^m.$$

On a : :
$$y' = m(a - bx)^{m-1}(-b) = -mb(a - bx)^{m-1},$$
$$y'' = -mb(m-1)(a - bx)^{m-2}(-b) = m(m-1)b^2(a - bx)^{m-2},$$
$$y''' = m(m-1)(m-2)b^2(a - bx)^{m-3}(-b)$$
$$= -m(m-1)(m-2)b^3(a - bx)^{m-3}.$$

$$\cdot \quad \cdot \quad \cdot \quad \cdot \quad \cdot \quad \cdot \quad \cdot \quad \cdot \quad \cdot \quad \cdot \quad \cdot$$

$$y^{(n)} = (-1)^n m(m-1)(m-2)\ldots(m-n+1)b^n(a - bx)^{m-n}.$$

§ IV. — Dérivées des fonctions de fonctions.

478. Définition. Soit $y = f(u)$, u étant une fonction de x définie par $u = \varphi(x)$; on dit que y est une fonction de fonction de x.

17*

Recherche de la dérivée. Pour obtenir la dérivée de y par rapport à x, on peut remplacer u par $\varphi(x)$ dans $f(u)$, ce qui donne :

$$y = f[\varphi(x)];$$

mais on peut éviter cette substitution.

En effet, soit l'identité $\dfrac{\Delta y}{\Delta x} = \dfrac{\Delta y}{\Delta u} \cdot \dfrac{\Delta u}{\Delta x},$

dans laquelle Δx est l'accroissement de la variable indépendante, Δu et Δy les accroissements correspondants des fonctions u et y. Si l'on suppose que Δx tend vers zéro, et qu'en même temps Δy et Δu tendent aussi vers zéro, l'égalité ayant toujours lieu, subsiste encore à la limite. Or la limite de $\dfrac{\Delta y}{\Delta x}$ est par définition la dérivée de y par rapport à x, qu'on représente par y'_x.

De même $\lim. \dfrac{\Delta y}{\Delta u}$ est la dérivée de y par rapport à u, ou y'_u,

et enfin $\lim. \dfrac{\Delta u}{\Delta x}$ est u'_x.

Donc $\qquad y'_x = y'_u \cdot u'_x.$

Si l'on avait $\quad y = f(u), \quad u = \varphi(v), \quad v = F(x),$

on trouverait de même $\quad y'_x = y'_u \cdot u'_v \cdot v'_x.$

Règle. *La dérivée d'une fonction de fonction est égale au produit des dérivées de ces fonctions, dérivées prises chacune par rapport à la variable dont la fonction dépend immédiatement.*

Applications. Dans les règles de dérivation qui précèdent, nous avons déjà appliqué implicitement la règle que nous venons d'établir, car nous avons souvent considéré des fonctions de fonctions. Ainsi $y = u^5$ est une fonction de fonction de x, puisque u peut être égal, par exemple, à x^3, à $ax^2 + bx + c$, à $\sqrt{x^2 + 1}$, etc.

1° *Soit* $\quad y = u^5, \quad u = x^3.$

On a $\quad y'_u = 5u^4, \quad u'_x = 3x^2 ;$

par suite, $\quad y'_x = y'_u \cdot u'_x = 5u^4 \cdot 3x^2 = 5x^{12} \cdot 3x^2 = 15x^{14}.$

2° *Soit* $\quad y = u^5, \quad u = ax^2 + bx + c ;$

on a $\quad y'_u = 5u^4, \quad u'_x = 2ax + b ;$

par suite, $\quad y'_x = y'_u \cdot u'_x = 5(ax^2 + bx + c)^4 (2ax + b).$

3° *Soit* $\quad y = u^5, \quad u = \sqrt{x^2 + 1}.$

On a $\quad y'_u = 5u^4, \quad u'_x = \dfrac{x}{\sqrt{x^2 + 1}} ;$

par suite, $y'_x = y'_u \cdot u'_x = 5(x^2 + 1)^2 \cdot \dfrac{x}{\sqrt{x^2 + 1}} = 5x(x^2 + 1)\sqrt{x^2 + 1}.$

§ V. — Dérivées des fonctions circulaires.

479. Dérivée de sin x. *La dérivée de sin x est cos x.*

Soit
$$y = \sin x. \tag{1}$$

Donnons à x un accroissement Δx, y prendra un accroissement correspondant Δy, et l'on aura :

$$y + \Delta y = \sin(x + \Delta x). \tag{2}$$

En retranchant membre à membre la relation (1) de la relation (2) :

$$\Delta y = \sin(x + \Delta x) - \sin x.$$

Transformons la différence des sinus en produit afin de faire apparaître le rapport du sinus à l'arc :

$$\Delta y = 2 \sin \frac{\Delta x}{2} \cos\left(x + \frac{\Delta x}{2}\right);$$

ou, en divisant par Δx :

$$\frac{\Delta y}{\Delta x} = \frac{\sin \dfrac{\Delta x}{2}}{\dfrac{\Delta x}{2}} \cos\left(x + \frac{\Delta x}{2}\right).$$

Faisons tendre Δx vers zéro, $\dfrac{\Delta y}{\Delta x}$ tend vers y'; le rapport $\dfrac{\sin \dfrac{\Delta x}{2}}{\dfrac{\Delta x}{2}}$ tend vers 1, et $\cos\left(x + \dfrac{\Delta x}{2}\right)$ tend vers $\cos x$.

Donc
$$y' = \cos x.$$

480. Dérivée de cos x. *La dérivée de cos x est — sin x.*

Soit
$$y = \cos x.$$

On a successivement :

$$y + \Delta y = \cos(x + \Delta x),$$

$$\Delta y = \cos(x + \Delta x) - \cos x = -2 \sin \frac{\Delta x}{2} \sin\left(x + \frac{\Delta x}{2}\right);$$

par suite,

$$\frac{\Delta y}{\Delta x} = \frac{-2 \sin \dfrac{\Delta x}{2} \sin\left(x + \dfrac{\Delta x}{2}\right)}{\Delta x} = -\frac{\sin \dfrac{\Delta x}{2}}{\dfrac{\Delta x}{2}} \sin\left(x + \frac{\Delta x}{2}\right)$$

à la limite
$$y' = -\sin x.$$

481. Dérivée de tg x. *La dérivée de* tg x *est :*

$$1 + tg^2 x, \quad ou \quad séc^2 x, \quad ou \quad \frac{1}{\cos^2 x}.$$

Soit
$$y = \text{tg } x.$$

On a :
$$y + \Delta y = \text{tg } (x + \Delta x),$$

$$\Delta y = \text{tg } (x + \Delta x) - \text{tg } x = \frac{\sin \Delta x}{\cos x \cos (x + \Delta x)},$$

ou
$$\frac{\Delta y}{\Delta x} = \frac{\sin \Delta x}{\Delta x} \times \frac{1}{\cos x \cos (x + \Delta x)}.$$

Si l'on fait tendre Δx vers zéro, on a :

$$\lim \frac{\sin \Delta x}{\Delta x} = 1 ;$$

par suite,
$$y' = \frac{1}{\cos^2 x} = séc^2 x = 1 + tg^2 x.$$

Remarque. On pourrait obtenir la dérivée en considérant la fonction $y = \text{tg } x = \dfrac{\sin x}{\cos x}$ comme un quotient.

On a, en appliquant la règle de la dérivée d'un quotient :

$$y' = \frac{\cos x \cdot \cos x - \sin x \, (-\sin x)}{\cos^2 x} = \frac{\cos^2 x + \sin^2 x}{\cos^2 x} = \frac{1}{\cos^2 x}.$$

482. Dérivée de cotg x. *La dérivée de* cotg x *est :*

$$-(1 + cotg^2 x), \quad ou \quad -coséc^2 x, \quad ou \quad -\frac{1}{sin^2 x}.$$

Soit
$$y = \text{cotg } x ;$$

on a :
$$y + \Delta y = \text{cotg } (x + \Delta x),$$

$$\Delta y = \text{cotg } (x + \Delta x) - \text{cotg } x = -\frac{\sin \Delta x}{\sin x \sin (x + \Delta x)},$$

$$\frac{\Delta y}{\Delta x} = -\frac{\sin \Delta x}{\Delta x} \times \frac{1}{\sin x \sin (x + \Delta x)}.$$

Si l'on fait tendre Δx vers zéro, on a :

$$\lim \frac{\sin \Delta x}{\Delta x} = 1 ;$$

par suite,

$$y' = -\frac{1}{sin^2 x} = -coséc^2 x = -(1 + cotg^2 x).$$

Remarque. On a aussi $y = \cotg x = \dfrac{\cos x}{\sin x}$ et, en appliquant la règle de la dérivée d'un quotient,

$$y' = \frac{\sin x\,(-\sin x) - \cos x\,.\,\cos x}{\sin^2 x} = \frac{-\sin^2 x - \cos^2 x}{\sin^2 x} = \frac{-1}{\sin^2 x}\,.$$

483. Dérivée de séc x. *La dérivée de séc x est :*

$$\frac{\sin \mathrm{x}}{\cos^2 \mathrm{x}}, \quad ou \quad \frac{tg\ \mathrm{x}}{\cos \mathrm{x}}\,.$$

On a :
$$y = \séc x = \frac{1}{\cos x}\,.$$

En appliquant la règle de la dérivée d'un quotient, on a :

$$y' = -\frac{-\sin x}{\cos^2 x} = \frac{\sin x}{\cos^2 x} = \frac{tg\ x}{\cos x}\,.$$

484. Dérivée de coséc x. *La dérivée de coséc x est :*

$$-\frac{\cos \mathrm{x}}{\sin^2 \mathrm{x}}, \quad ou \quad -\frac{\cotg\ \mathrm{x}}{\sin \mathrm{x}}\,.$$

On a :
$$y = \coséc x = \frac{1}{\sin x}\,.$$

En appliquant la règle de la dérivée d'un quotient, on a :

$$y' = -\frac{\cos x}{\sin^2 x} = -\frac{\cotg\ x}{\sin x}\,.$$

Applications. I. *Trouver la dérivée de* $y = \sin 2x$.

Posons
$$2x = u\,;$$
il vient :
$$y = \sin u.$$

En appliquant le théorème de la dérivée des fonctions de fonctions, on aura
$$y' = \cos u\,.\,u'_x.$$

Or
$$u'_x = 2\,;$$
donc
$$y' = \cos 2x\,.\,2 = 2\cos 2x.$$

II. *Trouver la dérivée de* $y = \sin^3 x$.

Posons
$$\sin x = u\,;$$
on a :
$$y = u^3.$$

En appliquant le théorème de la dérivée des fonctions de fonctions, on a :
$$y' = 3u^2\,.\,u'_x.$$

Or
$$u'_x = \cos x\,;$$
donc
$$y' = 3\sin^2 x \cos x.$$

Remarque. Ordinairement on ne remplace pas $\sin x$ par u; on applique immédiatement la règle de dérivation d'une fonction de fonction, et on écrit le résultat.

III. *Trouver la dérivée de* $y = 2x \sin x - (x^2 - 2) \cos x$.

On a successivement :

$$y' = 2x \cos x + \sin x \,.\, 2 - (x^2 - 2)(- \sin x) - \cos x \,.\, 2x$$
$$= 2x \cos x + 2 \sin x + x^2 \sin x - 2 \sin x - 2x \cos x = x^2 \sin x;$$

donc $y' = x^2 \sin x.$

IV. *Trouver la dérivée de* $y = \sin^6 x + 3 \sin^2 x \cos^2 x + \cos^6 x.$

On a successivement :

$$y' = 6 \sin^5 x \cos x + 3 \sin^2 x \,.\, 2 \cos x (- \sin x)$$
$$+ 3 \cos^2 x \,.\, 2 \sin x \,.\, \cos x + 6 \cos^5 x (- \sin x)$$
$$= 6 \sin^5 x \cos x - 6 \sin^3 x \cos x + 6 \cos^3 x \sin x - 6 \cos^5 x \sin x$$
$$= 6 \sin^3 x \cos x (\sin^2 x - 1) + 6 \cos^3 x \sin x (1 - \cos^2 x)$$
$$= 6 \sin^3 x \cos x (- \cos^2 x) + 6 \cos^3 x \sin x \sin^2 x$$
$$= - 6 \sin^3 x \cos^3 x + 6 \cos^3 x \sin^3 x = 0.$$

La dérivée y' étant nulle, la fonction y doit être une constante, ce qui se voit facilement, car on a : $\sin^2 x + \cos^2 x = 1;$

par suite, en faisant le cube :

$$\sin^6 x + 3 \sin^4 x \cos^2 x + 3 \sin^2 x \cos^4 x + \cos^6 x = 1,$$
$$\sin^6 x + 3 \sin^2 x \cos^2 x (\sin^2 x + \cos^2 x) + \cos^6 x = 1;$$

enfin $\sin^6 x + 3 \sin^2 x \cos^2 x + \cos^6 x = 1.$

La fonction étant égale à 1, la dérivée est bien nulle.

V. *Trouver la dérivée de* $y = \dfrac{(1 + \sin x)^2}{\sin x (1 - \sin x)}.$

La dérivée du numérateur est :

$$2(1 + \sin x) \cos x;$$

celle du dénominateur est :

$$\cos x (1 - \sin x) + \sin x (- \cos x) = \cos x (1 - 2 \sin x).$$

En appliquant la règle de la dérivée d'un quotient (n° 474), on a

$$y' = \frac{\sin x (1 - \sin x) 2 \cos x (1 + \sin x) - (1 + \sin x)^2 \cos x (1 - 2 \sin x)}{\sin^2 x (1 - \sin x)^2}.$$

$$= \frac{\cos x [2 \sin x (1 - \sin^2 x) - (1 + \sin x)^2 (1 - 2 \sin x)]}{\sin^2 x (1 - \sin x)^2},$$

$$= \frac{\cos x (3 \sin^2 x + 2 \sin x - 1)}{\sin^2 x (1 - \sin x)^2}.$$

485. Tableau des principales dérivées vues dans ce cours :

$$1 \quad y = u + v - w \qquad\qquad y' = u' + v' - w'.$$

$$2 \quad y = uv \qquad\qquad\qquad\quad y' = vu' + uv'.$$

$$3 \quad y = au \qquad\qquad\qquad\quad y' = au'.$$

$4 \qquad y = uvw \qquad\qquad y' = u'vw + uv'w + uvw'.$

$5 \qquad y = uvw \qquad\qquad \dfrac{y'}{y} = \dfrac{u'}{u} + \dfrac{v'}{v} + \dfrac{w'}{w}.$

$6 \qquad y = \dfrac{u}{v} \qquad\qquad y' = \dfrac{vu' - uv'}{v^2}.$

$7 \qquad y = \dfrac{a}{v} \qquad\qquad y' = -\dfrac{av'}{v^2}.$

$8 \qquad y = x^m \qquad\qquad y' = mx^{m-1}.$

$9 \qquad y = u^m \qquad\qquad y' = mu^{m-1} . u'.$

$10 \qquad y = \sqrt{x} \qquad\qquad y' = \dfrac{1}{2\sqrt{x}}.$

$11 \qquad y = \sqrt{u} \qquad\qquad y' = \dfrac{u'}{2\sqrt{u}}.$

$12 \qquad y = \sin x \qquad\qquad y' = \cos x.$

$13 \qquad y = \cos x \qquad\qquad y' = -\sin x.$

$14 \qquad y = \operatorname{tg} x \qquad\qquad y' = \dfrac{1}{\cos^2 x} = \sec^2 x = 1 + \operatorname{tg}^2 x.$

$15 \qquad y = \operatorname{cotg} x \qquad y' = -\dfrac{1}{\sin^2 x} = -\operatorname{coséc}^2 x = -(1 + \operatorname{cotg}^2 x).$

$16 \qquad y = \sec x \qquad\qquad y' = \dfrac{\sin x}{\cos^2 x} = \dfrac{\operatorname{tg} x}{\cos x}.$

$17 \qquad y = \operatorname{coséc} x \qquad y' = -\dfrac{\cos x}{\sin^2 x} = -\dfrac{\operatorname{cotg} x}{\sin x}.$

18 Dérivée d'une fonction de fonction :

$$y = f(u) \quad u = \varphi(x); \quad y'_x = f'_u(u) . \varphi'(x) \quad \text{ou} \quad y'_x = y'_u . u'_x.$$

§ VI. — Propriétés des dérivées.

La principale application des dérivées est l'étude des variations des fonctions; avant de faire cette application, il est indispensable de connaître certains théorèmes généraux; voici les plus importants :

486. Théorème I. *L'accroissement* k *d'une fonction peut être mis sous la forme* $\qquad$ k = h (y' + α),

α *étant une quantité qui tend vers zéro en même temps que* h.

En effet, nous avons pour une fonction $y = f(x)$:

$$\lim \frac{k}{h} = \lim \frac{f(x+h) - f(x)}{h} = y'.$$

Avant de passer à la limite, en appelant α une quantité tendant vers zéro en même temps que h, nous pouvons écrire :

$$\frac{k}{h} = y' + \alpha; \quad \text{par suite,} \quad k = h(y' + \alpha).$$

487. Théorème II. *Si une fonction est constamment croissante dans un intervalle donné, sa dérivée n'est jamais négative dans cet intervalle.*

En effet, soit $x = x_1$ une valeur de x comprise dans l'intervalle considéré.

Puisque la fonction est croissante pour cette valeur de x, le rapport

$$\frac{f(x_1 + h) - f(x_1)}{h}$$

est positif.

Or, si h tend vers zéro, ce rapport a pour limite la dérivée $f'(x_1)$, que nous supposons unique et bien déterminée. Comme la limite d'une quantité constamment positive ne peut être négative, on a dans l'intervalle considéré :

$$f'(x) \geqq 0.$$

Remarque. On ne peut avoir zéro que pour des valeurs particulières de x, sans quoi la fonction serait constante.

488. Théorème III. *Si une fonction est constamment décroissante dans un intervalle donné, sa dérivée n'est jamais positive dans cet intervalle.*

En effet, soit x_1 une valeur de x comprise dans l'intervalle considéré.

Puisque la fonction est décroissante pour cette valeur de x, le rapport

$$\frac{f(x_1 + h) - f(x_1)}{h}$$

est négatif.

Or, si h tend vers zéro, ce rapport a pour limite la dérivée $f'(x_1)$. Comme la limite d'une quantité constamment négative ne peut être positive, on a dans l'intervalle considéré :

$$f'(x) \leqq 0.$$

489. Théorème IV. *Une fonction* $f(x)$ *est croissante ou décrois-*

sante pour $x = x_1$, *suivant que pour cette valeur la dérivée est positive ou négative.*

En effet, si la dérivée est positive, la fonction ne peut pas être décroissante, sans quoi la dérivée serait négative (n° 488); elle ne peut pas être constante, sans quoi la dérivée serait nulle (n° 487); donc elle est nécessairement croissante.

On prouverait de même que si la dérivée est négative, la fonction est nécessairement décroissante.

Exemple. Cherchons si la fonction $y = x^2 - 8x + 12$ est croissante ou décroissante pour $x = 3$ et $x = 7$.

Pour $x = 3$, on a :

$$k = (3 + h)^2 - 8(3 + h) + 12 - (3^2 - 8.3 + 12) = h(h - 2),$$

ou

$$\frac{k}{h} = h - 2.$$

Or, pour des valeurs positives de h et suffisamment petites, ce rapport est négatif; donc la fonction est décroissante pour $x = 3$.

Pour $x = 7$, on a :

$$k = (7 + h)^2 - 8(7 + h) + 12 - (7^2 - 8.7 + 12) = h(h + 6),$$

ou

$$\frac{k}{h} = h + 6.$$

Or, pour des valeurs positives de h, ce rapport est positif; donc la fonction est croissante pour $x = 7$.

490. Maxima et minima. Théorème V. *Pour qu'une fonction finie et continue pour* $x = a$ *passe par un maximum pour cette valeur de* x, *il faut et il suffit que sa dérivée s'annule en passant du positif au négatif lorsque* x *traverse la valeur a en croissant.*

1° *La condition est nécessaire.* En effet, si $f(x)$ est *maximum* pour $x = a$, on a par définition :

$$f(a - h) < f(a) > f(a + h).$$

La fonction croît constamment quand x croît de $a - h$ à a; sa dérivée est donc positive (n° 487) dans tout cet intervalle. La fonction étant ensuite décroissante quand x passe de a à $a + h$, la dérivée est négative dans ce second intervalle (n° 488). Comme la dérivée est supposée aussi une fonction finie et continue, elle ne peut passer du positif au négatif qu'en passant par zéro.

2° *La condition est suffisante.* En effet, si la dérivée est positive quand x croît de $a - h$ à a, la fonction est croissante, dans ce premier intervalle (n° 489). La dérivée étant ensuite négative quand x croît de a à $a + h$, la fonction est décroissante; pour $x = a$, la fonction, cessant de croître pour décroître ensuite, passe par un maximum.

491. Théorème VI. *Pour qu'une fonction finie et continue* *pour* x $=$ a *passe par un minimum pour cette valeur de* x, *il faut et il suffit que sa dérivée s'annule en passant du négatif au positif, lorsque* x *traverse la valeur de* a *en croissant.*

1° *La condition est nécessaire.* En effet, si $f(x)$ est *minimum* pour $x = a$, on a, par définition :

$$f(a - h) > f(a) < f(a + h).$$

La fonction décroît constamment quand x croît de $a - h$ à a, sa dérivée est donc négative dans tout cet intervalle.

La fonction étant ensuite croissante quand x passe de a à $a + h$, la dérivée est positive dans ce second intervalle (n° 487); comme la dérivée est supposée une fonction finie et continue, elle ne peut passer du négatif au positif qu'en passant par zéro.

2° *La condition est suffisante.* En effet, si la dérivée est négative quand x croît de $a - h$ à a, la fonction est décroissante dans ce premier intervalle (n° 489). La dérivée étant ensuite positive quand x croît de a à $a + h$, la fonction est croissante ; pour $x = a$, la fonction, cessant de décroître pour croître ensuite, passe par un minimum.

492. Théorème VII. *Si la dérivée seconde d'une fonction finie et continue est négative pour la valeur* a *de* x, *qui annule la dérivée première, pour cette valeur la fonction passe par un maximum ; si, au contraire, la dérivée seconde est positive pour cette valeur, la fonction passe par un minimum.*

En effet, nous venons de voir que s'il y a maximum la dérivée passe du positif au négatif en s'annulant pour $x = a$; si nous considérons la dérivée première comme une nouvelle fonction, nous voyons que, dans ce cas, cette nouvelle fonction décroît ; donc sa dérivée, qui est la dérivée seconde de la fonction primitive, est négative (n° 488) dans cet intervalle ; elle est donc négative pour la valeur a de x, qui correspond au maximum.

De même pour un minimum, la dérivée passe du négatif au positif en s'annulant pour $x = a$; donc la fonction dérivée est croissante ; par suite, la dérivée seconde est positive dans cet intervalle (n° 487) ; elle est donc positive pour la valeur a de x, qui correspond au minimum.

493. Interprétation géométrique. Soit $y = f(x)$ une fonction de x ; considérons la courbe représentative de cette fonction, et soient x_0, x_1 les abscisses des points A et B, $x = a$ l'abscisse du point M, cette valeur de x annulant la dérivée.

1° Si la dérivée est positive pour toute valeur de x comprise entre x_0 et a, la tangente à la courbe, en un point compris entre A et M, fait un angle aigu α avec la direction OX; on sait, en effet, que $y' = \operatorname{tg} \alpha$.

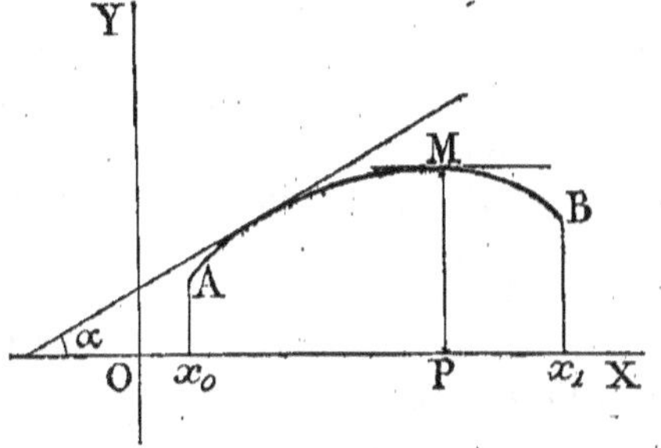

Lorsque $x = a$, $y' = 0$; $\operatorname{tg}\alpha = 0$; la tangente en M est horizontale.

Lorsque $a < x < x_1$, la dérivée est négative; la tangente en un point de l'arc MB fait un angle obtus avec OX; la courbe AMB est donc du côté des y négatifs par rapport à la tangente en M. Le point M correspond à un maximum de la fonction.

2° Si la dérivée est négative pour $x_0 < x < a$, la tangente à la courbe, en un point de l'arc AM, fait un angle obtus avec la direction OX. Lorsque $x = a$, $y' = 0$; la tangente en M est horizontale. Si la dérivée est positive pour $a < x < x_1$, la tangente à la courbe, en un point de l'arc MB, fait un angle aigu avec OX. La courbe est donc du côté des y positifs par rapport à la tangente en M. Le point M correspond à un minimum de la fonction.

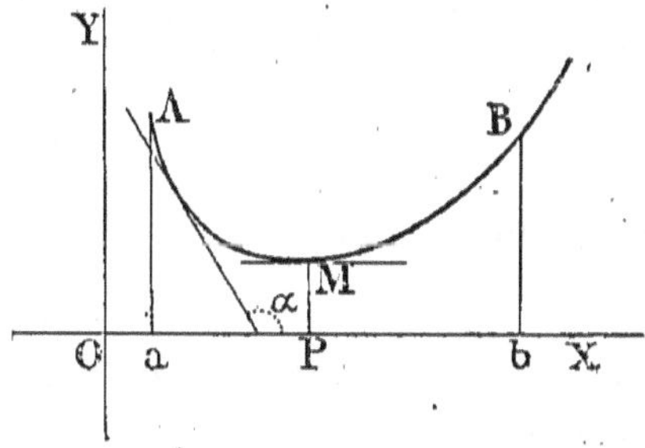

3° Si la dérivée conserve le même signe quand x croît de x_0 à a, puis de a à x_1, tout en s'annulant pour $x = a$, les deux arcs AM et MB sont de part et d'autre de la tangente en M. Si la dérivée est positive, la fonction est croissante, et la courbe a la forme indiquée par la figure; la tangente en un point autre que M fait un angle aigu vec OX. On dit, dans ce cas, que le point M est un point *d'inflexion*. En un point d'inflexion la courbe est coupée par la tangente.

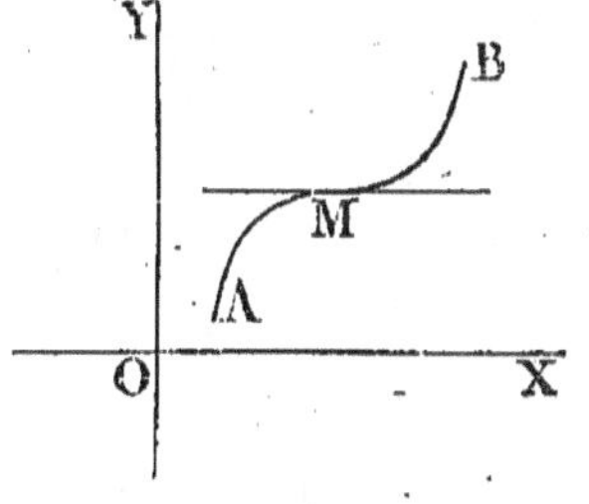

§ VII. — Dérivée de l'aire d'une courbe considérée comme fonction de l'abscisse. (On admet la notion d'aire.)

494. Définitions. On appelle *fonction primitive* d'une fonction donnée toute fonction qui a pour dérivée la fonction donnée.

Exemple. La fonction x^4 a pour dérivée $4x^3$; par suite, x^4 est une fonction primitive de $4x^3$.

De même les fonctions $x^4 - 8$ et $x^4 + 3$ ont pour dérivées $4x^3$; par suite, $x^4 - 8$ et $x^4 + 3$ sont aussi des fonctions primitives de $4x^3$. Une fonction donnée a donc plusieurs primitives qui diffèrent par des constantes.

L'opération par laquelle on détermine une fonction primitive, connaissant sa dérivée, s'appelle *l'intégration*; c'est l'opération inverse de la recherche de la dérivée.

Au lieu de considérer la dérivée d'une fonction, souvent on prend la différentielle; la primitive de cette différentielle prend le nom *d'intégrale indéfinie*.

Soit la différentielle $4x^3 dx$; l'intégrale indéfinie sera une certaine fonction $x^4 + C$, telle que si on en prend la différentielle, on obtient : $4x^3 dx$.

On représente la fonction primitive d'une fonction donnée $f(x)$, ou l'intégrale indéfinie de la différentielle $f(x)dx$, par le symbole

$$\int f(x)dx,$$

qu'on énonce somme de $f(x)dx$.

495. Théorème. *Si la dérivée d'une fonction est nulle quel que soit* x, *dans un intervalle, cette fonction est constante dans cet intervalle.*

Soit $y = f(x)$ une fonction de la variable x; supposons que la dérivée y' de cette fonction soit constamment nulle quand x varie entre a et b. En nous reportant à l'interprétation géométrique de la dérivée (n° 493), nous voyons que si l'on construit la courbe $y = f(x)$, la tangente en un point quelconque de cette courbe a pour coefficient angulaire la valeur de la dérivée en ce point; ce coefficient angulaire est donc constamment nul; par suite, la tangente est toujours parallèle à OX; la courbe ne peut être qu'une droite parallèle à OX; s'il en est ainsi, on a bien :

$$y = \text{constante.}$$

Corollaire. Si deux fonctions ont constamment leurs dérivées égales, ces deux fonctions ne diffèrent que par une constante.

496. Théorème. *Soit* y $= f(x)$ *une fonction de* x *qui reste finie et continue, lorsque* x *varie de* a *à* b; *il y a toujours une fonction finie et continue de* x *qui admet* f(x) *pour dérivée dans tout le même intervalle* a *à* b.

Soit AMB l'arc de courbe représentant la fonction donnée $f(x)$,

lorsque x croît de a à b; soient $OP = x$ une valeur de x comprise
entre $Oa = a$, $Ob = b$ et $PM = y$
la valeur correspondante de la
fonction.

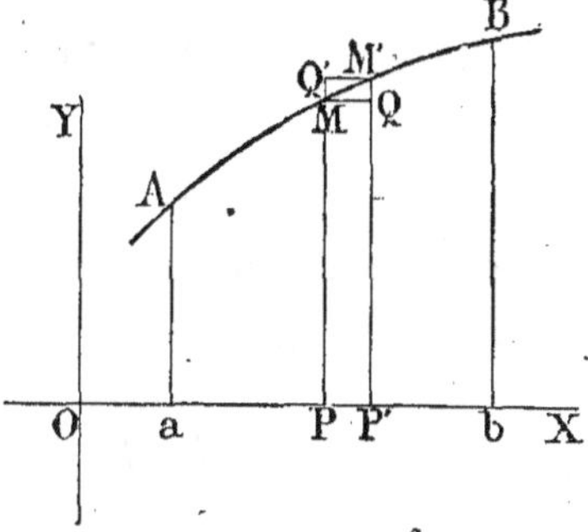

L'aire $AaPM = S$ est une
fonction de x, car si l'on donne
à x l'accroissement $PP' = h$,
cette aire varie avec x; elle
s'accroît, par exemple, de l'aire
MPP'M'.

L'accroissement de cette aire
est compris entre les rectangles
MPP'Q et M'P'PQ', c'est-à-dire est compris entre les produits

$$MP.PP' \quad \text{et} \quad M'P'.PP'.$$

On a donc : $MP.PP' < \text{aire } MPP'M' < M'P'.PP',$

ou $$MP < \frac{\text{aire } MPP'M'}{PP'} < M'P'.$$

Les côtés MP et M'P' de ces rectangles restent finis par hypothèse, puisque ce sont les ordonnées de la courbe; si l'on fait tendre
h vers zéro, la dimension commune PP' de ces rectangles tend
vers zéro; l'accroissement d'aire tend donc aussi vers zéro avec h.

La limite du rapport $\dfrac{\text{aire } MPP'M'}{PP'}$ est donc égale à MP, c'est-

à-dire à $f(x)$; d'ailleurs, la limite de ce rapport est aussi égale à la
dérivée de la fonction S par rapport à x; on a donc pour chaque
valeur de x $$S' = f(x).$$

La surface $AaPM = S$ est donc une fonction de x admettant pour
dérivée la fonction $f(x)$.

497. Remarque. Si l'on donne cette fonction de x, $y = f(x)$,
en calculant la primitive, on conçoit que l'on puisse obtenir cette
fonction S, c'est-à-dire l'aire comprise entre la courbe, l'axe des x,
une ordonnée initiale Aa, et une ordonnée quelconque MP. Nous
avons déjà remarqué qu'il existe plusieurs fonctions primitives d'une
fonction donnée; toutes ces primitives ne diffèrent les unes des
autres que par des constantes.

Si $F(x)$ a pour dérivée $f(x)$, toutes les fonctions $F(x) + C$ ont
la même dérivée (fx), et ce sont les seules. (Nous l'admettrons sans
démonstration.)

498. Notions sur l'intégrale définie. *Quadrature.* Soit $F(x)$
une fonction primitive d'une fonction $f(x)$. $f(x)$ étant finie et con-

tinue dans l'intervalle a à b. On appelle *intégrale définie* de $f(x)dx$ la différence $F(b) - F(a)$.

On représente cette intégrale définie par le symbole :

$$\int_a^b f(x)dx,$$

qu'on énonce somme de a à b de $f(x)dx$.

Avec cette notation, on a par définition :

$$\int_a^b f(x)dx = F(b) - F(a).$$

Calculer une intégrale définie, c'est *faire une quadrature*.

499. Applications. 1° *Trouver l'aire d'un trapèze dont les bases sont* a *et* b *et la hauteur* h.

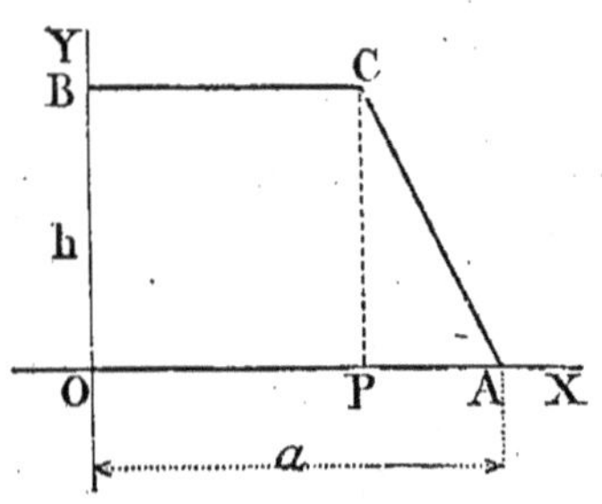

Soient :

$$OA = a, \quad BC = b, \quad OB = h.$$

L'équation de BC est :

$$y = h;$$

celle de AC est :

$$y = \frac{h(a - x)}{a - b}.$$

L'aire OABC est donnée par $\quad S = OPBC + APC.$

$$S = \int_0^b h\,dx + \int_b^a \frac{h(a - x)}{a - b}\,dx,$$

$$S = \left| hx \right|_0^b + \left| \frac{h}{a - b}\left(ax - \frac{x^2}{2}\right)\right|_b^a,$$

$$S = bh + \frac{h}{a - b}\left(a^2 - \frac{a^2}{2}\right) - \frac{h}{a - b}\left(ab - \frac{b^2}{2}\right),$$

$$S = \frac{h(a + b)}{2}.$$

2° *Aire de la parabole.* L'équation de la parabole est $y^2 = 2px$; avec les axes que nous adoptons l'équation est $x^2 = 2py$

ou

$$y = \frac{x^2}{2p}.$$

Cherchons d'abord l'aire curviligne OAM.

On a :
$$\text{aire OAM} = \int_0^x \frac{x^2}{2p}\, dx = \left| \frac{x^3}{3.2p} \right|_0^x,$$

$$\text{aire OAM} = \frac{x^3}{6p}.$$

Mais $y = \frac{x^2}{2p}$; ainsi $\frac{x^3}{6p}$ devient $\frac{xy}{3}$.

Le rectangle OAMN a pour aire xy.

On a donc :

$$\text{aire OMN} = xy - \frac{xy}{3} = \frac{2}{3}\, xy.$$

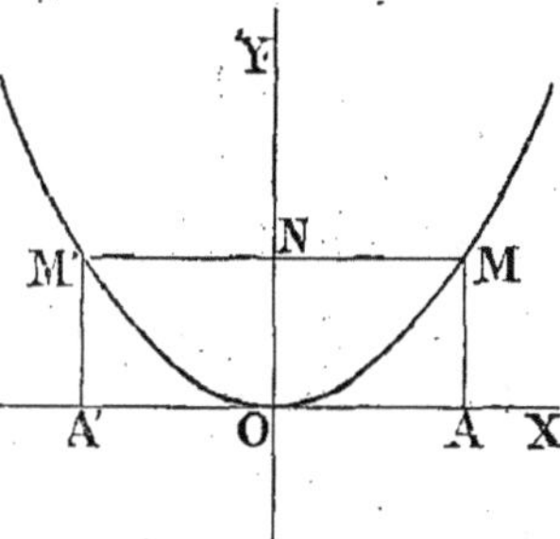

L'aire du segment parabolique OMM′ est les deux tiers du rectangle ayant pour dimensions la corde du segment et ON que l'on peut appeler la hauteur du segment.

$$\text{OMM}' = \frac{2}{3}\, \text{MM}'.\text{ON}.$$

CHAPITRE VI

APPLICATIONS DES DÉRIVÉES

500. Marche à suivre pour étudier la variation d'une fonction.

Pour étudier la variation d'une fonction il faut :

1º S'assurer si la fonction est définie et continue pour toutes les valeurs de la variable ; on inscrit, s'il y a lieu, les valeurs pour lesquelles la fonction devient infinie.

2º On calcule la dérivée de la fonction et les valeurs particulières de la variable x qui annulent cette dérivée.

3º On range par ordre de grandeur croissante les valeurs remarquables de x, c'est-à-dire les valeurs qui rendent la fonction infinie et celles qui annulent la dérivée. L'intervalle $-\infty$ à $+\infty$ se trouve ainsi partagé en intervalles partiels.

4° On cherche le signe de la dérivée pour des valeurs de x prises dans chaque intervalle ; cela donne le sens de la variation de la fonction.

5° On détermine les valeurs de la fonction pour $x = \pm\infty$, pour $x = 0$; ses maxima et minima ; enfin, si cela est possible, les valeurs de x pour lesquelles la fonction s'annule.

501. *Étudier la variation de la fonction du premier degré*

$$y = ax + b$$

où a *et* b *sont des constantes.*

Cette fonction est continue dans tout l'intervalle $-\infty$ à $+\infty$; elle admet une dérivée pour toute valeur de x, cette dérivée étant

$$y' = a.$$

Il y a donc deux cas à distinguer suivant le signe de a.

1° $a > 0$. Si a est positif, lorsque x croît de $-\infty$ à $+\infty$, la fonction croît ; pour $x = -\infty$, $y = -\infty$, et pour $x = +\infty$, $y = +\infty$.

La fonction étant continue passe par une valeur donnée quelconque pour une seule valeur de x.

		$-\infty$		$-\dfrac{b}{a}$		$+\infty$
$a>0$	y'		$+$		$+$	
	y	$-\infty$	croît	0	croît	$+\infty$.

2° $a < 0$. Si a est négatif, lorsque x croît de $-\infty$ à $+\infty$, la fonction décroît ; pour $x = -\infty$, $y = +\infty$ et pour $x = +\infty$, $y = -\infty$.

La fonction étant continue passe par une valeur donnée quelconque pour une seule valeur de x.

		$-\infty$		$-\dfrac{b}{a}$		$+\infty$
$a<0$	y'		$-$		$-$	
	y	$+\infty$	décroît	0	décroît	$-\infty$.

La courbe figurative de cette fonction est une droite (n° **174**).

502. *Étudier la variation de la fonction:*

$$y = ax^2 + bx + c,$$

où a, b, c *sont des constantes.*

La fonction est continue dans tout l'intervalle $-\infty$ à $+\infty$;

elle a une valeur et une seule, pour chaque valeur attribuée à x. La dérivée est :

$$y' = 2ax + b = 2a\left(x + \frac{b}{2a}\right),$$

elle s'annule pour

$$x = -\frac{b}{2a} \,;$$

la dérivée est du signe de a pour $x > -\frac{b}{2a}$, et du signe de $-a$ pour

$$x < -\frac{b}{2a} \,.$$

La dérivée seconde est constante, $y'' = 2a$.

Cherchons les valeurs de la fonction pour $x = \pm\infty$.

On écrit la fonction sous la forme :

$$y = x^2\left(a + \frac{b}{x} + \frac{c}{x^2}\right).$$

Si l'on fait croître x indéfiniment, en valeur absolue, la fonction prend le signe de a.

Il y a donc deux cas à considérer suivant le signe de a.

1° $a > 0$. La dérivée étant de signe contraire à celui de a pour $x < -\frac{b}{2a}$, lorsque x croît de $-\infty$ à $-\frac{b}{2a}$ la dérivée y' est négative et la fonction décroît; pour $x = -\frac{b}{2a}$, la dérivée s'annule, et la fonction a pour valeur $\frac{4ac - b^2}{4a}$. Puisque la dérivée seconde est positive, la valeur précédente est le minimum de la fonction ; lorsque x croît de $-\frac{b}{2a}$ à $+\infty$, la dérivée est du signe de a, c'est-à-dire positive ; la fonction croît.

x	$-\infty$		$-\frac{b}{2a}$		$+\infty$
$a > 0$ y'		$-$	0	$+$	
y	$+\infty$	décroît	$\frac{4ac - b^2}{4a}$ (min.)	croît	$+\infty$.

Le minimum peut être positif, nul ou négatif, suivant que $4ac - b^2$ est positif, nul ou négatif, c'est-à-dire lorsque

$$ax^2 + bx + c = 0$$

a ses racines imaginaires, égales ou réelles et inégales.

2° $a < 0$. La dérivée étant de signe contraire à celui de a pour

$x < -\dfrac{b}{2a}$, lorsque x croît de $-\infty$ à $-\dfrac{b}{2a}$, la dérivée y' est positive, et la fonction croît ; pour $x = -\dfrac{b}{2a}$, la dérivée s'annule, et la fonction a pour valeur $\dfrac{4ac - b^2}{4a}$. Puisque la dérivée seconde est négative, la valeur précédente est le maximum de la fonction ; lorsque x croît de $-\dfrac{b}{2a}$ à $+\infty$, la dérivée est du signe de a, c'est-à-dire négative ; la fonction décroît.

$$
\begin{array}{c|cccc}
x & -\infty & & -\dfrac{b}{2a} & & +\infty \\[2ex]
a < 0 \quad y' & & + & & - & \\[2ex]
y & -\infty & \text{croît} & \dfrac{4ac - b^2}{4a}\,(\text{max.}) & \text{décroît} & -\infty.
\end{array}
$$

Ce maximum peut être positif, nul ou négatif, suivant que $4ac - b^2$ est négatif, nul ou positif, c'est-à-dire suivant que le trinôme a ses racines réelles et inégales, réelles et égales ou imaginaires.

503. Représentation graphique. En nous reportant à ce qui a été dit

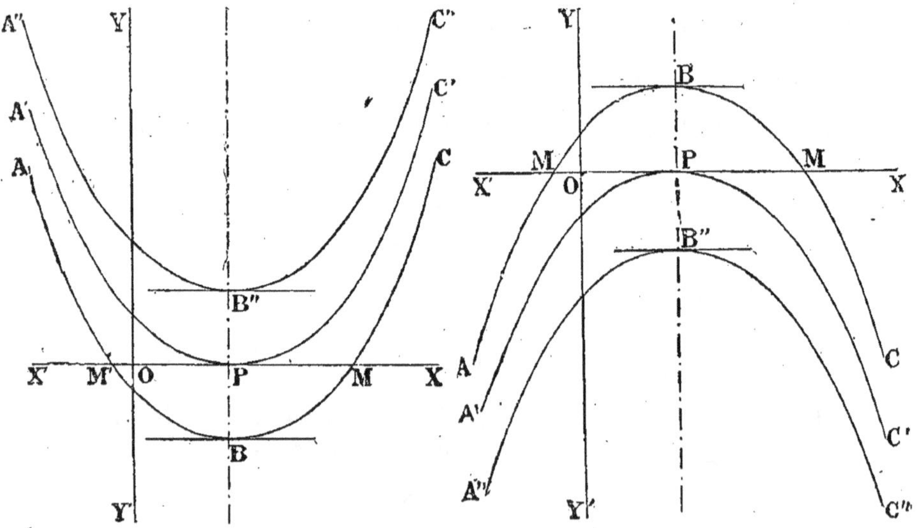

au n° 408, selon que a sera positif ou négatif, les courbes ci-dessus pourront représenter la fonction

504. *Nous allons démontrer que cette ligne figurative du trinôme est une parabole.*

Supposons

$$a > 0 \quad \text{et} \quad b^2 - 4ac > 0.$$

Pour $x = -\dfrac{b}{2a}$ la fonction y passe par un minimum :

$$\frac{4ac - b^2}{4a}.$$

Transportons les axes parallèlement à eux-mêmes au point O_1, et soient O_1X_1 et O_1Y_1 les nouveaux axes ; les coordonnées du point O_1 étant :

$$x = -\frac{b}{2a} \quad \text{et} \quad y = \frac{4ac - b^2}{4a}.$$

Si nous appelons x_1 et y_1 les coordonnées par rapport aux nouveaux axes, on a :

$$x = x_1 - \frac{b}{2a}, \quad y = y_1 + \frac{4ac - b^2}{4a}.$$

En remplaçant x et y par ces valeurs dans

$$y = ax^2 + bx + c,$$

il vient

$$y_1 + \frac{4ac - b^2}{4a} = a\left(x_1 - \frac{b}{2a}\right)^2 + b\left(x_1 - \frac{b}{2a}\right) + c,$$

ou

$$y_1 = ax_1^2;$$

et en posant

$$\frac{1}{a} = 2p, \quad \text{on a} \quad x_1^2 = 2py_1,$$

qui est l'équation d'une parabole rapportée à son axe O_1P et à sa tangente au sommet O_1X_1.

505. *Étudier la variation de la fonction* $y = \dfrac{ax + b}{a'x + b'}$, *où* a, b, a', b' *sont des constantes.*

La fonction prend une valeur finie et bien déterminée, pour toute valeur de x, sauf pour $x = -\dfrac{b'}{a'}$, valeur pour laquelle le dénominateur est nul et la fonction devient infinie ; pour cette valeur $x = -\dfrac{b'}{a'}$, la fonction est discontinue.

La fonction est continue pour toute autre valeur de x ; en effet, soient h un accroissement donné à x et k l'accroissement correspondant de la fonction ; on a :

$$k = \frac{a(x + h) + b}{a'(x + h) + b'} - \frac{ax + b}{a'x + b'},$$

$$k = \frac{h\,(ab' - ba')}{(a'x + b')\left[a'(x + h) + b'\right]}.$$

Lorsque h tend vers zéro, il en est de même pour k; on peut donc déterminer h suffisamment petit pour que l'accroissement k soit aussi petit que l'on voudra; la fonction est donc continue.

La dérivée peut s'obtenir en prenant :

$$\lim. \frac{k}{h} = \lim. \frac{ab' - ba'}{(a'x + b')\left[a'(x + h) + b'\right]};$$

on a :

$$y' = \frac{ab' - ba'}{(a'x + b')^2}.$$

Cette dérivée est toujours de même signe que l'expression

$$ab' - ba',$$

le dénominateur étant toujours positif; la fonction sera toujours croissante ou toujours décroissante, puisque la dérivée ne peut s'annuler pour aucune valeur de x.

La fonction peut s'écrire :

$$y = \frac{a + \dfrac{b}{x}}{a' + \dfrac{b'}{x}}.$$

Quand $\qquad x = \pm\infty, \quad y = \dfrac{a}{a'}.$

Nous considérerons trois cas, suivant que $ab' - ba'$ est positif, négatif ou nul.

1er Cas. $ab' - ba' > 0$. La dérivée est positive, la fonction est donc croissante lorsque x croît de $-\infty$ à $+\infty$, sauf pour la valeur $-\dfrac{b'}{a'}$ qui donne une discontinuité. Nous avons les deux intervalles :

$$-\infty \quad \text{à} \quad -\frac{b'}{a'} \quad \text{et} \quad -\frac{b'}{a'} \quad \text{à} \quad +\infty.$$

Supposons $\dfrac{a}{a'} > 0$, c'est-à-dire a et a' de même signe; la relation $ab' - ba' > 0$ donne $-\dfrac{b'}{a'} < -\dfrac{b}{a}$, en divisant par le produit positif aa'.

x	$-\infty$		$-\dfrac{b'}{a'}$		$+\infty$
$\dfrac{a}{a'} > 0$ $\quad y'$		$+$		$+$	
y	$\dfrac{a}{a'}$	croît	$\pm\infty$	croît	$\dfrac{a}{a'}.$

Pour $\dfrac{a}{a'} < 0$, on a un tableau semblable, sauf à permuter $-\dfrac{b'}{a'}$ avec $-\dfrac{b}{a}$.

2e Cas. $ab' - ba' < 0$. La dérivée est négative, la fonction est donc décroissante lorsque x croît de $-\infty$ à $+\infty$, sauf pour la valeur $-\dfrac{b'}{a'}$ qui donne une discontinuité ; nous avons les deux intervalles :

$$-\infty \quad \text{à} \quad -\frac{b'}{a'} \quad \text{et} \quad -\frac{b'}{a'} \quad \text{à} \quad +\infty.$$

Supposons encore $\dfrac{a}{a'} > 0$; la relation $ab' - ba' < 0$ donne

$$-\frac{b'}{a'} > -\frac{b}{a}.$$

	x	$-\infty$		$-\dfrac{b'}{a'}$		$+\infty$
$\dfrac{a}{a'} > 0$	y'		$-$		$-$	
	y	$\dfrac{a}{a'}$	décroît	$\mp\infty$	décroît	$\dfrac{a}{a'}$.

Pour $\dfrac{a}{a'} < 0$, on a un tableau semblable, sauf à permuter $-\dfrac{b'}{a'}$ avec $-\dfrac{b}{a}$.

Dans les deux cas, c'est-à-dire pour $ab' - ba' \neq 0$, la ligne figurative de la fonction est une hyperbole équilatère.

3e Cas. $ab' - ba' = 0$. La dérivée est nulle quel que soit x, sauf pour $x = -\dfrac{b'}{a'}$; alors elle prend la forme indéterminée $y' = \dfrac{0}{0}$; la fonction est constante. On peut le voir directement ; en effet, de $ab' - ba' = 0$, on tire $\dfrac{a}{a'} = \dfrac{b}{b'} = k$;

d'où $$a = a'k, \quad b = b'k,$$

et la fonction devient : $$y = \frac{a'kx + b'k}{a'x + b'},$$

ou $$(a'x + b') y = k (a'x + b').$$

On peut diviser les deux membres par $a'x + b' \neq 0$, c'est-à-dire en exceptant le cas de $x = -\dfrac{b'}{a'}$, et l'on obtient : $y = k$.

Pour $x = -\dfrac{b'}{a'}$ la valeur de la fonction est indéterminée ; en effet, la relation ci-dessus peut s'écrire :

$$(y - k)(a'x + b') = 0.$$

Or, pour $a'x + b' = 0$, ou $x = -\dfrac{b'}{a'}$, le second facteur étant nul, le produit est nul quel que soit $y - k$, c'est-à-dire quelle que soit la fonction y.

506. Application. *L'expression* $\dfrac{x-1}{2x-1}$ *admet-elle des maxima ou des minima quand* x *varie de* $-\infty$ *à* $+\infty$? (Bacc.)

Prenons la dérivée de cette fonction :

$$y' = \frac{2x - 1 - 2(x - 1)}{(2x - 1)^2} = \frac{1}{(2x - 1)^2}.$$

La dérivée est toujours positive ; donc la fonction est toujours croissante lorsque x croît de $-\infty$ à $+\infty$.

Pour $x = \pm\infty$, $y = \dfrac{1}{2}$; pour $x = \dfrac{1}{2}$, $y = \infty$.

x	$-\infty$		$\dfrac{1}{2}$		$+\infty$,
y'		$+$		$+$	
y	$\dfrac{1}{2}$	croît	$\pm\infty$	croît	$\dfrac{1}{2}$,

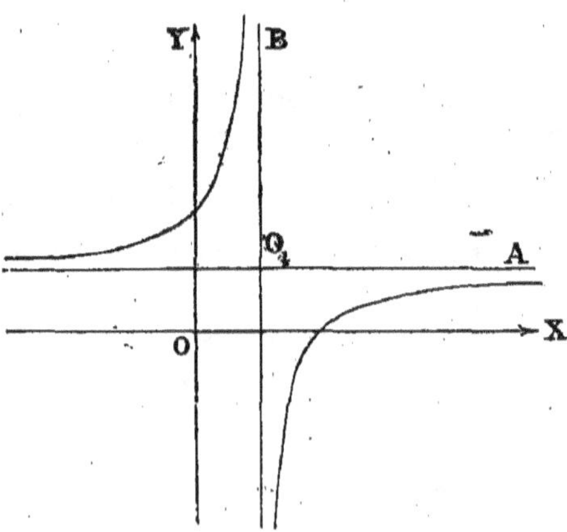

En transportant les axes OX, OY en O_1A, O_1B, c'est-à-dire en posant :

$$x_1 = x - \frac{1}{2}, \quad y_1 = \frac{1}{2} - y,$$

la fonction donnée prend la forme $x_1 y_1 = \dfrac{1}{4}$ (c'est l'équation d'une hyperbole équilatère rapportée à ses deux asymptotes O_1A, O_1B).

507. *Étudier la variation du trinôme bicarré*

$$y = ax^4 + bx^2 + c,$$

lorsque x croît de $-\infty$ *à* $+\infty$.

Cette fonction est continue dans tout l'intervalle $-\infty$ à $+\infty$, elle a une valeur et une seule pour chaque valeur attribuée à x ; la dérivée est :

$$y' = 4ax^3 + 2bx = 4ax\left(x^2 + \frac{b}{2a}\right);$$

la dérivée seconde est :

$$y'' = 12ax^2 + 2b.$$

Pour $x = \pm\infty$ la fonction est du signe de a, car on peut écrire :

$$y = x^4\left(a + \frac{b}{x^2} + \frac{c}{x^4}\right).$$

La dérivée y' admet toujours la racine $x = 0$; elle en admet deux autres $x = \pm\sqrt{\dfrac{-b}{2a}}$ si $\dfrac{b}{a} < 0$, c'est-à-dire si a et b sont de signes contraires.

1er Cas. $a > 0$ et $b < 0$. La dérivée y' s'annule pour $x = 0$ et $x = \pm\sqrt{\dfrac{-b}{2a}}$; nous avons à considérer les intervalles :

$$-\infty \qquad -\sqrt{\frac{-b}{2a}} \qquad 0 \qquad +\sqrt{\frac{-b}{2a}} \qquad +\infty.$$

Lorsque x croît de $-\infty$ à $-\sqrt{\dfrac{-b}{2a}}$, la dérivée y' est négative, la fonction décroît ; pour $x = -\sqrt{\dfrac{-b}{2a}}$, la fonction a pour valeur $\dfrac{4ac - b^2}{4a}$.

Lorsque x croît de $-\sqrt{\dfrac{-b}{2a}}$ à 0, la dérivée y' est positive, la fonction croît de $\dfrac{4ac - b^2}{4a}$ à c.

Lorsque x croît de 0 à $\sqrt{\dfrac{-b}{2a}}$, la dérivée est négative, la fonction décroît de c à $\dfrac{4ac - b^2}{4a}$.

Lorsque x croît de $\sqrt{\dfrac{-b}{2a}}$ à $+\infty$, la dérivée est positive, la fonction croît de $\dfrac{4ac-b^2}{4a}$ à $+\infty$.

En résumé, la fonction part de $+\infty$, décroît jusqu'à un minimum, puis croît jusqu'à un maximum, décroît de nouveau jusqu'à un minimum égal au précédent, puis croît jusqu'à $+\infty$.

$a>0$	x	$-\infty$		$-\sqrt{-\dfrac{b}{2a}}$		0		$\sqrt{-\dfrac{b}{2a}}$		$+\infty$
$b<0$	y'		$-$	0	$+$	0	$-$	0	$+$	
	y	$+\infty$ décroît		$\dfrac{4ac-b^2}{4a}$	croît	c décroît		$\dfrac{4ac-b^2}{4a}$	croît	$+\infty$
				minimum		maximum		minimum		

Le signe de y'' pour les valeurs de x qui annulent y' donne immé-

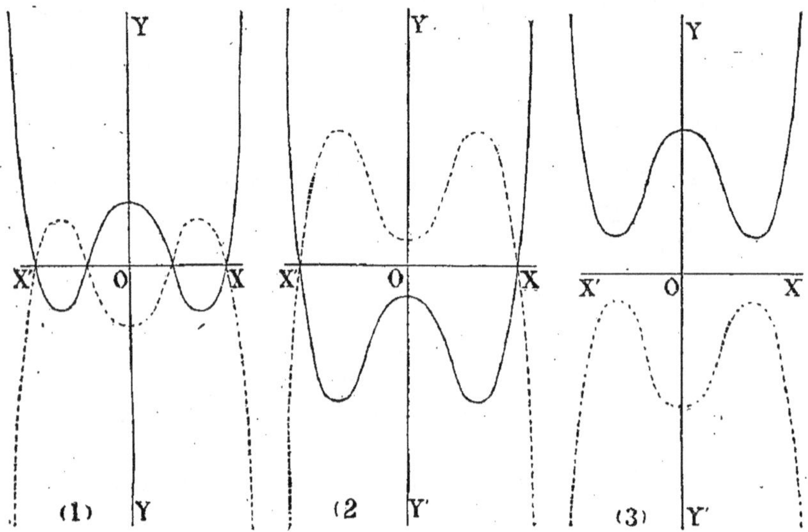

diatement ces divers résultats ; en effet, pour $x=0$, $y''=2b$; b étant négatif, on peut conclure que pour $x=0$, la fonction a un maximum ; il en est de même pour $x=\pm\sqrt{\dfrac{-b}{2a}}$, $y''=-4b$; y'' est positive, donc $x=\pm\sqrt{\dfrac{-b}{2a}}$ correspondent à des minima de la fonction.

2ᵉ CAS. $a<0, b>0$. La dérivée y' s'annule trois fois, pour

$x = 0$ et pour $x = \pm \sqrt{\dfrac{-b}{2a}}$. Ce cas, analogue au précédent, est résumé dans le tableau suivant :

$a<0$ $b>0$	x	$-\infty$		$-\sqrt{-\dfrac{b}{2a}}$		0		$\sqrt{-\dfrac{b}{2a}}$		$+\infty$
	y'		$+$	0	$-$	0	$+$	0	$-$	
	y	$-\infty$	croît	$\dfrac{4ac-b^2}{4a}$	décroît	c	croît	$\dfrac{4ac-b^2}{4a}$	décroît	$-\infty$
				maximum		minimum		maximum		

Les courbes données par ces divers cas sont tracées en trait plein lorsque $a>0, b<0$, et en trait pointillé lorsque $a<0$ et $b>0$.

Les trois premières correspondent aux cas où l'équation

$$ax^4 + bx^2 + c = 0$$

a ses quatre racines réelles, ou deux réelles et deux imaginaires, ou toutes les quatre imaginaires; il en est de même pour les courbes en trait pointillé.

3ᵉ Cas. $\dfrac{a}{b} > 0$. La dérivée y' ne s'annule qu'une fois, pour $x = 0$; les deux racines $x = \pm \sqrt{\dfrac{-b}{2a}}$ sont imaginaires. Nous n'avons plus que les deux intervalles : $-\infty$ 0 $+\infty$.

Supposons a *et* b *positifs.* Lorsque x croît de $-\infty$ à 0, la dérivée y'

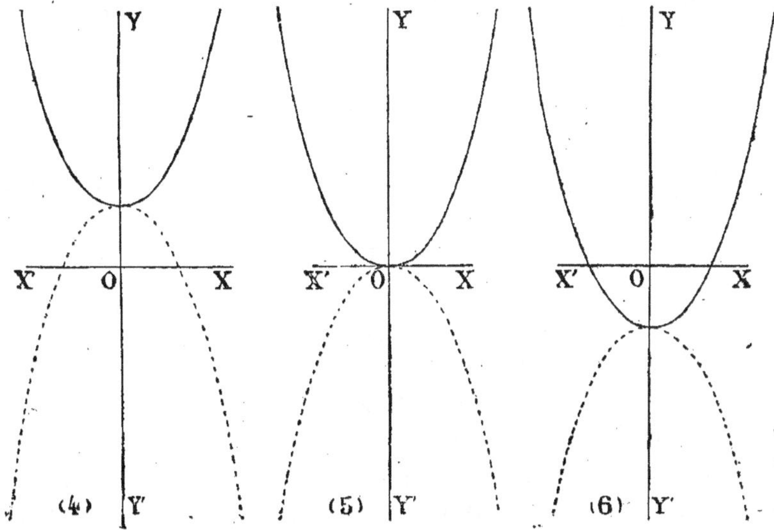

est négative, la fonction décroît ; pour $x=0$, $y=c$; lorsque x croît de 0 à $+\infty$, la dérivée est positive, la fonction croît.

Ainsi la fonction part de $+\infty$, décroît jusqu'à la valeur c, puis croît jusqu'à $+\infty$; elle passe donc par un minimum c.

$$a>0 \quad b>0 \qquad \begin{array}{c|ccccc} x & -\infty & & 0 & & +\infty \\\hline y' & & - & 0 & + & \\\hline y & +\infty & \text{décroît} & c\ (\text{min.}) & \text{croît} & +\infty. \end{array}$$

Supposons a *et* b *négatifs.* Lorsque x croît de $-\infty$ à 0, la dérivée y' est positive, la fonction croît; pour $x=0$, $y=c$; lorsque x croît de 0 à $+\infty$, la dérivée est négative, la fonction décroît. Ainsi la fonction part de $-\infty$, croît jusqu'à la valeur c, puis décroît jusqu'à $-\infty$; elle passe donc par un maximum c.

$$a<0 \quad b<0 \qquad \begin{array}{c|ccccc} x & -\infty & & 0 & & +\infty \\\hline y' & & + & 0 & - & \\\hline y & -\infty & \text{croît} & c\ (\text{max.}) & \text{décroît} & -\infty. \end{array}$$

508. Application. *Étudier la variation du trinôme*

$$y=x^4-8x^2+6.$$

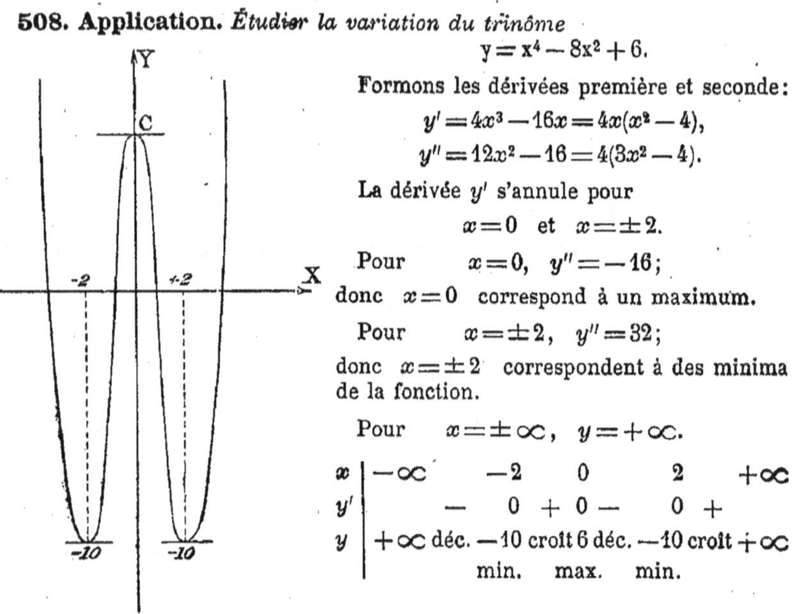

Formons les dérivées première et seconde:
$$y'=4x^3-16x=4x(x^2-4),$$
$$y''=12x^2-16=4(3x^2-4).$$

La dérivée y' s'annule pour
$$x=0 \quad \text{et} \quad x=\pm 2.$$

Pour $\quad x=0$, $\quad y''=-16$;

donc $x=0$ correspond à un maximum.

Pour $\quad x=\pm 2$, $\quad y''=32$;

donc $x=\pm 2$ correspondent à des minima de la fonction.

Pour $\quad x=\pm\infty$, $\quad y=+\infty.$

$$\begin{array}{c|ccccccccc} x & -\infty & & -2 & & 0 & & 2 & & +\infty \\\hline y' & & - & 0 & + & 0 & - & 0 & + & \\\hline y & +\infty & \text{déc.} & -10 & \text{croît} & 6 & \text{déc.} & -10 & \text{croît} & +\infty \\ & & & \text{min.} & & \text{max.} & & \text{min.} & & \end{array}$$

509. *Étudier la variation de la fonction*

$$y=x^3+px+q$$

lorsque x *croît de* $\quad -\infty$ à $+\infty$.

Cette fonction est continue pour toute valeur de x; en effet, à un accroissement h de la variable correspond l'accroissement k donné par
$$k=(x+h)^3+p(x+h)+q-(x^3+px+q),$$
$$k=h(3x^2+p+3hx+h^2).$$

On peut déterminer h suffisamment petit pour que l'accroissement k soit aussi petit que l'on veut.

La dérivée y' est donnée par

$$\lim. \frac{k}{h} = \lim. (3x^2 + p + 3hx + h^2);$$

on a : $$y' = 3x^2 + p.$$

La dérivée est continue ; elle s'annule pour

$$x = \pm \sqrt{\frac{-p}{3}},$$

si $p < 0$; elle est constamment positive si $p > 0$.

Il y a donc deux cas à considérer suivant le signe de p.

1° $p < 0$. Dans ce cas, les racines de l'équation $y' = 0$ sont réelles ; nous avons les trois intervalles :

$$-\infty \qquad -\sqrt{\frac{-p}{3}} \qquad \sqrt{\frac{-p}{3}} \qquad +\infty.$$

Lorsque x croît de $-\infty$ à $-\sqrt{\frac{-p}{3}}$, la dérivée est positive, la fonction croît ; lorsque x croît de $-\sqrt{\frac{-p}{3}}$ à $\sqrt{\frac{-p}{3}}$, la dérivée est négative, la fonction décroît ; enfin, lorsque x croît de $\sqrt{\frac{-p}{3}}$ à $+\infty$, la dérivée est positive, la fonction croît.

Pour $$x = -\infty, \quad y = -\infty$$
et pour $$x = +\infty, \quad y = +\infty.$$

x	$-\infty$		$-\sqrt{\frac{-p}{3}}$,		$\sqrt{\frac{-p}{3}}$		$+\infty$
y'		$+$	0	$-$	0	$+$	
y	$-\infty$	croît	$q - \frac{2p}{3}\sqrt{\frac{-p}{3}}$ décroît		$q + \frac{2p}{3}\sqrt{\frac{-p}{3}}$	croît	$+\infty$
			maximum		minimum		

Dans ce cas, la courbe représentant la variation de la fonction va de $-\infty$ à $+\infty$; elle coupe au moins une fois l'axe des x, c'est-à-dire que l'équation du troisième degré $x^3 + px + q = 0$ a au moins une racine réelle ; cherchons la condition pour qu'elle ait ses trois racines réelles (elle ne peut pas avoir deux racines réelles et une imaginaire).

Les trois racines sont réelles, ou, ce qui revient au même, la courbe coupe trois fois l'axe des x, si le maximum obtenu est positif et si le minimum est négatif ; le maximum est positif si

$$q - \frac{2p}{3} \sqrt{\frac{-p}{3}} > 0 \quad \text{ou} \quad -\frac{2p}{3} \sqrt{\frac{-p}{3}} > -q.$$

En supposant q négatif, les deux membres de l'inégalité sont positifs ; en élevant au carré, il vient :

$$4p^3 + 27q^2 < 0.$$

On peut supposer q négatif ; en effet, dans cette hypothèse, l'équation est :
$$x^3 - px - q = 0 \quad (p \text{ et } q \text{ négatifs}).$$

Si q est positif, on a l'équation :
$$x^3 - px + q = 0 \quad (p \text{ négatif}, q \text{ positif}).$$

Or, si la première admet la racine $x = \alpha$, la seconde admet la racine $-\alpha$; ces deux équations ont donc leurs trois racines réelles dans les mêmes conditions.

Le minimum $q + \frac{2p}{3} \sqrt{\frac{-p}{3}}$ doit être négatif ; le minimum est

négatif si $q + \frac{2p}{3} \sqrt{\frac{-p}{3}} < 0.$

Or, q et p étant négatifs, cette inégalité est vérifiée ; les conditions pour que l'équation $x^3 + px + q = 0$ ait trois racines réelles sont donc :
$$p < 0 \quad \text{et} \quad 4p^3 + 27q^2 < 0.$$

Les conditions pour que la même équation ait une racine simple et une racine double sont $p < 0$ et $4p^3 + 27q^2 = 0$; en effet, il suffit que le maximum ou le minimum obtenu précédemment soit nul, ce qui donne :

$$p < 0 \quad \text{et} \quad q \pm \frac{2p}{3} \sqrt{\frac{-p}{3}} = 0,$$

d'où
$$4p^3 + 27q^2 = 0.$$

Enfin, l'équation a une racine réelle et deux imaginaires si le maximum est négatif ou si le minimum est positif, ce qui conduit à la condition :
$$4p^3 + 27q^2 > 0.$$

2° $p > 0$. Dans ce cas, l'équation $y' = 0$ a ses racines imaginaires ; la dérivée est toujours positive et la fonction toujours croissante, lorsque x croît de $-\infty$ à $+\infty$.

L'équation $x^3 + px + q = 0$ n'a qu'une racine réelle ; d'ailleurs, la condition $4p^3 + 27q^2 > 0$ est évidemment remplie si p est positif.

Voici les courbes figuratives suivant les signes de p et q :

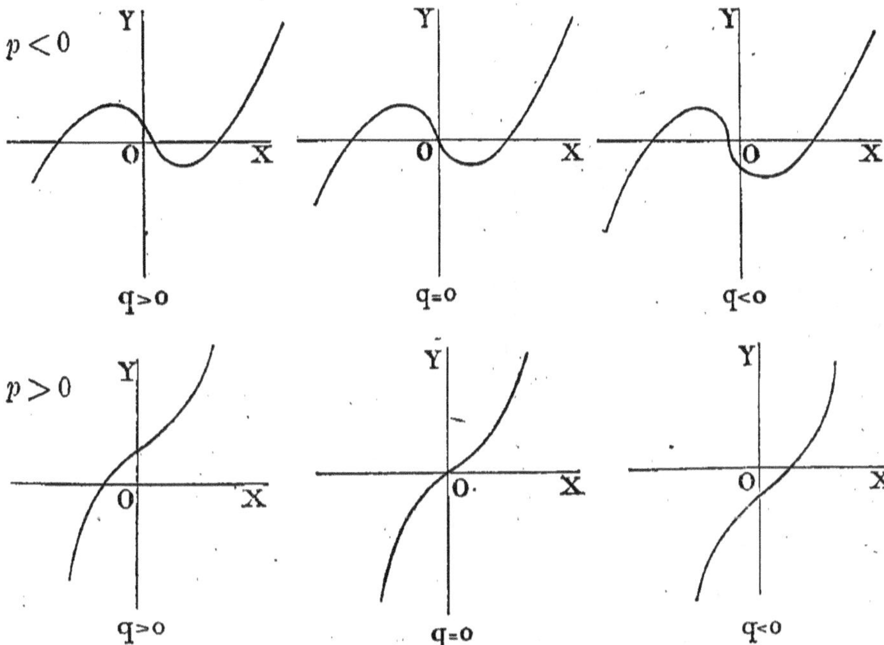

Ces courbes ont chacune un point d'inflexion correspondant à $x = 0$; cette valeur $x = 0$ annule en effet la dérivée seconde.

510. Applications. 1° *Étudier la variation de la fonction*

$$y = x^3 - 12x + 4$$

lorsque x croît de $-\infty$ *à* $+\infty$.

Prenons la dérivée :

$$y' = 3x^2 - 12.$$

Cette dérivée s'annule pour $x = \pm 2$; elle est positive pour x compris entre $-\infty$ et -2, et entre 2 et $+\infty$; elle est négative pour x compris entre -2 et $+2$.

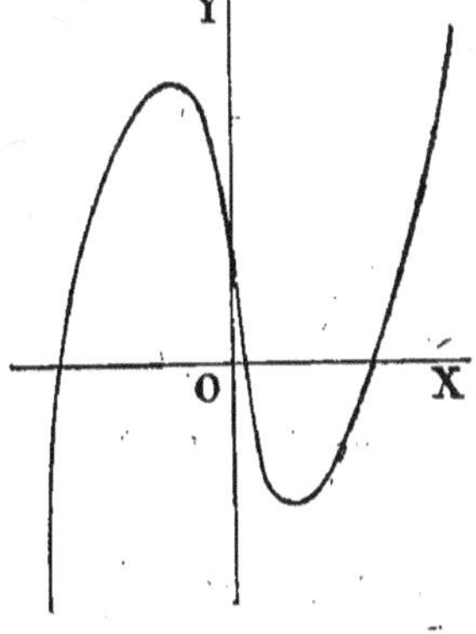

x	$-\infty$		-2		2		$+\infty$
y'		$+$	0	$-$	0	$+$	
y	$-\infty$	croît	20	décroît	-12	croît	$+\infty$
			max.		min.		

2° *Étudier la variation de la fonction*

$$y = x^3 - 6x^2 + 11x - 6$$

lorsque x croît de $-\infty$ *à* $+\infty$.

Prenons la dérivée :

$$y' = 3x^2 - 12x + 11.$$

Cette dérivée s'annule pour $\quad x = 2 + \dfrac{\sqrt{3}}{3} \quad$ et $\quad x = 2 - \dfrac{\sqrt{3}}{3}.$

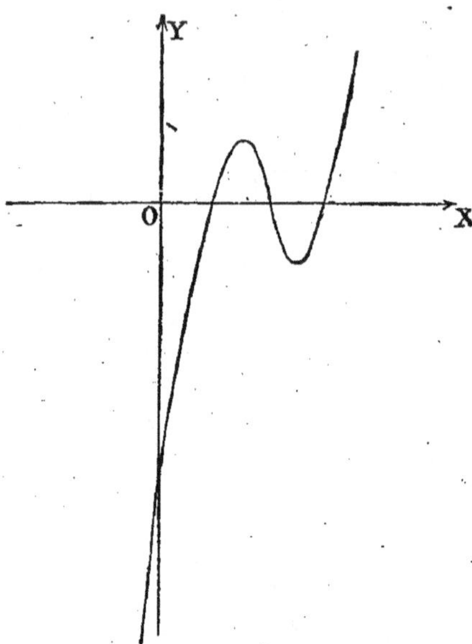

Nous avons les trois intervalles :

$$-\infty \qquad 2 - \frac{\sqrt{3}}{3} \qquad 2 + \frac{\sqrt{3}}{3} \qquad +\infty.$$

Lorsque x est compris entre $-\infty$ et $2 - \dfrac{\sqrt{3}}{3}$ ou entre $2 + \dfrac{\sqrt{3}}{3}$ et $+\infty$, la dérivée est positive, la fonction est croissante; lorsque x est compris entre $2 - \dfrac{\sqrt{3}}{3}$ et $2 + \dfrac{\sqrt{3}}{3}$ la dérivée est négative, la fonction est décroissante.

La fonction peut s'écrire : $\quad y = x^3 \left(1 - \dfrac{6}{x} + \dfrac{11}{x^2} - \dfrac{6}{x^3} \right),$

pour $\quad x = \pm\infty, \quad y = \pm\infty.$

x	$-\infty$		$2 - \dfrac{\sqrt{3}}{3}$		$2 + \dfrac{\sqrt{3}}{3}$		$+\infty$
y'		$+$	0	$-$	0	$+$	
y	$-\infty$	croît	$\dfrac{2\sqrt{3}}{3}$	décroît	$-\dfrac{2\sqrt{3}}{3}$	croît	$+\infty$
			maximum		minimum		

511. *Étudier la variation de la fonction* $\quad y = \dfrac{x^2 - 2x - 8}{x - 1}.$ (Bacc.)

La fonction est discontinue pour $\quad x = 1; \quad$ on peut écrire cette fonction sous la forme $\quad y = x - 1 - \dfrac{9}{x - 1}.$

Prenons la dérivée : $y' = 1 + \dfrac{9}{(x-1)^2}$ ou $y' = \dfrac{x^2 - 2x + 10}{(x-1)^2}$.

La dérivée étant positive quel que soit x, la fonction est toujours croissante lorsque x croît de $-\infty$ à $+\infty$, sauf pour $x=1$; pour cette valeur de x la fonction est discontinue.

Nous avons donc à considérer les deux intervalles :

$$-\infty \qquad 1 \qquad +\infty.$$

Pour $x = \pm\infty$, $y = \pm\infty$.

Lorsque x croît de $-\infty$ à 1, la fonction croît de $-\infty$ à $+\infty$; lorsque x croît de 1 à $+\infty$, la fonction croît encore de $-\infty$ à $+\infty$.

La droite $x=1$ est une asymptote verticale; la fonction peut s'écrire :

$$y = x - 1 - \frac{9}{x-1} .$$

Si l'on fait tendre x vers $\pm\infty$, la fraction $\dfrac{9}{x-1}$ tend vers 0, et la droite $y = x - 1$ est une asymptote oblique.

x	$-\infty$		1		$+\infty$
y'		$+$		$+$	
y	$-\infty$	croît	$\pm\infty$	croît	$+\infty$

512. *Étudier la variation de la fonction*

$$y = \frac{x^2 - 8x + 19}{x - 5} \qquad \text{(Bacc.)}$$

La fonction est discontinue pour $x=5$; on peut écrire cette fonction sous la forme

$$y = x - 3 + \frac{4}{x-5} .$$

Prenons la dérivée : $y' = 1 - \dfrac{4}{(x-5)^2}$ ou $y' = \dfrac{(x-3)(x-7)}{(x-5)^2}$.

La dérivée s'annule pour $x=3$ et $x=7$; elle est positive pour x compris entre $-\infty$ et 3, et entre 7 et $+\infty$; dans ces deux intervalles, la fonction est croissante. La dérivée est négative pour x compris entre 3 et 7; la fonction est décroissante dans cet intervalle.

La fonction devient infinie et change de signe pour $x=5$.

Pour $x = \pm\infty$, $y = \pm\infty$.

Lorsque x croît de $-\infty$ à 3, puis de 3 à 5, la fonction étant croissante, puis décroissante, $x=3$ correspond à un maximum; lorsque x croît de 5 à 7, puis de 7 à $+\infty$, la fonction étant d'abord décroissante, puis croissante, $x=7$ correspond à un minimum.

La droite $x=5$ est une asymptote verticale; la fonction peut s'écrire :

$$y = x - 3 + \frac{4}{x-5} \cdot$$

Si l'on fait tendre x vers $\pm\infty$, la fraction $\dfrac{4}{x-5}$ tend vers 0, et la droite $y = x - 3$ est une asymptote oblique.

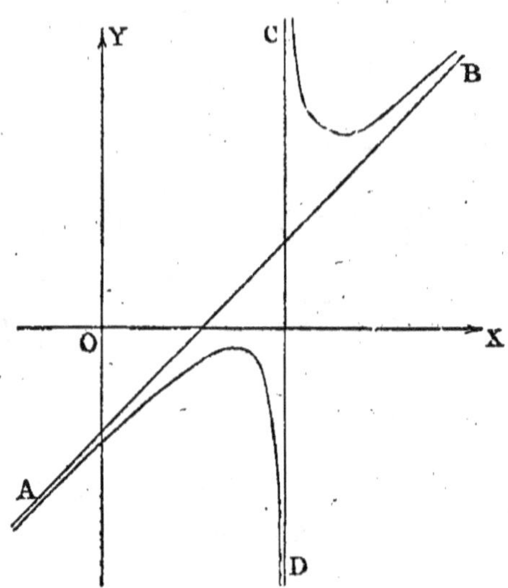

x	$-\infty$		3		5		7		$+\infty$
y'			$+$	0	$-$		$-$	0	$+$
y	$-\infty$	croît	-2	décroît	$\mp\infty$	décroît	6	croît	$+\infty$
			maximum				minimum		

513. *Étudier la variation de la fonction*

$$y = \frac{x^2 - 4x + 3}{x^2 + 5x - 14} \cdot \qquad \text{(Bacc.)}$$

Cette fonction est discontinue pour $x=2$ et $x=-7$; ces valeurs sont les racines de l'équation $x^2 + 5x - 14 = 0$.

Prenons la dérivée :

$$y' = \frac{(x^2 + 5x - 14)(2x - 4) - (x^2 - 4x + 3)(2x + 5)}{(x^2 + 5x - 14)^2},$$

$$y' = \frac{9x^2 - 34x + 41}{(x^2 + 5x - 14)^2} \cdot$$

L'équation $9x^2 - 34x + 41 = 0$ a ses racines imaginaires; par suite, la dérivée y' est toujours positive, puisque le numérateur et le dénominateur de y' sont positifs; la fonction est toujours croissante; elle n'a pas de maximum ni de minimum.

Pour $x = \pm \infty$, $y = 1$.

La fonction s'annule pour $x = 3$ et $x = 1$.

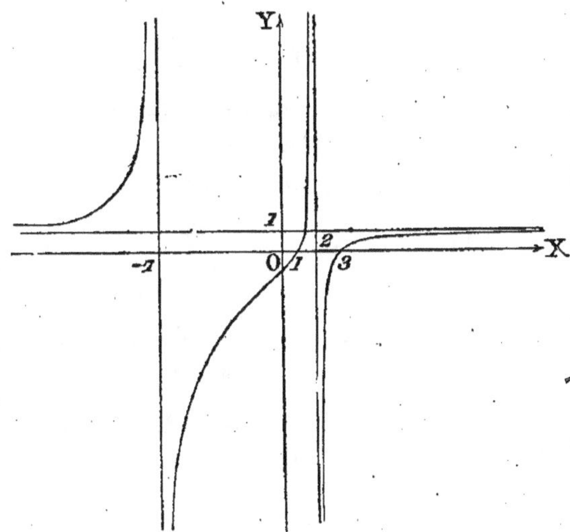

x	$-\infty$		-7		2		$+\infty$
y'		$+$		$+$		$+$	
y	1	croît	$\pm\infty$	croît	$\pm\infty$	croît	1

514. *Étudier la variation de la fonction rationnelle*

$$y = \frac{4x^2 + 4x - 3}{x^2 - 4x + 3}.$$

Construire la courbe qui représente la variation. (Bacc.)

Cette fonction est discontinue pour $x = 3$ et $x = 1$; ces valeurs sont les racines de l'équation $x^2 - 4x + 3 = 0$.

Prenons la dérivée :

$$y' = \frac{(x^2 - 4x + 3)(8x + 4) - (4x^2 + 4x - 3)(2x - 4)}{(x^2 - 4x + 3)^2},$$

ou

$$y' = \frac{10x(3 - 2x)}{(x^2 - 4x + 3)^2}.$$

Cette dérivée y' s'annule pour $x = 0$ et $x = \frac{3}{2}$; elle est négative pour x compris entre $-\infty$ et 0 et entre $\frac{3}{2}$ et $+\infty$, positive pour x compris entre 0 et $\frac{3}{2}$.

La fonction est donc décroissante lorsque x croît de $-\infty$ à 0 et de $\frac{3}{2}$ à $+\infty$, croissante lorsque x croît de 0 à $\frac{3}{2}$.

Pour $x = 0$, $y = -1$; et pour $x = \frac{3}{2}$, $y = -16$.

Pour $x = \pm \infty$, $y = 4$.

La fonction s'annule pour les racines de l'équation :

$$4x^2 + 4x - 3 = 0,$$

c'est-à-dire pour $\quad x = \dfrac{1}{2} \quad$ et $\quad x = -\dfrac{3}{2}$.

La fonction devient infinie pour les racines de l'équation :

$$x^2 - 4x + 3 = 0,$$

c'est-à-dire pour $\quad x = 3 \quad$ et $\quad x = 1$.

x	$-\infty$		0		1		$\dfrac{3}{2}$		3		$+\infty$
y'		$-$	0	$+$		$+$	0	$-$		$--$		
y	4	décroît	-1	croît	$\pm\infty$	croît	-16	décroît	$\mp\infty$	décroît	4	
			minimum				maximum					

En résumé, la fonction part de la valeur 4, décroît jusqu'à son minimum

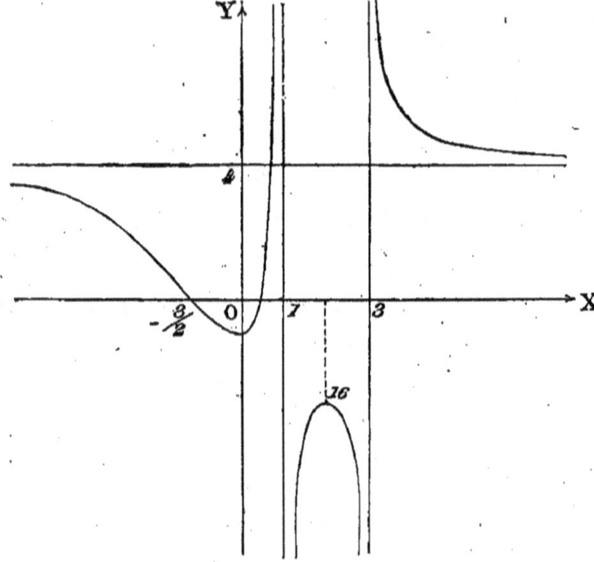

—1 pour $x = 0$, puis elle croît jusqu'à $+\infty$; pour $x = 1$, la fonction passe brusquement de $+\infty$ à $-\infty$, elle croît ensuite jusqu'à son maximum —16, et décroît jusqu'à $-\infty$; pour $x = 3$, elle passe brusquement de $-\infty$ à $+\infty$ et décroît jusqu'à 4.

515. *Entre quelles limites varie la fonction*

$$y = \frac{2x^2 + 3x + 2}{x^2 + x + 1} ? \quad \text{(Bacc.)}$$

Cette fonction est continue quel que soit x, puisque l'équation

$$x^2 + x + 1 = 0$$

a ses racines imaginaires.

Prenons la dérivée :

$$y' = \frac{(x^2 + x + 1)(4x + 3) - (2x^2 + 3x + 2)(2x + 1)}{(x^2 + x + 1)^2},$$

$$y' = \frac{1 - x^2}{(x^2 + x + 1)^2}.$$

La dérivée s'annule pour $x = \pm 1$; lorsque x croît de $-\infty$ à -1 et de 1 à $+\infty$, la dérivée est négative, la fonction est décroissante dans ces deux intervalles ; lorsque x croît de -1 à $+1$, la dérivée est positive, la fonction croissante.

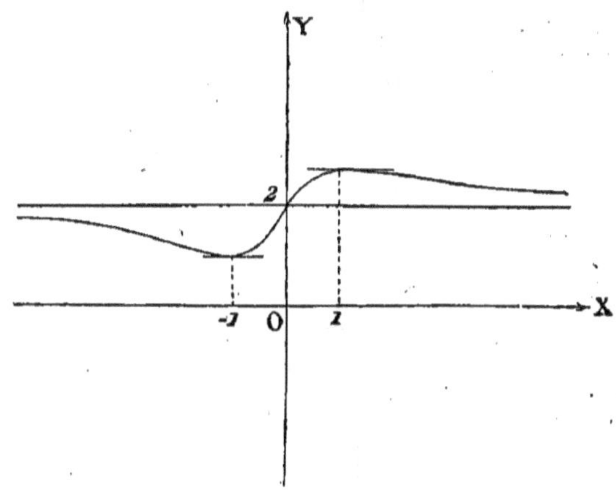

Pour $x = \pm\infty$, $y = 2$.

L'équation $x^2 + x + 1 = 0$ a ses racines imaginaires ; la fonction ne peut pas devenir infinie.

L'équation $2x^2 + 3x + 2 = 0$ a aussi ses racines imaginaires ; la fonction ne peut pas s'annuler.

Les limites entre lesquelles varie la fonction sont donc 1 et $\dfrac{7}{3}$.

x	$-\infty$		-1		1		$+\infty$
y'		$-$	0	$+$	C	$-$	
y	2	décroît	1	croît	$\dfrac{7}{3}$	décroît	2
			minimum		maximum		

516. *Étudier les variations de la fonction*

$$y = \frac{x^2 - 6x + 8}{x^2 - 2x + 1},$$

et construire la courbe correspondante. (Bacc.)

Cette fonction est discontinue pour $x = 1$.
Prenons la dérivée :

$$y' = \frac{(x^2 - 2x + 1)(2x - 6) - (x^2 - 6x + 8)(2x - 2)}{(x^2 - 2x + 1)^2},$$

$$y' = \frac{2(2x^2 - 7x + 5)}{(x^2 - 2x + 1)^2}.$$

L'équation $2x^2 - 7x + 5 = 0$ a pour racines $x = \dfrac{5}{2}$ et $x = 1$.

La dérivée est positive lorsque x croît de $-\infty$ à 1 et de $\dfrac{5}{2}$ à $+\infty$; la fonction est croissante dans ces deux intervalles; la dérivée est négative lorsque x croît de 1 à $\dfrac{5}{2}$, la fonction est décroissante dans cet intervalle.

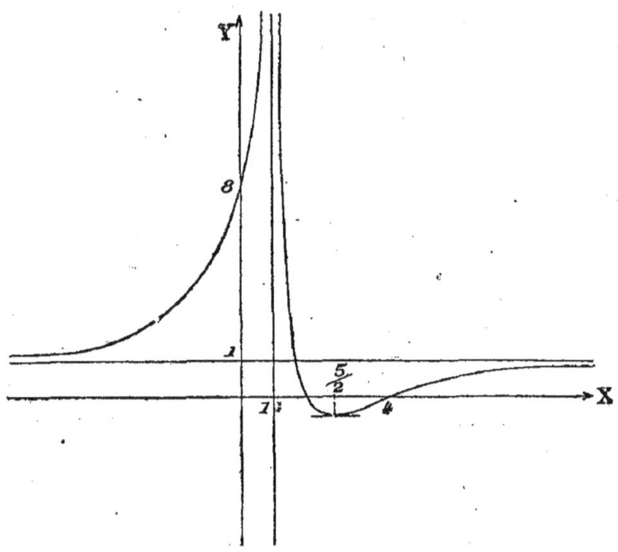

Pour $x = 1$, $y = \infty$; et pour $x = \dfrac{5}{2}$, $y = -\dfrac{1}{3}$.

Pour $x = \pm\infty$, $y = 1$.

x	$-\infty$		1		$\dfrac{5}{2}$		$+\infty$
y'		$+$		$-$	0	$+$	
y	1	croît	$+\infty$	décroît	$-\dfrac{1}{3}$	croît	1
					minimum		

517. *Étudier la fonction* $y = \dfrac{1}{x^2 - x + 1}$ *et tracer la courbe représentée par cette équation.*

Cela posé, on prend un point sur cette courbe et l'on construit l'ordonnée MP et l'abscisse MQ, puis l'on fait tourner la figure autour de OY. Étudier la variation du cylindre engendré par le rectangle MPOQ. Maximum de ce cylindre quand M parcourt toute la courbe. (Bacc.)

Prenons la dérivée :

$$y' = \frac{1 - 2x}{(x^2 - x + 1)^2}.$$

Cette dérivée s'annule pour $x = \dfrac{1}{2}$; elle est positive lorsque x croît de $-\infty$ à $\dfrac{1}{2}$; la fonction est croissante dans cet intervalle. La dérivée est négative lorsque x croît de $\frac{1}{2}$ à $+\infty$; la fonction est décroissante dans cet intervalle. La fonction est donc maximum pour $x = \frac{1}{2}$; ce maximum a pour valeur $\frac{4}{3}$.

Pour $x = \pm\infty$, $y = 0$.

La fonction ne peut pas devenir infinie, l'équation

$$x^2 - x + 1 = 0$$

ayant ses racines imaginaires.

x	$-\infty$		$\frac{1}{2}$		$+\infty$
y'		$+$	0	$-$	
y	0	croît	$\frac{4}{3}$	décroît	0
			maximum		

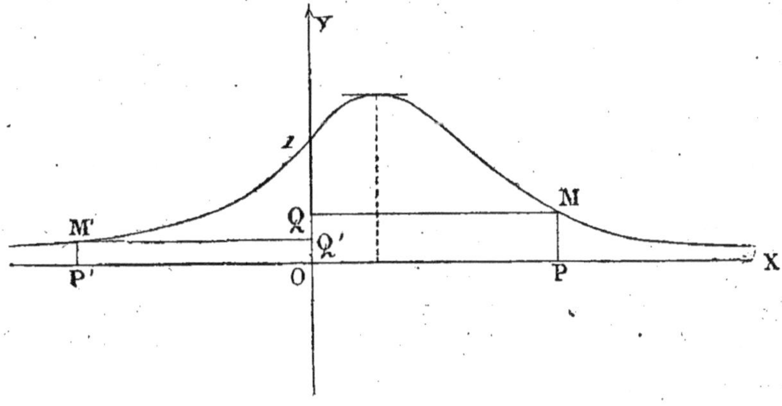

2° Soit MPOQ le rectangle considéré; on a :

$$V = \pi \cdot \overline{OP^2} \cdot MP,$$

ou

$$V = \frac{\pi x^2}{x^2 - x + 1}.$$

La variation étant indépendante de π, nous prendrons simplement :

$$V_1 = \frac{x^2}{x^2 - x + 1}.$$

On a : $V'_1 = \dfrac{(x^2 - x + 1)\,2x - x^2\,(2x - 1)}{(x^2 - x + 1)^2} = \dfrac{-x^2 + 2x}{(x^2 - x + 1)^2}.$

Cette dérivée V'_1 s'annule pour $x = 0$ et pour $x = 2$.

Or V'_1 est négative lorsque x croît de $-\infty$ à 0 et de 2 à $+\infty$; elle est positive dans l'intervalle 0 à 2. La fonction V_1 est donc décroissante lorsque x croît de $-\infty$ à 0, de sorte que le volume engendré par M'P'OQ' diminue à mesure que le point P' s'approche de O; $x = 0$ correspond à un cylindre de volume nul; c'est un minimum.

Lorsque x croît de 0 à 2, la dérivée V'_1 devient positive, et la fonction V_1

croissante; puis lorsque x croît de 2 à $+\infty$, V'_1 redevient négative, et la fonction V_1 décroissante; $x=2$ correspond donc à un cylindre MPOQ de volume maximum, $\qquad V = \dfrac{4\pi}{3}$.

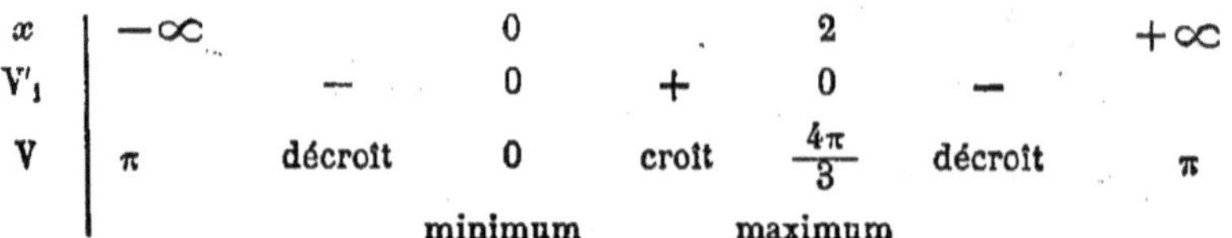

x	$-\infty$		0		2		$+\infty$
V'_1		$-$	0	$+$	0	$-$	
V	π	décroît	0	croît	$\dfrac{4\pi}{3}$	décroît	π
			minimum		maximum		

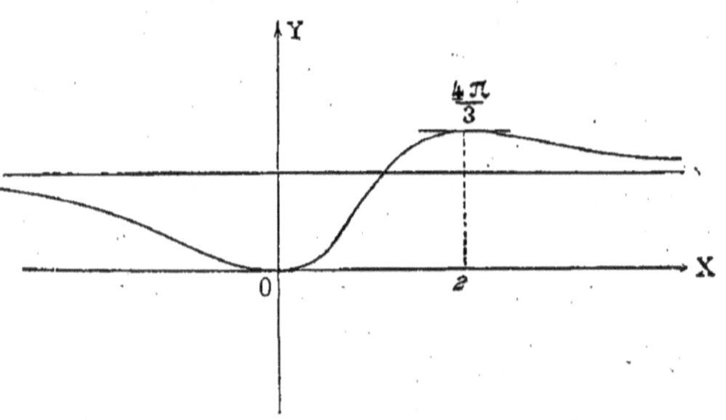

En résumé, lorsque x varie de $-\infty$ à $+\infty$, le volume du cylindre décroît de la valeur π à 0 pour $x=0$, puis ce volume croît à un maximum $\dfrac{4\pi}{3}$ pour $x=2$, et décroît ensuite jusqu'à la valeur π, qu'il atteint pour $x=+\infty$.

518. *Étudier la fonction* $\qquad y = \dfrac{x^2}{x^3 + 4}$; $\qquad$ *construire la courbe qui la représente.* (Bacc.)

Prenons la dérivée :

$$y' = \frac{(x^3 + 4)\, 2x - x^2 \cdot 3x^2}{(x^3 + 4)^2},$$

$$y' = \frac{x(8 - x^3)}{(x^3 + 4)^2}.$$

La dérivée y' s'annule pour $x=0$ et $x=2$; les autres racines de $8 - x^3 = 0$ sont imaginaires.

La dérivée y' est négative lorsque x est compris dans les deux intervalles $-\infty$ à 0 et 2 à $+\infty$; la fonction est décroissante dans ces deux intervalles; pour x compris entre 0 et 2, la dérivée est positive, la fonction est croissante.

Ainsi, pour $x=0$, la fonction passe par un minimum 0, et pour $x=2$, elle passe par un maximum $\dfrac{1}{3}$.

Pour $x = \pm\infty$, $y=0$. On obtient cette valeur en écrivant la fonction sous la forme :

$$y = \frac{\dfrac{1}{x}}{1 + \dfrac{4}{x^3}}.$$

Si l'on fait tendre x vers l'infini, la fonction tend vers 0.

x	$-\infty$		$-\sqrt[3]{-4}$		0		2		$+\infty$
y'		$-$		$-$	0	$+$	0	$-$	
y	0	décroît	$\mp\infty$	décroît	0	croît	$\frac{1}{3}$	décroît	0
					minimum		maximum		

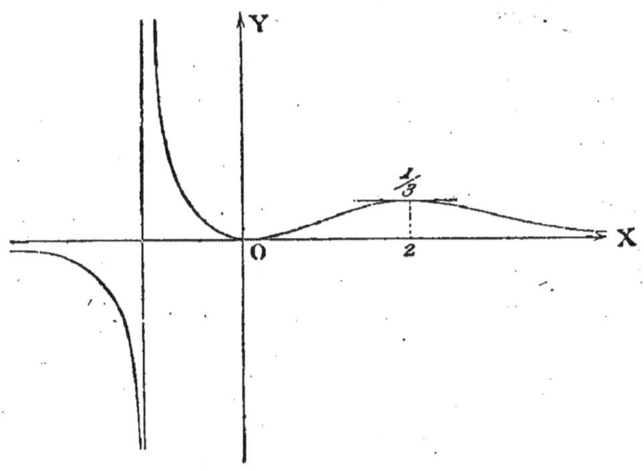

En résumé, lorsque x croît de $-\infty$ à $+\infty$, la fonction part de 0, décroît jusqu'à $-\infty$, passe brusquement à $+\infty$, décroît jusqu'à son minimum 0, puis croît jusqu'à son maximum $\frac{1}{3}$, et enfin décroît jusqu'à 0.

519. *Étudier les variations de la fonction*

$$y = \frac{1}{2}\sqrt{-x^2 + 2x + 3}\,.$$

Cette fonction n'est définie que pour les valeurs de x qui rendent positif le trinôme sous radical; en effet, la réalité de y exige :

$$-x^2 + 2x + 3 \geqq 0 \qquad \text{ou} \qquad (x+1)(x-3) \leqq 0.$$

La fonction n'existe donc que pour des valeurs de x intérieures aux nombres -1 et 3.

Prenons la dérivée :

$$y' = \frac{1}{2} \cdot \frac{-2x+2}{2\sqrt{-x^2+2x+3}} = \frac{1}{2}\frac{1-x}{\sqrt{-x^2+2x+3}}\,.$$

Cette dérivée s'annule pour $x = 1$.

Lorsque x croît de -1 à 1, la dérivée est positive, la fonction croît; pour $x = 1$, $y = 1$.

Lorsque x croît de 1 à 3, la dérivée est négative, la fonction décroît; par suite, $x = 1$ correspond à un maximum dont la valeur est 1.

x	-1		1		3
y'		$+$	0	$-$	
y	0	croît	1	décroît	0
			maximum		

En traçant la courbe, on obtient la demi-ellipse ABA'.

Si l'on prend la fonction avec le double signe devant le radical, c'est-à-dire si l'on étudie la fonction

$$y^2 = \frac{1}{4}(-x^2 + 2x + 3), \qquad (1)$$

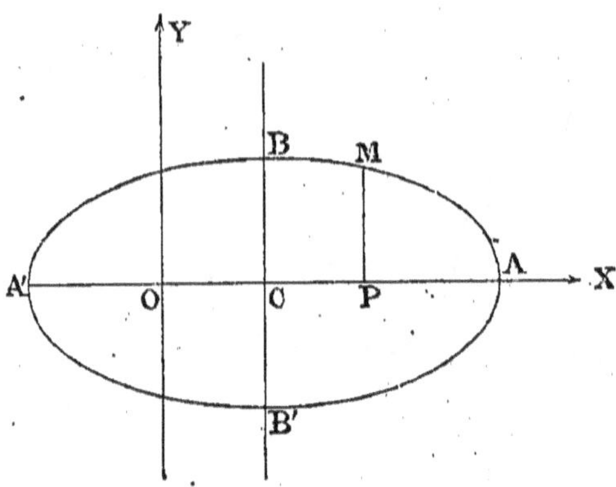

on obtient pour la courbe représentative l'ellipse entière ABA'B'.

En effet, si l'on transporte l'axe des y, parallèlement à lui-même, de manière que C étant la nouvelle origine, on ait $OC = 1$, les nouvelles coordonnées sont

$$x_1 = x - 1, \quad y_1 = y.$$

L'équation (1) devient :

$$4y_1^2 + (x_1 + 1)^2 - 2(x_1 + 1) - 3 = 0,$$

$$4y_1^2 + x_1^2 = 4,$$

ou

$$\frac{x_1^2}{4} + \frac{y_1^2}{1} = 1.$$

520. *Montrer comment varie le trinôme*

$$y = 3 + 5\sin x - 2\sin^2 x$$

quand x croît de 0 à 2π. (Bacc.)

Prenons la dérivée y' :

$$y' = 5\cos x - 4\sin x \cos x = \cos x(5 - 4\sin x).$$

Cette dérivée y' ne s'annule que pour $\cos x = 0$, d'où $x = \frac{\pi}{2}$ et $\frac{3\pi}{2}$, car le facteur $5 - 4\sin x$ est toujours positif.

Lorsque x croît de 0 à $\frac{\pi}{2}$, la dérivée y' est positive ; par suite, la fonction est croissante.

Lorsque x croît de $\frac{\pi}{2}$ à $\frac{3\pi}{2}$, la dérivée y' est négative et la fonction décroissante ; la fonction passe donc par un maximum pour $x = \frac{\pi}{2}$.

Lorsque x croît de $-\dfrac{3\pi}{2}$ à 2π, la dérivée est positive et la fonction est croissante ; la fonction passe donc par un minimum pour $x = -\dfrac{3\pi}{2}$.

x	0		$\dfrac{\pi}{2}$		$\dfrac{3\pi}{2}$		2π
y'		$+$	0	$-$	0	$+$	
y	3	croît	6	décroît	-4	croît	3
			max.		min.		

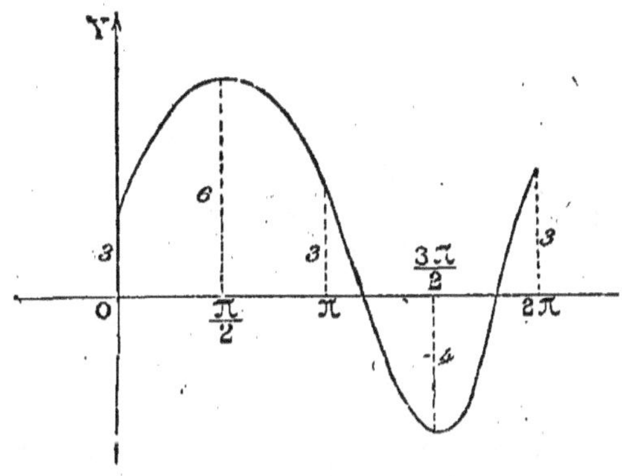

Lorsque x croît de 0 à 2π, la fonction part de la valeur 3, elle croît jusqu'à son maximum 6, qui a lieu pour $x = \dfrac{\pi}{2}$; elle décroît ensuite jusqu'à son minimum -4, qui a lieu pour $x = \dfrac{3\pi}{2}$; enfin elle croît jusqu'à la valeur 3 pour $x = 2\pi$.

521. *Maximum de $\sin^2 x \sin 2x$.* (Bacc.)

Soit
$$y = \sin^2 x \sin 2x,$$
ou
$$y = \sin^2 x . 2 \sin x \cos x = 2 \sin^3 x \cos x.$$

Prenons la dérivée :
$$y' = 6 \sin^2 x \cos^2 x - 2 \sin^4 x,$$
$$y' = 2 \sin^2 x (3 \cos^2 x - \sin^2 x).$$

La dérivée s'annule pour les valeurs de x données par les équations :
$$\sin^2 x = 0 \quad \text{et} \quad 3 \cos^2 x - \sin^2 x = 0.$$

L'équation $\sin^2 x = 0$ a pour solutions $x = k\pi$ (k entier) ; l'équation $3 \cos^2 x - \sin^2 x = 0$ ou $\operatorname{tg}^2 x = 3$

donne $\operatorname{tg} x = \pm \sqrt{3}$, d'où $x = k\pi \pm 60^0 = k\pi \pm \dfrac{\pi}{3}$.

En ne donnant à x que des valeurs positives et moindres que 2π, nous avons à considérer les intervalles suivants :

$$0 \quad \dfrac{\pi}{3} \quad \dfrac{2\pi}{3} \quad \pi \quad \dfrac{4\pi}{3} \quad \dfrac{5\pi}{3} \quad 2\pi.$$

19

Lorsque x est compris dans les intervalles :

$$0 \text{ à } \frac{\pi}{3}, \quad \frac{2\pi}{3} \text{ à } \frac{4\pi}{3}, \quad \frac{5\pi}{3} \text{ à } 2\pi,$$

la dérivée est positive ; la fonction est croissante dans ces trois intervalles.

Lorsque x est compris dans les intervalles : $\dfrac{\pi}{3}$ à $\dfrac{2\pi}{3}$, $\dfrac{4\pi}{3}$ à $\dfrac{5\pi}{3}$,

la dérivée est négative, la fonction est décroissante.

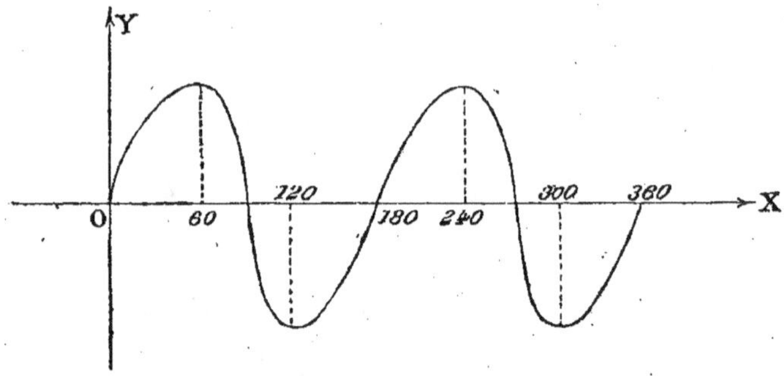

La dérivée change quatre fois de signe, deux fois en passant du positif au négatif et deux fois en passant du négatif au positif ; il y a donc deux maxima et deux minima.

x	0		$\frac{\pi}{3}$		$\frac{2\pi}{3}$		π		$\frac{4\pi}{3}$		$\frac{5\pi}{3}$		2π
y'	0	$+$	0	$-$	0	$+$	0	$+$	0	$-$	0	$+$	0
y	0 croît		$\frac{3\sqrt{3}}{8}$ décroît		$-\frac{3\sqrt{3}}{8}$		croît		$\frac{3\sqrt{3}}{8}$ décroît		$-\frac{3\sqrt{3}}{8}$ croît		0
			max.		min.				max.		min.		

522. Problème. *On donne un cercle O, de rayon R, et deux diamètres rectangulaires OX, OY. D'un point A pris sur OY, on mène une tangente AB qui rencontre OX en C et qui fait avec OY l'angle OAC $=\alpha$. Le point A étant supposé variable sur OY, exprimer en fonction de α le volume du cône engendré par la rotation de OAC autour de OY. Étudier la variation de ce volume.* (Bacc.)

Le volume engendré par OAC tournant autour de OY est exprimé par

$$V = \frac{\pi}{3} \cdot \overline{OC^2} \cdot OA.$$

Or
$$OA = \frac{R}{\sin \alpha},$$

$$OC = OA \operatorname{tg} \alpha = \frac{R}{\sin \alpha} \cdot \frac{\sin \alpha}{\cos \alpha} = \frac{R}{\cos \alpha}$$

Par suite.
$$V = \frac{\pi R^3}{3 \cos^2 \alpha \sin \alpha}.$$

Telle est l'expression du volume de ce cône en fonction de R et de α; R restant fixe, la variation de V est la même que celle de

$$y = \frac{1}{\cos^2 \alpha \sin \alpha} \cdot$$

Prenons la dérivée y' de cette fonction :

$$y' = \frac{-[-2\cos\alpha\sin^2\alpha + \cos^3\alpha]}{\cos^4\alpha\sin^2\alpha} = \frac{2\sin^2\alpha - \cos^2\alpha}{\cos^3\alpha\sin^2\alpha} \cdot$$

Cette dérivée sera nulle pour

$$2\sin^2\alpha - \cos^2\alpha = 0 ;$$

d'où

$$\operatorname{tg}\alpha = \frac{\sqrt{2}}{2} \cdot$$

On ne prend que la racine positive, car α est un angle compris entre 0 et $\dfrac{\pi}{2}$.

$$\alpha = 35°12'.$$

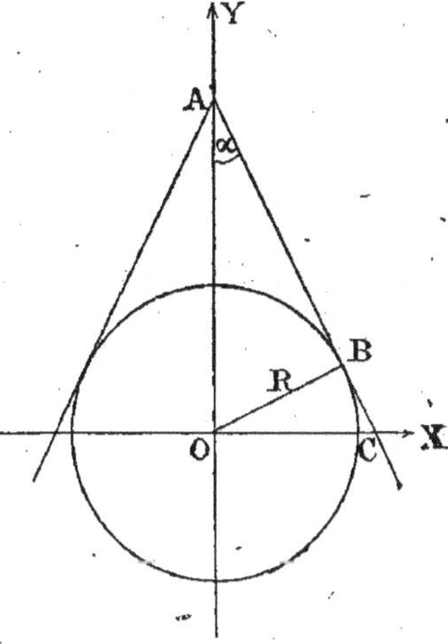

Si α est compris entre 0 et 35°12', la dérivée y' est négative; donc la fonction décroît de $+\infty$ à $\dfrac{\pi R^3\sqrt{3}}{2}$.

Si α est compris entre 35°12' et 90°, la dérivée y' est positive, et la fonction croît de $\dfrac{\pi R^3\sqrt{3}}{2}$ à $+\infty$.

Le cône a donc un volume minimum $\dfrac{\pi R^3\sqrt{3}}{2}$ lorsque α vaut 35°12'.

523. Problème. *On a une feuille de carton rectangulaire ABCD dont les côtés sont* a *et* b *; aux quatre coins on supprime des carrés égaux. Déterminer le côté de ces carrés par la condition que la boîte, qui a pour fond* mnpq *et pour faces latérales les rectangles qui restent et une même hauteur, ait un volume maximum.*

Nous avons déjà traité cette question; nous allons la résoudre à l'aide des dérivées.

Désignons par x le côté AE du carré enlevé; le fond de la boîte sera un rectangle *mnpq*, dont les dimensions seront :

$$a - 2x \quad \text{et} \quad b - 2x.$$

Le volume de la boîte sera exprimé par :

$$V = x(a - 2x)(b - 2x).$$

Calculons les dérivées V' et V''.

On a :
$$V' = (a - 2x)(b - 2x) - 2x(b - 2x) - 2x(a - 2x),$$
$$V' = 12x^2 - 4(a + b)x + ab,$$
$$V'' = 24x - 4(a + b) = 4(6x - a - b).$$

Les valeurs de x, qui annulent la dérivée V', sont :

$$x = \frac{a + b \pm \sqrt{a^2 + b^2 - ab}}{6}.$$

Pour qu'une valeur de x soit acceptable, elle doit être plus petite que $\frac{b}{2}$; or si l'on forme $f\left(\frac{b}{2}\right)$, il vient $f\left(\frac{b}{2}\right) = b(b-a)$, résultat négatif ; par suite, $\frac{b}{2}$ est compris entre les racines de l'équation $V' = 0$; la plus petite est dès lors seule acceptable.

Si l'on remplace x par $\dfrac{a + b - \sqrt{a^2 + b^2 - ab}}{6}$ dans la valeur de V'', on obtient $V'' = -4\sqrt{a^2 + b^2 - ab}$, quantité négative ; donc

$$x = \frac{a + b - \sqrt{a^2 + b^2 - ab}}{6}$$

correspond au maximum du volume de la boîte.

524. Problème. *Parmi tous les secteurs sphériques de volume donné* $\dfrac{4\pi a^3}{3}$, *quel est celui dont la surface totale est la plus petite possible ?*

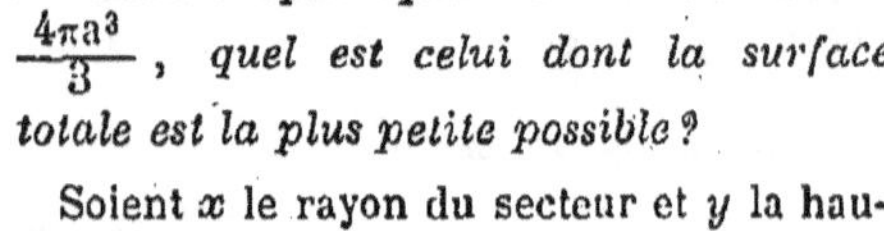

Soient x le rayon du secteur et y la hauteur de la zone qui lui sert de base.

On a : $V = \dfrac{x}{3} \times 2\pi xy = \dfrac{4\pi a^3}{3}$;

d'où $y = \dfrac{2a^3}{x^2}$.

$$S = 2\pi xy + \pi x\sqrt{y(2x - y)} = \pi x\left(\frac{4a^3}{x^3} + \sqrt{\frac{2a^3}{x^2}\left(2x - \frac{2a^3}{x^2}\right)}\right) ;$$

$$S = \frac{2\pi a^3}{x}\left[2 + \sqrt{\frac{x^3}{a^3} - 1}\right].$$

Pour simplifier l'écriture, posons :

$$\frac{x}{a} = z \quad \text{et} \quad \frac{S}{2\pi a^2} = S_1.$$

On a à étudier la fonction $S_1 = \dfrac{2 + \sqrt{z^3 - 1}}{z}$.

La dérivée $S_1' = \dfrac{1}{z^2}\left[\dfrac{z \times 3z^2}{2\sqrt{z^3 - 1}} - (2 + \sqrt{z^3 - 1})\right] = \dfrac{z^3 - 4\sqrt{z^3 - 1} + 2}{2z^2\sqrt{z^3 - 1}}$

Les valeurs qui annulent S_1' sont données par l'équation :

$$z^3 - 4\sqrt{z^3 - 1} + 2 = 0,$$

ou $\quad z^6 - 12z^3 + 20 = 0, \quad z^3 = 10 \quad \text{et} \quad z^3 = 2.$

Les valeurs correspondantes de x et y sont :

$$(1) \quad \begin{cases} x = \sqrt[3]{10} \\[2mm] y = \dfrac{a\sqrt[3]{10}}{5} \end{cases} \qquad \text{et} \qquad (2) \quad \begin{cases} x = a\sqrt[3]{2} \\[2mm] y = a\sqrt[3]{2} \end{cases}$$

En calculant la dérivée seconde, on trouve :

$$S_1'' = \frac{16\sqrt{z^3-1}\,(z^4-1) - z\,(z^6+16z^3-8)}{4z^4\,(z^3-1)\sqrt{z^3-1}}.$$

Pour $z^3=10$, $S_1'' = \dfrac{19\sqrt[3]{10}-4}{90\sqrt[3]{10}}$, quantité positive; donc le système de valeurs (1) correspond à un secteur de surface totale minimum.

Pour $z^3=2$, $S_1'' = \dfrac{\sqrt[3]{2}-4}{2\sqrt[3]{2}}$, quantité négative; donc le système de valeurs (2) correspond à un secteur de surface totale maximum.

525. Problème. *On donne un demi-cercle* AOB; *on considère le rapport du volume engendré par la rotation du segment de cercle* AMC *autour du diamètre* AB *au volume du triangle* CBD *tournant autour du même diamètre. Étudier la variation de ce rapport lorsque le point* C *parcourt la demi-circonférence de* A *en* B; *on désignera ce rapport par* y. *On prendra pour variable la longueur* AD, *que l'on désignera par* x.

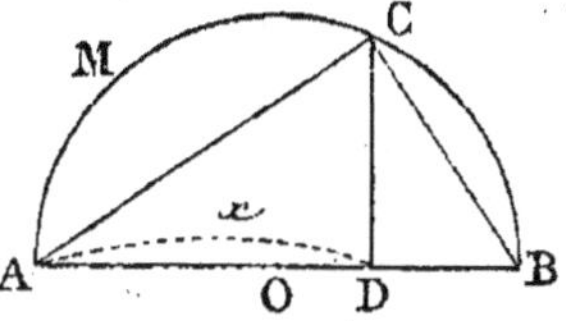

Construire la courbe qui représente les variations de y. *Calculer la dérivée de* y. (Bacc.)

On a :
$$y = \frac{\dfrac{\pi\overline{AC}^2}{6}\times AD}{\dfrac{\pi\overline{CD}^2}{3}\times BD} = \frac{2Rx^2}{2x(2R-x)^2} = \frac{Rx}{(2R-x)^2}.$$

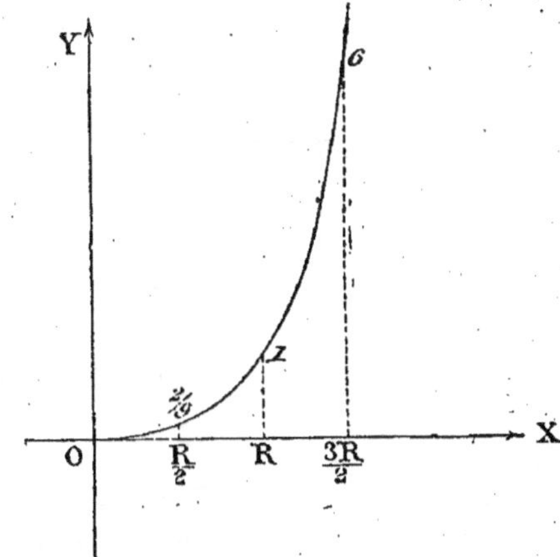

Prenons la dérivée de cette fonction :

$$y' = \frac{(2R-x)^2R + Rx\times 2(2R-x)}{(2R-x)^4} = \frac{R(2R+x)}{(2R-x)^3}.$$

La variable x étant assujettie à rester comprise entre 0 et 2R, la dérivée y'

est toujours positive dans cet intervalle; par suite, la fonction toujours croissante. Lorsque le point C est en A, le rapport considéré est nul; ce rapport croît si le point C se rapproche de B, et il devient infini lorsque C est en B.

526. Problème. *On considère un segment de parabole déterminé par une corde AB perpendiculaire à son axe, et située à une distance a du sommet O. Dans le demi-segment AOP, on inscrit un trapèze OMHP, dont on trace la diagonale MP. On fait enfin tourner la figure autour de AB, et l'on demande d'étudier la variation du rapport des volumes engendrés par le trapèze OMHP et par le triangle MHP quand M décrit l'arc OA. Ce rapport sera considéré comme une fonction de OK = x, et sera étudié à l'aide des dérivées.*

(Bacc.)

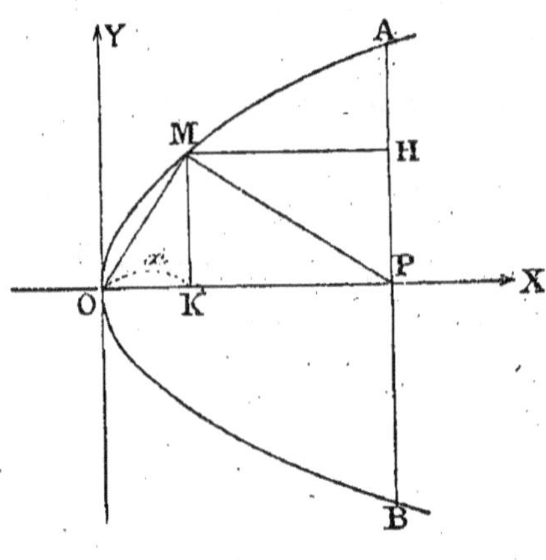

Le volume du tronc de cône engendré par le trapèze OMHP a pour expression :

$$\frac{\pi HP}{3}\left(\overline{OP}^2 + \overline{MH}^2 + OP.MH\right).$$

Le cône engendré par le triangle MPH a pour expression :

$$\frac{\pi \overline{MH}^2 \times HP}{3}.$$

On a donc :

$$y = \frac{\overline{OP}^2 + \overline{MH}^2 + OP.MH}{\overline{MH}^2},$$

$$y = \frac{a^2 + (a-x)^2 + a(a-x)}{(a-x)^2} = \frac{3a^2 - 3ax + x^2}{a^2 - 2ax + x^2}.$$

Cherchons la dérivée y' de cette fonction :

$$y' = \frac{(a^2 - 2ax + x^2)(2x - 3a) - (3a^2 - 3ax + x^2)(2x - 2a)}{(a^2 - 2ax + x^2)^2}$$

$$= \frac{a(x^2 - 4ax + 3a^2)}{(a-x)^4},$$

$$y' = \frac{a(a-x)(3a-x)}{(a-x)^4} = \frac{a(3a-x)}{(a-x)^3}.$$

Nous ferons d'abord varier x de $-\infty$ à $+\infty$, puis nous appliquerons les résultats à la question géométrique.

On voit que pour $x = \pm\infty$, $y = 1$.

Les valeurs remarquables de x sont $-\infty$ 0 a $3a$ $+\infty$.

En cherchant le signe de la dérivée y' dans ces quatre intervalles, on peut former le tableau suivant :

x	$-\infty$		0		a		$3a$		$+\infty$
y'		$+$		$+$	∞	$-$	0	$+$	
y	1	croît	3	croît	∞	décroît	$\frac{3}{4}$	croît	1
							min.		

Lorsque x croît de $-\infty$ à $+\infty$, la fonction croît de 1 à $+\infty$, puis décroît à une valeur minimum $\frac{3}{4}$, et croît ensuite jusqu'à 1.

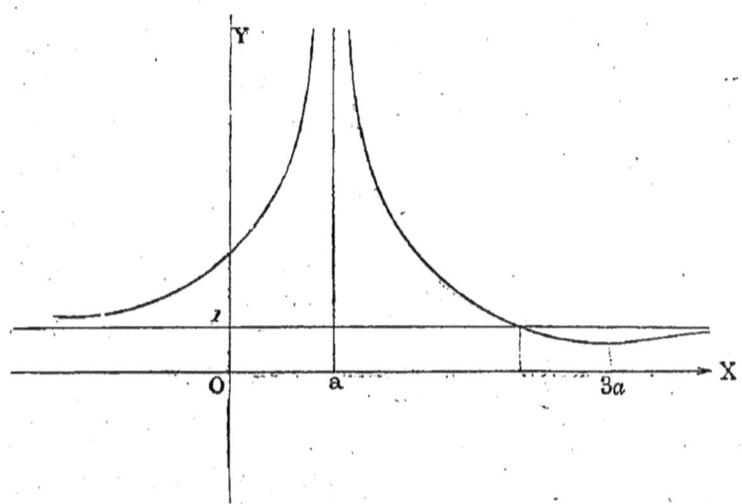

On voit que x variant de 0 à a, comme l'exige la question géométrique, le rapport considéré croît de 3 à $+\infty$. La question ne comporte donc pas de maximum ni de minimum.

527. Problème. *On considère un cône de révolution ABC inscrit dans une sphère de rayon donné R. On désigne par x la hauteur AE de ce cône. Étudier la variation du rapport du volume du segment sphérique BDC au volume du cône ABC, lorsque x varie de 0 à 2R. On construira la courbe qui représente la variation de ce rapport en supposant d'abord que x varie de $-\infty$ à $+\infty$; on marquera ensuite d'un trait double la portion de cette courbe répondant à la question de géométrie. (Bacc.)*

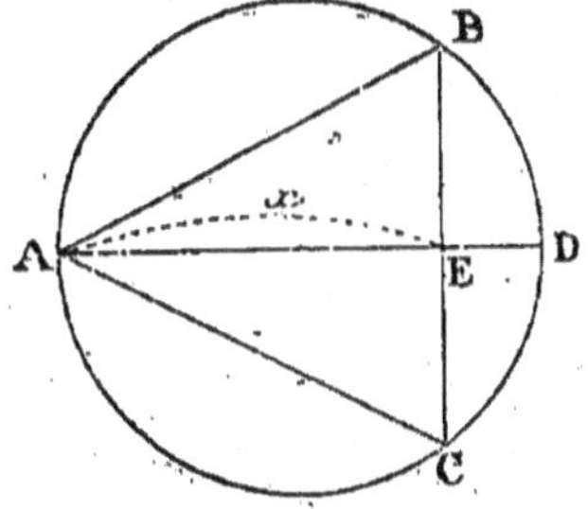

Soit ABC le cône inscrit dans la sphère donnée ; le volume du segment sphérique BDCE est exprimé par

$$\frac{\pi \overline{DE}^2}{3}(3R - DE),$$

ou

$$\frac{\pi}{3}(2R - x)^2 (R + x).$$

Le volume du cône est :

$$\frac{\pi \overline{BE}^2 \times AE}{3} \quad \text{ou} \quad \frac{\pi x^2}{3}(2R - x).$$

Le rapport à étudier est donc après simplifications :

$$y = \frac{(2R - x)(R + x)}{x^2},$$

ou

$$\frac{2R^2 + Rx - x^2}{x^2}.$$

Formons la dérivée y' :

$$y' = \frac{x^2(R - 2x) - (2R^2 + Rx - x^2)2x}{x^4} = \frac{-Rx(x + 4R)}{x^4}.$$

Cette dérivée y' est nulle pour $x = -4R$ et infinie pour $x = 0$. Lorsque x croît de $-\infty$ à $-4R$, la dérivée y' est négative ; elle devient positive pour x compris entre $-4R$ et 0 ; la fonction a donc passé par un minimum ; pour $x = 0$ la fonction est infinie, et pour x croissant de 0 à $+\infty$ la dérivée redevient négative ; la fonction est donc décroissante dans cet intervalle.

Pour $x = \pm\infty$, la fonction tend vers -1.

Formons le tableau suivant :

x	$-\infty$		$-4R$		$\mathbf{0}$		$2R$		$+\infty$
y'		$-$	0	$+$	∞	$-$		$-$	
y	-1	décroît	$-\dfrac{9}{8}$	croît	$+\infty$	décroît	0	décroît	-1
			minimum.						

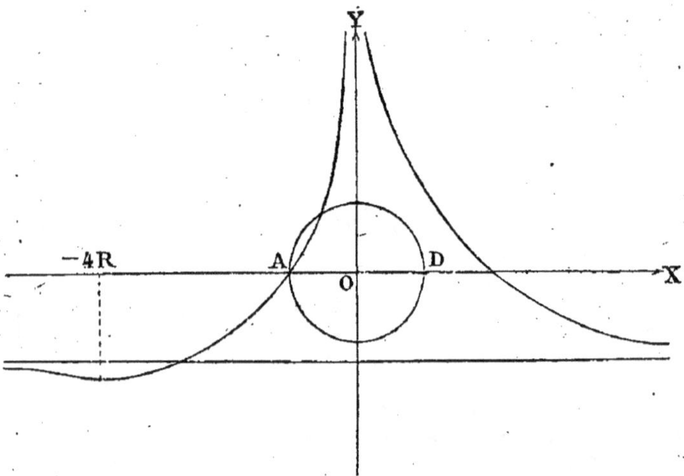

Lorsque x croît de $-\infty$ à $+\infty$, la fonction décroît de -1 à un minimum $-\dfrac{9}{8}$, puis croît jusqu'à $+\infty$; elle décroît ensuite de $+\infty$ à -1.

Pour la question géométrique, on voit que lorsque x varie de 0 à $2R$, le rapport des deux volumes considérés décroît de $+\infty$ à 0. Il n'y a donc pas de maximum ni de minimum.

EXERCICES D'ALGÈBRE

1re SÉRIE

QUESTIONS SE RAPPORTANT AU COURS D'ALGÈBRE

PREMIER LIVRE

CALCUL ALGÉBRIQUE

OPÉRATIONS FONDAMENTALES

§ I. — Valeurs numériques.

Trouver la valeur numérique des quantités suivantes :

1. 1° $\qquad a^2 + 2ab + b^2,$

2° $\qquad a^2 - 2ab + b^2,$

pour $a = 7$ et $b = 3.$

2. 1° $\qquad a^3 + 3a^2b + 3ab^2 + b^3,$

2° $\qquad a^3 - 3a^2b + 3ab^2 - b^3,$

pour $a = 13$ et $b = 3.$

3. $\qquad a^2 + b^2 + c^2 - 2ab + 2ac - 2bc,$

1° pour $a = 5,\ b = 2,\ c = 3,$ et 2° pour $a = 5,\ b = 7,\ c = 3.$

4. 1° $\quad a^5 + 5a^4b + 10a^3b^2 + 10a^2b^3 + 5ab^4 + b^5,$

2° $\quad a^5 - 5a^4b + 10a^3b^2 - 10a^2b^3 + 5ab^4 - b^5,$

pour $a = 5$ et $b = -1.$

5. 1° $8ab^4 - 5a^2b^3 + a^3b^2 + a^4b,$ $\qquad$ pour $a = -2,$ et $b = -3;$

2° $18ab + 72a^2b^2 - 64a^4 - 81b^4,$ $\qquad$ pour $\quad a = \dfrac{1}{2},$ et $b = \dfrac{1}{3}.$

6. 1° $\dfrac{a^2}{4} + b^2 + \dfrac{c^2}{9} + ab - \dfrac{ac}{3} - \dfrac{2bc}{3},$ pour $a = 2,\ b = 3,\ c = 1.$

2° $(a + b - c)(a + b + c)(a - b + c),$ pour $a = 1,\ b = 2,\ c = -3.$

19*

7. 1° $(3a + 4b)(4b - 3a) - 36a^2b,$

2° $(1 + 2a + 3b)(1 + 2a - 3b) - 4a^2b,$

pour $a = \dfrac{1}{3}$ et $b = \dfrac{1}{2}$.

8. 1° $4a^2(a^2 + b - c) - (b + c)(c - a^2 - b) + (a + b)^2(c^2 - b + a^2),$

pour $a = -1,\ b = 2,\ c = 3.$

2° $\dfrac{ab}{c} + \dfrac{bc}{a} + \dfrac{ac}{b} + \dfrac{1}{a} + \dfrac{1}{b} + \dfrac{1}{c}$, pour $a = 1,\ b = 2,\ c = 3.$

9. 1° $(x + y - z)^2 + (x + y)^2(x - y + z) + (x - y)^3,$

pour $x = -1,\ y = -2,\ z = \dfrac{1}{2}$.

2° $4a^2[(a^2 - b^2)^2 - (a^2 + 2ab + b^2)^2] + (a - b - c)(a + b),$

pour $a = 1,\ b = 2,\ c = 3.$

Calculer les valeurs que prennent les polynômes suivants :

10. $3x^5 + 2x^4 - 8x^3 - 2x^2 + x - 9,$ pour $x = 1,\ -1$ et $4.$

11. 1° $6x^5 + 5x^4 - 4x^3 + 8x^2 - 2,$ pour $x = 2$ et $\dfrac{1}{2}$.

2° $12x^6 + 5x^5 + 3x^4 + 4x^3 - 11x^2 - 6x + 3,$ pour $x = 3$ et $\dfrac{1}{3}$.

12. $2x^4 - x^3 + 5x^2 - 2x + 1,$ pour $x = 0, 1, 2, 3, 10.$

13. $x^5 - 15x^4 + 85x^3 - 225x^2 + 274x - 120,$ pour $x = 1, 2, 3, 4, 5, 6.$

14. $4x^3 - 16x^2 - 9x + 36,$ pour $x = 0, 1, \dfrac{3}{2}, 2,$

et pour $x = -1, -\dfrac{3}{2}, -2.$

Calculer les valeurs que prennent les formules suivantes :

15. 1° $e = vt;$ 2° $e = \dfrac{1}{2}\gamma t^2;$ 3° $e = a + vt + \dfrac{1}{2}\gamma t^2,$

pour $a = 15,\ v = 3,\ t = 6$ et $\gamma = 2{,}4.$

16. 1° $ax^2 + bx + c,$ 2° $\dfrac{-b - \sqrt{b^2 - 4ac}}{2a}$ 3° $\dfrac{\sqrt{a^2 + 2b} \pm \sqrt{a^2 - 2b}}{2a},$

pour $a = 5,\ b = 12,\ c = 4,\ x = -2.$

17. Dans les trinômes suivants, de la forme $ax^2 + bx + c,$ calculer la valeur de la quantité $b^2 - 4ac$:

1° $2x^2 - 5x + 12,$

2° $2x^2 - 5x - 12,$

3° $3x^2 - 8x + 5,$

4° $9x^2 - 24x + 16.$

18. Un triangle a pour côtés $a = 13,\ b = 14,\ c = 15;$ calculer :

1° La surface S donnée par la formule

$$S = \dfrac{1}{4}\sqrt{(a + b + c)(a + b - c)(a + c - b)(b + c - a)}\,;$$

2° le rayon R du cercle circonscrit donné par la formule $R = \dfrac{abc}{4S}$;

3° à quoi se réduit la formule de la surface quand $a = b = c$.

19. Le volume d'un tronc de cône est donné par la formule

$$V = \frac{1}{3}\pi h(R^2 + r^2 + Rr);$$

celui d'une sphère est $V = \dfrac{4}{3}\pi h^3$. Si ces deux volumes sont égaux, calculer h, sachant que $R = 5$ et $r = 3$.

20. Calculer les valeurs de x données par les formules :

1° $x = R\sqrt{2 - \sqrt{3}} - R\sqrt{2 - \sqrt{2}}$,   pour $R = 16$.

2° $x = \dfrac{R}{2}(\sqrt{5} - 1) - \dfrac{R}{2}\sqrt{10 - 2\sqrt{5}}$,   pour $R = 16$.

3° $x = a - 2\sqrt{a + 1} - \dfrac{2\sqrt[3]{4a - 5} - \sqrt{2a - 7}}{\sqrt{a - 4}}$,   pour $a = 8$.

§ II. — Exercices sur l'addition et la soustraction.

Additionner les polynômes suivants et opérer les réductions.

21. $4a - 5b + 2c - d,$
$3a - 7b + 2c + d.$

22. $8a^2b - 5ab^2,$
$-4a^2b - ab^2 + c.$

23. $a^2 + b^2 + 2ab,$
$a^2 + b^2 - 2ab,$
$a^2 - b^2.$

24. $x^3 + 2x^2 - 3x + 1,$
$2x^3 - 3x^2 + 4x - 2,$
$3x^3 + 4x^2 - 2x + 5.$

25. $a^2 - \dfrac{ab}{4} + b^2,$
$-\dfrac{a^2}{4} + ab + b^2,$
$-a^2 + ab - \dfrac{b^2}{4}.$

26. $\dfrac{3}{4}a^2 + a^2b^2,$
$\dfrac{4}{5}a^2 - 3a^2b^2,$
$-\dfrac{a^2}{10} + 7a^2b^2.$

27. $6a^2 - 4a + 3b - 4,$
$12a^2 - 3a + b - 1.$

28. $\dfrac{3}{4}a^2b^3c^4 - \dfrac{4}{5}a^3b^2c,$
$-\dfrac{4}{3}a^2b^3c^4 + \dfrac{2}{5}a^3b^2c,$
$+\dfrac{2}{5}a^3b^2c.$

29. $5ax - 3by + 4cz,$
$-2ax + 4by - 3cz,$
$-ax + 7by - cz,$
$9ax - 11by + 10cz.$

30. $5x^3 - 2x + y - 15 + y^2,$
$3x^3 + 4y - y^2 + xy - x^2,$
$4x^3 - 3xy,$
$+ 1 - 2xy + 4x^2.$

$$
\begin{aligned}
&31.\quad x^3 + 2x^2y - 4xy^2 + 5y^3,\\
&\quad\ \ \ 7x^3 - 12x^2y + 15xy^2 - 13y^3,\\
&\quad -4x^3 + 5x^2y - 7xy^2 + 9y^3,\\
&\quad -2x^3 + 11x^2y - 12xy^2 + 3y^3.
\end{aligned}
$$

$$
\begin{aligned}
&32.\quad 12a^5b^3 - 5a^4b^2 - 8a^3b^4,\\
&\quad\ \ -7a^5b^3 + 8a^4b^2 + 5a^3b^4,\\
&\quad -15a^5b^3 + 12a^4b^2 + 6a^3b^4 - 8a
\end{aligned}
$$

$$
\begin{aligned}
&33.\quad ax^3 + abx^2 + a^2bx,\\
&\quad\ \ \ px^3 - pqx^2 + p^2qx,\\
&\quad -rx^3 + rsx^2 - s^3x.
\end{aligned}
$$

$$
\begin{aligned}
&34.\quad 3x^m + 7x^{m-1} + 9x^{m-2} - 12x^{m-3} + \ldots,\\
&\quad\ \ \ 2x^m + 8x^{m-1} + 7x^{m-2} - 7x^{m-3} + \ldots,\\
&\quad\ \ \ x^m - 4x^{m-1} + 4x^{m-2} - 9x^{m-3} + \ldots
\end{aligned}
$$

$$
\begin{aligned}
35\quad &ax^n + a^2x^{n-1} + a^3x^{n-2} + a^4x^{n-3} + \ldots,\\
&x^n - 6x^{n-1} - b^3x^{n-2} + 8x^{n-3} + \ldots,\\
&-2x^n + 7x^{n-1} - a^2bx^{n-2} - b^4x^{n-3} + \ldots
\end{aligned}
$$

Opérer les soustractions suivantes :

36. De $a^2 - b^2$ retrancher $a^2 + b^2 - 2ab$.

37. De $7a^3 - 4b^3 + 5c^3$ retrancher $6a^3 + 9b^3 - 11c^3$.

38. De $9a^3 - 8a^2b + 5ab^2 - 7b^3$ retrancher $7a^3 + 2a^2b + 9ab^2 - 11b^3 - 4c^3$.

39. De $\dfrac{1}{2}a^2x + \dfrac{1}{4}ax^2 + \dfrac{2}{3}x^3$ retrancher $-\dfrac{3}{4}a^2x + \dfrac{1}{3}ax^2 - \dfrac{5}{8}x^3$.

40. De $ax^3 + bx^2 + cx + d$ retrancher $mx^3 - nx^2 - px + q$.

41.
$$
\begin{aligned}
&x^{m+1} + ax^m + a^2x^{m-1} + a^3x^{m-2} + a^4x^{m-3} + \ldots\\
&x^{m+1} - (m+1)ax^m - (m-1)a^2x^{m-1} + (m+1)a^3x^{m-2} - (m-1)a^4x^{m-3} + \ldots
\end{aligned}
$$

42. On donne les polynômes suivants :
$$
\begin{aligned}
P &= 4a^3 - 5a^2b + 7b^3,\\
P_1 &= 2a^3 + 11a^2b - 8b^3,\\
P_2 &= 4a^3 + 5a^2b - 8b^3;
\end{aligned}
$$
calculer : 1° $P - P_1$; 2° $P + P_1 - P_2$.

43. On donne les quatre polynômes :
$$
\begin{aligned}
&5a^2 - 3ab + b^2 - 3ac + 2bc + c^2,\\
&2a^2 + 5ab - 3b^2 + 2ac - 4bc + 3c^2,\\
&4a^2 - 7ab + 5b^2 - 4ac - 5bc + c^2,\\
&2a^2 + 9ab - 8b^3 + 3ac + 3bc + 2c^2;
\end{aligned}
$$
de la somme des deux premiers retrancher la somme des deux derniers.

44. On donne les quatre polynômes :
$$
\begin{aligned}
&6a^2 - 3ab + 2b^2 - 5ac + 6bc - 2c^2,\\
&a^2 - ab + b^2 + ac - bc - c^2,\\
&2a^2 + 3ab - 2b^2 - 3ac - 4bc - 5c^2,\\
&3a^2 - 6ab + 3b^2 - 4ac + 10bc + 4c^2;
\end{aligned}
$$
du premier retrancher la somme des trois derniers.

45 Même question pour les quatre polynômes :
$$
\begin{aligned}
&9x^4 - 2ax^3 + a^2x^2 - b^3x + b^4,\\
&5x^4 + 3bx^3 - 5abx^2 - a^3x + b^4,\\
&2x^4 - ax^3 + 7b^2x^2 - 2b^3x - a^4,\\
&x^4 - 4ax^3 + 3a^2x^2 + 4a^2bx - 2a^2b^3.
\end{aligned}
$$

Faire disparaître les parenthèses et opérer les réductions.

46. $(a-b)-(b+c-d)+(b+c-d)+(2b-a).$

47. $a^2-(b^2-c^2)+b^2-(a^2+c^2)-c^2-(a^2-b^2).$

48. $a-[b-(c-d)].$

49. $(a+2b-6a)-[3b-(6a-6b)].$

50. $(x+y-z)-(x-y+z)+(-x+y+z)-(-x-y+z).$

51. $(4x^3-2x^2+x+1)-(3x^3-x^2-x-7)-(x^3-4x^2+2x+8).$

52. $x+[(y-x)-(y-z)].$

53. $(a+b-c)-[-(b-3c)].$

54. $[(a+b-n-p)-(c-d-m+q)]-[(a+p-q)-(b-m)-(c+d-n)].$

55. $44x+[48y-(6z+3y-7x)+4z]-[48y-8x+2z-(4x+y)].$

56. $(5a^2-3ax+x^2)-[4a^2+5ax-(3a^2-7ax+5x^2)]-7x^2.$

Problèmes élémentaires sur l'addition et la soustraction.

57. Un nombre étant représenté par x, exprimer le nombre qui le surpasse de a et celui qui lui est inférieur de b.

58. En désignant par x l'âge actuel d'une personne, exprimer l'âge qu'elle aura dans 20 ans et celui qu'elle avait il y a 9 ans.

59. On a partagé une somme entre trois personnes; la deuxième a eu a francs de plus que la première; la troisième, b francs de plus que la deuxième; exprimer la somme partagée, x étant la part de la première.

60. Dans un jeu de 32 cartes, on tire d'abord x cartes et 3 de plus; une seconde fois on en tire le double de ce qu'on en avait tiré et 4 de plus, exprimer ce qu'il en reste.

61. Un négociant a gagné pendant 4 années consécutives une somme de a francs chaque année; pendant 3 autres années, une somme b; les 2 années suivantes il a perdu en tout une somme c. Exprimer son avoir actuel, x étant son capital primitif.

62. Une personne A possède a francs; une autre B, b francs; elles mettent leur argent en commun et dépensent à trois reprises différentes une somme inconnue x. Au moment de se séparer, A prend une somme c; exprimer ce qui reste à B.

63. Exprimer le contour d'un rectangle, sachant que le plus grand côté surpasse de a le plus petit côté x. Quel serait le côté du losange de même périmètre?

64. On a fait quatre achats : le deuxième a coûté a francs de plus que le premier; le troisième, b francs de plus que le deuxième; le quatrième, c francs de plus que le troisième. Le premier achat ayant coûté x francs, combien a-t-on dépensé en tout?

65. Exprimer algébriquement un nombre de trois chiffres x, y, z dans le système décimal; exprimer ce nombre renversé.

66. Dans un mélange de deux substances A et B et pesant a kilog., il en entre b de A; on ajoute un nouveau poids c de A, et on en retire d de B. Combien en reste-t-il de B, et quel est le poids du mélange?

67. J'ai dans la main gauche 3 pièces de plus que dans la droite; j'en prends 5 de celle-ci pour les mettre dans la première. Combien y en a-t-il dans chacune, x représentant le nombre des pièces de la droite?

68. Les côtés d'un triangle sont a, b, c; on augmente le côté a d'une longueur d, on diminue le côté b de la longueur $\dfrac{d}{2}$, et l'on augmente le côté c de $\dfrac{2d}{3}$. Quelle est la différence des périmètres des deux triangles, et quelle doit être la longueur d pour que le périmètre du second triangle soit double de celui du premier?

69. L'âge d'un père est a, le fils à b années de moins, et l'aïeul à c années de plus que le père. 1° Quelle sera la somme des âges de ces trois personnes dans n années? 2° quelle était cette somme il y a n années? 3° trouver la différence entre la première somme et la seconde; 4° additionner ces deux sommes.

70. Dans un triangle ABC, l'angle A vaut n degrés, et la différence des angles B et C est inférieure de n' degrés à la valeur de l'angle A. Calculer 1° les angles B et C; 2° faire le calcul pour $n = 32°$ et $n' = 36°$. 3° Dire quelle sera la nature du triangle si $n' = 2n$.

§ III. — Exercices sur la multiplication.

Effectuer les produits suivants :

71. 1° $3a \times 5b$,
    2° $7a^2 \times 8ab$,
    3° $12a^3b \times 7a^2bc$,
    4° $-5abc \times 8abd$,
    5° $14a^2bcx \times (-8ab^3x)$.

72. 1° $7ab \times 8a^2 \times 7bc$,
    2° $7ab^2c^3 \times 2a^2bc \times 5a^4b^5c^2$.

73. 1° $(6a + 2b - 8c)7a$,
    2° $(-5a^2 + 3ab - 8b^2)(-9ab)$.

74. 1° $(x + 8)(x + 10)$,
    2° $(x - 5)(x - 7)$,
    3° $(2x - 1)\left(x + \dfrac{1}{5}\right)$,
    4° $(x + a^2)(x - b^2)$.

75.   1° $(x^2 - 3x - 7)(x - 2)$,
     2° $(a^2 + a^4 + a^6)(a^2 - 1)$,
     3° $(a^4 - 2a^3b + 4a^2b^2 - 8ab^3 + 16b^4)(a + 2b)$.

76. $(a^m + b^p - 2c^n)(2a^m - 3b)$.

77. $(x^2 + y^2 - xy)(x^2 + y^2 + xy)$.

78. $(a + b - c)(a - b + c)$.

79. $(a + 4b - c)(a - 4b + c)$.

80. $(x + y - 2z)(x - y + 2z)$.

81. $(a^4 + a^3b + a^2b^2)(a - b)$.

82. $(a^2 - b^2 - c^2)(b^2 + c^2 - a^2)$.

83. $(1 + 2a + 3b + 4c)(1 + 2a - 3b - 4c)$.

84. $(a^3 - 3a^2x + 3ax^2 - x^3)(a - x)$.

85. $(5a^2 + ab - 3b^2)(3a^2 - 2ab + b^2)$.

86. $(a^5 - a^4b + a^3b^2 - a^2b^3 + ab^4 - b^5)(a + b)$.

87. $(x^5 - ax^4 + a^2x^3 - a^3x^2 + a^4x - a^5)(x + a)$.

88. $(3a^5 - 2a^2b^3 + 9ab^4 - 8b^5)(4a^2 + 5ab - 6b^2)$.

89. $(5a^4 + 2a^3b - 3a^2b^2 - 4ab^3 + 7b^4)(9a^2 - 6ab - 11b^2)$.

90. $(x - a)(x - b)(x - c)$.

91. $(x - a)(x - b)(x - c)(x - d)$.

92. $(a^2 - 4a - b)(a^2 - 4a + b)(a^2 + 4a - b)$.

93. $(4x^2 - 3x + 2)(3x^2 + 2x - 1)(x^2 - 2x + 3)$.

94. $[(a + b) + (c - d)][(a + b) - (c - d)]$.

95. $\left(\dfrac{5}{2}a^2 + 3ax - \dfrac{7}{3}a^2\right)\left(2x^2 - ax - \dfrac{a^2}{2}\right)$.

96. $(a^4 - 4a^3b + 6a^2b^2 - 4ab^3 + b^4)(a^3 - 3a^2b + 3ab^2 - b^3)$.

97. $(1 + x)(1 + x^2)(1 + x^4)$.

98. $(1 - x^2 - x^4 - x^6 - x^8)^2(1 + x + 2x^3 + 4x^5 + x^7)$.

Effectuer les opérations indiquées.

99. $(a + b - c - d)^2 - (c + d - a - b)^2$.

100. $(a + b)^3 - (a - b)^3 - 2b^3$.

101. $(1 + 2a - 3b)^2 - (3b - 2a - 1)^2$.

102. $(a + b)(b + c) - (c + d)(d + a) - (a + c)(b - d)$.

103. $(a + b)x + (b + c)y - [(a - b)x - (b - c)y]$.

104. $(9a - 5b)(a + 2b - 3) - (3a - 5b)(3a - b - 3)$.

105. $(a + b - c)(a + b) + (a - b + c)(a + c) + (b + c - a)(b + c)$.

106. $(4x^2 - 12xy + 9y^2)(2x + 3y)(4x^2 + 12xy + 9y^2)(2x - 3y)$.

107. $[2x - y - (x + 2y)][3x - 2y - (2x - 3y)]$.

108. $3(x - y)^2(x + y) - 3(x + y)^2(x - y)$.

109. $(2a - b)[(4a + b)a + b(a + b)]x^2$.

110. $(a - b)^3 + (a + b)^3 + 3(a + b)(a - b)^2 + 3(a - b)(a + b)^2$.

111. $[x^2 + x(a + b) + (a^2 + b^2)][x^2 - x(a - b) + (a^2 - b^2)]$.

112. $(8a^3 - x^6)(8a^3 + x^6) - (2a - x^2)(2a + x^2)[2a(2a + x^2) + x^4][4a^2 - x^2(2a - x^2)]$.

§ IV. — Exercices sur la division.

Opérer les divisions suivantes :

113. 1° $(15a^4b - 12a^3b^2 - 9a^3b^3 + 6a^4b^2) : 3ab$,

  2° $(8a^4b^2 - 6a^3b^3 + 4a^2b^4 - 2a^2b^2) : (-2a^2b^2)$,

  3° $(4a^7x^5 - 24a^6x^6 + 36a^5x^7) : 4ax$,

  4° $(x^{m+2}y^n + 2x^{m+1}y^{n+1} + x^m y^{n+2}) : x^m y^n$.

114. 1° $(a^2 + 4ab + 3b^2) : (a + b)$,

  2° $(a^3 + 3a^2 + 3a + 1) : (a + 1)$,

  3° $(a^5 - 5a^4b + 10a^3b^2 - 10a^2b^3 + 5ab^4 - b^5) : (a - b)$,

  4° $(a^4 + 8a^3 + 24a^2 + 32a + 16) : (a + 2)$.

115. $1°\ (6a^4 + a^2x - 15x^2) : (2a^2 - 3x)$,

$2°\ (6x^2 - 2xy^2 - 28y^4) : (2x + 4y^2)$,

$3°\ (4x^3 + 4x^2 - 29x + 21) : (2x - 3)$,

$4°\ (3a^5 + 5a^4b - 33a^3b^2 + 14a^2b^3) : (a^2 + 7ab)$.

116. $1°\ (125x^6 - 64y^3) : (5x^2 - 4y)$,

$2°\ (a^5x^5 + y^5) : (ax + y)$,

$3°\ (32a^5 + b^5) : (2a + b)$,

$4°\ (81x^8 - 16y^8) : (3x^2 - 2y^2)$.

117. $(2a^4 - 13a^3b + 31a^2b^2 - 38ab^3 + 24b^4) : (2a^2 - 3ab + 4b^2)$.

118. $(14a^5 - 27a^4b + 21a^3b^2 - 3a^2b^3 - 2ab^4) : (2a^2 - 3ab + 2b^2)$.

119. $(6a^6b^3 - 13a^5b^4 + 28a^4b^5 - 23a^3b^6 + 20a^2b^7) : (2a^2b^2 - 3ab^3 + 4b^4)$.

120. $(6x^5 + 5x^4 - 25x^3 + 31x^2 - 13x + 2) : (2x^2 - 3x + 2)$.

121. $(5a^7b + 8a^6b^2 - 13a^5b^3 + 38a^4b^4 - 26a^3b^5 + 24a^2b^6) : (5a^2b - 2ab^2 + 6b^3)$.

122. $(a^5 - a^4b - 4a^3b^2 - a^3 + 4a^2b^3 + 3a^2b - a^2 - 2ab^2 - 2ab + 1) :$
$$: (a^2 + 2ab - 1).$$

123. $(10a^5b - 21a^4b^2 - 56ab^5 - 3a^2b^4 - 10a^3b^3) : (8b^3 - 3ab^2 + 5a^2b)$.

124. $$\left(x^4 - \frac{5}{4}x^3 + \frac{11}{8}x^2 - \frac{1}{2}x\right) : \left(x^2 - \frac{1}{2}x\right).$$

125. $$\left(x^4 - \frac{13}{6}x^3 + x^2 + \frac{4}{3}x - 2\right) : \left(\frac{4}{3}x - 2\right).$$

126. $(p^8x^4 - 81a^{12}) : (p^6x^3 - 3a^3p^4x^2 + 9a^6p^2x - 27a^9)$.

127. $(a^{2n} + 2a^nb^{2r} + b^{4r} - c^{2p}) : (a^n + b^{2r} + c^p)$.

128. $(x^{8n} - y^{8r}) : (x^{5n} - x^{4n}y^r + x^ny^{4r} - y^{5r})$.

Trouver, sans effectuer l'opération, le reste des divisions suivantes :

129. $(a^3 - 1) : (a - 1)$.   **131.** $(a^5 + b^5) : (a - b)$.

130. $(x^5 + 1) : (x - 1)$.   **132.** $(a^7 + b^7) : (a + b)$.

133. $(3a^3 + 5a^2 - 6a) : (a - 1)$.

134. $(x^4 - 8x^2 - 9) : (x - 2)$.

135. $(2x^4 + 17x^3 - 68x - 32) : \left(x + \frac{1}{2}\right)$.

136. $(3x^5 + 2x^4 - 4x^3 + 4x^2 + 5x - 2) : (x + 1)$.

137. $(x^5 - 3bx^4 + 5b^2x^3 - 8b^3x^2 + 6b^4x - 4b^5) : (x - 2b)$.

Écrire, sans opérer, les quotients suivants :

138. $1°\ (x^4 - 1) : (x - 1)$, $3°\ (x^6 - y^6) : (x - y)$,

$2°\ (x^4 - 1) : (x + 1)$, $4°\ (x^6 - y^6) : (x + y)$.

$3°\ (a^4 - b^4) : (a - b)$,   **140.** $1°\ (a^5 + x^5) : (a + x)$,

$4°\ (a^4 - b^4) : (a + b)$. $2°\ (a^5 - x^5) : (a - x)$,

139. $1°\ (a^6 - 1) : (a - 1)$, $3°\ (x^7 + 1) : (x + 1)$,

$2°\ (a^6 - 1) : (a + 1)$, $4°\ (x^8 - y^8) : (x - y)$.

Quelles divisions de la forme $(x^m \pm a^m) : (x \pm a)$ *fournissent*
les quotients suivants :

141. 1° $\quad x^2 + x + 1$,   142. 1° $\quad x^3 - x^2 + x - 1$,
    2° $\quad x^2 - x + 1$,   2° $\quad x^3 + ax^2 + a^2x + a^3$.
    3° $\quad a^2 + ab + b^2$;   3° $\quad x^3 - ax^2 + a^2x - a^3$,
    4° $\quad a^2 - ab + b^2$.   4° $\quad a^4 + a^3 + a^2 + a + 1$.

143. 1° $\qquad x^5 - x^4 + x^3 - x^2 + x - 1$,
    2° $\qquad q^5 + q^4 + q^3 + q^2 + q + 1$,
    3° $\qquad x^3y^3 + mx^2y^2 + m^2xy + m^3$,
    4° $\qquad x^{m-1} + x^{m-2} + x^{m-3} + \ldots + x + 1$.

144. Déterminer m de telle sorte que :

1° $\qquad 4x^2 - 6x + m \qquad$ soit divisible par $\quad x - 3$,

2° $\qquad x^4 - 5x^2 + 4x - m \qquad$ soit divisible par $\quad 2x + 1$.

145. Déterminer m de telle sorte que :

1° $\qquad 2x^4 + 4ax^3 - 5a^2x^2 - 3a^3x + ma^4$,

2° $\qquad x^4 + ma^2x^2 - 5a^3x + a^4$,

soient divisibles par $\qquad x - a$.

146. Déterminer m et n de telle sorte que le polynôme $\quad x^4 - 3x^3 + mx + n$
soit divisible par $\qquad x^2 - 2x + 4$.

147. Quelle valeur faut-il donner à m pour que :

1° $\qquad x^4 + ma^2x^2 + a^4$,

2° $\qquad x^3 - max^2 + ma^2x - a^3$,

soient divisibles par $\qquad x^2 - ax + a^2$?

148. Étant donnés les polynômes $\quad x^4 + px^2 + q \quad$ et $\quad x^2 + 2x + 5$, déterminer
p et q de telle sorte que le premier soit divisible par le second.

149. Déterminer m, n, p de telle sorte que le polynôme

$$x^5 - 2x^4 - 6x^3 + mx^2 + nx + p$$

soit divisible par $\qquad (x - 3)(x + 1)(x - 1)$.

En général, trouver la condition pour que le polynôme

$$ax^4 + bx^3 + cx^2 + dx + e$$

soit divisible par $\qquad x^2 - a^2$.

Décomposition des polynômes en facteurs.

Mettre en évidence les facteurs communs aux termes des polynômes
suivants :

150. 1° $\qquad 7a^3b^2 - 5a^2b^4 + 2ab^5$,
    2° $\qquad 25a^2 + 30a^4 - 35a^6$,
    3° $\qquad 2a^3b^2c^4d - 3ab^4c^5 + 7a^2b^2c^4d^2$,
    4° $\qquad 12a^2b^3 - 30a^3b^2 + 18ab^4 - 42a^4b$.

151.
1° $6a^2x^3 - 3ax^4 + 21a^2x^5,$
2° $15a^2x^2 - 30a^2x^3 + 105a^2x^4 - 75a^2x^5,$
3° $-44ax^n + 286a^2x^{n+1} - 66a^3x^{n+3},$
4° $x^{m+n}y^m - x^{2n}y^{m+n} - x^ny^{2m}.$

Décomposer en deux facteurs les expressions suivantes :

152.
1° $x^2 - 9,$
2° $x^2 - \dfrac{1}{9},$
3° $a^2 - 4x^2,$
4° $4m^2 - 9n^2.$

153.
1° $a^2y^2 - b^2z^2,$
2° $\dfrac{x^2}{a^2} - \dfrac{y^2}{b^2},$
3° $\dfrac{x^2}{4} - p^2,$
4° $16x^2y^2 - 81a^2b^2c^2.$

154.
1° $a^3 - b^3,$
2° $a^3 + b^3,$
3° $x^5 - 1,$
4° $x^5 + 1.$

155.
1° $a^2 + 4ab + 4b^2,$
2° $9a^2 - 12ab + 4b^2,$
3° $a^2 + a + \dfrac{1}{4},$
4° $9x^2 - 3xy + \dfrac{y^2}{4},$
5° $\dfrac{a^2}{16} - \dfrac{3}{2}ab + 9b^2,$
6° $a^2 + 2ab + b^2 + 2ac + c^2 + 2bc.$

156.
1° $x^2 + ax + bx + ab,$
2° $x^2 + (a - b)x - ab,$
3° $8ax - bx + 8ay - by,$
4° $ap + ax - 2bx - 2bp.$

157.
1° $a^2 + 2ab + b^2 - c^2,$
2° $a^2 - 2ab + b^2 - c^2,$
3° $a^2 - b^2 - 2bc - c^2,$
4° $a^2 - b^2 + 2bc - c^2.$

158.
1° $x^2 + 2x + 1 - y^2,$
2° $y^2 - x^2 + 2x - 1,$
3° $m^2 - n^2 + 2np - p^2,$
4° $m^2 - n^2 - 2np - p^2.$

159.
1° $a^4 + b^4 + a^2b^2,$
2° $a^4 + b^4 - a^2b^2,$
3° $a^4 + b^4,$
4° $a^8 + b^8.$

160.
1° $a^2 - b^2 + x^2 - y^2 + 2(ax - by),$
2° $a^2 - b^2 - c^2 + d^2 - 2(ad - bc).$

Décomposer en trois facteurs les expressions suivantes :

161.
1° $5a^2 - 45m^2,$
2° $x^3y - xy^3,$
3° $2a^3bc - 18ab^3c,$
4° $x^{5m} - 9x^{3m}y^{4n}.$

162.
1° $a^4 - 1,$
2° $a^4 - b^4,$
3° $81x^4 - y^4,$
4° $a^{4m} - b^{4n}.$

163.
1° $9a^3 - 12a^2p + 4ap^2,$
2° $a^5p^2 + 6a^3p + 9a,$
3° $a^3 - 2a^2 - 3a,$
4° $a^3 + a^2 - 4a - 4.$

164.
1° $a^3 + 3a^2x + 3ax^2 + x^3,$
2° $x^3 - 3x^2y + 3xy^2 - y^3,$
3° $a^3b^3 + 3a^2b^2xy + 3abx^2y^2 + x^3y^3,$
4° $3a^2x^3y + 6a^2x^2y^2 + 3a^2xy^3 - 3a^2xyz^2.$

165.
$1^\circ \quad 36a^2x^3y^3 - 24a^3x^4y^2z + 4a^4x^3yz^2,$
$2^\circ \quad 4a^7x^5 - 24a^6x^6 + 36a^5x^7,$
$3^\circ \quad (x-y)(x^2-z^2) - (x-z)(x^2-y^2),$
$4^\circ \quad (x-1)(x-2)(x-3) + (x-1)(x-2) - (x-1).$

Décomposer en quatre facteurs les expressions suivantes :

166.
$1^\circ \quad x^8 - 1,$
$2^\circ \quad a^6 - b^6,$
$3^\circ \quad 3ax^4 - 3ay^4,$
$4^\circ \quad 3a^5 - 48ab^8.$

Décomposer en facteurs les expressions suivantes :

167.
$1^\circ \quad a^2 - ab - b - 1,$
$2^\circ \quad a^4 + a^3 - a^2 - a,$
$3^\circ \quad 4a^2b^2 - (a^2 + b^2 - c^2)^2,$
$4^\circ \quad 4(ad + bc)^2 - (a^2 - b^2 - c^2 + d^2)^2.$

LES FRACTIONS

§ I. — Exercices sur la simplification des fractions.

Réduire à leur plus simple expression les fractions suivantes :

168.
$1^\circ \quad \dfrac{14a^2bc^2}{7abcd},$

$2^\circ \quad \dfrac{-12acx^2}{4a^2c^2x},$

$3^\circ \quad \dfrac{-32x^2yz}{-64xyz^2},$

$4^\circ \quad \dfrac{25a^4b^3c^2}{5a^2b^4c^3d}.$

$3^\circ \quad \dfrac{12a^3x^4 + 2a^2x^5}{18ab^2x + 3b^2x^2},$

$4^\circ \quad \dfrac{3x^4y^3 + 9a^2x^2y^3}{4x^5y^2 + 12a^2x^3y^2}.$

169.
$1^\circ \quad \dfrac{ax^3 - a^4}{2am + 3an},$

$2^\circ \quad \dfrac{12x^2 - 2xy}{16x^2},$

$3^\circ \quad \dfrac{b + b^2}{a + ab},$

$4^\circ \quad \dfrac{42a^3 - 30a^2m}{35am^2 - 25m^3}$

170.
$1^\circ \quad \dfrac{ax + x^2}{ab^2 + b^2x},$

$2^\circ \quad \dfrac{14a^2 - 7ax}{10ay - 5xy},$

171.
$1^\circ \quad \dfrac{a^2 - 2a + 1}{a - 1},$

$2^\circ \quad \dfrac{x^2 + 2ax + a^2}{mx + ma},$

$3^\circ \quad \dfrac{x^2 - 2xy + y^2}{x^2 - y^2},$

$4^\circ \quad \dfrac{a^3 + b^3 + 3ab(a+b)}{(a+b)^2m^3}$

172.
$1^\circ \quad \dfrac{ac + bc + ad + bd}{a^2 + ab},$

$2^\circ \quad \dfrac{35 + 5x + 7y + xy}{5 + y},$

$3^\circ \quad \dfrac{xy - 2x - 3y + 6}{xy - 2x},$

$4^\circ \quad \dfrac{42a^2 + 51ab + 15b^2}{6a + 3b}.$

173. 1° $\dfrac{x^2 - 4ax + 4a^2}{x^2 - 4a^2}$, 3° $\dfrac{12a^5b^5 - 48a^3b^7}{16a^5b^5 - 32a^4b^6}$,

2° $\dfrac{3ax^3 + 3a^3x - 6a^2x^2}{ax^3 - a^3x}$, 4° $\dfrac{(a+b)^2(a^3 - b^3)}{(a^2 - b^2)^2}$.

174. 1° $\dfrac{a^3 + b^3}{(a-b)^2 + ab}$,

2° $\dfrac{6a^2b^2 - 3a^3b - 3ab^3}{ab^3 - a^3b}$,

3° $\dfrac{(a^2 + b^2 - c^2)^2 - (a^2 - b^2 + c^2)^2}{4ab^2 + 4abc}$,

4° $\dfrac{x^5 - ax^4 - a^4x + a^5}{x^4 - ax^3 - a^2x^2 + a^3x}$.

175. 1° $\dfrac{a^2 + b^2 - c^2 + 2ab}{a^2 + c^2 - b^2 + 2ac}$,

2° $\dfrac{x^2 - 1}{(1 + ax)^2 - (x + a)^2}$,

3° $\dfrac{(a^8 + 2a^4x^2 + x^4)(a^4 - x^2)}{(a^2 + x)(a^6 - a^4x + a^2x^2 - x^3)}$,

4° $\dfrac{a^{12} + b^{12}}{a^5 + a^4b + ab^4 + b^5}$.

§ II. — Exercices sur les réductions de fractions.

Réduire en une seule fraction et simplifier.

176. 1° $2x + \dfrac{3 - 2x}{5}$, **178.** 1° $1 - x + x^2 - \dfrac{x^3}{1 + x}$,

2° $5x + \dfrac{7x - 4}{3x}$, 2° $1 + x + x^2 + \dfrac{x^3}{1 - x}$,

3° $1 + \dfrac{a - b}{a + b}$, 3° $1 + \dfrac{a^2 - b^2 - c^2}{2bc}$,

4° $x - \dfrac{x}{x - 1}$. 4° $1 - \dfrac{b^2 + c^2 - a^2}{2bc}$.

177. 1° $3b - \dfrac{ab + b^2}{2a}$, **179.** 1° $a^4 - a^3 + a^2 - a + 1 - \dfrac{2}{a + 1}$,

2° $7x - \dfrac{2ax - x^2}{3a - x}$, 2° $b^3 - a^3 + \dfrac{a^5b - ab^3}{a + 2b}$,

3° $a + b - \dfrac{a^2 - b^2}{a + 2b}$, 3° $\dfrac{4 - 2x + x^2}{2 + x} - 2 - x$,

4° $a + x - \dfrac{2ax - x^2}{a + x}$. 4° $1 - 2x + x^2 + \dfrac{1 - x^4}{1 + 2x + x^2}$

Réduire au même dénominateur les fractions suivantes :

180. 1° $\dfrac{3a}{4b}$, $\dfrac{5a}{6c}$, $\dfrac{2c}{3b}$,

2° $\dfrac{7b}{3a}$, $\dfrac{11ab}{12c}$, $\dfrac{5ac}{8b}$,

3° $\dfrac{3a}{7x^2}$, $\dfrac{5b}{14y^2}$, $\dfrac{8ab}{21xy}$, $\dfrac{5a^2b}{6x^2y}$.

181. 1° $\dfrac{a^2}{a+b}$, $\dfrac{ab}{a-b}$, $\dfrac{3a^2-2ab}{a^2-b^2}$,

2° $\dfrac{ax}{a+x}$, $\dfrac{2a^2x^2}{a^2-ax+x^2}$, $\dfrac{2a^2+x^2}{a^3+x^3}$,

3° $\dfrac{a+1}{a-1}$, $\dfrac{a-1}{a+1}$, $\dfrac{a^2+1}{a^2-1}$, $\dfrac{a^2-1}{a^2+1}$.

§ III. — Opérations sur les fractions.

Exercices sur l'addition et la soustraction.

182. 1° $\dfrac{a}{5}+\dfrac{a}{2}+\dfrac{3a}{10}+\dfrac{2a}{5}$,   **183.** 1° $n+\dfrac{1}{1+n}+\dfrac{1+n^2}{1-n}$,

2° $\dfrac{2a}{3x}+\dfrac{3a}{4x}+\dfrac{5a}{6x}+\dfrac{7a}{12x}$,   2° $\dfrac{2a}{a+x}+\dfrac{3x}{a-x}+\dfrac{3x^2+a^2}{a^3-x^2}$,

3° $\dfrac{m+n}{2}+\dfrac{m-n}{3}$,   3° $\dfrac{9x+7}{5}+\dfrac{6x+5}{4}+\dfrac{9x-8}{8}$,

4° $\dfrac{a+b}{a-b}+\dfrac{a-b}{a+b}$.   4° $\dfrac{4x-5}{7}+\dfrac{2x+6}{9}+\dfrac{4x+8}{11}$.

184. 1° $\dfrac{1+5x}{1-5x}-\dfrac{1-5x}{1+5x}$,

2° $\dfrac{2x^2-2x+1}{x^2-x}-\dfrac{x}{x-1}$,

3° $\dfrac{ax}{a^2-x^2}-\dfrac{a-x}{a+x}$,

4° $\dfrac{ax-a}{x+1}-\dfrac{ax+a}{x-1}$.

185. 1° $\dfrac{13x-5a}{4}-\dfrac{7x-2a}{6}-\dfrac{3x}{5}$,

2° $\dfrac{3a-4b}{7}-\dfrac{2a-b-c}{3}+\dfrac{15a-4c}{12}$,

3° $\dfrac{3a+b+x}{5a}-\dfrac{2a+b}{3b}+\dfrac{7a-2b}{9a}$,

4° $\dfrac{3a+2x}{a+x}-\dfrac{5a-x}{a-x}+\dfrac{a}{2c}$.

186. 1° $\dfrac{1}{1+x}+\dfrac{1}{1-x}-\dfrac{2x}{1-x^2}$,

2° $\dfrac{a^3}{(a+b)^3}-\dfrac{ab}{(a+b)^2}+\dfrac{b}{a+b}$,

3° $\dfrac{2ax+x^2}{(a-x)^2}-\dfrac{a^2+5ax}{(a+x)^2}-\dfrac{x}{a-x}$,

4° $\dfrac{3a}{(a-2x)^2}+\dfrac{2a+x}{(a+x)(a-2x)}-\dfrac{5}{(a+x)}$

187. 1° $\dfrac{a-1}{a+1}+\dfrac{a+1}{a-1}-\dfrac{a^2+1}{a^2-1}$,

2° $\dfrac{30a}{9a^2-1}+\dfrac{4}{3a-1}-\dfrac{5}{3a+1}$.

3°
$$\frac{5}{1+5a} - \frac{3}{1-5a} + \frac{10(5a^2+2a)}{1-25a^2},$$

4°
$$\frac{a^2+ab+b^2}{a+b} - \frac{a^2-ab+b^2}{a-b} + \frac{2b^3-b^2+a^2}{a^2-b^2}.$$

188. 1°
$$\frac{3a-6b}{a+b} - \frac{5a-6b}{a-b} - \frac{4a-5b}{a+b} + \frac{7a-8b}{a-b},$$

2°
$$\frac{b+1}{b-a} + \frac{5a+3b}{a^2-b^2} + \frac{b-1}{a+b} + \frac{3}{b-a},$$

3°
$$\frac{x+1}{2x-2} - \frac{x-1}{2x+2} - \frac{4x}{x^2-1} + \frac{x^2+1}{x^2-1},$$

4°
$$\frac{a}{a-b} + \frac{a}{a+b} + \frac{2a^2}{a^2+b^2} + \frac{4a^2b^2}{a^4-b^4}.$$

189. 1°
$$\frac{1}{(a-b)(a-c)} + \frac{1}{(b-a)(b-c)} + \frac{1}{(c-a)(c-b)},$$

2°
$$\frac{bc}{(a-c)(a-b)} + \frac{ac}{(b-c)(b-a)} + \frac{ab}{(c-a)(c-b)},$$

3°
$$\frac{a+b}{(b-c)(c-a)} + \frac{b+c}{(c-a)(a-b)} + \frac{c+a}{(a-b)(b-c)},$$

4°
$$\frac{2}{a-b} + \frac{2}{b-c} + \frac{2}{c-a} + \frac{(a-b)^2+(b-c)^2+(c-a)^2}{(a-b)(b-c)(c-a)}.$$

Exercices sur la multiplication.

190. 1°
$$\frac{2x}{x-y} \times \frac{x^2-y^2}{8},$$

2°
$$\frac{x^2-1}{3} \times \frac{6a}{x+1},$$

3°
$$\frac{a^2-b^2}{a} \times \frac{1}{a+b} \times \frac{a}{a-b},$$

4°
$$\frac{15x-30}{2x} \times \frac{3x^2}{5x-10}.$$

191. 1°
$$\frac{(x-1)^2}{y^3} \times \frac{(x+1)y^2}{x-1},$$

2°
$$\left[\left(m+\frac{1}{m}\right)+1\right]\left[\left(m+\frac{1}{m}\right)-1\right],$$

3°
$$\left(x+\frac{y^2}{x}\right)\left(\frac{x}{y}-\frac{y}{x}\right),$$

4°
$$\frac{a^2-x^2}{a} \times \frac{a^2+x^2}{ax}.$$

192. 1°
$$\frac{a^2x^2}{y^2} \times \frac{xy}{a(x+y)} \times \frac{x^2-y^2}{axy},$$

2°
$$\frac{2a}{2b-c} \times \left(\frac{b+c}{8} - \frac{c}{2}\right),$$

3°
$$\frac{a+x}{(m+n)^2} \times \frac{x^2-y^2}{12} \times \frac{(m+n)^2}{m-n} \times \frac{6(m^2-n^2)}{x+y},$$

4°
$$\frac{ax+x^2}{2b-cx} \times \frac{2bx-cx^2}{(a+x)^2}.$$

193. 1°
$$\left(a^2 - x + \frac{2x^2}{a^2 + x}\right)(a^2 + x),$$

2°
$$\left(1 + x + \frac{3 + x^3}{1 - x}\right)(1 - x^2),$$

3°
$$\left(\frac{1}{x^3} - \frac{1}{x^2} + \frac{1}{x}\right)(x^4 + x^3),$$

4°
$$(a^2 - 1)\left(\frac{a}{a + 1} + \frac{a}{a - 1} - 1\right).$$

194. 1°
$$\left(\frac{1}{1 + x} + \frac{2x}{1 - x^2}\right)\left(\frac{1}{x} - 1\right),$$

2°
$$\left(\frac{1 + x}{1 - x} - \frac{1 - x}{1 + x}\right)\left(\frac{3}{4x} + \frac{x}{4} - x\right),$$

3°
$$\left[\frac{a + b}{2(a - b)} - \frac{a - b}{2(a + b)} + \frac{2b^2}{a^2 - b^2}\right] \times \frac{a - b}{2b},$$

4°
$$\left(\frac{x - y}{x + y} + \frac{x + y}{x - y}\right)\left(\frac{x^2 + y^2}{2xy} + 1\right)\frac{xy}{x^2 + y^2}.$$

Exercices sur la division.

195. 1°
$$\frac{3x}{2x - 2} : \frac{2x}{x - 1},$$

2°
$$\frac{4a + 2}{3a} : \frac{2a + 1}{5a},$$

3°
$$\frac{(x + y)^2}{x - y} : \frac{x + y}{(x - y)^2},$$

4°
$$\frac{a^2 - b^2}{c^2 - d^2} : \frac{a - b}{c + d}.$$

196. 1° $\left(\dfrac{x^2}{a^2} - \dfrac{a^2}{x^2}\right) : \left(\dfrac{x}{a} + \dfrac{a}{x}\right),$

2° $\left(\dfrac{1}{x^2} - \dfrac{1}{a^2}\right) : \left(\dfrac{1}{x} - \dfrac{1}{a}\right),$

3° $\left(x + \dfrac{x}{x - 1}\right) : \left(x - \dfrac{x}{x - 1}\right),$

4° $\left(x^4 - \dfrac{1}{x^2}\right) : \left(x^2 + \dfrac{1}{x}\right).$

197. 1° $\dfrac{x^3 - 3ax^2 + 3a^2x - a^3}{x + a} : \dfrac{x - a}{x + a},$

2° $\dfrac{x^4 - y^4}{a^3 + b^3} : \dfrac{x - y}{a^2 - ab + b^2},$

3° $\dfrac{a^2 - x^2}{4ax} : \dfrac{a - x}{3x},$

4° $\dfrac{a^3 - x^3}{a^3 + x^3} : \dfrac{a - x}{a^2 - ax + x^2}.$

198. 1° $\dfrac{a + x}{(m + n)^2} : \dfrac{m + n}{a - x},$

2° $\dfrac{x^2 - x}{x - 3} : \dfrac{x^2 - 5x}{x - 3},$

3° $\dfrac{3x^2}{a^3 + x^3} : \dfrac{x}{a + x},$

4° $\dfrac{x^4 - a^4}{(x - a)^2} : \dfrac{x^2 + ax}{x - a},$

199. 1°
$$\left(1 + \frac{a^3}{x^3}\right) : \left(\frac{1}{x^2} + \frac{a}{x^3}\right),$$

2°
$$\left(\frac{a^3}{b^3} - \frac{b^3}{a^3}\right) : \left(\frac{a}{b} - \frac{b}{a}\right),$$

3°
$$\left(a + \frac{b - a}{1 + ab}\right) : \left[1 - \frac{1 + ab}{a(b - a)}\right],$$

4°
$$\left(a - \frac{b^2}{2a}\right)\left(a - \frac{a^2 + b^2}{a + b}\right) : \left(1 - \frac{a}{a + b}\right).$$

200. 1°
$$\frac{8 - 2a^4}{3ab} : (2 + a^2),$$

2°
$$4m^3p^3 : \frac{2m^3x}{p^2 - px},$$

3°
$$\left(1 - \frac{a-b}{a+b}\right) : \left(\frac{a+b}{a-b} - 1\right),$$

4°
$$\left(\frac{x}{x-a} + \frac{a}{x+a}\right) : \left(\frac{x}{x-a} - \frac{a}{x+a}\right).$$

201. 1°
$$\left(1 - \frac{4}{x} + \frac{1}{x^2} + \frac{6}{x^3}\right) : \left(\frac{1}{x} - \frac{2}{x^2} - \frac{3}{x^3}\right),$$

2°
$$\left(\frac{5-3a}{4+2a} - 1 + a\right) : (a - a^2 + 2a^3),$$

3°
$$\left(x - 3 + \frac{5x}{2x-6}\right) : \left(2x - 1 + \frac{15}{x-3}\right),$$

4°
$$\left(2 - p + \frac{2p^2}{2+p}\right) : \frac{4a + ap^2}{p^2 x - 4x}.$$

202. 1°
$$\left(\frac{1}{a} + \frac{1}{b} - \frac{x}{ab}\right)(a+b+x) : \left(\frac{1}{a^2} + \frac{1}{b^2} + \frac{2}{ab} - \frac{x^2}{a^2 b^2}\right),$$

2°
$$\left(\frac{1+x}{1-x} - \frac{1-x}{1+x}\right) x^2 : \left(\frac{1+x}{1-x} - 1\right)\left(1 - \frac{1}{1+x}\right),$$

3°
$$\frac{\dfrac{1}{a} - \dfrac{1}{b+c}}{\dfrac{1}{a} + \dfrac{1}{b+c}} : \frac{\dfrac{1}{b} - \dfrac{1}{a+c}}{\dfrac{1}{b} + \dfrac{1}{a+c}},$$

4°
$$\frac{a^2 b^2}{c} : \left[\frac{a^2 c^2}{b} : \left(\frac{b^2 c^2}{a} \times \frac{ac}{b^2}\right) : \left(\frac{ab}{c^2} : \frac{bc}{a^2}\right)\right].$$

§ IV. — Exercices sur la vraie valeur des fractions indéterminées.

Trouver la vraie valeur des expressions suivantes :

203. 1° $\qquad \dfrac{x^2 - 3x + 2}{x^2 + x - 6} \qquad$ pour $x = 2$,

2° $\qquad \dfrac{x^3 + 2x^2 - x - 2}{x^2 + x - 2} \qquad$ pour $x = 1$,

3° $\qquad \dfrac{x^3 - 3x + 2}{x^2 - 6x + 5} \qquad$ id.

4° $\qquad \dfrac{x^2 - 6x + 5}{x^3 - 3x + 2} \qquad$ id.

204. 1° $\qquad \dfrac{x^2 - 6x + 5}{x^2 - 8x + 15} \qquad$ pour $x = 5$,

2° $\qquad \dfrac{x^3 - 3x^2 + 4}{x^3 - 2x^2 - 4x + 8} \qquad$ pour $x = 2$,

3° $\qquad \dfrac{x^4 - 6x^2 + 8x - 3}{x^2 - 3x + 2} \qquad$ pour $x = 1$,

4° $\qquad \dfrac{2x^2 + 3x - 2}{4x^3 + 16x^2 - 19x + 5} \qquad$ pour $x = \dfrac{1}{2}.$

205. 1° $\dfrac{x^3 - 3x^2 + 4}{3x^3 - 18x^2 + 36x - 24}$ pour $x = 2$,

2° $\dfrac{8x^3 + 2x^2 - 5x + 1}{8x^3 + 10x^2 - 11x + 2}$ pour $x = \dfrac{1}{2}$,

3° $\dfrac{4x^3 - 13x^2 + 11x - 2}{8x^3 - 22x^2 + 13x - 2}$ pour $x = 2$,

4° $\dfrac{x^4 - 2x^3 + 2x^2 - 2x + 1}{x^4 - 2x^3 + x^2}$ pour $x = 1$.

206. 1° $\dfrac{x^5 + x^3 - 8x^2 - 8}{x^4 - 2x^3 + x^2 - 2x}$ pour $x = 2$,

2° $\dfrac{x^4 - 5x^3 + 6x^2 + 4x - 8}{x^3 - 4x^2 + 4x}$ pour $x = 2$,

3° $\dfrac{75x^4 + 140x^3 - 223x^2 + 92x - 12}{45x^4 - 93x^3 + 65x^2 - 19x + 2}$ pour $x = \dfrac{2}{5}$ et $x = \dfrac{1}{3}$.

207. 1° $\dfrac{x^5 - 2x^4 + x - 2}{x^4 - 7x^3 + 18x^2 - 20x + 8}$ pour $x = 2$,

2° $\dfrac{2x^5 - 21x^4 + 68x^3 - 84x^2 + 32x}{2x^5 - 14x^4 + 31x^3 - 24x^2 + 12x - 16}$ pour $x = 2$,

3° $\dfrac{x^5 - 2x^3 + 2x^2 - 2x + 1}{x^3 - x^2 - 4x - 4}$ pour $x = 1$,

4° $\dfrac{x^6 - 2x^5 + 2x^4 - 2x^3 + 4x^2 - 6x + 3}{x^7 - 3x^6 + 3x^5 - 3x^4 + 2x^3 - 6x^2 + 6x - 6}$ pour $x = 1$.

208. 1° $\dfrac{x + 3 + \dfrac{x + 1}{x - 2}}{x + \dfrac{x^2}{x - 2}}$ pour $x = 2$,

2° $\dfrac{x^2 + \dfrac{x + 1}{x - 3}}{2x + 1 + \dfrac{x^2}{x - 3}}$ pour $x = 3$.

209. 1° $\dfrac{x + 6}{x^2 - 16} - \dfrac{x + 1}{x(x - 4)}$ pour $x = 4$,

2° $\dfrac{x - 12}{x^2 + 2x - 8} - \dfrac{x^2 + 1}{3(x^2 - 5x + 6)}$ pour $x = 2$,

3° $\dfrac{7 - 2x}{x^2 - x - 2} - \dfrac{1}{x^2 - 3x + 2}$ pour $x = 2$,

4° $\dfrac{4x^2 + 3}{x^2(x^2 + x - 6)} - \dfrac{x - 1}{x^2 - 6x + 8}$ pour $x = 2$.

210. 1° $\dfrac{2x^2 + 4x - 1}{x - 3}$ pour $x = \infty$,

2° $\dfrac{5x - 1}{x^3 + 2}$ id.

3° $\dfrac{5x^3 - 8x^2 + 3x + 4}{2x^3 - x + 6}$ id.

4° $\dfrac{5x^3 - 8x^2 + 3x + 4}{2x^2 - x + 6}$ id.

20

211. 1° $\dfrac{5x^2 - 8x + 3}{2x^3 - x + 6}$ pour $x = \infty$,

2° $\dfrac{(2x + 3)(3x - 5)(x + 1)^2}{x^2(2x - 3)(4x + 1)}$ pour $x = \infty$,

3° $\dfrac{(3x^2 + 1)(5x + 3)}{(2x^3 - 1)(x + 4)}$ pour $x = \infty$,

4° $\dfrac{(2x - 3)^2(4x + 7)^3}{(3x - 4)^2(5x^2 + 1)}$ id.

212. 1° $3x - \sqrt{x^2 - x + 1}$ id.

2° $\dfrac{x + 3\sqrt{x}}{7\sqrt{x} + 2x}$ id.

3° $\sqrt{x^2 - 2x - 1} - \sqrt{x^2 - 7x + 3}$ id.

4° $\dfrac{2x^2 - 5 + \sqrt[3]{x^4 - 3x + 1}}{x - 1 + \sqrt{4x^6 + x - 2}}$ id.

LES RADICAUX

§ I. — Exercices sur la racine carrée.

Extraire les racines carrées des polynômes suivants :

213. 1° $x^2 + x + \dfrac{1}{4}$,

2° $a^2 - ab + \dfrac{b^2}{4}$,

3° $x^4 - 4x^2 + 4$,

4° $16a^2 + 40ab + 25b^2$.

214. 1° $36x^6 + 12x^3 + 1$,

2° $64a^2 - 48abc + 9b^2c^2$,

3° $a^2c^4 - 2abc^2d^2 + b^2d^4$,

4° $\dfrac{9}{4}a^8 - 2a^4n^3 + \dfrac{4}{9}n^6$.

215. 1° $\dfrac{25}{4}a^2b^2 + \dfrac{5}{3}abc^2 + \dfrac{1}{9}c^4$,

2° $a^{2m} + 2a^m y^n + y^{2n}$,

3° $\dfrac{a^2}{b^2} - \dfrac{4a}{3c} + \dfrac{4b^2}{9c^2}$,

4° $\dfrac{9a^2}{b^2} + \dfrac{12a^3c^2}{bd^2} + \dfrac{4a^4c^4}{d^4}$.

216. 1° $x^4 + 2x^3 + 3x^2 + 2x + 1$,

2° $4x^4 + 12x^3 + 5x^2 - 6x + 1$,

3° $1 - 2x + 5x^2 - 4x^3 + 4x^4$,

4° $x^4 - 2ax^3 + 5a^2x^2 - 4a^3x + 4a^4$.

217. 1° $9x^2 - 30ax - 3a^2x + 25a^2 + 5a^3 + \dfrac{a^4}{4}$,

2° $a^6 - 10a^5b + 31a^4b^2 - 30a^3b^3 + 9a^2b^4$,

3° $\dfrac{a^4}{4} - a^3b + \dfrac{7}{4}a^2b^2 - \dfrac{3}{2}ab^3 + \dfrac{9}{16}b^4$,

4° $a^{4m} + 2a^{3m}b + 3a^{2m}b^2 + 2a^m b^3 + b^4$.

218. 1° $$\frac{9}{4} + 6x - 17x^2 - 28x^3 + 49x^4,$$

2° $$9x^4 - 3ax^3 + 6bx^3 + \frac{a^2x^2}{4} - abx^2 + b^2x^2,$$

3° $$x^4 - 2ax^3 + (a^2 + 2b^2)\,x^2 - 2ab^2x + b^4,$$

4° $$\frac{4x^2}{9y^2} - \frac{x}{z} - \frac{16x^3}{15yz} + \frac{9y^2}{16z^2} + \frac{6xy}{5z^2} + \frac{16x^2}{25z^2}.$$

219. 1° $$9a^2 - 6ab + 30ac + 6ad + b^2 - 10bc - 2bd + 25c^2 + 10cd + d^2,$$

2° $$x^6 + 4ax^5 - 10a^3x^3 + 4a^5x + a^6,$$

3° $$1 - 2x + 3x^2 - 4x^3 + 5x^4 - 4x^5 + 3x^6 - 2x^7 + x^8,$$

4° $$4a^2x^6 + 16a^3x^5 - 20a^5x^3 + 40a^6x^2 - 24a^7x + 9a^8.$$

§ II. — Exercices sur les radicaux du 2ᵉ degré.

Addition et soustraction.

Simplifier les radicaux suivants et effectuer les opérations indiquées

220. 1° $$6\sqrt{2} - 5\sqrt{2} + \frac{3}{4}\sqrt{2} - \frac{1}{2}\sqrt{2},$$

2° $$\sqrt{24} + \sqrt{54} - \sqrt{6},$$

3° $$2\sqrt{8} + 5\sqrt{72} - 7\sqrt{18} - \sqrt{50},$$

4° $$\sqrt{12} + 2\sqrt{27} + 3\sqrt{75} - 9\sqrt{48}.$$

221. 1° $$3\sqrt{2} + 4\sqrt{8} - \sqrt{32},$$

2° $$\sqrt{12} - \sqrt{27} + \sqrt{48} - \sqrt{75},$$

3° $$8\sqrt{\frac{3}{4}} - \frac{1}{2}\sqrt{12} + 4\sqrt{27} - 2\sqrt{\frac{3}{16}},$$

4° $$2\sqrt{\frac{5}{3}} + \sqrt{60} - \sqrt{\frac{3}{5}}.$$

222. 1° $$\sqrt{45c^3} - \sqrt{80c^3} + \sqrt{5a^2c},$$

2° $$\sqrt{18a^5b^3} + \sqrt{50a^3b^3},$$

3° $$\sqrt{4a^3b^2 - 8a^2b^2},$$

4° $$\sqrt{18a^3b^3c^4 + 9a^2b^2c^4}$$

223. 1° $$\sqrt{3a^2c + 6abc + 3b^2c},$$

2° $$\sqrt{4a^5b^2 - 20a^3b^3 + 25ab^4},$$

3° $$\sqrt{\frac{a^4c}{b^3}} + \sqrt{\frac{a^2c^3}{bd^2}} - \sqrt{\frac{a^2cd^2}{bc^2}},$$

4° $$3b^2\sqrt{a^3c} + \frac{2}{c}\sqrt{a^5c^3} - c^4\sqrt{\frac{ac}{b^2}}.$$

224. 1° $$\sqrt{\frac{m-n}{a^2}} + \sqrt{\frac{m}{n^2} - \frac{1}{n}},$$

2° $$\sqrt{\frac{a^3b^2c - 2a^2b^3d}{c^2d^3}},$$

3° $$\sqrt{\frac{a^2x - 2ax^2 + x^3}{a^2 + 2ax + x^2}},$$

4° $$\sqrt{9x + 27} + 3\sqrt{4x + 12}.$$

225. 1° $\sqrt{\dfrac{a}{a^2bd - 2ab^2d + b^3d}}$,   3° $\sqrt{\dfrac{a^3 - ax^2 - a^2x + x^3}{b^5c^3d}}$,

2° $\sqrt{\dfrac{x^3 + 2x^2 + x}{a^3 + a^2b}}$,   4° $\dfrac{a-b}{a+b}\sqrt{\dfrac{ac}{(a-b)^3}}$.

226. 1° $3\sqrt{-4} - \sqrt{-25} + 4\sqrt{-9}$,

2° $2\sqrt{-8} + \sqrt{-18} - \sqrt{-32}$,

3° $2\sqrt{-48} + 3\sqrt{-12} - 5\sqrt{-18} - 7\sqrt{-32}$,

4° $\sqrt{-a^2 + 2ab - b^2}$.

Multiplication et division.

227. 1° $\sqrt{24} \times \sqrt{6}$,   **228.** 1° $(3 + \sqrt{5})(2 - \sqrt{5})$,

2° $\sqrt{5} \times \sqrt{\dfrac{1}{5}}$,   2° $(7 + 2\sqrt{6})(9 - 5\sqrt{6})$,

3° $2\sqrt{27} \times 3\sqrt{6}$,   3° $(6 + 12\sqrt{7})(3 - 5\sqrt{7})$,

4° $8\sqrt{\dfrac{3}{4}} \times \sqrt{\dfrac{1}{2}}$.   4° $(9\sqrt{12} + 3)(5\sqrt{12} + 8)$.

229. 1° $(9 + 2\sqrt{10})(9 - 2\sqrt{10})$,

2° $(7 - 2\sqrt{3})(7 + 2\sqrt{3})$,

3° $(\sqrt{15} + \sqrt{7})(\sqrt{15} - \sqrt{7})$,

4° $\left(-5 - \sqrt{\dfrac{3}{4}}\right)\left(-5 + \sqrt{\dfrac{3}{4}}\right)$.

230. 1° $(\sqrt{2} + \sqrt{3})(2\sqrt{2} - \sqrt{3})$,

2° $(5\sqrt{3} - 7\sqrt{6})(2\sqrt{8} - 3)$,

3° $(5\sqrt{14} + 3\sqrt{5})(7\sqrt{14} - 2\sqrt{5})$,

4° $(2\sqrt{8} + 3\sqrt{5} - 7\sqrt{2})(\sqrt{72} - 5\sqrt{20} - 2\sqrt{2})$.

231. 1° $(a + \sqrt{b})(a - \sqrt{b})$,

2° $(\sqrt{a} + \sqrt{b})(\sqrt{a} - \sqrt{b})$,

3° $(a + \sqrt{x})(b + \sqrt{y})$,

4° $\left(a\sqrt{\dfrac{b}{a}} + b\sqrt{\dfrac{a}{b}}\right)\left(a\sqrt{\dfrac{b}{a}} - b\sqrt{\dfrac{a}{b}}\right)$.

232. 1° $3\sqrt{-8} \times 2\sqrt{-18}$,

2° $(\sqrt{-3} + \sqrt{-2})\sqrt{-6}$,

3° $(2 - \sqrt{-3})(10 - \sqrt{-8})$,

4° $(3 - \sqrt{-5})(4 - 2\sqrt{-5})$.

233. 1° $(\sqrt{-10} + \sqrt{-7})(\sqrt{-10} - \sqrt{-7})$,

2° $(2\sqrt{3} - \sqrt{-5})(4\sqrt{3} - 2\sqrt{-5})$,

3° $(\sqrt{2} - 3\sqrt{-15})(\sqrt{7} - \sqrt{-3})$,

4° $(\sqrt{-17} + \sqrt{-19})(7\sqrt{-17} - 7\sqrt{-19})$.

234.
$$1° \quad \sqrt{-a} \times \sqrt{-b},$$
$$2° \quad (a + \sqrt{-b})(a - \sqrt{-b}),$$
$$3° \quad (a + b\sqrt{-1})(a - b\sqrt{-1}),$$
$$4° \quad (x - a + b\sqrt{-1})(x - a - b\sqrt{-1}).$$

235.
$$1° \quad (\sqrt{72} + \sqrt{32} - 4) : \sqrt{8},$$
$$2° \quad (2\sqrt{32} + 3\sqrt{2} + 4) : 4\sqrt{8},$$
$$3° \quad (3\sqrt{-4} - 2\sqrt{-12} + \sqrt{6} - 9) : (-3\sqrt{-2}),$$
$$4° \quad (14 + \sqrt{15} - 7\sqrt{-3} - 2\sqrt{-5}) : (7 - \sqrt{-5}).$$

236.
$$1° \quad (a^2\sqrt{d} - b^2 c\sqrt{d} - d\sqrt{d} - 2bd\sqrt{c}) : (a + b\sqrt{c} + \sqrt{d}),$$
$$2° \quad \left(\sqrt{1-x} + \frac{1}{\sqrt{1+x}}\right) : \left(1 + \frac{1}{\sqrt{1-x^2}}\right),$$
$$3° \quad (a^2 + b^2) : (a - b\sqrt{-1}),$$
$$4° \quad [a + bm - (am - b)\sqrt{-1}] : (1 - m\sqrt{-1}).$$

Rendre rationnel le dénominateur des fractions suivantes :

237.
$$1° \quad \frac{1}{2+\sqrt{3}},$$
$$2° \quad \frac{1}{\sqrt{2}-1},$$
$$3° \quad \frac{2}{-1\pm\sqrt{5}},$$
$$4° \quad \frac{7}{\sqrt{8}-2}.$$

238.
$$1° \quad \frac{1+\sqrt{2}}{2-\sqrt{2}},$$
$$2° \quad \frac{5-7\sqrt{3}}{1+\sqrt{3}},$$
$$3° \quad \frac{\sqrt{3}+\sqrt{2}}{\sqrt{3}-\sqrt{2}},$$
$$4° \quad \frac{1}{3(\sqrt{5}-\sqrt{2})}.$$

239.
$$1° \quad \frac{1}{\sqrt{2}+\sqrt{3}-\sqrt{5}},$$
$$2° \quad \frac{\sqrt{30}}{\sqrt{5}-\sqrt{3}+\sqrt{2}},$$
$$3° \quad \frac{3+4\sqrt{3}}{\sqrt{6}+\sqrt{2}-\sqrt{5}},$$
$$4° \quad \frac{156+12\sqrt{11}}{6-2\sqrt{11}+14\sqrt{2}}.$$

240.
$$1° \quad \frac{6}{1+\sqrt{-2}},$$
$$2° \quad \frac{8\sqrt{-12}-12\sqrt{-6}}{4\sqrt{-3}},$$
$$3° \quad \frac{5-\sqrt{-2}}{1+\sqrt{-2}},$$
$$4° \quad \frac{4\sqrt{5}-20}{\frac{3}{2}\sqrt{-10}-5\sqrt{-\frac{1}{2}}}.$$

241.
$$1° \quad \frac{\sqrt{a}}{b+\sqrt{c}},$$
$$2° \quad \frac{\sqrt{a}}{\sqrt{b}+\sqrt{c}},$$
$$3° \quad \frac{\sqrt{a}+\sqrt{b}}{\sqrt{a}-\sqrt{b}},$$
$$4° \quad \frac{x\sqrt{y}+y\sqrt{x}}{\sqrt{x}+\sqrt{y}}.$$

242.
$$1° \quad \frac{ab}{\sqrt{b^3}-\sqrt{ab^2}},$$
$$2° \quad \frac{\sqrt{a+x}+\sqrt{a-x}}{\sqrt{a+x}-\sqrt{a-x}},$$
$$3° \quad \frac{a+\sqrt{-b}}{a-\sqrt{-b}},$$
$$4° \quad \frac{a+\sqrt{-b}}{a-\sqrt{-b}} + \frac{a-\sqrt{-b}}{a+\sqrt{-b}}.$$

§ III. — Transformation des radicaux doubles.

Transformer les expressions suivantes :

243. 1° $\sqrt{7+4\sqrt{3}}$,

2° $\sqrt{8+4\sqrt{3}}$,

3° $\dfrac{R}{4}\sqrt{6+2\sqrt{5}}$,

4° $\dfrac{a}{2}\sqrt{5+\sqrt{24}}$.

245. 1° $\sqrt{7+6\sqrt{-2}}$,

2° $\sqrt{31+42\sqrt{-2}}$,

3° $\sqrt{-3-\sqrt{-16}}$,

4° $\sqrt{4\sqrt{-6}-2}$.

244. 1° $a\sqrt{2+\sqrt{3}}$,

2° $\sqrt{5-\sqrt{24}}$,

3° $\sqrt{3-2\sqrt{2}}$,

4° $\sqrt{28+5\sqrt{12}}$.

246. 1° $\sqrt{a^2+b+2a\sqrt{b}}$,

2° $\sqrt{ac^2+bd^2+2cd\sqrt{ab}}$,

3° $\sqrt{2a+2\sqrt{a^2-b^2}}$,

4° $\sqrt{x+2\sqrt{x-1}}$.

247. 1° $\sqrt{\dfrac{a^2}{4}+\dfrac{c}{2}\sqrt{a^2-c^2}}$,

2° $\sqrt{x+xy-2x\sqrt{y}}$,

3° $\sqrt{\dfrac{3a}{b}+\sqrt{\dfrac{12a^5c^2}{bd^2}-\dfrac{4a^4c^4}{d^4}}}$

4° $\sqrt{b^2-ab+\dfrac{a^2}{4}+\sqrt{4ab^3-8a^2b^2+a^3b}}$.

248. 1° $\sqrt{\dfrac{a^2b-ab^2}{c^2}\pm\sqrt{-\dfrac{4a^3b^3}{c^4}}}$,

2° $\sqrt{\dfrac{a^2c}{b^2}-cd+\dfrac{ac\sqrt{4d}}{b}\sqrt{-1}}$,

3° $\sqrt{\dfrac{25a^2d}{c^2}-\dfrac{4a^2b}{d}-\dfrac{20a^2\sqrt{b}}{c}\sqrt{-1}}$,

4° $\sqrt{a^4x^4-a^3b^2-a^2b^3-2a^3bx^2\sqrt{a+b}\sqrt{-1}}$.

§ IV. — Exposants et radicaux quelconques.

Simplifier les expressions suivantes :

249. 1° $(a^3)^2$,

2° $(a^n)^3$,

3° $(a^2b^3)^n$,

4° $(-a)^3$.

250. 1° $(a^2)^{-2}$,

2° $(a^n)^{-m}$,

3° $(-a)^{-2n}$,

4° $(-a)^{-(2n+1)}$.

251. 1° $[(-a^2)^4]^3$,

2° $[a^2(b-c)^3]^4$,

3° $[a(b-c)^2]^n$,

4° $(a+b)^m(a-b)^m$.

252. 1° $\left(\dfrac{a^7}{b^x}\right)^m \cdot (b^x)^m \cdot a^m$,

2° $\left(\dfrac{a+b}{c-x}\right)^m \cdot \left(\dfrac{c+x}{a+b}\right)^m \cdot \left(\dfrac{c-x}{a-b}\right)^m$,

3° $\dfrac{(49x^2-36y^2)^m}{(7x-6y)^m}$,

4° $\dfrac{(5a^2+8ab-21b^2)^m}{(a+3b)^m}$.

253. 1° $\left(\dfrac{a+b}{c-d}\right)^3 \cdot \left(\dfrac{1}{a+b}\right)^2 \cdot \left(\dfrac{c-d}{a+b}\right)^4$,

2° $\dfrac{(2ab)^5 \cdot (3ab)^2 \cdot (5a)^4}{(3b)^3 \cdot (4ab)^5}$,

3° $\dfrac{[(35a^5)^m]^n}{[(7a^3)^m]^n}$,

4° $\dfrac{a^{4m}-a^{4n}}{a^{2m}-a^{2n}}$.

254. 1° $\sqrt[3]{a^6b^5}$,

2° $\sqrt[3]{32a^4}$,

3° $\sqrt[3]{81a^3x}$,

4° $\sqrt[3]{24a^4x^5}$.

255. 1° $\sqrt[3]{a^4(x+a)^4}$,

2° $\sqrt[3]{a^3x^4(a^4+a^3x)}$,

3° $\sqrt[3]{32a^3(a^2-x^2)^4}$,

4° $\sqrt[4]{36a^2b^2}$.

256. 1° $\sqrt[6]{4a^2}$,

2° $\sqrt[4]{64a^8b^6}$,

3° $\sqrt[6]{5^4b^4c^2}$,

4° $\sqrt[8]{16a^4}$.

Réduire les radicaux suivants au même indice :

257. 1° $\sqrt{3}$, $\sqrt[3]{5}$, $\sqrt[4]{6}$,

2° $\sqrt[5]{a^3}$; $\sqrt[6]{a^5}$, $\sqrt[10]{a^6}$,

3° $\sqrt{a^2(x^2+y^2)}$, $\sqrt[5]{4b^2(a^2-c^2)}$,

4° $\sqrt[8]{xy^3}$, $\sqrt[6]{3x^2y^3}$.

258. 1° $\sqrt[n]{(a-b)^p}$, $\sqrt[m]{(a^2+x^2)^2}$,

2° $\sqrt{a}$, $\sqrt[3]{b}$, $\sqrt[4]{ax}$, $\sqrt[5]{a-x}$.

Effectuer les additions et soustractions suivantes :

259. 1° $\sqrt[3]{56}+\sqrt[3]{189}+\sqrt[3]{448}$,

2° $\sqrt[3]{24a^4}+\sqrt[3]{3a^4x^3}-\sqrt[3]{81ax^6}$,

3° $\sqrt[3]{-8}+\sqrt[3]{-512}-\sqrt[3]{-27}$,

4° $\sqrt[3]{-54}-\sqrt[3]{-250}-\sqrt[3]{-128}$.

260. 1° $9\sqrt[3]{5x^4}-\sqrt[3]{135x^4}$,

2° $8\sqrt[3]{a^3b}-\sqrt[3]{a^6b}$,

3° $\sqrt[3]{\dfrac{2}{3}}-\sqrt[3]{\dfrac{9}{32}}$,

4° $\sqrt[n]{a^{3n}b}-\sqrt[n]{a^{2n}b}$.

261. 1° $\sqrt[3]{5a^2(a+b)^7}-4ab\sqrt[3]{5a^2(a+b)}$,

2° $\sqrt[5]{32a^9+96x}+\sqrt[5]{a^5+3a^5x}+\sqrt[5]{a^5x^5+3x^5}$,

3° $\sqrt[3]{\dfrac{a^3b^2+a^3c}{b^2}}-\sqrt[3]{\dfrac{d^3b^2+d^3c}{b^2}}$,

4° $\sqrt[3]{\dfrac{a^7c-a^6b}{c^2}}-\sqrt[3]{\dfrac{a^5c-a^3b}{c^2}}$.

Effectuer les multiplications et les divisions suivantes :

262. 1° $5\sqrt[3]{6} \times 3\sqrt[3]{4}$,

2° $\dfrac{1}{3}\sqrt[3]{15} \times 5\sqrt[3]{18}$,

3° $\sqrt[3]{7a^2} \times \sqrt[3]{ac^2}$,

4° $6\sqrt[3]{a} \times \sqrt[3]{2c}$.

263. 1° $\dfrac{3}{4}\sqrt[3]{\dfrac{3}{16}} : \dfrac{3}{5}\sqrt[3]{\dfrac{2}{5}}$,

2° $6\sqrt[3]{7a^7} : 3\sqrt[3]{2ac^2}$,

3° $2\sqrt[4]{19ax^2} : \sqrt[4]{8a}$,

4° $\sqrt[n]{a^{3n+2}} : \sqrt[n]{a^{2n+2}}$.

264. 1° $\sqrt[4]{x} \times \sqrt{b}$,

2° $\sqrt[4]{b} \times \sqrt{ax}$,

3° $\sqrt[4]{a^3} \times \sqrt[8]{a^7} \times (-\sqrt{a})$,

4° $3\sqrt[4]{a} \times 7\sqrt[6]{b}$.

265. 1° $\sqrt[6]{a^5b^7} : \sqrt[3]{a^2b^3}$,

2° $\sqrt[4]{4} : \sqrt[6]{8}$,

3° $2\sqrt[6]{27} : \sqrt[4]{9}$,

4° $\sqrt[12]{125} : \sqrt[8]{25}$.

266. 1° $4\sqrt[3]{12} : 2\sqrt{3}$,

2° $(2\sqrt{32} + 3\sqrt{2} + \sqrt[4]{4}) : \sqrt{8}$,

3° $(\sqrt{8} + \sqrt[3]{12} + \sqrt[4]{4}) : \sqrt{2}$,

4° $(\sqrt{8} + \sqrt[3]{12} + \sqrt[4]{2}) : 2\sqrt{2}$.

Rendre rationnel le dénominateur des fractions suivantes :

267. 1° $\dfrac{4\sqrt[3]{12}}{2\sqrt{3}}$,

2° $\dfrac{\sqrt[4]{4}}{\sqrt[6]{8}}$,

3° $\dfrac{1}{\sqrt[3]{0,008}}$,

4° $\dfrac{2\sqrt[6]{27}}{\sqrt[4]{9}}$.

268. 1° $\dfrac{m}{\sqrt[3]{x} \pm \sqrt[3]{y}}$,

2° $\dfrac{1}{\sqrt[3]{3} \pm \sqrt[3]{2}}$,

3° $\dfrac{1}{\sqrt[4]{x} + \sqrt[4]{y}}$,

4° $\dfrac{m}{\sqrt[4]{a} - \sqrt[4]{b}}$.

Calculer les puissances et les racines suivantes :

269. 1° $(a\sqrt{3})^2$,

2° $(2\sqrt{a})^3$,

3° $(5\sqrt[3]{a^2x})^3$,

4° $(7\sqrt[3]{x^2 - y^2})^3$.

270. 1° $\sqrt{9\sqrt{3}}$,

2° $\sqrt[3]{27\sqrt{5}}$,

3° $\sqrt[3]{\dfrac{1}{64}\sqrt{2}}$,

4° $\sqrt[3]{a^7\sqrt{b}}$.

271. 1° $\sqrt{\dfrac{1}{2}x\sqrt{\dfrac{x}{2}}}$,

2° $\left(\sqrt[3]{\sqrt[7]{8a^3}}\right)^7$,

3° $\left(\sqrt[4]{\sqrt[11]{16a^4}}\right)^{11}$,

4° $\left(\sqrt[3]{\sqrt[5]{8a^3}}\right)^5$.

272. 1° $$2\sqrt[12]{\sqrt[5]{\sqrt{7}}} + 3\sqrt[6]{\sqrt[10]{\sqrt{7}}} - 3\sqrt[5]{\sqrt[12]{\sqrt{7}}} - \sqrt[10]{\sqrt[6]{\sqrt{7}}},$$

2° $$\sqrt[2m]{\sqrt[3n]{\sqrt{a^5}}} \times \sqrt[6m]{\sqrt[n]{\sqrt{a^3}}} \times \sqrt[m]{\sqrt[6n]{\sqrt{a^9}}} \times \sqrt[6n]{\sqrt[m]{\sqrt{a}}},$$

3° $$\sqrt{\dfrac{2}{\sqrt[3]{2}}},$$

4° $$\sqrt[n-1]{\dfrac{a}{\sqrt[n]{a}}}.$$

Effectuer les opérations suivantes :

273. 1° $36^{\frac{3}{2}}$,   3° $9^{-0,5}$,

     2° $4^{-\frac{7}{2}}$,   4° $\left(a^{\frac{3}{4}}\right)^{\frac{8}{3}}$.

274. 1° $$\left(1\frac{3}{4}\right)^{\frac{1}{2}} \times \left(\frac{8}{11}\right)^{\frac{1}{2}} \times 11^{\frac{1}{2}} \times \left(\frac{2}{7}\right)^{\frac{1}{2}},$$

2° $$a^{\frac{3}{4}} \times a^{\frac{5}{3}},$$

3° $$a^{-\frac{1}{2}} \times a^{\frac{7}{4}} \times a^{-\frac{1}{5}},$$

4° $$a^{-\frac{3}{4}} \times b^{-2} \times a^{\frac{5}{6}} b^{\frac{1}{2}} c.$$

275. 1° $$\left(a^{\frac{7}{2}} - a^3 + a^{\frac{5}{2}} - a^2 + a^{\frac{3}{2}} - a + a^{\frac{1}{2}} - 1\right)\left(a^{\frac{1}{2}} + 1\right),$$

2° $$\left(\frac{ay}{x}\right)^{\frac{1}{2}} \times \left(\frac{bx}{y^2}\right)^{\frac{1}{3}} \times \left(\frac{y^2}{a^2 b^2}\right)^{\frac{1}{4}},$$

3° $$(a^{-1} - x^{-1}) : \left(a^{-\frac{1}{3}} - x^{-\frac{1}{3}}\right),$$

4° $$\left(a^2 - a^{\frac{3}{2}} x^{\frac{1}{2}} - 2a^{\frac{1}{2}} x^{\frac{1}{4}} + 2x^{\frac{3}{4}}\right) : \left(a^{\frac{1}{2}} - x^{\frac{1}{2}}\right).$$

276. 1° $$\sqrt[5]{\sqrt[3]{a^2}} \times \sqrt[6]{\sqrt[4]{a^9}},$$

2° $$\left(\sqrt[4]{a^3} + \sqrt[5]{b^2}\right)\left(\sqrt[4]{a^3} - \sqrt[5]{b^2}\right),$$

3° $$\left(a^3 - 2\sqrt[4]{a^2 b^3} - a^2\sqrt[6]{a^3 b^2} + 2b\sqrt[12]{b}\right) : \left(\sqrt{a} - \sqrt[3]{b}\right),$$

4° $$(5a^2 - 41ab + 42b^2)\sqrt[12]{a} : \left(\sqrt[3]{a} - \frac{7b}{\sqrt[3]{a^2}}\right).$$

277. 1° $$\left(a^{\frac{3}{4}} - b^{\frac{3}{4}}\right) : \left(a^{\frac{1}{4}} - b^{\frac{1}{4}}\right),$$

2° $$\left[\frac{c^2 d}{(a+b)^{\frac{3}{2}}}\right]^{-\frac{1}{3}},$$

$$3° \qquad \sqrt[4]{\left(\dfrac{a\sqrt{b}}{\sqrt[3]{ab}}\right)^3},$$

$$4° \qquad \left(\sqrt[x]{a^{-\frac{2}{y}}} + \sqrt[r]{a^{\frac{1}{y}}b} + 2\sqrt[r]{\sqrt{b}}\;\sqrt{\sqrt[x]{\sqrt[y]{\sqrt[r]{a^{x-2r}}}}}\right)^{\frac{1}{2}}.$$

IDENTITÉS

---

278. Vérifier les identités :

$$1 \qquad \left(\frac{a+b}{2}\right)^2 - \left(\frac{a-b}{2}\right)^2 = ab,$$

$$2° \qquad 1 + a^4 = (1 + a\sqrt{2} + a^2)(1 - a\sqrt{2} + a^2),$$

$$3° \qquad 1 + a^6 = (1 + a\sqrt{3} + a^2)(1 + a^2)(1 - a\sqrt{3} + a^2),$$

$$4° \qquad \pi h\left(\frac{R+r}{2}\right)^2 + \frac{\pi h}{3}\left(\frac{R-r}{2}\right)^2 = \frac{\pi h}{3}(R^2 + r^2 + Rr).$$

279. Vérifier les identités :

$$1° \qquad x(x+1)(x+2)(x+3) + 1 = (x^2 + 3x + 1)^2,$$

$$2° \qquad (1 + x + x^2 + x^3)^2 = 1 + 2x + 3x^2 + 4x^3 + 3x^4 + 2x^5 + x^6,$$

$$3° \qquad \left(\frac{m^2-1}{m^2+1}\right)^2 + \left(\frac{2m}{m^2+1}\right)^2 = 1,$$

$$4° \qquad \left(\frac{b}{c} + \frac{c}{b}\right)^2 + \left(\frac{c}{a} + \frac{a}{c}\right)^2 + \left(\frac{a}{b} + \frac{b}{a}\right)^2,$$

$$= 4 + \left(\frac{b}{c} + \frac{c}{b}\right)\left(\frac{c}{a} + \frac{a}{c}\right)\left(\frac{a}{b} + \frac{b}{a}\right).$$

280. Vérifier les identités :

$$1° \qquad (a+b+c)^3 - 3(a+b)(b+c)(c+a) = a^3 + b^3 + c^3,$$

$$2° \qquad (a-b)^3 + 3(a-b)^2(a+b) + (a+b)^3 + 3(a-b)(a+b)^2 = 8a^3,$$

$$3° \qquad (a+b+c)^2 + (a-b)^2 + (a-c)^2 + (b-c)^2 = 3(a^2 + b^2 + c^2),$$

$$4° \quad (a+b+c+d)^2 + (a-b)^2 + (a-c)^2 + (a-d)^2 + (b-c)^2 + (b-d)^2 + (c-d)^2$$
$$= 4(a^2 + b^2 + c^2 + d^2).$$

281. Vérifier les identités :

$$1° \quad (a+b+c)^3 - (b+c-a)^3 - (c+a-b)^3 - (a+b-c)^3 = 24abc,$$

$$2° \quad (a+b)^2 - (c+d)^2 + (a+c)^2 - (b+d)^2 = 2(a-d)(a+b+c+d),$$

$$3° \quad a(b+c)^2 + b(c+a)^2 + c(a+b)^2 - 4abc = (a+b)(b+c)(c+a),$$

$$4° \quad (a+b+c+d)^2 + (a-b-c+d)^2 + (a-b+c-d)^2 + (a+b-c-d)^2$$
$$= 4(a^2 + b^2 + c^2 + d^2).$$

282. Vérifier les identités :

1° $(a-b)(a+b-c) + (b-c)(b+c-a) + (c-a)(c+a-b) = 0,$

2° $(m^4-n^4) + 2n(m^3+n^3) - (m+n)^2(m-n)^2 = 2m^2n(m+n),$

3° $\quad (a^2+b^2+c^2)(a'^2+b'^2+c'^2) - (aa'+bb'+cc')^2$
$$= (ab'-ba')^2 + (bc'-cb')^2 + (ac'-ca')^2,$$

4° $[(a-b)^2 + (b-c)^2 + (c-a)^2]^2 = 2[(a-b)^4 + (b-c)^4 + (c-a)^4].$

283. Vérifier les identités :

1° $\dfrac{x^2y^2z^2}{b^2c^2} + \dfrac{(x^2-b^2)(y^2-b^2)(z^2-b^2)}{b^2(b^2-c^2)} + \dfrac{(x^2-c^2)(y^2-c^2)(z^2-c^2)}{c^2(c^2-b^2)}$
$$= x^2 + y^2 + z^2 - c^2 - b^2,$$

2° $\dfrac{y^2z^2}{b^2c^2} + \dfrac{(z^2-b^2)(b^2-y^2)}{b^2(c^2-b^2)} + \dfrac{(c^2-z^2)(c^2-y^2)}{c^2(c^2-b^2)} = 1,$

3° $\dfrac{x^2z^2}{b^2c^2} + \dfrac{(x^2-b^2)(b^2-z^2)y^2}{(y^2-b^2)b^2(c^2-b^2)} + \dfrac{(x^2-c^2)(c^2-z^2)y^2}{(c^2-y^2)c^2(c^2-b^2)} = \dfrac{(x^2-y^2)(y^2-z^2)}{(y^2-b^2)(c^2-y^2)}.$

284. Si l'on écrit $a+b+c = 2p$, démontrer que l'on a les identités suivantes :

1° $$1 + \frac{b^2+c^2-a^2}{2bc} = \frac{2p(p-a)}{bc},$$

2° $$(p-a)^2 + (p-b)^2 + (p-c)^2 + p^2 = a^2 + b^2 + c^2,$$

3° $2(p-a)(p-b) + 2(p-b)(p-c) + 2(p-c)(p-a) = 2p^2 - a^2 - b^2 - c^2,$

4° $2(p-a)(p-b)(p-c) + a(p-b)(p-c) + b(p-c)(p-a) + c(p-a)(p-b) = abc.$

285. Vérifier que si l'on a $a^2 = b^2 + c^2$, la formule
$$S = \sqrt{p(p-a)(p-b)(p-c)}$$
se réduit à $S = \dfrac{1}{2}bc.$

286. Vérifier que si $x = \dfrac{2b^2-a^2+c^2}{3a}$ et $y = \dfrac{2a^2-b^2+c^2}{3b}$,

on a : $$\frac{x+a}{y+b} = \frac{b}{a}.$$

287. Vérifier que si l'on a $\dfrac{A}{a} = \dfrac{B}{b} = \dfrac{C}{c} = \dfrac{D}{d}$,

on a aussi :
$$\sqrt{Aa} + \sqrt{Bb} + \sqrt{Cc} + \sqrt{Dd} = \sqrt{(A+B+C+D)(a+b+c+d)},$$

288. Vérifier que si $x+y = u$ et $xy = v$, on a :

1° $$x^2 + y^2 = u^2 - 2v,$$

2° $$x^3 + y^3 = u^3 - 3uv,$$

3° $$x^4 + y^4 = u^4 - 4u^2v + 2v^2,$$

4° $$x^5 + y^5 = u^5 - 5u^3v + 5uv^2.$$

289. Vérifier que si $ax + by + cz = 0$, l'expression
$$\frac{ax^2 + by^2 + cz^2}{bc(y-z)^2 + ac(z-x)^2 + ab(x-y)^2}$$
est constante, quels que soient x, y, z.

290. Vérifier que si $\dfrac{m}{x} = \dfrac{n}{y} = \dfrac{p}{z}$ et $\dfrac{x^2}{a^2} + \dfrac{y^2}{b^2} + \dfrac{z^2}{c^2} = 1$, on a aussi

$$\frac{m^2}{a^2} + \frac{n^2}{b^2} + \frac{p^2}{c^2} = \frac{m^2 + n^2 + p^2}{x^2 + y^2 + z^2}.$$

291. Vérifier que l'expression :

$$(ay - bx)^2 + (bz - cy)^2 + (cx - az)^2 + (ax + by + cz)^2$$

est divisible par $a^2 + b^2 + c^2$ et par $x^2 + y^2 + z^2$.

292. Vérifier que le polynôme $(a + b + c)^m - a^m - b^m - c^m$ est divisible par le produit $(a + b)(b + c)(a + c)$ quand m est impair.

293. Vérifier que l'expression $x^3 + 3x + 2$ s'annule quand on donne à x la valeur $(\sqrt{2} - 1)^{\frac{1}{3}} - (\sqrt{2} - 1)^{-\frac{1}{3}}$.

294. Vérifier que le produit $(1 - ax)(1 + ax)^{-1}(1 + bx)^{\frac{1}{2}}(1 - bx)^{-\frac{1}{2}}$ a pour valeur 1, lorsque $x = a^{-1}\left(\dfrac{2a}{b} - 1\right)^{\frac{1}{2}}$.

295. Vérifier que l'on a :

$$2a(1 + x^2)^{\frac{1}{2}}\left[x + (1 + x^2)^{\frac{1}{2}}\right]^{-1} = a + b,$$

lorsque

$$x = 2^{-1}\left[\left(\frac{a}{b}\right)^{\frac{1}{2}} - \left(\frac{b}{a}\right)^{\frac{1}{2}}\right].$$

Démontrer les propriétés suivantes :

296. 1° Si la somme de deux fractions est égale à l'unité, leur différence est la même que celle de leurs carrés; 2° si la différence de deux fractions égale $\dfrac{p}{q}$, p fois leur somme égale q fois la différence de leurs carrés.

297. 1° La différence des carrés de deux nombres impairs est toujours divisible par 8; 2° il en est de même de la somme et de la différence des cubes de deux nombres pairs consécutifs.

298. 1° Tout nombre impair carré parfait, diminué de 1, est divisible par 8; 2° le cube d'un nombre impair, diminué de ce nombre impair, est divisible par 24.

299. Le produit de deux nombres qui sont la somme de deux carrés est lui-même la somme de deux carrés.

300. Si un nombre quelconque est la somme de deux carrés : 1° son double, 2° son carré, 3° en général, chacune de ses puissances est aussi la somme de deux carrés.

DEUXIÈME LIVRE

ÉQUATIONS

ÉQUATIONS DU PREMIER DEGRÉ

---

§ I. — Équations à une inconnue.

Résoudre les équations numériques suivantes :

301. $5x + 50 = 4x + 56.$

302. $16x - 11 = 7x + 70.$

303. $3x + 10 = 5x - 70.$

304. $18x + 4 = 34x - 4.$

305. $7(x - 18) = 3(x - 14).$

306. $7(x - 3) = 9(x + 1) - 38.$

307. $x + \dfrac{x}{2} + \dfrac{x}{3} = 11.$

308. $36 - \dfrac{4x}{9} = 8.$

309. $\dfrac{3x - 16}{x} = \dfrac{5}{3}.$

310 $\dfrac{5x - 5}{x + 1} = 3.$

311. $\dfrac{x}{2} + \dfrac{3x}{4} - \dfrac{5x}{6} = 15.$

312. $\dfrac{3x}{4} + 5 = \dfrac{5x}{6} + 2.$

313. $\dfrac{7x}{8} - 5 = \dfrac{9x}{10} - 8.$

314. $\dfrac{x}{2} + \dfrac{x + 1}{7} = x - 2.$

315. $4(x - 3) - 7(x - 4) = 6 - x.$

316. $\dfrac{x}{3} - \dfrac{1}{3} - \dfrac{x}{4} + \dfrac{1}{4} = \dfrac{x}{5} - \dfrac{1}{5} + \dfrac{1}{6} - \dfrac{x}{6}.$

317. $\dfrac{x}{2} + \dfrac{x}{3} + \dfrac{x}{4} + \dfrac{x}{5} = x - 17.$

318. $2x - \dfrac{19 - 2x}{2} = \dfrac{2x - 11}{2}.$

319. $\dfrac{10x + 3}{3} - \dfrac{3x - 1}{5} = x - 2$

320. $x + \dfrac{3x - 9}{5} = 4 - \dfrac{5x - 12}{3}$

321. $\dfrac{5x - 7}{2} - \dfrac{2x + 7}{3} = 3x - 14.$

322. $\dfrac{x - 2}{3} - \dfrac{12 - x}{2} = \dfrac{5x - 36}{4} - 1.$

323. $\dfrac{5x - 2}{3} - \dfrac{x - 8}{4} = \dfrac{x + 14}{2} - 2.$

324. $\dfrac{2x - 5}{3} - \dfrac{5x - 3}{4} + 2 + \dfrac{2}{3} = 0.$

325. $\dfrac{x + 4}{3} - \dfrac{x - 4}{5} = 2 + \dfrac{3x - 1}{15}.$

326. $\dfrac{1}{7}(3x - 4) + \dfrac{1}{3}(5x + 3) = 43 - 5x.$

327. $$\frac{1}{2}(27-x)=\frac{9}{2}+\frac{1}{10}(7x-54).$$

328. $$\frac{1}{6}(8-x)+x-1\frac{2}{3}=\frac{1}{2}(x+6)-\frac{x}{3}.$$

329. $$\frac{3x+1}{13}+\frac{2x-5}{3}=\frac{4x-1}{5}+\frac{2-x}{2}$$

330. $$\frac{x-1}{7}+\frac{23-x}{5}=7-\frac{4+x}{4}.$$

331. $$\frac{4x-8}{10}-\frac{20-x}{4}+\frac{x+\frac{1}{2}}{3}=6\frac{1}{6},$$

332. $$\frac{x}{6}-\frac{x-\frac{1}{2}}{3}-\frac{1}{3}\left(\frac{2}{5}-\frac{x}{3}\right)=0.$$

333. $$\frac{7}{24}-\frac{\frac{13}{15}}{\frac{2x}{3}+\frac{4}{5}}=\frac{1}{4}.$$

334. $$\frac{5}{6}\left(x-\frac{1}{3}\right)+\frac{7}{6}\left(\frac{x}{5}-\frac{1}{7}\right)=4\frac{8}{9}.$$

335. $$\frac{5x}{3}+2x+6\left(x-\frac{x}{3}-\frac{4x}{9}\right)=450\,000.$$

336. $$\frac{\frac{x}{2}-5}{\frac{x+8}{2}-8}+\frac{x-8}{2}+x=\frac{3x}{2}+\frac{49}{16}.$$

337. $$(x-1)(x-2)+(x-1)(x-3)=2(x-2)(x-3).$$

338. $$\frac{3x-7}{4x+2}=\frac{3x-14}{4x-13}.$$

339. $$\frac{7x+16}{21}-\frac{x+8}{4x+10}=\frac{23}{70}+\frac{x}{3}.$$

340. $$\left(x-\frac{5}{2}\right)\left(x+\frac{3}{2}\right)-(x-5)(x+3)=9\frac{3}{4}.$$

341. $$\frac{1}{2x-3}-\frac{3}{2x^2-3x}=\frac{5}{x}.$$

342. $$\frac{x-1}{4}-\frac{1}{8}\left(\frac{x-5}{4}-\frac{14-2x}{5}\right)=\frac{x-9}{2}-\frac{7}{8}.$$

343. $$\left[\frac{1}{4}(x-2)+\frac{1}{3}\right]-\left[x-\frac{1}{3}(2x-1)\right]=0.$$

344. $$\frac{1}{9}\left[3x-6-5\left(\frac{7x}{2}-5\right)\right]+13(x-5)+\frac{1}{4}=0.$$

Résoudre les équations littérales suivantes :

345. $$\frac{x}{a}+\frac{x}{b}=c.$$

346. $$\frac{a}{x}+\frac{b}{x}+\frac{c}{x}=d.$$

347. $$\frac{x+a}{a}-\frac{x+b}{b}=1.$$

348. $$\frac{x+m}{n}-\frac{x-n}{m}=2.$$

349. $\dfrac{bx}{a} - \dfrac{d}{c} = \dfrac{a}{b} - \dfrac{cx}{d}$.

350. $\dfrac{x-a}{b} + \dfrac{x-b}{a} = \dfrac{a^2+b^2}{ab}$.

351. $\dfrac{a}{b-x} = \dfrac{b}{a-x}$.

352. $\dfrac{a}{mn} - \dfrac{x-m}{m} = \dfrac{n-x}{n}$.

353. $a - \dfrac{m+n}{x} = b - \dfrac{m-n}{x}$.

354. $a(x-b) = b(a-x) - (a+b)x$.

355. $a^2b - \dfrac{a+x}{b} = ab^2 - \dfrac{b+x}{a}$.

356. $\dfrac{a}{b}\left(1 - \dfrac{a}{x}\right) + \dfrac{b}{a}\left(1 - \dfrac{b}{x}\right) = 1$.

357. $\dfrac{a(a-x)}{b} - \dfrac{b(b+x)}{a} = x$.

358. $\dfrac{a(x-a)}{b} + \dfrac{b(x-b)}{a} = x$.

359. $\dfrac{2x+a}{b} - \dfrac{x-b}{a} = \dfrac{3ax+(a-b)^2}{ab}$.

360. $\dfrac{x+a}{a-b} + \dfrac{x-a}{a+b} = \dfrac{x+b}{a+b} + \dfrac{2(x-b)}{a-b}$.

361. $(a+x)(b+x) - a(b+c) = \dfrac{a^2c}{b} + x^2$.

362. $\dfrac{1+ax}{1-ax} = \dfrac{3+a^2x^2}{1-a^2x^2}$.

363. $\dfrac{(a+b)^2(x+1) - (a+b)(x+1) + (x+1)}{a+b+1} = (a+b)^2 - (a+b) + 1$.

364. $\dfrac{x}{ab} + \dfrac{x}{bc} + \dfrac{x}{ac} - 1 = abc - x(a+b+c)$.

365. $(b+c)^2 = \dfrac{b^3 - c^3}{b-c} + \dfrac{bc(b+c)}{x}$.

366. $\dfrac{1}{\dfrac{3(m+n)^2}{p^2x} - \dfrac{m+n}{p}} = \dfrac{p}{2(m+n)}$.

367. $3x - \left(\dfrac{x}{3} + \dfrac{5a}{6}\right) = \dfrac{2a}{5} - \dfrac{a}{3} - \left(\dfrac{a}{2} - \dfrac{5x}{3}\right)$.

368. $x - \dfrac{a}{5} - \left(2x - \dfrac{a}{10}\right) = 3x - \dfrac{a}{4} + 4x - \dfrac{37a}{20}$.

369. $\dfrac{1}{x-a} - \dfrac{1}{x-b} = \dfrac{a-b}{x^2-ab}$.

370. $\dfrac{a}{x-a} - \dfrac{b}{x-b} = \dfrac{a-b}{x+a-b}$.

371. $\dfrac{x+1}{x-1} = \dfrac{a+b+1}{a+b-1}$.

372. $\dfrac{3x-b}{3x-5b} = \dfrac{3a-4b}{3a-8b}$.

373. $\dfrac{x+1}{x+a+b} = \dfrac{x-1}{x+a-b}$.

374. $\dfrac{a+b-c}{x-1} = \dfrac{a-b+c}{x+1}$.

375. $\dfrac{x+a-b}{a} - \dfrac{x+b-a}{b} = \dfrac{b^2-a^2}{ab}$.

376. $\dfrac{x-1}{x+a-b} = \dfrac{1-x}{x-a+b} + 2$.

377. $\dfrac{1}{1-m^2x^2} = \dfrac{m}{1+mx} - \dfrac{1}{1-mx}$.

378. $\dfrac{x+a+b}{x+a} = \dfrac{x+a-b}{x-a} - \dfrac{a^2+b^2}{x^2-a^2}$.

379. $[(a^2-b^2)x - 1]^2 + (2abx - 1)^2 = [(a^2+b^2)x + 1]^2$.

380. $(2 - x)\,[16 - 12(12 + 2x)] = 2x\,[12(x + 5) - 12].$

381.
$$\dfrac{\dfrac{x+1}{x-1} - \dfrac{x-1}{x+1}}{1 + \dfrac{x+1}{x-1}} = \dfrac{1}{2}.$$

382. $\dfrac{2 + 2x}{9x^2 - 4} - \dfrac{x - 2}{9x^2 + 12x + 4} = \dfrac{x + 4}{9x^2 - 4}.$

383. $\dfrac{x}{2} - \dfrac{2}{3}\left(\dfrac{2x - 3}{x - 1}\right) + \dfrac{3x - 1}{2(x - 1)} = \dfrac{3}{2}\left(\dfrac{x^2 + 2}{3x - 2}\right).$

384. $\dfrac{3 + 2x}{1 + 2x} - \dfrac{5 + 2x}{7 + 2x} = 1 - \dfrac{4x^2 - 2}{7 + 16x + 4x^2}$

385. $\dfrac{x + a^2}{(a + b - c)(a - b + c)} + \dfrac{x - b^2 - c^2}{(c - a - b)(b - a - c)} = 1.$

386. $\dfrac{x}{a^{m-1}b^m} - \dfrac{x}{a^m b^{m-1}} = \dfrac{1}{b^m} - \dfrac{1}{a^m}.$

387. $\dfrac{ax^{m+1} - x^m}{x - 1} + \dfrac{bx^m}{x + 1} = \dfrac{ax^m(x^2 + 1)}{x^2 - 1}.$

388. $(a^{5x+1})^5 = (a^{7x-1})^7 \times (a^{x-6})^9.$

389. $\dfrac{\sqrt[3+x]{a^{20}}}{a^2} = a^3.$

390. $b^3\sqrt[x]{b^{7+5x}} = \sqrt[x]{b^{23}}.$

§ II. — Équations à deux inconnues.

Résoudre les systèmes d'équations suivantes :

391. $2x - y = 1,$
$x + 3y = 11.$

392. $3x - 2y = 5,$
$2x + 4y = 14.$

393. $3x + 5y = 20,$
$2x - 10y = 0.$

394. $12x - 3y = 12,$
$8x + y = 20.$

395. $5x - 8y = 19,$
$2x - 2y = 10.$

396. $3x - y = 1,$
$2y - x = 8.$

397. $5x - 2y = 11,$
$3y + x = 9.$

398. $6x + 5y = 16,$
$5x - 12y = -10.$

399. $3x + 2y = 23,$
$5y - 2x = 29.$

400. $10x + 4y = 3,$
$20y - 5x = 4.$

401. $x - y = 1,$
$\dfrac{2x}{5} + \dfrac{3y}{4} = 5.$

402. $x - 3y = 1,$
$\dfrac{3x}{4} - y = 2.$

403. $\dfrac{x}{y} = \dfrac{3}{4},$
$5x - 4y = -3.$

404. $\dfrac{x}{3} + \dfrac{y}{2} = \dfrac{4}{3},$
$\dfrac{a}{y} - \dfrac{1}{2} = 0.$

405.
$$\frac{x+y}{4} + \frac{x-y}{2} = 3,$$
$$\frac{12x-7y}{13} = 3.$$

406.
$$\frac{x+y}{5} = \frac{x-y}{3},$$
$$\frac{x}{2} = y + 2.$$

407.
$$\frac{x+1}{y} = \frac{1}{4},$$
$$\frac{x}{y+1} = \frac{1}{5}.$$

408.
$$2x + \frac{y-2}{5} = 21,$$
$$4y + \frac{x-4}{6} = 29.$$

414.
$$\frac{13}{x+2y+3} = -\frac{3}{4x-5y+6},$$
$$\frac{3}{6x-5y+4} = \frac{19}{3x+2y+1}.$$

415.
$$\frac{5x+7y}{3x+11} = \frac{13}{7},$$
$$\frac{11x+27}{7x+5y} = \frac{19}{11}.$$

416.
$$\frac{x}{a} + \frac{y}{b} = 2,$$
$$bx - ay = 0.$$

417.
$$x + y = a + b,$$
$$bx + ay = 2ab.$$

418.
$$\frac{x}{a} + \frac{y}{b} = 1,$$
$$\frac{x}{b} + \frac{y}{a} = 1.$$

419.
$$(a+c)x - by = bc,$$
$$x + y = a + b.$$

420.
$$\frac{x}{a} + \frac{y}{b} = c,$$
$$\frac{x}{b} - \frac{y}{a} = 0.$$

421.
$$x + y = c,$$
$$ax - by = c(a - b).$$

422.
$$a(x+y) + b(x-y) = 1,$$
$$a(x-y) + b(x+y) = 1.$$

423.
$$\frac{x-a}{b} + \frac{y-b}{a} = 0,$$
$$\frac{x+y-b}{a} + \frac{x-y-a}{b} = 0.$$

409.
$$\frac{x+y}{3} + \frac{y-x}{2} = 9,$$
$$\frac{x}{2} + \frac{x+y}{9} = 5.$$

410.
$$\frac{x+y}{8} + \frac{x-y}{6} = 5,$$
$$\frac{x+y}{4} - \frac{x-y}{3} = 10.$$

411.
$$5(x-2) = y + 2,$$
$$x + 5 = 3(y - 5).$$

412.
$$2(2x + 3y) = 3(2x - 3y) + 10,$$
$$4x - 3y = 4(6y - 2x) + 3.$$

413.
$$\frac{x+2}{7} + \frac{y-x}{4} = 2x - 8,$$
$$\frac{2y-3x}{3} + 2y = 3x + 4.$$

424.
$$(a+b)x - (a-b)y = 4ab,$$
$$(a-b)x + (a+b)y = 2a^2 - 2b^2.$$

425.
$$\frac{x}{a+b} + \frac{y}{a-b} = 2a,$$
$$\frac{x-y}{2ab} = \frac{x+y}{a^2+b^2}.$$

426.
$$\frac{x}{a+b} + \frac{y}{a-b} = \frac{1}{a-b},$$
$$\frac{x}{a+b} - \frac{y}{a-b} = \frac{1}{a+b}.$$

427.
$$(a+b)x + (a-b)y = 2ab,$$
$$(a+c)x + (a-c)y = 2ac.$$

428.
$$(a+2b)x - (a-2b)y = 6ac,$$
$$(a+3c)y - (a-3c)x = 4ab.$$

429.
$$\frac{x}{a+b} - \frac{y}{a-b} = \frac{4ab}{b^2-a^2},$$
$$\frac{x+y}{a+b} - \frac{x-y}{a-b} = \frac{2(a^2+b^2)}{a^2-b^2}.$$

430.
$$\frac{1}{x+\dfrac{1}{y-\dfrac{a}{x}}} = \frac{1}{x-\dfrac{1}{y-\dfrac{b}{x}}},$$
$$\frac{1}{y}\left(1 - \frac{1}{x}\right) = 1.$$

§ III. — Équations à plus de deux inconnues.

431.
$$x + y + z = 11,$$
$$2x - y + z = 5,$$
$$3x + 2y + z = 24.$$

432.
$$x - y + z = 7,$$
$$x + y - z = 1,$$
$$y + z - x = 3.$$

433.
$$x + 4y - 8z = -8,$$
$$4x + 8y - z = 76,$$
$$8x - y - 4z = 110.$$

434.
$$x + y - 6z = 9,$$
$$x - y + 4z = 5,$$
$$3y - 2x - z = 4.$$

435.
$$2x + y - 4z = 14,$$
$$5y - x - z = 1,$$
$$2x - 4y + 5z = 13.$$

436.
$$2x - 2y + 3z = 16,$$
$$3x + 5y - 2z = 6,$$
$$4x + 3y - 4z = -1.$$

437.
$$2x + 3y + 4z = 61,$$
$$8x + 2y + z = 54,$$
$$5x - 2y + 3z = 58.$$

438.
$$4x - 3y + 2z = 28,$$
$$3x + 2y - 5z = 16,$$
$$2x + y - 3z = 10.$$

439.
$$2x + 3y + 4z = 53,$$
$$3v + 5y - 4z = 2,$$
$$4x + 7y - 2z = 31.$$

440.
$$2x + 7y - 11z = 10,$$
$$5x - 10y + 3z = -15,$$
$$-6x + 12y - z = 31.$$

441.
$$\frac{x + 2y}{5x + 6z} = \frac{7}{9},$$
$$\frac{3y + 4z}{x + 2y} = \frac{8}{7},$$
$$x + y + z = 128.$$

442.
$$\frac{5x + 7y}{x + y} = 6,$$
$$\frac{3(z - x)}{x - y + z} = 1,$$
$$\frac{2x + 3y - z}{\frac{x}{2} + 3} = 4.$$

443.
$$\frac{x}{3} + \frac{y}{5} + \frac{2z}{7} = 58,$$
$$\frac{5x}{4} + \frac{y}{6} + \frac{z}{3} = 76,$$
$$\frac{x}{2} - \frac{y}{5} + \frac{7z}{40} = \frac{147}{5}.$$

444.
$$x + y + z = a + b,$$
$$\frac{1}{x - y} = \frac{1}{2b},$$
$$\frac{x}{y - z} - \frac{1}{2} = \frac{b}{a - b}.$$

445.
$$x + y + z = 0,$$
$$(b + c)x + (a + c)y + (a + b)z = 0,$$
$$bcx + acy + abz = 1.$$

446.
$$3x + 6y - 2z + 9u = 6,$$
$$4y - 5x + 5z - 6u = 5,$$
$$2z - 3x + 8y - 3u = 3,$$
$$9u + 10y + 3z - 4x = 9.$$

447.
$$x - 2y + 3z - 4u = -8,$$
$$y - 2z + 3u - 4x = 6,$$
$$z - 2u + 3x - 4y = -8,$$
$$u - 2x + 3y - 4z = -2.$$

448.
$$4x - 3z + u = 10,$$
$$5y + z - 4u = 1,$$
$$3y + u = 17,$$
$$x + 2y + 3u = 25.$$

449.
$$x + y + 2z + u = 3,$$
$$2y + 3z + 4u = 4,$$
$$5z - 6u = 1,$$
$$5x - 4y = 2.$$

450.
$$4x - 3z = 10,$$
$$2y - 5u = 5,$$
$$z + 3v = 19,$$
$$3x + y = 13,$$
$$2y - 3u = 11.$$

§ IV. — Équations à résoudre à l'aide d'artifices de calcul.

Résoudre les systèmes d'équations suivantes :

451.
$$x + y = 16,$$
$$x + z = 22,$$
$$y + z = 28.$$

452.
$$x + y = 5,$$
$$y + z = 8,$$
$$z + u = 9,$$
$$u + v = 11,$$
$$x + v = 9.$$

453.
$$u + y + z = 15,$$
$$x + y + t = 16,$$
$$x + z + t = 18,$$
$$y + z + t = 20.$$

454.
$$x + y + z = a,$$
$$x + y + v = b,$$
$$x + z + v = c,$$
$$y + z + v = d.$$

455.
$$cx + az = b,$$
$$ay + bx = c,$$
$$bz + cy = a.$$

456.
$$\frac{x + y - 1}{x - y + 1} = a,$$
$$\frac{y - x + 1}{x - y + 1} = ab.$$

463.
$$\frac{1}{3x - 2y + 1} + \frac{1}{x + 2y - 3} = \frac{5}{12},$$
$$\frac{1}{x + 2y - 3} - \frac{1}{3x - 2y + 1} = \frac{1}{12}.$$

464.
$$5\sqrt{x} - 3\sqrt{y} = 3,$$
$$25x - 9y = 81.$$

465.
$$\frac{xy}{x + y} = \frac{12}{5},$$
$$\frac{yz}{y + z} = \frac{18}{5},$$
$$\frac{xz}{x + z} = \frac{36}{13}.$$

466.
$$\frac{xy}{5x + 4y} = 6,$$
$$\frac{xz}{3x + 2z} = 8,$$
$$\frac{yz}{3y + 5z} = 6.$$

457.
$$\frac{x}{6} = \frac{y}{9} = \frac{z}{18},$$
$$3x + 5y + z = 34.$$

458.
$$\frac{x}{a} = \frac{y}{b} = \frac{z}{c} = \frac{u}{d},$$
$$ax + by + cz + du = \frac{a}{b}.$$

459.
$$mx = ny = pz,$$
$$ax + by + cz = d.$$

460.
$$\frac{1}{x} + \frac{1}{y} = \frac{1}{12},$$
$$\frac{1}{y} + \frac{1}{z} = \frac{1}{20},$$
$$\frac{1}{x} + \frac{1}{z} = \frac{1}{15}.$$

461.
$$\frac{1}{x - y} + \frac{1}{x + y} = m,$$
$$\frac{1}{x - y} - \frac{1}{x + y} = n.$$

462.
$$a(x + y) - b(x - y) = 2a,$$
$$a(x - y) - b(x + y) = 2b.$$

467.
$$\frac{xy}{ay + bx} = c,$$
$$\frac{xz}{az + cx} = b,$$
$$\frac{yz}{bz + cy} = a.$$

468.
$$\frac{1}{x} + \frac{1}{y} = 5,$$
$$\frac{x}{2} + \frac{y}{3} = 2xy.$$

469.
$$\frac{x - a}{b + c} = \frac{y - b}{a + c} = \frac{z - c}{a + b},$$
$$mx + ny + pz = d.$$

470.
$$x + y + z = 1,$$
$$ax + by + cz = k,$$
$$a^2x + b^2y + c^2z = k^2.$$

§ V. — Problèmes du 1er degré à une inconnue.

471. Partager le nombre 46 en deux parties telles que $\frac{1}{7}$ de l'une plus $\frac{1}{3}$ de l'autre fassent 10. Généraliser la question

472. Quel est le nombre dont les $\frac{3}{4}$ diminués de 8 et la moitié augmentée de 5 donnent 122 ?

473. On a vendu le $^1/_3$, le $^1/_4$, le $^1/_6$ d'une pièce de drap dont il reste encore 15 mètres : trouver la longueur de la pièce.

474. Partager 100 fr. entre trois personnes, de manière que la première ait 5 fr. de plus que la seconde, et que celle-ci ait 10 fr. de plus que la troisième.

475. Partager 90 fr. entre trois personnes, de manière que la troisième ait 5 fr. de moins que la seconde, et celle-ci 10 fr. de plus que la première.

476. Trois personnes ont ensemble 100 ans : trouver l'âge de chacune, sachant que la cadette a dix ans de plus que la plus jeune, et que l'aînée a autant d'âge que les deux autres.

477. Une mère et ses deux enfants ont ensemble soixante ans : trouver l'âge de chacun des enfants, sachant que l'aîné a trois fois l'âge de son frère, et que la mère a le double de l'âge de ses fils.

478. On veut vendre une voiture, un cheval et ses harnais 1 920 fr; le cheval vaut cinq fois ses harnais, et la voiture deux fois le cheval : trouver les prix respectifs.

479. En trois jours une maison de banque a reçu 16800 fr.; trouver la recette journalière, sachant que chaque jour on a reçu le $^1/_4$ de ce qu'on avait reçu la veille.

480. En trois mois une manufacture d'armes a fourni 55 900 fusils : trouver la fourniture mensuelle, si chaque mois on livrait les $^{17}/_{10}$ du nombre d'armes qu'on avait livré le mois précédent.

481. Cinq personnes se sont partagé 8591 fr. : trouver la part de chacune, sachant que la deuxième a reçu les $^3/_4$ de ce qu'a reçu la première, la troisième les $^3/_4$ de ce qu'a reçu la seconde, et ainsi de suite.

482. Une personne dépense la $^1/_2$ de son gain pour sa nourriture, et le $^1/_3$ pour d'autres dépenses ; après 40 jours elle a épargné 30 fr. : combien gagne-t-elle par jour ?

483. Décomposer 176 en deux parties qui soient entre elles comme 5 est à 6.

484. Décomposer un nombre a en deux parties qui soient entre elles comme m est à n.

485. Trouver le nombre dont les $^2/_7$ plus les 0,291 font 0,0027.

486. Deux propriétés ont coûté 33 000 fr.; trouver la valeur de chacune, sachant que le $^1/_3$ et le $^1/_4$ du prix de la première égalent les $^7/_{10}$ du prix de la deuxième.

487. Trouver deux nombres consécutifs tels que leur somme soit égale aux $^2/_3$ du premier, augmentés des $^{117}/_{88}$ du second.

488. Partager le nombre 200 en deux parties telles qu'en divisant la première par 16 et la deuxième par 10, la différence des quotients soit 6.

489. Partager le nombre m en deux parties telles que la première divisée par a, moins la deuxième divisée par b, donne d.

490. Le quotient de deux nombres est 4, et le reste de leur division 60 : trouver ces deux nombres, sachant que leur différence est 495.

491. Trouver un nombre qui, divisé successivement par 5, donne 1 pour reste, par 6 donne 2 pour reste, par 7 donne 5 pour reste, et dont la somme des quotients égale la $1/2$ du nombre diminué de 2.

492. Quel nombre faut-il ajouter aux deux termes de la fraction $^{23}/_{40}$ pour qu'elle devienne égale à $2/3$?

493. De quelle quantité augmente ou diminue une fraction $\dfrac{a}{b}$ lorsqu'on ajoute c à ses deux termes ? — Discussion.

494. Trouver une proportion dont les quatre termes surpassent également les nombres 11, 6, 8 et 4.

495. Trouver un nombre tel qu'en lui ajoutant successivement les nombres a et b, la différence des carrés des deux nombres résultants soit égale à c.

496. La somme des quatre termes d'une proportion est 65 ; chacun des trois derniers termes est les $2/3$ du précédent : trouver cette proportion.

497. Un père a 27 ans, son fils 3 ; dans combien de temps l'âge du fils sera-t-il le $1/4$ de celui du père ?

498. Un père a 40 ans, son fils en a 12 ; combien y a-t-il d'années que l'âge du père était 5 fois celui du fils ?

499. L'âge d'une personne est double de celui d'une autre ; il y a 7 ans, la somme des âges des deux personnes était égale à l'âge actuel de la première : quels sont actuellement les âges de ces deux personnes ?

500. Un père disait à son fils : Aujourd'hui ton âge est le $1/5$ du mien ; il y a 5 ans, il n'en était que le $1/9$, quel âge avons-nous ?

501. Les âges de deux personnes sont respectivement a et b ; dans combien de temps le rapport de leurs âges sera-t-il égal à $\dfrac{m}{n}$? — Discussion.

502. Un enfant est né en novembre, et au 10 décembre il a un âge égal au nombre de jours écoulés du 1er novembre au jour de sa naissance : trouver la date de la naissance de cet enfant.

503. Quelle est la date du mois de mars pour laquelle la fraction écoulée du mois est la même que la fraction écoulée de l'année : 1° pour une année ordinaire, 2° pour une année bissextile ?

504. Un marchand achète du vin à 30 fr. l'hectolitre ; il le revend la $1/2$ à 35 fr., le $1/3$ à 29 fr., et le reste à 32 fr. Il réalise un bénéfice de 1 815 fr. : combien a-t-il acheté d'hectolitres ?

505. On a 100 litres de vin à 0 fr. 45 le litre ; combien faut-il y ajouter de vin à 0 fr. 60 le litre pour que le mélange revienne à 0 fr. 50 ?

506. On a 360 gr. d'argent au titre de 0,820 ; combien faut-il y ajouter de grammes d'un second lingot au titre de 0,500 pour que l'alliage descende au titre de 0,700 ?

507. Un alliage d'or et de cuivre du poids de 128 gr. est au titre de 0,915 ; combien faut-il y ajouter de cuivre pour abaisser le titre à 0,840 ? On calculera le poids à $1/2$ milligr. près.

508. On demande dans quelle proportion il faut mélanger du vin à 0 fr. 80 avec du vin à 0 fr. 50 le litre, si l'on veut obtenir du vin à 0 fr. 60 le litre.

509. Deux vases de capacités v et v' sont remplis le premier de vin et le second

d'eau. On demande le nombre de litres qu'il faut transporter simultanément de chaque vase dans l'autre pour que les mélanges soient identiques. — Application : $v = 30$; $v' = 20$.

510. Un marchand a du vin à 0 fr. 50 le litre : il y verse de l'eau de telle sorte que 75 litres de mélange ne valent que 33 fr. 75 : quelle est la quantité d'eau contenue dans un litre de mélange ?

511. 40 kg. d'eau salée contiennent 3 kg. 4 de sel : quel poids d'eau pure faut-il ajouter pour que 40 kg. du nouveau mélange ne contiennent que 2 kg. de sel ?

512. Un tonneau contient 120 litres de vin et 180 litres d'eau ; un second tonneau contient 90 litres de vin et 30 litres d'eau : combien de litres faut-il prendre de chacun des tonneaux pour composer un mélange qui contienne 70 litres de vin et 70 litres d'eau ?

513. Deux trains partent en même temps l'un de Paris, l'autre de Dijon, en se dirigeant sur Marseille ; le premier fait 60 km. à l'heure, le deuxième en fait 35 : à quelle distance de Dijon se croiseront-ils, sachant que Dijon est à 315 km. de Paris ?

514. Deux voyageurs partent en même temps l'un de Lyon, l'autre de Saint-Étienne ; ils vont à la rencontre l'un de l'autre et font, le premier 5 km. à l'heure, le second 5 km. $^1/_2$: à quelle distance de Lyon se rencontreront-ils ? Ces deux villes sont distantes de 60 km.

515. Une personne voyage en faisant 7 lieues en 5 heures ; 8 heures après, une autre personne part de la même ville, faisant 5 lieues en 3 heures : combien de lieues parcourra la première avant d'être atteinte par la seconde ?

516. D'une certaine ville part un courrier qui fait 28 km. en 5 heures ; d'une autre ville située à 32 km. en arrière de la première, part 8 heures après, dans la même direction, un second courrier qui fait 20 km. en 3 heures : quand et où le premier courrier sera-t-il atteint par le second ?

517. Un convoi part à 8 heures 20 minutes pour faire un trajet de 471 km. qu'il effectue en 16 heures 40 minutes : quelle vitesse doit avoir un second convoi qui part 1 heure 20 minutes après le premier, pour l'atteindre à 356 km. du point de départ ?

518. Deux courriers A et B vont dans le même sens et sont à une distance d l'un de l'autre ; A va n fois plus vite que B : on demande le chemin qu'il doit parcourir pour l'atteindre.

519. Un renard poursuivi par un lévrier a 50 sauts d'avance ; il en fait 4 pendant que le lévrier en fait 3 ; mais 2 sauts du lévrier en valent 3 du renard : combien de sauts devra faire le lévrier pour atteindre le renard ?

520. Une horloge marque midi : à quelle heure l'aiguille des minutes rencontrera-t-elle celle des heures ? A quel instant se fait la rencontre comprise entre 2 heures et 3 heures ?

521. Il est 3 heures : à quelle heure les aiguilles seront-elles sur le prolongement l'une de l'autre ?

522. Une montre a trois aiguilles ; elle marque midi. On demande à quelle heure : 1° l'aiguille des secondes rencontrera celle des heures ; 2° l'aiguille des secondes rencontrera celle des minutes ; 3° l'aiguille des secondes sera bissectrice de l'angle formé par les deux autres.

523. Un maître propose 16 problèmes à un élève et lui promet 5 points pour chacun des problèmes qu'il réussira, à condition que l'élève lui donnera 3 points pour chacun de ceux qu'il ne réussira pas. Or il arrive que le maître et l'élève ne se doivent rien : combien l'élève a-t-il réussi de problèmes ?

524. A un jeu de tir on a 25 coups à tirer. On paye 0 fr. 40 par coup manqué, et on reçoit 1 fr. par coup heureux. Si le tireur doit 10 fr. au maître du tir, combien a-t-il eu de coups heureux?

525. Un légiste entre dans l'étude d'un notaire; on lui promet pour 5 ans de travail 2600 fr. et la remise d'une créance. Au bout de 3 ans 3 mois, le légiste quitte l'étude et reçoit avec sa créance 850 fr. : à combien se montait cette créance?

526. Un banquier escompte deux billets, l'un de 8000 fr. payable dans 10 mois, l'autre de 5000 payable dans 6 mois; il retient 187 fr. 50 de plus pour le premier que pour le second : trouver le taux de l'escompte qui est le même pour les deux billets.

527. Deux sommes sont payables, la première dans un an; la seconde, qui surpasse la première de 45000 fr., dans 18 mois; en payant comptant, on obtient un escompte de 4.5 p. $^0/_0$ par an; on demande la valeur de chaque somme, la diminution totale étant de 4108 fr. 50.

528. Une personne possède une certaine somme qu'elle partage en deux parties égales, et place l'une à 5 p. $^0/_0$, l'autre à 4 $^1/_2$ p. $^0/_0$; celle qui est placée à 5 p. $^0/_0$ donne annuellement 60 fr. d'intérêt de plus que l'autre : quelle est la somme?

529. Une personne qui a 120000 fr. emploie une partie de cette somme à faire l'acquisition d'une maison : elle place le tiers du reste à 4 p. $^0/_0$, et les deux autres tiers à 5 p. $^0/_0$. De cette manière, son revenu est de 3920 fr. On veut connaître le prix de la maison et chacune des sommes placées.

530. Une personne fait de son capital trois parts : la première est placée à 4$^1/_2$ p. $^0/_0$ pendant 3 ans 8 mois; la deuxième, qui est double de la première, a été placée à 5 p. $^0/_0$ pendant 3 ans 6 mois; enfin la troisième, qui est triple de la seconde, a été placée à 4 p. $^0/_0$ pendant 3 ans 9 mois; les intérêts réunis de ces divers capitaux se sont élevés à 14150 fr. : calculer les trois parts et le capital.

531. Une personne doit payer une certaine somme à cinq mois d'échéance; on lui permet de payer cette somme en quatre payements égaux : quel intervalle doit s'écouler entre deux payements consécutifs?

532. La différence de deux capitaux est a; le plus grand est placé à t p. $^0/_0$, l'autre à t' p. $^0/_0$; ces deux capitaux donnent le même intérêt : trouver le plus petit capital. — Discuter.

533. En vendant une marchandise a fr., on gagne m p. $^0/_0$; combien p. $^0/_0$ gagnerait-on si la marchandise était vendue b fr.?

534. Une personne dépense les $^3/_5$ de ce qu'elle a moins 4 fr., puis le $^1/_4$ du reste plus 3 fr., puis les $^2/_5$ du nouveau reste plus 1 fr. 20. Elle a encore 24 fr. Quelle somme avait-elle?

535. Un marchand augmente chaque année sa fortune du tiers de sa valeur, et à la fin de chaque année il prélève 1000 fr. pour sa dépense; à la fin de la troisième sa fortune est doublée : combien avait-il d'abord?

536. Un marchand, à la fin d'une première année de commerce, trouve qu'il aurait doublé son capital s'il avait gagné 1500 fr. de plus; il lui arrive la même chose à la fin de la deuxième et de la troisième année; il possède alors un capital qui est les $^{11}/_4$ du capital primitif : quels sont les bénéfices de chaque année?

537. Un marchand vend la moitié de ses oranges plus la moitié d'une orange; une seconde fois, il vend la moitié du reste plus $^1/_2$ orange, et ainsi de suite; après trois ventes, il ne lui reste rien : combien avait-il d'oranges?

538. Un marchand vend $\frac{1}{a}$ de ses oranges plus $\frac{1}{a}$ d'une orange ; une seconde fois, il vend $\frac{1}{a}$ du reste plus $\frac{1}{a}$ d'une orange, et ainsi de suite : on demande d'exprimer le nombre d'oranges du n^e reste.

539. Pour un achat j'ai dépensé $^1/_5$ de ce que j'avais plus 6 fr. ; pour un deuxième achat j'ai dépensé les $^4/_5$ du reste moins 4 fr. ; pour un troisième, les $^3/_7$ du reste moins 5 fr. ; pour un quatrième, les $^4/_9$ du reste plus 10 fr. Il me reste encore $^1/_8$ de ce que j'avais. Combien avais-je ?

540. Un père laisse en héritage à ses enfants une somme qu'ils doivent se partager comme il suit : l'aîné aura 1 000 fr. plus $^1/_{10}$ du reste ; le deuxième, 2 000 fr. plus $^1/_{10}$ du reste ; le troisième, 3 000 fr. plus $^1/_{10}$ du reste, et ainsi de suite. Le partage fait, chacun des enfants a la même somme. Quel est l'héritage et le nombre d'enfants ?

§ VI. — Problèmes à plusieurs inconnues.

541. A la veille d'une bataille, les effectifs de deux armées étaient entre eux comme 5 à 6 ; la première perd 14 000 hommes, et la seconde 6 000 ; le rapport est alors de 2 à 3 ; trouver de combien d'hommes chaque armée était composée.

542. On a du blé ancien à 18 fr. l'hectol. et du nouveau à 13 fr. : dans quelle proportion faut-il les mélanger pour avoir 167 hectol. $^2/_3$ à 16 fr. l'hectol. ?

543. Un marchand a du vin de deux qualités ; quand il les mélange dans le rapport de 4 à 5, l'hectolitre vaut 50 fr. ; quand il les mélange dans le rapport de 3 à 2, l'hectolitre ne vaut plus que 48 fr. 60 : quel est le prix de l'hectolitre de chaque qualité ?

544. Un lingot composé d'or et d'argent pèse 1 320 gr. : quel est le poids de chacun des deux métaux, sachant que le prix de l'argent contenu dans le lingot est le même que celui de l'or ? On sait qu'à poids égal l'or vaut 15 fois $^1/_2$ plus que l'argent.

545. On a deux lingots de même poids et de titres différents ; si l'on fond le premier lingot avec le $^1/_4$ du second, on obtient un alliage au titre de 0,936, et si l'on fond le premier lingot avec la moitié du second, on obtient un alliage au titre de 0,920 : on demande le titre de chaque lingot.

546. Déterminer le volume de deux liquides dont la densité pour l'un est 1,3 et pour l'autre 0,7, sachant que si on les mélange, le volume égale 3 litres et la densité 0,9.

547. L'échantillon d'un vin pesait $^1/_{30}$ de moins que l'eau ; j'en ai reçu 500 litres dans un fût qui, vide, pesait 32 kgr., et qui, rempli du vin envoyé, pèse 523 kgr. : on demande si on y a mêlé de l'eau, et dans quelle proportion.

548. On a du froment de deux qualités ; quand on mêle a mesures de la première avec b mesures de la seconde, la mesure du mélange vaut d fr., et quand on mêle b mesures de la première avec a mesures de la seconde, la mesure vaut d' fr. : trouver le prix de chaque qualité de froment.

549. Deux ouvriers travaillent ensemble ; le premier gagne par jour $^1/_3$ de plus que le second. Au bout d'un certain temps, le premier, qui a travaillé 5 jours de plus que le second, a reçu 100 fr., tandis que l'autre a reçu 60 fr. : combien chacun gagne-t-il par jour ?

550. Un enfant dit à son camarade : Donne-moi 5 de tes billes, et nous en aurons autant l'un que l'autre ; celui-ci répond : Donne-m'en 10 des tiennes, et j'en aurai deux fois plus qu'il ne t'en restera : combien chacun avait-il de billes ?

551. Il y a 18 ans, l'âge d'une personne était le double de celui d'une autre personne ; dans 9 ans, l'âge de la première ne sera plus que les $5/4$ de celui de la seconde : quel est leur âge actuel ?

552. Pierre dit à Simon : J'ai deux fois l'âge que vous aviez quand j'avais l'âge que vous avez, et quand vous aurez l'âge que j'ai, la somme des deux âges égalera 63 ans : quels sont leurs âges ?

553. Une dame achète dans un magasin 10 mètres de velours et 12 mètres de soie. Le montant net de la facture est 347 fr. 90, après déduction d'un escompte de 2 p. $\%$ sur le prix des marchandises. Au bout de quelque temps elle achète 4 mètres de velours et 6 mètres de soie, et, par suite d'un escompte de 4 p. $\%$ qu'on lui fait, elle ne paye que 146 fr. 40 : quel est le prix du mètre de chaque espèce ?

554. Un nombre est formé de deux chiffres dont la somme des valeurs absolues est 9. Quand on le renverse, on obtient un second nombre qui surpasse de 9 le quadruple du premier : quel est ce nombre ?

555. Le chiffre des dizaines d'un nombre est les $2/3$ du chiffre de ses unités ; le nombre renversé surpasse de 18 le nombre primitif : quel est ce nombre ?

556. Le chiffre des centaines d'un nombre de trois chiffres vaut les $3/5$ du chiffre des unités, et le chiffre des dizaines est la $1/2$ de la somme des deux autres. Trouver ce nombre, sachant qu'en lui ajoutant 198, on obtient le nombre renversé.

557. Déterminer un nombre compris entre 400 et 500, sachant que la somme de ses chiffres est 9, et que le nombre renversé n'est plus que les $36/47$ du nombre primitif.

558. Newton naquit au XVIIe siècle et mourut au XVIIIe. On demande l'année de sa naissance et celle de sa mort, sachant que le nombre formé par les deux derniers chiffres de l'époque de sa naissance, augmenté de 12, est le double du nombre formé par les deux derniers chiffres de l'époque de sa mort, et ce dernier nombre de deux chiffres augmenté d'une unité est les $2/3$ du premier.

559. La date de l'invention de l'imprimerie par Gutenberg est exprimée par un nombre de quatre chiffres : trouver ce nombre, sachant que la somme de ses chiffres est 14, le chiffre des dizaines est moitié de celui des unités, le chiffre des centaines est égal à la somme du chiffre des dizaines et de celui des mille ; si on ajoute 4 905 à ce nombre, on obtient le nombre renversé.

560. Les deux chiffres dont se compose un nombre sont entre eux comme m est à n ; si l'on ajoute a à ce nombre, on obtient le nombre renversé ; trouver les deux chiffres du nombre.

561. Partager 8 600 fr. entre trois personnes, de manière que la part de la première soit à celle de la deuxième comme 2 est à 3, et que celle de la deuxième soit à celle de la troisième comme 5 est à 6.

562. Déterminer 4 nombres, sachant que leurs sommes trois à trois sont respectivement 9, 10, 11 et 12.

563. Trouver deux nombres tels que leur différence, leur produit et leur quotient soient égaux entre eux.

564. La somme, la différence et le produit de deux nombres sont entre eux comme 5, 3 et 16 : quels sont ces deux nombres ?

565. La somme, la différence et le produit de deux nombres sont entre eux comme m, n et p : quels sont ces deux nombres ?

566. Trouver deux nombres dont la somme égale m fois et le produit n fois la différence.

567. Un bassin peut être rempli par les conduits A et B en 70 minutes, par les conduits A et C en 84 minutes, et par les conduits B et C en 140 minutes : dans combien de temps le bassin peut-il être rempli par chacun des conduits coulant seul et par les trois conduits ensemble ?

568. On a trois lingots composés comme il suit :

le 1er de 20 gr. d'or, de 30 gr. d'argent et de 40 gr. de cuivre,

le 2e de 30	—	40	—	50	—
le 3e de 40	—	50	—	90	—

On demande quel poids il faudra prendre de chacun de ces lingots pour en former un autre qui contienne 34 gr. d'or, 46 gr. d'argent et 67 gr. de cuivre.

569. Hiéron de Syracuse fit faire une couronne d'or pesant 7465 gr. Pour connaître si l'orfèvre avait remplacé de l'or par de l'argent, Archimède plongea la couronne dans l'eau, où elle perdit 467 gr. de son poids. On sait que l'or perd dans l'eau $^{52}/_{1000}$ de son poids, et l'argent $^{95}/_{1000}$. Combien y avait-il d'or et d'argent dans la couronne ?

570. Trois frères ont acheté une vigne pour 100 louis. Le cadet dit qu'il pourrait la payer seul si le troisième lui donnait la moitié de son argent ; le plus jeune dit qu'il la payerait seul si l'aîné lui donnait le tiers seulement de son argent ; enfin l'aîné ne demande que le quart de l'argent du cadet pour payer seul la vigne. Combien chacun avait-il d'argent ?

§ VII. — Problèmes de géométrie.

571. Les côtés d'un triangle ABC ont pour longueurs : AB $= 18^m$, AC $= 27^m$, et BC $= 36^m$; on mène à ce dernier côté les parallèles MM$' = x'$ et NN$' = y'$ qui déterminent sur AB des segments AM $= 8^m$, MN $= 6^m$. Calculer les trois segments AM$' = x$, M$'$N$' = y$, N$'$C $= z$, et la longueur des deux parallèles.

572. Calculer les côtés d'un rectangle, sachant que si l'on augmente la largeur de 3^m et si l'on diminue d'autant la longueur, la surface ne change pas ; mais si, augmentant la largeur de 5^m, on diminue la longueur de 3^m, la surface augmente de 16 mètres carrés.

573. On donne un rectangle dont les côtés sont 30^m et 20^m ; trouver les dimensions d'un second rectangle semblable au premier et dont le périmètre soit 300 mètres.

574. On donne un rectangle dont les côtés sont a et b ; trouver les côtés x et y d'un rectangle semblable ayant d mètres de différence entre ses deux dimensions.

575. Trouver les dimensions d'un rectangle dont la diagonale a 75^m, sachant qu'il est semblable à un second rectangle dont les côtés sont 36 et 48 mètres.

576. Les trois côtés d'un triangle rectangle sont entre eux comme les nombres 3, 4 et 5 ; on demande la longueur de ces côtés, sachant que la surface du triangle vaut 24 mètres carrés.

577. Les côtés de deux hexagones réguliers sont $a = 15^m$ et $a' = 9^m$; quel est le côté de l'hexagone régulier dont la surface égale la différence des deux autres ?

578. Les côtés de trois octogones réguliers sont : $a = 3^m$, $a' = 6^m$, et $a'' = 9^m$; quel est le côté de l'octogone régulier dont la surface égale la somme des trois autres ?

579. Calculer les côtés d'un triangle dont les médianes sont a, b, c.

580. Trouver les trois côtés d'un triangle rectangle, sachant que le côté moyen est égal à la demi-somme des deux autres, et que le nombre qui exprime sa surface est le même que celui qui exprime son périmètre.

581. A quelle hauteur doit s'élever un aéronaute pour découvrir une zone de surface donnée S ?

582. Une chaudière cylindrique est terminée par deux hémisphères de même diamètre que la chaudière : sa capacité est de 12 hectolitres ; le rapport de l'axe du cylindre au rayon est 4. Trouver le rayon de la chaudière.

583. Dans une circonférence de rayon donné R, on a élevé une perpendiculaire CD sur le diamètre AB. Calculer $AD = x$ par la condition que la figure tournant autour du diamètre, le volume du segment sphérique engendré par AMCD soit au volume engendré par le segment de cercle AMC dans un rapport donné m.

584. Les données étant les mêmes que dans le problème précédent, calculer $AD = x$ par la condition que le volume engendré par le triangle ACD soit au volume engendré par le segment de cercle AMC dans un rapport donné m.

585. On a porté sur une droite des longueurs successives $AO = a$ et $OB = b$. Trouver sur la droite AB un point M tel que si l'on prend le milieu I de BM, puis le tiers de AI à partir de A, on retrouve le point O. Calculer la distance $OM = x$.

586. On donne les trois côtés a, b, c d'un triangle ABC ; on trace les bissectrices AD, AD' de l'angle intérieur et de l'angle extérieur A. Calculer les distances des points D et D' aux points B et C, et la distance DD'.

587. On donne les trois côtés a, b, c d'un triangle ABC, et l'on veut construire sur ces côtés trois rectangles semblables, tels que le rectangle construit sur le côté a surpasse d'une quantité m^2 la somme des deux autres. Calculer les hauteurs des trois rectangles.

588. On donne la base b et la hauteur h d'un triangle ; calculer les côtés des carrés inscrits à ce triangle ayant un côté appliqué successivement sur chacun des côtés du triangle pris pour base. Démontrer que le plus grand carré repose sur le plus petit côté.

589. Deux des côtés d'un triangle ont pour longueur a et b ; trouver sur le premier un point tel qu'en menant une parallèle au second, sa longueur soit l. Entre quelles limites varie l ?

590. Les bases d'un trapèze sont a et b et sa hauteur h ; trouver la hauteur du triangle formé en prolongeant les côtés non parallèles, le triangle ayant pour base la base inférieure du trapèze. — Discussion.

591. Dans un triangle ABC, on prend un point M sur la base BC, et de ce point on mène des parallèles ME, MF aux deux autres côtés. A quelle distance du point B faut-il placer le point M pour que la somme ME + MF égale une longueur donnée l ?

592. On donne les deux bases d'un trapèze, $AB = a$, $CD = b$, ainsi que l'un des côtés non parallèles $AC = c$; on demande à quelle distance du point A se rencontrent les côtés non parallèles.

593. Dans un triangle dont les côtés sont a, b et c, mener une parallèle à la base b, telle que le trapèze formé ait un périmètre $2p$. — Discussion.

594. Étant données deux circonférences de rayons R et r, trouver un point tel que les tangentes menées de ce point aux deux circonférences soient égales, la distance des centres étant d. — Lieu de ces points. — Discussion.

595. On donne un cercle de centre O et de rayon R, une droite MN et un

point A sur cette droite ; calculer le rayon x d'un cercle tangent au cercle O et à la droite MN au point A. On prendra OB $= d$ pour distance du centre O à la droite et AB $= a$. — Discussion.

§ VIII. — Exercices sur les inégalités.

596. Résoudre l'inégalité

$$\frac{5x}{7} - \frac{13}{21} + \frac{x}{15} < \frac{9}{25} - \frac{2x}{35}.$$

597. Trouver les valeurs entières de x qui vérifient l'inégalité

$$3x - \frac{1}{4} > 20 - \frac{2x}{3}.$$

598. Trouver les valeurs de x, positives ou négatives, mais entières, qui vérifient l'inégalité $\quad \dfrac{2x}{5} - 23 < 2x - 16.$

599. Résoudre l'inégalité

$$\frac{mx+n}{a+b} - \frac{px+q}{a-b} < \frac{mx-n}{a-b} + \frac{px-q}{a+b}.$$

600. Trouver les valeurs de x, positives ou négatives, mais entières, qui vérifient simultanément les inégalités

$$6x + \frac{5}{7} > 4x + 7 \quad \text{et} \quad \frac{8x+3}{2} < 2x + 25.$$

601. Même question pour

$$15x - 2 > 2x + \frac{1}{3} \quad \text{et} \quad 2(x-4) < \frac{3x-14}{2}.$$

602. Entre quelles limites peut varier x pour satisfaire simultanément les inégalités $\quad 8x - 5 > \dfrac{15x-8}{2} \quad \text{et} \quad 2(2x-3) > 5x - \dfrac{3}{4} ?$

603. Même question pour

$$\frac{4x-5}{7} < x + 3 \quad \text{et} \quad \frac{3x+8}{4} > 2x - 5.$$

604. Vérifier que l'on a toujours :

$$a^2 + b^2 \geqq 2ab.$$

605. Vérifier que l'on a toujours :

$$\frac{a}{b} + \frac{b}{a} > 2.$$

606. Vérifier que la moyenne arithmétique de deux nombres a et b est plus grande que leur moyenne géométrique.

607. Vérifier que l'on a :

$$ab(a+b) + bc(b+c) + ac(a+c) > 6\,abc.$$

608. Vérifier l'inégalité

$$3(1 + a^2 + a^4) > (1 + a + a^2)^2.$$

609. Vérifier l'inégalité

$$a^2 + b^2 + c^2 > ab + ac + bc.$$

610. Démontrer que si l'on a :

$$\frac{a}{b} < \frac{a'}{b'} < \frac{a''}{b''},$$

on a aussi :

$$\frac{a}{b} < \frac{a+a'+a''}{b+b'+b''} < \frac{a''}{b''}.$$

TROISIÈME LIVRE

ÉQUATIONS DU SECOND DEGRÉ

§ I. — Équations à une inconnue.

611. $x^2 - 6x + 8 = 0.$

612. $x^2 - 4x - 21 = 0.$

613. $x^2 + 8x + 12 = 0.$

614. $x^2 - 10x + 25 = 0.$

615. $x^2 + 6x + 9 = 0.$

616. $x^2 - 7x + 6 = 0.$

617. $x^2 - 9x + 18 = 0.$

618. $x^2 - 7x - 18 = 0.$

619. $x^2 + 3x - 28 = 0.$

620. $x^2 - 11x + 10 = 0.$

621. $x^2 - 4x + 7 = 0.$

622. $x^2 - 2x + 6 = 0.$

623. $3x^2 - 9x + 6 = 0.$

624. $3x^2 - 15x + 18 = 0.$

625. $3x^2 + 15x + 18 = 0.$

626. $3x^2 - 21x + 36 = 0.$

627. $5x^2 - 15x - 50 = 0.$

628. $5x^2 + 15x - 50 = 0.$

629. $7x^2 + 21x - 28 = 0.$

630. $2x^2 - 16x + 30 = 0.$

631. $4x^2 - 8x - 12 = 0.$

632. $2x^2 + 8x + 6 = 0.$

633. $2x^2 + 10x + 12 = 0.$

634. $2x^2 - 12x - 14 = 0.$

635. $3x^2 + 24x + 21 = 0.$

636. $(x + 2)(x + 3) = 6.$

637. $25x(x + 1) = -4.$

638. $2x(4x - 2) = 4.$

639. $(x - 15)(x + 15) = 400.$

640. $4(x^2 - 1) = 4x - 1.$

641. $(2x - 3)^2 = 8x.$

642. $\dfrac{9}{x} - \dfrac{x}{3} = 2.$

643. $x + \dfrac{1}{x - 3} = 5.$

644. $\dfrac{x}{7} + \dfrac{21}{x + 5} = \dfrac{47}{7}.$

645. $\dfrac{x}{x + 1} + \dfrac{x}{x + 4} = 1.$

646. $\dfrac{2x}{x + 2} + \dfrac{x + 2}{2x} = 2.$

647. $\dfrac{2x - 1}{x + 1} = \dfrac{x + 1}{x - 2}.$

648. $\dfrac{x + 1}{x} + 1 = \dfrac{x}{x - 1}.$

649. $x + 2 - \dfrac{6}{x + 2} = 1.$

650. $x + \dfrac{24}{x - 1} = 3x - 4.$

651. $\dfrac{15}{x} - \dfrac{72 - 6x}{2x^2} = 2.$

652. $3x^2 = \dfrac{2}{5}\left(x + \dfrac{4}{5}\right) + 2x^2.$

653. $\dfrac{8}{x + 6} + \dfrac{12 - x}{x - 6} = 1.$

654. $\dfrac{x + 8}{x - 8} - 2 = \dfrac{24}{x - 4}.$

655. $\dfrac{x + 5}{x - 5} + \dfrac{x - 5}{x + 5} = \dfrac{10}{3}.$

656. $\dfrac{7}{x - 2} + \dfrac{8}{x - 5} = 3.$

657. $\dfrac{5x + 4}{5x - 4} + \dfrac{5x - 4}{5x + 4} = \dfrac{13}{6}.$

658. $\dfrac{x + 1}{x + 2} + \dfrac{x - 1}{x - 2} = \dfrac{2x + 1}{x + 1}$

659. $\dfrac{x + 1}{x - 1} + \dfrac{x + 2}{x - 2} = \dfrac{2x + 13}{x + 1}.$

660. $\dfrac{x}{x - 6} - \dfrac{1}{2} = \dfrac{x}{6} + \dfrac{x + 6}{6 - x}.$

Résoudre les équations littérales suivantes

661. $\qquad a^2 - (a + b)x + ab = 0.$

662. $\qquad x^2 - 2ax + a^2 - b^2 = 0.$

663. $\qquad abx^2 - (a^2 + b^2)x + ab = 0.$

664 $\qquad c^2x^2 + (ac - bc)x - ab = 0.$

665. $\qquad x^2 - 4bx + 4b^2 - a^2 = 0.$

666. $\qquad x^2 - 2a^2bx + a^4b^2 - a^2b^4 = 0.$

667. $\qquad a^2x^2 - 2a^3x + a^4 - 1 = 0.$

668. $\qquad x^2 - 2acx + a^2(c^2 - b^2) = 0.$

669. $\qquad abcx^2 - (a^2b^2 + c^2)x + abc = 0.$

670. $\qquad x^2 - 6acx + a^2(9c^2 - 4b^2) = 0.$

671. $\qquad 12abx^2 - (16a^2 - 9b^2)x - 12ab = 0.$

672. $\qquad (a^2 - b^2)x^2 - 2a^2bx + a^2b^2 = 0.$

673. $\qquad c^2x^2 - 2acx + a^2 - b^2 = 0.$

674. $\qquad d^2x^2 - 4abdx + 4a^2b^2 - 9c^2 = 0.$

675. $\qquad x^2 - 2(a^2 + b^2)x + (a^2 - b^2)^2 = 0.$

676. $\qquad (a^2 - b^2)x^2 - 2(a^2 + b^2)x + a^2 - b^2 = 0.$

677. $\qquad \dfrac{x}{a} \pm \dfrac{a}{x} = \dfrac{b}{x} \mp \dfrac{x}{b} \, .$

678. $\qquad \dfrac{(a - x)(x - b)}{(a - x) - (x - b)} = x.$

679. $\qquad 4a^2x = (a^2 - b^2 + x)^2.$

680. $\qquad \dfrac{x - a}{a} = \dfrac{2a}{x - a} \, .$

681. $\qquad \dfrac{1}{x - a} + \dfrac{1}{x - b} - \dfrac{1}{x - c} = 0.$

682. $\qquad \dfrac{(a - x)^2 - (x - b)^2}{(a - x)(x - b)} = \dfrac{4ab}{a^2 - b^2} \, .$

683. $\qquad \dfrac{x^2}{(m + n)^2} - \dfrac{4mnx}{(m + n)^2} - (m - n)^2 = 0.$

684. $\qquad \dfrac{x^2 + x + 1}{x^2 - x + 1} = \dfrac{3a^2 + b^2}{a^2 + 3b^2} \, .$

685. $\qquad \dfrac{\dfrac{a + x}{a - x} + \dfrac{a - x}{a + x}}{1 - \dfrac{a - x}{a + x}} = a - 1.$

§ II. — Équations irrationnelles.

686. Résoudre : $\qquad \sqrt{x + 4} = 7.$

687. Résoudre : $\qquad \sqrt{36 + x} = 2 + \sqrt{x} \, .$

688. Résoudre : $\qquad x + \sqrt{25 - x^2} = 7.$

689. Résoudre : $\qquad x - \sqrt{25 - x^2} = 1.$

690. Résoudre : $\quad x - \sqrt{169 - x^2} = 17.$

691. Résoudre : $\quad x + \sqrt{5x + 10} = 8.$

692. Résoudre : $\quad x + \sqrt{10x + 6} = 0.$

693. Résoudre : $\quad 4x + 2\sqrt{5 - 4x} = 5.$

694. Résoudre : $\quad \sqrt{1 + \sqrt{x^4 - x^2}} = x - 1.$

695. Résoudre : $\quad \sqrt{2 + \sqrt{x - 5}} = \sqrt{13 - x}.$

696. Résoudre : $\quad 3x + \sqrt{6x + 10} = 35.$

697. Résoudre : $\quad \sqrt{x + 6} + \sqrt{x + 1} = \sqrt{7x + 4}.$

698. Résoudre : $\quad \sqrt{x + 7} + \sqrt{x - 5} = \sqrt{2x + 18}.$

699. Résoudre : $\quad \sqrt{x + 5} + \sqrt{2x + 8} = 7.$

700. Résoudre : $\quad \dfrac{\sqrt{4x + 20}}{4 + \sqrt{x}} = \dfrac{4 - \sqrt{x}}{\sqrt{x}}.$

701. Résoudre : $\quad \sqrt{5a + x} + \sqrt{5a - x} = \dfrac{12a}{\sqrt{5a + x}}.$

702. Résoudre : $\quad \sqrt{2x + 1} + 2\sqrt{x} = \dfrac{21}{\sqrt{2x + 1}}.$

703. Résoudre : $\quad x\sqrt{\dfrac{a}{x} - 1} = \sqrt{x^2 - b^2}.$

704. Résoudre : $\quad \dfrac{2}{x + \sqrt{2 - x^2}} + \dfrac{2}{x - \sqrt{2 - x^2}} = x.$

705. Résoudre : $\quad \sqrt{a^2 + x\sqrt{b^2 + x^2 - a^2}} = x - a.$

706. Résoudre : $\quad \sqrt{3 + \sqrt{x}} + \sqrt{4 - \sqrt{x}} = \sqrt{7 + 2\sqrt{x}}.$

707. Résoudre : $\quad \dfrac{1}{\sqrt{2 + x} - \sqrt{2 - x}} + \dfrac{1}{\sqrt{2 + x} + \sqrt{2 - x}} = 1.$

708. Résoudre : $\quad \dfrac{\sqrt{a + x} + \sqrt{a - x}}{\sqrt{a + x} - \sqrt{a - x}} = \sqrt{b}.$

709. Résoudre : $\quad (2 + x)^{-\frac{1}{2}} + x^{\frac{1}{2}} = 4(2 + x)^{-\frac{1}{2}}.$

710. Résoudre : $\quad 2x + 2\sqrt{a^2 + x^2} = \dfrac{5a^2}{\sqrt{a^2 + x^2}}.$

§ III. — Exercices sur les propriétés des racines.

711. Dans les équations suivantes, indiquer, sans résoudre, quelle est la nature des racines ; dire leurs signes, leur somme et leur produit :

1° $\quad x^2 + 8x + 12 = 0,$ $\qquad$ 4° $\quad 3x^2 - 6x + 12 = 0,$

2° $\quad 5x^2 - 15x - 50 = 0,$ $\qquad$ 5° $\quad 9x^2 + 12x + 4 = 0,$

3° $\quad 7x^2 - 14x + 7 = 0.$ $\qquad$ 6° $\quad 5x^2 - 15x = 0.$

712. Dans les équations du problème précédent, calculer, sans résoudre, la différence des racines.

713. Quelle relation doit exister entre a, b et c, pour que la différence des racines de l'équation $ax^2 + bx + c = 0$ soit égale à l'unité?

714. Former une équation du second degré, à coefficients réels et entiers, ayant pour racines :

1° 7 et -3,

2° 3 et $\dfrac{1}{2}$,

3° $a+b$ et $a-b$,

4° $a+b$ et $\dfrac{1}{a+b}$,

5° $\dfrac{1}{a+b}$ et $\dfrac{1}{a-b}$,

6° $\dfrac{a+b}{a-b}$ et $\dfrac{a-b}{a+b}$,

7° $3+\sqrt{2}$ et $3-\sqrt{2}$,

8° $4+\dfrac{2}{\sqrt{5}}$ et $4-\dfrac{2}{\sqrt{5}}$,

9° $a+\sqrt{b}$ et $a-\sqrt{b}$,

10° $a+b\sqrt{-1}$ et $a-b\sqrt{-1}$.

715. Trouver deux nombres ayant :

1° pour somme 18 et pour produit 45,

2° id. 14 id. 49,

3° id. 4 id. -12,

4° id. -10 id. 16,

5° id. 4 id. 6.

716. Décomposer en facteurs les trinômes :

1° $x^2-9x+18$,

2° $x^2+3x-28$,

3° $3x^2-21x+36$,

4° $2x^2-12x+18$,

5° $2x^2-3x-2$.

717. Simplifier les fractions suivantes :

1° $\dfrac{x^2-5x+6}{x^2-7x+10}$,

2° $\dfrac{x^2+4x+3}{x^4-4x-5}$,

3° $\dfrac{x^2+10x+21}{2x^2+12x+18}$,

4° $\dfrac{2x^2-2x-12}{x^2+x-12}$,

5° $\dfrac{x^2-6x+5}{3x^2+6x-9}$.

718. Dans l'équation $x^2-7x+q=0$, déterminer q de manière que l'une des racines soit :

1° égale à 3,

2° id. -3,

3° égale à $\dfrac{4}{5}$,

4° id. zéro.

719. Dans l'équation $x^2-px+36=0$, déterminer p de manière que l'on ait :

1° $x'=x''$,

2° $x'=-x''$,

3° $x'=5+\sqrt{-11}$,

4° $\dfrac{1}{x'}+\dfrac{1}{x''}=\dfrac{5}{12}$.

720. Dans l'équation $x^2-8x+q=0$, déterminer q de manière que l'on ait :

1° $x'=x''$,

2° $x'=3x''$,

3° $x'=\dfrac{1}{x''}$,

4° $x'=-\dfrac{1}{x''}$,

5° $3x'-4x''=3$,

6° $x'^2+x''^2=40$.

721. Dans l'équation $(a-b)^2x^2+2(a^2-b^2)x+n=0$, déterminer n tel que les racines soient : 1° égales ; 2° inverses.

722. Quelles valeurs doit prendre c pour que l'équation $3x^2 - 10x + c = 0$ ait :

1° ses deux racines positives ;
2° une racine positive et une racine négative ;
3° une racine nulle ;
4° deux racines imaginaires ?

723. Dans l'équation $2x^2 - (m-1)x + m + 1 = 0$, quelles valeurs faut-il donner à m pour que les racines diffèrent de 1 ?

724. On donne l'équation $8x^2 - (m-1)x + m - 7 = 0$; quelles valeurs faut-il donner à m pour que les racines soient:

1° réelles et égales ;
2° égales et de signes contraires ;
3° inverses ;
4° l'une égale à zéro ?

725. Calculer la somme des puissances semblables des racines de l'équation $x^2 + px + q = 0$, sans la résoudre.

726. Calculer la somme des puissances semblables des inverses des racines de l'équation du second degré.

727. Déterminer m de manière que la somme des carrés des racines de l'équation $x^2 + (m-2)x - (m+3) = 0$ soit égale à un nombre donné k. Quel est le minimum de k? A quoi se réduisent alors les racines?

728. Quelle relation doit-il exister entre p et q pour que les racines de l'équation $x^2 + px + q = 0$ soient dans un rapport donné m ?

729. A quelle condition doivent satisfaire a, b, c pour que les racines de l'équation $ax^2 + bx + c = 0$ soient proportionnelles à deux nombres donnés m et n ?

730. Dans l'équation $x^2 + px + q = 0$, déterminer p et q de telle sorte que la différence des racines soit 4 et celle de leurs cubes 208, sans calculer les racines.

731. Former une équation du second degré dont les racines satisfassent aux relations suivantes :

$$x'x'' + x' + x'' - m = 0,$$
$$x'x'' - m(x' + x'') + 1 = 0.$$

732. A quelle relation doivent satisfaire les coefficients de l'équation
$$ax^2 + bx + c = 0 \qquad \text{pour que :}$$

1° la différence des carrés des racines égale un nombre donné m ?
2° m fois l'une plus n fois l'autre donne un nombre p ?

733. Étant donnée l'équation $ax^2 + bx + c = 0$, former une autre équation dont les racines soient :

1° égales et de signes contraires à celles de l'équation donnée ;
2° les inverses de celles de l'équation donnée ;
3° celles de l'équation donnée multipliées par m ;
4° celles de l'équation donnée augmentées de h ;
5° les carrés de celles de l'équation donnée ;
6° les inverses des carrés de celles de l'équation donnée.

734. L'équation $ax^2 + bx + c = 0$ a pour racines x' et x''; disposer de h de manière que l'équation qui aura pour racines $x' + h$ et $x'' + h$ soit dépourvue du terme en x.

735. Former une équation du second degré ayant pour racines la somme et le produit des racines de l'équation $ax^2 + bx + c = 0$.

21*

736. Si x' et x'' sont les racines de $ax^2 + bx + c = 0$, former une équation ayant pour racines $\dfrac{x'}{x''}$ et $\dfrac{x''}{x'}$.

737. Dans l'équation $x^2 + px + q = 0$, déterminer p et q de telle sorte que l'une des racines soit triple de l'autre et que la somme de leurs carrés oit 40.

738. On a les équations $x^2 - 7x + 12 = 0$ et $x^2 - 3x + q = 0$; déterminer q de manière que ces deux équations aient une racine commune.

739. Trouver les relations qui doivent exister entre les coefficients des équations $x^2 + px + q = 0$ et $x^2 + p'x + q' = 0$, pour qu'elles aient une racine commune.

740. Déterminer m et n de telle sorte que les deux équations :
$$(5m - 52)x^2 - (m - 4)x + 4 = 0,$$
$$(2n + 1)x^2 - 5nx + 20 = 0,$$
aient les mêmes racines.

§ IV. — Trinôme du second degré et Inégalités.

741. Pour quelles valeurs de x les trinômes suivants seront-ils positifs, nuls ou négatifs ?

1°	$2x^2 - 16x + 24$,	4°	$-2x^2 + 16x - 32$,
2°	$-2x^2 + 16x - 24$,	5°	$2x^2 - 16x + 40$,
3°	$2x^2 - 16x + 32$,	6°	$-2x^2 + 16x - 40$.

742. Déterminer dans quels intervalles de la suite des nombres
$$-2, \quad -1, \quad 0, \quad 1, \quad 2$$
se trouvent les racines de l'équation $8x^2 + 2x - 15 = 0$, sans résoudre l'équation.

743. On donne l'équation $7x^2 - 61x + 40 = 0$, et l'on veut déterminer la place des nombres $\dfrac{3}{8}$, 2, 7, 9 par rapport aux racines, sans résoudre l'équation.

744. Trouver les valeurs de x qui satisfont à l'inégalité $x^2 > 4$.

745. Résoudre l'inégalité $\quad 7x^2 < 3x$.

746. Résoudre l'inégalité
$$(x - a)(x - b)(x - c) > 0.$$

747. Résoudre l'inégalité
$$(x - a)(x - b)(x - c) < 0.$$

748. Y a-t-il des valeurs de x qui vérifient l'inégalité $x^2 - 6x + 5 < 0$?

749. Même question pour $-x^2 + 6x - 9 > 0$.

750. Même question pour $x^2 - 3x + 7 > 0$.

751. Quelles valeurs de x vérifient simultanément les deux relations
$$x^2 + x - 6 = 0 \quad \text{et} \quad x^2 + 3x - 4 > 0 ?$$

752. Existe-t-il des valeurs de x qui vérifient simultanément les inégalités
$$x^2 - 12x + 32 > 0 \quad \text{et} \quad x^2 - 13x + 22 < 0 ?$$

753. Même question pour
$$5x^2 - 7x + 1 < 0 \quad \text{et} \quad x^2 - 9x + 30 < 0.$$

754. Quelles sont les valeurs de x qui vérifient l'inégalité
$$4x^3 - 10x^2 + 48x < 0 \text{ ?}$$

755. Même question pour $\quad 3x^3 - 12x^2 + 9x > 0.$

756. Existe-t-il des valeurs de x qui puissent vérifier simultanément les inégalités $\quad 3x^3 - 5x^2 + 2x > 0 \quad$ et $\quad x^3 - x^2 + 4x < 0 ?$

757. Même question pour
$$x^3 - 11x^2 + 10x < 0 \quad \text{et} \quad x^3 - 12x^2 + 32x > 0.$$

758. Quelles valeurs faut-il donner à x pour satisfaire à l'inégalité
$$3 + \frac{1}{x-1} > \frac{1}{2x+1} \text{ ?}$$

759. Quelle est la condition de réalité des racines de l'équation
$$(a^2 + b^2)x^2 - 2acx - b^2 + c^2 = 0 \text{ ?}$$

760. Dans l'équation $\quad mx^2 + (m-1)x + 2m = 0, \quad$ quelle est la limite des valeurs de m pour que les racines soient réelles ?

ÉQUATIONS RÉDUCTIBLES AU SECOND DEGRÉ

§ I. — Équations bicarrées.

Résoudre les équations suivantes :

761.	$x^4 - 5x^2 + 4 = 0.$	**769.**	$x^4 - 2x^2 - 3 = 0.$
762.	$x^4 - 10x^2 + 9 = 0.$	**770.**	$4x^4 - 17x^2 + 4 = 0.$
763.	$x^4 - 26x^2 + 25 = 0.$	**771.**	$4x^4 - 37x^2 + 9 = 0.$
764.	$x^4 - 13x^2 + 36 = 0.$	**772.**	$3x^4 - 26x^2 - 9 = 0.$
765.	$x^4 - 8x^2 - 9 = 0.$	**773.**	$\sqrt{x^2 + 9} = 21 - x^2.$
766.	$x^4 - 24x^2 - 25 = 0.$	**774.**	$a^2b^2x^4 - (a^4 + b^4)x^2 + a^2b^2 = 0.$
767.	$x^4 - 5x^2 - 36 = 0.$	**775.**	$x^4 + 4abx^2 - (a^2 - b^2)^2 = 0.$
768.	$x^4 - 18x^2 + 81 = 0.$	**776.**	$c^4x^4 + c^2(a^2 - b^2)x^2 - a^2b^2 = 0.$

777. Décomposer en facteurs du premier degré le trinôme
$$4x^4 - 17x^2 + 4.$$

778. Former une équation bicarrée qui ait pour racines

1° $$\pm 3 \quad \text{et} \quad \pm 1,$$

2° $$\pm a \quad \text{et} \quad \pm \sqrt{a}.$$

779. Quel est le trinôme bicarré dont les racines sont
$$\pm(\sqrt{5} + \sqrt{3}) \quad \text{et} \quad \pm(\sqrt{5} - \sqrt{3}) ?$$

780. Dans l'équation $\quad 2x^2 - (m^2 + 1)x + m^2 + 3 = 0, \quad$ quelles valeurs faut-il donner à m pour que les racines diffèrent de 1 ?

§ II. — Équations réciproques.

Résoudre les équations suivantes :

781. $3x^3 - 13x^2 + 13x - 3 = 0.$

782. $2x^3 + 7x^2 + 7x + 2 = 0.$

783. $x^3 - x^2 + x - 1 = 0.$

784. $5x^3 - 31x^2 + 31x - 5 = 0.$

785. $ax^3 + bx^2 + bx + a = 0.$

786. $2x^4 + 5x^3 - 5x - 2 = 0.$

787. $3x^4 - 10x^3 + 10x - 3 = 0.$

788. $4x^4 - 17x^3 + 17x - 4 = 0.$

789. $5x^4 - 26x^3 + 26x - 5 = 0.$

790. $x^4 - 6x^3 + 6x - 1 = 0.$

791. $3x^4 - 4x^3 + 4x - 3 = 0.$

792. $x^4 - 5x^3 + 5x - 1 = 0.$

793. $4x^4 - 6x^3 + 6x - 4 = 0.$

794. $x^2 + \dfrac{1}{x^2} + x + \dfrac{1}{x} = 4.$

795. $x^4 - 3x^3 + 4x^2 - 3x + 1 = 0.$

796. $x^4 - x^3 + \dfrac{5}{4} x^2 - x + 1 = 0.$

797. $\dfrac{1 + x^4}{(1 + x)^4} = \dfrac{1}{2}.$

798. $x^5 - 4x^4 + 3x^3 + 3x^2 - 4x + 1 = 0.$

799. $2x^5 - 3x^4 - 5x^3 + 5x^2 + 3x - 2 = 0.$

800. $12x^5 - 8x^4 - 45x^3 + 45x^2 + 8x - 12 = 0.$

§ III. — Équations binômes et trinômes.

Résoudre complètement les équations suivantes :

801. $x^3 + 27 = 0.$

802. $x^4 = 16.$

803. $x^4 + 625 = 0.$

804. $x^5 = 32.$

805. $x^6 = 729.$

806. $x^6 - 28x^3 + 27 = 0.$

807. $x^6 - 19x^3 - 216 = 0.$

808. $8x^6 + 65x^3 + 8 = 0.$

809. $7x^3 - \dfrac{1890}{x^3} - 110 = 0.$

810. $x^8 - 97x^4 + 1296 = 0.$

§ IV. — Équations simultanées du 2e degré.

811. Résoudre les systèmes d'équations :

1° $\begin{cases} x + y = 20, \\ x\,y = 64. \end{cases}$

2° $\begin{cases} x - y = 9, \\ xy = 90. \end{cases}$

3° $\begin{cases} x^2 + y^2 = 625, \\ x + y = 35. \end{cases}$

4° $\begin{cases} x^2 + y^2 = 164, \\ x - y = 2. \end{cases}$

5° $\begin{cases} x^2 - y^2 = 85, \\ x - y = 5. \end{cases}$

6° $\begin{cases} x^2 + y^2 = 208, \\ xy = 96. \end{cases}$

7° $\begin{cases} x^2 - y^2 = 55, \\ xy = 24. \end{cases}$

812. Résoudre les systèmes suivants :

$$1^o \quad \begin{cases} x^2 + y^2 = 20, \\ \dfrac{x}{y} = 2. \end{cases}$$

$$2^o \quad \begin{cases} x + y = 2{,}5, \\ \dfrac{x}{y} + \dfrac{y}{x} = 4{,}25. \end{cases}$$

$$3^o \quad \begin{cases} x^2 + y^2 + x + y = 62, \\ x^2 - y^2 + x - y = 50. \end{cases}$$

813. Résoudre le système :

$$(7 + x)(6 + y) = 80,$$
$$x + y = 5.$$

814. Résoudre le système :

$$2xy - 3y - 3 = 0,$$
$$y^2 - 4xy + 15 = 0.$$

815. Résoudre le système :

$$x^2 + 4xy - 5y^2 + 12x + 92 = 0,$$
$$8x - y = 3.$$

816. Résoudre le système : $\quad x^2 + y^2 + xy = 52,$
$$x + y = 8.$$

817. Résoudre le système : $\quad x^2 + xy = 10,$
$$y^2 + xy = 15.$$

818. Résoudre le système :

$$x^2 + y^2 + 6xy = 153,$$
$$2x^2 + 2y^2 - 3xy = 36.$$

819. Résoudre le système :

$$\frac{x^2 + y^2}{x^2 - y^2} = \frac{25}{7},$$
$$xy = 48.$$

820. Résoudre le système :

$$\frac{x + y}{x - y} + \frac{x - y}{x + y} = \frac{5}{2},$$
$$x^2 + y^2 = 90.$$

821. Résoudre le système : $\quad x^2 + y^2 = 40,$
$$xy = z,$$
$$x + y = 8.$$

822. Résoudre le système : $\quad x^2 - y^2 = 35,$
$$xy = 6,$$
$$x + y = z.$$

823. Résoudre le système : $\quad x + y + z = 36,$
$$xy = 108,$$
$$x^2 + y^2 = z^2.$$

824. Résoudre le système :
$$x + y + z = 132,$$
$$x^2 = y^2 + z^2,$$
$$x^2 + y^2 + z^2 = 6050.$$

825. Résoudre le système :
$$x + y + z = 29,$$
$$x^2 + y^2 + z^2 = 285,$$
$$xy = 72.$$

§ V. — Équations réductibles au second degré à l'aide d'inconnues auxiliaires.

826. Résoudre l'équation $x^2 + x + 1 = -\dfrac{42}{x^2 + x}$.

827. Résoudre : $5x\sqrt{x} - 3\sqrt[4]{x^3} = 296$.

828. Résoudre : $4\sqrt[3]{x} - \dfrac{20}{\sqrt[3]{x}} = 11$.

829. Résoudre : $\left(\dfrac{a - x}{x - b}\right)^2 = 8\left(\dfrac{a - x}{x - b}\right) - 15$.

830. Résoudre : $5\sqrt[3]{x} + 2\sqrt[3]{x^2} = 33$.

831. Résoudre : $3\sqrt{1 + x} - 2\sqrt[4]{1 + x} = 8$.

832. Résoudre : $3x + \sqrt{6x + 10} = 35$.

833. Résoudre : $\dfrac{\sqrt{x^2 - 5x + 6}}{2} = \dfrac{12 - \sqrt{x^2 - 5x + 6}}{\sqrt{x^2 - 5x + 6}}$.

834. Résoudre : $(x^4 + x^2 + 1)^2 - 38(x^4 + x^2 + 1) + 105 = 0$.

835. Résoudre : $(x^2 - x + 1)^4 - 10x^2(x^2 - x + 1)^2 + 9x^4 = 0$.

836. Résoudre le système :
$$\sqrt{x} + \sqrt{y} = 11,$$
$$x + y = 73.$$

837. Résoudre le système :
$$\frac{1}{x} + \frac{1}{y} = 41,$$
$$\frac{1}{x^2} + \frac{1}{y^2} = 901.$$

838. Résoudre le système :
$$x^{\frac{1}{4}} + y^{\frac{1}{5}} = 5,$$
$$x^{\frac{3}{4}} + y^{\frac{3}{5}} = 35.$$

839. Résoudre le système :
$$\frac{1}{y} - \frac{1}{x} = \frac{2}{15},$$
$$x^2 y - xy^2 = 30.$$

840. Résoudre le système :
$$xy(x + y) = 30,$$
$$x^3 + y^3 = 35.$$

841. Résoudre le système :
$$x + y = 16 + \sqrt{4xy},$$
$$\sqrt{x} + \sqrt{y} = 8.$$

842. Résoudre le système :

$$x^2 + y^2 - (x + y) = 48,$$
$$x + y + xy = 31.$$

843. Résoudre le système :

$$x(x + y) + y(x - y) = 158,$$
$$7x(x + y) = 72y(x - y).$$

844. Résoudre le système : $\quad x^4 + y^4 = 272,$
$$x + y = 6.$$

845. Résoudre le système : $\quad x^5 - y^5 = 2882,$
$$x - y = 2.$$

846. Résoudre le système : $2x^2 + 3xy + y^2 = 70,$
$$6x^2 + xy - y^2 = 50.$$

847. Résoudre le système : $\quad x^2 y^2 + xy = a,$
$$x + y = b.$$

848. Résoudre le système :

$$\frac{1}{2}(x + y) = \sqrt{mx} + \sqrt{ny} = m + n.$$

849. Résoudre le système :

$$(x - y)(x^2 - y^2) = 160,$$
$$(x + y)(x^2 + y^2) = 580.$$

850. Résoudre le système :

$$x^3 + y^3 + x^2 y + xy^2 = 32,$$
$$x^4 y^2 + x^2 y^4 = 128.$$

§ VI. — Problèmes à une inconnue.

851. Quel est le nombre qui, multiplié par $3\frac{1}{3}$, donne un produit égal au neuvième de son carré plus 25 ?

852. Par quel nombre faut-il diviser 96 pour que le quotient surpasse de 4 le diviseur ?

853. Le produit des deux termes d'une fraction est 120; les deux termes seraient égaux si l'on retranchait 1 au dénominateur pour l'ajouter au numérateur. Quelle est cette fraction ?

854. Quel est le nombre dont les $^3/_4$ augmentés de 1, multipliés par les $^4/_5$ diminués de 15, donnent 16 pour produit ?

855. Un marchand a vendu un meuble 39 fr., et à ce marché il a gagné autant pour $^0/_0$ que le meuble lui coûtait : quel est le prix de ce meuble ?

856. Trouver deux nombres impairs consécutifs tels que la différence de leurs carrés soit 8 000.

857. Trois nombres sont entre eux comme 3, 2 et 5, et la somme de leurs carrés égale 342 : trouver ces nombres.

858. On demande trois nombres entiers consécutifs tels que leur produit égale 5 fois leur somme.

859. Partager le nombre 12 en deux parties telles que la plus grande soit moyenne proportionnelle entre le nombre entier et la plus petite. Calcul à 0,001 près.

860. Quel est le nombre qui, augmenté de 6 fois sa racine carrée, devient 135 ?

861. L'âge d'un enfant sera dans 3 ans un carré parfait ; il y a 3 ans, son âge était précisément la racine de ce même carré. Quel âge a-t-il ?

862. Trouver trois nombres entiers consécutifs tels que le cube du plus grand égale trois fois la somme des cubes des deux autres.

863. Un rentier a placé 20 000 fr. à un certain taux, et laissé le capital pendant cinq ans ; après ce temps, il retire son capital et les intérêts simples, et place le tout à un taux inférieur d'un franc au premier, et retire annuellement 1 300 fr. d'intérêts. Trouver le taux.

864. Quinze personnes, hommes et femmes, dînent dans un hôtel ; les hommes dépensent 36 fr. et les femmes aussi : trouver le nombre d'hommes et leur dépense individuelle, sachant que chaque femme a dépensé 2 francs de moins qu'un homme.

865. Une somme de 400 fr. doit être distribuée en parts égales entre un certain nombre de personnes ; au moment du partage quatre se retirent, ce qui augmente de 5 fr. la part des autres : on demande combien il y avait d'abord de copartageants.

866. Un fermier achète des moutons pour 750 fr. ; il les garde trois mois, en perd 5 par maladie et vend chacun des autres 6 fr. de plus qu'il ne lui coûtait. A ce marché il perd 30 fr. : trouver le nombre de moutons et leur prix.

867. Deux courriers partent en même temps pour une ville située à 90 lieues du point de départ. Le premier, qui parcourt par heure une lieue de plus que le second, arrive à l'endroit désigné une heure avant l'autre : quelle est la vitesse de chaque courrier ?

868. Deux courriers, allant à la rencontre l'un de l'autre, partent de deux villes situées à 320 lieues ; le premier parcourt chaque jour 8 lieues de plus que le second, et le nombre de jours pendant lesquels ils voyagent est représenté par la moitié du nombre de lieues que le second fait dans un jour : quelle est la distance parcourue par chacun avant la rencontre ?

869. A combien de jours était payable un billet de 1 200 fr., sachant que, escompté à 6 p. $^0/_0$, il donne 1 fr. de différence entre son escompte en dedans et son escompte en dehors ?

870. Dans quel système de numération le nombre 254 (base 10) s'écrit-il 512 ?

871. Dans quel système de numération le nombre 1 902 (base 10) s'écrit-il 30 102 ?

872. Deux voyageurs partent au même instant de Paris et de Château-Thierry. Au moment où ils se rencontrent, le premier a fait 12 kilom. de plus que le deuxième. Or, en conservant la même vitesse, ils arrivent l'un à Château-Thierry $4^h \frac{2}{3}$ après la rencontre, et l'autre à Paris $7^h \frac{5}{7}$ après la rencontre. Quelle est la distance entre les deux villes ?

873. On a acheté un certain nombre de mètres d'étoffe pour une somme m ; si chaque mètre eût coûté a francs de moins, on aurait eu pour la même somme b mètres de plus. Combien a-t-on acheté de mètres, et quel est le prix du mètre ? — Discussion.

874. Un corps est lancé verticalement dans le vide avec une vitesse initiale a. Au bout de quel temps sera-t-il à la hauteur h ?

875. Calculer la profondeur d'un puits, sachant qu'il s'est écoulé un nombre

t de secondes entre l'instant où l'on a laissé tomber une pierre et celui où le bruit qu'elle a fait en frappant le fond est arrivé à l'oreille. (On néglige la résistance de l'air.)

§ VII. — Problèmes à plusieurs inconnues.

876. Partager 27 en deux parties telles que 4 fois le carré de la première et 5 fois le carré de la seconde vaillent 1 620.

877. Partager 10 en deux parties dont les carrés soient proportionnels à 13 et à 7. Calcul à 0,001 près.

878. Les rapports direct et inverse de deux nombres ont pour somme 2,05; ces deux nombres eux-mêmes donnent pour somme 63; quels sont ces deux nombres ?

879. Un nombre est formé de deux chiffres; si on lui ajoute 9, on trouve le même nombre renversé, et si on divise ce nombre par le produit des deux chiffres, on a 6 pour quotient : trouver ce nombre.

880. Deux fontaines coulant ensemble peuvent remplir un bassin en 2 heures 24 minutes; trouver le temps qu'il faudra à chacune d'elles, sachant que la seconde, coulant seule, met 2 heures de moins que la première.

881. Deux fontaines peuvent remplir un bassin en 18 heures; trouver le temps qu'il faudra à chacune d'elles, sachant que la première, coulant seule, y emploierait 27 heures de plus que la seconde.

882. Deux ouvriers mettent 25 heures s'ils travaillent séparément, pour faire chacun la moitié d'un ouvrage ; mais, s'ils travaillent ensemble, ils ne mettent que 12 heures pour le faire en entier : trouver le temps qu'ils mettraient séparément pour faire le travail.

883. Deux ouvriers reçoivent l'un 80 fr. l'autre 45 fr.; le premier a travaillé cinq jours de plus que l'autre. Si chacun avait travaillé le nombre de jours qu'a travaillé l'autre, ils auraient reçu la même somme : on demande le nombre de journées de travail de chaque ouvrier et le prix de sa journée.

884. Une pièce d'étoffe a été vendue 1 800 fr.; l'acheteur en la recevant constate que, par suite d'erreur, on lui a expédié une pièce qui vaut 2 fr. 50 de moins par mètre, mais qui, par compensation, contient 15 mètres de plus que celle qu'il attendait. Il se décide à la garder, et on demande combien cette pièce contenait de mètres et quel était le prix du mètre.

885. Deux associés ont fait un fonds commun de 2 000 fr.; le premier a laissé sa mise pendant 2 mois, et le second a laissé la sienne pendant 8 mois. Le premier a reçu 1 800 fr. tant pour le gain que pour la mise, tandis que le second n'a reçu que 900 fr.; trouver le gain et la mise de chacun.

886. Deux capitaux sont prêtés à des taux différents. La somme de ces deux capitaux est de 60 000 fr., la somme des taux est 12. Le premier capital produit 1 320 fr. et le deuxième 2 340 fr. l'an; déterminer ces deux capitaux.

887. Deux capitaux sont prêtés à des taux différents ; le premier capital, qui produit 500 fr. par an, surpasse de 4 000 fr. le second capital, qui produit 390 fr.; mais le taux de ce dernier surpasse de $^3/_2$ le taux du premier; déterminer ces deux capitaux.

888. Deux capitaux différents sont prêtés à 6 p. %. Ils valent ensemble 30 000 fr.; le premier, qui est resté placé 4 mois de plus, a produit 1 280 fr., et le second 840 fr.; déterminer ces deux capitaux.

889. Dans une proportion, les deux premiers termes sont entre eux comme 2 est à 3, et le produit des quatre termes égale 81 fois le carré du premier ; déterminer les deux derniers termes.

890. Trouver quatre nombres en proportion, connaissant la somme de leurs carrés 62,5, sachant de plus que le premier surpasse le deuxième de 4, et que le troisième surpasse le quatrième de 3.

891. Dans une proportion continue, la somme des trois termes est 28, la différence entre les deux premiers termes est 8 ; déterminer cette proportion.

892. Calculer les termes d'une proportion continue, connaissant la somme 15 des deux premiers termes, et la somme 13 du premier et du dernier.

893. Dans une proportion, la différence des deux premiers termes est 6 ; celle des deux derniers est 5 ; la somme des carrés des quatre termes est 793 ; trouver cette proportion.

894. Dans une proportion, la somme des antécédents est 12, celle des conséquents 9 ; et la différence entre la somme des carrés des trois premiers termes et le carré du quatrième est 107 ; trouver les quatre termes.

895. Trouver les quatre termes d'une proportion, connaissant la somme 130 de leurs carrés, et les produits 6, 12, 18 du premier terme par chacun des trois autres.

896. Trouver les quatre termes d'une proportion, connaissant la somme s des quatre termes, la somme a des extrêmes, et la différence d des moyens.

897. Trouver deux nombres tels que leur somme soit à leur produit comme 2 est à 3, et que la somme de leurs carrés soit le quintuple de la somme des nombres.

898. Trouver un nombre de deux chiffres, sachant que la somme des carrés de ces deux chiffres est égale au nombre augmenté du produit de ces mêmes chiffres, et qu'en outre, si l'on ajoute 36 au nombre. on obtient le nombre renversé.

899. Trouver un nombre de deux chiffres tel qu'en le divisant par la somme des chiffres, puis renversant le nombre et divisant encore par la somme des chiffres, la différence des deux quotients égale la différence des deux chiffres, et le produit de ces deux quotients égale le nombre lui-même.

900. Trouver deux nombres, sachant que leur somme, leur produit et la différence de leurs carrés sont égaux entre eux.

§ VIII. — Problèmes de géométrie.

Questions de géométrie plane.

901. Dans un cercle de 15^m de rayon, deux cordes qui se coupent ont pour produit de leurs segments respectifs 200. Trouver la distance de leur point d'intersection au centre.

902. Deux cordes se coupent dans un cercle ; la longueur de l'une est de 22^m, les segments de l'autre ont 12^m et 8^m ; quels sont les segments de la première ?

903. On a un cercle de 3^m de rayon ; déterminer sur une tangente à ce cercle un point P tel que la sécante, menée de ce point au cercle, ait sa partie extérieure moitié de la tangente AP.

904. On a un cercle de 15^m de rayon ; d'un point pris à 25^m du centre, on mène une tangente à ce cercle : trouver la longueur de cette tangente.

905. Dans le plan d'un cercle de rayon R, on prend un point à une distance d

du centre ; on mène par ce point une sécante telle que la corde déterminée par le cercle ait une longueur 2c. Quels sont les deux segments de la sécante ?

906. Trouver les trois côtés d'un triangle rectangle, sachant que ces côtés sont trois nombres entiers consécutifs.

907. Trouver l'expression de l'aire d'un triangle rectangle isocèle dont le périmètre est 2p.

908. Les côtés d'un triangle sont trois nombres entiers consécutifs, et sa surface 84^{mq} : trouver les trois côtés.

909. Dans un triangle dont un des côtés AB est représenté par a, déterminer à quelle distance du sommet A il faut mener une parallèle au côté opposé à ce sommet pour partager le triangle en deux parties équivalentes. — Généraliser.

910. Partager une droite donnée a en moyenne et extrême raison. — Discussion.

911. Partager la surface d'un cercle de rayon R en moyenne et extrême raison par un cercle concentrique. — Discussion.

912. Les surfaces de deux carrés ont ensemble 8 621^{mq} ; le produit de leurs diagonales est 8 540 : trouver les côtés de ces carrés.

913. On demande les deux dimensions d'un rectangle ayant 3 200^{mq} de surface, sachant que la longueur a 14^m de plus que la largeur. — Généraliser.

914. Calculer les dimensions d'un rectangle, connaissant sa diagonale 17^m et sa surface 120^{mq}. — Généraliser.

915. Dans un cercle dont le diamètre est 25^m, inscrire un rectangle ayant 17^m de différence entre ses deux dimensions. — Généraliser.

916. Calculer les côtés de l'angle droit d'un triangle rectangle, connaissant :

1° La surface 54^{mq} et l'hypoténuse 15^m ;
2° L'hypoténuse 25^m et la différence 17^m des côtés de l'angle droit ;
3° La surface 20^{mq} et la différence 39 des carrés des côtés ;
4° L'hypoténuse 50^m et le rayon 10^m du cercle inscrit.

917. Calculer les côtés de l'angle droit d'un triangle rectangle, connaissant :

1° L'hypoténuse 25^m et la somme 47^m des côtés de l'angle droit avec la hauteur ;
2° La hauteur 12^m et la somme 35^m des côtés de l'angle droit.

918. Trouver les quatre côtés d'un trapèze isocèle circonscrit à un cercle de rayon R, sachant que son périmètre est 2p.

919. Calculer les trois côtés d'un triangle rectangle, connaissant :

1° Le périmètre 36^m et la surface 54^{mq} ;
2° Le périmètre 132^m et la somme 6 050 des carrés des trois côtés ;
3° Le périmètre 60^m et la hauteur 12^m abaissée sur l'hypoténuse.

920. Calculer les trois côtés d'un triangle rectangle, connaissant :

1° Le périmètre 40^m et la différence 7 des côtés de l'angle droit ;
2° L'excès 20 de l'hypoténuse sur la différence des côtés de l'angle droit, et la hauteur 12 qui tombe sur l'hypoténuse.

Questions de géométrie dans l'espace.

921. La hauteur d'un prisme droit est de 10^c ; chaque base est un rectangle dont l'un des côtés est double de l'autre ; la surface totale est de 216 cent. carrés. On demande : 1° les dimensions et les surfaces des deux bases ; 2° l'aire de chacune des faces latérales.

922. Calculer les arêtes d'un parallélépipède rectangle, connaissant la surface totale 180^{mq}, la diagonale 10 de la base, et la somme 17 des trois dimensions.

923. La somme des 12 arêtes d'un parallélépipède rectangle est 48^m; la somme des carrés de trois arêtes consécutives égale 50; la base a 12^{mq} de superficie. Quelles sont les trois dimensions?

924. Connaissant les trois côtés a, b et c de la base d'un tétraèdre dont l'angle solide opposé est un trièdre trirectangle, on demande de calculer les trois autres arêtes et le volume du tétraèdre.

925. Les bases d'un tronc de pyramide étant B et b, calculer l'aire x de la section faite à égale distance des deux bases.

926. On donne le volume V et la hauteur h d'un tronc de pyramide hexagonal régulier dont la base inférieure a pour côté a; calculer le côté x de la base supérieure.

927. Calculer : 1° le rayon d'un cône, connaissant sa surface totale πa^2 et sa génératrice l; 2° le rayon d'un cylindre de surface totale πa^2 et de hauteur h.

928. Un cylindre et un tronc de cône ont une base commune et même hauteur. Quel doit être le rapport des rayons des bases du tronc de cône pour que le volume de ce tronc soit la moitié du volume du cylindre?

929. Étant donné un cône droit dont la hauteur égale le rayon a de la base, calculer le rayon x d'un cylindre inscrit dans ce cône et tel que sa surface totale égale celle d'une sphère de rayon donné R.

930. Calculer les rayons des deux bases d'un tronc de cône dont le côté est a, sachant que ce côté forme un angle de 60° avec le plan de la base inférieure et que la surface totale du tronc est égale à celle d'une sphère ayant l'arête a pour diamètre.

931. Calculer la hauteur d'un segment sphérique à une base, connaissant sa surface totale πa^2 et le rayon R de la sphère.

932. Dans une sphère de rayon R, la zone engendrée par un arc tournant autour du diamètre mené par une des extrémités de cet arc a pour base un cercle dont la surface est le quart de la zone. Calculer la hauteur de la zone.

933. Une sphère de rayon R a été coupée par un plan AB. Calculer la distance de ce plan au centre, sachant que la surface de la petite zone égale :

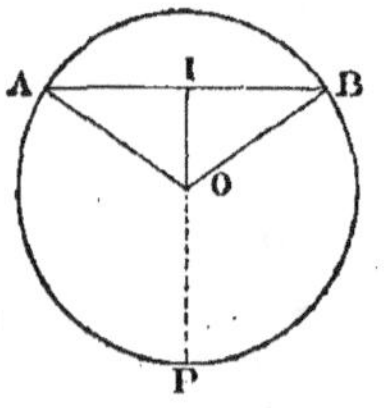

1° La surface latérale du cône AOB ayant pour base le cercle de section et pour sommet le centre de la sphère ;

2° La surface de la sphère de diamètre OI ;

3° La surface de la sphère de diamètre PI ;

4° Les $\dfrac{4}{3}$ du cercle de section,

5° La moyenne proportionnelle entre la plus grande zone et la section.

934. Un cône équilatéral est inscrit dans une sphère ; couper les deux corps par un plan parallèle à la base, de manière que la différence des sections soit égale à cette base.

935. On a coupé une sphère de rayon R par un plan AB. Calculer la distance de ce plan au centre, sachant que le volume du segment sphérique ACB égale :

1° Le double du volume du cône ADB ;

2° Le volume du cylindre de rayon OI et de hauteur CI.

936. Dans une circonférence de rayon R on a élevé une perpendiculaire CD sur le diamètre AB, et l'on fait tourner la figure autour de ce diamètre. Calculer AD par la condition que :

1° Le volume engendré par le segment AMC égale celui du cône décrit par le triangle CDO ;

2° La somme des volumes engendrés par les segments AMC et CNB égale les $\frac{5}{8}$ du volume de la sphère décrite par ACB ;

3° Que la somme des mêmes volumes égale m fois le volume décrit par le triangle ACB.

937. Dans un cercle de rayon R on mène une corde CD parallèle au diamètre AB ; on joint OC et OD, et l'on fait tourner la figure autour de AB. Calculer la corde CD, sachant que le volume engendré par le segment de cercle CMD égale le volume décrit par le triangle COD.

938. Étant donnés une sphère de rayon R et un plan tangent à l'extrémité du diamètre AB, mener un plan sécant parallèle au plan tangent, de telle sorte que le volume du segment sphérique non compris entre les plans égale le volume du cylindre ayant pour base la section et pour hauteur la distance des plans parallèles. Calculer cette distance.

939. On a coupé une sphère de rayon R par un plan. La section étant la base d'un cône droit dont le sommet est sur la sphère, à quelle distance du centre est le plan sécant lorsque le volume du cône égale celui du segment sphérique à deux bases formé par un grand cercle parallèle à la section ?

940. On donne une sphère de rayon R ; sur un diamètre AB, on prend une longueur $AI = x$, et l'on mène par le point I le plan perpendiculaire à AB. Exprimer, au moyen de R et de x : 1° le rapport du volume du segment sphérique ACID à celui de la sphère qui aurait x pour diamètre ; 2° le rapport de l'autre segment CIDB à celui de la sphère qui aurait aussi la hauteur de ce segment pour diamètre. 3° Déterminer x de telle façon que le premier rapport soit triple du second.

MAXIMA ET MINIMA

§ I. — Maximum et minimum des fonctions algébriques.

941. On donne les trinômes suivants :

1°	$y = x^2 - 8x + 12,$	4°	$y = 9x^2 - 6x + 1,$
2°	$y = 4x^2 - 5x + 3,$	5°	$y = -x^2 + 2x + 3,$
3°	$y = -x^2 + 6x - 9,$	6°	$y = -5x^2 + 12x - 9 ;$

et l'on demande de dire à *priori* s'ils ont un maximum ou un minimum, et si ce maximum ou ce minimum est positif, nul ou négatif.

942. Calculer le maximum ou le minimum des trinômes précédents et les valeurs correspondantes de x.

943. Rendre maximum les expressions :

$$1° \qquad x(a^2 - x^2),$$

$$2° \qquad x^4(4a^2 - x^2),$$

$$3° \qquad \frac{x - 2a}{x^3},$$

$$4° \qquad \frac{x^2 - a^2}{x^3}.$$

Rendre minimum les expressions :

$$5° \quad \frac{x^3}{(x-a)^2}, \qquad\qquad 7° \quad \frac{a^8 + b^2 x^6}{x^2},$$

$$6° \quad \frac{a^4 + x^4}{x^2}, \qquad\qquad 8° \quad x^2 + \frac{a^3}{x}.$$

944. Trouver le maximum et le minimum des fonctions suivantes :

$$1° \quad y = \frac{h(a^2 + x^2)}{2(a + x)}, \qquad\qquad 3° \quad y = \frac{(x-a)(x-b)}{x}.$$

$$2° \quad y = \frac{a+x}{a-x} + \frac{a-x}{a+x}, \qquad\qquad 4° \quad y = x + 2\sqrt{a^2 - x^2}.$$

945. Quel est le maximum et le minimum des fonctions suivantes :

$$1° \quad y = \frac{4x^2 + 1}{x^2 - 2x + 1}, \qquad\qquad 3° \quad y = \frac{x^2 - x - 2}{x^2 - 6x + 9},$$

$$2° \quad y = \frac{1 - 2x^2}{x^2 + 4x + 4}, \qquad\qquad 4° \quad y = \frac{x^2 + 4}{x^2 + 2x + 1}?$$

946. Calculer le maximum et le minimum des fonctions suivantes :

$$1° \quad y = \frac{x^2 + 21}{x - 2}, \qquad\qquad 3° \quad y = \frac{x^2 - 10x + 21}{2x - 15},$$

$$2° \quad y = \frac{4(2x - 4)}{x^2 - 4}, \qquad\qquad 4° \quad y = \frac{x^2 - 5}{2x - 4}.$$

947. Calculer le maximum et le minimum des fonctions suivantes :

$$1° \quad y = \frac{x^2 + 4x - 36}{2(x - 5)}, \qquad\qquad 3° \quad y = \frac{2x - 3}{x^2 - 2x + 3},$$

$$2° \quad y = \frac{x^2 - 6x + 8}{2x - 8}, \qquad\qquad 4° \quad y = \frac{x^2 + 2x - 8}{x - 2}.$$

948. Calculer le maximum et le minimum des fonctions suivantes :

$$1° \quad y = \frac{x^2 - x - 8}{x^2 + x - 2}, \qquad\qquad 3° \quad y = \frac{x^2 + 14x + 9}{x^2 + 2x + 3},$$

$$2° \quad y = \frac{x^2 + x - 1}{x^2 - x - 1}, \qquad\qquad 4° \quad y = \frac{a^2 x^2 + b^2}{(a^2 - b^2)x}.$$

949. Étudier les variations des fonctions suivantes :

$$1° \quad y = \frac{x^2 - x - 2}{x^2 - 6x + 9}, \qquad\qquad 3° \quad y = \frac{x^2 + x + 1}{x^2 - x - 1},$$

$$2° \quad y = \frac{2x^2 - 7x + 3}{x^2 - 7x + 12}, \qquad\qquad 4° \quad y = \frac{x^2 - 4}{x^2 + 2x - 3}.$$

950. Étudier les variations des fonctions suivantes :

1° $\quad y = \dfrac{x^2 - 5x + 1}{x^2 - x + 1}$, $\qquad$ 3° $\quad y = \dfrac{3x^2 - 21x + 30}{4x^2 - 16x + 12}$,

2° $\quad y = \dfrac{x^2 - 8x + 4}{x^2 - 4x + 2}$, $\qquad$ 4° $\quad y = \dfrac{x^2 - 4x + 3}{3x^2 - 12x + 12}$.

§ II. — Application aux problèmes de géométrie.

Questions de géométrie plane.

951. De tous les triangles rectangles de même hypoténuse, quel est celui dont la surface est maximum ?

952. De tous les rectangles inscrits dans un cercle de rayon donné R, quel est celui qui a la surface maximum ?

953. De tous les triangles isocèles inscrits dans un cercle de rayon donné R, quel est celui dont la surface est maximum ?

954. De tous les triangles de même périmètre et de même base, quel est le plus grand ?

955. Dans un triangle équilatéral dont le côté est a, inscrire un triangle équilatéral de surface minimum.

956. Deux points étant donnés de part et d'autre d'une droite, trouver un cercle passant par ces deux points et interceptant sur la droite la longueur minimum.

957. Dans un cercle de rayon R on mène une corde perpendiculaire à un diamètre, on joint les extrémités de la corde aux extrémités du diamètre, et on demande le maximum de la différence des deux triangles ayant la corde commune pour base.

958. On a un rectangle de périmètre constant $4p$; sur les quatre côtés pris pour diamètres, on décrit des demi-circonférences extérieures au rectangle : trouver le minimum de la surface ainsi formée.

959. Deux points A et O sont donnés ; du point O on décrit une circonférence de rayon variable r, et du point A on mène des tangentes à cette circonférence. On demande : 1° le maximum du triangle isocèle formé par les deux tangentes et la corde qui joint les points de contact ; 2° le maximum du quadrilatère formé par les deux tangentes et les rayons qui vont aux points de contact.

960. De tous les triangles rectangles pour lesquels le produit de la hauteur par l'un des segments qu'elle détermine sur l'hypoténuse est constant, quel est celui dont l'hypoténuse est minimum ?

961. Inscrire, dans un carré donné, un carré de surface minimum. Étudier la variation de cette surface.

962. Les dimensions d'un rectangle sont a et b ; à partir de chaque sommet et dans le même sens, on porte une même longueur x. 1° Déterminer cette longueur de telle sorte qu'en joignant les quatre points ainsi trouvés, le parallélogramme formé soit minimum ; 2° suivre les variations de la surface du parallélogramme lorsque x prend toutes les valeurs possibles.

963. Inscrire dans un losange le rectangle de surface maximum. Variations de la surface du rectangle inscrit au losange donné.

964. Les dimensions d'un rectangle sont a et b ; à partir de deux sommets opposés, on porte sur les côtés adjacents une même longueur x. On demande : 1° le maximum du parallélogramme ainsi formé ; 2° les variations de la surface de ce parallélogramme.

965. On donne un demi-cercle de rayon R, et l'on divise le diamètre en deux segments sur chacun desquels on décrit un demi-cercle. On demande : 1° quand la surface comprise entre les trois demi-cercles est maximum; 2° de quelle manière cette surface varie avec les segments du diamètre.

966. Inscrire dans un cercle de rayon R un rectangle dont le périmètre soit maximum.

967. Circonscrire à un cercle un losange de surface donnée. — Variations de la surface du losange.

968. On donne deux axes rectangulaires OX, OY et un point dont on connaît les distances aux axes ; par ce point, mener une droite qui forme avec les axes un triangle rectangle de surface minimum. — Variations de la surface quand la droite tourne autour du point donné.

969. Étudier les variations de la surface du losange circonscrit à un rectangle donné.

970. Maximum ou minimum du périmètre d'un triangle rectangle circonscrit à un cercle donné.

971. De tous les triangles rectangles de même périmètre $2p$, quel est celui dont la surface est maximum ?

972. On donne deux parallèles dont la distance est h ; sur l'une d'elles on prend une longueur $AB = a$; un point M se déplace sur l'autre ; comment varie le rapport $\dfrac{AM}{BM} = k ?$

973. Inscrire dans un cercle donné un triangle isocèle dont la somme de la base et de la hauteur soit maximum ou minimum.

974. On donne une circonférence de centre O et de rayon R ; on mène une corde verticale BC à une distance x du centre, puis on construit un triangle équilatéral ayant pour côté BC et dont le sommet A est à droite de BC. On demande comment varie la distance du sommet A au centre lorsque la distance x prend toutes les valeurs possibles.

975. Dans un trapèze isocèle, on donne la petite base b et la valeur c des côtés non parallèles ; on demande le maximum de la surface.

Questions de géométrie dans l'espace.

976. Quel est le parallélépipède de volume maximum inscrit dans une sphère de rayon donné R ?

977. De tous les parallélépipèdes rectangles de même surface totale, quel est celui dont le volume est maximum ?

978. De tous les parallélépipèdes rectangles de même volume, quel est celui dont la surface totale est minimum ?

979. Dans une sphère de rayon donné R, on inscrit un cône équilatéral; mener un plan parallèle à la base, tel que la somme des sections faites dans la sphère et dans le cône soit maximum.

980. A une sphère, circonscrire un cône de surface latérale minimum.

981. Un triangle rectangle isocèle tourne autour d'un axe passant par le sommet de l'angle droit sans couper le triangle : étudier la variation du volume engendré.

982. Dans un cercle de rayon R, tracer une corde, de manière qu'en la faisant tourner autour du diamètre qui lui est parallèle, la surface qu'elle engendre soit maximum.

983. A un carré de carton de côté a, enlever vers les sommets quatre petits carrés égaux et relever ensuite les rectangles qui font saillie, de manière que le volume de la boîte ainsi formée soit maximum.

984. Construire un prisme droit creux, à base carrée (5 faces), et trouver le maximum du volume pour une surface donnée.

985. Une droite de longueur invariable tourne autour d'un axe en passant constamment par un même point de cet axe ; quel est le maximum du volume engendré par le triangle rectangle dont cette droite est l'hypoténuse ?

986. De tous les cylindres de même surface totale $2\pi a^2$, quel est celui dont le volume est maximum ?

987. Inscrire dans une sphère un tronc de cône ayant pour base un grand cercle et dont la surface latérale soit maximum.

988. On construit un prisme droit sur une section parallèle à la base d'une pyramide donnée; à quelle distance de la base sera la section lorsque le prisme inscrit aura un volume maximum ?

989. A l'intérieur d'un carré dont le côté est $2a$, on forme un autre carré concentrique et ayant ses côtés parallèles aux diagonales du premier ; on joint chaque sommet du nouveau carré aux deux sommets les plus voisins du premier, et on forme ainsi quatre triangles isocèles égaux; on demande : 1° le maximum du volume de la pyramide ayant pour surface latérale ces quatre triangles; 2° le maximum de sa surface latérale.

990. Quel est le maximum du volume engendré par un rectangle de périmètre constant tournant autour d'un de ses côtés ?

991. Dans un cercle donné inscrire un triangle isocèle tel que le volume engendré par ce triangle tournant autour de sa base soit maximum.

992. De tous les cônes circonscrits à une sphère de rayon donné R, quel est celui dont la surface totale est minimum ?

993. Circonscrire à un cylindre un cône de volume minimum.

994. Circonscrire à un hémisphère un cône dont la base repose sur le plan diamétral et dont le volume soit maximum ou minimum.

995. De tous les cônes de même surface latérale πa^2, quel est celui dont le volume est maximum ?

996. De tous les cônes de même volume $\frac{1}{3}\pi a^3$, quel est celui dont la surface latérale est minimum ?

997. 1° Inscrire dans une sphère de rayon R un cône dont la surface latérale soit maximum.

2° De tous les cylindres de même volume πa^3, quel est celui dont la surface totale est minimum ?

998. Parmi tous les cylindres de même volume $2\pi a^3$, quel est celui qui est inscrit dans la plus petite sphère ?

999. Un triangle rectangle tourne autour de son hypoténuse a ; quelle doit être la hauteur pour que la différence des cônes engendrés par les triangles qu'elle détermine soit maximum ?

1000. Étant donnée une feuille de carton rectangulaire dont les dimensions sont $2a$ et $2b$, enlever vers les sommets quatre carrés égaux et relever ensuite les rectangles qui font saillie de manière que la boîte formée ait un volume maximum.

QUATRIÈME LIVRE

PROGRESSIONS, LOGARITHMES

PROGRESSIONS

---

§ I. — Progressions arithmétiques.

1001. Étant donnés a, l, r, déterminer n et S. Application : $a=23, l=5$, $r=-2$.

1002. Étant donnés a, r, n, déterminer l et S. Application : $a=3, r=2$, $n=13$.

1003. Étant donnés a, l, n, déterminer r et S. Application : $a=95$, $n=19$, $l=5$.

1004. Étant donnés a, l, S, déterminer r et n. Application : $a=3, l=39$, $S=210$.

1005. Étant donnés l, n, S, déterminer a et r. Application : $l=199$, $n=100$, $S=10\,000$.

1006. Étant donnés a, r, S, déterminer l et n. Application : $a=3, r=2$, $S=120$.

1007. Étant donnés l, r, S, déterminer a et n. Application : $l=18, r=2$, $S=88$.

1008. Trouver : 1° la somme des 40 premiers multiples de 3 ; 2° la somme des 20 premiers multiples de 3 qui suivent le nombre 60.

1009. Combien une pendule sonne-t-elle de coups en 24 heures, si elle ne sonne que les heures ?

1010. Trouver les trois angles d'un triangle rectangle, sachant que ces angles sont en progression arithmétique.

1011. Un corps qui tombe parcourt $4^m,9$ pendant la première seconde de sa chute, et dans chaque seconde, l'espace parcouru surpasse de $9^m,8$ celui qui a été parcouru pendant la seconde précédente. On demande : 1° ce que le corps parcourt pendant la dixième seconde de chute ; 2° l'espace parcouru pendant les 10 secondes.

1012. Un wagon se détache d'un train qui gravit une rampe. Ce wagon parcourt 0^m30 pendant la première seconde ; $3\times0,30$ pendant la deuxième ; $5\times0,30$ pendant la troisième ; $7\times0,30$ pendant la quatrième. Que parcourt-il pendant une minute que dure sa descente ?

1013. Un manœuvre doit déposer une brouettée de sable au pied de chacun des 30 arbres qui sont d'un côté d'une allée ; les arbres sont à 6 mètres de distance, et le tas de sable est à 10 mètres en avant du premier arbre. Quel chemin aura-t-il parcouru après avoir achevé son travail et ramené la brouette vers le tas de sable ?

1014. On sait que le 2e et le 7e terme d'une progression arithmétique donnent pour somme 92, que le 4e avec le 11e font 71. Quels sont ces quatre termes ?

1015. La somme des quatre termes du milieu d'une progression arithmétique de 12 termes est 74 ; le produit des extrêmes est 70. Quelle est la progression ?

1016. Dans une progression arithmétique de 11 termes, la somme des termes est 176 ; la différence des extrêmes est 30. Quelle est la progression ?

1017. La somme de trois nombres en progression arithmétique est 33, leur produit égale 1 287. Quels sont ces trois nombres ?

1018. Trouver trois nombres en progression arithmétique, connaissant leur somme s et la somme b^2 de leurs carrés.

1019. Trouver 4 nombres en progression arithmétique, connaissant leur somme 22 et la somme 166 de leurs carrés.

1020. La raison d'une progression arithmétique de quatre termes est 4, le produit des quatre termes est 585. Quelle est la progression ?

1021. Trois nombres en progression arithmétique ont pour produit 16 640 ; le plus petit est 20. Quels sont les deux autres ?

1022. Le produit de cinq nombres en progression par différence est 12 320, et leur somme 40. Quels sont ces cinq nombres ?

1023. Trouver cinq nombres en progression arithmétique, connaissant leur somme s et leur produit p.

1024. La somme de cinq nombres en progression par différence est 45, celle de leurs inverses est $\dfrac{137}{180}$. Quels sont ces cinq nombres ?

1025. Trouver quatre nombres en progression arithmétique, connaissant leur somme 20 et la somme $\dfrac{25}{24}$ de leurs inverses.

1026. Un colonel qui commande à 3 003 hommes veut former ses soldats en triangle de manière que le premier rang ait 1 soldat, le deuxième 2, le troisième 3, et ainsi de suite. Combien y aura-t-il de rangs ?

1027. Vérifier que les carrés des quantités $x^2 - 2x - 1, x^2 + 1$ et $x^2 + 2x - 1$ sont en progression arithmétique.

1028. On demande le n^e terme et la somme des n premiers termes de la suite :

$$1, \frac{n-1}{n}, \quad \frac{n-2}{n}, \quad \frac{n-3}{n} \ldots$$

1029. Trouver le n^e terme et la somme des n premiers termes de la suite :

$$\frac{n^2-1}{n}, \quad n, \quad \frac{n^2+1}{n}, \quad \frac{n^2+2}{n} \ldots$$

1030. Calculer la somme des carrés et la somme des cubes des n premiers nombres. — Plus généralement, calculer la somme des carrés et la somme des cubes des termes d'une progression arithmétique.

§ II. — Progressions géométriques.

1031. Étant donnés le premier terme $a = 2$, la raison $q = 3$ et le nombre des termes $n = 5$, trouver le dernier terme l et la somme S de tous les termes.

1032. Étant donnés $l = 1\,280$, $a = 5$ et $n = 9$, trouver la raison q et la somme des termes S.

1033. Étant donnés $l = 384$, $q = 2$, $n = 8$, trouver a et S.

1034. Étant donnés $q = \dfrac{1}{4}$, $n = 6$ et $S = 2\,730$, trouver a et l.

1035. Insérer : 1º deux moyens proportionnels entre 161 et 4347 ; 2º trois moyens proportionnels entre 3 et 243, et 3º quatre moyens proportionnels entre 243 et 1.

1036. Trouver la limite de la somme des termes à l'infini :

$$1^{\text{o}} \qquad 8 + 4 + 2 + 1 + \frac{1}{2} + \frac{1}{4} + \dots ;$$

$$2^{\text{o}} \qquad 1 + \frac{1}{4} + \frac{1}{16} + \frac{1}{64} + \dots ;$$

$$3^{\text{o}} \qquad 1 - \frac{1}{2} + \frac{1}{4} - \frac{1}{8} + \frac{1}{16} - \dots$$

1037. Trouver la limite de la série $\dfrac{1}{2} + \dfrac{2}{4} + \dfrac{3}{8} + \dfrac{4}{16} + \dots + \dfrac{n}{2^n} + \dots$

dont les numérateurs sont en progression arithmétique et les dénominateurs en progression géométrique.

1038. Quelle est la somme des termes à l'infini de la progression

$$\frac{\sqrt{2} + 1}{\sqrt{2} - 1.} + \frac{1}{2 - \sqrt{2}} + \frac{1}{2} + \dots ?$$

1039. Trouver la somme à l'infini des termes de :

$$1^{\text{o}} \qquad a^n + b a^{n-1} + b^2 a^{n-2} + \dots ;$$

$$2^{\text{o}} \qquad a + b + \frac{b^2}{a} + \frac{b^3}{a^2} + \dots$$

en supposant $a > b$.

1040. Trouver pour $n > x$ la somme à l'infini des termes de la suite :

$$\frac{m}{n} - \frac{(m-n)x}{n} + \frac{(m-n)x^2}{n^2} - \frac{(m-n)x^3}{n^3} + \frac{(m-n)x^4}{n^4} - \dots$$

1041. Dans un carré dont le côté est a, on joint les milieux des quatre côtés et on forme un autre carré dont on joint encore les milieux pour former un nouveau carré, et ainsi de suite : trouver la limite de la somme des aires de tous les carrés ainsi formés.

1042. Quelle limite obtiendrait-on en faisant les mêmes constructions dans un triangle équilatéral de côté a? et quelle serait la limite de la somme des aires des cercles inscrits et des cercles circonscrits à ces triangles ?

1043. Dans un cercle de rayon R on inscrit un carré, dans ce carré on inscrit un cercle, dans celui-ci un autre carré, et ainsi de suite indéfiniment. On demande : 1º la limite de la somme des aires des cercles; 2º la limite de la somme des aires des carrés.

1044. Le piston d'une machine pneumatique se meut dans un cylindre dont la capacité est les $\dfrac{2}{5}$ de celle du récipient. On demande la pression de l'air restant dans le récipient après n coups de piston.

1045. La somme à l'infini des termes d'une progression géométrique est 6, la somme des deux premiers termes est $4\frac{1}{2}$; trouver la progression.

1046. Trouver les 4 angles d'un quadrilatère, sachant que ces angles sont en progression géométrique et que le dernier égale neuf fois le second.

1047. Partager le nombre 221 en trois parties qui forment une progression géométrique telle que le troisième terme surpasse le premier de 136.

1048. La somme des trois termes d'une progression géométrique est 248, et la différence des termes extrêmes 192. Quels sont ces trois termes ?

1049. Trouver quatre nombres en progression géométrique tels que la somme des deux premiers soit 28, et celle des deux derniers 175.

1050. Calculer les quatre termes d'une progression géométrique, sachant que le 2ᵉ surpasse le 1ᵉʳ de 4, le 4ᵉ surpasse le 3ᵉ de 36, et enfin que la somme des carrés des quatre termes est 3 280.

1051. En supposant qu'une somme placée à intérêts composés soit doublée tous les quinze ans, on demande la valeur en 1890 d'un franc placé en l'an 1500.

1052. Le volume d'un parallélépipède rectangle est 3 375 cèntimètres cubes : trouver la longueur de ses arêtes, sachant qu'elles sont en progression géométrique et que leur somme est 65.

1053. Trouver trois nombres en progression géométrique, connaissant leur somme 26 et l'excès 10 du plus grand sur la somme des deux autres.

1054. Une progression géométrique a 5 termes, la raison est égale au quart du premier terme, et la somme des deux premiers est 24 ; trouver les 5 termes.

1055. Une progression géométrique a 6 termes, la raison est égale au premier terme changé de signe, et la différence des deux premiers termes est 42 ; trouver la somme des termes.

1056. Déterminer une progression de 7 termes, connaissant la somme 26 des trois premiers et la somme 2 106 des trois derniers.

1057. Dans une progression de 7 termes, la somme des 6 derniers termes est double de la somme des 6 premiers ; sachant que cette dernière somme est $157\frac{1}{2}$, déterminer la progression.

1058. La somme des termes d'une progression géométrique de 5 termes est 484 ; celle des termes de rang pair égale 120. Déterminer la progression.

1059. Dans une progression géométrique de 6 termes, on donne la somme a des deux extrêmes et la somme b des deux moyens. Déterminer la progression.

1060. Asaphad, historien arabe, raconte que Sessa présenta le jeu d'échecs, qu'il venait d'inventer, à Scheran, prince de l'Inde. Celui-ci demanda ce qu'il voulait pour sa récompense ; Sessa répondit : « Que Votre Majesté daigne me donner 1 grain de blé pour la 1ʳᵉ case de l'échiquier, 2 pour la 2ᵉ, 4 pour la 3ᵉ, et ainsi de suite en doublant toujours jusqu'à la 64ᵉ case. » Charmé de la modestie de l'inventeur, le prince ordonna à ses ministres de le solder à l'instant. — On demande : 1° combien devait-on donner de grains de blé ; 2° quelle superficie faudrait-il ensemencer pour récolter ce blé, sachant que l'hectare produit 25 hectolitres et que l'hectolitre renferme environ 2 000 000 de grains ; 3° quelle est la valeur de ce blé à raison de 20 fr. l'hectolitre ?

LOGARITHMES

§ I. — Exercices relatifs à l'usage des Tables.

1061. Trouver les logarithmes des nombres suivants :

1°	5 436,	16°	3 700 200,
2°	36 954,	17°	2 509 067,
3°	45 876,	18°	37 509 450,
4°	245 872,	19°	25,1075,
5°	5 278 429,	20°	3,16295,
6°	883,70,	21°	0,26305,
7°	103,555,	22°	0,7896952,
8°	6 709,25,	23°	0,059755,
9°	10 857,9,	24°	0,04678296,
10°	84 357,25,	25°	0,002578,
11°	9 758,496,	26°	0,0018865,
12°	123,4508,	27°	0,007180457,
13°	23,47538,	28°	0,00016585,
14°	6,365423,	29°	0,00077113,
15°	508 090,	30°	0,0001528907.

1062. Trouver les nombres correspondants aux logarithmes suivants :

1°	3,5701225,	16°	6,5350125,
2°	4,5792461,	17°	7,7965022,
3°	5,1350987,	18°	0,0865127,
4°	6,9871245,	19°	0,5346930,
5°	7,6780056,	20°	$\overline{1}$,3657296,
6°	6,8839437,	21°	$\overline{1}$,4505099,
7°	5,8282893,	22°	$\overline{2}$,3437105,
8°	2,0071295,	23°	$\overline{2}$,4293782,
9°	1,8923752,	24°	$\overline{3}$,1253680,
10°	0,3457601,	25°	$\overline{3}$,7846058,
11°	1,4561234,	26°	$\overline{4}$,6845624,
12°	2,7332381,	27°	$\overline{1}$,5162489,
13°	3,8870282,	28°	$\overline{2}$,2754689,
14°	4,5673382,	29°	$\overline{3}$,3576158,
15°	5,4884644	30°	$\overline{4}$,4455502.

1063. Calculer les logarithmes des expressions suivantes :

$1^o \quad \dfrac{17}{6}, \qquad\qquad 4^o \quad \dfrac{3}{7},$

$2^o \quad \dfrac{13}{16}, \qquad\qquad 5^o \quad \dfrac{17}{9},$

$3^o \quad \dfrac{2}{3}, \qquad\qquad 6^o \quad \dfrac{5}{7}.$

§ II. — Exercices de calcul logarithmique.

1064. Développer les expressions suivantes :

$$1^o \quad \log\frac{abc}{de}; \qquad 2^o \quad \log\frac{1}{ab}; \qquad 3^o \quad \log\left(\frac{ab}{c}\right)^p;$$

$$4^o \quad \log\sqrt{\frac{a^m}{bc^p}}; \qquad 5^o \quad \log\frac{a^2-x^2}{\sqrt{a^2+x^2}}.$$

1065. Calculer $x = ab$, sachant que :

$$\log a = 0{,}8388491, \quad \log b = \overline{1}{,}5340517.$$

1066. Calculer $x = \dfrac{abc}{d}$, sachant que :

$$\log a = 3{,}2730013, \quad \log b = \overline{1}{,}9957528, \quad \log c = 1{,}9849438,$$
$$\log d = \overline{1}{,}5918780.$$

1067. Calculer les puissances suivantes :

$1^o \; 5^{10}; \quad 2^o \; (0{,}4326)^3; \quad 3^o \; (0{,}986542)^{15}; \quad 4^o \; (3845{,}176)^{10}; \quad 5^o \; (648{,}9517)^{12}.$

1068. Calculer les racines suivantes :

$$1^o \; \sqrt[3]{12}; \qquad 2^o \; \sqrt[3]{267}; \qquad 3^o \; \sqrt[3]{5{,}8}; \qquad 4^o \; \sqrt[3]{17}; \qquad 5^o \; \sqrt[5]{0{,}2}.$$

1069. Calculer les racines suivantes :

$$1^o \; \sqrt[5]{0{,}07776}; \qquad 2^o \; \sqrt[7]{0{,}0002187}; \qquad 3^o \; \sqrt[5]{\frac{13}{16}};$$

$$4^o \; \sqrt[10]{0{,}07152684}; \qquad 5^o \; \sqrt[18]{9{,}817254}.$$

1070. Calculer par logarithmes le produit :

$$x = 875{,}6348 \times 62{,}82407.$$

1071. Calculer l'expression :

$$x = \frac{236{,}39 \times 127{,}46}{564{,}87}.$$

1072. Calculer l'expression :

$$x = \frac{248{,}9762 \times 2{,}72845}{1830{,}427}.$$

1073. Calculer l'expression : $x = \dfrac{(0{,}9754468)^8}{1572{,}369}.$

1074. Calculer : $x = \sqrt[5]{\dfrac{0{,}5142}{375}}.$

1075. Calculer : $$x = \left(\frac{2}{37}\right)^5.$$

1076. Calculer l'expression : $$x = \frac{\sqrt[15]{25,36496}}{(0,0893462)^8}.$$

1077. Calculer l'expression : $$x = \frac{(45,37284)^{10}}{\sqrt[3]{0,0005462379}}.$$

1078. Calculer l'expression : $$x = \frac{(5173,841)^5}{(0,04152837)^9}.$$

1079. Calculer l'expression :

$$x = \frac{\sqrt[7]{(36926,5)^3} \times \sqrt[5]{2629}}{\sqrt[3]{(6258,96)^2}}.$$

1080. Calculer : $$x = \sqrt[157]{\left(\frac{829}{828}\right)^{361}}.$$

§ III. — Questions à résoudre par logarithmes.

1081. Connaissant le premier terme 4, le dernier 4096 et la somme 5460 des termes d'une progression géométrique, trouver le nombre des termes et la raison.

1082. Connaissant le premier terme 3, la raison 2 et la somme 765 des termes d'une progression géométrique, trouver le dernier terme et le nombre des termes.

1083. Connaissant le dernier terme 162, la raison 3 et la somme des termes 242 d'une progression géométrique, trouver le premier terme et le nombre des termes.

1084. Connaissant le premier terme 6, la raison 2 et le dernier terme 192 d'une progression géométrique, trouver la somme des termes et le nombre des termes.

1085. Insérer 14 moyens proportionnels entre 3 et 98304.

1086. Insérer 8 moyens proportionnels entre 12 et 23437500.

1087. Calculer l'arête d'un cube ayant pour volume : 1° 0ᵐ·ᶜ·,478928 ; 2° 0ᵐ·ᶜ·,054327.

1088. Calculer : 1° la circonférence d'un cercle dont le diamètre est 2,51075, et 2° la surface latérale du cylindre ayant ce cercle pour base et une hauteur de 3ᵐ,6.954.

1089. Calculer : 1° la surface d'un cercle de 0ᵐ,059755 de rayon; 2° le volume du cylindre ayant ce cercle pour base et une hauteur de 0ᵐ,45876.

1090. Quel est le volume d'une sphére dont le rayon égale 0,7892 ? Calculer la surface.

1091. Calculer les dimensions de l'hectolitre, sachant qu'il a une hauteur égale à son diamètre.

1092. Calculer les dimensions du litre, sachant que la hauteur est double du diamètre.

1093. Calculer la longueur du pendule qui bat la seconde à Paris, connaissant $g = 9,8088$.

1094. Quel est le rayon d'une sphère dont le volume est $0,199532^{\mathrm{c.c.}}$?

1095. Calculer la durée de la chute d'un corps qui tomberait dans le vide, sans vitesse initiale, d'une hauteur de 4810 mètres (hauteur du mont Blanc).

1096. Quel serait le poids d'un cône en bronze dont la densité est $\delta = 9,235$, sachant que l'arête et le diamètre de base sont égaux à $1^{\mathrm{m}},145$?

1097. Quel est le rayon d'une sphère pleine en cuivre jaune pesant $3^{\mathrm{kil}},785$, sachant que la densité du cuivre est $\delta = 8,427$?

1098. Calculer le poids d'un cylindre creux en plomb, connaissant la hauteur $h = 0,392$, le diamètre extérieur $D = 0,0523$, le diamètre intérieur $d = 0,0374$ et la densité du plomb $\delta = 11,352$.

1099. Calculer : 1° le rayon de la terre ; 2° le temps qu'il faudrait à une pierre qui tombe pour arriver au centre ; 3° la vitesse qu'elle aurait en arrivant à ce point.

1100. Étant donnés les trois côtés d'un triangle : $a = 608^{\mathrm{m}},78$, $b = 1363^{\mathrm{m}},65$, $c = 949^{\mathrm{m}},69$, on demande de calculer : 1° la surface, les trois hauteurs et le rayon du cercle circonscrit ; 2° les bissectrices α, β, γ des angles intérieurs et les bissectrices α', β', γ' des angles extérieurs.

§ IV. — Équations exponentielles.

Questions à résoudre sans recourir aux Tables.

1101. Résoudre l'équation : $\qquad (a^x)^x = (a^6)^2$.

1102. Résoudre : $\qquad (a^x)^2 = (a^x)^x$.

1103. Résoudre : $\qquad (a^{b-x})^x = a^x$.

1104. Résoudre : $\qquad (4^{3-x})^{2-x} = 1$.

1105. Résoudre : $\qquad (10^{5-x})^{6-x} = 100$.

1106. Résoudre : $\qquad \sqrt[x]{a} = a^x$.

1107. Résoudre : $\qquad 100 \times 10^x = \sqrt[x]{1000^5}$.

1108. Résoudre : $\qquad 2^{x+1} + 4^x = 80$.

1109. Résoudre : $\qquad 2^x + 4^x = 272$.

1110. Résoudre : $\qquad 2^{x+3} + 4^{x+1} = 320$.

1111. Résoudre : $\qquad 3^{x+2} + 9^{x+1} = 810$.

1112. Résoudre : $\qquad \log x = \log 24 - \log 8$.

1113. Résoudre : $\qquad 2 \log x = \log 192 + \log \dfrac{3}{4}$.

1114. Résoudre : $\qquad \log x = 3 \log 18 - 4 \log 12$.

1115. Résoudre : $\qquad 5 \log x - \log 288 = 3 \log \dfrac{x}{2}$.

Questions à résoudre à l'aide des Tables.

1116. Résoudre l'équation : $\qquad 3^v = 177\,147$.

1117. Résoudre : $\qquad \left(\dfrac{3}{4}\right)^x = 51\dfrac{1}{2}$.

1118. Résoudre : $$3^{\frac{x}{2}} = 768.$$

1119. Résoudre : $$24^{3x-2} = 10000.$$

1120. Résoudre : $$3^{\sqrt{x}} = 243.$$

1121. Résoudre : $$5^{x^2-3x} = 625.$$

1122. Résoudre : $$x^{x^2-7x+12} = 1.$$

1123. Résoudre : $$7^{x^2-5x+9} = 343.$$

1124. Résoudre : $$2^{x^2-9x-24} = 4096.$$

1125. Résoudre : $$6^{x^4-18x^2+86} = 7776.$$

1126. Résoudre : $$3^{x+1} + \frac{18}{3^x} = 29.$$

1127. Résoudre : $$4^{x+1} + \frac{64}{4^x} = 257.$$

1128. Résoudre :
$$3^x + 3^{x-1} + 3^{x-2} + 3^{x-3} + 3^{x-4} = 363.$$

1129. Résoudre : $$x^x - x^{-x} = 3\,(1 + x^{-x}).$$

1130. Résoudre : $$5^{2x} - 7 \cdot 5^x - 450 = 0.$$

1131. Résoudre : $$7^{2x} - 6 \cdot 7^x + 5 = 0.$$

1132. Résoudre : $$5 \cdot 3^{2x} - 7 \cdot 3^x - 3456 = 0.$$

1133. Résoudre : $$2 \cdot 5^x - \frac{779375}{5^x} - 3 = 0.$$

1134. Résoudre : $$3^{x+1} + 3^{x-2} - \frac{15}{3^{x-1}} = \frac{247}{3^{x-2}}.$$

1135. Résoudre : $$3^{x+1} + 3^{x-2} - 3^{x-3} + 3^{x-4} = 750.$$

1136. Résoudre : $$3^{2x} \cdot 5^{2x-3} = 7^{x-1} \cdot 4^{x+3}.$$

1137. Résoudre : $$3 \cdot 2^{x+3} = 192 \cdot 3^{x-3}.$$

1138. Résoudre : $$(a^4 - 2a^2b^2 + b^4)^{x-1} = \frac{(a-b)^{2x}}{(a+b)^2}.$$

1139. Résoudre : $$a \cdot a^3 \cdot a^5 \cdot a^7 \ldots a^{2x-1} = n.$$
Application : $\quad a = 2, \quad n = 512; \quad a = 2, \quad n = 65536.$

1140. Résoudre le système des deux équations :
$$x + y = 65 \quad \text{et} \quad \log x + \log y = 3.$$

1141. Résoudre le système :
$$x^2 + y^2 = 425,$$
$$\log x + \log y = 2.$$

1142. Résoudre le système :
$$x^4 + y^4 = 641,$$
$$2 \log x + 2 \log y = 2.$$

1143. Résoudre le système :
$$\log x + \log y = 3,$$
$$5x^2 - 3y^2 = 11300.$$

1144. Résoudre le système :

$$\log \sqrt{x} - \log \sqrt{5} = 0,5,$$
$$3 \log x + 2 \log y = 1,50515.$$

1145. Résoudre le système :

$$2 \log y - \log x = 0,12494,$$
$$\log 3 + 2 \log x + \log y = 1,73239.$$

1146. Résoudre le système :

$$\log x - \log 5 = \log 10,$$
$$\log x^3 + \log y^2 = \log 32.$$

1147. Résoudre le système :

$$5^{3x-2y} = 3125,$$
$$11^{6x-7y} = 14641.$$

1148. Résoudre le système :

$$\log x + \log y = \frac{3}{2},$$
$$\log x - \log y = \frac{1}{2}.$$

1149. Résoudre le système :

$$3^x . 4^y = 3981312,$$
$$2^y . 5^x = 400000.$$

1150. Résoudre le système :

$$\sqrt[x]{x+y} = 2,$$
$$(x+y) 3^x = 279936.$$

INTÉRÊTS COMPOSÉS, ANNUITÉS

1151. Que deviendra, après 14 ans, un capital de 16000 fr. placé à intérêts composés à 4 p. $^0/_0$?

1152. Que deviendront 15000 fr. placés à intérêts composés à 3 $^1/_2$ p. $^0/_0$ pendant 10 ans, les intérêts se capitalisant tous les 6 mois ?

1153. Quelle est la somme qui, étant placée à intérêts composés à 6 p. $^0/_0$ pendant 20 ans, est devenue 20645,5 ?

1154. Une ville, ayant vendu un terrain communal 140000 fr., place cette somme à 4 p. $^0/_0$ et à intérêts composés : on demande dans combien d'années elle aura 200000 fr.

1155. Combien faut-il de temps pour qu'une somme placée à intérêts composés à 4 p. $^0/_0$, à 5 p. $^0/_0$, à 6 p. $^0/_0$, soit augmentée de sa moitié ?

1156. Trouver l'augmentation subie par une somme de 100000 fr. placée à intérêts composés pendant 8 ans et 8 mois à 4 p. %.

1157. Quelle somme faut-il placer à intérêts composés à 4 p. % pour recevoir, après 18 ans, 20000 fr., les intérêts se capitalisant tous les 6 mois ?

1158. A quel taux faut-il placer un capital à intérêts composés pour qu'il soit quadruplé après 31 ans ?

1159. Combien faut-il de temps à une somme placée à intérêts composés et à 3,5 p. % pour être doublée, triplée, quadruplée, quintuplée ?

1160. En général, quel temps faut-il à une somme a placée à intérêts composés et à t p. % pour devenir m fois plus forte ?

1161. On place 15000 fr. à intérêts composés et à 4 $^1/_2$ p. % pendant 20 ans; on demande pendant combien d'années il aurait fallu placer la même somme à intérêts simples et à 5 p. %, pour qu'elle subît la même augmentation que dans le premier cas.

1162. La somme de 8000 fr. a été placée à intérêts composés et à 5 p. %, pendant 12 ans : quelle somme aurait-il fallu placer à intérêts simples et à 5,5 p. % pour retirer le même intérêt et dans le même temps ?

1163. Une somme de 400000 fr. a été placée à intérêts composés; si on l'eût laissée un an de moins, le capital définitif eût été inférieur de 22050 fr.; si, au contraire, on l'eût laissée un an de plus, le capital définitif aurait été augmenté de 23152 fr. 50 : trouver le taux de l'intérêt et la durée du placement.

1164. Un particulier qui a deux sommes à placer, l'une de 6000 fr. et l'autre de 5000, calcule que s'il place la plus forte au taux le plus élevé, et la plus faible au taux le plus bas, il retire après 4 ans 13141 fr. 30; tandis que s'il place la plus faible au taux le plus haut et la plus forte au taux le plus bas, il retire seulement après 4 ans 13096 fr. 70 : à quels taux ont été placées ces deux sommes ?

1165. Une somme de 50000 fr. a été placée à intérêts composés; si on l'eût laissée deux ans de moins, le capital définitif aurait été inférieur de 4412 fr. 93; si, au contraire, on l'eût laissée 2 ans de plus, le capital aurait été augmenté de 4773 fr. : trouver le taux de l'intérêt et la durée du placement.

1166. A quelle époque aurait-il fallu placer un sou à intérêts composés, pour qu'en 1881 il valût la dette de la France, qui était d'environ 33 milliards, le taux étant 5 p. % ?

1167. Une ville emprunte 1800000 fr. à 4 p. % et veut amortir cette dette en 30 ans : quelle annuité doit-elle y consacrer ?

1168. Une personne qui a une annuité de 2500 fr. à débourser pendant 6 ans désire s'acquitter en un seul payement : quelle somme doit-elle verser, le taux étant de 4,5 p. % ?

1169. Une société peut consacrer chaque année pendant 40 ans une annuité de 50000 fr. à éteindre un emprunt qu'elle désire contracter : quelle somme pourra-t-elle emprunter, si le taux est de 5 p. % ?

1170. Une commune qui a emprunté 100000 fr. à 4 p. % consacre annuellement 3679 fr. 25 à éteindre cette dette : dans combien de temps sera-t-elle libérée ?

1171. Un particulier emprunte une somme de 10000 fr. et acquitte sa dette en deux annuités de 5276 fr.: on demande à quel taux s'est fait l'emprunt.

1172. Un ouvrier place tous les ans une somme de 300 fr. à intérêts composés et à 3 p. % : que lui reviendra-t-il un an après le 25e placement ?

1173. Un négociant âgé de 35 ans désire avoir à 50 ans un capital de 40000 fr.;

quelle somme devra-t-il placer chaque année au taux de 4 p. % pour réaliser ses espérances ?

1174. Un ouvrier demande quelle somme il doit placer à partir de sa 21e année jusqu'à la 60e à 3,5 p. % et à intérêts composés, pour avoir à 60 ans un capital de 30000 fr.

1175. Un fumeur dépense, depuis sa seizième année, en moyenne 0 fr. 20 par jour ; on demande quelle somme il retirerait à l'âge de 60 ans s'il avait placé à la fin de chaque année les 73 fr. que lui coûte cette habitude. On suppose le taux à 5 %.

1176. Un État voit sa population s'accroître chaque année du 80e de ce qu'elle était l'année précédente : dans combien de temps sa population sera-t-elle doublée, triplée ?

1177. Une ville de 8000 habitants a vu sa population diminuer de 160 habitants dans une année ; si la diminution se fait à l'avenir dans la même proportion, dans combien d'années n'aura-t-elle plus que 5000 habitants ?

1178. Un département qui avait 600000 habitants il y a 16 ans n'en a plus aujourd'hui que 570000 : quelle a été la diminution annuelle comparée à la population ?

1179. L'augmentation éprouvée en 1863 par une ville de 54000 habitants est telle, qu'on en conclut que sa population sera doublée en 1899 : quelle était sa population en 1872 ?

1180. Au sortir de l'arche, la famille de Noé se composait de 8 personnes. En supposant que l'accroissement de la population soit en moyenne de $1/_{222}$ par an, et qu'il se soit écoulé 4200 ans environ depuis cet événement, quelle doit être la population actuelle du globe ?

1181. Un négociant qui a commencé le commerce avec 16000 fr. a vu sa fortune s'accroître chaque année de $1/_{11}$: quelle est actuellement sa fortune, s'il y a 18 ans qu'il fait du commerce ?

1182. Établir la formule de l'amortissement en décomposant l'annuité servie en deux parties, l'une employée à payer les intérêts du capital, l'autre à éteindre le capital.

1183. On place au commencement de chaque année, pendant n années consécutives, une même somme a ; on demande quel capital on aura ainsi obtenu au bout de la n^e année, en supposant que tous les capitaux soient placés à intérêts composés au taux de r pour 1 fr.

Application : $a = 1000$, $r = 0.05$, $n = 25$.

1184. On place au commencement de la première année une somme a ; puis au commencement de la deuxième année, la somme $(a + b)$; au commencement de la troisième année, la somme $(a + 2b)$, et ainsi de suite, en augmentant chaque année la somme d'une même quantité b. On demande quel capital on aura ainsi constitué au bout de la n^e année, en supposant que tous les capitaux soient placés à intérêts composés au taux de r pour 1 fr.

Application : $a = 1000$, $b = 50$, $r = 0,05$, $n = 21$.

1185. On place au commencement de la première année la somme a ; puis au commencement de la deuxième année, la somme aq ; au commencement de la troisième année, la somme aq^2, et ainsi de suite, de sorte que les diverses sommes ainsi placées soient les termes d'une progression géométrique. On demande quel capital on aura ainsi constitué au bout de la n^e année, en supposant que tous les capitaux soient placés à intérêts composés, au taux de r pour 1 franc.

Application : $a = 1000$, $q = 1,25$, $r = 0,05$, $n = 20$.

Écrire immédiatement le développement des binômes suivants :

1186. $(a + b)^5$.   1189. $(x + 1)^9$.

1187. $(a - b)^7$.   1190. $(2a + 4b)^3$.

1188. $(a - 1)^4$.   1191. $(4a - 1)^6$.

1192. Trouver le terme du milieu du développement de $(a + b)^{12}$.

1193. Trouver le développement de $(a + b)^m + (a - b)^m$.

1194. Trouver le nombre de boulets que contient une pile triangulaire complète ayant 150 boulets de côté.

1195. Trouver le nombre de boulets que contient une pile triangulaire tronquée renfermant 50 tranches, sachant qu'à sa base elle a 100 boulets de côté.

1196. Calculer le nombre de boulets que contient une pile carrée complète ayant 100 boulets de côté.

1197. Calculer le nombre de boulets que contient une pile carrée tronquée renfermant 40 tranches, sachant qu'à sa base elle a 70 boulets de côté.

1198. Trouver le nombre de boulets que contient :

1° Une pile rectangulaire complète ayant à sa base 100 boulets de côté sur 30 ;

2° Une pile rectangulaire tronquée renfermant 35 tranches, sachant que sa base a 60 boulets sur 40.

1199. Quelle est la base d'un système de logarithmes dans lequel 6 est le logarithme de 64 ?

1200. Quelle est la base d'un système de logarithmes dans lequel un nombre donné b est égal à son logarithme ?

EXERCICES D'ALGÈBRE

2ᵉ SÉRIE

QUESTIONS PROPOSÉES A DIVERS EXAMENS

I. — Calcul algébrique et équations du 1ᵉʳ degré.

1201. Effectuer la division suivante : $\dfrac{32x^5 + 243}{2x + 3}$. (Bacc.)

1202. Démontrer que si trois nombres entiers sont en progression arithmétique de raison r, et si l'un d'eux est multiple de r, le produit de ces trois nombres est divisible par $6r^3$. (Bacc.)

1203. Si x, y et z désignent trois nombres entiers et si le nombre entier $x^2 + 2y^2z$ est le carré d'un nombre entier, démontrer que le nombre entier $x^2 + y^2z$ est la somme des carrés de deux nombres entiers. (Bacc.)

1204. Décomposer en facteurs du premier degré l'expression :
$$2a^2b^2 + 2a^2c^2 + 2b^2c^2 - a^4 - b^4 - c^4. \qquad \text{(Bacc.)}$$

1205. Décomposer en deux facteurs du premier degré l'expression :
$$(a^2 - 4b^2)\, x^2 + 2\,(a^3 + 2b^3)\, x + a^4 - b^4. \qquad \text{(Bacc.)}$$

1206. Comment doit-on choisir le coefficient numérique m pour que la division de $x^3 + y^3 + z^3 + mxyz$ par $x + y + z$ puisse s'effectuer ? Donner le quotient de cette division. (Bacc.)

1207. On demande de diviser $x^4 + 1$ par $x^2 + px + q$ où p et q sont des nombres donnés. Quelles valeurs faut-il attribuer à p et à q pour que la division se fasse sans reste ? (Bacc.)

1208. Étant donné $x^4 + px^2 + q$, déterminer p et q de telle manière que le polynôme soit divisible par $x^2 - 6x + 5$. (Bacc.)

1209. Quelle quantité faut-il retrancher aux deux termes d'une fraction $\dfrac{a}{b}$ pour qu'elle devienne égale à son carré ou à son cube ? (Bacc.)

1210. Simplifier la fraction : $\dfrac{ab(x^2 + y^2) + xy(a^2 + b^2)}{ab(x^2 - y^2) + xy(a^2 - b^2)}$. (Bacc.)

1211. Simplifier l'expression :
$$\frac{a^3}{(a-b)(a-c)} + \frac{b^3}{(b-c)(b-a)} + \frac{c^3}{(c-a)(c-b)} \cdot \qquad \text{(Bacc.)}$$

1212. Quelles sont les conditions nécessaires et suffisantes pour que la fraction $\dfrac{ax + b}{a'x + b'}$ conserve la même valeur, quelle que soit la valeur de x ?

(Bacc.)

1213. Trouver les conditions nécessaires et suffisantes pour que la fraction $\dfrac{ax^2 + bx + c}{a'x^2 + b'x + c'}$ soit indépendante de la variable x.   (Bacc.)

1214. Mettre la fraction $\dfrac{x-1}{3x^2 - 7x + 2}$ sous la forme d'une somme de deux fractions $\dfrac{A}{x-a} + \dfrac{B}{x-b}$, c'est-à-dire déterminer A, B, a, b, de manière que cette somme soit identiquement égale à la fraction proposée.

(Bacc.)

1215. Quelle est la valeur de l'expression $\dfrac{x^3 - 1}{x^3 + 2x^2 - 3x}$ lorsqu'on fait tendre x vers l'unité? (Bacc.)

1216. Vers quelle limite tend l'expression $\sqrt{x^2 + x + 1} - ax$, dans laquelle a est un nombre quelconque, lorsque x augmente indéfiniment? (Bacc.)

1217. Transformer l'expression $\sqrt{x^2 + x + 1 - \sqrt{2x^3 + x^2 + 2x}}$ en une autre qui ne contienne que des radicaux simples. (Bacc.)

1218. Résoudre le système d'équations :
$$x + y + z = 1,$$
$$ax + by + cz = h,$$
$$a^2x + b^2y + c^2z = h^2 ;$$

faire voir que le numérateur et le dénominateur de la valeur de chacune des inconnues peuvent être décomposés en facteurs du premier degré. (Bacc.)

1219. Résoudre le système suivant :
$$x - ay + a^2z = a^3,$$
$$x - by + b^2z = b^3,$$
$$x - cy + c^2z = c^3. \qquad \text{(Bacc.)}$$

1220. Résoudre le système d'équations :
$$a^3x + a^2y + az - 1 = 0,$$
$$b^3x + b^2y + bz - 1 = 0,$$
$$c^3x + c^2y + cz - 1 = 0. \qquad \text{(Bacc.)}$$

1221. On donne le système : $ax - by = 4,$
$$3x + 5y = 1,$$

et l'on demande les valeurs qu'il faut attribuer aux coefficients a et b pour que ce système soit indéterminé. (Bacc.)

1222. On donne le système de deux équations du premier degré entre les inconnues x et y : $\alpha x - 6y = 5x - 3,$
$$2x + (\alpha - 7)y = 29 - 7x,$$

et l'on demande les valeurs qu'il faut donner à l'indéterminée α pour que : 1° les équations proposées soient incompatibles ; 2° les équations forment un système indéterminé ; 3° la résolution du système donne $x = y$. (Bacc.)

1223. A quelles conditions les trois équations :
$$ax + by + cz = 0,$$
$$a'x + b'y + c'z = 0,$$
$$a''x + b''y + c''z = 0,$$

sont-elles satisfaites autrement que par $x = 0,\ y = 0,\ z = 0$? (Bacc.)

1224. A quelles conditions doivent satisfaire les quantités l, m, n pour vérifier les trois équations à deux inconnues :

$$x - ly - n = 0,$$
$$y - lx - m = 0,$$
$$nx + my - 1 = 0.$$

(Bacc.)

1225. Si α, β, γ, sont trois nombres distincts satisfaisant aux relations :

$$\alpha^3 + p\alpha + q = 0,$$
$$\beta^3 + p\beta + q = 0,$$
$$\gamma^3 + p\gamma + q = 0,$$

prouver que l'on doit avoir $\alpha + \beta + \gamma = 0.$ (Bacc.)

1226. On donne deux nombres quelconques x et y ; on en calcule deux autres, x' et y', par les formules $x' = ax + by + c$, $y' = a'x + b'y + c'$. On emploie ces deux derniers pour en calculer deux autres, x'' et y'', à l'aide des mêmes formules, et l'on demande de déterminer a', b' et c' de manière que, quels que soient les nombres primitifs x et y, le résultat de l'opération soit de les reproduire ; ou qu'en d'autres termes n ait toujours: $x'' = x$, $y'' = y$. (Bacc.)

1227. Deux points A et B sont distants l'un de l'autre de d km. La tonne de charbon prise en A coûte a fr. ; la tonne de charbon prise en B coûte b fr. Le transport de la tonne coûte c fr. par km. Trouver entre A et B le point où la tonne de charbon coûte le même prix, qu'elle vienne de A ou de B, et vérifier que ces prix sont égaux.

Application : $a = 37$ fr. 25, $b = 46$ fr. 75, $c = 0{,}018$, $d = 800^{km}$. (Bacc.)

1228. Une personne possède un capital C divisé en deux parties a et b. La partie a, placée pendant m années au taux t, a produit des intérêts simples égaux à ceux que l'autre partie b a produits en n années au taux t'. D'autre part, a placée pendant un an au taux t' produit une somme P, et b placée durant un an au taux t produit une somme Q. Connaissant C, P, Q, m, n, trouver a, b, t, t'. (Concours d'admission à l'école des mines de Saint-Étienne, 1872.)

II. — Équations du 2e degré. Propriétés des racines.

1229. Le nombre 196 est écrit dans le système décimal; il est représenté par 276 dans un système de base inconnue. Quelle est cette base ?   (Bacc.)

1230. Résoudre l'équation $\dfrac{1}{a} + \dfrac{1}{b} + \dfrac{1}{x} = \dfrac{1}{a+b+x}$. (Bacc.)

1231. Les deux racines d'une équation du second degré ont pour différence $a^2 b^2$ et pour produit $\left(\dfrac{a^4 - b^4}{2}\right)^2$. Calculer ces deux racines. (Bacc.)

1232. Pour quelles valeurs de a l'équation

$$x^2 - 2(a - 5)x + a^2 - 1 = 0$$

a-t-elle ses racines réelles ? Indiquer pour chacune de ces valeurs les signes des racines. (Bacc.)

1233. Résoudre l'équation $\dfrac{x-1}{2x-1} + \dfrac{2x+1}{x-1} = m$, et trouver entre quelles limites m doit varier pour que l'équation ait ses racines réelles. (Bacc.)

1234. Résoudre l'équation $\dfrac{1}{x-a} + \dfrac{1}{x-b} + \dfrac{1}{x-c} = 0$, et démontrer qu'elle a toujours ses racines réelles, a, b, c étant des nombres quelconques. (Bacc.)

1235. Démontrer que l'équation $\dfrac{a^2}{x-p} + \dfrac{b^2}{x-q} - 1 = 0$ a toujours ses racines réelles, quelles que soient les constantes a, b, p, q. (Bacc.)

1236. Résoudre l'équation $\dfrac{a}{x} = \dfrac{x-1}{x-a}$ et déterminer les limites entre lesquelles a doit être compris pour que les racines soient réelles. (Saint-Cyr.)

1237. Résoudre $ax^2 - x + a = 0$. Expliquer l'opération et discuter le résultat. Examiner le cas particulier de $a = \dfrac{m}{m^2 + 1}$. (Bacc.)

1238. Résoudre l'équation $\dfrac{1}{x-a} + \dfrac{1}{x-b} = \dfrac{1}{x-c}$, dans laquelle les quantités a, b, c sont réelles et positives. Conditions pour que les racines soient aussi réelles et positives. (Brevet scientifique, Dijon.)

1239. Étant donnée l'équation
$$(m - 5)x^2 - 4mx + m - 2 = 0,$$
on demande pour quelles valeurs de m l'équation aura : 1° ses racines réelles ; 2° ses deux racines de signes contraires. (Bacc.)

1240. Trouver la somme des quatrièmes puissances des racines de l'équation du second degré. (Bacc.)

1241. On donne l'équation du second degré $ax^2 + bx + c = 0$, et l'on demande de déterminer les coefficients a, b, c de telle façon que : 1° la somme des carrés des racines soit égale à un nombre donné m^2 ; 2° la somme des rapports de ces racines et du rapport inverse soit égale à un nombre donné k. Quel doit être ce nombre k pour que le problème soit possible, et combien dans ce cas y a-t-il de solutions? Examiner si la condition trouvée est suffisante pour que les racines de l'équation soient réelles.

Application : $m^2 = 14$, $k = 14$. (École normale de Cluny.)

1242. Étant donnée l'équation $x^2 + 2(2m - 1)x + 3m^2 + 5 = 0$: 1° déterminer entre quelles limites doit être compris m pour que les racines soient réelles ; 2° examiner si le nombre 1 peut être compris entre les racines de cette équation ; 3° calculer, en fonction de m, l'expression $\dfrac{x'^2}{x''^2} + \dfrac{x''^2}{x'^2}$. (Bacc.)

1243. Un mobile est lancé dans le vide verticalement de bas en haut avec une vitesse initiale v_0 ; jusqu'à quelle hauteur s'élèvera-t-il, et en combien de temps? Quel temps mettra-t-il pour s'élever à une hauteur donnée h? (Bacc.)

1244. Résoudre l'équation $\dfrac{x^2}{x^2 - a^2} + \dfrac{x^2}{x^2 - b^2} = 4$ et faire voir que les racines sont toujours réelles, quelle que soit la valeur que l'on donne à a et à b. (Saint-Cyr, oral.)

1245. Dans l'équation bicarrée $x^4 - (3m + 4)x^2 + (m + 1)^2 = 0$, déterminer m par la condition que les quatre racines soient en progression arithmétique. (Bacc.)

1246. Déterminer k dans l'équation $5x^2 - 4x + k = 0$, de façon que le premier membre soit : 1° la somme de deux carrés ; 2° la différence de deux carrés. (Bacc.)

1247. Étant donné le polynôme $ax^2 + bx + c$, déterminer la quantité m par la condition que le polynôme $ax^2 + bx + c + m(x^2 + 1)$ soit un carré parfait. Démontrer que l'équation à laquelle on est conduit pour m a ses racines réelles. (Bacc.)

1248. Trouver la condition pour que $(a + bx)^2 + (a' + b'x)^2$ soit le carré parfait d'une expression du premier degré en x. Montrer que si $(a + bx)^2 + (a' + b'x)^2$ et $(a + cx)^2 + (a' + c'x)^2$ sont ainsi des carrés parfaits, il en est de même de $(b + cx)^2 + (b' + c'x)^2$. (Bacc.)

1249. Trouver deux nombres entiers consécutifs dont les cubes diffèrent de n; dans quels cas le problème est-il possible? (Saint-Cyr, oral.)

1250. En appelant α, β, γ trois quantités données et x', x'' les deux racines de l'équation $x^2 + px + q = 0$, trouver les conditions auxquelles doivent satisfaire les coefficients p et q pour que l'on ait: $\alpha x'^2 + \beta x' + \gamma = \alpha x''^2 + \beta x'' + \gamma$. (Bacc.)

1251. Déterminer c pour que les racines du trinôme $ax^2 + bx + c$ vérifient la relation $ax' + bx'' + c = 0$. (École des mines de Saint-Étienne, oral.)

1252. Former une équation du second degré dont les racines x' et x'' satisfassent aux relations :

$$x'x'' + x' + x'' - a = 0, \quad x'x'' - a(x' + x'') + 1 = 0.$$

Quelles valeurs faut-il donner à a pour que les racines soient : 1° réelles ; 2° positives ? (Bacc.)

1253. En appelant x' et x'' les racines de l'équation $x^2 + px + q = 0$, on demande de former l'équation bicarrée qui a pour racines les quatre quantités x', x'', $- x'$, $- x''$. (Bacc.)

1254. Étant donnée l'équation $x^3 + ax^2 + bx - 30 = 0$, déterminer les valeurs de a et de b de façon que 2 et 3 soient racines de cette équation ; calculer la troisième racine. (Bacc.)

1255. On donne l'équation $x^2 + px + q = 0$, et l'on demande :

1° Quelles valeurs il faut donner à p et à q pour que les racines soient précisément p et q. (Bacc.)

2° Former l'équation du second degré qui admet pour racines les carrés des racines de l'équation donnée. (Bacc.)

3° Ayant attribué à p une valeur déterminée, quelle valeur faut-il donner à q pour qu'une racine soit double de l'autre ? (Bacc.)

4° Lorsque $p = -2$, quelle valeur faut-il donner à q pour que l'une des racines soit égale au carré de l'autre ? (Bacc.)

1256. On a l'équation $(2m - 1)x^2 + 2(1 - m)x + 3m = 0$.

Déterminer m : 1° de façon que l'équation ait $- 1$ pour racine ; 2° de telle sorte que la somme des carrés des racines égale 4. (Bacc.)

1257. Dans l'équation $2x^2 - (2m + 1)x + m^2 - 9m + 39 = 0$, quelle valeur faut-il donner à m pour que l'équation ait une racine double de l'autre? Résoudre l'équation pour la valeur obtenue.

1258. On demande de déterminer la relation qui doit exister entre p et q pour que l'une des racines de l'équation $x^2 + px + q = 0$ soit n fois plus grande que l'autre. On appliquera au cas où $n = 4$, en ne prenant pour p et q que des valeurs entières plus petites que 30. (Bacc.)

1259. On donne les deux équations : $x^2 - 5x + k = 0$, $x^2 - 7x + 2k = 0$, et l'on demande de déterminer k de telle sorte que l'une des deux racines de la seconde soit double de l'une de celles de la première. (Bacc.)

1260. Trouver la relation qui lie les racines de l'équation

$$x^2 - 2x\sqrt{p^2 - 2q} + p^2 - 2q = 0 \quad \text{à} \quad \text{celles de} \quad x^2 + px + q = 0.$$

Si l'on construit un rectangle ayant pour dimensions les racines de la seconde, quelles sont les lignes que représentent les racines de la première? (Bacc.)

1261. Trouver la relation qui doit exister entre les coefficients de deux équations du second degré pour qu'elles aient une racine commune. (École forestière.)

1262. On donne les deux équations : $x^2 + ax + 1 = 0$, $x^2 + x + a = 0$. Déterminer a de manière que les deux équations admettent une racine commune. (Bacc.).

1263. Trouver, dans tous les cas possibles, entre quelles limites doit varier m pour que l'équation $ax^2 + bx + c + m(a'x^2 + b'x + c') = 0$ (1) ait ses racines réelles.

2° Conditions pour que les deux équations :

$$ax^2 + bx + c = 0 \text{ et } a'x^2 + b'x + c' = 0 \text{ (2)}$$

aient une racine commune ;

3° Prouver que le trinôme sous radical, dans la résolution de l'équation (1), est un carré parfait lorsque les deux équations (2) ont une racine commune. (Bacc.)

III. — Inégalités.

1264. Quelles conditions doit remplir le nombre n pour que, quelle que soit la valeur réelle attribuée à x, le trinôme $x^2 + 2x + n$ soit supérieur à 10 ? (Bacc.)

1265. Résoudre l'inégalité $x(x^4 - 7x^2 + 12) > 0$. (Bacc.)

1266. Trouver les limites entre lesquelles h doit être compris pour que l'inégalité

$$x^2 + 2hx + h > \frac{3}{16}$$

soit vérifiée pour toutes les valeurs réelles de x, positives ou négatives. (Bacc.)

1267. Résoudre l'inégalité $\dfrac{x^2 - 3x + 2}{x^2 + 3x + 2} > 0$. (Bacc.)

1268. Résoudre les inégalités suivantes :

1° $$\frac{x^2 + 10x + 16}{x - 1} > 10 ;$$ (Bacc.)

2° $$\frac{7x - 5}{8x + 3} > 4.$$ (Bacc.)

1269. Trouver les valeurs de la variable x pour lesquelles seront vérifiées les inégalités

1° $$\frac{(x - 1)(x - 2)}{(x - 3)(x - 4)} > 1 ;$$ (Bacc.)

2° $$\frac{2x^2 - 6x + 3}{x^2 - 5x + 4} > 1.$$ (Bacc.)

1270. Chercher les valeurs de x qui satisfont à l'inégalité

$$\frac{x}{x - a} - \frac{2a}{x + a} > \frac{8a^2}{x^2 - a^2} \cdot$$

(Certificat d'aptitude au professorat des Écoles normales.)

1271. Trouver entre quelles limites x doit être compris pour que l'expression

$$\frac{x^4 - 17x^2 + 60}{x(x^2 - 8x + 5)}$$

soit positive. (Bacc.)

1272. On propose de démontrer que si a, b, c représentent les trois côtés d'un triangle, le trinôme du second degré $b^2x^2 + (b^2 + c^2 - a^2) x + c^2$ est toujours positif, quelque valeur qu'on donne à la variable x. — Quelle est la relation qui existerait entre a, b et c dans le cas très particulier et limite où ce trinôme serait un carré parfait ? (Bacc.)

1273. Quelle valeur faut-il donner à y dans l'équation

$$x^2 - 3xy + y^2 + 2x - 9y + 1 = 0$$

pour que cette équation résolue par rapport à x ait deux racines égales ? — Entre quelles limites doit varier y pour que les valeurs de x soient réelles ? (Bacc.)

1274. Trouver les limites des valeurs réelles de x et de y qui peuvent vérifier l'équation $\qquad x^2 + 12xy + 4y^2 + 4x + 8y + 20 = 0$. (Bacc.)

1275. Étant donnée l'équation

$$5x^2 - 12xy + 4y^2 + 54x - 4y - 139 = 0,$$

on demande les limites entre lesquelles on peut faire varier x pour que les valeurs de y soient réelles, et entre quelles limites on peut faire varier y pour que les valeurs de x soient réelles. (Bacc.)

1276. Quelles valeurs faut-il donner à m pour que le trinôme

$$mx^2 + (m - 1)x + m - 1$$

reste négatif, quel que soit x ? (Bacc.)

1277. Quelles valeurs faut-il donner à la constante m pour que les trinômes :

1° $\qquad\qquad (m - 2)x^2 + 2(2m - 3)x + 5m - 6,$

2° $\qquad\qquad (4 - m)x^2 - 3x + 4 + m,$

restent positifs pour toutes les valeurs de x ? (Bacc.)

1278. La quantité h étant donnée, quelles valeurs faut-il attribuer à k pour que l'inégalité $\qquad \dfrac{(h + 1)x^2 + hx + h}{x^2 + x + 1} > k$

ait lieu pour toutes les valeurs positives ou négatives de x ? (Bacc.)

1279. L'expression $\quad \dfrac{2x^4 + 8x^2 + 3}{2x^4 + x^2 - 1} \quad$ peut-elle prendre toutes les valeurs possibles quand x varie de $-\infty$ à $+\infty$? Pour combien de valeurs de x prend-elle les valeurs qu'elle est susceptible d'acquérir ? (Bacc.)

1280. L'expression $\quad \dfrac{x^4 + 4x^3 - 2}{x^4 + 1} \quad$ peut-elle prendre toutes les valeurs possibles quand x varie ? Parmi les valeurs que prend cette expression, distinguer celles qu'on obtient pour deux ou quatre valeurs réelles de x. (Bacc.)

IV. — Équations réductibles au 2e degré. Systèmes d'équations.

1281. Résoudre l'équation : $\dfrac{x + \sqrt{x^2 - a^2}}{x - \sqrt{x^2 - a^2}} = \dfrac{x}{a}$. (Bacc.)

1282. Résoudre : $\qquad \sqrt{x + 1} + \sqrt{x + 6} = 5.$ (Bacc.)

1283. Résoudre : $\qquad \dfrac{1}{\sqrt{1 + x} - \sqrt{x}} + \sqrt{x} + \sqrt{1 + x} = 4.$ (Bacc.)

1284. Résoudre : $\qquad \dfrac{1}{x + 1} + \dfrac{1}{x + 2} + \dfrac{1}{x - 2} + \dfrac{1}{x - 1} = 0.$ (Bacc.)

1285. Résoudre : $\sqrt[3]{72-x} - \sqrt[3]{16-x} = 2$. (Saint-Cyr, oral.)

1286. Résoudre : $\sqrt[3]{A + \sqrt{x}} + \sqrt[3]{A - \sqrt{x}} = B$. (École polytech., oral.)

1287. Résoudre : $x^4 - 2x^3 - 10x^2 + 4x + 16 = 0$. (École centrale, oral.)

1288. Résoudre : $x^2 - 6x + 9 = 4\sqrt{x^2 - 6x + 6}$. (Concours général.)

1289. Résoudre : $2x - x^2 + \sqrt{6x^2 - 12x + 7} = 0$. (Saint-Cyr, oral.)

1290. Résoudre : $(x + \sqrt{x})^4 - (x + \sqrt{x})^2 = 159\,600$. (Saint-Cyr.)

1291. Résoudre : $x^5 + \dfrac{x^4}{2} - \dfrac{3x^3}{4} - \dfrac{3x^2}{8} + \dfrac{x}{16} + \dfrac{1}{32} = 0$. (École forestière.)

1292. Résoudre l'équation $x + \sqrt{a^2 - x^2} = b$, dans laquelle les quantités données a et b sont supposées réelles et positives. (Saint-Cyr.)

1293. Résoudre l'équation $\dfrac{1 - ax}{1 + ax} \sqrt{\dfrac{1 + bx}{1 - bx}} = 1$. — Application numérique dans le cas où $a = 10$, $b = 2$. (Bacc.)

1294. Résoudre l'équation $\sqrt{a + x} + \sqrt{b + x} = m$. — On trouve que l'inconnue x est donnée par une équation du premier degré. La racine de cette dernière convient-elle toujours à l'équation proposée ? (Bacc.)

1295. Résoudre l'équation $\sqrt{mx + a} + \sqrt{x + b} = c$, les lettres a, b, c, m, désignant des nombres donnés dont le dernier est supérieur ou au moins égal à l'unité. Limites de c. (Saint-Cyr.)

1296. Résoudre l'équation $\sqrt{x - a} + \sqrt{x - b} = \sqrt{x - c}$, où x est l'inconnue et a, b, c, des quantités données. (Bacc.)

1297. Rendre rationnelles les équations :

$$\sqrt{x - a} + \sqrt{x - b} + \sqrt{x - c} = 0,$$
$$\sqrt{x - a} + \sqrt{x - b} - \sqrt{x - c} = 0,$$
$$\sqrt{x - a} - \sqrt{x - b} + \sqrt{x - c} = 0,$$
$$\sqrt{x - a} - \sqrt{x - b} - \sqrt{x - c} = 0.$$

Elles conduisent à la même équation rationnelle du second degré ; montrer que cette équation a ses racines réelles, et que si l'on a les inégalités $a > b > c$, l'une des racines est inférieure à c, l'autre supérieure à a ; en déduire le nombre des racines des quatre équations proposées. (Bacc.)

1298. Résoudre l'équation $\sqrt{r^2 - x^2} + \sqrt{2rx - x^2} = m$, m et r étant des quantités données et x l'inconnue. (Bacc.)

1299. Résoudre les deux systèmes d'équations :

$$1^\circ \quad \begin{cases} ax + by = c, \\ x^2 + y^2 = 1 ; \end{cases}$$

$$2^\circ \quad \begin{cases} x - y = a, \\ bx^2 - cy^2 = d. \end{cases} \qquad \text{(Bacc.)}$$

1300. Trouver deux nombres, connaissant leur somme ou leur différence a et la différence b^2 de leurs carrés. — Application : $a = 16$, $b^2 = 32$. (Bacc.)

1301. Trouver une fraction équivalente à $\dfrac{3}{5}$ et dont la somme des carrés des termes soit 306. (Bacc.)

1302. Trouver deux nombres, connaissant: 1° leur somme a et celle de leurs cubes b^3 ; 2° leur différence a et celle de leurs cubes b^3.   (Bacc.)

1303. Résoudre le système d'équations :
$$x + y = a,$$
$$x^5 + y^5 = b^5.$$ (Bacc.)

1304. Résoudre le système d'équations :
$$x + y + xy = 5,$$
$$x + y = \frac{6}{xy}.$$ (Bacc.)

1305. Résoudre le système d'équations :
$$xy = a^2,$$
$$\frac{1}{x} + \frac{1}{y} = \frac{1}{b} \ ;$$

on fera la discussion en supposant que x et y sont les côtés d'un rectangle. — Résoudre ensuite, sans discuter les valeurs trouvées, le système :
$$xy = a^2,$$
$$\frac{1}{x^2} + \frac{1}{y^2} = \frac{1}{b^2}.$$ (Bacc.)

1306. Résoudre le système :
$$a(x + y) + x^2 + y^2 = b^2,$$
$$xy + y^2 + x^2 = c^2.$$

(École des mines de Saint-Étienne, oral.)

1307. Trouver toutes les valeurs de x et de y qui vérifient les deux équations :
$$x^4 + y^4 = 2a^2 + 2b^2 + 12ab,$$
$$xy = a - b.$$
Cas particulier où $a = 4$, $b = 1$.   (Bacc.)

1308. Trouver deux nombres tels que leur différence et la somme de leurs racines carrées soient exprimées par le même nombre a. (Concours général.)

1309. Résoudre le système d'équations :
$$\sqrt[3]{x} - \sqrt[3]{y} = 1,$$
$$x - y = 217.$$ (Bacc.)

1310. Résoudre le système :
$$x + y + \sqrt{xy} = a,$$
$$x^2 + y^2 + xy = b.$$

1311. Résoudre le système suivant :
$$\frac{1}{x} + \frac{1}{y} = \frac{2}{c},$$
$$\frac{1}{a - x} + \frac{1}{a - y} = \frac{2}{a - b}.$$ (Bacc.)

1312. Étant données deux quantités réelles a et b, on demande de trouver deux autres quantités x et y, telles qu'on ait :
$$(x + y\sqrt{-1})^2 = a + b\sqrt{-1}.$$ (Bacc.)

1313. Résoudre le système :

$$x + y = mz,$$
$$x^2 + y^2 = nz^2,$$
$$x^3 + y^3 = a^3 - z^3. \qquad \text{(Bacc.)}$$

1314. Trouver les valeurs de x, y et z qui satisfont simultanément au système d'équations suivant :

$$x^2 + xy + y^2 = 37,$$
$$x^2 + xz + z^2 = 28,$$
$$y^2 + yz + z^2 = 19. \qquad \text{(Bacc.)}$$

1315. Résoudre le système :

$$x^2 + y^2 + z^2 = 14,$$
$$xy + xz - yz = 7,$$
$$x + y + z = 6.$$

1316. Résoudre le système :

$$-3x + 8y^2 + 6z^3 = 0,$$
$$-x - 2y^2 + 12z^3 = -4,$$
$$-2x + 6y^2 - 3z^3 = -5.$$

1317. Trouver quatre nombres en proportion, sachant que la somme des moyens égale a, la somme des extrêmes b, et la somme des carrés des quatre termes k^2. (Bacc.)

1318. Trouver un nombre de trois chiffres, sachant que le chiffre des unités est égal au produit des deux autres ; que le chiffre des dizaines est moyen proportionnel entre les deux autres ; que l'inverse du chiffre des centaines est égal à l'inverse du chiffre des dizaines augmenté de deux fois l'inverse du chiffre des unités. (Bacc.)

1319. Quelles valeurs faut-il attribuer à a, b, a', b' pour que l'on ait identiquement $(ax + b)^2 + (a'x + b')^2 = x^2 + A$, et pour que le produit $(ax + b)(a'x + b')$ soit égal à 2 lorsque $x = 2$? (Bacc.)

V. — Maxima et minima.

1320. La somme de trois nombres en progression géométrique est a ; quel est le maximum et le minimum de leur produit ? (Bacc.)

1321. Quelle est la plus petite valeur que puisse prendre l'expression $3x^2 - 8x + 7$ quand on attribue à x des valeurs réelles ? (Bacc.)

1322. Maximum ou minimum de $(x^2 - 1)^2 + 7$. (Saint-Cyr, oral.)

1323. Déterminer a de telle sorte que la somme des carrés des racines de l'équation $x^2 + (2 - a)x - a - 3 = 0$ soit minimum. (Bacc.)

1324. Quels doivent être les coefficients du trinôme $ax^2 + bx + c$ pour qu'il s'annule quand $x = 8$, et qu'il ait pour minimum -12 quand $x = 6$? (Bacc.)

1325. Déterminer p et q dans le trinôme $x^2 + px + q$ de manière que le minimum soit égal à a et que ce trinôme prenne, pour $x = \frac{1}{2}$, la valeur $b + \frac{1}{4}$, a et b désignant des nombres donnés. (Bacc.)

1326. Quelle valeur de x rend minimum la somme :

$$(ax + b)^2 + (a'x + b')^2,$$

dans laquelle a, a', b, b' désignent des nombres donnés ? Indiquer ce minimum.

(Bacc.)

23

1327. Trouver le maximum des expressions suivantes et les valeurs de x pour lesquelles il se produit :

1° $x\sqrt{x}\,\sqrt{1-x^3}$,

2° $x^2(a-bx)$, a et b représentant des nombres positifs.   (Bacc.)

1328. La somme $x+y$ étant constante, les sommes x^2+y^2 et x^3+y^3 sont-elles susceptibles d'un maximum ou d'un minimum ?   (Bacc.)

1329. Entre quelles limites varie la fraction $\dfrac{3x^2-5x+5}{2x^2-3x+4}$.   (Bacc.)

1330. Maximum et minimum de $\dfrac{x^2+2}{x^2-6x+11}$.   (Bacc.)

1331. Trouver le maximum et le minimum des fractions suivantes et les valeurs correspondantes de x :

1° $\dfrac{x^2+3x+5}{x^2+1}$,   2° $\dfrac{5x^2+8x-1}{x^2+1}$,   3° $\dfrac{x^2+1}{x^2-4x+3}$,   4° $\dfrac{3x}{x^2+x+1}$.

1332. Même question pour les fractions suivantes :

1° $\dfrac{2x^2-24x+48}{x^2-10x+25}$,   2° $\dfrac{2x^2-2x+4}{3x^2-4x+5}$,   3° $\dfrac{x^2-1}{5x^2+4x}$,

4° $\dfrac{x^2-10x+21}{x^2-6x+5}$,   5° $\dfrac{2x^2+2}{x^2-3x+2}$,   6° $\dfrac{x^2-3x+2}{x^2-6x+9}$.

1333. Assigner la limite supérieure des valeurs positives que peut prendre la fonction $\dfrac{4(x+2)}{4x^2+8x+9}$ en examinant les différents cas suivants : 1° x ne peut recevoir que des valeurs positives ; 2° x ne peut recevoir que des valeurs négatives ; 3° x peut prendre toutes les valeurs possibles.

1334. Entre quelles limites varie la fraction $\dfrac{ax^2+bx+c}{a'x^2+b'x+c'}$? Application numérique : $\dfrac{2x^2+3x+2}{x^2+x+1}$.   (Bacc.)

1335. Chercher les valeurs de x qui rendent maximum ou minimum l'expression $\dfrac{x^2-x-c}{x^2+x-c}$. On distinguera plusieurs cas correspondant aux différentes valeurs de c.   (Bacc.)

1336. Quelles sont les valeurs que peut prendre la fraction

$$\frac{x^2-4}{x^2+2ax-1}$$

lorsqu'on donne à x toutes les valeurs réelles ? Quelles valeurs doit avoir a pour que cette fraction ait un maximum ?   (Bacc.)

1337. Les deux nombres a et b étant supposés connus, trouver le maximum et le minimum de l'expression $\dfrac{2ax+b}{x^2+1}$. — Dire, en particulier, quelles valeurs il faut attribuer à a et à b pour que le maximum soit 4 et le minimum -1.

                                                   (Bacc.)

1338. Déterminer p et q de manière que le maximum de $\dfrac{x^2+px+q}{x}$ soit a et que le minimum soit b.   (Bacc.)

1339. On donne les quantités m, a, dont la première est positive, et on demande de déterminer r et t de telle sorte que le minimum de $rx+\dfrac{t}{x}$ soit égal à m, et que ce minimum ait lieu pour $x=a$.   (Bacc.)

1340. Déterminer p et q de telle sorte que la fraction $\dfrac{3x^2 + px + q}{x^2 + 1}$ puisse prendre toutes les valeurs entre 4 et -3, et seulement ces valeurs, quand x prend toutes les valeurs depuis $-\infty$ jusqu'à $+\infty$. (Bacc.)

1341. Démontrer que pour que la fraction $\dfrac{x^2 + ax}{x^2 - 2x - 3}$ passe par un maximum et par un minimum, quand x varie de $-\infty$ à $+\infty$, il faut et il suffit que le paramètre constant a soit compris entre -3 et 1. (Bacc.)

1342. On donne la fraction $y = \dfrac{x^2 + px + q}{x - 1}$, et l'on propose de déterminer p et q de manière que y ne puisse prendre aucune valeur entre les nombres 3 et 7. — Quelles valeurs de x correspondent à ces limites? (Bacc.)

1343. Déterminer p et p' de manière que la fraction $\dfrac{x^2 + px - 3}{x^2 + p'x + 5}$ devienne maximum ou minimum pour $x = 2$ et $x = 3$. (Bacc.)

1344. Quelle valeur faut-il donner à la quantité a pour que la valeur de x rendant minimum l'expression $x + \dfrac{1}{x + a}$ soit double de celle qui la rend maximum? (Bacc.)

1345. Trouver la relation qui doit exister entre a et a' pour que le maximum et le minimum de la fraction $\dfrac{x^2 + 2ax + 1}{x^2 + 2a'x + 1}$ soient égaux et de signes contraires. (Bacc.)

1346. Les quantités x et y étant assujetties à vérifier la relation $x^2 + y^2 + xy = k^2$, assigner les valeurs de x et de y qui font prendre à l'expression $ax + by$ sa valeur maximum, et dire quelle est cette valeur. (Bacc.)

1347. Trouver le maximum ou le minimum de $y - 2x$, lorsque $16y^2 + 36x^2 = 9$. (Bacc.)

1348. Trouver entre quelles limites peut varier l'expression $\dfrac{x^3 + 2xy^2 + 3y^3}{x^2 + y^2}$ quand $x + y$ a une valeur donnée a. (Bacc.)

1349. Maximum et minimum de

$$\frac{x^3 - x^2 + 3x^4 - 3x^5}{3x - 3 + x^2 - x^3} \cdot$$ (École forestière.)

1350. Étant donnée une droite de longueur a, on demande de la partager en deux parties telles que si l'on construit sur chacune d'elles un triangle équilatéral, la somme des aires de ces triangles soit minimum. (Bacc.)

1351. On donne deux droites rectangulaires OX et OY, un point C sur OY, deux points A et B sur OX. On demande de trouver le maximum et le minimum du rapport $\dfrac{\text{MA} \cdot \text{MB}}{\overline{\text{MC}}^2}$ lorsque le point M varie sur OX. — Que deviennent les résultats trouvés dans le cas particulier où l'on a $\overline{\text{OC}}^2 = \text{OA} \cdot \text{OB}$? (Bacc.)

1352. On considère un triangle ABC et la médiane AD; trouver sur cette médiane un point tel que $\overline{\text{MA}}^2 + \overline{\text{MB}}^2 + \overline{\text{MC}}^2$ soit minimum. (Bacc.)

1353. Un triangle variable a pour sommet le point milieu d'un côté d'un triangle donné, et pour base le segment intercepté par les deux autres côtés du triangle sur une parallèle mobile au premier côté. Quelle est la position de cette sécante qui rend maximum ou minimum l'aire du triangle variable? (Bacc.)

1354. On coupe une circonférence par une sécante rectiligne de position indéterminée passant par un point fixe donné dans son plan. Déterminer la position de la sécante pour laquelle le triangle qui a pour sommet les traces de cette droite sur la circonférence et le centre de cette courbe a une aire maximum. (Bacc.)

1355. Étant donné un carré ABCD, trouver sur le côté CD, supposé indéfiniment prolongé, le point M tel que le rapport $\dfrac{MA}{MB}$ ait la plus grande valeur possible. (Bacc.)

1356. Inscrire dans un triangle le rectangle de surface maximum. (Bacc.)

1357. Étudier les variations de la surface d'un trapèze isocèle circonscrit à une circonférence donnée. Indiquer dans quel cas cette surface sera minimum. (Bacc.)

1358. Partager la ligne AB en deux parties AC et BC telles qu'en construisant sur la première un triangle équilatéral ACD et sur la seconde un carré CBEF, puis joignant DF, la surface du pentagone convexe ABEFD soit la plus petite possible. (Bacc.)

1359. Circonscrire à un rectangle donné le triangle isocèle de surface minimum. (Bacc.)

1360. Entre tous les trapèzes qui ont deux sommets en A et en B, leurs bases perpendiculaires à une droite donnée mn et le point de concours des diagonales sur cette droite, quels sont ceux qui ont la plus grande et la plus petite surface ? — Données : $AB = a$, $Bm = h$, $An = k$. (Bacc.)

1361. On donne deux parallèles et une sécante BC. Par un point fixe D, pris sur l'une des parallèles, on mène une droite variable DA qui rencontre la sécante BC en I. Si l'on désigne BI par x et BC par b, pour quelle valeur de x la somme des surfaces des triangles AIC et BID est-elle minimum ? (Bacc.)

1362. Parmi tous les triangles rectangles de même périmètre, trouver celui dont le cercle inscrit est maximum. (École navale, concours.)

1363. Deux villes A et B sont éloignées l'une de l'autre d'une distance $a = 200$ km. Un chemin de fer rectiligne AX, partant de A, passe à une distance $d = 87$ km. de la ville B. On propose de construire une route ordinaire allant de B au chemin de fer, de telle sorte que le trajet des marchandises entre A et B soit le moins coûteux possible, en supposant que le port soit deux fois moindre sur le chemin de fer que sur la route. A quelle distance de A devra être placée la station qui reliera B au chemin de fer AX ? (Bacc.)

1364. Un chemin de fer AC part d'une ville A et passe à une distance d d'une autre ville B. En quel point de AC faut-il établir une gare, pour qu'en la reliant à B par une route, le temps employé pour aller de A à B soit minimum ? la vitesse du train est V, celle de la voiture est v. (Bacc.)

1365. On coupe un tétraèdre régulier par un plan parallèle à deux arêtes opposées ; trouver le maximum de la section. (Bacc.)

1366. Dans une sphère de rayon R, on inscrit un cône équilatéral ; mener un plan parallèle à la base, de telle sorte que la différence des sections faites dans la sphère et le cône soit maximum ou minimum. (Bacc.)

1367. On donne la hauteur et la somme des volumes de deux cylindres. Déterminer les rayons de leurs bases de façon que la somme de leurs surfaces soit maximum. (Bacc.)

1368. Dans un solide formé de deux cônes égaux appliqués l'un contre l'autre par leurs bases, on propose d'inscrire le cylindre dont la surface totale soit maximum. (Bacc.)

1369. On coupe une sphère par un plan qui sert de base à un cône dont le sommet est au centre de la sphère ; étudier les variations du volume du cône ainsi formé.   (Bacc.)

1370. Un rectangle dont le périmètre donné est égal à $2p$ tourne autour d'un de ses côtés. Quelles doivent être ses dimensions et autour de quel côté doit-il tourner pour que le volume engendré soit maximum ?   (Bacc.)

1371. Inscrire un rectangle dans un triangle dont on donne la base et la hauteur, de manière que le volume engendré par ce rectangle, tournant autour de la base du triangle, soit maximum.   (Bacc.)

1372. Étudier les variations du volume engendré par un triangle isocèle ayant pour base une corde d'un cercle et pour sommet le centre du cercle, le triangle tournant autour du diamètre parallèle à la base.   (Bacc.)

1373. De tous les triangles isocèles inscrits dans un cercle de rayon R, quel est celui qui en tournant autour de sa base engendre un volume maximum ? (Bacc.)

Même question, le triangle tournant autour d'une tangente au cercle menée par le sommet du triangle.   (Bacc.)

1374. Comment faut-il placer un carré pour que, le faisant tourner autour d'un axe passant par un de ses sommets et situé dans son plan, le volume engendré soit maximum ? (Bacc.)

1375. De tous les cônes droits inscrits dans une sphère de rayon donné R : 1° Quel est celui dont la surface latérale est maximum ? 2° Quel est celui dont le volume est maximum ? 3° Calculer le rayon de base, la hauteur et la surface totale de ce cône.   (Bacc.)

1376. Parmi tous les cylindres inscrits dans une sphère, quel est celui dont le volume est maximum ?   (Bacc.)

1377. Parmi tous les prismes à base hexagonale régulière inscrits dans la même sphère, quel est celui dont le volume est maximum ?   (Bacc.)

1378. Quel est le cône de volume minimum circonscrit à une sphère donnée? (Bacc.)

1379. Déterminer les dimensions d'un segment sphérique à une base, de manière que la surface convexe soit équivalente à un cercle donné et que son volume soit maximum.   (Bacc.)

1380. De tous les secteurs sphériques de même rayon, quel est celui qui a la plus grande surface totale ?   (Bacc.)

1381. Trois perpendiculaires à une même droite ont pour pieds les trois points A, B, C, dont le premier est situé entre les deux autres. Par un point fixe D pris sur la première perpendiculaire, on mène une droite coupant les deux autres en M et N. On fait ensuite tourner la figure autour de la droite BAC, et le trapèze BMNC engendre un tronc de cône. On demande la position de la sécante MDN pour laquelle le volume du tronc de cône est minimum. (Bacc.)

1382. Déterminer sur la ligne des centres de deux sphères de même rayon un point tel que la somme des zones, vues de ce point sur les sphères, soit maximum ou minimum.   (Bacc.)

1383. Inscrire dans une sphère un cylindre de surface totale maximum. (Bacc.)

1384. Inscrire dans une sphère un cône de surface totale maximum. (Bacc.)

1385. Étant donné un hémisphère de rayon R, le couper par un plan CD parallèle à sa base, de façon que le rapport du volume du tronc de cône ABCD à celui de la sphère ayant pour diamètre OE soit maximum ou minimum. (Le point E est le milieu de CD.)   (Bacc.)

1386. Trouver le maximum du volume inscrit dans une sphère et formé d'un cylindre surmonté de deux cônes droits, ayant mêmes bases que le cylindre. (Saint-Cyr.)

VI. — Questions de géométrie plane.

1387. Connaissant tous les éléments d'un triangle, évaluer : 1° les segments déterminés sur chaque côté par le point de contact du cercle inscrit; 2° les côtés du triangle formé en joignant ces trois points 3° la surface de ce même triangle. (Bacc.)

1388. Sachant que la différence des projections des côtés de l'angle droit d'un triangle rectangle sur l'hypoténuse est égale à la hauteur h relative à l'hypoténuse, trouver les trois côtés en fonction de h. (Bacc.)

1389. Connaissant, dans un triangle rectangle, les deux segments p et q déterminés sur l'hypoténuse par la bissectrice de l'angle droit, évaluer par des formules aussi simples que possible : 1° les trois côtés du triangle ; 2° la hauteur menée du sommet de l'angle droit, la bissectrice de cet angle, et la tangente trigonométrique de l'angle formé par ces deux droites. (Bacc.)

1390. Calculer les côtés d'un triangle, sachant que leurs longueurs sont mesurées par trois nombres entiers consécutifs, et que le nombre qui mesure la surface du triangle est : 1° la moitié de celui qui mesure le périmètre ; 2° le double de ce même nombre. (Bacc.)

1391. Calculer les longueurs des bissectrices intérieures des trois angles d'un triangle rectangle en fonction des côtés de l'angle droit. (Bacc.)

1392. Trouver les côtés de l'angle droit d'un triangle rectangle dont l'hypoténuse est a, sachant que le produit de ces côtés est égal à la différence de leurs carrés. (Bacc.)

1393. Calculer les côtés de l'angle droit d'un triangle rectangle, connaissant l'hypoténuse a et le rayon r du cercle inscrit. — Discussion. (Bacc.)

1394. Calculer les côtés d'un triangle rectangle, connaissant le périmètre $2p$ et la surface a^2. (Bacc.)

1395. Dans un triangle rectangle, on donne la somme l des deux côtés de l'angle droit et la hauteur h abaissée sur l'hypoténuse ; calculer les trois côtés de ce triangle. On demande en outre de déterminer le maximum de h et de calculer les longueurs correspondantes des côtés du triangle. (Bacc.)

1396. On donne, dans un triangle rectangle, l'hypoténuse a et la somme d de la hauteur avec les côtés de l'angle droit. On demande de déterminer la hauteur et les deux côtés de l'angle droit. — Application : $a = 25$, $d = 47$. (Bacc.)

1397. Calculer la hauteur h abaissée du sommet de l'angle droit d'un triangle rectangle et les côtés de l'angle droit, connaissant l'hypoténuse a et le rapport m de la somme des côtés de l'angle droit à la hauteur h. (Bacc.)

1398. On donne, dans un triangle isocèle, la hauteur h correspondant à la base $2a$, et le rayon r du cercle inscrit. On demande de calculer, en fonction de h et de r, les côtés égaux b, la base $2a$ et le rayon R du cercle circonscrit. Que faut-il pour que le centre de ce dernier cercle soit sur la circonférence du cercle inscrit ? (Bacc.)

1399. On donne, dans un triangle isocèle, la base $2a$ et le rayon r du cercle inscrit ; on demande de calculer le rayon R du cercle circonscrit. Si r reste constant et qu'on fasse varier a, quel sera le minimum de R ? (Bacc.)

1400. Calculer les côtés d'un triangle isocèle, connaissant la hauteur et la médiane issues d'un des sommets situés sur la base du triangle et limitées au côté opposé.   (Bacc.)

1401. Résoudre un triangle isocèle BAC dans lequel AB, AC sont les côtés égaux, connaissant la longueur a du côté BC et la longueur p de la perpendiculaire élevée en C sur AC jusqu'à son point de rencontre avec le côté opposé. (Bacc.)

1402. Calculer les côtés inconnus d'un triangle dont la base est a, la hauteur correspondante h, sachant que ces côtés sont dans un rapport donné $\dfrac{m}{n}$. (Bacc.)

1403. Par un point C situé sur la bissectrice d'un angle droit BOE, mener une transversale telle que le triangle BOE soit équivalent à un carré donné a^2. (Bacc.)

1404. Étant donnés un angle droit AOB et un point M, dont les distances aux côtés de l'angle droit sont connues, mener par le point M une droite qui forme avec les côtés de l'angle droit un triangle de surface donnée. (Bacc.)

1405. Par un point A situé dans un angle droit, on mène une sécante BAC qui détermine sur les côtés de l'angle deux segments OC $= x$, OB $= y$. Déterminer cette sécante de manière qu'on ait $\dfrac{1}{x^2} + \dfrac{1}{y^2} = \dfrac{1}{c^2}$. On fera les distances du point A aux côtés égales à a et b.   (Bacc.)

1406. On donne un angle droit XOY et un point C dont la distance à OY est a et la distance à OX est b. Mener par ce point une sécante BCE telle que l'on ait $\overline{BC}^2 + \overline{CE}^2 = m^2$. — Discussion.   (Saint-Cyr, concours.)

1407. **Problème de Pappus.** On donne deux axes rectangulaires XX' et YY' et un point C à égale distance des axes. Mener par ce point une sécante telle que la partie interceptée ait une longueur donnée.

1408. Deux droites rectangulaires OA et OB étant données ainsi qu'une circonférence de rayon R tangente à ces deux droites, déterminer le point A tel qu'en menant de ce point une troisième tangente à la circonférence, la surface du triangle AOB soit égale à un carré donné m^2. — Discussion.   (Bacc.)

1409. Dans un triangle rectangle, on connaît les côtés b et c de l'angle droit. Déterminer sur l'hypoténuse un point tel que la somme des carrés de ses distances aux deux côtés donnés soit égale à m^2.   (Bacc.)

1410. D'un point M pris sur l'hypoténuse d'un triangle rectangle AOB dont on connaît les côtés de l'angle droit OA $= a$ et OB $= b$, on abaisse sur ces côtés les perpendiculaires MP et MQ. Déterminer la position du point M, sachant que l'aire du rectangle OPMQ augmentée des aires des carrés construits sur OP et OQ égale une surface donnée m^2.   (Bacc.)

1411. Inscrire dans un triangle ABC un rectangle DEFH dont un côté FH est placé sur BC, et tel qu'en augmentant la surface de ce rectangle de celle du triangle équilatéral construit sur FH, on ait une somme équivalente à un carré donné k^2. — Discuter.   (Saint-Cyr, concours.)

1412. Les trois côtés d'un triangle forment une progression arithmétique dont on donne la raison; on connaît le rapport m de la surface de ce triangle à celle du rectangle construit avec les deux plus petits côtés. Calculer les côtés de ce triangle. — Discuter. — Dans le cas particulier de $m = \dfrac{1}{2}$, calculer le rayon du cercle inscrit à ce triangle.   (Saint-Cyr.)

1413. On donne les trois côtés a, b, c d'un triangle, et l'on suppose $a > b > c$. Déterminer la quantité x qu'il faut retrancher à chaque côté pour que le triangle qui aurait pour côtés $a - x$, $b - x$, $c - x$ soit rectangle. Discussion sommaire. (Saint-Cyr.)

1414. Dans un triangle ABC on donne la hauteur h correspondant au côté a et les segments m et n déterminés sur ce côté par la bissectrice intérieure de l'angle A. On demande de déterminer les deux autres côtés. Que faut-il pour qu'il y ait un triangle rectangle en A répondant à la question ?   (Bacc.)

1415. On connaît les trois côtés d'un triangle ABC :

$$BC = a, \quad AC = b, \quad AB = \sqrt{2ab} = c.$$

On élève les perpendiculaires AM et BN à AB. Déterminer les longueurs AM et BN de manière que le triangle MNC soit équilatéral.   (Bacc.)

1416. Étant donnés deux droites parallèles Ax, By et un point P situé dans leur plan, on demande de mener par ce point P une sécante telle que la partie CD comprise entre les parallèles soit égale au segment AC compris entre la sécante et la perpendiculaire PAB.   (Bacc.)

1417. On donne deux droites rectangulaires AOC, BOD qui se coupent en O, et l'on prend sur ces droites les longueurs $OA = OD = x$, $OB = OC = y$. Déterminer x et y de façon que le quadrilatère ABCD ait une aire donnée $\dfrac{a^2}{2}$ et un périmètre donné p.   (Bacc.)

1418. Étant donné un rectangle ABCD dont les côtés sont $AD = a$, $AB = b$, on porte sur ces côtés des longueurs $AA' = CC' = x$, $BB' = DD' = y$. Déterminer x et y de manière que la figure A'B'C'D' soit un rectangle ayant une diagonale de longueur donnée. Quel est le minimum de cette diagonale? (Bacc.)

1419. La somme des bases d'un carré et d'un triangle équilatéral est représentée par a. Quelles doivent être leurs longueurs pour que la somme de leurs surfaces soit m? Le problème est-il toujours possible? (Bacc.)

1420. On diminue de 2 mètres la base d'un carré et de 1 mètre sa hauteur, et l'on construit un rectangle R avec les restes; si l'on avait augmenté la base de 4 mètres et diminué la hauteur de 5 mètres, le rectangle des lignes obtenues aurait été R'. On demande de déterminer le côté du carré de telle sorte que le rapport de R à R' soit égal à un nombre donné m. Déterminer les limites de m pour que le problème soit possible, et indiquer le nombre des solutions. On calculera les valeurs de x correspondant aux limites de m, ainsi que celles qui rendent m égal à zéro.   (Bacc.)

1421. Calculer les diagonales d'un losange, connaissant le côté a et le rayon R du cercle inscrit. (Bacc.)

1422. Connaissant la somme $4a$ des diagonales d'un losange et le rayon r du cercle inscrit, calculer les diagonales et le côté. — Application : $a = 17,5$ et $r = 12$.   (Bacc.)

1423. Circonscrire à un cercle de rayon donné R un losange qui ait une surface donnée 4S. On calculera le côté et les diagonales. Minimum de la surface. (Bacc.)

1424. On connaît un trapèze dont les bases sont a et b et la hauteur h. On divise ses côtés non parallèles en trois parties égales par des parallèles aux bases; calculer la surface des trois trapèzes partiels. (Bacc.)

1425. Dans un trapèze, mener aux bases a et b une parallèle qui divise la surface en parties proportionnelles à m et n.   (Bacc.)

1426. Un trapèze a pour bases a et b $(a > b)$ et pour hauteur h; à quelle distance x de la base a faut-il mener une parallèle aux bases pour partager la surface en deux parties équivalentes? (Bacc.)

1427. Dans un triangle de base b et de hauteur h, on mène une parallèle à la base de manière que l'aire du trapèze obtenu soit moyenne proportionnelle entre celle du triangle total et celle du petit triangle. Calculer : 1° la longueur x de la parallèle en fonction de b; 2° sa distance y au sommet en fonction de h; 3° le volume engendré par le trapèze tournant autour de b, en fonction de b et de h. (Bacc.)

1428. Étant données les bases a et b d'un trapèze et la hauteur h, calculer la longueur de la parallèle aux bases qui divise la surface en moyenne et extrême raison. (Bacc.)

1429. Dans un trapèze rectangle, on donne le côté a perpendiculaire aux bases, la surface S et le périmètre p. Calculer les trois autres côtés et déterminer les conditions que doivent remplir a, S, p pour que le problème soit possible. (Bacc.)

1430. Trouver les côtés d'un trapèze isocèle connaissant la hauteur h, le périmètre $2p$ et la surface S. (Bacc.)

1431. Calculer les deux bases d'un trapèze isocèle circonscrit à un cercle de rayon donné R, connaissant la surface a^2 du trapèze. (Bacc.)

1432. On donne les longueurs $2a$ et $2b$ de deux cordes parallèles d'un même cercle et la distance d de ces cordes. Exprimer le rayon R du cercle au moyen des quantités a, b, d. (Bacc.)

1433. Dans un trapèze isocèle on donne les longueurs $2a$, $2b$ des côtés parallèles $(a > b)$ et la longueur commune c des deux autres côtés. Calculer en fonction de a, b, c le rayon R du cercle circonscrit; a et b étant donnés et c restant indéterminé, indiquer la marche à suivre pour trouver la valeur minimum de R. (Bacc.)

1434. Calculer la base supérieure d'un trapèze inscrit dans un demi-cercle de rayon donné R, sachant que : 1° la surface du trapèze égale m fois le carré de la hauteur; 2° la somme des bases égale celle des deux autres côtés. (Bacc.)

1435. On connaît la surface et la longueur des côtés non parallèles d'un trapèze inscrit dans un cercle donné. Calculer les côtés parallèles et discuter les valeurs trouvées. (Bacc.)

1436. Calculer les quatre côtés d'un trapèze isocèle circonscrit à un cercle, sachant que la somme des bases parallèles est $2a$ et que la surface égale celle d'un carré de côté b. (Bacc.)

1437. Étant donné un quart de cercle AOB de rayon R, on prolonge le rayon OB, et par le point A on élève une perpendiculaire au rayon AO. 1° Mener à ce quart de cercle une tangente CD telle que l'aire du trapèze ACDO soit égale à une aire donnée a^2; 2° trouver le minimum de l'aire de ce trapèze. (Bacc.)

1438. Déterminer les côtés d'un trapèze isocèle de périmètre donné $2p$ inscrit dans un demi-cercle de rayon R, et dont une des bases est un diamètre. — Discussion. (Bacc.)

1439. Dans un quadrilatère ABCD les angles B et D sont droits; on connaît la diagonale $AC = a$, le périmètre $2p$ et la surface S. Déterminer les côtés $AB = x$, $BC = y$, $CD = x'$, $DA = y'$. (Bacc.)

1440. Étant donné un hexagone régulier, on prend sur les côtés et dans le même sens, à partir de chaque sommet, une même longueur égale à la $n^{ème}$ partie de ce côté, et l'on joint les points consécutifs. Calculer le rapport de la surface de l'hexagone obtenu à celle du polygone donné; dire pour quelle valeur de n ce rapport est minimum. (Bacc.)

1441. Deux rectangles concentriques égaux et de périmètres constants sont disposés en croix de façon que leurs côtés égaux soient perpendiculaires. En joignant les sommets voisins, on forme un octogone. On demande d'étudier la variation de la surface de cet octogone. Quelles en sont les valeurs maximum et minimum? Quelle est la surface quand l'octogone est régulier? (Bacc.)

1442. Étant donné un demi-cercle AMB de rayon R, on demande de mener, parallèlement au diamètre AB, une corde CD telle que le rectangle CDEF, obtenu en projetant ses extrémités sur AB, ait une surface donnée a^2. Conditions de possibilité. Maximum de la surface du rectangle. (Bacc.)

1443. Étant donné un rectangle ABCD, on décrit sur CD comme diamètre un demi-cercle à l'extérieur du rectangle. Déterminer les dimensions $AB = x$, $BC = y$, pour que le périmètre de la figure totale soit égal à p et sa surface à m^2. Conditions de possibilité du problème. Quelle relation faut-il établir entre p et m pour que le rectangle se réduise à un carré? (Bacc.)

1444. Une couronne circulaire plane a une épaisseur donnée a. On donne de plus le rapport de la surface de cette couronne avec le cercle qui a une circonférence moyenne arithmétique entre celles qui comprennent la couronne. Déterminer ses deux rayons et établir dans quelles conditions le rapport a la plus grande ou la plus petite valeur. (Bacc.)

1445. Un cercle étant donné, tracer une circonférence concentrique, de manière que la surface de la couronne interceptée égale m fois la moyenne proportionnelle entre la surface des deux cercles. (Bacc.)

1446. On donne un quart de cercle : trouver sur l'arc un point tel que sa distance à une des extrémités de l'arc soit égale à la distance au rayon qui joint l'autre extrémité. (Saint-Cyr, oral.)

1447. Dans un cercle O de rayon R, on a une corde AB de longueur a. On demande de mener au cercle une tangente telle que la portion CD, comprise entre le point de contact et la droite AB, soit égale à a. Quelle doit être la longueur de AB pour que l'angle CDB soit droit, et quel est, dans ce cas, le volume engendré par le triangle CAB tournant autour de CD? (Bacc.)

1448. D'un point A, mener à une circonférence donnée O une sécante telle que la portion extérieure AB soit égale à la portion intérieure BC. Discussion des conditions de possibilité du problème. (Bacc.)

1449. On donne un point A dans un cercle de rayon R, et l'on demande de mener une sécante BAC telle que le point A la divise en moyenne et extrême raison. (Bacc.)

1450. On donne un cercle O de rayon a et un point A situé à une distance du centre égale à b. On demande de mener par le point A une sécante qui coupe le cercle en deux points M et N de telle sorte que le rapport $\dfrac{AM}{AN}$ égale un nombre donné m. On calculera les longueurs $AM = x$, $AN = y$ et l'angle OAM. (Bacc.)

1451. On donne un cercle O de rayon R et un point A situé à une distance a du centre. Par A on mène deux sécantes ABC, AB'C' telles que la partie intérieure x soit égale à la partie extérieure. On demande de calculer les côtés, la hauteur et la surface du trapèze isocèle BCB'C'. Que faut-il pour que les sécantes soient réelles, et quelle doit être la position du point A sur la droite OA, pour que la somme des bases du trapèze soit maximum? (Bacc.)

1452. Étant donné le côté a d'un polygone régulier inscrit dans un cercle de rayon R, calculer le côté du polygone convexe d'un nombre double de côtés.

Application : 1° Trouver le côté de l'octogone et celui du polygone de 16 côtés;
2° Le côté du dodécagone et du polygone de 24 côtés;
3° Le côté du décagone et du polygone de 20 côtés. (Bacc.)

1453. On donne une droite $AB = 2a$. Trouver le rayon x d'un cercle passant par les deux points A et B, de telle façon que le quadrilatère ABCD, qui a ses sommets aux extrémités de la corde AB et du diamètre CD perpendiculaire à AB, ait un périmètre donné $4p$. Quelle serait la valeur de x si, au lieu du périmètre, on supposait donnée la différence entre la somme des deux côtés CA, CB et la somme des deux côtés DA, DB? (Bacc.)

1454. On donne un point C, centre d'un cercle de rayon variable, et un point A par lequel on mène deux tangentes telles que AB et AD. Pour quelle valeur du rayon la corde de contact BD a-t-elle une longueur donnée? Maximum de cette longueur. — Interprétation géométrique. (Bacc.)

1455. On donne une circonférence de rayon R et deux tangentes aux extrémités d'un diamètre. Mener une corde CD parallèle à ces tangentes telle que la somme des carrés des diagonales des rectangles EFCD et CDHG soit égale à un carré donné a^2. (Bacc.)

1456. Dans un cercle de rayon donné R, à quelle distance du centre faut-il mener une parallèle à une tangente, pour qu'en abaissant des extrémités de la corde des perpendiculaires sur la tangente, la diagonale du rectangle ainsi formé soit égale à une quantité donnée a? (Saint-Cyr.)

1457. Étant donné un demi-cercle AB de rayon R, on prend un point P sur le prolongement du diamètre, et l'on mène la tangente PC. Calculer $OD = x$, sachant que l'on a $PC = CD + DB$. (Bacc.)

1458. Étant donnés un cercle de rayon R et une tangente EF, mener une corde CD parallèle à la tangente, et telle que le périmètre du rectangle CDEF ait une longueur donnée $2p$. (Bacc.)

1459. On donne un triangle équilatéral ABC inscrit dans un cercle de rayon R; mener une corde EF parallèle au côté BC et rencontrant en G et H les côtés du triangle, de telle façon que la somme $EF + GH$ soit égale à une longueur donnée $2l$. — Discussion. (Bacc.)

1460. On donne une circonférence de rayon R et une droite située dans son plan à une distance d de son centre; on demande de construire un carré dont un côté soit une corde de la circonférence, et dont le côté opposé s'applique exactement sur la droite donnée. — Discussion. (Bacc.)

1461. Inscrire dans un cercle de rayon R un triangle isocèle, connaissant la somme de la base et de la hauteur. (Bacc.)

1462. Étant donnés une circonférence et un point A dans son plan, on mène le diamètre AOC. Déterminer sur ce diamètre un point M tel qu'en élevant la perpendiculaire MB sur AC, on ait $AM + k \cdot MB = C^{te}$.

On désignera par a le rayon du cercle, par d la distance OA, par l la constante, par x l'inconnue OM. On discutera la valeur de x : 1° quand $d = a$ et $k = 2$; 2° dans le cas général. Résoudre géométriquement la même question. (Bacc.)

1463. On donne un demi-cercle AB de rayon R et la tangente AC à l'extrémité du diamètre. Trouver sur la demi-circonférence un point M tel que, en abaissant une perpendiculaire MC sur la tangente et joignant MB, on ait : $MB + 2MC = l$. — Discussion. (Saint-Cyr, concours.)

1464. On donne deux cercles O et O' de rayons R et $\dfrac{R}{2}$, tangents intérieurement en un point A. On demande de mener un cercle O'' tangent à O et O' et à la droite OA. On déterminera ce cercle par la distance OB du point de contact au centre du grand cercle et par le rayon O''B. (Bacc.)

1465. On donne une circonférence de rayon R. On mène un diamètre AB et une corde CD perpendiculaire à ce diamètre à une distance du centre égale à d et moindre que R. Déterminer les rayons des circonférences tangentes aux deux droites rectangulaires et à la circonférence donnée. (Bacc.)

1466. On prend sur une droite indéfinie, à partir d'un point fixe O, deux longueurs OA et OB égales aux racines de l'équation $ax^2 + 2bx + c = 0$, et deux autres longueurs OC et OD égales aux racines de l'équation $a'x^2 + 2b'x + c' = 0$. Soit I le milieu de AB, I' celui de CD : 1° calculer OI et AB, OI' et CD.

2° On décrit deux demi-circonférences de diamètres AB et CD, et l'on joint leur point de rencontre M aux points I et I'. Établir la formule :

$$\cos \text{IMI}' = \frac{2bb' - ac' - ca'}{2\sqrt{b^2 - ac}\ \sqrt{b'^2 - a'c'}} .$$

3° Trouver la relation qui existe entre a, b, c, a', b', c', pour que l'angle IMI' soit droit; et, dans ce cas, prouver géométriquement que l'on a la relation : $\overline{\text{IB}}^2 = \text{IC} \times \text{ID}$. (Bacc.)

1467. On donne deux circonférences O et O' dont les rayons sont R et r, ainsi que la distance d de leurs centres. La première coupe la ligne des centres aux points A et A', la seconde aux points B et B'. 1° Trouver sur la ligne des centres un point M tel que le rapport $\dfrac{\text{MA} \cdot \text{MA}'}{\text{MB} \cdot \text{MB}'}$ soit égal à un nombre donné m. Discuter le problème en faisant varier la position relative des deux circonférences, et trouver, s'il y a lieu, le maximum et le minimum de m; 2° comment varie la quantité m lorsque le point M parcourt la ligne des centres supposée indéfiniment prolongée, les circonférences étant extérieures l'une à l'autre. (Bacc.)

1468. Sur la droite qui joint deux lumières, trouver les points également éclairés par chacune d'elles. Lieu des points de l'espace également éclairés. (Bacc.)

1469. Dans une circonférence on prend des rayons rectangulaires OA et OB; en A se trouve une lumière d'intensité 2, en B une lumière d'intensité 1. Trouver les points également éclairés : 1° sur la circonférence; 2° sur chacun des diamètres OA et OB. (Saint-Cyr, oral.)

1470. On donne un cercle de rayon R et un point C sur le prolongement du diamètre AB; on demande de mener par le point C une sécante qui coupe la circonférence en D et E de façon que la somme $\overline{\text{AE}}^2 + \overline{\text{BD}}^2$ ait une valeur donnée m^2. (Bacc.)

VII. — Questions de géométrie dans l'espace.

1471. Calculer le volume d'un parallélépipède rectangle, sachant : 1° que les trois arêtes issues d'un sommet sont en progression arithmétique; 2° que la somme de ces arêtes est 18^m; 3° que la surface totale du parallélépipède est 208^{mq}. (Bacc.)

1472. Étant donné un parallélépipède rectangle, calculer les trois arêtes aboutissant à un même sommet, sachant : 1° qu'elles sont en progression arithmétique; 2° que la surface totale égale 94^{mq}; 3° que la somme de toutes les arêtes est 48. (Bacc.)

1473. Calculer les arêtes d'un parallélépipède rectangle dont on connaît la diagonale et la surface totale, sachant qu'elles forment une progression arithmétique. (Bacc.)

1474. Calculer les arêtes d'un parallélépipède rectangle, connaissant leur somme a, la longueur de la diagonale d, et sachant que l'une des arêtes est moyenne proportionnelle entre les deux autres. (Bacc.)

1475. On donne la surface et la diagonale d'un parallélépipède rectangle. Calculer ses dimensions, sachant : 1° qu'elles sont en progression géométrique; 2° qu'elles sont en progression arithmétique. (Bacc.)

1476. Calculer les arêtes d'un parallélépipède rectangle, connaissant la somme $2a^2$ des aires de ses faces, la somme l des longueurs des arêtes et le rapport h de deux de celles-ci. Combien de parallélépipèdes répondent à la question, et dans quel cas le problème est-il impossible? (Bacc.)

1477. On donne les trois dimensions a, b, c d'un parallélépipède rectangle, et l'on demande de trouver une quantité x telle que le parallélépipède rectangle ayant pour dimensions $a+x$, $b+x$, $c+x$, ait une surface donnée $2s$. (Bacc.)

1478. Construire un prisme droit ayant pour base un triangle équilatéral, connaissant sa surface totale S et la somme P de ses neuf arêtes. — Discussion. (Bacc.)

1479. Sur les trois arêtes d'un trièdre trirectangle, on prend trois longueurs $OA = a$, $OB = b$, $OC = c$, et l'on trace le triangle ABC. Trouver : 1° l'expression de l'aire de ce triangle; 2° la distance $OD = d$ du point O au plan ABC; 3° ce que doivent être b et c, lorsque a et d sont données, pour que le triangle ABC ait une surface donnée. (Bacc.)

1480. Une pyramide a pour base un rectangle. Le sommet se projette au centre de la base. On donne la hauteur h de la pyramide, sa surface latérale 2S et la diagonale $2a$ du rectangle de base. Déterminer les dimensions $2x$, $2y$ de ce rectangle. (Bacc.)

1481. On donne la surface totale $2\pi a^2$ d'un premier cylindre, ainsi que la surface totale $2\pi b^2$ d'un second cylindre : celui-ci a pour rayon et pour hauteur respectivement la hauteur et le rayon du premier. Déterminer algébriquement ces deux longueurs. (Bacc.)

1482. Déterminer les rayons des bases de deux cylindres droits de hauteurs respectives a et b, connaissant la somme $2\pi m^2$ de leurs surfaces latérales et la somme πd^3 de leurs volumes. (Bacc.)

1483. Calculer les dimensions d'un cylindre droit de surface totale donnée $2\pi a^2$ inscrit dans une sphère de rayon donné R. (Bacc.)

1484. On donne le rayon R et la génératrice l d'un cône. Trouver à quelle distance du sommet il faut mener un plan parallèle à la base du cône pour que les deux parties aient des surfaces totales égales. (Bacc.)

1485. Étant donné un cône de rayon R et de hauteur h, déterminer la quantité x dont il faut diminuer la hauteur et augmenter le rayon pour que le volume ne change pas. (Saint-Cyr.)

1486. Calculer le rayon de base et la hauteur d'un cône, sachant que son volume est égal à celui d'une sphère de rayon donné a, et que sa surface totale égale m fois la surface de la même sphère. Quelles sont les valeurs de m pour lesquelles le problème admet des solutions? (Bacc.)

1487. Un cylindre et un cône ont même hauteur, même surface totale et même volume; la hauteur h étant donnée, calculer les rayons des bases. (Saint-Cyr.)

1488. Un cône et un cylindre de même hauteur h ont même surface totale, et le volume du cône est égal à m fois celui du cylindre. Calculer les rayons de base des deux corps. — Application au cas où $m = \dfrac{8}{9}$. (Bacc.)

1489. On donne le rayon R de la base d'un cône et le côté a. A quelle distance du sommet, sur l'arête, faut-il mener un plan parallèle à la base, pour que la base du cône soit moyenne proportionnelle entre la surface latérale du petit cône et la surface latérale du tronc? — Discuter. — Pouvait-on prévoir que le problème ne serait pas toujours possible? — Maximum du produit des deux surfaces latérales. (Bacc.)

1490. On donne un cône droit de rayon R et de hauteur h; calculer le volume des sphères inscrite et circonscrite. (Bacc.)

1491. Étant donnés une sphère et un diamètre AC, à quelle distance OB du centre faut-il mener un plan perpendiculaire à ce diamètre pour que la surface latérale du cône SDE, circonscrit à la sphère suivant la circonférence DE, soit égale à la surface latérale du cône qui a pour base ce même cercle DE et pour sommet l'extrémité A du diamètre AC? (Bacc.)

1492. Calculer le rayon de base et la hauteur d'un cône, connaissant son volume $\frac{4}{3}\pi a^3$ et sa surface totale πb^2. (Bacc.)

1493. Déterminer le rayon de base et la hauteur d'un cône dont la surface totale égale celle d'une sphère de rayon donné R et le volume est équivalent à celui d'une autre sphère de rayon donné r. — Conditions de possibilité. — Cône de volume maximum pour une surface totale donnée; valeur de l'angle générateur de ce cône. (Bacc.)

1494. Connaissant le volume $\frac{1}{3}\pi a^3$ et la surface totale πb^2 d'un cône droit, déterminer le rayon de base et la hauteur h. Conditions de possibilité du problème. — Quelle relation faut-il supposer entre les données a et b pour que le triangle obtenu en coupant le cône par un plan passant par l'axe soit équilatéral? (Bacc.)

1495. Dans une sphère de rayon donné R est inscrit un cône dont la hauteur est $\frac{3R}{2}$. A quelle distance du sommet faut-il mener un plan pour que la différence des sections du cône et de la sphère soit égale à une quantité donnée πa^2? (Bacc.)

1496. Un cône de hauteur h est inscrit dans une sphère de rayon R. A quelle distance x du sommet du cône faut-il mener un plan parallèle au plan de sa base pour que l'aire de la section faite dans le cône soit dans un rapport donné $\frac{m}{n}$ avec l'aire de la section faite dans la sphère par le même plan? (Bacc.)

1497. A quelle distance du centre d'une sphère de rayon donné R faut-il mener un plan sécant AB, pour que la surface latérale du cône CAB inscrit à la sphère soit la $n^{\text{ième}}$ partie de la zone sphérique de même hauteur? — Limites de n. (Bacc.)

1498. Étant donné un demi-cercle AB de rayon R, on prend un point P sur le prolongement du diamètre, et l'on mène la tangente PC. Calculer OP $= x$, tel que l'aire engendrée par la droite PC, lorsque la figure tourne autour de AB, soit équivalente à l'aire engendrée par l'arc AC extérieur au cône. (Bacc.)

1499. Les données étant les mêmes que précédemment, calculer OP $= x$, tel que le volume engendré par le secteur OCB soit équivalent au volume engendré par le triangle mixtiligne CBP. (Bacc.)

1500. Étant donné un demi-cercle AB de rayon R, on prend un point P sur le prolongement du diamètre AB, et l'on mène la tangente PC. Calculer OP $= x$, sachant que le volume engendré par le triangle OCP, lorsqu'on fait tourner la figure autour de AB, égale $\dfrac{3}{8}$ du volume de la sphère engendrée par le demi-cercle ACB. (Bacc.)

1501. Étant donnée une circonférence dont on désignera le rayon par R, on considère deux diamètres rectangulaires ; d'un point A pris sur l'un d'eux à une distance du centre $OA = a$, on mène la tangente AMB qui coupe l'autre diamètre en B. Calculer la surface totale du cône engendré par le triangle AOB tournant autour de AO. Étudier comment varie cette surface quand on fait varier a. (Bacc.)

1502. On circonscrit à un hémisphère de rayon donné R un cône droit dont la base repose sur le plan diamétral. Déterminer la hauteur à donner à ce cône pour que sa surface totale soit égale à celle d'un cercle de rayon donné a. (Bacc.)

1503. Quelle doit être la hauteur d'un cône circulaire droit circonscrit à une sphère de rayon donné, pour que le rapport de la surface totale du cône à la surface de la sphère soit égal à un nombre donné m ? (Bacc.)

1504. Une portion de cheminée d'usine a la forme d'un tronc de cône dont la hauteur est h et dont les bases ont pour rayons respectifs : 1° grande base, rayon intérieur R, rayon extérieur R $+ a$; 2° petite base, rayon intérieur r, rayon extérieur $r + b$. Évaluer le volume de la maçonnerie. — Cas de $b = a$.
Application : $h = 15^m$, R $= 1^m,125$, $r = 0^m,65$, $b = a = 0^m,94$. (Bacc.)

1505. Le volume d'un tronc de cône est compris entre ceux de deux cylindres de même hauteur que le tronc de cône, dont le premier aurait pour base la section parallèle et équidistante des bases du tronc, et dont le second aurait pour base la moyenne arithmétique des deux bases du tronc. — On fera voir, en outre, que le volume du premier cylindre est deux fois plus approché que celui du second de la vraie valeur du tronc de cône. (Bacc.)

1506. Les rayons des bases d'un tronc de cône sont R et r ; quelle doit être la hauteur du tronc pour que la surface latérale soit égale à la somme des surfaces des bases ? (Bacc.)

1507. Dans un tronc de cône on donne l'arête a, l'angle α de cette arête avec le plan de la grande base et la surface totale πm^2. Calculer les rayons x et y des deux bases. Le problème est-il toujours possible, quelle que soit la surface donnée, les autres données restant les mêmes ? — Application :

$$\alpha = 60^0, \quad m^2 = \dfrac{13}{8} a^2. \quad \text{(Bacc.)}$$

1508. On donne le volume, la hauteur et la différence des rayons des bases d'un tronc de cône droit. Trouver les rayons de ces bases. — Application : V $= 36\ d^{mc}$; $h = 0^m,25$; différence des rayons, $0^m,15$. (Bacc.)

1509. Calculer les rayons des bases d'un tronc de cône, connaissant son volume $\dfrac{1}{3} \pi a^3$, sa hauteur h et la somme $2b$ des rayons des bases. (Bacc.)

1510. Déterminer les rayons des bases d'un tronc de cône dont on connaît la hauteur h, la somme πa^2 des surfaces des bases, et la différence V entre le volume de ce tronc de cône et celui d'un cylindre de même hauteur, et dont la base serait la section équidistante des deux bases du tronc de cône. (Bacc.)

1511. Connaissant les rayons a et b des deux bases d'un tronc de cône et la hauteur h, déterminer sur la droite qui joint les centres des deux bases un point S tel que les deux cônes ayant ce point pour sommet, et pour bases respectivement les deux bases du tronc de cône, aient leurs surfaces latérales équivalentes. (Bacc.)

1512. Étant donnés un cône de révolution à deux nappes et deux sections parallèles, telles que leur distance soit égale à une quantité donnée h, on déplace les plans parallèles en leur conservant une direction fixe et la même distance. On demande : 1° de trouver l'expression du volume ainsi formé ; 2° d'étudier les variations de la fonction. (Bacc.)

1513. On donne la hauteur h et l'arête l d'un tronc de cône entièrement circonscrit à une sphère. On propose de calculer, d'après ces données, la surface totale et le volume du tronc. (Bacc.)

1514. Calculer les rayons x et y des bases d'un tronc de cône circonscrit à une sphère de rayon donné a, sachant que le volume du tronc égale deux fois celui de la sphère. (Bacc.)

1515. Déterminer les rayons des bases d'un tronc de cône circonscrit à une sphère de rayon donné R, et tel que sa surface totale soit dans un rapport donné m avec sa surface latérale. (Bacc.)

1516. Calculer le rayon d'une sphère, connaissant le diamètre l d'une section faite perpendiculairement au plan d'un grand cercle, la hauteur h d'un point M de ce grand cercle au-dessus du plan sécant, ainsi que la distance d du pied de cette hauteur au centre I de la section. (Bacc.)

1517. On donne une droite $AB = a$ et un point C sur cette droite, et l'on construit deux sphères ayant pour diamètres les deux segments AC et BC de cette droite. On demande d'étudier la variation de la somme des volumes de ces deux sphères quand le point C se déplace de A en B. (Bacc.)

1518. On donne le volume compris entre deux sphères concentriques $\frac{4}{3}\pi a^3$. Connaissant la différence des rayons de ces deux sphères, trouver le rayon de la plus grande. (Bacc.)

1519. Deux sphères de rayons R et r sont concentriques; calculer le volume du segment sphérique déterminé dans la plus grande par un plan tangent à la petite. (Bacc.)

1520. Mener dans une sphère de rayon donné R trois plans parallèles tels que les quatre zones obtenues soient entre elles comme les termes d'une progression géométrique de raison donnée q. (Bacc.)

1521. Dans une sphère de rayon donné R, déterminer la hauteur d'une zone à une base, sachant que la surface de la zone augmentée de la surface de la base est une fraction déterminée $\frac{1}{m}$ de la surface de la sphère. (Bacc.)

1522. A quelle distance du centre d'une sphère de rayon donné R faut-il mener un plan, pour qu'en ajoutant à chaque zone l'aire de la section, les deux sommes soient dans un rapport donné m ? Montrer que le problème a toujours une solution, et une seule. (Bacc.)

1523. On donne une sphère de rayon R ; déterminer sur le diamètre AB de cette sphère la longueur $AC = x$, de façon que, en menant par le point C le plan DCE perpendiculairement au diamètre, la somme de la surface de la zone dont la hauteur est AC et de la surface latérale du cône DOE, ayant pour sommet le centre de la sphère et pour base la section, soit égale à une surface donnée πa^2. (Bacc.)

1524. Inscrire dans une sphère donnée un cône circulaire droit, de manière que la surface latérale de ce cône soit équivalente à celle de la calotte sphérique de même base que le cône. (Bacc.)

1525. Les rayons des deux cercles de base et la hauteur d'un segment sphérique sont trois lignes dans le rapport des nombres 2, $\sqrt{3}$ et 1. Le volume de ce segment est équivalent à celui d'une sphère de rayon R. On demande de calculer les dimensions de ce segment sphérique. (Bacc.)

1526. Inscrire dans une sphère de rayon donné R un cylindre tel que son volume, ajouté à trois fois les volumes des segments sphériques placés sur ses bases, donne une somme égale à un volume donné V. Maximum de ce volume. (Bacc.)

1527. Dans une sphère de rayon R on a inscrit un cylindre tel que son volume égale la somme des deux segments sphériques placés sur ses bases. Calculer la hauteur de ces segments. (Bacc.)

1528. Couper une sphère par un plan, de manière que le segment enlevé ait même volume que le cône qui aurait pour base la base du segment, et pour sommet l'extrémité du diamètre perpendiculaire au plan sécant. (Bacc.)

1529. A quelle distance du centre d'une sphère de rayon donné R faut-il mener un plan pour que le volume du segment sphérique enlevé soit équivalent au volume du cône qui a pour base la section et pour sommet le centre de la sphère ? (Bacc.)

1530. Couper une sphère de rayon donné R par un plan tel que le plus grand segment sphérique qu'il détermine soit dans un rapport donné m avec le cône ayant pour base la section et pour sommet le centre de la sphère. (Bacc.)

1531. Couper une sphère de rayon donné R par un plan tel que le rapport des volumes des segments obtenus soit égal à m fois le rapport des aires des calottes correspondantes. (Bacc.)

1532. On donne une sphère de rayon R. On demande à quelle distance du centre il faut mener le plan d'un petit cercle pour que si l'on considère le cône circonscrit à la sphère suivant ce petit cercle, la partie du volume du cône qui est extérieure à la sphère soit à la partie intérieure dans un rapport donné m.

— Quelle est la valeur minimum de m ? — Application : $m = \dfrac{9}{16}$. (Bacc.)

1533. Couper un hémisphère de rayon donné R par un plan parallèle à la base, de telle sorte que le segment sphérique à une base ait un volume égal à celui du cylindre qui aurait pour base la section et pour hauteur la distance des plans parallèles. (Bacc.)

1534. Couper un hémisphère de rayon donné R par un plan parallèle à la base, de telle sorte que le volume du segment sphérique compris entre les deux plans soit au volume du tronc de cône inscrit dans ce segment dans un rapport donné m. Condition pour que le problème soit possible. (Bacc.)

1535. On donne deux plans parallèles, chacun d'eux renferme la base d'une pyramide dont le sommet est dans l'autre. Ces deux bases sont connues, ainsi que les distances des deux plans. On demande de mener un troisième plan parallèle aux deux premiers et qui détermine dans les deux pyramides des sections dont la somme des aires ait une valeur donnée. — Discussion. (Bacc.)

1536. Un cône et un cylindre de révolution ont une même base de rayon R et même hauteur h; on demande à quelle distance de la base il faut mener un plan parallèle, pour que le tronc de cône soit équivalent au volume compris entre le cylindre et le tronc de cône. (Bacc.)

1537. On a placé sur un plan un cône dont le rayon est a et la hauteur $4a$, et une sphère dont le diamètre est égal à la hauteur du cône. A quelle distance du plan faut-il mener un plan parallèle pour que les deux volumes interceptés soient équivalents? (Bacc.)

1538. On pose sur un plan horizontal P une sphère de rayon R et un cône droit dont le rayon de base est R et la hauteur 2R. A quelle distance x du plan P faut-il mener un plan horizontal Q pour que le volume du tronc de cône compris entre les plans P et Q soit égal à n fois le volume du segment sphérique compris entre ces mêmes plans? Pour quelles valeurs de n le problème est-il possible? (Bacc.)

1539. On a placé sur un plan une sphère de rayon r et un cône de rayon R et de hauteur $2r$. A quelle distance x du plan faut-il mener un plan parallèle pour que les deux volumes interceptés soient équivalents? — Discuter. — Étudier la position de ce plan sécant par rapport au centre de la sphère. (Saint-Cyr.)

1540. Étant donné un demi-cercle de rayon R, mener une corde DE parallèle au diamètre AB, telle que les surfaces engendrées par les deux droites DE et BE, tournant autour de AB, soient dans un rapport donné m. (Bacc.)

1541. Dans un trapèze ABCD, les angles consécutifs A et C sont droits; on donne les côtés parallèles AB $= a$, CD $= b$ et le côté AC $= h$. On coupe le trapèze par une droite EF $= x$ parallèle aux deux bases. Par la considération des aires ABEF, CDEF, ABCD, calculer les segments AE et CE de la droite AC. On fait tourner la figure autour de AC; calculer les volumes engendrés par les deux trapèzes partiels. Déterminer la longueur x de façon que ces volumes soient égaux. (Bacc.)

1542. La hauteur AB d'un rectangle ABCD étant égale à 1 m., trouver une longueur DE moindre que CD, telle que les volumes engendrés par le quadrilatère AECB tournant 1° autour de AD, 2° autour de BC, soient dans le rapport de 26 à 19. (Bacc.)

1543. Par un point de la base d'un triangle équilatéral de côté a, on mène deux parallèles aux côtés. Déterminer la distance de ce point au sommet voisin pour que le volume engendré par le parallélogramme soit les $\dfrac{2}{3}$ du volume engendré par le triangle, lorsque la figure tourne autour de sa base. (Bacc.)

1544. Un triangle rectangle tourne autour de son hypoténuse; on donne le périmètre $2p$ et l'hypoténuse a de ce triangle, et l'on demande : 1° de calculer le volume engendré; 2° de chercher le maximum et le minimum de ce volume quand l'hypoténuse a varie, le périmètre $2p$ restant constant. (Bacc.)

1545. Calculer les côtés de l'angle droit d'un triangle rectangle dont l'hypoténuse est a, sachant que le volume engendré par ce triangle tournant autour de l'hypoténuse égale celui d'une sphère de rayon égal à b. (Bacc.)

1546. Un triangle rectangle tourne autour d'un axe situé dans son plan et parallèle à l'hypoténuse dont la longueur a est donnée, ainsi que sa distance d à l'axe. On connaît de plus le volume πb^3 engendré par le triangle. Déterminer les côtés de ce triangle. (Bacc.)

1547. Inscrire dans une circonférence donnée un triangle rectangle tel que ce triangle engendre un volume donné $\dfrac{2}{3}\,\pi m^3$ en tournant autour de la tangente à la circonférence menée par le sommet de l'angle droit. Calculer les côtés du triangle. (Bacc.)

1548. Sur une droite fixe AP de longueur a, on prend une longueur AB $= x$, sur laquelle on décrit comme diamètre un demi-cercle, et par le point P on mène la tangente PC; enfin on abaisse la perpendiculaire CD sur AP. Déterminer x par la condition que, la figure tournant autour de AP, le volume engendré par le segment ACD égale m fois le volume engendré par le triangle CDP; m peut-il prendre toutes les valeurs possibles quand le point B varie entre A et P? (Bacc.)

1549. Étant donné un demi-cercle de rayon R, déterminer la position d'une corde CD parallèle au diamètre AB, de telle sorte que si l'on fait tourner la figure autour du diamètre, la somme des volumes engendrés par les segments égaux AmC, DnB soit équivalente au volume engendré par le rectangle CDEF. (Bacc.)

1550. Trouver sur une demi-circonférence ACB de rayon donné R un point C, l que si l'on joint CB et qu'on abaisse CD perpendiculaire sur le diamètre, les lumes engendrés par le segment BNC et le triangle OCD tournant autour de AB soient équivalents. (Bacc.)

Déterminer la distance OD $= x$ telle que le segment AMC et le secteur BOC engendrent des volumes équivalents. (Bacc.)

1551. On donne l'hypoténuse BC $= a$ d'un triangle rectangle; on lui circonscrit une demi-circonférence BMANC: on demande de déterminer la hauteur AD $= x$ de manière que le volume engendré par les deux segments BMA, CNA soit égal à une sphère de rayon R. — Condition de possibilité. (Bacc.)

1552. On donne un quart de cercle AOB de rayon R. Par un point M de l'arc AB, on mène la tangente MC, la perpendiculaire MD à OB et le rayon OM. Déterminer le point M de telle sorte qu'en faisant tourner la figure autour de OA, le rapport des volumes engendrés par le secteur BOM et par le trapèze OCMD soit égal à m. — Application : $m = 2$. (Bacc.)

1553. On donne un cercle de rayon R et les tangentes aux extrémités d'un diamètre AB. Si l'on mène une troisième tangente CD, 1º démontrer que AD . BC $=$ R^2 ;

2º Mener la tangente CD de manière que le volume du tronc de cône engendré par le trapèze ABCD tournant autour de AB soit dans un rapport donné m avec le volume de la sphère engendrée par le cercle. — Minimum de m. (Bacc.)

1554. Étant donné un demi-cercle de diamètre AB $= 2$R et un point P situé sur ce diamètre à une distance a du centre, mener par ce point P une droite qui divise le demi-cercle en deux parties telles que si l'on fait tourner la figure autour de AB, les volumes engendrés par chacune des parties soient équivalents. (Saint-Cyr.)

1555. Sur une droite AB on décrit une demi-circonférence ; au point B on mène la tangente BT ; sur cette tangente, trouver un point M tel qu'en le joignant au point A et en désignant par N le point de MA qui est sur la circonférence, si la figure tourne autour de AB, le volume engendré par ANB soit égal au volume engendré par MBN. (Saint-Cyr.)

1556. Un triangle isocèle étant circonscrit à un cercle de rayon donné r, on demande : 1º la relation qui existe entre la hauteur x du triangle et sa demi-base y ; 2º de déterminer x de telle sorte que le volume du cône engendré par la rotation du triangle autour de sa hauteur égale le volume d'une sphère de rayon donné m ; 3º d'en déduire la valeur de x lorsque le cône a le plus petit volume possible. (Bacc.)

1557. On donne un rectangle ABCD dont les côtés sont AB $= a$, BC $= b$. On prend sur le côté DC une longueur DE $= x$ et sur le prolongement de BC la même longueur CF $= x$. Déterminer x par la condition que le volume engendré par le quadrilatère AEFB tournant autour de AB soit égal au volume engendré par le rectangle ABCD. — Condition de possibilité du problème. — Peut-on interpréter les solutions négatives ? (Bacc.)

1558. On donne un carré ABCD de côté a, et l'on propose de déterminer le rapport $\dfrac{BE}{BA} = \dfrac{x}{a}$ tel que si l'on tire la droite DEF qui rencontre en F le prolongement de BC, et qu'on fasse tourner la figure autour de AB, la somme des volumes engendrés par les triangles ADE et BEF soit équivalente à celui d'une sphère de rayon donné R. — Quel doit être le rapport $\dfrac{x}{a}$ pour que cette somme soit la plus petite possible, et quel sera ce minimum ? Donner la valeur du même rapport quand, au volume de la sphère, on substitue celui du cylindre engendré par le carré. (Bacc.)

VIII. — Courbes usuelles.

1559. Connaissant le grand axe $2a$ d'une ellipse et la distance focale $2c$, calculer les distances maximum et minimum du centre à un point de la courbe. (École centrale, oral.)

1560. Sur une ellipse définie par son grand axe $2a$ et la distance focale $2c$, on prend un point M distant d'une longueur donnée r de l'un des foyers, et l'on mène la normale et la tangente en ce point, limitées au grand axe. On demande : 1° les distances du pied de la normale aux deux foyers ; 2° les distances du pied de la tangente aux mêmes points ; 3° la longueur à donner à r pour que la distance entre le pied de la normale et le pied de la tangente égale la distance focale $2c$. (Bacc.)

1561. En un point M d'une ellipse dont le grand axe égale $2a$ et la distance focale $2c$, on mène la tangente et la normale qui coupent le grand axe et son prolongement aux points T et N. Cela posé, on demande de résoudre les deux questions suivantes :

1° On donne la longueur r du rayon vecteur qui joint le foyer F au point M, et l'on demande les longueurs des droites FN, FT et NT ;

2° Le point M n'étant pas donné, déterminer sa position sur l'ellipse par la condition que NT ait une longueur donnée m. (Bacc.)

1562. Un point M placé sur une ellipse donnée, à une distance $MF = r$ de l'un des foyers, est sollicité par deux forces représentées en grandeur et en direction par la normale MN et la tangente MT, limitées au grand axe : 1° trouver la grandeur de la résultante ; 2° déterminer le rayon r de manière que cette résultante passe au sommet A, et calculer la résultante dans ce cas. (Bacc.)

1563. Du centre d'une ellipse dont on connaît le grand axe $2a$ et la distance focale $2c$, on décrit avec un rayon R un cercle qui rencontre la courbe en deux ou quatre points M. Calculer les rayons vecteurs de l'un de ces points et déduire des formules obtenues la condition de possibilité du problème. (Bacc.)

1564. On connaît dans une ellipse le grand axe $2a$ et la distance focale $2c$. En un point M, distant du centre d'une longueur donnée R, on mène la normale MN limitée au grand axe. Calculer : 1° les distances du pied de la normale aux foyers et au centre ; 2° la longueur de la normale, et trouver le maximum de cette longueur quand le point M se déplace sur l'ellipse. (Bacc.)

1565. Dans une ellipse dont on connaît le grand axe $2a$ et la distance focale $2c$, on prend sur la courbe un point M distant d'une longueur donnée r de l'un des foyers. On demande de calculer la distance de ce point M au centre et aux deux axes de la courbe. (Bacc.)

1566. Un point M situé sur une ellipse donnée, à une distance $MF = r$ de l'un des foyers, est sollicité par deux forces représentées en grandeur et en direction par les deux rayons vecteurs MF et MF'. Calculer la résultante de ces forces et l'angle α qu'elle fait avec le grand axe. Calculer et construire géométriquement la valeur de r pour laquelle cette résultante est double de r ; valeur de l'angle α dans ce cas. (Bacc.)

1567. Dans une ellipse définie par son grand axe $2a$ et sa distance focale $2c$, on prend un point M distant du foyer F d'une longueur r, et l'on mène l'ordonnée MP de ce point. Trouver la surface du triangle F'MP et le maximum de cette surface quand on fait varier r. (Bacc.)

1568. Sur une droite indéfinie X'X, de part et d'autre d'un point fixe O, on prend deux points A', A tels que $OA' = OA = a$; puis, d'un même côté de O, deux points variables D, D' liés par la relation $\dfrac{DA}{DA'} = \dfrac{D'A}{D'A'}$, et enfin le point P, au milieu de D'D. Soit $OP = x$. On exprimera d'abord les segments OD, OD', DD' en fonction de x; on prendra ensuite sur une perpendiculaire à X'X menée par le point P une longueur $PM = \dfrac{DD'}{2}$, et l'on joindra le point M aux points F', F tels que $OF' = OF = a\sqrt{2}$. On propose de calculer les distances MF', MF ainsi que leur différence et d'en conclure la nature du lieu géométrique du point M lorsque les points D, D' varient. (Bacc.)

1569. Étant donné un triangle équilatéral ABC, construire une parabole ayant pour foyer le point A et passant par les deux points B et C; montrer que le problème admet deux solutions, et calculer en fonction de BC la distance du point A à la directrice de chacune des paraboles. (Bacc.)

1570. On donne la distance p du foyer d'une parabole à sa directrice et l'angle α que fait avec l'axe une tangente à la courbe. On demande de calculer la longueur de la portion de cette tangente comprise entre son point de contact et le point où elle rencontre l'axe de la parabole. (Bacc.)

1571. Mener à une parabole donnée une tangente telle que la partie comprise entre le point de contact et l'axe ait une longueur donnée l. (Bacc.)

1572. Dans une parabole donnée, une corde MN de longueur connue a passe par le foyer F. Calculer ses deux segments FM et FN en fonction de a et de la distance p du foyer à la directrice. (Bacc.)

1573. Du sommet d'une parabole comme centre, on décrit une circonférence qui passe par le foyer. En appelant M un des points d'intersection de la circonférence et de la parabole, trouver les distances de ce point au foyer et à l'axe de la parabole. (Bacc.)

1574. Une ellipse et une parabole ont un foyer commun, et le sommet de la parabole coïncide avec le centre de l'ellipse. Connaissant le grand axe et la distance focale de l'ellipse, trouver : 1º la distance du foyer commun à l'un des points M d'intersection des deux courbes ; 2º les distances de ce foyer aux points où la tangente en M à la parabole et à la normale en M à l'ellipse rencontrent le grand axe. (Bacc.)

IX. — Progressions. Logarithmes, intérêts composés.

1575. Quelle est la somme des n premiers termes de la progression :

$$\frac{n-1}{n}, \quad \frac{n-2}{n}, \quad \frac{n-3}{n} \dots ? \quad \text{(Bacc.)}$$

1576. On demande de trouver les termes d'une progression arithmétique telle que la somme des n premiers termes égale $n+1$ fois la moitié du terme auquel on s'arrête. (Bacc.)

1577. Déterminer le premier terme et la raison d'une progression arithmétique, sachant que la somme de ses n premiers termes est $\dfrac{n^2}{2}$, quel que soit n. (Bacc.)

1578. Trouver le premier terme et la raison d'une progression arithmétique, sachant que la somme des n premiers termes de cette progression est, pour toutes les valeurs de n, égale à $n(3n+1)$.   (Bacc.)

Même question, la somme des n premiers termes étant $\dfrac{n(n+1)}{2}$.   (Bacc.)

1579. La somme des m premiers termes d'une progression arithmétique dont le premier terme est x et la raison y est n; la somme des n premiers termes de la même progression est m. Calculer la somme des $m+n$ premiers termes et celle des $m-n$ premiers termes.   (Bacc.)

1580. Trouver quatre nombres en progression arithmétique, connaissant leur somme $4a$ et la somme $4b^2$ de leurs carrés.   (Bacc.)

1581. Déterminer cinq nombres en progression arithmétique, connaissant leur somme $5a$ et leur produit p^5.   (Bacc.)

1582. Déterminer cinq nombres en progression géométrique, connaissant leur somme a et leur produit b^5.   (Bacc.)

1583. Dans une progression arithmétique composée de trois termes, on connaît la somme $2a$ des trois termes et la somme b^4 de leurs quatrièmes puissances. Calculer: 1° le terme du milieu; 2° la raison de la progression. (Bacc.)

1584. Trouver une progression arithmétique de cinq termes, connaissant la somme $5a$ des termes et la somme $\dfrac{1}{b}$ de leurs inverses.   (Bacc.)

1585. Étant donnés les nombres 12, 20 et 35, peuvent-ils faire partie d'une progression arithmétique ou géométrique?   (Saint-Cyr, oral.)

1586. Démontrer que si les trois côtés d'un triangle sont en progression géométrique, la raison de cette progression est nécessairement comprise entre $\dfrac{1}{2}(\sqrt{5}-1)$ et $\dfrac{1}{2}(\sqrt{5}+1)$.   (Bacc.)

1587. Si l'on ajoute termes à termes deux progressions géométriques qui n'ont pas même raison, les résultats ne forment pas une progression; mais chaque terme pourra se déduire des deux précédents en les multipliant par des nombres constants et ajoutant les résultats.   (Bacc.)

1588. Dans une progression géométrique de n termes, on donne la somme S des $n-1$ premiers termes et la somme S' des $n-1$ derniers. Trouver la raison et le premier terme.   (Bacc.)

1589. Vers quelle limite tend la somme de tous les termes suivants:

$$\left(\frac{1}{3}+\frac{1}{3^2}+\frac{1}{3^3}+\cdots\right)+\left(\frac{1}{5}+\frac{1}{5^2}+\frac{1}{5^3}+\cdots\right)+\left(\frac{1}{9}+\frac{1}{9^2}+\frac{1}{9^3}+\cdots\right)+$$

$$+\left(\frac{1}{17}+\frac{1}{17^2}+\frac{1}{17^3}+\cdots\right)+\cdots+\left(\frac{1}{2^n+1}+\frac{1}{(2^n+1)^2}+\frac{1}{(2^n+1)^3}+\cdots\right)?$$

(Bacc.)

1590. 1° On considère une suite de triangles ABC, $A_1B_1C_1$, ... $A_nB_nC_n$, dont chacun a pour sommets les milieux des côtés du précédent. Calculer la limite de la somme des surfaces de ces triangles pour $n=\infty$, en supposant connue la surface du premier triangle ABC. Quand n augmente indéfiniment, le triangle $A_nB_nC_n$ se réduit à un point; quel est ce point?

2° Étant donné un tétraèdre T_1, on construit successivement les tétraèdres T_2, T_3, ... T_n, dont chacun a pour sommets les centres de gravité des faces du précédent, et l'on demande de calculer la somme des volumes des tétraèdres. (Bacc.)

1591. Dans un triangle équilatéral de côté a_1, on inscrit un cercle et l'on désigne son rayon par r_1. Dans ce cercle, on inscrit un triangle équilatéral et l'on désigne le côté de ce triangle par a_2, puis par r_2 le rayon du cercle inscrit à ce second triangle. On continue ainsi indéfiniment à tracer des triangles équilatéraux et leurs cercles inscrits. Calculer la limite vers laquelle tend :

1° La somme $r_1 + r_2 + r_3 + ...$ des rayons des cercles inscrits ;

2° La somme $a_1 + a_2 + a_3 + ...$ des côtés des triangles équilatéraux ;

3° La somme des surfaces des cercles ;

4° La somme des surfaces des triangles ;

5° La somme des volumes engendrés par les triangles tournant autour de leurs hauteurs.   (École de physique de Paris.)

1592. Dans une sphère S de rayon donné R, on inscrit un cube C ; dans ce cube, on inscrit une seconde sphère S_1 ; dans cette sphère, on inscrit un cube C_1, et ainsi de suite indéfiniment. On demande : 1° de calculer les rayons des sphères S_1, S_2, ... S_n et la limite de leur somme ; 2° d'évaluer les volumes des couches sphériques comprises entre S et S_1, S_1 et S_2, etc.; 3° de vérifier que la somme de ces volumes en nombre infini est égale au volume de la sphère S. (Bacc.)

1593. Dans chaque intervalle formé par deux termes consécutifs de la progression géométrique $1, q, q^2, q^3, ... q^n$, on insère k moyens arithmétiques, dont on demande la somme totale exprimée en fonction des quantités q, n, k. Que devient le résultat pour une progression décroissante que l'on prolonge indéfiniment ?   (Bacc.)

1594. 1° Que devient l'expression :
$$1 - \frac{1}{\alpha} + \frac{1}{\alpha^2} - \frac{1}{\alpha^3} + \frac{1}{\alpha^4} - \frac{1}{\alpha^5} + ...$$
prolongée à l'infini quand le nombre α supposé positif et supérieur à l'unité s'approche indéfiniment de 1 ?   (Bacc.)

2° A quelle fraction algébrique simple est équivalent le polynôme :
$$x - y + \frac{y^2}{x} - \frac{y^3}{x^2} + \frac{y^4}{x^3} - \frac{y^5}{x^4} + ...$$
dont les termes forment une progression géométrique indéfinie?   (Bacc.)

1595. On donne un cercle de rayon a et deux sécantes $AB = l$, $CD = 2a$ (cette dernière est un diamètre); on divise la demi-corde EA en n parties égales, et l'on demande : 1° de calculer la portion OM de la corde CD, sachant que EM représente m divisions ; 2° de calculer la somme des carrés de MF quand m varie de zéro à n, MF étant perpendiculaire à OM.   (Bacc.)

1596. Trouver la somme des termes de la suite :
$$1 + 2x + 3x^2 + ... + nx^{n-1}.$$ (École forestière, concours.)

1597. Sur une droite XX' on marque n points A, B, C, ...N distants de la même longueur a, et on les numérote 1, 2, 3,...n. Trouver la distance, au premier point A, d'un point Y de la droite, tel que la somme des carrés de ses distances AY, BY, ...NY aux autres points donnés, multipliés par les numéros correspondants 1, 2, ...n, c'est-à-dire $1 \times \overline{AY}^2 + 2 \times \overline{BY}^2 + ... + n \times \overline{NY}^2$ soit un minimum.   (Bacc.)

1598. Résoudre l'équation : $\log (7x - 9)^2 + \log (3x - 4)^2 = 2$.   (Bacc.)

1599. Résoudre l'équation : $\log \sqrt{7x + 5} + \log \sqrt{2x + 3} = 1 + \log 4{,}5$.
     (Bacc.)

1600. Trouver la valeur de x donnée par l'équation :
$$\frac{\log (35 - x^3)}{\log (5 - x)} = 3.$$ (Bacc.)

1601. Une personne emprunte une somme de a francs pour deux ans ; elle s'acquitte par deux payements de b francs effectués à la fin de la première et de la seconde année. A quel taux a-t-elle emprunté, les intérêts étant composés ? Discuter les conditions de possibilité du problème.   (Bacc.)

1602. On emprunte une somme A à 5 p. $\%$ à intérêts composés. Quelle annuité faudra-t-il payer pour qu'après 5 ans cette dette soit réduite à $\dfrac{A}{2}$? (Bacc.)

1603. On doit payer chaque année une somme de 2000 fr. pendant 12 ans ; par quelle somme pourra être remplacée cette annuité si l'on veut ne faire qu'un seul payement au bout de 4 ans, le taux étant 5 p. $\%$?   (Bacc.)

1604. Une commune a fait un emprunt de 23795 fr. à 4,5 p. $\%$; cette commune veut se libérer au moyen d'annuités qu'elle obtient en votant 0 fr. 04 extraordinaires ; pour chaque centime voté elle perçoit 769 fr. par an ; on demande : 1° pour combien d'années elle doit s'imposer ; 2° quelle somme elle aura payée ainsi.   (Bacc.)

1605. Un ouvrier place à la fin de chaque année une somme de 200 fr. à intérêts composés et à 5 p. $\%$. Au bout de 20 ans, il emploie la somme qui lui est due et à laquelle il ajoute 200 fr. économisés la dernière année, à acheter de la rente 3 p. $\%$ au cours de 61,75. Quelle rente recevra-t-il, les frais de courtage étant de 15 fr. 76 ?   (Bacc.)

1606. Un industriel a emprunté le 1er janvier 1880 une somme de 33640 fr., dont il s'est acquitté en deux payements égaux de 19448 fr. 10. Le premier de ces payements a été effectué le 1er janvier 1882, et le second le 1er janvier 1884. On demande à quel taux exact l'emprunt a été fait, sachant que pour ces sommes on a tenu compte des intérêts composés.   (École navale, concours.)

1607. Une personne s'engage à verser à une compagnie d'assurances n annuités égales à a à la condition que la compagnie lui servira, pendant les $2n$ années suivantes, une rente annuelle égale à b, le premier de ces derniers payements devant être effectué après le versement de la dernière annuité a. Les intérêts sont composés, et le taux est de r pour un franc par an. On demande :

1° De calculer le rapport $\dfrac{a}{b}$;

2° De déterminer la valeur que doit avoir le nombre n pour que le rapport $\dfrac{a}{b}$ ait une valeur donnée p ;

3° D'appliquer la formule au cas où l'on aurait $r = 0,025$, $p = \dfrac{1}{2}$.   (École de Cluny, concours.)

X. — Questions de concours et d'agrégation.

1608. Décomposer une somme a en deux parties telles que la somme de leurs cubes divisée par la somme de leurs carrés soit égale à b. — Discussion. (Concours académique de Caen pour l'ens. spéc.)

1609. Trouver trois nombres en progression géométrique, connaissant leur somme a et la somme b de leurs carrés. (Dijon, concours académique pour l'ens. spéc.)

1610. On pose sur un plan horizontal : 1° un cône circulaire droit dont la hauteur est égale au diamètre de la base ; 2° une sphère d'un diamètre égal à celui de la base du cône. On demande de couper ces deux solides par un plan horizontal, de manière que la somme des aires des sections égale celle d'un cercle de rayon donné. — Discussion. (Caen, concours académique pour l'ens. spéc.)

1611. On donne un triangle par ses trois côtés, et l'on demande l'expression du rapport de sa surface à celle du triangle qui aurait pour sommets les pieds des bissectrices des angles du triangle. (Caen, concours académique pour l'ens. spéc.)

1612. Étant donnée l'équation $x^2 + px + q = 0$, former les équations qui ont pour racines : 1° les carrés des racines de la proposée; 2° les inverses des racines de la proposée. Rechercher quels doivent être les coefficients de la proposée pour que l'équation qui admet pour racines les carrés des racines de la première ne diffère pas de cette équation. (Concours général, seconde.)

1613. Inscrire dans un cercle de rayon donné R une corde telle que la somme de sa longueur et de sa distance au centre soit égale à une longueur donnée l. (Concours général, seconde.)

1614. On donne les rayons R et r des cercles circonscrit et inscrit à un triangle isocèle. Trouver la distance des centres des deux cercles, la base et la hauteur du triangle isocèle. (Concours général, seconde.)

1615. Une pyramide régulière a pour base un carré; la somme de l'apothème de cette pyramide et du côté de sa base est égale à a; enfin sa surface totale est m^2. Trouver le côté de la base, la hauteur et le volume de cette pyramide. — Discussion. On appliquera les formules au cas où $a = 5^m$ et $m = 4^m$. (Concours général, seconde.)

1616. Déterminer sur un diamètre AB d'une sphère de rayon R un point tel que si l'on mène par ce point un plan perpendiculaire à ce diamètre, la surface de la zone sphérique limitée par le plan et contenant le point A, soit équivalente à la surface latérale du cône qui a pour base le cercle d'intersection de la sphère et du plan, et pour sommet le point B. Cela étant, calculer le rapport du volume de ce cône au volume de la sphère. (Concours général, rhétorique.)

1617. Un tronc de cône est tel que sa hauteur est moyenne proportionnelle entre les diamètres des bases; cette hauteur étant donnée, calculer les rayons des bases, sachant que la surface totale du tronc est équivalente à un cercle de rayon a. — Discussion. (Concours général, rhétorique.)

1618. On donne l'équation du second degré :

$$(m - 1) x^2 - 2(m - 2) x - 7m - 1 = 0$$

et l'on propose de déterminer, suivant la grandeur de m, le nombre de racines de cette équation comprises dans chacun des trois intervalles suivants : de $-\infty$ à -1; de -1 à $+1$; de $+1$ à $+\infty$. (Concours général, philosophie.)

1619. On donne une demi-circonférence décrite sur AB comme diamètre. En un point C de ce diamètre on élève une perpendiculaire qui rencontre la demi-circonférence en D, et l'on porte sur cette perpendiculaire, dans le sens CD, une longueur CE égale à AC, puis on joint les points D et E aux points A et B. On demande de déterminer le point C de façon que le rapport du volume engendré par le quadrilatère ADBE tournant autour de AB, à la somme des volumes des deux sphères ayant pour diamètres l'une AC, l'autre CB, soit égal à un nombre donné m. — Discuter. (Concours général, philosophie.)

1620. Étant données les deux équations :

$$ax + by + cz = 0 \quad \text{et} \quad \frac{a}{x} + \frac{b}{y} + \frac{c}{z} = 0,$$

en déduire les rapports $\dfrac{z}{y}$, $\dfrac{x}{z}$, $\dfrac{y}{x}$ par des formules qui ne contiennent pas de radicaux au dénominateur. Chercher dans quels cas les valeurs de ces rapports sont réelles. (Concours général.)

1621. Déterminer les rayons des deux bases d'un tronc de cône, connaissant : 1° la hauteur h du tronc ; 2° le volume qui est équivalent aux $\dfrac{3}{4}$ de la sphère de diamètre h ; 3° la surface latérale équivalente à celle d'un cercle de rayon a. On ne considérera que les troncs formés par des plans qui coupent les génératrices du même côté du sommet, et l'on indiquera le nombre des solutions qui correspondent aux diverses valeurs du rapport $\dfrac{a}{h}$. (Concours général.)

1622. Résoudre le système de n équations à n inconnues :

$$x_1 (x_2 + x_3 + x_4 + \ldots + x_n) + 1 . 2(x_1 + x_2 + \ldots + x_n)^2 = 9a^2,$$
$$x_2 (x_1 + x_3 + x_4 + \ldots + x_n) + 2 . 3(x_1 + x_2 + \ldots + x_n)^2 = 25a^2,$$

$$\cdots \cdots \cdots \cdots \cdots \cdots \cdots \cdots$$

$$x_n (x_1 + x_2 + x_3 + x_4 + \ldots + x_{n-1}) + n (n + 1) (x_1 + x_2 + \ldots + x_n)^2 = (2n + 1)^2 a^2.$$
(Concours général.)

1623. On donne un cône circulaire droit et un point A sur le plan de la base. On mène par ce point A une droite rencontrant la circonférence de base aux points B et C. Quelle doit être la distance de cette droite au centre de la base pour que le triangle SBC ait une surface donnée (S étant le sommet du cône)? (Saint-Cyr, concours.)

1624. Étant donné un triangle dont les côtés sont a, b, c et le périmètre $2p$, on trace le cercle inscrit et l'on mène à ce cercle une tangente parallèle au côté a, ce qui détermine un triangle semblable au premier, dans lequel on trace le cercle inscrit, puis une tangente parallèle au côté a, et ainsi de suite indéfiniment. Connaissant la somme $b + c = s$ et la différence $b - c = d$, le rapport du rayon de l'un des cercles au rayon du cercle précédent égale $\dfrac{p - a}{p}$; on demande : 1° de démontrer que la limite vers laquelle tend la somme des surfaces des cercles a pour expression, à un facteur numérique près,

$$\frac{(s^2 - a^2)(a^2 - d^2)}{as} ;$$

2° de trouver les valeurs de a qui rendent cette expression maximum ou minimum, s et d restant constants. (École navale, concours.)

1625. De deux points O et O' situés à une distance $OO' = 2a$ comme centres, on trace deux circonférences égales de rayon R. A partir du milieu M de OO', on porte dans le sens MO une longueur $MA = x$, et au point A on mène à la circonférence O une corde BC perpendiculaire à OO'; on joint OB, et l'on achève le trapèze isocèle OBB'O'.

On demande : 1° de trouver l'expression du volume engendré par la révolution du trapèze OBB'O' autour de OO'. On examinera l'interprétation dont cette expression est susceptible pour les valeurs négatives de x lorsque les deux circonférences se coupent.

2° De trouver les valeurs de x qui correspondent au maximum et au minimum de la fonction $(R + a - x)(R - a + x)(a + 2x)$.

3° De classer ces valeurs relativement aux racines de la fonction elle-même et de déduire de cette classification la condition pour que le volume engendré soit susceptible d'un maximum ou d'un minimum. (École navale, concours.)

1626. Étant donnés un triangle ABC rectangle en A et isocèle, et un point D situé sur AB, par un point I situé sur le côté AC, on mène IE parallèle à AB, et l'on joint ED. Désignant par b le côté AB $=$ AC, par x la distance CI $=$ IE et par d la distance AD, on demande :

1° L'expression du volume engendré par le trapèze AIED tournant autour de AC ;

2° L'interprétation géométrique dont cette expression est susceptible lorsqu'on donne à x des valeurs négatives ;

3° L'étude des variations du volume représenté par cette expression quand le point I se meut sur AC et sur son prolongement au delà du point C ;

4° L'étude du même problème en supposant le point D situé à droite de B, puis à gauche de A.   (École navale, concours.)

1627. Trouver, au moyen de l'identité de la division, trois équations qui permettent de déterminer les coefficients du reste de la division d'un polynôme entier $f(x)$ par le produit $(x-a)(x-b)(x-c)$, où a, b, c sont trois quantités distinctes. Résoudre et discuter ces équations et en conclure les conditions nécessaires et suffisantes pour que la division se fasse exactement. (École forestière, concours.)

1628. Étant donné un demi-cercle AB de rayon R, on prend un point P sur le prolongement du diamètre et l'on mène la tangente PC. Calculer OP $=x$ tel que la surface latérale du cône engendré par PC, lorsque la figure tourne autour de AB, soit à la surface de la zone engendrée par l'arc BC dans un rapport donné m. Le problème est-il toujours possible, quelle que soit la valeur donnée à m ? (Agrégation de l'ens. secondaire des jeunes filles.)

1629. On donne deux axes rectangulaires OX et OY, et sur OX un point A défini par OA $=a$; on considère un triangle rectangle ABC dont le sommet de l'angle droit est en B sur OY, l'un des deux autres sommets étant en A, et l'autre C dans l'angle XOY. On demande de calculer les deux côtés de l'angle droit, sachant :

1° Que l'aire du triangle est équivalente à celle du carré construit sur OA ;

2° Que le volume engendré par ce triangle en tournant autour de OY est dans un rapport donné m avec celui d'une sphère de rayon OA.

On déterminera entre quelles limites m doit être compris, et l'on vérifiera les valeurs des côtés AB et BC, qui correspondent aux valeurs extrêmes de m. (Agrégation de l'ens. secondaire des jeunes filles.)

1630. Étant donnée une demi-circonférence, on propose de trouver sur le diamètre AB $=$ 2R un point P tel que si l'on élève la perpendiculaire PN jusqu'à la circonférence, puis qu'on mène la corde MN parallèle à AB, on ait : $2\overline{AM}^2 + \overline{PM}^2 = m^2$, m étant une quantité donnée. (Certificat d'aptitude au professorat des Écoles normales.)

1631. On donne le rayon R de l'une des bases d'un tronc de cône circulaire droit et la hauteur h de ce tronc. Calculer le rayon x de l'autre base, sachant que le volume du tronc est au volume de la sphère ayant pour diamètre la hauteur h, dans un rapport donné m (m est un nombre positif). — Discussion par rapport à m. Que devient le résultat dans les deux cas particuliers suivants :

$$m = \frac{7R^2}{4h^2} \quad \text{et} \quad m = \frac{3R^2}{h^2} ?$$ Construction graphique des valeurs obtenues. (Bacc.)

1632. On donne deux droites indéfinies OX et OY se coupant sous un angle de 60° ; on prend sur chacune d'elles à partir de O des distances égales OA $=$ OB $=a$, et l'on joint AB. Tracer parallèlement à AB une droite CD telle que l'on ait : $\overline{AC}^2 + \overline{CD}^2 + \overline{DB}^2 = m^2$. — Discussion par rapport à m^2. — Position de la droite demandée par rapport à AB et au point O. — Lorsque le problème est possible, on trouve pour chaque valeur de m^2 deux droites CD et C'D' répondant à la question. 1° Exprimer en fonction de m^2 et de a le volume V engendré par la révolution du quadrilatère CDC'D' autour de la bissectrice de l'angle XOY. 2° Quelle valeur faut-il donner à m^2 pour que l'on ait:

$\dfrac{V}{V'} = \dfrac{14}{3}$, V' représentant le volume du cône équilatéral de côté a? Plus géné-

ralement, pour que $\dfrac{V}{V'} = p$, p étant un nombre positif quelconque. Comme

vérification, on appliquera la formule trouvée au cas de $p = \dfrac{14}{3}$. (Certificat

d'aptitude à l'ens. spéc.)

1633. Trouver les formules générales permettant de calculer 1° le nombre, 2° la somme, 3° la somme des carrés, 4° le produit des diviseurs d'un nombre entier donné.   (Certificat d'aptitude à l'ens. spéc.)

1634. Dans une circonférence de centre O et de rayon R on trace deux diamètres rectangulaires AA' et BB'.

I. Trouver sur cette circonférence un point M tel qu'en appelant C sa projection sur AA' et D sa projection sur BB', on ait la relation AC $= m$.BD, m étant un nombre positif donné. — Discussion par rapport à m. Vers quelle position limite tend le point M lorsque m augmente de manière à devenir plus grand que tout nombre donné?

II. Pour chaque valeur de m, on trouvera deux points M et M' répondant à la question. 1° Calculer, en fonction de m et de R, la longueur d de la corde MM'.

2° Calculer, en fonction de m et de R, la surface S du triangle MAM'.

3° Pour quelle valeur de m l'angle MAM' vaudra-t-il 60°?

4° Quel est le lieu géométrique du milieu de la corde MM'? (Certificat d'aptitude à l'ens. spéc.)

1635. On donne une circonférence de rayon R, de centre O et de diamètre AB. On mène OC perpendiculaire sur AB. Trouver sur cette demi-circonférence un point M tel que si l'on mène les perpendiculaires MD sur AB et MI sur OC et qu'on joigne AM, le rapport des volumes engendrés par le rectangle ODMI et par le segment de cercle ACM, quand la figure tourne autour de AB, soit égal à un nombre donné m. — Discussion par rapport à m. — Y a-t-il des cas où deux points M et M' répondent à la question? Trouver alors quelles valeurs il faut donner à m pour que le secteur de cercle MOM' engendre un volume égal à p fois celui de la sphère de rayon R. Entre quelles limites peut varier p? —

Application : $p = \dfrac{1}{2}$, $p = \dfrac{1}{4}$.   (Certificat d'aptitude pour l'ens. spéc.)

1636. On donne une demi-circonférence de diamètre AB $= 2$R. 1° Trouver sur ce diamètre un point C tel qu'en menant la perpendiculaire CE et joignant BE, si l'on fait tourner la figure autour de AB, le rapport du volume du cône EBF au volume du segment sphérique EAF soit égal à $2m$, m étant un nombre positif donné.

2° Déterminer le point C par la condition que le rapport de la surface latérale du cône EBF à la surface de la zone EAF soit égal à $\sqrt{2m}$, m étant le même nombre que précédemment.

3° Calculer les valeurs de m pour lesquelles on obtiendrait, dans les deux cas donnés, le même point C, et indiquer la position de ce point C par rapport aux points A, O, B.   (Certificat d'aptitude à l'ens. spéc.)

1637. On donne la base BC $= a$ d'un triangle isocèle ABC, et on propose de calculer les côtés égaux AB $=$ AC $= x$, sachant que, entre la surface S du triangle ABC et la surface S_1 du triangle obtenu en joignant les pieds des hauteurs abaissées des sommets sur les côtés opposés, on a la relation $\frac{S}{S_1} = m$. Discussion par rapport à m.

Pour certaines valeurs de m, il y a deux triangles qui répondent à l'équation ; on les fait tourner autour de la perpendiculaire indéfinie élevée au milieu du côté a, et l'on obtient ainsi deux cônes dont les surfaces latérales sont S' et S''. Calculer, sans résoudre l'équation qui donne la valeur de x, la quantité $z = S' + S''$. Quelle valeur faut-il donner à m pour que le rapport de $S' + S''$ à l'aire du cercle ayant pour diamètre a soit égal à un nombre donné p? — Discussion par rapport à p.

Application numérique : $p = 6$, $a = 2$, calculer x.　　(Certificat d'aptitude à l'ens. spéc.)

1638. On considère un quadrilatère convexe ABCD, le centre de gravité G de sa surface, et le point de rencontre O de ses diagonales. Soient a, b, c, d les aires respectives des triangles GAB, GBC, GCD, GDA, et a', b', c', d' celles des triangles OAB, OBC, OCD, ODA.

1° Démontrer que la surface S du quadrilatère est exprimée par le binôme $S = 3a + c'$ ou par des binômes analogues.

2° Trouver la relation qui lie les quatre surfaces a', b', c', d', puis celle qui lie les surfaces a, b, c, d.

3° Résoudre le quadrilatère, sachant que les distances du centre de gravité aux côtés AB, BC, CD, DA sont respectivement (en mètres) $\alpha = \frac{8}{3} r$, $\beta = \frac{7}{13}$, $\gamma = \frac{10}{3} r$, $\delta = \frac{7}{15}$, et sachant en outre que l'on a (en mètres carrés) $a + b = 5r$, $b + c = 4r$, $c + d = 4r$, $d + a = 5r$, où r désigne la racine positive de l'équation : $44x^2 + 16x - 1 = 0$.　　(Agrégation de l'ens. sp., concours.)

1639. On donne le côté a d'un triangle ABC, la somme l des deux autres côtés, la somme k^2 des bissectrices, soit des angles intérieurs adjacents au côté a, soit des angles extérieurs adjacents au même côté, et l'on demande de calculer les deux autres côtés b et c. On examinera le cas particulier où $l = 4a$, et, dans ce cas, on discutera complètement les deux problèmes en laissant a fixe et faisant varier k^2.　　(Concours d'agrégation.)

1640. Trouver la hauteur AB et les bases AD et BC d'un trapèze rectangle, connaissant la longueur l du côté oblique CD, l'aire a^2 du trapèze, et le volume $\frac{4}{3} \pi b^3$ engendré par la révolution de la figure autour de CD. — Discuter. — Maximum et minimum de b^3. — Cas particulier : $l = a$, $l = 3a$.　　(Concours d'agrégation.)

EXERCICES D'ALGÈBRE

3e SÉRIE

CINQUIÈME LIVRE

APPLICATION DES DÉRIVÉES ET DE LA GÉOMÉTRIE ANALYTIQUE

§ I. — Calcul des dérivés.

1° $y = x^3 + 9x^2 + 27x + 2$;

2° $y = x^4 - 4x^3 + 6x^2 - 4x + 1$;

3° $y = (1 + x)(1 - x)(1 + 3x)(1 - 3x)$;

4° $y = x(x - 1)^2$;

5° $y = (2 + x)^2 (1 - x)^3$;

6° $y = x^2 (1 + x)^3 (2 - x)^2$;

7° $y = (x + 1)^3 (x - 1)^3 (x^2 + 1)$;

8° $y = \sqrt{x^4 - 5x^2 + 4}$, $\qquad$ ou $\quad y = (x^4 - 5x^2 + 4)^{\frac{1}{2}}$;

9° $y = \sqrt[3]{ax^2 + 2bx + c}$, $\qquad$ ou $\quad y = (ax^2 + 2bx + c)^{\frac{1}{3}}$;

10° $y = \sqrt{1 + x} + \sqrt{1 - x}$, $\qquad$ ou $\quad y = (1 + x)^{\frac{1}{2}} + (1 - x)^{\frac{1}{2}}$;

11° $y = \sqrt{5 + 3x} - \sqrt{2x - 7}$, $\qquad$ ou $\quad y = (5 + 3x)^{\frac{1}{2}} - (2x - 7)^{\frac{1}{2}}$;

12° $y = 2x - 1 - \sqrt{x^2 + x + 1}$;

13° $y = (x^2 - 2x - 1)\sqrt{x^2 + 2x - 1}$;

14° $y = (1 - x)(2 + x)^{\frac{2}{3}}$;

15° $y = \dfrac{1}{1 + x^2}$; $\qquad\qquad\qquad$ 24° $y = \dfrac{(x + 1)^3}{(x - 1)^2}$;

16° $y = \dfrac{a - x}{x}$; $\qquad\qquad\qquad$ 25° $y = \dfrac{6x^4 + 6x^3 + 2}{3x^4 + 6x^2 + 2}$;

17° $y = \dfrac{1 - x}{1 + x}$; $\qquad\qquad\qquad$ 26° $y = \dfrac{x}{\sqrt{a^2 - x^2}}$

18° $y = \dfrac{1 + x}{1 + x^2}$; $\qquad\qquad\qquad$ 27° $y = \dfrac{x}{(1 + x^2)^{\frac{3}{2}}}$

19° $y = \dfrac{2x + 1}{4x^2 + 3x - 1}$; $\qquad\qquad$ 28° $y = \dfrac{x^3}{(1 - x^2)^{\frac{3}{2}}}$ ·

20° $y = \dfrac{x^2 + 9}{x^2 + 12x + 11}$; $\qquad\quad$ 29° $y = \dfrac{\sqrt{x - 1}}{\sqrt{x + 1}}$;

21° $y = \dfrac{x^2 - 6x + 8}{x^2 - 2x + 1}$; $\qquad\quad$ 30° $y = x\sqrt{\dfrac{x}{a - x}}$;

22° $y = \dfrac{2x^3 - 5x - 4}{5x^2 - 8x - 10}$; $\qquad$ 31° $y = x\sqrt{\dfrac{a - x}{a + x}}$;

23° $y = \dfrac{x^3 + 3x + 2}{x^2 - x + 2}$;

32° $y = 4\sin^2 x - 8\sin x + 3$; 33° $y = 6\cos^2 x + 6\cos x - 7$;

34° $y = m\sin^2 x - (m-2)\sin x + 3$;

35° $y = m\cos^2 x + (2m^2 - m + 1)\sin x + 1 - 3m$;

36° $y = \cos^2 x - \sin x \cos x - 1$;

37° $y = \sin x\,(\sin x - \cos x)$;

38° $y = \sin 2x + \sin x + \cos x$;

39° $y = \cos 2x - 5\cos x - 2$;

40° $y = \dfrac{\cos x}{1 + \cos^2 x}$;

41° $y = \operatorname{tg} x + \sec x$;

42° $y = \dfrac{\operatorname{tg} 2x}{\operatorname{tg} x}$;

43° $y = \dfrac{\sin x}{1 + \operatorname{tg}^2 x}$;

44° $y = \dfrac{(1 + \sin x)^2}{\sin x\,(1 - \sin x)}$

45° $y = \sqrt{\dfrac{1 + \sin x}{1 - \sin x}}$

46° $y = \sqrt{\dfrac{x \sin x}{1 - \cos x}}$.

§ II. — Exercices sur les préliminaires et la droite.

47. On donne l'équation d'une courbe :

$$9x^2 + 9y^2 - 24x - 30y - 13 = 0;$$

trouver ce que devient cette équation lorsqu'on transporte les axes parallèlement à eux-mêmes au point $\left(x = \dfrac{4}{3}, \quad y = \dfrac{5}{3}\right)$.

48. On donne l'équation $xy - 4x - 6y - 16 = 0$;   trouver ce que devient cette équation lorsqu'on transporte les axes parallèlement à eux-mêmes au point $(x = 6, \quad y = 4)$,   et qu'on les fait ensuite tourner d'un angle de 45° dans le sens positif.

49. Construire les lignes représentées par les équations :

1° $2x^2 - 3ax - 2a^2 = 0$; 4° $x^2 + xy - 6y^2 = 0$;

2° $x^3 + ax^2 - 9a^2x - 9a^3 = 0$; 5° $x^2 + y^2 + 2xy - 4 = 0$;

3° $x^4 - 4a^2x^2 + 3a^4 = 0$; 6° $2x^2 - \sqrt{2}\,xy - 2y^2 = 0$.

50. Construire les lignes représentées par les équations :

$$1^o \quad x^2 + y^2 + 2xy + 2ax + 2ay = 0;$$
$$2^o \quad x^2 + y^2 + 2xy + ax + ay - 2a^2 = 0;$$
$$3^o \quad x^2 + 4y^2 + 4xy - 4ax - 8ay + 3a^2 = 0.$$

51. Trouver la distance entre les points :

$$\text{A}\,(x', y') \quad \text{et} \quad \text{B}\left(\frac{2x' + 2ay'}{1 + a^2}, \quad \frac{2ax' + 2a^2y'}{1 + a^2}\right).$$

52. Trouver les équations des côtés et les coordonnées des milieux des côtés du triangle dont les sommets sont les trois points $(5, 0)$, $(1, 2)$, $(-3, -2)$.

53. Trouver les équations des médianes du triangle précédent.

54. Trouver les coordonnées des sommets du triangle dont les équations des côtés sont :

$$x + y = 1, \quad x - 2y = 3, \quad 3y - 5x = 15.$$

55. Trouver les équations des parallèles aux côtés, menées par les sommets du triangle précédent.

56. Trouver les équations des droites joignant les milieux de deux côtés quelconques du triangle dont les côtés ont pour équations :

$$4x - 3y + 1 = 0, \quad 2x + y - 7 = 0, \quad x + 3y + 4 = 0.$$

57. Trouver les équations des diagonales du parallélogramme dont les côtés ont pour équations $x=a$, $x=a'$, $y=b$, $y=b'$.

58. Dans un hexagone régulier de côté a, on prend pour axes deux côtés consécutifs; trouver les équations des côtés et des diagonales.

59. Démontrer que dans tout trapèze la droite joignant les milieux des deux côtés non parallèles est parallèle aux bases.

60. a et b étant les coordonnées d'un point M, et

$$(a+2)x + (a+3b+5)y + 3 = 0, \qquad (1)$$

$$(a+2)x - (2a+b-2)y - 2 = 0, \qquad (2)$$

les équations de deux droites rapportées aux mêmes axes rectangulaires, trouver le lieu des positions que doit occuper le point M dans le plan pour que, ses coordonnées mises dans les équations (1) et (2), les droites qu'elles représentent soient parallèles. Trouver les coordonnées du point M pour lesquelles les deux droites coïncident. (Paris, lettres-sciences.)

61. Trouver les conditions nécessaires et suffisantes pour que les trois droites :

$$\frac{x}{p} + \frac{y}{q} = 1 \quad (1), \qquad \frac{x}{p'} + \frac{y}{q'} = 1 \quad (2), \qquad \frac{x}{p+p'} + \frac{y}{q+q'} = 1 \quad (3)$$

soient : 1º parallèles; 2º concourantes.

62. Démontrer que dans tout trapèze la droite joignant les milieux des bases et les deux côtés non parallèles sont concourantes.

63. Démontrer que les trois médianes d'un triangle sont concourantes.

64. Trouver l'équation de la perpendiculaire menée de l'origine à la droite $x+3y=6$; longueur de cette perpendiculaire.

65. Trouver la distance du point $(3, -1)$ à la droite

$$3x - 5y + 15 = 0.$$

66. Trouver les équations et les longueurs des hauteurs du triangle dont les sommets ont pour coordonnées $(5, 0)$, $(1, 2)$, $(-3, -2)$.

67. Démontrer que les hauteurs d'un triangle sont concourantes.

68. Trouver les équations des perpendiculaires élevées sur les milieux des côtés du triangle dont les sommets ont pour coordonnées $(5, 0)$, $(1, 2)$, $(-3, -2)$; vérifier que ces trois perpendiculaires sont concourantes.

69. Quand deux côtés opposés d'un quadrilatère sont rectangulaires, ainsi que les deux diagonales, les deux autres côtés sont aussi rectangulaires.

70. Trouver les valeurs du paramètre a pour que les droites

$$ax + (a-1)y - 2(a+2) = 0, \qquad (1)$$

$$3ax - (3a+1)y - (5a+4) = 0 \qquad (2)$$

soient : 1º parallèles; 2º perpendiculaires; 3º concourantes.

71. Démontrer que la droite

$$x(m^2+6m+3) - y(2m^2+18m+2) - 3m + 2 = 0,$$

variable avec le paramètre m, passe par un point fixe quel que soit m.

72. Une droite se déplace de manière que la somme des inverses des segments qu'elle détermine sur les axes soit constante et égale à $\dfrac{1}{k}$; démontrer que cette droite passe par un point fixe.

73. Un rectangle OABC a un périmètre constant; on mène la diagonale AC et la perpendiculaire BP à AC; démontrer que cette perpendiculaire passe par un point fixe.

74. Soit une droite AB qui rencontre deux axes rectangulaires à égale distance de l'origine; on prend un point M variable sur cette droite, et l'on mène les perpendiculaires MP, MQ aux deux axes; on trace ensuite PQ, et l'on abaisse une perpendiculaire MR sur PQ; démontrer que MR passe par un point fixe lorsque M parcourt la droite AB.

75. Soit un triangle ABC; on prend un point quelconque P sur la base BC, et l'on mène la parallèle PMN à la médiane AD; cette parallèle rencontre AB et AC en M et N. Prouver que la somme PM + PN est constante.

76. Démontrer que la somme des perpendiculaires abaissées d'un point quelconque de la base d'un triangle isocèle sur les deux côtés égaux est constante.

77. Démontrer que la somme des perpendiculaires abaissées d'un point pris à l'intérieur d'un triangle équilatéral sur les trois côtés est constante.

78. Trouver les équations des bissectrices des angles de deux droites passant à l'origine et ayant pour coefficient angulaire 2 et $\dfrac{1}{2}$.

79. Trouver les équations des bissectrices des angles de deux droites dont les équations sont :
$$x + 3y - 6 = 0 \quad \text{et} \quad 2x - 6y + 5 = 0.$$

80. On donne la droite D représentée en coordonnées rectangulaires par l'équation $\qquad\qquad 3y - 4x = 1$:

1° Trouver le coefficient angulaire des bissectrices des angles formés par la droite D et l'axe des y;

2° Former les équations de ces bissectrices. (Nancy, lettres-sciences.)

81. Dans un triangle rectangle, la droite qui joint le sommet de l'angle droit au centre du carré construit sur l'hypoténuse est bissectrice de l'angle droit.

82. Lieu des points tels que la différence des carrés de leur distance à deux points fixes soit constante et égale à un carré donné k^2.

83. Lieu des points dont les distances à deux droites données AB, AC soient dans un rapport donné $\dfrac{m}{n} = k$.

84. On donne deux points fixes sur Ox; on mène deux droites partant de ces points et se coupant sur Oy; aux points fixes on élève des perpendiculaires à ces deux droites, et on demande le lieu de leur point d'intersection.

85. Trouver le lieu des points tels que la différence de leurs distances à deux droites données soit constante.

86. Dans un triangle ABC on mène une parallèle à la base; sur cette base se trouvent deux points fixes P et Q. Lieu des points de rencontre des diagonales du trapèze obtenu en joignant les extrémités de la parallèle aux points fixes.

87. Lieu décrit par le sommet de l'angle droit d'un triangle rectangle, dont les deux autres sommets glissent sur deux axes rectangulaires.

88. On donne un triangle isocèle dont la hauteur est CO; on mène une droite PQ parallèle à la base et rencontrant la hauteur CO en H; lieu de l'intersection de OP avec AQ, de OP avec AH, de OQ avec AH.

89. Lieu des centres des rectangles inscrits dans un triangle donné.

24*

§ III. — Exercices sur le cercle.

90. Trouver les équations des quatre cercles de rayon R passant à l'origine et ayant leurs centres sur les axes; l'équation du cercle qui enveloppe les quatre précédents et l'équation du cercle passant par les centres.

91. Trouver les équations des quatre cercles de rayon R tangents aux axes; celles des deux cercles tangents aux précédents et celle du cercle passant par les centres des quatre premiers.

92. Trouver les équations des quatre cercles tangents aux cercles :

$$x^2 + y^2 - R^2 = 0, \quad x^2 + y^2 - R'^2 = 0,$$

et dont les centres sont sur les axes; cas où $R = 2R'$.

93. Calculer les coordonnées du centre et le rayon du cercle dont l'équation est $x^2 + y^2 - 4x - 10y + 13 = 0$. Équations des tangentes aux points où ce cercle rencontre les axes.

94. Même problème pour le cercle $x^2 + y^2 - 6x - 16 = 0$.

95. Un cercle passe au point (3,5) et coupe l'axe des y en des points A et B tels que $OA = 4$, $OB = -2$; trouver son équation, son centre et son rayon.

96. Trouver l'équation et construire le cercle passant par le point (0, 2) et tangent à l'origine à la droite $y + 2x = 0$.

97. Trouver l'équation du cercle qui a pour centre le point (3, 1) et qui est tangent à la droite $3x + 4y + 7 = 0$.

98. Trouver l'équation d'un cercle qui a pour centre le point (3, 1) et qui est tangent au cercle $x^2 + y^2 + 2x + 6y = 0$.

99. Soient deux cercles de même rayon et dont le centre de l'un est sur la circonférence de l'autre; trouver les équations des tangentes menées aux points communs aux deux cercles et l'angle de ces tangentes.

100. Trouver le point d'intersection du cercle $x^2 + y^2 = 16$ avec la droite $x - y - 2 = 0$.

101. Trouver l'équation de la corde commune aux deux cercles $x^2 + y^2 - 9 = 0$, et $x^2 + y^2 - 4x - 12 = 0$.

102. Trouver les équations des cordes communes aux trois cercles :

$$x^2 + y^2 - 25 = 0 \ (1) \quad x^2 + y^2 + 2x + 6y - 35 = 0 \ (2), \quad x^2 + y^2 - 12x - 8y = 0 \ (3).$$

103. Si l'on joint un point quelconque du cercle circonscrit à un triangle équilatéral aux trois sommets, l'une des distances est égale à la somme des deux autres.

104. On donne un cercle et une droite extérieure; si, de chaque point de la droite comme centre, on décrit un cercle ayant pour rayon la tangente menée de ce point au cercle donné, tous ces cercles passent par un point fixe.

105. On donne un cercle et un point P, situé à l'intérieur; on mène par le point P deux cordes rectangulaires AB et CD. Prouver que la somme

$$\overline{PA}^2 + \overline{PB}^2 + \overline{PC}^2 + \overline{PD}^2 \quad \text{est constante.}$$

106. Soient C et D les points où une tangente mobile à un cercle rencontre les tangentes fixes AC, BD aux extrémités d'un diamètre AB; démontrer que le produit AC . BD est constant et que le triangle COD est rectangle.

107. On donne un point fixe P sur la bissectrice OP d'un angle $AOB = 2x$, et l'on fait passer des cercles par les deux points O et P; ces cercles coupent les deux côtés de l'angle en A et B. Prouver que la somme $OA + OB$ est constante.

108. La base AB d'un triangle est fixe, et l'angle opposé C est constant; lieu de la projection du milieu du côté AC sur BC.

109. La base AB d'un triangle est fixe, et l'angle opposé C est constant, lieu des milieux des deux côtés CA, CB.

110. La base AB d'un triangle est fixe, et l'angle opposé C est constant; lieu du point de rencontre des hauteurs.

111. Soient deux axes rectangulaires Ox, Oy et AB une parallèle à Oy; on prend sur Oy un point variable D, et sur AB un point C tel que $OD = 2AC$; lieu de la projection de O sur BC.

112. Soient A, B, C trois points en ligne droite; trouver le lieu des points de contact des tangentes issues du point A aux cercles passant par B et C.

113. Lieu des milieux des cordes d'un cercle qui passent par un point fixe : 1° le point est intérieur au cercle; 2° sur le cercle; 3° extérieur au cercle.

114. Soient AT une tangente fixe à un cercle et BT une tangente mobile; lieu du centre du cercle circonscrit au triangle ABT.

115. Trouver le lieu du troisième sommet d'un triangle qui a deux sommets fixes et la médiane issue de l'un d'eux de longueur constante.

116. Trouver le lieu du milieu d'une droite de longueur constante dont les extrémités glissent sur deux droites rectangulaires.

117. Soient des cercles de centre O variables et tangents en A à la droite fixe AM; on mène du point fixe M la tangente MB. 1° Lieu du point B; 2° lieu de l'intersection C de AB et OM.

118. On donne une circonférence O de diamètre AB et un point variable M sur cette circonférence; on décrit les circonférences circonscrites aux triangles MOA, MOB.

1° Démontrer que les centres P et Q de ces deux circonférences ont des ordonnées dont le produit est constant.

2° Trouver le lieu de l'intersection des droites AP, BQ.

§ IV. — Exercices sur l'ellipse, l'hyperbole et la parabole.

119. On demande l'aire du rectangle dont les sommets sont les points d'intersection d'une ellipse donnée avec les bissectrices des angles des axes; calculer aussi l'aire du losange formé par les tangentes à l'ellipse aux mêmes points.

120. En un point variable M d'une ellipse, on mène la tangente et la normale qui rencontrent les axes, la tangente en P et Q, la normale en R et S :

1° Équation des cercles circonscrits aux triangles MPR, MQS

2° Équation de leur corde commune.

121. On considère une tangente variable PP' en un point M d'une ellipse ou d'une hyperbole comprise entre deux tangentes fixes aux extrémités A, A' de l'axe focal :

1° Démontrer que le produit $AP . A'P'$ est constant.

2° Démontrer que les droites PF, P'F' se coupent sur la normale à la courbe au point M.

3° Trouver l'équation du cercle de diamètre PP', et vérifier qu'il passe par les foyers.

122. Exprimer les rayons vecteurs d'un point M d'une ellipse en fonction rationnelle de l'abscisse de ce point. Déduire des formules obtenues la définition

de l'ellipse par la propriété d'un foyer et de la directrice correspondante. (Lille, lettres-sciences.)

123. Étant donnée une ellipse par son grand axe $AA' = 2a$ et son excentricité $\frac{1}{2}$, on mène par les foyers les cordes MM', NN' perpendiculaires à AA' :

1° Calculer les rayons vecteurs MF, MF';

2° L'aire du triangle CFF' (C intersection de OB et MF');

3° L'aire du trapèze OBMF, et le volume qu'engendre ce trapèze en tournant autour de OB;

4° L'aire du pentagone BMFF'N, et le volume qu'engendre ce pentagone en tournant autour de FF';

5° Écrire les équations des tangentes aux points M, M', N, N' et calculer l'aire du losange formé par ces quatre tangentes.

124. Sur la perpendiculaire élevée en un point P d'une portion de droite AA', on prend un point M tel que le rapport $\dfrac{\overline{MP}^2}{\overline{PA}\cdot\overline{PA'}}$ soit constant. Déterminer le lieu décrit par le point M quand le point P décrit la portion de droite AA'. Soient R et R' les points de rencontre des droites MA, MA' avec la perpendiculaire au milieu O de AA'; démontrer que le produit OR . OR' est constant. (Marseille, lettres-sciences.)

125. Trouver le lieu d'où l'on peut mener à une ellipse deux tangentes perpendiculaires entre elles.

126. Lieu géométrique des projections des foyers d'une ellipse sur les tangentes. Trouver l'expression du produit des distances des deux foyers d'une ellipse à une tangente. (Besançon, lettres-sciences.)

127. On donne une circonférence de diamètre $AB = 2R$; d'un point quelconque M de cette circonférence comme centre, on décrit une circonférence tangente en N à AB, et qui coupe la circonférence donnée aux points P et Q. Trouver le lieu de l'intersection de l'ordonnée MN avec la corde commune PQ.

128. On donne deux droites rectangulaires $x'Ox$, $y'Oy$ ainsi qu'un point P dans leur plan; mener par ce point une droite qui détermine avec $x'x$ et $y'y$ un triangle AOB, dont l'aire soit égale à une quantité donnée a^2. Indiquer comment doit être placé le point P sur une droite donnée passant par le point O, pour que le problème proposé soit possible. (Toulouse, lettres-sciences.)

129. Démontrer qu'une ellipse et une hyperbole ayant les mêmes foyers se coupent à angle droit.

130. Soient A, A' deux points fixes, et Oy la perpendiculaire au milieu de $AA' = 2a$; par A' on mène une droite quelconque rencontrant Oy en B; on joint A à B, et l'on élève en A la perpendiculaire à AB; elle rencontre A'B en un point M dont on demande le lieu.

131. Étant donnée une ellipse de grand axe $AA' = 2a$ et d'excentricité $c = \frac{1}{2}$, on prend le foyer F pour foyer d'une parabole dont le sommet est le centre de l'ellipse, et l'on demande de calculer les coordonnées des points de rencontre M des deux courbes. Ensuite, par l'un des points M on mènera les tangentes à l'ellipse et à la parabole, et on calculera les abscisses des points de rencontre de ces tangentes avec l'axe des foyers, et on écrira les équations de ces droites dans le cas particulier de la figure. (Paris, lettres-sciences.)

132. Étant donnés une parabole et un point A sur son axe Ox, déterminer le rayon d'un cercle de manière que sa circonférence passe par A et touche la

parabole en deux points inconnus, mais symétriques par rapport à Ox. (Caen, lettres-sciences.)

133. Lieu des centres des circonférences tangentes à une droite et à une circonférence donnée. (Marseille, lettres-sciences.)

134. On donne une droite indéfinie zz', un point A à une distance a de cette droite et une longueur b supérieure à a. Trouver le lieu géométrique des points M tels que la différence de leurs distances au point A et à la droite zz' soit égale à b : $MA - MB = b$. (Lyon, lettres-sciences.)

135. La base d'un triangle est fixe, la hauteur a une longueur donnée h. Trouver le lieu du point de rencontre des hauteurs.

136. Soient OA et OB deux rayons rectangulaires d'un cercle, et CD une demi-corde variable parallèle à OA. Lieu du point de rencontre des droites OD et AC.

137. Soient OA et OB deux rayons rectangulaires d'un cercle, et MP une ordonnée variable parallèle à OB. Lieu du point de rencontre des droites MO et BP.

138. On donne un cercle et deux tangentes fixes; on mène une tangente variable, et par les points où cette tangente variable rencontre les tangentes fixes, on mène des parallèles aux tangentes fixes; trouver le lieu de leur point de rencontre.

§ V. — Variations des fonctions.

139. Construire la courbe $y = 2x^2 - 1$. Déterminer les points de rencontre avec la droite $y = x$. (Poitiers, lettres-sciences.)

140. Construire la courbe $y = 3x^2 + 5x - 8$. Démontrer que c'est une parabole. Trouver les coordonnées de son sommet et son paramètre. (Lille, lettres-sciences.)

141. Étudier les variations de la fonction :
$$y = x(x - 1)^3.$$

142. Étudier les variations de la fonction :
$$y = (x + 1)(x + 2)(x - 3).$$

143. Étudier les variations de la fonction :
$$y = (x + 1)(2x - 3)(3 - x).$$

144. Étudier les variations de la fonction :
$$y = (x - 2)^2(x + 3)(x - 4).$$

145. Étudier les variations de la fonction :
$$y = (3x - 1)(x + 1)^2(x - 2)^2.$$

146. Étudier les variations des trinômes :
$$y = x^4 - \frac{5}{4}x^2 + \frac{1}{4}, \quad y = x^4 - 2x^2 - 8, \quad y = -x^4 - 6x^2 - 5.$$

147. Étudier les variations de la fonction :
$$y = \frac{x^2 - 25}{x + 1}.$$

Calculer les variations de cette fonction et sa dérivée. (Toulouse, lettres-sciences.)

148. Construire et discuter l'équation : $y = \dfrac{x^2 - x - 4}{x - 1}$. (Poitiers, lettres-sciences.)

149. Étudier la variation de la fonction : $y = x + \dfrac{4}{x - 5}$. Construire la courbe qui la représente. (Marseille, lettres-sciences.)

150. Variations de la fonction : $\dfrac{3x^2 - 7x + 2}{2x^2 - 3x - 2}$. Variations de la dérivée. (Clermont, lettres-sciences.)

151. Démontrer la règle de calcul de la dérivée du quotient de deux fonctions. Étudier les variations de la fonction $\dfrac{x^2 + x + 1}{x^2 - 1}$ et construire la courbe. (Besançon, lettres-sciences.)

152. Étudier les variations de la fonction : $y = \dfrac{2x^2 - x - 3}{x^2 + 1}$. (Poitiers, lettres-sciences.)

153. Variations de la fonction : $y = \dfrac{x^2 + 1}{x^2 - 4x - 3}$. (Bordeaux, lettres-mathématiques.)

154. Étudier la variation de la fonction : $\dfrac{x^2 - 5x + 4}{x^2 + 5x + 4}$. Construire la courbe correspondante. (Grenoble, lettres-sciences.)

155. Suivre les variations de la fonction : $\dfrac{15x^2 - 13x - 20}{8x^2 + 10x - 7}$ quand x croît de $-\infty$ à $+\infty$, et représenter par une ligne la marche de cette fonction. Mener la tangente à cette ligne au point dont les coordonnées sont : $\left(x = -\dfrac{4}{5}, \quad y = 0\right)$. (Paris, lettres-sciences.)

156. Étudier les variations de la fonction : $y = \sqrt{x + 1}$.

157. Étudier les variations de la fonction : $y = \sqrt{\dfrac{x - 1}{x + 1}}$.

158. Étudier les variations de la fonction : $y = x\sqrt{\dfrac{x}{a - x}}$.

159. Étudier les variations de la fonction : $y = x\sqrt{\dfrac{a - x}{a + x}}$.

160. Variation de la fonction : $y = \dfrac{(x + 1)^3}{(x - 1)^2}$.

161. Variations de la fonction : $y = \dfrac{3x^2 - 4}{(x - 2)^2 (x + 1)}$. (Caen, lettres-sciences.)

162. Étudier les variations de la fonction : $y = \dfrac{x^4 - x^2 + 2}{x^4 + 2x^2 + 1}$.

163. Construire la courbe représentée par l'équation : $y = \dfrac{1}{1 + x^2}$. On prend sur Ox une longueur $OA = 1$, et l'on demande de trouver sur la courbe précédente un point M tel qu'en joignant M et A et en menant MP parallèle à Ox, le tronc de cône engendré par le trapèze OPMA, tournant autour de OP, ait le plus grand volume possible. La question sera résolue à l'aide des dérivées. (Alger, lettres-sciences.)

164. Étudier les variations de l'aire du parallélogramme inscrit ou ex-inscrit à un triangle et obtenu en menant, par un point pris sur la base du triangle, des parallèles aux deux autres côtés.

165. Trouver le chemin minimum pour aller d'un point donné A à un autre point donné B, en touchant une droite donnée MN.

166. On donne un angle $xOy = \alpha$ et deux points fixes sur Ox tels que $OA = a$, $OB = b$. Étudier les variations de la somme $y = \overline{MA}^2 + \overline{MB}^2$, M étant un point variable pris sur Oy.

167. Dans un triangle rectangle on inscrit un rectangle MPOQ, et l'on demande d'étudier à l'aide des dérivées les variations de la diagonale PQ lorsque le point P parcourt la droite OA. On prendra pour variable $OP = x$ et pour données $OA = a$, $OB = b$. (Alger, lettres-sciences.)

168. Étant donné un triangle rectangle ABC, on prend sur l'hypoténuse BC, entre B et C, un point variable D. Étudier la variation de la somme :

$$y = \overline{DA}^2 + \overline{DB}^2 + \overline{DC}^2.$$

169. On donne une demi-circonférence de diamètre AB et la tangente au point B. On mène la sécante variable ACD qui rencontre la circonférence en C et la tangente en D. Étudier les variations de la somme $y = \overline{AC}^2 + \overline{CD}^2$.

170. On donne une droite $OA = a$; du point O pour centre, on décrit une circonférence de rayon variable. Étudier les variations : 1° de la zone vue du point A; 2° de la corde BC; 3° du volume du segment sphérique BCD; 4° du rapport de la surface latérale du cône ABC à celle de la zone BCD.

171. Montrer que la dérivée de $\sqrt{u}$ par rapport à x est $\dfrac{u'}{2\sqrt{u}}$, u désignant une fonction de x, u' sa dérivée. Cela posé, chercher comment la surface totale d'un cône droit inscrit dans une sphère donnée varie avec la hauteur du cône; trouver son maximum. (Caen, lettres-sciences.)

172. Dans une ellipse on mène une corde MM' parallèle au petit axe. Étudier les variations de la surface des triangles AMM' FMM', OMM'; puis les variations de la surface du trapèze MM'B'B.

173. On donne une ellipse par ses axes $2a$, $2b$. Étudier les variations du périmètre, puis de la surface du trapèze ayant pour bases la distance focale $FF' = 2c$ et une parallèle $MM' = 2x$ au grand axe; on ne considère que des trapèzes de première espèce.

174. Dans une ellipse on mène une corde MM' parallèle au grand axe. Étudier les variations du volume du solide engendré par le trapèze MM'F'F, tournant successivement autour des deux axes.

175. Un point M décrit l'arc compris entre deux sommets consécutifs d'une ellipse ayant pour grand axe $2a$ et pour petit axe $2b$. Étudier comment varie chacune des quantités xy et $x + y$, x et y désignant les distances du point M aux deux axes de la courbe. Construire les positions du point M qui correspondent aux valeurs limites. (Lille, lettres-sciences.)

176. On prend sur une ellipse quatre points M, M', N, N' symétriques par rapport aux axes. Étudier les variations de la surface de l'octogone ayant pour sommets ces quatre points, les deux foyers et les extrémités du petit axe.

177. Étudier les variations de la partie d'une tangente à une ellipse comprise entre les axes.

178. D'un point M d'une parabole de sommet A on abaisse une perpendiculaire MP sur son axe, et l'on demande la position de ce point M, pour laquelle la différence MP — AP est maximum ou minimum. (Dijon, lettres-sciences.)

179. On donne une parabole et on demande de trouver sur cette courbe un point dont la somme des carrés des distances au foyer et au sommet ait une valeur donnée. (Besançon, lettres-sciences.)

180. Dans un segment parabolique AOB, déterminé par une parallèle AB à la tangente au sommet, on trace la corde OM ainsi que la parallèle MP à l'axe. On fait tourner la figure autour de l'axe OC, et l'on demande d'étudier la variation du volume engendré par le quadrilatère OMPC. On donne $OC = a$, et l'on prendra pour variable $CP = y$. (Alger, lettres-sciences.)

181. On donne un segment plan limite par un arc de parabole et par une corde perpendiculaire à l'axe Ox de la courbe. Inscrire dans ce segment un rectangle tel qu'en tournant autour de Ox, il engendre un cylindre dont la surface totale soit maximum. (Caen, lettres-sciences.)

182. Dans une parabole on mène la corde focale PFP' perpendiculaire à l'axe OF, et l'on prend un point M sur l'arc OMP. Étudier les variations de l'aire du quadrilatère OFPM et les variations du volume du solide engendré par ce quadrilatère tournant autour de l'axe.

183. Étudier les variations de la fonction : $y = \dfrac{\cos 3x}{1 + \cos 2x}$ lorsque x varie de 0 à 2π.

184. Étudier les variations de la fonction : $y = \dfrac{(1 + \sin x)^2}{\sin x\,(1 - \sin x)}$ lorsque x varie de 0 à 2π.

EXERCICES D'ALGÈBRE

4ᵉ SÉRIE

CHAPITRE I

QUESTIONS DIVERSES

§ I. Problèmes de Géométrie

1825 [1]. *Conditions à remplir.* — Lorsqu'on résout algébriquement une question de Géométrie, on ne doit accepter directement que les solutions qui correspondent aux données mêmes de la question.

1826. *Résultats algébriques.* — Dans bien des cas, la solution algébrique qu'on obtient est plus étendue et plus générale que la question géométrique proposée.

Avant tout, il faut répondre directement à la question posée; puis il y a lieu de chercher l'explication des autres solutions qu'on obtient.

1827. *Figures complémentaires de Poncelet.* On nomme ainsi la circonférence et l'hyperbole équilatère, etc. :

$$x^2 \pm y^2 = a^2.$$

Un carré donné est complété par les prolongements des quatre côtés.

1828. On donne une droite XX' et deux perpendiculaires YY', ZZ', à la première. D'un point M on abaisse des perpendiculaires MP, MQ, MR, sur ces droites. Quel est le lieu du point M lorsque MP est moyenne proportionnelle entre MQ et MR ?

1829. *Tronc de cône de seconde espèce.* — Géométriquement parlant, il n'existe pas de tronc de cône ayant pour volume :

$$V = \frac{\pi h}{3} (r^2 - rr' + r'^2). \tag{1}$$

Néanmoins on rencontre fréquemment le solide formé par deux cônes de même sommet, de même angle, directement opposés, ayant h pour hauteur totale. A ce groupement, on a donné le nom de *tronc de cône de seconde espèce.*

---

[1] Afin de tout uniformiser, les problèmes du Cinquième Livre (page 550), marqués de 1 à 184, devraient porter les numéros 1641 à 1824 inclus. Par suite, le présent chapitre commence par le n° 1825.

1830. *Problème d'Archimède.* — Diviser une sphère en deux segments sphériques qui soient entre eux dans un rapport donné.

Ce problème a beaucoup intrigué les calculateurs, car l'inconnue dépend d'une équation du troisième degré qui a ses trois racines réelles : une seule convient à la sphère.

Géométrie analytique.

1831. La Géométrie analytique, même réduite à ses premiers éléments, peut rendre de réels services pour la recherche des lieux géométriques, et parfois pour démontrer certaines propriétés des figures à étudier.

On se borne le plus souvent à l'emploi des axes rectangulaires ; mais les axes obliques sont parfois imposés par les données du problème.

1832. Quel est le lieu des points dont les distances à deux points A et B sont dans un rapport donné ?

1833. Lieu des points C tels que la somme, ou la différence des carrés de leurs distances a et b, à deux points donnés A et B, étant multipliés respectivement par deux nombres m et n, ait pour valeur k^2.

$$ma^2 \pm nb^2 = k^2.$$

1834. Déterminer le lieu des points tels que les tangentes menées de ces points à deux cercles donnés, soient entre elles dans un rapport donné.

1835. On donne deux droites OX, OY, un point A sur l'une d'elles, et B sur la seconde ; on prend, à partir de ces origines, dans un sens déterminé, des segments égaux, mais de longueur quelconque, AC = BD, puis CE = DF, etc., quel est le lieu du point milieu de AB, CD, EF ?

1836. Lieu du milieu M d'une droite AB, de longueur constante L, dont les extrémités A et B glissent sur deux droites OX, OY, faisant entre elles un angle θ. (Complément du problème 116, *Troisième série.*)

1837. *Équation du cercle en coordonnées obliques.*

1838. *Problème de Pappus. Angle quelconque.* — Par un point A, pris sur la bissectrice d'un angle quelconque O, mener une droite BAC qui soit égale à une longueur donnée l.

1839. *Complément du théorème de Pappus.* — Étant donnés un angle θ ou XOY et un point A, on peut mener par A quatre sécantes telles que les segments BC compris entre les côtés de l'angle aient une longueur donnée l ; or les milieux des quatre segments BC sont situés sur une même circonférence, dont le centre est indépendant de l. (Steiner.)

1840. *Changement des axes coordonnés.* — Passer d'axes rectangulaires à d'autres axes rectangulaires de même origine, et bissecteurs des angles que forment les premiers.

§ II. Représentation des fonctions.

1841. *But à se proposer.* — En algèbre, la représentation des fonctions a pour but principal d'en faciliter l'étude, de mettre en relief les particularités qu'elles peuvent présenter, et d'initier peu à peu aux études analytiques.

1842. *Fonctions continues*. — Il est surtout important d'étudier les fonctions continues, car jusqu'à ce jour, au point de vue des applications, on n'a rencontré que des fonctions continues. Ces fonctions peuvent être composées de parties distinctes, séparées les unes des autres par des intervalles plus ou moins grands; mais dans chaque partie la fonction est continue; quant à l'hyperbole équilatère, rapportée à ses asymptotes, c'est une fonction continue, sauf pour $x = 0$, où de $-\infty$, elle passe brusquement à $+\infty$.

1843. *Fonctions discontinues*. — Il est possible d'imaginer des fonctions discontinues : Depuis quelque cinquante ans, divers savants ont cherché à généraliser les notions courantes, afin d'accroître ainsi le domaine scientifique; de leurs travaux est sortie l'étude des *fonctions discontinues*. Dans les *Éléments d'Algèbre*, il n'y a pas lieu d'insister sur la question; mais il est utile de savoir qu'il y a des fonctions discontinues.

1845. *Importance des points singuliers*. — Dans la représentation des fonctions, il est très utile de déterminer les points singuliers qui caractérisent la fonction. Maximum, minimum, point d'inflexion, etc.

1846. *Branches infinies*. — Les fonctions présentent fréquemment des branches infinies; les unes, comme la parabole, n'admettent pas d'asymptotes; les autres admettent une ou plusieurs asymptotes; par exemple, l'hyperbole.

1847. Représenter la *sinusoïde* $y = \sin x$.

1848. Représenter la fonction $y = \log x$ et son inverse :

$$(1) \quad y = \log x, \qquad (2) \quad y = \frac{1}{\log x}.$$

§ III. Fonctions à étudier.

Étudier les fonctions suivantes dont les coefficients sont numériques. (Programmes du 4 mai 1912.)

1849. *Première question* : $\quad ax + b + \dfrac{c}{x}.$ $\hfill (1)$

1850. *Deuxième question* :
$$ax^3 + bx^2 + cx + d.$$

Remarque. — Les coefficients devant être numériques, on peut déterminer les racines avec assez d'approximation pour construire la courbe figurative, car la dérivée fait connaître le maximum et le minimum que la fonction pourrait avoir

§ IV. Quadratures et Cubatures.

1851. *Calcul intégral*. — Le calcul intégral fournit des méthodes générales pour les quadratures et les cubatures; mais *il faut savoir intégrer*, ce qui n'est pas toujours facile.

Voici quelques questions :

1852. *Dérivée de l'aire d'une courbe, considérée comme fonction de l'abscisse* : Application au triangle.

1853. *Parabole.* $\qquad 2py = x^2.$

1854. *Parabole cubique.* $\qquad y^3 = ax.$

1855. *Aire de la sinusoïde* $\quad y = \sin x, \quad$ de $\quad 0$ à $\dfrac{\pi}{2}$.

1856. *Cubatures.* — De même que l'aire d'une surface est la fonction primitive des ordonnées de la courbe qui limite la surface, de même le volume d'un corps est la fonction primitive, à une constante près, des sections parallèles faites dans le solide ; car le corps, d'après CAVALIERI, peut être considéré comme étant composé d'une infinité de prismes, ou de cylindres construits sur les sections parallèles infiniment rapprochées que l'on pourrait déterminer dans le corps.

1857. Volume d'un prisme triangulaire posé sur une de ses faces rectangulaires.

1858. *Prismoïde.* — Déterminer le volume ayant pour faces le rectangle COAE, deux triangles rectangles AOB, BOC, et la surface gauche ABCE engendrée par une droite qui glisse sur BC et AE en restant parallèle au plan AOB.

1859. *Paraboloïde de révolution.*

1860. *Cône de révolution.*

1861. *Sphère.*

1862. *Hyperboloïde équilatère à une seule nappe.*

1863. Étudier directement le segment sphérique à deux bases quelconques ; exprimer son volume en fonction de la section équidistante des bases et de la hauteur du segment.

1864. Évaluer le volume d'un cône parabolique de degré quelconque n, connaissant la hauteur h et la base B.

Soit $\qquad\qquad\qquad\qquad y = ax^n.$

a est un coefficient tel que, pour $\quad x = h,\quad$ on a :

$$ax^n, \quad \text{ou} \quad ah^n = \text{B}.$$

Pour $\quad x = 0,\quad$ on a : $\qquad\qquad y = 0.$

C'est dire qu'à l'origine la section est nulle ; cette origine est donc le sommet du cône.

1865. *Formule de Sarrus* ou *omniformule.* — Tout corps limité par des faces parallèles, et dont les sections parallèles sont des fonctions du second degré, par rapport à la distance des sections, a pour volume le sixième de la hauteur h, multiplié par la somme des bases extrêmes B et B' augmentée de quatre fois la section équidistante S, de ces mêmes bases.

C'est-à-dire : $\qquad\qquad V = \dfrac{h}{6}(B + 4S + B'),$

lorsque $\qquad\qquad\qquad y = ax^2 + bx + c.$

1866. *Formule de Kinkelin.* — La formule de Kinkelin n'emploie que la hauteur, une base B et la section T, faite aux deux tiers de la hauteur, à partir de la base employée.

$$V = \dfrac{h}{4}(B + 3T).$$

1867. *Extension.* — La formule de Sarrus s'applique à la fonction du troisième degré :

$$ax^3 + bx^2 + cx + d.$$

1868. *Pelure d'orange (à titre de curiosité).* — Déterminer le volume de la sphère en la considérant comme composée de pellicules sphériques infiniment minces.

1869. *Lemniscate de Gerono.* — Quel est le volume engendré par la lemniscate de Gerono, en tournant autour du grand axe?

La lemniscate a pour équation :

$$y^2 = \frac{a^2 x^2 - x^4}{a^2}.$$

CHAPITRE II

PROBLÈMES DE BACCALAURÉAT DE 1907 A 1913

1870. On donne un demi-cercle de rayon R décrit sur le diamètre AB. Trouver sur la demi-circonférence un point C, tel qu'en le joignant aux points A et B la somme

$$mAC + nBC = a,$$

m, n, a, étant trois quantités données. Discussion.

(Sciences-Lang. viv., Toulouse, 1907.)

1871. Soit ABC un triangle tel que la distance du centre du cercle inscrit au sommet A soit moyenne proportionnelle entre les distances du même point aux deux autres sommets.

1° Établir la relation : $\sin^2 \dfrac{A}{2} = \sin \dfrac{B}{2} \sin \dfrac{C}{2}$.

2° Calculer les angles B et C, connaissant l'angle A. Discuter ce dernier problème ; en déduire que A est au plus égal à 60°.

3° Calculer B et C lorsque l'angle A est de 43 grades.

(Bacc. math., Grenoble, 1907.)

1872. On donne un triangle équilatéral ABC dont le côté est a.

Par un point D de la base AB, tel que $BD = x$, on mène une perpendiculaire DE sur le côté BC ; au point E, on mène EF perpendiculaire sur CA, et du point F on mène FG perpendiculaire sur AB.

1° Exprimer la surface du quadrilatère DEFG en fonction de a et de x, et étudier sa variation quand x varie.

2° Déterminer x de manière que le quadrilatère DEFG se réduise à un triangle par superposition des points G et D.

(Lettr.-Math., Marseille, 1906.)

1873. Dans un triangle rectangle, on donne l'hypoténuse a et le produit m^2 des bissectrices intérieures des angles B et C.

1° Calculer les angles B et C ; discuter.

2° Soit O le point d'intersection des bissectrices : démontrer que

$$BO \cdot CO = \frac{m^2}{2}.$$

3° Construire géométriquement le triangle. (On pourra pour cela s'appuyer sur la propriété précédente.)

(Lettr.-Math., Bordeaux, 1905.)

1874. Un plan P et une sphère O, de rayon R, restent fixes. Soit $OH = a$ la distance du centre O au plan P. Sur le prolongement de HO, on prend un point S à la distance $OS = x$ du centre. Calculer le volume du cône de sommet S, circonscrit à la sphère, limité à sa base située dans le plan P. Déterminer la valeur de x qui rend ce volume minimum. En supposant cette valeur x connue, exprimer le volume minimum en fonction de x et de R. Lorsque a varie de 0 à ∞, comment varient la valeur de x et le volume qui correspondent au minimum ?

(Bacc. math., Montpellier, 1908.)

1875. Résoudre un triangle connaissant un côté a, la hauteur correspondante h et le rayon r du cercle inscrit. Discussion.

(Bacc. math., Paris, 1908.)

1876. Un tronc de cône est circonscrit à une sphère de rayon R donné, c'est-à-dire que les génératrices sont tangentes à la sphère, le tronc étant limité par des plans tangents perpendiculaires à l'axe du cône.

1º Établir la relation qui existe entre les rayons des bases et le rayon de la sphère.

2º Calculer le volume et la surface totale du tronc.

3º Déterminer entre quelles limites varient ce volume et cette surface pour tous les troncs circonscrits à la même sphère.

(Sc.-Lang. viv., Montpellier, 1908.)

1877. Soient Ox et Oy deux axes rectangulaires, et un cercle de rayon R dont le centre A est sur Ox en un point A, tel que $OA = a$. On mène à ce cercle une tangente BC qui coupe Oy en un point B et Ox en un point C tel que $OC = x$. Étudier les variations de la surface du triangle OBC quand x varie. On fera $R = 6a$.

(Bacc. math., Aix, 1908.)

1878. Calculer les rayons x et y de deux sphères, connaissant la différence $x - y$ égale à d, et sachant que la différence des volumes des deux sphères équivaut au volume d'une sphère de rayon donné R.

Application numérique :

$$d = 1^{cm}, \qquad R = 10^{cm}.$$

On calculera x et y en millimètres.

(Lat.-Sciences, Paris, 1908.)

1879. On désire calculer la hauteur $h = AB$ d'une tour s'élevant verticalement au milieu d'une plaine BC, et l'on peut, à cet effet, choisir à volonté la base BC, que l'on mesurera conjointement avec l'angle $BCA = x$. Mais l'on n'a, pour évaluer cet angle x, qu'un graphomètre imparfait, avec lequel l'erreur commise sur l'angle peut atteindre une certaine limite ε (positive ou négative, suivant que l'erreur sera par excès ou par défaut). Cela posé, l'on demande :

1º D'exprimer en fonction de x l'erreur relative e susceptible d'être commise sur la hauteur h ;

2º De choisir x de manière que cette erreur relative e soit minimum ;

3º De dire la valeur fixe qu'il convient, en conséquence, de choisir pour x, lorsqu'on ignore si l'erreur possible ε est par excès ou par défaut.

(Bacc. math., Paris, 1908.)

1880. 1º Trouver directement la dérivée de la fonction : $y = \dfrac{1}{2}(x^2 - 6x + h)$, h désignant une constante.

2° Décomposer y en carrés. Montrer que y admet un minimum et vérifier que ce minimum est atteint pour la valeur de x qui annule la dérivée.

3° Déterminer la constante h, de façon que ce minimum soit égal à $\dfrac{1}{2}$. Construire dans ce cas la courbe représentative des variations de y. Déterminer le point où la tangente fait un angle de 45° avec l'axe des x.

4° M étant un point de la courbe, démontrer que l'on peut trouver sur la droite $x = 3$ un point F, tel que pour tout point de la courbe on ait :   MF $=$ MH, MH étant la distance du point M à l'axe des x.

(Lat.-Sc. et Sc.-Lang. viv., Lille, 1908.)

1881. — Soit O un point de la perpendiculaire élevée en A au segment AB ; on projette orthogonalement les deux points A et B sur une droite Ox, de façon à former un trapèze ABA'B'.

1° Étudier la variation de l'aire du trapèze quand Ox tourne autour du point O.

2° Pour combien de positions de la droite Ox le trapèze a-t-il la même aire ?

Notations : OA $= a$, AB $= b$, angle xOA $= \alpha$.

(Sc.-Lang. viv., Toulouse, 1908.)

1882. — On considère deux droites indéfinies XX' et YY' se coupant en O sous un angle α, et tous les cercles (C) qui passent par deux points fixes A et B de XX' (situés du même côté du point O) ; soient A' et B' les points où l'un d'eux coupe la droite YY' ; on demande :

1° De déterminer ce cercle (C) de façon que le quadrilatère ABB'A' ait une aire donnée ;

2° D'étudier, quand le cercle varie, la variation du volume V engendré par le quadrilatère ABB'A' en tournant autour de AB. Combien y a-t-il de cercles qui répondent à un volume donné ? Discussion.

(Bacc. math., Toulouse, 1908.)

1883. — Étant donnés deux axes de coordonnées rectangulaires Ox et Oy, on considère le point A qui a pour coordonnées $x = 1, y = 2$ et le point M qui a pour coordonnées : $x = \dfrac{1}{1 + t^2}$, $y = \dfrac{t}{1 + t^2}$, t désignant un nombre qui peut être positif ou négatif.

1° Déterminer, en fonction de t, le coefficient angulaire m de la droite AM ;

2° Étudier la variation de m quand t varie de $-\infty$ à $+\infty$ et la représenter par une courbe ;

3° Montrer qu'il existe sur Ox un certain point fixe C dont la distance au point M ne dépend pas de t ; rapprocher ce résultat de ceux obtenus dans l'étude de la variation de m. (Énoncé rectifié.)

(Bacc. math., Toulouse, 1908.)

1884. On donne une circonférence de centre O et de rayon R. Sur la perpendiculaire élevée au plan de cette circonférence et par son centre, on prend un point S défini par la distance OS $= h$.

1° En désignant par A et B deux points de la circonférence O, calculer la surface y du triangle SAB en fonction de $\dfrac{1}{2}$ AB $= x$.

2° Le point A étant supposé fixe, étudier les variations de y ou de son carré, lorsque le point B décrit la circonférence O.

3º Construire, dans le cas de $h \leq R$, les triangles SAB de surface maximum et minimum. — Montrer que les triangles de surface maximum sont rectangles. (Lat.-Sc. et Sc.-Lang. viv., Rennes, 1908.)

1885. On donne un trapèze isocèle ABCD, par ses deux bases $AB = 2a$, $CD = a$ (la première double de la seconde) et par sa hauteur h. A quelle distance x de CD, faut-il mener la droite EF parallèle aux bases et située entre elles pour que la somme 3 aire CDEF $+ 2$ aire ABEF soit équivalente à un carré de côté donné m^2 ? (Sc.-Lang. viv., Montpellier, 1908.)

1886. 1º Condition pour que la fonction $y = \dfrac{x^2 - 3bx + 2a}{2ax^2 - 3bx + 1}$ n'ait ni maximum ni minimum.

2º a et b représentant l'abscisse et l'ordonnée d'un point M du plan, dans quelles régions du plan doit se trouver le point M pour que la condition trouvée soit satisfaite ? (Bacc. math., Ajaccio, 1907.)

1887. On a dans un plan deux droites parallèles AA′, BB′, et une perpendiculaire commune AB.

On donne entre les deux parallèles un point G qui le projette en D sur la droite AB.

Une droite mobile, passant par C, tourne autour de ce point et rencontre AA′ en M et BB′ en M′.

Les données numériques étant les suivantes : $AD = 2^{cm}$, $DB = 3^{cm}$, $DG = 4^{cm}$, on demande d'étudier la variation du rapport des aires des trapèzes AMCD et AMM′B. Ce rapport sera exprimé en fonction du segment variable AM que l'on désignera par x.

On se bornera dans cette étude aux cas où les deux trapèzes sont convexes.

(Lat.-Sc. et Sc.-Lang. viv., Alger, 1906.)

1888. On considère la fonction $y = \dfrac{\sin 3\theta + 2 \sin 5\theta + \sin 7\theta}{\sin 3\theta + \sin 5\theta}$.

1º Exprimer la fonction y au moyen de la variable $x = 4 \cos^2 \theta$.

On est conduit à $y = \dfrac{x - a}{Ax^2 - Bx + C}$, A, B, C, a étant des entiers positifs très simples.

2º Étudier les variations de la fonction y, quand x varie de 0 à 4.

(Bacc. math., Lille, 1908.)

1889. 1º La longueur de l'arête d'un tétraèdre régulier étant désignée par a, on demande de calculer le rayon de la sphère S inscrite dans le tétraèdre T.

2º Dans la sphère S, on inscrit un tétraèdre régulier T′; calculer la longueur a' de l'arête de ce tétraèdre.

3º Supposons que dans T′ on inscrive une sphère S′, dans S′ un tétraèdre T″, etc.; démontrer que la somme des volumes des sphères S, S′, S″,... tend vers une limite, et trouver cette limite. (Lettr.-Math., Lille, 1906.)

1890. On considère un solide formé de deux cônes de révolution opposés par le sommet; on donne le demi-angle au sommet de chacun des cônes et la distance h de leurs bases, et l'on demande d'étudier la variation de la surface du solide, quand on fait croître de 0 à h la hauteur de l'un des cônes considérés.

Représentation graphique de cette variation. Déterminer l'angle de manière que le minimum de la surface totale à étudier soit égal à $\dfrac{1}{2} \pi h^2$.

(Sc.-Lang. viv., Caen, 1907.)

1891. On considère un tétraèdre SABC dont les arêtes SA, SB, SC, sont deux à deux perpendiculaires entre elles, et l'on demande :

1º De calculer les longueurs des arêtes SA, SB, SC, et le volume SABC en fonction des côtés a, b, c, du triangle ABC ;

2º De montrer que la projection P du sommet S sur le plan ABC coïncide avec le point de concours des hauteurs du triangle ABC, et que l'aire du triangle SBC est moyenne proportionnelle entre les aires des triangles PBC et ABC.

(Lat.-Sc., Caen, 1907.)

1892. Étudier la variation de la surface d'un trapèze birectangle, sachant que l'un des deux côtés parallèles a une longueur constamment égale à a, et le périmètre, une longueur constamment égale à $4a$.

(Bacc. math., Caen, 1907.)

1893. Calculer les côtés d'un rectangle inscrit dans un cercle de rayon R, et ayant un périmètre donné $2p$. Maximum et minimum de $2p$.

(Lettr.-Math., Caen, 1907.)

1894. La somme des côtés de l'angle droit d'un triangle rectangle est constante et égale à l.

Déterminer le maximum du volume engendré par ce triangle, en tournant autour d'un des côtés de l'angle droit.

On fera $l = 1,5$.

1895. On donne deux droites parallèles Δ et Δ' et une perpendiculaire commune AA' à ces deux droites, A étant sur Δ et A' sur Δ'. On prend le milieu B de AA', et le milieu C de AB.

Mener par B et C deux droites parallèles MBM', NCN', telles que le périmètre du parallélogramme MNN'M' soit égal à une longueur donnée $2l$. Discussion.

NOTA. — On a désigné par M et N les points d'intersection des deux parallèles demandées avec Δ, par M' et N' leurs points d'intersection avec Δ'. On appellera $4a$ la distance AA', et l'on prendra pour inconnue l'angle $\text{ABM} = x$.

(Lat.-Sc. et Sc.-Lang. viv., Nancy, 1906.)

1896. On donne un cercle (γ) de centre O et une tangente fixe AB à ce cercle.

1º Montrer que le lieu des centres O' des cercles (C) tangents à (γ) et à la droite AB est une parabole de foyer O.

2º Soient M le point de contact d'un cercle (C) avec la droite AB, N son point de contact avec (γ). Montrer que le point P où la tangente en N rencontre la droite AB est le milieu de AM.

3º Montrer que la droite MN coupe la droite OA en un point fixe K, et que le produit $\overline{KN} \times \overline{KM}$ est constant et égal à $\overline{KA}^2$.

(Bacc. math., Bordeaux, 1907.)

1897. On donne une circonférence de centre O, et un point extérieur P à cette circonférence. En un point A de la circonférence, on mène la tangente qui rencontre le diamètre OP au point B.

On demande d'étudier la variation de l'aire du triangle PAB, quand l'angle POA varie de 0º à 180º.

Représentation graphique de cette variation. (On désignera par R le rayon de la circonférence, et par a la distance OP. On posera $\text{POA} = \varphi$.)

(Bacc. math., Bordeaux, 1907.)

1898. D'un point A, on mène deux tangentes AT, AT', à une circonférence de centre O et de rayon R ; les points T et T' divisent la circonférence en deux arcs TBT', TCT'. Sachant que l'angle TAT' est de 60°, calculer OA, AT, AT', arc TBT', arc TCT', aire ATBT'A, aire ATCT'A et le rayon de la circonférence circonscrite au triangle ATT'.

(Sc.-Lang. viv., Rennes, 1906.)

1899. Résoudre un triangle connaissant l'angle A, le rayon R du cercle circonscrit et le périmètre $2p$. Discussion.

Exprimer la surface du triangle en fonction des données, et trouver la plus grande valeur que puisse prendre cette surface lorsqu'on fait varier p pendant que R et A gardent des valeurs fixes.

Construction géométrique du triangle.   (Sc.-Lang. viv., Toulouse, 1908.)

1900. On donne un cercle de centre O et de rayon R, et un point I dans son plan, tel que $OI = 3R$.

1° Déterminer sur OI deux points M et N, situés d'un même côté de O, tels que le point I soit le milieu du segment MN, et tels que le produit $OM \times ON$ soit égal à R^2. Calculer OM et ON.

2° Déterminer sur le cercle un point P tel que $\overline{PM}^2 + \overline{PN}^2 = 2l^2$, l désignant une longueur donnée. Entre quelles limites doit être comprise l pour que le problème soit possible?

3° Calculer en fonction de R et de l le périmètre du triangle PNM, et indiquer sa variation lorsque l varie entre les limites trouvées.

(Bacc. math., Alger, 1907.)

1901. Étant donné un cône circulaire droit, de rayon R et de hauteur h, on le coupe par un plan parallèle au plan de la base et on prend la section pour la base d'un nouveau cône ayant pour sommet le centre de la base du premier.

Comment doit-on mener le plan sécant pour que le volume du nouveau cône soit maximum?

Calculer en fonction de R et de h l'expression de la surface totale de ce cône de volume maximum.   (Sc.-Lang. viv., Alger, 1907.)

1902. Sur les côtés d'un angle droit AOB, on porte deux longueurs : $OA = a$, $OB = b$. Un axe $x'x$, situé dans le plan de l'angle, passe par O et sa direction positive Ox fait avec OA l'angle θ compté positivement dans le sens AOB.

Exprimer en fonction des données a, b, θ la valeur algébrique A'B' de la projection orthogonale de AB sur l'axe $x'x$.

Étudier comment varie le nombre algébrique A'B' lorsque l'angle θ croît de 0 à 4 droits.

Supposant $a = 4$, $b = 3$, pour quelles valeurs de θ a-t-on $A'B' = \dfrac{5}{2}$?

(Lat.-Sc., Grenoble, 1907.)

1903. On considère deux axes rectangulaires Ox, Oy, deux circonférences, l'une de rayon a tangente en O à Ox, l'autre de rayon b tangente en O à Oy, et enfin une droite Δ qui tourne autour du point O. La droite Δ rencontre les deux circonférences en A et en B, qui se projettent en A' et B' sur Ox. Étudier la variation de la longueur du segment A'B'.

(Bacc. math., Besançon, 1905.)

1904. On donne un cercle O, de rayon R, et deux diamètres rectangulaires A'A, B'B. On joint un point M du cercle au centre O, on abaisse de M la perpendiculaire MP sur BB', et enfin en M on mène la tangente au cercle jusqu'à sa rencontre Q avec BB' :

1° Calculer le volume V, engendré par le triangle OPM en tournant autour de AA'.

2° Calculer le volume V_1, engendré par le triangle PQM en tournant autour de AA'.

3º Déterminer la position du point M sur le cercle, de telle façon que l'on ait : $V = kV_1$, k étant un nombre positif donné. Discussion.

(Sc.-Lang. viv., Clermont, 1908.)

1905. 1º Un mouvement rectiligne est défini par l'équation :

$$x = \frac{1}{5}\,t^5 - \frac{2}{3}\,ht^3 + (h+1)\,t,$$

h étant une constante.

Calculer la vitesse v et l'accélération g.

2º Chercher les valeurs du temps t, pour lesquelles la vitesse v est nulle; discuter l'équation qui donne ces valeurs de t, h étant un paramètre.

3º En supposant $h = \dfrac{1 + \sqrt{5}}{2}$, construire la courbe qui représente les variations de v en fonction du temps t. On portera les valeurs de t en abscisses, et celles de v en ordonnées.

(Bacc. math., Lille, 1907.)

1906. Variation de la fonction : $y = \dfrac{\cos x + \sin x - 1}{\cos x - \sin x + 2}$.

(Bacc. math., Clermont, 1908.)

1907. Un tronc de pyramide régulière a pour bases, dans des plans parallèles, deux carrés; on donne le volume V du tronc, sa hauteur h et la différence d entre les longueurs des côtés des bases; on demande la longueur de ces côtés. Discuter.

(Lat.-Sc. et Sc.-Lang. viv., Dijon, 1908.)

1908. On donne un demi-cercle terminé par le diamètre AB, un point C sur ce diamètre (entre A et B), et les tangentes aux extrémités A, B.

1º Mener une troisième tangente DE telle que le volume engendré par le triangle ECD faisant une révolution complète autour de AB soit minimum. Valeur de ce minimum.

2º Construction géométrique de la droite DE.

(Bacc. math., Bordeaux, 1908.)

1909. On considère un système articulé FBAB'F' formé de quatre tiges articulées FB, BA, AB', B'F'. Les points F et F' sont fixes, et le point A est assujetti à décrire la perpendiculaire Oy menée au milieu de FF'. Les deux tiges AB, AB', ont une même longueur l, et les deux tiges BF, B'F', une même longueur $\dfrac{1}{\sqrt{2}}$.

On prend sur les prolongements des tiges BF et B'F' des points C et C' tels que $BC = B'C' = l\sqrt{2}$. Le système étant déformé de manière que les points B et B' n'occupent pas des positions symétriques par rapport à la droite Oy, on demande :

1º De démontrer que la distance des deux points C et C' ne change pas pendant la déformation ;

2º De calculer cette distance.

(Lettr.-math., Lille, 1907.)

1910. Étant donné le diamètre $AB = 2R$ de la base d'un cône circulaire droit, on désigne sa génératrice SA par x. Calculer, en fonction de R et de x, le rapport du volume du cône à celui de la sphère inscrite dans ce solide. Étudier comment varie ce rapport avec x. Déterminer x de manière que le rapport ait une valeur donnée, et discuter.

(Lat.-Sc. et Sc.-Lang. viv., Nancy, 1908.)

1911. Un point est animé d'un mouvement rectiligne défini par l'équation $x = t^5 - 8t^3 + 18t^2 - 4nt + 1$, où n désigne un nombre donné.

1° Calculer la vitesse v et l'accélération γ, ainsi que leurs maxima et minima.

2° Portant les valeurs du temps t en abscisses, et celles de la vitesse v en ordonnées, tracer les courbes qui, pour les différentes valeurs du paramètre n, représentent les variations qu'éprouve v quand t croît de $-\infty$ à $+\infty$.

Pour combien de valeurs de t la vitesse acquiert-elle une valeur donnée et, notamment, la valeur zéro?

(Bacc. math., Nancy, 1908.)

1912. On donne un cercle de centre O et de rayon R, et un segment ABC de ce cercle, l'angle AOB étant égal à 2α; on considère un rectangle PMNQ inscrit dans ce segment. Soit $2x$ l'angle MON.

1° Calculer l'aire du rectangle PMNQ en fonction de R, α, x, et étudier comment elle varie avec x.

2° Déterminer x de manière que le rapport $\dfrac{MP}{MN}$ des deux côtés du rectangle ait une valeur donnée m.

Appliquer au cas : $\alpha = \dfrac{\pi}{4}, \quad m = \dfrac{1}{2}.$

(Bacc. math., Nancy, 1908.)

1913. On considère un tétraèdre regulier ABCD dont les arêtes ont pour longueur commune a.

1° Évaluer la surface totale en fonction de a, et la calculer en décimètres carrés pour $a = 1$ mètre.

2° Par la hauteur AO, on fait passer un plan AMN, coupant en M et N les arêtes BD et BC; on pose :

$$BM = x, \quad BN = y.$$

Démontrer la relation :

$$\frac{a}{x} + \frac{a}{y} = 3.$$

3° Déterminer x et y, de manière que la somme des surfaces des trois triangles ABM, ABN et BMN soit dans un rapport donné k avec la surface totale du tétraèdre. Discussion.

(Lat.-Sc., Paris, 1908.)

1914. On considère un cylindre variable inscrit dans une sphère de rayon donné, et on ajoute à la surface latérale de ce cylindre les surfaces de ses deux bases.

Étudier la variation de la surface totale ainsi obtenue.

(Bacc. math., Caen, 1908.)

1915. Étant donnée une sphère de centre O, de rayon R, sur un axe OX, on prend un point A, d'abscisse x, extérieur à la sphère, et l'on considère un cône ayant son sommet en A et circonscrit à la sphère, qu'il touche le long d'un petit cercle (C). Calculer, en fonction de R et de x, la somme S obtenue en additionnant la portion de surface conique comprise entre A et le cercle (C) avec le quintuple de l'aire de la zone sphérique à une base limitée par le cercle (C), et située, par rapport au plan de ce cercle, du côté opposé à A.

Si l'on fait S égale à $\pi R y$, y est une fonction de x; construire la courbe qui représente cette fonction quand x varie de $-\infty$ à $+\infty$, et, de l'étude de cette courbe, déduire le nombre de positions que peut avoir le point A pour une valeur donnée de S. Discussion.

(Lat.-Sc. et Sc.-Lang. viv., Caen, 1908.)

1916. On donne deux axes de coordonnées rectangulaires Ox, Oy. Au point origine O est une masse égale à 3 kg ; en un point A d'abscisse a sur Ox est une masse égale à 1 kg, et en un point B d'ordonnée b sur Oy est une masse égale à 2 kg.

1º Calculer les coordonnées du centre de gravité G de ces masses.

2º Déterminer et construire le lieu du point G lorsque A et B se déplacent sur Ox et Oy, de telle sorte que leur distance reste constante et égale à l.

(Lettres-Sciences, Nancy.)

1917. Un rectangle OABC a pour longueurs de côtés $OA = x$, $OC = 1$.

1º Placer dans l'intérieur de ce rectangle un point M également distant de OA et de OC, tel que sa distance à OA soit double de sa distance à CB. Pour quelles valeurs de x cela est-il possible ?

2º D'après la valeur de x, reconnaître si ce point M est situé dans le triangle ACO ou dans le triangle ACB.

3º D'après la valeur de x, reconnaître si l'angle AMB est aigu ou obtus.

(Lat.-Sc. et Sc.-Lang. viv., Alger, 1908.)

1918. Deux points lumineux fixes A, B, dont on désignera la distance mutuelle par a, éclairent un point M.

Les intensités lumineuses des points A et B sont égales, et la lumière totale reçue par le point M est égale à la somme des inverses des carrés des distances AM et BM.

Le point M parcourt une droite parallèle à la droite AB. Cette droite passe par un point C équidistant des points A et B et situé à une distance b donnée de chacun d'eux.

On désignera par x la distance variable CM.

Étudier la variation de l'intensité de la lumière que reçoit le point M. Déterminer ses maxima et minima ; discuter les diverses circonstances qui peuvent se présenter suivant la valeur du rapport de CA à AB.

(Bacc. math., Toulouse, 1907.)

1919. Sur une ellipse dont les demi-axes sont : $OA = a$, $OB = b$,   et dont les foyers sont F et F', tels que $OF = OF' = c$,   on considère un point M tel que la projection de OM sur OA soit égale à x.

1º Calculer, en fonction de a, b, c, x, les côtés du triangle MFF'.

2º On considère la tangente et la normale à l'ellipse au point M, qui rencontrent le grand axe aux points N et T. Calculer, en fonction des mêmes quantités, le volume engendré par le triangle MNT tournant autour du grand axe.

3º Étudier la variation de ce volume lorsque le point M décrit l'ellipse.

(Bacc. math., Alger, 1908.)

1920. On donne un cercle de centre O et de rayon R, et on donne aussi un diamètre AB et une corde AC de ce cercle. Trouver sur AC un point I tel que la corde MN, qui a I pour milieu, soit égale à la distance IB.

On devra traiter le problème par le calcul et le discuter, en se donnant la corde AC par la tangente trigonométrique de l'angle BAC   ($tg\ BAC = m$), et en prenant pour inconnue l'angle $AOI = x$.

On pourra chercher ensuite une solution géométrique du même problème.

(Bacc. math., Lyon, 1908.)

1921. Soit une demi-circonférence de diamètre $AB = 2R$ et de centre O. On prend une longueur fixe $OC = a$. $(a < R)$, on mène la perpendiculaire CD au diamètre et le rayon ON formant avec OB un angle $NOB = x$; enfin, du point N, on abaisse les perpendiculaires NI sur IB, NH sur CD.

1º Étudier la variation de la surface du rectangle HNIC, lorsque le point N décrit la demi-circonférence.

2º Pour quelles valeurs de x le rectangle HNIC devient-il un carré?

1922. 1º A quelle inégalité doivent satisfaire les coefficients de la fonction :

$$y = \frac{ax^2 + bx + c}{a'x^2 + b'x + c'}, \quad \text{pour que } y \text{ ne présente ni maximum ni minimum ?}$$

2º En supposant $a = a' = 1$, choisir b, c, b', c', pour que y présente un minimum pour $x = -1$, avec la valeur $y = -1$, et un maximum pour $x = +1$, avec la valeur $y = 2$.

3º Construire la courbe représentative de la fonction y ainsi définie.

(Bacc. math., Lille, 1908.)

1923. Deux cercles de 1 mètre de rayon ont leurs centres à 1 mètre de distance.

1º Calculer, en millimètres carrés, l'aire de la partie commune à ces deux cercles.

2º Calculer, en centimètres, le périmètre de cette partie commune.

(Lat.-Sc. et Sc.-Lang. viv., Poitiers, 1908.)

1924. Variation de la fonction : $\quad y = \dfrac{4x^2 + 4x + 1}{x^2 - x}$.

(Bacc. Lettr.-Sc., Toulouse, 1907.)

1925. Soit une sphère invariable, de centre O et de rayon R. Soit un point fixe S *extérieur* $(OS = a)$.

Sur la droite OS on prend, à l'intérieur de la sphère, un point mobile M $(OM = x)$.

Un plan passant par M, et perpendiculaire à OS, coupe la sphère suivant un cercle qu'on prend pour base d'un cône de sommet S.

Volume de ce cône en fonction de x.

Maximum du volume en question.   (Bacc. math., Toulouse, 1909.)

1926. On donne une circonférence de centre O, de rayon R, et un diamètre fixe AB. D'un point M de la circonférence, on abaisse MP perpendiculaire sur AB, et on joint le point M au milieu I de AP. Soit K le second point d'intersection de MI avec la circonférence.

1º Déterminer M de façon que le produit $MI \times IK$ soit égal à un carré donné l^2. Discussion. On désignera AP par $2x$.

2º Quelle valeur devrait avoir l, pour que, la condition précédente étant satisfaite, le rapport de l'aire de la zone engendrée par l'arc BM tournant autour de AB à l'aire du cercle qui a pour rayon MP soit égal à un nombre donné m ?   (Lat.-Sc., 3º série, Paris, 1909.)

1927. Des trois sommets A, B, C, d'un triangle équilatéral comme centres, avec un rayon moitié du côté, et qui sera pris pour unité de longueur, l'on décrit trois arcs circulaires de 60º, EF, FD, DE, mutuellement tangents et inscrits dans le triangle; puis, dans le triangle curviligne DEF ainsi formé, l'on inscrit le triangle équilatéral A'B'C', à côtés tangents aux arcs en leurs milieux α, β, γ. On demande :

1º D'évaluer l'aire de ce triangle équilatéral intérieur A'B'C';

2º De former une équation numérique du second degré, à coefficients entiers, dont cette aire soit racine ;

2° D'exprimer, à un millième d'unité près, l'aire comprise entre ce triangle A'B'C' et le triangle curviligne DEF.

(Bacc. math., 2e série, Paris, 1909.)

1928. On donne un triangle rectangle ABC. Un point E se déplace sur le côté AC, de A vers C. On élève en E la perpendiculaire EG au côté AC. On mène par G (sur l'hypoténuse) une parallèle GF à AC, et on construit sur AE le triangle équilatéral AEH, extérieur à ABC. Étudier les variations de la surface du pentagone AFGEH quand le point E va de A en C.

1929. On donne l'hypoténuse a d'un triangle rectangle ABC. On mène la hauteur h issue du sommet A de l'angle droit, et la médiane m du sommet B.

Étudier la variation de la somme $h^2 + m^2$ lorsqu'on fait varier les côtés de l'angle droit.

Quelle est sa plus petite et sa plus grande valeur, et quels sont alors les côtés du triangle ?   (Lat.-Sc. et Sc.-Lang. viv., Marseille, 1909.)

1930. Trouver entre quelles limites doit varier a pour que l'équation

$$\sin^2 x - (a + 3)\sin x + 4a - 3 = 0$$

fournisse pour $\sin x$ des valeurs acceptables.

(Lettr.-Math., Marseille, 1907.)

1931. On donne un cône de révolution SAB, dont l'axe fait l'angle a avec les génératrices.

Soient V et S son volume et sa surface totale, V_1 et S_1 le volume et la surface de la sphère inscrite : établir l'égalité des deux rapports $\dfrac{V_1}{V}$ et $\dfrac{S_1}{S}$; calculer, en fonction de a, leur valeur commune y ; puis, ayant posé $\sin a = x$ faire varier x de 0 à 1, c'est-à-dire a de 0 à $\dfrac{\pi}{2}$, et étudier la variation de y.

G étant le centre de gravité du volume du cône suppose homogène, G_1 celui du cône dont on a enlevé la partie comprise dans la sphère, examiner, lorsque a varie, le signe de la différence $SG - SG_1$.

(Bacc. math., Paris, 1909.)

1932. Calculer les côtés a, b, c, d'un triangle ABC, rectangle en A, connaissant la hauteur $AD = h$ issue du point A, et sachant que, si l'on fait tourner le triangle autour d'un axe xy mené par A parallèlement à l'hypoténuse BC, la somme des aires engendrées par les côtés de l'angle droit est égale à m fois l'aire engendrée par l'hypoténuse.

1933. Sur une demi-circonférence de diamètre $AB = 2R$, on prend un point M, on abaisse la perpendiculaire MI sur le diamètre, on joint OM et l'on décrit une demi-circonférence sur IB comme diamètre. Calculer le rapport du volume engendré par le triangle OMI au volume engendré par le demi-cercle IB tournant autour de AB.

Étudier la variation de ce rapport quand le point M se déplace sur la demi-circonférence donnée.

1934. On donne un triangle isocèle ABC, de base $BC = 2a$ et de hauteur $AH = h$. On mène à la base une parallèle DE située entre le sommet et la base.

1° Trouver la longueur de cette parallèle.

2° Démontrer que le quadrilatère BDEC est inscriptible.

3° Tracer le rayon du cercle circonscrit au trapèze BDEC.

4° Étudier les variations de la longueur de ce rayon lorsque la parallèle DE se déplace.

Inconnue : la distance de DE à la base BC.

1935. On donne un quart de cercle AOB, et soit AT la tangente au point A. On mène dans l'angle AOB un rayon rencontrant l'arc AB en M, et la tangente AT en N. On joint M à A. Déterminer l'angle AOM de façon que l'on ait : $\dfrac{\text{MN}}{\text{MA}} = k$, k étant une constante donnée. — Discuter.

(Sc.-Lang. viv., Bordeaux, 1909.)

1936. On donne une demi-circonférence de centre O et de rayon R, et un point A à la distance a du centre sur le diamètre $x'x$ qui limite cette demi-circonférence ou sur son prolongement.

1º Déterminer sur la demi-circonférence un point M, tel que l'angle en O du triangle OAM soit double de l'angle en M du même triangle.

2º Soit P la projection du point M ainsi obtenu sur $x'x$. Calculer la longueur AM et la valeur algébrique du segment OP.

3º Étudier le déplacement du même point M lorsque, R restant fixe, le point A parcourt Ox. (Sc.-Lang. viv., Montpellier, 1909.)

1937. On considère un cercle de rayon fixe dont O est le centre, et A un point de la circonférence. Soit OB un rayon mobile faisant l'angle $2x$ avec OA. La figure tournant dans l'espace autour de OA, AB engendre la surface latérale d'un cône de révolution.

Comment choisir x pour que cette aire soit maximum?

Donner une construction de l'angle choisi.

(Bacc. math., Toulouse, 1909.)

1938. On considère trois cercles de centres A, B, C, de rayons R, R′, R″, qui sont deux à deux tangents extérieurement.

1º Calculer, en fonction de R, R′, R″, le rayon du cercle inscrit au triangle ABC.

2º On prend pour axe des x la droite AB, pour axe des y la tangente aux cercles A et B en leur point de contact O, et on demande de former l'équation de la bissectrice intérieure de l'angle C du triangle ABC.

3º Variation du coefficient angulaire de cette bissectrice lorsque, R et R′ restant fixes, R″ varie de 0 à l'∞.

(Bacc. math., Montpellier, 1909.)

1939. Étant donnés une sphère de rayon R et un diamètre fixe AB de cette sphère, on coupe la sphère par un plan P perpendiculaire à AB, et on construit les deux cônes ayant pour base commune la section de la sphère par le plan P, et pour sommets respectifs les points A et B.

Calculer la distance $AC = x$ du plan P au point A de telle façon que la somme des volumes de ces deux cônes soit égale à m fois le volume de la sphère de diamètre AC. Discussion.

(Sc.-Lang. viv., Paris, 1909.)

1940. Dans un triangle isocèle BAC rectangle en A, on trace deux demi-cercles ayant leurs centres sur l'hypoténuse $BC = a$, tangents entre eux extérieurement, et respectivement tangents aux côtés AC et AB de l'angle droit.

Déterminer les rayons x, y, de ces deux demi-cercles, de manière que le volume qu'ils engendrent en tournant autour de l'hypoténuse BC ait une valeur donnée $\dfrac{4}{3}\pi m^3$. Discussion.

1941. Étudier les variations de la fonction : $y = \dfrac{1}{x^2 - 3x + 2}$. Construire la courbe représentative. (Sc.-Lang. viv., Grenoble, 1909.)

1942. Dans un cercle de centre O et de rayon R, on considère deux demi-diamètres rectangulaires OA, OB, interceptant sur la circonférence le quadrant AB; d'un point M, pris sur l'arc AB, on abaisse la perpendiculaire MP sur le demi-diamètre OB, et l'on joint MA.

Évaluer en fonction du rayon R et de la longueur MP le volume engendré par la révolution du trapèze OPMA autour de OA, et étudier la variation de ce volume lorsque le point M varie sur le quadrant AB.

(Lat.-Sc. et Sc.-Lang. viv., Caen, 1909.)

1943. On donne dans un plan une droite DD′ et un triangle équilatéral de côté a. La distance du sommet A à la droite DD′ est égale à b; l'angle de AB avec la perpendiculaire abaissée de A sur DD′ est désigné par x. On suppose $b > a$. On fait tourner le triangle autour de DD′.

Trouver la valeur de x pour laquelle le volume engendré par le triangle est égal à $\pi m a^2 \sqrt{3}$.

Quelle est la plus grande valeur que puisse prendre m? Valeur correspondante de x.

(Lettr.-Math., Alger, 1909.)

1944. Dans le plan Q, on joint les deux points fixes M, N, tels que $MN = 2d$, au point mobile P, de telle sorte que l'on ait constamment $PM + PN = 2l$. Cela posé, on demande :

1º De trouver le lieu des points P; sachant que $d < l$;

2º D'étudier le rapport $\dfrac{M}{N}$ des angles M et N du triangle variable PMN, quand le point P se déplace sur son lieu géométrique;

3º De déterminer les positions du point P pour lesquelles les angles M et N satisfont aux relations $M = 2N$ ou $2M = N$.

(Bacc. math., Besançon, 1909.)

1945. Résoudre l'équation :

$$(2a^2 + a - 1)\cos 2x - 2(2a + 1)\cos x + 2a^2 + a + 1 = 0.$$

Discussion : valeurs de a pour qu'il n'y ait qu'une seule valeur de $\cos x$ satisfaisant à la question. (Sc.-Lang. viv., Chambéry, 1909.)

1946. On considère deux cercles concentriques de rayons r et R. Dans le petit cercle, à une distance p du centre, on mène uns corde AB de milieu M.

P étant un point de la grande circonférence, tel que PM fasse un angle α avec AB, on demande d'exprimer :

1º Le segment PM ;

2º Les angles x et y, sous lesquels de P on voit MA et MB.

(Lat.-Sc. et Sc.-Lang. viv., Toulouse, 1909.)

1947. Dans un triangle ABC, on donne les rayons R du centre circonscrit, r du cercle inscrit et r' du cercle ex-inscrit dans l'angle A.

1º Calculer, en fonction des données, $\sin \dfrac{A}{2}$ et la distance OO′ des centres des deux cercles de rayon r et r'.

2º Construire le triangle ABC en se servant de ce qui précède, et donner les conditions de possibilité de cette construction.

(Bacc. math., Bordeaux, 1908.)

1948. — Résoudre un triangle ABC, rectangle en A, connaissant le rayon r du cercle inscrit et l'un des angles aigus B.

En conclure la relation qui lie les longueurs x, y, des côtés de l'angle droit d'un triangle rectangle circonscrit à un cercle de rayon r; calculer y en fonction de x; discuter et représenter graphiquement.

25*

Calculer aussi la surface du triangle en fonction de x; variation et représentation graphique de la fonction obtenue.

(Bacc. math., Grenoble, 1909.)

1949. — On donne un demi-cercle de centre O, de diamètre $AB = 2R$ et une droite perpendiculaire sur AB au point D, tel que $OD = 2R$. On considère un point variable M sur le cercle. On abaisse de ce point MC perpendiculaire sur la droite donnée et on joint M à A et A à C.

1° Étudier la variation de l'aire du triangle AMC quand le point M décrit le demi-cercle.

2° Construire la position de M qui correspond au maximum de cette aire.

(Sc.-Lang. viv., Montpellier, 1909.)

1950. — On donne un triangle ABC, rectangle en A et isocèle. On désigne par I, J et J' les milieux respectifs des côtés BC, AB et AC du triangle ABC. Soit P un point quelconque pris sur l'hypoténuse BC, et soient H et K les pieds des perpendiculaires abaissées du point P sur AB et sur AC. On demande :

1° De démontrer que le triangle IHK est rectangle et isocèle ;

2° De montrer que le lieu du milieu M de HK, lorsque le point P se déplace sur BC, est la droite JJ' ;

3° De montrer que la droite AK reste tangente à une parabole de foyer I, lorsque P se déplace sur BC. (Bacc. math., Bordeaux, 1909.)

1951. Une parabole est donnée par son foyer F et sa directrice Δ. On mène par F une droite faisant un angle α avec l'axe FX de la parabole. Cette droite coupe la parabole en deux points M, M' :

1° Calculer les longueurs FM et FM'.

2° En posant $FM = \mu$, $FM' = \mu'$, trouver la relation entre μ et μ', lorsque l'angle α varie.

3° Démontrer que les tangentes en M et M' sont rectangulaires, et se rencontrent sur la directrice. (Bacc. math., Grenoble, 1908.)

1952. — On donne un demi-cercle de diamètre AB et de rayon R. On projette un point M de cette courbe en P sur AB et en I sur le rayon OC perpendiculaire à AB. On fait tourner la figure autour de AB.

1° Étudier et représenter, lorsque M se déplace sur le demi-cercle, la variation du rapport du volume engendré par le rectangle MPOI au volume engendré par le segment limité par la droite AM et l'arc AM du demi-cercle AB.

2° Entre quelles limites doit être compris k pour qu'il existe, sur le quart de cercle CB, deux points M' et M'' tels que le rapport précédent ait une valeur donnée k? Trouver ensuite quelle valeur il faut donner à k pour que la surface de la sphère de rayon R soit égale à la surface de la zone engendrée par l'arc M' M'' multipliée par un nombre donné p. Valeurs de p pour que le problème soit possible.

3° Déterminer M' et M'' lorsque l'on donne : $R = 2$, $p = 4$.

(Bacc. math., Alger, 1909.)

1953. On considère deux cercles égaux, de centres O et O', de rayon R et tangents en A. Un point M parcourt le cercle O, un point M' décrit en même temps le cercle O', de façon que $MAM' = 1$ droit:

1° Calculer, en fonction de R et de $OAM = \alpha$, les longueurs AM, AM', et les distances de M et M' à OO'. En déduire que toujours MM' est égal et parallèle à OO'.

2° Soit m la projection de M sur OO′. On pose $Am = x$. Calculer, en fonction de R et de x, le volume engendré par le triangle MAM′ tournant autour de OO′. Étudier la variation de ce volume lorsque le point M se déplace sur le cercle O.   (Lat.-Sc. et Sc.-Lang. viv., Bordeaux, 1909.)

1954. On donne un cercle fixe C de centre O, une droite fixe D sécante au cercle, et on considère une corde variable assujettie à la condition d'avoir son point milieu sur la droite D.

1° Prouver que la corde variable reste constamment tangente à la parabole qui a pour foyer le point O et pour tangente au sommet la droite D, et indiquer, sur cette parabole, les limites d'excursion du point de contact.

2° En P et Q, points d'intersection de la corde variable avec le cercle C, on mène les deux tangentes au cercle C : prouver que leur point d'intersection est constamment situé sur un cercle fixe, et indiquer, sur ce dernier cercle, les limites d'excursion du point d'intersection.

(Bacc. math., Caen, 1909.)

1955. Par le foyer F d'une parabole, on mène une sécante qui fait un angle $\alpha′$ avec l'axe et qui coupe la parabole aux points M et M′. Calculer les longueurs FM et FM′. Les tangentes à la parabole en M et M′ se coupent au point T ; la droite TF prolongée coupe la parabole au point N. Calculer l'aire du quadrilatère dont les diagonales sont MM′ et TN. Étudier la variation de cette aire lorsque α varie.   (Bacc. math., Montpellier, 1909.)

1956. Sur le côté OC de l'angle droit COD, on donne deux points A et B tels que l'on ait : $OA = \dfrac{1}{2}$, $OB = 3$,   et, sur le côté OD, en envisage un point M à la distance x du point O.

1° Calculer en fonction de x la tangente de l'angle AMB ;

2° Étudier, lorsque x varie, la variation de cette tangente ;

3° Construire le point M de façon que l'angle OAM soit le double de l'angle OBM, et calculer la valeur de x correspondant à cette hypothèse.

(Lat.-Sc. et Sc.-Lang. viv., Toulouse, 1909.)

1957. Un cône de révolution, de hauteur h et dont la base est un cercle de rayon R, étant donné, on le coupe par un plan parallèle à une distance x du sommet du cône. On demande de déterminer x pour que la surface latérale du cylindre, ayant pour base la section ainsi obtenue limitée à la base du cône, soit équivalente à la surface de la base du cône.

Discuter. On calculera le volume compris entre la surface totale du cylindre pour $R = 1^m$ et $h = 3^m$.   (Sc.-lang. viv., Alexandrie, 1909.)

1958. On donne la fonction : $y = \dfrac{x^2 + 2bx + 1}{x^2 + 2b′x + 1}$,   et l'on demande :

1° De trouver la relation à laquelle doivent satisfaire les coefficients b et $b′$ pour que le minimum y_1 et le maximum y_2 de la fonction y aient des valeurs égales et de signes contraires ;

2° De calculer y_1 et y_2, et d'établir les variations de la fonction y pour $b = 5$.

(Bacc. math., Alexandrie, 1909.)

1959. Résoudre, construire et discuter un triangle connaissant le côté a et les rayons R et r des circonférences circonscrite et inscrite.

(Bacc. math., Poitiers, 1909.)

1960. Dans un triangle ABC, on connaît l'angle A, le côté opposé $a = BC$, et on sait que ce côté a est la demi-somme des deux autres côtés. Calculer les autres côtés, la surface, la hauteur issue du sommet A, le rayon du cercle inscrit dans le triangle. Indiquer les limites de l'angle A.

(Lat.-Sc., Paris, 1909.)

1961. On considère dans un plan un quadrilatère convexe ABCD dont les diagonales AC, BD sont supposées rectangulaires. On désigne par a, b, c, d les nombres positifs qui mesurent les distances du point de rencontre O des diagonales aux quatre sommets : $OA = a$, $OB = b$, $OC = c$, $OD = d$.

Les droites $x'x$, $y'y$ qui portent les diagonales sont considérées comme des axes de coordonnées, dont les directions positives sont OA et OB.

1° Quelle est la droite qui est représentée par l'équation : $\dfrac{x}{a} + \dfrac{y}{b} - 1 = 0$?

2° Quel est le coefficient angulaire et quelle est l'équation de la droite CD ?

3° Calculer les coordonnées de celui des points de la droite AB qui se trouve sur la bissectrice de l'angle yOx'. Discuter.

4° Exprimer que les droites AB et CD se coupent sur la bissectrice de l'angle yOx'.

5° On suppose que a, b, c, d satisfont à la condition : $(a + c)\,bd = (b + d)\,ac$, et que la somme des aires des carrés construits, respectivement, sur les quatre côtés du quadrilatère ABCD, évaluée en décimètres carrés, est égale à 4,1. On suppose de plus que les valeurs de a et c, évaluées en centimètres, son $a = 6$, $c = 4$. Calculer b et d. On pourra prendre pour inconnue auxiliaire la longueur de la diagonale BD.

6° Calculer les coordonnées du centre de gravité K de quatre masses égales placées aux quatre sommets A, B, C, D. Calculer les coordonnées du centre de gravité G de l'aire du quadrilatère ABCD. Que peut-on conclure de la comparaison des résultats obtenus ? (Bacc. math., Lyon, 1909.)

1962. — Étant donnés deux axes de coordonnées rectangulaires Ox, Oy, on considère la droite D représentée par l'équation : $y = \dfrac{t^2 - t + 1}{t^2 + t + 1}\,x$, où t désigne le temps.

Étudier comment varie la position de la droite D lorsque t croît de $-\infty$ à $+\infty$. Trouver à quelle époque elle coïncide avec une droite donnée passant par l'origine. Discuter.

Calculer la vitesse angulaire de la droite D, et étudier la variation de cette vitesse. (Bacc. math., Nancy, 1909.)

1963. — On considère l'équation : $(m - 1)\cos^3 x - 3m \cos x + 2m = 0$,   (1) dans laquelle m désigne un nombre donné, tandis que x désigne l'inconnue.

1° Montrer que, pour $m = \dfrac{1}{15}$, il y a une valeur de x et une seule, comprise entre π et $\dfrac{3\pi}{2}$, qui vérifie l'équation (1). Calculer cette valeur.

2° Montrer qu'il n'y a pas de valeur de m pour laquelle l'équation (1) soit vérifiée par deux valeurs de x, comprises entre $\dfrac{\pi}{3}$ et $\dfrac{\pi}{2}$.

3° Y a-t-il des valeurs de m pour lesquelles l'équation (1) soit vérifiée par deux valeurs de x, et deux seulement, comprises entre $-\dfrac{\pi}{3}$ et $\dfrac{\pi}{2}$?

(Lat.-Sc. et Sc.-Lang. viv., Lyon, 1909.)

1964. — Étant donné un demi-cercle de diamètre $AB = 2R$, à une distance x du centre O, on mène une corde A'B' parallèle à AB ; les tangentes en A' et B' se coupent en S. On mène aussi la tangente parallèle à AB, qui coupe SA′ en C et SB′ en D.

1° Trouver le volume du cône engendré par le triangle SA′B′ tournant autour de SO.

2° Trouver le volume du tronc de cône engendré par le trapèze A′B′DC tournant autour de SO.

3° De ce tronc de cône, on enlève la portion intérieure à l'hémisphère engendré par le demi-cercle; trouver le volume de la portion restante.

(Lat.-Sc. et Sc.-Lang. viv., Lille, 1909.)

1965. — On considère l'expression $\quad y = \dfrac{x^3 + x}{2x + 1}$.

1° Dans le cas où x peut prendre toutes les valeurs positives ou négatives, étudier la variation de y.

Montrer que cette fonction a un minimum pour $x = -1$ et construire la courbe représentative.

2° On donne à x des valeurs entières et positives. Quels peuvent être les diviseurs communs aux deux termes de la fraction? Pour quelles valeurs de x cette fraction est-elle irréductible ou devient-elle un nombre entier?

(Bacc. math., Chambéry, 1909.)

1966. — Étant données deux sphères de rayon R, R′, respectivement, déterminer les plans qui détachent dans ces deux sphères deux segments de même volume dans les deux sphères et limités par des zones de même surface dans les deux sphères.

On prendra pour inconnues les hauteurs de ces zones, $+ x$ et y.

Discuter et déterminer les points où les plans cherchés rencontrent la ligne des centres des deux sphères.   (Bacc. math., Paris, 1909.)

1967. — Dans une circonférence de centre O et de rayon donné R, on mène une corde AB égale au côté du carré inscrit, et, par le même point A, une corde AC égale au rayon R. Calculer l'aire du triangle curviligne ABC, puis le volume engendré par ce triangle tournant autour du diamètre OB.

(Lat.-Sc. et Sc.-Lang. viv., Nancy, 1909.)

1968 — On donne l'équation : $\operatorname{tg} x + \operatorname{cotg} x = c$.

1° Trouver pour quelles valeurs de c cette équation admet des solutions et indiquer comment on trouvera ces solutions.

2° Démontrer que, lorsque l'équation admet des solutions, les extrémités, sur le cercle trigonométrique, des arcs x solutions sont les sommets d'un rectangle dont on déterminera la direction des côtés.

(Lat.-Sc. et Sc.-Lang. viv., Nancy, 1907.)

1969. — Étant donné un triangle équilatéral ABC dont on désigne le côté par $2a$, on considère les triangles équilatéraux dont les sommets A′, B′, C′, sont respectivement sur les droites BC, CA, AB.

1° Évaluer l'aire du triangle A′B′C′ en fonction de a et de $A′B = x$. Étudier la variation de cette aire, et la représenter graphiquement.

2° Démontrer que les droites AA′, BB′, CC′ forment un triangle équilatéral $A_1B_1C_1$. Exprimer l'aire de ce triangle en fonction de a et de x, en étudier la variation et la représenter graphiquement.

N. B. — A_1, B_1, C_1, sont respectivement les points d'intersection de BB′ et CC′, de CC′ et AA′, de AA′ et BB′.   (Bacc. math., Lille, 1909.)

1970. — Étant donnée l'équation en u : $\dfrac{u}{uy-x}+\dfrac{1}{y-ux}-1=0$, (1), on considère deux axes de coordonnées rectangulaires, et le point M qui a pour coordonnées x et y relativement à ces axes.

1º Quelle doit être la position du point M :

a) Pour que les racines u' et u'' de l'équation (1) soient égales entre elles ;

b) Pour que ces racines soient réelles ;

c) Pour qu'elles soient positives ?

2º Supposant $x=2$ et $y=1$, étudier comment varie le premier membre de l'équation (1) quand u croît de $-\infty$ à $+\infty$, et représenter graphiquement la variation.   (Bacc. math., Nancy, 1909.)

1971. — On donne deux circonférences concentriques de rayons R $=4$ mètres, $r=3$ mètres. On prolonge le rayon. Trouver un point M sur ce prolongement et à une distance x du centre O, de manière qu'en menant les tangentes MA et MB aux circonférences, le rapport $\dfrac{MA}{MB}$ soit égal à un nombre donné m, plus petit que l'unité.

Pour quelle valeur de x les deux triangles MAB et AOB sont-ils semblables et égaux ?   (Sc.-Lang. viv., Alexandrie, 1909.)

1972. — Deux mobiles M, M' se déplacent respectivement sur deux axes rectangulaires $x'Ox$, $y'Oy$. Ils sont animés chacun d'un mouvement rectiligne uniformément varié : l'accélération de M est désignée par γ, celle de M' par γ'. On considère la valeur d'une accélération comme positive ou négative suivant qu'elle est ou non dirigée dans le sens positif de l'axe qui la porte. On suppose dans tout ce qui suit qu'à l'instant initial $(t=0)$ les vitesses de M et de M' sont nulles.

1º Déterminer en fonction du temps t les mesures algébriques des vecteurs $e=\overline{OM}$, $e'=\overline{OM'}$, connaissant leurs valeurs respectives à l'instant initial, soient a et a'.

2º Former l'équation de la droite MM' à l'époque t relativement aux axes $x'Ox$, $y'Oy$.

3º Exprimer en fonction de t la tangente de l'angle $V=xMM'$ que fait la droite MM' avec l'axe $x'Ox$.

4º Dire s'il est possible de choisir les données a, a', γ, γ' de façon que la droite MM' reste parallèle à une direction fixe dans le cours du temps.

5º Étudier la variation de tg V, puis de V, en fonction de t dans le cas particulier où $a=18$, $\gamma=-9$, $a'=50$, $\gamma'=-4$.

(Bacc. math., Rennes, 1909.)

1973. — Étudier la variation de la surface d'un rectangle dont les sommets sont situés sur deux circonférences concentriques données.

(Bacc. math., Caen, 1909.)

1974. — On considère les courbes représentées par l'équation :

$$y = x^3 - 1 - m(x-1),$$

où m désigne un paramètre variable.

1º Déterminer m de façon que la courbe soit tangente à l'axe des x.

2º Construire la courbe en donnant à m successivement les diverses valeurs de m ainsi obtenues.

3º Pour chacune des courbes construites, calculer à 0,1 près l'aire limitée comprise entre la courbe et l'axe des x.

(Bacc. math., Grenoble, 1909.)

1975. — On considère deux axes rectangulaires Oy, Ox, et un point fixe A situé dans l'angle xOy.

Par ce point A, on mène une droite variable, rencontrant les deux axes en des points P et Q respectivement situés sur les demi-droites Ox et Oy.

On demande, quand la droite se déplace dans ces conditions, comment varie la surface du triangle OPQ.

En particulier, on construira la position de la droite pour laquelle cette surface est minimum.

Nota. — On pourra déterminer la position du point fixe A en se donnant les mesures des longueurs OB et OC, B et C étant les projections du point A sur les axes.   (Lat.-Sc. et Sc.-Lang. viv., Caen, 1909.)

1976. 1° Étudier les variations du trinôme du second degré

$$y = \frac{1}{8}(x^2 - 4x - 4),$$

et construire la courbe représentative de ces variations.

2° Déterminer le point de la courbe où la tangente est inclinée de 45° sur l'axe Ox.

3° Montrer que l'on peut déterminer une droite parallèle à Ox telle que la distance de tout point M de la courbe à cette droite soit égale à la distance de ce point M au point fixe F de coordonnées $x = 2$, $y = 1$.

(Lat.-Sc., Besançon, 1909.)

1977. — Deux points M et P se meuvent uniformément sur deux droites rectangulaires Ox, Oy. Pour chaque mobile on donne sa position et sa vitesse pour l'époque initiale où $t = 0$. On demande :

1° A quelle époque la distance des deux mobiles sera maxima ou minima ;

2° Le lieu du milieu N de la droite qui joint à chaque instant les deux points mobiles.   (Bacc., Grenoble.)

1978. — On donne deux droites rectangulaires D, D′, qui se coupent en I, un point fixe A sur la droite D′ et un point P quelconque sur D ; on construit le losange AMPN, qui a pour diagonale AP et dont un sommet N est sur D′.

1° Lieu du point M et enveloppe de la diagonale MN quand le point P décrit la droite D.

2° Le point P qui, à l'instant initial est en I, se meut sur la droite D d'un mouvement uniforme avec la vitesse v_0.

Étudier les mouvements correspondants des points M et N.

Connaissant les masses m et m' de ces points, quelles seraient les forces qui produiraient leur mouvement ?   (Bacc. math., Grenoble, 1909.)

1979. — On donne la base $BC = a$ d'un triangle isocèle ABC et l'angle opposé $A = 120°$. On joint le point B à un point M du côté AC.

Étudier les variations de la somme : $y = \overline{MB}^2 + \overline{MC}^2$, quand M se déplace de A en C.

Trouver le minimum de y et la position correspondante de M.

(Sc.-Lang. viv., Clermont, 1908.)

1980. — Un levier coudé OAB est formé de deux barres homogènes OA, OB de même densité, faisant entre elles un angle α et ayant respectivement des longueurs égales à a et b. Ce levier est mobile dans un plan vertical autour du point O qui est fixe. Trouver la position d'équilibre.

(Bacc. math., Clermont, 1908.)

1981. — On donne un triangle équilatéral ABC de côté a, et l'on mène d'un point M pris sur la base BC les parallèles MP, MQ aux côtés AB et AC.

1° Démontrer que $AP + AQ = a$;

2° Calculer AP et AQ connaissant $PQ = l$;

3° Calculer de même en fonction de a et de l les angles P et Q du triangle APQ et appliquer au cas particulier où $l = \dfrac{a}{\sqrt{3}}$.

(Sc.-Lang. viv., Alexandrie, 1910.)

1982. On donne un trièdre $Oxyz$ dont les trois faces sont des angles de 60°. Soit A un point de l'arête Ox, B un point de l'arête Oy, C un point de l'arête Oz. On désigne par a, b, c, respectivement, les trois longueurs OA, OB, OC, et on considère le tétraèdre OABC.

1° Que peut-on dire de ce tétraèdre dans le cas $a = b = c$? Se servir de la considération de ce cas particulier pour calculer, en fonction de a, la distance du point A au plan de la face yOz du trièdre donné.

2° Revenant au cas général, calculer en fonction de a, b, c les arêtes BC, CA, AB, et montrer que, pour que l'angle BAC soit droit, il faut et il suffit que a, b, c soient liés par la relation : $bc - a(b + c) + 2a^2 = 0$.

3° On donne a et la somme $b + c = p$, et on suppose que l'angle BAC est droit. Quelle est alors, en fonction de a et p, l'expression du volume du tétraèdre OABC? Comment varie ce volume lorsque a varie de 0 à $\dfrac{p}{2}$, p restant constant et l'angle BAC restant droit?

4° Avec les mêmes données $(a, b + c = p, \text{BAC} = 1 \; droit)$, comment peut-on calculer b et c? A quelle condition le calcul donne-t-il des valeurs positives? Montrer que, si cette condition est remplie, l'un des nombres b, c est plus petit que a, et l'autre plus grand que $2a$.

(Lat.-Sc. et Sc.-Lang. viv., Lyon, 1910).

1983. On donne un triangle quelconque ABC de base $BC = a$ et de hauteur $AH = h$. On mène une droite MN parallèle à BC, rencontrant AB en M et AC en N. On joint BN, CM, qui se coupent au point I.

1° Prouver que les triangles CIN, BIM ont la même surface;

2° Évaluer la surface S du triangle BIC en fonction de la distance z de MN à BC.

Étudier la variation de cette surface quand z varie de 0 à h. Construire le point I quand la surface S est donnée.

(Lat.-Sc. et Sc.-Lang. viv., Lyon, 1910.)

1984. Résoudre et discuter l'équation : $m \cos^2 x - 2m \cos x - 1 = 0$, où x est l'inconnue. (Sc.-Lang. viv., Montpellier, 1910).

1985. On considère dans un cercle une corde et un diamètre perpendiculaires l'un sur l'autre; soient O le centre du cercle, C une extrémité de la corde, D une extrémité du diamètre, L la ligne formée par le rayon OC et l'arc de cercle CED (moindre qu'une demi-circonférence), x la distance des deux points C et D, y le rayon du cercle, a une longueur constante donnée.

Établir la relation qui doit exister entre les deux longueurs variables x et y pour que l'aire engendrée par la révolution de la ligne L autour du diamètre considéré ci-dessus soit constamment égale à πa^2; en déduire les limites entre lesquelles peut alors varier x, et étudier la variation du volume fonction de x compris à l'intérieur de cette aire constante.

(Bacc. math., Caen, 1910.)

1986. On considère un parallélépipède rectangle ABCDA'B'C'D' tel que la diagonale DB' soit tangente à la sphère de diamètre AA'. Soit H le point de contact.

1º On demande de calculer les longueurs DH, HB', DB, AA', en supposant connues AB et AD.

On posera AB $= x$, AD $= y$.

2º Calculer les longueurs x et y, **considérées** maintenant comme inconnues, lorsque l'on donne :

La longueur a de l'arête AA';

L'angle α que fait l'arête DD' avec la diagonale DB'.

Discussion.   (Sc.-Lang. viv., Montpellier, 1910.)

1987. Étant donné un quart de cercle AOB, on mène la tangente en A.

1º Déterminer sur cette tangente un point M tel que, si on mène de ce point la tangente MN à l'arc de cercle, l'aire du trapèze OAM soit égale à une aire donnée. Dans le cas où l'aire OAMN est minimum, calculer les éléments du trapèze.

2º Déterminer le point M de manière que le rapport du volume engendré par le trapèze OAMN tournant autour de OA au volume engendré par l'aire du segment ACB soit égal à **un** rapport donné.

(Bacc. math., Montpellier, 1910.)

1988. Étant donnés deux axes rectangulaires Ox, Oy, on considère deux droites ; la première coupe Ox en un point A et Oy en un point B, tels que $OA = OB = a\,(a > 0)$; la deuxième CD est parallèle à Ox et coupe Oy en un point C d'ordonnée $c\,(c > 0)$. Par le point O on mène une droite de coefficient angulaire m, qui coupe la droite AB en un point P et la droite CD en un point Q (les deux droites étant supposées illimitées).

1º Calculer en fonction de m les longueurs OP, OQ ;

2º Étudier les variations du produit $\overline{OP} \cdot \overline{OQ}$ lorsque m varie ;

3º Construire géométriquement les droites PQ telles que l'on ait :

$$\overline{OP} \cdot OQ = c^2.$$

Dans quel cas ce dernier problème admet-il pour solutions deux droites PQ perpendiculaires entre elles ?   (Bacc. math., Montpellier, 1910.)

1989. Étant donné un demi-cercle invariable de diamètre $AB = 2R$, on décrit de l'extrémité A de ce diamètre comme centre, avec un rayon $x < 2R$, un arc de cercle CED, rencontrant le diamètre en C et le demi-cercle en D. On fait ensuite tourner la figure autour du diamètre AB.

1º Calculer en fonction de x la somme S des aires **engendrées** par les arcs de cercle CED et BHD ;

2º Étudier les variations de cette somme quand x varie, et représenter cette variation par une courbe ;

3º En supposant $R = 3$ mètres, calculer à 1 décimètre carré près le maximum de S.   (Bacc. math., Paris, 1910.)

1990. Les équations de deux paraboles rapportées à deux axes rectangulaires $x'Ox$, $y'Oy$ sont $y^2 = ax$, $x^2 = by$, où a est l'abscisse et b l'ordonnée d'un point C du plan. On demande :

1º De calculer en fonction de a et de b les coordonnées du second point d'intersection D des deux paraboles, le coefficient angulaire de la droite CD et de démontrer que l'angle CDO est droit ;

2º D'évaluer en fonction de a et de b l'aire plane située à l'intérieur des deux paraboles. Lieu décrit par les points C et D quand a et b varient de telle sorte que cette aire reste constante.

(Bacc. math., Grenoble, 1910.)

1991. On donne deux circonférences tangentes extérieurement, ayant pour centres respectifs O et O′ et pour rayons respectifs R et R′. On mène deux rayons parallèles et de même sens, OA et O′B, et l'on trace la droite AB qui joint les extrémités A et B de ces deux rayons. Calculer, en fonction de l'angle $AOO' = x$, l'aire engendrée par la droite AB en tournant autour de la ligne des centres OO′ ; étudier la variation de cette aire lorsque l'angle x varie.

(Bacc. math., Bordeaux, 1910.)

1992. On donne deux droites faisant un angle α et dont la perpendiculaire commune AB a une longueur donnée h. Déterminer sur les droites des points M et N tels que le tétraèdre ABMN ait un volume donné a^3 et que MN ait une longueur donnée l. (Bacc. math., Clermont, 1910.)

1993. Dans un triangle isocèle ABC, où $AB = AC$, on donne le rayon r du cercle inscrit et on mène la hauteur AD. On pose $AD = x$, $BD = y$.

1º Trouver une relation entre x et y ;

2º Exprimer, en fonction de x et de r, la surface totale S du cône engendré par le triangle ABC tournant autour de AD ;

3º Étudier et représenter graphiquement la variation de S lorsque x varie. On pourra prendre $r = 1$. Minimum de S ;

4º Exprimer x et y en fonction de r et de l'angle B, retrouver à l'aide de ces expressions la relation entre x et y ;

5º Former l'équation que doit vérifier B pour que la surface totale S du cône précédent soit égale à la surface d'un cercle de rayon mr, m étant un nombre donné. Comment peut-on résoudre cette équation ?

(Bacc. math., Alger, 1910.)

1994. — Étant donnés une sphère de rayon R et un diamètre fixe AB, on mène un plan DE perpendiculaire à ce diamètre en C, à une distance $AC = x$ du point A.

1º Calculer, en fonction de x, le rapport y du volume du segment sphérique à une base ADCE, détaché par le plan, à l'aire extérieure totale de ce segment (calotte DAE + base DCE) ;

2º Étudier la variation de ce rapport y quand x varie, et représenter cette variation par une courbe ;

3º Calculer $\dfrac{x}{R}$ à un dixième près, sachant que le rapport y est égal à $\dfrac{R}{4}$.

(Bacc. math., Paris, 1910.)

1995. — Soient Ox, Oy deux axes rectangulaires ; à un point M de Ox, on fait correspondre un point M′ de Oy, de telle façon que la droite MM′ passe par un point fixe A d'abscisse a et d'ordonnée b ; a et b sont positifs.

Étudier et représenter graphiquement :

1º La variation de l'ordonnée y de M′ en fonction de l'abscisse x de M ;

2º La variation de la surface S du triangle OMM′ en fonction de x ;

3º La variation du volume V engendré par ce triangle tournant autour de Oy, considéré comme fonction de x. (Bacc. math., Grenoble, 1910.)

1996. — On donne un demi-cercle de centre O, de diamètre AB, et les tangentes AA′, BB′ aux extrémités de ce diamètre. Une troisième tangente mobile CMD, tangente en M, coupe AA′ en C et BB′ en D.

Démontrer que l'angle COD est droit, et que l'on a : $AC \times BD = R^2$, R étant le rayon du cercle.

On joint les points C et D à un point fixe P du diamètre AB, situé entre A et B, et l'on pose : $OP = a < R$ et $AC = x$. Calculer en fonction de x, R et a les tangentes des angles APC, BPD et CPD.

Montrer que l'angle CPD passe par un minimum lorsque x croît de zéro à l'infini, et que ce minimum a lieu quand la droite PM est perpendiculaire au diamètre AB.   (Lat.-Sc. et Sc.-Lang. viv., Marseille, 1911.)

1997. — Soient deux parallèles (D) et (D') et une perpendiculaire commune qui rencontre (D) au point A et (D') au point B. On prend un point fixe O situé entre A et B, et on pose $OA = a$, $OB = b$. Par le point O, on mène une droite OM faisant avec OA un angle aigu x et rencontrant (D) au point M, puis on élève en O la perpendiculaire à OM qui rencontre (D') en M'.

1° Trouver la relation indépendante de l'angle x qui existe entre les longueurs AM et BM'.

2° Exprimer en fonction de $\operatorname{tg} x = t$ l'aire du trapèze AMM'B et étudier ses variations lorsque x varie de 0 à 90°. Calculer les valeurs AM et BM' lorsque cette aire est minimum, et en déduire une construction de la position correspondante de la sécante MM'.

   (Lat.-Sc. et Sc.-Lang. viv., Bordeaux, 1911.)

1998. — Un tronc de cône est circonscrit à une sphère dont le rayon est égal à l'unité de longueur; on sait en outre que le rapport des nombres qui mesurent le volume et la surface latérale de ce tronc de cône est égal à un nombre donné m. Calculer les rayons x et y des bases du tronc de cône. Limites de m.   (Lat.-Sc., Paris, 1911.)

1999. — On donne un hémisphère, le diamètre AB de sa base étant égal à 2. On y considère un cercle DE parallèle à cette base; soit x son rayon CD. On désigne par y le rapport de la somme des volumes des deux cônes ASB, DSE au volume de la sphère qui a pour diamètre la distance OC de leurs bases, et on demande :

1° De calculer y en fonction de x;

2° D'étudier comment varie y quand x prend la série des valeurs qu'il peut acquérir, et de représenter graphiquement la variation;

3° De déterminer x de manière que y ait une valeur donnée m, et de discuter le problème.   (Lat.-Sc. et Sc.-Lang. viv., Nancy, 1911.)

2000. — On donne dans le plan de comparaison un triangle équilatéral de côté a :

1° Déterminer par une construction graphique le point S, situé au-dessus du plan de comparaison, qui est tel que les angles ASB, ASC soient droits et que l'angle BSC soit égal à 120°;

2° Calculer en fonction de a le volume du tétraèdre correspondant SABC, et évaluer en grades ou en degrés les angles que font les faces SAB, SAC, SBC avec le plan de comparaison.   (Sc.-Lang. viv., Grenoble, 1911.)

2001. — Soit un triangle ABC :

1° Quelle relation doit-il exister entre les trois côtés de ce triangle pour que les médianes issues de B et C soient rectangulaires?

2° Calculer les côtés AB et AC connaissant le côté $BC = a$, l'angle A et sachant que les médianes issues de B et C sont rectangulaires. Discussion;

3° Construire géométriquement le triangle.

   (Bacc. math., Bordeaux, 1911.)

2002. — 1º Étudier la variation de la fonction (E) $y = \dfrac{x^2 - x}{x - 2}$;

2º Représenter graphiquement, dans le plan de deux axes de coordonnées Ox et Oy, la variation de cette fonction ;

3º On considère, dans l'équation (E), y comme une quantité donnée et x comme une inconnue. Dire, suivant la valeur attribuée à y, quel est le nombre et le signe des racines de l'équation (E);

4º On coupe la courbe représentative de la variation de la fonction par une droite D parallèle à Ox et qui coupe la droite dont l'équation est $x = 2$ au point A et la courbe aux points M' et M''. Prouver que le produit $AM' \times AM''$ reste constant lorsque la droite D se déplace tout en restant parallèle à Ox.

(Bacc. math., Lyon, 1911.)

2003. — On considère la fonction de x, $y = \dfrac{x^2 + 2x + 1}{2x^2 + 2x + \lambda}$, où λ désigne une constante quelconque. Partager les valeurs de λ en deux classes, d'après la considération des branches infinies de la courbe qui représente la variation de cette fonction.

Déterminer les valeurs de x pour lesquelles la fonction présente des maxima ou minima (relatifs).

Tracer les courbes particulières qui correspondent respectivement : 1º à la valeur $\lambda = 0$; 2º à la valeur $\lambda = 2$; 3º à la valeur de λ qui marque la limite entre les deux classes.

Pour quelle valeur de λ la fraction $\dfrac{x^2 + 2x + 1}{2x^2 + 2x + \lambda}$ est-elle algébriquement réductible ? Tracer la courbe particulière qui correspond à cette valeur de λ.

(Bacc. math., Caen, 1911.)

2004. a désignant un nombre (négatif, nul ou positif), étudier les variations de la fonction $y = \sqrt{x^3 + ax}$, quand x prend toutes les valeurs possibles.
Courbe représentative de la fonction y.

(Bacc. math., Marseille, 1911.)

2005. — On considère un cercle C de centre O et de rayon R et un diamètre fixe Ox de ce cercle. Une droite AB, de longueur constante égale à R, se meut de façon que l'une de ses extrémités A décrive la droite Ox et que l'autre décrive la circonférence du cercle C. On prend le point I de rencontre du rayon OB prolongé avec la perpendiculaire à Ox menée par A.

1º Calculer IA en fonction de OA;

2º Soit M_1 un point de AB à une distance b de l'extrémité A et compris entre A et B, et soient P, M les points où la perpendiculaire à Ox menée par M_1 rencontre respectivement Ox et OB.

Évaluer le rapport $\dfrac{PM}{PM_1}$ quand la droite AB se déplace.

3º Déterminer le lieu du point M. En déduire celui (E) du point M_1. Établir une relation entre les distances M_1P, OP;

4º Construire la tangente en M_1 à ce lieu (E) en calculant le coefficient angulaire de la tangente en M_1 à la courbe (E) et déterminer le point où cette tangente rencontre Ox.
(Bacc. math., Alger, 1911.)

2006. — Construire un triangle connaissant un côté, la somme des deux autres et la surface. Solution géométrique et solution trigonométrique. Discussion.
(Bacc. math., Grenoble, 1911.)

2007. — On donne un axe Ox et, sur cet axe, une origine O. Un cercle (C), de rayon R, a pour centre le point C de Ox qui a pour abscisse x. On transforme ce cercle par inversion, le pôle étant en O et la puissance étant désignée par K. Soient (C′) le nouveau cercle ainsi obtenu, C′ son centre, R′ son rayon.

1° Calculer, en fonction de x, le rayon R′, l'abscisse x' du point C′ et la mesure algébrique y du vecteur CC′;

2° Soient A un point quelconque de Ox, d'abscisse a, et p sa puissance par rapport à (C). Soient A′ son homologue dans l'inversion précédente, a' l'abscisse de ce nouveau point et p' sa puissance par rapport à (C′). Calculer p' en fonction de x et de a. Vérifier que l'on a $\dfrac{p}{a\mathrm{R}} = \dfrac{p'}{a'\mathrm{R'}}$;

3° Étudier les variations de la fonction $y = \overline{CC'}$, dans le cas où la puissance K est égale à $-R^2$, x étant supposé varier de 0 à $+\infty$.

(Bacc. math., Clermont, 1911.)

2008. — On donne une circonférence de centre O et de rayon r, un point P intérieur à la circonférence à la distance a du centre. Par le point P, on mène deux cordes AB, CD, faisant respectivement les angles θ et $\theta + \alpha$ avec le rayon Ox qui passe par P.

1° L'angle θ variant de 0 à π et l'angle α des deux cordes demeurant constant, on demande d'étudier la variation de la quantité $y = \dfrac{\overline{AB}^2 + \overline{CD}^2}{a^2}$;

2° Peut-on choisir l'angle constant α de mannière que cette quantité y demeure constante lorsque θ varie?

3° Soient M et N les milieux de AB et de CD. Calculer la distance MN et démontrer qu'elle demeure constante lorsque θ varie, α restant constant.

(Bacc. math., Toulouse, 1911.)

2009. — Soit un triangle rectangle ABC où A est le sommet de l'angle droit. On considère la hauteur AH et la médiane AM, les points H et M étant naturellement sur l'hypoténuse du triangle.

Quelle est la distance du point H à la médiane AM?

On posera $AC = b$, $AB = c$ et l'on exprimera la distance demandée en fonction des longueurs b et c.

Quand cette distance est moitié de AH, quel est le rapport de b à c?

(Lat.-Sc. et Sc.-Lang. viv., Toulouse, 1912.)

2010. — 1° Démontrer que le polynôme
$$f(x) = x^3 + 3abx + a^3 - b^3$$
est divisible par $x + a - b$;

2° Résoudre l'équation $x^3 + 3abx + a^3 - b^3 = 0$.

(Sc.-Lang. viv., Dijon, 1912.)

2011. — On donne une circonférence de centre O et de rayon R, et sur cette circonférence un point fixe A. On prend sur le prolongement du rayon OA un point variable M; soit P le point de contact d'une des tangentes issues de M à la circonférence; soit Q le pied de la perpendiculaire abaissée de P sur OA.

1° Évaluer, en fonction de la distance $OM = x$, le rapport y de l'aire du carré construit sur MP à la distance QA;

2° Évaluer et représenter graphiquement la variation de la fonction y quand x varie de $+R$ à $+\infty$;

3° Inversement, calculer la distance x, sachant que le rapport y a une valeur donnée m; discuter. (Sc.-Lang. viv., Paris, 1912.)

2012. Une niche est formée par un demi-cylindre de révolution à axe vertical, limité à sa partie inférieure par un plan horizontal et à sa partie supérieure par le quart d'une sphère se raccordant avec le cylindre (la sphère a son centre à une distance h du plan horizontal de base et a pour rayon r celui du cylindre).

1º Calculer le rapport de la surface de la niche (fond horizontal, pourtour cylindrique et plafond sphérique) à son volume;

2º Supposant que $r = 1$ mètre et que h croisse indéfiniment à partir de zéro, suivre les variations de ce rapport;

3º Supposant au contraire que $h = 1$ mètre et que r croisse indéfiniment à partir de zéro, suivre les variations du même rapport.

(Lat.-Sc. et Sc.-Lang. viv., Lille, 1912.)

2013. On considère un cône de révolution dont le rayon de base est R et la hauteur h. Déterminer dans le cercle de base une corde AB telle que le triangle ASB, ayant pour base cette corde et pour sommet le sommet du cône, ait une surface donnée m^2. On prendra pour inconnue $\text{OH} = x$ distance du centre du cercle de base à la corde. Discussion.

APPLICATION. On connaît la hauteur h du cône et on sait que les génératrices font avec cette hauteur un angle égal à $\dfrac{\pi}{3}$. Déterminer les côtés et les angles du triangle ASB lorsque la surface est maximum.

(Sc.-Lang. viv., Nancy, 1912.)

2014. 1º Calculer la dérivée y' de la fonction $y = \dfrac{a(x^2-1) - x(a^2-1)}{x^2+1}$, a désignant une constante.

2º Déterminer les valeurs de x qui annulent y, et celles qui annulent y'; vérifier que ces valeurs s'expriment rationnellement en fonction de a;

3º Construire la courbe qui représente la variation de y en supposant $a = 2$ et faisant varier x de $-\infty$ à $+\infty$;

4º Montrer que, dans le cas général, on peut rendre y calculable par logarithmes en posant : $x = \operatorname{tg} u$ et $a = \operatorname{tg} \alpha$.   (Bacc. math., Rennes, 1912.)

2015. On considère l'équation $x = t + \sqrt{x^2 + 2(t+1)x + 4t}$.

1º Résoudre cette équation par rapport à x en supposant que t soit donné. À quelles conditions doit satisfaire t pour que la valeur trouvée pour x convienne à l'équation?

2º On suppose que t varie en satisfaisant à ces conditions; étudier la variation correspondante de x. Courbe représentative.

3º Rechercher si x et t peuvent prendre en même temps des valeurs entières et positives.   (Bacc. math., Grenoble, 1912.)

2016. On considère la fonction $y = \dfrac{4ax^2 + b(x^2-1)^2}{(x^2+1)^2}$, où on suppose a et b positifs, $a > b$.

1º Étudier la variation de cette fonction quand x varie de $-\infty$ à $+\infty$, et tracer la courbe représentative;

2º Montrer qu'à une valeur de y comprise entre a et b correspondent quatre valeurs de x, données par une équation bicarrée;

3º Prouvez que si x_1 est une racine de cette équation, les trois autres, x_2, x_3, x_4 vérifient les égalités

$$x_1 + x_2 = 0, \quad x_1 x_3 + 1 = 0, \quad x_1 x_4 - 1 = 0.$$

(Bacc. math., Bordeaux, 1912.)

2017. 1º Former l'équation du second degré dont les racines x', x'' satisfont aux deux relations :

$$4x'x'' - 5(x' + x'') + 4 = 0,$$
$$(x' - 1)(x'' - 1) = \frac{1}{1 - a};$$

2º Étudier suivant les valeurs de a la position des racines de cette équation par rapport aux nombres -1 et $+1$;

3º Construire la courbe C représentative de la fonction $y = \dfrac{x^2 - 4x + 4}{x^2 - 1}$ et indiquer comment, à partir de cette courbe, on peut retrouver les résultats de la discussion demandée au 2º,

4º Soit une parallèle à Ox qui rencontre la courbe C en deux points M et M'. Quelle est la relation qui lie les coordonnées du milieu P de MM'? Construire le lieu géométrique de P, lorsque la parallèle se déplace.

(Bacc. math., Caen, 1912.)

2018. Étant donné un angle droit xOy, un triangle isocèle variable MON (MO = MN) situé dans cet angle a le sommet O fixe et la base ON dirigée suivant Ox. De plus, le rayon du cercle inscrit dans le triangle a une valeur constante r.

1º Démontrer que la bissectrice de l'angle ONM passe constamment par un point fixe I situé sur Oy, que la droite MN reste tangente à une circonférence fixe et que le centre du cercle ex-inscrit au côté ON du triangle isocèle appartient à une parabole ayant pour sommet le point O;

2º Démontrer que les coordonnées OP = x, PM = y du point M sont liées par la relation

$$y = \frac{2rx^2}{x^2 - r^2};$$

Étudier la variation de y quand x varie et construire la courbe lieu du point M. (Bacc. math., Grenoble, 1912.)

2019. — Inscrire dans une circonférence de rayon R un triangle isocèle ABC (AB = AC), tel que l'on ait 3AD + 2BC = l, AD désignant la hauteur et l une longueur donnée. Discuter en laissant R fixe et faisant varier l. Inconnue AD = x. (Bacc. math., Lille, 1912.)

2020. — Étant donné un trapèze isocèle, calculer le rayon du cercle circonscrit à ce trapèze en fonction des longueurs des côtés.

Quelle relation doit-il exister entre les longueurs des côtés d'un trapèze isocèle pour qu'il soit circonscriptible à un cercle?

Dans le cas où cela a lieu, exprimer, en fonction des longueurs des bases du trapèze, le rayon R du cercle circonscrit, le rayon r du cercle inscrit, la distance d des deux cercles; démontrer la relation $(R^2 - d^2)^2 = 2r^2(R^2 + d^2)$.

(Bacc. math., Dijon, 1912.)

2021. — On donne une ellipse dans laquelle le petit axe est égal à la distance des deux foyers. On désigne par F l'un des foyers, et par A celle des deux extrémités du grand axe qui est la plus éloignée de F. On joint un point M de l'ellipse aux points F et A.

Étudier comment varie la somme 2MF + MA lorsque M parcourt l'ellipse.

(Bacc. math., Bordeaux, 1912.)

2022. — Dans un plan vertical, on donne deux axes rectangulaires, l'un $x'Ox$ horizontal, l'autre $y'Oy$ vertical, dont le sens positif est contraire à celui de la pesanteur. Soit $z'Oz$ la bissectrice d'équation $y = x$. On pose $z = \overline{OM}$, z étant positif en même temps que x et y.

Un point M se meut sur $z'Oz$, la loi de son mouvement étant $z = t^3 - 3t$, où t désigne le temps.

1° Suivre le mobile sur sa trajectoire, t croissant de $-\infty$ à $+\infty$. Construire les diagrammes de l'espace, de la vitesse, de l'accélération ;

2° On suppose le point M, de masse m, entièrement libre, soumis à son poids et à une certaine force F ; calculer, en fonction de t, les projections de F sur les axes Ox, Oy ;

3° Évaluer le travail de F, de l'époque $t = -2$ à l'époque $t = 1$, en faisant $m = \dfrac{1}{2}$, $g = 981$ (unités C. G. S.). (Bacc. math., Montpellier, 1912.)

2023. — Dans un plan vertical xOy, on considère un axe Ox horizontal et un demi-axe Oz situé au-dessous de Ox et faisant avec ce dernier un angle aigu α. Un point pesant M de masse m est assujetti à se mouvoir sur Oz sans frottement ; on le lance du point O avec une vitesse V_0 dans le sens Oz. Au même instant que le point M, on lance du point O, avec une vitesse V'_0 dans le sens Ox, un deuxième point pesant mobile M', libre, dont la masse est aussi égale à m. On sait que ce point M' décrit un arc de parabole P ;

1° Écrire les équations du mouvement rectiligne du point M, rapporté à l'horizontale Ox et à la verticale descendante Oy ;

2° Écrire les équations du mouvement parabolique du point M' rapporté aux mêmes axes ;

3° Quelle relation doit-il exister entre les données du problème pour que les deux mobiles, partis simultanément du point O, se rencontrent, c'est-à-dire pour qu'ils arrivent au même instant au point K commun à la parabole P et à Oz ;

4° La condition précédente étant remplie, étudier les variations de la longueur du segment de droite MM' quand les deux mobiles se déplacent de O en K, chacun suivant son mouvement propre.

(Bacc. math., Grenoble, 1912.)

2024. — On donne un triangle ABC rectangle en A et dans lequel $B = 60°$, $BC = a$.

1° Calculer AB, AC, la hauteur AH et les segments BH, CH en fonction de a ;

2° On fait tourner le triangle ABC autour de BC comme charnière.

Quelle doit être la hauteur x d'une zone de la sphère engendrée par le cercle circonscrit au triangle ABC pour que l'excès de la surface de cette zone sur la demi-surface du cercle de rayon x soit égal à la surface engendrée par le côté AC ? Discuter. (Lat.-Sc., Paris, 1913.)

2025. — Soit donné un cercle de diamètre $AB = 2R$. De A comme centre, on décrit le cercle de rayon $AM = x$, qui rencontre AB en un point P ;

1° Évaluer les volumes V engendré par le triangle AMP et V' engendré par le segment circulaire ANM tournant autour de AB ;

2° Déterminer x de façon que le rapport $\dfrac{V}{V'}$ soit égal à un nombre positif donné m. Discuter ;

3° Étudier en fonction de x la variation du même rapport (avec représentation graphique) et retrouver les résultats de la discussion précédente.

(Lat.-Sc. et Sc.-Lang. viv., Alger, 1913.)

2026. Une surface prismatique a pour section droite un triangle équilatéral ABC de côté a.

Sur les arêtes issues de B et C, et d'un même côté du plan ABC, on détermine les points B' et C' tels que $CC' = x$ et $BB' = y$.

1° Démontrer que, pour que le triangle AC'B' soit rectangle en C', il faut qu'il existe entre x et y la relation

$$2x^2 - 2xy + a^2 = 0 ;$$

2° y étant égal à $a\sqrt{2}$, et le triangle AC'B' rectangle en C', évaluer le volume de la portion de prisme comprise entre les deux plans, et calculer en grades ou en degrés l'angle des deux plans.

(Lat.-Sc. et Sc.-Lang. viv., Aix et Marseille, 1913.)

2027. Deux circonférences égales, situées dans un même plan, se coupent à angle droit en deux points A et B (c'est-à-dire que les tangentes aux deux circonférences en chacun des point communs A et B sont rectangulaires). O et O_1 étant les centres des circonférences, on demande quelle est la valeur des angles AOB ou AO_1B.

Étant donnés trois points A, P, Q, on demande de tracer deux circonférences égales, passant : la première par les points A et P, la seconde par les points A et Q, ces deux circonférences étant en outre assujetties à se couper à angle droit. (Sc.-Lang. viv., Montpellier, 1913.)

2028. Sur une droite donnée, on prend deux points fixes A et B, tels que $AB = a$ et un point variable C à une distance x de A, d'un côté ou de l'autre de ce point A.

Du point C comme centre et avec un rayon $CA = x$, on décrit une circonférence, et par le point B on mène la tangente BM à la circonférence, M étant le point de contact. Puis on fait tourner la figure autour de AB.

1° Calculer le volume engendré par le triangle CMB ;

2° Étudier la variation de ce volume lorsque le point C se déplace sur la droite, et construire la courbe représentative de cette variation.

(Lat.-Sc. et Sc.-Lang. viv., Marseille, 1913.)

2029. On donne un triangle OAB rectangle en O ; on abaisse d'un point D pris sur l'hypoténuse les perpendiculaires DC, DE sur les côtés de l'angle droit. On fait tourner le triangle OBA autour de OB. Le rectangle OCDE engendre un cylindre de révolution (Γ).

1° On pose $OA = a$, $OB = b$, $OC = x$. Calculer l'aire latérale et le volume du cylindre (Γ) en fonction de ces trois quantités ;

2° On suppose que le point D se déplace sur l'hypoténuse, depuis la position B jusqu'à la position A. Étudier, dans ces conditions, la variation de l'aire latérale du cylindre (Γ) ;

3° Étudier, dans les mêmes conditions, la variation du volume de ce cylindre.

(Sc.-Lang. viv., Montpellier, 1913.)

2030. On donne une demi-circonférence de centre O décrite sur le diamètre $AB = 2R$.

Une parallèle au diamètre AB rencontre la tangente Ay en P et la circonférence en M et M'. On joint OM et OM' et l'on fait exécuter à la figure une révolution complète autour de Ay.

1° Démontrer que, lorsque la droite PM'M se déplace parallèlement à AB, la somme des surfaces engendrées par OM et OM' demeure constante.

2° Déterminer la valeur de $AP = x$ qui est telle que le volume engendré par le triangle OMM' soit égal à un volume donné, $2\pi R m^2$. — Discussion ;

3° Étudier directement par la géométrie la variation de ce volume quand la droite PM'M se déplace parallèlement à AB. (Lat.-Sc., Grenoble, 1913.)

26

2031. Dans un plan, on donne un cercle O de rayon a. On prolonge un rayon OA de ce cercle d'une longueur AB égale à OA, et par B on mène la droite Δ perpendiculaire à OB. On fait passer par A une sécante variable qui rencontre Δ en M et le cercle en un autre point P.

1º Évaluer la distance MP en fonction de a et de l'angle aigu α que fait la sécante avec OB, et étudier la variation de MP quand l'angle α varie (on pourra prendre pour inconnue auxiliaire $x = \cos \alpha$);

2º Combien existe-t-il de sécantes pour lesquelles MP a une longueur donnée l?

Déterminer et construire les sécantes pour lesquelles $l = \dfrac{33a}{10}$.

(Sc.-Lang. viv., Grenoble, 1913.)

2032. — 1º Montrer que si x, y, z, sont trois nombres en progression géométrique, on a : $(x + y + z)(x - y + z) = x^2 + y^2 + z^2$;

2º Trouver trois nombres positifs en progression géométrique, connaissant leur somme et la somme de leurs carrés. Discuter.

(Bacc. math., Dijon, 1913.)

2033. — Soient AA', BB' deux diamètres rectangulaires d'un cercle O de rayon R. En un point C du cercle on mène la tangente, qui coupe en H la tangente en A, et en K le prolongement du diamètre BB'. On désigne par x l'angle variable AOC;

1º Exprimer en fonction de x les côtés du quadrilatère OAHK;

2º Vérifier sur les expressions trouvées que l'on a, quel que soit x, OK $=$ HK;

3º En posant $\operatorname{tg} \dfrac{x}{2} = t$, exprimer, en fonction de t, l'aire du quadrilatère OAHK, et étudier les variations de cette aire quand on fait croître t de 0 à $+\infty$. On tracera la courbe représentative de ces variations, en supposant R $= 1$ et on indiquera la valeur de l'angle x qui correspond au minimum.

(Bacc. math., Paris, 1913.)

2034. — Sur un axe orienté (sur lequel on a fait choix d'une origine, d'un sens positif, et d'une unité de longueur), on considère les points A et A' d'abscisses $+2$ et $+5$, les points B et B' d'abscisses *zéro* et -3, et les cercles (A) et (B) décrits sur AA' et BB' comme diamètres :

1º Trouver en fonction de l'abscisse x d'un point M de l'axe le rapport de la puissance de M par rapport à (A), à sa puissance par rapport à (B). Étudier la variation de la fonction ainsi obtenue. On appellera P et Q les positions particulières du point M correspondant au maximum et au minimum de cette fonction;

2º A chaque valeur donnée, convenablement choisie, du rapport précédent, correspondent, en général, deux positions M' et M'' du point M. Indiquer les cas d'exception (une seule position, ou positions confondues) et les placer sur la figure. Calculer la valeur du rapport en fonction de l'abscisse u du milieu N du segment M'M''; indiquer pour quelles valeurs de u et quelles positions de N il existe effectivement des points M' et M'';

3º On transforme par inversion par rapport à P et avec une puissance d'inversion k les cercles (A) et (B); montrer qu'on obtient deux cercles ayant pour centre commun l'inverse du point Q.

Les points P et Q désignent toujours les positions particulières de M trouvées dans la deuxième partie.

NOTE. — Pour traiter le 2º, on pourra se servir des résultats évidents géométriquement sur la courbe représentative de la variation de la fonction étudiée dans 1º. (Bacc. math., Toulouse, 1913.)

2035. — On donne un cercle fixe, un diamètre fixe de ce cercle, et une droite fixe Δ, perpendiculaire à ce diamètre et extérieure au cercle. Soient A l'extrémité du diamètre la plus rapprochée de la droite Δ, et A' son extrémité la plus éloignée ; B le point d'intersection du prolongement de AA' avec la droite Δ ; M un point variable de la circonférence ; P la projection orthogonale du point M sur le diamètre AA' ; C le point d'intersection de la sécante MA avec la droite Δ ; D le pied de la perpendiculaire abaissée du point M sur la droite Δ ; r le rayon du cercle ; a la distance AB ; x la distance AP.

Exprimer à l'aide de r, a et x le volume du cône engendré par la révolution du triangle MCD autour de la droite Δ, et étudier la variation du carré de ce volume lorsque le point M varie sur la circonférence donnée. Distinction des divers cas à considérer.   (Bacc. math., Caen, 1913.)

2036. — On considère, dans un plan, une circonférence fixe C et un point fixe A, non situé sur la circonférence. Soit S une circonférence variable, passant en A, et coupant orthogonalement la circonférence C :

1º On demande de trouver le lieu du centre de la circonférence variable S ;

2º Montrer que la corde PQ, commune à C et à S, passe par un point fixe ;

3º Les droits AP, AQ rencontrent à nouveau la circonférence C en P' et en Q' respectivement. Montrer que la corde P'Q' passe par un point fixe et que la circonférence circonscrite au triangle AP'Q' passe aussi par un point fixe.

(Bacc. math., Montpellier, 1911.)

2037. — On donne une ellipse de foyers F et F', dont le grand axe est égal à $2a$ et la distance focale FF' à $2c$. Soient M un point quelconque de l'ellipse et α, β les angles des rayons vecteurs FM, F'M avec FF'

1º Démontrer la relation $\operatorname{tg}\dfrac{\alpha}{2}\operatorname{tg}\dfrac{\beta}{2}=\dfrac{a-c}{a+c}$.

2º Calculer α, β connaissant le rayon r du cercle inscrit dans le triangle MFF' Former l'équation du second degré ayant pour racines $\operatorname{tg}\dfrac{\alpha}{2}$ et $\operatorname{tg}\dfrac{\beta}{2}$; discuter suivant la valeur de r ;

3º On abaisse du centre O de l'ellipse la perpendiculaire sur la tangente en M qui rencontre les droites MF, MF' en I et I' ; démontrer géométriquement que $FI=a$, $F'I'=a$.   (Bacc. math., Grenoble, 1913.)

2038. — On donne un cône de révolution (S) de demi-angle au sommet α.

1º Montrer que, sous certaine condition, il existe sur le cône une infinité de génératrices rectangulaires deux à deux, et qu'à une génératrice SA correspondent deux génératrices SB, SC perpendiculaires à SA (S est le sommet du cône).

Étant donnés deux plans de projection rectangulaires, et l'axe du cône étant vertical, représenter, par un croquis à main levée, les projections des génératrices SC, SB qui correspondent à la génératrice SA de front. Construire la génératrice SA telle que le plan BSC correspondant passe par un point donné ;

2º Calculer l'angle BSC $=2\beta$, et la projection horizontale de cet angle. Déterminer α dans les cas suivants :

a) Les angles α et β sont complémentaires ;

b) Le cône (S) contient une infinité de systèmes de trois génératrices formant un trièdre trirectangle ;

3º On donne la hauteur h du cône. Calculer le volume de la pyramide SABC, les points A, B, C, étant les pieds des génératrices sur le plan de base.

En passant $\operatorname{tg}^2\alpha=t$, étudier les variations du volume de cette pyramide en fonction de t.   (Bacc. math., Montpellier, 1913.)

2039. On donne un triangle ABC, rectangle en A, l'angle B ayant une ouverture de 60°. On considère les sphères S et S' ayant respectivement pour centres A et B et passant en C. Elles se coupent encore en C' dans le plan ABC. Soit D la projection orthogonale de A sur BC, et S'' la sphère de centre D et de rayon DC'. AB étant égal à l'unité de longueur, calculer le volume intérieur à S'' et extérieur simultanément à S et à S'.

(Bacc. math., Montpellier, 1912.)

2040. Soit la demi-circonférence O, décrite sur le diamètre $AB = 2R$. En A, on mène la tangente AT, et d'un point T de cette droite la tangente TC; de C on abaisse les perpendiculaires CD, CE sur les droites AT, AB, et on joint les points C, B. Cela posé, on demande :

1° De calculer la longueur $BE = x$ pour laquelle les deux triangles CBE, CDT sont équivalents ;

2° D'étudier les variations de la surface du rectangle ADCE.

(Bacc. math., Besançon, 1913.)

COMPLÉMENTS

DU

COURS D'ALGÈBRE ÉLÉMENTAIRE

I

VARIATION DE LA FONCTION $ax + b + \dfrac{c}{x}$

1. **Asymptote à une courbe.** (Voir *Cours d'Algèbre*, n° 418.)

2. **Recherche des asymptotes. Résumé et règles pratiques.** Les seules fonctions à étudier sont de la forme $y = \dfrac{f(x)}{\varphi(x)}$, dans lesquelles $f(x)$ et $\varphi(x)$ sont deux polynômes entiers en x, au plus du second degré. Supposons irréductible la fraction $\dfrac{f(x)}{\varphi(x)}$.

Asymptotes horizontales. On cherche la limite de y pour $x = \pm \infty$. Soit α cette limite ; l'asymptote horizontale a pour équation $y = \alpha$.

Asymptotes verticales. On résout l'équation $\varphi(x) = 0$. Soient a_1 et a_2 les racines ; les droites $x = a_1$, $x = a_2$ sont les asymptotes verticales.

Asymptotes obliques. Il y a une asymptote oblique lorsque $f(x)$ est du second degré et $\varphi(x)$ du premier.

On divise d'abord le numérateur par le dénominateur. Soit $ax + b$ le quotient ; l'asymptote oblique a pour équation $y = ax + b$. (*Cours d'Algèbre*, n° 421.)

3. **Étude de la fonction** $y = ax + b + \dfrac{c}{x}$. Cette fonction n'est autre que $y = \dfrac{ax^2 + bx + c}{x}$, où la division du numérateur par le dénominateur a été effectuée.

La partie entière du quotient est $ax + b$; donc il y a une asymptote oblique ayant pour équation $y = ax + b$.

De plus, en égalant le dénominateur à zéro, on obtient l'équation de l'asymptote verticale, $x = 0$, c'est-à-dire l'axe Y'OY.

La dérivée de $y = ax + b + \dfrac{c}{x}$ est :

$$y' = a - \frac{c}{x^2} = \frac{ax^2 - c}{x^2}.$$

Elle s'annule pour

$$ax^2 - c = 0 ;$$

d'où

$$x = \pm \sqrt{\frac{c}{a}}.$$

Discussion. 1° Si a et c sont de même signe, ces valeurs de x sont réelles et la fonction a un maximum et un minimum.

Soit d'abord $a > 0$. Puisque a, coéfficient angulaire de l'asymp-

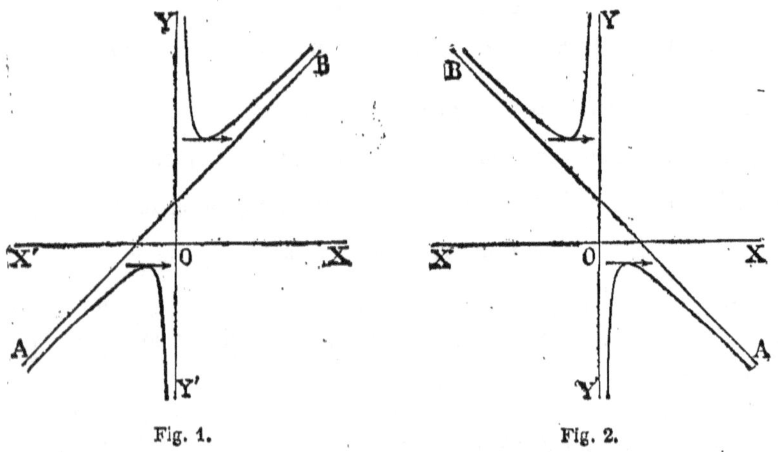

Fig. 1.   Fig. 2.

tote AB, est positif, la direction de l'asymptote forme un angle aigu avec OX (fig. 1).

Si $a < 0$, le coefficient angulaire de l'asymptote AB est négatif et la direction de cette droite forme un angle obtus avec OX (fig. 2).

2° Si a et c sont de signes contraires, les valeurs $x = \pm \sqrt{\dfrac{c}{a}}$ sont imaginaires ; la dérivée conserve un signe constant, celui de a. En effet, le dénominateur x^2 étant positif, le signe de la dérivée ne dépend que de $ax^2 - c$.

Si $a > 0$, y' est positive pour toute valeur de x et la fonction est constamment croissante dans les intervalles où elle est continue (fig. 3).

Si $a < 0$, y' est négative pour toute valeur de x et la fonction est constamment décroissante dans les intervalles où elle est continue (fig. 4).

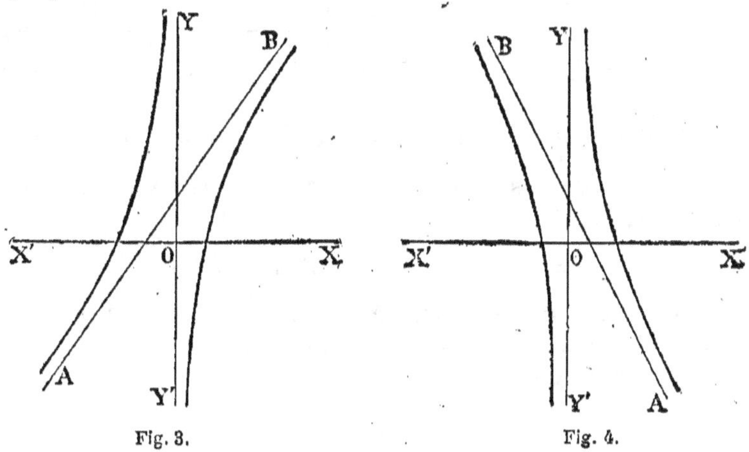

Fig. 3.   Fig. 4.

4. Applications. *Variation de la fonction* $y = x + 1 + \dfrac{1}{x}$. Il y a une asymptote verticale, la droite $x = 0$, c'est-à-dire l'axe Y'Y.

Il y a une asymptote oblique AB ayant pour équation

$$y = x + 1.$$

La dérivée de la fonction est :

$$y' = 1 - \frac{1}{x^2} = \frac{x^2 - 1}{x^2}.$$

Elle s'annule pour

$$x = \pm 1.$$

Cette dérivée est positive pour les valeurs de x inférieures à -1 ou supérieures à $+1$; elle est négative pour $-1 < x < 1$.

L'équation $\;x + 1 + \dfrac{1}{x} = 0$,

ou $\qquad x^2 + x + 1 = 0$,

ayant ses racines imaginaires, la fonction ne s'annule pour aucune valeur de x et la courbe ne rencontre pas l'axe des x.

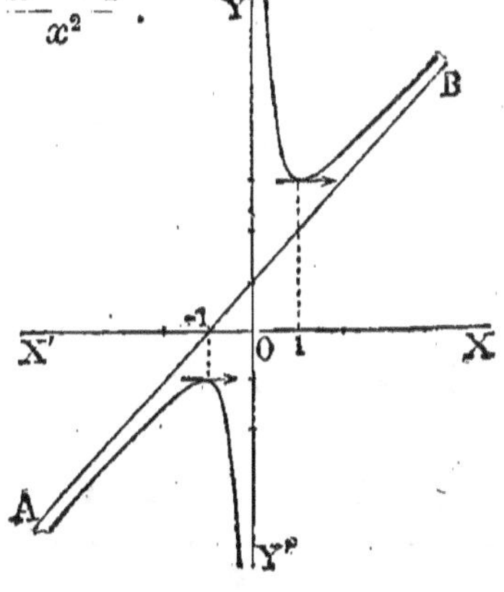

Fig. 5.

Pour $x = 0$ et pour $x = \pm\infty$, $y = \pm\infty$.

On peut dresser le tableau de variation et construire la courbe (fig. 5).

x	$-\infty$		-1		0		1		$+\infty$
y'		$+$	0	$-$			$-$	0	$+$
y	$-\infty$	$\nearrow$	-1	$\searrow$	$-\infty$	$+\infty$	$\searrow$	3	$\nearrow$	$+\infty$

5. *Variation de la fonction* $y = x - \dfrac{1}{x}$. Il y a une asymptote verticale, $x = 0$, c'est-à-dire l'axe des y, et une asymptote oblique dont l'équation est $y = x$.

La dérivée $y' = 1 + \dfrac{1}{x^2}$ est essentiellement positive ; donc la fonction est constamment croissante dans les intervalles où elle est continue et n'admet ni maximum ni minimum.

La fonction s'annule pour $x = \pm 1$.

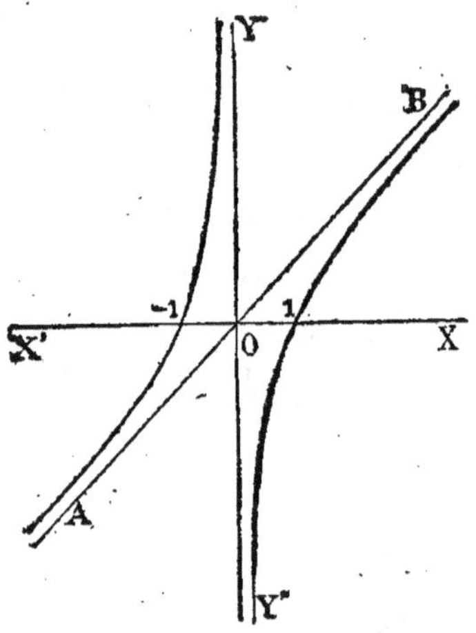

Fig. 6.

Pour $x = 0$ et pour $x = \pm\infty$, $y = \pm\infty$, et l'on a le tableau suivant :

x	$-\infty$		-1		0		1		$+\infty$
y'			$+$				$+$		
y	$-\infty$	$\nearrow$	0	$\nearrow$	$+\infty$	$-\infty$	$\nearrow$	0	$\nearrow$	$+\infty$

6. Problème. *On donne une droite* D *et un point* A *situé à la distance* a *de la droite* D. *Autour de* A *tourne un angle droit* BAC *dont les côtés coupent la droite* D *en* B *et en* C : 1° *Étudier les* *variations de la fonction* $y = PC + 3PB$ *en prenant pour variable* $PC = x$; 2° *Représenter ces variations par une courbe.*

(Sc.-Lang. viv., Toulouse, juillet 1913.)

1° Dans le triangle rectangle BAC, on a :

$$PB \times PC = a^2,$$

ou

$$PB \times x = a^2 ;$$

d'où

$$PB = \frac{a^2}{x}.$$

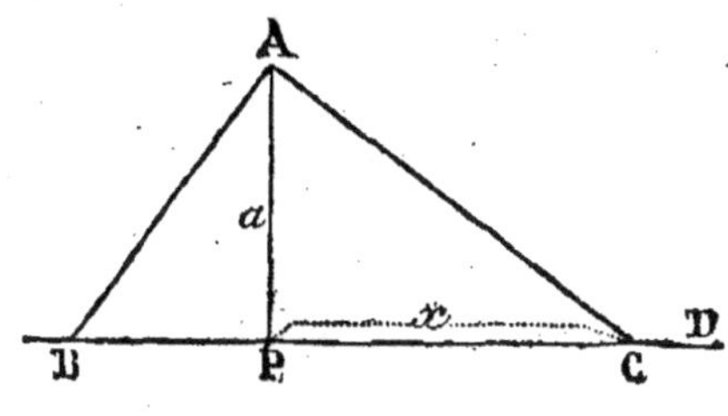

Fig. 7.

La fonction proposée devient :

$$y = x + \frac{3a^2}{x}.$$

La dérivée $y' = 1 - \dfrac{3a^2}{x^2} = \dfrac{x^2 - 3a^2}{x^2}$ s'annule pour $x = \pm a\sqrt{3}$. Elle est négative pour $-a\sqrt{3} < x < a\sqrt{3}$ et positive pour les valeurs de x extérieures aux racines.

Pour $x = -a\sqrt{3}$, $\quad y = -a\sqrt{3} - \dfrac{3a^2}{a\sqrt{3}} = -2a\sqrt{3}$,

et pour $x = a\sqrt{3}$, $\quad y = 2a\sqrt{3}$.

Là fonction n'est jamais nulle, car l'équation $x + \dfrac{3a^2}{x} = 0$, ou $x^2 + 3a^2 = 0$, a ses racines imaginaires.

Enfin, pour $x = 0$ et pour $x = \pm\infty$, $y = \pm\infty$.

Le tableau des variations de la fonction est le suivant :

x	$-\infty$	$-a\sqrt{3}$	0	$a\sqrt{3}$	$+\infty$
y'	$+$	0 $-$		$-$ 0	$+$
y	$-\infty \nearrow$	$-2a\sqrt{3}$ Max. $\searrow$	$-\infty \mid +\infty$	$\searrow 2a\sqrt{3}$ Min.	$\nearrow +\infty$

2° *Courbe représentative.* Il y a une asymptote verticale, $x = 0$, ou l'axe Y'Y et une asymptote oblique AB dont l'équation est $y = x$.

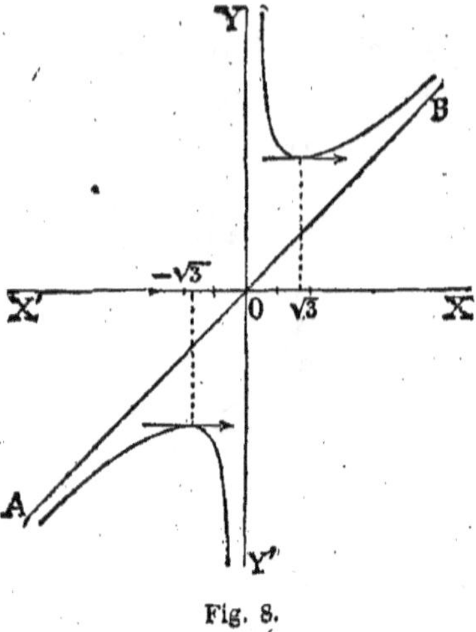

Fig. 8.

En tenant compte des résultats de la variation et en supposant $a = 1$, on obtient la courbe ci-dessus (fig. 8).

II

VARIATION DE LA FONCTION $ax^3 + bx^2 + cx + d$

7. *Soit la fonction* $\quad y = \dfrac{x^3}{3} - \dfrac{x^2}{2} - 2x + \dfrac{13}{6}$. $\qquad$ (1)

La dérivée $y' = x^2 - x - 2$ s'annule pour $x_1 = -1$ et $x_2 = 2$. Les valeurs correspondantes de y sont $\quad y_1 = \dfrac{20}{6}$ et $y_2 = -\dfrac{7}{6}$.

Pour $x = -1$, y' s'annule en passant du positif au négatif; donc $x = -1$ correspond au maximum $y_1 = \dfrac{20}{6}$ de y. De même, pour $x=2$, y' s'annule en passant du négatif au positif, et cette valeur de x correspond au minimum $y_2=-\dfrac{7}{6}$ de y.

Les valeurs qui annulent la fonction seront racines de l'équation

$$\frac{x^3}{3}-\frac{x^2}{2}-2x+\frac{13}{6}=0,$$

ou
$$2x^3-3x^2-12x+13=0. \qquad (2)$$

On remarque que le premier membre s'annule pour $x=1$; donc il est divisible par $(x-1)$; en effectuant la division, on trouve $(2x^2-x-13)$ pour quotient, et l'équation (2) peut s'écrire :

$$(x-1)(2x^2-x-13)=0.$$

Les racines s'obtiennent en égalant chaque facteur à zéro.

$$x-1=0;$$

d'où
$$x'=1,$$
$$2x^2-x-13=0;$$

d'où

$$x=\frac{1\pm\sqrt{105}}{4}=\frac{1\pm10,24}{4},$$

et $x''=-2,31$, $x'''=2,81$.

Enfin pour $x=\pm\infty$,
$$y=\pm\infty.$$

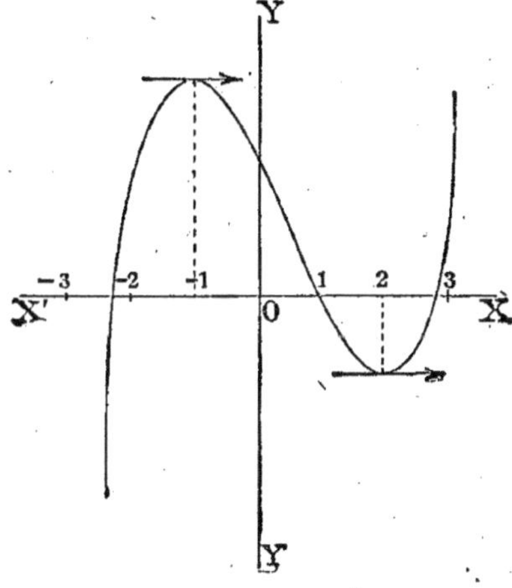

Fig. 9.

Avec ces données, on peut dresser le tableau de variation et construire la courbe (fig. 9) :

x	$-\infty$	$-2,31$	-1	0	1	2	$2,81$	$+\infty$
y'		$+$	0	$-$		0	$+$	
y	$-\infty$	0	$\dfrac{20}{6}$	$\dfrac{13}{6}$	0	$-\dfrac{7}{6}$	0	$+\infty$

Max.   Min.

8. Considérons les fonctions :

$$y_1=x^3-3x^2+3x-1, \qquad y_2=x^3-3x+2, \qquad y_3=x^3-3x^2.$$

Par un raisonnement analogue au précédent, on trouve les résultats suivants :

a) L'équation $x^3 - 3x^2 + 3x - 1 = 0$ peut s'écrire :

$$(x - 1)^3 = 0.$$

Elle admet une racine triple, $x = 1$. La dérivée $y' = 3(x - 1)^2$ admet une racine double, $x = 1$, et ne change pas de signe. Donc y_1 n'a ni maximum ni minimum. On obtient la courbe (1).

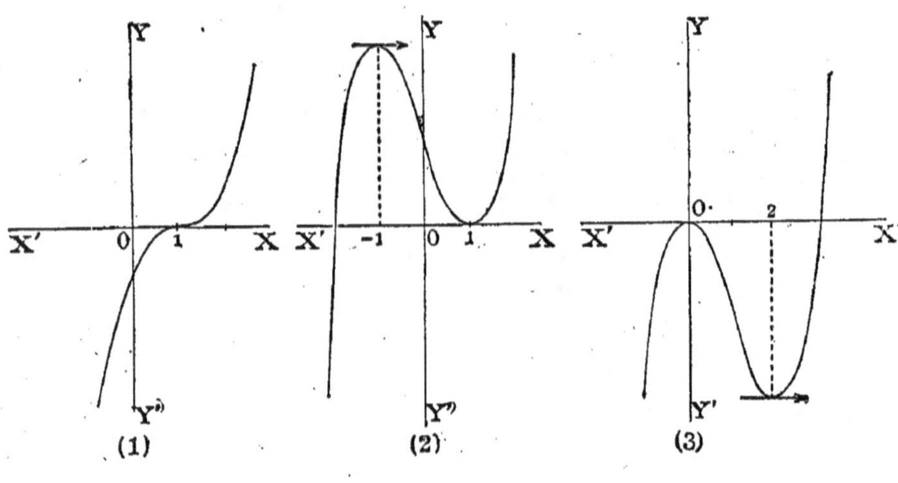

Fig. 10.

b) L'équation $x^3 - 3x + 2 = 0$ admet d'abord pour racine $x' = 1$; donc on peut l'écrire :

$$(x - 1)(x^2 + x - 2) = 0 ;$$

les deux autres racines sont celles de l'équation

$$x^2 + x - 2 = 0,$$

c'est-à-dire : $\quad x' = 1, \quad$ et $\quad x''' = -2$.

La dérivée $y' = 3(x^2 - 1)$ a pour racines $x = \pm 1$.

La fonction a un maximum, $y = 4$, pour $x = -1$, et un minimum, $y = 0$, pour $x = 1$. On a la courbe (2).

c) L'équation $x^3 - 3x^2 = 0$ peut s'écrire :

$$x^2(x - 3) = 0 ;$$

elle a une racine double $x = 0$; la troisième racine est $x = 3$.

La dérivée $y' = 3x(x - 2)$ s'annule pour $x = 0$ et $x = 2$. La fonction y_3 passe par un maximum, *zéro*, pour $x = 0$, et par un minimum, -4, pour $x = 2$. La courbe présente la forme (3).

9. *Variation de la fonction* $\text{y} = x^3 + x^2 - x + \dfrac{1}{6}$.

(Bacc., Alexandrie.)

La dérivée est : $\qquad y' = 3x^2 + 2x - 1.$

Elle s'annule pour $x' = -1$ et $x'' = \dfrac{1}{3}$, et l'on peut dresser le tableau suivant :

x	$-\infty$		-1		$\dfrac{1}{3}$		$+\infty$
y'		$+$	0	$-$	0	$+$	
y	$-\infty$	$\nearrow$	$\dfrac{7}{6}$	$\searrow$	$-\dfrac{1}{54}$	$\nearrow$	$+\infty$
			Max.		Min.		

Pour trouver les points où la courbe coupe l'axe des x, c'est-à-dire les racines de l'équation

$$x^3 + x^2 - x + \frac{1}{6} = 0,$$

remarquons, à l'aide du tableau ci-dessus, que la fonction change de signe :

1º Lorsque x varie de $-\infty$ à -1 ;

2º $\qquad$ » $\qquad$ de -1 à $\dfrac{1}{3}$;

3º $\qquad$ » $\qquad$ de $\dfrac{1}{3}$ à $+\infty$.

Donc, il y a une racine comprise entre $-\infty$ et -1, une deuxième entre -1 et $\dfrac{1}{3}$, et une troisième entre $\dfrac{1}{3}$ et $+\infty$.

On peut resserrer ces intervalles :

$$f\left(-\frac{3}{2}\right) = -\frac{27}{8} + \frac{9}{4} + \frac{3}{2} + \frac{1}{6} = \frac{13}{24} > 0,$$

$$f(-2) = -8 + 4 + 2 + \frac{1}{6} = -\frac{11}{6} < 0 ;$$

donc la plus petite racine est comprise entre -2 et $-\dfrac{3}{2}$.

D'autre part, $\quad f(0) = \dfrac{1}{6} > 0, \quad$ et $\quad f\left(\dfrac{1}{3}\right) = -\dfrac{1}{54} < 0 ;$

donc $\qquad\qquad\qquad 0 < x_2 < \dfrac{1}{3}.$

On peut même préciser davantage :

$$f\left(\frac{1}{5}\right) = \frac{9}{6 \times 125} > 0, \quad f\left(\frac{1}{4}\right) = -\frac{1}{192} < 0, \quad \text{et} \quad \frac{1}{5} < x_2 < \frac{1}{4}.$$

Enfin, $f\left(\dfrac{1}{3}\right) = -\dfrac{1}{27} < 0,$ et $f\left(\dfrac{1}{2}\right) = \dfrac{1}{24} > 0;$

par conséquent, $\qquad \dfrac{1}{3} < x_3 < \dfrac{1}{2}.$

Avec ces données, on peut tracer la courbe avec une approximation suffisante (fig. 11).

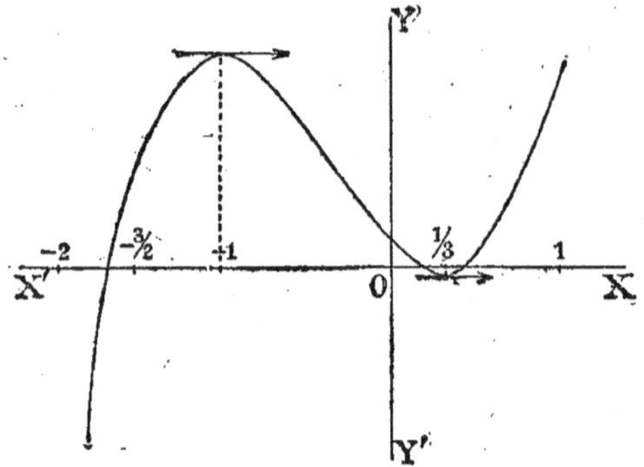

Fig. 11.

10. Résumé. Pour étudier les variations de la fonction du troisième degré, on cherche la dérivée, les valeurs qui l'annulent, et son signe dans les intervalles des racines.

Si les racines de la dérivée sont réelles et inégales, la fonction admet un maximum et un minimum; si elles sont réelles et égales, ou bien imaginaires, la fonction n'a ni maximum ni minimum.

Pour trouver les racines de la fonction, on remplace x par ± 1, ± 2, etc.; si l'une de ces substitutions annule le polynôme, la valeur correspondante, $x = \pm \alpha$, est racine de l'équation $y = 0$ ou $f(x) = 0$; le premier membre est divisible par $(x \mp \alpha)$; on effectue la division et, en égalant le quotient à zéro, on obtient les deux autres racines.

Quand aucune de ces substitutions ne réussit, on observe les changements de signe qu'elles produisent dans le polynôme. Si $f(\alpha)$ et $f(\beta)$, par exemple, sont de signes contraires, il y a une ou trois racines comprises entre α et β. En resserrant les intervalles, on parvient à séparer les racines et à les calculer avec telle approximation que l'on veut.

11. Remarques. 1º Un polynôme du troisième degré variant de $-\infty$ à $+\infty$, la courbe représentative coupe l'axe des x au moins une fois; donc l'équation du troisième degré a au moins une racine réelle.

2º Lorsqu'il y a une racine double, le polynôme ne change pas de signe quand x passe par la valeur de cette racine. Dans ce cas, la courbe est tangente à X'OX.

III

APPLICATION DE LA DÉRIVÉE A L'ÉTUDE DU MOUVEMENT UNIFORMÉMENT VARIÉ

12. Mouvement uniforme. Pour les définitions et l'étude du mouvement uniforme, voir *Cours d'Algèbre*, nᵒˢ 30 et suivants.

13. Mouvement varié. On dit qu'un mouvement rectiligne est varié quand il n'est pas uniforme, c'est-à-dire quand l'équation du mouvement, $x = f(t)$, n'est pas du premier degré en t.

14. Vitesse moyenne. On appelle vitesse moyenne le quotient de l'espace par le temps employé à le parcourir.

Considérons un mobile se déplaçant sur une droite dirigée Ox. Soient M sa position à l'instant t, M_1 sa position à l'instant t_1. Pendant l'intervalle de temps $\Delta t = t_1 - t$, le mobile a parcouru le segment

$$MM_1 = x_1 - x = \Delta x.$$

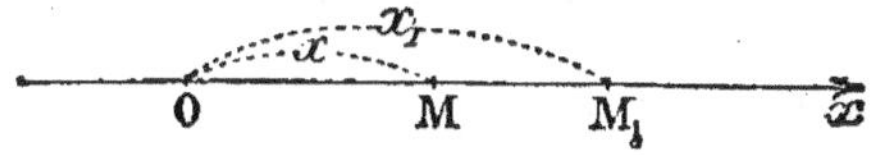

Fig. 12.

Le quotient $V_m = \dfrac{\Delta x}{\Delta t}$ est la *vitesse moyenne* du mouvement.

C'est la vitesse d'un mobile fictif, qui serait animé d'un mouvement uniforme et parcourrait le même chemin Δx pendant le même temps Δt.

15. Vitesse à l'instant t. On appelle vitesse à l'instant t la limite de la vitesse moyenne, lorsque Δt tend vers zéro.

$$v = \lim. \frac{\Delta x}{\Delta t}.$$

Or, par définition (*Cours d'Algèbre*, nᵒ 463), lorsque Δt tend vers zéro, $\dfrac{\Delta x}{\Delta t}$ tend vers la dérivée de x par rapport à t.

Donc
$$v = x' = f'(t).$$

D'où :

Théorème. *La vitesse dans un mouvement rectiligne est égale à la dérivée de l'espace par rapport au temps.*

16. Exemples. 1° L'équation du mouvement uniforme est :
$$x = vt + a.$$

La vitesse sera :
$$x' = v ;$$
elle est *constante.*

Réciproquement. Si l'on donne $x' = v$, v étant constante, le mouvement est uniforme.

En effet, x' est la dérivée de x ; v est la dérivée de vt par rapport à t ; les deux fonctions x et vt, ayant même dérivée, ne diffèrent que par une constante ; donc
$$x = vt + a,$$
et on a le théorème suivant :

Théorème. *Pour qu'un mouvement soit uniforme, il faut et il suffit que sa vitesse soit constante.*

2° Si le mouvement a pour équation :
$$x = t^3 - 3t^2 + 4,$$
sa vitesse à l'instant t sera :
$$v = 3t^2 - 6t.$$

17. Accélération. *L'accélération est la dérivée de la vitesse.*

Dans un mouvement varié, la vitesse n'est pas constante et la nature du mouvement dépend de la variation de la vitesse. Or le sens de la variation d'une fonction est indiqué par le signe de la dérivée.

La dérivée de la vitesse porte le nom d'*accélération*.

L'accélération se représente par j, et l'on a, par définition :
$$j = v'.$$

Remarque. Dans le mouvement uniforme :
$$v = c^{\text{te}} ;$$
donc
$$j = v' = 0,$$
et l'accélération est nulle.

18. Théorème. *L'accélération est la dérivée seconde de l'espace par rapport au temps.*

En effet, l'accélération est la dérivée de la vitesse et la vitesse est la dérivée de l'espace ; donc l'accélération est la dérivée de la dérivée de l'espace : c'est la dérivée seconde de l'espace par rapport au temps.

Exemples. 1° Soit le mouvement ayant pour équation :

$$x = t^2 + 3t + 5.$$

La vitesse est : $\quad v = x' = 2t + 3,$

et l'accélération : $\quad j = v' = x'' = 2.$

2° Si le mouvement a pour équation :

$$x = t^3 - 2t^2 + 1,$$

la vitesse est : $\quad v = x' = 3t^2 - 4t,$

et l'accélération : $\quad j = v' = x'' = 6t - 4.$

19. Mouvement uniformément varié. *Un mouvement est dit uniformément varié lorsque sa vitesse varie proportionnellement au temps.*

Ou encore : *Un mouvement est dit uniformément varié lorsque la vitesse est une fonction linéaire du temps.*

Dans un tel mouvement, on a :

$$v = at + v_0, \tag{1}$$

v_0 désignant la vitesse à l'instant initial $t = 0$.

L'accélération est : $\quad j = v' = a$;
elle est constante.

Or la formule (1) nous donne :

$$a = \frac{v - v_0}{t}.$$

Donc, *dans un mouvement rectiligne uniformément varié, l'accélération est égale à la variation de la vitesse pendant l'unité de temps.*

Remarque. La formule (1) peut s'écrire :

$$v = jt + v_0.$$

Mouvement accéléré. Un mouvement est dit *accéléré* lorsque la valeur absolue de la vitesse croît.

Mouvement retardé. Un mouvement est dit *retardé* lorsque la valeur absolue de la vitesse décroît.

Mais la valeur absolue de la vitesse varie dans le même sens que son carré, et, pour étudier la variation du carré de la vitesse, il faut connaître le signe de la dérivée de v^2.

Or la dérivée de v^2 est $\qquad 2vv' = 2vj$.

Donc

1° Si $\ vj > 0, \ $ v^2 croît, le mouvement est accéléré ;

2° Si $\ vj < 0, \ $ v^2 décroît, le mouvement est retardé.

20. Recherche d'une fonction primitive. Soit $\ y' = f(x)$ une fonction de x.

La fonction *primitive* de cette fonction est une nouvelle fonction de x :

$$y = \mathrm{F}(x),$$

telle que la dérivée par rapport à x soit précisément ;

$$y' = f(x).$$

Ainsi la fonction primitive de $\ y' = 6x + 5 \ $ est :

$$y = 3x^2 + 5x + \mathrm{C^{te}},$$

parce que cette dernière fonction a pour dérivée :

$$y' = 6x + 5.$$

Pour trouver la fonction primitive d'un terme entier en x, on augmente l'exposant d'une unité et on divise le coefficient du terme considéré par le nouvel exposant.

Si le terme est constant, on le multiplie simplement par x.

On ajoute une constante, parce que deux fonctions qui ne diffèrent que par une constante ont la même dérivée.

Exemples. 1° Si l'on a : $\ x' = a,$

la fonction primitive est : $\qquad x = at + b,$

b étant une constante.

2° De même, si $\qquad x' = at^2,$

la fonction primitive sera :

$$x = \frac{a}{3} t^3 + b, \qquad b = \mathrm{C^{te}}.$$

21. Équation du mouvement uniformément varié. *Pour qu'un mouvement rectiligne soit uniformément varié, il faut et il suffit que l'espace* x *soit une fonction entière et du second degré en* t.

1° *La condition est nécessaire.* En effet, la formule de la vitesse est :

$$x' = v = jt + b.$$

Remontons à la fonction primitive. On obtient :

$$x = \frac{1}{2} jt^2 + bt + c.$$

2° *La condition est suffisante,* car si l'équation du mouvement est :

$$x = at^2 + bt + c,$$

la vitesse sera : $\qquad v = x' = 2at + b,$

fonction du premier degré en t; donc le mouvement est uniformément varié.

22. Signification des constantes. Soit

$$x = \frac{a}{2} t^2 + bt + c$$

l'équation d'un mouvement rectiligne uniformément varié.

1° Pour $t = 0$, il reste $x = c$; c est la valeur *initiale* de x; on la représente par x_0.

2° La vitesse est : $\qquad v = x' = at + b.$

Pour $t = 0$, il reste $v = b$; b est la vitesse *initiale;* on la représente par v_0.

3° Si l'on dérive l'équation de la vitesse par rapport à t, on a l'accélération :

$$j = a.$$

Donc l'équation générale prend la forme :

$$x = \frac{1}{2} jt^2 + v_0 t + x_0.$$

Il résulte de là qu'un mouvement uniformément varié est déterminé si l'on connaît son accélération, la vitesse initiale et l'abscisse initiale.

Ainsi le mouvement dans lequel l'accélération est 5 mètres, la vitesse initiale 10 mètres et l'abscisse initiale 3 mètres, a pour équation :

$$v = \frac{5}{2} t^2 + 10t + 3.$$

23. Discussion d'un mouvement uniformément varié.

Soit le mouvement défini par l'équation :

$$x = t^2 - 2t + 2. \tag{1}$$

Discuter ce mouvement, c'est étudier comment varient avec le temps la position et la vitesse du mobile.

La vitesse est : $\qquad v = 2(t - 1);$

elle s'annule au temps $t = 1$, en passant du négatif au positif. Donc x passe par un minimum, $x = 1$, pour $t = 1$.

L'accélération, $j = v' = x'' = 2$, est positive.

Considérons le tableau suivant :

t	$-\infty$		1		$+\infty$
j		$+$		$+$	
v	$-\infty$	$-$	0	$+$	$+\infty$
x	$+\infty$	décroît.	1	croît.	$+\infty$
		Mouvement retardé		Mouvement accéléré	

Lorsque $t=-\infty$, $x=+\infty$, le mobile se trouve sur Ox (fig. 13), à droite de O, et à une distance infinie.

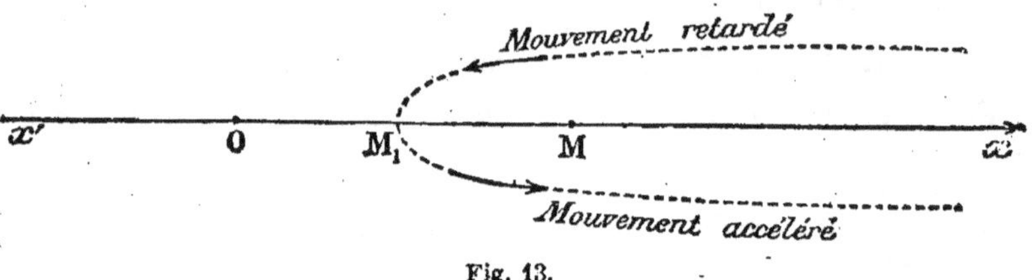

Fig. 13.

Sa vitesse est infinie et dirigée dans le sens xO.

Lorsque t croît de $-\infty$ à 1, v et j sont de signes contraires, le produit vj est négatif et le mouvement est retardé.

Lorsque $t=1$, la vitesse s'annule avec changement de sens ; le mobile atteint sa position extrême M_1 et rebrousse chemin.

Enfin, lorsque t croît de 1 à $+\infty$, le mobile part de M_1 sans vitesse ; il se déplace de M_1 vers la droite avec une vitesse croissante ; pendant cette période, v et j sont de même signe, le produit vj est positif et le mouvement est accéléré.

Donc la trajectoire se réduit à la demi-droite M_1x, et le mobile passe deux fois en tout point M situé à droite de M_1, une fois à l'aller et une fois au retour.

Dans les deux passages en M, le mobile possède des vitesses égales et de signes contraires.

En effet, si $t=0$ est l'instant du premier passage, $t=2$ sera celui du second, ces deux valeurs de t étant équidistantes de $t=1$. Les vitesses correspondantes sont $v=-2$ pour le premier et $v=+2$ pour le second.

24. Diagrammes du mouvement. Dans un mouvement uniformément varié, l'espace x étant une fonction du second degré en t, si nous portons x en ordonnées et t en abscisses, la courbe représentative sera une *parabole* (*Cours d'Algèbre,* n° 409).

Cette parabole est le *diagramme des espaces*.

De même, si nous portons les valeurs de t en abscisses et celles de v en ordonnées, la vitesse v étant une fonction linéaire de t, la courbe représentative de la vitesse sera une droite appelée *diagramme des vitesses*. Le coefficient angulaire de cette droite est l'*accélération*.

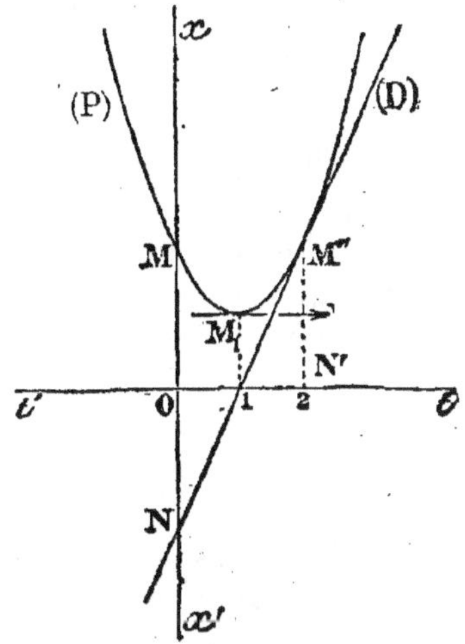

Fig. 14.

Dans la fig. 14, on a superposé les diagrammes des espaces (P) et des vitesses (D) du mouvement qui a pour équation $x = t^2 - 2t + 2$. On voit facilement sur cette figure qu'aux instants des passages en M, les vitesses correspondantes ON et N'M' sont égales et de signes contraires.

25. Mouvement vertical d'un point pesant. L'expérience nous apprend qu'un point pesant, abandonné à lui-même, en chute libre, dans le vide, tombe suivant la verticale et que les espaces parcourus sont proportionnels aux carrés des temps employés à les parcourir.

Donc, en représentant par x l'espace parcouru, l'équation du mouvement sera :

$$x = at^2,$$

et le mouvement est uniformément varié.

L'accélération d'un pareil mouvement, également déterminée par l'expérience, est dirigée de haut en bas. Sa valeur est constante en un même lieu et se représente par g. (A Paris, $g = 9^m,81$ ou 981 dans le système C. G. S.)

Puisque ce mouvement est uniformément varié, son équation générale sera de la forme :

$$x = \frac{1}{2} gt^2 + v_0 t + x_0.$$

Supposons qu'au moment du départ le mobile se trouve à l'origine des espaces ; $x_0 = 0$ et la formule devient :

$$x = \frac{1}{2} gt^2 + v_0 t.$$

Nous distinguerons trois cas :

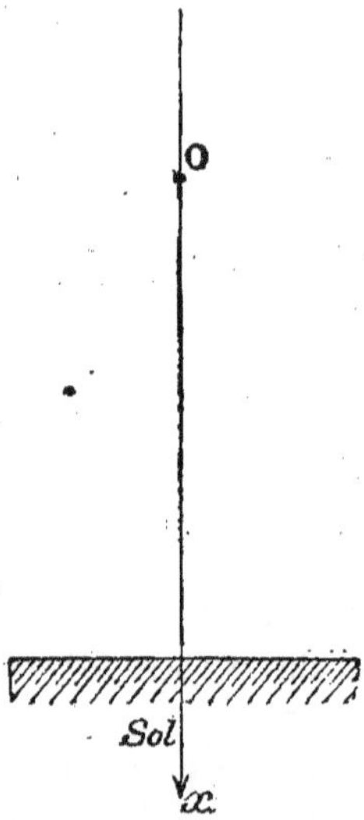

1° *Le corps tombe librement.* Sur la trajectoire verticale Ox, prenons pour sens positif le sens de haut en bas. Dans ce cas, $v_0 = 0$, et l'on a :

$$x = \frac{1}{2} gt^2, \qquad (1)$$

$$v = gt. \qquad (2)$$

Éliminons t entre ces deux équations pour obtenir la vitesse en fonction de l'espace parcouru ; la première donne :

$$t = \sqrt{\frac{2x}{g}},$$

et la seconde devient :

$$v = g\sqrt{\frac{2x}{g}} = \sqrt{2gx}. \qquad (3)$$

Fig. 15.

2° *Le corps est lancé verticalement de haut en bas.* En prenant encore sur Ox le sens de haut en bas pour sens positif, on a :

$$x = \frac{1}{2} gt^2 + v_0 t, \qquad (1)'$$

$$v = gt + v_0. \qquad (2)'$$

Éliminons t entre ces deux équations, pour obtenir la vitesse en fonction de l'espace parcouru.

La formule $(2)'$ donne $t = \dfrac{v - v_0}{g}$ et $(1)'$ devient :

$$x = \frac{1}{2} g\left(\frac{v - v_0}{g}\right)^2 + v_0\left(\frac{v - v_0}{g}\right),$$

$$x = \left(\frac{v - v_0}{2g}\right)(v + v_0) = \frac{v^2 - v_0^2}{2g};$$

d'où
$$v^2 = v_0^2 + 2gx,$$

et
$$v = \sqrt{v_0^2 + 2gx} \, . \tag{3'}$$

3° *Le corps est lancé verticalement de bas en haut.* Prenons pour sens positif la verticale ascendante Ox (fig. 15). De cette façon v_0 sera positive, et la projection de l'accélération sur Ox sera négative et égale à $(-g)$. Les formules (1)', (2)' et (3)' deviennent :

$$x = -\frac{1}{2} gt^2 + v_0 t, \tag{1''}$$

$$v = -gt + v_0, \tag{2'}$$

$$v = \pm \sqrt{v_0^2 - 2gx} \, . \tag{3''}$$

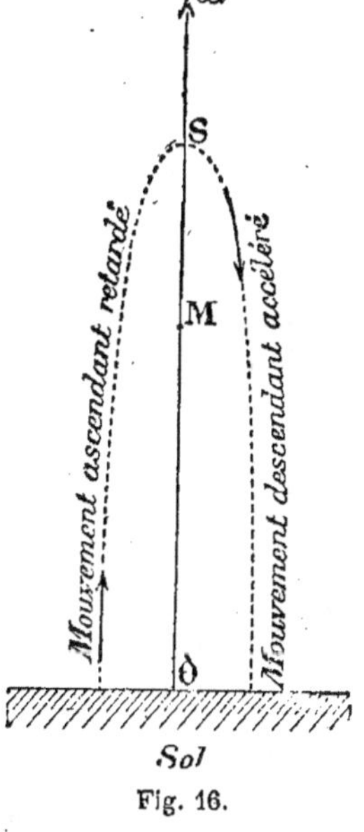

Fig. 16.

Discussion. A l'instant $t = 0$, la vitesse $v = v_0$ est positive ; lorsque t augmente, v décroît et le mouvement est uniformément retardé.

Le mobile cesse de monter lorsque
$$v = 0, \quad \text{ou} \quad v_0 - gt = 0 \, ;$$

d'où
$$t = \frac{v_0}{g} \, .$$

A cet instant, la vitesse change de signe.

Pour avoir le maximum de x, c'est-à-dire l'abscisse du point le plus élevé S qu'atteint le mobile, on pourrait remplacer t par $\dfrac{v_0}{g}$ dans la formule (1)'' ; mais il est plus simple d'annuler v dans la formule (3)''. On trouve :

$$v_0^2 - 2gx = 0 \, ;$$

d'où
$$x = \frac{v_0^2}{2g} \, .$$

Puis la vitesse devient négative ; elle est de même signe que l'accélération, et le corps redescend d'un mouvement uniformément accéléré.

26. Remarques. Les formules (1)'' et (2)'' peuvent s'écrire :

$$x = -\frac{1}{2} g\left(t - \frac{v_0}{g}\right)^2 + \frac{v_0^2}{2g} \, ,$$

$$v = g\left(\frac{v_0}{g} - t\right).$$

1º Sous cette forme, on voit que pour les instants :

$$t = \frac{v_0}{g} - t_1,$$

$$t = \frac{v_0}{g} + t_1,$$

équidistants de l'instant $t = \dfrac{v_0}{g}$, où le mobile passe au point culminant S, on a :

$$x = -\frac{1}{2} g t_1^2 + \frac{v_0^2}{2g}.$$

Donc le mobile passe deux fois au point M situé entre O et S, une fois en montant et une fois en descendant.

2º Pour ces mêmes instants, on a encore :

$$v = g t_1,$$
$$v = - g t_1.$$

Donc, aux moments des passages en M, les vitesses sont égales et de signes contraires.

3º Le mobile met le même temps pour monter de M en S que pour descendre de S en M.

4º Le mobile revient au point O après un temps $t = \dfrac{2v_0}{g}$, et avec une vitesse $-v_0$, égale et de signe contraire à la vitesse initiale.

TABLE DES MATIÈRES

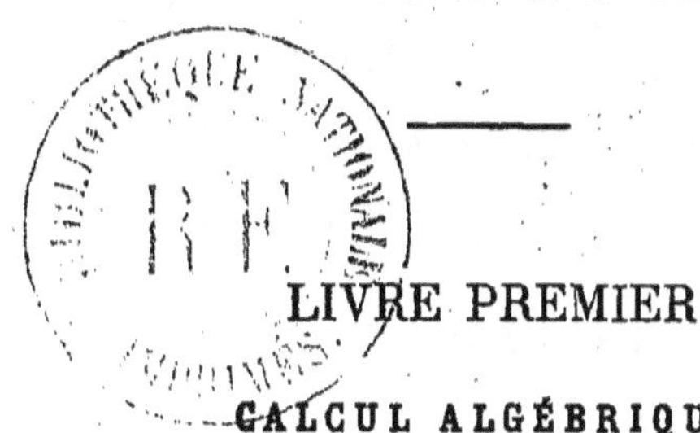

LIVRE PREMIER

CALCUL ALGÉBRIQUE

CHAPITRE I

Nombres positifs et négatifs.

CHAPITRE II

Addition et soustraction algébriques.

CHAPITRE III

Multiplication algébrique.

CHAPITRE IV

Division algébrique.

CHAPITRE V

Fractions algébriques.

CHAPITRE VI

Radicaux arithmétiques.

CHAPITRE VII

LIVRE DEUXIÈME

ÉQUATIONS DU PREMIER DEGRÉ

CHAPITRE I

CHAPITRE II

Résolution des équations du premier degré.

CHAPITRE III

CHAPITRE IV

Discussion des équations.

CHAPITRE V

CHAPITRE VI

De la discussion des problèmes.

LIVRE TROISIÈME

ÉQUATIONS DU SECOND DEGRÉ

CHAPITRE I

Équation du second degré.

CHAPITRE II

CHAPITRE III

Équations réductibles au second degré.

CHAPITRE IV

Trinôme du second degré.

CHAPITRE V

Inégalités.

CHAPITRE VI

Équations qui se ramènent au second degré.

CHAPITRE VII

Systèmes d'équations du second degré.

CHAPITRE VIII

LIVRE QUATRIÈME

PROGRESSIONS — LOGARITHMES — INTÉRÊTS COMPOSÉS — ANNUITÉS

CHAPITRE I

Progressions.

CHAPITRE II

Théorie des logarithmes déduite des progressions.

CHAPITRE III

Intérêts composés. — Annuités.

LIVRE CINQUIÈME

VARIATIONS DES FONCTIONS

CHAPITRE I

Méthode directe.

CHAPITRE II

CHAPITRE III

CHAPITRE IV

CHAPITRE V

Dérivées.

CHAPITRE VI

EXERCICES D'ALGÈBRE

1re SÉRIE

QUESTIONS SE RAPPORTANT AU COURS D'ALGÈBRE

PREMIER LIVRE

CALCUL ALGÉBRIQUE

Opérations fondamentales.

Les fractions.

Les radicaux.

DEUXIÈME LIVRE

ÉQUATIONS

Équations du premier degré.

TROISIÈME LIVRE

Équations du second degré.

Équations réductibles au second degré.

Maxima et minima.

QUATRIÈME LIVRE

PROGRESSIONS ET LOGARITHMES

Progressions.

Logarithmes.

EXERCICES D'ALGÈBRE

2e SÉRIE

QUESTIONS PROPOSÉES A DIVERS EXAMENS

EXERCICES D'ALGÈBRE

3e SÉRIE

CINQUIÈME LIVRE

APPLICATION DES DÉRIVÉES ET DE LA GÉOMÉTRIE ANALYTIQUE

EXERCICES D'ALGÈBRE

4e SÉRIE

CHAPITRE I

Questions diverses

CHAPITRE II

COMPLÉMENTS

38884. — TOURS, IMPR. MAME